中国科学院教材建设专家委员会规划教材
全国高等医药院校规划教材

供长学制(7、8年)学生和研究生使用

医学分子生物学

主　　编　田余祥　秦宜德

副主编　肖建英　喻　红　库热西·玉努斯　何凤田　林德馨

编　　者　(以姓氏笔画为序)

孔　英(大连医科大学)
王　杰(沈阳医学院)
王晓华(广州医科大学)
田余祥(大连医科大学)
李　红(辽宁医学院)
刘淑清(大连医科大学)
杜　芬(武汉大学医学院)
杨　帆(大连医科大学)
杨成君(吉林大学白求恩医学部)
肖建英(辽宁医学院)
何凤田(第三军医大学)
库热西·玉努斯(新疆医科大学)
沈　勤(南通大学医学院)
张志珍(广东医学院)
陈　瑜(福建医科大学)
林德馨(福建医科大学)
秦宜德(安徽医科大学)
倪菊华(北京大学医学部)
唐彦萍(遵义医学院)
喻　红(武汉大学医学院)

科学出版社

北　京

内 容 简 介

全书分为四篇,共十九章。第一篇主要介绍遗传物质的结构基础,包括核酸的结构与功能和DNA重组与转座;第二篇集中介绍遗传信息的传递及其调控,包括基因组的复制、DNA损伤与修复、基因转录和翻译;第三篇为分子生物学常用的方法与技术,着重介绍这些方法与技术的原理,包括核酸的研究方法与原理、蛋白质的研究方法与原理、基因工程原理,以及基因结构与功能的分析方法与原理;第四篇为专题篇,撷取了几个人们普遍关注的重要专题,较详细地阐述了这些专题的分子机制,如细胞间与细胞信号转导的分子机制、细胞增殖与分化的分子机制、细胞凋亡的分子机制、衰老的分子机制、肿瘤发生发展与转移的分子机制。鉴于"组学"和生物信息学在生命研究领域的重要性,因此也在第四篇中一并讨论。全书语言流畅、图文并茂、层次分明、循序渐进、跟踪新进展。

本教材适用于长学制和研究生教育,也可作为本科生的参考教材。

图书在版编目(CIP)数据

医学分子生物学 / 田余祥,秦宜德主编. —北京:科学出版社,2013. 6
中国科学院教材建设专家委员会规划教材 · 全国高等医药院校规划教材
ISBN 978-7-03-037955-9

Ⅰ. 医…　Ⅱ. ①田… ②秦…　Ⅲ. 医学-分子生物学-高等学校-教材
Ⅳ. Q7

中国版本图书馆CIP数据核字(2013)第135980号

责任编辑:周万灏　杨鹏远 / 责任校对:陈玉凤
责任印制:徐晓晨 / 封面设计:范璧合

科 学 出 版 社 出版
北京东黄城根北街16号
邮政编码:100717
http://www.sciencep.com
北京虎彩文化传播有限公司 印刷
科学出版社发行　各地新华书店经销
*
2013年6月第 一 版　开本:850×1168　1/16
2020年1月第七次印刷　印张:22
字数:669 000
定价:79.80元
(如有印装质量问题,我社负责调换)

前　言

分子生物学是生命科学发展中最重要的前沿领域，它是一门发展十分迅猛的学科，从其诞生到现在的数十年里，分子生物学研究已经取得了诸多令人振奋和瞩目的巨大成就，分子生物学理论和技术已经深入到生命科学研究的各个领域和各个层面，成为带动其他学科发展的动力。医学分子生物学是分子生物学的一个重要分支，它是在分子水平上研究人体在正常及疾病状态下生命活动及其规律的一门学科。因此，对于相关领域的研究工作者来说，掌握足够的分子生物学知识与技术是开展好科学研究工作不可或缺的基础。

为培养创新型人才的需要，适应和满足我国长学制和研究生教育，同时也兼顾本科生教育，我们特邀请了14所院校的20位富有教学经验和研究成果的教授和副教授参加了本教材的编写工作。为了便于学生自学，全书力求语言流畅、图文并茂。本教材参考了部分国内外相关教材和研究文献，在坚持“基础理论、基本知识和基本技能”的基础上，突出新进展，希望通过对基本理论、技术原理的介绍、机体正常和异常状态下细胞活动的分子机制的探讨，为学生及从事相关研究的工作者提供一个有效的知识平台。

本教材分为四篇，共十九章。第一篇主要介绍遗传物质的结构基础，包括核酸的结构与功能和DNA重组与转座；第二篇集中介绍遗传信息的传递及其调控，包括基因组的复制、DNA损伤与修复、基因转录和翻译；第三篇为分子生物学常用的方法与技术，着重介绍这些方法与技术的原理，包括核酸的研究方法与原理、蛋白质的研究方法与原理、基因工程原理，以及基因结构与功能的分析方法与原理；第四篇为专题篇，撷取了几个人们普遍关注的重要专题，较详细地阐述这些专题的分子机制，如细胞间与细胞信号转导的分子机制、细胞增殖与分化的分子机制、细胞凋亡的分子机制、衰老的分子机制、肿瘤发生发展与转移的分子机制。鉴于“组学”和生物信息学在生命研究领域的重要性，因此也在第四篇中一并讨论。

本书编写过程中，得到了科学出版社的关心和鼎力支持，得到了各参编院校的支持与鼓励，以及武汉大学和新疆医科大学在本教材召开编委会和定稿会过程中给予的大力支持，在此一并表示衷心感谢。

鉴于分子生物学的进展十分迅速，所涉及的文献浩如烟海，限于本书的篇幅和编者的水平，难免有不足之处，热切希望专家、使用本书的师生和其他读者指正。

田余祥　秦宜德

2012年10月

目　录

绪论 ………………………………………………… (1)

第一篇　遗传物质的结构基础

第一章　核酸的结构与功能 ……………………… (7)
　第一节　核酸的化学组成 ……………………… (7)
　第二节　DNA 的空间结构与功能 ………… (10)
　第三节　RNA 的结构与功能 ……………… (13)
　第四节　核酸的理化性质 …………………… (16)
第二章　基因与基因组 ………………………… (19)
　第一节　基因 ………………………………… (19)
　第二节　基因组 ……………………………… (26)
第三章　DNA 重组与转座 …………………… (31)
　第一节　同源重组 …………………………… (31)
　第二节　位点特异性重组 …………………… (35)
　第三节　DNA 转座 ………………………… (37)

第二篇　遗传信息的传递及其调控

第四章　基因组的复制 ………………………… (43)
　第一节　DNA 复制的基本特征 …………… (43)
　第二节　参与 DNA 复制的酶和蛋白因子 … (45)
　第三节　原核生物基因组的复制 …………… (49)
　第四节　真核生物基因组的复制 …………… (51)
　第五节　病毒基因组的复制 ………………… (55)
第五章　DNA 损伤与修复 …………………… (60)
　第一节　DNA 损伤 ………………………… (60)
　第二节　DNA 损伤的修复 ………………… (63)
　第三节　DNA 损伤应答或修复缺陷与疾病 ………………………………………… (68)
第六章　基因表达(Ⅰ)——转录 …………… (71)
　第一节　RNA 聚合酶和转录模板 ………… (71)
　第二节　原核生物的转录过程 ……………… (75)
　第三节　真核生物的转录过程 ……………… (78)
　第四节　初级转录产物的加工修饰 ………… (80)
　第五节　RNA 复制 ………………………… (89)
第七章　基因表达(Ⅱ)——翻译 …………… (92)
　第一节　翻译的体系 ………………………… (92)
　第二节　原核生物的翻译过程 ……………… (96)
　第三节　真核生物的翻译过程 …………… (100)
　第四节　翻译后产物的加工和靶向输送 … (102)
　第五节　蛋白质结构及定位异常与疾病 … (111)
第八章　基因表达调控 ……………………… (115)
　第一节　概述 ……………………………… (115)
　第二节　原核生物的基因表达调控 ……… (117)
　第三节　真核生物的基因表达调控 ……… (125)

第三篇　分子生物学常用方法与技术

第九章　核酸的研究方法与原理 …………… (137)
　第一节　核酸的制备及质量鉴定 ………… (137)
　第二节　核酸电泳技术 …………………… (140)
　第三节　核酸分子杂交技术 ……………… (141)
　第四节　聚合酶链反应 …………………… (146)
　第五节　DNA 测序技术 …………………… (154)
　第六节　基因失活技术 …………………… (159)
第十章　蛋白质的研究方法与原理 ………… (165)
　第一节　概述 ……………………………… (165)
　第二节　蛋白质的分离与纯化技术 ……… (165)
　第三节　蛋白质含量的测定方法 ………… (173)
　第四节　蛋白质结构分析方法 …………… (174)
　第五节　蛋白质功能分析方法 …………… (181)
第十一章　基因工程原理 …………………… (185)
　第一节　概述 ……………………………… (185)
　第二节　基因工程中常用的工具酶 ……… (185)
　第三节　基因工程中常用的载体 ………… (189)
　第四节　基因工程的基本过程 …………… (195)
　第五节　克隆基因的表达 ………………… (200)
第十二章　基因结构与功能分析的方法与原理 ………………………………………… (203)
　第一节　基因结构与功能的生物信息学分析原理 ………………………………… (203)
　第二节　基因启动子及调控序列的结构分析方法 ………………………………… (206)
　第三节　基因编码区结构分析方法 ……… (211)
　第四节　基因功能分析方法 ……………… (213)

第四篇　专题篇

第十三章　细胞间通讯与细胞信号转导的分子机制 ……………………………… (223)
　第一节　细胞间通讯概述 ………………… (223)
　第二节　细胞信号转导分子 ……………… (225)
　第三节　细胞信号转导通路 ……………… (234)

第四节 细胞信号转导与医学 …………… (239)

第十四章 细胞增殖与分化的分子机制 …… (242)

第一节 细胞增殖的分子机制 …………… (242)

第二节 细胞分化的分子机制 …………… (249)

第三节 干细胞分化的分子机制 ………… (252)

第十五章 细胞凋亡的分子机制 …………… (256)

第一节 概述 ……………………………… (256)

第二节 细胞凋亡相关蛋白 ……………… (258)

第三节 细胞凋亡途径 …………………… (261)

第四节 细胞凋亡与疾病 ………………… (265)

第五节 细胞死亡的其他方式 …………… (266)

第十六章 衰老的分子机制 ………………… (268)

第一节 概述 ……………………………… (268)

第二节 衰老与长寿相关基因 …………… (271)

第三节 端粒 DNA 与衰老 ………………… (275)

第四节 线粒体 DNA 与衰老 ……………… (278)

第十七章 肿瘤发生与转移的分子机制 …… (282)

第一节 癌基因、抑癌基因和生长因子 …… (282)

第二节 肿瘤发生的分子机制 …………… (292)

第三节 肿瘤侵袭与转移的分子机制 …… (295)

第十八章 基因诊断与基因治疗 …………… (301)

第一节 基因诊断 ………………………… (301)

第二节 基因治疗 ………………………… (308)

第十九章 组学与生物信息学 ……………… (315)

第一节 组学 ……………………………… (315)

第二节 生物信息学 ……………………… (328)

参考文献 ………………………………………………………… (337)

中英对照名词索引 ……………………………………………… (339)

绪　论

一、分子生物学的定义

分子生物学(molecular biology)是在分子水平上研究生命现象、生命本质、生命活动及其规律的一门科学,是当前生命科学研究中发展最快的前沿领域。分子生物学是生物化学、生物物理学、遗传学、微生物学、细胞生物学等学科相互杂交和相互渗透而产生的一门边缘学科,除了将核酸的结构与功能和蛋白质的结构与功能作为分子生物学研究的基本内容以外,还包括生物膜的结构与功能、物质跨膜运输、酶的作用机制、细胞信号转导、蛋白质与核酸以及蛋白质与蛋白质之间相互作用关系等内容,从广义上讲,分子生物学囊括了现代生物学在分子水平的绝大部分内容。

由于生命科学在分子水平上的研究进展十分迅猛,广义上的分子生物学与生物化学、遗传学和细胞生物学的部分内容已难以区分。正因为如此,近年来人们通常狭义地理解分子生物学的含义,即分子生物学主要研究基因组和基因组的结构与功能、DNA 的复制及损伤与修复、基因的重组与克隆、RNA 的生物合成及合成后的加工修饰、蛋白质的生物合成及合成后的加工修饰、基因表达调控等内容,当然也涉及这些过程中相关蛋白质的结构与功能,以及当前的热点领域如小 RNA 研究和各种组学研究。分子生物学的研究成果为医学、工农业生产和环境保护等开辟了新局面,将更好地为人类社会经济和发展服务。

医学分子生物学是分子生物学的一个重要分支,它是在分子水平上研究人体在正常及疾病状态下体内核酸和蛋白质等生物大分子的结构与功能、相互作用的关系以及它们与疾病发生发展的关系,及其在疾病的诊断与治疗上的应用。由此产生了许多更加细化的学科,如神经分子生物学、细胞分子生物学、发育分子生物学、衰老分子生物学、肿瘤分子生物学等,临床医学更是出现了分子血液病学、分子内分泌学、分子心血管病学、分子肾脏病学、分子肝脏病学、分子呼吸病学、分子创伤学、基因诊断学、基因治疗学等。具体来讲,医学分子生物学主要解决两方面的问题:一是要阐明亚健康和疾病状态发生和发展的分子机制。与以往不同的是,对这种机制的阐释不是以单一分子、单一结构、单一疾病等方式进行,而是多视角、多层次知识的系统整合。二是建立新型的分子层面的操作技术,为疾病的预防、诊断及治疗和生物制药提供新的可行手段。

二、分子生物学的研究内容

一方面分子生物学涵盖的内容十分宽泛,应该说包罗万象,凡涉及分子水平的研究都属于分子生物学研究范畴;另一方面分子生物学发展又非常迅猛,作为一本主要供学生使用的教材不可能涵盖全部内容。在此,仅就本书所涉及的内容作一概述。

1. 遗传物质的结构基础　核酸是生物体内遗传的物质基础。一个细胞的功能是由其所含的蛋白质来决定的,而核酸分子中的基因又主宰着蛋白质的生物合成。因此,弄清楚核酸分子中核苷酸的排列顺序及其高级结构是研究核酸复制、基因表达及其调控的分子基础。1977 年测定了噬菌体 ΦX174 的 DNA 序列,1996 年底测定了大肠埃希菌(*Escherichia coli*)基因组 DNA 的全序列。1990 年开始实施的人类基因组计划(human genome project,HGP)是人类科学史上的最庞大的研究计划,经过美国、英国、日本、法国、德国与中国科学家 13 年的共同努力,于 2003 年 4 月 15 日完成了人类基因组序列图,确定了人类基因组 30 亿个碱基对的准确定位,准确率达 99.99%,并发现人类基因组中大约有 2.5 万~3 万个基因。

2. 遗传信息的传递及其调控　自我复制是生命过程的基本特征之一。基因组核酸通过怎样的过程进行复制,使得子代完美地继承亲代的遗传信息?基因表达的机制如何?随着生命的各个发育阶段及环境的变化,基因为什么出现时空表达特异性?基因旁侧序列对于基因表达有何作用?相关的蛋白质对基因表达的作用如何?基因表达通过哪些机制被调控?基因结构和表达水平的改变与疾病发生、发展有着什么样的关系?上述问题都是分子生物学研究要解决的问题。对这些问题的阐释无疑加深了对生命本质及疾病本质的认识。现在人们发现,许多疾病的发生从本质上说是由于相关基因的结构和功能的异常,大量的致病基因和疾病相关基因被陆续发现,如酒精中毒、肥胖、多囊肾、糖尿病、遗传性耳聋等疾病基因的发现,疾病的基因诊断和基因治疗也取得了突破性的进展。

3. 细胞信号转导的分子机制 细胞以多种方式感受内、外环境信号的刺激，并对这些信号进行加工、放大和整合，使细胞的代谢、基因表达、细胞分裂与分化等发生改变，随时适应个体与环境的统一。1957 年，美国生理学家 Sutherland 在肝匀浆中首先发现 cAMP，又于 1965 年首先创立第二信使学说。20 世纪 70 年代后期，美国科学家 Gilman 和 Ross 证实和纯化了激活腺苷酸环化酶的 G 蛋白，深化了 G 蛋白偶联信号转导的认识。后来人们发现细胞内有着多种信号转导通路，这些通路形成交互对话的网络系统。因此，细胞信号转导的分子机制研究是分子生物学研究的最热点领域之一。

4. 细胞增殖与分化的分子机制 细胞增殖是由于细胞生长和分裂而导致的细胞数目的增加，是个体生长发育的重要过程之一。细胞周期是细胞增殖的必经之路。细胞分化是指同一来源的细胞逐渐发生各自特有的形态结构、生理功能和蛋白质合成等的过程。细胞增殖与分化涉及许多基因的表达变化和信号转导途径。

5. 细胞凋亡的分子机制 细胞凋亡是机体为维持内环境稳定，由基因控制的细胞自主的有序死亡。细胞凋亡大多为生理性死亡，是细胞衰老过程中细胞功能逐渐减退的结果。1972 年，英国病理学教授 Kerr 第一次提出细胞凋亡的概念。细胞凋亡也涉及不同信号转导途径的调控。随着人们对于促进凋亡和抗凋亡基因的不断发现及其功能的研究，使得在认识凋亡发生和调控机制方面更加深入。

6. 衰老的分子机制 衰老是生物体达到生殖成熟后在各个水平表现出来的随机的全身性的紊乱状态。目前，研究者们对于衰老的机制提出了多种学说，如程序衰老学说、错误成灾学说、自由基学说、细胞凋亡学说和端粒（与端粒酶）学说等。一些研究已经揭示，衰老过程受特定基因的控制。从古至今，人们都希望健康长寿，因此从分子水平上探讨衰老的分子机制无疑对于延缓人们的寿命有着重大的实际意义。

7. 肿瘤发生与转移的分子机制 肿瘤是单细胞起源的一种体细胞遗传病，从分子水平上来看，是由于致癌因子对细胞 DNA 造成损伤，使细胞基因的结构、表达或表达产物的功能发生改变。

8. 分子生物学技术 分子生物学是一门实验科学，它的一切研究成果都是建立在运用各种分子生物学技术的实验基础之上。这些技术包括核酸和蛋白质的分离纯化技术、杂交技术、序列分析和体外合成技术、基因重组技术、基因打靶技术、生物芯片、基因结构与功能以及蛋白质结构与功能分析技术等。正是这些技术的建立与发展和新型仪器的不断涌现，在加快分子生物学领域发展的同时，也带动了其他学科的发展。分子生物学已成为生命科学与医学的“共同语言”，而分子生物学技术也成为生命科学与医学研究的“通用技术”。

三、分子生物学发展简史

分子生物学的发展大致可分为三个阶段：孕育阶段、创立阶段和发展阶段。

1. 孕育阶段 分子生物学的孕育阶段大约从 1864 年至 1952 年。这一阶段在对生命本质认识上的重大突破之一是确定了生物遗传的物质基础是 DNA。

被誉为现代遗传学之父的 Gregor Johann Mendel 在 1856~1864 通过 8 年的豌豆杂交实验，揭示出遗传学的两个基本规律——基因的分离定律和自由组合定律，并于 1865 年发表了《植物杂交试验》的论文，提出了遗传单位是遗传因子（现代遗传学称为基因）的论点，为遗传学的诞生和发展奠定了坚实的基础。1868 年，瑞士年轻科学家 Friedrich Miescher 从脓细胞中分离出一种含磷量高达 30% 的酸性物质，并称其为“核素”（nuclein），即现在的脱氧核糖核蛋白。1902 年美国哥伦比亚大学的 Walter Stanborough Sutton 在研究蚱蜢的精子发生时，发现染色体在减数分裂时的行为与孟德尔遗传因子的分离、组合之间存在平行关系，提出染色体遗传学说，认为基因是染色体的一部分。1909 年丹麦生物学家 Wilhelm Ludwig Johannsen 将这种遗传单位命名为基因，提出基因型和表型的概念。1910 年美国生物学家 Thomas Hunt Morgan 用果蝇做了大量试验，提出了遗传因子位于染色体上的染色体遗传学说，证明基因存在于染色体上，创立了基因学说。1926 年，Morgan 在《基因论》中提出：①基因是携带遗传信息的基本单位；②基因又是控制特定性状的功能单位；③基因也是突变和交换的单位。1944 年美国细菌学家 Oswald Theodore Avery 及其同事通过肺炎球菌转化实验证明了 DNA 是遗传物质。1950 年前后，美国生物化学家 Erwin Chargaff 等人采用纸层析及紫外吸收技术测定了多种生物体 DNA 的碱基组成，总结出 Erwin Charggff 原则，预示着碱基互补配对的可能性，即 A 与 T 配对，G 与 C 配对。1951 年英国女物理学家 Rosalind Franklin 拍到 DNA 的 X 衍射照片，显示 DNA 是螺旋形分子。DNA 从密度上也提示为双链分子。

2. 创立阶段 分子生物学的创立阶段大致是从 1953 年至 70 年代初。1953 年美国科学家 James Watson 和英国科学家 Francis Crick 提出了 DNA 的双螺旋结构模型。该模型的提出是 20 世纪自然科学的重大突破之一，是核酸研究的里程碑，从此揭开了现代分子生物学的序幕。

在提出DNA双螺旋结构模型的同时，Watson和Crick就提出DNA复制的半保留方式。其后在1956年，A. Kornbery首先发现DNA聚合酶；1958年Meselson和Stahl利用^{15}N标记大肠埃希菌DNA，证明了DNA半保留复制方式。1968年Okazaki提出DNA不连续复制模型；1972年证实了DNA复制开始需要RNA作为引物；20世纪70年代初获得DNA拓扑异构酶，并对真核DNA聚合酶特性做了分析研究；这些都逐渐完善了对DNA复制机制的认识。

1958年Crick建立遗传信息传递的中心法则，Weiss及Hurwitz等发现依赖于DNA的RNA聚合酶；1961年Hall和Spiegelman用RNA-DNA杂交证明mRNA与DNA序列互补，逐步阐明了RNA转录合成的机制。

1957年Hoagland、Zamecnik及Stephenson等分离出tRNA，并对它们在蛋白质合成中转运氨基酸的功能提出了假设。1961年Brenner及Gross等观察了在蛋白质合成过程中mRNA与核蛋白体的结合。特别是在20世纪60年代Nirenberg、Ochoa以及Khorana等几组科学家的共同努力下破译了mRNA上编码合成蛋白质的遗传密码，随后研究表明这套遗传密码在生物界具有通用性，从而认识了蛋白质翻译合成的基本过程。

1970年Temin和Baltimore又同时从致癌的RNA病毒颗粒中发现了以RNA为模板合成DNA的反转录酶，进一步补充和完善了遗传信息传递的中心法则。

3. 发展阶段 这一阶段开始于20世纪70年代初。1972年美国的分子生物学家Paul Berg等将动物病毒SV40的DNA与噬菌体P22的DNA连接在一起，首次构建了重组体DNA分子。1973年美国分子生物学家Stanley Norman Cohen等又将几种不同的外源DNA插入质粒pSC101的DNA中，并进一步将它们引入大肠埃希菌中，从而开创了遗传工程的研究。DNA重组技术的建立与发展，使人们进入了改造物种的新时代。

1976年Boyer等成功地利用DNA重组生产出人的生长激素，1978年美国科学家Ullrich等报道了胰岛素在大肠埃希菌中表达成功，成为最早在微生物中被表达的哺乳动物蛋白质之一。人胰岛素是第一个被投放市场的生物工程蛋白质药物。1980年美国和瑞士科学家利用DNA重组技术生产出干扰素，从此引发了基因工程的工业化热潮，现代生物工程由此崛起，如细胞工程、酶工程、发酵工程、蛋白质工程等。

1981美国科学家Palmiter等将克隆的生长激素基因注射到小鼠受精卵细胞核内，培育出比原小鼠个体大几倍的“超级鼠”，激起了人们创造优良品系家畜的热情。1983年美国生物化学家Kary B. Mullis发明了聚合酶链反应(PCR)，使得从极微量的样品中大量扩增出DNA分子，广泛应用于基因工程中，并成为疾病基因诊断的一种重要手段。1997年2月，克隆羊多莉诞生于英国英格兰首府爱丁堡市罗斯林生物研究所，克隆羊的诞生打破了传统的两性生殖的传统观念，无疑是对人类生殖的重大冲击。2003年4月15日，历经13年的人类基因组计划完成了人类基因组序列图，揭示着人类生、老、病、死的遗传信息，推动了医学的发展，使人们对疾病的发生、发展、诊断、治疗及预防等提出了全新的诠释，同时也推动了生物界的革命，产生了基因经济。随之有了基因组学、转录组学、蛋白质组学、代谢组学、RNA组学、生物信息学等。Craig Venter等人在2010年成功将人工合成的一种名为蕈状支原体的DNA植入另一个内部被掏空的、名为山羊支原体内，使植入人造DNA的支原体重新获得生命。

分子生物学理论和技术的迅猛发展，给现代医学带来了日新月异的变化。分子生物学、生物技术和生物医学工程相结合，推动了医学各个领域的全面发展，使医学在一个更高的水平——分子水平来探讨生命现象和认识疾病的本质，并使医学进入了一个崭新的“分子医学”(molecular medicine)时代。因此，无论是基础研究还是临床研究与应用，医学的各个学科都迫不及待的从分子生物学的发展中汲取养料、借鉴方法，谋求自我发展。

(田余祥 秦宜德)

第一篇　遗传物质的结构基础

生物性状和生命特征为什么能代代相传？相传的生物性状为什么可以改变？控制生物性状的物质基础是什么？为此，阐释遗传物质的结构基础就成为本篇的主要内容，包括核酸的结构与功能、基因与基因组、DNA转座与重组的相关知识。这些知识不仅是分子生物学的最基本内容，更是揭示遗传信息复制、传递的物质基础。

核酸是生物体内重要的生物大分子之一。天然存在的核酸有两类，一类是脱氧核糖核酸（DNA），另一类是核糖核酸（RNA），它们均是由核苷酸通过3′,5′磷酸二酯键连接而成。因此，核苷酸的排列顺序就构成了它们的一级结构，而遗传信息就蕴藏在核苷酸的排列顺序中。在一级结构的基础上，核酸分子进一步形成其特有的空间结构，因而也就决定了其各自的理化性质与功能。

基因是储存在核酸分子中的遗传单位，是控制生物性状的实体。因此了解基因的组构有助于理解基因的表达调控机制。原核生物中功能相关的结构基因多以操纵子形式存在，真核生物的结构基因中存在着间隔排列的内含子与外显子。基因组是指一个细胞或病毒颗粒所含DNA的全部序列（包括编码序列和非编码序列），即遗传物质的总量。从遗传学角度来看，对于二倍体的生物来说，能维持配子体（生殖细胞）正常功能的最低数目的一套染色体即构成一个基因组。当然，原核生物、真核生物及病毒基因组各有不同的结构特点。

在自然界，生物广泛存在着DNA的转座与重组。基因重组是遗传的基本现象，普遍存在于病毒、原核生物和真核生物。基因重组会产生新的基因型。随着人们对于DNA结构与功能、基因的组构、自然重组现象研究的深入，人们能在实验室中构建DNA重组体，出现了基因工程。

本篇围绕核酸的结构与功能、基因与基因组和DNA重组与转座等3章内容进行学习，为深入学习后续章节奠定坚实的基础。

第一章 核酸的结构与功能

核酸(nucleic acid)是一类含磷的生物信息大分子,为生命的最基本物质之一。依据化学组成的不同可将核酸分为核糖核酸(ribonucleic acid,RNA)和脱氧核糖核酸(deoxyribonucleic acid, DNA)。DNA 是遗传信息的载体,是保持物种进化和世代繁衍的物质基础,也是个体生命活动的信息基础。RNA 是遗传信息的传递者,主要功能是参与蛋白质的合成。无论动物、植物还是微生物细胞中都含有 DNA 和 RNA,它们约占细胞干重的 5%~15%。人类 DNA 分子的大小约 30 亿个碱基对,而 RNA 分子比 DNA 小得多,一般由数十至数千个单核苷酸相连而成。核酸常与蛋白质结合形成核蛋白。核酸不仅决定生物体遗传特征,担负着生命信息的储存和传递,而且在生长、遗传、变异等一系列重大生命现象中起决定性的作用。

第一节 核酸的化学组成

核酸分子的元素组成为 C、H、O、N 和 P,其中 P 元素的含量较恒定,约占 9%~10%。因此,核酸定量测定的经典方法,是以测定 P 含量来代表核酸量。核酸由多个核苷酸连接而成,所以核酸又称多聚核苷酸(polynucleotide)。为区别多、寡核苷酸,核苷酸也称为单核苷酸。核酸完全水解可释放出等摩尔量的含氮碱基、戊糖(脱氧戊糖)和磷酸,三种成分以共价键依次连接而成。

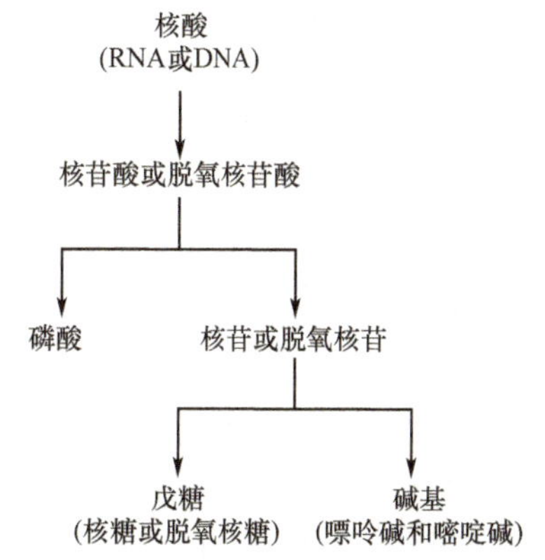

一、核 苷 酸

组成 DNA 的基本单位是四种脱氧核苷酸(deoxy nucleotide),而组成 RNA 的基本单位是四种核苷酸(nucleotide)。

(一) 碱基

核酸中的碱基分别属于嘌呤(purine)和嘧啶(pyrimidine)两类含氮杂环化合物(图 1-1)。常见的嘌呤碱基包括腺嘌呤(adenine,A)和鸟嘌呤(guanine,G),为 DNA、RNA 共有成分。常见的嘧啶碱基包括胞嘧啶(cytosine,C)、尿嘧啶(uracil,U)和胸腺嘧啶(thymine,T),其中 C 存在于 DNA 和 RNA 分子中,T 存在于 DNA 分子中,而 U 仅存在于 RNA 分子中,为其特有的碱基。即 DNA 分子中的碱基成分为 A、G、C 和 T;而 RNA 分子则主要由 A、G、C 和 U 四种碱基组成。

核酸中除了这五种基本的碱基外,还有一些含量甚少的碱基,称为稀有碱基(rare base)。稀有碱基种类繁多,大多数都是上述碱基甲基化的衍生物。tRNA 中含有较多的稀有碱基,可高达 10%。部分稀有碱基的种类与结构见表 1-1 和图 1-2。

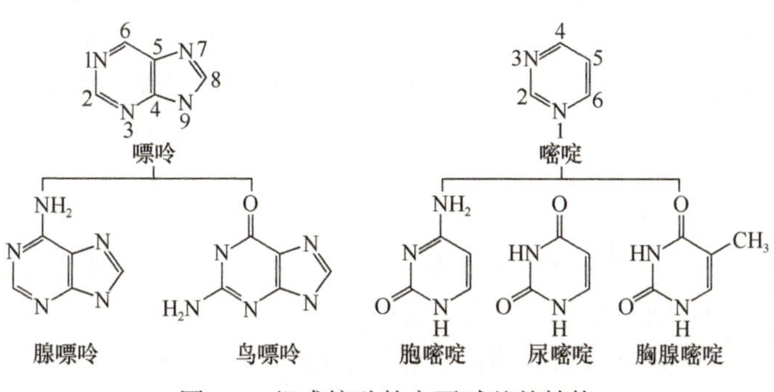

图 1-1 组成核酸的主要碱基的结构

表 1-1 核酸中部分稀有碱基

	DNA	RNA
嘌呤	7-甲基鸟嘌呤(m^7G)	N^6,N^6-二甲基腺嘌呤(N^6,N^6-$2m^6A$)
	N^6-甲基腺嘌呤(N^6-m^6A)	N^6-甲基腺嘌呤(N^6-m^6A)
		7-甲基鸟嘌呤(m^7G)
嘧啶	5-甲基胞嘧啶(m^5C)	二氢尿嘧啶(DHU)
	5-羟甲基胞嘧啶(hm^5C)	胸腺嘧啶(T)

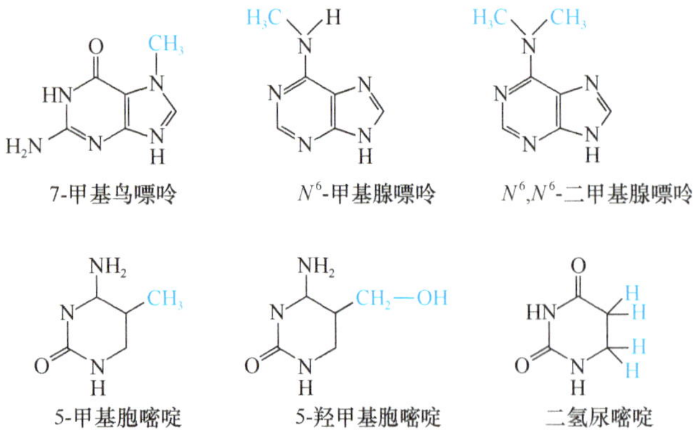

7-甲基鸟嘌呤　N^6-甲基腺嘌呤　N^6,N^6-二甲基腺嘌呤

5-甲基胞嘧啶　5-羟甲基胞嘧啶　二氢尿嘧啶

图 1-2　部分稀有碱基结构

(二) 戊糖

参与组成核酸分子骨架的戊糖有两种，即 β-*D*-核糖(ribose)与 β-*D*-2′脱氧核糖(deoxyribose)。为有别于碱基的编号，戊糖的碳原子标以 C-1′、C-2′、…C-5′(图 1-3)。核酸按其分子中所含戊糖的不同，分为核糖核酸(β-*D*-核糖)和脱氧核糖核酸(β-*D*-2′-脱氧核糖)两大类，它们的差别仅在于 C-2′原子所连接的基团不同。RNA 分子中的戊糖在 C-2′连有 1 个羟基，正是这种结构差异使得 RNA 分子较 DNA 更易产生自发水解，化学性质不如 DNA 分子稳定。

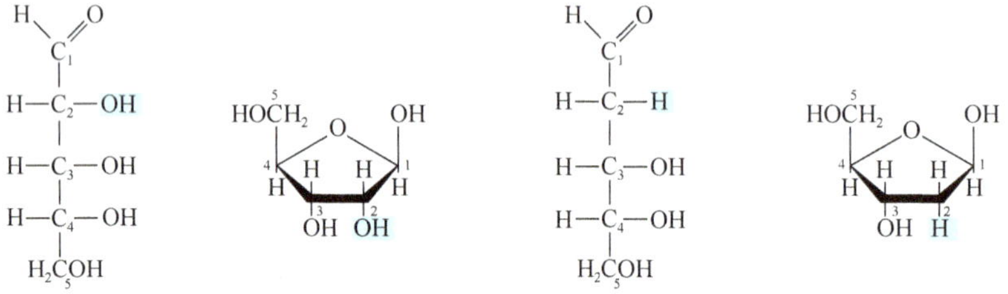

图 1-3　β-*D*-核糖和 β-*D*-2′脱氧核糖的结构

(三) 核苷

核苷(nucleoside)是由戊糖和碱基通过 β-*N*-糖苷键(*N*-glycosidic bond)连接而成，即嘌呤碱的第 9 位氮原子(N-9)或嘧啶碱的第 1 位氮原子(N-1)与核糖或脱氧核糖的 C-1′脱水缩合相连(图 1-4)。由核糖与碱基形成的核苷称为核糖核苷，简称核苷；由脱氧核糖与碱基形成的核苷称为脱氧核糖核苷，简称脱氧核苷 (deoxy nucleoside)。核苷的命名是在其前面加上相应碱基的名字，如腺嘌呤核苷(简称腺苷)、胸腺嘧啶脱氧核苷(简称脱氧胸苷)等。另外核酸中还含有少数稀有碱基构成的核苷，如 tRNA 中的假尿嘧啶核苷 (Ψ)，它的核糖 C-1′与尿嘧啶的 C-5′相连，而不是与通常的 N-1 相连。

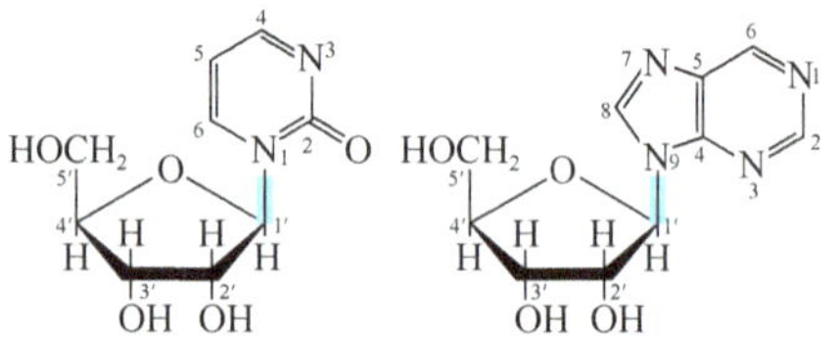

图 1-4　核苷的结构

(四) 核苷酸

核苷酸由核苷和磷酸通过磷酸酯键连接形成，是核苷的磷酸酯。整个分子的酸性源自磷酸基团。酯化可以发生在核苷的任意游离羟基上，核糖核苷的糖基上有三个自由羟基，故磷酸能分别与之形成 2′、3′或 5′-三种核苷酸；脱氧核糖核苷的糖基上只有两个自由羟基，所以只能形成 3′或 5′-脱氧核苷酸，生物体内游离存在的多是 5′-核苷酸。结合一个磷酸基的核苷酸称为核苷一磷酸(NMP)，如腺苷一磷酸(简称腺苷酸，AMP)、鸟苷一磷酸(简称鸟苷酸，GMP)、胞苷一磷酸(简称胞苷酸，CMP)和尿苷一磷酸(简称乌苷酸，UMP)。在脱氧核苷酸的前面加“d”代表脱氧，如脱氧腺苷酸(dAMP)、脱氧乌苷酸(dGMP)、脱氧胞苷酸(dCMP)和脱氧胸苷酸(dTMP)。

在体内，腺苷一磷酸还可与二个甚至三个磷酸基结合，形成游离的核苷二磷酸(NDP)或核苷三磷酸(NTP)。从核苷最近的位置开始，三个磷原子分别以 α-、β-和 γ-标记。

核苷酸在体内除构成核酸外，还具有多种生物学功能，如常见的三磷酸腺苷(ATP)，它作为能量的通用载体在生物体的能量转换中起核心作用；UTP、GTP 和 CTP 则在某些专门的生化反应中起传递能量的作用。另外，各种三磷酸核苷及脱氧三磷酸核苷是合成 RNA 与 DNA 的活性物质。核苷酸还可环化形成 3′,5′-环腺苷酸(cAMP)或 3′,5′-环鸟苷酸(cGMP)，它们作为第二信使，在细胞信号转导过程中发挥重要的调控作用。核苷酸亦是某些重要辅酶的组成成分，如辅酶 A 含腺苷-3′,5′-二磷酸，辅酶 I 含有 AMP，辅酶 II 含腺苷-2′,5′-二磷酸等。图 1-5 为几种核苷酸的化学结构。

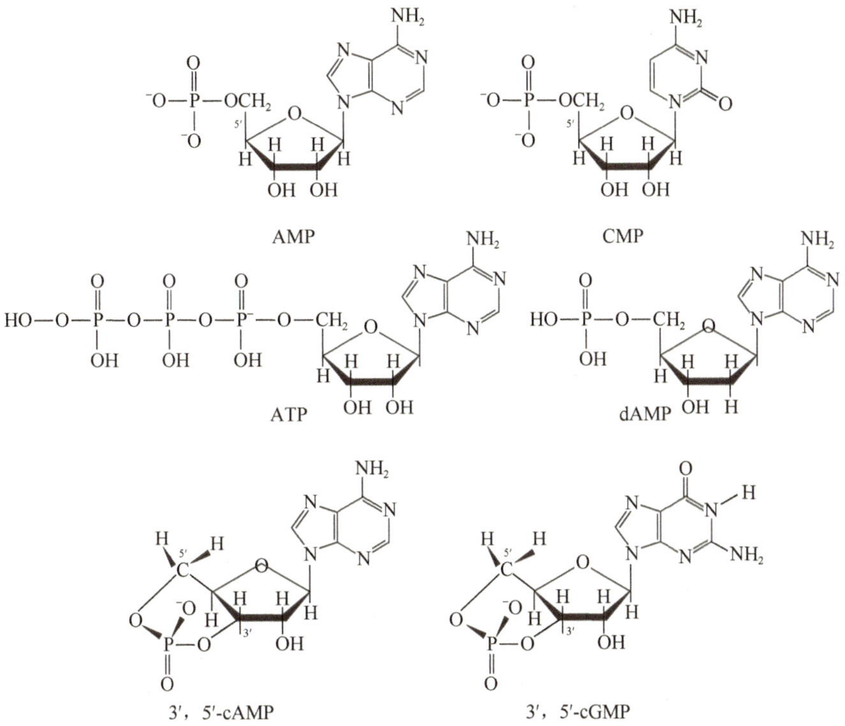

图 1-5　不同类型核苷酸的化学结构

二、核酸的一级结构

核酸是由数量众多的核苷酸通过3′,5′-磷酸二酯键连接而成的生物大分子,无分支结构。核酸的一级结构(primary structure)是指核苷酸或脱氧核苷酸的排列顺序,由于四种核苷酸间的差异主要是碱基不同,因此也称为碱基序列。DNA是由脱氧核苷酸为基本单位聚合而成,脱氧核糖分子中3′和5′有两个自由羟基,由此相邻的两个脱氧核苷酸形成3′,5′-磷酸二酯键,RNA分子中核糖虽然有2′、3′和5′三个自由羟基,但是相邻的两个核苷酸也是以3′,5′-磷酸二酯键连接。线性多聚核苷酸链有两个游离的末端,分别称为5′末端(磷酸基)和3′末端(羟基)。可见,多聚核苷酸链具有方向性,即5′→3′。

多聚核苷酸的结构书写采用自左至右按碱基顺序排列的方式,通常左侧标记为5′末端,右侧为3′末端,或更简化为仅写出自左至右的碱基顺序,核苷酸连接的方向性及书写方式从繁到简(图1-6)。

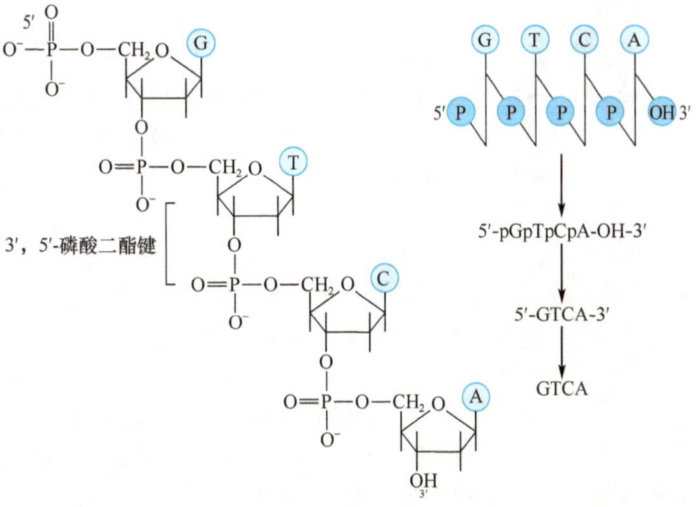

图 1-6　核酸一级结构及其书写方式

核酸分子的大小常用碱基数目(base,kilobase,用于单链DNA和RNA)或碱基对数目(base pair,bp或kilobase pair,kb,用于双链DNA)表示。小的核酸片段(<50bp)常被称为寡核苷酸。自然界DNA和RNA的长度

在几十至几万个碱基之间，碱基排列顺序的不同表示携带的遗传信息不同。

第二节　DNA 的空间结构与功能

从发现核酸到揭示核酸的组成、结构及其与遗传的关系，历经了大半个世纪。直到 1953 年，DNA 双螺旋结构被阐明，人们才开始对基因、染色体及遗传物质等有了真正意义的理解，并逐步揭示了它们在控制遗传性状中的重要作用与机制。

一、DNA 双螺旋结构的研究背景

当发现 DNA 就是遗传物质时，它的结构怎么样还是一个谜。1952 年，美国生物化学家 E. Chargaff 等人采用纸层析和紫外吸收等方法，对不同生物来源的 DNA 的碱基组成进行了测定分析。总结出如下规律：①腺嘌呤的摩尔数等于胸腺嘧啶的摩尔数，鸟嘌呤的摩尔数等于胞嘧啶的摩尔数，即嘌呤碱的摩尔数等于嘧啶碱的摩尔数。②DNA 的碱基组成有种属特异性；③同一生物个体的 DNA 碱基组成没有组织器官特异性。以上规律被称之为 Chargaff 规则，该规则已预示着 A 与 T、G 与 C 配对的可能性。与此同时，英国物理学家 M. Wilkins 等人用 X 线衍射技术研究 DNA 的分子结构，其中女物理学家 R. Franklin 拍摄到了一张十分清晰的 DNA 的 X 线衍射照片，预示着 DNA 是一种双链螺旋结构。美国科学家 J. Watson 和英国科学家 F. Crick 在上述研究的基础上，于 1953 年提出了 DNA 双螺旋结构模型，发表在《自然》杂志上。同一期的《自然》杂志还发表了 Franklin 拍摄到的非常清晰的 DNA 的 X 射线衍射图像，以及 Wilkins 的 DNA 的 X 射线衍射数据。这个划时代的发现是生物学研究的里程碑，是 20 世纪最伟大的发现之一。为此，Watson、Crick 和 Wilkins 分享了 1962 年的诺贝尔生理学/医学奖。

DNA 双螺旋结构模型的建立宣告了分子生物学的诞生，标志着人类对生命的研究进入了崭新阶段。正是破译了 DNA 的结构，生物学各个领域的研究都随之发生了巨大的变化，人类开始真正具备了驾驭生命的本领。1989 年，美国科学家用"扫描隧道显微镜"直接观察到了脱氧核糖核酸的双螺旋结构。1990 年，我国青年科学家白春礼用自己研制的"扫描隧道显微镜"首次观察到人们尚未认知的三链脱氧核糖核酸，为生命信息研究又辟新途。

二、DNA 的二级结构—双螺旋结构

1. DNA 双螺旋结构的特点

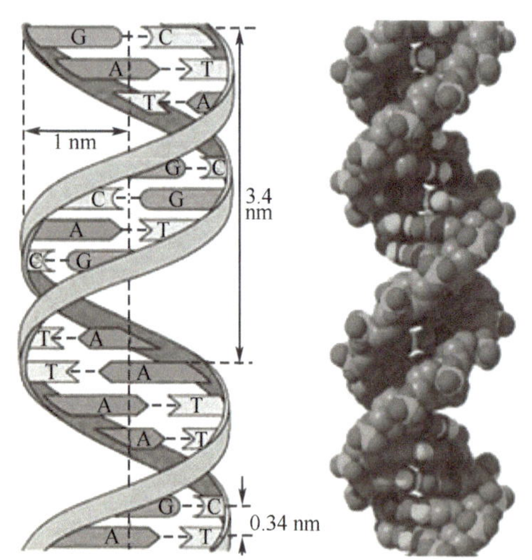

图 1-7　DNA 双螺旋结构

（1）DNA 分子是由两条多聚脱氧核苷酸链围绕同一中心轴盘曲而成的右手双螺旋（right-handed double helix）结构（图 1-7），两条链呈反向平行，即一条链 5′→3′的走向与另一条链 5′→3′的走向相对而行，这是由于脱氧核苷酸连接过程中严格的方向性和碱基结构对氢键形成的限制共同决定的。

（2）DNA 链的骨架由交替出现的亲水性脱氧核糖基和磷酸基构成，位于双螺旋结构的外侧，而疏水性碱基配对位于双螺旋的内侧。

（3）两条多聚脱氧核苷酸链以碱基之间形成氢键配对而相连，即 A 与 T 配对，形成 2 个氢键，G 与 C 配对，形成 3 个氢键（图 1-8）。这种碱基之间的关系称为碱基配对（base pairing）或碱基互补，DNA 分子中两条链则互为互补链。

（4）碱基对平面与螺旋轴几乎垂直，相邻碱基对平面之间的垂直距离为 0. 34nm，每个螺旋结构含有 10 对碱基，双螺旋结构的直径为 2. 0nm。DNA 两股链之间的螺旋形成凹槽：一条浅的叫小沟（minor groove），一条深的叫大沟（major groove）。大沟是蛋白质识别 DNA 的碱基序列而且发生相互作用的基础。

（5）DNA 双螺旋结构的稳定主要由互补碱基对之间的氢键和碱基堆积力来维持。横向稳定依靠两条链互补碱基间的氢键维系，纵向则靠碱基平面间的疏水性堆积力维持。碱基堆积力主要指疏水作用力，即同一条链中相邻碱基之间的非特异性作用力。疏水作用是不溶于水或难溶于水的分子，在水中具有相互靠近、成

串地结合在一起的趋势，可以使DNA分子层层堆积，分子内部形成疏水核心，这对DNA结构的稳定非常有利。

2. DNA双螺旋结构的多样性　DNA双螺旋结构并非刚性的，DNA双螺旋具有结构多样性。当溶液的相对湿度和离子强度发生变化时，会出现不同构象的DNA双螺旋（图1-9）。

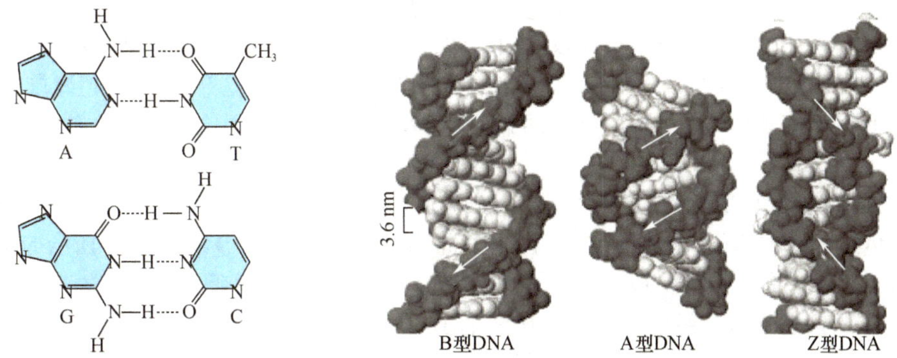

图1-8　DNA分子碱基配对模式　　　图1-9　不同类型DNA双螺旋模型

Watson和Crick提出的DNA右手双螺旋结构是相对湿度为92%时的DNA构象，即B型DNA。生物体内的DNA几乎都是B-DNA，它是DNA分子在生理条件下最稳定和最普遍的构象形式。当相对湿度为75%时，出现A型DNA，其结构参数不同于B-DNA。1979年，A. Rich等人采用X-射线衍射方法分析了人工合成的d(CGCGCG)双链的晶体结构，发现该片段呈左手双螺旋结构，主链的走向呈锯齿形(zigzag)，称之为Z型DNA。后来证明，天然DNA分子中也存在Z-DNA区域。Z型DNA可增强某些基因的转录，还有助于负超螺旋结构的打开，一些特异的调节蛋白可与之结合，因此Z型DNA可能与基因的调控有关。此外，人们还发现有C型DNA的存在。各型DNA双螺旋结构特征见表1-2。

表1-2　各型DNA双螺旋结构特征

构象型	A型		B型		C型	Z型
外形	晶体	线性	晶体	线性	线性	晶体
双螺旋转向	右手	右手	右手	右手	右手	左手
直径(nm)		2.6		2.0		1.8
螺旋每旋转1周含有的碱基对数目	10.7	11	9.7	10	9.33	12(6个二聚体)
碱基对的螺旋度		33°		36°		60°(每个二聚体)
螺旋每旋转1周的长度(nm)		2.8		3.4	3.09	4.5
相邻碱基平面间的距离(nm)	0.26	0.26	0.33	0.34	0.331	0.37
碱基对平面共同轴的倾斜度		20°		6°	-8°	7°
大沟		窄且深		宽且深		平展(无大沟)
小沟		宽且浅		窄且深		窄且深

三、DNA的高级结构

1. DNA超螺旋结构　DNA高级结构是指DNA在双螺旋结构基础上通过扭曲、折叠或压缩所形成的特定三维构象，常见的是超螺旋结构。两端开放的DNA双螺旋分子在溶液中以处于能量最低的状态存在，此为松弛态DNA(relaxed DNA)。如果DNA分子的两端是固定的，或者是环状分子，当双螺旋缠绕过分或缠绕不足时，双螺旋由于旋转产生的额外张力就会使DNA分子发生扭曲以抵消张力，这种扭曲称为超螺旋(supercoil)结构（图1-10）。如果形成超螺旋时，旋转方向与DNA双螺旋方向相反，旋转结果使DNA分子内部张力减小，称为负超螺旋结构。在自然条件下共价封闭环状DNA呈负超螺旋结构，反之则为正超螺旋。超螺旋的意义在于：①生物体内DNA结构是处于动态之中。超螺旋的引入提高了DNA的

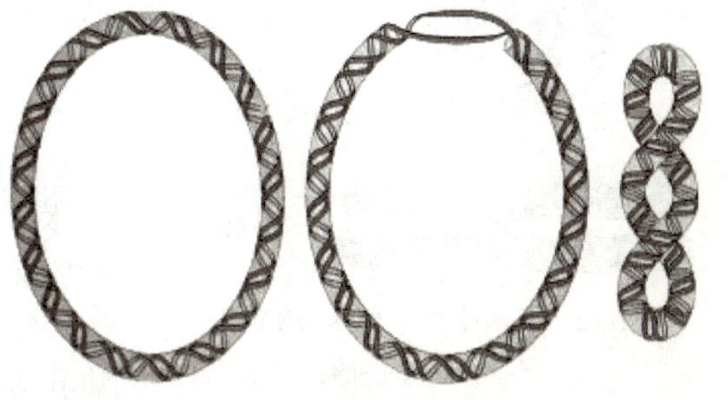

图1-10　环状结构和DNA超螺旋结构

能量水平，而超螺旋程度的改变介导了DNA结构的变化，即超螺旋多余的能量可能使DNA双股链分开或局部熔解。这种结构上的变化对DNA分子复制和转录等的启动很重要；②超螺旋可使DNA分子形成高度致密的状态从而得以容纳于有限的空间。

2. 原核生物DNA是环状超螺旋结构 绝大部分原核生物DNA都是共价闭环双螺旋分子，如大肠埃希菌的DNA是4639kb，它在细胞内紧密缠绕形成致密的小体，称为拟核(nucleoid)，拟核结构中DNA约占80%，其余为结合的碱性蛋白质和少量RNA。在细菌基因组中，超螺旋可以相互独立存在，形成超螺旋区，各区域间的DNA可以有不同程度的超螺旋结构。原核细胞的染色体DNA形成的负超螺旋分区结构有利于基因表达时操纵子的协同调节。

3. 真核生物DNA在核内的组装 真核细胞DNA是很长的线形双螺旋结构，与蛋白质结合组成染色质。核小体是构成染色质的基本单位，它是直径为11nm×6nm的组蛋白核心和盘绕其上的DNA所构成。核心由组蛋白H_2A、H_2B、H_3和H_4各2分子构成一个八聚体，146bp长的DNA以左手螺旋方式在组蛋白核心上盘绕1.75圈形成核小体的核心颗粒。两个核心颗粒之间的DNA(约50bp)与组蛋白H_1结合，使核小体一个挨一个，彼此靠拢，犹如一串念珠(beads-on-a-string)(图1-11)。

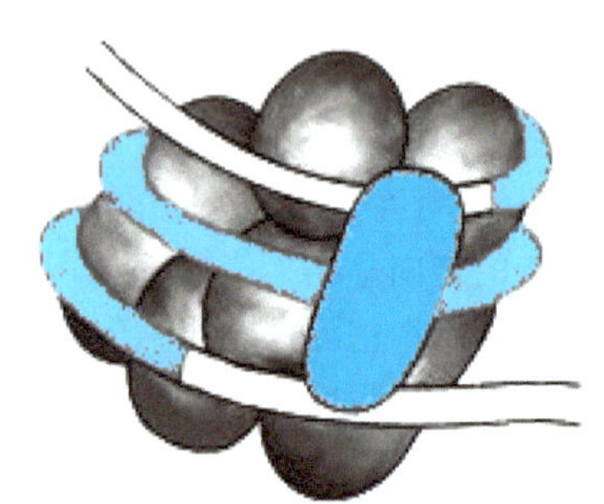
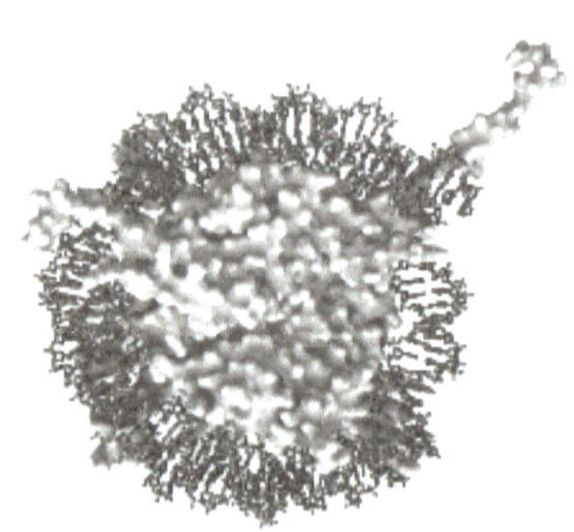

图1-11 核小体的结构

核小体链可进一步盘绕成30nm的染色质纤丝(chromatin fiber)，每圈6个核小体。组蛋白H_1是维系这种高级结构的重要成分。纤丝并不是染色质的最终结构，在细胞分裂的中期，纤丝就像一个大的晕圈一样环绕在中心纤维蛋白质周围，此即称为辐射状结构。30nm纤丝是染色质第二级组织，它使DNA压缩大约100倍。真核生物染色体还存在更高层次的组织，使DNA进一步被压缩。图1-12所示为一种目前比较广泛接受的组装模型，由染色质纤丝组成突环，再由突环形成玫瑰花结形状的结构，进而组装成螺旋圈，由螺旋圈再组装成染色单体(chromatid)。简言之，染色体是由DNA和蛋白质以及RNA构成的不同层次缠绕线和螺线管结构。很可能不同物种的染色体，或是同一物种不同状态下的染色体，或是同一染色体的不同区域，其高级结构均有所不同。

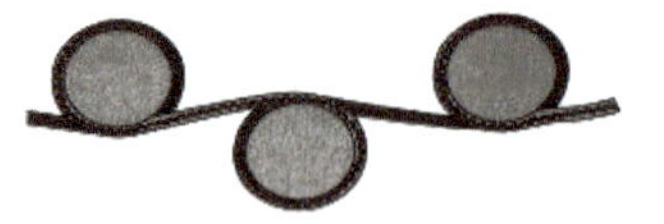

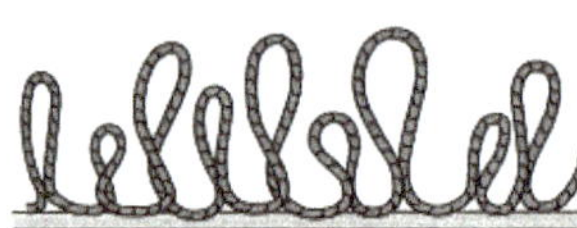

图1-12 真核生物染色体DNA组装不同层次的结构

四、线粒体DNA的结构与功能

线粒体DNA可为少数几个线粒体蛋白质编码，这对于维持线粒体的正常功能具有十分重要的意义。除少数低等真核生物的线粒体基因组是线状DNA分子(如纤毛原生动物以及绿藻等)外，一般线粒体DNA(mitochondrial DNA，mtDNA)为环状双链DNA分子。哺乳动物的线粒体基因DNA排列非常紧凑，无内含子序列。人线粒体基因组全序列长16 569bp。现已确定线粒体DNA有37个基因。mtDNA可以独立编码线粒体中的一些蛋白质，它是核外遗传物质。但是线粒体合成蛋白质能力有限。线粒体1000多种蛋白质中，自身合成的仅十余种。线粒体的核蛋白体蛋白、氨酰tRNA合成酶、许多结构蛋白都由核基因编码，在细胞质中合成后，定向转运到线粒体内，因此线粒体为半自主性细胞器。

线粒体遗传体系具有许多与细菌相似的特征:①DNA 为环形分子,无内含子;②核蛋白体为 70S 型;③RNA聚合酶被溴化乙啶抑制不被放线菌素 D 所抑制;④tRNA、氨酰-tRNA 合成酶与细胞质中的不同;⑤蛋白质合成的起始氨酰-tRNA 是 *N*-甲酰甲硫氨酰 tRNA,对细菌蛋白质合成抑制剂氯霉素敏感而对细胞质蛋白合成抑制剂放线菌酮不敏感。

线粒体是真核细胞内生物氧化的场所,mtDNA 与线粒体的氧化磷酸化作用密切相关,因此关系到细胞内的能量供应。

mtDNA 是母性遗传(maternal inheritance),且不发生 DNA 重组。mtDNA 突变率高,是核 DNA 的 10 倍左右,并且缺乏修复能力。有些遗传病,如 Leber 遗传性视神经病、肌阵挛性癫痫等均与线粒体基因突变有关。

五、DNA 的功能

DNA 的基本功能是以基因的形式携带遗传信息,并作为基因复制和转录的模板。它是生命遗传的物质基础,也是个体生命活动的信息基础。

细胞学的证据早就提示 DNA 可能是遗传物质。DNA 主要分布在细胞核内,是染色体的主要成分,而染色体已知是基因的载体。细胞内 DNA 含量十分稳定,而且与染色体数目平行。一些可作用于 DNA 的理化因素均可引起遗传性状的改变,但直接证明 DNA 是遗传物质的证据则来自肺炎球菌转化实验和噬菌体的感染实验。

1944 年,美籍加拿大裔细菌学家 O. Avery 与他的同事 MacLeod 和 McCarty 提供了 DNA 是遗传物质的第一个直接实验证据。他们将提取的 S 型细菌的多糖荚膜、蛋白质、DNA 分别与 R 型活菌混合培养,发现是 DNA 引起 R 型菌的转化。当时并不是所有的人都接受这一结论,因为 DNA 样品中残留有微量的蛋白质,它是否可能携带遗传信息? 很快这种可能性被排除,实验发现,把 DNA 样品用蛋白酶处理不破坏 DNA 的转化活性,但是使用脱氧核糖核酸酶(DNase)处理,则可使 DNA 失去这种活性,由此证实了 DNA 是遗传物质。1952 年,A. Hershey 与 M. Chase 分别用放射性同位素^{35}S 和^{32}P 标记 T_2噬菌体,再分别感染大肠埃希菌。研究噬菌体对细菌的感染,结果显示,用^{35}S 标记的噬菌体感染时,大肠埃希菌细胞内几乎没有放射性;用^{32}P 标记的噬菌体感染时,大肠埃希菌细胞内有放射性。由此说明 T_2噬菌体注入大肠埃希菌内的是含^{32}P 的 DNA 起作用,而不是含^{35}S 的蛋白质外壳起作用,为 DNA 是遗传物质提供了第二个实验证据,有力地证明了遗传物质是 DNA 而不是蛋白质,

DNA 的结构特点是具有高度的复杂性和稳定性,可以满足遗传多样性和稳定性的需要。不过 DNA 分子又绝非一成不变,它可以发生各种重组和突变,为自然选择提供机会。尽管 DNA 结构与功能的研究成果已经为当今社会带来了巨大变化,但是 DNA 分子如何在进化过程中成为生命的主宰? 地球或其他星球上是否有非核酸的生命形式? 这些生命起源和生命本质问题目前尚未解决。

DNA 作为高性能的信息储存装置,人们在理解它所起重要作用的同时,已经试图利用 DNA 的结构特点完成生命活动以外的工作。例如,DNA 分子计算机已经可以利用 DNA 分子完成简单的数学计算和逻辑推理,其前景也是各个领域所关注的问题。

第三节　RNA 的结构与功能

RNA 的一级结构也是以 3′,5′-磷酸二酯键连接而成的多聚核苷酸链。组成 RNA 分子的基本单位是 AMP、GMP、CMP 和 UMP。除此之外,在有些 RNA 分子中尚含有少量的稀有碱基和稀有核苷。成熟的 RNA 主要存在于细胞质中,少量位于细胞核中。RNA 分子一般比 DNA 小得多,由数十个至数千个核苷酸组成。RNA 通常是单链线型分子,但可自身回折在碱基互补区(A 与 U 配对,C 与 G 配对)形成局部短的双螺旋结构,而非互补区则膨出成环。RNA 与 DNA 的明显差异是核糖环的 C-2′位,RNA 的 C-2′位羟基是游离的,它使 RNA 的化学性质不如 DNA 稳定,能产生更多的修饰组分,使 RNA 主链构象因羟基(或修饰基团)的立体效应而呈现出复杂、多样的折叠结构,这是 RNA 能执行多种生物学功能的结构基础。

RNA 的种类、大小、结构都比 DNA 多样化,在 DNA 的遗传信息表达为蛋白质的氨基酸排列顺序的过程中,RNA 发挥着重要作用,按照功能的不同和结构特点,RNA 可分为信使 RNA、转运 RNA、核蛋白体 RNA,以及众多的小 RNA。

一、信使 RNA 的结构与功能

DNA 决定蛋白质合成的作用是通过这类特殊的 RNA 来实现的，这种作用很像一种信使作用，因此，这类 RNA 被命名为信使 RNA(messenger RNA，mRNA)。

mRNA 是细胞内含量较少的一类 RNA，仅占细胞总 RNA 的 3%~5%，但其种类最多。mRNA 的功能是作为遗传信息的传递者，将核内 DNA 的碱基顺序(遗传信息)按碱基互补原则抄录并转送至核蛋白体，指导蛋白质的合成。尽管细胞中 mRNA 有相同功能，但是原核生物和真核生物的 mRNA 在合成和结构上仍有很大区别。与原核细胞相比，真核细胞的成熟 mRNA 在一级结构上具有不同的特点。

1. 5′末端具有共同的帽子结构 真核 mRNA 在生物合成过程中，当初始转录物长达 20~30 个核苷酸时，转录产物 5′端加上一个甲基化鸟苷酸与末端起始核苷酸以 5′，5′-三磷酸相连，形成 m^7G-5′ppp5′-N-3′帽子结构，同时在原始转录产物的第 1 位和第 2 位核苷酸残基的 C-2′通常也被甲基化(图 1-13)。

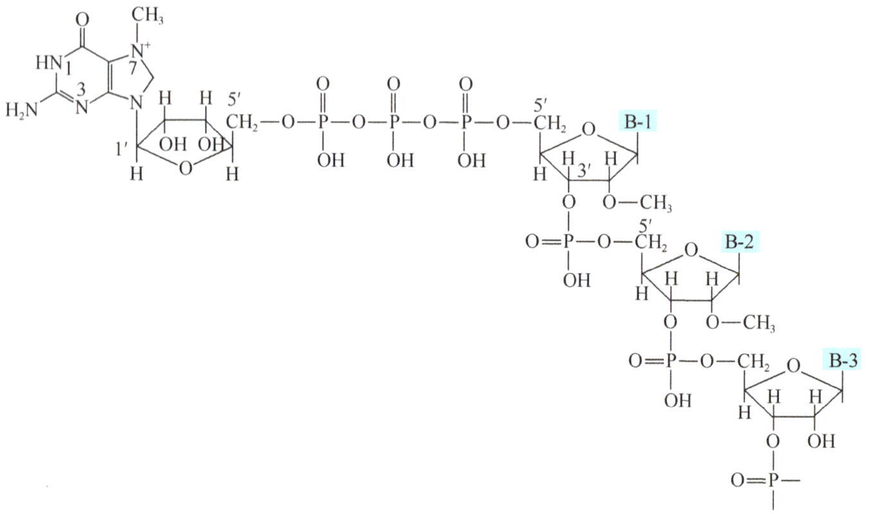

图 1-13 真核生物 mRNA 的帽子结构

mRNA 的帽子结构可以与一类称为帽结合蛋白(cap binding proteins，CBPs)的分子结合。这种结合复合物对于 mRNA 从细胞核向细胞质的转运、与核蛋白体的结合、与翻译起始因子的结合以及 mRNA 稳定性的维持等均有重要作用。

2. 3′末端具有多聚腺苷酸尾结构 在真核生物 mRNA 的 3′末端，大多数有一段由数十个至百余个腺苷酸连接而成的多聚腺苷酸结构，称为多聚 A(polyA)尾。poly A 结构也是在 mRNA 转录完成以后加入的，催化这一反应的酶为 poly A 聚合酶。Poly A 在细胞内与 poly A 结合蛋白(poly A-binding protein，PABP)相结合。目前认为，这种 3′末端多聚 A 尾结构和 5′端帽子结构共同负责 mRNA 从核内向胞质的转位、mRNA 的稳定性维系以及翻译起始的调控。

生物体内各种 mRNA 链的长短差别很大，主要是由其转录的模板 DNA 区段大小及转录后的剪接方式所决定的。mRNA 分子的长短决定了它指导翻译的蛋白质的分子大小。

mRNA 的功能是转录核内 DNA 遗传信息的碱基排列顺序，并携带至细胞质，指导合成蛋白质中的氨基酸排列顺序。mRNA 分子从 5′末端开放阅读框(open reading frame，ORF)AUG 开始，每相邻的 3 个核苷酸为一组，编码多肽链上某种氨基酸或代表其他信息，称为三联体密码(triplet code)或称密码子(codon)。一条完整的 mRNA 包括 5′非翻译区、编码区和 3′非翻译区。编码区(即 ORF 区)有起始密码子、编码其他氨基酸的密码子和终止密码子(图 1-14)。

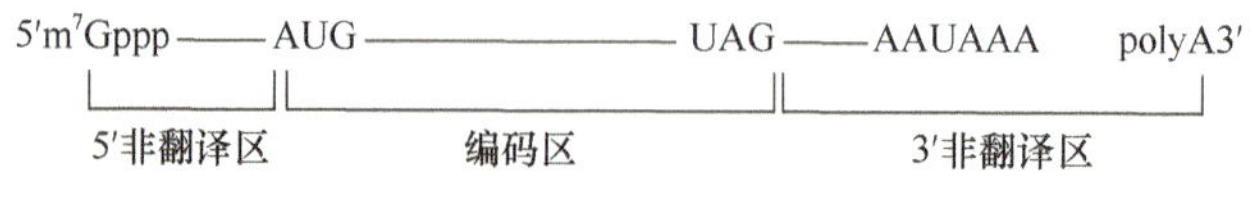

图 1-14 mRNA 基本结构示意图

二、转运 RNA 的结构与功能

转运 RNA(transfer RNA,tRNA)约占总 RNA 的 15%,是细胞内分子量最小的 RNA,由 70~90 个核苷酸组成。目前已完成一级结构测定的 tRNA 有 100 多种。细胞内 tRNA 的种类很多,每一种氨基酸都有其相应的一种或几种 tRNA。所有 tRNA 均有以下类似的结构特点:

1. tRNA 分子含有较多的稀有碱基　稀有碱基是指除 A、G、C、U 以外的一些碱基,包括二氢尿嘧啶(DHU)、假尿嘧啶核苷(ψ)和甲基化的嘌呤碱基等。一般嘧啶核苷以杂环上 N-1 与糖环的 C-1′连成糖苷键,而假尿嘧啶核苷则是杂环上的 C-5 与糖环的 C-1′相连。各种稀有碱基均是 tRNA 转录后加工产生的。tRNA 中的稀有碱基约占所有碱基的 10%。

2. tRNA 二级结构呈三叶草形　组成 tRNA 的几十个核苷酸中存在着一些能局部互补配对的区域,形成局部的双链,呈茎状,中间不能配对的部分则膨出形成环,称为茎-环结构。由于这些结构的存在使得 tRNA 整个分子的形状类似于三叶草形(cloverleaf pattern)。三叶草形结构由二氢尿嘧啶环、反密码环、额外环(或称附加叉)、TψC 环和氨基酸臂五个部分组成(图 1-15)。

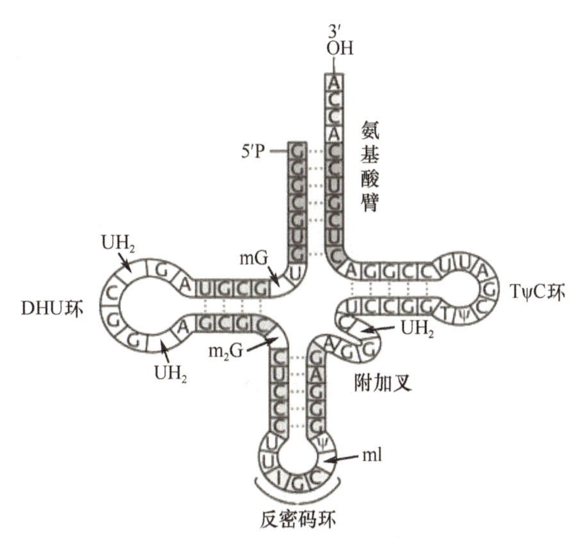

图 1-15　tRNA 二级结构

(1) 二氢尿嘧啶环(dihydrouracil loop, DHU 环):DHU 环是 5′端起第 1 个环,由 8~12 个核苷酸组成,因含有二氢尿嘧啶,故得名。另由 3~4 对碱基组成的双螺旋区(也称 DHU 臂))与 tRNA 分子的其余部分相连。

(2) 反密码环(anticodon loop):该环由 7 个核苷酸组成。环中部的 3 个碱基可以与 mRNA 的密码子形成碱基互补配对,构成反密码子。次黄嘌呤核苷酸(I)常出现于反密码子中。反密码环通过由 5 对碱基组成的双螺旋区(反密码臂)与 tRNA 分子的其余部分相连。

(3) 额外环(extra loop):此环由 3~8 个核苷酸组成,不同的 tRNA 此环大小不同是高度可变的,故又称可变环,它是 tRNA 分类的重要标志。

(4) TψC 环:该环由 7 个核苷酸组成,含有胸嘧啶核苷酸(T)及假尿嘧啶核苷(ψ)酸,故由此而得名。除个别 tRNA 外,几乎所有 tRNA 都含有 TψC 环。此环与 tRNA 的大亚基起作用,与三级结构折叠有关。

(5) 氨基酸臂(amino acid arm):氨基酸臂是由 5′端和 3′端 7 对碱基组成,富含鸟嘌呤核苷酸。所有 tRNA 的 3′-末端均为 CCA,它是在 tRNA 核苷酸基转移酶催化下将 CCA 连到 3′末端,活化的氨基酸通过酯键连接在腺嘌呤核苷酸的核糖 3′-OH 上,此部位又称氨基酸接纳臂。

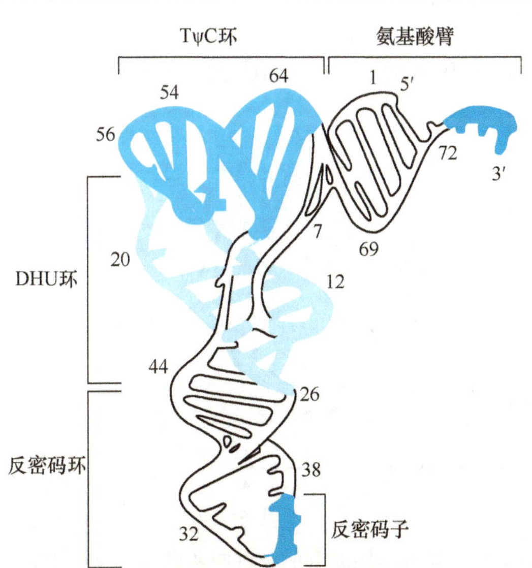

图 1-16　tRNA 的三级结构

3. tRNA 的三级结构呈倒 L 形　所有 tRNA 在三叶草形二级结构的基础上折叠形成的三级结构呈倒 L 形(图 1-16),它由氨基酸臂与 TψC 臂形成一个连续的双螺旋区,构成字母倒 L 上面的一横。而 DHU 臂与它相垂直,DHU 臂、反密码臂及反密码环共同构成字母倒 L 的一竖。反密码臂经额外环而与 DHU 臂相连接。此外,DHU 环中的某些碱基与 TψC 环及额外环中的某些碱基之间形成额外的碱基对。这些额外的碱基对是维持 tRNA 三级结构的重要因素。

tRNA 在蛋白质生物合成过程中具有转运氨基酸和识别密码子的作用,它的名称也由此而来。不仅如此,它在蛋白质生物合成的起始过程中,在 DNA 反转录合成中及其他代谢调节中也起重要作用。

三、核蛋白体 RNA 的结构与功能

核蛋白体 RNA(ribosomal RNA,rRNA)是细胞内含量最

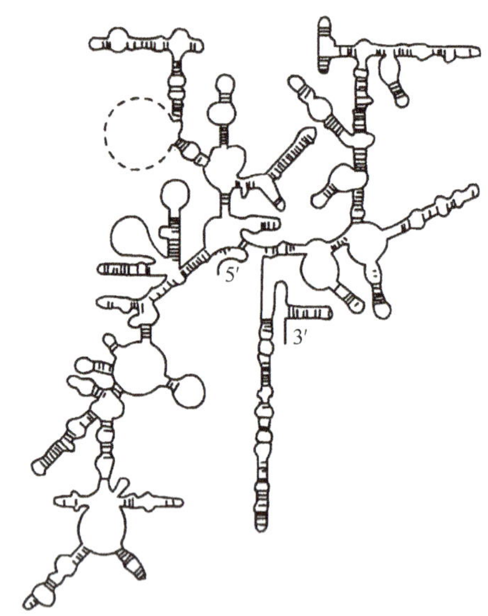

图 1-17 真核生物 18rRNA 二级结构

多的 RNA，约占总 RNA 的 80% 以上。rRNA 与核蛋白体蛋白（ribosomal protein，rp）共同构成核蛋白体或称核糖体（ribosome）。核蛋白体均由易于解聚的大、小两个亚基组成。

原核生物有 3 种 rRNA，分别为 5S，16S 和 23S rRNA。真核生物有 4 种 rRNA，分别为 5S、5.8S、18S、28S rRNA。这些 rRNA 分别与多种蛋白质一起构成蛋白质的合成机器-核蛋白体（见第七章）。

各种 rRNA 的碱基顺序均已测定，并据此推测出了二级结构和空间结构。数种原核生物的 16S rRNA 的二级结构颇为相似，形似 30S 小亚基。真核生物的 18S rRNA 的二级结构呈花状，形似 40S 小亚基，其中有多个茎-环结构（图 1-17）。这种结构为核蛋白体蛋白的结合和组装提供了结构基础。

rRNA 的主要功能是与多种蛋白构成核蛋白体，为多肽链合成所需要的 mRNA、tRNA 以及多种蛋白因子提供了相互结合的位点和相互作用的空间环境，在蛋白质生物合成中起着“装配机”的作用。

四、其他小分子 RNA 的种类与功能

除了上面介绍的 mRNA、tRNA 和 rRNA 外，细胞内还存在有一些具有重要生物学功能的其他小分子 RNA，统称为非信使小 RNA（small non-messenger RNA，snmRNA）。根据结构和功能可将这些小分子 RNA 分为小干扰 RNA、小核 RNA、小核仁 RNA、小胞质 RNA、微小 RNA 等。很显然，RNA 的生物功能远超出了遗传信息传递中介的范围，因此 snmRNAs 的研究受到广泛重视，并由此产生了 RNA 组学（RNomics）（见第十九章）。总之，随着小 RNA 研究的不断深入，将有助于我们揭示更多的生命奥秘。

第四节 核酸的理化性质

核酸的化学结构和作为高分子化合物决定着其有一些特殊的理化性质，这些理化性质已被广泛用作基础研究及疾病诊断的工具。

一、核酸的一般理化性质

核酸分子中有末端磷酸基和许多连接核苷的磷酸残基，为多元酸，具有较强的酸性。核酸分子中还有含氮碱基上的碱性基团，故为两性电解质，各种核酸分子大小及所带电荷不同，可用电泳的方法来分离不同大小的核酸片断。

由于嘌呤和嘧啶分子中都具有共轭双键，使碱基、核苷、核苷酸和核酸分子在 220～290nm 紫外波长范围内具有吸收紫外光的特性，最大吸收峰在 260nm。不同的核苷酸具有特征性的紫外吸收光谱（图 1-18），这些特点常被用来对核酸进行定性、定量分析和鉴定核苷酸的种类。在核酸提取过程中，蛋白质是最常见的杂质（蛋白质最大吸收峰 280nm），故常用 A_{260}/A_{280} 比值判断提取核酸的纯度。纯 DNA 的 A_{260}/A_{280} 应大于 1.8，纯 RNA 应达到 2.0。紫外吸收值还可作为核酸变性、复性的指标。

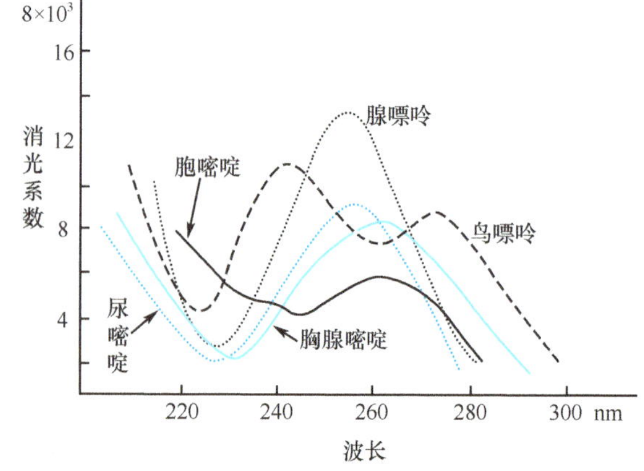

图 1-18 几种不同碱基的紫外吸收曲线（pH 7.0）

在碱性溶液中，RNA 在室温下易被水解，而 DNA 则较稳定，此特性可用来测定 RNA 的碱基组成，也可利用此特性来除去 DNA 中混杂的 RNA，从而纯化 DNA。DNA 是线性高分子，黏度极大，在机械力作用下易断裂，因此提取 DNA 过程中应注意不能过度用力，比如剧烈震荡吹

打等。RNA 分子小且短,其溶液的黏滞度较 DNA 溶液低。

表示核酸分子大小的方式有多种,主要有:①相对分子质量;②碱基数或碱基对数;③链长(μm);④沉降系数(S)。它们的关系是:一个 bp 相当的核苷酸,其相对分子质量平均为 660,1μm 长的 DNA 双螺旋相当于 3 000bp。

二、核酸的变性

在核酸变性中,DNA 变性的研究最多。大多数天然存在的 DNA 都具有规则的双螺旋结构。当 DNA 受到某些理化因素(如温度、pH、乙醇和丙酮等有机溶剂以及尿素、离子强度等)作用时,DNA 双链互补碱基对之间的氢键和相邻碱基之间的堆积力受到破坏,DNA 分子被解开成单链,逐步形成为无规则线团的构象,此过程称为 DNA 变性(denaturation),但变性并不涉及核苷酸间共价键(磷酸二酯键)的断裂。

DNA 变性中以热变性最为常见,将 DNA 的稀盐溶液加热到 80~100℃时,双螺旋结构即发生解体,两条链分开,形成无规线团。DNA 变性后,它的一系列理化性质也随之发生改变,如 260nm 区紫外吸光度值增加,此现象称为增色效应(hyperchromic effect),这是由于位于双螺旋里面的碱基发色基团因变性而暴露所引起的。由温度升高而引起的变性称热变性。DNA 热变性的特点是爆发式的,变性作用发生在一个很窄的温度范围内,类似金属熔解,有一个相变的过程。若以温度对 DNA 溶液的紫外吸光度值作图,即可绘制成典型的 DNA 变性曲线,呈 S 型。S 型曲线下方平坦段,表示 DNA 的氢键未被破坏,待加热到某一温度处时,次级键突然断开,DNA 迅速解链,同时伴随紫外吸光度值急剧上升,此后因没有双链可以解离而出现上方平坦段(图 1-19)。通常将加热变性使 DNA 的双螺旋结构失去一半时的温度称为该 DNA 的熔点或熔解温度(melting temperature),用 *Tm* 表示。在达到 *Tm* 时,DNA 分子内 50% 的双链结构被打开,即增色效应达到一半时的温度。

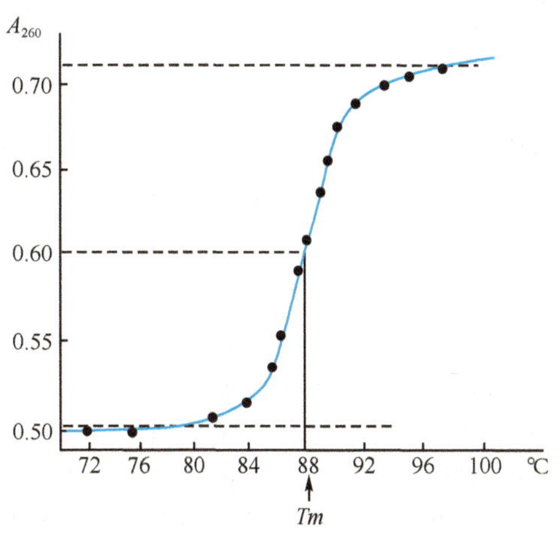

图 1-19 DNA 的溶解曲线

不同来源 DNA 间的 *Tm* 存在较大差别,在溶剂相同的前提下,*Tm* 值大小与下列因素有关:

1. DNA 的均一性 首先是指 DNA 分子中碱基组成的均一性,人工合成的只含有一种碱基对的多核苷酸片段,如多聚腺嘌呤-胸腺嘧啶脱氧核苷酸,简称 polyd(A—T),与天然 DNA 比较,其 *Tm* 值范围就较窄。因前者在变性时的氢链断裂几乎同时进行,故要求的变性温度更趋于一致。熔解过程发生在一个较小的温度范围之内。其次还包含待测样品 DNA 的组成是否均一,如样品中只含有一种病毒 DNA,其 *Tm* 值范围较窄,若混杂有其他来源的 DNA,则 *Tm* 值范围较宽。其原因显然也与 DNA 的碱基组成有关。总之,DNA 的均一性较高,那么 DNA 链各部分的氢键断裂所需能量较接近,*Tm* 值范围较窄,反之亦然。由此可见 *Tm* 值可作为衡量 DNA 样品均一性的指标。

2. G—C 碱基对含量 在溶剂固定的前提下,*Tm* 值的高低取决于 DNA 分子中 G—C 的含量。G—C 含量越高,*Tm* 值越高。因为 G—C 之间有 3 个氢键,而 A—T 碱基对只有 2 个氢键,DNA 中 G—C 含量高明显能增强结构的稳定性,破坏 G—C 间氢键需比 A-T 氢键付出更多的能量。因此,测定 *Tm* 值,可以推算出 DNA 碱基的百分组成。*Tm* 与(G+C)百分组成的这种关系可用以下经验公式表示(DNA 溶于 0.2mol/L NaCl 中):$(G+C)\% = (Tm-69.3)\times 2.44$。

3. 介质中的离子强度 一般来说,离子强度较低的介质中,DNA 的 *Tm* 值较低,而且熔解温度的范围较宽。而在较高的离子强度时,DNA 的 *Tm* 值较高,且熔解过程发生在一个较小的温度范围之内。所以 DNA 制品不应保存在极稀的电解质溶液之中,一般在含盐缓冲溶液中保存较为稳定。

可以引起核酸变性的因素很多,如尿素是聚丙烯酰胺凝胶电泳法测定 DNA 序列或分离 DNA 片段时常用的变性剂;由酸碱度改变引起的变性称酸碱变性。此外,变性核酸的溶液黏度下降、沉降速率增加、双折射现象消失等。因此,利用这些性质可以追踪变性过程。

三、DNA 的复性与核酸分子杂交

变性的 DNA 在适当条件下,两条互补链可重新结合恢复天然的双螺旋构象,这一现象称为复性(renaturation)。DNA 复性后,许多理化性质又得到恢复。复性时需要考虑下列条件:①有足够的盐浓度以消除磷酸基的静电排斥力,常用的盐浓度为 0.15~0.50mol/L 的 NaCl;②有足够高的温度以破坏无规则的链内氢键,但又不能太高,否则配对碱基之间的氢键又难以形成。一般使用比 *Tm* 低 10~20℃的温度。

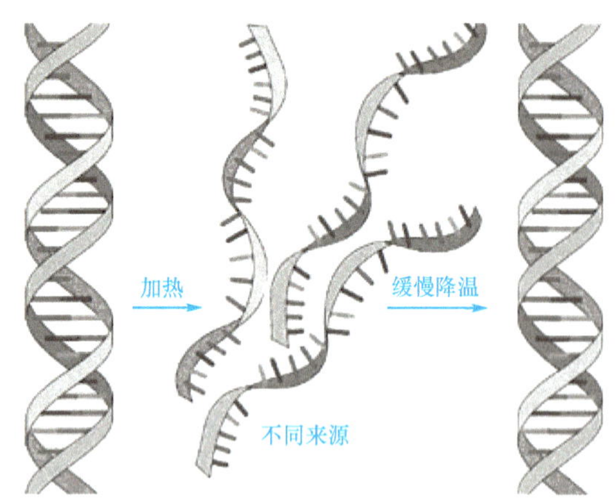

图 1-20 DNA 变性与复性

热变性的 DNA 经缓慢冷却后即可复性(图 1-20),这一过程亦称为退火(annealing)。DNA 片断越大,复性越慢。而且,只有温度缓慢下降才可使其重新配对复性。如加热后,将其迅速冷却至 4℃以下,则几乎不能发生复性,这一特性常被用来保持 DNA 的变性状态。实验证明,两种浓度相同但来源不同的 DNA,复性时间的长短与基因组的大小有关。具有很多重复序列的 DNA,复性也快。因此,可以用复性动力学的方法测定基因组大小和重复序列的拷贝数。

在 DNA 变性后的复性过程中,如果将不同来源的 DNA 单链分子或 RNA 分子放在同一溶液中,只要两种单链分子之间存在着一定程度的碱基配对关系,在适宜的条件(如温度及离子强度等)下,就可以在不同的分子间形成杂化双链,这种杂化双链可以在不同的 DNA 与 DNA 之间形成,也可以在 DNA 和 RNA 分子间或者 RNA 与 RNA 分子间形成。这种现象称为核酸分子杂交(hybridization)。杂交的本质就是在一定条件下使互补核酸链实现复性。

核酸分子杂交作为一项基本技术,已应用于核酸结构与功能研究的各个方面,如用 Southern 印迹可检测 DNA,用 Northern 印迹可检测 RNA。在医学上,目前已用于多种遗传病的基因诊断(gene diagnosis)、恶性肿瘤的基因分析、传染病病原体的检测等。最新发展起来的基因芯片等现代检测手段的最基本原理就是核酸分子杂交,其成果大大促进了现代医学的进步和发展。

思 考 题

1. DNA 与 RNA 在戊糖和碱基组成上有何异同?
2. 详述 DNA 双螺旋结构的特点。
3. 简述 mRNA、tRNA、rRNA 的结构特点。
4. 描述核酸的变性与复性及核酸分子杂交。

(王晓华)

第二章　基因与基因组

基因(gene)控制着生物体的遗传性状,但对基因化学本质及功能的真正认识是20世纪40年代以后。基因是遗传的物质基础,是DNA或RNA分子中携带遗传信息的特定核苷酸序列。基因信息通过复制把遗传信息传递给下一代,使后代出现与亲代相似的性状,并储存着生命孕育、生长、分化、衰老、死亡的全部信息,是决定生物体健康的内在因素。基因的变异不仅是生物进化的分子基础,也是疾病发生的分子基础,更是疾病治疗的分子基础。

第一节　基　　因

基因是核酸分子中编码RNA或多肽链的功能区段。基因信息遵照生物学遗传中心法则传递,即经过转录过程产生各种RNA分子,这样就将基因蕴藏的遗传信息抄录到RNA分子中,其中mRNA作为多肽链合成的模板,经过翻译过程指导多肽链中氨基酸的排列顺序。

一、基因概念的提出与发展

1865年,现代遗传学的奠基人G. J. Mendel根据他的豌豆杂交试验结果提出了遗传因子学说,并对遗传因子的基本性质做了最早的论述:认为生物体内有某种遗传颗粒或遗传单位,它能传代并控制生物体的性状。孟德尔通过人工培植这些豌豆,对不同子代豌豆的性状和数目进行细致入微的观察、计数和分析,认为遗传性状是由成对的遗传因子决定的,在生殖细胞形成过程中,成对的遗传因子分开,并分别进入两个生殖细胞中去,这就是遗传学的Mendel第一定律(或称分离律)。他还认为在生殖细胞形成过程中,不同对的遗传因子可以自由组合,此即Mendel第二定律(或称自由组合律)。孟德尔的遗传因子学说为基因概念的提出奠定了基础。

1903年,W. S. Sutton和T. Boveri根据各自的研究,分别注意到孟德尔的"遗传因子"与生殖细胞形成和受精过程中的染色体行为具有平行性,同时提出了遗传的染色体学说:遗传因子位于染色体上。该学说第一次把遗传物质和染色体联系起来。这个从细胞学研究得出的结论,圆满地解释了孟德尔遗传现象。1909年,丹麦遗传学家W. L. Johannsen在《精密遗传学原理》一书中提出"基因"一词,以此来替代孟德尔的"遗传因子"。基因一词来自希腊语,意思为"给予生命"之意。从此,"基因"一词一直伴随着遗传学发展至今。Johannsen还提出了基因型(genotype)和表型(phenotype)的概念。基因型是逐代传递的成对遗传因子的集合,表型是容易区分的个体特征的总和。基因型和表型概念的提出,初步阐明了基因与性状的关系。不过此时的基因仍然是一个未经证实的,仅靠逻辑推理得出的概念。

1910年,现代实验生物学奠基人美国生物学家T. H. Morgan以果蝇(*Drosophila*)为研究材料,发现基因的确存在于生殖细胞的染色体上,基因在每条染色体上是直线排列的,在进行减数分裂形成配子(即生殖细胞)时,排在一条染色体上的基因是不能自由组合的,此即为基因的"连锁";同源染色体的断离与组合,产生了基因的互相交换。上述发现即是遗传学第三定律—连锁与互换律。Morgan的实验观察既证实了性染色体在性别决定中的作用,同时也证实了基因是由染色体携带的学说。1926年摩尔根的巨著《基因论》的出版,创立了著名的基因学说:①基因是携带遗传信息的遗传单位;②又是控制特定性状的功能单位;③也是突变和交换的基本单位。至此,人们对基因概念的理解更加具体和丰富了。由于在染色体遗传理论方面的开创性工作,Morgan获得了1933年诺贝尔生理学/医学奖。但基因的化学本质到底是什么?这在当时还是个谜。

1953年J. Watson和F. Crick在前人工作的基础上,对DNA的分子结构进行了深入的研究,提出了DNA分子双螺旋结构模型(见第一章),这个模型不但显示了DNA分子的空间结构形式,还揭示了DNA分子具有自我复制功能,而且为充分揭示遗传信息的传递规律铺平了道路。2012年9月5日,国际科学界宣布"DNA元素百科全书"计划(简称ENCODE)获得了迄今最详细的人类基因组分析数据,其成果由于非常复杂,以30篇论文的形式同时发表在英国《自然》杂志等多份学术刊物上。这是继"人类基因组计划"之后国际科学界在基因研究领域取得的又一重大进展。人类基因组计划让我们得到了人类基因组图谱，但其中许多基因过去都不知道有什么功能。研究者最常关注的是与编码蛋白质相关的基因，但它们只占整个基因组的约 2%。ENCODE 公布的数据显示，人类基因组中约 80% 的基因都有某种确定的功能。

从遗传学角度讲，基因是指在染色体上占有一定位置的遗传基本单位或单元，它可以通过转录或/和翻译过程表达具有生物功能的 RNA 和蛋白质。从现代分子生物学的角度看，基因可被定义为合成功能多肽或 RNA 所必需的全部核苷酸序列(通常是 DNA 序列)，包括编码蛋白质或 RNA 分子的编码序列和保证转录所必需的非编码调控序列(如启动子)。如今生物学及医学领域的许多新发现、新技术都与基因的研究进展有关。基因作为分子生物学研究领域的主要内容之一，将生物化学、遗传学、细胞生物学等多种学科融合到一起，成为人们揭示生命奥秘的重要环节。

二、基因的组构

单个基因的组成结构以及个体内的基因组织排列方式统称为基因组构(gene organization)。在原核生物(如细菌)中，功能相关的结构基因常成簇排列并与其上游的调控序列组成一个转录单位，称为操纵子。编码 RNA 或多肽链的 DNA 序列称为结构基因(structure gene)。下面以真核生物的结构基因为例，介绍基因的基本结构。已如前述，基因的组织结构不仅包含编码区序列，还包括对结构基因表达起调控作用的序列，即调控序列。基因两侧或内部通常含有调控序列，如启动子(promoter)及上游启动子元件、增强子(enhancer)、沉默子(silencer)、绝缘子(insulator)、反应元件(response element)、polyA 加尾信号、终止子(terminator)等(图 2-1)。

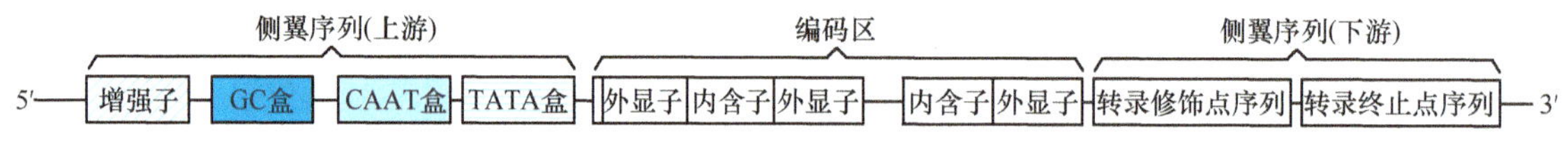

图 2-1 真核生物结构基因的组织结构示意图

(一) 结构基因中的外显子与内含子

真核生物的绝大部分基因都是断裂基因，即基因是由若干个编码区和非编码区相间排列但又相互连接而成。通常把断裂基因中编码氨基酸的序列称外显子(exon)或表达子(expressor)，不编码氨基酸的序列称内含子(intron)。由于内含子是插在外显子之间，所以又称插入序列或居间序列。内含子的数量与所在基因的大小有关，外显子一般大小为 100~200bp，内含子的长度可从 50~20000nt。许多基因中的内含子参与基因表达调控。高等真核生物的绝大部分结构基因都有内含子，包括编码 rRNA 和 tRNA 的结构基因也都有内含子，只有为数不多的基因没有内含子，如组蛋白基因。有些感染真核细胞的病毒基因也含有内含子。某些低等真核生物编码蛋白质的基因缺乏内含子，如酿酒酵母的许多基因。

真核生物基因在内含子和外显子的交界处有两个相当短的保守序列：5′端为 GT，3′端为 AG，称为 GT-AG 规则(在 hnRNA 分子中也可表述为 GU-AG 规则)。外显子和内含子均被转录而出现在 hnRNA 分子中，在转录后加工过程中，内含子被切除，外显子被拼接而成为成熟的 mRNA(见第六章)。

长期以来内含子一直被认为是真核生物特有的一类遗传元件。然而，有些原核生物的基因中也有内含子，如一些真细菌(eubacteria)和古细菌(archaebacteria)的基因。特别是最近几年，随着基因组测序的迅速发展，发现内含子存在于 G^+和 G^-细菌中是一种极普遍的现象，且绝大多数是Ⅱ类内含子。

内含子通常是指是一个基因中非编码的 DNA 区段，它们分隔相邻的外显子。确切的表述应是内含子是隔断基因线性表达而在剪接过程中被除去的核苷酸序列。那么，是否所有的内含子都是非编码序列呢？现已知有些Ⅰ类内含子编码核酸内切酶，如在“ω^+”的酵母品系中的 ω 内含子的产物是一种核酸内切酶，它能识别 ω^-基因并将它作为靶标切开其双链，这种类型的剪切是与转座子移到新位点的机制有关。类似的例子还有酵母细胞色素 b 基因的编码内含子，酵母细胞色素 *b* 基因含有三个外显子和两个内含子，转录成 mRNA 后首先切除了内含子 1，形成未成熟的 mRNA。此 mRNA 被翻译产生 423 个氨基酸残基的一种叫做成熟酶(maturase)的蛋白，此酶又可将未成熟的 mRNA 中的内含子 2 切除，产生成熟的 mRNA，最终以此 mRNA 为模板翻译成 279 个氨基酸残基的细胞色素 *b*，其 N 端的 144 个氨基酸与成熟酶 N 端的 144 氨基酸一致。

内含子是在进化中出现或消失的，内含子有利于物种的进化选择。内含子可能含有“旧码”，就是在进化过程中丧失功能的基因部分。内含子可以出现在转录本的任何位置，甚至在以后成为密码子的三核苷酸之间。若内含子位于一个密码子的第 3 位核苷酸和另一个密码子的第 1 位核苷酸之间，即两密码子之间，则被称为 0 位内含子;若位于一个密码子的第 1 与第 2 位核苷酸之间的内含子被称为 1 位内含子;若位于一个密码子第 2 和第 3 位核苷酸之间时,则被称为 2 位内含子。这在外显子复制中很重要,处于两同相位内含子的外显子被称为对称外显子,其核苷酸数为 3 的整数倍,它可以被成功复制,不会造成阅读框的推移。相反,非对称外显子是不可复制的。

根据基因的类型和剪接的方式,通常把内含子分为四类:① Ⅰ类内含子主要存在于线粒体、叶绿体及某些低等真核生物的 rRNA 基因中,极个别的存在于原核生物的噬菌体中;② Ⅱ类内含子存在于大约 25% 的真核生物基因组中,以及植物和真菌的线粒体和叶绿体中,古细菌中也发现存在Ⅱ类内含子;③ Ⅲ类内含子,即绝大多数真核细胞 hnRNA 中的内含子;④Ⅳ类内含子,存在于 tRNA 基因中。Ⅰ类和Ⅱ类内含子中,已发现有相当一部分具有自身剪接(self splicing)作用。

细菌的基因密度极高,但是与真核生物相比,许多细菌的Ⅰ类内含子和Ⅱ类内含子被排除在保守的蛋白编码基因之外。而真核生物中几乎所有的Ⅰ类内含子和Ⅱ类内含子都保守地存在于编码蛋白质的基因中。这一现象表明内含子插入基因具有选择性。

(二) 结构基因的调控序列

1. 启动子 启动子(promoter)是位于转录起始点附近,且为转录起始所必需的序列元件。真核生物和原核生物的 mRNA 转录有个显著的区别,即真核生物启动子的起始涉及许多蛋白质因子,启动子要含有所有这些结合位点的区域,而原核生物的启动子主要指转录起始点附近的 RNA 聚合酶结合位点。启动子具有方向性,一般位于基因转录起始点上游-100~-200bp 的范围。

根据 RNA 聚合酶对启动子的特异性识别,将真核生物启动子分为Ⅰ、Ⅱ和Ⅲ类启动子。

(1) Ⅰ类启动子:主要启动 rRNA 基因转录,为 RNA 聚合酶Ⅰ所识别。Ⅰ类启动子由包括转录起始点核心元件(+20~-45)和上游启动子元件(-107~-156)组成。核心元件富含为转录所必需的 AT 序列,上游启动子元件作用时增强转录效率。

(2) Ⅱ类启动子:RNA 聚合酶Ⅱ所需的启动子属于Ⅱ类启动子。这类启动子通常位于转录起始点上游,本身并不被转录,它包括启动子核心序列和启动子上游元件(upstream element)等近端调控序列。Ⅱ类启动子具有 TATA 盒(TATA box)特征结构,TAAT 盒又称 Hogness 盒,约位于-20~-30 区域。TATA 盒是一个短的核苷酸序列,其核心序列为 TATAA,后面通常跟着 3 对以上 A-T 碱基对。通常认为 TATA 盒是真核启动子的核心序列,是 RNA 聚合酶Ⅱ的重要的接触点。启动子上游元件多在-40~-110 处,比较常见的是 CAAT 盒和 GC 盒。CAAT 盒是启动子中另一个短的核苷酸序列,位于-75 处。GC 盒约位于-80~-110 处,富含 GC,它常常以多拷贝形式在启动子中出现。一个典型的启动子由 TATA 盒、CAAT 盒和 GC 盒组成(图 2-2)。

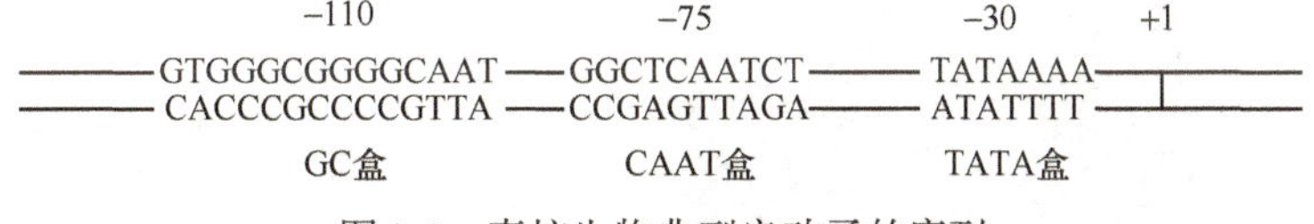

图 2-2 真核生物典型启动子的序列

(3) Ⅲ类启动子:RNA 聚合酶Ⅲ识别该类启动子,启动 tRNA 基因和 5S RNA 基因及 U6 snRNA 等 RNA 分子的转录。Ⅲ类启动子完全位于被转录的序列中,称为内启动子(internal promoter)。所有 tRNA 基因的内启动子都包括 A 盒和 B 盒两个元件,如 Alu tRNA 启动子的 A 盒序列为 RGYNNRRYGG(R 代表嘌呤碱基;Y 代表嘧啶碱基;N 代表任意碱基),B 盒序列为 GA/TTCRANNC,两盒间大约间隔 60bp。5S rRNA 基因中含 A 盒和 C 盒内启动子元件。

2. 增强子 增强子(enhancer)是增强启动子转录活性的一段 DNA 序列,与增强子结合蛋白相互作用而使转录增强。增强子一般跨度为 100~200bp(核心组件常由 8~12bp 组成),常与启动子序列有交错,有时无法区分是启动子结构,还是增强子结构。增强子决定基因表达的时空特异性。增强子发挥作用的特点:①能在与启动子相距很远处起作用,即增强子与启动子的距离无关;②能在基因的上游、基因内部或下游起作用,增强子的某些功能组件可出现在启动子中;③与增强子的方向无关(可以是 5′→3′方向,也可以是 3′→5′方向)。

3. 沉默子 沉默子(silencer)是可抑制基因转录的特定 DNA 序列,为一种负性调节元件,当其结合一些特异反式作用因子时,对基因的转录起阻遏作用,使基因沉默。沉默子在组织细胞特异性或发育阶段特异性的基因转录调控中起重要作用。

4. 终止子和 PolyA 加尾信号 在 3′端终止密码子的下游有一段核苷酸顺序为 AATAAA，这一顺序可能对 mRNA 的加尾（mRNA 尾部添加多聚 A）有重要作用。这个顺序的下游是一个反向重复顺序，经转录后可形成一个发卡结构。发卡结构阻碍了 RNA 聚合酶的移动，其末尾的一串 U 与模板中的 A 结合不稳定，从而使 mRNA 从模板上脱落，转录终止。AATAAA 顺序和它下游的反向重复顺序合称为终止子，是转录终止的信号。

5. 绝缘子 绝缘子（insulator）是序列长约几十到几百个 bp 的调控序列，通常位于启动子同邻近基因的正调控元件（增强子）或负调控元件（沉默子）之间。绝缘子本身对基因的表达既没有正效应，也没有负效应，其作用只是不让其他调控元件对基因的活化效应或失活效应发生作用。

6. 反应元件 反应元件（response element）是启动子或增强子的上游元件，它们含有短的保守顺序。例如，激素反应元件、铁反应元件等。在不同的基因中反应元件的顺序密切相关，但并不一定相同，离起始点的距离并不固定，一般位于上游小于 200bp 处，有的也可以位于启动子或增强子序列中。

三、基因的类型

根据基因表达的最终产物可将基因分为编码蛋白质的基因和编码 RNA（除外 mRNA）的基因。编码蛋白质的基因首先转录生成 mRNA，后者再指导蛋白质的生物合成。编码 RNA 的基因只转录产生相应的 RNA，而不翻译成蛋白质，包括 rRNA 基因、tRNA 基因以及各种小 RNA 基因。

1. 断裂基因 如前所述，真核生物的绝大部分结构基因是断裂基因，即由外显子与内含子交替排列而成。20 世纪 70 年代中期法国生物化学家 Chamobon 和 Berget 首先提出断裂基因的概念，他们在研究鸡卵清蛋白基因的表达时发现，细胞内结构基因并非全部由编码序列（外显子）组成，而是在编码序列中间插入无编码作用的碱基序列（内含子），这类基因被称为断裂基因。美国生物学家 P. A. Sharp 和英国科学家 R. J. Roberts 在利用核酸分子杂交实验研究腺病毒时发现：成熟 mRNA 与模板链 DNA 杂交，出现部分配对（双链区段）和中间不配对（单链区段）现象。Sharp 认为 hnRNA 中的非编码区片段被切除，而编码区片段被拼接起来。由此，Sharp 和 Roberts 共同获得了 1993 年的诺贝尔生理学/医学奖。第一个被发现的断裂基因是鸡卵清蛋白基因（图 2-3），该基因全长为 7.7kb，8 个编码区被 7 个非编码区所间隔，非编码区被切除后，成熟 mRNA 的长度仅为 1.2kb。

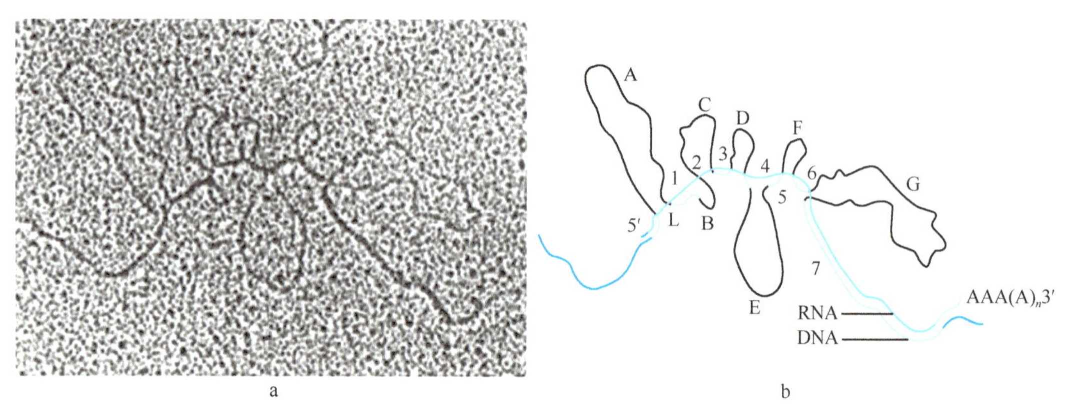

图 2-3 鸡卵清蛋白断裂基因

a.为成熟 mRNA 与基因模板 DNA 杂交的电镜图；b.为成熟 mRNA 与基因模板 DNA 杂交的模式图

A～G 为内含子，1～7 为外显子，L 为编码信号肽基因的外显子

2. 移动基因 移动基因也称转座子（transposon，Tn），是存在于染色体 DNA 上可自主复制和移位的基本单位。移动基因最早由美国遗传学家 McClintock 于 1950 年在玉米染色体组中发现。研究表明，玉米染色体上有一种称为解离因子的 Ds 能控制基因的表达。活化的 Ds 可在基因组内转座或插入结构基因，导致基因失活或改变结构基因的表达水平，也可导致染色体断裂，引起缺失或重组，从而导致玉米籽粒性状改变。这一研究当时并没有引起重视，之后 30 年的研究结果（如细菌中发现的一类称为插入顺序的可移动位置的遗传因子、细菌质粒的某些抗药性可移动基因的发现等）终于证明了 McClintock 的观点，移动基因不仅能在个体的染色体组内移动，也可在个体间甚至种间移动。McClintock 因为转座子的发现在 1983 年获得诺贝尔生理学/医学奖。现已了解到真核细胞中普遍存在移动基因，人类基因组中约 35% 以上的序列为转座子序列，其中大部分与疾病有关。

转座子的特征是它们并不利用独立形式的元件（如噬菌体或质粒 DNA），而是从基因组的一个位置直接移动到另一个位置。与大多数基因组重建方法不同的是,转座子不依赖于供体和受体位点序列间的任何联系。转座子限定于将其自身转座到同一基因组的新位置,是基因组内突变的主要来源。

转座子可以分为两大类:以 DNA-DNA 方式转座的转座子和反转录转座子(retrotransposon)。第一类转座子可以通过 DNA 复制或直接切除两种方式获得可移片段,重新插入基因组 DNA 中。反转录转座子又称为返座元(retroposon),是以不产生感染性颗粒的 RNA 为中间体进行转座的一类转座子。目前共发现了 3 种类型反转录转座子:病毒超家族、LINES(long interspersed nuclear clements)和非病毒超家族。表 2-1 归纳了三种反转录转座子的特征。

表 2-1 哺乳动物基因组的三种反转录转座子的特征比较

	病毒超家族	LINES	非病毒超家族
普通类型	Ty 元件(酿酒酵母);Copia 元件(黑腹果蝇)	L1(人类);B1,B2,ID,B4(小鼠)	SINES(哺乳动物);聚合酶Ⅲ转录物的假基因
末端	有 LTR	无 LTR	无 LTR
靶重复序列	4~6bp	7~21bp	7~21bp
表达酶活性	反转录酶和(或)整合酶	反转录酶/核酸内切酶	无
序列特征	可能含内含子	1 或者 2 个连续的 ORF	不含内含子

转座子的发现不仅打破了遗传的 DNA 恒定论,而且对于认识肿瘤基因的形成和表达,以及生物演化中信息量的扩大等研究工作也将提供新的启示和线索。

3. 重叠基因 重叠基因(overlapping gene)是指同一段 DNA 序列能携带两种蛋白质的信息。1977 年 F. Sanger 在《自然》杂志上发表了噬菌体 ΦX174 DNA 的全部核苷酸序列,正式发现重叠基因,图 2-4 展示了噬菌体 ΦX174 基因的结构。重叠基因的主要形式有:①一个基因完全在另一个基因里,如基因 B 在基因 A 内,基因 E 在基因 D 内;②部分重叠,如基因 K 和基因 C 是部分重叠;③两个基因只有一个碱基对是重叠的,如 D 基因终止密码子的最后一个碱基是 J 基因起始密码子的第一个碱基。重叠基因中不仅有编码序列也有调控序列,说明基因的重叠不仅是为了节约碱基,能经济和有效地利用 DNA 遗传信息量,更重要的可能是参与对基因的调控。基因重叠可能是生物进化过程中自然选择的结果。

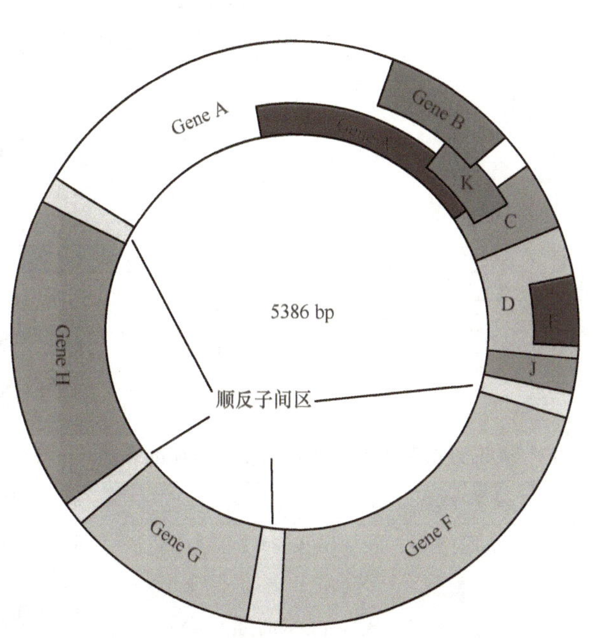

图 2-4 噬菌体 ΦX174 的重叠基因示意图

4. 基因家族 真核生物基因组庞大,结构功能复杂,但这些基因实际上是由数量有限的原始基因逐步进化、发展而来,因此在核苷酸序列或编码产物的结构上,许多基因有不同程度的同源性。我们把核苷酸序列或编码产物的结构具有一定程度同源性,且功能相关的一组基因称为基因家族(gene family)。它们来源于同一个祖先,由一个基因通过基因倍增和变异而构成一组基因。基因家族成员具有共同的组织结构,编码相似的蛋白质产物。同一家族基因可以紧密排列在一起,形成一个基因,但更多时候,它们则分散在同一染色体的不同位置,或位于不同的染色体上,具有各自特点的表达调控模式。

(1) 简单多基因家族:各成员相同或基本相同,一般以串联方式前后相连,如 rRNA 基因家族,tRNA 基因家族。rRNA 基因集中成簇存在,各重复单位中的 rRNA 基因都相同。真核生物的 18S、5. 8S 和 28S rRNA 基因构成一个长 7. 5kb 转录单位。在高等生物中,5S rRNA 是单独转录的,而且其在基因组中的重复次数高于 18S 和 28SrRNA 基因。多个转录单位和不转录的间隔区(21~100bp)构成一个 rRNA 基因簇(rDNA 簇),间隔区类似卫星 DNA 的串联重复顺序。由于间隔区中的串联重复次数不同,因此,不同间隔区的长短差异很大(图 2-5)。

(2) 复杂多基因家族:复杂多基因家族一般由几个相关基因家族构成,基因家族之间由间隔序列隔开,并作为独立的转录单位,如组蛋白基因家族(图 2-6)。组蛋白基因在各种生物体内的拷贝数因种而异。组蛋白

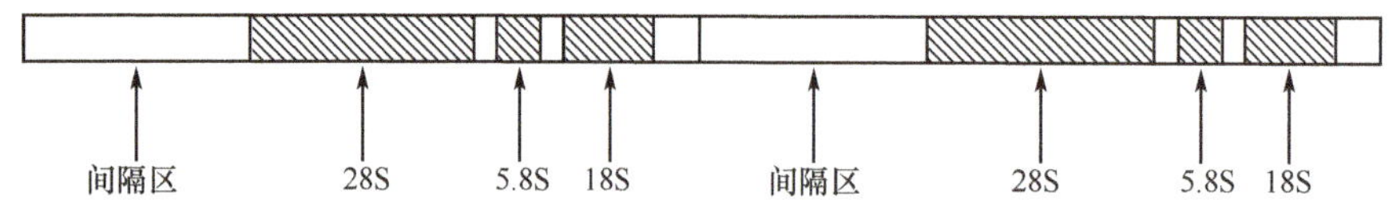

图 2-5 非洲爪蟾的 rRNA 基因示意图

基因没有一定的排列方式，在拷贝数大于 100 的基因组中串联重复形成基因簇。海胆组蛋白基因全长约为 6000bp，在这个基因家族中，5 个分别编码 H1、H2A、H2B、H3 和 H4 组蛋白的基因被间隔序列隔开，组成一个串联单位，在整个海胆基因组中此串联单位重复可多达到 1000 次。串联单位中各基因按同一方向转录成单顺反子，每个基因的转录和翻译速率都受到调节。在果蝇和非洲爪蟾中，5 种组蛋白组成一个重复单位，也存在间隔区，而且组蛋白基因的转录方向不一样。多个重复单位形成串联重复排列。哺乳动物的组蛋白基因一般呈散在分布或集成一小群。所有组蛋白基因都不含内含子，而且在序列上相应的组蛋白基因都很相似，从而编码的组蛋白在结构上和功能上极相似。

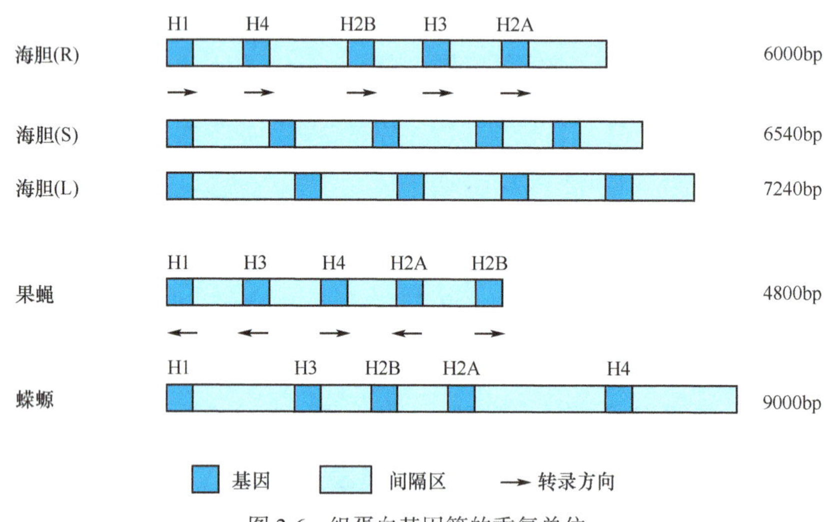

图 2-6 组蛋白基因簇的重复单位

表 2-2 人珠蛋白基因在个体不同发育时期的表达

发育时期	血红蛋白类型
胚胎期(<8 周)	Hb Gower Ⅰ($\zeta_2\varepsilon_2$)
	Hb Gower Ⅱ ($\alpha_2\varepsilon_2$)
	Hb Portland($\zeta_2\gamma_2$)
胎儿期(3~9 个月)	HbF 为主($\alpha_2\gamma_2$)
妊娠末期和出生不久	HbA_1为主($\alpha_2\beta_2$)
成人	HbA_1($\alpha_2\beta_2$)(约 97%)
	HbA_2($\alpha_2\delta_2$)(约 2%)
	HbF($\alpha_2\gamma_2$)(约 1%)

（3）发育调控的复杂多基因家族：如人的 β-珠蛋白基因家族。血红蛋白是所有动物体内输送 O_2 的主要载体，人体内的血红蛋白是由 2 条 α 链和 2 条 β 链组成的 $\alpha_2\beta_2$ 四聚体，每个亚基由一条肽链和一个血红素分子构成，肽链在生理条件下会盘绕折叠成球形，被称为珠蛋白。所有物种的珠蛋白基因都有大致相同的结构，由 3 个外显子构成。因为所有的珠蛋白基因由一条祖先基因进化而来，所以通过追踪种内或种间的单个珠蛋白基因的发育，可以研究基因家族的进化机制。在哺乳动物中 α 珠蛋白和 β 珠蛋白的基因分别形成两个不同的基因簇，并存在于不同的染色体上。人 α-珠蛋白基因簇位于 16p13，约占 30kb，包括 4 个编码基因(ζ_2、α_2、α_1、θ)和 3 个假基因($\psi\zeta$、$\psi\alpha_2$、$\psi\alpha_1$)；β-珠蛋白基因簇位于 11p15，约占 50~60kb，包括 5 个编码基因(ε、Gγ、Aγ、δ、β)和 1 个假基因(ψβ)(图 2-7)。α 珠蛋白和 β 珠蛋白基因簇按个体的不同发育时期表达不同的基因(表 2-2)。

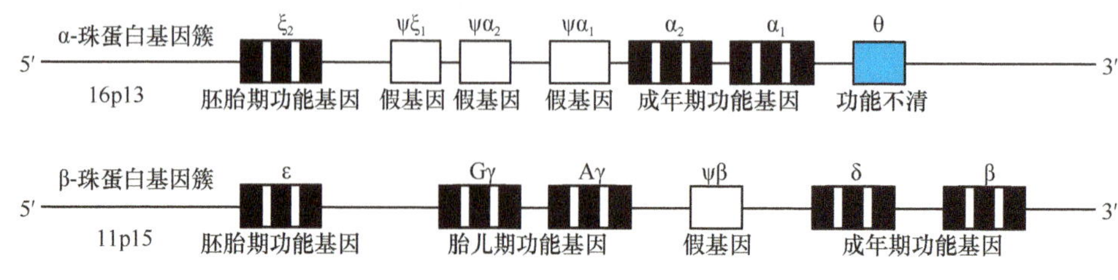

图 2-7 人的珠蛋白基因簇

5. 假基因　一个基因家族的成员可能多于我们以蛋白质分析所推测的结果，它们中有的是功能基因，有的是无功能基因。功能基因就是那些首先被转录成RNA，而后被翻译为蛋白质的基因。而无功能基因指具有与功能基因相似的序列，但不能表达为功能蛋白质的基因片段，也被称为假基因(pseudogene)，用符号ψ表示，其失活可能是转录或翻译的缺陷造成的。第一个假基因是在1977年G. Jacques等人研究非洲爪蟾5S rRNA基因时发现的。研究中发现，这个5S rRNA基因与同一个基本上相同但又不完全相同的5S rRNA基因的副本序列直接相邻，由于在体内从未检测过这段5SrRNA基因副本序列的mRNA分子，说明它是没有表达活性的，因此它是假基因。以后又发现编码蛋白质的结构基因也有相应的假基因，如在珠蛋白、免疫球蛋白或组织相容性抗原以及肌动蛋白和微管蛋白等基因家族中都有假基因存在。大部分假基因在染色体上都位于正常基因的附近，但也有的位于不同染色体上。假基因和正常基因结构上的差异包括在不同部位上的程度不等的碱基缺失或插入、在内含子和外显子连接区中的顺序变化、在5′端启动区域的缺陷等。这些变化可能破坏了转录起始信号，或者阻止了内含子和外显子连接处的剪接，或者使翻译提前发生了终止。

假基因根据其来源可分为复制假基因和返座假基因。复制假基因(duplicated pseudogenes)是指复制后基因发生序列变化而失去功能，这样产生的假基因带有内含子。返座假基因(retropseudogene)或已加工假基因(processed pseudogenes)是指与RNA转录物序列相近的假基因，产生机制是：基因转录的初始产物经剪接过程失去内含子形成mRNA，mRNA经反转录产生cDNA，再整合到染色体DNA中去，由于插入位点不合适或序列发生变化而导致失去功能而成为假基因，因此该假基因不含内含子。

迄今为止，明确鉴定的人类假基因多为返座假基因，有8000个之多。假基因在人类染色体上的分布与染色体长度成比例，返座假基因在G—C含量为41%~46%的染色体区域密度最高。说明假基因的发生几率与基因中GC含量和基因大小密切相关。

假基因的作用：①假基因的功能异常可能是导致人类疾病产生的因子。这是Wynshaw-Boris博士的研究小组在研究中偶然发现的。他们在研究某种基因的功能时，将这个基因随机嵌入老鼠原有基因组后，老鼠出现不寻常且严重的病征——实验组老鼠几乎全部死亡，存活者出现严重肾脏及骨骼疾病，并且会将这些缺陷传给下一代。研究其发病机制发现：待研究基因刚好插入到一个假基因makorin1-p1中，使之失活。makorin1-p1是一个碎片基因，它类似于一完整的蛋白基因makorin1，此makorin1位于另一染色体上，且makorin1-p1在维持makorin1的稳定性上有重要作用。正常老鼠肾脏中表达大量的makorin1蛋白，当假基因makorin1-p1失去功能时，makorin1蛋白的表达减弱且呈现异常，导致老鼠发病；②返座假基因的产生是进化的主要动力。返座假基因的产生方式——非病毒返座作用可以促进序列连续性的复制、散布和重组，使真核生物基因组保持流动性。这种流动性保证了胞核和胞质这两个不同遗传区域的遗传信息的持续交换，返座作用通过遗传信息复制性散布而产生大量新的序列组合，从而重塑了真核生物基因组。假基因与内含子、卫星序列、转座子等冗余DNA一样，是不受进化的负选择作用的。但正是这些看似无用的遗传变异为物种进化的正选择、负选择以及中性漂变提供了丰富的材料积累，从而成为物种进化不可或缺的有用“工具”。有些科学家将其视为“基因化石”，是透视物种进化的痕迹之一。假基因的准确鉴定对基因组进化、分子医学研究和医学应用具有重要意义。

6. 印记基因　印记基因(imprinted gene)是指在性细胞中打上印记的基因，表明该基因是父系的还是母系的，即仅一方亲本来源的同源基因表达，而来自另一亲本的不表达。在胚胎发育中不同亲缘的印记基因有不同的表达，而DNA甲基化导致印记发生。在原始生殖细胞发育早期，所有等位基因的差异以去甲基化的方式清除，然后加入每种性别特异的模式。父系等位基因在精母细胞形成精子时产生新的甲基化模式，但在受精时这种甲基化模式还将发生改变；母系等位基因甲基化模式在卵子发生时形成，因此在受精时，父系和母系的等位基因具有不同的甲基化模式。这种甲基基团的特异性分布导致了印记现象。DNA甲基化可导致基因失活，当基因被差异印记时，胚胎的存活可能要求亲代未甲基化的等位基因提供功能活性。印记基因的存在反映了性别的竞争，从目前发现的印记基因来看，父系对胚胎的贡献是加速其发育，而母系则是限制胚胎发育速度，亲代通过印记基因来影响其下一代，使它们具有性别行为特异性以保证本方基因在遗传中的优势。

印记基因有时是成簇的，它们通常被一个称为印记控制区域(imprinting control region，ICR)调控。ICR位于靠近靶基因的顺式作用位点，通过它的甲基化状态决定印记。ICR的缺失可去除印记，导致靶基因在父系和母系中有同样表现。印记基因的异常表达引发伴有复杂突变和表型缺陷的多种人类疾病，如Parader-Willi综合征和Angelman综合征。研究发现许多印记基因对胚胎和胎儿出生后的生长发育有重要的调节作用，对行为和大脑的功能也有很大的影响，印记基因的异常同样可诱发癌症。

第二节 基 因 组

基因组(genome)是指单倍体细胞核、细胞器或病毒粒子所含的全部 DNA 或 RNA 分子。每个生物的基因组携带着构成和维持该生物体生命形式所必需的所有生物信息。

不同生物基因组蕴含的遗传信息量差别巨大,基因组的大小通常以一个基因组中的 DNA 含量来表示,单倍体基因组中的全部 DNA 量称为生物体的 C 值。如大肠埃希菌基因组大小为 4.6×10^6bp,酵母基因组为 1.3×10^6bp,人类核基因组大小为 3×10^9bp。C 值随着生物进化以及生物结构和功能复杂程度的增加而上升,但 C 值也不能完全说明生物进化的程度和遗传复杂性的高低,如肺鱼基因组大小(1.3×10^{11}bp)比人类高出 100 倍,很难想象肺鱼的结构和功能比人类更复杂,这种现象称为 C 值悖理。表 2-3 总结了一些已测序基因组的大小和所含基因数量。

表 2-3 基因组大小和所含基因数量

生物	基因组大小(Mb)	基因	生物	基因组大小(Mb)	基因
生殖器支原体(*Mycoplasma genitalium*)	0.58	470	裂殖酵母(*S. pombe*)	12.5	6034
沙眼立克次体(*Rickettsia prowazekii*)	1.11	834	拟南芥(*A. thaliana*)	119	25498
流感嗜血埃希菌(*Haemophilus influenzae*)	1.83	1743	水稻[*O. sativa*(*rice*)]	466	4 6022~5 5615
甲烷球菌(*Methanococcus jannaschi*)	1.66	1738	黑腹果蝇(*D. melanoganster*)	165	13601
枯草芽孢埃希菌(*B. subtillis*)	4.2	4100	秀丽线虫(*C. elegans*)	97	18424
大肠埃希菌(*E. coli*)	4.6	4288	人类(*H. sapiens*)	3300	20 000~25 000
酿酒酵母(*S. cerevisiae*)	13.5	6275			

一、原核生物基因组的特点

以大肠埃希菌(*E. coli*)为例,介绍原核生物基因组特点。质粒是存在于细菌染色体之外的 DNA 分子,在此也一并介绍质粒基因组特点。

(一) 大肠埃希菌(*E. coli*)基因组特点

K12 是第一个被测序的大肠埃希菌基因组,1997 年完成了 K-12MG1655 和 K-12W3110 菌株的测序,2001 年完成了致病性大肠埃希菌 0157-EDL933 和 0157-Sakai 的测序。大肠埃希菌基因组的特点如下:

1. 基因组较小 大肠埃希菌的染色体 DNA 基因组通常仅由一条环状双链 DNA 分子组成,只有一个复制起始点。DNA 虽与少量蛋白质结合,但并不形成染色体结构,只是习惯上将之称为染色体。如 K-12MG1655 基因组全长 4.639×10^6bp,含 4000 多个基因。

2. 基因是连续的 编码蛋白质的结构基因中无内含子,基因是连续的,因此转录后不需要剪切,转录产物的寿命比较短,有些在 mRNA 3′端还没有合成完,5′端已经开始降解。

3. 结构基因多为单拷贝 原核生物基因组中的结构基因多为单拷贝,基因组中重复序列很少,但编码 rRNA 的基因往往是多拷贝的,这有利于核蛋白体的快速组装,满足快速合成蛋白质的需要。

4. 基因组中编码序列在基因组中所占的比例远远大于真核基因组而小于病毒基因组,非编码区主要是一些调控序列。

5. 存在操纵子模式 操纵子(operon)结构是原核生物基因组的一个突出的结构特点。操纵子是指成簇排列的编码功能相关蛋白质的结构基因及其表达调控元件在内的整个系统。这个基因簇可以由单一启动子转录出一个多顺反子 mRNA,再以各自翻译的起点翻译成各自的蛋白质。例如,*E. coli* 乳糖操纵子由 3 个结构基因 *lacZ*、*lacY* 和 *lacA* 组成,它们分别编码与乳糖代谢相关的 β-半乳糖苷酶、透酶及转乙酰基酶,在其上游有同一个调控区控制其转录(见第八章)。在大肠埃希菌中已发现有 260 多个基因具有操纵子结构。

6. 编码顺序一般不重叠 原核生物基因组中只有少数基因存在基因重叠,这是与病毒基因组的不同点。

(二) 质粒基因组的结构与特点

质粒(plasmid)是存在于细菌染色体外的小的环状双链 DNA 分子,具有自主复制的能力,并在细胞分裂时保持恒定地传递给子代细胞(图 2-8)。已知有 50 多个属的细菌内存在质粒。在酵母和其他真菌中也发现有质粒。质粒大小可以是 2~3kb,也可以达数百 kb 以上。

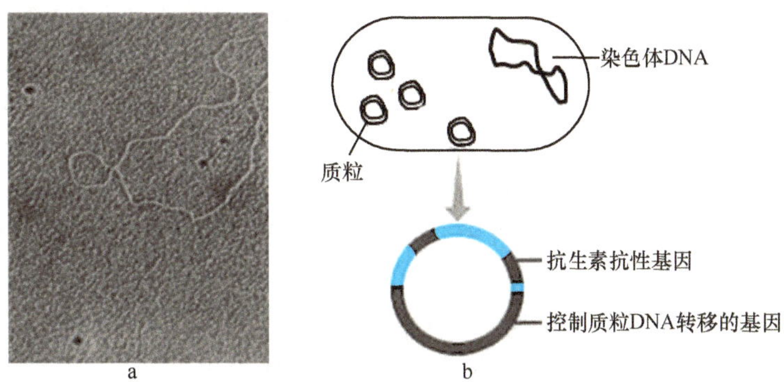

图 2-8 质粒 DNA

a.为电镜照片;b.为质粒 DNA 示意图

质粒能在不断增殖的细胞中以一定的拷贝数稳定遗传,这是 4 个不同的系统精细调节和分配的结果。①复制调控系统:该系统由质粒上的复制起点(ori)、质粒的 *rep* 基因和 *cop* 基因构成,可控制质粒复制的频率;②分配系统:分配系统使质粒在细菌分裂过程中精确分配到子细胞中,质粒中对其稳定存在至关重要的区域称分配区,该区的突变或缺失可引起质粒不稳定性;③细胞分裂控制系统:因为没有质粒的细胞比带有质粒的细胞具有更强的竞争力,所以细胞分裂控制系统能够抑制细胞分裂,使细胞分裂与质粒复制协调,避免太多不含质粒的子代细菌出现;④质粒的不相容性:具有相同复制起始位点和分配区的两种质粒不能共存于一个宿主菌。当一个宿主菌中的两个质粒的复制起始位点不同时,它们有各自的分配系统来精确调节它们在子代细胞中的分配,维持两种质粒在子代细胞中稳定共存。

质粒对宿主细胞的生存不是必需的,丢失了质粒的宿主细胞依然能够存活,但是质粒所携带的某些遗传信息能赋予宿主细胞特定的生物学性状,如对抗生素或重金属产生抗性。质粒是基因工程中最常见的基因载体。根据宿主的表型可鉴别质粒的存在,可用于筛选转化子细菌(见第十一章)。

二、真核生物基因组的特点

真核生物基因组包括细胞核基因组和核外基因组(即细胞器基因组)。细胞核基因组 DNA 与蛋白质共同构成染色体。细胞器基因组包括动物的线粒体基因组和植物的叶绿体基因组。细胞器基因组编码部分细胞器蛋白质。

(一)真核生物细胞核基因组特点

1. 基因组庞大 真核生物基因组远远大于原核生物基因组,结构也十分复杂。例如,人的单倍体基因组 DNA 约为 3×10^9bp,而大肠埃希菌的基因组只有 4.6×10^6bp。

2. 结构基因是断裂基因 如前所述,绝大多数真核生物的结构基因由外显子与内含子交替排列而成。

3. 结构基因的转录产物为单顺反子 mRNA 与原核生物不同,真核生物转录产生的一种 mRNA 只能翻译成一种蛋白质(或一种多肽链)。

4. 非编码序列远多于编码序列 非编码序列可占总 DNA 量的 90% 以上。这是真核生物区别于细菌和病毒的最主要特点。人类基因组计划(human genome project,HGP)测定人的基因组大约含有 2 万~2.5 万个基因(*Gene* Ⅸ,2006),仅有 1% 的序列是编码蛋白质,有 80%~90% 的基因没有编码功能。

5. 大量的重复序列 在非编码序列中,一部分是基因的内含子、调控序列等;另一部分便是重复序列,重复序列占了人类基因组的 50% 以上,其功能主要与基因组的稳定性、组织形式以及基因的表达调控有关。根据变性 DNA 的复性动力学特点,重复 DNA 序列分为中度重复序列 DNA 和高度重复序列 DNA。

(1)中度重复序列(moderately repetitive DNA):在基因组中的重复次数为 $10\sim10^3$,散在分布于基因组中,约占基因组 DNA 总量的 10%~40%,如在小鼠中占 20%,在果蝇中占 15%。中度重复序列常与单拷贝基因间隔排列,一部分可能与基因的调控有关,另一部分是编码 rRNA、tRNA、组蛋白及免疫球蛋白的结构基因,如 28S、5.8S 及 18S rRNA 基因。非洲爪蟾的 28S、5.8S 及 18S rRNA 基因连在一起,它们中间隔着不转录的间隔区,这些 28S、5.8S 及 18S rRNA 基因及间隔区组成的单位在 DNA 链上串联重复约 5000 次。不转录的间隔区由类似卫星 DNA 的串联重复序列组成。在许多动物的卵细胞成熟过程中这些基因可进行几千次不同比例的复制，产生 2×10^6 个拷贝，使 rDNA 占卵细胞 DNA 的 75%，其表达产物可参与形成 10^{12} 个核蛋白体，为合成可供细胞分裂之需的大量蛋白质提供条件。如果没有这样的放大机制，可能要经历几个世纪才能积累 10^{12} 个核蛋白体。

（2）高度重复序列 DNA（highly repetitive DNA）：只出现在真核生物中，占基因组的 10%~60%，由 6~100bp 组成。在基因组中的重复次数可高达数百万次。人类基因组中高度重复 DNA 序列主要分布在染色体的着丝粒和端粒等部位以及 Y 染色体长臂的异染色质区。其功能可能与减数分裂中染色体的联会有关。有些则在基因组中散在分布，构成基因的间隔或参与维持染色体的结构。典型的高重复序列 DNA 有卫星 DNA 和反向重复序列。

卫星 DNA（satellite DNA）是将真核细胞的 DNA 打碎后进行 CsCl 密度梯度离心，其沉降图谱中除了主带（C—G 含量在 30%~50%）外还有几条密度不等的额外小带，因小带在主带旁似卫星称为卫星带，它们的 DNA 称为卫星 DNA。卫星 DNA 的重复单位一般由 2~10bp 组成，也有部分的卫星 DNA 的重复单位在 20~200bp。这种序列可以集中在某一区域串联排列，串联重复序列的特点是具有一个固定的重复单位，该重复单位头尾相连形成重复序列片段。编码区和非编码区均有串联重复序列。串联重复单位从最短的 2bp 起，长短不等，重复次数少至数次，多至数百次，甚至几十万次。卫星 DNA 可分为 3 类：①大卫星 DNA（macrosatellite DNA）：总长度为 100kb 到几个 Mb，根据浮力密度不同，分为Ⅰ、Ⅱ、Ⅲ、Ⅳ和 α、β 卫星 DNA，各类型都由不同的重复序列家族组成。如卫星序列Ⅱ和Ⅲ的重复单位为 5bp，分布于几乎所有染色体；卫星序列Ⅰ的重复单位约 25~48bp，分布在大多数染色体着丝粒区异染色质和其他异染色质区；②小卫星 DNA（minisatellite DNA）：总长度约为 0.1~20kb，重复长度在 15~70bp，往往位于近端粒处。可分为两类，一是高度可变的小卫星 DNA，该卫星 DNA 重复单位约 9~24bp，重复次数变化很大，呈高度多态性；二是端粒 DNA，存在于端粒，主要组分是串联的短片段重复序列（TTAGGG）*n* 组成的 2~20kb 的 DNA 区段；③微卫星 DNA（microsatellite DNA）：微卫星 DNA 的重复单位为 2~5bp，重复次数 10~60 次，其总长度常小于 150bp。微卫星 DNA 的长度在个体之间表现为高度多态性，这种个体特异性的多态性图谱可作为 DNA 指纹鉴定的基础。

反向重复序列（inverted repetitive sequence）由两个相同顺序的互补拷贝在同一条 DNA 链上反向排列而成，其总长度约占人基因组的 5%。反向重复序列中的 2 个互补拷贝间可有一个到几个核苷酸的间隔，也可以没有间隔，没有间隔的又称为回文序列（palimdrome sequence）。反向重复序列多数是散布在基因组中。

6. 染色体末端具有端粒结构 以线性染色体形式存在的真核基因组 DNA 的末端都有一种特殊的结构，称为端粒（telomere）。该结构是一段 DNA 序列和蛋白质形成的一种复合体，DNA 是短而简单的串联重复序列，根据物种的不同，可能有 100~1000 个重复序列，人类的端粒 DNA 长约 5~15kb。所以端粒序列能写成 Cn（A/T）*m*，其中 *n*>1 而 m 为 1~4。它具有保护线性 DNA 的完整复制、保护染色体末端和决定细胞寿命等功能。

7. 基因组存在大量的顺式作用元件 包括启动子、增强子、沉默子等。

8. 基因组中存在多种 DNA 多态性 DNA 多态性是指 DNA 序列中发生变异而导致的个体间核苷酸序列的差异，主要包括单核苷酸多态性（single nucleotide polymorphism，SNP）和串联重复序列多态性。

（二）线粒体基因组特点

1963 年，M. Nass 和 S. Nass 在电镜下观察到线粒体，并证实线粒体存在 DNA。除了少数低等真核生物的线粒体 DNA（mtDNA）是线状 DNA 分子外[如纤毛原生动物梨形四膜虫（*Tetrahymena pyniformis*）和双小核革履虫（*Paramecium aurelia*）以及绿藻（Clam yadoomonas reinhardtia）]，其他真核生物的 mtDNA 都是环状 DNA 分子。一个细胞一般含有几百至几千个线粒体，每个线粒体中有 10 个相同的拷贝。mtDNA 具有遗传的半自主性，属核外的遗传物质，可以独立编码线粒体自身的 rRNA、tRNA 以及某些蛋白质（表 2-4）。

表 2-4 线粒体基因组编码的蛋白质和 RNA

物种	大小（kb）	编码蛋白质的基因	编码 RNA 的基因	物种	大小（kb）	编码蛋白质的基因	编码 RNA 的基因
真菌	19~100	8~14	10~28	植物	186~366	27~34	21~30
原生生物	6~100	3~62	2~29	动物	16~17	13	4~24

动物线粒体 DNA 是闭环双链结构，因所含嘌呤和嘧啶核苷酸的比例不同，分为外环的重链（H 链）和内环的轻链（L 链），两条链均有编码功能。1981 年 Anderson 等测定了线粒体 DNA 基因组全长为 16 569bp，除与复

制及转录有关的一小段D环区(D-loop)外，只有87个bp不参与基因的组成。线粒体DNA几乎不含非编码区，无内含子，各基因之间排列紧凑，部分区域还出现基因重叠。人类线粒体基因组共有37个基因，其中有13个基因编码和ATP合成有关的蛋白质和酶(1个编码细胞色素b、3个编码细胞色素氧化酶亚基、2个编码ATP合酶组分、7个编码NADH脱氢酶亚单位)，22个基因编码mt-tRNA，2个基因分别编码16S rRNA和12S rRNA(图2-9)。

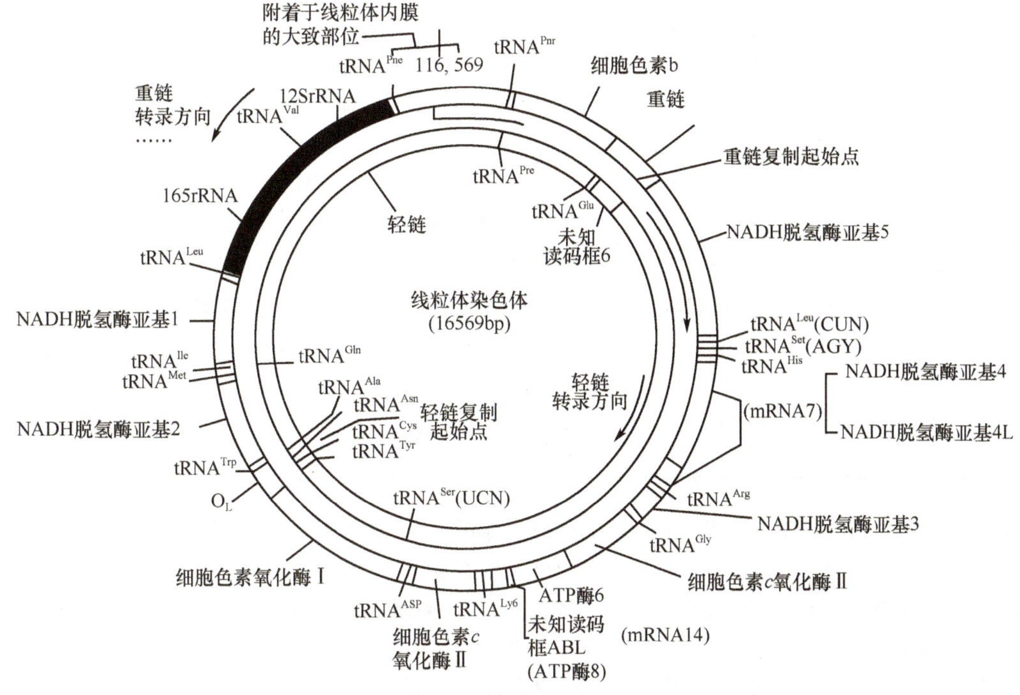

图2-9　人线粒体基因组结构示意图

除个别基因外，这些基因都是按同一个方向进行转录，几乎所有阅读框都缺少非翻译区域，很多基因没有完整的终止密码，而仅以T或TA结尾。tRNA基因分散在rRNA和编码蛋白质的顺序之间。据认为，这些tRNA序列可作为核酸酶切割RNA前体的识别信息，使其在tRNA两端把RNA前体切开。这样，附近的tRNA、rRNA和mRNA即自然分开，经进一步加工成为成熟的rRNA、tRNA和mRNA分子。mRNA上的polyA尾是在其前体与tRNA分开通过加polyA加上去的。多年来的研究发现线粒体有其自己的一套遗传控制系统，同时也受到细胞染色体DNA的控制。

三、病毒基因组的特点

病毒(virus)是一种主要由核酸(DNA或RNA)与蛋白质构成的非细胞形态的营寄生生活的生命体。噬菌体(bacteriophage)是感染细菌的一类病毒。根据构成病毒的核酸类型，分为DNA病毒和RNA病毒。病毒结构比原核细胞还简单，它们只是由核酸核心和蛋白质外壳构成，不具备细胞结构，且它们不能“自我繁殖”，其传代须在宿主细胞内进行，因此严格来讲病毒不能称为微生物，故常称为病毒颗粒(virus particle)。病毒核酸也携带遗传信息。病毒基因组的主要功能是保证基因组的复制及其向子代传递，整套的基因组所编码的蛋白质都是与复制、病毒颗粒包装及病毒向其他宿主细胞传递密切相关。病毒感染能使宿主产生疾病。由于病毒简单的结构和有限的基因，所以成为分子生物学和细胞生物学研究不可缺少的工具，近年来也成为预防接种及基因疗法的基因载体。病毒基因组的特点如下。

(1) 病毒基因组可以是DNA，也可以是RNA。每种病毒只含一种核酸(DNA或RNA)。例如，腺病毒、乳头瘤病毒、噬菌体ΦX174等是DNA病毒；SARS冠状病毒、戊型肝炎病毒、庚型肝炎病毒等是RNA病毒。

(2) 病毒基因组核酸可以是双链，也可以是单链。

(3) 病毒基因组核酸可以是闭合环状分子，也可以是线状分子。

(4) RNA病毒基因组核酸有正链RNA和负链RNA之分。正链RNA可直接作为翻译的模板，而负链RNA则不能直接作为翻译的模板。

(5) 有些 RNA 病毒基因组含有节段 RNA,每一节段 RNA 构成 1 个顺反子。例如,禽流感病毒 H1N1 为线性单链 RNA,含 8 个节段;A 组人轮状病毒为双链线性 RNA,含 11 个节段。

表 2-5 概述了病毒基因组的上述特点。

表 2-5 病毒基因组的某些特点

	病毒基因组	病毒举例	主要特点
DNA病毒基因组	双链环状 DNA	乳头瘤病毒	依赖宿主细胞进行复制
	双链线状 DNA	腺病毒	能编码许多调节因子,也依赖宿主细胞进行复制
	单链正链 DNA	微小病毒科	基因组小,无能力编码调控蛋白,高度依赖宿主细胞系统表达
	双链 DNA 并有 RNA 中间体	嗜肝病毒(HBV)	双连 DNA,正链不完整,不能编码病毒蛋白。负链有四个 ORF,能编码全部已知的 HBV 蛋白质。复制过程有 RNA 反转录病毒的特性,需要反转录酶活性产生 RNA/DNA 中间体,再继续进行复制
RNA病毒基因组	双链线性节段性 RNA	呼肠孤病毒	与宿主细胞基因组 DNA 根本不同,具有多节基因组并在细胞质内复制
	单链正链 RNA	SARS 冠状病毒	可直接作为信使 RNA,在感染细胞中可直接转译蛋白
	单链负链 RNA	流感病毒	负链 RNA 在 RNA 依赖性 RNA 聚合酶催化下转录出单顺反子 mRNA,同时也可以作为基因组复制的模板
	正链 RNA 并有 DNA 中间体	反转录病毒(HIV)	正链 RNA 反转录生成双链 cDNA,插入宿主细胞基因组成为前病毒,再转录出正链 RNA

(6) 病毒的基因组很小,所含遗传信息量较小,只能编码少数的蛋白质。但是不同病毒的基因组大小差异又很大。最小的仅 3kb,编码 3 种蛋白质。最大的可达 300kb 以上,具有几百个基因。

(7) 有些病毒基因组存在重叠基因,如噬菌体 ΦX174。重叠基因即指同一 DNA 序列可以编码 2 种或 3 种蛋白质分子。一个基因可以完全在另一基因内,或部分重叠,使用共同的核苷酸序列,但转录成的 mRNA 有不同的开放阅读框架(ORF)。有些重叠基因使用相同的 ORF,但起始密码子或终止密码子不同。基因重叠现象的存在,表明病毒能够利用有限的核酸序列储存更多的遗传信息、提高在进化过程中的适应能力。

(8) 基因组的大部分序列编码蛋白质,基因之间的间隔序列(spacer sequence)非常短,只占基因组的一小部分。

(9) 噬菌体基因组中无内含子,基因是连续的。但感染真核细胞的病毒基因组中具有内含子(如腺病毒和 SV40)。除正链 RNA 病毒之外,真核细胞病毒的基因先转录成 mRNA 前体,再经过剪接,成为成熟 mRNA。

思 考 题

1. 简述基因的组构。
2. 简述启动子类型及特征。
3. 简述内含子的类别及特征。
4. 简述原核生物、真核生物及病毒基因组的特点。

(李 红)

第三章 DNA重组与转座

自然界不同物种或个体之间的基因重组(gene recombination)和转移是经常发生的,它是基因变异和物种进化的基础之一。基因重组是由于不同DNA链的断裂和连接而产生DNA片段的交换和重新组合,形成新的DNA分子的过程。基因重组是遗传的基本现象,病毒、原核生物和真核生物都存在基因重组。基因重组包括同源重组、转座重组和位点特异性重组等。细菌基因重组可发生在转化、转导或体外环境中用人工手段使不同来源DNA重新组合的过程。基因重组和基因突变是有区别的,基因重组是非等位基因间的重新组合,能产生大量的变异类型,但不产生新的基因,只产生新的基因型;而基因突变是基因的分子结构或遗传信息的改变,虽然基因突变的频率很低,但能产生新的基因,对生物的进化有重要意义。

第一节 同源重组

发生在同源序列(序列相同或相近)DNA分子之间或分子内的重新组合称为同源重组(homologous recombination),是最基本的DNA重组方式,故又称基本重组。

一、原核生物的同源重组

(一) 原核生物同源重组的类型

在细菌的接合、转化和转导过程中,如外来基因与内在基因部分同源,就可以发生同源重组。

1. 接合 通过性菌毛连接沟通,将遗传物质(质粒或染色体DNA)从供体菌转移给受体菌的过程称为接合(conjugation)(图3-1)。接合性质粒有F质粒、R质粒、Col质粒、Vi质粒等。细菌和放线菌均有接合现象。

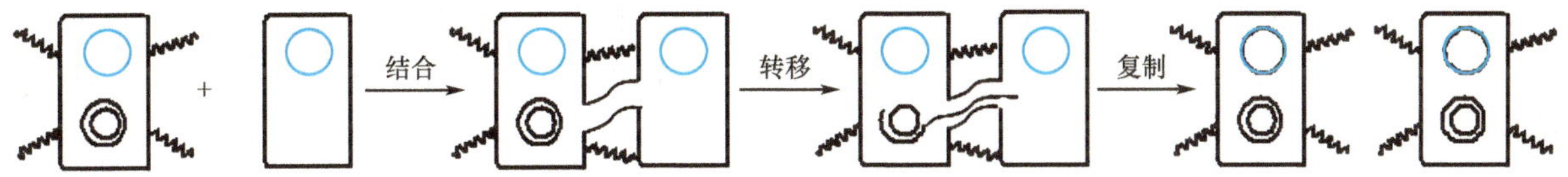

图3-1 结合作用

2. 转化 细胞或培养的受体细胞通过自动或人为提供的DNA,获得外源DNA片段,并使它整合到自己的基因组中,从而获得外源DNA片段相关的部分遗传性状或遗传表型的现象,称为转化(transformation)(图3-2)。

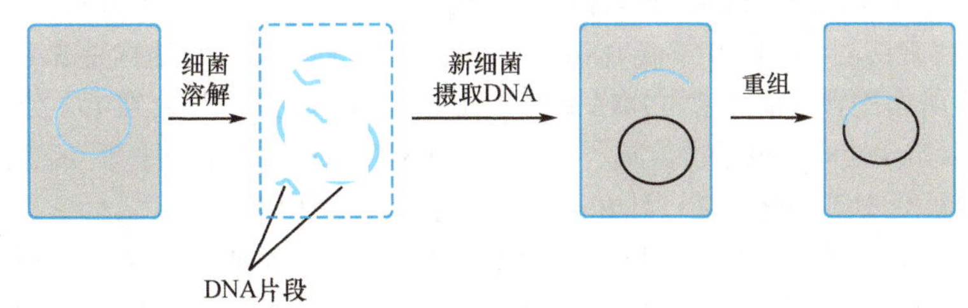

图3-2 转化作用

3. 转导 当病毒从被感染的(供体)细胞释放出来、再次感染另一(受体)细胞时,发生在供体细胞与受体细胞之间的DNA转移及基因重组,使受体菌获得新的性状的过程称为转导(transduction)(图3-3)。自然界中转导现象较普遍,可能是低等生物进化过程中产生的新基因组合的一种基本方式。

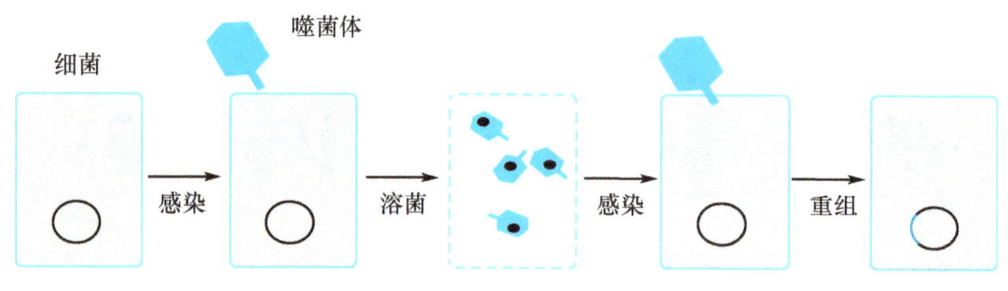

图 3-3 转导作用

(二) 原核生物同源重组的相关基因

原核生物细胞中的同源重组是个较为复杂的过程,涉及下列多个基因的联合作用。

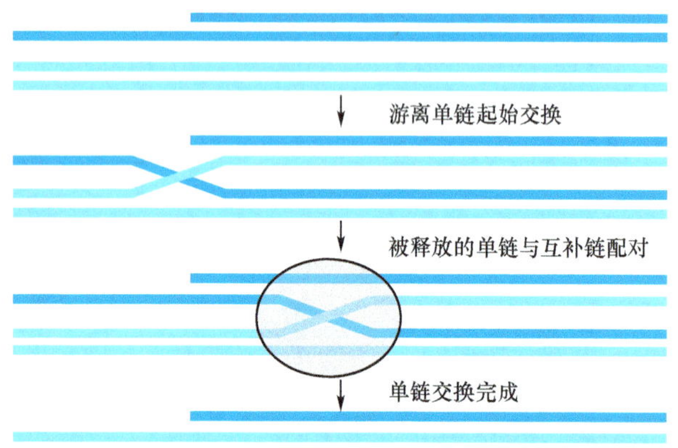

图 3-4 RecA 介导部分双链和完整双链之间的链的交换

1. *rec*A 基因 大肠埃希菌 *rec*A 基因编码的 RecA 蛋白是一个单一多肽链,具有依赖于单链 DNA 的 ATP 酶活性,它作为一种重要的重组酶促进 DNA 同源片段的联会,参加互补单链 DNA 区域的退火、交叉分支移动。RecA 蛋白具有单链和双链 DNA 结合活性,每个单体与单链 DNA 上的 3~5 个碱基结合,形成 RecA-单链 DNA 复合物,此复合物可与含有同源序列的靶双链 DNA 相互作用,将结合的单链 DNA 插入双链 DNA 的同源区,与互补链配对,而将同源链置换出来(图 3-4)。RecA 蛋白与双链 DNA 结合使得双链 DNA 有效地解离为单链,直到与含有大于 50 碱基的同源区域发生联会,并形成 Holliday 中间体。RecA 蛋白促进 DNA 同源重组反应并形成稳定的重组产物,要求 DNA 分子间或分子内存在较高的同源序列,单链或双链 DNA 分子上具有 3′同源末端,至少一种 DNA 底物呈单链结构,至少一条 DNA 链具有自由末端。

从理论上讲,RecA 蛋白介导的同源重组反应可以发生在 DNA 链上的任何同源序列之间,但是实际上某些序列(即重组热点)发生重组的频率要远远高于其他序列。迄今已知的重组热点主要是 *Chi* 位点(5′GCTGGT-GG3′)。

2. *rec*BCD 基因 大肠埃希菌的 *rec*B、*rec*C 和 *rec*D 基因分别编码的三个多肽链构成一个在同源重组中的功能单位——RecBCD 蛋白复合物。该复合物是一个多功能的酶系,功能包括单链和双链 DNA 外切酶活性、序列特异性的 DNA 单链内切酶活性、DNA 解旋酶活性、并特异识别 *Chi* 位点并在其下游切除 3′端的游离单链。RecBCD 蛋白复合物对线性双链 DNA 的外切活性高,RecBCD 对线性双链 DNA 的末端进行外切,将一条链切成 4~5 碱基的寡核苷酸,另一条链则生成单链的尾巴,结果使线型 DNA 解旋,一次解旋 1000bp 左右的区域。对于平头末端的双链 DNA 来说,螺旋酶活性占主导地位,RecBCD 只对具有平头末端或者几乎平头结构的线性 DNA 分子呈现解旋功能,RecBCD 解旋 DNA 后,从 *Chi* 位点伸出的单链结构是 RecA 和 SSB 蛋白的有效底物。纯化的 RecBCD 酶切割含 *Chi* 位点的 DNA 比不含 *Chi* 的 DNA 有效得多,在 *Chi* 处重组频率显著增加,而位于 *Chi* 上游约 2~2.5kb 处的重组呈指数减弱。所有 RecBCD 酶介导的重组过程都要求 *Chi* 或类似 *Chi* 的位点,而 *Chi* 位点只激活 RecBCD 重组途径,对 RecE、RecF 途径不起作用。

3. *sbc*ABC 基因 在大肠埃希菌细胞内存在一种依赖 RecA 但却独立于 RecBCD 的低水平重组途径。*sbc*ABC 基因是能强化低水平重组途径的突变体中的关键基因,其编码产物是 *rec*BC 基因表达的抑制因子。

4. *rec*E 基因 *recE* 靠近 *sbc*A,通常表达少量的 ExoⅧ。ExoⅧ与 RecBCD 一样,能作用于线性双链 DNA 分子并产生 3′末端结构。ExoⅧ从 3′端将双链 DNA 中的一条链降解成 5′-单核苷酸,外切反应形成的单链 DNA 分子或含 3′突出末端的双链 DNA 分子,能与其他的双链 DNA 片段相连,这是同源重组过程中的一个重要步骤。

5. *rec*F 基因 *rec*F 基因在 λ 噬菌体强启动子 P_L 和 P_R 的控制下,低水平表达一条多肽链,该多肽链可调节 RecA 蛋白的 DNA 链传递活性或者调控相关调节基因的表达。

6. *ruv* ABC 基因 RuvA 可识别 Holliday 连接的结构,RuvA 结合在交换点上的所有 4 条链上。RuvB 是一种六聚体 ATPase，围绕在交换点上游的每一条 DNA 双链的周围，可发动迁移反应。RuvC 是一个可特异识别 Hollidy 分枝结构的内切酶，该酶可切开同源重组的中间体。

（三）同源重组途径

在野生型大肠埃希菌细胞中有 *Rec*BCD、*Rec*E 和 *Rec*F 等 3 条同源重组途径。3 条同源重组途径均需要 RecA 蛋白的催化反应，RecBCD 和 ExoⅧ产生的单链 DNA 3′-OH 末端作为 RecA 蛋白的作用底物，*Rec*BCD 途径对同源重组过程起主导作用，因此三条同源重组途径并不是完全孤立的。目前重组反应发生的严格次序尚不完全清楚。RecBCD 复合物等对同源重组过程发挥重要功能的蛋白因子在重组反应的不同阶段发挥作用，这对于重组途径的理解增加了复杂性。*Rec*E 和 *Rec*F 途径均需要 *rec*F、*rec*J、*rec*N、*rec*O、*rec*Q 和 *ruv* 基因编码产物的参与，因此这两条途径的很大一部分过程是重叠的，它们可能仅仅在初始阶段不同。*Rec*BCD 途径并不需要这么多蛋白因子的参加，而需要 SSB 蛋白、DNA 聚合酶Ⅰ、DNA 连接酶和 DNA 解旋酶，因此 *Rec*BCD 途径与 *Rec*E 和 *Rec*F 途径很可能仅在 RecA 蛋白催化的反应处是相同的。

（四）同源重组模型

在不同的同源重组机制中，单链 DNA 的 3′-OH 末端侵入双链 DNA 是非常关键的一步。3′-OH 单链末端及重组交联分子形成的不同机制依赖于在不同重组途径中发挥作用的蛋白因子和酶系，尤其是取决于进行重组的两个不同 DNA 底物分子的结构特点。

1. *Chi* 位点介导的同源重组模型 *Chi* 位点是肠道细菌中相关酶的激活信号，在 RecA 和 SSB 蛋白因子的协助下，RecBCD 复合物首先与双链 DNA 末端结合，并当它遇到一个正确定位的 *Chi* 位点时，就会切割含 5′-GCTGGTGG-3′ 序列的 DNA 链，在含缺口的双链 DNA 分子上产生 3′-OH 单链 DNA 尾巴；RecA 和 SSB 蛋白则促进单链侵入到另一个双链 DNA 分子中，并产生 D-loop 结构；被置换的一条 DNA 链在 RecA 和 SSB 蛋白因子的帮助下与第一条链的单链缺口互补配对；RecBCD 复合物切开 D-loop 结构；修复切口形成 Holliday 中间体；RuvA 和 RuvB 发动迁移反应，并在 RecA 和 SSB 蛋白的链传递作用下不断延伸；RuvC 拆分 Holliday 中间体，并交换 DNA 末端形成两个重组分子（图 3-5）。

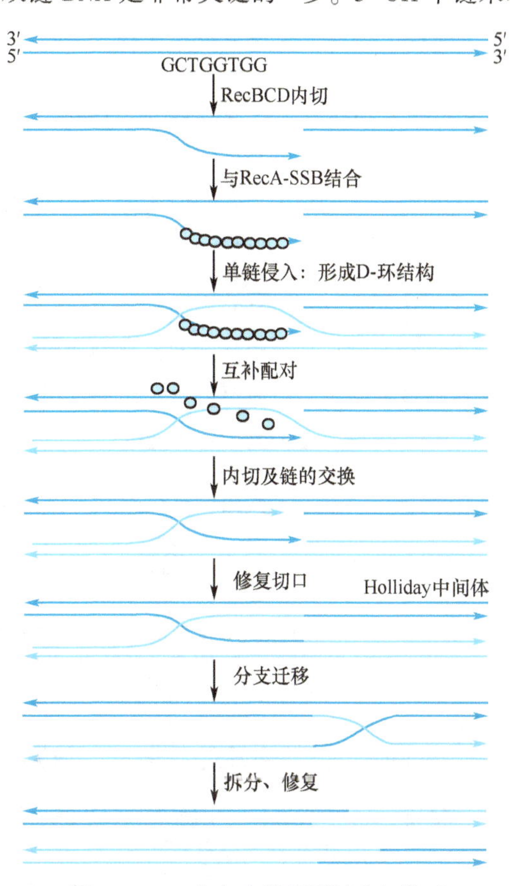

图 3-5 *Chi* 位点介导的同源重组模型

2. *rec*E 和 *rec*F 同源重组模型 与 *rec*BCD 途径不同的是，*rec*E 和 *rec*F 途径可以促进环状 DNA 分子（如质粒）之间的同源重组，但线性 DNA 与环状 DNA 之间的重组则较难发生。*rec*E 和 *rec*F 途径中 ExoⅧ在双链 DNA 的末端附近产生 3′-OH 单链结构并启动重组过程。DNA 的 3′-OH 单链末端在细胞中通常低频率存在，而且极易被 ExoI 降解，但在 RecBCD 复合物的存在下，这种结构能高频率产生，不被 ExoI 酶破坏。*rec*E 和 *rec*F 途径也需要 RecA 蛋白、SSB 蛋白、DNA 解旋酶、DNA 聚合酶和 DNA 连接酶等。

二、真核生物的同源重组

真核生物基因重组发生在减数分裂期同源染色体的非姐妹染色单体之间，是染色体片段互换所造成的结果。发生在减数分裂过程中的同源重组确保同源染色体能够正确配对，而同源染色体的联会是生殖细胞形成时染色体数目减半的基础，同源重组常常引起非姐妹染色单体之间的交换，结果是亲本 DNA 分子上的等位基因在下一代发生了重新排列。同源重组时，通过 DNA 链的断裂和再连接，在两个 DNA 分子同源序列的任何一点间进行单链或双链片段的交换，也能够使遭受损害的染色体得以利用与自身相似且未受伤害的另一条染色体来进行 DNA 修复。

（一）真核生物同源重组相关的基因

目前，真核生物同源重组的机制及其相关基因尚不完全清楚，在真核生物同源重组或同源重组修复中起重要作用的蛋白包括 RAD50、RAD51、RAD52、RAD54、RAD55、RAD57、RAD59、MRE11、XRS2、XRCC2 和 Mus81 等，其中的不少成员就是在研究辐射敏感突变（radiation sensitive mutation）中被发现的，因此被命名 *RAD* 基因。*RAD* 基因中最重要的是 RAD51、RAD52 和 RAD54。RAD51 蛋白在所有的细胞中都表达，它的作用与 RecA 相似，但又不完全相同，RAD51 同其他几种重要的重组蛋白 RAD54、RAD55、RAD56 和 RAD57 相互作用完成 RAD51 介导的链交换。RAD52 是重组中最重要的蛋白，它在真核细胞中进化保守，RAD52 既可以连接 DNA 链末端，又可促进互补链的退火，帮助 RAD51 的定位，从而启动同源链的交换。RAD54 蛋白是 SNF2/SWI2 的超家族成员之一，含有大多数 DNA 解旋酶含有的 7 个主要区域，RAD54 蛋白同 RAD51 蛋白总是结合在一起的。RAD55 和 RAD57 同 RAD51 具有某些同源性，帮助 RAD51 装到单链 DNA 上去。由 Mre11、Rad50 和 Xrs2 组成的 MRX 酶复合体具有 5′→3′的外切酶活性，可以降解 DNA 生成 3′单链末端。Mus81 蛋白可能是拆分 Holliday 中间体的酶。

（二）真核生物同源重组模型

1. 同源重组的 Holliday 模型 该模型是相互侵入（交换）模型，由 R. Holliday 在 20 世纪 60 年代首先提出来的，第一个被普遍接受的同源重组模型，后由 D. Dressler 和 H. Potter 在 1976 年提出修改。Holliday 模型的核心特征是两条同源分子之间交换 DNA 片段而形成异源双链。同源重组的机制包括寻找同源性和将一个断裂 DNA 片段插入到同源双链 DNA，形成一种交叉结构，即 Holliday 结构（Holliday structure），基本过程见图 3-6。首先是两个同源染色体 DNA 通过非姐妹染色单体的 DNA 配对排列整齐。同源非姐妹染色单体 DNA 中两个方向相同的单链在 DNA 内切酶的作用下，在相同位置上同时切开，每条断开的链侵入对方的双螺旋中。侵入的链与对方互补的链形成氢键，在两个 DNA 分子中各形成一个异源双链区，它是由一个亲体 DNA 的一条链和另一个亲体 DNA 的一条链组成的。连接酶缝合断口形成 X 形结构，即所谓的 Holliday 中间体（Holliday intermediate）。中间体的交叉连接处可以沿 DNA 左右移动，这种移动称为分支迁移，迁移实际上是交叉的两条单链互相置换的结果，从而增加或缩短异源双链的长度。holliday 中间体弯曲旋转后断开，产生两个重组体 DNA 分子，这一过程叫做中间体拆分。通过两种方式切断 DNA 单链，恢复两个线形 DNA 分子。剪切方向不同所产生的双链重组体 DNA 不同。如果剪切以左-右方向跨过 Holliday 结构的 X 型三维构象 *Chi* 结构，则所发生的只是小片段多聚核苷酸在两个分子间的转移，出现中间包含杂合双链的两旁基因是非重组的双链 DNA 分子或片段重组体，片段重组体是指切开的链与原来断裂的是同一条链，重组体含有一段异源双链区，其两侧来自同一亲本 DNA 的双链 DNA 分子，而上下方向的剪切造成交互链交换，双链 DNA 在两分子间转移，从而两个分子的末端进行互换，将出现中间包含杂合双链并且两旁基因发生重组的双链 DNA 或拼接重组体，拼接重组体是指切开的链并非原来断裂的链，重组体异源双链区的两侧来自不同亲本 DNA 的双链 DNA。最后进行 DNA 修补合成。不管 Holliday 结构怎样产生，是否导致两侧遗传标记重组，它们都含有一个异源双链 DNA 区。

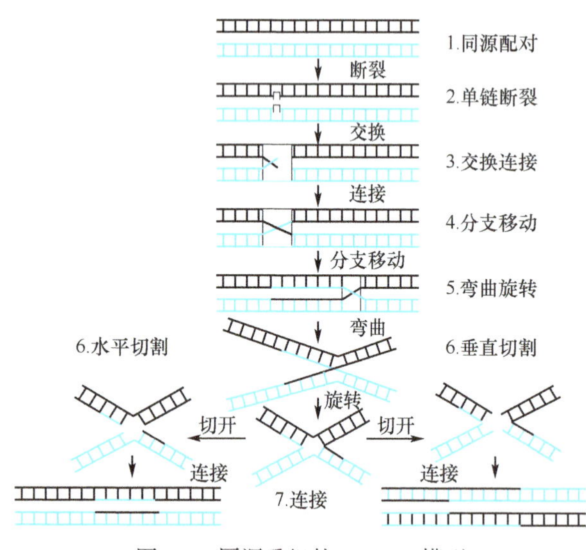

图 3-6 同源重组的 Holliday 模型

2. Meselson-Radding 模型 由于很难假设象 Holliday 模型提出的重组的两个 DNA 分子在对应两条链的相同位置发生断裂，Meselson 和 Radding 在 Holliday 模型的基础上做了些修改，提出单链侵入模型，认为 DNA 单链切口的形成及其向相邻 DNA 双链的侵入为非对称产生，单链切口仅出现在任意一个 DNA 双链的单链中，随着切口处 DNA 链的修复合成，游离出的单链末端在同源位点“侵入”未打开的双螺旋并取代其中一条链，与同源部分配对结合，被替换的 DNA 链形成一个逐渐增大的 D-Loop。D-Loop 切除后产生的单链末端交叉侵入相邻 DNA 双链中，DNA 自由末端共价连接形成 Holliday 结构。并经过分支迁移产生异源双链 DNA。而后 Holliday 中间体断开，产生重组体 DNA 分子。

3. 双链断裂修复模型 在酵母系统的重组研究中,发现载体 DNA 双链断裂可大大提高同源重组的效率,上述两种模型都不能很好地解释这一现象。基于这一发现,提出了双链断裂修复模型。在这一模型中,两个同源 DNA 分子之一发生双链断裂,重组发生在 DNA 双链断裂区,断裂区的修复以对应的同源 DNA 链为模板,修复的断裂区实质上成为转化区域。通过 DNA 末端共价连接,形成两个 Holliday 结构,每一结构都有两种解决方式,即形成交换双链和形成非交换双链。双链断裂修复模型与 Meselson-Radding 模型还有另一个重要区别,前者的双链断裂区是信息接受区域,后者的 DNA 断裂区是遗传信息的提供者。

除上述模型外,不同研究者提出了一些其他重组模型,而且同源重组除可在 DNA 分子间进行外,还可在 RNA 分子间或 RNA 与 DNA 分子间进行。

三、同源重组的应用

利用同源重组技术可以在宿主染色体 DNA 上造成特异性序列的插入、缺失或置换突变,因此应用该技术可以进行定向灭活靶基因、调节代谢以及引入新基因等。

1. 定向灭活靶基因 对定向灭活的靶基因进行克隆后体外构建该基因结构部分缺失的重组质粒,后者导入宿主细胞,质粒上的缺陷基因通过与染色体上的靶基因发生两次同源重组将之交换下来,同时自身进入染色体中,原靶基因控制的性状便会消失。

2. 调节代谢 采用扩增限速酶基因拷贝数的战略,可调节细胞内代谢途径中的限速步骤。对限速酶基因进行克隆后加装强启动子,并转化宿主细胞,若发生同源重组,就可对代谢进行调节。

3. 利用同源重组技术引入新基因 利用同源重组技术引入新基因时,先克隆包括该位点的一段序列后体外将待引入的新基因和一个合适的筛选标记基因插在其内部,并与无复制能力的载体质粒进行拼接,并将所构建的重组分子转化宿主细胞,新基因和标记基因两侧的 DNA 序列与染色体上的同源序列便发生同源交换,就可引入新基因。

第二节 位点特异性重组

位点特异性重组(site-specific recombination)是由整合酶催化的,在两个 DNA 序列的特异位点间发生的整合。位点特异重组依赖于重组酶(recombinase)和有重组酶识别的一种短的(20~200bp)独特的 DNA 序列。λ 噬菌体对 *E. coli* 的整合、鼠沙门细菌鞭毛相的转变、免疫球蛋白基因重排过程均属于位点特异性重组。

一、λ 噬菌体 DNA 的整合

当 λ 噬菌体 DNA 进入大肠埃希菌细胞时,有可能 λ 噬菌体 DNA 独立存在,并进行复制产生大量子代噬菌体,最后破坏宿主细胞,释放子代噬菌体;也有可能噬菌体 λDNA 整合到宿主染色体,随着宿主染色体复制而一代代传下去。整合到细菌 DNA 中的 λDNA 被称为前病毒。λ 噬菌体编码 λ 整合酶(λ integrase),λ 整合酶识别噬菌体和宿主染色体的特异靶位点,指导噬菌体 DNA 插入宿主染色体中。在噬菌体感染的早期即有大量整合酶产生,故几乎所有被感染的细胞都发生整合作用。整合过程还需要宿主编码的整合宿主因子(integration host factor,IHF)。λ 噬菌体与宿主的特异重组位点(recombination site)称为附着位点(attachment site),噬菌体的重组位点称为 attP,由 POP 序列组成,以 POP′表示,attP 至少要约 250bp 长,太短将使其功能丧失。大肠埃希菌染色体的整合位点 attB,由 BOB′序列组成,以 BOB′表示,attB 则较短,包括核心在内约 23bp 长就有功能。O 区是核心序列,是 attP 和 attB 所共同的,长度为 15bp,是 Int 蛋白结合位点,而其两侧的序列是 B、B′和 P、P′,被称为臂。整合作用是通过两个 DNA 分子的特异位点进行重组,将两个环状 DNA 分子变成一个大环。当整合反应发生时,Int 和 IHF 作用于 POP′和 BOB′序列,分别交错 7bp 将两 DNA 分子切开,使带有 att 位点的超螺旋松弛,并产生 7 个核苷酸组成的黏性末端,然后通过磷酸二酯键又重新交互再连接起来,噬菌体被整合,其两侧形成新的重组附着位点 BOP′和 POB′。噬菌体 DNA 是环状的,重组时被整合入细菌染色体中,成为线性序列。前病毒的两侧是两个新的杂种 att 位点,左侧称为 attL,由 BOP′组成,而右侧为 attR,由 POB′组成(图 3-7 和图 3-8)。整合酶与 attB 和 attP 中的两个 O 区相结合,如果两个核心中有一个的顺序有所改变,则重组的效率将大为降低,但是如果两个核心序列发生了相同的改变,则顺序交换仍能进行。说明整合酶不但要求特异的序列,而且要求两个核心序列具有同源性。

λ 前病毒受到诱导时,*Xis* 基因表达产生一种蛋白质,被称为切出酶(excisionase),切出酶和整合酶一起催

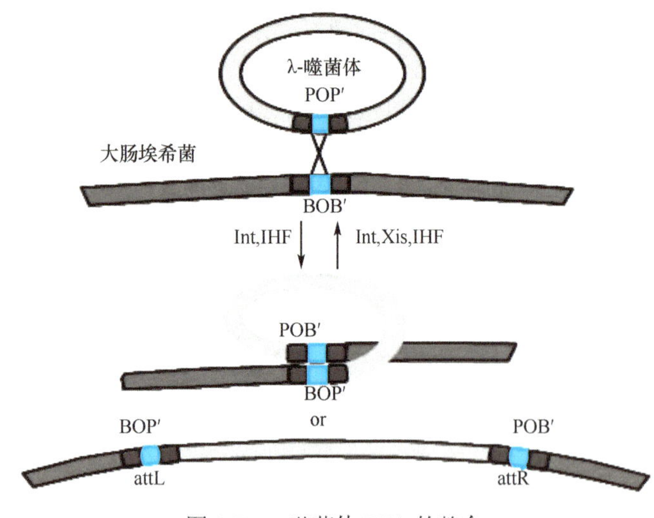

图 3-7 λ 噬菌体 DNA 的整合

化反应向反方向进行，整合作用将被逆转，结果使前病毒 DNA 两端的杂种 att 位点之间的重组。此过程称为切出（excision）。整合和切出并不涉及相同的一对序列，整合识别 attP 和 attB，而切出识别 attL 和 attR。因此，重组位点的识别就决定了位点特异性重组的方向。虽然位点专一重组是可逆的，但反应的方向取决于不同环境条件，这对决定噬菌体的生命周期是非常重要的。整合酶和 IHF 对整合和切出都是必需的，而切出酶对切出是必需的，它抑制整合作用，控制反应方向。切出后，细菌和噬菌体 DNA 恢复至原来完整状态，若在切除的环化过程中发生错误，前噬菌体可能失去某些基因而带走细菌某些基因。如 *E. coli* 的整合位点位于细菌染色体的 *gal* 和 *bio* 基因之间，切除过程中噬菌体 DNA 偶尔会带走 *gal* 或 *bio* 基因，生成 λ*gal* 或 λ*bio*。λ*gal* 或 λ*bio* 转导新的宿主时常常把 *gal* 或 *bio* 基因带到新的宿主中去。

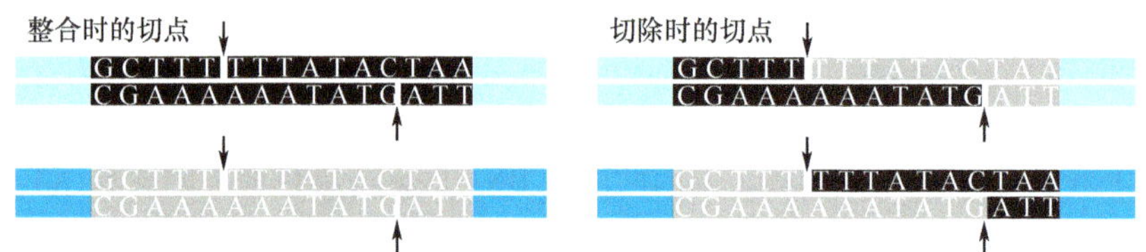

图 3-8 λ 噬菌体重组整合或切除时的切点序列

二、鼠沙门细菌鞭毛相的转变

沙门菌基因组中存在表达 H1 和 H2 两种鞭毛蛋白质的基因，但在某一时期，菌体不能同时表达 H1 和 H2 两种鞭毛蛋白质，只能表达其中的一种。H2 基因上游存在一个 970bp 长的 DNA 片段，该片段含有 H2 基因的启动子和 *hin* 基因。H2 基因的启动子在一定条件下可以启动 H2 基因和 H1 的阻抑蛋白基因的转录，在启动子两端各有一个 14bp 的反向重复序列（IRL 和 IRR），这两个 14bp 的反向重复即可作为核心序列进行位点特异性重组，当两个反向位点之间进行重组交叉时，位点之间的节段将被颠倒。*hin* 基因编码 Hin 重组酶，此酶就是在位点特异性重组时用以催化倒置的。当细胞的生长受到阻碍时，Hin 重组酶的表达就会增高，以便更换一种新的表面抗原。启动子即在 H2 基因的旁边，启动方向与 H2 基因的转录方向一致时，H2 基因和 H1 的阻抑蛋白基因亦被转录，产生的阻抑蛋白可抑制远方 H1 基因的表达，结果 H2 表达而 H1 不表达。相反，启动子和 H2 基因中间有 970bp 片段，转录的启动方向与 H2 基因的转录方向相反时，H2 基因和 H1 的阻抑蛋白基因亦不被转录，H2 基因即不被表达，同时 H1 的阻抑蛋白也不再表达，故 H1 遂得以表达（图 3-9）。

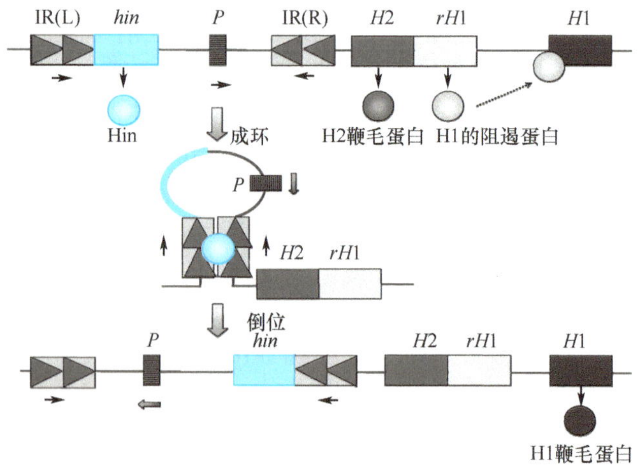

图 3-9 沙门菌相转变的位点特异性重组

位点特异性重组可以发生在两个 DNA 分子之间，也可以发生在一个 DNA 分子内。发生在不同 DNA 分子间的位点特异性重组，通常会导致两个 DNA 分子之间发生整合，如果重组位点以相反方向存在于同一 DNA 分子中，重组结果发生倒位；如果重组位点以相同方向存在于同一 DNA 分子中，重组结果发生缺失（图 3-10）。重组倒置引起基因排列方式和由它表达的蛋白质的改变，因此，有些生物能够利用这种重组倒置来控制基因的表达。

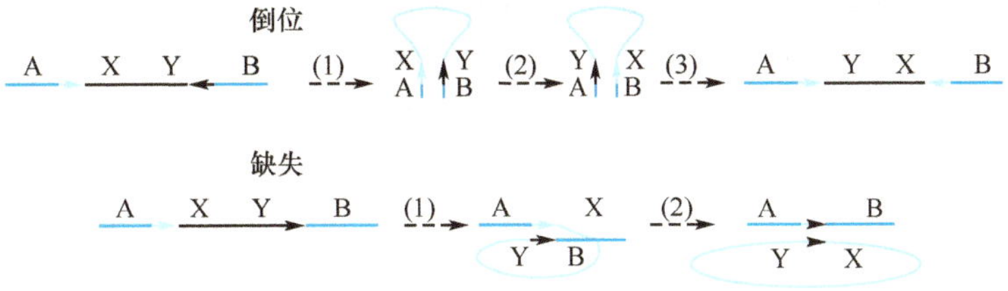

倒位

缺失

图 3-10　位点特异性重组相关的倒位和缺失

第三节　DNA 转座

20 世纪 50 年代 McClintock 提出可能存在着一种可以在染色体上移动、控制某些基因表达的转座因子。20 世纪 70 年代 Shapiro 通过对 *E. coli* 乳糖操纵子突变株进行研究，确认转座子的存在。现在把存在于染色体 DNA 上，并可以自主复制和位移的基本单位（DNA 上的核苷酸序列）称为转座子（transposon）。转座子是位于基因组内的独立的实体，只负责自身的复制和转移，所以也被称为自私 DNA（selfish DNA）。转座子不同于质粒等一些可移动的因子，当质粒或某些病毒遗传物质成为宿主染色体一部分后，它们是随着染色体复制的，复制是被动的，转座子不但可以在一条染色体上移动，而且可以从一条染色体跳跃到另一条染色体上，从一个质粒跳跃到另一个质粒或染色体上，甚至可以从一个细胞跑到另一个细胞，因此转座子又称为可移位的遗传元件、转座元件或跳跃基因。转座重组（transpositional recombination）指转座子从一个位置转位或跳跃到另外一个位置的现象。转座子由一个位点转移到另一个位点的过程称为转座（transposition）。转座子在转座过程中，导致 DNA 链的断裂/重接，或是某些基因启动/关闭，结果有可能引起基因的插入突变、新基因的产生、染色体畸变和生物进化等，因此转座是导致基因组变化的重要原因之一。转座重组与同源重组和位点特异性重组间存在差异，如转座子的靶点与转座子间并不存在序列的同源性，即转座作用与供体和受体之间的序列无关，接受转座子的靶位点可能是随机的，也可能具有一定的倾向性。转座重组在原核和真核生物的基因组内均可以发生，因此转座子可分为原核生物转座子和真核生物转座子。转座子的发现改变了人们对基因组序列稳定性的认识，打破了遗传物质在染色体上呈线性固定排列的传统理论。目前，科学家们认为多数生物体的自发突变和重要表型效应的出现都源于转座子的可动性，并且转座子的可动性可以导致宿主基因组发生从点突变到染色体重排的一系列变化。

一、原核生物的转座

（一）原核生物转座子

原核生物转座子包括插入序列、TnA 型转座子、复合型转座子和 Mu 噬菌体等。

1. 插入序列　插入序列（insertion sequence，IS）是最简单的转座子，较小，长度一般在 750～1500bp；绝大多数插入序列两端均含有 9～41bp 长的反向重复序列（inverted repeat sequence），两个末端密切相关，但并不完全一样。通常 IS 内部只有一个转座酶（transposase）基因，编码区起始于一端的反向重复序列内，终止于另一个反向重复序列之内或之前。IS 可以独立发挥转座作用，但本身没有任何表型效应，没有任何抗生素或其他毒性抗性基因。IS 元件转座时，插入部位的宿主 DNA 序列被复制，在转座子两端形成两个短的正向重复序列。IS 转座频率为 10^{-4}～10^{-3}/世代，多数 IS 元件可插入到宿主 DNA 的许多不同部位，但一些 IS 元件对某些特殊热点显示出一定倾向性。

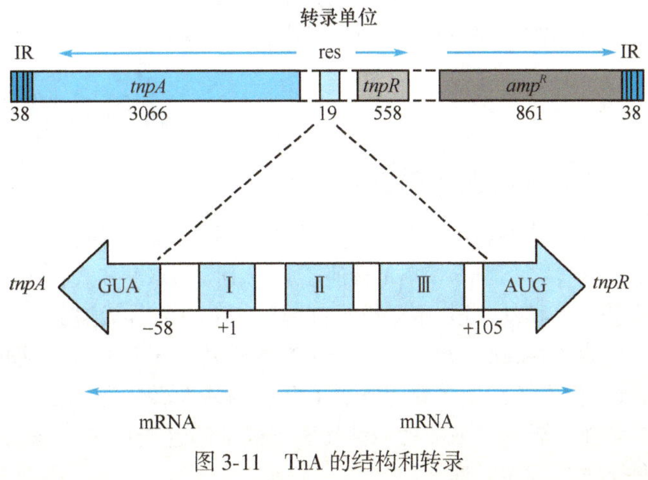

图 3-11　TnA 的结构和转录

2. TnA 型转座子　TnA 型（TnA type transposon）转座子长度较长，两侧含有较长的反向重复序列（而不是 IS），内部含有一个或几个结构基因,常见的结构基因有转座酶基因—*tnp*A,解离酶基因—*tnp*R 和抗生素抗性基因;转座完成以后可导致约5bp 长的靶位点序列加倍,从而在转座子两侧产生直接重复序列(图 3-11)。

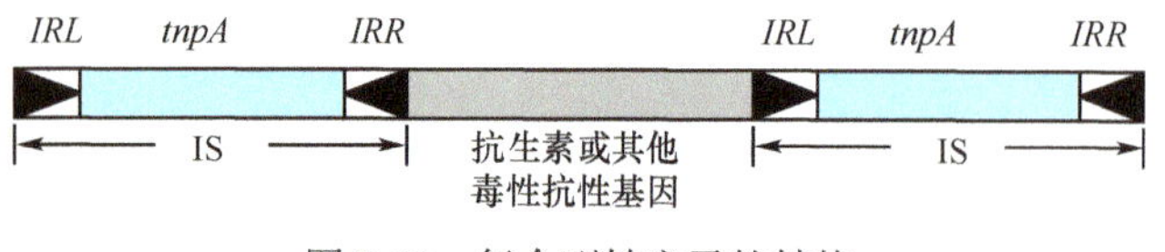

图 3-12 复合型转座子的结构

3. 复合型转座子 复合型转座子(composite transposon)是由两个插入序列和一段带有抗生素抗性或其他毒性抗性的间插序列组合而成,其中的两个插入序列位于转座子的两侧,相互间的方向可能相反,也可能一致,每一个插入序列带均有转座酶基因,它可能独立地移动,也可能与间插序列一起作为一个整体进行集体转移(图 3-12)。插入序列插入到某个功能基因两端时就可能产生复合型转座子。一旦形成复合型转座子,IS 序列被修饰,就不能再单独移动,只能作为复合体移动。

4. 转座噬菌体 Mu 噬菌体是大肠埃希菌的一种温和性噬菌体,其 DNA 为线性双链,两侧无反向重复序列,基因组有 A 和 B 基因等 20 多个基因,A 基因编码转座酶,B 基因编码复制和转座相关的蛋白质。在转座的过程中,可引起靶位点序列重复。在溶原状态下,它能在宿主 DNA 的不同位置间随机转移。

(二) DNA 转座的分子机制

转座作用的机制包括:转座酶识别并结合转座的两端序列和靶位点;转座酶在靶位点上形成交错切割,所形成的 5′突出单链末端与转座子两端的反向重复序列 3′末端相连;由 DNA 聚合酶填补缺口,DNA 连接酶封闭切口,形成正向重复序列。根据转座子的机制,转座可分成复制型转座、非复制型转座和保守型转座三种。

1. 复制型转座(replicative transposition) 复制型转座子在转座之前首先被复制,移动和转座的是原转座子的拷贝。转座需要转座酶,它作用于原转座子的末端。例如,TnA 和靶位点两端分别交错切割,产生切口,转座子和靶位点的切口末端交互连接,形成一种交换结构,以游离的 3′末端作为引物进行复制,产生一个包含两个正向重复的转座子拷贝的复合物,称为共合体;这一过程在转座酶作用下进行。转座子的两个拷贝进行重组,释放两个复制子(图 3-13),这一过程称为拆分,在解离酶的作用下进行。

2. 非复制型转座(nonreplicative transposition) 转座元件作为一个物理实体直接从一个部位转移到另一个部位。转座发生后供体分子可能被破坏,也可能被宿主修复系统识别并修复。转座子插入到 DNA 上新的位点,首先交错切开靶 DNA,再将转座子连接到靶 DNA 的凸出单链上,最后填补空缺完成转座(图 3-14)。

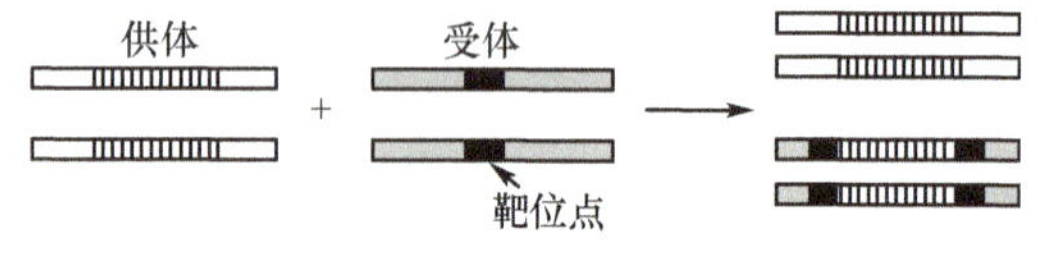

图 3-13 复制型转座

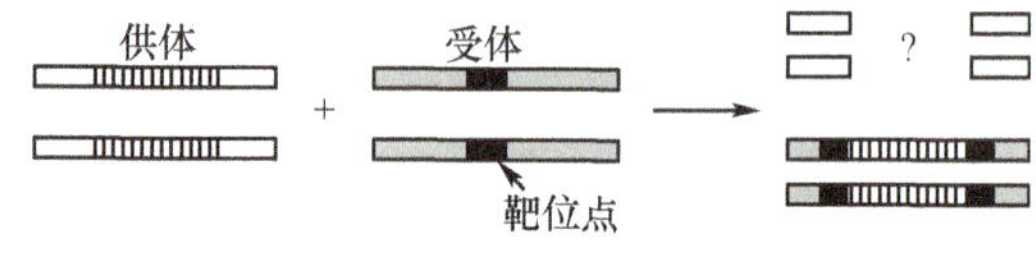

图 3-14 非复制型转座

3. 保守型转座(conservative transposition) 保守型转座是非复制转座的一种,转座元件从供体部位被切除,经过一系列过程插入到受体部位(图 3-15)。在转座元件切除转移过程中,每个核苷酸皆被保留。

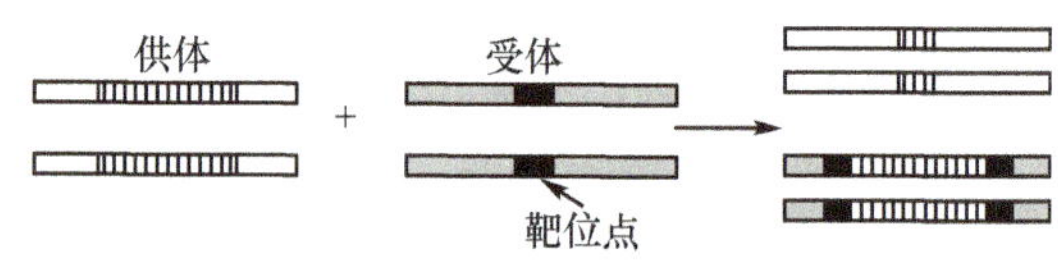

图 3-15 保守性转座

二、真核生物的转座

(一) 真核生物转座子

真核生物的转座子包括 DNA 转座子和反转录转座子。

1. DNA 转座子 DNA 转座子是以 DNA-DNA 方式转座的转座子,可以通过 DNA 复制或直接切出等两种方式获得可移动片段,重新插入基因组 DNA 中,导致基因的突变或重排,但一般不改变基因组的大小。根据转座的自主性,DNA 转座子又分为自主性转座子和非自主性转座子。自主性转座子本身能够编码转座酶而进行转座,但真核细胞多数转座子不含编码活性转座酶基因,因此丧失了独立转座的能力,这种 DNA 转座子称为非自主性转座子或非功能性转座子或缺陷性转座子。非功能性转座子在同一家族的自主性转座子存在的条件下才能发生转座。

2. 反转录转座子　反转录转座子不同于 DNA 转座子，反转录转座子以 DNA-RNA-DNA 的途径来实现转座。首先是 DNA 被转录为 RNA 中间物，然后 RNA 中间物被反转录成双链 DNA，最后新生成的以 DNA 形式存在的反转录转座子在新的位点上整合到基因组 DNA 上，结果在宿主基因组中反转录转座子的拷贝数有可能不断积累，并使基因组增大。由于反转录转座子带有增强子和启动子等调控元件，会影响宿主基因的表达，所以在生物进化过程中起着重要的作用。根据是否具有编码反转录酶的能力，反转录转座子可以分为自主性反转录转座子和非自主性反转录转座子。按照序列结构中有无长末端重复序列（long terminal repeat sequence，LTR）又可分为有 LTR 反转录转座子和无 LTR 反转录转座子。自主性反转录转座子包括内源性反转录病毒、LTR 反转录转座子及长散在元件。非自主性反转录转座子包括短散在元件及修饰性反转录假基因。反转录转座子在真核生物的基因组中占很高的比例，它在结构、性质和转位的方式上与反转录病毒的复制很相似。

（二）转座的分子机制

真核生物的转座子及转座过程与原核生物相似，转座起始于一个共同的机制，即转座子与靶部位相连接，形成共同中间体。转座酶既识别转座子的两个末端，又能与靶位点序列结合，形成共同中间体，转座子两端和靶位点的两条链被切开产生交错切口，所形成的突出单链末端与转座子两端的反向重复序列交叉相连，通过供体分子的切离、DNA 聚合酶填补、DNA 连接酶连接作用使转座子插入靶位点。大片段转座子的转座是通过反向转录酶的中介作用，以 DNA 为实体插入转座子，而对于大量的短片段的、亚基因的转座却是以 RNA 为中介的调控反应结果，又称为调控转座，即先有调控后有转座，转座的实体是 RNA，而不是 DNA，并且不一定要通过反向转录酶为中介，经 RNA 中间体转座与原核生物不同（图 3-16）。

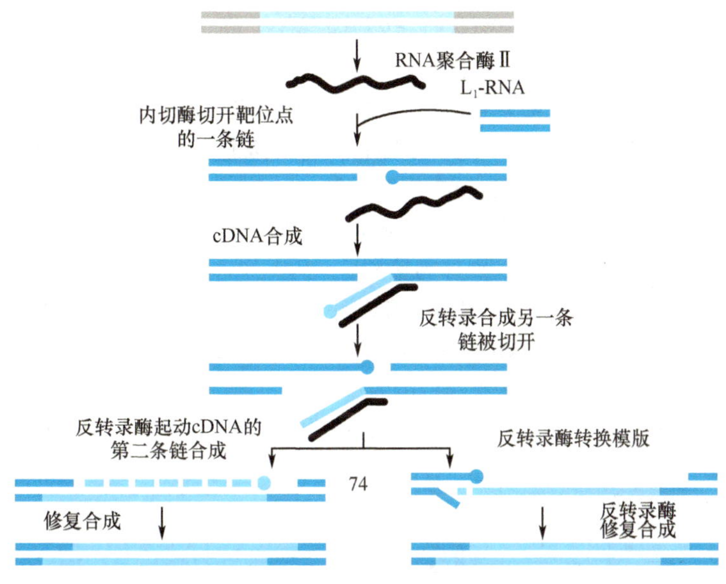

图 3-16　反转座子的转座机制

三、转座的遗传效应

与同源染色体重组相比，细胞中转座子作用的频率要低得多，不过它在构建突变体方面有重要意义。由于转座因子既能给基因组带来新的遗传物质，在某些情况下又能像一个开关那样启动或关闭某些基因，并常使基因组发生缺失、重复或倒位等，所以它与生物演化有密切的关系，并可能与个体发育、细胞分化有关。此外，带有不同抗药性基因的转座因子在细菌质粒间的转座会导致多价抗药性质粒的形成，这将使多种药物药效降低，对人类的健康是一个威胁；另一方面，具有独特功能的转座因子已经成为遗传学研究中一种有用的工具。转座的遗传效应归纳如下：

1. 转座子的插入可以导致基因突变　如基因的失活、表达产物的改变等。

2. 转座子可直接或间接导致基因组的重排　正向重复的转座区之间发生重组将导致缺失，反向重复的转座区之间重组将导致倒位。

3. 转座产生新的基因　转座子上携带的基因可以引入到基因组中。

4. 转座引起基因组进化 通过转座使相距较远的基因组合到一起,可能会产生新的生物学功能。

四、转座子的应用

转座子已成为各种生物基因分析的有效工具之一。不仅可利用转座子诱变找到原核生物的单性生殖基因,而且在真核生物中,转座子的发现和运用极大地促进了遗传学的发展。利用转座子标签技术、转座子定点杂交技术、转座子基因打靶技术和非病毒载体基因增补技术,可以确定基因组的功能和基因组间的功能差异;可以改变目的基因的活性,获得转基因生物;可以阻断毒力基因,获得基因疫苗;可以促进基因整合,进行基因治疗等。

1. 寻找新基因和确定生物体基因组功能 转座子携带其转座所必需的基因,因而转座作用不依赖于转座子和靶点之间以及供点和靶点之间任何的序列同源性,转座子具有可选择的抗性标记而容易在体内鉴定突变,经转座子诱变的突变子含有已知的 DNA 片段,可以通过转座子序列的杂交来鉴定突变基因的位置。转座子的插入往往表现出极性效应,即转座子序列中含有终止子或终止密码子,转座子在操纵子上游基因的插入影响到下游基因的表达,造成转录或翻译终止,进而依靠表型鉴定出突变体。正因为转座子的以上特征,转座子被广泛应用于构建插入突变体库,现已成为研究基因功能的重要手段之一,用于寻找新基因和确定生物体基因组功能。目前研究和应用得较多的有 Tn10、Tn5、Tn3 和 Mu 噬菌体。构建突变体库的关键是选择转座随机性好的转座子,Tn5 转座子具有很好的转座随机性。

2. 利用转座子培育转基因动物 亲缘关系较远的转座子能够切出并发生转座,在转座时能够携带外源基因进入受体基因中,携带的基因没有大小限制,并且允许在新的基因组中表达,这为获得转基因动物提供了条件。目前,已成功获得的转基因动物有地中海果蝇、转基因黑腹果蝇、转基因家蚕和转基因斑马鱼等。过去,由于缺乏一个有效的转座子系统,转座子在小鼠和其他脊椎动物中的应用受到限制,转座子元件只是在低等生物中进行转基因和插入突变研究。上海复旦大学发育生物学研究所的科研人员将 PB 转座子用于小鼠和人类细胞的基因功能研究,发现 PB 转座因子可在人等哺乳动物的细胞株中高效导入基因并稳定表达,为体细胞遗传学的研究和基因表达提供了一个高效、便捷的新系统。

3. 鉴别菌株及群体多样性 转座子通常限制性地分布于特定的真菌菌株或群体中,因此通过转座子鉴别菌株及群体多样性。在医药工业方面已用于菌株的鉴别。

4. 生态环境污染的生物修复 由于基因的可变性及转座子的遗传调控,许多微生物能够代谢人工合成的化学物质,而且微生物分解代谢人工合成的化学物质相关的基因往往与插入元件相连。当环境污染时,转座子转移频率提高,增加了微生物种群的生物降解潜力。

转座子是生物基因组上的可移动的遗传元件,广泛存在于细菌和各类真核生物中。利用转座子可移动的特性,构建包含转座子的人工载体,可发展基于转座子的分子生物学研究方法。随着研究的继续深入,转座子的功能将会得到更多的应用。

思考题

1. 试述真核与原核生物转座的异同点。
2. 试述真核生物同源重组的 Holliday 模型。
3. 试述转座的遗传效应及其应用。

(库热西·玉努斯)

第二篇　遗传信息的传递及其调控

生物体最基本的特点就是能将自身的性状和特性代代延续，这种现象称为遗传(heredity)。遗传的物质基础是核酸。1958 年，F. Crick 将遗传信息传递的基本规律归纳为遗传的中心法则(the central dogma)：DNA 通过复制将蕴藏其中的遗传信息传递给子代，通过转录将基因的遗传信息传递给 RNA，(m)RNA 再通过翻译将其抄录自基因的遗传信息用于指导蛋白质的氨基酸序列。1970 年，H. Temin 和 D. Baltimore 发现 RNA 肿瘤病毒中存在反转录酶，证实 RNA 携带的遗传信息可通过反转录传递给 DNA。有些 RNA 病毒直接以 RNA 为模板指导蛋白质合成。这些发现对遗传的中心法则做出了有益的补充，使人们对遗传信息的流向有了新的认识。

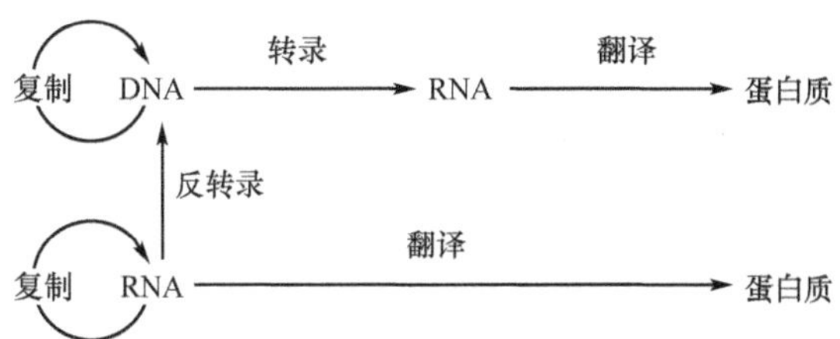

基因是核酸分子中编码 RNA 和蛋白质的可表达的功能区段。基因表达是指基因转录和翻译的过程。基因通过表达(转录或/和翻译)赋予生物体表型。然而，生物体内的基因表达不是随意的，随着内外环境的变化受到精细调控，具有时空特异性。基因表达调控是通过特殊的 DNA 序列与有关蛋白质因子相互作用实现的。原核生物的基因表达调控主要为操纵子模式，真核生物主要通过顺式作用元件和反式作用因子的相互作用来调控基因表达。真核生物基因表达调控远比原核生物复杂。

本篇以中心法则为基本线索，讨论原核生物和真核生物 DNA 的复制、转录和翻译过程，并讨论基因表达的调控机制。这些内容是分子生物学的核心内容之一，是探讨生命现象不可逾越的。遗传的保守性是相对的，而遗传的变异是绝对的。基因的变异是生物进化的分子基础，有害的变异也是疾病发生的分子基础。现代研究认为，绝大多数疾病的发生都与基因的改变有关，为此本篇中将“DNA 的损伤与修复”单列为一章，介绍 DNA 损伤的类型及其原因、修复类型及其机制以及损伤修复障碍与疾病的发生。

本篇阐释了原核生物和真核生物基因表达过程和调控的规律和特点，对于后续的学习十分重要。

第四章 基因组的复制

从简单的病毒到复杂的高等动植物细胞，都有一整套的遗传信息决定生物的基本特征和功能。生物体通过复制的方式将整套的遗传物质传给子代，使得生物物种能代代繁衍。DNA 复制是以 4 种脱氧核糖核苷酸（dNTP）为原料，以亲代 DNA 为模板，在一系列酶和蛋白因子作用下合成子代 DNA 的过程。在复制过程中须准确拷贝亲代 DNA 的核苷酸序列，以确保遗传信息的完整性和正确性。

第一节 DNA 复制的基本特征

DNA 复制具有固定的起始点、双向性、半保留性、半不连续性、需要 RNA 引物及复制的高度保真性等基本特征。

一、复制具有固定的起始点

细胞的增殖有赖于基因组复制而使子代得到完整的遗传信息。人们在接受 DNA 的半保留复制机制的同时，还存在疑问：基因组复制时，双螺旋染色体 DNA 是从任意位点开始，还是有固定的起始点？

实验证明，DNA 复制总是从序列特异的复制起始点（origin）开始。大肠埃希菌（*E. coli*）、酵母以及病毒 SV40 的 DNA 复制起始点序列有很大的不同，但它们有着共同的特征：①有多个短的重复序列，这些序列是多种参与复制起始的蛋白质结合部位；②复制起始点有 AT 丰富的序列，使 DNA 双链易于解链。例如，大肠埃希菌有 1 个复制的起始点，起始点序列长 245bp，含 3 个串联重复序列和 4 个反向重复序列（图 4-1）。真核生物有多个复制的起始点，起始点是一段 100~200bp 的 DNA，含有保守序列 A(T)TTTATA(G)TTTA(T)。

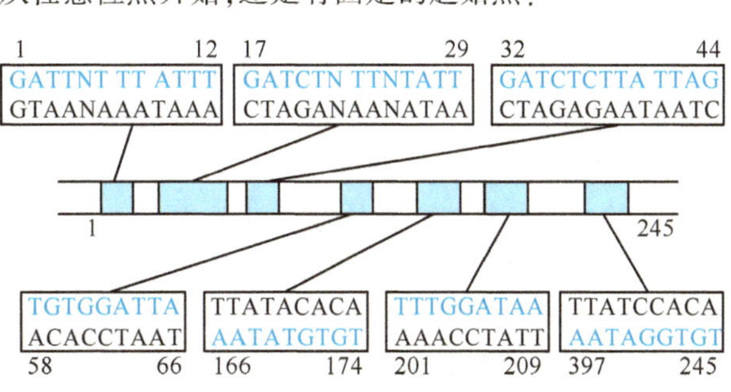

图 4-1 大肠埃希菌 DNA 复制的起始点序列

二、复制的双向性

亲代 DNA 分子的两条链是完全解开双链进行复制，还是一边解开一边复制？一旦复制开始后，方向又是如何？它是单向复制还是双向复制？

1963 年，J. Cairns 用同位素示踪实验证明大肠埃希菌染色体 DNA 的两条链同时进行复制，即 DNA 复制时边解开双链边复制，形成复制叉，这个实验还首次发现大肠埃希菌 DNA 的复制是双向进行的。他发现完整的大肠埃希菌染色体呈环状，长 1.7mm。复制时从细胞中分离出的放射性 DNA 带有一个特殊的环状结构，显示的放射自显影图像都是两端密度高，中间低。因此，J. Cairns 认为这个环是 2 个带有放射性的子链（每条子链都与亲代链互补）。环的两端都同时存在着活动的复制叉（replication fork），也就是复制点呈现分叉状。在电镜下可以观察到复制开始时呈眼睛状的图形（图 4-2）。

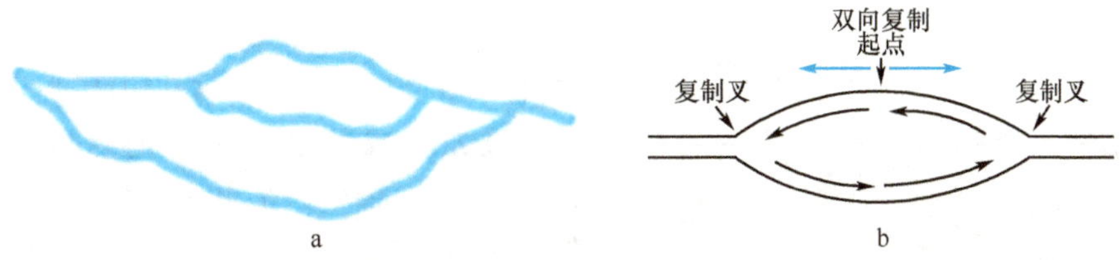

图 4-2 DNA 复制的双向性

a. 大肠埃希菌 DNA 复制的放射自显影图；b. 双向复制示意图

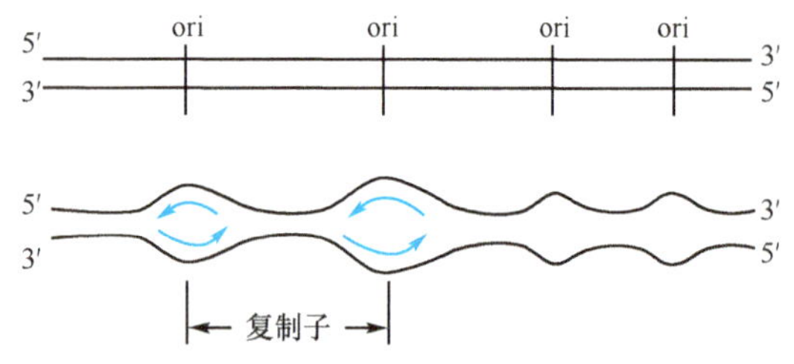

图 4-3 真核生物的多复制子复制

从一个 DNA 复制起始点开始的 DNA 复制区域称为复制子(replicon)。原核生物基因组是环状双链 DNA，只有一个复制起始点，所以原核生物的染色体只有一个复制子，是单复制子完成的复制，称为复制体(replisome)。真核细胞(eukaryote)基因组庞大而复杂，由多个染色体组成，所有的染色体都需要复制，每个染色体都有多个复制起始点，也采取双向复制，故有多个复制子(图 4-3)。复制时，每个起始点产生两个移动方向相反的复制叉，在复制完成后，复制叉相遇并汇合连接。人的基因组可能有 10^4~10^5 个复制子。

无论是线性的真核生物染色体或是原核生物环状的 DNA，均采用双向复制(bidirectional replication)，少数病毒 DNA 可进行单向复制。

三、复制的半保留性

以亲代双链 DNA 为模板，通过复制产生的子代 DNA 分子中，一条链来自于亲代，另一条链是新合成的。DNA 的这种复制方式叫做 DNA 的半保留复制(semi-conservative replication)。1953 年，J. Watson 和 F. Crick 提出 DNA 双螺旋结构模型，根据这个模型他们进一步推测 DNA 的复制是半保留复制。1957 年，M. Meselson 和 F. Stahl 用实验证明了 DNA 的半保留复制。他们将大肠埃希菌在含有唯一氮源的 $^{15}NH_4Cl$ 的培养液中培养 14 代，再转移到 $^{14}NH_4Cl$ 的培养液中培养。由于 ^{15}N-DNA 的密度较 ^{14}N-DNA 大一些，提取 DNA 后，采用氯化铯(CsCl)密度梯度离心分析。结果第一代 DNA 区带，其密度介于 ^{15}N-DNA 和 ^{14}N-DNA 之间，既没有不出现单纯的 ^{15}N-DNA 区带，也没有出现单纯的 ^{14}N-DNA 区带，说明复制过程中子代 DNA 分子的两条链是新旧各半(图 4-4)。

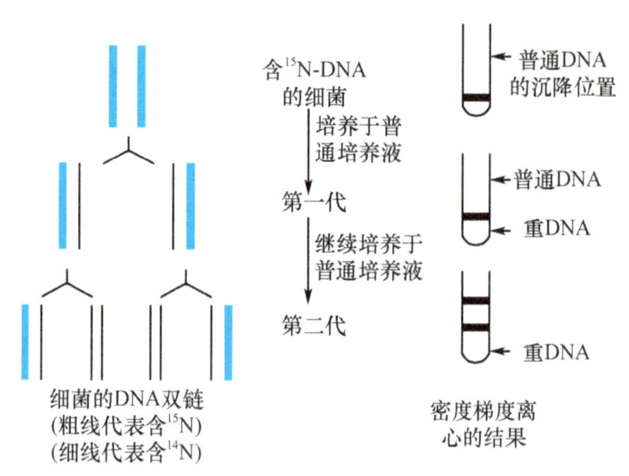

图 4-4 DNA 半保留的实验证明

DNA 的半保留复制方式的意义在于：通过半保留复制，子代 DNA 与亲代 DNA 的碱基序列几乎一致，即子代保留了亲代的全部遗传信息，体现了物种遗传过程的相对保守性，是物种稳定性的分子基础。但这种遗传保守性是相对的，而遗传变异性是绝对的。同一物种个体与个体之间存在核苷酸序列的差异，除单卵双胞胎以外，两个人之间的 DNA 分子组成(基因型)不可能完全一致。因此，在强调遗传稳定性的同时，还应关注变异性。

四、复制的半不连续性

已知作为模板的 DNA 分子的两条链是反向平行的，一条链走向是 5′→3′，另一条链是 3′→5′，但所有发现的 DNA 聚合酶催化新链合成方向都是 5′→3′，那么亲代模板链被阅读时应从 3′→5′，但这很难解释两条亲代 DNA 链在复制时同时作为模板合成其互补链，那么模板上的 DNA 合成如何进行?

DNA 聚合酶只能催化 DNA 新链沿 5′→3′方向合成，以保持子代 DNA 双螺旋的两条链反向平行。所以，对于每个复制叉而言，DNA 复制时一条 DNA 新链合成的方向总是与复制叉前进的方向相同而连续复制，另一条 DNA 新链合成的方向总是与复制叉前进的方向相反而不连续复制，DNA 的这种复制方式称为半不连续复制(semi discontinuous replication)(图 4-5)。连续复制的那条链称为前导链或领头链(leading strand)；不连续复制的那条链称为滞后链或随从链(lagging strand)。1968 年，日本学者冈崎及其同事利用放射自显影技术证实：后随链先合成的是多个小的片段，称为冈崎片段(Okazaki fragment)。半不连续复制这种机制的存在是因为 DNA 只能由 5′→3′方向合成，即 DNA 解链方向和一条子链延长方向性的差异，使其先形成短片段然后再连接起来。DNA 半不连续复制不仅只限于细菌，真核生物染色体 DNA 的复制也是如此。原核生物中冈崎片段

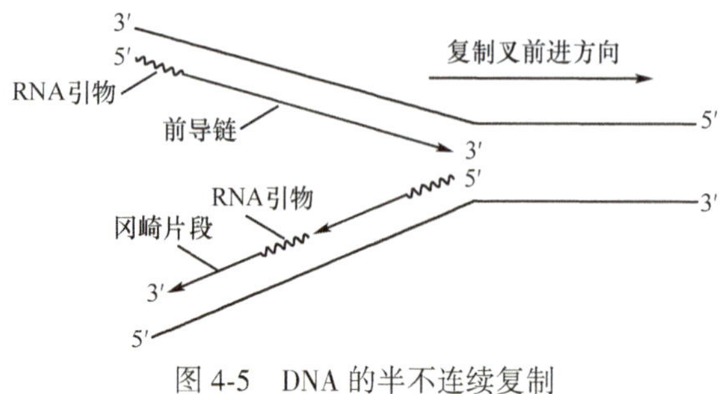

图 4-5 DNA 的半不连续复制

长度为 1000~2000nt，相当于一个顺反子，即基因的大小；而在真核生物中冈崎片段长度为 100~200nt，相当于一个核小体 DNA 的大小。

五、复制需 RNA 引物

冈崎片段的研究表明，与前导链最初几个核苷酸一样，每一个片段 5′端的最初几个核苷酸都是核糖核苷酸，而非脱氧核糖核苷酸，因此 DNA 的复制过程需要 RNA 引物的引导。所有已知的 DNA 聚合酶都不能触发新链的合成，只能催化已有链的延伸，即 DNA 聚合酶不能催化两个游离的脱氧核糖核苷三磷酸之间形成 3′，5′-磷酸二酯键，它需要一小段 RNA 引物为其提供自由的 3′-OH 末端，这样它才能使底物逐个聚合而延长 DNA 新链（图 4-5）。RNA 引物的长度通常为几个核苷酸至十几个核苷酸，引物在 DNA 片段连接前被去除，去除后的空缺由 DNA 聚合酶催化 dNTP 聚合填补。

六、复制的高保真性

无论是原核生物还是真核生物，确保 DNA 复制的高度准确性对于保持物种遗传的稳定性具有十分重要的意义。保证 DNA 复制的高度保证性至少有 3 种机制：①严格遵守碱基配对原则；②DNA 聚合酶对底物（dATP、dGTP、dCTP、dTTP）的选择功能；③DNA 聚合酶的即时校读功能，即偶尔出现碱基错配时可通过 DNA 聚合酶 3′→5′外切核酸酶的作用切除错配的核苷酸，重新掺入正确的核苷酸。通过上述机制可使 DNA 复制过程中发生的碱基错配仅达 10^{-9}，再经细胞的修复系统可降为 10^{-10}。

第二节　参与 DNA 复制的酶和蛋白因子

DNA 的复制过程极为复杂，需要以 4 种脱氧核糖核苷三磷酸（dNTP）为底物，以亲代 DNA 为模板，在一系列酶和蛋白因子的参与下完成复制过程。

一、DNA 聚合酶

DNA 聚合酶（DNA polymerase，DNA-pol），又称为 DNA 依赖的 DNA 聚合酶。DNA-pol 以 4 种 dNTP 为底物，以亲代 DNA 为模板，在 RNA 引物的 3′-OH 上不断催化底物间形成 3′，5′-磷酸二酯键，使 DNA 新链不断从 5′→3′方向延伸（图 4-6）。聚合的基本反应是：$(dNMP)_n + dNTP \rightarrow (dNMP)_{n+1} + PPi$。反应本身即是消耗能量的过程，并需二价阳离子（$Mg^{2+}$，$Zn^{2+}$）参与。

（一）原核生物 DNA 聚合酶

现已发现大肠埃希菌至少有 5 种 DNA 聚合酶（DNA polymerase），它们的主要功能见表 4-1。

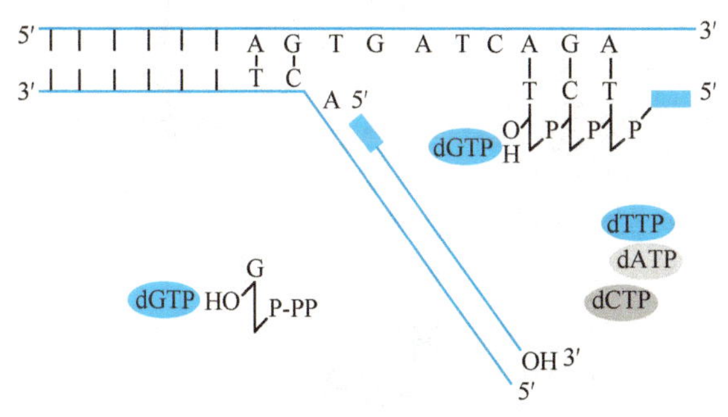

图 4-6　复制过程中脱氧核糖核苷酸的聚合

表 4-1　原核生物 DNA 聚合酶的类型和功能

原核生物（*E. coli*）	亚基数目	功能
DNA-pol Ⅰ	1	去除 RNA 引物并填补缺口，DNA 损失修复
DNA-pol Ⅱ	1	DNA 损失修复
DNA-pol Ⅲ	22	DNA 复制的主要酶
DNA-pol Ⅳ（Din B）	1	SOS 修复，跨越损伤修复
DNA-pol Ⅴ（UmuC，UmuD）	3	SOS 修复，跨越损伤修复

1. DNA-pol Ⅰ　1956 年，A. Kornberg 在建立体外 DNA 合成体系研究中发现了 DNA-pol Ⅰ，又称 Kornberg 酶。DNA-pol Ⅰ 是第一个被发现的大肠埃希菌 DNA 聚合酶。

DNA-pol Ⅰ 由一条肽链构成，相对分子质量为 109 000。DNA-pol Ⅰ 的二级结构主要是 α-螺旋，含有 A~R 共 18 个 α-螺旋（图 4-7）。螺旋肽段间由非螺旋结构连接。其中 H 区和 I 区之间无规则的结构很长，大约有 50 个氨基酸残基。I 螺旋与 O 螺旋之间有很大的空隙，可容纳 DNA 模板链，而 50 个氨基酸的无规则结构，像一个盖子与 I、O 螺旋区域共同把 DNA 母链包围起来，使其向一个方向移动。

DNA-pol Ⅰ作为多功能酶从 N 端到 C 端依次为 5′→3′核酸外切酶活性、3′→5′核酸外切酶活性和 5′→3′聚合酶活性，其中 5′→3′核酸外切酶活性切除 RNA 引物，5′→3′聚合酶活性使底物聚合填补引物切除后留下的空隙，3′→5′核酸外切酶活性在复制过程中起校读作用。DNA-pol Ⅰ具有的 5′→3′核酸外切酶活性，只作用于双链 DNA 的碱基配对部分，从 5′端水解核苷酸或寡核苷酸。因此认为该酶在切除由紫外线照射形成的嘧啶二聚体中起重要的作用。

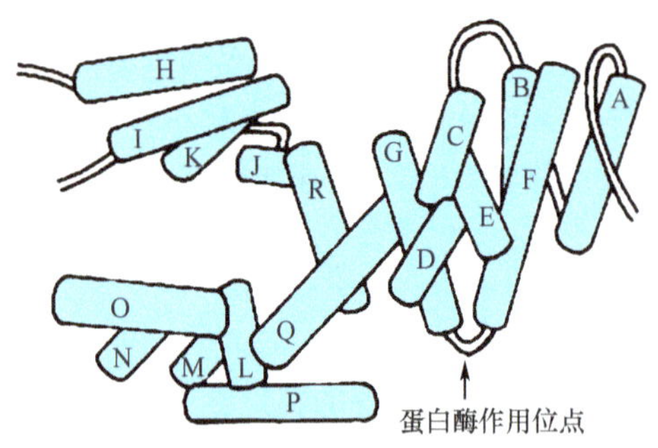

图 4-7 大肠埃希菌 DNA 聚合酶Ⅰ结构示意图

用特异的蛋白酶（木瓜蛋白酶）处理 DNA-pol Ⅰ，可在螺旋 F 和 G 之间切开产生大小两个片段。A～F 螺旋区的小片段共有 323 个氨基酸残基，此片段具有 5′→3′外切核酸酶活性；大片段又称 Klenow 片段，包括 G～R 螺旋区及 C 末端，共有 604 个氨基酸残基，此片段具有 5′→3′聚合酶活性及 3′→5′外切核酸酶活性。Klenow 片段是基因工程中常用的工具酶之一。

2. DNA-pol Ⅱ 1970 年发现，目前对其了解不多。DNA-pol Ⅱ的相对分子质量约为 120 000，每个细胞内约有 100 个酶分子。DNA-pol Ⅱ具有 5′→3′聚合作用，但是对模板有特殊的要求。该酶的最适模板是双链 DNA 链的中间有空隙的单链 DNA 部分，但单链空隙部分不长于 100 个核苷酸。对于较长的单链 DNA 模板区该酶的聚合活性很低，用单链 DNA 结合蛋白（SSB）可提高其聚合速率，达到原来的 50～100 倍。该酶还具有 3′→5′外切酶活性，但无 5′→3′外切酶活性。研究表明，DNA-pol Ⅱ不是复制的主要聚合酶，而是一种参与 DNA 损伤修复的酶。

3. DNA-pol Ⅲ 1971 年发现的 DNA-pol Ⅲ是大肠埃希菌基因组 DNA 复制的主要承担者。DNA-pol Ⅲ在 RNA 引物的 3′-OH 上延长前导链和后随链。DNA-pol Ⅲ具有很强的合成推进力，每个酶分子每分钟可催化多达 10^5 个核苷酸聚合。

复制的持续性有赖于 DNA-pol Ⅲ的全酶结构。DNA-pol Ⅲ全酶的相对分子质量为 250 000，是由 α、β、γ、δ、δ′、ε、θ、τ、χ 和 ψ10 种亚基共 22 条肽链组成的不对称的异源二聚体，含有 2 个核心酶（图 4-8）。2 个核心酶（core enzyme）均由 α、ε 和 θ 三个亚基构成，其中 α 亚基的相对分子质量为 130 000，具有 5′→3′聚合酶活性；ε 亚基具有 3′→5′外切核酸酶活性（即时校读功能）和对底物的选择功能；θ 亚基起组装作用。研究发现，核心酶中的 α 亚基和 ε 亚基能彼此增强活性，与游离状态相比，α 亚基的 DNA-pol 活性升高了 2 倍，ε 亚基的核酸外切酶活性升高了 10～80 倍。τ 亚基二聚体促使核心酶二聚化，将前导链和后随链 DNA 合成偶联在一起，柔性连接区可使处于复制叉处的 2 个核心酶能够相对独立运动，分别负责领头连和随从链的合成。从而保证 DNA-pol Ⅲ能够沿双链 DNA 解旋的方向移动，避免在后随链合成中出现比较长的单链 DNA 区。β 亚基二聚体形成一个环或夹子使核心酶夹住单链 DNA 模板并滑动。每个核心酶附着 1 个 β 亚基二聚体形成的环或夹子，使核心酶夹住单链 DNA 模板并滑动，使聚合酶在完成复制前不脱离模板而持续聚合，因此与 DNA-pol Ⅲ全酶推进力有关，增加 DNA-pol Ⅲ全酶复制的延续性。其余亚基构成 γ 复合物[2（γδδ′χψ）]，其中 γ 亚基是一种依赖于 DNA 的 ATP 酶，γ 复合物的主要功能是协同 β 亚基夹住模板 DNA，促进全酶组装至模板上，并增强核心酶的活性。各亚基功能相互协调，使全酶可以同时合成前导链和后随链，并持续完成染色体 DNA 的复制。

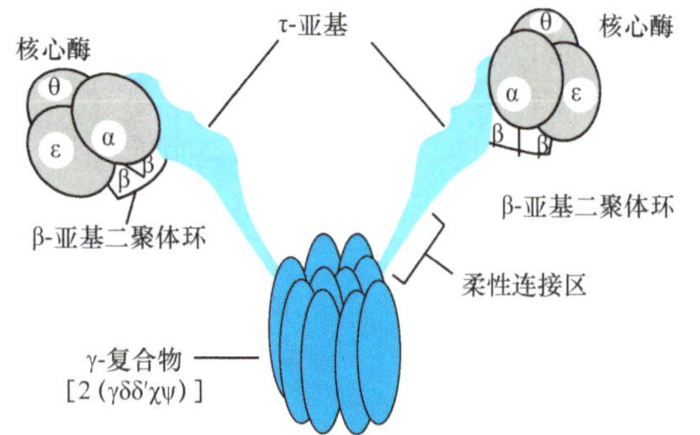

图 4-8 大肠埃希菌 DNA 聚合酶Ⅲ全酶结构示意图

除了 DNA-pol Ⅰ和 DNA-pol Ⅲ为大肠埃希菌基因组 DNA 复制所必需之外，在大肠埃希菌中还存在 DNA-pol Ⅱ、DNA-pol Ⅳ和 DNA-pol Ⅴ。这些 DNA-pol 在正常生长情况下不是大肠埃希菌基因组 DNA 复制所必需的，但在特定环境中却可发挥“备份”（back-up）DNA-pol 活性的作用。1999 年，人们发现在大肠埃希菌中还存在 DNA-pol Ⅳ和 DNA-pol Ⅴ，这两种酶参与了不同寻常的 DNA 的修复过程，主要涉及 DNA 的错误倾向修复。

（二）真核生物 DNA 聚合酶

目前发现真核细胞有十几种 DNA 聚合酶，它们的主要类型及功能见表 4-2。

表 4-2 真核细胞 DNA 聚合酶的类型和功能

类型	功能	类型	功能
DNA-Pol α	合成引物	DNA-Pol λ	减速分裂相关的损伤修复
DNA-Pol β	碱基切除修复	DNA-Pol μ	体细胞高变（Somatic hypermutation）
DNA-Pol γ	线粒体 DNA 复制和损伤修复	DNA-Pol κ	跨损伤合成
DNA-Pol δ	DNA 复制、核苷酸切除修复、碱基切除修复	DNA-Pol η	相对准确的跨损伤合成
DNA-Pol ε	DNA 复制、核苷酸切除修复、碱基切除修复	DNA-Pol ι	跨损伤合成、体细胞高变
DNA-Pol θ	DNA 交联损伤修复	DNA-Rev 1	跨损伤合成
DNA-Pol ζ	跨损伤合成		

1. DNA-polα 该酶由 4 个亚基（p180、p70、p58、p48）组成，其中：①p180 是催化亚基；②p48 具有引物酶活性，催化合成 RNA 引物后，再由 p180 的聚合酶活性在引物的 3′-OH 上延伸大约 15～30 个脱氧核苷酸；③p58为 p48 稳定性和活性所必需；④p70 与组装引发体有关。DNA-polα 没有 3′→5′外切核酸酶活性，因此没有校对功能，不是 DNA 复制过程的主要酶。

2. DNA-polδ 该酶是由 p125 和 p50 两个亚基组成的异二聚体，其中 p125 是催化亚基，具有 5′→3′聚合酶活性和 3′→5′核酸外切酶活性。增殖细胞核抗原（proliferation cell nuclear antigen，PCNA）能激活哺乳动物 p125 的聚合酶活性，但需要 p50 的协助。因此，DNA-polδ 具有持续合成 DNA 链的能力和校正功能，是合成前导链和后随链所必需的，是完成复制的主要酶。

3. DNA-polε 该酶由 4 个亚基组成，是一种修复酶，具有校读、修复和填补引物缺口的功能。当冈崎片段的 RNA 引物被 RNase H1 和 FEN1 核酸酶水解后，缺口的填补就由 DNA-polε 来完成，最后 DNA 连接酶将冈崎片段连接起来。

此外，DNA-pol β 由 1 个亚基组成，主要参与碱基切除修复；DNA-pol γ 由 3 个亚基组成，是线粒体 DNA 复制和损伤修复的聚合酶。

二、解螺旋酶

一般而言，DNA-pol 解开 DNA 双链的能力很差。因此，DNA 复制时，处于双链状态 DNA 的两条链打开成为两条单链，这个过程需要由解螺旋酶（或称解旋酶）来完成。解旋酶（helicase）能利用 ATP 水解产生的能量结合到双链 DNA 上，并沿 DNA 链向前移动，将复制叉前方的 DNA 双链打开，以高达 1000bp/s 的速率解开双螺旋。在复制叉上作用的 DNA 解旋酶通常是环形的六聚体蛋白。解旋酶具有延伸性，在每次与底物结合后，就可解开 DNA 链上的多个碱基对。由于环绕 DNA 具有高度的延伸能力，所以解旋酶只有在到达其环绕的 DNA 链的末端时才会解离下来。

目前在大肠埃希菌中发现了 12 种以上的 DNA 解旋酶，如 Rep、PriA、DnaB、RecBC、RecQ、UvrD（解旋酶Ⅱ）、Held（解旋酶Ⅳ）、UvrAB、RuvAB、RecG 等。其中 DnaB、PriA 和 Rep 三种解旋酶参与 DNA 的复制过程。其中 DnaB 和 PriA 和 DNA 结合之后沿（后随链模版）5′→3′方向运动；而 Rep 则主要负责与前导链模板 DNA 结合，并沿 3′→5′方向运动，Rep 蛋白的作用可能与清除 DNA 模板链上的蛋白质有关。该基因的突变体造成 DNA-pol 复制过程的停止，促进 DNA 双链的断裂。其他的 DNA 解旋酶则参与 DNA 损伤修复和基因重组过程。

三、单链 DNA 结合蛋白

作为模板的 DNA 需要处于单链状态，而 DNA 分子只要符合碱基配对就存在形成双链的倾向。单链 DNA 结合蛋白（single-stranded DNA binding protein，SSB）能与已分开的 DNA 单链结合，一方面维持模板 DNA 的单链状态，另一方面是单链 DNA 免受细胞内广泛存在的核酸酶的降解，起稳定和保护作用。大肠埃希菌 SSB 蛋白是由 177 个氨基酸残基的 4 个相同亚基组成，结合单链 DNA 的跨度约为 32 个核苷酸。SSB 不像聚合酶那样沿着复制的方向向前移动，而是紧密且结合在暴露的单链 DNA 上，但并不覆盖碱基，使得单链 DNA 可以作为模板使用，它与 DNA 模板呈不断结合、解离的状态。原核生物的 SSB 蛋白与 DNA 的结合表现出明显的协同效应，当第一个蛋白质结合后，其后蛋白质的结合能力大为提高。因此一旦结合反应开始后，它即迅速扩展，直至全部单链 DNA 都被 SSB 蛋白覆盖。

四、引　物　酶

所有已知的 DNA-pol 都没有催化游离 dNTP 之间相互聚合的能力，只能催化已有链的延伸反应。因此 DNA 的聚合反应需要有引物（primer）。所谓的引物就是一种与 DNA 模板链互补的线性核苷酸片段，其 3′末端为游离的-OH(3′-OH)。细胞内 DNA 复制所需的引物是一小段 RNA。由特定的引物酶（primase）合成。引物酶（又称引发酶）是一种 RNA 聚合酶。大肠埃希菌的引物酶又称 DnaG 蛋白，由 *dna*G 基因编码。据初步估计，在每个大肠埃希菌细胞中含有 50~100 个分子的引物酶。引物酶由一条多肽链组成，相对分子质量约为 60 000。引物酶催化合成的引物长度约为十几个到几十个核苷酸。引物合成也是沿着 5′→3′方向进行。在单链噬菌体 M13 DNA 和质粒 Co1E1 DNA 复制时，所需 RNA 引物的合成则不是由特异的引物酶而是由催化转录的 RNA 聚合酶催化合成。真核生物 DNA-polα 的 p48 亚基具有引物酶活性，催化合成 RNA 引物。

五、DNA 拓扑异构酶

双螺旋 DNA 分子在解链过程中具有许多拓扑学上的性质和关系。拓扑是指物体或图像作弹性移位而保持物体原有的性质的一种物理现象。在 DNA 复制时，首先需将两条链解开，由此产生扭曲应力，超螺旋的 DNA 分子其扭转应力大于双螺旋，因此超螺旋 DNA 分子具有更高的能量，不易解链。当 DNA 双螺旋沿着轴旋绕，复制解链也沿着同一轴反向旋转，复制速度快，旋转达到 100 次/秒，就会造成 DNA 分子打结、缠绕、连环现象。随着复制叉上的 DNA 链的分离，复制叉前的双链 DNA 变得更加（正）超螺旋化（图 4-9）。螺旋与 DNA 双螺旋的旋转方向相同即形成正超螺旋，方向相反形成负超螺旋，负超螺旋有利于 DNA 的解链。

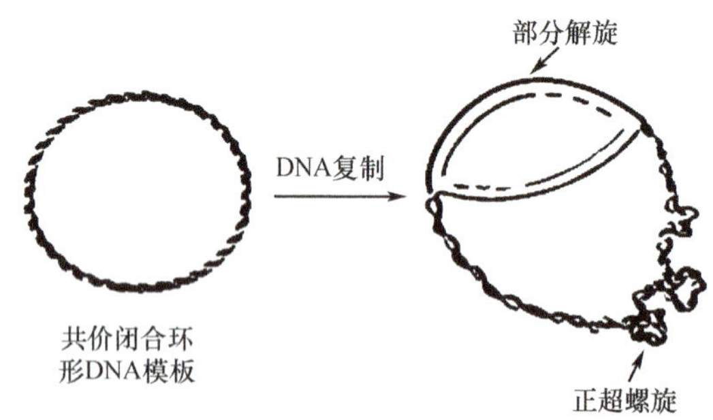

图 4-9　复制解链时，正超螺旋的形成

复制过程中 DNA 拓扑异构体之间的转变必须由 DNA 拓扑异构酶来实现。拓扑异构酶通过改变 DNA 分子的拓扑构象，理顺 DNA 链，配合复制的进程。拓扑异构酶对 DNA 分子的作用是既能水解，又能连接磷酸二酯键。拓扑异构酶主要分为Ⅰ型和Ⅱ型两类。

1. Ⅰ型拓扑异构酶　首先被发现的是大肠埃希菌拓扑异构酶Ⅰ，亦称 ω 蛋白或切口封闭酶，是相对分子质量 97 000 的一条多肽链，由基因 *top* A 编码。其功能是切断 DNA 双链中的一股链，使 DNA 解链旋转中不致打结，适当时又把切口封闭，使 DNA 变为松弛状态（图 4-10）。拓扑异构酶Ⅰ的反应无需供给能量，当酶与 DNA 结合时形成稳定的复合物。研究拓扑异构酶Ⅰ的作用机制显示：拓扑异构酶Ⅰ使 DNA 的一条链断裂，并以断裂的 DNA5′-磷酸基与拓扑异构酶Ⅰ的酪氨酸羟基形成酯键；这个磷酸二酯键的转移反应（第一次转酯）是由 DNA 转移到酶蛋白。DNA 理顺后，断裂的 DNA 链重新连接，即磷酸二酯键又由酶蛋白转到 DNA（第二次转酯）。拓扑异构酶Ⅰ的基因突变将导致 DNA 负超螺旋水平的增加，并影响转录活性，说明大肠埃希菌的拓扑异构酶Ⅰ只作用于负超螺旋，消除负超螺旋，对正超螺旋 DNA 不起作用。

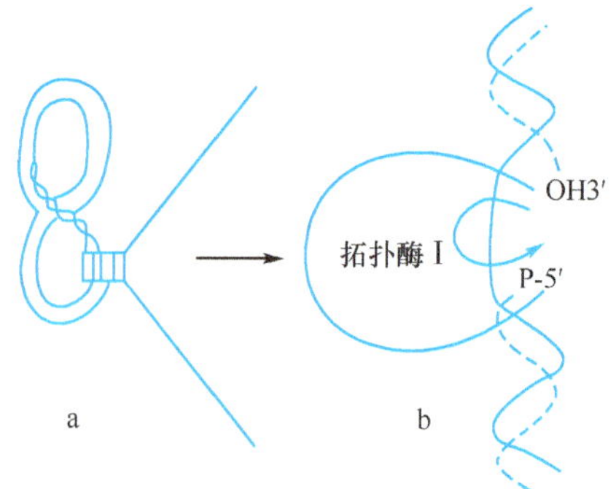

图 4-10　拓扑异构酶Ⅰ的作用方式

2. Ⅱ型拓扑异构酶　Ⅱ型拓扑异构酶以大肠埃希菌的拓扑异构酶Ⅱ（促旋酶）为代表。拓扑异构酶Ⅱ由两个 A 亚基和两条 B 亚基组成，即 A_2B_2，这两种亚基分别由基因 *gyr* A 和 *gyr* B 编码。拓扑异构酶Ⅱ的作用机制在于：当酶结合到 DNA 分子上时，可同时使 DNA 两条链交错的 4 个碱基对断裂，酶蛋白的 2 个 A 亚基通过酪氨酸分别与断链 DNA 链的 5′-磷酸基结合，在酶变构的牵引下，DNA 双链迅速穿过切口，然后利用 ATP 水解供给能量，重新封闭切口，使 DNA 进入负超螺旋状态。在复制叉前进过程中，拓扑异构酶Ⅱ将前方产生的正超螺旋转变为负超螺旋。母链 DNA 与新合成的子链也会互相缠绕，形成打结或连环，也需要拓扑异构酶Ⅱ的作用。拓扑异构酶Ⅱ在复制全过程中都发挥作用。

对抗生素抗性突变分析表明，*gyr*A 是抗萘啶酸(nalidixic acid)和奥啉酸(oxilinic acid)作用的位点，*gyr*B 是抗香豆霉素 A_1(coumermycin A_1)和新生霉素(novobiocin)作用的位点。萘啶酸主要抑制 A 亚基的功能，新生霉素通过抑制 ATP 分子与 B 亚基的结合、干扰依赖 ATP 的反应。这些抗生素都能抑制 DNA 复制，推测拓扑异构酶Ⅱ对 DNA 的合成是必需的。拓扑异构酶Ⅱ能同时与 DNA 螺旋的两条链共价连接，催化螺旋中形成短暂的双链断裂，断端通过切口使超螺旋松弛，然后利用 ATP 水解供给能量，重新封闭切口。

大肠埃希菌还有一种Ⅱ型拓扑异构酶：拓扑异构酶Ⅳ，该酶的功能是将 DNA 复制产生的两个环状子代染色体从连环体中分离出来。所有Ⅱ型拓扑异构酶都有催化连环和去连环的作用。

哺乳动物细胞也存在两型拓扑异构酶，拓扑异构酶Ⅰ和拓扑异构酶Ⅱ，拓扑异构酶Ⅱ又可以分为αⅡ型和βⅡ型。

生物体内的 DNA 分子通常处于负超螺旋状态。从热力学上考虑，超螺旋 DNA 处于较高自由能状态，因此如果 DNA 的一条链有一个切口，它能自发转变为松弛状态。负超螺旋状态有利于 DNA 两条链的解开，而 DNA 的许多生物功能都需要解开双链才能进行，因此生物体内可通过 DNA 不同的负超螺旋结构来控制其功能状态。

六、DNA 连接酶

DNA 复制中，随着 RNA 引物的切除以及留下的缺口的填补，留下的切口需要 DNA 连接酶的作用进行连接(图 4-11)。大肠埃希菌的 DNA 连接酶是一条多肽链，相对分子质量为 75 000。每个大肠埃希菌细胞含有 300 个分子的连接酶。细菌 DNA 连接酶封闭 DNA 链上的切口是通过利用烟酰胺腺嘌呤二核苷酸(NAD^+)水解提供的能量，催化一段 DNA 上 5′-磷酸基和另一段 DNA 上 3′-OH 生成磷酸二酯键，从而把两段相邻的 DNA 片段连接成完整的链。而病毒或真核生物 DNA 连接酶则利用 ATP 分解提供能量，完成相邻片段 DNA 链的连接。实验证明，DNA 连接酶连接碱基互补基础上的双链中的单链切口，并没有连接两条游离的 DNA 单链或 RNA 单链的作用。DNA 连接酶不但在复制中起连接作用，在 DNA 修复、重组、剪接中起缝合缺口作用。DNA 连接酶也是基因工程的重要工具酶之一。

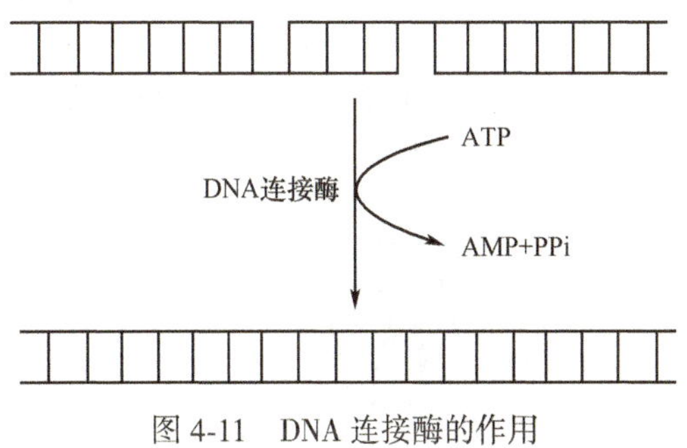

图 4-11　DNA 连接酶的作用

第三节　原核生物基因组的复制

人类对 DNA 复制的了解最初多来自于能体外进行的 DNA 复制，如细菌和噬菌体纯化的多酶系统的研究。目前研究已证实，DNA 复制过程的基本性质和酶催化反应的机制，在自然界的各种生物中大致相同。由于复制机制的一致性，我们可以通过研究原核生物的复制规律，进而了解真核生物 DNA 复制的机制。

目前有关复制的知识主要来源于大肠埃希菌的研究，以下以大肠埃希菌 DNA 复制为例，阐述原核生物 DNA 复制的过程和特点。大肠埃希菌染色体 DNA 的合成可以分为 3 个阶段：起始、延伸和终止。

(一) DNA 复制的起始

大肠埃希菌 DNA 上有一个固定的复制起始点，位于 82 等分点处，称做 oriC。已确定大肠埃希菌的 oriC 约由 245bp 组成，序列分析发现这段 DNA 上含有 3 个 13bp 富含 AT 的串联正向重复序列(GATCTNTTNTTTT)，以及 4 个 9bp 的反向重复序列(TTATCCACA)(图 4-1)。其中，反向重复序列是 DNA 复制起始蛋白因子的结合部位。

大肠埃希菌 DNA 复制的起始包含两个步骤：①起始蛋白质因子对复制起始点的识别和双螺旋 DNA 解链；②形成引发体，启动 RNA 引物的合成。复制起始需要多种不同的酶和相关的蛋白质因子参与。DnaA、DnaB、DnaC、DnaG 蛋白及 Hu 蛋白和单链 DNA 结合蛋白(SSB)等参与复制的起始，这些酶和蛋白因子的功能见表 4-3。

表 4-3 与大肠埃希菌基因组 DNA 复制起始有关的酶和蛋白因子

参与复制的蛋白质和酶	相对分子质量	亚基数目	功能
Dna A 蛋白	52 000	1	识别起始点序列,在起始点特异位置解开双链
Dna B 蛋白(解螺旋酶)	300 000	6	解开 DNA 双链,活化 DnaG 蛋白
Dna C 蛋白	29 000	1	帮助 Dna B 结合于起始点
Hu 蛋白	19 000	2	类组蛋白,与 DNA 结合促进起始
Dna G 蛋白(引物酶)	60 000	1	合成 RNA 引物
单链 DNA 结合蛋白(SSB)	75 600	4	结合单链 DNA
拓扑异构酶Ⅱ(促旋酶)	400 000	4	释放 DNA 解链过程产生的扭曲张力

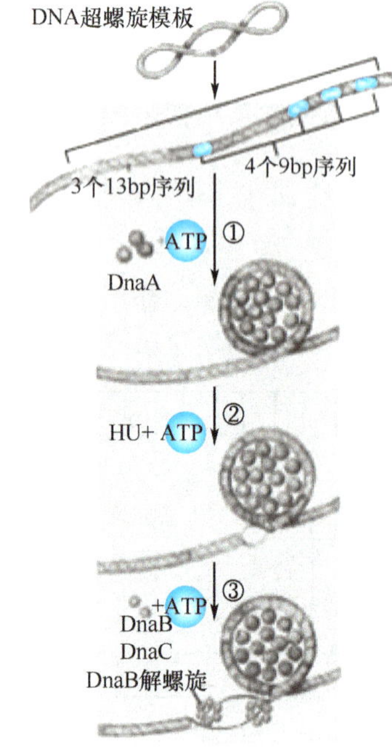

图 4-12 大肠埃希菌复制起始示意图

1. 复制起始点的识别和双螺旋 DNA 解链 起始阶段首先是 4 个 DnaA 蛋白与起始位点 ori C 的含有 9bp 的重复序列结合,然后再结合其他的 DnaA 蛋白,最后有 20～40 个 DnaA 蛋白单体与起始位点处含有 9bp 重复区的 DNA 结合。结合区 DNA 序列环形缠绕在 DnaA 蛋白复合体上,在 ATP 的帮助下,DnaA 蛋白所具有的解旋酶活性使 13bp 重复序列区的 DNA“融化”成单链区(图 4-12),这个过程需要大肠埃希菌的 Hu 蛋白的协助,它能诱导双链 DNA 弯曲,使 DNA 双螺旋不稳定,有利于 DNA 解旋和形成开放起始复合体。由于 DnaA 的解旋酶活性过于微弱,并不能大幅打开 DNA 双链,需要解螺旋酶 DnaB 蛋白。在 DnaC 蛋白的协助下,DnaB 蛋白结合 DNA 链并沿着解链方向移动,使 DNA 双链解开足够的长度用于复制,并逐步置换出 DnaA 蛋白。单链 DNA 结合蛋白稳定局部单链结构,形成一个开放的复合体,此时的复制叉已初步形成。通常情况下,这个过程需要 ATP 提供能量。

2. 引发体的形成 在上述解链的基础上,DnaB 蛋白与 DnaG 蛋白的结合,形成 DnaB、DnaC 蛋白、引物酶(DnaG 蛋白)和 DNA 的复制起始区域的复合结构,称为引发体(primosome)。引发体组装完成后,可沿着 DNA 链移动,由 ATP 提供能量,在适当的位置,引物酶按照模板链的碱基序列,从 5′→3′方向合成短链的 RNA 引物(图 4-13)。*E. coli* 引物酶 DnaG 蛋白是一种特殊的 RNA 聚合酶,只能在特定条件下催化合成小分子的 RNA 引物。引发体可反复引发冈崎片段合成,形成后随链。

最近有研究表明,在噬菌体 M13 感染大肠埃希菌的过程中,常规催化基因转录的 RNA 聚合酶可以催化合成作为 DNA 复制过程中的引物,这究竟是不是一种普遍的生理现象尚有待于进一步研究。

(二) DNA 复制的延伸

引物合成后形成 3′-OH 末端,此时 DNA 的合成则进入了 DNA 复制的延伸阶段。DNA 复制的延伸(extension)是在 DNA-polⅢ催化下,以 4 种的 dNTP 为底物,根据 DNA 模板链上碱基的排列顺序,按照碱基配对原则,由引物 3′-OH 端引导,以 dNMP 的方式逐个加入延长 DNA 子链,其化学本质是磷酸二酯键的不断生成。前导链和后随链的合成同时进行,前导链持续合成,后随链是先合成冈崎片段。RNA 引物被 RNase HA/RNase HB 或 DNA-polⅠ的 5′→3′外切核酸酶活性去除,生成的单链 DNA 缺口通过 DNA-polⅠ的聚合酶活性填补,最后由 DNA 连接酶以 3′,5′磷酸二酯键连接成完整的 DNA 分子;DNA 拓扑异构酶解除由解螺旋酶造成的拓扑张力,SSB 稳定 DNA 单链状态。

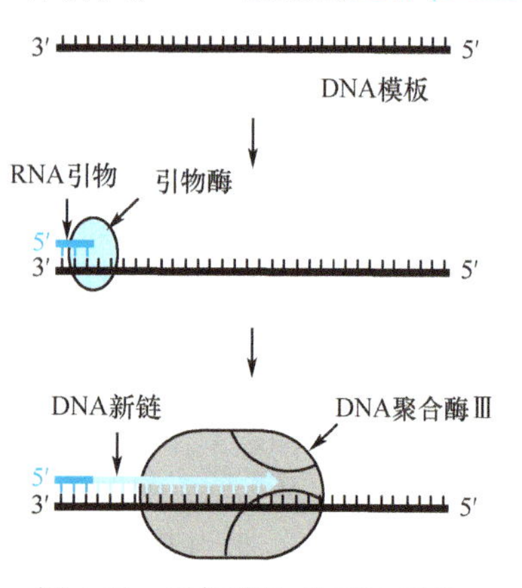

图 4-13 引物酶生成 RNA 引物

在复制叉上,DNA-polⅢ同时合成前导链和后随链,即前导链和后随链是在同一个酶的催化生长点上合成。然而由于后随链合成方向与复制叉前进方向相反,前导链和后随链如何在同一酶上的催化生长点延长?已知 DNA-polⅢ全酶是一个不对称的异二聚体,有两个 DNA 合成的催化中心(核心酶),前导链和后随链的合成各利用一个催化中心。为保证后随链与前导链的同时合成,后随链的模板链需要在 DNA-polⅢ上折绕 180°,形成回环,使得 RNA 引物 3′端靠近 DNA-polⅢ的一个催化位点,并且两条模板链在此处呈相同的 3′→5′方向,这样保证了后随链与前导链的合成方向都能与复制叉的前进方向一致。当后随链延伸为 1000~2000nt 时,就会遇到位于前方的另一个冈崎片段的 RNA 引物的 5′端,此时后随链连同模板链一起脱离 DNA-polⅢ催化位点, 回环解开。同时,在前进的复制体内,引物酶又寻找新的引发位点,起始一段新 RNA 引物的合成,新合成的 RNA 引物及后随链模板进入酶的催化位点,开始另一段后随链的合成。

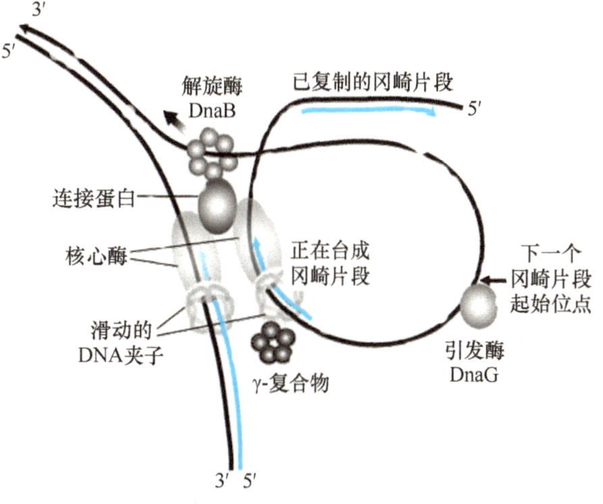

图 4-14　DNA-polⅢ在复制叉同时合成前导链和后随链

后随链不连续的合成机制,可以用回环结构模型来解释。DNA 两条链同时复制时,后随链模板经过复制叉的部位形成一个回环,以适应双链同时前进。这种复制模型称为回环模型(图 4-14)。与前导链相比,后随链总是延迟了一个冈崎片段。后随链模板每合成一个冈崎片段,DNA 都要重新形成一个回环。

(三) DNA 复制的终止

大肠埃希菌 DNA 有一个复制的终止点,位于 32 等分位点。随着细菌环状染色体的两个复制叉不断向前推移,最后在终止区(terminus region)汇合相遇并停止复制。终点与环形染色体的复制起点 ori C 相对(旋转 180°),在复制叉汇合点两侧约 100kb 处各有一个终止区(ter D/A 和 terC/B),分别为来自一个方向的复制叉的特异终止位点,每个复制叉必须越过另一个复制叉的终止位点,才能到达自己的终止位点,即复制起点对侧的终止区域内(所谓陷阱区),终止区域含有多个约由 22bp 组成的终止子(terminator)位点。ter 序列可以与特异的 Tus 蛋白结合。Tus 蛋白具有反解旋酶活性,阻止 Dna B 蛋白的解旋作用,抑制复制叉的前行。此外,Tus 蛋白还可能造成复制体的解体。

由于原核生物 DNA 是环状的,随着复制延伸过程中后随链的最后一个冈崎片段上引物的切除、填补和连接,完成 DNA 的复制过程。

正常情况下,大肠埃希菌基因组的两个复制叉前移速度相等,均终止于同一位点或其附近。如果一个复制叉前移受阻,另一个复制叉复制过半后,将受到对侧 Tus-ter 复合物的阻挡,以便等待前一复制叉的汇合。两个复制叉在终止区相遇后停止复制,复制体解体,其间仍有 50~100bp 未被复制,通过修复方式填补空缺,随后两条链解开。复制所得的两个环状 DNA 分子,最终仍会有 20~30bp 互相缠绕,成为连环体(catenanes)。此连环体在细胞分裂前必须解开,否则将导致细胞不能分裂而死亡。大肠埃希菌分开连锁环需要拓扑异构酶Ⅳ(属于Ⅱ型拓扑异构酶)参与,使两个连锁的闭环双链 DNA 彼此解开,才能得到两个独立的环状 DNA 分子,分别被分配到两个子代细胞中去。其他环状染色体,包括某些真核生物病毒的复制终止,也以类似的方式进行。

第四节　真核生物基因组的复制

真核生物基因组包括细胞核基因组和核外基因组(线粒体和叶绿体)。真核生物 DNA 复制,目前实验室研究较为详细的有猿猴病毒 40(SV40)感染的培养细胞和仅有 400 个复制子的酵母以及非洲爪蟾等。真核生物染色体 DNA 复制发生在细胞周期的 S 期,此时细胞内 dNTP 含量和 DNA-pol 活性达到高峰。

一、真核生物 DNA 复制的复杂性

目前已知的真核生物染色体 DNA 的复制要比原核生物复杂,主要表现在以下几个方面。

1. 复制时需要解开和重新组装核小体结构　真核生物的 DNA 缠绕在由 8 个组蛋白所形成的组蛋白核心上,形成核小体。复制时,DNA 必须在复制叉处从核小体上解离下来,核小体可能作为一种障碍物起作用,使得复制叉的移动速度减小到 50bp/s,仅为原核生物复制叉的 1/10。复制叉通过后,新的核小体由原来的和新合成的组

蛋白重新组装起来。组蛋白的合成在细胞周期的 S 期与 DNA 复制同步进行,DNA 边合成边组装成核小体。

2. 多复制子复制 真核生物染色体 DNA 分子很大,与组蛋白紧密结合。由于染色体结构的复杂性,复制速度比原核生物慢。真核生物染色体 DNA 上有多个复制起始点,它们相距约 5~300kb,复制子小,可以在多个复制点上同时复制,一个典型的哺乳动物细胞中有 50 000~100 000 个复制子。复制子复制是有时序性的,即复制子是以分组方式激活,而不是同步启动复制。转录活性高的 DNA 在 S 期早期就开始复制,而高度重复序列,如卫星 DNA、线性染色体两端的端粒,都是在 S 期的最后才复制。在真核生物中,通常 20~50 个复制子串联排列成簇,在 S 期的特定时间同时开始复制,所以真核生物 DNA 复制从总体上还是快速进行的。

3. RNA 引物及冈崎片段的长度均小于原核生物 原核生物 DNA 复制过程中,RNA 引物的长度从十几个到几十个核苷酸,冈崎片段约为 1000~2000 个核苷酸;动物细胞中的引物约为十几个核苷酸,冈崎片段约有 100~200 个核苷酸,相当于一个核小体 DNA 的长度。真核生物中这种较短的冈崎片段可能与核小体的结构形成相适应。

4. 复制起点在每个细胞周期只作用一次 同原核生物相比,真核生物染色体 DNA 在全部复制完成以前,各个起始点上不能再开始下一轮的 DNA 复制。真核生物染色体 DNA 的复制受到严格的控制。起始所必需的、并在作用后失活的特定蛋白质只有在有丝分裂期核膜解体时才能进入核内,这样可以防止复制完成前的再次起始,保证复制起始点在每个复制周期只能作用一次。而原核生物 DNA 在一轮复制结束之前可以启动下一轮复制,在快速生长的原核生物中,在起始点上可以连续开始新的 DNA 复制。

二、参与真核生物 DNA 复制的其他组分

真核生物 DNA 复制体系除了需要本章第二节所描述的组分外,还需要复制蛋白 A(replication protein A,RPA)、复制因子 C(replication factor C,RFC),增殖细胞核抗原(proliferating cell nuclear antigen,PCNA)以及核酸酶 HⅠ(RNase HⅠ)和瓣状内切核酸酶 1(flap endonuclease 1,FEN1)等蛋白因子的参加。

1. 复制蛋白 A 复制蛋白 A(RPA)是一种单链 DNA 结合蛋白,以异源三聚体形式存在。RPA 的主要功能是:①可促进双螺旋 DNA 解旋,使解螺旋酶容易结合 DNA;②在一定条件下激活 DNA-polα,并且是 DNA-polδ 依赖复制因子(RFC)和增殖细胞核抗原(PCNA)发挥功能所必需;③RPA 的 p70 亚基可结合 DNA-polα,对于组装引发体复合物是必需的;④参与 DNA 重组和修复。

2. 复制因子 C 复制因子 C(RFC)或称夹子加载蛋白,具有依赖于 DNA 的 ATPase 活性,结合于引物-模板链。RFC 的主要功能是:①促进三聚体 PCNA 环形分子结合引物-模板链或双螺旋 DNA 的切口,为 DNA-polδ 在模板 DNA 链上组装、形成具有持续合成能力的全酶所必需的;②作为 DNA-polα 和 DNA-polδ 之间的纽带,有助于前导链和后随链的同时合成。

3. 增殖细胞核抗原 增殖细胞核抗原(PCNA)是同源三聚体,具有激活 DNA 聚合酶和 RFC 的 ATPase 活性的作用。PCNA 具有与大肠埃希菌 DNA-polⅢ的 β 亚基相同的功能和相似的构象,形成闭合环形的“DNA 夹子”。在 RFC 的作用下,PCNA 三聚体加载于引物-模板 DNA 链,并沿着 DNA 模板链滑动。当 DNA 复制完成时,RFC 还能将 PCNA 三聚体从 DNA 模板链上卸载。PCNA 是 DNA-polδ 的进行性因子,可使聚合酶 δ 获得持续的合成能力。PCNA 分子为 PCNA 水平也是检验细胞增殖的重要指标。

4. 核酸酶 HⅠ和瓣状内切核酸酶 1 核酸酶 HⅠ(RNase HⅠ)和瓣状内切核酸酶 1(FEN1)共同参与切除 RNA 引物。RNase HⅠ是一种内切核酸酶,降解 RNA 引物,留下的最后一个核苷酸由 FEN1 切掉。FEN1 具有核酸内切酶和 5′→3′核酸外切酶活性。人和鼠的 FEN1 分子为一条多肽链结构,是一种特异切割具有“帽边”或“盖子”结构的 DNA 底物的核酸内切酶。

三、真核生物 DNA 的复制过程

真核生物和原核生物的 DNA 复制过程基本相似。

1. 前复制复合体的形成引导真核细胞中的复制起始 与原核生物类似,真核生物 DNA 的复制起始也是解链产生复制叉,形成引发体及合成 RNA 引物。真核生物 DNA 复制起始的位点都必须和一些 DNA 复制起始位点结合蛋白形成复合物。这种 DNA-蛋白质的结合形式被称为前复制复合体。只有和复制起始点结合蛋白形成前复制复合体,复制起始点才具有引导 DNA 复制起始的功能。

1979 年,首先在酿酒酵母中发现的自主复制序列(autonomously replicating sequence,ARS)是酵母基因组的复制起点,它是一段能诱导 DNA 复制启动的顺式作用元件。ARS 元件是一个短而富含 AT 的序列,此序列存

在一些分散的位点。研究发现AT序列中的11bp“核心区域”的突变会导致起始点功能的完全丧失,这个区域称为A域(A domain),核心序列为A(T)TTTATA(G)TTTA(T),也被称作ARS共有序列(ARS consensus sequence,ACS)。ARS全长不足200bp,共有4个元件组成,另外还有编号为B1~B3的三个相邻元件,其突变也会降低复制起始点的功能。ARS中的A和B1元件组成起始识别序列(origin recognition sequence,ORS),长约40bp,是起始识别复合物(origin recognition complex,ORC)的结合位点。ORC是由相对分子质量400 000的六种蛋白质组成的蛋白复合物,存在于细胞核中,在整个细胞周期中,ORC都专一地结合在A和B1元件组成起始识别序列ORS上,并且与ARS相联系。ARS中的B2元件为13bp的重复序列区,是DNA双螺旋最先解链的位置。B3元件是ARS结合因子-1(ARS binding factor 1,ABF1)的结合位点。ABF1与B3元件结合后,产生扭转张力,导致B2区段解链。复制起始点DNA双链解开后,解链酶和其他相关的酶即可与DNA结合,复制叉形成,开始沿着DNA链移动,复制起始过程就完成。

在复制起始阶段,DNA双链解开,形成复制叉,引发体开始组装并合成RNA引物,这个过程需要DNA-polα和DNA-polδ的参与。此外还需要复制蛋白A、RFC、PCNA的共同参与。研究显示,引发体组装过程中发生的蛋白质-蛋白质相互作用存在种属特异性。这些促进引发体组装的相互作用不仅出现于复制的起始,而且也影响了每个冈崎片段的合成。

2. 真核生物复制的延长发生DNA-polα/δ转换 在5种常见的真核细胞DNA-pol中,DNA-polα含量最高,曾被误认为是真核细胞中唯一真正的DNA复制酶。后来人们才认识到DNA-polδ才是真核细胞DNA复制的主要聚合酶。

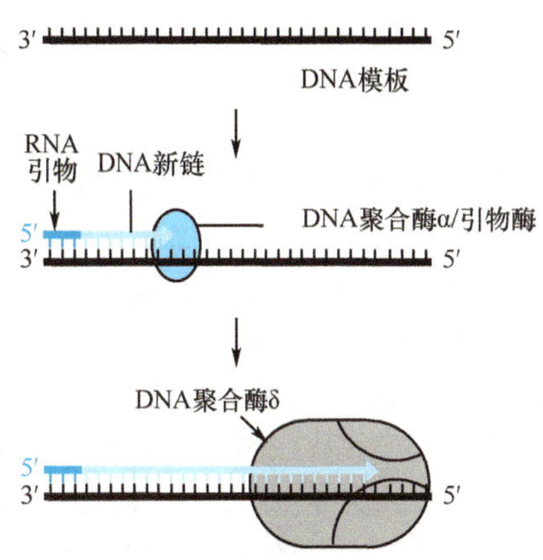

图4-15 真核DNA-polα/δ的转换

DNA-polα具有DNA-pol活性及引物酶活性,其作用的大致过程是:首先其引物酶的活性合成RNA引物,再利用其DNA-pol的活性将引物延伸,产生起始DNA(initiator DNA,iDNA)短序列,形成RNA-DNA引物。实验发现,SV40 DNA复制时合成的RNA-DNA引物长度约为40个核苷酸(nt),其中RNA片段长为10nt。由于DNA-polα的延伸能力很低,完成引物合成后,很快DNA-polα就离开DNA模板链,被高延伸能力的DNA-polδ所取代。由DNA-polδ利用RNA-DNA作为引物合成前导链和后随链。DNA-polδ取代DNA-polα的过程称为聚合酶的转换(图4-15)。在前导链,DNA-polα/δ转换出现在引发阶段,而在后随链发生于每个冈崎片段合成起始之际。

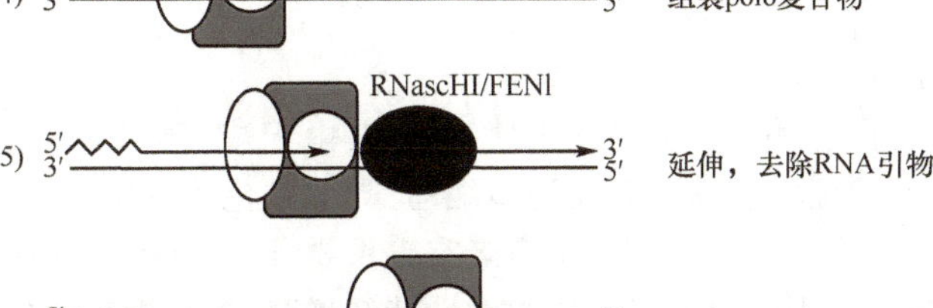

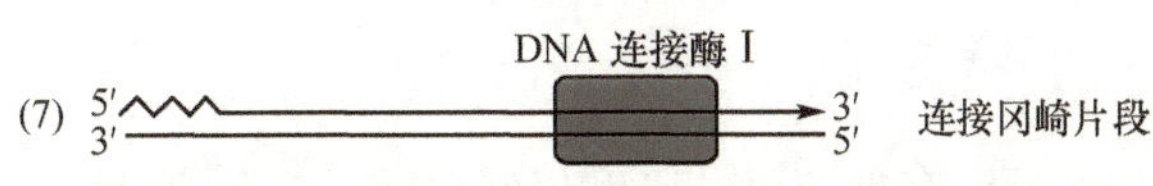

图4-16 真核DNA-pol转换机制及后随链的合成

合成机制总结为:RPA促使DNA-polα结合到单链DNA模板上合成RNA-DNA引物,合成的引物,很快被RFC识别并结合到iDNA的3′端,取代DNA-polα,而后PCNA结合DNA并引入DNA-polδ,DNA-polδ通过PCNA的协同作用,逐步取代DNA-polα,在引物的3′-OH基础上连续合成前导链。后随链合成与前导链相似。

发生DNA-polα/δ转换的可能原因,一是DNA-polα的低延伸性,不具备持续合成能力;二是RFC紧密结合引物-模板处,促使PCNA和DNA-polδ接踵而来,PCNA是DNA-polδ的进行性因子,PCNA沿着模板DNA链滑行,并与DNA-polδ紧密结合形成的复合体可以沿着模板链高速移动,这也极大增强了DNA-polδ持续合成能力。

通常前导链与PCNA和DNA-polδ协同作用,可以持续合成子链长度达5~10kb。而后随链、冈崎片段的成熟过程是将不连续合成的短的冈崎片段连接成无间隙的DNA产物的过程，这一过程包括切除引物、填补空隙、连接两个DNA片段等。在冈崎片段合成遭遇到前一个冈崎片段时，切除5′端的RNA引物依赖于RNAse HⅠ和FEN1（图4-16）。

引物切除的具体过程：首先是RNAse HⅠ利用核酸内切酶活性切割连接在冈崎片段5′端的RNA片段，在RNA-DNA引物连接点留下一个核糖核苷酸，再由FEN1利用5′→3′核酸外切酶活性切除最后一个核糖核苷酸。切除冈崎片段5′端的RNA引物的另一种方式是利用解旋酶Dna2。解旋酶Dna2是依赖DNA的ATPase，具有3′→5′解旋酶活性，其解旋作用使前一个冈崎片段的5′端的RNA引物形成一个盖子结构，再由FEN1的内切酶活性切除，不仅冈崎片段的5′端的RNA引物被切除，而且iDNA片段也被新生的冈崎片段所置换，然后被FEN1切除，形成的空隙由DNA-polδ或DNA-polε填补，留下的切口由DNA连接酶连接（图4-17）。

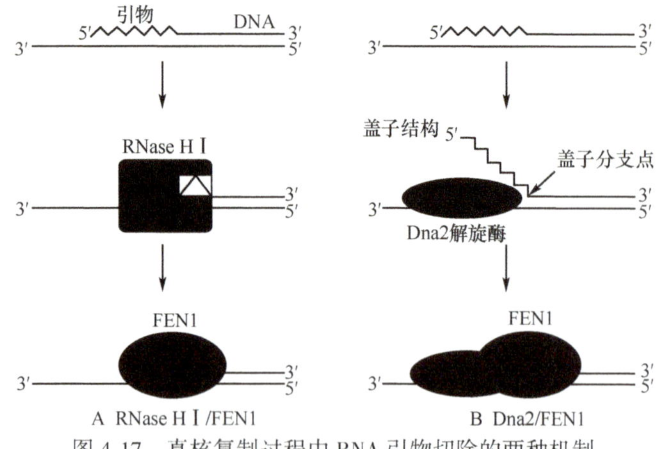

图4-17 真核复制过程中RNA引物切除的两种机制

四、端粒DNA的合成

原核生物染色体是环状的DNA分子，在复制结束时，切除引物，填补RNA引物切除后留下的所有空隙并连接，生成完整DNA链。但是真核生物染色体为线状结构，在复制叉到达线性末端时每条链上的第一个引物被切除，由于DNA合成只能是5′→3′方向延伸，留下的空隙是无法填补的（图4-18）。倘若生物体没有特殊的修复机制，DNA每复制一次染色体就会缩短一段RNA引物的长度，导致每次细胞分裂时子代染色体DNA都要短一截。那么情况果真如此吗？真核细胞又将如何解决这个问题呢？

端粒（telomere）是真核生物染色体线性DNA分子末端的特殊结构，由DNA和它的结合蛋白质组成，形状呈一膨大粒状。端粒DNA由短的富含GC的重复序列组成，端粒DNA序列和结构非常保守，其序列具有一定取向特征。端粒酶（telomerase）是由RNA与蛋白质组成的一种核糖核蛋白（RNP）复合体。端粒酶具有反转录酶活性。端粒酶的RNA序列与端粒重复序列相互补。

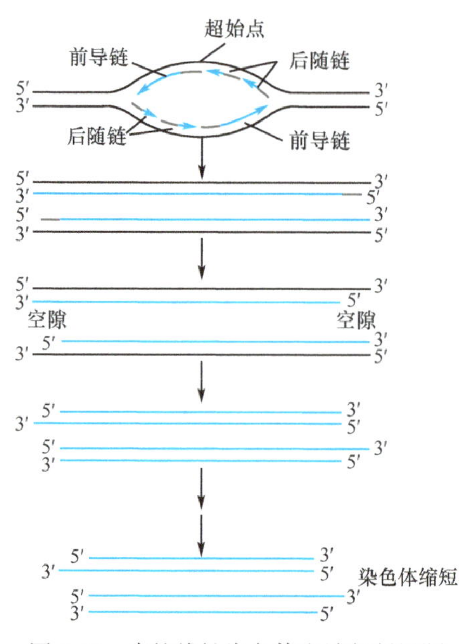

图4-18 真核线性染色体末端复制问题

E. H. Blackburn和他的同事回答了真核线性染色体末端复制问题。它们选择纤毛原生动物四膜虫来研究端粒酶活性机制，发现端粒中富含G的突出单链DNA在端粒酶的作用下，以非半保留的方式从3′端延长。端粒酶结合到端粒的3′端上，以其RNA链为模板延伸DNA链，端粒酶不断移位，重复序列不断延伸，端粒酶将端粒重复序列延伸到一定长度后，端粒重复序列靠G-C非标准配对回折180°，作为引物提供3′-OH，此时端粒酶脱离模板链，以DNA-pol代之，以已合成的端粒重复序列为模板，催化合成端粒另一条链上的重复序列，完成染色体末端双链的复制（图4-19）。

真核生物染色体末端存在的端粒结构与细胞的寿命有关。在动物的生殖细胞中，由于端粒酶的存在，端粒长度保持不变；而体细胞缺乏端粒酶活性，端粒长度随细胞连续分裂而逐步缩短，导致染色体稳定性下降，引起细胞衰老，短到一定程度就会引起细胞生长停止或凋亡，这对认识生命衰老有着重要意义（见第十五章）。此外，在增殖活跃的肿瘤细胞中发现端粒酶活性增高。某些原因引起端粒酶活性持续增强，端粒重复序列不断延长，细胞会不停地分裂，有可能导致癌变。因此抑制肿瘤细胞端粒酶活性可能成为临床抗癌治疗的靶点。

五、线粒体DNA的复制

动物线粒体DNA（mtDNA）是环状双链DNA分子，它的两条链有重链（H链）和轻链（L链）之分，其复制常采用D环复制（D-loop replication）模式。D环复制的特点是复制起始点不在双链DNA同一位点，内外环两条

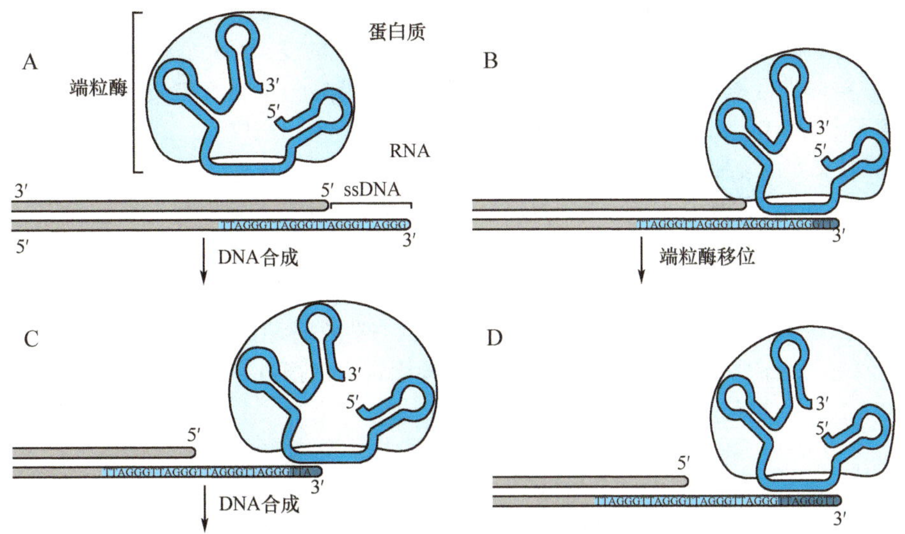

图 4-19　端粒酶催化端粒合成的机制——爬行模型

链的复制是不同步的，有时序差别。复制开始时需要合成引物。mtDNA 双链环状 DNA 在特殊位点先解链形成一个复制泡。第一个引物是以复制泡内环的母链（H 链）作为模板合成新链。合成一小段后，新链取代原来的互补链（L 链），随着原来的 L 链被取代的区域的延伸，形成由一条单链和一双链组成的泡状结构，称为 D 环。随着 D 环越来越大，暴露出 L 链的复制起始点时，又合成另一个反向引物，以外环的 L 链单链区为模板进行反向的延伸。最后完成 DNA 的复制，产生两个线粒体环形 DNA 分子。亲代双链 DNA 的两条链各有自己的复制起始点。两个复制起始点的激活有先有后，两条链的复制也不是同时结束（图 4-20）。

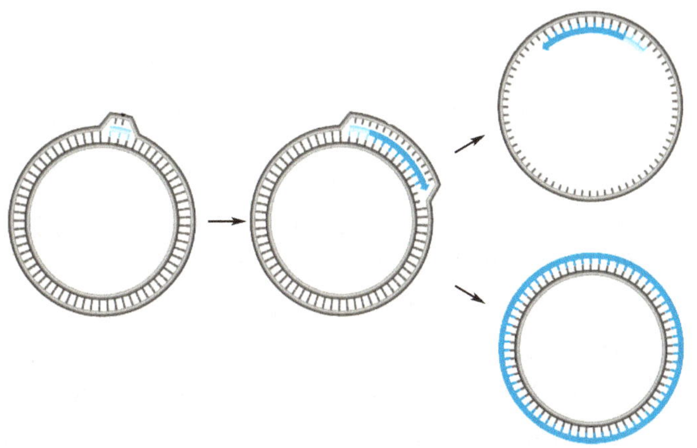

图 4-20　动物线粒体环状双链的 D-环复制

线粒体 DNA 上的 D 环区位于 $tRNA^{pro}$ 和 $tRNA^{Phe}$ 基因之间，包含 3 个保守序列、终止结合序列（termination associated sequences，TAS）和起始点等序列。线粒体 DNA 复制由 DNA-polγ 负责。线粒体 DNA 合成速度相当缓慢，每秒约 10 个核苷酸，整个复制过程需要 1 小时。新合成的线粒体 DNA 是松弛型的，需要 40 分钟转变成超螺旋型。

迄今为止，从简单的病毒到高等的人类，几乎通用一套遗传密码来编码细胞核基因组 DNA。但是线粒体所使用的遗传密码与细胞核基因组的通用遗传密码有一些差别，线粒体中存在独立的基因表达体系。例如，AGG 原核及真核生物核基因组是编码蛋白质氨基酸的遗传密码，但是在哺乳动物线粒体中，则是终止密码。

线粒体 DNA 控制区调控整个线粒体 DNA 的复制和转录，该区的碱基突变可能引起线粒体 DNA 复制和转录速度加快，造成突变的线粒体 DNA 相对增多。mtDNA 容易发生突变，突变损伤后修复较困难，而且这些变异都可以细胞质遗传的方式传递给子代，经过长期的累积可能导致肿瘤的发生。此外，线粒体基因组的缺陷与衰老、肿瘤、神经退行性疾病、肌病、心肌病以及糖尿病的关系密切。

第五节　病毒基因组的复制

病毒分为 DNA 病毒和 RNA 病毒两类。病毒基因组的复制是病毒将遗传物质由亲代传给子代的过程。即以病毒基因组（DNA 或 RNA）为模板，由 DNA-pol 或 RNA 聚合酶以及其他蛋白质因子，经过复杂的生化合成过程，复制出病毒的基因组。组成病毒基因组的 DNA 和 RNA，形状可以是线性或环状；结构可以是单链或双链。通常真核DNA病毒都在宿主细胞核内复制，且能利用宿主细胞的复制、转录和翻译系统进行繁殖，进而对宿主产生致病作用。病毒基因组的类型决定了基因组复制方式的复杂性（尤其是RNA病毒）。DNA病毒（除痘病毒外）都在核内进行基因组复制，RNA病毒（除反转录病毒外）都在细胞质中进行基因组复制。人类和动物的RNA病毒多为单链RNA病毒，绝大多数在细胞质中进行生物合成。

病毒基因组高效忠实的复制是病毒复制的关键。基因组结构的多样性致使其复制方式多样性。虽然不同病毒DNA的复制方式不同，但病毒基因组的复制存在一些特点：其一是利用宿主细胞提供一套完成复制所需要的物质和能量，进行病毒生物大分子的合成；其二是复制周期短，繁殖效率高；其三是DNA合成起始的引物形式多样；其四是反转录病毒的复制方式丰富了遗传信息传递的中心法则。所有病毒基因组的复制都需要一系列辅助蛋白因子的参与，它们有些可能来源于宿主细胞，有些是病毒自身编码。因此，病毒复制的特异性在某种程度上也反映了病毒对宿主细胞的依赖程度。每种病毒会依据自身的条件与情况采取相应的复制方式来完成各自DNA的复制过程。

一、DNA病毒基因组的复制

DNA病毒基因组大小相差很大，大到200kb，小至4～5kb；形状呈线性或环状；结构为单链或双链。有些病毒DNA在宿主细胞核内进行复制，而有些DNA病毒在胞质进行复制。几乎所有病毒DNA的复制都需要至少一种病毒蛋白的参与才能启动。另外，病毒DNA复制对宿主系统的依赖程度各有不同。小的DNA病毒（如细小病毒和乳多空病毒）基因组的复制需要宿主细胞的复制体系支持；而较大的痘病毒由于自身携带完整的DNA合成系统，可以在胞质中复制。病毒感染通常以病毒DNA复制为界划分为早期和晚期感染，早期感染主要合成病毒的调控蛋白，而晚期感染主要合成病毒的结构蛋白。

（一）DNA病毒基因组复制的特点

病毒DNA的复制与真核细胞DNA复制一样，遵循一定的DNA复制规律：①复制以半保留复制的方式；②复制过程以半连续复制的方式；③每一次复制都有一个特定的起始点和终止点；④复制需要引物提供3′-OH，引物的具体形式及复制的触发机制各异，有的以RNA为引物，有的以DNA为引物，甚至有的病毒利用蛋白质来触发DNA复制；⑤DNA合成由DNA依赖的DNA-pol催化。

病毒DNA的复制有自己的特点：①病毒DNA可以编码DNA复制酶和相关蛋白；②病毒DNA往往有特殊的末端结构以适应复制的需要；③病毒DNA的复制与宿主细胞增殖状态及细胞周期密切相关；④病毒基因组复制前需要引发宿主细胞进入增殖状态，这是病毒增殖型感染的先决条件。随着病毒感染的继续则关闭宿主细胞的复制合成系统。通常每个细胞周期病毒DNA只复制一次。病毒的潜伏感染常可导致受染细胞的转化。在特定条件的刺激下，病毒转化的细胞易发生癌变。

（二）参与病毒DNA复制的组分及其作用

病毒DNA复制通常需要一种或数种病毒特异性蛋白与宿主细胞蛋白相互作用，以共同调控病毒增殖复制过程。各种DNA病毒复制所需要的复制酶系统很相似。SV40基因组在宿主细胞内具有真核细胞染色体的特质，可与宿主细胞内的组蛋白形成与染色体结构类似的小染色体，而SV40只有一个复制起始点。病毒编码的T抗原对病毒基因组的复制具有重要的调控作用。SV40是目前研究动物细胞DNA复制调控理想的模型系统。以下以SV40为例，阐述参与DNA病毒复制的主要组分及作用机制。

SV40病毒DNA复制时，需要来源于病毒的起始点结合蛋白T抗原（T antigen）的参与。此外，还需宿主细胞的DNA-polα、DNA-polδ、增殖细胞核抗原（PCNA）、单链DNA结合蛋白、拓扑异构酶Ⅰ和拓扑异构酶Ⅱ、成熟因子-1、DNA连接酶Ⅰ以及RFC等酶和蛋白因子协同完成病毒DNA的合成。

SV40病毒的T抗原是相对分子质量为94 000的多功能磷酸化蛋白，是早期病毒感染产物，主要负责识别病毒DNA复制起始点。它既可特异性地与SV40复制原点结合，又具有ATP酶的活性，还可与抑癌基因产物p53和Rb形成蛋白复合物。单链DNA结合蛋白RPA的p70亚基具有DNA结合活性，SV40的T抗原在有SSB存在的情况下具有很强的解旋酶活性，可使病毒双链DNA快速解旋。

SV40 DNA复制需要两种宿主DNA-pol参与，DNA-polα和DNA-polδ。宿主细胞DNA-polα由四个亚基组成，其中p180亚基是催化亚基，p48亚基具有引物酶的活性；DNA-polδ是异源二聚体（p125和p50），也参与SV40病毒DNA的复制，其主要功能是与增殖细胞核抗原结合后，将聚合酶激活成高效的加工酶。DNA-polα

和 δ 在 SV40 病毒 DNA 合成过程中共同起作用。但 DNA-polδ 由于其 p125 亚基具有 3′→5′外切酶活性，所以具有校正能力。增殖细胞核抗原(PCNA)是相对分子质量为 36 000 的单链多肽，作用于链延伸阶段，可提高 SV40 DNA 合成的效率，并可与 FEN-1 和 DNA 连接酶 Ⅰ 结合。复制因子 C 由五个亚基构成，具有 DNA 依赖的 ATP 酶的催化活性，其 ATP 酶活性需要 PCNA 的存在才能被激活，其功能是将 PCNA 结合到模板 DNA 上，参与 DNA-polδ 的激活过程。

宿主细胞的拓扑异构酶 Ⅰ 主要作用是解除病毒 DNA 延伸过程中复制叉前形成的链扭转状态，拓扑异构酶 Ⅱ 的作用是使两个新合成的共价相连的环状子链 DNA 双螺旋分子分开，形成两个病毒子代复制单体。宿主 FEN-1 具有 5′→3′方向外切酶/内切酶活性，可切除冈崎片段 5′端的 RNA 引物，还可与 PCNA 结合。成熟因子 1(MF-1)也是单体外切酶蛋白，在 SV40 DNA 复制过程中参与闭环 DNA 的形成。最后由连接酶 Ⅰ 连接冈崎片段，其成熟为闭环 Ⅰ 型 DNA。

(三) 病毒 DNA 复制的起始点和引物

病毒 DNA 的复制与真核细胞 DNA 复制相似，但其复制速度比较慢，平均每秒钟合成 75 个核苷酸。病毒 DNA 复制是病毒增殖的一个重要阶段。复制依赖于细胞的 DNA-pol，产生的子代 DNA 用于转录晚期 mRNA，在胞质内翻译病毒的结构蛋白，并转移到细胞核内，供装配病毒颗粒的衣壳。病毒种类繁多，病毒基因组形态结构多样，但病毒的复制机制不尽相同。

1. DNA 病毒基因组复制的起始点　多数双链(dsDNA)病毒基因组每次复制起始于一个特异性序列元件，称为复制起始点。复制起始点是染色体或病毒基因组上与起始点识别蛋白特异性结合的 DNA 序列。真核细胞的起始点识别蛋白是一个多蛋白复合体，称作起始点识别复合物(ORC)。病毒的起始点识别蛋白通常为一个病毒早期感染基因表达产物，如 SV40 的 T 抗原。有些病毒如单纯疱疹病毒和 EB 病毒可含有两个以上的复制起始点。

2. DNA 病毒基因组复制的引物　病毒 DNA 的合成也需要引物提供 3′-OH 来触发，但是不同病毒的引物形式多样，而且触发合成 DNA 的机制也很独特。RNA、DNA 甚至是蛋白质分子都可以作为引物，来触发复制的起始。如双链闭环的 DNA 病毒 SV40，就是以 RNA 作为引物，其复制的触发机制是由于细胞的 DNA-polα 引物酶在复制起始点合成 RNA 引物。单链线状的腺相关病毒基因组复制要经过一个自我引发过程，以 DNA 作为引物，其基因组两末端各有一个反向末端重复序列(inverted terminal repetition, ITR)，可形成复杂的回文结构。复制时在 3′末端形成 T 形结构，提供一个游离的 3′-OH 作为引物。双链线状的腺病毒，是利用蛋白质为引物引发 DNA 的合成，效率较高。腺病毒 DNA 3′端有一个前末端蛋白(preterminal protein, PTP)，病毒 DNA-pol 可将其特定丝氨酸残基上的羟基与 dCMP 的 α-磷酸共价相连形成末端蛋白，相连的 dCMP 作为引物触发病毒子链 DNA 的合成。

dsDNA 的复制可以是单向或双向。线性双链病毒 DNA 如腺病毒 DNA 为单向复制，而闭环双链病毒基因组则为双向复制。

(四) DNA 病毒基因组复制的方式

DNA 病毒基因组结构各异，复制的方式也不相同。即使是同一种病毒，在不同的感染环境，也会采用不同的复制方式。如人乳头瘤病毒在未分化的宫颈上皮细胞中处于非增殖阶段，复制以双向的 θ 方式为主，而在终端分化的宫颈上皮细胞中人乳头瘤病毒处于增殖阶段，主要以滚环方式进行复制。dsDNA 病毒的复制方式根据其基因组复制时的结构形态可分为 θ 复制、滚环复制、滚卡复制及链置换复制。复制的方向依复制形式而异，可分为单向或双向两种。

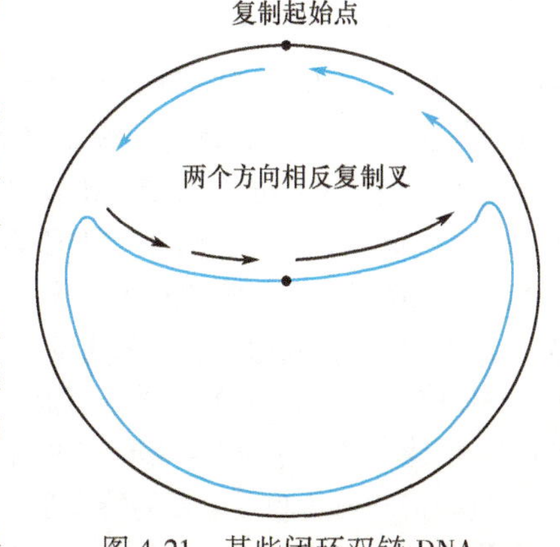

图 4-21　某些闭环双链 DNA 病毒的 θ 复制

1. θ 复制　也称为复制叉复制，主要为某些闭环双链病毒基因组如 SV40、乳头瘤病毒等采用，为双向复制。复制开始后起始点处双链 DNA 首先解旋为单链，形成两个向相反方向移动的复制叉，形状犹如字母 θ(图 4-21)。

2. 滚环复制(rolling circle replication)　见于一些线性双链 DNA 病毒如单纯疱疹病毒。这种复制方式通常为起始点及起始点蛋白非

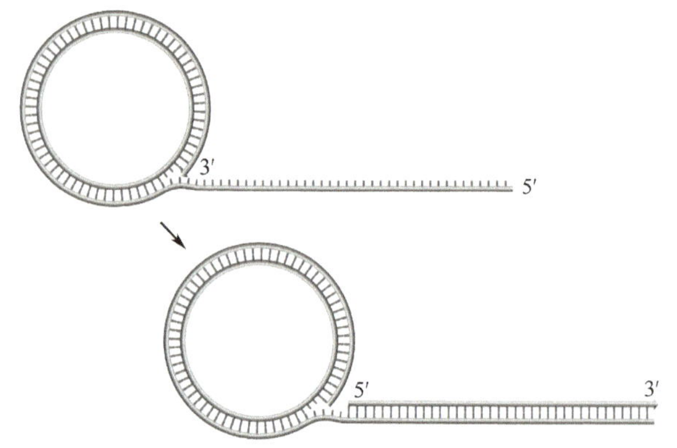

图 4-22 某些线性双链 DNA 病毒的滚环复制

依赖性。复制开始时核酸酶切开双链模板中的一条链,从切口 3′末端开始以另一条环状 DNA 链为模板,在 DNA-pol 的作用下合成新生前导链。由于 3′末端不断延伸,5′末端不断甩出,好像中间有一个环在不断滚动,故称为滚环复制(图 4-22)。形成的多拷贝链状结构,经切割后形成病毒基因组单体。

3. 滚卡复制(rolling hairpin replication) 与滚环复制相似,见于线性单链 DNA 如痘病毒、腺相关病毒等,是以单链 DNA(ssDNA)为模板,通过形成末端的回文结构进行自我引发复制。其特点是复制的对称性,前导链的合成导致 ssDNA 置换,复制的起始和终止都要经过起始点序列,形成多拷贝头尾相连的链式发卡,经切割后形成病毒基因组单体。

4. 链置换复制((strand replacement replication) 以腺病毒基因组的复制为典型代表。链置换方式通常以 3′→5′方向的 DNA 为模板,采用单向半保留复制,合成的新生链首先置换出另一条母链。被置换出的 ssDNA 通过末端反向重复序列的碱基配对形成柄环样结构,再以自身链置换的方式合成子代双链 DNA。

(五) DNA 病毒基因组复制的过程

1. 双链闭环 DAN 复制过程——SV40 DNA 复制 SV40 病毒基因组由 5243nt 组成,为闭环双链 DNA 分子,只有一个复制起始点,复制起始点最小范围包括:A/T 富含区及末端重复的回文序列。病毒编码的唯一复制因子是早期感染表达的 DNA 结合蛋白—T 抗原,它是 SV40 DAN 复制所必需的。SV40 DNA 复制过程大致如下:在 ATP 的参与下,首先 T 抗原以两个六聚体的方式结合到复制起始点的核心区域,导致 AT 富含区及反向末端重复序列的 DNA 结构发生改变,使反向末端重复序列发生扭曲。其解旋酶活性使 DNA 双螺旋解链,单链 DNA 结合蛋白 RPA 随后结合上去。DNA-polα 在布满 RPA 的 DNA 模板单链区开始合成 RNA-DNA 引物,一旦 RNA-DNA 引物合成,复制因子 RFC 就取代 DNA-polα 并结合到 iDNA 的 3′端。RFC 是一种依赖 DNA 的 ATP 酶,其 ATP 酶活性由 PCNA 激活,它之所以能取代 DNA-polα,很有可能是因为 RFC 与引物-模板链紧密结合以及 DNA-polα 不具备持续合成能力。RFC 的主要功能是促进 PCNA 与引物-模板链结合或与双链 DNA 分子的缺口结合。PCNA 本身无结合 DNA 的活性,但它一旦被 RFC 以分解 ATP 方式激活后,即会结合于 DNA,同时将 DNA-polδ 也结合到引物-模板链上,由 DNA-polδ 继续合成 DNA 链。SV40 DNA 复制过程需要拓扑异构酶Ⅰ或拓扑异构酶Ⅱ消除正超螺旋结构,使复制叉继续移动。

SV40 的前导链至少能连续合成 5~10kb,而后随链的冈崎片段合成在遇到前一个冈崎片段时停止,RNA 引物可由 RNase HⅠ/FEN-1 或是 Dna2 解旋酶/FEN-1 切除,DNA 连接酶Ⅰ将两个片段连接。闭环 SV40 DNA 的复制终点出现在两个复制叉会合后,位于距复制起始点约 180°位点。DNA 复制完成后两闭环链形成环套结构需要拓扑异构酶Ⅱ解套,即首先一条闭环双链 DNA 分子发生双链断裂,而另一条闭环双链 DNA 分子从此断裂处通过,环套结构被解开,然后在 ATP 的作用下断裂处重新连接,最终形成两个独立的 SV40 闭环子链 DNA。

2. 双链线性病毒 DNA 的复制——腺病毒 DNA 复制 腺病毒基因组约含有 35kb 的线性双链 DNA,两末端各有一个约 100bp 的反向末端重复序列(ITR)。腺病毒 DNA 复制是以相对分子质量为 75 000 的前末端蛋白为引物进行的单向复制。腺病毒基因组的复制至少需要 6 种蛋白,其中 DNA 结合蛋白(DNA binding protein,DBP)、前末端蛋白(PTP)和 DNA-pol 等 3 种由病毒基因编码的蛋白质分子;其他三种蛋白:核因子Ⅰ(nuclear factor Ⅰ,NFⅠ)、NFⅡ、NFⅢ等 3 种由宿主细胞提供的蛋白质分子。DBP 的主要作用是保护单链 DNA,DNA-pol 催化 dCMP 上的 5′磷酸基团和 PTP 中 Ser-OH 之间形成磷酸二酯键,dCMP 与模板 DNA 的 3′端配对,作为 DNA 合成的引物。腺病毒 DNA 复制开始时,NFⅠ、NFⅢ、DBP 首先结合到复制起点,然后 PTP 和聚合酶形成的复合物与 DNA 结合,催化腺病毒 DNA 末端解链,以 PTP-dCMP-OH 为引物起始 DNA 链的复制。在 DNA 延伸的过程中,聚合酶与 PTP 解离后结合到 DBP 分子上,继续延伸 DNA 链。

腺病毒 DNA 复制最重要的特点是:每条 DNA 链 5′端与前末端蛋白 PTP 中的 Ser-OH 以磷酸二酯键共价连接,以形成的 PTP-dCMP-OH 作为引物起始 DNA 的合成,保证线性基因组复制后 DNA 分子的 5′端不缩短。

二、反转录病毒基因组的复制

自然界存在遗传物质为RNA的病毒,可感染动物、植物和原核生物。RNA病毒依据基因组结构不同,可以分为单链和双链RNA病毒。单链RNA病毒根据其基因组的特性和复制特点又有正链RNA病毒、负链RNA病毒及反转录病毒。RNA病毒的基因组一般为线状,极少数为环状。多数RNA病毒的基因组为单一组分,少数RNA病毒的基因组是多组分或分段的。多数RNA病毒的基因复制通过两种方式完成,一是RNA复制,即RNA依赖的RNA合成,由病毒编码的RNA依赖的RNA聚合酶(RNA dependent RNA polymerase,RDRP)来完成;二是反转录,以RNA为模板,由反转录酶催化4种dNTP聚合,产生DNA的过程,又称为RNA指导的DNA合成。病毒编码的反转录酶(reverse transcription,RT),全称是依赖RNA的DNA-pol(RNA dependent DNA polymerase),RNA肿瘤病毒都含有反转录酶,将含有反转录酶的RNA病毒称为反转录病毒(retrovirus)。反转录酶于1970年,分别在H. Temin和D. Baltimore两个实验室的RNA肿瘤病毒中发现,反转录酶的发现扩大和发展了遗传的中心法则,使人们对遗传信息的流向有了新的认识。H. Temin和D. Baltimore因发现反转录酶而共获1975年度的诺贝尔生理学/医学奖。

反转录酶兼有3种酶活性,即RNA指导的DNA-pol、DNA指导的DNA-pol和RNAase H的活性。其中RNAase H的活性是指能够从5′→3′和3′→5′两个方向水解DNA-RNA杂合分子中的RNA。

病毒侵入细胞后,首先将RNA基因组反转录成DNA。反转录酶与DNA-pol一样,也是沿着5′→3′方向合成DNA,但不能直接合成DNA,必须有RNA作为引物。病毒的RNA基因组从宿主细胞借用tRNA作为引物,提供3′-OH。不同病毒借用的tRNA不同。

由反转录酶催化病毒的基因组RNA合成互补DNA(cDNA)的过程,是反转录病毒复制的关键。反转录病毒基因组通过cDNA中间体进行复制。在反转录酶作用下,先合成cDNA的第一条链,再合成cDNA的第二条链,从而形成双链cDNA。反转录病毒基因组RNA相当于mRNA,但入侵细胞后并不编码蛋白质,而是经病毒的反转录酶反转录生成DNA,整合到宿主细胞的染色体上,称为双链DNA的前病毒(provirus)。然后,再以前病毒DNA为模板,由宿主细胞的转录酶转录出RNA。这种RNA既可以编码蛋白质,也可作为病毒新的基因组。前病毒保留了RNA病毒全部的遗传信息,并可在细胞内独立繁殖。在某些情况下,前病毒基因组通过基因重组(gene recombination),参加到细胞基因组内,随宿主基因组一起复制和表达。这种重组的方式称为整合(integration)。整合后前病毒对其附近的细胞基因可产生影响。前病毒独立繁殖和整合,都可成为致病的原因。如活化的原癌基因(oncogene)表达而导致的肿瘤发生。因为反转录病毒基因组很小,获得原癌基因的病毒会丢失某些基因,因此带原癌基因的反转录病毒常需要辅助病毒才能感染成功。这也说明"野生型"的病毒致癌作用与整合后的基因效应有关。反转录病毒复制明显的特点是快速突变,这也是病毒逃避免疫系统的重要手段之一。

思 考 题

1. 试述DNA复制过程如何保持高度忠实性。
2. 原核生物DNA聚合酶Ⅰ不是基因组复制中真正的"复制酶",请说明其在基因组复制中的具体作用。
3. 真核生物基因组比原核生物基因组大,但其复制叉移动速度却比原核生物的慢得多,试阐述真核生物如何满足细胞对DNA的需求。

(陈 瑜)

第五章 DNA损伤与修复

DNA 分子中存储着生物体赖以生存和繁衍的遗传信息，其遗传保守性是维持物种相对稳定的重要因素。但在生命过程中，生物体经常受到内外各种因素的影响，如电离辐射（ionizing radiation，IR）、紫外线（ultraviolet，UV）等物理因素，烷化剂、亚硝胺类等化学因素，病毒感染等生物因素，这些因素会造成各种各样的 DNA 损伤（DNA damage），如 DNA 单链或双链断裂、碱基突变、碱基氧化损伤等。DNA 损伤大致有两种后果：一是 DNA 失去作为复制和转录模板的功能，导致细胞死亡；二是 DNA 的结构发生永久性改变，即突变（mutation）。一方面，基因突变可导致生物体的变异，这是生物进化的基础；另一方面，基因突变又是衰老和疾病发生的原因。

在长期的进化过程中，各种生物都形成了自己的 DNA 修复系统，能随时修复损伤的 DNA，使细胞的正常功能得以维持。通常 DNA 损伤的同时伴有 DNA 修复系统的启动。受损细胞的转归在很大程度上取决于 DNA 修复的程度。如果 DNA 被正确修复，DNA 结构恢复正常，细胞则能维持正常状态；当 DNA 发生不完全修复时，DNA 可能发生突变，导致染色体畸变，可诱导细胞发生恶性转化、免疫缺陷及衰老等病理生理变化；如果 DNA 损伤严重而不能被有效修复，细胞可能启动凋亡程序，诱导细胞死亡，这条途径也被认为是阻止细胞恶性转化的最后一道屏障。

第一节 DNA 损伤

一、DNA 损伤的类型

DNA 分子由脱氧核糖核苷酸以 3′，5′-磷酸二酯键相连，其中的碱基、脱氧核糖和磷酸二酯键都可能成为 DNA 损伤因素的作用靶点。不同的损伤因素会产生不同类型的损伤，主要包括碱基损伤和 DNA 链的断裂。根据 DNA 分子结构的改变不同，DNA 损伤可分为碱基和脱氧核糖的损伤、碱基错配、DNA 链共价交联、DNA 链断裂等多种类型。

1. 碱基和脱氧核糖的损伤 物理或化学因素可通过对碱基的某些基团进行修饰而改变碱基的性质。例如，紫外线作用于 DNA 分子可形成嘧啶二聚体（pyrimidine dimer）；羟自由基可对 DNA 链上的碱基进行氧化修饰，导致过氧化物的形成、碱基环的破坏和脱落，一般嘧啶比嘌呤更为敏感。脱氧核糖的每个碳原子和羟基上的氢都能与羟自由基反应，导致脱氧核糖损伤。由于碱基或脱氧核糖的损伤，在 DNA 链上可能形成一些不稳定点，最终可导致 DNA 单链或双链的断裂。

2. 碱基错配 碱基错配（base pair mismatch）是指非 Watson-Crick 碱基对。有一些环境中的化学物质能专一修饰 DNA 链上的碱基，或通过影响 DNA 复制而改变碱基顺序。例如，亚硝酸盐能使 C 脱氨变成 U，经过复制可使 DNA 上的 G 变为 A；羟胺能使 T 变成 C，结果使复制后的 DNA 中 A 变为 G；黄曲霉素 B 也能专一攻击 DNA 上的碱基导致序列变化，这些都是诱发突变的化学物质或致癌剂。一些人工合成的碱基类似物的结构与正常的碱基类似，进入细胞能替代正常的碱基掺入 DNA 链中而干扰 DNA 复制合成。例如，5-溴尿嘧啶（5-bromouracil，5-BU）与胸腺嘧啶结构相似，只是在第 5 位碳原子上由溴取代胸腺嘧啶的甲基。5-BU 能产生酮式和烯醇式两种互变异构体，酮式结构与 A 配对，烯醇式结构则与 G 配对，因此在 DNA 复制时可导致 A—T 转换为 G—C（图 5-1）。在正常 DNA 复制过程中也存在一定比例自发的碱基错配，最常见的是尿嘧啶代替胸腺嘧啶掺入 DNA 分子中。

3. DNA 链的断裂 DNA 链的断裂是电离辐射致 DNA 损伤的主要形式，某些化学毒剂也可导致这种损伤。磷酸二酯键的断裂、脱氧核糖的破坏、碱基的破坏和脱落都是引起 DNA 断裂的常见原因。碱基或脱氧核糖的损伤可引起 DNA 双螺旋局部变性，形成核酸内切酶的敏感位点，经特异核酸内切酶切割后造成 DNA 链的断裂。DNA 链上损伤的碱基也可以被特异的 DNA 糖基化酶切除，形成无碱基位点，或称无嘌呤/嘧啶位点（apurinic/apyrimidinic site，AP site）（图 5-2）。这些位点在特异核酸内切酶的作用下可形成链的断裂。DNA 链的断裂可发生在单

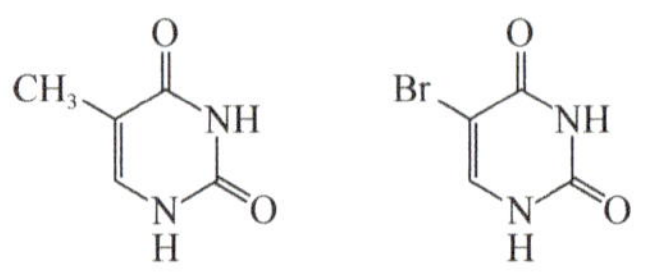

胸腺嘧啶　　5-溴尿嘧啶

图 5-1 胸腺嘧啶和 5-溴尿嘧啶

链或双链上，单链断裂(single-strand break，SSB)能迅速在细胞中以另一模板重新合成而得以修复，但双链断裂(double-strand break，DSB)在原位修复的几率很小，一般需依赖重组修复(recombination repair)，这种修复导致染色体畸变的可能性很大。因此，一般认为 DNA 双链断裂损伤与细胞的致死效应有直接的关系。

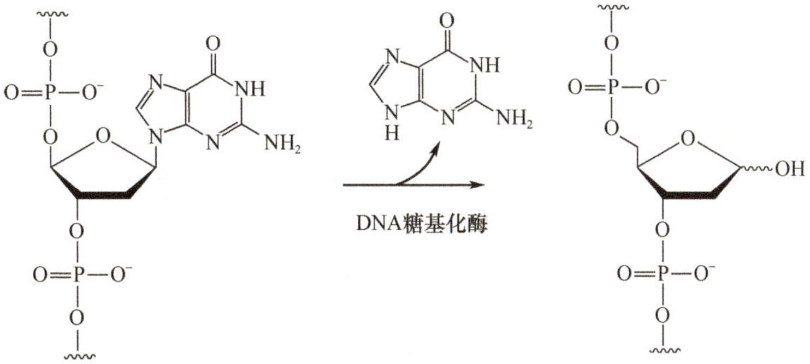

DNA糖基化酶

图 5-2 AP 位点

4. DNA 链的共价交联 DNA 损伤产生多种形式的交联，包括 DNA 链交联和 DNA-蛋白质交联。同一条 DNA 链上的两个碱基以共价键结合，称为 DNA 链内交联(DNA intrastrand cross-linking)，紫外线照射后形成的嘧啶二聚体就是 DNA 链内交联的典型例子。一条 DNA 链上的碱基与另一条链上的碱基以共价键结合，称 DNA 链间交联(DNA interstrand cross-linking)。DNA 与蛋白质也会以共价键结合，称为 DNA-蛋白质交联(DNA-protein crosslinking)。

以上分别阐述了 DNA 损伤的常见类型，实际上 DNA 损伤相当复杂。当 DNA 受到严重损伤时，在局部范围发生的损伤常不止一种，而是多种类型的损伤复合存在。最常见的复合损伤包括碱基和脱氧核糖的破坏以及 DNA 链的断裂，这种损伤的部位称为局部多样损伤部位(local multiple damaged sites)。

DNA 损伤可导致 DNA 模板发生碱基置换、核苷酸的插入或缺失、单链或双链的断裂等变化，并可能影响到染色体的高级结构。就碱基置换而言，DNA 链中一种嘌呤被另一嘌呤取代，或一种嘧啶被另一种嘧啶所取代，称为转换(transition)。例如，胞嘧啶(C)氧化脱氨转变为尿嘧啶(U)，腺嘌呤(A)氧化脱氨转变为次黄嘌呤(I)，从而改变了碱基配对关系。若嘧啶突变后变为嘌呤，或嘌呤突变为嘧啶，称为颠换(transversion)。转换和颠换只引起 DNA 局部的改变，而 DNA 其他部分的结构不受影响，故称为点突变(point mutation)。核苷酸的丢失或插入可能使下游 DNA 的编码发生改变，称为移码突变(frame shift mutation)。移码突变造成蛋白质分子中氨基酸的排列顺序发生改变，翻译出的蛋白质可能完全不同。所有这些变化可造成某些遗传信息发生丢失或异常，进而导致其表达产物的量或质发生改变，对细胞的功能造成不同程度的影响。

二、损伤 DNA 的因素和损伤机制

DNA 分子结构的任何异常改变都可以看作是 DNA 的损伤。根据引发因素不同，DNA 损伤可以分为自发性损伤和环境因素引起的损伤，但有时两者很难区分。

(一) DNA 分子的自发性损伤

1. DNA 复制错误 DNA 的自发性损伤通常发生在复制过程中。如果复制过程中碱基发生错配，即产生非 Watson-Crick 碱基对而导致 DNA 损伤。尽管绝大多数错配的碱基会在复制中被 DNA 聚合酶的即时校对功能所纠正，但不可避免仍有少数损伤被保留下来。DNA 复制过程的错误率约为 10^{-9}。

DNA 复制错误还可以表现为片段的缺失或插入，致使 DNA 序列发生改变。例如，人类的三核苷酸重复序列扩增(triplet-repeat expansion)正是由于重复序列 CAG 的拷贝数在世代相传的过程中发生了扩增，造成基因编码的蛋白质产物功能障碍，致使相应的疾病在患病个体的后代中进行性加重。亨廷顿病、脆性 X 综合征、肌强直性营养不良等神经退行性疾病均属于此类疾病。

2. 碱基的自发突变 碱基的自发突变(spontaneous mutation)包括脱氨基和碱基丢失。脱氨基可导致转换突变，如胞嘧啶(C)、腺嘌呤(A)和鸟嘌呤(G)均含有环外氨基，容易自发丢失，分别转变为尿嘧啶(U)、次黄嘌呤(I)及黄嘌呤(X)。这种突变可以直接影响 DNA 的复制产物。例如，腺嘌呤(A)脱氨后生成次黄嘌呤(I)，复制时 I 与 C 配对而不是与 T 配对，因此原来的 A—T 配对变成了 I—C 配对，进而在第三代变为 G—C 配

对，由此造成突变。

碱基丢失是指脱嘌呤或脱嘧啶作用，即从 DNA 链上丢掉了嘌呤碱或嘧啶碱，形成无碱基位点，即 AP 位点。嘧啶碱与脱氧核糖相连的糖苷键比嘌呤碱相应的糖苷键稳定，所以脱嘌呤比较多见。在哺乳动物细胞基因组中，每天每个细胞因 N-糖苷键自发水解丢失约 10 000 个嘌呤碱基和 200 个嘧啶碱基。AP 位点的脱氧核糖 3′端的磷酸二酯键容易被水解，造成 DNA 链的断裂。

3. DNA 的修复后损伤 DNA 损伤后，细胞内的修复系统可将损伤部位的一段 DNA 链切除，再以互补链为模板重新合成 DNA，这种 DNA 合成不同于 DNA 复制，称为 DNA 修复合成，又称为非程序化的 DNA 合成(unscheduled DNA synthesis，UDS)。DNA 修复合成过程同样可以发生碱基配对错误，造成 DNA 损伤。

4. 正常代谢产物对 DNA 的损伤 细胞进行生物氧化时可产生活性氧(reactive oxygen species，ROS)，包括超氧阴离子、羟自由基和过氧化氢等。DNA 是 ROS 攻击的重要靶分子之一，与核内 DNA 相比，线粒体 DNA 更易受到氧化物的攻击而发生损伤。DNA 的氧化损伤形式包括 DNA 单链或双链的断裂、姐妹染色单体互换、DNA 链内或链间的交联或 DNA-蛋白质交联、碱基修饰及基因突变等。作为碱基基本组成之一的鸟嘌呤，因其氧化电势最低而最容易被氧化。目前已被确认的鸟嘌呤氧化产物有十多种，其中羟自由基可使鸟嘌呤第 8 位碳原子氧化，形成 8-羟基-脱氧鸟嘌呤(8-oxoguannine，8-oxoG)，这是最多见的鸟嘌呤氧化形式，且具有遗传毒性。因 8-oxoG 在细胞内能较为稳定地存在且容易被检测，从而被作为 DNA 氧化损伤的生物标志物之一。

(二)物理因素引起的 DNA 损伤

物理因素中最常见的是辐射，包括电离辐射和非电离辐射。α 粒子、β 粒子、X 射线以及γ射线等，能直接或间接引起被穿透物质产生电离，属电离辐射；紫外线和能量低于紫外线的所有电磁辐射均属于非电离辐射。

1. 电离辐射导致的 DNA 损伤 电离辐射损伤 DNA 有直接和间接的效应。直接效应是 DNA 直接吸收射线能量而遭受损伤，间接效应是指 DNA 周围其他分子(主要是水分子)吸收射线能量后，产生具有很高反应活性的自由基，进而损伤 DNA。电离辐射可导致碱基氧化修饰、碱基环结构的破坏、碱基脱落、DNA 链交联与断裂等多种形式的 DNA 损伤。

2. 紫外线照射导致的 DNA 损伤 紫外线属非电离辐射，按波长的不同，紫外线可分为 UVA(400~320nm)、UVB(320~290nm)和 UVC(290~100nm)3 种。UVA 的能量较低，一般不造成 DNA 的损伤。大气臭氧层可吸收大部分波长在 320nm 以下的紫外线，一般不会造成地球上生物的损害。但近年由于环境污染，臭氧层的破坏日趋严重，紫外线对生物的影响越来越为公众所关注。260nm 左右的紫外线，其波长正好在 DNA 和蛋白质的吸收峰附近，容易导致 DNA 等大分子的损伤。

紫外线可使 DNA 分子同一条链内两个相邻嘧啶以共价键相连，形成二聚体结构，常见的有胸腺嘧啶二聚体(TT)、胞嘧啶二聚体(CC)、胞嘧啶-胸腺嘧啶二聚体(CT)等，而 TT 二聚体则最为常见(图 5-3)。嘧啶二聚体的形成可使 DNA 产生弯曲和扭结，影响 DNA 双螺旋结构，使复制和转录受阻。紫外线的照射除了能形成嘧啶二聚体外，还会导致 DNA 链的交联和断裂等损伤。

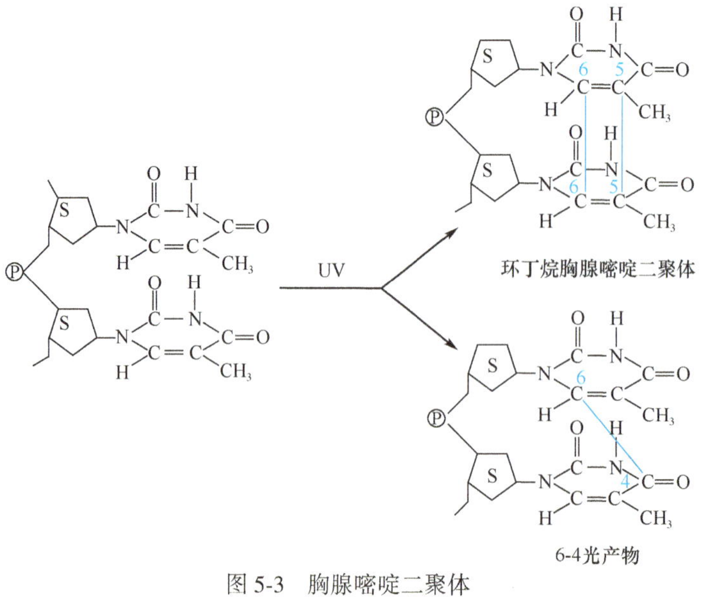

图 5-3 胸腺嘧啶二聚体

（三）化学因素引起的 DNA 损伤

能引起 DNA 损伤的化学因素种类繁多，如自由基、碱基类似物、碱基修饰物等。值得注意的是，很多肿瘤化疗药物就是通过诱导 DNA 损伤来阻断 DNA 的复制和转录，进而抑制肿瘤细胞的增殖。因此，对 DNA 损伤及后继的细胞死亡机制的深入认识，有助于改进肿瘤化疗药物的疗效及进一步开发新的抗癌药物。

1. 自由基引起的 DNA 损伤　自由基的化学性质异常活泼，可引起细胞内多种化学反应，对细胞功能产生影响。自由基的产生可以是外界因素与体内物质相互作用的结果。如电离辐射可产生羟自由基（OH·）和氢自由基（H·），细胞内生物氧化过程可产生活性氧（ROS）。羟自由基和活性氧具有极强的氧化性质，而氢自由基则具有极强的还原性质。这些自由基可通过化合反应、抽氢反应（指反应中一个反应物从另一反应物获得氢的过程，一般属于自由基反应的范畴）、加成反应等与 DNA 分子发生相互作用，导致碱基、脱氧核糖以及磷酸二酯键的损伤，引起 DNA 结构和功能的异常。

2. 碱基类似物引起的 DNA 损伤　碱基类似物通常是一类人工合成的与 DNA 正常碱基结构类似的化合物，用作促突变剂或抗癌药物。在 DNA 复制时碱基类似物可以取代正常碱基掺入 DNA 链中，并与互补链上碱基配对，从而引起碱基对的置换。前已述及，5-溴尿嘧啶（5-BU）是胸腺嘧啶的类似物，复制时掺入 DNA 链可导致 AT 转换为 GC，引起基因突变。

3. 碱基修饰剂、烷化剂引起的 DNA 损伤　这类化合物通过对 DNA 链中碱基的某些基团的修饰，改变其配对性质从而改变 DNA 的结构。例如，亚硝酸能使碱基发生脱氨作用，腺嘌呤脱氨后变成次黄嘌呤，不与胸腺嘧啶配对，而与胞嘧啶配对；胞嘧啶脱氨后变成尿嘧啶，不与鸟嘌呤配对，而与腺嘌呤配对。

烷化剂是一类亲电子的化合物，很容易与生物大分子的亲核位点发生反应。烷化剂上的许多活性基团（如甲基、乙基、氯乙基等）能和 DNA 形成多种加合物，造成 DNA 烷化损伤。烷化剂有两类，一类是单功能烷化剂（如替莫唑胺，TMZ），只能与单个碱基起作用形成单加合物；另一类为双功能烷化剂（如氮芥），能同时与 DNA 中两个不同的亲核位点反应，如果这两个位点在同一条 DNA 链上，可产生一个链内交联，若两个受攻击的碱基分别位于两条 DNA 链上，则形成了 DNA 的链间交联。这些变化都可以引起 DNA 序列或结构的异常，并可阻止正常的修复过程。

烷化剂药物如环磷酰胺、苯丁酸氮芥、丙卡巴肼（甲基苄肼）、卡莫司汀（BCNU）、尼莫司汀（AC2NU）、链佐星（链脲菌素，STZ）、铂类、替莫唑胺（TMZ）等仍是目前大量应用的化疗药物，广泛用于治疗脑、头颈、肝、食管、肺、泌尿、生殖、血液等部位的恶性肿瘤。

第二节　DNA 损伤的修复

生物体在长期的生命活动中不可避免会发生 DNA 损伤，而损伤 DNA 的修复是与 DNA 损伤同时并存的两个过程，是保证遗传物质稳定性的重要机制。DNA 损伤修复（DNA damage repair）是指纠正错配的碱基、清除 DNA 链上的损伤、恢复 DNA 正常结构的过程。DNA 损伤的后果取决于 DNA 损伤的程度和细胞对损伤 DNA 的修复能力。需要注意的是，有时 DNA 损伤修复系统并不能完全消除 DNA 的损伤，只是使细胞能够耐受这种 DNA 损伤而继续生存。

细胞内存在多种 DNA 损伤修复途径，常见的修复方式有直接修复、切除修复、重组修复和跨损伤修复等。一种 DNA 损伤可通过多种途径来修复，一种修复途径也可参与多种 DNA 损伤的处理。

一、直接修复

直接修复（direct repair）是最简单的一种 DNA 损伤修复方式，直接作用于受损的 DNA，将之恢复为原来的结构。

1. 嘧啶二聚体的直接修复　1949 年，Kelner 首先发现可见光可以保护微生物避免死于致死剂量的紫外线照射。1958 年，Rupert 等称之为光复活修复（photo-reactivation repair），这种修复方式是通过生物体内的光复活酶（photo-reactivating enzyme）来完成的。光复活酶能够直接识别和结合于 DNA 链上的嘧啶二聚体部位，在波长 300~500nm 的可见光激发下，将其解聚为原来的单体核苷酸而得以修复（图 5-4）。已发现多种生物含有光复活酶，但未发现人类有此酶。在大肠埃希菌中，光复活酶是由一单基因（*phr*）所编码的含有 471 个氨基酸残基的蛋白质。

2. 烷基化碱基的直接修复　烷化剂可致 DNA 碱基发生烷基化反应，烷基转移酶（alkyltransferase）能催化此类损伤的直接修复。此酶可将烷基从核苷酸转移到自身肽链上，修复 DNA 的同时酶自身即发生不可逆转的失活。例如，人类 O^6-甲基鸟嘌呤-DNA 甲基转移酶（O^6 methylguanine DNA methyltransferase，MGMT）能够将 O^6位的甲基转移到酶自身的半胱氨酸残基上，使甲基化的鸟嘌呤恢复正常结构（图 5-5）。

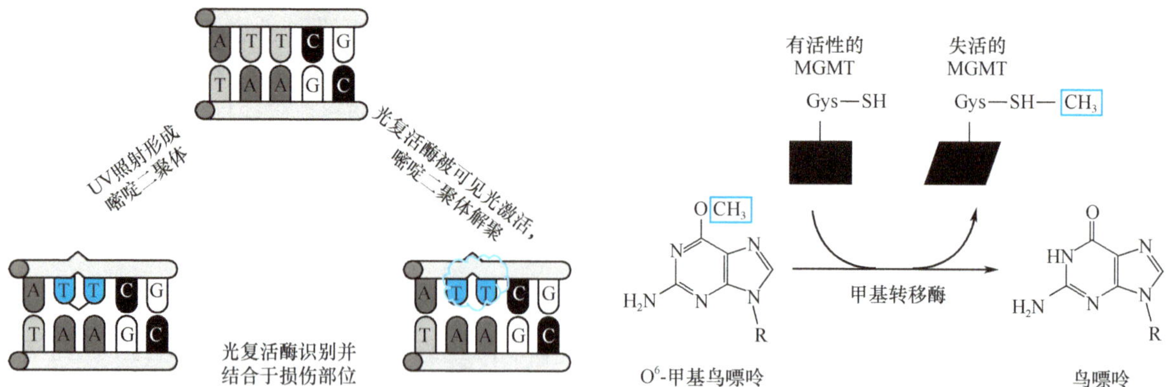

图 5-4 胸腺嘧啶二聚体的光复活修复

图 5-5 O^6-甲基鸟嘌呤-DNA 甲基转移酶（MGMT）作用示意图

3. 无嘌呤位点的直接修复 DNA 链上的嘌呤碱基受到损伤因素作用时，可被糖苷酶水解而脱落，生成无嘌呤位点，DNA 嘌呤插入酶（insertase）能够识别、结合于此位点，并催化游离嘌呤或脱氧嘌呤核苷插入生成糖苷键。此酶的催化作用具有高度专一性，插入的碱基与另一条链上的碱基严格配对，使 DNA 结构恢复正常。

4. 单链断裂的直接修复 多种损伤因素可致 DNA 单链或双链的断裂，与 DNA 双链断裂相比，DNA 单链的断裂通常较易修复。DNA 连接酶能催化 DNA 一条链上缺口处的 5′-磷酸基团与相邻片段的 3′-羟基之间形成磷酸二酯键，从而修复 DNA 单链的断裂。

二、切除修复

切除修复（excision repair）是生物界最普遍的 DNA 损伤修复方式，其作用机制是通过一种特殊的核酸内切酶将 DNA 分子中的损伤部位切除，同时以另一条完整的 DNA 链为模板，由 DNA 聚合酶催化填补切除的空隙，再由 DNA 连接酶封口，使 DNA 结构恢复正常。切除修复包括碱基切除修复（base excision repair，BER）和核苷酸切除修复（nucleotide excision repair，NER）两种方式。BER 只是在酶（如糖基化酶）的作用下将受损碱基切去，不影响 DNA 的多核苷酸链骨架。NER 则涉及受损 DNA 片段的切除、新链的合成、连接等一系列反应。大肠埃希菌中存在一种 Uvr ABC 修复系统，有六种蛋白和酶参与这一修复。人的核苷酸切除修复系统十分复杂，需要 30 多种基因产物、蛋白因子的参与。

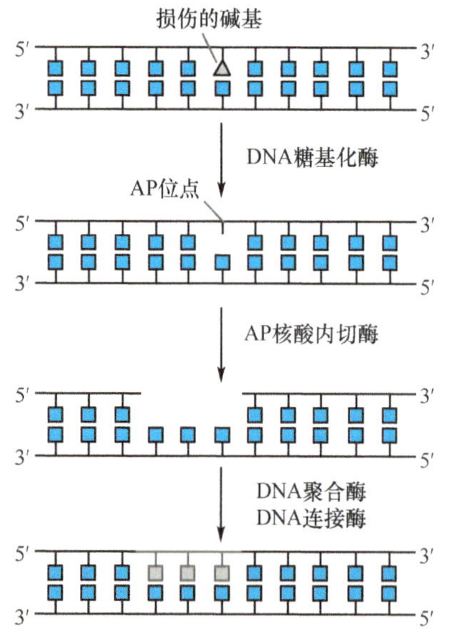

图 5-6 碱基切除修复

1. 碱基切除修复 这种修复方式普遍存在于各种生物细胞中，也是人体细胞主要的 DNA 修复机制，主要针对 DNA 单链断裂和小的碱基改变。修复过程依赖于一类特异的 DNA 糖基化酶。整个修复过程包括：①识别水解：DNA 糖基化酶特异性识别 DNA 中已受损的碱基并将其水解去除，产生一个 AP 位点；②切除：AP 位点核酸内切酶在此位点 5′端将 DNA 链的磷酸二酯键切开，去除剩余的磷酸糖基部分；③合成：DNA 聚合酶在缺口处以另一条链为模板修复合成互补序列；④连接：由 DNA 连接酶将切口重新连接，使 DNA 恢复正常结构（图 5-6）。

DNA 糖基化酶特异识别氧化/还原的碱基（如 8-oxoG、formamidopyrimidine）、烷基化碱基（特别是甲基化的碱基）、脱氨的碱基（如尿嘧啶）以及错配碱基。不同种类的糖基化酶识别不同形式的损伤；每种碱基修饰又可被多种糖基化酶识别，体现此类修复系统的复杂性。

根据作用机制不同，DNA 糖基化酶可分为单功能酶和双功能酶。单功能 DNA 糖基化酶仅具有断开糖苷键的功能，无碱基的核糖则需要其他酶来移除。尿嘧啶 N-糖基化酶（uracil-DNA glycosylase，UNG）属于单功能 DNA 糖基化酶，它对 DNA 复制中错配的尿嘧啶以及因胞嘧啶脱氨基造成的尿嘧啶有移除作用，DNA 链上移去尿嘧啶后产生的 AP 位点，由 AP 内切核酸酶识别并切断 DNA

单链。双功能的 DNA 糖基化酶则既可切开糖苷键，又可移除无碱基的核糖，8-羟基鸟嘌呤 DNA 糖苷酶（8-oxoguanine DNA glycosylase，OGG1）和 NEIL1 即属于此类酶。

无嘌呤/无嘧啶内切核酸酶-1（apurinic/apyrimidinic endonucleases-1，APE1）是 BER 途径中重要的多功能蛋白酶，它可识别 DNA 糖基化酶去除损伤碱基后形成的 AP 位点，并在此位点的 5′端水解 DNA 骨架的磷酸二酯键，形成 3′-OH 端和 5′-脱氧核糖磷酸（deoxyribose phosphate，dRP）端（图 5-6）。APE-1 可以和多种 BER 途径相关分子如 X 线修复交叉互补蛋白 1（X-ray repair cross complementing protein 1，XRCC1）、增殖细胞核抗原（proliferating cell nuclear antigen，PCNA）、瓣状内切核酸酶（flap endonuclease 1，FEN1）发生相互作用，从而在 BER 过程中对这些分子进行招募和装配。APE1 除了具有内切酶活性外，还有一定的 3′外切酶活性，并参与 ROS 引起的 DNA 单链断裂的修复。此外，由于和 DNA 聚合酶 β 存在相互作用，APE1 还可能在聚合酶 β 参入错误碱基时发挥校正读码作用。近来发现，在碱基切除修复途径中还存在 APE-1 非依赖的修复机制，由多聚核苷酸激酶（polynucleotide kinase，PNK）与 DNA 聚合酶 β、DNA 连接酶Ⅲα 和 NEIL1 共同作用，进行碱基切除修复。

X 线修复交叉互补基团 1（x-ray repair cross-complementing group 1，XRCC1）是参与碱基切除修复的另一种重要蛋白，和 OGG1、DNA 聚合酶 β、DNA 连接酶Ⅲ相互作用，共同参与碱基切除修复。

2. 核苷酸切除修复 核苷酸切除修复是体内识别的 DNA 损伤种类最多的修复通路。与碱基切除修复不同，核苷酸切除修复系统并不识别具体的损伤，而是识别损伤对 DNA 双螺旋结构造成的扭曲。其修复过程与碱基切除修复相似，首先由一个酶系统识别 DNA 损伤部位，然后在损伤两侧切开 DNA 链，去除两个切口之间的一段受损的寡核苷酸，缺损区在 DNA 聚合酶作用下以另一条链为模板，合成一段新的 DNA 链而被填补，最后由连接酶连接。

大肠埃希菌的 NER 主要由 UvrA、UvrB、UvrC、UvrD 这 4 种蛋白组成，2 个 UvrA 和 1 个 UvrB 分子组成复合物结合于 DNA，并沿着 DNA 运动，此过程需消耗 ATP。UvrA 能够发现损伤造成的 DNA 双螺旋变形，UvrB 则负责解链，在损伤部位形成单链区，并使之弯曲约 130°，接着 UvrB 招募核酸内切酶 UvrC，在损伤部位的两侧切断 DNA 链，其中一个切点位于损伤部位 5′侧 8 个核苷酸处，而另一个切点位于 3′侧 4 或 5 个核苷酸处。然后，DNA 解旋酶 UvrD 去除两切口之间的 DNA 片段，由 DNA 聚合酶和连接酶填补缺口（图 5-7）。

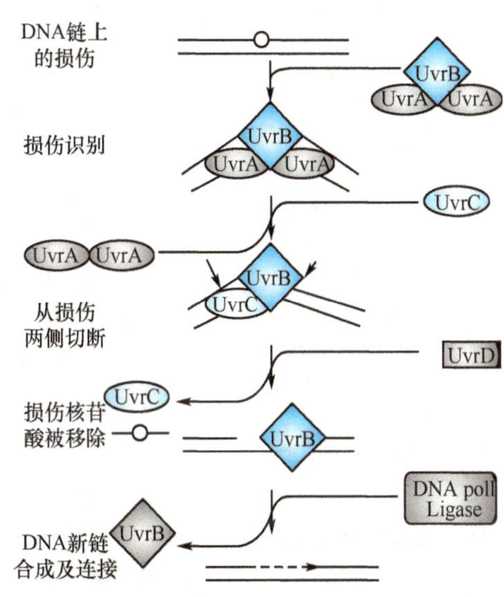

图 5-7 大肠埃希菌的核苷酸切除修复

高等真核生物的 NER 工作原理与大肠埃希菌类似，但参与核苷酸切除修复的蛋白多达 25 个以上，修复系统更为复杂。人 XPC 蛋白负责识别 DNA 双螺旋的变形，其功能相当于大肠埃希菌中的 UvrA；人 XPB 和 XPD 蛋白具有解旋酶活性，相当于大肠埃希菌中的 UvrB；核酸酶 ERCC1-XPF 切割损伤部位 5′侧，XPG 切割 3′侧，相当于大肠埃希菌中的 UvrC。高等生物 NER 切割单链 DNA 片段长度为 24～32 个核苷酸。这一片段被切除后，产生的缺口由 DNA 聚合酶和连接酶填补。

NER 不仅能够修复整个基因组的损伤，即 GG-NER（global genome-NER），而且能修复那些正在转录的基因模板链上的损伤，即转录偶联修复（transcription-coupled NER，TC-NER）。RNA 聚合酶在转录偶联修复中起损伤识别作用。转录偶联修复的意义在于，将修复酶集中于正在转录的 DNA，使该区域的损伤得以尽快修复。真核转录偶联修复的核心是转录因子 TFIIH，它在转录和 NER 过程中均起解旋作用。原核生物也存在转录偶联修复。

3. 碱基错配修复 错配修复（mismatch repair）可看作是碱基切除修复的一种特殊形式，它纠正复制和重组中的碱基配对错误和因碱基损伤所致的碱基配对错误、碱基缺失、碱基插入等损伤，是维持 DNA 结构完整稳定的重要方式。从低等生物到高等生物都具有这一修复系统。

大肠埃希菌中参与 DNA 复制产生的错配修复的蛋白包括 MutH、MutL、MutS、DNA 解旋酶、单链结合蛋白、核酸外切酶Ⅰ、DNA 聚合酶Ⅲ及 DNA 连接酶等 10 余种，修复过程非常复杂。错配修复系统面临的主要问题是如何区分母链和子链。在细菌 DNA 中甲基化修饰是一个重要标志，母链是高度甲基化的，其腺嘌呤具有甲基化修饰，而新合成的子链中腺嘌呤的甲基化尚未进行，这就提示修复应在此链上进行。具体过程是首先由 MutS 复合物蛋白识别错配碱基，随后由 MutL、MutH 等蛋白协同相应核酸外切酶将包含错配点在内的一小段

DNA 水解、切除，经修补、连接后恢复为正确的碱基配对。

以细菌错配修复系统的研究为基础，近年对真核细胞的错配修复机制的研究也有很大进展。现已发现多种与大肠埃希菌 MutS、MutL 高度同源的参与错配修复的蛋白，如与大肠埃希菌 MutS 高度同源的 hMSH2、hMSH6、hMSH3 等。hMSH2 和 hMSH6 可识别包括碱基错配、插入、缺失等损伤，而由 hMSH2 和 hMSH3 形成的复合物则主要识别碱基插入、缺失等损伤。真核细胞并不像原核生物那样以甲基化修饰来区分母链和子链，可能是依赖修复酶与复制复合体之间的联合作用来识别。

三、重组修复

切除修复之所以能够精确修复损伤的 DNA，是因为其修复的损伤通常发生于 DNA 的一条链上，而另一条链仍然储存着正确的遗传信息。DNA 的双链断裂也是常见的损伤形式，细胞必须利用双链断裂修复，即重组修复（recombination repair）。重组修复是指依靠重组酶系将另一段未受损伤的 DNA 移到损伤部位，提供正确的模板，进行修复的过程。依据机制的不同，重组修复可分为同源重组（homologous recombination，HR）和非同源末端连接重组非同源末端连接重组（non-homologous end joining，NHEJ）。

1. 同源重组修复 同源重组修复指的是参加重组的两段双链 DNA 在相当长的范围内顺序相同（≥200bp），这样能保证重组后生成的新序列正确。大肠埃希菌同源重组修复中起关键作用的是一个由 352 个氨基酸残基组成的蛋白质 RecA，又称重组酶。多个 RecA 单体在 DNA 上聚集可形成右手螺旋的核蛋白细丝，细丝中具有深的螺旋凹槽，可以识别和容纳 DNA 链。在 ATP 存在的情况下，RecA 可与损伤的 DNA 单链区结合，使 DNA 伸展，同时 RecA 可识别一段与受损 DNA 序列相同的姐妹链，并使之并列，进而在姐妹链的母链上切口，两条链间发生重组交换。结构正常的母链 3′端侵入待修复的缺口处，以此为模板重建损伤链。因交换形成的缺损可以另一链为模板合成修复，最后在其他酶的作用下切开交叉连接处，连接成新合成的链。通过同源重组生成的新片段具有很高的忠实性。

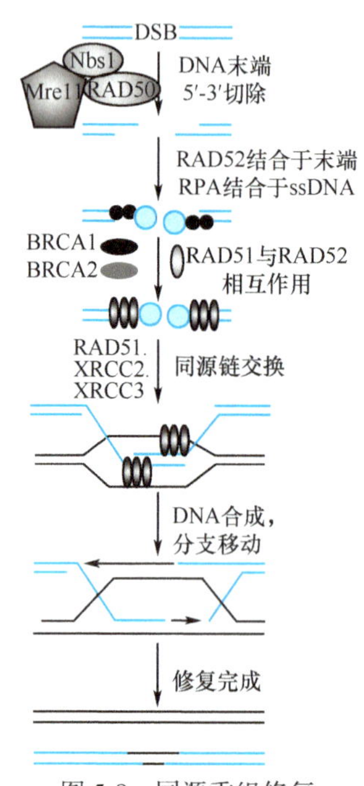

图 5-8 同源重组修复

高等真核生物同源重组修复的基本过程与原核相似，但更为复杂，需要更多种蛋白质参与，包括 RAD51、RAD52、RAD54、BRCA1、BRCA2、MRN 复合物等，以及 DNA 损伤感应分子如 ATM、ATR。首先，DNA 双链的 5′端被外切酶切开，留下一个伸出的 3′端单链，这个单链与 RAD52 结合。RAD52 是一个大分子七聚体，保护伸出的 DNA 末端不会被降解。RAD52 环后面的单链 DNA 被 RPA 结合形成核蛋白细丝（nuleoprotein filament），它能够进行链的交换。核蛋白细丝是一个松散的螺旋结构，它能够使受损 DNA 链更容易进入另一个染色质上的同源 DNA 双链。未受到损伤的 DNA 单链与受损的 DNA 单链形成异源双链核酸分子，然后通过侧支迁移（branch migration）进行延伸，替代原来的互补链，最终被替换的链被核酸内切酶切断，供体链与受体链 5′端相连接（图 5-8）。

2. 非同源末端连接的重组修复 参与非同源末端连接的 DNA 链对同源性要求不高，即两个分子的末端不需要同源性就能连接起来，通过此种方式修复的 DNA 序列会存在一定的错误，但对于具有庞大基因组的哺乳动物细胞来说，发生错误的位置可能并不在重要基因上，因此可以维持细胞的存活。非同源重组中起关键作用的是 DNA 依赖的蛋白激酶（DNA-dependent protein kinase，DNA-PK），这是一种核内的丝氨酸/苏氨酸蛋白激酶，由一个相对分子质量约为 465 000 的催化亚基 DNA-PKcs 和一个能结合 DNA 游离端的杂二聚体蛋白 Ku 组成。DNA-PKcs 的主要作用是介导 DNA-PK 的催化功能，Ku 蛋白可与双链 DNA 的断端连接，招募 DNA-PKcs 并激活其活性，促进双链断裂的连接与重组。

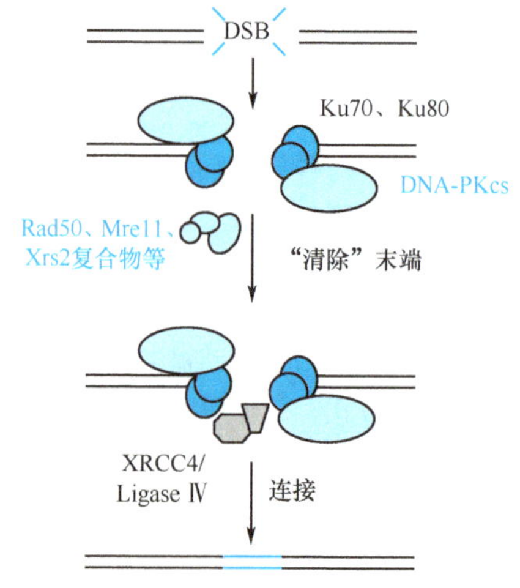

图 5-9 非同源末端连接的重组修复

另一个参与非同源重组的重要蛋白是 XRCC4，它能与 DNA 连接酶形成复合物，并增强连接酶的活性，在 DNA 连接酶与组装在 DNA

末端的 DNA-PK 复合物相结合的过程中起中间体作用。非同源末端连接的重组修复见图 5-9。

非同源末端连接不仅是修复 DNA 损伤的方式，还是一种生理性重组策略，参与 B 淋巴细胞和 T 淋巴细胞受体基因、免疫球蛋白基因的构建与重排等。

真核生物中的重组修复具有非常重要的意义。同源重组和非同源末端连接互相协调，共同维持基因组的完整性。同源重组在减数分裂、有丝分裂 S/G_2 期以及胚胎细胞修复中发挥重要作用，而非同源末端连接在有丝分裂细胞 G_1/G_0 期中起主要作用。另外，同源重组还参与端粒长度的维持。重组修复缺陷的细胞对电离辐射的敏感性明显增加，细胞癌变几率大，表明重组修复与肿瘤的发生密切相关。

四、跨损伤 DNA 合成

跨损伤 DNA 合成(translesion synthesis，TLS)，又称损伤旁路(lesion bypass)，是指 DNA 在受到损伤后，复制性 DNA 聚合酶复合体会在损伤处停顿下来，由跨损伤聚合酶(translesion polymerase)置换受阻的复制性聚合酶，以发生损伤的 DNA 为模板掺入特定的碱基而使 DNA 复制绕过损伤继续合成。跨损伤 DNA 合成分为无错旁路(error-free bypass)和易错旁路(error-prone bypass)两种方式。无错旁路途径主要是在损伤的模板对侧掺入正确的核苷酸，体外研究发现，部分跨损伤聚合酶对特定的损伤类型具有识别能力，并精确地掺入核苷酸而不引入突变，如 Pol η能正确跨越环丁烷嘧啶二聚体损伤。但多数情况下，跨损伤聚合酶介导易错旁路途径，即识别多种损伤类型，并在损伤的模板对侧掺入错误的核苷酸，这种方式可使细胞暂时耐受损伤而存活下来，但可能会引发基因突变。因此，易错损伤旁路途径是 DNA 损伤诱导细胞基因组突变的主要机制。

跨损伤 DNA 合成的生物学意义主要是增强细胞对内外源各种 DNA 损伤剂杀伤作用的抵抗力和促进突变的产生。前者对生命个体而言是有益的，而后者的发生需要区别对待。若突变发生在体细胞则可能出现各种疾病表型，而突变若是发生在生殖细胞，则能够促进其进化和适应，尤其在遗传毒性应激条件下，这在医学上具有重要的意义。

由于基因组的不稳定性与肿瘤发生密切相关，而且跨损伤 DNA 合成能使细胞耐受 DNA 损伤，降低肿瘤细胞对化疗的敏感性，其后果往往导致产生肿瘤耐药性。研究跨损伤 DNA 合成的作用机制将对了解肿瘤发生、发展机制，开发抑癌新手段提供重要的理论基础。

五、SOS 修复

当 DNA 受到严重损伤时，细胞处于危险状态，正常修复机制均已被抑制，此时只能进行 SOS 修复。在原核细胞中 SOS 修复反应是由 RecA 蛋白和 LexA 阻遏物相互作用引起的，有近 30 个“SOS”基因参与反应。正常情况下 RecA 基因及其他“SOS”可诱导基因的上游有一段共同的操纵序列被 LexA 阻遏蛋白所阻遏抑制，只有低水平转录和翻译，产生少量基因产物。当 DNA 严重损伤时，RecA 蛋白被激活而具有了促 LexA 水解的酶活性，当 LexA 阻遏蛋白因水解而从“SOS”基因的操纵序列上解离下来后，一系列原本受抑制的“SOS”基因得以表达，从而参与 SOS 修复活动。完成修复后，LexA 阻遏蛋白被重新合成，相关“SOS”可诱导基因又被关闭(图 5-10)。SOS 应答十分迅速，在 DNA 损伤发生后几分钟之内就可出现。SOS 反应诱导的产物可参与重组修复、切除修复、错配修复等各种途径的修复过程。这种修复机制因海难紧急呼救信号“Save Our Souls(SOS)”而得名。

六、线粒体 DNA 的损伤修复

除了细胞核 DNA 外，线粒体有其自身的闭环双链 DNA，即线粒体 DNA(mitochondrial DNA，mtDNA)。线粒体是细胞进行氧化还原反应的主要场所，细胞呼吸产生的内源性活性氧物质容易造成线粒体 DNA 的损伤。线粒体 DNA 的损伤与机体衰老及肿瘤等生理及病理过程有关，其修复机制尤其是碱基切除修复是保证线粒体 DNA 完整性的重要途径。

关于线粒体 DNA 的修复问题，以前人们的研究主要集中在紫外线诱导产生的修复机制方面，普遍认为线粒体缺乏有效的 DNA 修复机制，而且缺少组蛋白的保护，是导致线粒体 DNA 氧化损伤程度高的主要原因。然而，近些年的研究表明，线粒体 DNA 包装成蛋白质-DNA 复合物成为类核，并与很多不同的蛋白质连在一起固定在线粒体内膜上，这些附属在膜上的结构可以起抗氧化作用，进而保护线粒体 DNA 免受氧化应激损伤。

线粒体 DNA 除了有一定的保护机制，在线粒体内还存在着多种 DNA 损伤修复机制，其中碱基切除修复是

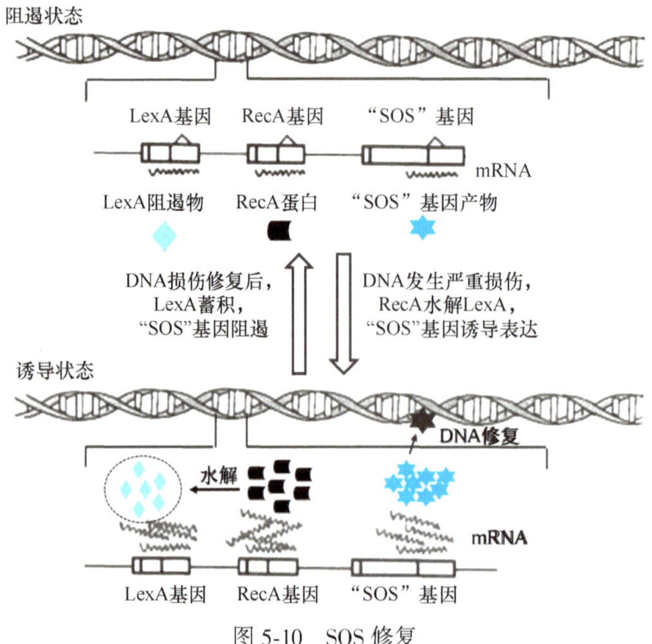

图 5-10 SOS 修复

线粒体 DNA 损伤修复的首选方式，尤其是对由烷化作用、脱氨基作用或者氧化作用所形成的轻度 DNA 损伤的修复。线粒体 DNA 的碱基切除修复与核 DNA 类似，在线粒体中可独立进行，主要包括 3 个步骤：①损伤碱基的识别和去除；②正确核苷酸的合成；③修复后链的连接。所有参与线粒体 DNA 碱基切除修复的蛋白均由细胞核内调控编码，在线粒体内表达。

与核 DNA 碱基切除修复类似，线粒体 DNA 的错误碱基由糖基化酶识别并断开 *N*-糖苷键，形成 AP 位点，这类只具有切割活性的糖苷酶为单功能糖苷酶。还有一些糖苷酶除了可以促进 *N*-糖苷键的断裂，还具有裂解酶的活性，使 DNA 链骨架发生断裂，这类糖苷酶即为双功能糖苷酶。被氧化的碱基通常由双功能的 DNA 糖基化酶去除。细胞核中包含所有种类的糖苷酶，而线粒体中只含有其中的一部分。对于线粒体中不存在的糖苷酶，都由细胞核基因编码调控。

损伤 DNA 的碱基经糖基化酶切割后产生的 AP 位点，由 APE1 识别，并在此位点的 5′端水解 DNA 骨架的磷酸二酯键，形成 3′-OH 端和 5′-脱氧核糖磷酸端。接着，DNA 聚合酶在形成的缺口处插入正确的核苷酸。目前，在哺乳动物的线粒体内只发现一种 DNA 聚合酶，即聚合酶γ，它参与线粒体 DNA 的复制和修复。

碱基缺口修补以后就需要 DNA 连接酶将端口连接密封。细胞核内有两种 DNA 连接酶（Ⅰ和Ⅲ），而哺乳动物的线粒体内目前只发现一种 DNA 连接酶，执行线粒体 DNA 复制和修复的功能。此酶由核基因编码，与核内 DNA 连接酶Ⅲ在酶学与免疫学方面均很相似。

对于受损的 DNA 分子，细胞除了启动上述各种修复系统修复损伤外，还可以通过其他途径将损伤的后果降至最低，如通过细胞周期检验点机制，延迟或阻断细胞周期进程，为损伤修复提供时间，使细胞能安全进入新一轮细胞周期。另外还可以通过诱导修复基因的转录，加强损伤的修复，或激活细胞凋亡机制，诱导严重损伤的细胞发生凋亡，以维持生物体基因组的稳定。

第三节 DNA 损伤应答或修复缺陷与疾病

细胞中 DNA 损伤的生物学后果，取决于 DNA 损伤的程度和细胞的修复能力。DNA 碱基的损伤可导致遗传密码的变化，经转录和翻译产生功能异常的蛋白质，引起细胞功能的衰退、凋亡或发生恶性转化；双链 DNA 断裂虽然可通过重组修复方式加以修复，但非同源重组忠实性差，修复过程中可能插入或丢失核苷酸造成染色体畸形，导致严重后果；DNA 交联影响染色体的高级结构，妨碍基因的正常表达和调控，对细胞功能产生多种影响。如果损伤 DNA 得不到正常修复，就可能导致细胞功能的异常。DNA 损伤修复障碍与肿瘤、衰老、免疫缺陷等多种疾病的发生有着密切关联（表 5-1）。

表 5-1 DNA 损伤修复缺陷有关的人类疾病

疾病名称	临床表现或易患疾病	有缺陷的修复系统
共济失调-毛细血管扩张症	小脑退化、免疫缺陷、肿瘤易感	DNA 损伤应答
着色性干皮病	皮肤癌、黑色素瘤	核苷酸切除修复
遗传性非息肉病性结肠癌	结肠癌、卵巢癌、胃癌	错配修复、转录偶联修复
遗传性乳腺癌	乳腺癌、卵巢癌	同源重组修复
毛发硫营养不良症	毛发易断、生长迟缓	核苷酸切除修复
科凯恩氏综合征	侏儒、耳聋、早衰、视神经萎缩、精神发育迟缓	核苷酸切除修复、转录偶联修复
范可尼贫血	再生障碍性贫血、多发性先天畸形、白血病	跨损伤 DNA 合成
布卢姆综合征	白血病、淋巴瘤易感、面部运动失调、发育不良	跨损伤 DNA 合成

一、DNA 损伤应答缺陷与人类遗传病

为确保遗传信息的准确传递，细胞在长期的进化过程中逐渐形成了一整套细胞周期监督机制，称为细胞周期检验点（cell cyclecheckpoint）。细胞周期检验点主要有 DNA 损伤检验点、DNA 复制检验点、纺锤体聚集检验点和胞质分裂检验点等 4 类，其中 DNA 损伤检验点由许多检验点相关蛋白组成，可以及时识别损伤或结构异常的 DNA，经一系列复杂的信号转导途径引发蛋白激酶的级联反应，减慢或阻滞细胞周期进程，从而使细胞有足够的时间修复损伤的 DNA，进而保证细胞周期的有序运行。ATM 是 DNA 损伤检验点系统中的 DNA 损伤感应分子，ATM 基因缺陷在人类可引起共济失调-毛细血管扩张症（Ataxia telangiectasia，AT），这是一种常染色体隐性遗传病，临床表现为小脑退化、免疫缺陷、基因组不稳定、临床放射敏感和肿瘤易感性等特点。AT 的发生与在 DNA 损伤的信号转导网络中起关键作用的 ATM 分子的突变有关。

二、DNA 损伤修复缺陷与人类遗传病

着色性干皮病（xerodermapigmentosum，XP）是一种常染色体隐性遗传病，是第一个被发现与 DNA 损伤修复缺陷相关的遗传病，可累及各种族人群，以日本人和中东人发病率最高。该病患者的皮肤对日光敏感，照射后出现红斑、水肿，继而出现色素沉着、干燥、角化过度，可导致黑色素瘤、基底细胞癌、鳞状上皮癌及棘状上皮瘤等肿瘤的发生。具有不同临床表现的该病患者存在明显的遗传异质性，表现为不同程度的核酸内切酶缺乏引起的切除修复功能障碍，所以患者的肺、胃肠道等器官在受到环境等因素刺激下，也有较高的肿瘤发生率。

此外，DNA 损伤修复功能的缺陷还可以导致毛发硫营养不良症（trichothiodystrophy，TTD）、科凯氏综合征（Cockayne syndrome，CS）、范可尼贫血（Fanconi anemia）等遗传病。

三、DNA 损伤修复缺陷与肿瘤

先天性 DNA 损伤修复缺陷患者容易发生各种恶性肿瘤，肿瘤发生是 DNA 损伤对机体的远后效应之一。DNA 损伤后，如果得不到正常修复，会导致基因突变，进而导致肿瘤的发生。DNA 损伤可导致原癌基因的激活，也可使抑癌基因失活。癌基因与抑癌基因的失衡是细胞恶变的重要机制。参与 DNA 修复的多种基因具有抑癌基因的功能，目前已发现这些基因在多种肿瘤中发生突变而失活。例如，人类遗传性非息肉病性结肠癌（hereditary non-polyposis colorectal cancer，HNPCC）细胞存在错配修复、转录偶联修复缺陷，造成细胞基因组的不稳定性，进而引起调控细胞生长的基因突变，发生细胞恶变。

BRCA 基因（breast cancer gene）参与 DNA 损伤修复的启动、细胞周期的调控。BRCA 的失活可增加细胞对辐射的敏感性，并导致双链断裂修复能力的下降。现已发现 BRCA1 基因在 70% 的家族遗传性乳腺癌和卵巢癌病例中发生突变而失活。

值得注意的是，DNA 修复功能缺陷虽可引起肿瘤的发生，但已癌变的细胞本身 DNA 修复功能往往并不低下，相反却显著升高，使得癌细胞能够充分修复化疗药物引起的 DNA 损伤，这也是肿瘤发生耐药的主要机制之一。所以对 DNA 损伤修复机制的深入研究可为肿瘤化疗药物的开发提供有意义的线索。

四、DNA 损伤修复与衰老

从 DNA 修复功能的比较研究中发现，寿命长的动物如象、牛等的 DNA 损伤修复能力较强，而寿命短的动

物如小鼠、仓鼠等的修复能力则较弱。人类的 DNA 修复能力也很强,但到一定年龄后逐渐减弱,发生 DNA 突变的细胞数和染色体畸变率同时也相应增加。如人类常染色体隐性遗传的早老症和韦尔纳氏综合征患者一般早年死于心血管疾病或恶性肿瘤,患者的体细胞极易衰老。

五、DNA 损伤缺陷与免疫

DNA 修复功能先天缺陷的病人的免疫系统也常有缺陷,主要是 T 淋巴细胞功能的缺陷。随着年龄的增长,细胞中的 DNA 修复功能逐渐衰退,如果同时发生免疫监视机能的障碍,便不能及时清除癌化的突变细胞,从而导致发生肿瘤。因此,衰老、DNA 修复、免疫和肿瘤是紧密关联的。

思 考 题

1. DNA 损伤有哪些主要类型?造成 DNA 损伤的因素主要有哪些?其损伤机制各是什么?
2. 常见的 DNA 损伤修复方式有哪些?各种修复方式的具体机制是什么?
3. 细胞在何种情况下进行碱基切除修复?试述碱基切除修复的具体过程。
4. 什么是跨损伤 DNA 合成?其生物学意义是什么?
5. 请举例说明 DNA 损伤修复缺陷与人类疾病的关系。

(倪菊华)

第六章 基因表达（Ⅰ）——转录

基因表达是指储存在基因中的遗传信息通过转录和/或翻译产生具有生物学功能产物的过程。生物体以DNA为模板合成RNA的过程称为转录(transcription),即将DNA中的脱氧核糖核苷酸序列转抄成RNA分子中的核糖核苷酸序列。DNA分子中的遗传信息是决定蛋白质氨基酸序列的原始模板,mRNA是蛋白质合成的直接模板,通过RNA的生物合成,遗传信息从胞核染色体的储存状态转送至胞质的RNA功能分子,从功能上衔接DNA和蛋白质这两种生物大分子,mRNA在基因表达过程中起了重要的中介作用。转录的初级产物为RNA前体(RNA precursor),需要经过一系列加工和修饰成为成熟的RNA分子,并表现出生物学功能。生物体内的RNA可分为四类,rRNA、mRNA、tRNA和一类小RNA。小RNA主要包括snRNA (small nuclear RNA)和miRNA (microRNA)等。前三类RNA参与蛋白质的生物合成,snRNA和miRNA等参与RNA的剪接和基因表达调控。RNA是目前已知的唯一具有储存、传递遗传信息和催化(核酶)三重功能的生物大分子。

在生物界,RNA的生物合成有两种方式:一种是由RNA聚合酶(RNA polymerase,RNA-pol)催化的RNA生物合成过程,即转录,是生物体内合成RNA的主要方式;另一种是由RNA依赖的RNA聚合酶(RNA-dependent RNA polymerase)催化的RNA的合成,称为RNA复制(RNA replication),常见于病毒。

第一节 RNA聚合酶和转录模板

一、RNA聚合酶

RNA聚合酶也称DNA依赖的RNA聚合酶(DNA-dependent RNA polymerase,DDRP)或DNA指导的RNA聚合酶(DNA-direct RNA polymerase,DDRP),它以DNA作为模板,有Mg^{2+}参与,四种核糖核苷三磷酸(ATP、GTP、CTP、UTP)作为底物,催化下述反应的进行:

$$NTP+(NMP)_n \xrightarrow[\text{RNA聚合酶}\quad Mg^{2+}]{\text{DNA模板}} (NMP)_{n+1}+PPi \qquad (\text{N代表A、G、C、U})$$

在聚合反应中,RNA链的前一个核苷酸分子的3′-OH与下一个核苷三磷酸分子的α-磷酸基团发生亲核反应,反应的结果是释放出1分子焦磷酸,形成3′,5′-磷酸二酯键,焦磷酸进一步水解产生2分子无机磷酸,水解产生的能量推动反应的进行。聚合反应是沿5′→3′方向进行。RNA聚合酶与双链DNA结合时活性最高,新加入的核苷酸以Watson-Crick碱基配对原则与模板的碱基互补。

RNA聚合酶广泛存在于原核生物与真核生物中,原核生物只有一种RNA-pol,真核生物有三种RNA-pol,分别催化转录不同种类的RNA。

(一)原核生物RNA聚合酶

细菌细胞中只有一种RNA聚合酶,它兼有合成mRNA、tRNA和rRNA的功能。细菌RNA聚合酶具有很高的保守性,在组成、相对分子质量及功能上都很相似。目前研究得比较透彻的是大肠埃希菌(*E. coli*)的RNA聚合酶。该酶相对分子质量约为465 000,全酶(holoenzyme)含有$\alpha_2\beta\beta'\sigma(\omega)$5种亚基和两2个Zn原子。$\alpha_2\beta\beta'$组成核心酶(core enzyme)。在不同种的细菌中,α、β和β′亚基的大小比较恒定;σ亚基有较大变动。各亚基的大小和功能列于表6-1中。

表6-1 大肠埃希菌RNA聚合酶各亚基的性质和功能

亚基	基因	相对分子质量	亚基数目	功能
α	*rpo A*	40 000	2	与启动子上游元件和活化因子结合
β	*rpo B*	155 000	1	结合底物催化磷酸二酯键形成,催化中心
β′	*rpo C*	160 000	1	酶与模板DNA结合的主要成分
σ	*rpo D*	32 000~92 000	1	识别启动子促进转录的起始
ω		9 000	1	未知

核心酶中的α亚基功能可能是识别相应的启动子，决定转录基因的种类和转录类别，能与调控蛋白及DNA相互作用控制转录的速率。β和β′共同组成了酶的催化亚基。β亚基可能是酶与核苷酸底物结合的部位；β′亚基是酶与DNA模板结合的主要成分。抗结核菌药物利福霉素（rifamycin）及利福平（rifampicin）能抑制细菌RNA聚合酶，其作用机制是该药物与β亚基结合，阻止RNA链的延伸（不影响起始，它使RNA-pol停留在启动子处），从而抑制转录的进行。β亚基的基因*rpoB*的突变可使细菌对利福平产生抗性。

核心酶参与整个转录过程。σ亚基与核心酶的接合不紧密，容易脱落。试管内转录实验证明，在含有模板、酶和底物NTP等的体系中，核心酶已经能够催化NTP按模板的指引合成RNA，但合成的RNA没有固定的起始位点；若加入含有σ亚基的全酶，则合成能在特定的起始点开始转录。说明σ亚基是细菌基因的转录起始因子，其功能是辅助核心酶识别并结合启动子区域的特定寡聚核苷酸序列，形成转录起始复合物。此外，σ亚基的辅助作用还能降低RNA聚合酶核心酶与一些非启动子区域DNA的亲和力，同时增强核心酶与启动子区域DNA的亲和力。已发现多种σ亚基，并用其相对分子质量命名以示区别。如最常见的σ^{70}（相对分子质量70 000）是辨认典型转录起始点的蛋白因子。转录不同的基因时，RNA-pol选择不同的σ亚基（表6-2）。

表6-2　大肠埃希菌σ因子的种类及其识别的启动子

σ因子	相对分子质量	识别的启动子	σ因子	相对分子质量	识别的启动子
σ^{70}	70 000	大多数基因的启动子	σ^{28}	28 000	与细胞移动和化学趋化相关基因的启动子
σ^{54}	54 000	与氮代谢相关基因的启动子	σ^{24}	24 000	功能不清
σ^{32}	32 000	热休克蛋白基因的启动子			

一个大肠埃希菌细胞约含有7 000个RNA聚合酶分子。RNA聚合酶的转录速率在37℃时约为50个核苷酸/s，与多肽链的合成速率（15个氨基酸/s）大致相当，但远比DNA的复制速率（800bp/s）慢。RNA聚合酶缺乏3′→5′外切酶活性，所以它没有校读功能。RNA合成的错误率约为10^{-6}，较DNA合成的错误率要高很多，但RNA可通过转录后加工校正错误。

（二）真核生物RNA聚合酶

真核生物的基因组远比原核生物基因组庞大，其RNA聚合酶也更为复杂。迄今所研究的真核生物细胞核中都含有三种RNA聚合酶，即Ⅰ，Ⅱ，Ⅲ型，又称A、B、C型。RNA聚合酶Ⅰ位于细胞核的核仁中，催化合成45 S rRNA前体；RNA聚合酶Ⅱ催化合成所有mRNA前体和大多数核内小RNA（snRNA）；RNA聚合酶Ⅲ位于核仁外，催化合成tRNA、5S rRNA、U6 snRNA和不同的胞质小RNA（scRNA）等小分子转录产物。在真核生物细胞的线粒体中存在另一种RNA聚合酶（Mt型），它负责合成线粒体内的RNAs。真核生物RNA聚合酶Ⅰ、Ⅱ、Ⅲ都是由多亚基组成，其中的核心亚基与大肠埃希菌RNA-pol的核心亚基有一些序列同源性，但真核生物RNA聚合酶中没有细菌RNA-pol中σ因子的对应物，因此真核生物的RNA聚合酶必须借助各种转录因子才能识别或选择启动部位，并结合到启动子上。

真核生物RNA聚合酶Ⅱ含有12个亚基，最大的两个亚基分别约为150 000和190 000，并且与原核生物RNA-pol的β和β′亚基具有同源性。与原核生物不同的是，真核生物最大亚基的羧基末端有一段共有序列为Tyr-Ser-Pro-Thr-Ser-Pro-Ser的片段，这是一段以含羟基氨基酸为主体组成的重复序列，称为羧基末端结构域（carboxyl-terminal domain，CTD）。所有真核生物的RNA聚合酶Ⅱ都具有CTD，只是不同生物种属的7个氨基酸共有序列的重复程度不同。哺乳动物RNA聚合酶Ⅱ的CTD有52个重复序列，其中21个与上述7个氨基酸共有序列完全一致。CTD对于维持细胞的活性是必需的。CTD上的Tyr、Ser和Thr可被蛋白激酶作用发生磷酸化。体内外实验显示，CTD的磷酸化与去磷酸化在转录从起始过渡到延长阶段有重要作用。

利用α-鹅膏蕈碱（α-amanitine）的抑制作用，可将真核生物三类RNA聚合酶区分开：RNA聚合酶Ⅰ对α-鹅膏蕈碱不敏感，RNA聚合酶Ⅱ可被低浓度α-鹅膏蕈碱（10^{-9}～10^{-8}mol/L）所抑制，RNA聚合酶Ⅲ只被高浓度α-鹅膏蕈碱（10^{-5}～10^{-4}mol/L）所抑制。α-鹅膏蕈碱是一种毒蕈（鬼笔鹅膏amanita phalloides）产生的八肽化合物，对真核生物有较大毒性，但对细菌的RNA聚合酶只有微弱的抑制作用。真核生物RNA聚合酶的种类和性质见表6-3。

表 6-3 真核生物 RNA 聚合酶的种类和性质

酶的种类	功能	对 α-鹅膏蕈碱敏感性
RNA 聚合酶Ⅰ	合成 45 S rRNA 前体,经加工产生 5.8 S rRNA、18 S rRNA 和 28 S rRNA	不敏感
RNA 聚合酶Ⅱ	合成所有 mRNA 前体(hnRNA)和大多数核内小 RNA(snRNA)	非常敏感
RNA 聚合酶Ⅲ	合成小 RNA,包括 tRNA、5 S rRNA、U6 snRNA 和 scRNA	中度敏感
RNA 聚合酶 Mt	合成线粒体内的 RNAs	对 α-鹅膏蕈碱不敏感,对利福平敏感

二、转录的模板

(一) 不对称转录

RNA 的生物合成需要 DNA 作为模板,所合成的 RNA 中核苷酸(或碱基)的排列顺序与模板 DNA 的碱基排列顺序是互补关系(即 A—U、G—C、T—A、C—G)。在体外,RNA 聚合酶能使 DNA 的两条链同时进行转录,但在体内的情况不同,许多实验证明,在体内 DNA 转录区段的两条链中仅有一条链可用于转录,也就是说,转录所需要的 DNA 模板与复制相比是有选择性的。另外,在一个包含许多基因的双链 DNA 分子中,各个基因的模板链并不一定是同一条链。对于某些基因,以某一条链为模板进行转录,而对于另一些基因则可以另一条链为模板链,这种转录方式称为"不对称转录"(图 6-1)。

DNA 分子双链结构中的某一基因转录时作为转录模板的那条链,称为模板链(template strand)或负链,也称反义链(antisense strand)。与模板链互补的另一条链不具模板功能,但其碱基排列序列与新合成的 RNA 链相对应(只是 T 被 U 取代),也就是说新合成的 RNA 链实际上转录了这条链的碱基序列,若转录产物是 mRNA,则可用作蛋白质翻译的模板,按遗传密码编码氨基酸的排列序列,故称这条链称为编码链(coding strand)或正链,也称有义链(sense strand)(图 6-2)。转录总是从 5′→3′方向进行,所以阅读模板链总是 3′→5′方向。

图 6-1 不对称转录　　图 6-2 模板链与编码链

(二) 启动子

转录始于 DNA 模板的一定区域,RNA 聚合酶在催化转录中首先识别 DNA 模板上的转录起始位点——启动子(promoter)。启动子是转录开始时 RNA 聚合酶识别、结合和启动转录的一段 DNA 序列。

1. 原核生物启动子 RNA-pol 保护法实验表明,由于 RNA-pol 结合于 DNA 结构基因上游一段跨度为 40~60bp的区域,而不受 DNA 外切酶的水解作用,这段 RNA-pol 辨认和结合的 DNA 区域即是转录起始部位,即启动子。原核生物启动子序列包含三个不同的功能部位。

(1) 起始部位(start site):是 DNA 分子上开始转录的作用位点,标以+1。以此位点沿转录方向顺流而下(称为下游,downstream)的碱基数常以正数表示;逆流向上(称为上游,upstream)的碱基数以负数表示。从起始点转录出的第一个核苷酸通常为嘌呤核苷酸,即 A 或 G,G 更为多见。转录是从起始点开始向模板链的 5′方向进行。

(2) 识别部位(recognition site):其中心位于上游-35bp 处,称-35 区,该区具有高度的保守性和一致性,其共同序列(consensus)为 5′-TTGACA-3′,是 RNA 聚合酶 σ 亚基识别 DNA 启动子的部位。

(3) 结合部位(binding site):是 RNA 聚合酶的核心酶与 DNA 启动子结合的部位,其长度约为 7bp,其中心位于上游-10bp 处,称-10 区。该区碱基序列也具有高度的保守性和一致性,其共同序列为 5′-TATAAT-3′,亦称

TATA 盒(TATA box),因该序列是 D. Pribnow 首次发现,所以又称为 Pribnow box。在-10 区段 DNA 富含 A-T 碱基,缺少 G—C 碱基(图 6-3),故 *Tm* 值较低,双链比较容易解开,有利于 RNA 聚合酶的作用,促使转录的起始。

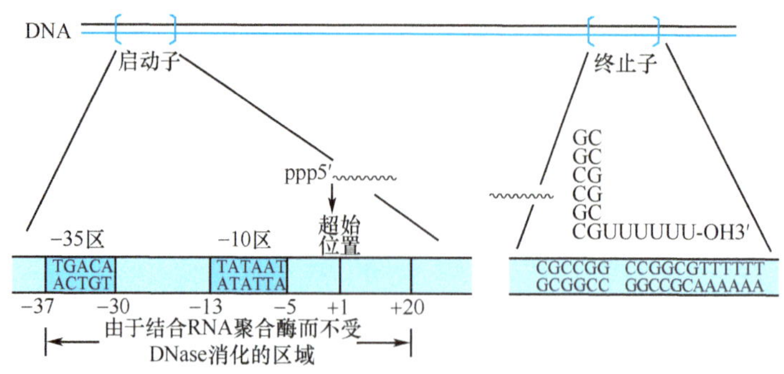

图 6-3 原核生物启动子与终止子序列特征

2. 真核生物启动子 真核生物基因启动子分为Ⅰ、Ⅱ和Ⅲ类启动子(见第二章),在此主要较详细地介绍 RNA 聚合酶Ⅱ的启动子。与原核生物的启动子相似,真核生物 RNA 聚合酶Ⅱ的启动子也具有两个高度保守的共有序列。

(1) TATA 盒:在转录起始点(+1)上游-25 附近的一段 A—T 富集序列,其共有序列是 TATAA,也称 TATA 盒或 Hogness box,是转录因子和 RNA 聚合酶Ⅱ结合的部位,通常被认为是启动子的核心序列,若 TATA 盒序列有突变,就会影响它与酶的结合能力,使转录效率下降。例如,兔珠蛋白基因 TATA 盒的 ATAAAA 人工突变为 ATGTAA 后,转录效率下降 80%。

(2) CAAT 盒:多数启动子的-75 处有一碱基顺序为 GGCTCAATCT 的共有序列,称 CAAT 盒,在不同启动子中,CAAT 区的位置也不完全相同。CAAT 盒的突变敏感性提示它控制着转录的起始频率,而不影响转录的起始点。当这段顺序被改变后,mRNA 的合成量会明显减少。除以上两个区域外,有些启动子中上游还含有 GC 盒,大约位于-80~-110 处,含有 GGGCGG 序列,能与转录因子 Sp1 结合,起到促进与增强转录起始效率的作用。

有少数基因缺乏 TATA 盒,而是由起始序列/起始子(initiator, Inr)或下游启动子元件(downstream promoter element, DPE)与 RNA 聚合酶Ⅱ直接作用启动转录。Inr 横跨转录起始位点(-3 到+5),由通用保守序列 $TCA^{+1}G/TTT/C$(A^{+1}为转录起始第 1 个碱基)构成。DPE 元件保守序列为 A/GGA/GCGTG,位于起始位点下游-25bp 处。例如,鼠的脱氧核苷转移酶基因就没有 TATA 盒,但有 17bp 的起始元件。还有些基因的启动子既不含 TATA 盒,又没有 G—C 富含区,可有一个或多个转录起始点,低或无转录活性。

启动子决定了被转录基因的启动频率与精确性,同时启动子在 DNA 序列中的位置和方向是严格固定的。RNA 聚合酶Ⅱ所需的启动子序列多种多样,基本由上述各种顺式作用元件组合而成,它们分散在转录起点上游大约 200bp 的范围内。图 6-4 表示一个典型的真核生物启动子序列,包括 TATA 盒、CAAT 盒和 GC 盒,通常有一个转录起始点和高的转录活性。最简单的启动子可由 TATA 盒加转录起始点所构成。

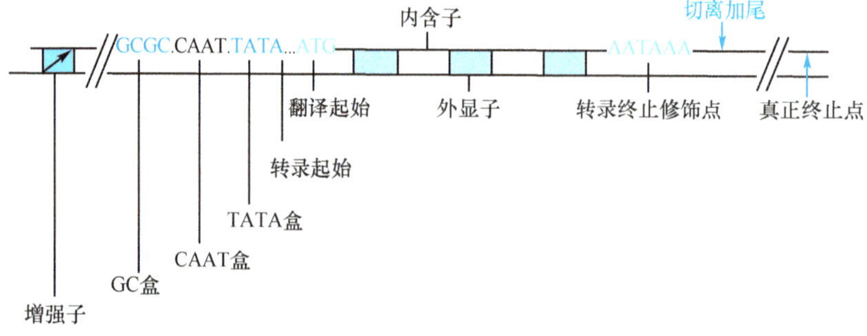

图 6-4 真核生物结构基因上游序列

(三) 终止子

提供转录终止信号的 DNA 序列称为终止子(terminator)。原核生物 RNA 转录终止子有两类,即不依赖于ρ因子的终止子和依赖于ρ因子的终止子。两类终止子有共同的序列特征。在转录终止点前有一段回文序列。

回文序列是一段方向相反,碱基互补的序列,每个回文序列长7~20bp,两个重复部分之间由几个碱基隔开,回文序列的对称轴一般距转录终止点16~24bp。

1. 不依赖于ρ因子的终止子　不依赖ρ因子的终止子的回文序列中富含G—C碱基对,在回文序列的下游方向又常有6~8个AT碱基对。这种序列特征转录生成的RNA可形成茎-环(stem-loop)二级结构,即发夹结构(hairpin structure)(图6-5),这样的二级结构可能与RNA聚合酶某种特定的空间结构相嵌合,阻碍了RNA聚合酶进一步发挥作用。此外,RNA发夹结构3′端的几个U与DNA模板上的A碱基配对很不稳定,容易使新合成的RNA链解离下来,从而终止转录。

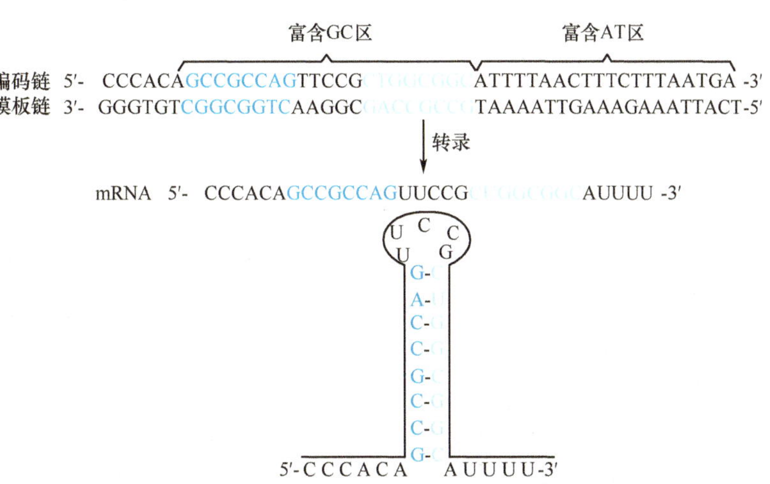

图6-5　不依赖于ρ因子的终止子序列特征

2. 依赖于ρ因子的终止子　与不依赖于ρ因子的终止子相比,依赖ρ因子的终止子中回文序列的G—C碱基对含量较少,在回文序列下游的序列没有固定特征,其AT碱基对含量比前一种终止子低。ρ因子也称终止蛋白,是一种相对分子质量约为46 000的蛋白质,通常以六聚体形式存在,具有依赖RNA的ATPase活性和RNA-DNA解螺旋酶活性,能够使新生成的RNA-DNA复合体解离。由此推测,ρ因子结合在新产生的RNA链上,借助水解ATP获得的能量推动其沿着RNA链移动,RNA聚合酶遇到终止子序列时发生暂停,使ρ因子得以追上RNA聚合酶,ρ因子与酶相互作用,释放RNA,并使RNA聚合酶与该因子一起从DNA上脱落下来,转录终止。

不同的终止子作用也有强弱之分,有的终止子几乎能完全终止转录,有的则只是部分终止转录。一部分RNA聚合酶能越过这类终止序列继续沿DNA移动并转录。如果一串结构基因群中有这种弱终止子的存在,则前后转录产物的量会有所不同,这也是终止子调节基因群中不同基因表达产物比例的一种方式。有一类蛋白因子能作用于终止序列,减弱或取消终止子的作用,称为抗终止作用(antitermination),这种蛋白因子就称为抗终止因子(antiterminator)。

第二节　原核生物的转录过程

原核生物的转录过程可分为3个阶段:转录的起始(包括模板的识别)、转录的延长和转录的终止。RNA-pol能以较低的亲和力结合在DNA的许多区域,以≥10^3bp/s的速率沿着DNA扫描,直至识别到特定的DNA启动子区域,即开始以高亲和力与之结合,催化RNA的合成。

一、转录的起始阶段

原核生物转录在起始阶段,RNA-pol(全酶)的σ因子首先识别DNA启动子的识别部位,被辨认的DNA区域是-35区的TTGACA序列,在这一区段酶与模板的结合松弛。随着RNA-pol(全酶)移向-10区的TATAAT序列,并逐渐跨入转录起始点,形成闭合启动子复合物(closed promoter complex),此时的DNA双链仍保持着完整的双螺旋结构。RNA-pol移动过程中DNA双链的局部区域发生构象改变,结构变得松散,特别是在与核心酶结合的-10区(Pribnow盒),DNA双螺旋解开,双链暂时打开约17个碱基对范围,使DNA模板链暴露,闭合启动子复合物转变成开放启动子复合物(open promoter complex),启动RNA链5′端的头两个核苷酸聚合,产生第一个3′,5′-磷酸二酯键,形成RNA-pol(全酶)-DNA-pppG-pN-OH-3′,形成转录起始复合物(trancription complex),至此转录起始阶段完成。

与复制不同,RNA 的合成起始不需要引物。起始点处两个与模板配对的相邻核苷酸,在 RNA-pol 催化下以 3′,5′-磷酸二酯键相连。这也是 DNA-pol 和 RNA-pol 分别对 dNTPs 和 NTPs 起聚合作用最明显的区别。RNA 合成起始的第一位核苷酸通常为嘌呤核苷酸,即新生 RNA 链的 5′端总是 G 或 A,以 G 更常见。当 5′-GTP(5′-pppG-OH-3′)与第二位(5′-pppN-OH-3′)聚合生成磷酸二酯键后,第一个嘌呤核苷酸仍保留其 5′端的三个磷酸,生成 5′-pppGpN-OH-3′,即四磷酸二核苷酸,其 3′端的游离羟基,可以继续加入 NTP,为 RNA 链的延长所必需。RNA 链上 5′端的这种结构在转录延长中一直保留,直至转录完成后 RNA 脱落,因为它与转录后修饰有关。

二、转录的延长阶段

在转录起始阶段,形成第一个磷酸二酯键后,RNA-pol 的 σ 因子脱离 DNA 模板,σ 因子可反复使用于起始过程。RNA-pol 的核心酶沿着 DNA 模板向下游移动,与模板链相互补的核苷酸逐一进入反应体系,在 RNA-pol 的催化下,核苷酸之间以 3′,5′-磷酸二酯键相连进行延长反应,新生转录本 RNA 从 3′-OH 末端处,按模板的指引,逐个加入 NMP,按 5′→3′方向延伸。RNA-pol 具有内在的解旋酶活性,可以打开 DNA 双链。核心酶在 DNA 上覆盖的区段可达 40~60bp,产物 RNA 链与模板链形成长为 8~9bp的 RNA/DNA 杂交双链。此时,核心酶-DNA-RNA 形成的复合物称为转录复合物(transcription complex),也称转录泡(transcription bubble)。随着 RNA 聚合酶沿 DNA 模板移动,在转录泡的前端解开 DNA 双链,并在转录泡后端重新形成 DNA 双链螺旋,转录复合物行进并贯穿延长过程的始终(图 6-6)。

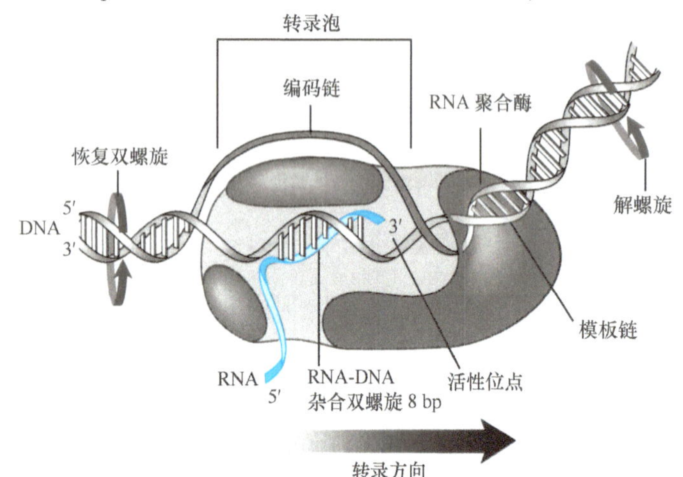

图 6-6 大肠埃希菌 RNA 转录过程中转录空泡的形成

三、转录的终止阶段

当 RNA 聚合酶在 DNA 模板上停顿下来不再前进,转录产物 RNA 链从转录复合物上脱落,就是转录的终止。依据是否需要蛋白质因子的参与,原核生物转录终止分为依赖 ρ 因子的转录终止与非依赖 ρ 因子的转录终止两种机制。

(一) 依赖 ρ 因子的转录终止

研究转录的实验发现:①体外转录产物比细胞内的转录产物长,说明转录终止点可以被跨越而继续转录,还说明细胞内存在某种因素有执行转录终止的功能;②在被 T4 噬菌体感染的 *E. coli* 中存在能控制转录终止的蛋白质,命名为 ρ 因子。若向体外转录实验的试管内加入 ρ 因子,转录产物长于细胞内的现象不复存在;③ρ 因子能结合 RNA,又以对 poly C 的结合力最强,但 ρ 因子对 poly dC/dG 组成的 DNA 的结合能力就低得多;④在依赖 ρ 因子终止的转录中,发现产物 RNA 3′端确有较丰富的 C,或有规律地出现 C 碱基;⑤ρ 因子具有 ATP 酶的活性和解螺旋酶的活性。

目前认为,ρ 因子终止转录的作用机制是:ρ 因子与 RNA 转录产物结合,结合后 ρ 因子和 RNA 聚合酶都可能发生构象变化,从而使 RNA 聚合酶停止移动,ρ 因子的 ATP 酶和解螺旋酶活性使 DNA-RNA 杂化双链拆离,转录产物 RNA 从转录复合物中释放,转录终止(图 6-7)。

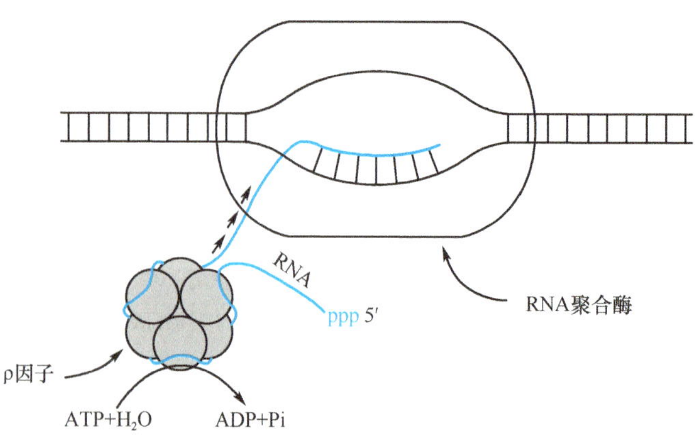

图 6-7 依赖 ρ 因子的转录终止机制

(二)不依赖ρ因子的转录终止

当RNA聚合酶行进到DNA模板的特定部位即终止信号序列时，由于终止信号序列中存在由GC丰富区组成的反向重复序列，在转录生成的RNA中生成相应的发夹结构，此发夹结构可阻碍RNA聚合酶的行进，从而停止RNA聚合酶的聚合作用；还由于终止信号中有AT丰富区，其转录生成的RNA的3′端有poly U，在碱基配对中A:U配对最不稳定，导致新合成的DNA-RNA的杂化链易于解聚，促使转录终止(图6-8)。

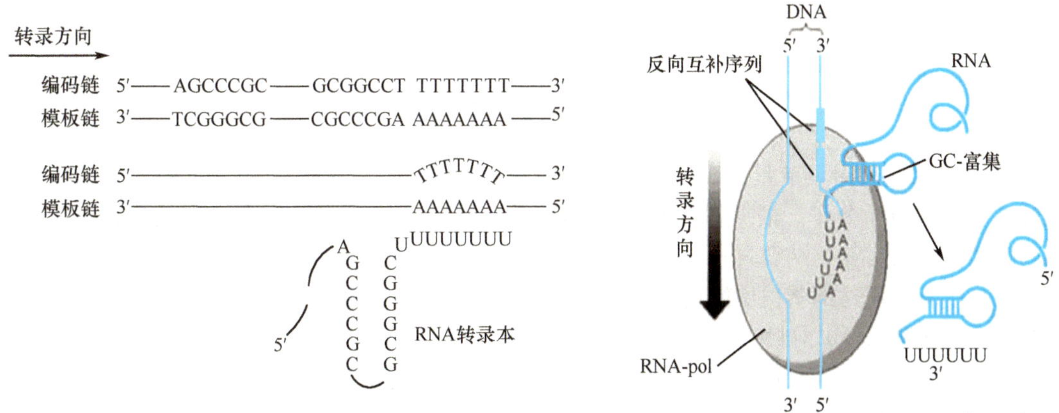

图6-8 不依赖ρ因子的转录终止机制

原核生物依赖ρ因子转录终止的转录全过程见图6-9。

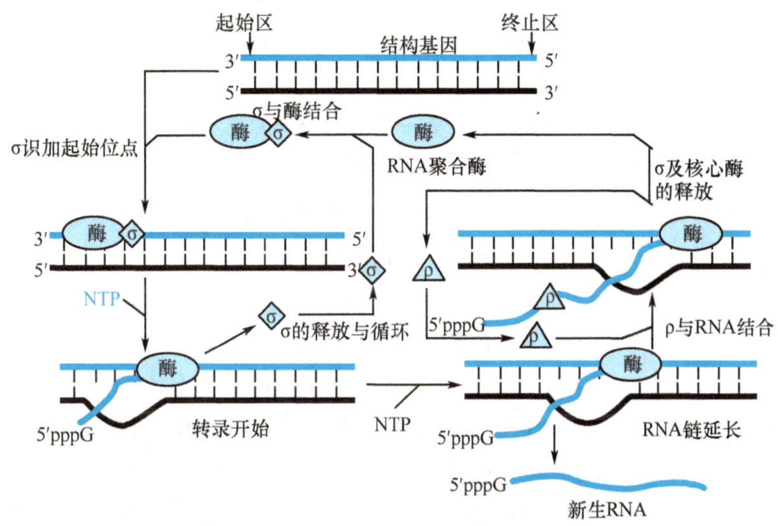

图6-9 原核生物RNA的转录全过程

在电子显微镜下观察原核生物的转录，可看到羽毛状的图形(图6-10)。这种图形说明，在同一DNA模板链上，有多个转录同时进行。在新合成的RNA链上观察到的小黑点是多聚核糖核蛋白体，这是一条mRNA链上多个核蛋白体正在进行下一步的蛋白质翻译过程。可见，在没有细胞核的原核生物细胞中，转录尚未完成，翻译已经开始。真核生物没有这种现象，因为真核生物转录是在细胞核内，而翻译是在细胞核外的胞质中进行。

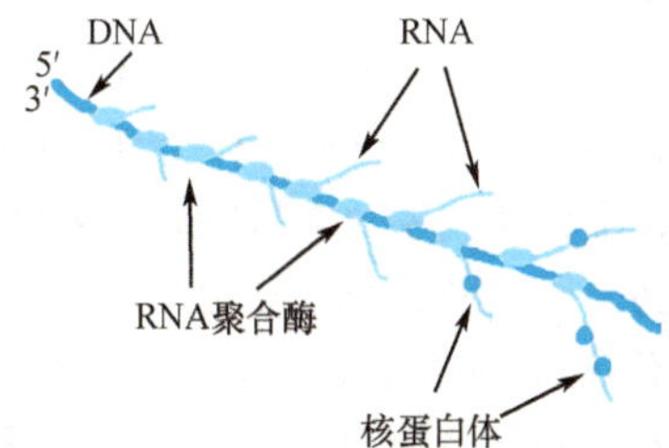

图6-10 电子显微镜下原核生物转录的羽毛状现象

第三节 真核生物的转录过程

真核生物转录过程与原核生物转录过程的主要区别是:①真核生物的 RNA 聚合酶有三种:RNA-pol Ⅰ、Ⅱ和Ⅲ,分别催化合成 rRNA 前体,mRNA 前体和包括 tRNA 在内的一些小 RNA;②转录起始时,RNA 聚合酶不直接结合于模板,而是由众多转录因子(transcriptiom factor,TF)参与识别启动序列;③转录起始上游区段比原核生物多样化(包括 TATA 盒、CAAT 盒、GC 盒及增强子等顺式作用元件);④转录终止与转录后修饰密切相关。

一、转录因子

转录因子(TF)又称转录调节蛋白或转录调节因子,是一类具有特殊结构、能与顺式作用元件结合、行使调控基因表达功能的蛋白质分子。根据作用方式。可将转录因子分为顺式作用蛋白和反式作用因子两大类。一个基因表达的蛋白质辨认与结合自身基因的顺式作用元件,从而调节自身基因表达活性的转录因子称为顺式作用蛋白。一个基因表达的蛋白质能直接或间接辨认与结合非己基因的顺式作用元件,从而调节非己基因表达活性的转录因子称为反式作用因子。大多数的转录因子是反式作用因子,通过识别转录上游 DNA 序列中的顺式作用元件,能直接或间接辨认和结合转录上游区段 DNA 而调节转录启动。真核生物启动子由转录因子而不是 RNA 聚合酶所识别,多种转录因子与 RNA 聚合酶在起始点上形成转录前起始复合物(pre-initiation complex,PIC)从而启动和促进转录。

转录因子有很多种类,相应于 RNA 聚合酶Ⅰ、Ⅱ和Ⅲ的转录因子分别称为 TFⅠ、TFⅡ和 TF Ⅲ。参与 RNA 聚合酶Ⅱ转录起始的转录因子包括 TFⅡA、TAⅡB、TFⅡD、TFⅡE、TFⅡF、和 TFⅡH 等(表 6-4)。这些转录因子在生物进化中高度保守,能直接或间接与 DNA 模板或 RNA-pol 结合,为所有启动子转录起始所必需,故又称为通用因子(general transcription factor)或基本转录因子(basic transcription factor)。

表 6-4 真核生物转录因子Ⅱ(TFⅡ)的种类及其功能

转录因子	亚基组成及相对分子质量	功能
TFⅡA	12 000,19 000,35 000	协助 TBP 与 TATA 盒的结合,稳定 TBP-TFⅡB-启动子复合物
TFⅡB	33 000	与 TBP 结合,并与 RNA polⅡ-TFⅡ复合体结合
TFⅡD	TBP * 20 000~40 000	结合 TATA 盒
	TAF * *	辅助 TBP 与 DNA 结合
TFⅡE	57 000(α),34 000(β)	具有 ATPase 活性,结合并刺激 TFⅡH 对 RNA-polⅡCDT 的磷酸化
TFⅡF	30 000,74 000	与 RNA polⅡ形成复合体,再与 TFⅡB 结合,并阻遏 RNA polⅡ与非特异的 DNA 序列结合
TFⅡH	62 000,89 000	具有解旋酶和蛋白激酶活性,后者使 RNA-polⅡ的 CDT 磷酸化
TFⅡJ	120 000	促进 TFⅡD 的结合

* TBP:TATA 结合蛋白(TATA binding protein);* * TAF:TBP 相关因子(TBP associated factor)

TFⅡD 不是一种单一蛋白质,它由 TBP 与 TAFs 组合成的复合物。TBP 支持基础转录,但不支持诱导等所致的转录增强,而 TAFs 对诱导引起的转录增强是必要的。人类细胞中至少有 12 种 TAF,在不同基因或不同状态转录时,TBP 可与不同的 TAFs 产生不同搭配,作用于不同的启动子,由此可以解释这些因子在各种启动子中的选择性活化作用以及对特定启动子存在不同的亲和力。

除上述转录因子外,还有一些蛋白因子参与基因转录:①上游因子(upstream factor)识别位于转录起点上游特异的共有序列(如 GC 盒、CAAT 盒等顺式作用元件),它们调节通用因子与 TATA 盒的结合、RNA-pol 与启动子的结合及起始复合物的形成,从而协助调节基因转录的效率;②可诱导因子(inducible factor)与 DNA 远端调控顺式作用元件(如增强子等)作用,只在特殊生理或病理情况下才被诱导产生,如 HIF-1 在缺氧时高表达,MyoD 在肌肉细胞中高表达等,可诱导因子在功能上类似上游因子,但具有可调节性,即可诱导因子只在特定的时间和组织中表达而影响转录;③辅激活因子(co-activators)在可诱导因子和上游因子与基本转录因子、RNA-pol 结合中起联结和中介作用。

参与基因转录的众多蛋白因子以各种可能的方式组合,与 RNA-pol、启动子协同作用,从而在某一范围内对某一给定基因的转录活性进行调控。应该指出的是,上游因子和可诱导因子等在广义上也可称为转录因子,但一般不冠以 TF 的词头,而是有其自己特殊的名称。

二、转录过程

(一) mRNA 的合成

1. 转录的起始 真核生物 RNA 聚合酶不与 DNA 分子直接结合,而需依靠众多的转录因子。转录因子之间需互相辨认、结合,以准确地控制基因是否转录、何时转录。真核生物转录起始也形成 RNA-pol-DNA 开链模板的复合物,但在开链之前,必须先依靠各种 TF 之间、TF 与其他反式作用因子之间的相互识别、结合,然后与模板、RNA-polⅡ形成前起始复合物(PIC)。以 TFⅡD 首先结合 TATA 盒为核心,逐步形成 PIC (图 6-11)。

首先是 TFⅡD 与 DNA 结合,覆盖约 35bp 或者更长的 DNA 区域,其 TBP 亚基结合约 10bp 长度 DNA 片段,刚好覆盖基因的 TATA 盒。然后 TFⅡB 在 TFⅡA 和 TFⅡJ 的促进和配合下,形成 TFⅡD-ⅡA-ⅡB-ⅡJ-DNA 复合体。TFⅡB 作为桥梁并提供结合表面,促使已与 TFⅡF 结合的 RNA 聚合酶Ⅱ进入启动子的核心区 TATA 盒。RNA 聚合酶Ⅱ进入 TATA 盒后,接着是 TFⅡE 和 TFⅡH 的进入,完成 PIC 的装配。PIC 覆盖 DNA 模板约 70bp。TFⅡH 的解旋酶活性使转录起始位点附近的 DNA 双螺旋解开,TFⅡE 的 ATPase 活性对 TFⅡH 有协同解链作用,此时闭合的转录前起始复合物转变为开放的转录前起始复合物。TFⅡH 有蛋白激酶活性,可使 RNA 聚合酶Ⅱ的最大亚基的 CTD 磷酸化,启动转录。CTD 磷酸化的 RNA 聚合酶才能离开启动子区域向下游移动,进入转录的延长阶段。此后,大多数的 TF 就会脱离转录前起始复合物。

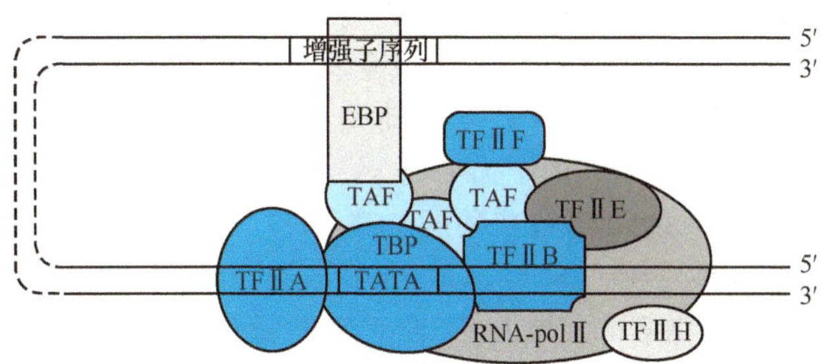

图 6-11 转录前起始复合物的形成

转录因子Ⅱ各成员作用的顺序:TFⅡD(TBP)→TFⅡA→TFⅡB→RNA polⅡ→TFⅡF→TFⅡE →TFⅡH;EBP:增强子结合蛋白

一个真核生物基因的转录需要约 3 个到 5 个转录因子之间互相结合,生成有活性、有专一性的复合物,再与 RNA 聚合酶搭配,且有针对性地结合,转录相应的基因。转录因子的相互辨认与结合,恰似儿童玩具七巧板,搭配得当就能拼出多种不同的图形,以满足不同基因转录的需要。此外还有上游因子,可诱导因子及它们相应的反式作用因子也有相类似的作用规律。这就是所谓的"拼板理论"(图 6-12)。按照拼板理论,人类基因虽数以万计,但需要的转录因子可能约 300 个就能满足表达不同基因的需要。用生物信息学估算人类细胞中约有 2000 种编码 DNA 结合蛋白质的基因,约占基因总数的 7%,其中大部分可能是反式作用因子。

2. 转录的延长 真核生物的转录延长与原核生物相似,但因有核膜相隔,没有转录与翻译同步进行的现象。RNA-polⅡ在转录过程中与其他辅助蛋白因子一起结合在 DNA 模板链上形成的转录泡覆盖大约 20 个碱基对;基因组 DNA 在双螺旋结构的基础上与多种组蛋白组成核小体高级结构,RNA-pol 在前移过程中处处遇到核小体。所以真核生物转录延长过程可以观察到核小体移位和解聚现象。组蛋白乙酰化与去乙酰化参与了基因转录过程的调控。组蛋白乙酰化是可逆的动态过程,组蛋白乙酰基转移酶将乙酰辅酶 A 的乙酰基转移到核心组蛋白氨基末端特定赖氨酸残基的 ε-氨基上,氨基上的正电荷被消除,这时 DNA 分子本身所带的负电荷有利于 DNA 构象的展开,核小体的结构变得松弛,这种松弛的结构促进了转录因子和协同转录因子与 DNA 分子的接触。因此组蛋白乙酰化可以激活特定基因的转录过程。组蛋白去乙酰化酶则移去组蛋白赖氨酸残基上的乙酰基,恢复组蛋白的正电性,带正电荷的赖氨酸残基与 DNA 分子的电性相反,增加了 DNA 与组蛋白之间的吸引力,使启动子不易接近转录调控元件,从而抑制转录。

3. 转录的终止 真核生物的转录终止与转录后修饰密切相关。当 RNA 聚合酶Ⅱ转录产生 hnRNA 的过程中,直至出现多聚腺苷酸信号为止。这个信号序列常为 AATAAA 及其再下游的 YGTGTYY(Y 表示嘧啶核苷酸)序列。这些序列称为转录终止的修饰点序列。RNA PolⅡ一般在该位点下游停止转录,即 RNA-polⅡ越过转录终止修饰点后继续转录,生成的 mRNA 前体的 3′端出现 AAUAAA——XGUGUXX(X 表示嘌呤核苷酸)剪切信号序列。内切核酸酶 RNaseⅢ识别此信号序列并进行剪切,剪切点位于 AAUAAA 下游 10~30 核苷酸处,

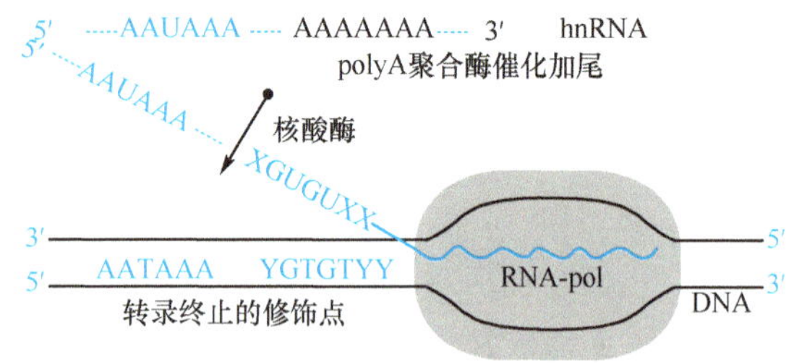

图 6-12 真核生物的转录终止及加尾修饰

距 GU 序列约 20~40 核苷酸(图 6-12),随即 polyA 聚合酶催化在 3′-端加入多聚腺苷酸尾,修饰点序列下游产生的多余 RNA 片段很快被降解。

因为 RNA-pol 没有 3′→5′核酸外切酶活性而缺乏校对功能,因此转录发生错误率比复制发生的错误率高,大约是 10^{-6}~10^{-5}。对大多数基因而言,一个基因可以转录产生许多 RNA 拷贝,而且 RNA 最终将被降解或替代,所以转录产生的错误 RNA 对细胞的影响远比复制产生错误 DNA 对细胞的影响小。

(二) rRNA 的生物合成

RNA 聚合酶Ⅰ催化 rRNA 的合成。rRNA 合成时形成的转录前起始复合物比较简单。首先是上游结合因子(UBF)结合在Ⅰ类启动子的上游控制元件(UCE)和核心元件的上游部分,导致模板 DNA 发生弯曲,使相距上百个核苷酸的 UCE 和核心元件靠拢,接着选择性因子 1(SL1)募集 RNA 聚合酶Ⅰ并相继结合到 UBF-DNA 复合物上,完成起始前复合物的装配而启动转录(图 6-13)。

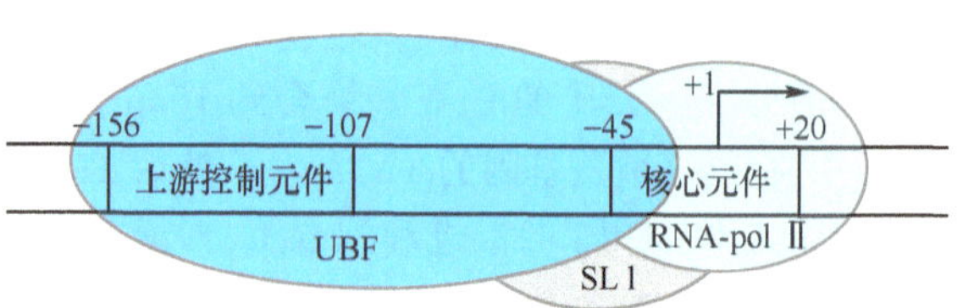

图 6-13 rRNA 基因转录前起始复合物的形成

(三) tRNA 的生物合成

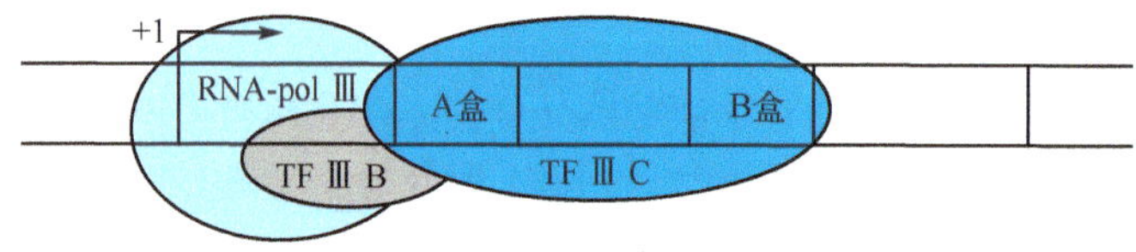

图 6-14 tRNA 基因的内启动子元件及转录起始复合物的形成

RNA 聚合酶Ⅲ催化 tRNA 的合成。tRNA 基因转录起始时,TFⅢC 首先与Ⅲ类启动子的 A 盒和 B 盒结合,并促进 TFⅢB 结合于转录起始点上游约 30bp 处,后者再促进 RNA 聚合酶Ⅲ结合在转录起始点处,形成转录前起始复合物而启动转录(图 6-14)。

第四节 初级转录产物的加工修饰

在细胞内,由 RNA 聚合酶合成的初级转录本(primary transcript)不具有生物活性,需要经过一系列的加工修饰而成熟,加工修饰包括:RNA 链的裂解、5′端与 3′端的切除和特殊结构的形成、核苷的修饰和糖苷键的改变以及拼接和编辑等过程,才能转变为成熟的 RNA 分子。此过程总称为转录后加工(post-transcriptional processing)或称为 RNA 的成熟。

一、原核生物初级转录物的加工修饰

(一) 原核生物 mRNA 前体的加工

原核生物 mRNA 的转录和翻译过程是偶联进行的,绝大多数 mRNA 不需加工即能作为翻译的模板。但也有少数多顺反子 mRNA 须经内切酶裂解后进行翻译。例如,RNA 聚合酶的 β 亚基与核蛋白体大亚基蛋白基因组成混合操纵子,转录后需由 RNaseⅢ切开进行翻译。

(二) 原核生物 rRNA 前体的加工

原核生物的基因特点是多顺反子。rRNA 的基因与某些 tRNA 的基因组成混合操纵子;其余 tRNA 基因也成簇存在,并与编码蛋白质的基因组成操纵子。它们在形成多顺反子转录产物后,经断链成为 rRNA 和 tRNA 的前体,然后进一步加工成熟。

大肠埃希菌基因组共有 7 个编码 rRNA 的操纵子,它们分散在基因组中。这些操纵子的组成基本相同,均含有 16S、23S 及 5S 三种 rRNA 分子。每个操纵子都可转录生成初级转录产物 30S 的 rRNA 前体,经切割加工成为成熟的 rRNA 分子。原核生物的 rRNA 和某些 tRNA 基因组成的混合操纵子,转录后形成多顺反子(polycistron)转录产物(约 6500nt),然后通过切割成为 rRNA 和 tRNA 前体,再进一步加工成熟。不同细菌 rRNA 前体的加工过程并不完全相同,但基本过程类似:①rRNA 在修饰酶催化下进行碱基的甲基化修饰;②rRNA 前体被 RNaseⅢ、RNase E、RNase P、RNase F 等剪切成一定链长的 rRNA 分子;③rRNA 与蛋白质结合形成核蛋白体的大、小亚基(图 6-15)。

16S 和 23S rRNA 的前体分别称为 p16 和 p23,它们分别比 16S 和 23S 略长一些。P16 或 p23 两端的碱基都有互补区域,它们分别形成"巨环"发夹结构,在 RNA 酶Ⅲ等一系列酶的作用下,加工成为成熟的 rRNA(图 6-16)。

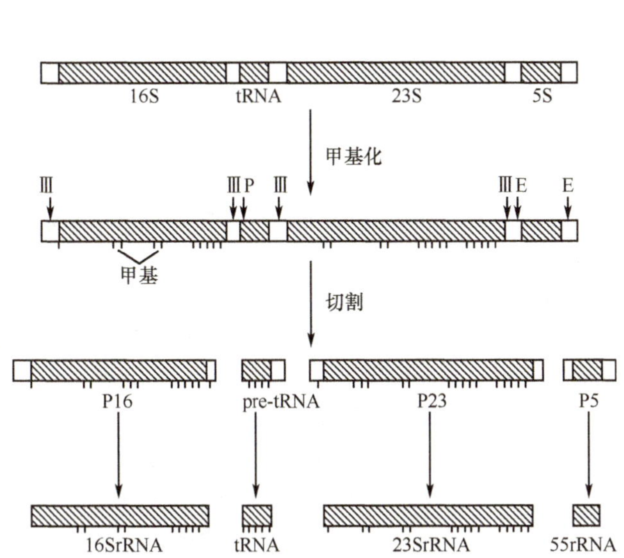

图 6-15　大肠埃希菌 rRNA 前体的加工
↓表示核酸内切酶的作用部位

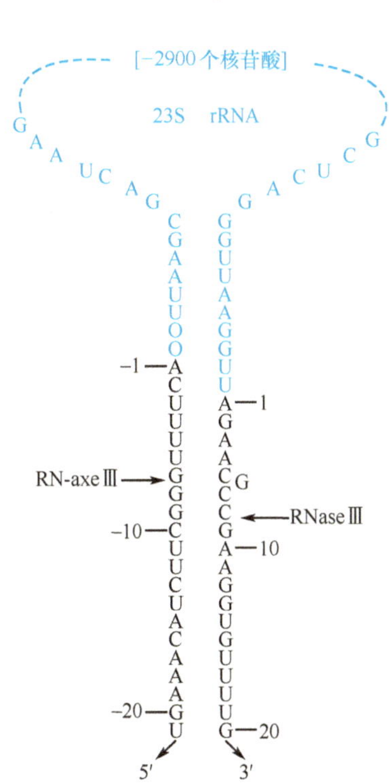

图 6-16　p23 的"巨环"结构及 RNAaseⅢ酶切位点

原核生物 rRNA 含有多个甲基化修饰成分,包括甲基化碱基和甲基化核糖,尤其常见的是核糖 2′-OH 甲基化。16S rRNA 含有约 10 个甲基,23S rRNA 约 20 个甲基。5S rRNA 中无修饰成分。

(三) 原核生物 tRNA 前体的加工

原核或真核生物中的 tRNA 基因往往成簇存在。*E. coli* 中某些 tRNA 基因聚集形成操纵子,由一个启动子转录成一条长的前体 tRNA 链。tRNA 前体的加工包括:①由核酸内切酶 RNaseP(tRNA 5′成熟酶)特异剪切(cutting)tRNA 前体 5′末端多余的核苷酸序列;②由核酸外切酶 RNaseD(tRNA 3′成熟酶)从 3′端逐个切去附加序列,即修剪(trimming);③在核苷酰基转移酶催化下,tRNA 3′末端除去个别碱基后,加上-CCA-OH,完成 tRNA 分子中的氨基酸臂结构,这是 tRNA 前体加工过程的特有反应;④成熟 tRNA 分子中的稀有碱基是通过异构化修饰形成,包括甲基化,脱氨,转位及还原反应,如嘌呤生成甲基嘌呤、尿嘧啶还原为双氢尿嘧啶、尿嘧啶核苷转变为假尿嘧啶核苷、腺苷酸脱氨基成为次黄嘌呤核苷酸等。细菌 tRNA 前体的加工如图 6-17 所示。

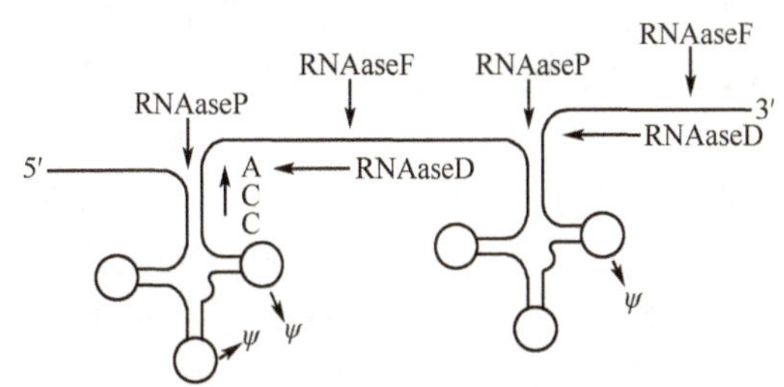

图 6-17　tRNA 前体分子的加工
↓表示核酸内切酶的作用;← 核酸外切酶的作用;
↑核苷酰转移酶的作用;↘异构化酶的作用

原核生物中存在两种 3′端不同的 tRNA 前体。Ⅰ型 3′端自身具有 CCA-OH,位于成熟 tRNA 序列与 3′端附加序列之间,当附加序列被切除后即显露出该末端结构。Ⅱ型 3′端自身并无 CCA-OH 序列,当切除前体 3′端附加序列后,必须另外加入 CCA-OH 序列。真核生物中可能所有的 tRNA 前体都属于Ⅱ型,在成熟时都需要通过酶的作用,在其 3′端加上 CCA 序列。

成熟的 tRNA 分子中存在众多的修饰成分，tRNA 修饰酶具有高度特异性；每一种被修饰的核苷都有催化其生成的修饰酶。例如，tRNA 假尿嘧啶核苷合酶催化尿苷的糖苷键发生移位反应，由尿嘧啶的 N-1 变为 C-5。

二、真核生物初级转录产物的加工修饰

真核生物 rRNA 和 tRNA 前体的加工过程与原核生物有些相似，但 mRNA 前体则需经过复杂的加工过程，才能成为有活性的成熟 mRNA，这与原核生物大不相同。

（一）真核生物 mRNA 前体的加工

真核生物编码蛋白质的基因以单个基因作为转录单位，其转录产物为单顺反子 mRNA（monocistron mRNA）。真核生物 mRNA 前体，由于在核内加工过程中形成分子大小不等的中间物，被称为核内不均一 RNA（heterogeneous nuclear RNA，hnRNA）。

hnRNA 需要经过较复杂的加工过程生成成熟的 mRNA，加工过程包括：①5′端形成特殊的帽子结构（m^7G pppNmpNp-），即加帽（capping）；②3′端加多聚腺苷酸（poly A）尾；③剪接去除内含子序列并连接外显子；④链内部核苷酸甲基化修饰；⑤RNA 编辑。

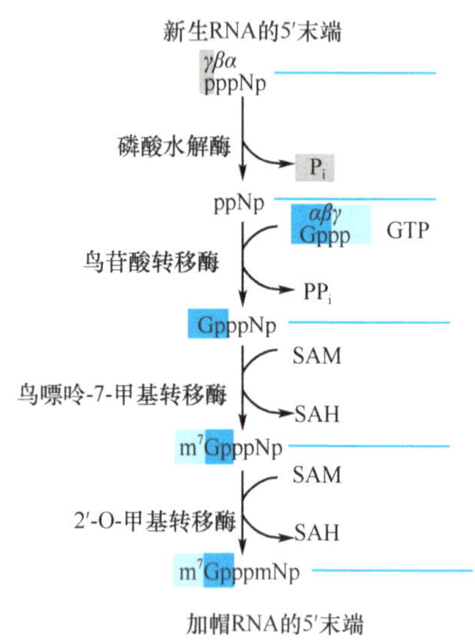

图 6-18 mRNA 的 5′帽子结构形成过程
SAM：*S*-腺苷甲硫氨酸；SAH：*S*-腺苷同型半胱氨酸

1. 5′端加帽 当 RNA-pol Ⅱ催化合成的 hnRNA 的长度达 25～30nt 时，其 5′端的加工就开始了。5′端加帽过程由加帽酶（capping enzyme）和甲基转移酶（methyltransferase）催化完成。加帽酶由两个亚基构成，其一个亚基具有磷酸水解酶活性，另一个亚基具有鸟苷酸转移酶活性。加帽过程中，加帽酶与 RNA-pol Ⅱ的 CTD 结合，去除新生 RNA 的 5′端核苷酸上的γ-磷酸基，产生 5′-ppG，同时将一分子 GTP 中的 GMP 部分转移到 5′-ppG 上，通过 5′，5′-三磷酸连接形成 GpppGp；然后在鸟嘌呤-7-甲基转移酶催化下，将 S-腺苷甲硫氨酸（SAM）提供的甲基转移到新加入的 GMP 的 N-7 位；形成所谓的帽子结构（图 6-18）。

不同生物体内，由于甲基化程度的不同，可以形成几种不同形式的帽子结构。有些帽子结构仅形成 7-甲基鸟苷三磷酸，即 m^7GpppNp，称为“0 型帽”，存在于单细胞生物；若在 2′-O-甲基转移酶催化下，原新生 RNA 5′端第 1 个核苷酸的核糖 2′-OH 也甲基化，形成 m^7GpppN^m-，称为“Ⅰ型帽”，此结构普遍存在；若 RNA 的第 1 和第 2 位核苷酸的 2′-OH均甲基化（第 2 位须为 A），形成 $m^7GpppN^mpN^mp$-，称为“Ⅱ型帽”，此结构较少见。真核生物帽子结构的复杂程度与生物进化程度密切相关。

5′-帽子结构出现于核内 hnRNA，说明 5′-帽子结构是在核内修饰完成，而且先于 mRNA 的剪接过程。mRNA 5′-帽子结构的功能与翻译起始有关，它能在翻译起始过程中为核蛋白体识别 mRNA 提供信号，并协助核蛋白体与 mRNA 结合，使翻译从 AUG 开始。帽子结构可增加 mRNA 的稳定性，保护 mRNA 不被核酸外切酶水解。

2. 3′末端加 polyA 尾 除组蛋白 mRNA 外，真核生物 mRNA 在 3′端通常都有 80～250 个多聚腺苷酸（polyA）的尾部结构。核内 hnRNA 分子中 3′端就有多聚腺苷酸，推测这一过程也应在核内完成，而且也先于 mRNA 中段的剪接。但是在胞质中也有该反应的酶体系，说明在胞质中 polyA 加尾还可以继续进行。

mRNA 前体上的转录终止修饰点（断裂点）是多聚腺苷酸化（polyadenylation）的起始点，断裂点上游 10～30nt 处有 AAUAAAA 加 polyA 尾的信号序列。断裂点的下游 20～40nt 处有富含 G 和 U 的序列。AAUAAA 信号序列是特异序列，断裂点下游序列是非特异序列。mRNA 前体分子的断裂和 polyA 尾部的形成至少有四种蛋白因子参与，是多步骤反应过程：①各种 3′加工成分组装成复合体：断裂和腺苷酸化特异性因子（cleavage and polyadenylation specificity factor，CPSF）先与 AAUAAA 形成不稳定的复合体，然后与断裂激动因子（cleavage stimulatory factor，CStF）、断裂因子Ⅰ（cleavage factor Ⅰ，CFⅠ）、断裂因子Ⅱ和 polyA 聚合酶（polyA polymerase，PAP）结合。CStF 与断裂点下游富含 G 和 U 的序列相互作用能使形成的多蛋白复合体稳定；②CFⅠ和 CFⅡ在 AAUAAA 剪切信号的下游断裂点切断 mRNA 前体 3′尾部；③mRNA 前体在断裂点断裂后，PAP 在 CPSF 指导

下，立即在断裂产生的游离3′-OH端催化加入大约12个腺苷酸；此反应过程依赖于AAUAAA序列，速度较慢；④在polyA结合蛋白(polyA-bingding protein，PBP)参与下，多(聚)腺苷酸化进入快速合成期，此时不需要AAUAAA序列，PBP与慢速期合成的多(聚)A结合，促进PAP催化多聚A合成的速率(图6-19)。反应结束，复合体解离。

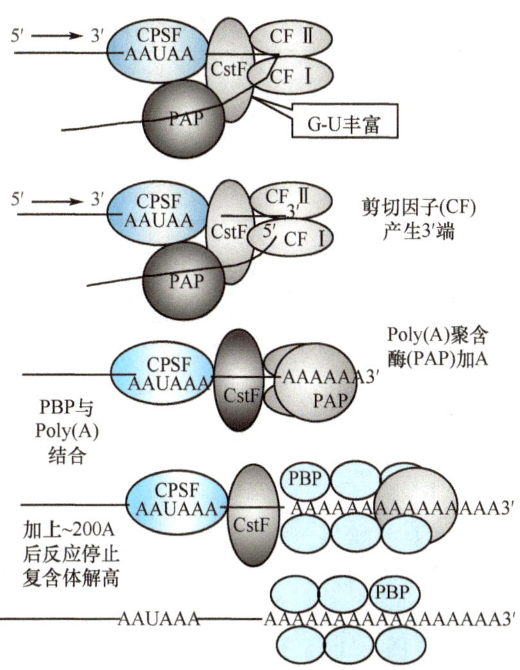

图6-19 真核细胞mRNA前体3′端polyA尾形成过程

PBP被认为可能通过某种未知机制控制多聚A的最大长度。polyA尾的长度很难确定，因其长度随mRNA的寿命而缩短。随着polyA缩短，翻译的活性下降。因此推测polyA的长短和有无，是维持mRNA作为模板的活性，以及增加mRNA本身稳定性的重要因素。

polyA尾的功能有：①防止核酸外切酶对mRNA信息序列的降解起缓冲作用；②可能与mRNA从细胞核转送到细胞质有关，但相当数量的没有polyA尾的mRNA，如组蛋白mRNA，也能通过核膜进入细胞质；③PolyA尾可能对真核mRNA的翻译效率具有某种作用，使mRNA较容易被核蛋白体辨认。

3′-脱氧腺苷(冬虫夏草素)是多聚腺苷酸化的特异抑制剂，但它不抑制hnRNA的转录，它的存在可阻止细胞中出现新的mRNA，表明多聚腺苷酸化对mRNA的成熟是必要的。

3. mRNA前体的剪接 绝大多数真核生物核内hnRNA的相对分子质量往往比在胞质内出现的成熟mRNA大几倍，甚至数十倍。这是由于真核生物绝大部分基因是断裂基因(见第二章)，虽然转录过程中内含子与外显子一并被转录而出现在hnRNA分子中，但在hnRNA加工过程中内含子被切除外显子被连接起来，因此成熟mRNA远短于其前体hnRNA。例如，胰岛素基因是单一拷贝型的基因，位于11p15。胰岛素基因有3个外显子和2个内含子。外显子1编码信号肽序列；外显子2编码先导序列、B链和C肽的部分序列；外显子3编码C肽的另一部分序列和A链。第1个内含子位于外显子1和外显子2之间，第2个内含子位于C肽内部。在成熟的胰岛素mRNA中切除了这两个内含子，翻译后切除信号肽部分产生胰岛素原，再经加工切除前导氨基酸序列和C肽，产生胰岛素(图6-20)。

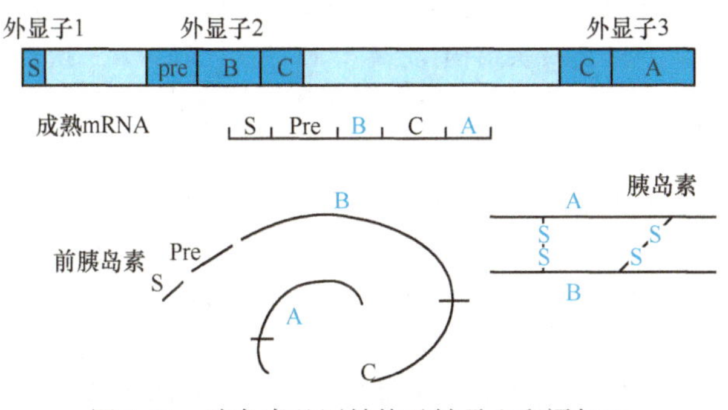

图6-20 胰岛素基因结构及转录和翻译加工

S：信号肽；Pre：先导序列；C：C肽；A、B：胰岛素的A链和B链

剪接体(spliceosome)是mRNA前体剪接加工的场所，它是由小核核蛋白(small nuclear ribonucleoprotein，snRNP)和hnRNA组成的超大分子的复合体。

(1) 小核RNA(small nuclear RNA，snRNA)：snRNA是一类核内小分子RNA。因snRNA分子中富含尿嘧啶碱基，故以U作为命名。snRNAs有5种：U1、U2、U4、U5、U6(U3-snRNA与rRNA前体加工有关)，snRNAs分子长度在100~300nt。这些U系列RNA与核内蛋白质组成小分子核糖核蛋白颗粒(small nuclear ribonucleoprotein，snRNP)，snRNPs与hnRNA的内含子结合，使内含子形成套索，并拉近上下游外显子距离(图6-21)。

(2) 剪接位点的结构：剪接位点是指外显子与内含子交界处的特殊序列。在内含子左侧的连接点称为供体(donor)，在内含子右侧的称为受体(acceptor)。通过对100多种真核细胞基因的分析，发现大多数内含子的剪接都是以5′-GU开始，以AG-OH-3′告终(表6-5)。

5′-GU-------AG-OH-3′称为剪接接口或称边界序列，此为GU-AG规则。此规则不适合于线粒体和叶绿体的内含子，也不适合于tRNA和某些rRNA的结构基因。同时内含子还有一个重要的内部位点——分支点，距内含子3′-剪接点20~50bp处(图6-21)。

表 6-5 转录产物中内含子与外显子交界处的碱基序列

基因区域	外显子 1	内含子	外显子 2	基因区域	外显子 1	内含子	外显子 2
卵清蛋白内含子 2	UAAG	GUGA～ACAG	GUUG	β-珠蛋白内含子 2	CAGG	GUGA～ACAG	UCUC
卵清蛋白内含子 3	UCAG	GUAC～UCAG	UCUG	Igλ 内含子 1	UCAG	GUCA～GCAG	GGGC
β-珠蛋白内含子 1	GCAG	GUUG～UCAG	GCUG	SV40 病毒早期 T 抗原	UAAG	GUAA～UUAG	AUUC

mRNA 前体的内含子末端的序列剪接位点突变引起剪切错误。地中海贫血症(thalassemia)起因于血红蛋白合成缺陷,此类贫血症中有一类是剪切位点突变导致异常剪接引起。β-珠蛋白的第一内含子发生突变,突变位点发生在正常 3′剪接位点上游 20nt 处。正常人是 G,病人是 A,即 G→A。导致产生了一个新的 3′剪接位点(原位点上游),新剪切位点剪切,使 mRNA 中密码子变化。在新剪切点后提前出现蛋白质合成的终止密码子,结果合成了异常的血红蛋白 β-亚基,导致贫血症(图 6-22)。

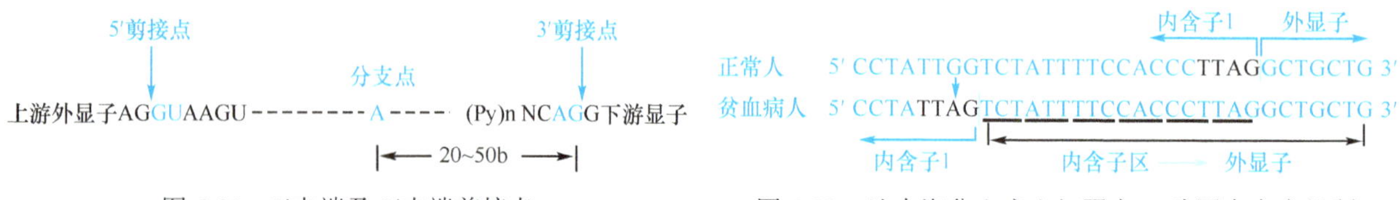

图 6-21 5′末端及 3′末端剪接点

Py 代表嘧啶核苷酸(U 或 C);N 代表任意一种核苷酸;$n \approx 15$

图 6-22 地中海贫血症血红蛋白 β-珠蛋白突变机制

(3) 剪接作用机制:剪接体(splicesome)是 hnRNA 剪接的场所。mRNA 前体中的内含子通过两次转酯反应被剪除,并将两个外显子连接起来。剪接机制如下:①U1 snRNA 的 5′端序列与内含子 5′端保守序列互补结合,U2 snRNA 与内含子中的分支点区互补结合(图 6-23a);②U1 snRNP、U2 snRNP 与 hnRNA 分子结合后,U4、U5、U6 snRNP 加入,组装成无活性的剪接体,此时内含子(I)弯曲成套索状,外显子(E_1)和外显子(E_2)被拉近;③通过结构重排,U1 snRNP 和 U4 snRNP 被排出剪接体,U6 snRNP 与内含子 5′剪接位及 U2 snRNP 结合,形成有活性的剪接体,通过两次转酯反应切除内含子,连接外显子(图 6-23b)。

两次转酯反应机制:第一次转酯反应是由内含子 3′端分支位点 A 的 2′-OH,亲核攻击内含子(I)5′端剪切位点 G,分支位点 A 与 G 以 2′,5′-磷酸二酯键相连,使内含子呈套索状结构,游离出 E_1的 3′-OH。第二次转酯反应由 E_1的 3′-OH 亲核攻击内含子(I)的 3′端与 E_2之间的磷酸二酯键,并释放套索状结构的内含子,两个外显子连接。反应过程不消耗能量(图 6-24)。

4. mRNA 前体的选择性剪接(alternative splicing) 对人类基因组大规模测序发现,人类基因组所含有的基因数目远少于原来的估计,也远少于细胞中蛋白质的数目,这说明基因表达的复杂性远超过人们的想象。目前已知增加蛋白质种类和数目的方式有:mRNA 选择性剪接、RNA 编辑和 DNA 重组等。mRNA 选择性(可变)剪接是产生众多蛋白质的主要机制。

mRNA 的选择性剪接形式有多种,几乎包括了所有可能的形式:①通过选择外显子上不同的 5′或 3′剪接点进行选择性剪接;②针对 5′末端和 3′末端的选择性剪接;③内部外显子可被选择保留或切除;④多个外显子可进行不同组合的可变拼接;⑤内含子可选择保留在 mRNA 中等。这些不同的剪接形式形成了不同的剪接组合,产生了不同的剪接产物(图 6-25)。有时候这种剪接组合产生的产物数目极其惊人。例如,果蝇的 *Dscam* 基因经选择性剪接产生的产物达 38 000 余种,超过果蝇整个基因组数目的两倍。

选择性剪接是真核细胞中一种重要的基因功能调控机制,也被认为是哺乳动物表型多样性的一个重要原因,可能在物种的进化和分化中起到重要作用。选择性剪接在人类基因组中广泛存在,不仅调控着细胞、组织的发育和分化,还与许多人类疾病密切相关。

5. 核苷的甲基化 原核生物 mRNA 分子中不含稀有碱基,但真核生物的 mRNA 中则含有甲基化核苷酸。除了 hnRNA 5′-帽子中含有的甲基化碱基外,在分子内部还有 1~2 个 m^6A 存在于非编码区。m^6A 的生成是在 hnRNA 剪接作用之前发生。这种甲基化修饰对翻译没有必要,但可能在 mRNA 前体加工中起识别作用。

6. RNA 编辑(RNA editing) 通过 RNA 的选择性剪接,可以从一个基因产生不同的蛋白质产物,但选择性剪接并没有改变基因的直接产物 RNA 的序列。而 RNA 编辑是在生成 mRNA 分子后,通过在选择的转录本区域内添加、去除或置换核苷酸,从而改变了来自 DNA 模板的遗传信息,翻译生成不同于模板 DNA 所编码的氨基酸序列。RNA 编辑同基因的选择性剪接一样,使得一个基因序列有可能产生几种不同的蛋白质。首次报

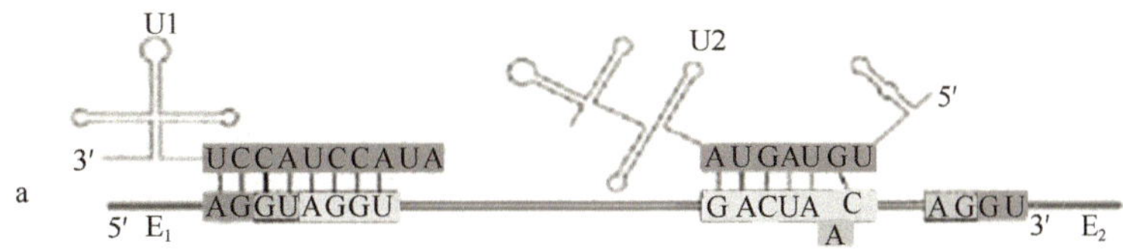

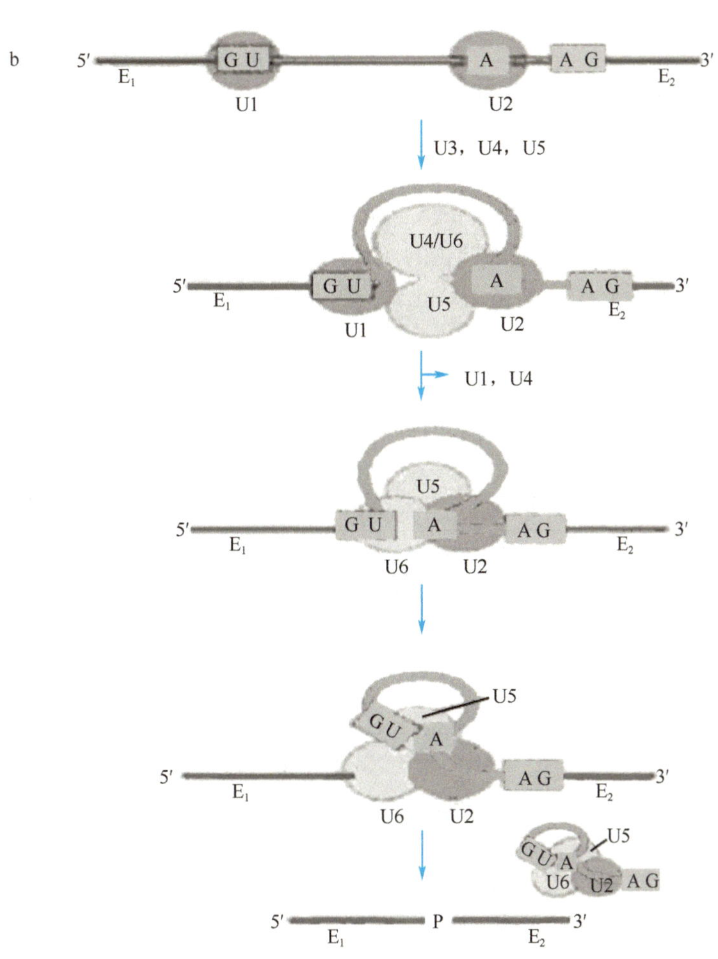

图 6-23　hnRNA 的剪接

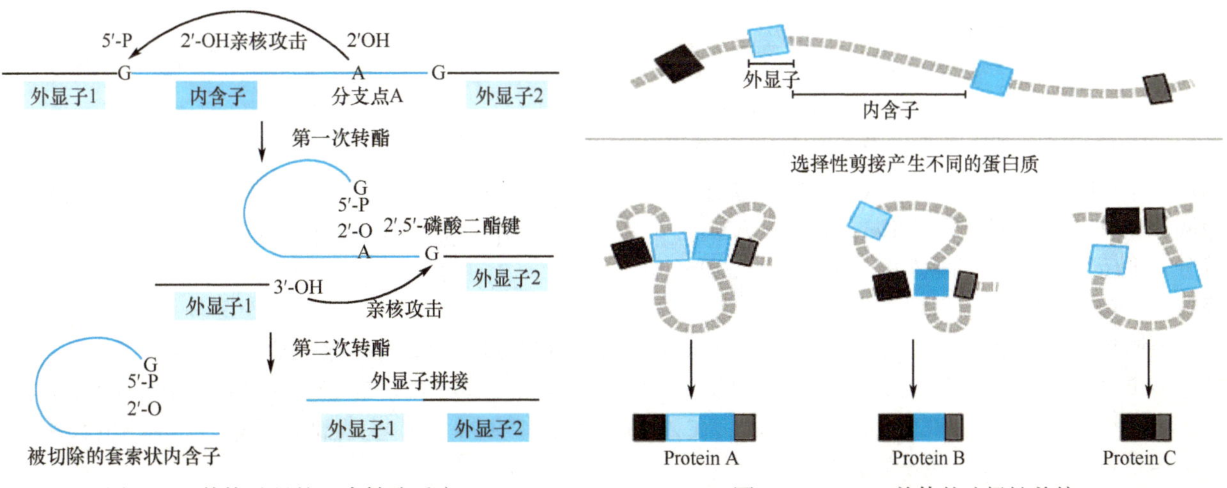

图 6-24　剪接过程的二次转酯反应

图 6-25　mRNA 前体的选择性剪接

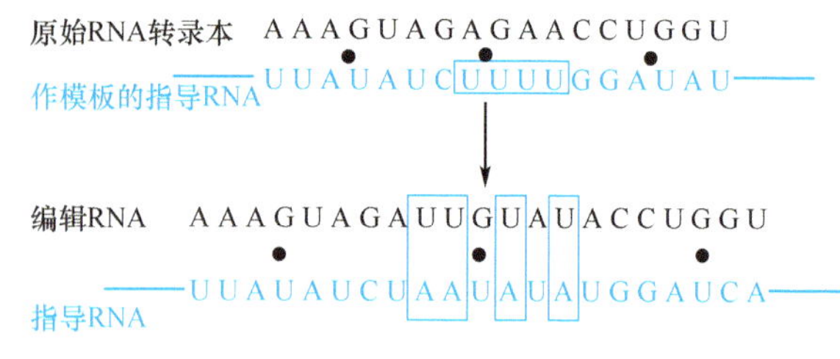

图 6-26 RNA 编辑机制

道这种重要的真核基因转录后加工的特殊方式是荷兰学者 R. Benne 等，他们发现原生动物锥虫的线粒体细胞色素氧化酶的亚基Ⅱ基因（*cox* Ⅱ）的成熟 mRNA 中有 4 个 U，但其 DNA 编码序列中没有相应的 T，它们显然是在转录后插入的核苷酸，使原来的读码框发生移动。在这些原生细胞线粒体中发现一种特异的，被称为指导 RNA（guide RNA，gRNA）的 RNA 分子，它具有与需要 RNA 编辑的 mRNA 互补的序列。指导 RNA 分子的作用可能是在 RNA 编辑中起模板作用（图 6-26）。

哺乳动物的载脂蛋白 *B* 基因（*apo*B）转录后发生 RNA 编辑。载脂蛋白 B 有两种形式，一种是在肝脏细胞合成的 ApoB-100，相对分子质量为 513 000，另一种是 ApoB-48，在小肠黏膜细胞中合成，相对分子质量为 250 000。两种 ApoB 都是由基因 *apo*B-100 产生的 mRNA 编码。有一种胞嘧啶核苷脱氨酶（cytosine deaminase），只在肠黏膜细胞中发现，该酶能与 *apo*B-100 基因产物的 mRNA 上第 2153 位氨基酸的密码子（CAA，编码 Gln）结合，使 C→U 转变。由原来的密码子 CAA 转变为终止密码子 UAA，使翻译提前终止。因此，ApoB-48 实际上是 ApoB-100 的 N-端部分的肽链（图 6-27）。RNA 编辑广泛存在于多种生物基因的转录后加工过程中，RNA 编辑的方式除了碱基插入，还有缺失和取代等，以插入最为普遍。RNA 编辑的加工方式大大增加了 mRNA 的遗传信息容量，RNA 编辑是基因调控的重要方式之一。

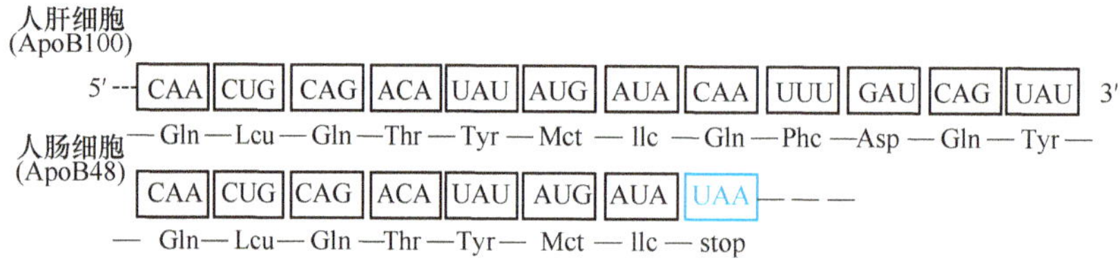

图 6-27 人载脂蛋白 *B* 基因转录后 mRNA 编辑产生不同的载脂蛋白 B

（二）真核生物 rRNA 前体的加工

真核生物 rRNA 基因有几十至几千个拷贝数，这些拷贝串联重复。其中 18S rRNA、28S rRNA 和 5.8S rRNA 基因成簇排列组成一个转录单位，彼此被间隔区分开（注意该间隔不是内含子），由 RNA pol Ⅰ 转录成一个 rRNA 前体。不同生物的 rRNA 前体大小不同。哺乳类动物转录产生 45S rRNA 前体，果蝇转录产物为 38S rRNA 前体，酵母转录产物为 37S 的 rRNA 前体，加工后都产生 18S、28S 和 5.8S rRNA。5S rRNA 基因也成簇排列，独立成体系，存在于另一个转录单位中，间隔区不被转录，由 RNA pol Ⅲ 转录，在成熟过程中加工甚少，不进行修饰和剪切。

真核生物 rRNA 的加工类似于原核细胞。真核生物细胞的核仁是 rRNA 合成、加工和装配成核蛋白体的场所，rRNA 加工和修饰需要一组小核仁 RNA（small nucleolar RNAs，snoRNAs）的参与。snoRNAs 与 rRNA 靶序列配对，产生修饰酶作用的靶位点。剪接反应，可能还要涉及 snRNA 等的作用。rRNA 的成熟需经过多步骤的加工过程。用同位素 ^{3}H-或 ^{14}C-尿苷标记 HeLa 细胞的 RNA，可分离得到 45S rRNA 前体以及 41S、32S、20S 等加工产物（图 6-28）。

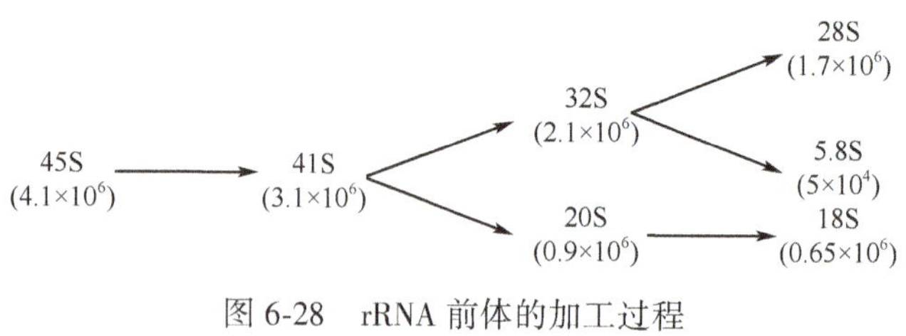

图 6-28 rRNA 前体的加工过程
括号内为相对分子质量

与原核生物类似，真核生物 rRNA 前体也是先甲基化，在转录过程中或刚转录完成时，rRNA 中有 1%~2% 的核糖单位的 2′-OH 被甲基化。在被加工成熟的 rRNAs 中，这些甲基全部被保存。在成熟的 18S rRNA 上有约 39 个甲基，只有 4 个是在细胞质中加上的。在 28S rRNA 中有约 74 个甲基，全部是原来的。甲基的存在是初级转录物转变为成熟 rRNA 的标志。

45S rRNA 前体分子合成后很快与核蛋白体蛋白和核仁蛋白结合，形成 80S 前核糖核蛋白颗粒（pre-ribonucleo-protein particles，pre-rRNP）；在细胞核内加工形成一些中间核糖核蛋白颗粒。形成核蛋白体的大亚基和小亚基后,通过核孔转移到胞质中参与核蛋白体循环。生长中的细胞,rRNA 较稳定,静止状态的细胞,rRNA 寿命较短。

(三) 真核生物 tRNA 前体的加工

真核 tRNA 基因数目比原核的要多。*E. coli* 有 60 多个 tRNA 基因,果蝇 850 个,爪蟾 1150 个,人 1300 个。真核 tRNA 基因也成簇排列,被间隔区分开,tRNA 基因由 RNA 聚合酶Ⅲ催化转录,转录产物为 4.5S 或稍大的 tRNA 前体,相当于 100 个左右的核苷酸。成熟的 tRNA 分子为 4S,约 70~80 个核苷酸。

与原核生物类似,真核生物的 RNase P 可切除 5′端的附加序列,3′端附加序列的切除需要多种核酸内切酶和核酸外切酶的作用。真核生物 tRNA 前体的 3′端不含 CCA 序列,成熟 tRNA 3′-端的 CCA 是由 tRNA 核苷酸转移酶催化加上去的(图 6-29)。

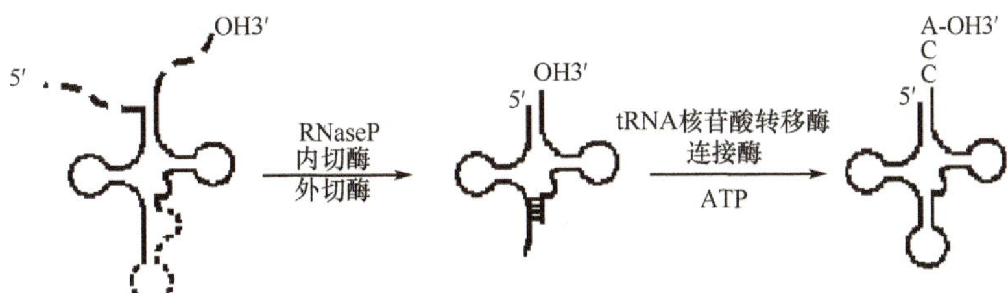

图 6-29 真核生物 tRNA 的剪接过程

真核生物 tRNA 的转录后加工还包括各种稀有碱基的生成:①甲基化: tRNA 甲基转移酶催化某些嘌呤生成甲基嘌呤,如 A→mA, G→mG;②还原反应:某些 U 还原为二氢 U(DHU);③核苷内转位反应:如 U→ψ;④脱氨反应:如 A 脱氨成为 I。

三、内含子的剪接机制

1980 年,美国科学家将四膜虫 rRNA 基因克隆到质粒中,并与 *E. coli* 的 RNA 聚合酶一起保温,发现转录产物除了有约 400nt 的 rRNA 内含子外,还有一些小片段。从凝胶中回收 rRNA 前体,在无蛋白质的条件下保温培养,单一的 rRNA 前体依然可形成片段更小的电泳条带,其中移动最快的是 39nt 的条带。测序发现,它相当于 413nt 的 rRNA 内含子中的片段。将四膜虫 26S rRNA 基因的一部分(第 1 个外显子 303bp+完整的内含子 413bp+第 2 个外显子 624bp)克隆到含噬菌体 SP6 启动子的载体内,再转录该重组质粒,将获得的产物与 GTP 一起保温,可以得到剪接产物。但缺乏 GTP 时无剪接反应,证明 rRNA 前体的确可以进行有 GTP 参与的自我剪接。

(一) Ⅰ类内含子的剪接机制

Ⅰ类内含子具有自我剪接作用,剪接的边界序列为 5′U-G 3′。剪接反应包括两步磷酸酯键的转移。第一次转酯反应是由一个游离的鸟苷或鸟苷酸(GMP,GDP 或 GTP)的 3′-OH 亲核攻击内含子5′端剪接点的磷酸二酯键,游离 G 与内含子的 5′端第一个核苷酸形成 3′,5′-磷酸二酯键,并释放出 5′-外显子;在第二次转酯反应中,游离 5′-外显子的 3′-OH 亲核攻击内含子 3′剪接位点的磷酸二酯键,将 5′-外显子与 3′-外显子连接,并释放线性内含子(图 6-30)。两次转酯是连续的,即外显子连接和线性内含子的释放同时进行。因此,体外实验不能得到游离的上游外显子和下游外显子。Ⅰ型内含子自我剪接只需要外源鸟苷 G 和 Mg^{2+} 即能自发进行,无需其他酶和能量。在剪接反应完成之后,许多内含子还会经过一个转酯反应,催化

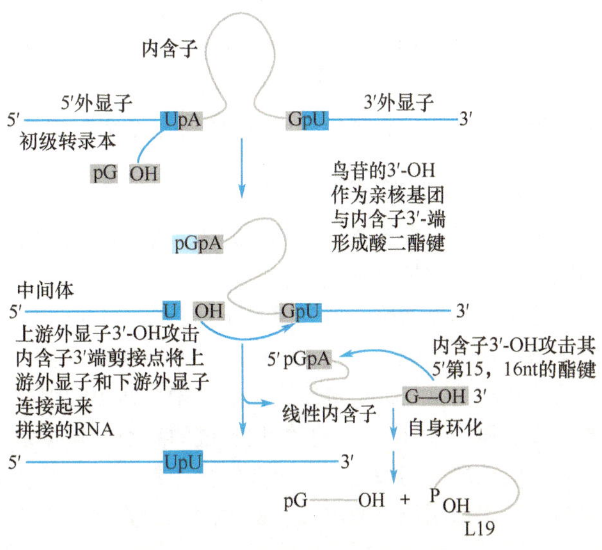

图 6-30 Ⅰ类内含子的剪接机制

自身的环化反应，环化是由内含子3′-OH攻击其5′端附近第15和16位核苷酸的磷酸二酯键，从5′端切除15nt的片段，并形成399nt的环状RNA。环状RNA随即被切割生成线状RNA，由于切割位置与环化位置相同，生成的线状RNA依然为399nt。接着，再从5′端切去4个核苷酸，最终产物是395nt的线性RNA，由于这一产物比最初释放的内含子少19个核苷酸，因而被称为L19，L19具有聚合酶的活性。

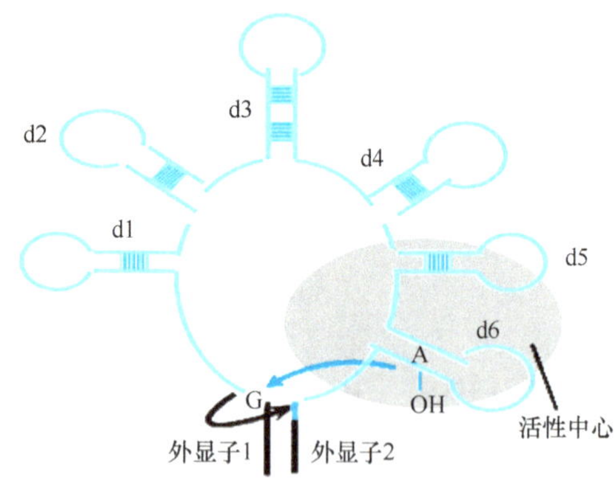

图6-31 Ⅱ类内含子的二级结构

（二）Ⅱ类内含子的剪接机制

Ⅱ类内含子也具有自我剪接功能，它的5′端和3′端剪接位点序列为5′↓GUGCG……YnAG↓3′，符合GU…AG规则。Ⅱ类内含子的空间结构保守而复杂，其自我剪接的活性有赖于其二级结构和进一步折叠的构象。在Ⅱ类内含子特有的二级结构中，有6个茎-环结构形成的结构域（dl～d6），d5和d6在空间上靠近，构成催化作用的活性中心（图6-31）。

在Ⅱ类内含子剪接过程中，首先由内含子靠近3′端d6结构中的分支点保守序列上A的2′-OH向5′剪接位点的磷酸二酯键发动亲核攻击，形成5′-外显子的3′-OH，内含子5′端的磷酸基与分支点A的2′-OH基形成2′，5′-磷酸二酯键，产生套索结构，完成第一次转酯反应。接着，5′-外显子的3′-OH亲核攻击内含子3′剪接位点，切断3′剪接位点的磷酸二酯键，并形成5′-外显子与3′-外显子之间的3′，5′-磷酸二酯键，完成第二次转酯反应。经过两次转酯反应，两个外显子被连接在一起，并释放含有套索结构的内含子（图6-32）。

某些真菌线粒体中的内含子有很不寻常的结构，其Ⅱ类内含子中常含有能翻译成蛋白的开放阅读框，主要编码成熟酶、核酸内切酶、反转录酶等，三者参与这类内含子的反转录酶剪接，此为反转录剪接。内含子Ⅱ的反转录酶剪接是内含子自我剪接的逆过程。这使它们成为可移动元件（mobile element）。

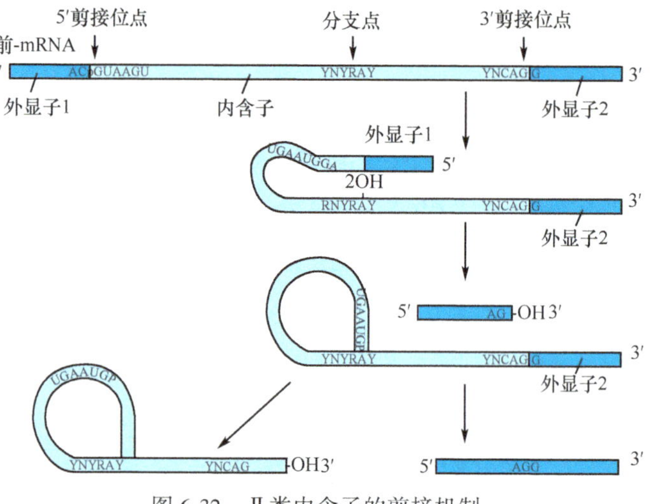

图6-32 Ⅱ类内含子的剪接机制

（三）Ⅲ类内含子的剪接机制

Ⅲ类内含子即hnRNA内含子，这类内含子的结构特点前面已经讲述，即边界序列遵循GU-AG规则，分支点序列保守，分枝点A百分百的保守，内含子5′端有一保守序列可以和U1 snRNA的5′端的保守顺序互补。mRNA前体中的内含子的剪切过程是在剪接体中进行，因此这类内含子又称为剪接体内含子。剪接体由小核核蛋白颗粒（small nuclear ribonucleo protein particles，snRNPs）组成。内含子是以"套索"（lariat）结构的形式被切除，剪接过程类似于Ⅱ类内含子，详细过程见mRNA前体加工。

（四）Ⅳ类内含子剪接机制

Ⅳ类内含子存在于核tRNA前体中。核tRNA前体内含子位于反密码子环的下游，不同tRNA的内含子长度和序列各异。在核tRNA前体内含子中，外显子和内含子交界处无保守序列，也没有内部引导序列，内含子中的部分序列和反密码子部分碱基配对形成茎-环。剪切反应的信号是二级结构，而不是一级结构（图6-33）。内含子的剪切是依赖于蛋白质性质的RNase催化，而不是核酶或snRNP（图6-34）。

前述几类内含子的剪接反应是依赖于一些短的保守序列，转酯反应与连接反应同时进行。在核tRNA前体的剪接过程中，采用了不同的机制，链的断裂与连接是两个独立的反应。如酵母tRNA前体内含子的5′和3′的切割是由核酸内切酶的不同亚基催化。其中一个亚基可能通过测量成熟tRNA结构中的某个点的距离，以此为参数决定切割位点的位置。各类内含子剪接反应的比较见表6-6。

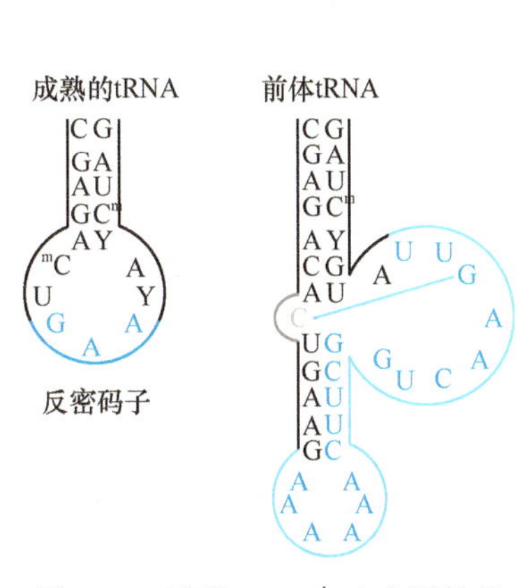

图 6-33 酵母 $tRNA^{phe}$ 内含子结构

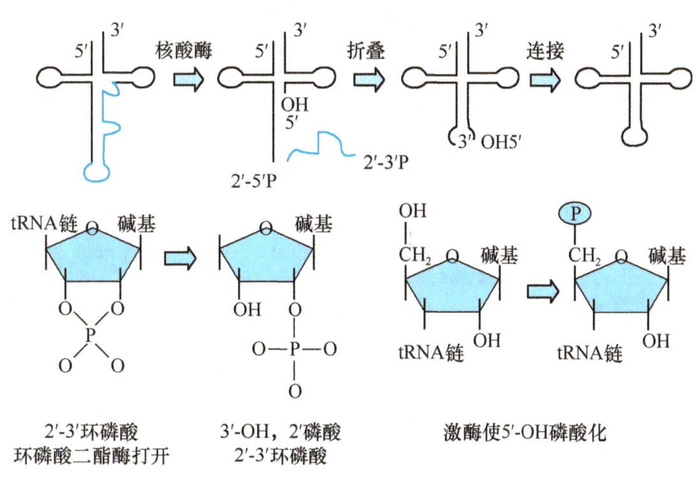

图 6-34 tRNA 前体内含子的剪接机制

表 6-6 各类内含子剪接反应的比较

	Ⅰ类内含子	Ⅱ类内含子	Ⅲ类内含子	Ⅳ类内含子(酵母 tRNA 内含子)
边界序列	5′U↓-G↓3′	5′GU↓-AG↓3′	5′GU↓-GG↓3′	无
特殊序列二级结构	内部引导序列核心结构	分支点序列 b5b6 功能区	分支点序列顺序连接体	C-茎,G-环茎-环构象
基因外成分	GTP,Mg^{2+}	GTP,Mg^{2+}	U1,U2,U4,U5,U6	内切酶,连接酶
能量需要	-	-	ATP	ATP
中间分子	环 L19	套索	套索	半分子 tRNA

内含子比外显子积累有更多的突变,某些遗传性疾病的基因变异是发生在内含子而不在外显子。例如,多发性内分泌腺瘤Ⅰ型检测到 MEN1 基因第 9 号内含子在起始处杂合缺失突变。

第五节 RNA 复制

以 DNA 为模板合成 RNA 是生物界 RNA 合成的主要方式,当以 RNA 作模板时,在 RNA 复制酶作用下,按 5′→3′方向合成互补的 RNA 分子的过程称为 RNA 复制(RNA replication)。

一、RNA 病毒的 RNA 复制

以 RNA 作为基因组的病毒称为 RNA 病毒,这类病毒除反转录病毒外,均是在宿主细胞以病毒的单链 RNA 为模板,在 RNA 复制酶的催化下合成病毒 RNA。

(一) RNA 复制酶

RNA 复制酶,又称 RNA 指导的 RNA 聚合酶(RNA-direct RNA polymerase,RDRP)。RNA 复制酶的特异性非常高,它只识别病毒自身的 RNA,而对宿主细胞及其他病毒的 RNA 均无作用。RNA 复制酶缺乏校读功能,复制时核苷酸错误掺入率高。RNA 复制的方向是 5′→3′,在最适条件下,复制速率为每秒 35 个核苷酸。

1963 年,在噬菌体 Qβ 中发现了 RNA 复制酶。噬菌体 Qβ 的宿主是大肠埃希菌,它是单链 RNA 噬菌体,RNA 长为 4. 5kb,含有四个基因,分别编码 A2 蛋白、外壳蛋白、RNA 复制酶 β 亚基和 A1 蛋白。噬菌体 Qβ RNA 复制酶由四个亚基组成:①α 亚基:相对分子质量为 65 000,来自于宿主小亚基核蛋白体蛋白 S1,与噬菌体 QβRNA 结合;②β 亚基:由病毒 RNA 编码,相对分子质量为 65 000,具有催化作用;③γ 亚基:即宿主延长因子 Tu,相对分子质量为 45 000,识别 RNA 模板并选择结合底物核糖核苷三磷酸;④δ 亚基:即宿主延长因子 Ts,相对分子质量为 35 000,具有稳定 α 亚基和 γ 亚基结构的作用。

(二) RNA 的复制方式

RNA 病毒侵入宿主细胞后,需借助于宿主细胞的基因表达系统,经转录和翻译产生病毒 RNA 和病毒蛋白,最终组装成子代病毒颗粒。大多数 RNA 的基因组是单链 RNA 分子,如噬菌体 Qβ、脊髓灰质炎病毒、鼻病毒、流感病毒、狂犬病病毒、丙肝病毒和严重急性呼吸综合症(sever acute respiratory syndrome,SARS)病毒等。少数 RNA 病毒的基因组是双链 RNA 分子,如呼肠孤病毒和疱疹性口炎病毒等。有些病毒的 RNA 链具有 mRNA 的功能,在宿主细胞内,能直接作为翻译的模板,称为正链 RNA,记做(+)链;而有些病毒的 RNA 链不能作为翻译的模板,此即为负链 RNA,记做(-)链。由于 RNA 病毒的种类很多,因此它们的复制方式是多种多样的。

1. 正链单链 RNA 的复制 单链正链 RNA 病毒颗粒中的 RNA 一旦进入宿主细胞,就直接作为 mRNA,翻译出编码蛋白质,包括病毒结构蛋白及 RNA 复制酶的 β 亚基,后者再与宿主提供的三个亚基组成完整的 RNA 复制酶。RNA 复制酶首先以正链 RNA 为模板,合成与正链 RNA 互补的负链 RNA,然后再以负链 RNA 为模板,复制产生正链 RNA,最后病毒 RNA 和结构蛋白装配成成熟的病毒颗粒。噬菌体 Qβ 和脊髓灰质炎病毒(poliovirus)即是这种类型的代表(图 6-35)。

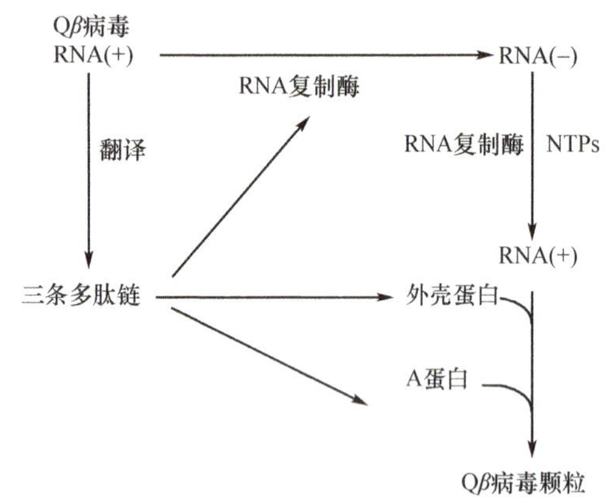

图 6-35 Qβ 病毒 RNA 复制示意图

灰质炎病毒是一种小 RNA 病毒(picornavirus),它感染细胞后,病毒 RNA 即与宿主核蛋白体结合,产生一条长的多肽链,在宿主蛋白酶的作用下水解成 6 个蛋白质,其中包括 1 个复制酶,4 个外壳蛋白和 1 个功能还不清楚的蛋白质。在形成复制酶后,病毒 RNA 才开始复制。

严重急性呼吸综合症(severe acute respiratory syndrome,SARS)的致病原——SARS 病毒属于冠状病毒科,也是一种正链单链 RNA 病毒,全长 29725 个核苷酸,具有 11 个开放读码框(ORF),主要编码 RDRP、4 种结构蛋白及 5 种未知蛋白。

2. 负链单链 RNA 的复制 狂犬病病毒(rabies virus)和水疱性口炎病毒(vesicular-stomatitis virus)都是负链单链 RNA 病毒。基因组 RNA 不能作为 mRNA 翻译蛋白质。这类病毒侵入细胞后,借助于病毒带进去的复制酶合成出正链 RNA,再以正链 RNA 为模板,合成病毒蛋白质和复制病毒 RNA(图 6-36)。

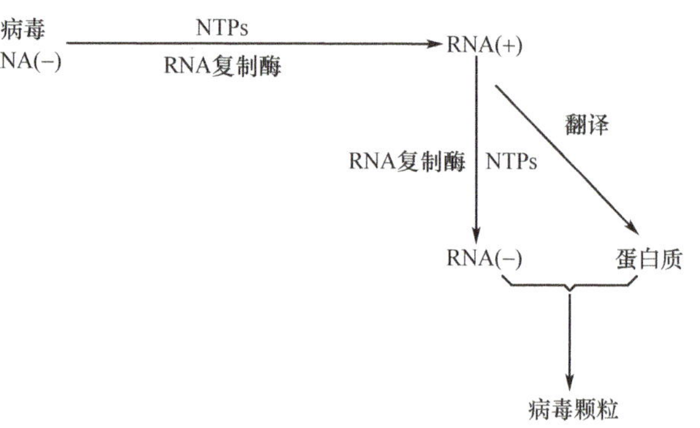

图 6-36 狂犬病病毒 RNA 复制示意图

3. 双链 RNA 的复制 双链 RNA 病毒的基因组为节段性 RNA。例如,呼肠孤病毒含有 10~12 条双链 RNA 分子。双链 RNA 中的一条链是正链,另一条链是负链。双链 RNA 复制的代表例子是呼肠孤病毒(reovirus)。病毒利用带入细胞内的 RNA 复制酶,首先以负链 RNA 为模板复制合成其正链 RNA。此正链 RNA 成为翻译及 RNA 复制的模板,合成病毒蛋白和双链 RNA。

二、哺乳动物 RNA 的复制

长期以来科学家们认为,人类细胞中的所有 RNA 都以 DNA 为模板转录而成。然而,最新的研究证据证实人类细胞 RNA 可以像 DNA 一样以自身为模板,由 RNA 依赖的 RNA 复制酶介导进行复制。RNA 复制以前只在植物和酵母这样的简单生物中有所报道,并发现其对一些关键性的细胞生命过程有调节作用。

Bino John 博士和他的研究团队利用一种量化单分子测序技术,探测到人类细胞中一类新型小分子 RNA,在基因转录方面代表着一个全新的种类,并证实了长久以来的一种假设,哺乳动物细胞能通过直接复制 RNA 分子来合成 RNA。这一研究由美国匹兹堡大学医学院、瑞士日内瓦大学医学院和两家生物科技公司共同进行。

这次研究发现,人类细胞中有数千种能直接复制的小型 RNA,而此前这些 RNA 却未被重视。它们在其 5′端都有相同的“尾巴”,由非基因组编码的“polyU”残体的一个序列组成。这一点,再加上关于这些 RNA 与已知 RNA 构成的 3′端密切相关的发现,指出了在人类细胞中存在一个新型 RNA 复制机制。在对人类细胞和组织中的这些小型 RNA 进行整理归类中,研究人员还发现了一些 RNA 的新种类,包括抗转录的相关短链 RNA,它可能是从信使 RNA 中分离出来的一种未明确的蛋白质编码基因,其 RNA 复制机制在人类癌细胞战线上无处不在。这一研究发现证实了人类 RNA 种类的复杂性,表明单细胞测序技术将在开展精确及广泛的遗传识别研究中发挥重要作用。单分子测序在精确广泛的基因程序分析方面具有重要作用,也给临床应用提供了便利,例如将其用于诊断和治疗。

思 考 题

1. 试述 RNA 转录有哪些特点?与 DNA 复制有何区别?
2. 试述原核生物与真核生物 RNA 聚合酶的组成及其作用。
3. 试述原核生物与真核生物中的启动子结构特点及功能。
4. 真核生物基因组的结构特点有哪些?
5. 真核生物 mRNA 转录后加工包括哪些内容?
6. 试述选择性剪接的含义和意义?与 RNA 编辑的区别是什么?

(沈 勤)

第七章 基因表达(Ⅱ)——翻译

编码蛋白质基因的表达包括转录与翻译两个环节。翻译(translation)是以 mRNA 为模板指导多肽链合成的过程,该过程的本质是将 mRNA 分子中 A、G、C、U 四种核苷酸序列编码的信息语言翻译成蛋白质一级结构中 20 种氨基酸的排列顺序。翻译的过程极其复杂,参与的因素繁多,本章重点讨论与翻译有关的四个问题:①翻译的体系;②翻译的过程;③翻译后产物如何折叠、加工成熟及靶向输送;④蛋白质结构及定位异常与疾病的关系。

第一节 翻译的体系

蛋白质的生物合成体系极其复杂:合成原料是 20 种氨基酸;mRNA 是指导多肽链合成的直接模板;tRNA 是运载氨基酸的工具和适配器;rRNA 和多种蛋白质构成的核蛋白体是合成多肽链的场所。此外,还包括参与氨基酸活化及肽链合成起始、延长和终止阶段的多种蛋白质因子、酶类以及其他蛋白质,还需 ATP、GTP 等供能物质与必要的无机离子等。

一、mRNA 是翻译的直接模板

mRNA 分子含有从 DNA 转录出来的遗传信息,是蛋白质合成的直接模板。由于原核基因与真核基因结构不同,mRNA 转录方式及产物也有所不同。在原核生物中,数个功能相关的结构基因常串联在一起,构成一个转录单位,转录生成的 mRNA 往往编码几种功能相关的蛋白质,称为多顺反子 mRNA(polycistron mRNA),一般不需加工,即可成为翻译的模板。在真核生物中,结构基因的遗传信息是不连续的,转录产物 hnRNA 需加工和修饰成为成熟的 mRNA 才可作为翻译的模板。真核细胞一种 mRNA 只编码一种蛋白质,称为单顺反子 mRNA(monocistron mRNA)。

mRNA 分子包括 5′端非翻译区(5′untranslated region,5′UTR)、开放阅读框架区(open reading frame,ORF)和 3′端非翻译区(3′ untranslated region,3′ UTR)。在 mRNA 阅读框架内,从 5′端 AUG 开始,每相邻的 3 个核苷酸组成一个三联体的遗传密码(genetic codon),编码某种氨基酸或代表其他信息。由于 mRNA 分子上有 A、G、C、U 四种核苷酸,密码子含有 3 个核苷酸,所以四种核苷酸可组合成 64(4^3)个三联体的遗传密码(表 7-1)。在 64 个遗传密码中,有 3 个密码(UAA、UAG、UGA)不编码任何氨基酸,只作为肽链合成的终止信号,称为终止密码子(termination codon);其余 61 种密码编码蛋白质的 20 种氨基酸。另外,AUG 既编码甲硫氨酸,又可作为肽链合成的起始信号,称为起始密码子(initiation codon)。

表 7-1 通用遗传密码表

第一碱基(5′)	第二碱基				第三碱基(3′)
	U	C	A	G	
U	苯丙氨酸 UUU	丝氨酸 UCU	酪氨酸 UAU	半胱氨酸 UGU	U
	苯丙氨酸 UUC	丝氨酸 UCC	酪氨酸 UAC	半胱氨酸 UGC	C
	亮氨酸 UUA	丝氨酸 UCA	终止密码子 UAA	终止密码子 UGA	A
	亮氨酸 UUG	丝氨酸 UCG	终止密码子 UAG	色氨酸 UGG	G
C	亮氨酸 CUU	脯氨酸 CCU	组氨酸 CAU	精氨酸 CGU	U
	亮氨酸 CUC	脯氨酸 CCC	组氨酸 CAC	精氨酸 CGC	C
	亮氨酸 CUA	脯氨酸 CCA	谷氨酰胺 CAA	精氨酸 CGA	A
	亮氨酸 CUG	脯氨酸 CCG	谷氨酰胺 CAG	精氨酸 CGG	G

续表

第一碱基(5′)	第二碱基				第三碱基(3′)
	U	C	A	G	
A	异亮氨酸 AUU	苏氨酸 ACU	天冬酰胺 AAU	丝氨酸 AGU	U
	异亮氨酸 AUC	苏氨酸 ACC	天冬酰胺 AAC	丝氨酸 AGC	C
	异亮氨酸 AUA	苏氨酸 ACA	赖氨酸 AAA	精氨酸 AGA	A
	甲硫氨酸 AUG	苏氨酸 ACG	赖氨酸 AAG	精氨酸 AGG	G
G	缬氨酸 GUU	丙氨酸 GCU	天冬氨酸 GAU	甘氨酸 GGU	U
	缬氨酸 GUC	丙氨酸 GCC	天冬氨酸 GAC	甘氨酸 GGC	C
	缬氨酸 GUA	丙氨酸 GCA	谷氨酸 GAA	甘氨酸 GGA	A
	缬氨酸 GUG	丙氨酸 GCG	谷氨酸 GAG	甘氨酸 GGG	G

遗传密码具有如下特点:

1. 方向性 遗传密码的方向性(directionality)是指 mRNA 分子中遗传密码的阅读方向是从 5′→3′,也就是说起始密码子总是位于 mRNA 开放阅读框架的 5′末端,而终止密码子在 mRNA 的 3′末端,遗传信息在 mRNA 分子中的这种方向性排列决定了多肽链合成的方向是从氨基端到羧基端,即 N 端→C 端。

2. 连续性 遗传密码的连续性(commalessness)是指 mRNA 分子中编码蛋白质氨基酸序列的各个三联体密码是连续排列的,密码间无标点符号,没有间隔。翻译时从 5′端 AUG 起始密码子开始,每三个碱基为一组向 3′方向连续阅读。如果 mRNA 阅读框架内插入或缺失一个或两个碱基,则可引起框移突变(frameshift mutation),使下游翻译出的氨基酸序列完全改变。

3. 简并性 20 种氨基酸有 61 个密码子为之编码,显然两者不是一对一的关系。从遗传密码表中显示,除甲硫氨酸和色氨酸只对应 1 个密码子外,其他氨基酸都有 2、3、4 或 6 个密码子为之编码,这称为遗传密码的简并性(degeneracy)。比较编码同一氨基酸的几个三联体密码可发现,mRNA 密码子的第 1 位和第 2 位碱基多相同,而第 3 位碱基可不同,即密码子的特异性是由前两位碱基决定的。编码相同氨基酸的密码子称为密码子家族,其成员互称为同义密码子(synonymous codons)。例如,甘氨酸的密码子是 GGU、GGC、GGA、GGG,缬氨酸的密码子是 GUU、GUC、GUA、GUG,所以这些同义密码子第 3 位碱基的突变并不影响所翻译氨基酸的种类,这种突变类型称为同义突变(synonymous mutation)。但不同生物对同一氨基酸的几个密码子,可表现出某些密码优先选择使用的特性,即对密码子的"偏爱性"。

4. 摆动性 翻译过程中,氨基酸的正确加入依赖于 mRNA 的密码子与 tRNA 的反密码子之间的相互辨认结合。然而密码子与反密码子配对时,有时会出现不严格遵从常见的碱基配对规律的情况,称为遗传密码的摆动性(wobble)。按照 5′→3′阅读规则,摆动配对常见于密码子的第 3 位碱基与反密码子的第 1 位碱基间,两者虽不严格互补,也能相互辨认。如 tRNA 反密码子的第 1 位常出现稀有碱基次黄嘌呤核苷(inosine,I)时,可分别与密码子的第 3 位碱基 U、C、A 配对(表 7-2)。摆动配对的碱基间形成的是特异、低键能的氢键连接,有利于翻译时 tRNA 迅速与密码子分离,因此摆动配对使密码子与反密码子的相互识别具有灵活性,这可使一种 tRNA 能识别 mRNA 的 1~3 种简并性密码子,据估计最少 32 种 tRNA 才能满足对 61 种有意义密码子的识别。

表 7-2 密码子与反密码子的摆动配对

tRNA 反密码子第 1 位碱基	I	U	G	A	C
mRNA 密码子第 3 位碱基	U、C、A	A、G	U、C	U	G

5. 通用性 蛋白质生物合成的整套遗传密码,从原核生物、真核生物到人类都通用,即遗传密码无种属特异性,此称为遗传密码的通用性(universality)。但近年研究发现,动物的线粒体和植物的叶绿体中有自己独立的密码系统,与通用密码子有一定差别。如在线粒体内,起始密码子可以是 AUG,也可以是 AUA 和 AUU,其中 AUA 还可破译为甲硫氨酸(在通用密码中为 Ile);而 UGA 编码色氨酸,AGA、AGG 则为终止密码子(在通用密码中为 Arg)。

二、tRNA是氨基酸的运载工具

核苷酸的碱基与氨基酸之间不具有特异的化学识别作用，那么在蛋白质合成过程中氨基酸是怎样来识别mRNA模板上的遗传密码，进而排列连接成特异的多肽链序列呢？研究证明，氨基酸与遗传密码之间的相互识别作用是通过另一类核酸分子——tRNA而实现的，tRNA是蛋白质合成过程中的适配器(adaptor)分子。tRNA分子与蛋白质合成有关的位点至少有4个：①3′端的CCA氨基酸结合位点；②氨基酰tRNA合成酶识别位点；③核蛋白体识别位点；④密码子识别部位(即反密码子位点)。其中两个关键部位是氨基酸的结合位点和密码子的结合位点，这两点表明tRNA是既可携带特异的氨基酸、又可特异地识别mRNA遗传密码的双重功能分子。这样，通过tRNA的接合作用使氨基酸能够按mRNA信息的指导"对号入座"，保证核酸到蛋白质遗传信息传递的准确性。tRNA与氨基酸的结合由氨基酰-tRNA合成酶(aminoacyl-tRNA synthetase)催化，此过程称为氨基酸的活化。

(一) 氨基酸的活化与氨基酰-tRNA合成酶

1. 氨基酸活化 即指氨基酸的α-羧基与特异tRNA的3′末端CCA-OH结合形成氨基酰-tRNA的过程，这一反应由氨基酰-tRNA合成酶催化完成，并分两步进行。第一步是氨基酰-tRNA合成酶识别它所催化的氨基酸及另一底物ATP，并催化氨基酸的羧基与AMP上磷酸之间形成一个酯键，生成氨基酰-AMP-E的中间复合物，同时释放出一分子PPi；第二步是氨基酰-AMP-E的中间复合物与tRNA作用生成氨基酰-tRNA，并释放出AMP和酶。

$$\text{氨基酸} + \text{ATP-E} \rightarrow \text{氨基酰-AMP-E} + \text{PPi}$$

$$\text{氨基酰-AMP-E} + \text{tRNA} \rightarrow \text{氨基酰-tRNA} + \text{AMP} + \text{E}$$

总反应式为：$\text{氨基酸} + \text{tRNA} + \text{ATP} \xrightarrow{\text{氨基酰-tRNA合成酶}} \text{氨基酰-tRNA} + \text{AMP} + \text{PPi}$

反应中氨基酸的α-羧基与tRNA的3′末端CCA-OH以酯键连接，形成氨基酰-tRNA，焦磷酸酶不断分解反应生成的PPi，促进反应持续向右进行，每活化1分子氨基酸需要消耗2个高能磷酸键。

2. 氨基酰-tRNA合成酶 氨基酸与tRNA分子的正确结合，是决定翻译准确性的关键步骤之一，氨基酰-tRNA合成酶在其中起着主要作用。氨基酰-tRNA合成酶存在于细胞质的无结构部分，对底物氨基酸和tRNA都有高度特异性。该酶通过分子中相分隔的活性部位既能识别特异的氨基酸，又能辨认携带该种氨基酸的特异tRNA分子；亦即在体内，每种氨基酰-tRNA合成酶都能从20种氨基酸中选出与其对应的一种，同时选出与此氨基酸相对应的特异tRNA，从而催化两者的相互结合。原核细胞中约有30~40种不同的tRNA分子，而真核生物中有50种甚至更多，因此一种氨基酸可以和2~6种tRNA特异地结合，这些tRNA均带有相同的反密码子，它们在功能上可以相互替换。另外细胞内还存在一类称之为"同工tRNAs"的分子，它们具有不同的反密码子，但识别相同的密码子，它们的相对丰度决定了密码子的选择性利用率。"同工tRNAs"的出现是遗传密码子第1位和第2位碱基的简并性引起的。与同一氨基酸结合的所有tRNAs均被相同的氨基酰-tRNA合成酶所催化，因此只需20种氨基酰-tRNA合成酶就能催化氨基酸以酯键连接到各自特异的tRNA分子上，可见该酶对tRNA的选择性较对氨基酸的选择性稍低。

此外，氨基酰-tRNA合成酶还具有校正活性(proofreading activity)，也称编辑活性(editing activity)，即酯酶的活性。它能把错配的氨基酸水解下来，再换上与反密码子相对应的氨基酸。综上原因，tRNA与氨基酸装载反应的误差小于10^{-4}。

氨基酰-tRNA合成酶不耐热，其活性中心含有巯基，对破坏巯基的试剂甚为敏感，其作用需要Mg^{2+}、Mn^{2+}。不同的酶其相对分子质量不完全相等，一般以100 000左右为多。真核生物中的这类酶常以多聚体形式存在。

(二) 氨基酰-tRNA的表示方法

用三字母缩写代表氨基酸，各种氨基酸和对应的tRNA结合形成的氨基酰-tRNA可以如下方法表示，如Asp-tRNA^{Asp}、Ser-tRNA^{Ser}、Gly-tRNA^{Gly}等。

密码子AUG可编码甲硫氨酸(Met)，同时作为起始密码。在真核生物中与甲硫氨酸结合的tRNA至少有两种：在起始位点携带甲硫氨酸的tRNA称为起始tRNA(initiator-tRNA)，简写为$\text{tRNAi}^{\text{Met}}$；在肽链延长中携带甲硫氨酸的tRNA称为延长tRNA(elongation-tRNA)，简写为$\text{tRNAe}^{\text{Met}}$。Met-$\text{tRNAi}^{\text{Met}}$和Met-$\text{tRNAe}^{\text{Met}}$可分别被起始或延长过程起催化作用的酶和因子所辨认。

原核生物的起始密码只能辨认甲酰化的甲硫氨酸,即 *N*-甲酰甲硫氨酸(*N*-formyl methionine,fMet),因此起始位点的甲酰化甲硫氨酰 tRNA 表示为 fMet-$tRNAi^{fMet}$。*N*-甲酰甲硫氨酸中的甲酰基从 N^{10}-甲酰四氢叶酸(THFA)转移到甲硫氨酸的 α-氨基上,由转甲酰基酶催化。

三、核蛋白体是翻译的场所

早在 1950 年,就有人将放射性同位素标记的氨基酸注射到小鼠体内,短时间后分离小鼠肝的不同细胞组分,进而检测各组分的放射性强度,发现核蛋白体的放射性强度最高,从而证明核蛋白体是蛋白质生物合成的场所。

核蛋白体也称核糖体。在原核细胞中,它可以游离形式存在,也可以与 mRNA 结合形成串珠状的多聚核蛋白体。真核细胞中的核蛋白体可游离存在,也可以与细胞内质网相结合形成粗面内质网。核蛋白体由大、小两个亚基组成,每个亚基都由多种核蛋白体蛋白(ribosomal protein,rp)和 rRNA 组成。

1. 核蛋白体蛋白质 核蛋白体大、小亚基所含的蛋白质分别称为 rpl(ribosomal proteins in large subunit)或 rps(ribosomal proteins in small subunit),它们多是参与蛋白质生物合成过程的酶和蛋白质因子。对核蛋白体结构和功能的深入研究,将有助于了解每一个核蛋白体组分及其功能以及整个核蛋白体的空间位置关系,目前已知在核蛋白体上存在着若干功能活性区域。原核生物核蛋白体至少有六个功能部位:①容纳 mRNA 的部位;②结合氨基酰 tRNA 的氨基酰位(aminoacyl site,A 位);③结合肽酰 tRNA 的肽酰位(peptidyl site,P 位);④tRNA排出位(exit site,E 位);⑤肽基转移酶所在的部位;⑥转位酶位点。真核生物核蛋白体结构与原核生物相似,但组分更复杂。英国剑桥大学科学家 Ramakrishnan、美国科学家 Steitz 及以色列的科学家 Yonath 分别采用 X 射线蛋白质晶体学技术,标识出了构成核蛋白体成千上万个原子所在的位置,并在原子层面上揭示了核蛋白体功能的机制,因其对核蛋白体结构和功能研究的巨大贡献分享了 2009 年的诺贝尔化学奖。原核生物和真核生物核蛋白体的组成见表 7-3。

表 7-3 原核生物和真核生物核蛋白体组成

核蛋白体	原核生物(以大肠埃希菌为例)	真核生物(以小鼠肝为例)	核蛋白体	原核生物(以大肠埃希菌为例)	真核生物(以小鼠肝为例)
小亚基	30S	40S	rRNA	23S(2940 个核苷酸)	28S(4718 个核苷酸)
rRNA	16S(1542 个核苷酸)	18S(1874 个核苷酸)		5S(120 个核苷酸)	5. 8S(160 个核苷酸)
蛋白质	21 种(占总重量的 40%)	33 种(占总重量的 50%)			5S(120 个核苷酸)
大亚基	50S	60S	蛋白质	31 种(占总重量的 30%)	49 种(占总重量的 35%)

2. 核蛋白体 RNA 核蛋白体不能简单的被认为是一个具有各种催化活性的蛋白质混合体,实际上这些蛋白质是通过蛋白质-蛋白质或 rRNA-蛋白质之间的相互作用而结合在一起,特别是其中的 rRNA 有可能发挥着重要的功能,值得深入研究。目前研究表明,rRNA 分子含有很多局部双螺旋结构区,可折叠生成复杂三维构象作为亚基结构骨架,使各种 rp 附着结合,装配成完整亚基。

原核生物核蛋白体小亚基的 16S rRNA 序列十分保守,其 3′端的一段 5′-CCUCCUUA-3′保守序列与距离 mRNA 起始密码子 AUG 上游 4~13 个核苷酸的一段 5′-UAAGGAGG-3′保守序列(S-D 序列)反向互补。不同来源 mRNA 的 S-D 序列不完全相同,因此与 16S rRNA 上的保守序列不一定能完全互补,但平均每 8 个碱基中会有 6 个互补,这种互补性使 mRNA 能在核蛋白体上正确定位。细胞核蛋白体大亚基上的 5S rRNA 中有两段保守区域,其中一个区域含有保守序列-CGAAC-,能与 tRNA 分子 TψC 环上 GTψCG 序列相互识别;另一个保守区域则含有保守序列-GCGCCGAAUGGUAG-,与 23S rRNA 的某种序列能互补,在维系核蛋白体结构稳定性上有着重要作用。

四、参与蛋白质生物合成的酶类及因子

蛋白质生物合成除需要 mRNA、tRNA、rRNA 外,还包括参与氨基酸活化及肽链合成起始、延长和终止阶段的多种酶类和蛋白质因子以及 ATP、GTP 等供能物质与必要的无机离子等。

参与氨基酸活化的氨基酰-tRNA 合成酶已如前述。参与肽链合成起始、延长和终止阶段的蛋白质因子有多种,原核生物与真核生物各有不同。

翻译起始阶段需要的蛋白质因子称起始因子(initiation factor,IF)。原核生物有三种 IF,即 IF-1、IF-2 和 IF-

3，其中IF-3的功能是结合核蛋白体30S小亚基，使之与50S大亚基分开，进而促进mRNA与30S小亚基结合；IF-2在30S亚基存在时有很强的GTPase活性；IF-1能促进IF-2和IF-3的活性。

真核生物比原核生物拥有更多的起始因子，目前已发现12种直接或间接为起始所需的因子，其中有一些因子含有多达11种不同的亚基，迄今只知道部分因子的功能。为了区别原核生物，真核起始因子被称为eIF（eukaryotic initiation factor）。eIF的功能主要包括：与GTP、Met-tRNAi^{Met}组成三元复合物；与mRNA 5′端帽子结构组成起始复合体；确保核蛋白体从5′端扫描mRNA直到第一个AUG；在起始位点探测tRNA起始子与AUG的结合；介导60S大亚基的加入等。原核生物与真核生物的翻译起始因子及其功能详见表7-4。

表7-4 翻译的起始因子及其生物学功能

起始因子		生物学功能
原核生物	IF-1	占据A位防止结合其他氨基酰-tRNA，并阻止大小亚基的结合
	IF-2	是GTP连接蛋白，促进起始fMet-tRNAi^{fMet}与30S小亚基结合
	IF-3	结合30S小亚基，使之与50S大亚基分开
真核生物	eIF-2	单体GTP结合蛋白，使起始Met-tRNAi^{Met}与40S小亚基结合
	eIF-2B	鸟苷酸交换因子（GEF），将eIF-2上的GDP交换成GTP
	eIF-3eIF-4C	起始Met-tRNAi^{Met}就位
	eIF-4A	eIF-4F复合物成分，有解旋酶活性，有利于mRNA扫描
	eIF-4B	结合mRNA，促进mRNA扫描定位起始AUG
	eIF-4E	eIF-4F复合物成分，结合mRNA的5′端帽子结构
	eIF-4G	eIF-4F复合物成分，连接eIF-4E、eIF-3和PABP等组分
	eIF-4DeIF-5	水解GTP，促进各种起始因子从核蛋白体释放，进而结合大亚基
	eIF-6	促进无活性的80S核蛋白体解聚生成40S小亚基和60S大亚基

肽链延长阶段需要的蛋白因子称为延长因子（elongation factor，EF），原核生物有两种EF，EF-T和EF-G，EF-T由EF-Tu和EF-Ts两个亚单位组成；真核生物的延长因子称为eEF（eukaryotic elongation factor，eEF），包括eEF-1α、eEF-1βγ和eEF-2；其中原核EF-G和真核eEF-2具有GTPase活性，水解GTP，发挥转位酶作用；此外在肽键生成时还有肽基转移酶参与。长期以来，人们一直认为肽基转移酶是核蛋白体的一种蛋白组分。1992年，加州大学的H. Noller及其同事证实了分离rRNA的催化活性，后来的许多研究都表明肽基转移酶是一种核酶。在原核生物中，肽基转移酶是位于大亚基的23S rRNA，在真核生物则是位于大亚基的28S rRNA，这一例子再次证明核酶的重要性。

肽链合成终止过程需要的蛋白质因子称为终止因子（termination factor），又称释放因子（release factor，RF）。原核生物有三种RF，即RF-1、RF-2和RF-3。RF-1能特异识别终止密码子UAA、UAG；RF-2可识别UAA、UGA；RF-3具有GTP酶活性，可结合并水解1分子GTP，促进RF-1和RF-2与核蛋白体的结合。真核生物的释放因子称为eRF（eukaryotic release factor，eRF），且只有1种，可识别三种终止密码子，完成原核生物各类RF的功能。

第二节 原核生物的翻译过程

在翻译过程中，核蛋白体从开放阅读框架的5′-AUG开始向3′端阅读mRNA上的三联体遗传密码，而多肽链的合成是从N端向C端，直至终止密码出现。终止密码前一位三联体，翻译出肽链的C端氨基酸。蛋白质生物合成是最复杂的生物化学过程之一，为了便于叙述，人们常将整个翻译过程分为起始（initiation）、延长（elongation）和终止（termination）三个阶段。

一、翻译的起始阶段

翻译的起始阶段是指mRNA、起始氨基酰-tRNA分别与核蛋白体结合而形成翻译起始复合物（translational initiation complex）的过程。虽然原核生物与真核生物在蛋白质合成的起始上有差异，但有4点是共同的：①核蛋白体大、小亚基的分离；②核蛋白体小亚基结合起始氨基酰-tRNA；③在mRNA上须找到合适的起始密码子；

④大亚基必须与已经形成复合物的小亚基、起始氨基酰-tRNA、mRNA 结合。研究表明,起始因子参与了上述三个过程。

1. 核蛋白体大、小亚基的分离 蛋白质肽链合成连续进行,在肽链延长过程中,核蛋白体的大小亚基是聚合的,一条肽链合成终止实际上是下一轮翻译的起始。此时 IF-3、IF-1 与小亚基结合,促进大、小亚基分离。

2. mRNA 与核蛋白体小亚基定位结合 在原核细胞中,一个多顺反子 mRNA 可以有多个 AUG 翻译起始位点,为多个蛋白质编码。那么,原核细胞中的核蛋白体是如何识别 mRNA 分子内如此众多的 AUG 位点呢?Shine 和 Dalgarno 在 20 世纪 70 年代初期解答了这个问题。他们发现,在细菌的 mRNA 起始密码子 AUG 上游约 10 个碱基左右的位置,通常含有一段富含嘌呤碱基的六聚体序列(-AGGAGG-),称为 Shine-Dalgarno 序列(S-D 序列);它与原核生物核蛋白体小亚基 16S-rRNA 3′端富含嘧啶的短序列(-UCCUCC-)互补,从而使 mRNA 与小亚基结合。因此,mRNA 的 S-D 序列又称为核蛋白体结合位点(ribosomal binding site,RBS)。此外,mRNA 上紧接 S-D 序列之后的一小段核苷酸序列,又可被核蛋白体小亚基蛋白辨认结合(图 7-1)。原核生物就是通过上述核酸-核酸、核酸-蛋白质的相互作用把 mRNA 结合到核蛋白体的小亚基上,并在 AUG 处精确定位,形成复合体。此过程需要 IF-3 的帮助。

3. 起始 fMet-tRNAi^{fMet} 与核蛋白体小亚基的结合 fMet-tRNAi^{fMet} 与核蛋白体的结合受 IF-2 的控制。原核生物核蛋白体上有 3 个 tRNA 结合位点,氨基酰-tRNA 进入 A 位,肽酰-tRNA 进入 P 位,脱去氨基酰的 tRNA 通过 E 位排出。A 位和 P 位横跨核蛋白体的两个亚基,E 位主要是大亚基成分。IF-2 首先与 GTP 结合,再结合起始 fMet-tRNAi^{fMet}。在 IF-2 的帮助下,fMet-tRNAi^{fMet} 识别对应核蛋白体 P 位的 mRNA 起始密码子 AUG,并与之结合,这也促进 mRNA 的准确就位。起始时 IF-1 结合在 A 位,阻止氨基酰-tRNA 的进入,还可能阻止 30S 小亚基与 50S 大亚基的结合。

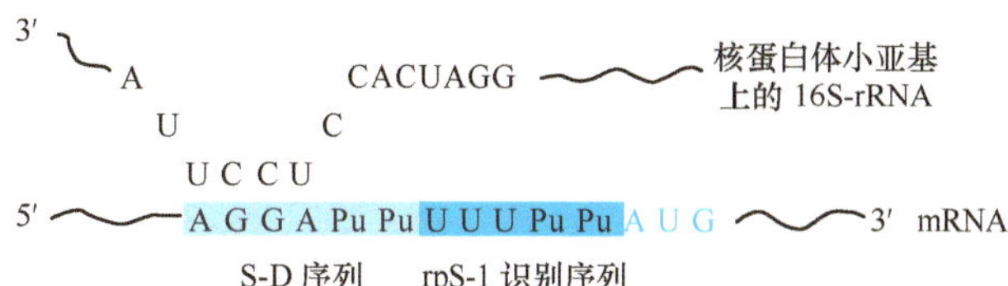

图 7-1 原核生物 mRNA 与核蛋白体小亚基的辨认结合

4. 70S 起始复合物的形成 IF-2 有完整核蛋白体依赖的 GTP 酶活性。当上述结合了 mRNA、fMet-tRNAi^{fMet} 的小亚基再与 50S 大亚基结合生成完整核蛋白体时,IF-2 结合的 GTP 就被水解释能,促使 3 种 IF 释放,形成由完整核蛋白体、mRNA、起始氨基酰-tRNA 组成的 70S 翻译起始复合物(图 7-2)。此时,结合起始密码子 AUG 的 fMet-tRNAi^{fMet} 占据 P 位,而 A 位留空,并对应 mRNA 上 AUG 后的第 2 个三联体密码子,为肽链延长做好了准备。

二、肽链的延长阶段

肽链的延长是指在 mRNA 密码序列的指导下,由特异 tRNA 携带相应氨基酸运至核蛋白体的受位(即 A 位),使肽链依次从 N 端向 C 端逐渐延伸的过程。原核生物肽链延长需要延长因子 EF-T 和 EF-G,其组成及功能见表 7-5。此外,肽链延长还需要 GTP 的参与。

表 7-5 肽链合成的延长因子及其生物学功能

EF	eEF	生物学功能
EF-Tu	eEF-1α	结合 GTP,携带氨基酰-tRNA 进入 A 位
EF-Ts	eEF-1βγ	GTP 交换蛋白,使 EF-Tu 上的 GDP 交换成 GTP
EF-G	eEF-2	单体 G 蛋白,具有 GTPase 活性,水解 GTP,发挥转位酶作用,促进肽酰-tRNA 由 A 位移至 P 位

由于肽链延长过程是在核蛋白体上连续循环进行的,故称为核蛋白体循环(ribosomal cycle)。每次循环分三个阶段:进位(entrance)、成肽(peptide bond formation)和转位(translocation)。每循环一次,肽链增加一个氨基酸残基,直至肽链合成终止。

1. 进位 肽链合成起始后,核蛋白体的 P 位已被起始氨基酰-tRNA 占据,但 A 位是空的,并对应 AUG 后的第 2 个三联体密码子。进位就是与 mRNA 第 2 个密码子所对应的氨基酰-tRNA 进入核蛋白体的 A 位,又称注册(registration),这一过程在原核细胞需要延长因子 EF-T 的参与。

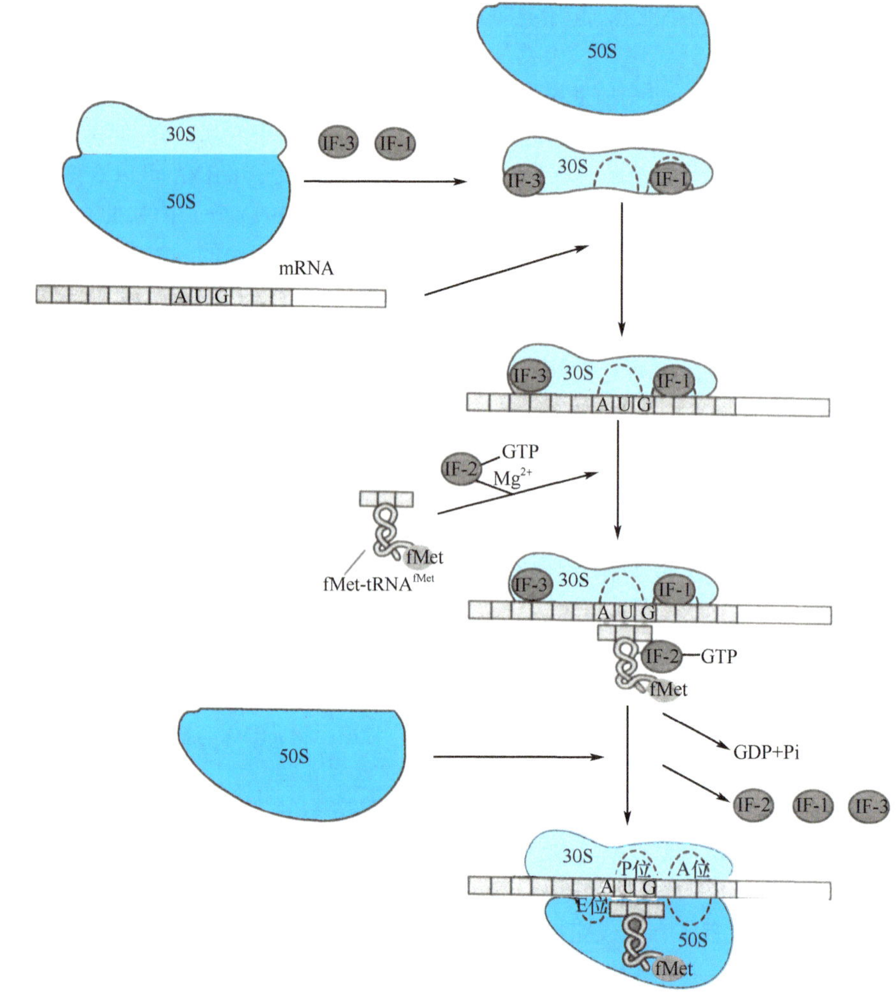

图 7-2 原核生物的翻译起始过程

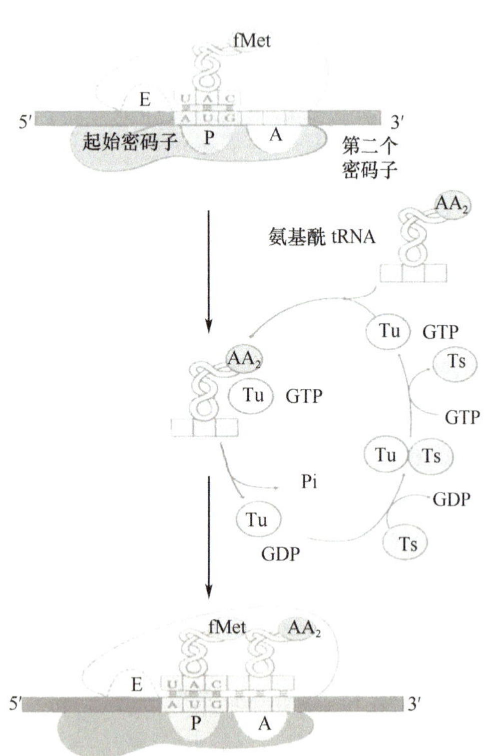

图 7-3 原核生物肽链合成的进位过程

EF-T 由 EF-Tu 和 EF-Ts 两个亚基构成，其中 EF-Tu 为单体 G 蛋白，其活性受鸟苷酸结合状态的调节。当 EF-Tu 结合 GTP 时，便与 EF-Ts 分离，使 EF-Tu-GTP 处于活性状态；而当 GTP 水解为 GDP 时，EF-Tu-GDP 就失去活性。进位时，活性的 EF-Tu-GTP 与适当的氨基酰-tRNA 结合，并将其带入核蛋白体 A 位，使密码子与反密码子配对结合。同时，EF-Tu 的 GTP 酶发挥作用促使 GTP 水解，驱动 EF-Tu-GDP 从核蛋白体释出，既而 EF-Ts 与 EF-Tu 结合将 GDP 置换出去，并重新形成 EF-Tu-Ts 二聚体。由此可见，EF-Ts 实际上是 GTP 交换蛋白，可将 EF-Tu 上的 GDP 交换成 GTP，使 EF-Tu 进入新一轮循环，继续催化下一个氨基酰-tRNA 进位（图 7-3）。

2. 成肽 成肽就是肽基转移酶（peptidyl transferase）催化肽键形成的过程。进位后，核蛋白体的 A 位和 P 位各结合了一个氨基酰-tRNA，在肽基转移酶的催化下，P 位上起始 tRNA 所携带的甲酰甲硫氨酸的 α-羧基与 A 位上氨基酸的 α-氨基形成肽键，此过程为成肽反应，在 A 位上进行，无需能量供应（图 7-4）。

3. 转位 第 1 个肽键形成以后，二肽酰-tRNA 占据核蛋白体 A 位，而卸载的 tRNA 仍在 P 位。转位即指核蛋白体向 mRNA 的 3′端移动一个密码子的距离，A 位上的二肽酰-tRNA

移至P位,A位空出并对应下一个三联体密码。与此同时,P位的卸载tRNA进入E位,并由此排出。在原核生物,转位依赖于延长因子EF-G和GTP。EF-G有转位酶(translocase)活性,可结合并水解1分子GTP,促进核蛋白体向mRNA的3′端移动(图7-5)。

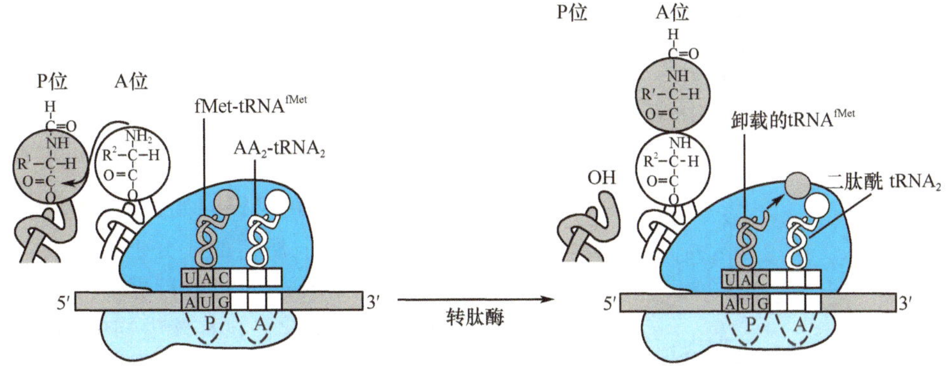

图7-4 原核生物肽链合成的肽键形成过程

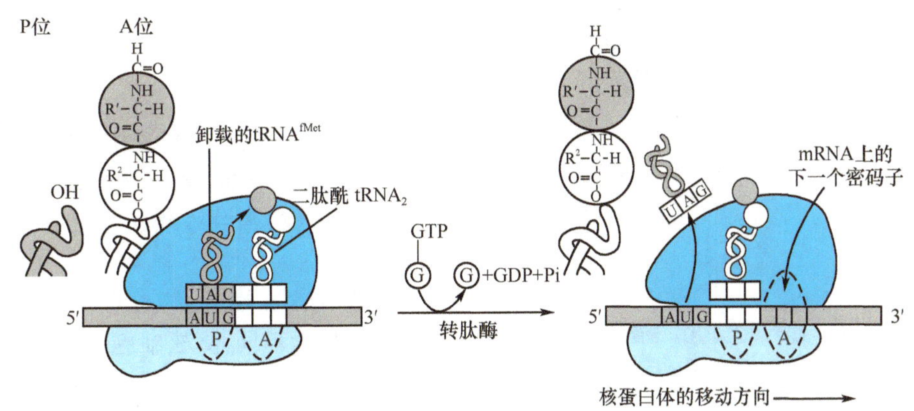

图7-5 原核生物肽链合成的转位过程

转位后,mRNA分子上的第3个密码子进入A位,为下一个氨基酰-tRNA进位做好准备。再进行第二轮循环,进位-成肽-转位,P位将出现三肽酰-tRNA。A位又空出,再进行第三轮循环,这样每循环一次,肽链将增加一个氨基酸残基。如此重复进位-成肽-转位的循环过程,核蛋白体依次沿5′→3′方向阅读mRNA的遗传密码,肽链不断从N端向C端延长。需要注意的是每次成肽反应均是P位上肽酰-tRNA所携带的肽酰上的α-羧基与A位上氨基酰-tRNA所携带的氨基酸的α-氨基形成肽键,是肽酰基转到新进入的单个氨基酸残基上来延长肽链的,而不是新加入的单个氨基酸残基转到肽酰分子上。

在肽链延长连续循环时,核蛋白体空间构象也发生着周期性改变,转位时卸载的tRNA进入E位,可诱导核蛋白体构象变化有利于下一个氨基酰-tRNA进入A位;而氨基酰-tRNA的进位又诱导核蛋白体变构促使卸载tRNA从E位排出。

三、翻译的终止阶段

翻译的终止涉及两个阶段:首先,终止反应本身需要识别终止密码,并从最后一个肽酰-tRNA中释放肽链;其次,终止后反应需要释放tRNA和mRNA,核蛋白体大、小亚基解离。因此,翻译终止的关键因素是终止密码子和识别终止密码子的组分。研究证实终止密码子不能被任何一种tRNA所识别,它们是被蛋白因子直接识别的。原核生物翻译终止过程需要的蛋白质因子有3种,RF-1、RF-2和RF-3。RF-1能特异识别终止密码子UAA、UAG;RF-2可识别UAA、UGA。

原核生物翻译终止过程如下:肽链延长到mRNA的终止密码子进入核蛋白体A位时,释放因子RF-1或RF-2可在RF-3-GTP的帮助下识别结合终止密码子,并触发核蛋白体构象改变,激活肽基转移酶的酯酶活性,水解肽酰-tRNA的酯键,把多肽链从P位肽酰-tRNA上释放出来。继而促使mRNA、卸载tRNA及RF从核蛋白体脱离,紧接着在IF-3和IF-1的作用下,核蛋白体大小亚基解离,开始新一轮核蛋白体循环(图7-6)。

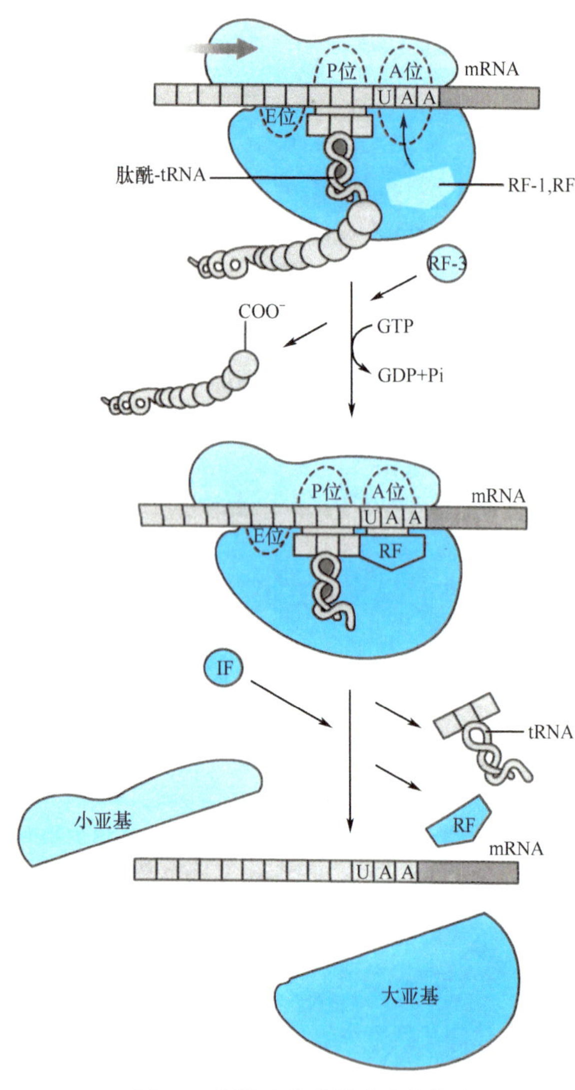

图 7-6 原核生物肽链合成的终止

第三节 真核生物的翻译过程

真核生物的翻译过程在每个阶段都与原核生物有相似之处，但又有区别，特别是反应体系和参与组分。

一、翻译的起始阶段

真核生物的翻译起始过程与原核生物相似，但反应顺序不同，所需的成分也有区别。如核蛋白体为80S，起始因子(eIF)数目更多(表 7-4)，起始甲硫氨酸不需甲酰化。在真核生物中，成熟的 mRNA 分子内部没有核蛋白体结合位点，但 5′端有帽子，3′端有 poly A 尾结构。小亚基首先识别结合 mRNA 的 5′端帽子，再移向起始点，并在那里与大亚基结合。具体过程如下。

1. 核蛋白体大小亚基的分离 与原核生物一样，在前一轮翻译终止时，真核起始因子 eIF-2B、eIF-3 与核蛋白体小亚基结合，并在 eIF-6 的参与下，促进无活性的 80S 核蛋白体解聚生成 40S 小亚基和 60S 大亚基。

2. 起始 Met-tRNAi^{Met}与核蛋白体小亚基的结合 与原核生物不同，真核细胞小亚基先与起始 Met-tRNAi^{Met}结合，再与 mRNA 结合。首先 Met-tRNAi^{Met}与 eIF-2、GTP 结合成为三元复合物，然后与游离状态的核蛋白体小亚基 P 位结合，形成 43S 的前起始复合物。此过程需要 eIF-3、eIF-4C 的帮助，其中 eIF-3 是一个很大的因子，由 8～10 个亚基组成，它是使 40S 小亚基保持游离状态所必需的。

3. mRNA 与核蛋白体小亚基的结合 真核生物的 mRNA 没有 S-D 序列，上述 43S 的前起始复合物在帽子结合复合物(eIF-4F 复合物)的帮助下，与 mRNA 的 5′端帽子结合。eIF-4F 复合物包括 eIF-4E、eIF-4A 和 eIF-4G 等组分。其中 eIF-4E 结合 mRNA 5′端帽子，故称帽子结合蛋白(cap binding protein，CBP)；eIF-4A 具有解旋酶活性；eIF-4G 为“脚手架”亚基，其作用是将复合体上的所有组分连接在一起。同时 mRNA 的 3′端 polyA 尾与 polyA 结合蛋白(polyA binding protein，PABP)结合，PABP 也结合于 eIF-4G 上。这样连接 mRNA 首尾的 eIF-4E 和 PABP 再通过 eIF-4G 和 eIF-3 与核蛋白体小亚基结合成复合物。

4. 小亚基沿 mRNA 扫描查找起始点 在大多数真核 mRNA 中，5′端帽子与起始 AUG 距离较远，最多可达 1000 个碱基左右。因此小亚基需从 mRNA 的 5′端向 3′端移动，直到找到启动信号 AUG。但仅凭三联体密码子 AUG 本身并不足以使核蛋白体移动停止，只有当其上下游具有合适的序列时，AUG 才能作为起始密码子被正确识别。最适序列为 GCC(A/G)CCAUGG，该序列 AUG 上游的第 3 个嘌呤核苷酸(A 或 G)和紧跟其后的 G 是最为重要的，这段序列由 Marilyn Kozak 阐明其功能，故称为 Kozak 序列。当小亚基扫描遇到起始 AUG 时，Met-tRNAi^{Met}的反密码子与之互补结合，最终小亚基与 mRNA 准确定位结合形成 48S 复合物(图 7-7)。此过程需要水解 ATP 提供能量，eIF-4F 复合物组分也与该过程有关，如具有解旋酶活性的 eIF-4A 能打开引导区的双链区以利于 mRNA 的扫描，eIF-4B 也促进扫描过程。

5. 80S 起始复合物的形成 一旦 48S 复合物定位于起始密码子，便在 eIF-5 的作用下，迅速与 60S 大亚基结合形成 80S 翻译起始复合物(图 7-8)。eIF-5 是一种 GTP 酶，在水解 GTP 的同时，促使 eIF-2、eIF-3 等各种起始因子从核蛋白体上释放。

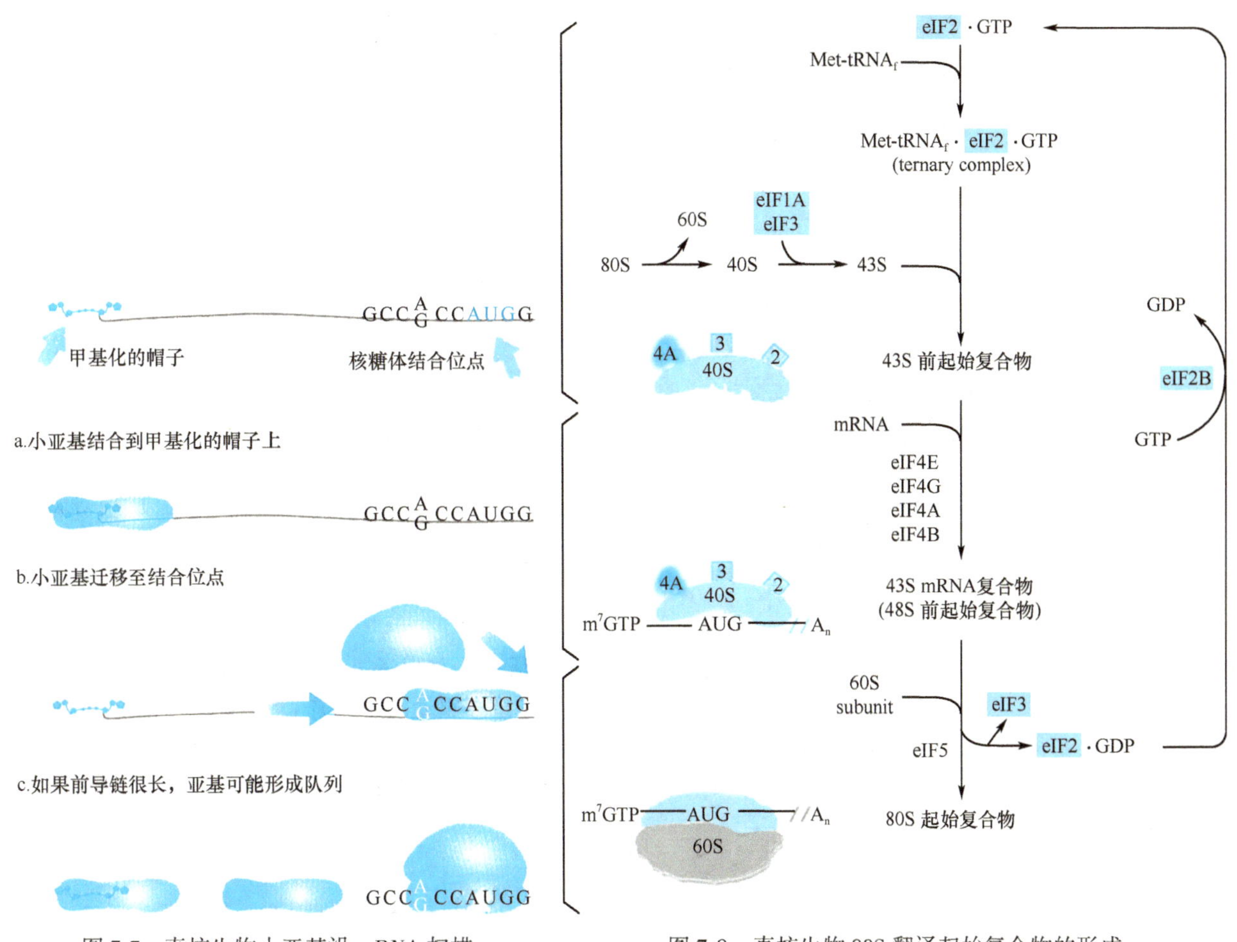

图 7-7 真核生物小亚基沿 mRNA 扫描

图 7-8 真核生物 80S 翻译起始复合物的形成

二、肽链的延长阶段

真核生物的肽链延长过程和原核生物基本相似,只是反应体系和延长因子组成不同。真核生物的延长因子包括 eEF-1α、eEF-1βγ 和 eEF-2 三种。其中 eEF-1α 可结合 GTP,携带氨基酰-tRNA 进入 A 位;eEF-1βγ 是 GTP 交换蛋白;eEF-2 具有 GTPase 活性,可水解 GTP,发挥转位酶作用(表 7-5)。但是,真核生物的核蛋白体没有 E 位,转位时卸载的 tRNA 直接从 P 位脱落。

三、翻译的终止阶段

真核生物的翻译终止过程与原核生物相似,但释放因子 eRF 只有 1 种,可识别所有终止密码子,完成原核生物各类 RF 的功能。

无论在原核细胞还是真核细胞内,当用电镜观测正在被翻译的 mRNA 时,会发现沿着一条 mRNA 分子附着有许多核蛋白体,呈串珠状排列。这种多个核蛋白体与 mRNA 的聚合物称为多聚核蛋白体(polysome)。由于在一条 mRNA 分子上常结合有多个核蛋白体,同时进行多条肽链的合成,大大增加了细胞内蛋白质的合成速率。原核生物 mRNA 转录后不需加工即可作为模板,转录和翻译偶联进行。因此在电子显微镜下看到,原核细胞 DNA 分子上连接着长短不一正在转录的 mRNA 分子,每条 mRNA 再附着多个核蛋白体进行翻译,显示为羽毛状现象。与原核细胞不同,真核细胞的转录发生在核内,翻译发生在细胞质,因此只能观察到一个 mRNA 分子上附着有多个核蛋白体,为单个多聚核蛋白体(图 7-9)。

蛋白质生物合成是耗能过程。首先每分子氨基酸活化生成氨基酰-tRNA 消耗 2 个高能磷酸键;其次在翻译起始阶段,原核生物消耗 1 个 GTP,真核生物消耗 1 个 GTP 和 1 个 ATP;再次在肽链延长阶段,进位和转位各消耗 1 个高能磷酸键,因此肽链每增加 1 个肽键要消耗 4 个高能磷酸键;最后在翻译终止阶段消耗 1 个 GTP。值得注意的是,GTP 的水解在翻译的全过程中(起始、延长和终止)具有重要的作用。实际上与 GTP 发生作用的翻译因子都属于 G 蛋白家族,包括 IF-2、EF-Tu、EF-G、RF-3 及真核同源物。它们都能结合并水解

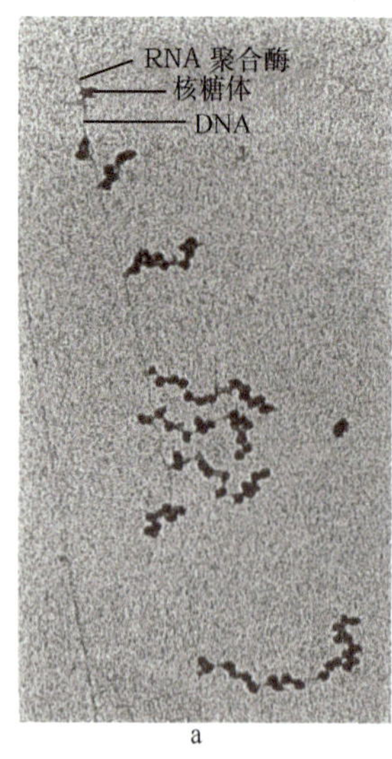

a

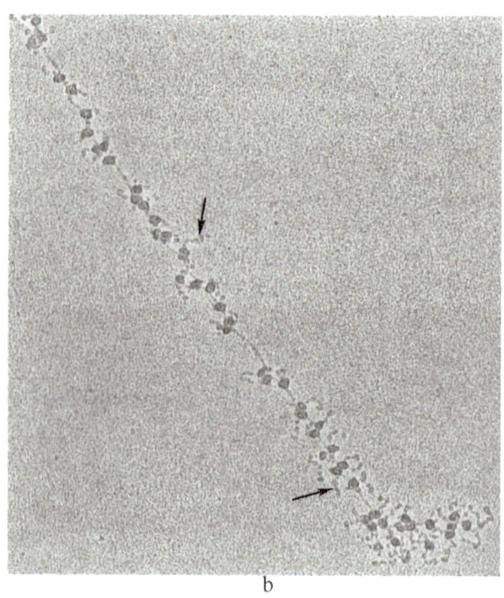

b

图 7-9 多聚核蛋白体

a.为原核生物;b.为真核生物

GTP,且遵从类似的机制:与 GTP 结合有活性,与 GDP 结合则无活性。在翻译过程中,核蛋白体重复地进行着机械变化,这一过程正是由翻译因子与 GTP 的结合与水解释放能量来驱动的。随着 GTP 水解为 GDP,这些因子的构象将发生变化,继而与核蛋白体分离。除 GTP 外,蛋白质的合成还需要 ATP,包括氨基酸的活化及 mRNA 的解旋等,所以蛋白质的合成是一个昂贵的过程。据估计,在快速成长的细菌中,多至 90% 的 ATP 是用来合成蛋白质的。

第四节 翻译后产物的加工和靶向输送

从核蛋白体释放出的新生多肽链一般不具备蛋白质生物活性,必须经过折叠及不同的加工修饰过程才转变为具有天然功能构象的成熟蛋白,该过程称为翻译后加工(post-translation processing)。主要包括多肽链折叠为天然的三维构象、肽链一级结构的修饰、肽链空间结构的修饰等。另外,在核蛋白体上合成的蛋白质还需要靶向输送到特定细胞部位,如线粒体、溶酶体、细胞核等细胞器,有的分泌到细胞外,并在靶位点发挥各自的生物学功能。

一、新生肽链的正确折叠

蛋白质分子刚合成时是以一条具有特定氨基酸序列的多肽链形式出现的,而细胞内具有生物活性的蛋白质毫无例外都具有特定的三维空间结构,或称天然构象(native conformation),这也就是说核蛋白体上新合成的多肽链需经历一个折叠(folding)过程才能成为具有天然空间构象的蛋白质。这种折叠过程的意义有两点:①如果肽链折叠错误的话,就无法形成具有特定生物学活性的蛋白分子;②至少在人体中,很多疾病如退行性神经系统疾病(老年性痴呆症、人纹状体脊髓变性病等)都被发现与蛋白质分子的不正确折叠而导致的蛋白质聚集有关。

1961 年,C. B. Anfinsen 利用纯化的核糖核酸酶进行体外变性/复性或者去折叠/重折叠(unfolding/refolding)实验证明,蛋白质折叠的信息全部储存于肽链自身的氨基酸序列中,即蛋白质的空间构象由一级结构所决定。Anfinsen 因核糖核酸酶的研究,尤其是有关氨基酸序列和蛋白质空间构象关系方面的工作荣获了 1972 年的诺贝尔化学奖。从热力学角度来看,蛋白质多肽链折叠成天然空间构象是一种释放自由能的自发过程。目前已经清楚,蛋白质分子的折叠过程实际就是大量非共价键形成的过程,对于核糖核酸酶来讲,其折叠过程可在初始状态甚或变性之后都能自动完成,这种能力称为自我组装(self-assembly)。然而,细胞中大多数天然蛋白质折叠都不是自动完成的,而是需要其他酶和蛋白质的协助,主要包括如下几种大分子。

(一) 分子伴侣

分子伴侣(molecular chaperone)是细胞中一类保守蛋白质,可识别肽链的非天然构象,促进各种功能域和整体蛋白质的正确折叠。分子伴侣的作用体现在两方面:①刚合成的蛋白质以未折叠的形式存在,其中的疏水性片段很容易相互作用而自发折叠,分子伴侣能有效地封闭蛋白质的疏水表面,防止错误折叠的发生;②对已经发生错误折叠的蛋白质,分子伴侣可以识别并帮助其恢复正确的折叠。分子伴侣的这一作用还表现在它能识别变性的蛋白质,避免或消除蛋白变性后因疏水基团暴露而发生的不可逆聚集,并且帮助其复性,或介导其降解。

细胞内的分子伴侣可分为两大类:一类为核蛋白体结合性分子伴侣,如触发因子(trigger factor,TF)和新生链相关复合物(nascent chain-associate complex,NAC);另一类为非核蛋白体结合性分子伴侣,至少包括两大家族:热休克蛋白70(heat shock protein 70,Hsp70)家族和热休克蛋白60(heat shock protein 60,Hsp60)家族。

1. 热休克蛋白70家族 热休克蛋白(heat shock protein,Hsp)是通过热激作用诱导而发现的,故又称热激蛋白。在高温条件下,Hsp被诱导而表达增加,以尽量减少热变性对蛋白质的损害。Hsp70家族包括Hsp70、Hsp40和GrpE三种成员,广泛存在于各种生物。在大肠埃希菌中,Hsp70是由基因*dan*K编码的,故称DnaK;Hsp40是由基因*dan*J编码的,故称DnaJ。人的Hsp70家族可存在于细胞质、内质网、线粒体、细胞核等部位,涉及多种细胞保护功能。

典型的Hsp70具有两个结构域:N端的结构域是ATP酶活性,C端结构域可与底物多肽结合。热激蛋白的作用是结合保护待折叠多肽片段,再释放该片段进行折叠,形成Hsp70和多肽片段依次结合、解离的循环。Hsp70等协同作用可与待折叠多肽片段的7~8个疏水残基结合,保持肽链成伸展状态,避免肽链内、肽链间疏水基团相互作用引起的错误折叠和聚集,再通过水解ATP释放此肽段,以利于肽链进行正确折叠。在大肠埃希菌中,Hsp70(DnaK)的这种作用与另外两种蛋白质(DnaJ和GrpE)的调节有关。具体机制如下:DnaJ结合待折叠多肽片段,并将多肽导向DnaK-ATP复合物,产生DnaJ-DnaK-ATP-多肽复合物。DnaK与DnaJ的相互作用立即激活了DnaK的ATP酶活性,使ATP水解释放能量,产生稳定的DnaJ-DnaK-ADP-多肽复合物。GrpE是核苷酸交换因子,与DnaJ作用后将ADP取代,使复合物变为不稳定而迅速解离,释出DnaJ、DnaK和被完全折叠或部分折叠的蛋白质。接着ATP与DnaK再结合,继续进行下一轮循环,所以蛋白质的折叠是经过多次结合与解离的循环过程完成的(图7-10)。

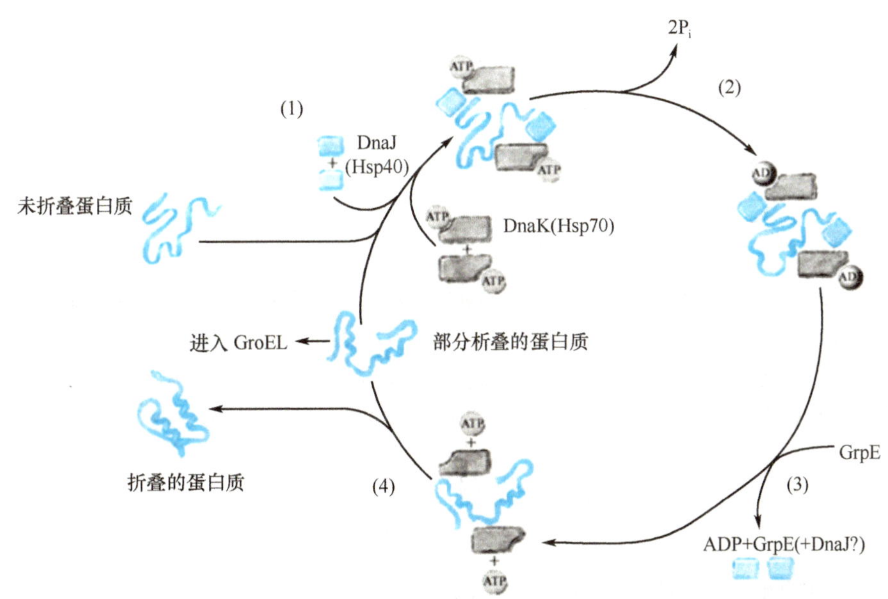

图7-10 大肠埃希菌中的Hsp70反应循环

2. 热休克蛋白60家族 许多蛋白质分子仅在Hsp70存在时不能完成其折叠过程,还需要Hsp60家族的辅助。Hsp60并非都是热激蛋白,故称伴侣素或分子伴素(chaperonins)。Hsp60家族主要包括Hsp60和Hsp10两种蛋白,其在大肠埃希菌的同源物分别为GroEL和GroES。Hsp60家族的主要作用是为非自发性折叠蛋白质提供能折叠形成天然空间构象的微环境,据估计*E. coli*中约10%~20%蛋白质折叠需要这一家族辅助。

在大肠埃希菌内,GroEL是由14个相同亚基组成的反向堆积在一起的两个七聚体环构成,每环中间形成桶状空腔,每个空腔能结合1分子底物蛋白。每个亚基都含有一个ATP或ADP的结合位点,实际上组成环的亚基就是ATP酶。GroES为同亚基7聚体,可作为“盖子”瞬时封闭GroEL复合物的一端。封闭复合物空腔提供了能完成该肽链折叠的微环境。伴随 ATP 水解释能，GroEL 复合物构象周期性改变，引起 GroES“盖子”解离和折叠后肽链的释放。重复以上过程，直到蛋白质全部折叠形成天然空间构象（图 7-11）。

必须注意，分子伴侣并未加快折叠反应速度，与其说是促进蛋白质正确折叠，还不如说是防止蛋白质错误折叠或是消除不正确折叠，增加功能性蛋白质折叠产率。

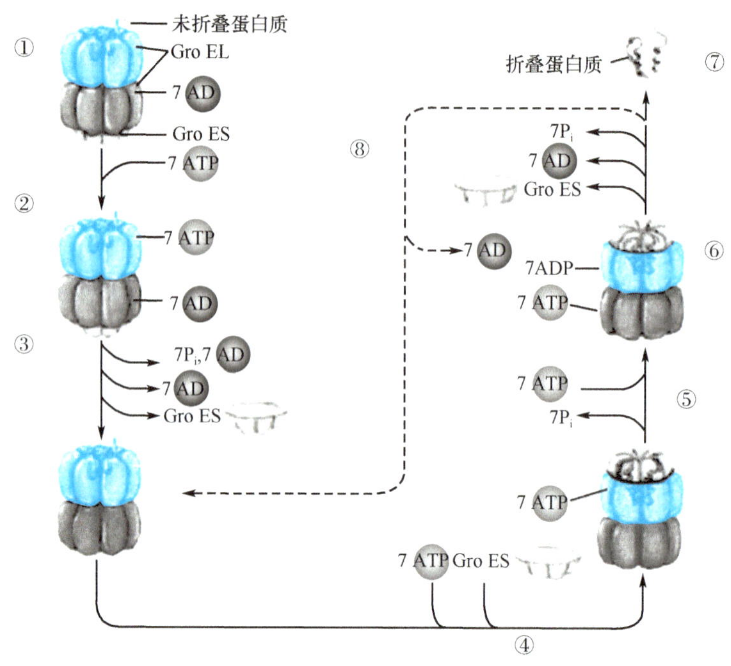

图 7-11 GroEL/GroES 反应循环

（二）蛋白质二硫键异构酶

多肽链内或肽链之间二硫键的正确形成对稳定分泌蛋白、膜蛋白等的天然构象十分重要，这一过程主要在细胞内质网进行。多肽链的几个半胱氨酸间可能出现错配二硫键，影响蛋白质正确折叠。蛋白质二硫键异构酶（protein disulfide isomerase，PDI）在内质网腔活性很高，可在较大区段肽链中催化错配二硫键断裂并形成正确二硫键连接，最终使蛋白质形成热力学最稳定的天然构象。

（三）肽-脯氨酰顺反异构酶

脯氨酸为亚氨基酸，多肽链中肽酰-脯氨酸间形成的肽键有顺反异构体，空间构象明显差别。天然蛋白质多肽链中肽酰-脯氨酸间肽键绝大部分是反式构型，仅 6% 为顺式构型。肽-脯氨酰顺反异构酶（peptide prolyl cis-trans isomerase，PPI）可促进上述顺反两种异构体之间的转换，在肽链合成需形成顺式构型时，可使多肽在各脯氨酸弯折处形成准确折叠。肽-脯氨酰顺反异构酶也是蛋白质三维空间构象形成的限速酶。

二、新生肽链的加工修饰

新生肽链的翻译后加工过程主要包括肽链一级结构的修饰、肽链空间结构的修饰和前体蛋白的加工等。

（一）一级结构的加工修饰

1. 肽链的剪接 如切除新生肽的第 1 个氨基酸残基、信号肽和肽链中非功能片段的切除、多蛋白加工、内含肽的切除和外显肽的连接。

（1）肽链 N 端 Met 或 fMet 的切除：在蛋白质合成过程中，真核生物 N 末端第一个氨基酸总是甲硫氨酸，原核生物则是 α-氨基甲酰化的甲硫氨酸。但人们发现天然蛋白质并不是以甲硫氨酸为 N 末端的第 1 位氨基酸。细胞内有脱甲酰基酶或氨基肽酶可以除去 *N*-甲酰基、N 端甲硫氨酸或 N 端一段序列。C 端的氨基酸残基有时也出现被修饰的现象。这一过程可在肽链合成中进行，不一定等肽链合成后发生。

（2）信号序列的切除：分泌性蛋白质及需要靶向运输到各细胞器的蛋白质 N 端一般都有一段信号序列，用于指导蛋白质的定向运输，这一信号序列会在完成任务后被相应的蛋白水解酶切除，但核定位序列除外。

(3) 切除新生肽链中的非功能片段:细胞内许多蛋白质都是以前体蛋白的方式合成,然后加工转化为成熟蛋白。例如,新合成的胰岛素前体是前胰岛素原,其加工过程需经过两次肽链剪切,首先切去信号肽变成胰岛素原,再切去C肽,才变成有活性的胰岛素(图7-12)。

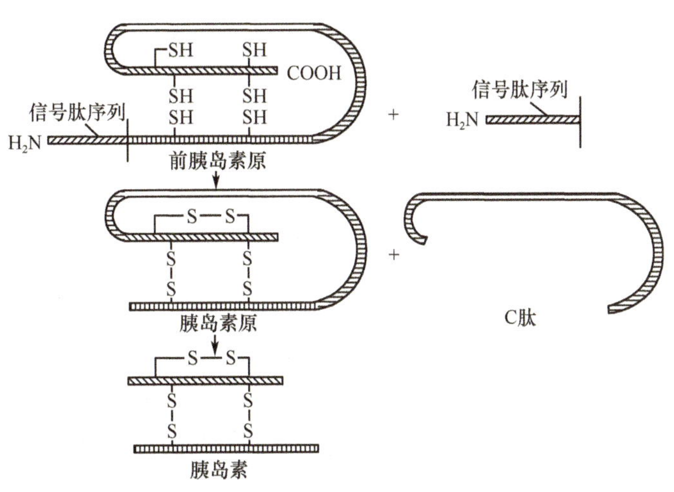

图7-12　前胰岛素原加工成活性胰岛素的过程

此外,血纤维蛋白原转变为血纤维蛋白,一些无活性的酶原(糜蛋白酶原、胃蛋白酶原、胰蛋白酶原)转变为有活性的酶(糜蛋白酶、胃蛋白酶、胰蛋白酶),某些肽类激素、神经肽类及生长激素等由无活性的前体变为有活性的形式,都是合成后在不同的细胞场所或特定条件下被特异的蛋白水解酶切除修饰的结果。

(4) 多蛋白的加工:真核生物mRNA的翻译产物为单一多肽链,有时这一肽链经不同的切割加工,可产生一个以上功能不同的蛋白质或多肽,此类原始肽链称为多蛋白(polyprotein)。例如垂体前叶所合成的促黑激素与ACTH的共同前身物——鸦片促黑皮质素原(proopio-melano-cortin,POMC)是由265个氨基酸残基构成的多肽,经不同的水解加工,可生成至少10种不同的肽类激素,包括:ACTH(三十九肽)、α-促黑激素(α-MSH)、β-促黑激素(β-MSH)、γ-促黑激素(γ-MSH)、α-内啡肽(α-endorphin)、β-内啡肽(β-endorphin)、γ-内啡肽(γ-endorphin)、β-脂酸释放激素(β-lipotropin,β-LT)、γ-脂酸释放激素(γ-lipotropin,γ-LT)、蛋氨酸脑啡肽等活性物质。

(5) 蛋白质的剪接:蛋白质剪接(protein splicing)是由内含肽(intein)介导的。在前体蛋白转变为成熟蛋白的过程中,内含肽靠自我剪切的方式从前体蛋白中释放出来,同时两端的肽链以肽键的方式相连,该过程即为蛋白质剪接,这一过程不需要特定的细胞环境以及任何辅助因子的参与,甚至可以体外进行。

内含肽是位于宿主蛋白质中的一段插入序列,前缀in-取自inventing,后缀-tein取自protein。与内含肽相对应的另一专用术语是外显肽(extein),即内含肽两侧的氨基酸序列。位于内含肽N端的序列称为N-外显肽,位于内含肽C端的序列称为C-外显肽。N-、C-外显肽在内含肽的作用下通过肽键连接成完整成熟蛋白。内含肽有蛋白质和核酸2种水平上的含义,既指宿主蛋白质中的插入序列又指与此多肽序列相对应的核苷酸序列。

目前被公认的标准内含肽结构模型为:N端剪接区域+中部归巢核酸内切酶区域或连接结构域+C端剪接区域。内含肽的存在有2种状态:剪接反应前称为融合内含肽(fusedintein),剪接反应后称为游离内含肽(free intein)。两者的一级结构相同但功能却不同,前者可自我催化蛋白质前体的剪接反应,后者可作为归巢核酸内切酶(homing endonuclease)参与内含肽归巢。

内含肽剪接是一个快速、高效的反应过程,前体蛋白在细胞中几乎分离不到。反应亦不需要任何辅助因子、酶和ATP能量,其催化结果是将内含肽两侧的外显肽通过肽键连接为成熟的天然肽。基于剪接位点氨基酸残基的化学性质以及带分支的剪接中间产物分子的发现,人们提出了多种假说来描述这一反应过程。目前被普遍接受的剪接机制分以下四步:①N—O或N—S酯酰基的重组,即蛋白质内含肽N端剪切点的Ser/Cys残基侧链的N—O或N—S发生转酯酰基反应,形成了一个线性中间产物-酯类;②转酯作用,蛋白质内含肽C端剪切点的Ser/Thr/Cys残基亲核攻击内含肽N端的(硫)酯键,使其断裂,进而上游外显肽从内含肽N端分离,并从内含肽的N端转至C端外显肽起始氨基酸Ser/Thr/Cys侧链上,形成分支酯类中间体;③Asn/Gln残基的环化,Asn的侧链基团-N对其自身的羰基发动亲核攻击,使Asn形成氨基琥珀酸五元环结构,同时内含肽与C端外显肽之间的肽键断裂,内含肽被释放出来;④外显肽的连接,连接的两个外显肽的(硫)酯键自发进行转酰基反应,以更稳定的酰胺肽键取代(硫)酯键,将N端C端外显肽用天然肽键连接起来(图7-13)。值得一提的是,前3步反应必须在内含肽的催化作用下发生,非自发性的,第4步反应则是瞬时的、自发的。从这个意义上讲,蛋白质内含肽是一种狭义上的"酶",其作用底物是内含肽两侧剪接处的保守氨基酸残基。

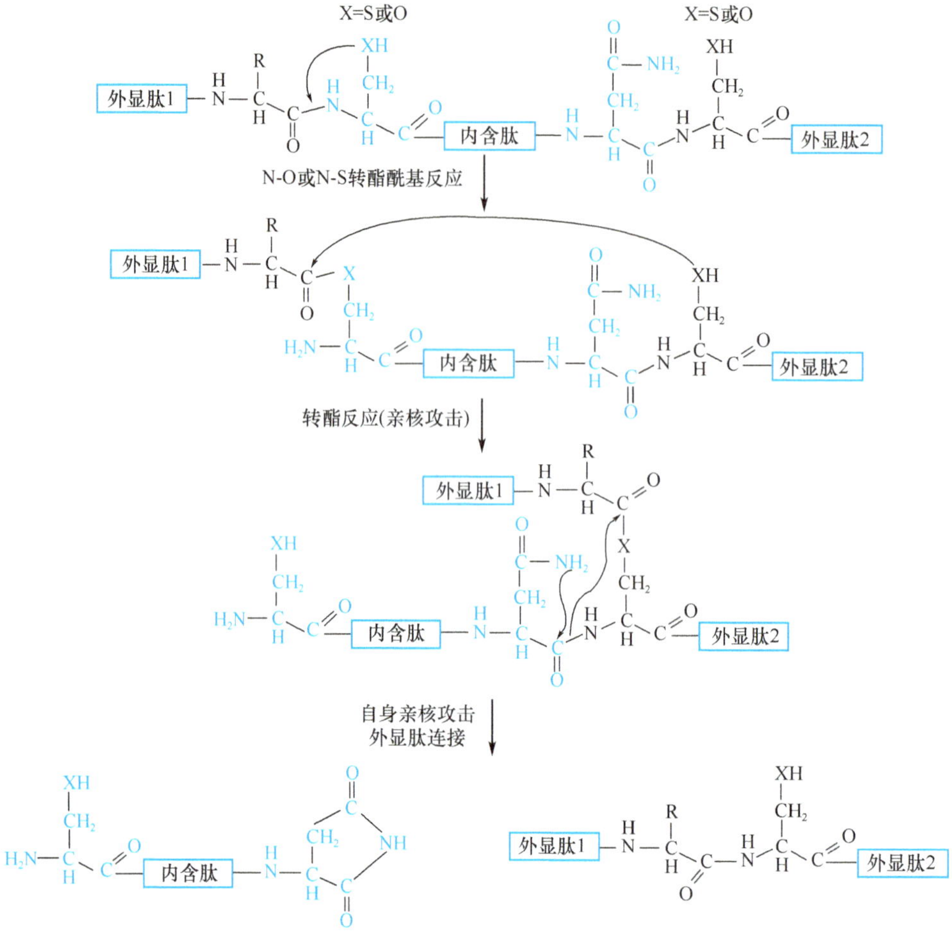

N-O或N-S转酯酰基反应

转酯反应(亲核攻击)

自身亲核攻击
外显肽连接

图 7-13　内含肽的剪接机制

蛋白质内含肽的发现，不仅丰富了遗传信息翻译后加工的理论，在实践中也有广泛的应用前景。例如，将靶蛋白与内含肽进行融合能实现靶蛋白的一步纯化。通过改变裂解条件以及对内含肽进行适当修饰，可以生物合成 C 端带有硫酯键或 N 端带有半光氨酸的蛋白质分子，两种蛋白质混合以后即可实现内含肽介导的蛋白连接。另外，利用内含肽剪接调控可作为药物靶标。目前研究已经表明，内含肽可作为抗结核分枝杆菌的药物靶标，还可作为治疗线粒体疾病的药物靶标。

2. 特定氨基酸的共价修饰　某些蛋白质肽链中存在共价修饰的氨基酸残基，是肽链合成后特异加工产生的，主要包括磷酸化、乙酰化、甲基化、羟基化、糖基化、羧基化、亲脂性修饰等，这些修饰对于维持蛋白质的正常生物学功能是必需的。如某些信号蛋白分子的丝氨酸、苏氨酸或酪氨酸残基被磷酸化修饰参与细胞信息传递过程；某些受损蛋白质分子中的天冬氨酸可被甲基化，从而促进蛋白质的修复或降解；胶原蛋白前体的赖氨酸、脯氨酸残基发生羟基化，对成熟胶原形成链间共价交联结构是必需的；多肽链中某些天冬酰胺残基的酰胺氮、丝氨酸或苏氨酸残基的羟基可与寡糖链以共价键连接使多肽链糖基化，进而行使多种生物学功能；某些凝血因子中谷氨酸残基的 γ-羧基化，使凝血因子侧链产生负电基团结合 Ca^{2+}；某些长链脂酸可与蛋白质共价连接，如蛋白质从内质网向高尔基体移行过程中，酰基转移酶可催化脂酸与肽链中 Ser 或 Thr 的羟基以酯键连接，而使新生蛋白质棕榈酰化，有趣的是被棕榈酰基修饰过的蛋白质分子大多定位到细胞质膜上。除长链脂酸外，异戊二烯亦可与蛋白质共价结合，以增强蛋白质的疏水性。

3. 组蛋白修饰　组蛋白在翻译后的修饰中会发生改变，从而提供一种识别的标志，为其他蛋白质与 DNA 的结合产生协同或拮抗效应，它是一种动态转录调控成分，称为组蛋白密码(histone code)。

(1) 组蛋白的修饰形式：在哺乳动物基因组中，组成核小体八聚体核心的组蛋白游离在外的 N-端则可以受到各种各样的修饰，包括乙酰化、甲基化、磷酸化、泛素化、ADP 核糖基化等等，它们都是组蛋白密码的基本元素，这些修饰都会影响基因的转录活性。与 DNA 密码不同的是，组蛋白密码和它的解码机制在动物、植物及真菌类中是不同的。

（2）组蛋白修饰的作用：组蛋白修饰表现多方面的作用。

1）基因表达调控：组蛋白修饰可通过影响组蛋白与DNA双链的亲和性，从而改变染色质结构的疏松或凝集状态，或通过影响其他转录因子与结构基因启动子的亲和性来发挥基因表达调控作用（见第八章）。

2）参与有丝分裂：在有丝分裂过程中，有数个组蛋白磷酸化反应，其中大多数由Aurora B激酶催化。特异性组蛋白修饰可在有丝分裂的不同阶段检测到，在细胞核分裂中发挥多种功能（表7-6）。

表7-6 组蛋白修饰与有丝分裂

修饰形式	分裂间期	G_2/M	分裂早期	分裂晚期	修饰形式	分裂间期	G_2/M	分裂早期	分裂晚期
H3-S10 Phos	+/-	+	+++	++++	CENP-A S7 Phos	-	-	+++	+
H3-S28 Phos	-	-	++	+++	H4-K20 Me	+	++	+++	+++

3）参与DNA损伤和凋亡：在凋亡的级联反应中，蛋白激酶包括CHK1和CHK2的主要底物之一是组蛋白衍生物H2A. X。H2A. X的磷酸化是凋亡早期最早标志之一。在凋亡后期，Caspase激活蛋白激酶Mst1，Mst1使组蛋白H2B的Ser14磷酸化，这一修饰在染色质浓缩步骤中可检测到，是凋亡途径良好的标记物。还有研究发现，在凋亡过程中组蛋白H2B的Ser32发生磷酸化。

随着组蛋白密码学说的进一步完善，人们可深入探讨遗传调控和表观遗传调控相互作用的网络与不同生物学表型之间的关系；在控制真核基因选择性表达的网络体系内进一步深入理解染色质结构、基因调控序列以及调控蛋白之间交互作用的内在机制；建立基因表达调控的网络数据库及其分析系统；开发新药，如组蛋白去乙酰化酶抑制剂已应用于临床治疗多种肿瘤，多种组蛋白修饰酶已成为相关疾病治疗的靶标。

4. 二硫键的形成 mRNA中没有胱氨酸的密码子，但许多蛋白质都含有二硫键，这是多肽链合成后通过两个半胱氨酸的氧化作用生成的，二硫键对于维系蛋白质的空间构象很重要。如核糖核酸酶合成后，肽链中8个半胱氨酸残基构成了4对二硫键，此4对二硫键对它的酶活性是必需的。二硫键也可以在链间形成，使蛋白质分子的亚单位聚合。

（二）空间结构的修饰

多肽链合成后，除了正确折叠成天然空间构象之外，还需要经过某些其他的空间结构的修饰，才能成为有完整天然构象和全部生物功能的蛋白质。

1. 亚基聚合 具有四级结构的蛋白质由两条以上的肽链通过非共价聚合，形成寡聚体（oligomer）。蛋白质各个亚基相互聚合所需的信息仍储存在肽链的氨基酸序列之中，而且这种聚合过程往往有一定顺序，前一步骤常可促进后一步骤的进行。如血红蛋白分子$\alpha_2\beta_2$亚基的聚合。质膜镶嵌蛋白、跨膜蛋白也多为寡聚体，虽然各亚基自有独立功能，但又必须互相依存，才能够发挥作用。

2. 辅基连接 对于结合蛋白来讲，如糖蛋白、脂蛋白、色蛋白、金属蛋白、及各种带辅基的酶类等，其非蛋白部分（辅基）都是合成后连接上去的，这类蛋白只有结合了相应辅基，才能成为天然有活性的蛋白质。辅基（辅酶）与肽链的结合过程十分复杂，很多细节尚在研究中。如蛋白质添加糖链又称糖基化（glycosylatiion），是一种更为复杂的化学修饰过程。这类修饰主要发生在真核细胞的质膜蛋白或分泌蛋白上，由多种糖基转移酶催化，在细胞内质网及高尔基体中完成。对糖蛋白来说，用基因工程方法表达出肽链后，还不具备活性，因此如何使该蛋白质实现糖基化是目前正期待解决的关键问题之一。

三、蛋白质的靶向输送

蛋白质合成后经过复杂机制，定向输送到最终发挥生物功能的目标地点，称为蛋白质的靶向输送（protein targeting）。真核生物蛋白质在胞质核蛋白体上合成后，不外有三种去向：保留在胞液；进入细胞核、线粒体或其他细胞器；分泌到体液。后两种情况，蛋白质都必须先穿过膜性结构，才能到达。那么蛋白质究竟是如何跨膜运输的？跨膜之后又是依靠什么信息到达各自“岗位”的？这些有趣的问题正是生物膜研究中非常活跃的领域。

研究表明，细胞内蛋白质的合成有两个不同的位点：细胞质游离核蛋白体与内质网膜结合核蛋白体。两类核蛋白体的化学组成并无差异，但在合成蛋白质的种类方面却有分工：游离核蛋白体上合成的蛋白质一般属于胞质蛋白质，还有一部分经过分选后再运输到各自最终定位的地方，包括核蛋白以及参入到其他细胞器（线粒体、过氧化物酶体、叶绿体）的蛋白；膜结合核蛋白体合成的蛋白质主要指膜蛋白、分泌型蛋白以及滞留在内膜系统的可溶性蛋白。由于蛋白质合成的位点不同，也就决定了蛋白质的去向和转运机制不同。

真核生物主要有两种类型的蛋白质运输机制：一种是信号肽(signal peptide)引导的经内质网膜的运输途径，指在内质网膜结合核蛋白体上合成的蛋白质，其翻译与运转同时发生，故称“翻译时运转”；另一种是导肽(leading peptide)引导的通过线粒体、叶绿体、过氧化物酶体、乙醛酸体的膜运输途径，指在细胞质游离核蛋白体上合成的蛋白质，其蛋白从核蛋白体释放后才发生运转，故称“翻译后运转”。

(一) 翻译时运转

翻译时运转的蛋白质包括分泌型蛋白、膜整合蛋白、滞留在内质网、高尔基复合体、溶酶体、内体和小泡等的可溶性蛋白，它们均是有信号肽引导而运输的。

1. 信号肽 20世纪70年代美国科学家G. Blobel发现当很多分泌性蛋白跨过有关细胞膜性结构时，需切除N-末端的短肽，由此提出著名的“信号假说”——蛋白质分子被运送到细胞不同部位的“信号”存在于它的一级结构中，因此Blobel荣获了1999年的诺贝尔生理/医学奖。

所有靶向输送的蛋白质结构中均存在分选信号，主要为N末端特异氨基酸序列，可引导蛋白质转移到细胞的适当靶部位，这类序列称为信号序列(signal sequence)，是决定蛋白靶向输送特性的最重要元件。靶向不同的蛋白质各有特异的信号序列或成分(表7-7)。

各种新生分泌蛋白的N端都有保守的氨基酸序列称为信号肽，长度一般在13~36个氨基酸残基之间。有如下三个特点：①N端常常有1个或几个带正电荷的碱性氨基酸残基，如赖氨酸、精氨酸；②中间为10~15个残基构成的疏水核心区，主要含疏水中性氨基酸，如亮氨酸、异亮氨酸等；③C端多以侧链较短的甘氨酸、丙氨酸结尾，紧接着是被信号肽酶(signal peptidase)裂解的位点。

表7-7 靶向输送蛋白的信号序列或成分

靶向输送蛋白	信号序列或成分
分泌蛋白，输入ER	N端信号肽，13~36个氨基酸残基
内质网腔驻留蛋白	N端信号肽，C端-Lys-Asp-Glu-Leu-COO^-(KDEL序列)
内质网膜蛋白	N端信号肽，C端KKXX序列(X为任意氨基酸)
线粒体蛋白	N端信号序列，两性螺旋，12~30个残基，富含Arg、Lys
核蛋白	核定位序列(-Pro-Pro-Lys-Lys-Lys-Arg-Lys-Val-，SV40T抗原)
过氧化物酶体蛋白	C端-Ser-Lys-Leu-(SKL序列)
溶酶体蛋白	Man-6-P(甘露糖-6-磷酸)

2. 分泌型蛋白的运输机制 分泌型蛋白靶向进入内质网，需要多种蛋白成分的协同作用。

(1) 信号肽识别颗粒：信号肽识别颗粒(signal recognition particles，SRP)是6个多肽亚基和1个7S-RNA组成的11S复合体。SRP至少有三个结构域：信号肽结合域、SRP受体结合域和翻译停止域。当核蛋白体上刚露出肽链N端信号肽段时，SRP便与之结合并暂时终止翻译，从而保证翻译起始复合物有足够的时间找到内质网膜。SRP还可结合GTP，有GTP酶活性。

(2) SRP受体：内质网膜上存在着一种能识别SRP的受体蛋白，称SRP受体，又称SRP锚定蛋白(docking protein，DP)。DP由α(69 000)和β(30 000)两个亚基构成，其中α亚基可结合GTP，有GTP酶活性。当SRP受体与SRP结合后，即可解除SRP对翻译的抑制作用，使翻译同步分泌得以继续进行。

(3) 核蛋白体受体：该受体也是内质网膜蛋白，可结合核蛋白体大亚基使其与内质网膜稳定结合。

(4) 肽转位复合物：肽转位复合物(peptide translocation complex)为多亚基跨ER膜蛋白，可形成新生肽链跨ER膜的蛋白通道。

分泌型蛋白翻译同步运转的主要过程：①胞液游离核蛋白体组装，翻译起始，合成出N端包括信号肽在内的约70个氨基酸残基；②SRP与信号肽、GTP及核蛋白体结合，暂时终止肽链延伸；③SRP引导核蛋白体-多肽-SRP复合物，识别结合ER膜上的SRP受体，并通过水解GTP使SRP解离再循环利用，多肽链开始继续延长；④与此同时，核蛋白体大亚基与核蛋白体受体结合，锚定ER膜上，水解GTP供能，诱导肽转位复合物开放形成跨ER膜通道，新生肽链N端信号肽即插入此孔道，肽链边合成边进入内质网腔；⑤内质网膜的内侧面存在信号肽酶，通常在多肽链合成约80%以上时，将信号肽段切下，肽链本身继续增长，直至合成终止；⑥多肽链合成完毕，全部进入内质网腔中。内质网腔Hsp70消耗ATP，促进肽链折叠成功能构象，然后输送到高尔基体，并在此继续加工后储于分泌小泡，最后将分泌蛋白排出胞外；⑦蛋白质合成结束，核蛋白体等各种成分解聚并恢复到翻译起始前的状态，再循环利用(图7-14)。

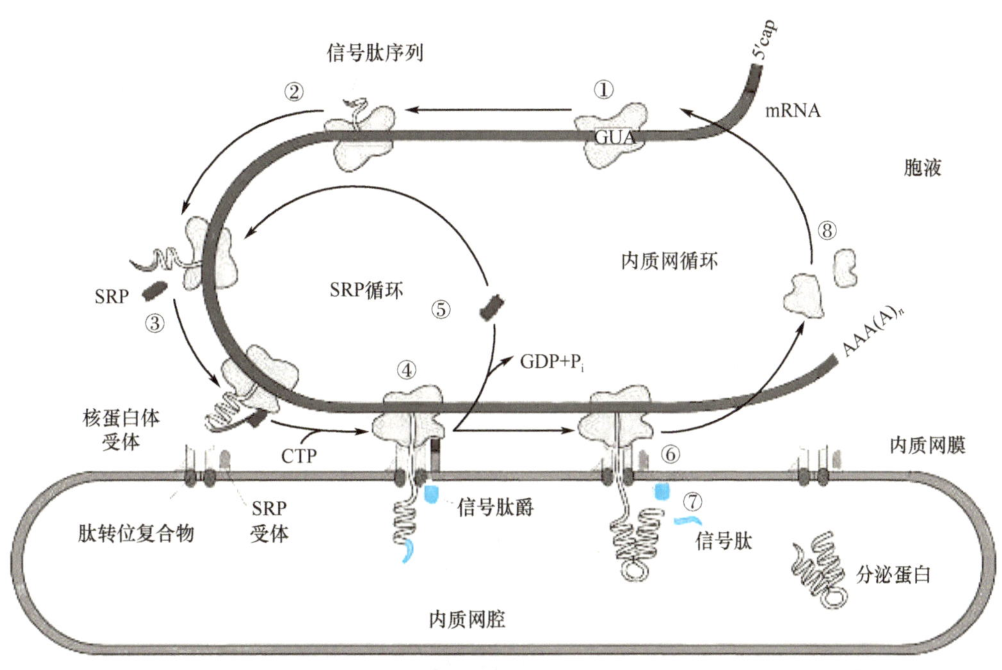

图 7-14 信号肽引导真核细胞分泌型蛋白质进入内质网

3. 溶酶体蛋白的定位 溶酶体酶和溶酶体膜蛋白在粗面内质网合成,然后转运至高尔基体的 *cis* 面,在那里进行糖基化修饰,加上 6-磷酸甘露糖。6-磷酸甘露糖是一个能将溶酶体蛋白靶向其目的地的信号。它能被定位于高尔基体 *trans* 面的 6-磷酸甘露糖受体所识别和结合,并将溶酶体蛋白包裹,形成运输小泡,以出芽方式与高尔基体脱离。运输小泡再与含有酸性内容物的分选小泡融合,分选小泡中较低的 pH 使溶酶体蛋白与受体解离,随后被磷酸酯酶水解为甘露糖和磷酸,以阻止 6-磷酸甘露糖再与其受体结合。余下的含有受体的膜片层,再通过出芽方式脱离分选小泡并返回高尔基体进行再循环利用;而溶酶体蛋白即通过小泡之间的融合最终释放至溶酶体(图 7-15)。

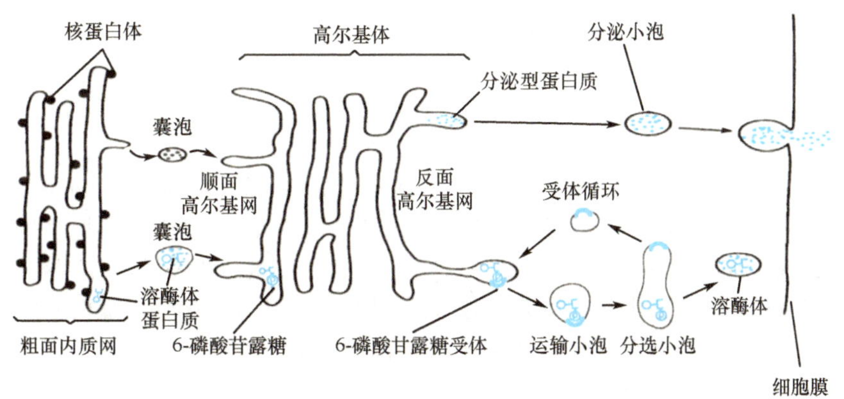

图 7-15 真核细胞溶酶体蛋白的合成与定位过程

4. 内质网膜及高尔基体蛋白的定位 内质网本身也含有许多蛋白质,它们能协助新合成的蛋白质正确地折叠成为天然构象,起到"分子伴侣"的作用。与分泌蛋白一样,内质网膜自身的整合蛋白也在粗面内质网上合成,再进入内质网腔,然后以运输小泡的形式转运至高尔基体。但是这些蛋白质的 C 端含有"滞留信号"-KDEL-,一旦小泡达到高尔基体时,高尔基体膜上的受体便与-KDEL-序列结合,经由小泡再将这些蛋白质送回到内质网膜上定位。

新合成的蛋白质进入 ER 并可能通过内质网-高尔基体系统运输,这个运输过程是由转换囊泡完成的,最后那些被转运的蛋白质借助一些特殊的信号序列停留在 ER 或高尔基体,或者被运往其他细胞器如内体(endosome),也可能运往细胞质膜。一般将内质网-高尔基体系统中,运载蛋白的小泡连续不断地从内质网向高尔基体的移动方向称为蛋白质的正向运输(forward transport)。一个典型的蛋白质约 20 分钟内就能完成正向运输,最终达到质膜。蛋白质的逆向运输(retrograde transport)则是指某些在 ER 中滞留的蛋白质进入高尔基体后通过特殊的信号,如其C-端的KDEL序列,从高尔基体再返回内质网的小泡运输过程。逆向运输对保持内质网膜体系的稳定十分重要。

由于正向运输时,蛋白质包被在小囊泡中以"货物"的形式在膜表面之间运输,小泡从供体膜表面"出芽",与靶膜融合后即将货物蛋白卸载到目的地。实际上,一旦小囊泡从供体膜部位出芽,立即被被膜蛋白包裹并形成被膜小泡后再进行运输的。根据被膜的不同,运输小泡可分为COP-Ⅰ(coat protein-Ⅰ)和COP-Ⅱ(coat protein-Ⅱ)被膜小泡,前者与逆向运输有关,后者与正向运输有关。

5. 细胞质膜蛋白的插入和定位 细胞质膜整合蛋白一般可分为5型:Ⅰ型与Ⅱ型都是指多肽链在膜上穿过一次的,只是Ⅰ型N端在胞外,Ⅱ型C端在胞外;Ⅲ型膜蛋白是多肽链多次穿膜,如G蛋白偶联受体跨膜7次;Ⅳ型是多个一次穿膜的亚基组成一个跨膜通道;Ⅴ型是脂或糖脂蛋白,靠其脂化的脂肪酸链插入膜。

细胞质膜整合蛋白是在RER表面的核蛋白体上合成的,但是合成后立即插入RER膜片层中。这些新合成的质膜蛋白在转运至高尔基体及细胞膜表面之前,就一直停泊在膜中而不进入管腔,直到最后形成的小泡与质膜融合而成为细胞质膜的新组成成分(图7-16)。

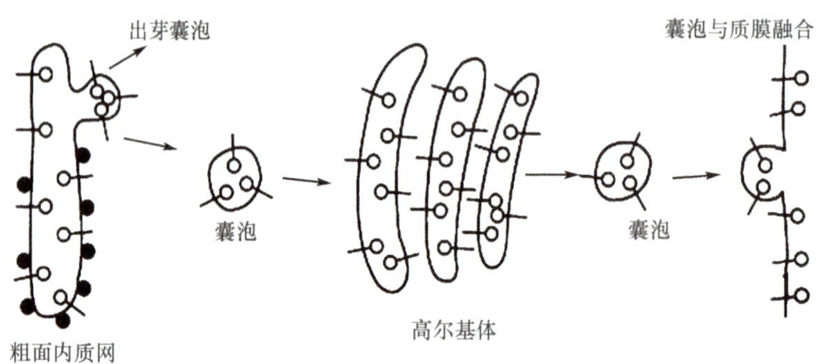

图7-16 细胞质膜蛋白的合成与定位过程

不同类型的质膜蛋白可以通过不同方式完成其膜上的定位和取向。有些质膜整合蛋白仅跨膜一次,而有些却反复跨膜多次。质膜蛋白的不同定向及跨膜次数完全取决于多肽链中一段由疏水氨基酸组成的特殊拓扑异构序列。该序列可分三种类型:N端信号序列、内部信号序列及停止转移序列。

仅跨膜一次的Ⅰ型质膜整合蛋白的结构中含有N端信号序列,该序列也能像分泌蛋白一样被内质网信号肽酶切除;此外,该蛋白质内部还存在另一段疏水序列,叫停止转移序列。这类蛋白也是边翻译边插入RER膜上的。一旦由于蛋白质内部的疏水性"停止转移序列"进入膜脂双层的疏水区域并发生相互作用时,还未等到整个蛋白质全都跨过内质网膜,转移过程便被终止,形成N端朝内质网管腔、C端朝向胞质的定位,待最终被运输小泡带至质膜融合后,即形成N端朝胞外、C端朝向胞质的Ⅰ型膜蛋白的定位。

对于Ⅱ型膜蛋白而言,和分泌蛋白一样,恰好有一个N端的非信号肽酶水解序列,正是靠该信号序列将细胞膜蛋白牢固停泊在内质网膜上。多次跨膜的Ⅲ型膜蛋白结构中含有多个"内部信号序列"及"停止转移序列",在细胞膜蛋白合成及转运期间,它们将依次发挥作用。总之质膜蛋白的N端或C端最终在质膜上的定向完全取决于N端的信号序列是否被水解以及最后的拓扑异构序列到底是一个"内部信号肽序列"还是"停止转移序列"。有些蛋白质缺乏N端信号序列,仅有一个"内部信号肽序列"。

(二)翻译后运转

1. 导肽 除了分泌蛋白外,体内还存在一类跨膜蛋白质,如线粒体、叶绿体、过氧化物体、乙醛酸体等的膜蛋白质,它们的运输不能用信号肽理论来解释,因而提出"导肽"牵引和定位学说。与边翻译边运输的分泌蛋白不同的是由导肽牵引的蛋白质属于合成后再分选和运输的。导肽位于蛋白质前体的N端,约含20~80个氨基酸残基,导肽所引导的"前体"蛋白通过细胞膜时,被1~2种多肽酶水解后转化为成熟蛋白质。导肽的特征是:①带正电荷的碱性氨基酸(Arg和Lys)残基含量较丰富,它们分散于不带电荷的氨基酸残基之间;②缺失带负电荷的酸性氨基酸残基;③羟基氨基酸(Ser和Thr)含量较高;④有形成两性(亲水和疏水)α-螺旋结构的能力。

2. 线粒体蛋白的跨膜转运 90%以上的线粒体蛋白前体在胞质游离核蛋白体合成后输入线粒体,其中大部分定位基质,其他定位内、外膜或膜间隙。线粒体蛋白N端都有12~30个氨基酸残基构成的信号序列,称为导肽。

线粒体基质蛋白翻译后定位过程:①前体蛋白在胞质游离核蛋白体上合成,并释放到细胞液中;②细胞液中的分子伴侣Hsp70或线粒体输入刺激因子(mitochondrial import stimulating factor,MSF)与前体蛋白结合,以维持这种非天然构象，并阻止它们之间的聚集；③前体蛋白通过信号序列识别、结合线粒体外膜的受体复合物；④再转运、穿过由线粒体外膜转运体(Tom)和内膜转运体(Tim)共同组成的跨内、外膜蛋白通道，以未折叠形式进入线粒体基质；⑤前体蛋白的信号序列被线粒体基质中的特异蛋白水解酶切除，然后蛋白质分子自发地或在上述分子伴侣帮助下折叠形成有天然构象的功能蛋白(图 7-17)。

蛋白质进入线粒体内膜和线粒体间隙需要两种信号。首先，蛋白质按照上面所描述的过程进入基质，然后由第二个信号序列将蛋白质引回线粒体内膜或穿过内膜进入线粒体间隙。蛋白质进入叶绿体的机制与上述进入线粒体的机制相同，但是所使用的信号序列必须区分开来，因为在某些植物中线粒体和叶绿体是靠在一起的，必须精确定位。

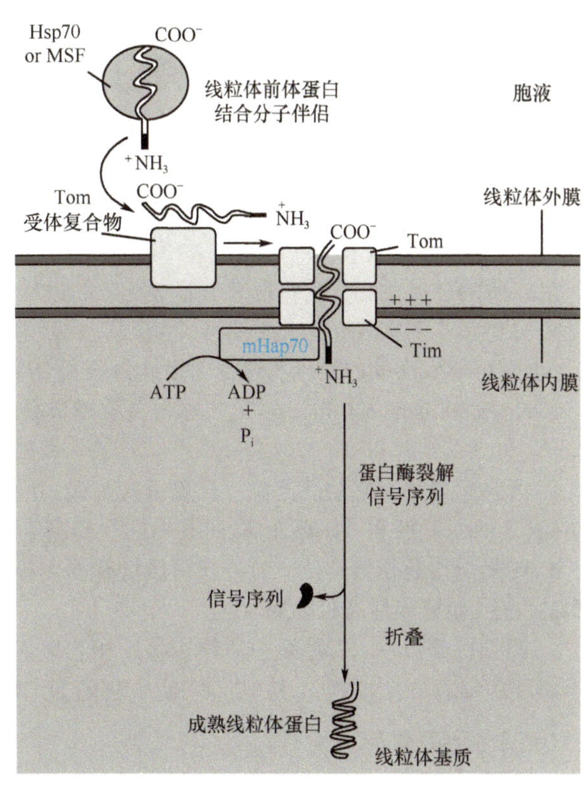

图 7-17 真核细胞线粒体蛋白的定位过程

3. 过氧化物酶体蛋白的跨膜转运 与进入线粒体的蛋白类似，进入过氧化物酶体中的蛋白质也是在游离核蛋白体上合成的，其蛋白从核蛋白体释放后进行“翻译后运转”。但与进入线粒体蛋白不同的是，进入过氧化物酶体中的蛋白似乎都是在折叠好之后再进行转运的。

目前对进入过氧化物酶体基质的蛋白分子已经鉴定出两类较为普遍存在的信号肽段。过氧化氢酶、脂肪酰辅酶 A 氧化酶等蛋白的 C 末端都存在一个保守的-Ser-Lys-Leu-序列。研究表明，由这三个氨基酸残基组成的序列对于蛋白质转运进入过氧化物酶体是必需和充分的，但必须位于 C 末端，而且在蛋白质定位后也不会被切除。另一类是信号序列位于 N 末端，如过氧化物酶体蛋白、硫解酶，但这类信号肽在蛋白质定位后将被切除掉。

4. 细胞核蛋白质的定位 所有细胞核中的蛋白，包括组蛋白及复制、转录、基因表达调控相关的酶和蛋白因子等都是在胞质游离核蛋白体上合成之后转运到细胞核的，而且都是通过体积巨大的核孔复合体进入细胞核的。因此，细胞核蛋白的输送也属于翻译后运转，但不是由导肽引导的。

研究表明，所有被输送到细胞核的蛋白质多肽链都含有一个核定位序列(nuclear localization sequence, NLS)。与其他信号序列不同，NLS 可位于核蛋白的任何部位，不一定在 N 末端，而且 NLS 在蛋白质进核后不被切除。因此，在真核细胞有丝分裂结束核膜重建时，胞液中具有 NLS 的细胞核蛋白可被重新导入核内。最初的 NLS 是在猿病毒 40(SV40)的 T 抗原上发现的，为 4~8 个氨基酸残基的短序列，富含带正电荷的赖氨酸、精氨酸及脯氨酸。不同 NLS 间未发现共有序列。

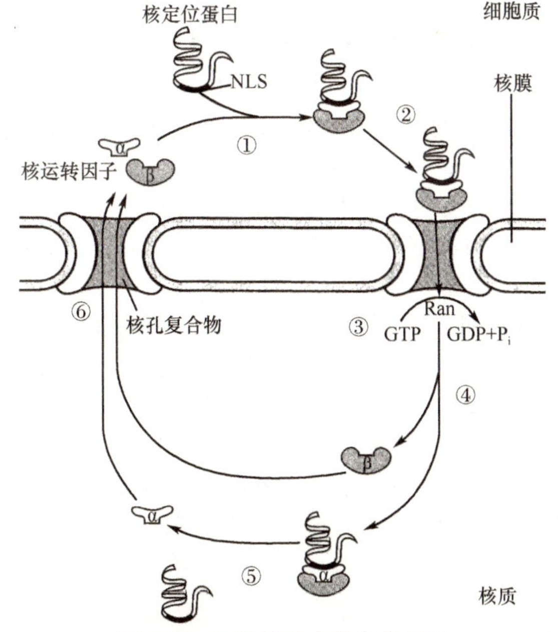

图 7-18 细胞核蛋白的定位过程

蛋白质向核内输送过程需要几种循环于核质和胞质的蛋白质因子，包括 α、β 核输入因子(nuclear importin)和一种分子量较小的 GTP 酶(Ran 蛋白)。3 种蛋白质组成的复合物停靠在核孔处，α、β 核输入因子组成的异二聚体可作为胞核蛋白受体，与 NLS 结合的是 α 亚基。核蛋白定位过程如下：①核蛋白在胞液游离核蛋白体上合成，并释放到细胞液中；②蛋白质通过 NLS 识别结合 α、β 输入因子二聚体形成复合物，并被导向核孔复合体；③依靠 Ran GTP 酶水解 GTP 释能，将核蛋白-输入因子复合物跨核孔转运入核基质；④转位中，β 和 α 输入因子先后从复合物中解离，胞核蛋白定位于细胞核内。α、β 输入因子移出核孔再循环利用(图 7-18)。

第五节 蛋白质结构及定位异常与疾病

一、蛋白质构象病

（一）蛋白质构象病概况

蛋白质的合成、加工、成熟是一个非常复杂的过程，其中多肽链的正确折叠对其天然构象的形成和功能发挥至关重要。若多肽链折叠发生错误，尽管其一级结构不变，但蛋白质的空间构象发生改变，仍可影响其功能，严重时可导致疾病的发生。这种因多肽链折叠错误导致蛋白质构象异常而引起的疾病，称为蛋白质构象病（protein conformational diseases），又称蛋白质错折叠疾病。蛋白质错折叠疾病根据其分子机制可分为 3 种类型。

1. 无法折叠为正常功能产物 仅仅折叠错误，并不影响其合成，转运和定位也基本正常，但蛋白质失去正常功能，从而引发疾病。如坏血病、肌萎缩性脊髓侧索硬化症、囊性纤维化等。

2. 错折叠引起错误定位 有些蛋白质折叠发生错误后，主要影响其正常的转运，发生错误定位，从而导致疾病的发生，如家族性高胆固醇血症。

3. 毒性折叠产物 有些蛋白质错折叠后相互聚集，形成抗蛋白水解酶的淀粉样纤维沉淀，产生毒性而致病。如朊病毒病、白内障等。其中朊病毒病是蛋白质构象病的典型代表。

（二）朊病毒病

1. 朊病毒病的发现与病理特征 1985 年 4 月，医学家们在英国首先发现了一种牛患上的新病，初期病牛表现行为反常，烦躁不安，步态不稳，经常乱踢以至摔倒、抽搐等中枢神经系统错乱的变化；后期出现强直性痉挛、两耳对称性活动困难、体重下降、极度消瘦、痴呆、不久牛即死亡。然后，专家们对这一世界始发病例进行组织病理学检查，发现病牛中枢神经系统的脑灰质部分形成海绵状空泡，脑干灰质两侧呈对称性病变，神经纤维网有中等数量的不连续的卵形和球形空洞，神经细胞肿胀成气球状。另外，还有明显的神经细胞变性、坏死及淀粉样沉积物。1986 年 11 月，科学家们将该病定名为牛海绵状脑病（Bovine Spongiform Encephalopathy，BSE），又称"疯牛病"（mad cow disease），并首次在英国报刊上报道。二十多年来，这种病迅速蔓延，不仅在英国，世界上许多国家如法国、爱尔兰、加拿大、丹麦、葡萄牙、瑞士、德国和美国等先后都有 BSE 病例发现。对病牛进行免疫组织化学及免疫印迹法检查 PrP^{sc} 均为阳性。

BSE 是由朊病毒蛋白（prion protein，PrP）引起的一种牛神经系统的退行性病变。该病的主要特征是牛脑发生海棉状病变，并伴随大脑功能退化，临床主要表现为神经错乱、运动失调、痴呆和死亡。

PrP 可引起一系列致死性神经变性疾病，统称为朊病毒病。人类的朊病毒病主要有：库鲁病、脑软化病、纹状体脊髓变性病或克-雅氏病、新变异型克-雅氏病和致死性家族性失眠症等。由于朊病毒病均与朊病毒蛋白构象异常有关，故又称蛋白质构象病。这充分说明，蛋白质的空间构象对蛋白质功能的正确发挥是极端重要的。

2. PrP 的结构与性质 PrP 是引起一组人和动物神经退行性病变的病原体，其在动物间的传播是由传染性颗粒-朊病毒（prion）完成的。近 30 年研究发现，该颗粒不含有核酸成分，仅由修饰后的 PrP 同一蛋白 PrP^{sc} 组成。因此，PrP 引起的疾病也称蛋白粒子病。

PrP 是一类高度保守的糖蛋白，具有保护神经系统免受氧化损伤、调节神经细胞 Ca^{2+}浓度、参与信号转导、以及参与核酸代谢等作用。正常动物和人的 PrP 分子量为 33～35kD，仓鼠和小鼠 PrP 蛋白合成时为 254 个氨基酸，人的 PrP 为 253 个氨基酸。PrP 有两种构象：正常型（PrP^{c}）和致病型（PrP^{sc}）。正常型朊蛋白（PrP^{c}）由染色体基因编码，对蛋白酶敏感，广泛表达于脊椎动物细胞表面。PrP^{c}分子中含有 36.1% 的 α-螺旋、11.9% 的 β-折叠、19% 的 β-转角和 33% 无规卷曲，而 PrPsc 含有 30% 的 α-螺旋、43% 的 β-折叠（图 7-19）。PrP^{sc}与 PrP^{c}在理化性质上有很大的不同（表 7-8），如表现为对蛋白酶有抵抗力，对热稳定，并且成为侵染力强的致病因子，在试管内可形成原纤维，对培养的神经元有毒性。

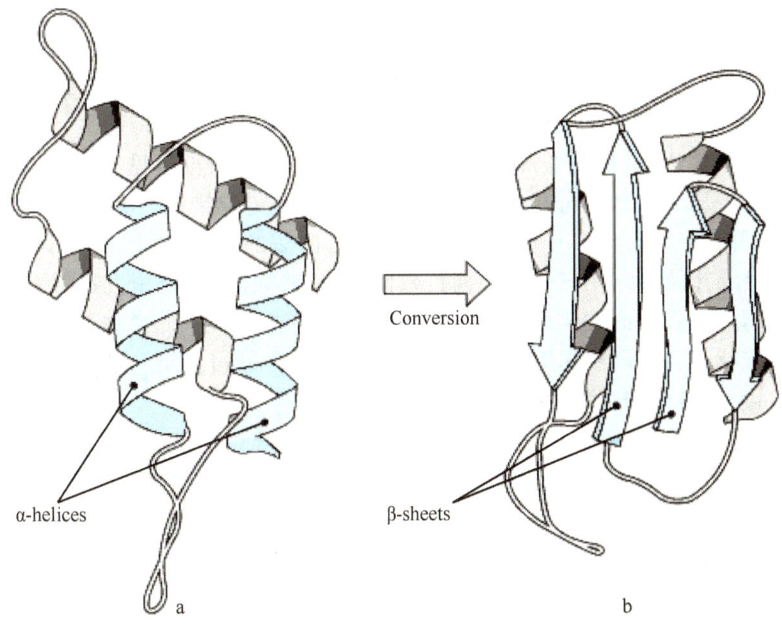

图 7-19 Prp 两种构象

a.正常型 Prp^{c};b.致病型 Prp^{sc}

表 7-8 PrP^{c}与 PrP^{sc}结构与性质的比较

PrP 类型	相对分子质量	三维结构特点	蛋白酶水解	热稳定性	侵染能力
PrP^{c}成熟	33~35kD	α-螺旋为主	敏感	不稳定	无
PrP^{sc}成熟	27~30kD	β-折叠为主	不敏感	稳定	强

3. PrP^{sc}致病机制 PrP^{sc}导致蛋白粒子病的详细机制并不完全清楚。朊病毒本身不能繁殖,但目前普遍认为它是通过胁迫 PrP^{c}改变空间结构而达到自我复制的目的,并产生病理效应。基因突变可导致细胞型 PrP^{c}中的 α-螺旋结构不稳定,至一定量时产生自发性转化,β-片层增加,最终变为 PrP^{sc}型;继而 1 分子 PrP^{sc}胁迫 1 分子 PrP^{c}形成 PrP^{sc}二聚体,随后 2 分子 PrP^{sc}又胁迫 2 分子 PrP^{c}形成 PrP^{sc}四聚体(图 7-20),如此倍增累积 PrP^{sc},导致神经元损伤,使脑组织发生退行性变。

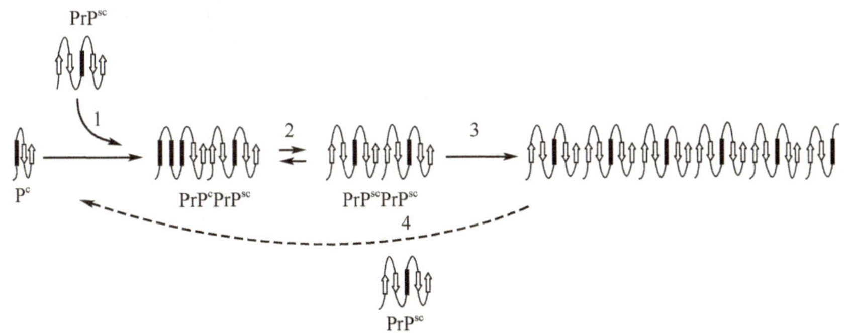

图 7-20 PrP^{c}转变为 PrP^{sc}的过程

二、蛋白质定位紊乱与疾病

蛋白质合成后不仅需折叠成正确的空间构象,有些蛋白还需转运到特定的场所发挥功能。蛋白质定位紊乱也与某些疾病的发生有关。

1. 家族性高胆固醇血症 又称家族性高 β 脂蛋白血症,发病的分子机制是 LDL 受体定位错误。LDL 受体蛋白发生错误折叠,不能转运和定位于细胞膜表面而失去识别和结合 LDL 的功能,使血浆 LDL 的水平明显升高。本病为常染色体显性遗传,临床特点是高胆固醇血症、特征性黄色瘤、早发心血管疾病和阳性家族史。家族性高胆固醇血症是儿童期最常见的遗传性高脂血症,也是脂质代谢疾病中最严重的一种,可导致各种危及生命的心血管疾病并发症出现，是冠脉疾病的一种重要危险因素。

2. 家族性黑蒙性白痴 又称神经节苷脂沉积病或脑黄斑变性，发病的分子机制是β-氨基己糖苷酶定位错误。本病首先由Tay(1881)提出，1896年Sachs确定本病是家族性遗传性疾病，故又称Taysachs症。本病属于常染色体隐性基因遗传，临床特征为智力缺陷，失明和瘫痪。婴儿出生时尚正常，数日或一周岁后出现症状，患者表现迟钝，淡漠，不灵活，进行性视力减退，甚至失明，视网膜黄斑部可见一樱红色斑点为其特征。

3. α_1-抗胰蛋白酶缺乏症 发病的分子机制是α_1-抗胰蛋白酶定位错误。α_1-抗胰蛋白酶是一种糖蛋白，含糖10%~20%，主要由肝脏合成。它即是血清中最主要的蛋白酶抑制剂，大约占血清中抑制蛋白酶活力的90%，不仅作用于胰蛋白酶，同时也作用于糜蛋白酶、弹性蛋白酶、尿激酶、肾素、胶原酶、纤溶酶和凝血酶等；又是一种急性时相反应蛋白，在炎症性疾患时，α_1-抗胰蛋白酶可透过毛细血管进入组织液，在炎症局部往往浓度很高，对急性炎性疾病有一定限制作用。α_1-抗胰蛋白酶缺乏症通过常染色体遗传，临床特点为新生儿肝炎，婴幼儿和成人的肝硬化、肝癌和肺气肿等。

4. 视网膜炎 发病的分子机制是视紫红质定位错误。视网膜炎以视网膜组织水肿、渗出和出血为主，引起不同程度的视力减退；一般继发于脉络膜炎，导致脉络膜视网膜炎症。眼观症状不明显，临床主要表现为视力减退，甚至失明。

5. 矮妖精貌综合征 发病的分子机制是胰岛素受体定位错误。矮妖精貌综合征是一种罕见的遗传病，呈常染色体隐性遗传。临床特点是：①显著的高胰岛素血症，有极度胰岛素抵抗，可高达正常水平的100倍；②糖耐量可正常，有时出现空腹低血糖；③可有其他多种异常，如宫内发育停滞、面貌怪异、皮下脂肪菲薄和黑棘皮病等。新生女婴可有多毛、阴蒂肥大和多囊卵巢，男婴阴茎短小，多早年夭折。患儿主要是身材矮小、容貌似妖精、下颌突出以及脑积水样头颅等。

思 考 题

1. 用连续的(CCA)*n*核苷酸序列合成一段mRNA，放在试管内加入胞质提取液(含翻译所需的所有组分)及20种氨基酸，反应结果得到由组氨酸、脯氨酸、苏氨酸组成的肽。已知组氨酸和苏氨酸的遗传密码是CAC、ACC，你能判断出脯氨酸的密码吗？

2. 以下列DNA单链片段(5′……CTACTGACCATGGTGCGTAAGCAT……3′)为模板，写出合成肽链的氨基酸顺序，并指出N末端和C末端。

3. 从合成原料、合成部位、合成模板、主要酶、合成产物、产物生成方向、配对关系七个方面比较复制、转录、翻译过程。

4. 试述原核生物与真核生物肽链合成过程有何不同？

5. 何谓PrP？何谓蛋白质构象病？试比较PrP^c与PrP^{sc}的三维结构和性质。PrP^{sc}致病的分子机制如何？

(肖建英)

第八章 基因表达调控

基因表达产生具有生物学功能的 RNA 或蛋白质,但不是所有的基因都处于相同的表达状态,或处于相同的表达水平。在某一特定时期或特定组织,只有一部分基因处于高表达状态,大部分基因处于低表达或不表达状态。例如,大肠埃希菌约有 5% 的基因处于高水平表达状态,其余大多数基因以极低的速率进行表达,或处于不表达的静息状态。哪些基因表达,哪些基因低表达或不表达,这是由细胞的基因表达调控作用来控制的。生物体为适应环境变化和维持自身生存、生长和发育的需要,调控基因的表达,即为基因表达调控(regulation of gene expression)。整个基因组基因表达的精确调控,影响着生物学功能和生命的所有过程,因此基因表达调控是现代分子生物学研究的中心课题之一。

第一节 概 述

生物体可通过调控基因表达,改变体内代谢过程或生物体功能状态。基因表达过程是遗传信息传递的过程,影响遗传信息传递过程的任何因素都会导致基因表达的变化,从基因活化到翻译后加工以及蛋白质降解的任何环节都会影响基因表达。随着环境和机体生物功能需要的变化,基因表达是有规律性的进行,不同的基因可以适时地、选择性地、程序性地表达。遗传信息的传递过程也是生物大分子在体内的相互作用过程,生物大分子的相互作用是基因表达调控的主要分子基础。

一、基因表达调控的基本规律

在任何生物体内基因表达都具有严格的规律性,从低等生物到高等生物,生物物种越高级,基因表达调控越复杂,调控机制越精细,这是生物进化的结果,是生物体适应环境和增强功能的需要。

(一) 基因表达具有多级调控环节

基因表达是一个十分复杂的过程,它包括染色质活化、转录起始、转录后加工及转运、翻译及翻译后加工及蛋白质降解等多层次的调控环节。染色质活化是通过改变组蛋白和 DNA 的相互作用,改变染色质结构。活化状态的基因表现为染色质结构松散、基因对核酸酶作用敏感、非组蛋白及修饰的组蛋白与 DNA 结合并呈现低甲基化状态。转录起始是基因表达调控的最主要环节,主要通过调节蛋白与 DNA 调控序列相互作用来调控基因转录。转录后加工及转运是通过 RNA 剪接、编辑、转运来调控基因的表达。翻译及翻译后加工的调控可通过特异的蛋白因子阻断 mRNA 翻译,翻译后对蛋白质的加工、修饰也是基本调控环节。

(二) 基因表达调控具有时间和空间特异性

基因表达的时间特异性(temporal specificity)是指基因表达过程严格按照时间顺序进行。在多细胞生物,个体发育的各个阶段,基因表达严格按细胞分化、个体发育的顺序开启或关闭,基因表达与分化、发育具有一致的时间性,因此多细胞生物基因表达的时间特异性又称阶段特异性。

基因表达的空间特异性(spatial specificity)是指个体生长发育过程中,基因表达在不同组织细胞空间顺序出现。基因表达的这种空间分布差异,实际上是由细胞在器官的分布决定的,因此基因表达的空间特异性又称细胞特异性或组织特异性。

在多细胞生物,在同一组织器官,不同的生长发育阶段,基因的表达是不一样的;在同一生长发育阶段,在不同的组织、器官,基因的表达也是不相同的。

(三) 基因表达的正调控和负调控

基因表达的正调控是指调控因子促进基因的表达;基因表达的负调控则是指调控因子抑制基因的表达。在原核生物,正调控和负调控共同存在于调控机制中,都发挥了调控作用,但转录水平的调控以负性调控方式为主，主要是阻遏蛋白与操纵序列结合而抑制基因的转录。在真核生物的转录水平，RNA 聚合酶需要调控蛋白参与才能催化转录的起始，调控蛋白结合于启动子附近，与 RNA 聚合酶形成转录起始复合物，才能起始转录，因此正调控方式是真核生物基因表达的主要方式。

二、基因表达的基本方式

基因表达可有三种基本方式。

（一）组成性表达方式

某些基因几乎在所有的细胞中都以适当恒定的速率持续表达，这些基因的产物对生命的全过程都是必不可少的，这种表达方式称为基因的组成型表达（constitutive expression）。采取组成性表达的基因被称为管家（或持家）基因（house keeping gene）。管家基因的表达较少受环境因素的影响，一般只受启动子与 RNA 聚合酶相互作用的影响。例如，糖酵解、三羧酸循环代谢途径所需的酶编码基因，以及核蛋白体蛋白、微管蛋白编码基因就属管家基因，其基因表达方式为组成型表达。但组成型表达并非真的一成不变，其表达也是在一定机制控制下进行，根据基因功能不同，不同的管家基因表达水平有高有低。

（二）适应性表达方式

大多数基因的表达，都受到内外环境变化的影响。随着内外环境信号的变化，调控蛋白活性改变，使基因表达水平与内外环境的变化相适应。诱导表达和阻遏表达是基因表达适应内外环境的变化而变化的两种表达形式，在生物界普遍存在。诱导表达（induction expression）是指在特定环境因素刺激下，激活蛋白基因被激活，使某些基因的表达增强。可被诱导表达的基因称为可诱导基因。例如，细菌 DNA 严重损伤时，编码修复酶的基因被诱导表达，使基因修复酶反应性地增加。阻遏表达（repression expression）是指在特定环境因素刺激下，阻遏蛋白基因被激活，使某些基因的表达水平降低。可被阻遏表达的基因称为可阻遏基因。例如，当细菌培养基中色氨酸供给充分时，细菌体内与色氨酸合成有关的酶基因表达水平降低。

（三）协调性表达方式

在生物体内，物质代谢过程的进行和生物学功能的发挥，都需要多基因产物的共同作用。因此，在功能上相关的一些基因的表达调控须协调一致，相互配合，共同表达，这种多基因的共同表达即为协调表达（coordinate expression）。协调表达产生的调节作用称为协调调节（coordinate regulation）。协调调节对生物体的整体代谢和功能具有重要意义。

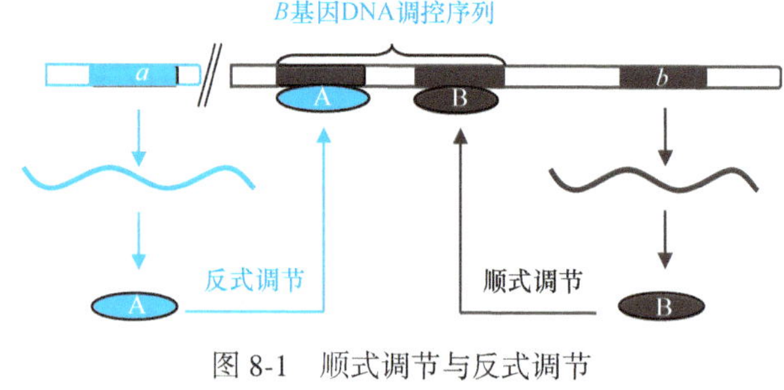

图 8-1 顺式调节与反式调节

如果调控蛋白特异识别、结合自身基因的 DNA 调控序列，调节自身基因的开启和关闭，是一种分子内的调节方式，这种协调调节方式称为顺式调节（cis regulation）；如果调控蛋白特异识别、结合另一基因的 DNA 调控序列，调节另一基因的开启和关闭，是一种分子间的调节方式，这种协调调节方式称为反式调节（trans regulation）（图 8-1）。绝大多数真核转录调控蛋白都起反式调节作用，所以又称为反式作用因子。

三、基因表达调控的分子基础

DNA 调控序列、调控蛋白和小分子 RNA 是参与基因表达调控的主要分子。DNA 与调控蛋白相互作用是多级调控过程的主要分子基础，小分子 RNA 在转录后调控发挥重要作用。

（一）DNA 调控序列

位于基因转录起始点附近的 DNA 调控序列，能与调控蛋白或 RNA 聚合酶结合，起基因转录调控作用。转录起始点上游区域的 DNA 序列，即启动子序列，为 RNA 聚合酶的结合位点，启动子序列碱基突变或变异影响 RNA 聚合酶的结合和转录活性。在启动子的附近还存在阻遏蛋白和激活蛋白的结合位点。在原核生物，位于结构基因上游的 DNA 调控序列与结构基因共同组成一个转录单位，称为操纵子（operon）。在真核生物，DNA

调控序列比原核生物更为复杂,可位于结构基因的上游,也可位于结构基因的下游,或在结构基因序列之间,或远离结构基因。真核生物基因的 DNA 调控序列能与相应的调控蛋白结合影响自身基因表达活性,故称为顺式作用元件(cis-acting element)。

(二)调控蛋白

调控蛋白多为 DNA 结合蛋白,能够与 DNA 调控序列结合,增强或阻遏 RNA 聚合酶的活性。起增强转录作用的调控蛋白称为激活蛋白(activator),起抑制转录作用的调控蛋白称为阻遏蛋白(repressor)。真核基因转录的调控蛋白又称为转录因子(transcription factors,TF)。根据作用方式,可将转录因子分为顺式作用蛋白和反式作用因子两大类。一个基因表达的蛋白质辨认与结合自身基因的顺式作用元件,从而调节自身基因表达活性的转录因子称为顺式作用蛋白。一个基因表达的蛋白质能直接或间接辨认与结合非己基因的顺式作用元件,从而调节非己基因表达活性的转录因子称为反式作用因子(trans-acting factor)。大多数的转录因子是反式作用因子。

调控蛋白至少具有两个结构域:DNA 结合域和转录激活域。激活蛋白通过 DNA 结合域结合于 DNA 调控序列,通过转录激活结构域与 RNA 聚合酶或其他蛋白结合,产生募集(recruitment)作用,引导 RNA 聚合酶与启动子结合,增强 RNA 聚合酶活性;或通过变构效应改变其他蛋白活性,促进转录,介导正性调控。阻遏蛋白结合于调控 DNA 序列位点,阻碍 RNA 聚合酶与启动子结合,或使 RNA 聚合酶不能沿 DNA 向前移动,介导负性调控。

绝大多数调控蛋白结合 DNA 前需通过蛋白质-蛋白质相互作用形成二聚体或多聚体,从而具有更强的 DNA 结合能力;有时调控蛋白二聚化后也可能降低结合 DNA 的能力。还有一些调控蛋白不能直接结合 DNA,而是通过蛋白质-蛋白质相互作用间接地与 DNA 结合,协调调控基因转录。

第二节　原核生物的基因表达调控

原核生物的基因表达调控主要发生在转录起始阶段,以操纵子为转录单位。一个操纵子含一个启动序列(亦称启动子),但具有数个可转录的编码基因,在同一启动序列控制下,可转录出多顺反子 mRNA(polycistronic mRNA)。原核生物基因通过单启动调控的方式,完成多基因产物的表达,这种操纵子调控机制在原核生物基因调控中具有普遍的重要意义。在原核生物操纵子中,特异的阻遏蛋白是控制原核生物启动序列活性的重要因素,当阻遏蛋白与操纵子中的操纵序列结合或解聚,使特异基因关闭或开放,因而无论是编码阻遏蛋白的基因发生突变,还是操纵序列发生突变,都导致阻遏蛋白无法与操纵基因结合,而使原核生物基因表达失控。因此原核生物的基因表达调控以负性调控为主要特征。

一、细菌的基因表达调控

1961 年,法国著名科学家 F. Jacob 和 J. L. Monod 第一个阐明了细菌基因表达的操纵子调控机制。他们发现细菌可根据培养基的营养成分调控基因表达,当培养基中富含葡萄糖时,大肠埃希菌可利用葡萄糖作为代谢能源;当培养基中富含乳糖(lactose,lac)时,大肠埃希菌可利用乳糖作为能量来源;当葡萄糖和乳糖都存在时,大肠埃希菌优先利用葡萄糖,葡萄糖利用完毕后,才利用乳糖。Jacob 和 Monod 通过实验研究证实,乳糖(真正的诱导剂是别乳糖)可诱导分解代谢乳糖的酶基因,从而建立了"乳糖操纵子学说",解释了分解代谢乳糖的酶基因表达调控机制,成为原核生物基因调控的主要学说之一。Jacob、Monod 和 A. M. Lwoff 因在研究有关酶和细菌遗传调节机制方面的贡献而获得 1965 年的诺贝尔生理学/医学奖。

(一) *lac* 操纵子(*lac* operon)

Jacob 和 Monod 在实验中首先获得两株 *E.coli* 突变体,这两株突变体不管培养基中是否存在乳糖,都能组成性表达代谢乳糖的 β-半乳糖苷酶。两株突变体的其中一株突变体,在 *lac* 操纵子结构基因上游的 DNA 序列发生缺陷突变(*lacO* 缺陷突变体);另一株突变体是表达阻遏蛋白的基因发生失活突变(*lac I* 缺陷突变体)。Jacob 和 Monod 用带有野生型 *lac* 操纵子和 *lac I* 基因 DNA 片段的质粒(野生型质粒),分别共转染上述两株突变体。结果显示,野生型质粒与 *lacO* 缺陷突变体共转染,仍然组成性表达 β-半乳糖苷酶;野生型质粒与 *lac I* 缺陷突变体共转染,不出现组成性表达 β-半乳糖苷酶。这一实验结果表明,*lac I* 基因产物蛋白对 *lac* 操纵子的负调控作用，野生型 *lac I* 基因产物蛋白，能替代 *lac I* 缺陷突变体缺失的 *lac I* 基因产物蛋白，起阻遏 β-半乳糖苷酶表达的作用；但野生型 *lac* 阻遏蛋白不能阻遏 *lacO* 缺陷突变体的基因表达（图 8-2 和图 8-3）。经过进一步的实验研究提出 *lac* 操纵子的结构和调控机制。

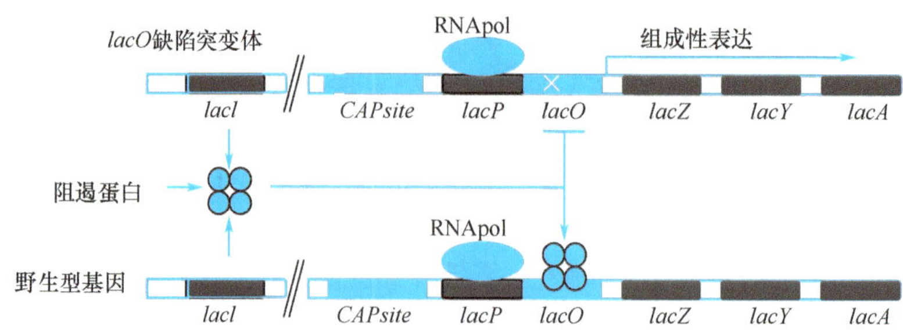

图 8-2 野生型质粒与 *lacO* 缺陷突变体共转染

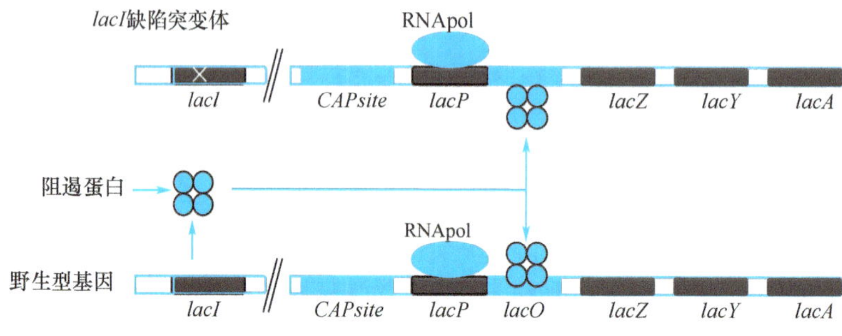

图 8-3 野生型质粒与 *lacI* 缺陷突变体共转染

1. *lac* 操纵子的结构 *lac* 操纵子是原核生物基因调控的经典模式，*lac* 操纵子结构分为信息区和控制区两部分。

lac 操纵子信息区由 3 个结构基因（*lac* 基因）串联构成，共同参与乳糖的分解代谢过程。3 个 *lac* 基因为 *lacZ*、*lacY* 和 *lacA*。*lacZ* 编码 β-半乳糖苷酶，水解乳糖生成半乳糖和葡萄糖；*lacY* 编码 β-乳糖通透酶，此酶为膜结合蛋白，能将乳糖转运到细胞内；*lacA* 编码 β-半乳糖苷乙酰转移酶，其功能是将乙酰辅酶 A 上的乙酰基转移到 β-半乳糖上，生成乙酰半乳糖。

lac 操纵子调控区由调控序列组成，在 *lac* 基因上游含有一个启动序列（promotor，P），P 序列下游与 *lac* 基因之间有一个操纵序列（operator，O），P 序列上游有一个分解（代谢）物基因激活蛋白（catabolic gene activator protein，CAP）结合位点（CAP site）。由 P 序列、O 序列、CAP 结合位点，共同组成 *lac* 操纵子控制区（图 8-4）。

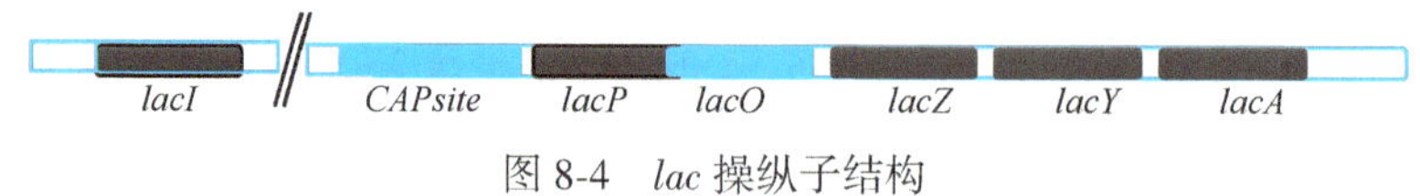

图 8-4 *lac* 操纵子结构

2. *lac* 操纵子的调控机制 *lac* 基因表达受负性和正性双重调控，两种调控由外部信号控制，即根据培养基存在的培养基性质及水平，通过两种调控蛋白介导两种能源信号。两种调控蛋白一种是 *lac* 阻遏蛋白（*lac* repressor，Lac R），起负调控作用，介导乳糖信号。Lac R 由 *lac I* 基因编码，*lac I* 基因位于 *lac* 基因的附近，有自身独立的启动转录机制；另一种是 CAP 蛋白，起正调控作用，CAP 蛋白介导葡萄糖信号，编码 CAP 蛋白的基因位于细菌染色体的其他部位。两种调控蛋白通过蛋白质-DNA 相互作用，结合于 *lac* 操纵子调控区，调控 *lac* 基因的表达。

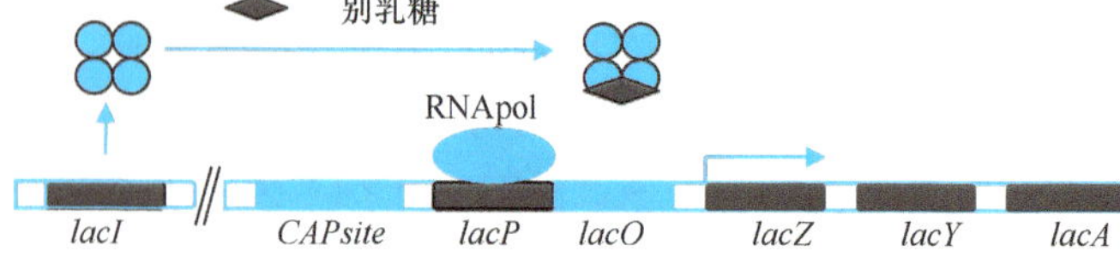

图 8-5 *lac* 操纵子负性调控之诱导作用

（1）*lac* 操纵子的负调控：当培养基缺乏乳糖时，Lac R 与 O 序列结合，*lac* 操纵子的 P 序列与 O 序列有重叠区，Lac R 阻止了 RNA 聚合酶与 P 序列的结合或阻止了 RNA 聚合酶向下游移动，阻遏 *lac* 基因的表达。

当培养基中存在乳糖时，乳糖在基础状态基因表达的 β-半乳糖苷酶作用下分解生成葡萄糖和半乳糖。β-半乳糖苷酶还催化葡萄糖与半乳糖反应生成别乳糖。别乳糖与 *lac* 阻遏蛋白结合，使 *lac* 阻遏蛋白构象发生改变，而不能结合于 O 序列或导致已结合的 *lac* 阻遏白自 O 序列脱落，失去阻遏作用(图 8-5)。

当 *lac* 操纵子 O 序列缺陷时，Lac R 不能与 O 序列结合，因此 Lac R 不能起阻遏作用，丧失负调控的作用，*lac* 操纵子呈组成性表达 β-半乳糖苷酶。

(2) *lac* 操纵子的正调控：*lac* 操纵子由 CAP 蛋白与 CAP 位点结合起正调控作用。CAP 蛋白为同二聚体，每个单体都有 cAMP 结合结构域，CAP 蛋白与 cAMP 结合后，才能结合于 CAP 位点，CAP 蛋白结合 DNA 后，能与 RNA 聚合酶相互作用，促进 RNA 聚合酶与 P 序列的结合，起促进转录作用。RNA 聚合酶突变实验结果表明，RNA 聚合酶 α 亚基 C 末端结构域(α-CTD)缺失时，CAP 的激活作用丧失(图 8-6)。

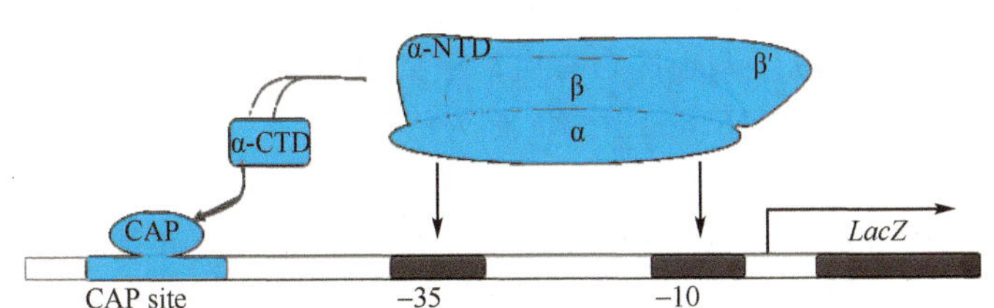

图 8-6　CPA 与 RNA 聚合酶 α 亚基 C 末端结构域结合模式图

当葡萄糖浓度高时，葡萄糖分解代谢产物降低腺苷酸环化酶(AC)活性，使 cAMP 水平降低，CAP 蛋白处于非活化状态，不能起正调控作用，*lac* 基因低表达；当缺乏葡萄糖时，腺苷酸环化酶活性增强，cAMP 水平升高，cAMP 与 CAP 蛋白结合而活化，然后结合于 CAP 结合位点，起正调控作用，*lac* 基因高表达(图 8-7)。

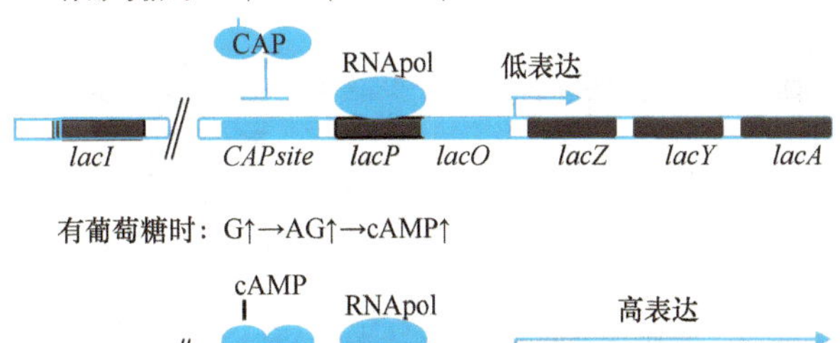

图 8-7　CAP 对乳糖操纵子的正调控

大肠埃希菌存在 CAP 正调控和 *lac* R 负调控作用，协调调节大肠埃希菌合理利用环境中的葡萄糖与乳糖。细菌并不是在任何时刻都能够产生利用乳糖的酶，只有在环境中有乳糖存在，并且缺乏葡萄糖，需要乳糖作为能源时，才通过基因表达的调控，合成利用乳糖的酶，这样才不会浪费细胞中的物质和能量，才能适应外界环境的不断变化。

细菌 DNA 调控序列，其碱基序列多呈双重对称。*lac* 操纵子 O 序列，由反向对称的 21 个碱基对组成 *lac* R 的结合位点，10 个碱基对构成一个“半位点”与一个蛋白亚基识别结合(图 8-8)。

lac 阻遏蛋白和 CAP 蛋白虽然对基因表达起正负不同的调控作用，但它们与 DNA 调控序列结合的模式是相似的。目前细菌中许多调控蛋白包括 *lac* 阻遏蛋白和 CAP 蛋白与 DNA 结合的结构基础已经用 X 晶体确定，其识别机制是相似的。

调控蛋白的每个亚基都有相同的结构模体：螺旋-转折-螺旋结构，蛋白质依靠这种结构模体识别特异的 DNA 序列。这一模体有两个 α 螺旋，其中一个是识别螺旋(R)，其大小正好适合进入 DNA 的大沟(图 8-9)。

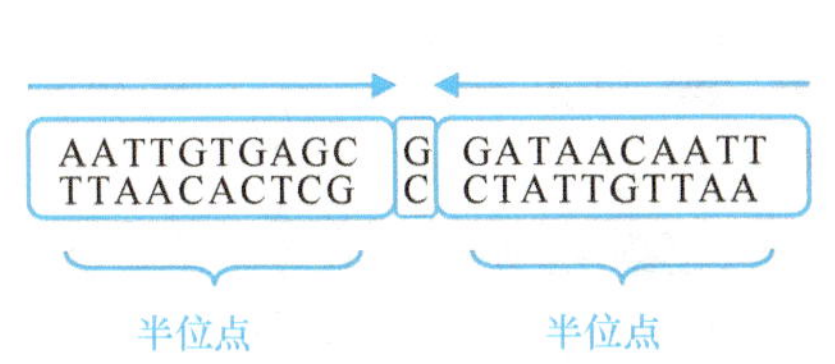

图 8-8　*lac* 操纵基因对称的半位点

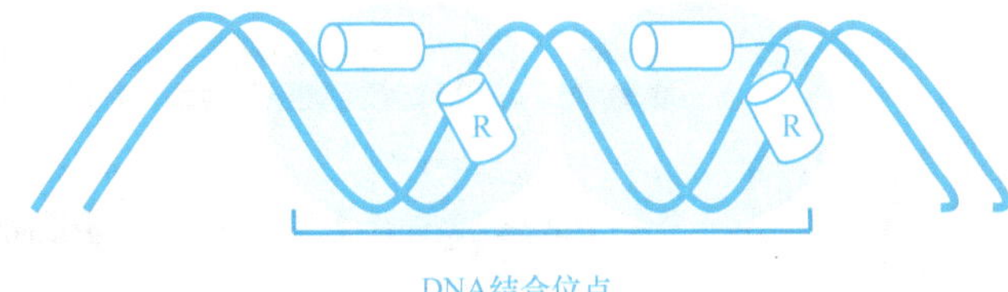

图 8-9　螺旋-转折-螺旋结构模体与 DNA 结合位点模式图
阴影部分代表两个亚基；R 为识别螺旋

细菌调控蛋白多以同源二聚体的形式结合到反向重复序列的 DNA 结合位点上，每一个单体结合一个“半位点”。*lac* 阻遏蛋白由四聚体组成，以二聚体与 DNA 结合，一个亚基结合一个“半位点”；四聚体的另外二聚体可以结合另外的 DNA 结合位点，这样位于两个结合位点之间的 DNA 将形成环化的状态。CAP 蛋白由二聚体组成，一个单体结合一个“半位点”。

（二）*trp* 操纵子

色氨酸是组成蛋白质的氨基酸之一，细菌培养基一般难以提供足够的色氨酸，细菌生长时可利用其糖代谢产物形成的分支酸来合成色氨酸，但如果环境能够提供色氨酸，细菌就会利用环境的色氨酸、减少或停止自身合成色氨酸。

细菌通过色氨酸操纵子（*trp* operon）调控合成色氨酸的酶表达。*trp* 操纵子与 *lac* 操纵子作用机制不同，*trp* 操纵子不仅存在转录起始调控，而且还存在转录终止调控机制。

1. *trp* 操纵子的结构 *trp* 操纵子信息区有 5 个结构基因（*trp* 基因），按 *trpE*、*trpD*、*trpC*、*trpB*、*trpA* 顺序排列，其表达产物为细菌合成色氨酸所必需的 5 种酶。*trp* 操纵子调控区含有启动序列（P）和操纵序列（O），但无 CAP 结合位点。在 *trpE* 上游与 O 序列之间还含有一段长约 162bp 的序列，称为前导序列（leading sequence，L），参与 *trp* 操纵子的基因表达调控。

2. *trp* 操纵子的负调控作用 *trp* 操纵子的负调控由 *trp* 阻遏蛋白（*trp* repressor，*trp* R）调控，*trp* R 基因远离 *trp* 结构基因，在自身启动子作用下，以组成性方式低水平表达 *trp* R。*trp* 阻遏蛋白与 *lac* 阻遏蛋白和 CAP 蛋白一样，也含有螺旋-转折-螺旋 DNA 结合模体。当存在色氨酸时，色氨酸与 *trp* R 结合，使两个 α 螺旋的构象适合与 DNA 大沟结合，色氨酸作为辅阻遏物（corepressor）与 *trp* R 共同结合于 *trp* 操纵子的 O 序列，起关闭转录的作用（图 8-10）；当缺乏色氨酸时，两个 α 螺旋在空间上过于靠近，无法结合 DNA，*trp* R 失去阻遏作用。细菌中不少生物合成系统的操纵子都属于这种类型，其调控可使细菌处在生存繁殖最经济最节省的状态。

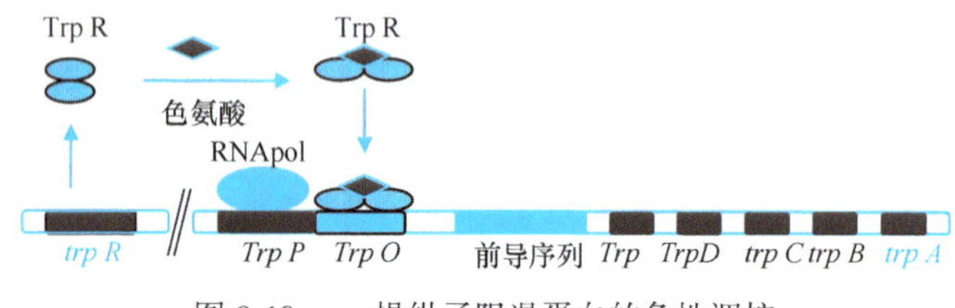

图 8-10 *trp* 操纵子阻遏蛋白的负性调控

3. *trp* 操纵子的转录衰减作用 进一步实验发现，当色氨酸达到一定浓度、但还没有高到能够使阻遏蛋白起阻遏作用时，*trp* 合成酶类的量已经逐渐降低，并且酶表达量随色氨酸溶度升高而减少，这种调控机制称为转录衰减作用（attenuation）。

转录衰减作用是细菌内辅助阻遏作用的一种精细调节过程，与色氨酸操纵子的前导序列（*trp* L）作用有关。当环境中色氨酸供给充足时，绝大多数 RNA 聚合酶的转录在 *trp* L 终止，转录产物仅有前导序列 mRNA，没有 *trp* 结构基因的表达；如果环境中色氨酸水平很低，则几乎所有的 RNA 聚合酶都能完整地表达色氨酸操纵子中的 5 个结构基因。

转录产生的前导序列 mRNA 有 4 个关键区。*trp* L 的 1 区有一个开放阅读框，可编码一段 14 个氨基酸的短肽，称为前导肽（leader peptide），前导肽第 10、11 位是两个连续的色氨酸密码子；2 区与 1 区（或 3 区）、3 区与 2 区（或 4 区）各有一段互补序列，可分别形成发夹结构。当 3 区与 4 区配对形成发夹结构时，茎部富含 G-C，其 3′端有 7 个连续的 U，形成一个转录终止子结构，这段结构起转录终止的作用，因此称为衰减子；当 3 区与 2 区配对，就不能形成 3 区与 4 区的配对，则不能终止转录，因此 3 区与 2 区配对结构称为抗转录终止子结构（见图 8-11）。

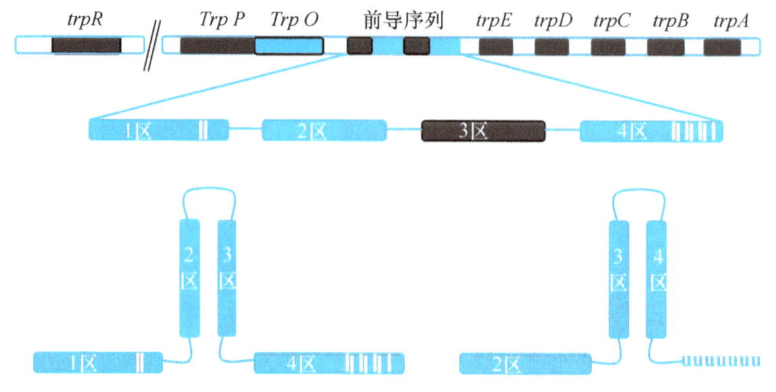

图 8-11 色氨酸操纵子的前导序列结构示意

当 RNA 聚合酶转录前导序列 DNA 时，核蛋白体在前导序列 mRNA 的 5′端起始密码同步开始翻译。因为前导肽的第 10、11 位是两个连续的色氨酸，当有色氨酸供给时，核蛋白体沿前导序列 mRNA 移动，合成前导肽，终止密码 UGA 位于 1 区和 2 区之间，翻译终止在 1 区与 2 区之间的终止密码 UGA，但核蛋白体结构覆盖 2 区 RNA，使 2 区与 3 区不能形成发夹结构，而 3 区与 4 区形成发夹结构，形成不依赖于 ρ 因子的终止子结构（衰减子），RNA 聚合酶转录终止，只产生 140 个核苷酸的 mRNA 前导序列（图 8-12）。

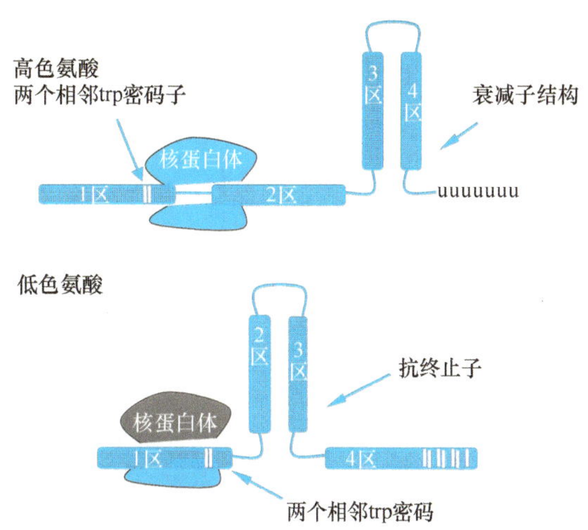

图 8-12 色氨酸操纵子的转录衰减调控

当色氨酸缺乏时，前导肽翻译至 1 区的色氨酸密码子（UGG）时，由于缺乏色氨酸，使翻译停止，核蛋白体不再移动，占据 1 区位置，2 区可以与 3 区配对形成发夹结构，阻止了 3 区与 4 区配对形成衰减子，因此 RNA 聚合酶可继续移动，转录结构基因，表达合成色氨酸所必需的 5 种酶（图 8-12）。

转录衰减实质上是转录与一个前导肽翻译过程的偶联，是原核细胞特有的一种基因调控机制。在色氨酸操纵子中，阻遏蛋白的负调控起粗调的作用，而衰减子起精细调节的作用。细菌其他氨基酸合成系统的许多操纵子（如组氨酸、苏氨酸、亮氨酸、异亮氨酸、苯丙氨酸等操纵子）也有类似的衰减子存在。

基因表达调控一般都有调控蛋白的参与，衰减作用的结果表明转录调控可以不要调控蛋白的参与，仅需要色氨酸浓度的变化，控制前导肽 mRNA 的翻译，达到调控转录的作用。

（三）阿拉伯糖操纵子

阿拉伯糖操纵子（*ara* operon）是一种正调控转录机制的例子。

ara 操纵子编码 3 个与阿拉伯糖代谢有关的酶，这 3 个结构基因按照 *araB*、*araA*、*araD* 的顺序排列。*ara* 操纵子的调控区含有启动序列（*araP*）、CAP 结合位点和起始区（*ara I*），*ara I* 位于 CPA 结合位点和 P 序列之间。

参与 *ara* 操纵子的调控蛋白是 araC 蛋白和 CAP 蛋白，araC 蛋白由 *araC* 基因编码，*araC* 基因含有启动序列（P）和操纵序列（O）（图 8-13）。

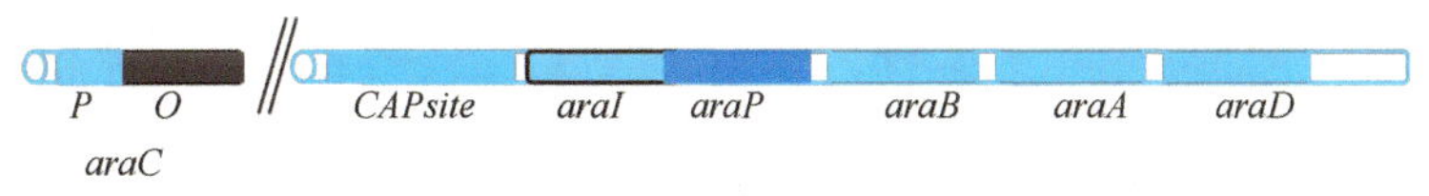

图 8-13 *ara* 操纵子结构

当无阿拉伯糖时，araC 蛋白作为阻遏蛋白与 *ara I* 和 ara*C* 的 O 序列结合，结合后的 araC 蛋白相互作用形成二聚体，导致 *ara I* 和 ara*C* 的 O 序列之间的 DNA 片段形成环，从而阻止 RNA 聚合酶与 *araP* 结合，抑制 *ara* 基因的转录，同时也抑制 *araC* 蛋白基因的转录。当有阿拉伯糖时，阿拉伯糖能与 araC 蛋白结合，引起 araC 蛋白变构，变构的 araC 蛋白与 *ara I* 结合，不与 *araC* 的 O 序列结合，导致 *ara I* 和 ara*C* 的 O 序列之间的 DNA 环消失，使 araC 蛋白不起阻遏作用。如果此时也无葡萄糖，与 *lac* 操纵子一样，CAP 蛋白结合到 CAP 结合位点，起正调控作用，促进 *ara* 蛋白表达的作用。

二、λ 噬菌体的基因表达调控

λ 噬菌体是一类寄生于细菌的病毒，需在宿主细菌才能生长繁殖，λ 噬菌体结构比较简单，由遗传物质（DNA）和包裹在外的蛋白质外壳构成。

λ 噬菌体在细菌中生长有两种方式：溶菌生长方式（lytic pathway），λ 噬菌体进入细菌，在细菌内进行独立的复制繁殖，繁殖的大量噬菌体使细菌裂解，细菌裂解释放出噬菌体，又重新感染细菌；溶原生长方式（lysogenic pathway），λ 噬菌体感染细菌后，其基因组 DNA 整合到细菌基因组 DNA 中，当细菌分裂时，噬菌体基因 DNA 与细菌基因 DNA 一起复制，并传递至子代细菌。DNA 整合到细菌基因组中的噬菌体称为前噬菌体（prophage）。染色体上带有前噬菌体的细菌称为溶原性细菌（lysogenic bacteria）（图 8-14）。

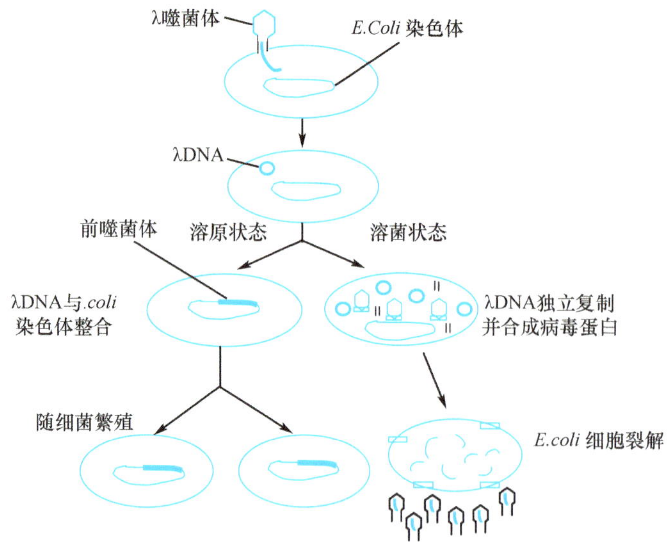

图 8-14 λ噬菌体的溶菌生长和溶原生长

(一) λ噬菌体的基因结构

λ噬菌体基因组为双链 DNA,全长 48-531bp,含 70 多个基因,双链 DNA 的两末端各有一段由 12 个碱基组成的单链 DNA,两单链的碱基互补,构成黏性末端,称为 COS 位点,当λ噬菌体基因 DNA 进入宿主细胞时,两黏性末端互补粘结形成环形 DNA。

λ噬菌体基因按功能可分为 4 个区域(图 8-15):

1. 结构区 共 19 个基因,从 *A* 到 *U* 是头部外壳蛋白编码基因,从 *V* 到 *J* 是尾丝蛋白编码基因。

2. 重组区 含有 *att*(attachment)、*int*(integration)和 *xis*(exision)等基因,表达产物的作用是使λ噬菌体 DNA 整合入宿主细菌基因组。

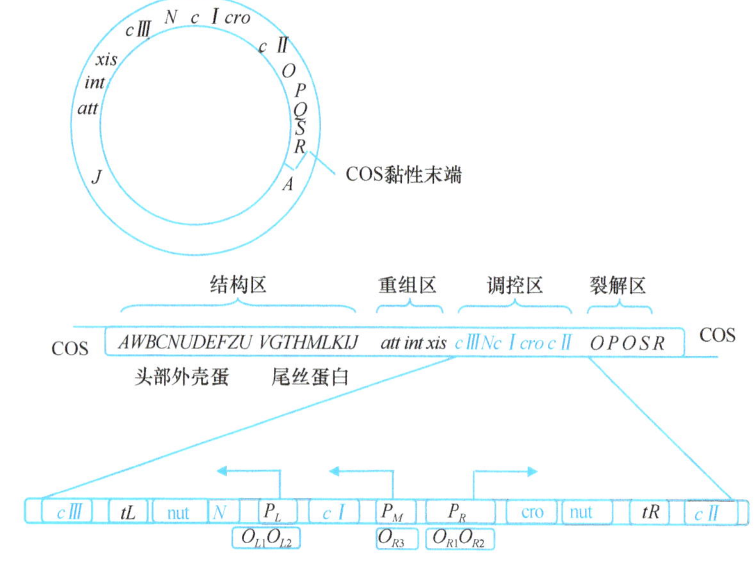

图 8-15 λ噬菌体的基因组结构和调控区域

3. 裂解区 *O* 到 *R* 基因,表达产物的作用与溶菌生长有关。

4. 调控区 由 DNA 调控序列和调控蛋白基因组成

(1) DNA 调控序列:含 3 个启动子(promoter, P):P_L是左向启动子、P_R是右向启动子、P_{RM}(promoter of repressor maintenance)是 *c* Ⅰ 基因启动子;6 个操纵序列:3 个右向操纵序列 O_{R1}、O_{R2}、O_{R3},3 个左向操纵序列 O_{L1}、O_{L2}、O_{L3};2 个终止子:T_R、T_L。

P_R和P_L是强启动子,P_R与O_{R1}、O_{R2},P_L与O_{L1}、O_{L2}有重叠位点,不需激活蛋白的协助而能有效转录;P_{RM}是弱启动子,与O_{R3}有重叠位点,需要上游激活蛋白结合才能有效转录。

(2) 调控蛋白基因:含 *c* Ⅰ、*c* Ⅱ、*c* Ⅲ、*N*、*cro*(control of repressor and other thing)基因,*c* Ⅰ 和 *cro* 基因产物为阻遏蛋,在调控基因表达中的作用最重要。C Ⅰ 和 Cro 阻遏蛋白可结合上述 6 个操纵基因,但结合亲和力不同。以结合右向操纵子为例,C Ⅰ 阻遏蛋白与O_{R1}结合亲和力较强,而与O_{R2}、O_{R3}亲和力较弱;Cro 阻遏蛋白则相反,与O_{R3}亲和力较强,而与O_{R1}、O_{R2}亲和力较弱。*c* Ⅱ 表达产物 C Ⅱ 是转录激活蛋白,能结合于P_{RM}的上游,促进 *c* Ⅰ 的转录;*c* Ⅲ 表达产物 C Ⅲ 有维持 C Ⅱ 活性的作用;*N* 基因表达产物 N 蛋白是抗终止蛋白,作用于 nut(nutilization)位点,抑制左、右终止子的作用,使转录不在终止点停止。

(二) λ 噬菌体转录周期

λ 噬菌体转录按顺序分三期：即刻早期(immediate early)、晚早期(delay early)和晚期(late)(图 8-16)。即刻早期主要表达 *N* 基因和 *cro* 基因；晚早期表达 *c* Ⅰ、*c* Ⅱ和 *c* Ⅲ基因、裂解基因和重组基因；晚期表达转录结构区基因，头部外壳蛋白编码基因和尾丝蛋白编码基因。

即刻早期、晚早期转录为双向转录，分别从 P_R 和 P_L 开始转录。晚期转录则是单向转录，从环状基因组 *A* 基因开始，从 *A*～*J* 到达重组区，与晚早期转录汇合，完成一个转录周期。转录基因有终止结构(*tR*，*tL* 等)和调控区基因的作用，而在相应位点停止，使细菌进入不同的生长状态。

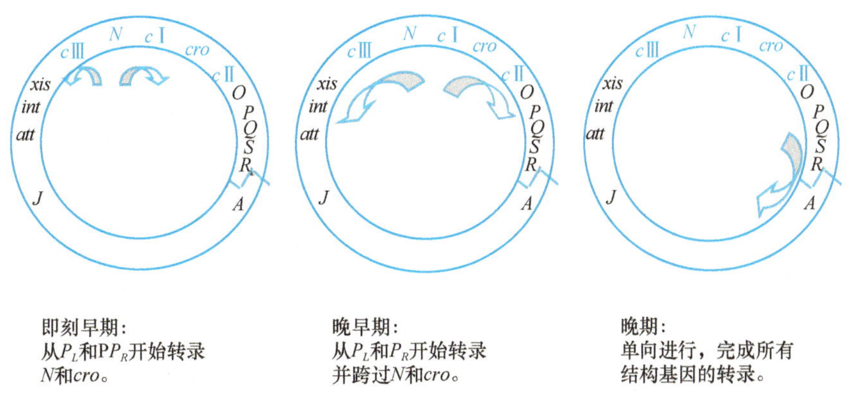

图 8-16　λ DNA 在宿主细胞内的三期转录

当 λ 噬菌体侵入新的宿主细菌时，溶菌生长和溶原生长以同样的方式开始，二者都需要即刻早期和晚早期基因的表达。如果噬菌体只进行即刻早期和晚早期基因表达，合成重组区基因产物，细菌进入溶原状态。如果噬菌体进行所有三期的基因表达，合成裂解区和结构区基因产物，装配感染型噬菌体，使细菌溶解，进入溶菌状态。因此 λ 噬菌体的溶菌生长或溶原生长的调控，主要关键在调控区调控蛋白与调控 DNA 序列的相互作用，并受宿主内外生活环境的影响。

(三) λ 噬菌体溶菌生长方式的调控

λ 噬菌体 DNA 感染宿主细菌后，宿主转录系统立即参与 λ 噬菌体的转录，宿主 RNApol 结合于 λ 噬菌体 DNA 调控序列的启动子 P_L 和 P_R，催化即刻早期转录，向左转录 *N* 基因，合成抗终止蛋白 N；向右转录 *cro* 基因，合成 Cro 阻遏蛋白。Cro 阻遏蛋白与 O_{R1}、O_{R2} 结合亲和力弱，与 O_{R3} 亲和力强。Cro 阻遏蛋白以高亲和力结合于 O_{R3}，O_{R3} 与 P_{RM} 位点存在重叠，因此阻遏 P_{RM} 启动子的作用，抑制 *c* Ⅰ基因的表达和 C Ⅰ阻遏蛋白的生成。Cro 阻遏蛋白与 O_{R1}、O_{R2} 结合弱，对 P_R 不起阻遏作用，RNApol 能结合 P_R 保持转录状态。抗终止蛋白 N 抑制左、右终止子 *tR* 和 *tL* 的作用，使转录进入晚早期和晚期。向左转录 *C* Ⅲ和重组基因，向右转录 *c* Ⅱ、裂解基因和结构基因；结构基因编码头部外壳蛋白和尾丝蛋白，装配成感染型噬菌体，裂解基因产物溶解细菌，进入溶菌生长状态。

(四) λ 噬菌体溶原生长方式的调控

λ 噬菌体溶原状态的建立，依赖于 *c* Ⅰ编码的阻遏蛋白的作用。λ 噬菌体 DNA 感染宿主细菌后，宿主细菌 RNApol 结合 *c* Ⅰ两侧启动子启动即刻早期转录后，向右转录 *c* Ⅱ基因，C Ⅱ蛋白结合于 P_{RM} 的上游，促进 *c* Ⅰ基因的转录，合成 C Ⅰ阻遏蛋白，C Ⅰ阻遏蛋白的合成和发挥作用是溶原生长方式的关键。C Ⅰ阻遏蛋白与右向操纵子 O_{R1}、O_{R2} 结合，O_{R1}、O_{R2} 与 P_R 重叠，因此抑制 P_R 的作用，阻止 RNA 聚合酶向右转录，使之不能完成右向晚早期和晚期表达，不能转录裂解基因和结构基因，不能进入溶菌状态；但由于 P_L 的启动子活性比 P_R 强，C Ⅰ阻遏蛋白不能阻止 RNA-pol 向左转录，左向重组区基因表达产物分别有附着(attachment)、整合(integration)和切割(excision)作用，能识别宿主相应的附着点，催化切断及连接，使 λDNA 插入细菌染色体中，形成溶原菌，建立溶原生长方式，使整合进入宿主的 λDNA 成为 *E.coli* 基因组成分，随宿主进行复制和基因表达。

(五) λ 噬菌体溶菌状态与溶原状态的协调调控

λ 噬菌体溶原或溶菌生长状态的协调依赖 C Ⅰ阻遏蛋白的作用，如果 C Ⅰ阻遏蛋白合成被抑制，进入溶菌生长状态，C Ⅰ阻遏蛋白合成增强，进入溶原生长状态。λ噬菌体感染细菌后，即刻早期、晚早期表达 *cro* 基因和 *C*Ⅱ基因，Cro 蛋白抑制 C Ⅰ阻遏蛋白合成，*C*Ⅱ促进 C Ⅰ阻遏蛋白合成。*C*Ⅱ是调控 C Ⅰ阻遏蛋白合成的关键因素。在细菌宿主内，*C*Ⅱ的表达受到宿主和λ噬菌体表达的蛋白的双重调控，细菌宿主内合成的蛋白酶 FtsH（HflB）能特异降解 CⅡ蛋白，细菌内蛋白酶 FtsH 活性高，CⅡ蛋白降解，C Ⅰ阻遏蛋白合成抑制，细菌进入溶解生长状态；细菌内蛋白酶 FtsH 活性低，CⅡ蛋白稳定，C Ⅰ阻遏蛋白合成增强，细菌进入溶原生长状态。λ噬菌体左向转录 *C*Ⅲ基因，产物 CⅢ蛋白，能竞争结合蛋白酶 FtsH，保护 *C*Ⅱ活性。因此λ噬菌体的生长状态是内外环境多种因素作用的结果。

三、原核生物翻译水平的基因表达调控

原核生物基因表达调控虽然以转录水平调控为主，但翻译水平的调控作为多级调控的一个重要层次也具有十分重要的调控作用。翻译水平调控可以通过 mRNA 稳定性、核蛋白体与 mRNA 的特异识别结合以及翻译起始进行调控。蛋白质生物合成在翻译水平上可以进行自我调节，以阻遏蛋白结合在 mRNA 模板分子的特定位点，阻止核蛋白体识别结合翻译起始区，就像在转录水平上阻遏蛋白结合在 DNA 上阻止 RNA 聚合酶识别结合启动子一样。

（一）mRNA 稳定性的调控

蛋白质生物合成的模板 mRNA 是参与蛋白质合成的组分中最不稳定的，半衰期从几分钟到若干小时不等。mRNA 的稳定性与 RNA 酶活性和 mRNA 的二级结构相关。细菌内有 12 种 RNA 酶参与 mRNA 的降解，其中 RNAase E 是一种核酸内切酶，参与 mRNA 的起始切割作用。如果 mRNA 的 5′端和 3′端具有互补碱基，能形成发夹结构，就能保护 mRNA 不被外切酶水解，维持 mRNA 稳定性。RNAaseⅢ能识别一种特殊的发夹结构，将其切割，然后使 mRNA 降解。原核生物细胞内的 mRNA 多数是不稳定的，因此细胞通过提高 mRNA 稳定性调控基因表达是较少见的。

（二）翻译起始的调控

翻译起始，模板 mRNA 与核蛋白体 16S rRNA 的特异结合是起始的关键。在 mRNA 起始密码 AUG 上游含有 S-D 序列，S-D 序列一般有 5~6 个核苷酸，富含 G 和 A，常见为 AGGAGG。核蛋白体 16S rRNA 的 3′末端序列常见为 CCUCCU，能够与 S-D 序列形成碱基互补，形成配对的碱基越多，两链形成特异结合的几率越大，翻译的起始频率越高。mRNA 的空间结构也会影响 mRNA 与核蛋白体的结合，mRNA 的 5′末端二级结构的不同，使 mRNA 与核蛋白体结合的自由能变化不同，从而影响翻译的起始效率。S-D 序列与起始密码 AUG 的距离长短也影响 mRNA 与核蛋白体的结合能力，一般距离为 4~10 个核苷酸为佳，以 9 个核苷酸结合能力最强。

（三）核蛋白体合成的调控

原核生物有 21 种核蛋白体蛋白（ribosomal proteins，rp）与 16S rRNA 结合组成核蛋白体的小亚基；31 种 rp 与 5S、23S rRNA 组成核蛋白体的大亚基。大、小亚基在翻译起始组合为 70S 核蛋白体。细胞内 rp 的合成和 rRNA 的转录非常活跃，在每个细胞中都有数以百计的拷贝。细胞需要通过严格的基因表达调控，保持 rp 和 rRNA 的合理比例，才能保证细菌生存所需蛋白质合成的顺利进行，又避免不必要的营养物的浪费。rp 的合成可以通过自我调节的方式（autogenous control），即一个基因表达产物（蛋白）的积累，能够抑制本身基因的进一步表达。rp 与 rRNA 边合成边相互识别边装配。细胞内存在游离的 rRNA 时，新合成的 rp 就与之结合并装配成核蛋白体，一旦 rRNA 的合成变慢或停止，多余的 rp 就开始积累，多余的 rp 作为阻遏蛋白结合到自己的 mRNA 模板分子上，以自我调节的方式抑制自身翻译过程，避免更多的 rp 的合成，这就是翻译水平的负调控（图 8-17）。通过这种翻译水平上的自我调节机制确保了 rp 合成与 rRNA 水平的平衡，一旦 rp 相对过量，rp 的合成就被抑制。

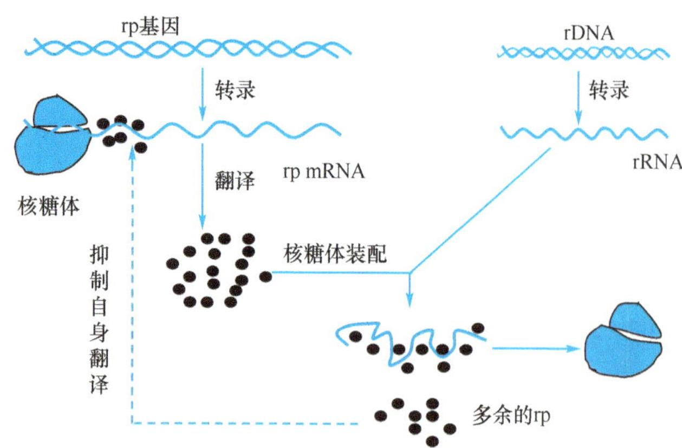

图 8-17　核蛋白体蛋白的翻译调控

（四）反义 RNA 的调控

反义 RNA(antisense RNA)是一类能与特异 mRNA 互补，而调控蛋白质合成的分子。反义 RNA 调控翻译过程可能有三种作用机制：①反义 RNA 直接作用于靶 mRNA 的 S-D 序列和/或编码区，引起翻译的直接抑制，或反义 RNA 与靶 mRNA 结合后引起该双链 RNA 分子对 RNA 酶Ⅲ的敏感性增加，容易被酶水解，导致 mRNA 不稳定；②反义 RNA 与 mRNA 的 S-D 序列的上游非编码区结合，使 mRNA 的核蛋白体结合位点区域的二级结构发生变化，阻止了 mRNA 与核蛋白体的结合，从而抑制靶 mRNA 的翻译功能；③反义 RNA 可直接抑制靶 mRNA 的转录，后来发现反义 RNA 还能结合 DNA，影响复制和转录。反义 RNA 能干扰基因表达各过程，人工设计合成针对某种特异靶位点的反义核酸输入靶细胞，阻止特异的靶基因的表达，已应用于实验性的基因治疗，此即为反义技术。反义技术现已用于抗肿瘤、抗病毒的治疗研究以及对遗传性疾病和某些寄生虫病的治疗研究。

第三节　真核生物的基因表达调控

真核生物基因组的组成比原核生物基因组复杂，因此真核生物基因表达调控需要比原核生物基因表达调控更为复杂、精细的机制，保证特异性的调控作用。（酿酒）酵母基因组含有 16 条染色体，DNA 长 17Mb，共有 6138 个 ORF，有 5800 个基因编码蛋白质。人细胞核基因组有 23 对染色体，DNA 长 3000 Mb，约含 2.5 万~3 万个基因。真核细胞基因组在不同细胞类型，不同分化细胞，其基因表达不同，如肝细胞和胰腺细胞的基因表达存在相当大的差别。真核细胞转录的激活与转录区域染色质结构密切相关，每一个真核基因都需要转录激活因子保持基础转录状态。真核基因转录和翻译的分开，使调控机制从 DNA 到蛋白质的不同层次，不同时相上进行，涉及染色质基因激活、转录和转录后加工、翻译和翻译后加工等多步骤。虽然真核细胞存在负调节和正调节元件，但正调节机制为主要作用。

一、染色质水平基因表达调控

真核细胞基因组 DNA 与组蛋白结合形成核小体(nucleosome)，核小体进一步组装形成染色质(chromatin)，因此真核细胞 DNA 分子与组蛋白组装形成的染色质结构遮挡了基因，使基因处于“关闭状态”，要通过激活蛋白进行正调控，才能开放基因，进行遗传信息的传递。染色质结构的变化在基因表达调控中起重要作用。

（一）染色质结构与基因活性

染色质根据结构可分为两类，结构松弛分散分布在核内的染色质，称为常染色质(euchromatin)。结构高度致密处于凝聚状态的染色质，称为异染色质(heterochromatin)。染色质结构不同，其核小体相互凝聚状态不同，染色质的基因表达活性状态不同，可以有阻遏状态、活性状态和激活状态。染色质局部结构致密度不同，对核酸酶介导的降解敏感度不同，可以反映 DNA 局部序列与组蛋白结合状态。

常染色质结构松弛，DNA 局部序列暴露，对 DNase Ⅰ水解十分敏感，DNA 可降解产生约 200bp 或其倍数的片断，染色质结构蓬松，基因表达活性活跃，染色质处于激活状态。异染色质结构致密，DNA 与组蛋白结合紧密，对 DNase Ⅰ不敏感，基因表达活性低弱，染色质处于阻遏状态。大多数基因组染色质对 DNase Ⅰ呈对抗性，表明基因组多数基因处于阻遏状态。在所有细胞，整个细胞周期都存在的异染色质，称为组成性异染色质。组成性异染色质的 DNA 不含基因，因而一直保持凝聚状态。在细胞生长发育的特定阶段，由常染色质凝聚转变成的异染色质，称为兼性异染色质(facultative heterochromatin)。

（二）染色质重塑

染色质重塑(chromatin remodeling)是指与转录相关的染色质局部结构的改变而对基因表达产生影响的过程，是表观遗传学(epigenetics)的重要内容。染色质重塑是染色质功能状态改变的结构基础，染色质重塑引起染色质功能状态的改变，使阻遏状态的异染色质转变为活性状态的常染色质。引起染色质重塑的主要包括核小体重塑(nucleosome remodeling)、DNA 甲基化、组蛋白共价修饰等。

1. 核小体重塑　核小体重塑是指核小体位置和结构的变化，引起染色质变化。例如，核小体的移位、替换和去组装改变。核小体重塑需要 ATP 依赖性酶的参加。当转录因子结合到基因的调控区，通过蛋白与 DNA

的相互作用，在ATP依赖性酶蛋白复合物参与下，使核小体从启动子位置上移位或去组装，暴露启动子，启动转录过程。

在核小体重塑过程中，重塑因子复合物的作用非常重要。重塑因子复合物都具有ATP酶活性。酵母ySWI/SNF是第一个被确认的ATP依赖的重塑因子复合物。Snf2p是ySWI/SNF的最大亚基，具有ATP酶活性。根据复合体中起催化作用的ATP酶亚基的不同特性，可以把这些复合物分成3大类，即SWI/ SNF类、ISWI类和Mi-2类。人的hSWI/SNF复合物是一个多分子的聚合物，包含hBRG1或hBMR和肿瘤抑制蛋白Hsnf5/VI21，它主要激活基因转录，还与免疫球蛋白，TCR基因重组有关。ISWI复合物家族包括RSF、HuCHRAC、CAF1三个复合物。RSF是一个异二聚体，组分包括Hsnfh，主要参与转录起始；HucHRAC含有Hsnf2h和染色质组装因子Hacf1，与异染色质的复制状态维持有关；CAF1参与染色质组装，改变染色质的状态，使其与DNA功能相关。

关于重塑因子调节基因表达机制的假设有两种：①一个转录因子独立地与核小体DNA结合（DNA可以是核小体上或核小体之间的），然后，这个转录因子再结合一个重塑因子，导致附近核小体结构发生稳定性的变化，又导致其他转录因子的结合，这是一个串联反应的过程；②由重塑因子首先独立地与核小体结合，不改变其结构，但使其松动并发生滑动，这将导致转录因子的结合，从而使新形成的无核小体的区域稳定。

2. DNA甲基化 DNA的甲基化修饰是影响染色质结构的重要因素，在真核生物基因表达调控中起重要作用。DNA甲基化能引起染色质结构、DNA构象、DNA稳定性及DNA与蛋白质相互作用方式的改变，从而控制基因表达。同时也可通过影响DNA与转录因子的结合，阻止转录复合物的形成，调控基因转录过程。

（1）DNA甲基化位点：真核生物DNA的甲基化，发生在DNA 5′-CpG-3′序列胞嘧啶第5位碳上，因此DNA的CpG序列胞嘧啶第5位碳称为DNA甲基化位点。在动物细胞DNA中，大约2%~7%的胞嘧啶被甲基化。真核基因绝大多数DNA甲基化位点的甲基化状态是恒定的，少数甲基化位点的甲基化状态是可变的。有些甲基化位点在所有组织细胞中都被甲基化，有些甲基化位点都为非甲基化。有些甲基化位点在基因不表达的组织细胞中呈甲基化状态，在基因表达的组织细胞呈低甲基化状态，因此低甲基化与基因高表达活性相关。

在DNA中，有些CpG序列呈局部聚集分布，形成GC含量较高、CpG双核苷酸相对集中的区域，这一区域称为CpG岛（CpG island）。CpG岛根据分布部位分为两类：①转录起始点附近的CpG岛（CpG islands proximal to the transcription start site of genes，TSS-CGIs），在正常组织，TSS-CGIs的甲基化位点多呈非甲基化的状态，在肿瘤组织，TSS-CGIs的甲基化位点多呈甲基化状态。TSS-CGIs的甲基化位点的甲基化状态反映基因的活性状态，肿瘤细胞的TSS-CGIs发生甲基化，基因转录被抑制。因此测定细胞的TSS-CGIs甲基化状态可以作为判断肿瘤的指标。②非转录起始点附近的CpG岛（non-TSS CpG），non-TSS-CGIs多数位于DNA高度重复序列的附近。在正常组织，non-TSS-CGIs甲基化位点通常呈高度的甲基化状态。在肿瘤组织，non-TSS-CGIs甲基化位点的甲基化水平降低，导致DNA稳定性降低，DNA易发生断裂，甲基化水平降低程度与癌症的恶性程度相关。

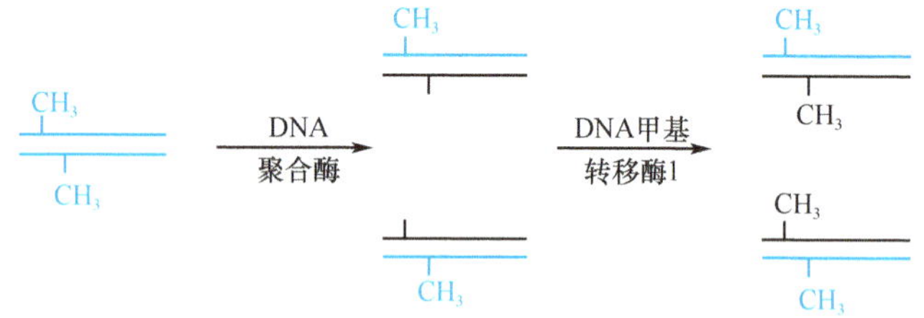

图8-18 催化子链DNA半甲基化位点甲基化

（2）DNA甲基化转移酶：染色质DNA的甲基化是在DNA甲基化转移酶的催化下进行的。在哺乳动物中，DNA甲基转移酶（DNA methyltransferases，DNMT）可根据结构和功能的差异分为两大类：①DNMT1能催化子链DNA半甲基化位点的甲基化（图8-18），维持复制过程中甲基化位点的遗传稳定性；②DNMT3a和DNMT3b可催化DNA的从头甲基化，以非甲基化的DNA为模板，催化新的甲基化位点形成。

（3）DNA甲基化的甲基来源：DNA甲基化的甲基由S-腺苷甲硫氨酸（SAM）提供，SAM是甲基转移酶的辅酶，SAM的生成代谢需要一碳单位参与，一碳单位代谢需要叶酸和维生素B_{12}的参与。因此饮食中甲硫氨酸和叶酸等的摄入以及能影响体内甲基代谢的因素都能影响DNA甲基化。叶酸摄入不足时可导致DNA低甲基化。荷兰的一组研究表明，叶酸摄入过低可导致甲基化状态紊乱，导致胎儿的神经管畸形、成年人的肿瘤发生和动脉硬化。

（4）DNA甲基化对基因表达的影响及其生物学作用：启动子区CpG序列的甲基化，将影响转录激活因子与启动子的识别结合，能直接抑制基因的表达，从而影响生物学功能。非启动子区CpG序列的甲基化，使甲基结合蛋白(methyl-CpG-binding protein,MBD)识别结合,影响组蛋白的修饰,能间接抑制基因表达。DNA 甲基化对基因表达的调控,在胚胎发育、细胞生长分化以及衰老、肿瘤等发生发展过程中发挥重要作用。因此 DNA 的甲基化能反映有关基因功能状态及其相关联的多种疾病信息,甲基化又具有简单的"二元化"性质,即令甲基化为"0",非甲基化为"1",就可以进行数字化处理,便于开展大规模的自动化监测分析。DNA 分子稳定,比 RNA 和蛋白质更便于保存运输,可对已经石蜡、甲醛或乙醇预处理的样本进行分析,开发历史上储备的病理学资源。

3. 组蛋白共价修饰 染色质组蛋白不仅是一种包装蛋白,而且是在 DNA 和细胞其他组分之间构筑了一个动态的功能界面。组蛋白含碱性氨基酸带正电荷,DNA 含磷酸带负电荷,组蛋白与 DNA 通过静电作用相结合。组蛋白的共价修饰改变了碱性氨基酸的正电荷,使组蛋白与 DNA 双链的亲和力改变,而改变染色质的局部结构,影响基因的表达。组蛋白共价修饰有乙酰化、甲基化、磷酸化和泛素化等,最常见的有乙酰化和甲基化。

(1) 组蛋白的乙酰化与去乙酰化:组蛋白的乙酰化与去乙酰化是最早发现的与转录有关的组蛋白修饰方式,对染色质结构改变起重要作用。有人认为组蛋白乙酰化是染色质是否具有基因表达活性的标志。组蛋白的乙酰化与去乙酰化是一动态过程,乙酰化与去乙酰化位点位于核小体核心组蛋白外周结构域氨基末端的 Lys 残基。催化组蛋白乙酰化的是一组组蛋白乙酰基转移酶(histone acetyl transferase,HAT),也称组蛋白乙酰化酶(histone acetylase)。核小体核心组蛋白乙酰化后形成酰胺键,使正电荷减弱,降低了组蛋白与 DNA 的亲和力,染色质结构松弛,核小体结构不稳定和解离,促进转录因子、RNA 聚合酶与 DNA 结合,基因处于活性状态,染色质转录加强。在具有活性的染色质区域中,乙酰化程度明显增加,H3、H4 的乙酰化程度变化尤为明显。催化组蛋白去乙酰化的是另一组酶,称为组蛋白去乙酰化酶(histone deacetylase,HDAC),该酶能减少核小体的乙酰化程度,使染色质恢复非活性状态。

(2) 组蛋白的甲基化:组蛋白甲基化位点主要位于核小体核心组蛋白 H3 和 H4 外周结构域氨基末端的 Lys 和 Arg 残基,Lys 残基的氨基可以被单次甲基化,也可两次或三次甲基化,Arg 残基的氨基只能被单次或两次甲基化,组蛋白的甲基化次数与基因活性相关。催化组蛋白甲基化的组蛋白甲基转移酶(histone methyltransferase,HMT)有如下几种:①含有 SET 结构域的 Lys 特异 HMT,该酶催化 H3 第 4、9、27、36 位 Lys 残基和 H4 第 20 位 Lys 残基氨基甲基化;②不含有 SET 结构域的 Lys 特异 HMT,该酶催化 H3 第 79 位 Lys 残基;③Arg 特异 HMT,该酶催化 H3 第 2、17、26 位 Arg 残基和 H4 第 3 位 Arg 残基氨基甲基化。组蛋白的甲基化修饰,可使染色质结构处于凝聚状态,起阻遏基因表达的作用。最初在果蝇的 3 个调节因子即 Su(Var)、Enhancer of zeste[E(z)]和 Trithorax 的梭基末端均发现一由 130 个左右氨基酸组成的高度保守序列,故取其首字母将该序列命名为 SET 结构域。大部分 SET 基因家族成员都具有组蛋白甲基转移酶的作用,参与染色质基因表达调控。

(三) DNA 的扩增和重排

DNA 扩增(DNA amplification)是指通过增加基因的拷贝数,增加基因表达产物,调控基因表达。DNA 扩增是基因表达调控的一种有效方式,这种调控方式通常是细胞在较短的时间内(如细胞的发育分化阶段),对某种基因产物的需要量剧增,而其他调控方式已不能满足需要,只有通过增加基因的拷贝数增加表达产物量。基因扩增也可导致某些疾病的发生,肿瘤细胞的原癌基因拷贝数异常增加,可致基因产物增加,使细胞发生癌变。氨甲蝶呤是哺乳动物细胞二氢叶酸还原酶的抑制剂,有的哺乳动物细胞的二氢叶酸还原酶(DHFR)基因的 DNA 区段发生扩增,使 DHFR 表达增加,提高氨甲蝶呤的抗药性。

基因重排(gene rearrangenment)是指基因的排列顺序发生改变而进行重新的组合,重排成为一个完整的转录单位。基因重排是 DNA 水平调控的重要方式之一。一个人大约可产生 10^9 种特异性抗体,但人的基因总数仅有 2.5 万~3 万个左右,有限的基因数如何编码如此多的抗体。研究表明抗体基因的重排是产生大量特异性抗体的机制,抗体在 B 淋巴细胞分化和浆细胞生成过程中发生重排,编码抗体分子的许多基因片段进行重排和原始转录物的拼接加工,是抗体多样性的基础。

二、转录水平的基因表达调控

转录水平基因表达调控是真核生物基因表达调控的重要环节,真核生物转录的每一过程都能影响基因的表达,从转录的起始到转录后加工、运输都影响转录产物的作用。

（一）转录起始的调控

真核基因转录起始调控与原核基因转录起始调控机制类似，主要通过调控蛋白与转录起始调控区DNA序列的相互作用进行调控，但除了启动子和RNA聚合酶外还需要有更多的调控蛋白和DNA序列参与真核基因的转录起始调控过程。

1. 转录起始调控区 真核生物转录起始调控区由多个调控蛋白结合位点组成，分布在起始点的上游或下游，可以延伸到远离起始点的区域，组成复杂的基因开关系统。转录起始调控区序列可根据功能作用分为以下几种。

（1）启动子：真核生物启动子位于基因转录起始点及其上游100～200bp以内，每个元件含7～20bp DNA序列，根据功能又分为核心启动子和启动子上游元件。

核心启动子（Core promoter）是结合通用转录因子和RNA聚合酶的DNA序列。核心启动子主要有转录起始位点、TATA盒或起始子。TATA盒是启动子的关键序列，与转录起始点有固定的距离，位于转录起始位点上游-25～-35bp，产生基础水平的转录。如果将TATA盒的序列进行点突变，基因的转录水平急剧下降；改变TATA盒与转录起点的距离，转录在TATA盒下游25bp新位点开始，但对转录速度无明显影响。起始子（initiator，Inr）位于-6～+11bp，-1和+1常为C和A；TATA盒和Inr可同时存在并同时起作用。有些基因启动子既无TATA盒也无Inr，也没有确定的起始位点，在20～200bp内可有多个起始位点，产生的mRNA有多个5′末端，这种核心启动子多见于低转录水平的基因和管家基因。

启动子上游元件（upstream promoter elements，UPE）位于TATA盒上游，多在转录起始点上游-40～-100bp的位置。UPE常见有CAAT盒、GC盒和OCT盒。CAAT盒位于-80bp左右，距离变化较大，共有序列为GCCAAT；GC盒一般在-100bp内，共有序列为GGGCGG；OCT盒指核苷酸八聚体（octamer，OCT），共有序列为ATTTGCAT。UPE结合转录因子后，可促进核心启动子与通用转录因子的结合，增强RNA聚合酶的活性，增强转录效率。

多数启动子含TATA盒，最常见的典型启动子由TATA盒、CAAT盒/GC盒、起始位点组成，具有较高的转录活性；少数启动子不含TATA盒，由GC盒和起始点组成。某些基因不止含有一个启动子，例如，谷胱甘肽还原酶基因调控区含有2个启动子，转录产生2个转录产物分别定位于细胞质和线粒体，上游启动子转录产物比下游启动子转录产物长，长mRNA的起始密码子位置向5′端移动，其翻译产物多一段进入线粒体的信号序列。

（2）增强子（enhancer）：是能与特异调控蛋白结合的DNA调控序列，具有增强启动子转录效率的作用。增强子序列长度约100～200bp，由多个8～12bp短序列组成，并具有回文结构的特征。增强子有很强的促进转录的作用，效率可达上百倍甚至上千倍。增强子序列可远离转录起始点，并能在200～50 000bp远距离起作用。增强子无定位和方向依赖性，可位于起始点的上游、下游或内含子序列中，从5′→3′或3′→5′方向均可发挥作用。增强子具有组织特异性或细胞特异性，一个基因可以受一个以上的增强子调控。

（3）沉默子（silencer）：是起负调控作用的DNA序列，对基因转录起阻遏作用，降低基因的表达。沉默子具有与增强子相类似的作用特点，也具有远距离、无定位、无方向性的作用特点。但沉默子比较少见，在人T淋巴细胞的T抗原受体、T淋巴细胞辅助受体CD4/CD8、β珠蛋白基因簇的ε基因等基因上存在。有些转录起始调控区的DNA序列既具有增强子作用，也具有沉默子作用，这主要由结合于调控序列的转录因子的性质决定。

（4）绝缘子（insulator）：绝缘子是位于增强子与启动子之间的DNA序列，也可位于沉默子与启动子序列之间。绝缘子序列长度约为几百个核苷酸碱基对。绝缘子对基因表达没有直接的正或负的调控作用，绝缘子与调控蛋白结合，阻碍了激活蛋白或阻遏蛋白与RNA聚合酶之间的联系，从而阻断激活蛋白或阻遏蛋白的作用。

2. 转录调控蛋白 真核基因的转录调控蛋白又称为转录因子（transcription factors，TF）或反式作用因子（trans-acting factors）。转录因子具有特异的结构起DNA结合和激活转录的作用，应用双杂交实验证明转录调控蛋白至少含有DNA结合域（DNA binding domain）和转录激活域（activation domain），此外，很多转录因子还包含一个介导蛋白质—蛋白质相互作用的结构域，最常见的是二聚化结构域。

（1）DNA结合域：DNA结合域是识别结合特异DNA调控元件的结构域，常见的DNA结合域含有螺旋-回折-螺旋模体、锌指模体、亮氨酸拉链模体、螺旋-环-螺旋模体。

螺旋-回折-螺旋模体(helix-turn-helix,HTH)由两条短α螺旋组成,每条α螺旋含有20个氨基酸残基,α螺旋之间由β回折连接。其中一条α螺旋能以氨基酸序列特异性的方式与DNA特异识别,结合在DNA大沟一侧。

锌指模体(zinc finger,ZF)由约30个氨基酸组成,含有锌离子(图8-19)。Zn^{2+}与Cys和His结合,起稳定肽链结构的作用。模体中与Zn^{2+}结合的Cys和His的数量不同,构成不同类型的锌指模体,常见有C_2H_2(C:Cys,H:His)、C_4、C_6型锌指模体。C_2H_2锌指由2个Cys和2个His与Zn^{2+}结合,肽链N端一对反向β折叠,形成模体结构的指端。单个C_2H_2锌指与DNA亲和力很弱,C_2H_2锌指一般呈连串的重复排列,增强蛋白与DNA的亲和力,每个重复排列之间由7~8亲水氨基酸连接。锌指模体是真核细胞内最多的DNA结合蛋白模体。

亮氨酸拉链模体(leucine zippers,LZ)由两条"两性"α螺旋组成(图8-20)。α螺旋的C端肽链,每间隔6个氨基酸残基(第7个)出现一个Leu,使疏水的Leu集中在α螺旋的一侧,而α螺旋的另一侧多为亲水氨基酸,α螺旋的两侧呈现不同亲水性质。两条含Leu的"两性"α螺旋平行排列,Leu侧链之间通过疏水作用像拉链一样紧密交错结合在一起,形成二聚体,故称为"拉链"结构。α螺旋的N端肽链,含有高密度的碱性氨基酸残基Lys和Arg,碱性氨基酸残基所带的正电荷使两条α螺旋的N端相互分开,形成倒Y的空间结构,骑跨在DNA双螺旋大沟上,α螺旋的正电荷能与DNA磷酸基团的负电荷相结合。在许多转录因子中存在亮氨酸拉链模体。

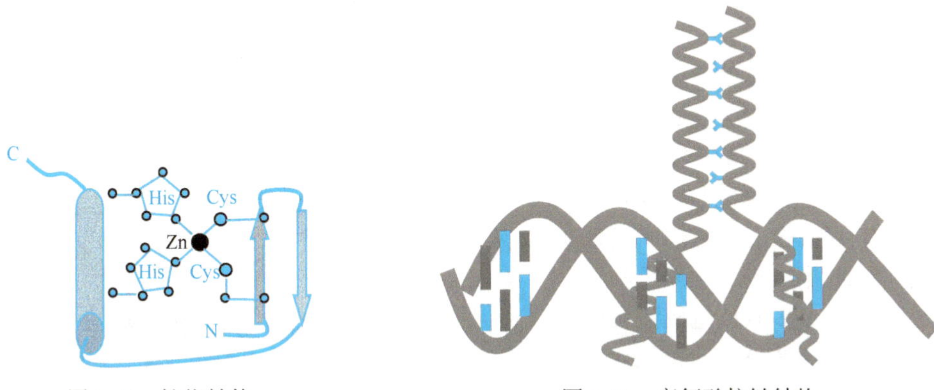

图8-19 锌指结构　　图8-20 亮氨酸拉链结构

碱性螺旋-环-螺旋模体(basic helix-loop-helix,bHLH)也由两条"两性"α螺旋组成二聚体,中间由长短不等的环状结构连接,含有50个左右的氨基酸保守序列,与亮氨酸拉链类似通过肽链的碱性氨基酸残基与DNA结合。

(2)激活结构域:激活结构域是其他蛋白质与转录因子结合并产生相互作用的结构区域。激活结构域与DNA结合域不同,还未发现有没有明确的空间结构特点,因此还不能以结构特征进行描述,而是按照基本的氨基酸成分特征进行描述。常见的激活结构域有:富含谷氨酰胺的激活结构域(glutamine-rich activation domains)、富含酸性氨基酸的激活结构域(acidic activation domains)、富含脯氨酸的激活结构域(proline-rich activation domains)。

富含谷氨酰胺激活结构域的转录因子由4条肽段组成,其中两条肽段的N端富含谷氨酰胺,谷氨酸数占这两条肽段氨基酸总数的1/4,如转录因子SPl在DNA结合域的锌指模体旁,有转录激活功能结构域,其氨基酸总数的1/4为谷氨酰胺。富含酸性氨基酸的激活结构域,能形成带有COO^-的α螺旋,以非特异性方式与转录起始复合物结合,其α螺旋的负电荷数与激活活性相关。富含脯氨酸的激活结构域见于CTF、AP-2等转录因子中,位于肽链的C端,由DNA序列缺失实验证明此结构具有增强转录活性的作用。

3. 转录调控蛋白与转录调控区DNA的相互作用 真核生物转录因子的作用方式与原核生物转录调控蛋白有所不同,根据转录因子在转录调控中的作用方式,将转录因子分为三类:基本转录因子(basal transcription factors)、特异转录因子(special transcription factors)和共激活蛋白(coactivators)。

(1)基础转录因子:也称通用转录因子(general transcription factors),真核生物的转录起始都需要通用转录因子,参与RNApolⅡ转录的是通用转录因子Ⅱ(TFⅡ),TFⅡ可分为TFⅡA、B、D、E、F、H等。各种TFⅡ与启动子TATA盒或RNA聚合酶Ⅱ结合,形成转录起始复合物,转录的起始必须有转录起始复合物的形成。

(2)特异转录因子:能特异结合增强子和上游启动子元件,起增强转录的作用。特异转录因子与增强子结合激活基因的转录。特异转录因子很少与 RNA 聚合酶直接发生相互作用,而是通过以下两种方式激活其他蛋白或酶,促进转录的进行。一种方式是特异转录因子募集转录起始所需的其他蛋白和酶,如基础转录因子和共激活蛋白;另一种方式是募集染色质重塑所需的蛋白和酶,使组蛋白发生共价修饰,核小体发生重塑,有利转录复合物的形成。

由于增强子可以分布在远离启动子的位置,特异转录因子结合增强子后要在远距离发挥作用。目前研究认为,特异转录因子与增强子结合后,诱导 DNA 链结构发生变化,使远距离的各种蛋白质能够发生直接的相互作用,其中染色质中的某些非组蛋白能与 DNA 发生非特异性结合,使 DNA 链发生扭曲或成环,这种非组蛋白在电泳时有很高的迁移率,被称为高迁移率蛋白(high mobility group protein,HMG),HMG 在染色质重构和转录激活中发挥重要作用。

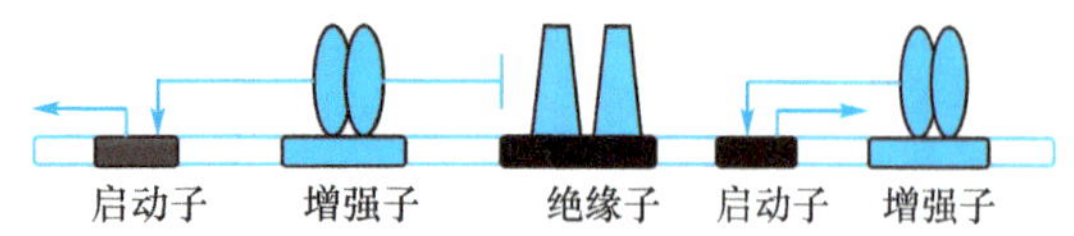

图 8-21 绝缘子阻止增强子活性

特异转录因子通过与远距离增强子结合能够远距离促进转录,但是当激活一个基因转录时,可能还有几个基因也在特异转录因子的作用范围内。但一个增强子只特异调节一个基因,通过增强子与其他启动子之间存在的绝缘子序列,可抑制增强子对其他基因的转录作用(图 8-21)。

不同的增强子要求有不同的特异转录因子,目前研究已知有几百种的增强子,但却只发现很少的特异转录因子。许多信号转导分子能与特异转录因子相结合,为信号转导分子调控转录适应细胞内外环境变化提供作用途径。

(3) 共激活蛋白:是不直接作用于 DNA 调控序列,而在特异转录因子与转录起始复合物之间发挥作用的转录因子。多数转录起始需要共激活蛋白参与,在 RNA 聚合酶与特异转录因子之间起中介作用(图 8-22)。在真核细胞,转录因子 TFⅡD 具有共激活蛋白的特征,TFⅡD 能与 RNA 聚合酶结合,又能与特异转录因子结合,发挥调控转录的作用。在酵母菌,也发现具有共激活作用的蛋白,即为中介子(mediator)。中介子是由 20 条多肽链组成的蛋白复合物,它能紧密地结合于 RNA 聚合酶大亚基羧基末端结构域(carboxyl-terminal domain,CTD)。某些中介子的同源蛋白已在酵母到人的真核细胞中发现,并发现某些特异转录因子能与中介子复合物的一个或多个成分相互作用,发挥类似 TFⅡD 的作用。

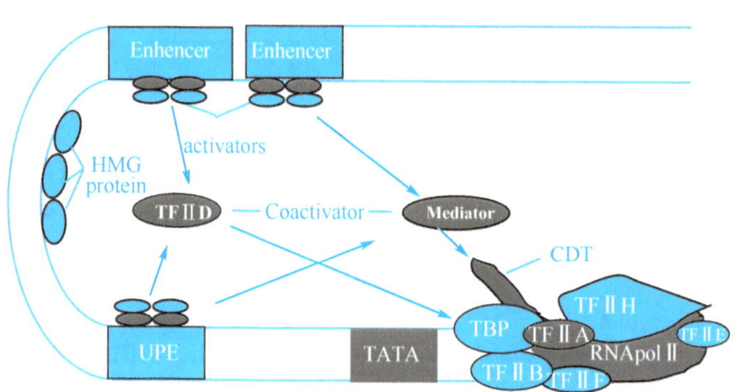

图 8-22 真核启动子和共激活蛋白

在真核细胞,有些调控蛋白既具有激活蛋白的作用,又具有阻遏蛋白的作用。某些具有阻遏蛋白作用的转录调控蛋白,能与 RNA 聚合酶Ⅱ结合,抑制转录起始复合物的形成;例如:存在于核内的类固醇激素受体,当存在激素作用信号时,起激活蛋白作用,促进转录;在激素缺乏时,受体起阻遏蛋白作用,抑制转录起始复合物的形成。某些激素受体的阻遏作用与组蛋白的去乙酰化、染色质重塑的恢复有关。

(二) 转录后加工运输的调控

真核细胞转录后,需要对转录初产物进行加工,并转运到核外,才能发挥作用。因此加工运输的每一过程也都会影响到基因表达,转录后基因表达调控包括了 hnRNA 加工修饰、mRNA 核外转运、细胞质定位以及 RNA 干涉。

1. mRNA 的剪接加工调控 mRNA 转录后剪接加工主要通过顺式剪接(cis-splicing),即切除 RNA 初产物的内含子,连接相邻的外显子。少数生物可发生反式剪接(trans-splicing),即切除 RNA 初产物的内含子后,不同基因的外显子相互连接。多数真核 mRNA 初产物经过上述剪接加工仅能生成一种成熟 mRNA,但有些真核 mRNA 可通过可变剪接方式,生成多种不同的成熟 mRNA,翻译产生不同的蛋白质,可变剪接是转录后基因表达调控的重要方式。

可变剪接(alternative splicing)是指 mRNA 初产物经过剪接加工,选择性的去除 mRNA 初产物中的某些序列,同时保留某些序列,而生成几种不同的成熟 mRNA 的过程,可变剪接也称为选择性剪接。可变剪接可以是组成性的,即可变剪接在所有的组织细胞是一样的。可变剪接也可以是可调控的,在不同的组织细胞、不同发育阶段可采取不同的剪接，产生不同的 mRNA，生成不同的蛋白质或蛋白质异构体。真核生物 mRNA 初产物中含有可变剪接的加工信号，引导不同的剪接方式：①外显子缺失：剪接中将外显子切除，使成熟 mRNA 缺失相应的外显子；②内含子保留：未将内含子剪接，成熟 mRNA 中出现相应的内含子；③多位点剪接：剪接没有固定的位点，出现不同位点剪接，在外显子中存在 5′或 3′剪接点，使外显子部分缺失，内含子中存在 5′或 3′剪接点，使内含子部分保留。可变剪接改变了编码序列，产生不同的成熟 mRNA。如大鼠 α 原肌球蛋白基因通过可变剪接，变换剪接位点可得到 10 种不同的蛋白质。

近年发现可变剪接过程还需要 RNA 结合蛋白参与，这种 RNA 结合蛋白也称为选择性剪接特异性加工因子。目前已发现了大量的 RNA 结合蛋白，大约有 1/3 以上的基因存在可选择性剪接加工，大量的 RNA 结合蛋白的发现表明可变剪接是真核表达调控的重要环节，也说明数量有限的基因可通过转录后加工产生数量繁多的蛋白质产物。

2. RNA 编辑加工调控　RNA 编辑同可变剪接一样，能使一个基因序列产生几种不同的蛋白质。真核生物中的编辑加工，主要通过插入或缺失核苷酸，改变成熟 mRNA 编码区的长度，或使编码区内的碱基发生转换或颠换，改变遗传信息，引起蛋白质结构和功能的变化。核苷酸的插入或缺失需要指导 RNA（guide RNA，gRNA）为模板，多种蛋白和酶的参与。碱基转换或颠换主要发生在 C→U、A→I，这一过程需要核苷酸脱氨酶的催化。在研究线粒体转录时发现，线粒体转录产生一种 RNA，长度为 40～80 个碱基，3′末端含有 polyU，5′末端含有一段特异序列，能与被编辑 mRNA 的部分序列碱基互补，引导 mRNA 编辑，因此该 RNA 被称为指导 RNA。gRNA 可特异结合 mRNA，并作为模板，将自身 3′末端的 U 转移到被编辑 mRNA 的特点序列上，改变 mRNA 的编码序列。

mRNA 通过编辑改变了遗传信息，这似乎违背了遗传信息传递的中心法则，但引起编辑的信息最终也是来源于 DNA 的遗传信息。gRNA 指导的核苷酸插入或缺失的编辑，其 gRNA 是由 DNA 编码的。碱基转换或颠换编辑需要的转氨酶也是由 DNA 编码的。

3. mRNA 的稳定性调控　真核细胞 mRNA 的稳定性差别很大，其半寿期可能只有几秒钟、几分钟，也可几十分钟，甚至几小时，适时地延长和终止基因表达是基因表达调控的重要机制。mRNA 半衰期的长短与 mRNA 合成和降解速度有关。5′帽子结构和 3′PolyA 尾结构是保持 mRNA 活性的重要稳定因素，当 mRNA 进入胞浆后，核酸外切酶能逐步切除 3′PolyA，当剩下约 30 个 A 时，5′端发生脱帽反应，使 mRNA 降解，失去转录活性。在 mRNA 的 3′UTR 中存在特殊保守序列，能与特异蛋白结合，影响 mRNA 在胞浆的降解。在 3′UTR 内一段约 50 nt 的富含 AU 的元件（AU-rich element，ARE），能加快几种致癌基因蛋白和淋巴因子 mRNA 的降解。但在 mRNA 的 3′UTR 中也存在能够降低 mRNA 降解速度、稳定 mRNA 的序列，在许多种真核生物弹性蛋白中，发现 mRNA 的 3′UTR 存在一个富含 AG 的元件（UCGCGGGAGGGAGGGAGGGA），能与特异蛋白结合而降低 mRNA 的降解速度。

4. mRNA 核外转运和定位　转录后加工成熟的 mRNA 不是全部都能转运到胞质，大约 20% 的成熟 mRNA 能被输送到细胞质，参与蛋白质合成，其余的在核内迅速降解。细胞核膜存在核输出受体（nuclear export receptor）参与 mRNA 的主动运输。

细胞质 mRNA 有其特定的定位，不同蛋白质的 mRNA 定位不同，使蛋白质呈区域性表达，如成肌细胞的 β-肌动蛋白定位于细胞膜周胞质，而 γ-肌动蛋白定位于细胞核周胞质。成熟 mRNA 存在定位导向信号序列，这些信号序列位于 mRNA 的 3′端非翻译区（3′untranslated region，3′UTR）。在成纤维细胞，c-*myc* 基因转染后，3′UTR 能将报告基因序列定位于细胞核周胞质，3′UTR 缺失突变显示 194～280nt 序列在定位过程中起关键作用。

5. 小分子 RNA 介导的转录后基因沉默　转录后基因沉默（post-transcription gene silencing，PTGS）是指通过序列特异性抑制 mRNA 作用或降解 mRNA 而抑制基因表达。目前发现有两种小分子 RNA 参与介导 PTGS：小片段干扰 RNA（small interfering RNA，siRNA）和微小 RNA（microRNA，miRNA）。siRNA 是由外源性基因诱导产生的双链 RNA 加工而生成的，长度为 21～25nt 的双链 RNA，能与 mRNA 高度特异性结合，诱导 mRNA 降解。miRNA 是指由内源性基因编码产生的，长度为 21～25nt 的单链 RNA，能与 mRNA 特异结合，诱导 mRNA 降解或阻止翻译作用。siRNA 和 miRNA 通过转录后基因沉默调控基因表达，对细胞生物学功能产生影响，是近十几年来生命科学研究的热点。

（1）siRNA 介导的转录后基因沉默：1990 年，Jorgensen 等在转导色素基因到牵牛花细胞时发现，转录的基因未表达，自身的色素基因表达却减弱了，呈现转染的外源基因与同源的内源基因共同被抑制的现象，称为共抑制(cosuppression)。1998年,Andrew Fire等在研究秀丽隐杆线虫基因沉默时发现,双链RNA(double stranded RNA,dsRNA),比反义RNA、正义RNA有更强的特异抑制基因表达的能力,这种双链RNA对基因表达的抑制作用,被称为RNA干扰(RNA interference,RNAi)。1999年,Hamilton等在植物基因沉默研究中发现21~25 nt的短链dsRNA能够诱导细胞的RNAi,对基因表达产生特异的抑制作用,因此称此短链dsRNA为小片段干扰RNA(siRNA)。随着研究的深入,人们对siRNA的生成和基因沉默作用的可能机制有初步的了解。

由于外源性基因侵入或转座子等原因,使细胞反应性特异表达长双链RNA(double stranded RNA,dsRNA),长dsRNA在细胞内经RNaseⅢ核酸内切酶(如:Dicer)作用,切割生成21~25个核苷酸的短链siRNA。siRNA与细胞内一系列蛋白和酶结合组成复合物,即RNA诱导的沉默复合物(RNA induced silencing complex,RISC)。RISC中的解旋酶以ATP依赖性的方式解开siRNA双链,单链siRNA激活RISC的活性,引导靶mRNA与正义siRNA进行交换,而与碱基完全互补的反义siRNA单链特异识别结合。RISC中的核酸内切酶特异降解靶序列中的mRNA,使外源基因沉默(图8-23)。

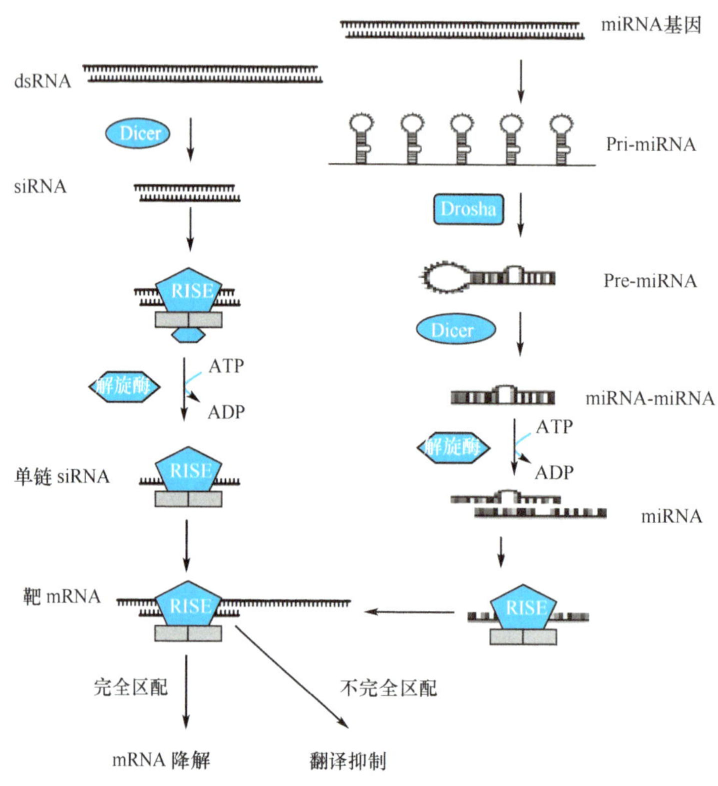

图8-23 siRNA、miRNA的产生和转录后基因沉默可能机制

2001年Elbashir等首先报道,用体外合成的21nt siRNA转染哺乳动物细胞,可以阻断特异性基因的表达。进一步实验表明,体外合成的siRNA与源于长dsRNA降解生成的siRNA对RNAi有相当的效应,而且特异性更好,所需有效浓度更低。目前,体外合成的siRNA已成为研究基因沉默的重要工具,广泛应用于基因功能的分析。

(2)miRNA介导的的转录后基因沉默:miRNA最早在线虫中被发现,1993年Lee等在线虫发育停滞突变体中克隆到*lin*-4基因,该基因不编码蛋白质,而编码具有发夹结构的RNA,然后转变为含有22nt的小分子RNA,该基因突变使线虫不能发育为成虫。随后在线虫中,又发现了类似的基因*let*-7,该基因编码的RNA也能被加工生成21nt的RNA,与*lin*-4基因产物一样,能够和靶mRNA结合而起负性基因表达调控作用,影响线虫的正常发育。这些发现引起广大科学家的关注和研究,目前在植物和动物细胞内又发现了数千这类小分子RNA,因此将其称为微小RNA(microRNA,miRNA)。

miRNA是一种长度约为21~25个核苷酸的单链RNA。细胞核基因组存在编码miRNA的基因,属非蛋白质编码基因,miRNA基因转录的初级产物是具有发夹结构的RNA,称为pri-miRNA。核内的RNase-Ⅲ核酸内切酶(如:Drosha)能够识别各种pri-miRNA的序列结构,将其剪切成为70~90nt大小、并具有不完全配对茎环结构的miRNA前体(pre-miRNA)。Pre-miRNA通过核浆转运子Exportin5(Exp5)从核内转运至胞质。在胞质中，另一种 RNase-Ⅲ(Dicer)进行第二次剪切加工，将 pre-miRNA 剪切成为 21～25nt 大小、不完全配对的双链 miRNA(miRNA:miRNA)。随后双链解开，其中一条单链 miRNA 结合到 RNA 诱导的沉默复合物(即 RISC)，成为成熟的 miRNA，该复合物通过成熟的 miRNA 识别结合靶 mRNA，从而阻断该基因的翻译过程，或也诱导 RISC 中的核酸内切酶降解结合的靶 mRNA，使外源基因沉默。而另一条 miRNA 立即被降解。

miRNA 是诱导 mRNA 降解，还是抑制基因的翻译过程，取决于 miRNA 与 mRNA 之间的互补程度，如果完全互补，则诱导 mRNA 降解，如果互补不是很好，则抑制基因翻译过程(图 8-23)。

miRNA 作为体内正常基因表达的产物，在基因表达调控中起重要作用，对生命的生长发育和行为具有十分深远和复杂的影响，与人类疾病的发生发展可能具有密切的相关。近年来对 miRNA 的研究虽然已取得突破性进展，以 miRNA 为靶点或者以 miRNA 为诊断和治疗手段的设想，将成为研究的一个焦点。

三、翻译水平的基因表达调控

翻译水平的调控在真核生物基因表达调控中的作用要比在原核生物中的作用大的多。由于真核生物转录和翻译过程在不同的区域，mRNA 在核内转录生成后经过加工、运输到核外，才能进入翻译过程，这使得翻译过程相对转录有一段延迟时间，因此在真核生物需要对转录和翻译过程同时进行调控。

(一) 翻译起始因子磷酸化的调控

翻译起始的调控受细胞内各种因素影响，这些因素通过激活蛋白激酶使起始因子磷酸化，磷酸化的起始因子改变了功能作用。如 eIF2 磷酸化具有抑制翻译起始的作用，eIF4E 磷酸化具有促进翻译的作用。

eIF2 的作用是诱导甲硫氨酰-起始 tRNA 结合于核蛋白体 P 位的 mRNA 的起始密码，起始翻译过程。eIF2 需与 GTP 结合形成 eIF2-GTP 复合物才能起作用，当 eIF2-GTP 使甲硫氨酰-起始 tRNA 结合到核蛋白体上的 mRNA 识别起始密码后，eIF2-GTP 水解为 eIF2-GDP，eIF2-GDP 从核蛋白体上脱落，核蛋白体进入翻译过程。eIF2-GDP 在鸟苷酸交换因子作用下结合新的 GTP 形成 eIF2-GTP，再参与翻译起始，形成循环。如果 eIF2 被磷酸化，就不能结合 GTP 形成复合物，而抑制翻译的起始。在哺乳动物，红细胞血红素对珠蛋白合成的调节就是通过 eIF2 的磷酸化。当红细胞血红素降低时，细胞内的 PKA 被激活，使 eIF2 激酶磷酸化，再催化 eIF2 磷酸化，导致珠蛋白翻译抑制。

eIF4E 是识别结合 mRNA 5′-m^7G 帽子结构的翻译起始因子，eIF4E 由 3 个亚基 α、β、γ 组成，α 和 γ 亚基的磷酸化有利于 3 个亚基形成复合物，或促进 eIF4A、eIF4B 和 eIF3 组装成更高级的复合物，增强翻译的起始过程。热休克或生长因子通过信号转导激活蛋白激酶，催化 eIF4E 的磷酸化，促进翻译的起始。

(二) mRNA 非翻译区的调控

mRNA 的非翻译区包括 5′端非翻译区(5′untranslated region，5′UTR)和 3′端非翻译区(3′untranslated region，3′UTR)，对翻译起始和终止具有调控作用。

5′UTR 包括帽子结构、起始密码(AUG)和两者之间的序列。翻译是从 mRNA 分子 AUG 密码子开始的，核蛋白体小亚基先结合于 5′端的帽子结构下游，然后向 mRNA 下游扫描到 AUG，起始翻译。近 90% 的核蛋白体，翻译的起始开始于第一个 AUG 密码，但有的 mRNA 的 5′UTR 存在不止一个 AUG，表明翻译也可从第二个 AUG 起始。目前研究认为，起始 AUG 的选择与 AUG 旁侧序列关系密切，有研究发现，起始 AUG 之前的-3 位核苷酸多数为 A。这一 AUG 旁侧序列有利于起始密码被识别结合。5′UTR 的长度，即帽子结构与第一个 AUG 之间的距离，也是影响翻译起始的效率和准确度的因素。5-UTR 长度太短，不易被核蛋白体识别结合，5′UTR 长度在 17～18nt 时，5′UTR 长度与翻译效率成正比。5′UTR 二级结构也影响翻译过程，5′UTR 若存在碱基配对形成发夹二级结构，可阻止核蛋白体亚基的移位，抑制翻译的过程。碱基配对越多，发夹结构越稳定，抑制作用越强。

3′UTR 包括终止密码、polyA 和两者之间的非编码序列，它们在翻译终止中具有重要作用。终止密码有 3 个，其中 UAA 是真核生物中最主要的终止密码。终止密码的旁侧序列影响终止密码的作用，终止密码旁侧序列富含 GC 序列，该序列有助于翻译的终止。紧邻终止密码 3′端的核苷酸，以嘌呤核苷酸的含量较高，可达 60%～70%，而 C 的含量小于 17%，在原核生物以 U 含量最高，因此推测，紧邻终止密码 3′端的核苷酸与终止作用调控有关。研究发现编码生长因子或癌基因 mRNA 的 3′UTR 具有富含 UA 的保守序列，切除这段保守序列，提高 mRNA 的稳定性，提高翻译的效率。因此推测，UA 保守序列具有抑制翻译的作用，其机制可能是 UA

保守序列抑制核蛋白体复合物形成的某一过程。

（三）mRNA 特异结合蛋白的调控

在真核细胞质内，不是所有的 mRNA 都可以与核蛋白体结合进行翻译。有一些特异的翻译抑制蛋白可以结合到 mRNA 的 5′端，抑制翻译起始。还有一些翻译抑制蛋白可以识别结合到 mRNA 的 3′端特异位点，干扰 3′端 PolyA 与 5′端帽结构的联系，抑制翻译起始。细胞内铁蛋白的翻译受到特异翻译抑制蛋白的调控。当细胞质中可溶性铁离子水平低时，细胞中存在特异翻译抑制蛋白能与铁蛋白 mRNA 的 5′端铁反应原件（iron-response element，IRE）结合，抑制铁蛋白的翻译。当细胞质中可溶性铁离子的水平上升超过一定值时，铁离子与结合在 mRNA 上特异翻译抑制蛋白结合，使该蛋白从 IRE 上脱落，解除翻译抑制蛋白的抑制作用，起始铁蛋白的翻译。

思考题

1. 简述基因表达的多层次性和时空特异性。
2. 简述基因表达有哪些基本方式？
3. 简述大肠埃希菌乳糖操纵子和色氨酸操纵子的调控机制。
4. 简述真核生物染色质水平、转录水平和翻译水平的基因表达调控。

（林德馨）

第三篇　分子生物学常用方法与技术

分子生物学理论研究的种种突破都与分子生物学技术的建立、发展和完善息息相关，两者相互促进和相互发展，同时也催生着新型仪器的不断涌现。分子生物学技术融入了生物化学、免疫学、微生物学、物理学、化学等知识与技术，更是融入了计算机科学与技术。这些技术在加快分子生物学领域发展的同时，也极大地带动和促进了其他学科的发展，分子生物学技术已成为生命科学研究的"通用技术"。

以重组DNA技术为中心内容的基因操作技术已进入了全世界范围的普及阶段，而且不断有新的进展，技术手段日新月异，特别是PCR技术的成熟和普及使分子生物学技术成为当今最具生命科学研究的前沿技术，正在深刻地影响着医学研究的进展。

为此，本篇主要是从核酸和蛋白质结构与功能研究的技术方法出发，较详细地介绍实验室中常用的分子生物学技术方法的原理与应用，以及相关技术方法的优缺点比较。具体内容包括核酸的研究方法与原理、蛋白质的研究方法与原理、基因工程原理和基因结构与功能的分析方法与原理。

通过本篇内容的学习，使读者在了解所用技术原理与应用的基础上，能根据自己实验目标的需要，做到心中有数，有的放矢，正确选择有关技术和方法，减少实验操作过程对技术方法的盲目选择。

第九章 核酸的研究方法与原理

核酸的结构与功能研究是分子生物学最基本、最核心的内容之一。因此，运用各种方法与技术揭示核酸的结构与功能是探求生命奥秘的必经之路。常用的核酸研究方法包括核酸的制备、分析、扩增、基因克隆等过程。核酸的制备指的是DNA及RNA的提纯、定量及纯度鉴定，分析包括核酸的电泳分离、分子杂交、测序等过程，而核酸的扩增则主要指的是利用聚合酶链反应大量富集核酸样品。本章将重点介绍研究核酸各种技术及其基本原理以及这些技术的应用等。关于基因克隆将在第十一章重点介绍。

第一节 核酸的制备及质量鉴定

研究基因或基因组的功能特性，首先必须获得高纯度、高质量的核酸分子。核酸提取纯化一般是利用DNA及RNA比蛋白质、多糖、脂类等生物高分子具有更强的亲水性，但却不溶于有机溶剂这一性质。提取之前，一般先要根据实验目的，选择合适的材料及相应的细胞破碎方案。纯化的核酸样品可利用紫外分光光度法、荧光光度法、电泳等技术对其浓度、纯度及完整性等方面进行质量鉴定。

一、材料的选择与细胞破碎

（一）材料的选择与准备

核酸提取的原材料根据实验目的确定。提取基因组DNA时，最好使用新鲜材料，如新采集的组织样本或培养时间不长、正处于对数生长期的细胞等。液体材料中的病毒DNA一般含量较低，提取前需先富集。RNA提取时，除了要选择新鲜材料外，还要选择目标RNA含量丰富的组织样品或细胞作为备选材料。植物性样品中RNA的含量还与季节有密切的关系，选材时应格外注意。

提取质粒DNA时要选择使用处于对数生长期的新鲜菌体，以降低开环或者线性化质粒的比例。此外，要避免菌株多次转接，并在培养时加入筛选压力，以降低质粒丢失的几率。

（二）细胞破碎方案的选择

常用的破碎细胞的方法根据其作用原理可分为机械法、物理法、化学法等。机械法是通过机械剪切力使组织细胞破碎的方法，主要有匀浆、研磨等。物理法指通过输入能量、改变温度或渗透压等物理方法使细胞破碎的过程，包括超声震荡、反复冻融、低渗破膜等。化学法是指利用表面活性剂、生物酶等处理细胞，使细胞破裂。常用的表面活性剂有SDS、NP-40、TritonX-100等，而常用的酶有溶菌酶、蛋白酶、甘露糖聚酶、葡聚糖酶、α-淀粉酶、蜗牛酶、脂酶等。在实际操作过程中，一般需要多种方法联合应用，才能很好地达到裂解细胞、释放待纯化物质的目的。

不同的个体，或同一个体的不同组织，其组织细胞的脆性和韧性不尽相同，细胞破碎的难易程度亦各有异。如肝脏、脾脏、脑组织等一般脆而柔软，直接研磨匀浆即可；肌肉、皮肤组织比较坚韧，需先剪碎再匀浆；植物细胞及许多微生物都有坚固的细胞壁，需用超声波、加砂研磨、加压并辅以表面活性剂处理等方法才能有效地破碎细胞。不同组织细胞的常用裂解方法见表9-1。

表9-1 各种组织细胞常用破碎方法

样品来源	破碎细胞方法		
	DNA提取	RNA提取	质粒提取
动物组织	坚韧的组织块绞碎后再匀浆①，柔软组织可用手动匀浆，培养细胞可利用低渗破膜、反复冻融、超声、表面活性剂等处理方法	组织块加液氮研磨匀浆，再加TRIzol②裂解；培养细胞直接加TRIzol	
植物组织	液氮研磨	同上	

续表

样品来源	破碎细胞方法		
	DNA 提取	RNA 提取	质粒提取
酵母	溶菌酶或蜗牛酶酶解,或玻璃珠、表面活性剂处理	TRIzol 直接裂解。细胞壁厚的样品先用酶或研磨方法破壁再用 TRIzol 裂解	酶解法或机械研磨破坏细胞壁,再进行反复冻融、表面活性剂处理等
细菌	溶菌酶酶解或表面活性剂处理	同上	碱裂解③,革兰阳性菌需要先酶解破坏细胞壁

注:①匀浆液为 DNA 抽提缓冲液,含有表面活性剂,蛋白酶 K 等;②TRIzol 是商品化的常用总 RNA 抽提试剂,含有苯酚、异硫氰酸胍等有机物;③细菌质粒提取碱性裂解液为 NaOH 与 SDS 混合液,为提取质粒常用试剂。

二、核酸的提取与纯化

核酸提纯的总原则是一方面尽量保证核酸一级结构的完整性,另一方面排除其他分子的污染。

(一) 基因组 DNA 的提取纯化

基因组 DNA 是线性长链分子,而且与蛋白质紧密结合在一起,在提取纯化时首先要避免机械切割作用对 DNA 的破坏,同时尽量去除蛋白等杂质的污染。提取方法包括传统的十二烷基硫酸钠(sodium dodecyl sulfate,SDS)/蛋白酶法、十六烷基三甲基溴化铵(hexadecyltrimethylammonium bromide,CTAB)法等。

1. SDS/蛋白酶法 主要用于提取动物组织细胞的基因组 DNA。其基本过程及原理如下:首先利用含有 SDS、蛋白酶 K(proteiase K,PK)等成分的 DNA 抽提缓冲液作用于组织匀浆液,以充分裂解细胞,破坏染色体结构,并使组蛋白及其他胞内蛋白质变性、降解,释放出游离的 DNA;然后以酚/氯仿、氯仿/异戊醇等有机溶剂依次抽提,除去水相中的蛋白质、酚等杂质;最后以乙醇或异丙醇沉淀水相,即可得到较纯的基因组 DNA。抽提缓冲液中的 RNA 酶(RNase)可降解胞内 RNA,乙二胺四乙酸(EDTA)则能有效抑制 DNA 酶(DNase)的活性,防止 DNA 的降解。

细胞器 DNA(线粒体或叶绿体 DNA)以及细菌基因组 DNA 也可用 SDS/蛋白酶法提取。细胞器 DNA 提取时,需要在细胞裂解后进行差速离心,分别获得线粒体或叶绿体,再进行提纯。对于细菌基因组 DNA,由于其细胞壁结构复杂,含有较多多糖,因此在提取时需要同时加入 CTAB(见下),以促进细胞裂解及 DNA 的纯化。

2. CTAB 法 CTAB 法提取 DNA 的过程与 SDS/蛋白酶法相似,不过两者的作用原理有一定区别。CTAB 法抽提缓冲液的主要成分有 CTAB、EDTA、无机盐等,其中的 CTAB 是一种阳离子去污剂,可溶解细胞膜,并与核酸形成复合物。在低盐溶液中,CTAB 可与核酸和酸性多聚糖结合变成不溶性复合物而使其沉淀,蛋白质和中性多聚糖仍留在溶液里;而在高盐(>0.7mol/L NaCl)溶液中,该复合物又能够溶解。待纯化的样品经过 CTAB 抽提缓冲液的作用,再以酚/氯仿、氯仿/异戊醇依次抽提,乙醇或异丙醇沉淀,即可使核酸分离纯化出来。

上述两种方法中经 DNA 抽提缓冲液裂解的组织匀浆液,除了可利用有机溶剂继续纯化外,也可以利用离心吸附柱法或氯化铯密度梯度离心法来进一步纯化基因组 DNA。离心吸附柱法是利用硅质材料、离子交换树脂、磁珠等吸附性强的材料纯化 DNA 的方法,此法操作简便、对环境污染小、产物纯度较高,可直接用于体外扩增、酶切等实验。氯化铯密度梯度离心法是纯化植物组织基因组 DNA 的一种方法,此法获得的 DNA 纯度较高,但由于设备昂贵、操作不便、得率低等原因,一般实验室很少使用。

(二) 细胞总 RNA 的提取纯化

RNA 极易被 RNase 降解,而细胞内及环境中 RNase 含量又很丰富,不易失活,因此提取 RNA 的首要原则是防止 RNAase 对 RNA 的降解作用。抑制 RNase 的措施包括:①使用 RNase-free 的专用塑料制品,玻璃器皿 150℃烘烤 4 小时使 RNase 灭活;②氯仿、异戊醇等有机溶剂取新开封的并专用于 RNA 提取,其余试剂中加入 RNase 抑制剂;③低温操作,操作过程中戴手套口罩。此外,尽量选取新鲜的样品、取样后立即放入液氮保存及研磨样品时及时补充液氮也是减少 RNA 降解的有效措施。

RNA 提取的一般步骤包括样品的裂解及 RNA 的释放→杂质的去除→RNA 的吸附或沉淀等过程。TRIzol 是目前常用的 RNA 抽提试剂,它是一种商品化的细胞总 RNA 提取试剂,含有苯酚、异硫氰酸胍等物质,能在迅速破碎细胞并抑制细胞内 RNase 的同时,使核蛋白复合物变性,释放 RNA。苯酚/氯仿、氯仿/异戊醇的抽提可去除蛋白等杂质，使 DNA-蛋白复合物及杂蛋白沉淀到有机相。上清中的 RNA 可用硅质材料吸附或用异丙醇沉淀，最后以焦碳酸二乙酯（DEPC）处理水溶解 RNA，低温保存。

如果需要分别提取 tRNA、mRNA 和 rRNA，可先将细胞匀浆后进行差速离心，分别获得胞质、核蛋白体、细胞核等细胞内容物，然后再从中分离纯化所需 RNA。真核生物 mRNA 的 3′端含有多聚腺苷酸，可利用寡聚胸苷酸亲和层析柱将 mRNA 纯化出来。

（三）质粒 DNA 的提取

质粒是独立于细菌基因组之外的具有自主复制能力的闭合环状小分子 DNA，其分子量远远小于细菌基因组 DNA。常用的提取方法有碱裂解法、煮沸法等。

1. 碱裂解法　该法是最常用的质粒 DNA 的提取方法。将溶液Ⅰ、Ⅱ、Ⅲ依次加入菌体，使菌体裂解，此时蛋白质、基因组 DNA 等杂质形成沉淀，质粒则保留在上清液中，离心后上清再以异丙醇沉淀，即可获得质粒 DNA。溶液Ⅰ是含有 EDTA 及 RNase 的缓冲液，其作用前已述及。溶液Ⅱ含有 0.2mol/LNaOH 溶液及 1% SDS，可有效裂解细胞。溶液Ⅲ的成分是 3mol/L 醋酸钾及 2mol/L 醋酸，其中的 K^+ 与 SDS 中的 Na^+ 互相置换，可形成 PDS（十二烷基磺酸钾）沉淀。而 SDS 本身又极易与蛋白质结合并使其变性，这样 K^+、Na^+ 置换所产生的大量沉淀就会将绝大部分蛋白质及基因组 DNA 同时沉淀下来。碱裂解法最后获得的质粒 DNA 常残留一定量的 RNA，可在质粒溶液中加入少量 RNase 消化残余的 RNA。

碱裂解后离心获得的上清液也可以利用离心吸附柱法进一步纯化，最后获得的质粒可直接用于转染、体外扩增、酶切等实验。目前市场上商品化的试剂盒也基本是利用这一原理纯化质粒的。

2. 煮沸法　当加热处理菌体时，细菌染色体 DNA 及质粒 DNA 都会发生变性，前者由于与变性蛋白质和细胞碎片结合在一起形成不溶性复合物而沉淀；而质粒 DNA 却在冷却过程中复性，恢复到超螺旋状态，易溶于水，因此通过离心即可将染色体 DNA 及质粒 DNA 分开。煮沸法主要用于小量质粒 DNA 或者单菌落质粒 DNA 的制备，制备过程比较粗糙，质粒的质量不如碱裂解法。

三、核酸含量测定及质量鉴定

（一）核酸浓度测定

核酸浓度的测定方法包括紫外分光光度法、荧光光度法、定磷法、二苯胺法等，目前比较常用的是前两种方法。

1. 紫外分光光度法　核酸分子中的碱基在 260nm 波长处对紫外有特异性的光吸收，测定核酸样品此波长下的吸光度值（A_{260}），再进行计算即可得到其浓度。$A_{260}=1.0$ 时，分别相当于 50μg / ml 的双链 DNA，37μg / ml 的单链 DNA，40μg/ml 的 RNA，30μg/ml 的寡聚核苷酸。紫外分光光度法最佳测量值的范围为 $A_{260}=0.1\sim1.0$，高于或低于此范围都会使测定结果有所偏差，因此在测定时要注意进行适当稀释。

2. 荧光光度法　荧光染料溴化乙啶（ethidium bromide，EB）是一种扁平的小分子化合物，可嵌入核酸的碱基对之间，使核酸在紫外激发下发出橙红色的荧光，且荧光强度积分与核酸浓度成正比，与标准品比较即可测出核酸浓度。荧光光度法灵敏度较高，可达 1～5ng，适合低浓度核酸溶液的定量测定。

（二）核酸纯度及完整性鉴定

1. 紫外分光光度法　核酸提取过程中最易混入的杂质是蛋白质。一般首先通过测定 A_{260} 与 A_{280} 的比值判断核酸的纯度。在 TE 缓冲液（含有 Tris 及 EDTA）中，纯 DNA 的 $A_{260}/A_{280}=1.8$，而纯 RNA 的 $A_{260}/A_{280}=2.0$，比值升高或降低均表示样品不纯。230nm 是碳水化合物吸收峰的波长，A_{260}/A_{230} 比值可帮助判断核酸溶液是否混有糖类等杂质。对于纯 DNA 和 RNA，$A_{260}/A_{230}=2.5$，若比值小于 2.0 表明样品被碳水化合物污染。酚也是比较容易混入的杂质，其紫外吸收峰在 270nm，可借此与蛋白质污染相鉴别。吸光度比值与杂质污染的关系见表 9-2。

如果提纯的核酸样品既存在降解又混有杂质，就有可能使得样品的吸光度比值在正常范围。因此，紫外分光光度法常常需要与琼脂糖凝胶电泳（agarose gel electrophoresis，AGE）同时进行，才能对核酸的纯度做出准确的判定。

表 9-2 核酸溶液 OD 比值与杂质污染的关系

DNA 溶液中的吸光度比值	污染情况判断	RNA 溶液中的吸光度比值	污染情况判断
A_{260}/A_{280}		A_{260}/A_{280}	
=1.8	①纯净的 DNA ②蛋白质、酚与 RNA 的混合污染	=1.8~2.1 <1.8 >2.1	较纯净的 RNA 蛋白质、酚污染 RNA 降解严重
<1.7	蛋白质、酚污染		
>1.8	①RNA 污染；②DNA 变性/降解		
A_{260}/A_{230}		A_{260}/A_{230}	
=2.5	纯净的 DNA	=2.5	纯净的 RNA
<2.0	碳水化合物(糖类)、盐类或酚等有机溶剂污染	<2.0	碳水化合物(糖类)、胍盐或酚等有机溶剂污染

2. 琼脂糖凝胶电泳(AGE) 基因组 DNA 的分子量远远大于 RNA，二者之间电泳迁移率存在很大差别。用荧光染料 EB 为示踪剂的 AGE，既可观察到 DNA 分子中是否混有 RNA，也可观察到 RNA 分子中是否混有 DNA。基因组 DNA 的电泳条带致密而明亮，如果条带滞留在加样孔附近，迁移缓慢，说明 DNA 有严重的杂质污染；如果 DNA 条带呈现广泛的弥散现象，则说明 DNA 降解严重。细胞 RNA 的琼脂糖凝胶电泳一般可见三条条带：原核生物为 23S、16S rRNA 条带以及由 5S rRNA 和 tRNA 组成的略为弥散的条带，真核生物为 28S、18S rRNA 条带及由 5S 、5.8S rRNA 和 tRNA 构成的条带。条带模糊、比例不合适(28S rRNA 一般是 18S rRNA 亮度的 2 倍)及弥散明显说明 RNA 有严重降解。

第二节 核酸电泳技术

核酸电泳是分子克隆核心技术之一，适用于核酸的分离、鉴定、纯化、回收等目的。核酸是两性电解质，在中性或偏碱性的 pH 溶液中均带负电，在电场中向正极泳动。不同的核酸在相对分子质量、分子形状等方面各有不同，在凝胶的孔隙中泳动时电泳迁移率也各不相同。因此，借助电泳即可使其得到分离。

一、基本原理

核酸电泳现已有多种类型，根据所用支持介质的不同可分为琼脂糖凝胶电泳(AGE)、聚丙烯酰胺凝胶电泳(polyacrylamide gel electrophoresis，PAGE)和毛细管电泳(capillary electrophoresis，CE)。根据电场强度是否恒定，又可分为恒定场电泳和脉冲场电泳。恒定场电泳的场强和方向恒定不变，AGE、PAGE 及 CE 均属于此类，而脉冲场电泳的场强和方向均发生周期性变化。

1. 琼脂糖凝胶电泳(AGE) 琼脂糖是一种线性糖类多聚物，基本结构是 1→3 连接的 β-*D*-半乳呋喃糖和 1→4 连接的 3，6-脱水 α-*L*-半乳呋喃糖。琼脂糖加热煮沸后，再缓慢降温，即可形成内部有空隙的半固体状凝胶，可用于分离不同的核酸样品。AGE 对核酸的分离范围比较广(0.1~30kb)，通常采用水平电泳。

2. PAGE 聚丙烯酰胺是丙烯酰胺单体与甲叉双丙烯酰胺按照一定比例在催化剂的作用下形成的高分子网状聚合物，主要用于分离纯化小片段 DNA(5~500bp)及 RNA，分辨率高。非变性聚丙烯酰胺凝胶电泳主要用于分离纯化双链 DNA 及 RNA，而变性聚丙烯酰胺凝胶则主要用于分离纯化单链 DNA。PAGE 一般采用垂直电泳。

3. 毛细管电泳(CE) CE 或高效毛细管电泳(HPCE)是以高压(10~30kV)直流电场为驱动力，在细内径(25~100μm)弹性石英毛细管内使荷电粒子按离子淌度或分配系数进行分离的一种电泳技术。它能够分离各种分子量的物质，包括核酸、蛋白质等大分子物质。分离前，将毛细管末端浸入样品瓶，在外加气压力、真空或电压作用下样品进入管内，然后待测物在高电场作用下根据其电荷量、分子大小和疏水性被分离开，其迁移时间相当于色谱中的保留时间，结果以峰值形式表现(图 9-1)。

CE 主要用于分析痕量的单链或双链 DNA，分离介质包括交联聚丙烯酰胺凝胶、非交联聚丙烯酰胺凝胶或流动性多聚体等。交联聚丙烯酰胺凝胶最适合于分离寡核苷酸，流动性聚合体用于寡核苷酸的分析和自动化分离。对于双链 DNA 片段,常规只使用流动性聚合体。CE 不仅分辨率极高,能使几百碱基对的 DNA 片段达到单个碱基的分离度,而且灵敏度也极高(检测极限可达 pg/ml 水平)。同时,由于 CE 还具有分离时间短、无 EB 和放射性同位素污染、重复性好、易定量、可监控及全自动化分析及分离效能高等优点,因此在 DNA 的痕量分析领域备受青睐。

4. 脉冲场凝胶电泳　恒定场电泳比较适合于分离小片段的 DNA(<10kb),而对于大片段 DNA,则需要采用脉冲场电泳才能获得良好的分离效果。在脉冲场电泳中,场强和方向均发生周期性变化。由于场强和方向以及时间的交替变化,使得 DNA 分子不断改变其泳动方向,以适应凝胶孔隙的不规则变化。相对较小的 DNA 分子在电场方向转换后能较快地改变移动方向,泳动速率较快,而相对较大的 DNA 分子,这种重新定向需要的时间就长。当 DNA 分子改变方向的时间小于脉冲时间时,DNA 就可以按其片断大小分开,经染色后在凝胶上出现按 DNA 片断大小排列的电泳带型(图 9-2)。这样即使是大片段 DNA 也能得到清晰的分离效果。脉冲场凝胶电泳可以用来分离 10kb 至 100Mb 的 DNA 分子。

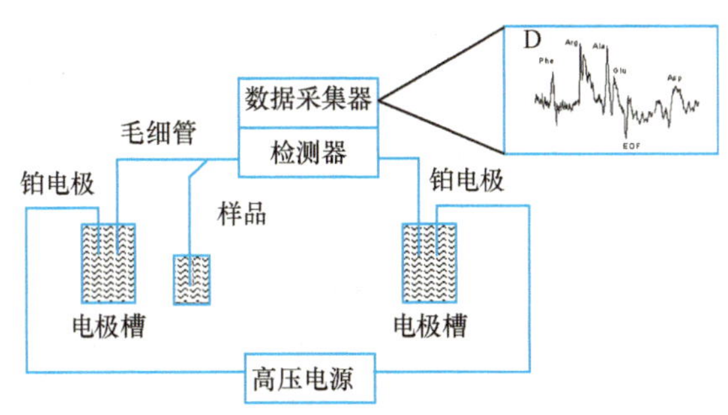

图 9-1　毛细管电泳模式图

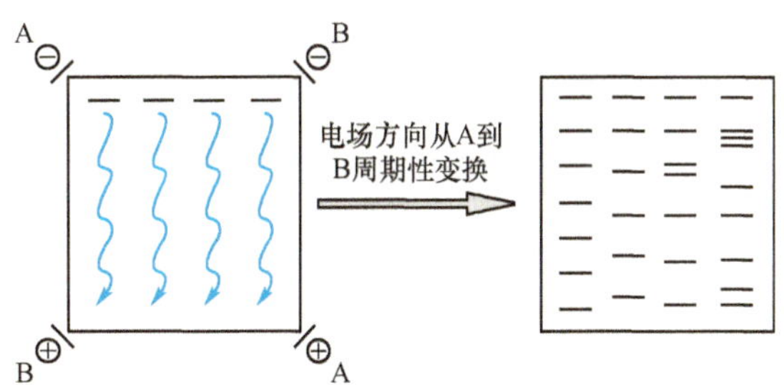

图 9-2　脉冲场凝胶电泳分离大片段 DNA

二、影响 DNA 电泳迁移率的因素

核酸样品的电泳迁移率受到多种因素的影响,包括分子大小、构象、场强和电压、凝胶浓度、嵌入燃料的存在、缓冲液的离子强度等。

1. DNA 分子大小　DNA 的相对分子质量越大,在凝胶中移动时受到的阻力就越大,迁移速率就越慢;反之则迁移速率越快。线性 DNA 分子在凝胶中的迁移率(mobility)与其相对分子质量的对数成反比。利用这一关系,通过与已知 DNA 的相对分子质量相比较就可以得到 DNA 样品的大小。

2. DNA 分子的构象　相对分子质量相同但构象不同的 DNA 分子在凝胶中受到的阻力不同,其电泳迁移速率也各不相同。闭环超螺旋 DNA 分子的迁移速率>线性双链 DNA>带切口的开环 DNA(缺刻 DNA)。

3. 琼脂糖凝胶的浓度　同一 DNA 分子在不同浓度的琼脂糖凝胶中,迁移率存在明显差别,在操作中应根据 DNA 片段大小选用合适的凝胶浓度。

4. 场强与电压　电压越高,核酸的电泳迁移率越快;反之则越慢。线性 DNA 分子的迁移率与所加电压成正比,但随着电压增加,不同大小 DNA 片段的迁移率的增长幅度却出现差异,导致琼脂糖凝胶的分离效果明显下降。因此,电泳时应该选择合适的场强和电压。

5. 嵌入染料的存在　荧光染料 EB 嵌入到核酸的双链之间,可使核酸分子的韧性增加,降低核酸电泳迁移率。由于 EB 有很强的致癌性,最近几年已有新的核酸染料出现,如 SYBR gold 系列等。

6. 离子强度　缓冲液离子强度应控制在合适的范围内,一般为 0.02~0.2。

第三节　核酸分子杂交技术

一、基 本 原 理

核酸的变性与复性是核酸分子杂交的基础(见第一章)。核酸分子杂交(nucleic acid hybridization)指来源不同但具有一定同源性的核酸分子变性后,在一定条件下复性时单链之间相互配对,形成杂化双链的过程。核酸分子杂交不仅可以发生在 DNA 与 DNA 之间,也可以在 DNA 与 RNA、RNA 与 RNA 之间进行。无论哪一种杂交,其基本原理都是一样的。在实际操作中,为了便于检测,常使用标记过的已知序列的特异核苷酸片段

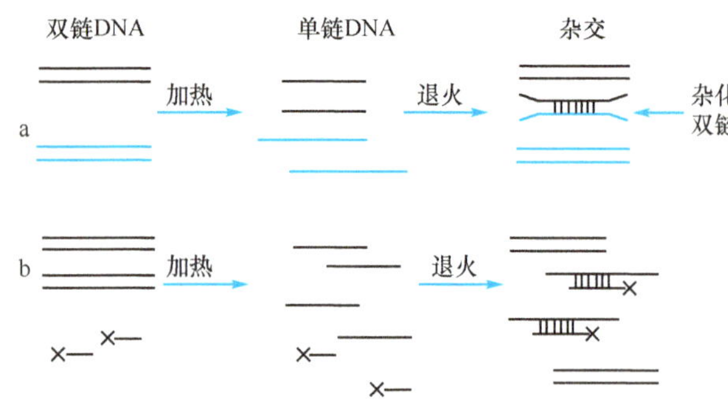

图 9-3 核酸分子杂交原理

a. 不同来源的双链 DNA(黑色和红色)在热变性后的退火过程中形成杂化双链;b. 同位素或非同位素标记的核酸探针(×—)与待测样品 DNA 的杂交

(即核酸探针)与待测样品进行杂交,以确定特定核酸序列是否存在(图 9-3)。

核酸分子杂交技术具有灵敏度高、特异性强等优点,现已广泛用于生命科学的各个领域,如在分子克隆、基因诊断、法医学鉴定、基因表达分析、核酸序列分析等方面都发挥着极其重要的作用。

二、核酸探针的种类和标记

核酸探针(probe)是指能与靶序列发生特异性杂交并且带有一定标记的已知顺序的核酸片段。根据其性质和来源,核酸探针可分为基因组 DNA 探针、cDNA 探针、RNA 探针和人工合成的寡核苷酸探针等。探针的标记物目前已开发出多种,具体可分为放射性同位素和非放射性标记物两大类。

(一) 探针的种类

1. 基因组 DNA 探针 基因组 DNA 的编码区和非编码区均可以作为探针制备的模板,但由于编码区比较保守,所以一般选用编码区的全部或部分序列作为候选序列。选定某段序列后,接下来可以设计合成相应的引物,通过 PCR 的方法直接从基因组 DNA 中扩增出这段序列,并利用基因工程操作将其克隆化,这样就能反复利用。基因组 DNA 探针由于具有制备方法简单、可以无限繁殖、标记方法成熟、不易降解等优点,现已成为最常用的核酸探针。

2. cDNA 探针 cDNA 指的是以 mRNA 为模板,在反转录酶的催化下合成的 DNA 分子。cDNA 探针可以通过反转录 PCR 获得,并且也可克隆化。cDNA 探针均为编码序列,不存在内含子和高度重复序列,在探查某些基因的差异性表达方面应用较多。

3. RNA 探针 是一段标记过的 RNA 分子,用于探测与之互补的 DNA 或 mRNA 链。早期的 RNA 探针是在细胞基因转录或病毒复制过程中得到的细胞 mRNA 探针或病毒 RNA 探针。由于标记效率不高,制备过程复杂,应用受到限制。单向和双向体外转录系统的建立,使 RNA 探针的应用得到了很大程度的改观。双向转录系统利用新型载体 pSP 和 pGEM 作为克隆载体,在多克隆位点两侧分别带有 SP6 启动子和 T7 启动子,可以进行双向转录。双向转录不仅可以使合成的 RNA 得到高效标记,而且可以控制 RNA 的转录方向,使实验者既能得到同义 RNA(与 mRNA 同序列)探针,也能得到反义 RNA(与 mRNA 互补,又称 cRNA)探针。因此,RNA 探针在杂交效率、观察基因的正反向转录状况、反义核酸研究等方面有着明显优势。

4. 人工合成的寡核苷酸探针 如果只知蛋白质的氨基酸排列顺序,而不知其编码基因的碱基顺序,可以利用人工合成的寡核苷酸探针来探查未知基因的序列。寡核苷酸探针可根据需要任意合成,序列结构一般比较简单,容易与靶点完全杂交,而且质优价廉,可以大量合成。设计寡核苷酸探针时应注意以下几个环节:①长度最好保持在 18~50 个核苷酸;②序列中 G+C 含量控制在 40%~60% 为宜,否则会使非特异性杂交增加;③连续的单碱基重复个数<4 个;④分子内部不能存在互补区域,否则会干扰探针与待测核酸序列的杂交。

(二) 核酸探针的标记

特定的核酸片段必须经过标记才有利于对待测样品的追踪和检测。核酸探针的标记应符合以下原则:①高灵敏性与高特异性,而且容易制备;②标记物与探针结合后不影响与样品的杂交,也不影响探针的主要理化特性;③检测方法假阳性率低;④若用酶促方法标记,应对酶的活性影响不大。另外,在使用过程中要尽量减少标记物对环境的污染和对人体的危害。

1. 核酸探针的标记物 有放射性同位素和非放射性标记物两大类。

(1) 放射性同位素:是最常用也是最早使用的核酸探针标记物。灵敏度极高(检测极限 10^{-18}~10^{-4}g),不仅对各种酶促反应无影响,而且也不影响碱基配对的稳定性和特异性。常用的放射性同位素有 ^{32}P、^{3}H、^{35}S、^{131}I、^{14}C。由于同位素标记探针的半衰期短,而且容易对环境和个人造成污染和危害,因此近年来正逐渐被非放射性标记物所替代。

（2）非放射性标记物：常用的有地高辛、生物素、荧光素、化学发光物质等。生物素和地高辛具有半抗原性质，它们一方面可通过特定化学反应与核酸片段结合，另一方面又可与特异的酶标抗体结合，利用免疫学及酶学的方法即可进行检测。生物素还可作为配体与酶标的链酶亲和素特异结合，借助这一特性亦可对探针的杂交结果进行检测。荧光素标记物主要有异硫氰酸荧光素（FITC）和罗丹明，二者均可被紫外线激发出荧光而被检测到。化学发光物质是近年来新开发的标记物，这些标记物在与某种物质反应时可产生化学发光现象，借此可进行检测。非放射性标记物不易衰变，安全性高，不污染环境，给应用带来了极大的方便；其缺点是灵敏度相对较低，而且杂交背景偏高，重复性差。

2. 核酸探针的标记方法　常用的有切口平移法（nick translation）、随机引物法（random priming）、末端标记法、Klenow 片段快速标记法、PCR 法等。

（1）切口平移法：最常用的标记方法。首先用大肠埃希菌的 DNase Ⅰ将 DNA 分子的任一条链随机切开若干切口，切口处形成 3′-OH 末端；然后利用 DNA 聚合酶Ⅰ（DNA- pol Ⅰ）的 5′→3′核酸外切酶活性在缺口的 5′侧逐个切除核苷酸，再利用其 5′→3′聚合酶活性在缺口的 3′末端依次添加新的核苷酸，从而使缺口沿着 DNA 的 3′末端移动，使新链延长。被添加的核苷酸如果事先经过标记（可以仅标记某一种 dNTP，也可以四种都标记），即可得到特异性的探针（图 9-4）。切口平移法标记的探针平均长度约为 600 个核苷酸。

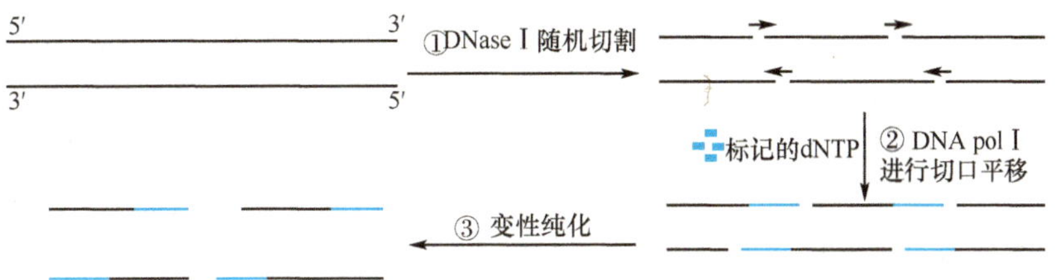

图 9-4　缺口平移法标记 DNA 探针（四种 dNTP 均被标记）

（2）随机引物法：随机引物是人工合成的一段 6～8nt 的寡核苷酸片段混合物，这些混合物中包含所有可能的序列组合（如 6 个核苷酸的随机引物有 $4^6=4096$ 种组合）。混合的寡核苷酸片段可作为引物，与变性的 DNA 或 RNA 单链随机结合，在大肠埃希菌 Klenow 片段的作用下，以标记的 dNTP 为原料，互补合成单链 DNA 探针（图 9-5）。随机引物法标记的探针一般比活性较高，杂交结果也比较稳定，也是目前常用的标记方法之一。

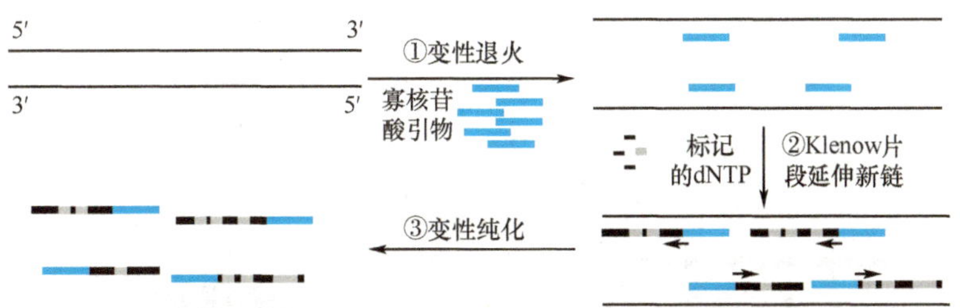

图 9-5　随机引物法标记 DNA 探针（一种 dNTP 被标记）

（3）末端标记法：是对核酸链的 5′或 3′末端进行标记。5′末端标记时，需要先用碱性磷酸酶切除核酸分子 5′末端的磷酸基团，使其成为 5′-OH，然后在 T4 多核苷酸激酶（T4 polynucleotide kinase）的催化下，将 ATP 分子 γ 位上的 ^{32}P 转移到 DNA 或 RNA 的 5′-OH 末端。5′末端标记法也叫 T4 多核苷酸激酶标记法，主要用于寡核苷酸或短序列 DNA/RNA 的标记。

3′末端标记是在小牛胸腺末端转移酶作用下，在核酸链的 3′-OH 末端连接一个[α-^{32}P]dATP，此法一般很少用于核酸杂交，常用于 DNA 测序。

（4）Klenow 片段快速标记法：有些限制酶切割双链 DNA 时，会产生 5′黏端切口，此时可以直接利 T4 DNA 聚合酶或 Klenow 片段的 5′→3′聚合酶活性，加入标记的 dNTP 底物对 DNA 片段进行标记。

（5）PCR 标记法：在 PCR 反应过程中，加入标记的 dNTP 作为底物，这样新合成的 DNA 分子中就含有标记信号，变性后即可以作为探针使用。聚合酶链反应标记法适合于合成短链探针。

3. 核酸探针的分离纯化　探针标记结束后，反应液中还残留着一些游离的 dNTP（或 NTP）以及酶、无机盐等杂质，如果不除去会对杂交反应产生不良影响。一般可以利用乙醇沉淀法去除上述杂质，也可以利用Sephadex G-50 或 Bio-Gel P-60 分子筛层析法将小分子杂质和大分子探针分开，使探针得到初步纯化。

三、核酸分子杂交的类型

核酸分子杂交类型有多种，根据检测对象和手段的不同，可以分为 Southern 印迹杂交（Southern blot）、Northern 印迹杂交（Northern blot）、原位杂交（*in situ* hybridization，ISH）、斑点和狭缝印迹杂交（dot blot & slot blot hybridization）等；根据杂交体系的不同又可分为固相杂交和液相杂交。

（一）Southern 印迹杂交

Southern 印迹杂交是将电泳分离的待测 DNA 片段转移并结合到一定的固相支持物上，并与标记过的 DNA 探针进行杂交检测的一种方法。Southern 印迹杂交的本质是 DNA 与 DNA 杂交，是目前最常用的一种核酸分子杂交方法。印迹技术是指将电泳分离的 DNA、RNA 或蛋白质在一定条件下转移到固相支持物上的过程。Southern 印迹又叫 DNA 印迹，是 1975 年由英国爱丁堡大学的 E. M. Southern 建立，用于检测样品中的 DNA。

Southern 印迹杂交是一种比较复杂、耗时而且难度较大的操作，其基本流程如下：①制备基因组 DNA；②用适当的限制性内切酶消化 DNA，基因组 DNA 的用量根据待测基因的特性、研究目的及探针的比活性不同而有较大差异（数微克~数十微克），有时为了获得较好的结果，需要通过预实验来确定；③进行琼脂糖凝胶电泳分离酶切的 DNA 片段；④凝胶以碱溶液处理，使 DNA 变性，再以酸中和；⑤用适当的方法将凝胶上的 DNA 转移到尼龙膜或硝酸纤维素膜等固相支持物上，此过程称为印迹转移。转移方法有毛细管转移法、真空转移法及电转移法等；⑥将标记好的探针与固定在固相支持物上的 DNA 单链进行杂交；⑦检测与探针杂交结合的目的基因的位置。Southern 印迹的简要过程见图 9-6。

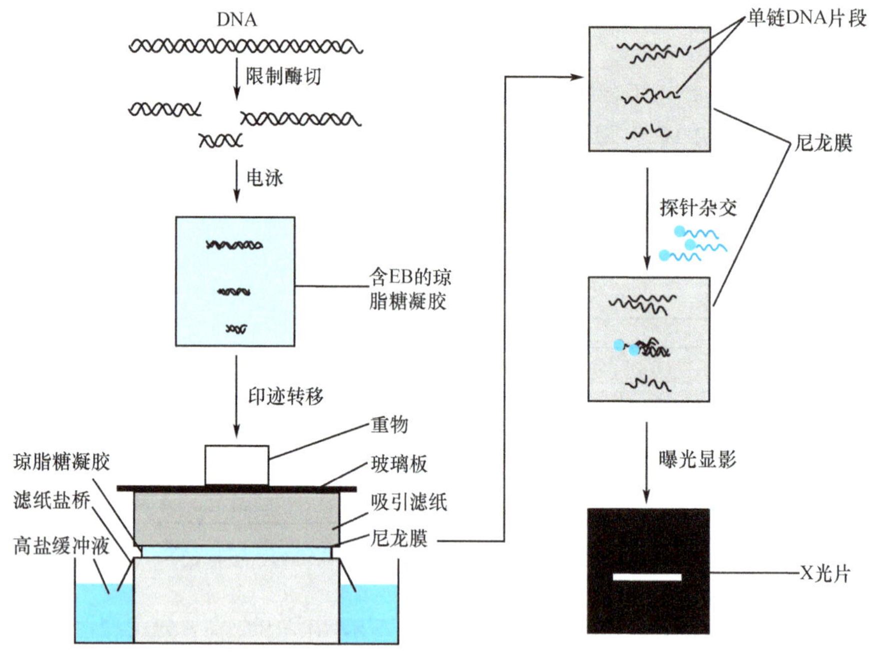

图 9-6 Southern 印迹杂交的基本过程

Southern 印迹杂交应用广泛，不仅可进行基因组中某一基因的定性及定量分析、重组质粒及重组病毒的酶切图谱分析，也可用于建立基因组 DNA 物理图谱等。此外，通过 Southern 印迹可检测基因突变（包括点突变、插入和缺失、重排），分析限制性酶酶切片段长度多态性，从而对基因功能进行研究或单基因遗传病进行诊断。

（二）Northern 印迹杂交

Northern 印迹是 1979 年由斯坦福大学 J. Alwine、D. Kemp 和 G. Stark 建立的用于检测样品中 RNA 的一种印迹方法，为了与 Southern 印迹相对应，故此称为 Northern 印迹。Northern 印迹杂交的检测过程及原理与 Southern 印迹杂交基本相同。不过，Northern 印迹在操作上有一些特殊要求：首先，RNA 分子量较小，在电泳前不需要酶切；其次，电泳前需要用甲醛或乙二醛等使 RNA 变性，并且胶中不能含有 EB，以促进 RNA 与硝酸纤维素薄膜的结合；最后也是最重要的一点，就是要全程避免 RNase 的污染，防止 RNA 的降解。

Northern 印迹主要用于定量分析某一组织细胞中特定 mRNA 的表达水平，也可以用于确定特定基因在 mRNA 水平的组织特异性表达。

（三）原位杂交

原位杂交（ISH）指不改变核酸所在的位置，直接与探针进行杂交的方法，可分为组织原位杂交和菌落原位杂交。

1. 组织原位杂交　是将组织切片或培养的组织细胞进行一定处理，使细胞固定并增加胞膜通透性，然后使标记好的探针进入细胞与变性的待测核酸进行杂交，将待测核酸在细胞内的位置显示出来的一种杂交方法。

（1）荧光原位杂交（fluorescence *in* situ hybridization，FISH）：是 20 世纪 80 年代发展起来的一种非放射性原位杂交方法。FISH 用特殊的荧光素标记探针，既可对待测基因在染色体上的分布进行精确定位（图 9-7），也可对特定 RNA 在组织或细胞中的空间分布及表达水平进行测定。由于多色荧光技术的发展，目前可用不同荧光染料同时进行多重荧光原位杂交，分辨率高达 100~200kb。

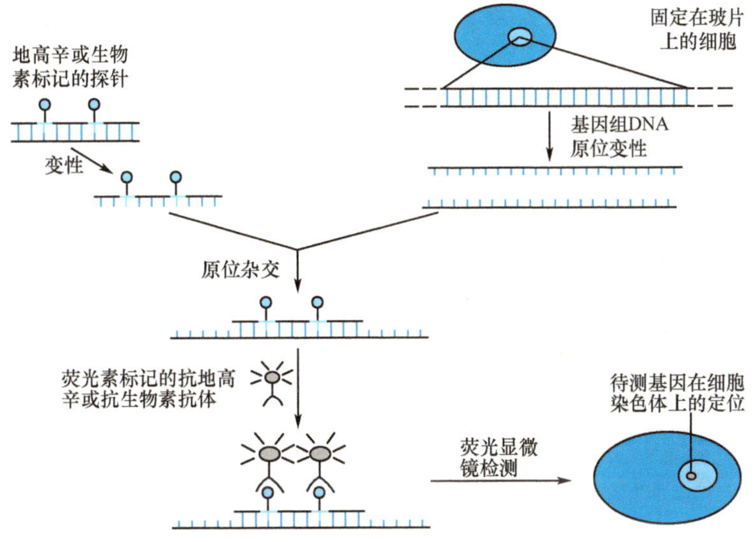

图 9-7　荧光原位杂交检测待测基因在染色体中的定位

（2）基因组原位杂交（genome*in situ* hybridization，GISH）：主要用于比较基因组学研究。GISH 利用物种之间基因组 DNA 同源性的差异，以一个物种的基因组 DNA 作为探针，与另一物种的染色体进行原位杂交，通过分析杂交信号在染色体上的分布及强弱程度，比较鉴别不同物种的基因组之间的亲缘关系，探讨基因组的进化机制和速率。

（3）整体原位杂交（whole mount *in situ* hybridization，WISH）：建立于 FISH 基础上的 WISH 由于可准确检测早期胚胎或微小组织器官中基因表达的主要部位及时间顺序，因此现广泛用于胚胎发育过程中基因表达模式的研究。

组织细胞中细菌、病毒等病源微生物的检测也可利用组织原位杂交进行。为提高组织原位杂交的效率，探针长度一般以 100~400bp 为宜，并需要对样品进行有效的固定以及对蛋白质进行适当的消化，以促进探针进入组织细胞内部。

2. 菌落原位杂交　是用固相膜拓印培养的菌落或噬菌斑，然后用碱液处理以使菌落或噬菌斑原位裂解，并使 DNA 释放出来，再进行探针杂交。菌落原位杂交主要用于鉴别、鉴定阳性重组克隆细菌。

（四）斑点杂交和狭缝印迹杂交

斑点杂交和狭缝印迹杂交是将 DNA 或 RNA 变性后直接点样于固相支持膜上，经紫外交联或烘烤固定后，与核酸探针进行杂交的一种检测方法，整个过程不需要电泳。与前几种杂交方法相比，斑点和狭缝印迹法的优点是操作简单迅速，在一张膜上可以一次检测多个样品，而且对核酸样品的纯度要求不高。缺点是不能确定所测核酸样品的分子量大小，并存在一定比例的假阳性。斑点杂交和狭缝印迹杂交主要应用于：①分析细胞基因拷贝数的变化和基因转录水平的变化，对大量样品进行筛选；②确定探针最佳工作浓度；③鉴定阳性重组克隆；④检测病原微生物和生物制品中的核酸污染状况。

四、基因芯片

基因芯片（gene chip）包括 DNA 芯片（DNA chip）或 DNA 微阵列（DNA microarray）、和 cDNA 芯片，是以斑点杂交为基础建立的高通量检测基因表达的一种方法，它是通过某些特殊的微加工技术将大量已知序列的寡核苷酸或 cDNA 探针有序地固定于固相支持物表面作为探针，然后与标记的待测核酸进行杂交，通过对杂交信号的检测分析，获得待测核酸的各种序列及表达信息。

用于制作基因芯片的支持物有实性材料和膜性材料。实性材料有硅芯片、玻璃片、及瓷片等，均需进行预处理，使其表面衍生出羟基、氨基活性基团。膜性材料有聚丙烯膜、尼龙膜及硝酸纤维膜，通常包被氨基硅烷或多聚赖氨酸。

基因芯片的操作流程主要包括四部分：芯片的制作、样品的标记及杂交反应、杂交信号的检测或扫描以及数据处理。

1. 芯片的制备 芯片的制备方法基本上可以分成两类，一类是原位合成法，一类是微量点样法。无论哪种方法，探针的特异性是设计芯片时首先要考虑的因素，其次还应综合考虑微阵列的密度、重复性、操作的简便性及成本等。

2. 核酸样品的标记及杂交 核酸样品的标记主要利用荧光标记法，常用的荧光标记物是 Cy3-dCTP 和 Cy5-dCTP。标记完成后，经过简单的纯化及变性处理即可进行杂交。杂交时，寡核苷酸探针的密度和浓度、杂交分子的组成、待测核酸分子的二级结构、杂交时间等均可以影响杂交的效果。需要根据芯片的材质、探针及样品的特性等因素综合确定最佳杂交条件。

3. 杂交信号的检测 一般利用激光共聚焦荧光显微扫描仪或 CCD 荧光显微摄像仪对芯片进行扫描，根据结果即可知道待测 DNA 的碱基序列及表达信息。

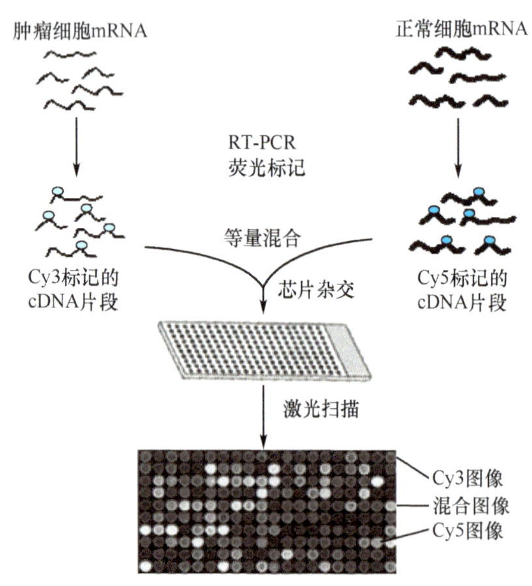

图 9-8 基因芯片操作流程示意图

4. 信号分析与解读 基因芯片杂交图谱的分析与存储都由专门设计的软件完成。完整的基因芯片配套软件应包括基因芯片扫描设备的控制软件、基因芯片的图像处理软件以及数据提取或统计分析软件，同时要建立数据库以便进行网上检索。

图 9-8 示意 cDNA 芯片操作的基本流程。将待测样品中的 mRNA 提取后，通过反转录反应过程获得标记荧光的 cDNA，与包含上千个基因的 cDNA 微阵列进行杂交反应 16 小时后，将芯片上未互补结合反应的片段洗去，再对芯片进行激光共聚焦扫描，测定微阵列上各点的荧光强度，推算出待测样品中各种基因的表达水平。

基因芯片的特点是高通量、大规模、高度平行性、快速高效、高灵敏度和高度自动化。该技术可根据需要在每平方厘米芯片上固定数以千计甚至万计的基因探针，以此形成一个密集的基因方阵，实现对千万个基因的同步检测，从而克服了传统核酸印记杂交技术操作繁杂、自动化程度低及检测效率低等缺点。基因芯片在生物医学领域有着广泛的应用，不仅可以进行基因表达谱分析、基因组比较研究及发现新基因、DNA 序列分析、基因诊断等，而且在药物筛选、新药发现、合理用药、中草药鉴定等方面也有着巨大的技术优势

第四节 聚合酶链反应

聚合酶链反应（polymerase chain reaction，PCR）是一种由引物（primer）介导，利用 DNA 聚合酶在体外扩增

目的基因的方法，也叫基因扩增技术。PCR 可对目的 DNA 片段进行大量的扩增，具有高灵敏、高特异、可重复、费用低、操作简便、对待检材质要求低等特点，是分子生物学研究中应用最为广泛的一项技术。PCR 技术最早由美国 Cetus 公司人类遗传研究室 K. B. Mullis 及同事于 1985 年研制成功。PCR 技术的发明是方法学上的里程碑，由此 Mullis 和加拿大科学家 M. Smith（发明寡聚核苷酸定点诱变技术）共同分享了 1993 年的诺贝尔化学奖。

一、PCR 的基本原理

PCR 是基于细胞内的 DNA 复制过程而设计的 DNA 体外扩增技术，其基本原理是以待扩增的 DNA 分子为模板，以一对人工合成的、分别与模板的 5′端及 3′端互补的单链寡核苷酸作为引物，在耐热 DNA 聚合酶的催化下，按照半保留复制的原则合成两个子代 DNA；接着以子代 DNA 为模板，再次进行合成，如此反复循环数十次，最终将原始模板放大数百万倍。

1. 反应体系 PCR 的反应体系比体内 DNA 复制要简单很多，包括模板 DNA、耐热 DNA 聚合酶、两种引物、四种 dNTP 和含有 Mg^{2+} 的缓冲液。

2. 反应过程 一般由 25～35 轮循环构成，每轮循环包括三个反应步骤。

（1）变性：将反应体系加热到 94～95℃，持续 30 秒左右，使待扩增 DNA 完全解链成单链，作为聚合反应的模板。如果模板 DNA 片段较长或 G+C 含量>55%，则需设置更高的温度及更长的时间，以保证模板完全解链。

（2）退火：使温度迅速下降到适宜温度并维持 30 秒，使引物与模板 DNA 两条链的 3′端互补配对。由于引物片段短，结构简单，而且数量远远超过模板 DNA 的数量，所以 DNA 模板单链之间相互结合的机会极少。退火温度由引物 Tm 决定，一般比引物的 Tm 低 5℃，其范围常在 55～68℃。如果计算出来的退火温度达到 72℃甚至更高，可将退火温度与延伸温度合并，形成双温循环。

（3）延伸：将反应体系温度升高到 72℃，此时 DNA 聚合酶将以单链 DNA 为模板，将单核苷酸逐个添加到引物的 3′端，使新链不断延长，直至合成结束。延伸所需要的时间与酶的合成速度及待扩增片段长短有关。新生成的产物将作为下一轮循环的模板，因此待扩增 DNA 的数量将以 2^n 速度增长（n 为循环数）。

PCR 的反应过程都在 DNA 自动扩增仪（PCR 仪）上进行。PCR 仪可以根据预先输入的程序，自动地将反应模块中的温度快速转换到变性、退火及延伸所需要的温度并持续预设的时长，实现反应的自动化。PCR 反应的基本过程见图 9-9。

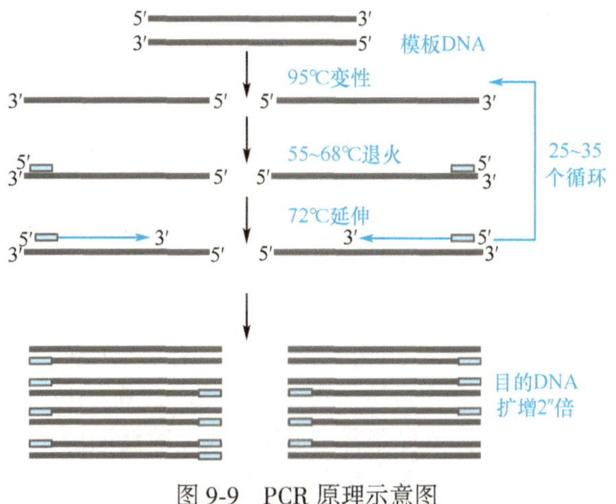

图 9-9 PCR 原理示意图

3. PCR 产物的检测 PCR 完成后，需要进行严格的检测分析，以确定是否得到了预期产物。常用的检测方法如下。

（1）凝胶电泳检检测：常采用 AGE 和 PAGE 法。AGE 虽然分辨率低，但分离范围广，检出率在 1～10ng 以上，是最常用的 PCR 产物检测手段。PAGE 主要用于分离、纯化片段较小的 DNA（数十～数百碱基对），具有分辨率极高、上样量大、从胶中回收纯化的 DNA 纯度高等优点。

（2）酶谱分析法检测：先对待扩增靶序列进行限制酶酶切图谱分析，然后根据分析结果选用适当的限制酶切割 PCR 产物，电泳后根据酶切释放的 DNA 片段大小判定 PCR 产物的特异性。

（3）序列测定分析：将 PCR 产物送到生物技术公司进行序列测定，是最直接的 PCR 产物分析方法，但比前几种方法耗时长。

（4）核酸分子杂交检测：当出现多个扩增条带或非特异扩增存在遮盖效应时，可用斑点杂交或 Southern blot 检测特异产物的存在。

4. PCR 产物的纯化 PCR 获得特异 DNA 片段的目的一般是为了进行后续研究，如测序、克隆、基因功能分析等，因此必须对扩增产物进行进一步纯化。纯化时可以采用酚-氯仿抽提加乙醇沉淀法，也可以电泳后直接将目的条带切下，再利用商品化的胶回收试剂盒进行纯化。

二、PCR的反应体系、参数及优化措施

（一）耐热的DNA聚合酶

耐热的DNA聚合酶是保证PCR顺利进行的基本条件。最早的耐热DNA聚合酶是1987年从一种嗜热菌株*Thermus aquatics YT*-1中分离得到的，称为*Taq* DNA聚合酶。随后，*Tth*，*Vent*，*Pfu*等耐热DNA聚合酶相继被人们发现。不同的聚合酶性质不同，扩增效果也存在一定差异，实验者应根据实验目的合理选用。

1. *Taq* DNA聚合酶 简称*Taq*酶或*Taq*，由832个氨基酸组成，分子量94KDa。

（1）*Taq*酶特性：①高热稳定性：*Taq*酶在92.5℃、95℃、97.5℃的半寿期分别为130min、40min、5~6min。PCR时，一次性加入即可以满足反应全过程需要；②高催化活性：72℃时，*Taq*酶延伸速率为30~100nt/（秒·酶分子），即相当于1 000nt/min；③低保真性：*Taq*酶没有3′→5′外切酶活性，因此没有校正功能，聚合反应中大约有1/300~1/18 000的错配率；④非模板依赖的聚合活性：*Taq*酶具有类似末端转移酶的活性，会在反应产物的3′末端添加一个非模板依赖的A，在与T载体构建重组克隆时非常便利；⑤反转录酶活性：当Mg^{2+}浓度为2~3mmol/L时，*Taq*有一定的反转录酶活性。

（2）影响*Taq*酶活性的因素及*Taq*酶反应条件的优化：*Taq*酶是Mg^{2+}依赖性酶，Mg^{2+}浓度改变将直接影响酶的活性、引物的退火、模板的变性及扩增产物的特异性，在不同反应体系中应对其浓度做适当调整。KCl或NaCl在浓度为50mmol/L时可增加*Taq*活性，而50mmol/L的NH_4Cl则可抑制*Taq*活性。二甲基亚砜（DMSO）在低浓度下（2%~10%）可减少模板二级结构，在模板G+C含量较高时加入DMSO可增加反应的特异性和效率。表面活性剂Triton X-100、Tween20、NP-40对*Taq*酶活性有保护作用，并可消除低浓度SDS对反应的不利影响。

*Taq*酶聚合反应错误率相对较高，为增加掺入核苷酸的保真性，提高特异性扩增的效率，可以采取以下优化措施：①加入少量的高保真酶，如*Vent*，*Pfu*等，以减少碱基的错误率。②配制浓度相等的dNTP，并尽可能使用不影响合成的最低浓度。③尽量缩短变性时间，减少DNA损伤。④尽量减少循环数以减少碱基错误掺入的几率。⑤加入反应促进剂（见下文）。此外，*Taq*酶的用量对PCR扩增亦有较大影响，一般100μl反应体系中加入1~2.5U *Taq*酶效果最佳。

2. *Tth* DNA聚合酶 从嗜热菌*Thermus Thermophlus* HB8株中分离出来的一种耐热DNA聚合酶。在Mn^{2+}和Mg^{2+}存在时，*Tth*酶活聚合性增加。而在高温和有$MnCl_2$存在的情况下，*Tth*聚合酶还有反转录酶活性。

3. *Vent* DNA聚合酶 又称*Tli*DNA聚合酶，是一种极度耐高温的聚合酶，97.5℃时半衰期可达130分钟。*Vent*聚合酶具有3′→5′外切酶活性，具有校正功能，碱基错误掺入率仅为1/31 000，保真性比*Taq*高5~10倍。

4. *Pfu* DNA聚合酶 从*Pyrococcus Furisus*中分离纯化的耐热DNA聚合酶，具有双向外切酶活性，保真性比*Taq*高12倍。*Pfu*聚合酶也属于极度耐高温的聚合酶，97.5℃时半衰期超过180分钟。*Pfu*的退火温度比较低，为37~45℃，由于其有降解模板的特性，所以在进行PCR时应最后加到反应体系中。

（二）PCR引物及设计原则

PCR体系中通常需要一对引物——5′端引物和3′端引物。以编码链为基准，5′端引物与待扩增序列的5′端一小段DNA相同，引导编码连的合成；而3′端引物则与待扩增序列3′端的一小段DNA互补，引导模板链的合成。PCR扩增产物的特异性及片段大小均由引物限定，因此科学合理的设计对于PCR的成功至关重要。引物设计目前大多是利用计算机软件辅助进行，常用的软件有NoePrimer 2.03，Primer Premier 6.11 DEMO，Oligo 7.55 Demo等，在线设计工具主要是DNAWorks 3.0，Primer 3，Primo Pro 3.4，SGD Web Primer，AutoPrime等。引物设计的总原则是最大限度地提高扩增的效率和特异性，同时尽可能抑制非特异性扩增，具体在设计过程中需要注意以下方面。

（1）引物的长度：一般为15~30nt，常用的是18~27nt。一般而言，采用模板与引物的退火温度不低于55℃的最短的引物可获得最好的效率和特异性。

（2）引物的碱基组成和特异性：引物序列中G+C含量一般为40%~60%，一对引物的GC含量和*Tm*值应该协调。引物应具有高度特异性，序列中连续出现的碱基个数应<4个，除模板之外不允许有连续8个以上碱基同源。

（3）引物自身及引物之间的结构：引物自身不能有互补序列，两条引物之间连续互补碱基应该<4个，3′末

端之间不能有互补性。

(4) 引物3′末端:引物3′末端是延伸开始的地方,绝对不能发生错配,不能进行修饰。此外,3′末端也不能终止于密码子的第3位,并应尽量避免是T。

(5) 引物的5′末端:引物的5′端可以进行一定程度的修饰,如加酶切位点,标记生物素、荧光、地高辛,引入突变位点或突变序列,引入启动子序列等。

(6) 引物的浓度:除了上述设计原则外,引物的浓度也是PCR时需要考虑的因素,引物浓度过低会导致产物量过低,过高则会引起碱基错配、引物二聚体的形成及非特异性扩增。常用的引物浓度一般在0.1~0.5μmol/L。

(三) PCR模板及预处理

PCR扩增的模板DNA可以来源于临床样本、培养细胞、病毒、血液、毛发、古生物标本等,既可以是DNA,也可以是RNA(如果是RNA需要先反转录成cDNA,再进行PCR)。PCR前,待扩增样品均需要先纯化并进行一定的预处理,才能作为PCR的模板。如对于环状质粒,最好先用限制酶将其线性化;而对于基因组DNA,最好是使用机械剪切或限制酶,使其变成小片段。模板的用量对PCR的结果也有重要影响,应该控制在合适的范围,通常的用量是10^2~10^5个拷贝,分别相当于1μg哺乳动物基因组、10ng酵母基因组、1ng细菌基因组DNA和1pg质粒。

(四) PCR底物

作为PCR合成的原料,四种dNTP的浓度在PCR时应该相等,以减少错误掺入的机会。适宜的dNTP浓度是获得理想结果的必要条件,一般常用浓度为20~200μmol/L,为达到最优的扩增效果,常选用不影响模板扩增的最低底物浓度。

(五) PCR缓冲系统及促进剂

PCR缓冲系统提供反应所必需的、合适的pH和某些离子。最常用的缓冲液是10~50mmol/L的Tris-HCl(pH8.3~8.8,20℃),还含有一定浓度的Mg^{2+}及KCl。为保护聚合酶活性、降低碱基错配率、改善PCR效率,有时还可以向反应体系中加入一些PCR促进剂,如助溶剂DMSO、甲酰胺、甘油,添加剂氯化四甲基铵(TMAC)、硫酸铵,表面活性剂Triton X-100、Tween20、NP-40等。

(六) PCR循环参数

1. 变性 变性的温度取决于模板的G+C含量,而变性的时间则与模板的长度有关。实际工作中,应根据模板及耐热DNA聚合酶的特性,最终确定变性条件。PCR时,先使模板及反应体系的其他成分在97℃预变性5~10min,再加入*Taq*酶进行正常循环,可保证模板充分解链,并能减少*Taq*酶的变性失活。

2. 退火 退火的温度由引物的碱基组成及长度决定,一般比引物的*Tm*低5℃左右,过高会降低扩增效率,过低会使扩增特异性下降。时间常为30秒。

3. 延伸 延伸的时间由模板长度及DNA聚合酶的反应速率决定。在PCR的最后一轮一般都将延伸时间延长10min,以确保目标DNA合成完全。当模板DNA的拷贝数较低时,需要适当延长延伸时间。延伸的温度一般为72℃。

4. 循环次数及平台效应 在其他条件优化的前提下,PCR的循环次数取决于待扩增模板的初始浓度。当初始模板量为3×10^5、1.5×10^4、1×10^3、50个拷贝时,最适循环数分别为25~30、30~35、35~40及40~45次。一般从反应的第三个循环开始,产物量会随着循环次数呈指数形式累积,此即反应的指数期;当目标DNA拷贝数达到10^{12}后,扩增的效率会急剧降低,反应进入平台期。在指数期内,模板DNA的非特异扩增极少;在非指数期,非特异扩增、小的缺失及突变体的发生几率明显增加。因此,PCR一般要求在指数期完成。

三、PCR技术在生物医学领域的应用

1. 检测及获得目的基因 PCR的检测灵敏度极高,从理论上讲,只要样品中有一个已知的目标DNA分子存在,便可通过PCR扩增检测出来。扩增得到的目的基因可进一步进行测序、克隆、基因功能分析等后续研究。

2. 定点突变 将待诱变的信息设计在引物中,通过PCR就可使靶序列发生定点突变。这种方法不仅可

以引起点突变，而且还可以引起插入或缺失突变。基因的定点突变可用于研究基因功能及表达调控。

3. 基因表达 利用定量及荧光实时定量 PCR 可检测目的基因的表达水平。

4. 基因组测序 在对某种生物进行基因组测序时，最后拼接时总会出现一些缺口，利用反向 PCR、锚定 PCR 等衍生 PCR 技术可以填补这些缺口。另外，不对称 PCR 和乳液 PCR 的扩增产物是单链 DNA，可以直接用作测序的模板。

5. 基因诊断 PCR 技术现已广泛用于临床上遗传病、肿瘤及感染性疾病的检测及筛查，灵敏度高，特异性强，可帮助临床医师对疾病做出早期诊断。

6. 组织配型及器官移植 序列特异性寡核苷酸多态性 PCR（PCR-SSOP）常用于对人类的白细胞抗原进行分型，可为供受体双方的基因型提供精确配型，提高器官移植的成功率。

7. 法医学及流行病学应用 利用 PCR 检测个体的短串联重复序列多态性，可用于法医学上的个体识别和亲子鉴定。在流行病学研究中，PCR 主要用于确定致病微生物和传染源，从而切断传播途径，控制疾病传播。

四、衍生的 PCR 技术及其应用

PCR 技术自诞生以来，一直在不断地发展和改进，现已衍生出多种 PCR 技术。下面介绍一些常用的技术及其应用。

（一）反转录 PCR

反转录 PCR（reverse transcription PCR，RT-PCR）是将 RNA 的反转录与 PCR 过程结合的一种 PCR 技术，即在反转录酶的作用下，以 mRNA 为模板反转录生成 cDNA，再以 cDNA 为模板进行 PCR 扩增。通过 RT-PCR 可以将低丰度的 mRNA 大量扩增，便于检测及对其功能进行研究。

RT-PCR 的引物包括随机引物、Oligo（dT15-18）及特异性引物。随机引物适用于对未知的、长的或具有发卡结构的 RNA 进行反转录，特异性最低；Oligo（dT15-18）适用于具有 PolyA 尾的 mRNA；特异性引物与目的序列互补，是反义寡核苷酸，适用于目的序列已知的情况。作为模板的 RNA 可以是总 RNA、mRNA 或体外转录的 RNA 产物，在使用过程中，要注意确保 RNA 中无 RNase 及基因组 DNA 的污染，以获得满意的反转录和扩增效果。

RT-PCR 过程中常用的反转录酶有禽成髓细胞瘤病毒（avian myeloblastosis virus，AMV）反转录酶、Moloney 鼠白血病病毒（moloney murine leukemia virus，MMLV）反转录酶、超级 RNaseH-反转录酶（Super RNaseH-Reverse Transcriptase）等。

RT-PCR 主要用于分析基因的转录水平、检测 RNA 病毒含量、获取目的基因、合成 cDNA 探针以及构建 RNA 高效转录系统等。

（二）定量 RT-PCR

在 PCR 扩增的指数期内，扩增效率的细微改变都会极大地影响最终产物的生成量，因此利用一般 RT-PCR 无法对原始 mRNA 模板数量的多少做出准确的判定。如果在反应体系中设立一定的 RNA 竞争性参考标准（RNA competitive reference standard，RNA-CRS），与目标 mRNA 一起进行扩增，就能对目的基因的表达水平做出半定量或定量分析，这就是定量 RT-PCR（quantitative RT-PCR，QRT-PCR）。定量 PCR 是精确定量分析基因表达的一种快速、敏感的方法，而 RNA-CRS 的选择与构建是 QRT-PCR 能否准确定量的关键。常用的 RNA-CRS 主要有两种类型。

1. 内源性基因模板标准 一般选择管家基因编码的 mRNA 作为内源性基因模板标准（俗称内参），如核蛋白体蛋白、β_2微球蛋白、β-肌动蛋白、翻译延长因子、3-磷酸甘油醛脱氢酶、二氢叶酸还原酶基因等。管家基因表达的 mRNA 量比较恒定，将它们稀释成不同浓度，与含有目的 mRNA 的样品混合后再在各自不同引物的引导下共同进行 RT-PCR。反应结束后将待测 mRNA 扩增的产物与内参的产物进行比较，即可达到相对定量的目的。需要注意的是，由于管家基因与待测 mRNA 在分子大小、序列组成、二级结构及使用的引物方面可能存在较大差异，因此二者的扩增效率并不相同，内源基因模板标准只能对样品进行相对定量（半定量）。

2. 体外构建的各种 RNA-CRS 利用人工构建的各种 RNA-CRS 可对目的 mRNA 进行精确定量。人工构建的 RNA-CRS 不仅在分子大小、碱基顺序、二级结构上与目的 mRNA 相同或高度相似，而且二者是在共同的引物下进行 RT-PCR,共同扩增的产物可依据其大小的差异或酶切差异而分开。由于消除了内参在定量方面的缺陷,所以人工构建的 RNA-CRS 可对靶 mRNA 进行精确定量。构建 RNA-CRS 的策略比较多,包括多引物串联体 RNA-CRS、在目的 cDNA 中插入或丢失一个片段而产生的 RNA-CRS、RLM-MIMIC(RNA ligase-mediated mimic)、PATTY(PCR aided transcript titration assay)等。

(三)实时荧光定量 PCR

实时荧光定量 PCR(real-time fluorescent quantitative PCR,FQ-PCR)是在 PCR 反应体系中加入荧光标记分子,利用荧光信号的累积实时监测整个 PCR 过程,最后通过标准曲线对原始模板进行定量的方法。

1. 荧光标记分子 根据所使用的荧光物质的差异,FQ-PCR 可分为两类,分别是荧光染料法和荧光探针法。荧光染料法是一种序列非特异性的检测方法,也是 FQ-PCR 最早使用的方法。荧光探针法是基于荧光共振能量转移(FRET)而建立起来的一种定量方法,包括水解探针法、分子信标(molecular beacon)法等。FRET 是指当一个荧光分子(供体分子)的发射光谱与另一个荧光分子(受体分子)的吸收光谱重叠,且两个分子的距离足够近时,对供体分子的激发可诱发受体分子发射出荧光,同时供体分子自身的荧光强度发生衰减(淬灭)的现象。

(1)荧光染料法:也称 DNA 结合染色法,DNA 结合染料与双链 DNA 结合时在激发光的作用下发出荧光,荧光信号的强弱与双链 DNA 分子的数量成正比,从而可对样品定量。常用的荧光染料是 SYBR Green I(SGI)。SGI 游离时几乎不发光,当与双链 DNA 结合后,其荧光信号可成百倍地增加(图 9-10)。

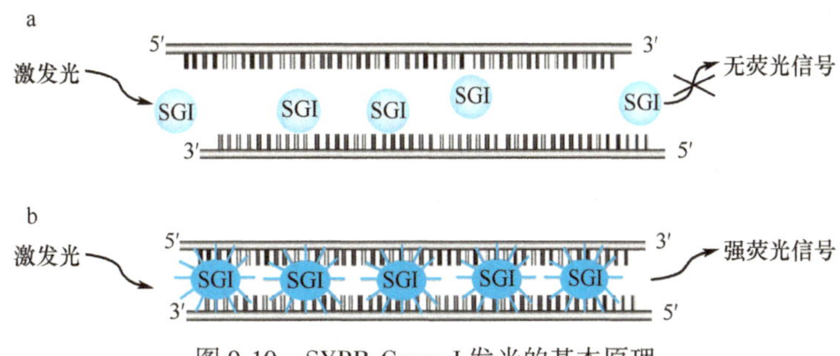

图 9-10 SYBR Green I 发光的基本原理

a. SYBR Green I(图中 SGI)游离时,在激发光的作用下无荧光信号产生;b. SYBR Green I 与双链 DNA 结合后,在激发光的作用下产生强荧光信号。

荧光染料法的优点是灵敏度高、使用方便、成本低。然而由于染料能与任何双链 DNA 结合,因此该法的特异性不强,容易产生假阳性。

(2)水解探针法:也称外切核酸酶探针法,以 TaqMan 探针为代表。其基本原理是:依据目的基因的序列先设计合成一个特异性的探针,探针的 5′端标记有报告基团(Reporter,R),3′端标记有荧光淬灭基团(Quencher,Q),报告基团 R 与淬灭基团 Q 的空间距离非常接近,R 所发射的荧光能量被 Q 基团吸收,因此不能发出荧光(图 9-11a)。PCR 时,引物与探针同时结合在模板上,探针的位置位于上下游引物之间(图 9-11b)。当扩增延伸到探针位置时,*Taq* 酶利用其自身的 5′→3′核酸外切酶活性水解探针,破坏了 Q 对 R 的荧光淬灭作用,使 R 基团发出荧光(图 9-11c)。*Taq* 酶水解的荧光分子数与 PCR 产物的数量成正比,因此,根据 PCR 体系中的荧光强度即可算出初始 DNA 模板的数量。常用的报告基团有 FAM、JOE、HEX、TET、VIC 等,荧光淬灭基团有 TAMRA、Eclipse 等。水解探针法的优点是对目标序列的特异性高、设计相对简单、重复性好;缺点是只适合一个特定的目标,而且一般需要委托公司标记探针,价格较高。另外,由于荧光淬灭基团的淬灭作用常常不彻底,使检测结果的本底较高。

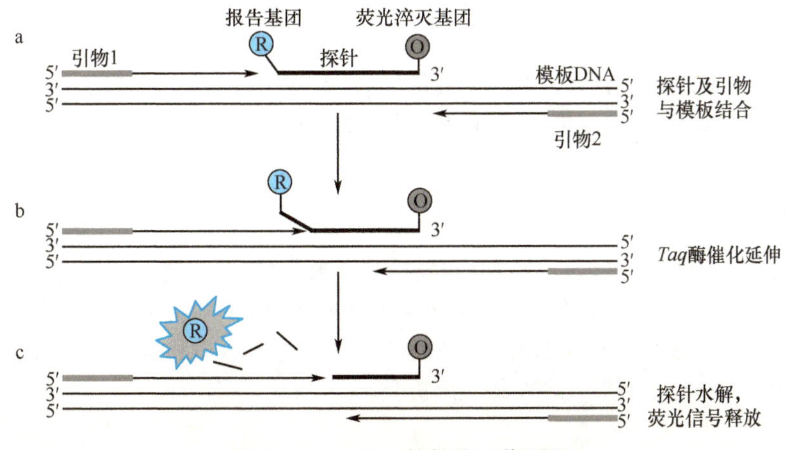

图 9-11 TaqMan 探针法工作原理

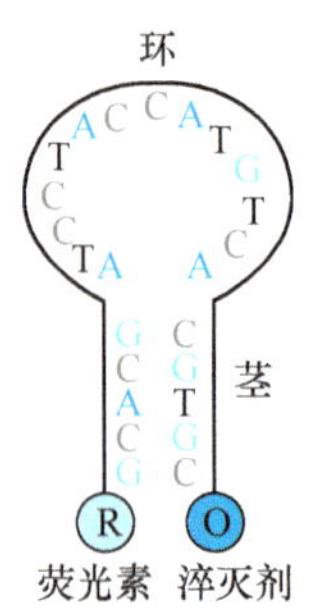

图 9-12 分子信标的结构示意图

(3) 分子信标法:分子信标法是利用 FRET 建立起来的新型荧光定量技术。分子信标是一种特殊的寡核苷酸探针,长约 25nt,呈茎环结构。其中环序列是一段与目标序列互补的寡核苷酸片段;茎长约 5~7nt,由与目标序列无关的互补碱基构成,茎的一端连接一个荧光分子,另一端连接一个荧光淬灭分子(图 9-12)。

当无靶序列存在时,茎部的荧光分子与淬灭分子非常靠近,荧光分子发出的荧光被淬灭分子吸收,此时检测不到荧光信号。而当有靶序列存在时,环序列与靶序列特异性结合,使茎环结构打开,荧光分子发出的荧光不再被淬灭分子吸收,因而可被检测到。常用的荧光-淬灭分子对有香豆素-DABCYL、EADNS- DABCYL、荧光素-DABCYL 等。分析信标具有可实时监测、交叉污染少、省时方便、特异性强、灵敏度高且可对核酸进行大规模自动化检测等优点,但是也存在设计困难、费用比较昂贵等问题,而且分子信标茎部结构在变性时有时难以打开,影响测定结果的稳定性。

2. FQ-PCR 的重要概念及定量原理 FQ-PCR 涉及荧光阈值、循环阈值、标准曲线的绘制及模板定量等几个问题。

(1) 荧光阈值(threshold):FQ-PCR 对待测样品的定量必须在 PCR 的指数期内进行,以便对模板的初始含量做出准确推断。因此,需要在 PCR 荧光扩增曲线的指数增长期内设定一个荧光强度标准,即荧光阈值。荧光阈值可以设定在指数扩增阶段的任何时段,一般检测系统的缺省设置是 3~15 个循环的荧光信号的标准偏差的 10 倍。如果采取手动设置,原则上要大于样本的荧光背景值和阴性对照的荧光最高值,同时尽量选择进入指数期的最初阶段,即 S 形扩增曲线的增长拐点附近。

(2) 循环阈值(cycle threshold, Ct):PCR 过程中扩增产物的荧光信号达到设定的荧光阈值时所需要的循环次数即为循环阈值 *Ct*。*Ct* 值与荧光阈值有关,荧光阈值设定在指数期的初始阶段,此时样品间的细小误差尚未放大,扩增效率也比较恒定,因此在此期测得的 *Ct* 值也具有极好的重复性,保证了最终定量结果的稳定可靠。

(3) 标准曲线的绘制及模板的定量:根据以往的推导,*Ct* 值与起始模板量的对数呈线性负相关,即 $Y=-aX+b$(其中 X 为模板浓度值的对数,Y 为 *Ct*)。在进行定量测定时,首先将待测样品与已知起始模板浓度的标准品同时进行扩增;然后以模板的起始拷贝数为横坐标,*Ct* 为纵坐标,利用标准品测得的数据绘制出标准曲线;最后只要得到待测样品的 *Ct* 值,即可利用标准曲线算出该样品的起始模板浓度,这是一种绝对定量的方法。如果参照样品浓度未知,则可以利用 FQ-PCR 对样品进行相对定量。相对定量时,一般将待测样品与作为内参照的某种管家基因作一系列梯度稀释,然后同时绘制出各自的标准曲线,通过待测样品与内参的比较,即可得到待测样品的相对浓度。

3. FQ-PCR 在生物医学领域的应用 FQ-PCR 融汇了 PCR 的灵敏性、DNA 杂交的特异性及光谱定量的精确,具有可封闭反应、污染少、定量准确、定量范围宽、灵敏度高、假阳性率低、实时监测、效率高等多方面优势,现已广泛用于起始模板的定量、基因型分析、SNP(单核苷酸多态性)分析、病原体监测、产物鉴定、基因表达差异、药物疗效考核和药物耐药性研究等诸多领域。

(四) 多重 PCR

多重 PCR(multiple PCR)是在一个反应体系中同时加入多对引物,同时扩增同一份 DNA 样品的不同序列。根据不同序列是否存在,判断基因片段是否存在缺失、插入或点突变。进行多重 PCR 时,要注意各对引物扩增的 DNA 片段长度一定要有差别,以便通过电泳检测区分。多重 PCR 常用于肿瘤的基因诊断及传染病、流行病等疾病的研究。

(五) 巢式 PCR

如果 DNA 模板的拷贝数太低,进行一般 PCR 可能检测不到待测 DNA,此时可采用巢式 PCR(nested PCR)技术。巢式 PCR 设计两对引物,一对引物对应模板序列的外侧,称为外引物,另一对引物一部分与外引物的 3′端部分互补,另一部分与外引物内侧的模板序列互补,即外引物的扩增产物较长,含有内引物扩增的目的序列,这样经过二次扩增,即可增加低拷贝 DNA 的检出机会。

（六）反向 PCR

反向 PCR（inverse PCR，IPCR）是对已知 DNA 片段两侧的未知序列进行扩增和研究的一种特殊的 PCR 方法。其基本原理及过程如下：①用适宜的限制酶（酶 X）切割样品 DNA（注意已知序列内部不能有酶 X 的识别位点）；②利用连接酶将酶切产物连接环化；③在已知序列内部设计一对方向相反的引物（与传统 PCR 引物方向相反），以自身环化的 DNA 为模板进行 PCR，以扩增出未知区域（图 9-13）。扩增产物可以直接测序或者克隆到载体中后再进行测序。反向 PCR 主要用于克隆连续的基因组 DNA 片段、获得启动子序列、定点诱变、在表达载体中引入标签肽段的编码序列、鉴定插入失活基因等。

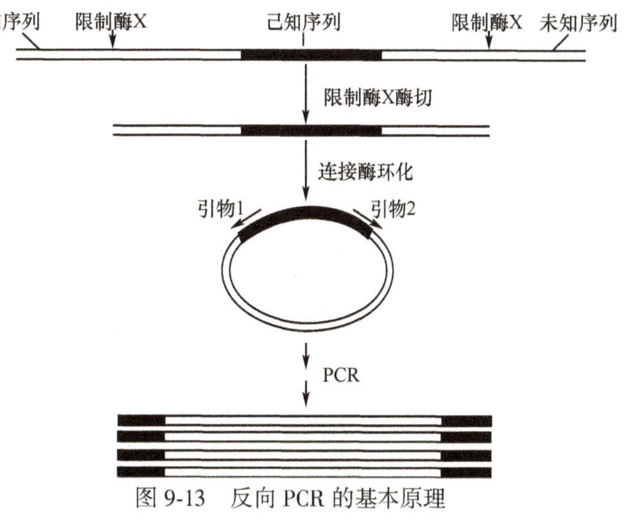

图 9-13 反向 PCR 的基本原理

（七）原位 PCR

原位 PCR（*in-situ* PCR，ISPCR）是将 PCR 与可进行细胞定位的原位杂交技术相结合的一种技术，即先在经多聚甲醛固定、石蜡包埋的组织切片上或在细胞涂片上的单个细胞内进行 PCR，使靶序列拷贝数增加，再用特异性探针进行原位杂交，以对靶序列进行定性、定量和定位分析。原位 PCR 弥补了 PCR 和原位杂交的不足，既可检测 DNA，也可检测 RNA，是将目的基因的扩增与定位相结合的一种最佳方法。

（八）PCR-SSCP

PCR-单链构象多态性（PCR-single strand conformation polymorphism，PCR-SSCP）是一种将 PCR 与 SSCP 结合起来检测 DNA 的技术。操作时先将样品利用 PCR 扩增，然后进行非变性聚丙烯酰胺凝胶电泳。不同构象的等长单链 DNA，在非变性聚丙烯酰胺凝胶电泳中的迁移率各有不同，借此可将不同的 DNA 分子区分出来。PCR-SSCP 极其灵敏，甚至单个碱基的变异也可检测到，现已广泛用于癌基因和抑癌基因突变的鉴定、遗传病致病基因分析、基因制图等领域。

（九）PCR-RFLP

限制酶可以识别并切割特异性碱基序列。如果待测基因的碱基发生突变，且突变位点正好与某种限制酶的识别位点相关，那么就会导致该序列的某些酶切位点消失或出现新的酶切位点。当用特定的限制酶切割该序列时，释放的片段大小与正常基因相比会有明显差异，通过电泳就可检测出来。这种通过限制酶切片段的不同来分析目的基因多态性的方法称为 RFLP。将目的基因经 PCR 扩增后再进行 RFLP 分析，即为 PCR-限制性片段长度多态性（PCR-restriction fragment length polymorphism，PCR-RFLP）。PCR-RFLP 主要用于分析基因突变和等位基因多态性。由于 PCR-RFLP 只能检测某些已知的与酶切位点相关的突变，且操作繁琐、费时，费用较高，限制了其广泛应用。

五、PCR 技术的质量监控

质量控制是分析实验过程中的误差，控制与实验有关的各个环节，以确保检测结果准确可靠的一系列程序和标准。由于 PCR 技术具有高度敏感性，因此必须对有关生物学实验室和临床检验科室的实验仪器、试剂与耗材以及操作人员的技术水平进行严格的质量监控，才能保证检测结果的准确性和可重复性。

PCR 操作相关的仪器主要包括 PCR 仪、紫外分析系统以及移液器等，操作要选择准确度、灵敏度较高的仪器设备，同时要定期进行仪器的校正检验。试剂方面，为保持结果的持续性和可重复性，最好是选择 PCR 试剂盒来控制试剂质量，并且在选定某种试剂盒之前，应对该试剂盒的敏感性、特异性、稳定性及对整个 PCR 实验的覆盖程度做出全面评估。实验耗材也是影响 PCR 检测质量的重要因素，最好使用 PCR 专用的一次性 Tip 头和反应管，以避免反应体系配制不准，检测质量下降。每次 PCR 检测时，一定要全程设立阴性对照和阳性对照。严格禁止重复使用一次性耗材。

进行 PCR 操作的实验技术人员必须是经过培训的专业人员，以提高 PCR 检测的稳定性和可信度。污染控制是 PCR 操作人员必须高度重视的。PCR 实验室应该人为地分出配液区、模板提取区、扩增区和电泳区，物流也应该按照这一顺序进行，严禁倒流，造成污染。技术人员应对 PCR 实验室进行定期的清洗和消毒。

PCR 质量控制是一个全面的、系统的工作，有关实验室要注意跟踪 PCR 检测标准的颁布实施情况，根据国家和行业标准及时改进 PCR 检测方法，使检测结果合法化和标准化。我国卫生部已先后颁布实施了《临床基因扩增检验实验室管理暂行办法》、《临床基因扩增检验实验室基本设置标准》以及《临床基因扩增检验实验室工作规范》等指导文件，对临床上进行 PCR 检测的有关医院的资质、实验室的区域设置和仪器配置以及整个实验流程的安排、质量控制做了详细的说明和规范，是我国临床基因扩增检验的纲领性文件，为我国运用基因扩增技术服务临床提供了明确的指导和可靠的保障。

第五节　DNA 测序技术

DNA 序列测定（DNA sequencing）是分析基因结构、了解基因功能的核心技术。20 世纪 70 年代，英国生物化学家 F. Sanger 创建了第一种 DNA 序列测定的方法-加减法，并利用该法测定了 ΦX174 噬菌体 DNA 的全长序列。随后于 1975 年，Sanger 又建立了更为简便、精确的双脱氧核苷酸末端终止法。同一年，美国科学家 W. Gilbert 和 A. Maxam 建立了另一种 DNA 测序的方法—化学降解法。这虽然两种方法的原理不同，但对 DNA 测序技术的迅速发展都产生过深远的影响。Sanger、Gilbert 和 P. Berg（建立 DNA 重组分子）共同获得 1980 年诺贝尔化学奖。

20 世纪 90 年代出现的 DNA 荧光自动测序技术就是以双脱氧终止法为基础，并结合 PCR、荧光标记以及计算机分析技术而建立起来的一项快速 DNA 测序技术，它的出现为人类基因组计划的完成奠定了基础。自动测序技术以及双脱氧测序法、化学降解法等都属于第一代测序技术。随着功能基因组时代的到来，传统的测序方法已经不能满足深度测序和重复测序等大规模基因组测序的需求，因此高通量测序（High-throughput sequencing）技术应运而生。高通量测序又称新一代测序（next generation sequencing），是第二代测序技术，一次可对几十万到几百万条 DNA 分子进行序列测定，使得对一个物种的转录组和基因组进行细致全貌的分析成为可能，所以又被称为深度测序（deep sequencing）。第二代测序技术的主要以罗氏 454 公司的 GS FLX 测序平台、Illumina 公司的 Solexa Genome Analyzer 测序平台和 ABI 公司的 SOLiD 测序平台为代表。

第二代测序虽然是真正意义上的高通量测序，但还是存在成本高、效率低、需要借助于 PCR 扩增因而会产生一定误差等问题。近几年，第三代测序技术开始崭露头角。第三代测序以单分子测序（single-molecular sequencing）为特点，具有代表性的是 BioScience 公司的 HeliScope 单分子测序技术、Pacific Biosciences 公司的单分子实时测序技术和 Oxford Nanopore Technologies 公司的纳米孔单分子测序技术等。本节将分别介绍这三代测序技术的基本原理、特点及应用。

一、双脱氧末端终止法

DNA 合成是在 DNA 聚合酶的催化下，以单链或双链 DNA 为模板，以四种 2′-脱氧核苷三磷酸（dNTP）为底物，在引物或新合成子链的 3′-OH 末端依次连接上新的脱氧核苷一磷酸，使新生链不断延长。DNA 分子中核苷酸之间是通过 3′，5′-磷酸二酯键相互连接。如果在底物中加入 2′，3′-双脱氧核苷三磷酸（dideoxynucleoside triphosphate，ddNTP），那么当 ddNTP 掺入到新生链中时，由于 ddNTP 没有 3′-OH，不能与其他 dNTP 上的磷酸基团形成磷酸二酯键，DNA 新链的合成就会终止，此即为双脱氧末端终止法测序的基本原理，也称 Sanger 测序法。

末端终止法测序时需要四个反应管，每一管都加入 DNA 聚合酶，模板，引物及四种 dNTP（其中一种用同位素标记）。此外，每管还要分别加入一种不同的 ddNTP，即 A 管加入 ddATP，G 管加入 ddGTP，C 管加入 ddCTP，T 管加入 ddTTP，这样在新链合成时，终止就会随时发生。以 A 管为例，当模板上碱基是 T 时，反应体系可能有 dATP 和 ddATP 两种碱基与模板配对。如果是 dATP 与之配对，延伸反应还将继续；而如果是 ddATP 与之配对，延伸反应就会到此终止。因此 A 管中会出现长短不一，但总是终止在 A 处的核苷酸链。其他各管中的反应情形也与 A 管类似。最终这四个反应管中所有新合成的核苷酸链的集合将是一系列长度只差一个核苷酸的 DNA 片段。反应结束后，将这 4 管反应产物分别加到分辨率达一个核苷酸水平的超薄聚丙烯酰胺—

尿素变性凝胶板上进行电泳经过放射自显影，从下向上读即是新合成链的 5′→3′的碱基排列顺序（图 9-14）。末端终止法操作简便，结果清晰可靠，是实验室最常用的测序方法。

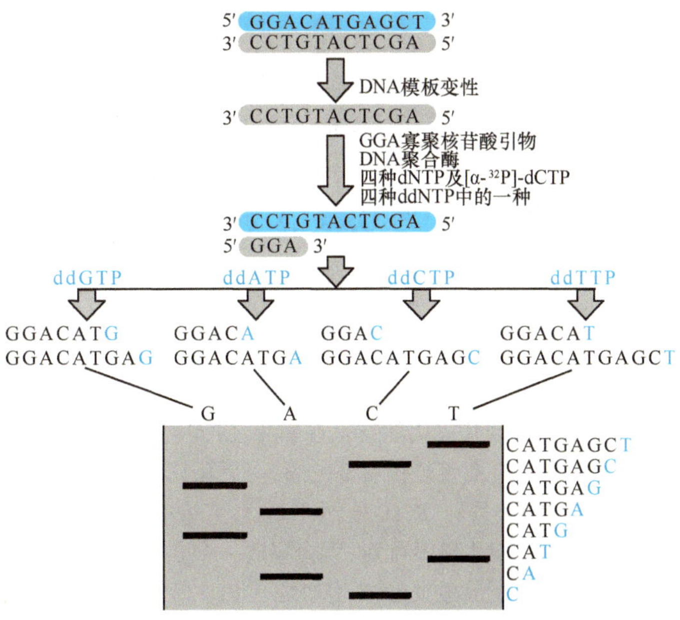

图 9-14 双脱氧末端终止法测序

二、化学修饰法

化学修饰法也叫 Maxam-Gilbert 法，该法是将待测 DNA 片段的 3′或 5′末端用放射性同位素进行标记，然后将标记过的 DNA 片段分成 4 组，每组用不同的化学试剂分别对不同的碱基进行化学修饰：硫酸二甲酯修饰鸟嘌呤，甲酸修饰嘌呤碱基，肼修饰嘧啶碱基，在有 NaCl 存在的条件下，肼只修饰胞嘧啶。修饰后的碱基经过处理后会从糖环上脱落，同时和该糖环相连的磷酸二酯键在特异的裂解试剂作用下也会发生断裂，最后就会得到一组长短不等的末端标记核苷酸片段。电泳后，将各条带从下向上读即是待测 DNA 5′→3′的核苷酸序列（图 9-15）。

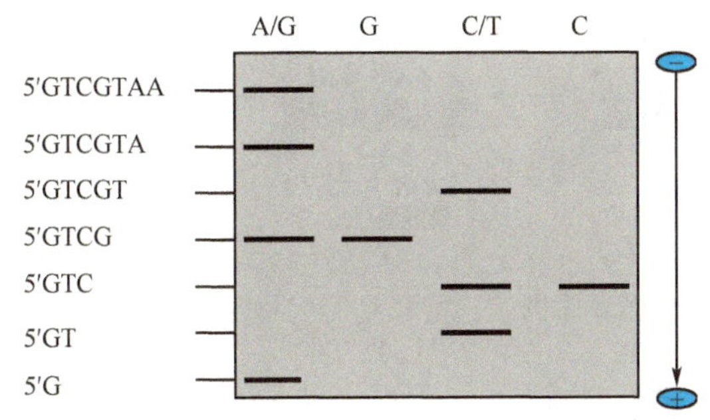

图 9-15 化学修饰法降解产物电泳区带放射自显影示意图

化学修饰法虽然操作比较繁琐，不如末端终止法常用，但也有其自身优势，例如所测序列是原始 DNA 分子，不会出现因扩增错误而测错的情形；可以分析 DNA 甲基化等修饰情况；可通过化学保护及修饰干扰实验研究 DNA 的二级结构及 DNA-蛋白质相互作用等。

三、DNA 序列的自动化分析

用不同的荧光分子分别标记四种 ddNTP，然后利用 Sanger 法进行测序，测序产物电泳后，在激发光的作用下会发射出四种不同波长的荧光。检测收集不同的荧光信号并进行计算机分析，即可得到待测 DNA 的碱基排列顺序，此技术即为荧光自动测序技术。利用荧光分子标记产物，是对 DNA 测序技术的一个极大的改进，不仅避免了放射性同位素的污染，而且可以将四种反应产物混合在一起进行电泳，既大大提高了电泳分析的效率，又降低了测序泳道间迁移率的差异对测序精确性的影响。与此同时，对 DNA 序列的识读也可在电泳过程中自动完成。

目前用于 DNA 自动测序的荧光标记染料比较多，主要集中在咕吨类、菁染料和氟硼吡咯类等。而所用的自动测序仪则主要为大规模毛细管 DNA 分析系统。DNA 的自动测序对人类基因组计划的提前完成起到了决定性的作用。荧光自动测序结果见图 9-16。

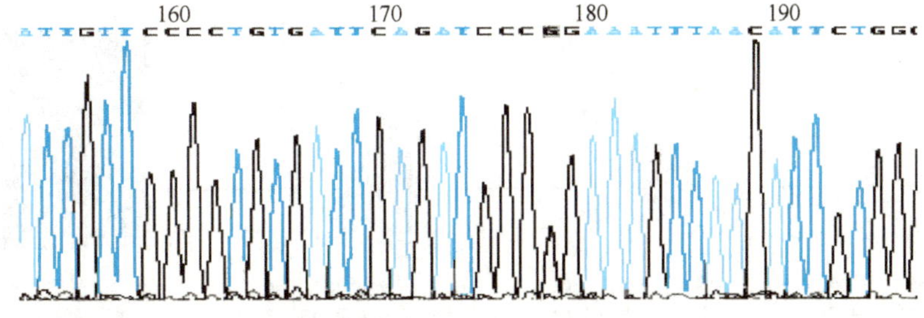

图 9-16 荧光自动 DNA 测序结果

四、第二代测序技术

第二代测序是真正的高通量测序，其突出特征是单次运行产出序列数据量巨大。高通量测序目前主要在罗氏454公司、Illumina公司及ABI公司的测序平台进行。3种测序平台的工作原理各不相同，其数据量产出、数据质量和单次运行成本也存在一定差异，但一般都由模板准备、测序和成像、序列组装和比对等部分组成。

(一) 罗氏454公司GS FLX测序平台

454 GS FLX系统主要利用了焦磷酸测序原理，其基本流程如下(图9-17)：①文库准备：将基因组DNA打断成300~800bp的片段，变性后在单链DNA的5′和3′端分别连上不同的接头；②连接：将带有接头的单链DNA固定在微珠上，每个微珠只携带一个单链DNA，随后将微珠在乳液中包裹成一个个油包水的小液滴，形成独立的微反应器；③扩增：在微反应器中每个DNA片段进行独立的扩增(乳液PCR，emulsion PCR)，乳液PCR终止后，扩增的片段仍然结合在磁珠上；④测序和成像：携带PCR产物的微珠被放入PTP(pictifer plate)板中进行测序，PTP孔直径仅有29 μm，一个孔只能容纳一个微珠(20 μm)。测序实际上是与新链的合成过程偶联的：4种单独放置的dNTP依照T、A、C、G的顺序依次循环进入PTP板合成新链DNA，每次只进入一个dNTP分子。如果发生碱基配对，就会释放一个焦磷酸，焦磷酸在ATP硫酸化酶和荧光素酶的催化下释放出的荧光信号，能够被高灵敏度CCD实时地捕获。最后，经过计算机的序列组装和比对就可以准确、快速地确定待测模板的碱基序列。

与其他第二代测序技术相比，454 GS FLX测序系统的突出优势是读长较长，目前其序列读长已超过400bp。

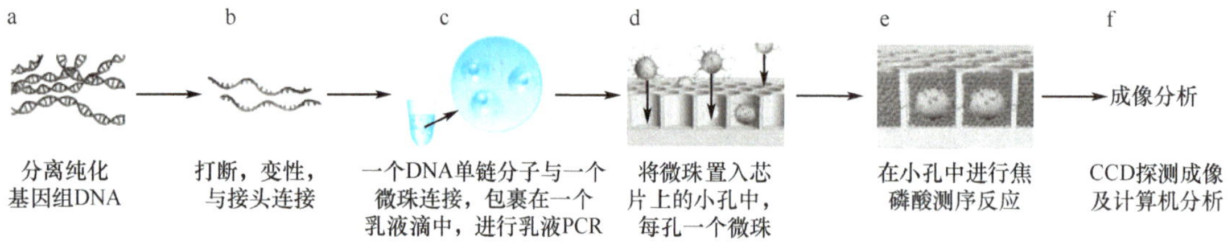

图9-17 454 GS FLX测序流程示意图

(二) Illumina公司的Solexa Genome Analyzer测序平台

Solexa Genome Analyzer测序仪利用合成测序的原理，实现自动化样本制备及大规模平行测序。其基本流程是(图9-18)：①将基因组DNA打断成100~200bp的小片段，在5′和3′两个末端加上接头；②DNA片段变性后，一端通过接头与芯片表面的引物互补结合而被固定在芯片上，另一端随机和邻近的另外一个引物互补结合，也被固定住，形成桥状结构；③进行桥式PCR扩增，使每个单分子都扩增成为单克隆的DNA簇，然后将DNA簇线性化；④加入改良的DNA聚合酶和4色荧光分别标记的dNTP进行新一轮DNA合成，合成过程中每一个dNTP加到引物末端时都会释放出焦磷酸盐，从而激发生物发光蛋白发出荧光；⑤用激光扫描反应板表面，在读取每条模板序列第一轮反应掺入的核苷酸种类后，将荧光基团化学切除，恢复3′-OH，再添加第二个核苷酸。如此重复，直到合成反应到达模板序列的末端。统计每轮收集到的荧光信号结果，就可以得知每个模板DNA片段的序列。

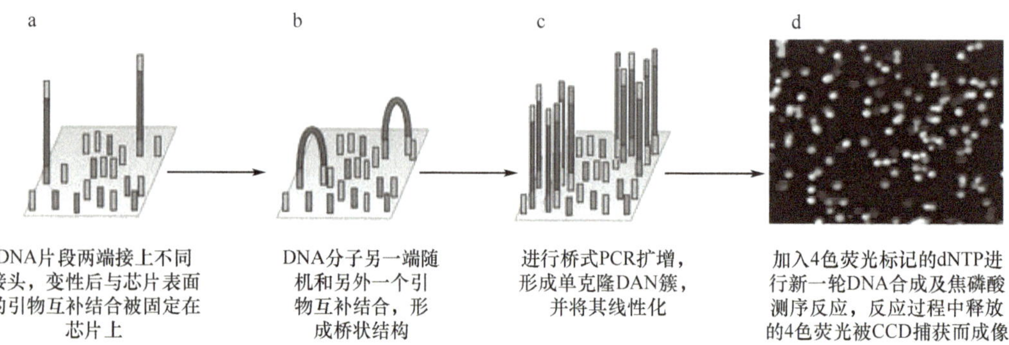

图9-18 Solexa Genome Analyzer测序仪使用的桥式PCR及检测示意图

Solexa Genome Analyzer 系统的优势是用样量低(可低至 100ng)、文库构建过程简单、每次运行获得的数据量大(超过 20 GB)、运行成本较低,是性价比较高的新一代测序技术。

(三) ABI 公司的 SOLiD 测序平台

SOLiD 全称为 Sequencing by Oligo Ligation Detection,即寡聚物连接检测测序,是 ABI 公司于 2007 年底推出的全新测序技术。SOLiD 通过待测 DNA 片段与 4 色荧光标记的寡核苷酸之间的连接反应进行测序,这一点与 454 和 Solexa 的合成测序不同。具体步骤包括:①文库准备:将基因组 DNA 打断,加上接头,制成片段文库;或者将基因组 DNA 打断后,先与中间接头连接、环化,然后以 *Eco* P15 内切酶切割,使中间接头两端各有 27 bp 的 DNA 片段,再在两头加上接头,制成配对末端文库;②扩增:采用乳液 PCR 对待测序的片段进行扩增,反应结束后,每一微珠表面都固定有同一 DNA 模板的大量拷贝;③微珠与玻片连接:富集带有模板的微珠。将模板变性后,在模板 3′末端进行化学修饰,使其与玻片共价结合,SOLiD 系统的每张玻片都能容纳更高密度的微珠,因此在同一系统中能够轻松实现更高的通量;④连接测序:与待测模板发生连接反应的底物是 4 色荧光标记的 8 碱基单链荧光探针混合物。测序时通过模板与探针的多次连接反应,发出原始荧光信号,进入检测系统而被识别分析。SOLiD 系统采用双碱基编码技术,在测序过程中对每个碱基判读两遍,因此有内在的校对功能,数据的准确度率>99.94%。

SOLiD 系统最突出的特点是超高通量,目前最新一代 SOLiD™4 体系单次运行可产生 100 GB 的数据量,相当于 33 倍人类基因组的覆盖率。

(四) 第二代测序技术的应用

第二代测序技术由于其高通量和低成本,现已广泛地用于未知基因组的从头测序、已知基因组的重测序、整个转录组的整体测序、SNP 位点的确认、小分子 RNA(miRNA)或非编码 RNA(ncRNA)的探查及测序、转录调控研究等诸多领域。相信随着第二代测序技术的成熟,研究者们用很少的经费就可以对自己感兴趣的物种基因组进行测序,从而更好地指导科研实践活动。

五、第三代测序技术

第三代测序技术也称单分子测序技术,近几年发展非常迅速。单分子测序不需要对待测样品进行扩增,这不仅避免了因扩增而引起误差的可能性,而且减少了试剂的使用,大大降低了测序成本,使得人类基因组测序低于 1 000 美元的愿望慢慢变为可能。

(一) Heliscope 单分子测序技术

Heliscope 单分子测序技术是基于边合成边测序的思想而研发的测序技术。基本过程如下:①将待测核酸序列打断成小片段,在其 3′末端加上 Poly(A);②变性后与表面带有寡聚 Poly(T)的平板杂交;③加入 DNA 聚合酶和 Cy5 荧光标记的 dNTP 底物进行 DNA 合成,每轮反应只加一种 dNTP;④漂洗掉多余的底物后进行检测,通过荧光信号来判断反应位置的碱基;⑤利用化学试剂去除荧光标记,进行下一轮反应。经过反复的合成、漂洗、成像、荧光淬灭,完成整个测序过程(图 9-19)。Heliscope 的读取长度约为 30～35 nt,每个循环的数据产出量约为 21～28Gb。

(二) 单分子实时测序技术

Pacific Biosciences 公司的单分子实时测序技术利用 DNA 的合成过程进行实时测序。其基本原理是:在测序过程中,DNA 聚合酶被锚定在一种零模式波导(zero-mode waveguide,ZMW)小孔的底部,每一个小孔中都含有 20×10^{-21} 升的反应体系。当各种被不同荧光分子标记的 dNTP 通过弥散作用进入 ZMW 小孔,并在聚合酶的作用下发生聚合反应时,会在小孔的探测区域中被聚合酶滞留数十毫秒。此时新掺入的核苷酸就会在激光的作用下发出荧光信号,被 CCD 芯片探测系统检测到(图 9-20a)。然后标记在核苷酸磷酸盐上的荧光分子会被切除,弥散出 ZMW 小孔,新的 dNTP 进入小孔进行下一轮聚合反应。未参与合成的 dNTP 不进入荧光信号检测区(图 9-20A 中白色区域),从而保证了测序结果的准确性。

Pacific Biosciences 的测序仪除了具有从头测序能力之外,还具有强大的再测序和脉冲测序能力。重复测序使得该仪器的测序的精度大大提高,超过了 99.9%。脉冲测序可以间断性地关闭激光,从而大大减轻激光对 DNA 聚合酶的灭活作用,从而使得测序读长可以延伸到平均 1kb 的水平。

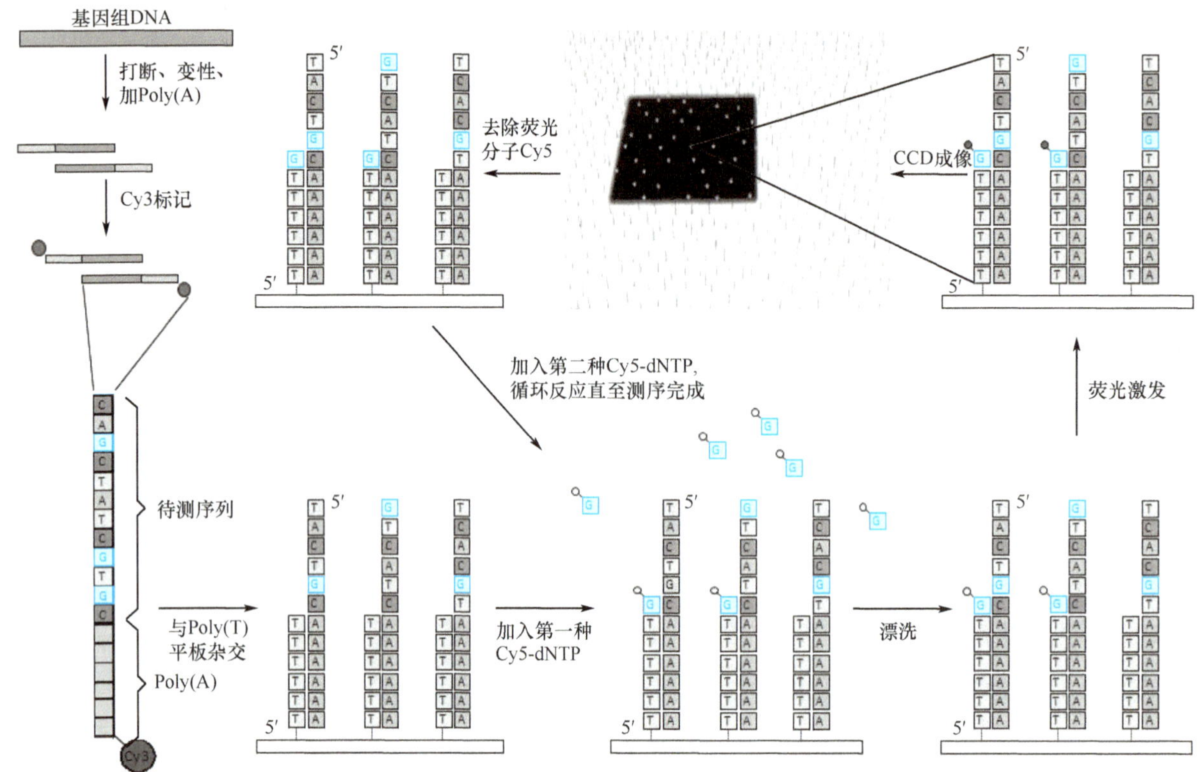

图 9-19 Heliscope 单分子测序流程示意图

(三) 纳米孔单分子测序技术

利用纳米孔进行测序的方案现已有多种,这里仅介绍 Oxford Nanopore Technologies 公司基于电信号的纳米孔单分子测序技术。这项技术的核心是在一个以 α-溶血素为材料制作的纳米孔中结合一分子核酸外切酶,同时在孔内还共价结合有分子接头环糊精。当有单链 DNA(ssDNA)进入纳米孔时,孔中的核酸外切酶会“抓住”DNA 分子,从 ssDNA 的末端进行切割。被切下的单个碱基落入纳米孔,并与纳米孔内的环糊精的相互作用,短暂地影响流过纳米孔的电流。不同的碱基在通过纳米小孔时引起的静电感应略有不同,这样通过检测电流强度的变化就能够对不同的碱基加以区分(图 9-20b)。

Oxford 的纳米孔测序仪的优势是仪器构造简单,使用成本低廉,而且还能对 RNA 分子进行直接测序。同时因为它是直接检测每一个碱基的特征性电流,因而也能对修饰过的碱基进行检测,这一点对于表观遗传学的研究具有重要意义。不过由于该测序仪利用的是核酸外切酶水解测序,因此不能重复测序,无法达到一个满意的精确度。

(四) FRET 测序技术

Life Technologies 公司的 FRET 测序技术在近两年也比较令人瞩目。FRET 测序仪采用荧光共振能量转移(fluorescence resonance energy transfer,FRET)方法来进行测序分析。在此项技术中, DNA 聚合酶和 DNA 模板分子都被量子化修饰,并被固定在固体表面。在 DNA 合成过程中核苷酸掺入时,能量会从量子化点转移到每一个被标记核苷酸的荧光分子上,使后者被激发,发射出荧光(图 9-20c)。不同的核苷酸标记的荧光分子不同,发射的荧光信号也各不相同,借此可以测出碱基序列。

(五) 第三代测序技术的应用前景

单分子测序技术虽然现在仍处在研发阶段,但已经显示出极其广阔的应用前景,将为基因组学和个体医学的发展带来划时代的影响。与第二代测序技术相比,单分子测序能够更直观地检测 DNA/RNA 分子的数量和序列结构,从而使核酸分子的检测更加精确。此外,纳米孔测序能够检测到模板序列的碱基修饰,这将对表观遗传学的研究产生极大的推动作用。随着单分子测序技术的逐渐成熟,个体基因组的测序价格会急剧下降,基因组测序有望走向临床诊断,从而推动个体化医疗的发展。

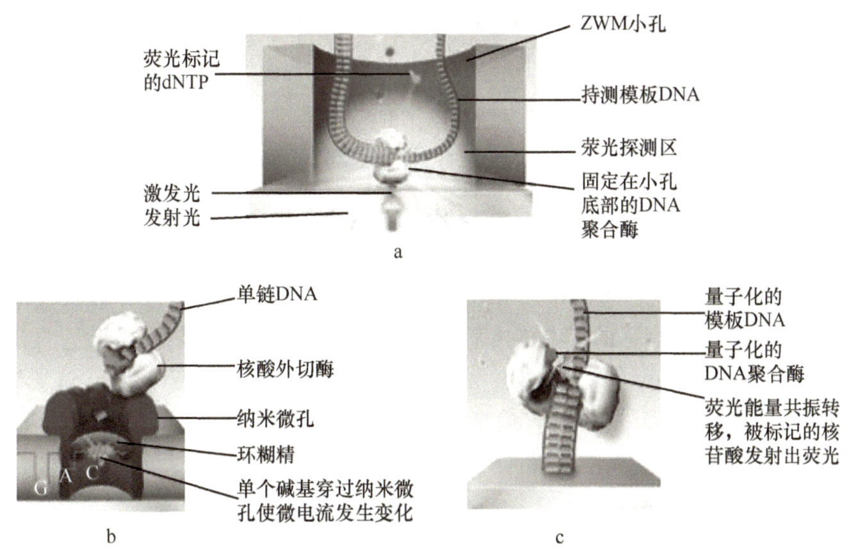

图 9-20 几种具有代表性的第三代测序技术

a. 单分子实时测序技术 b. 纳米孔单分子测序技术 c. FRET 测序技术

第六节 基因失活技术

基因失活(gene inactivation)是指利用某种技术,在 DNA 或 mRNA 水平封闭或降低致病基因的表达,从而达到治疗某些特定疾病的目的。常用的基因失活技术有反义核酸(antisense nucleic acid)、RNA 干扰(RNA interference,RNAi)、核酶(ribozyme)、三链 DNA(triple-strand DNA)等。

一、反义核酸的作用原理与应用

反义核酸是指与靶 mRNA 具有互补序列的 DNA 或 RNA 分子,通过与靶 mRNA 的配对结合,参与目的基因的复制、转录、加工、mRNA 转运或翻译等环节,抑制目的基因的表达。与目的基因互补的反义寡核苷酸链虽然最早于 1967 年就已被合成出来,而且随后在无细胞系统中被证实可抑制 mRNA 的翻译过程,但直到 1984 年有学者在原核生物中发现了天然的反义 RNA,反义核酸抑制基因表达的作用才为人们普遍接受。

(一) 反义核酸的作用原理

反义核酸的主要作用机制是利用细胞内 RNaseH 降解靶 mRNA。反义 DNA 与 mRNA 结合后形成杂化双链,生物体内普遍存在的 RNaseH 可以通过降解杂化双链中的 mRNA,从而抑制翻译。此外,反义核酸与 mRNA 的结合还可以通过影响以下过程抑制目的基因的表达:①与 mRNA 前体的剪接位点和加尾位点结合,抑制 mRNA 的加工与成熟;②与 mRNA 的 5′非翻译区和 3′非翻译区结合,阻碍 mRNA 与核蛋白体及翻译相关的蛋白因子结合,抑制蛋白质的生物合成;③与 mRNA 编码区结合,阻碍核糖体的前进;④抑制成熟 mRNA 向细胞质的运输;⑤使 mRNA 更加易被核酸酶识别而降解,从而大大缩短 mRNA 的半衰期。

(二) 反义核酸技术的应用

反义核酸对目的基因的特异性抑制作用无论是在细胞水平还是在整体水平都已得到证实,其在生物医学领域中的应用也已取得不少进展。反义核酸技术,尤其是反义 RNA 技术,由于具有安全性高、特异性强、无残留、设计和制备方便、剂量可调节等特点,现已广泛应用于肿瘤的基因治疗、病毒感染性疾病的基因治疗以及基因功能研究等方面。利用反义 RNA 进行基因治疗,首先要解决的就是反义 RNA 的高效、靶向转移问题。在体外进行反义 RNA 转移的方案一是将人工合成的反义 RNA 直接作用于体外培养细胞,二是构建一些能转录出反义 RNA 的质粒,然后将这些质粒转入细胞内。但对于在体的基因治疗,这两种方案都存在一定缺陷,因为前一种容易导致反义 RNA 快速降解,而后一种则不容易控制治疗剂量。近年来,受体介导的反义 RNA 转移技术有望成为解决上述问题的有效途径。如有学者利用脱去唾液酸的血清类粘蛋白(ASGP)与多聚赖氨酸(PL)共价结合,形成可携带反义 RNA 的 ASGP-PL 复合物。ASGP-PL-反义 RNA 复合物在经过肝细胞时,被肝细胞表面的特异性 ASGP 受体捕获而进入肝细胞，其中的反义 RNA 可逐渐释放出来，抑制致病基因的表达。这种受体介导的反义 RNA 转移技术不仅解决了反义 RNA 的靶向问题，而且还使其受到多聚赖氨酸的保护，提高了转移效率，剂量也可人为控制。

二、RNA 干扰的机制与应用

RNA 干扰（RNAi）是真核生物中普遍存在且非常保守的一种现象，是在研究秀丽隐杆线虫（*C. elegans*）反义 RNA 的过程中发现的。1995 年，美国康奈尔大学的郭苏等发现注射正义 RNA 和反义 RNA 均能特异性地抑制 *C. elegans par*-1 基因的表达。三年后卡耐基研究院的 Andrew Z. Fire 和马萨诸塞大学医学院的 Craig C. Mello 证实，正义 RNA 抑制基因表达的现象是由于体外转录得到的 RNA 中污染了微量的双链 RNA 引起，后来就将这种由双链 RNA 诱发的转录后基因沉默（post-tanscriptional gene silencing，PTGS）现象命名为 RNA 干扰。最近十几年来，RNAi 的应用研究取得了突破性的进展，不仅被《科学》杂志评为 2001 年十大进展之一。Andrew Fire 和 Craig Mello 由于在 RNAi 机制研究中的贡献而获得 2006 年的诺贝尔生理学/医学奖。

（一）RNAi 的作用机制

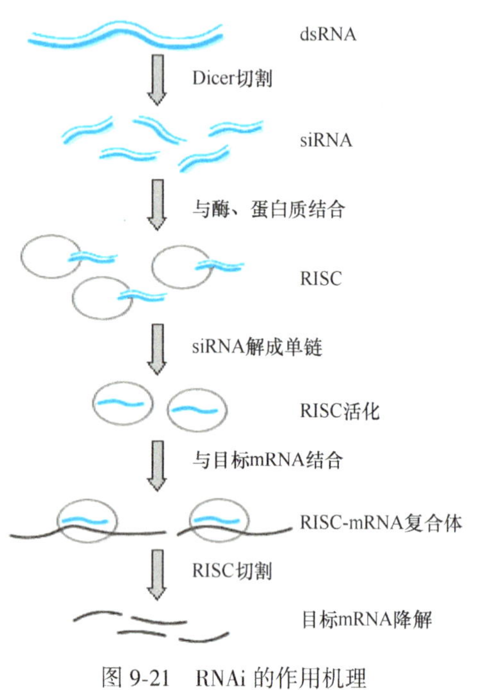

图 9-21　RNAi 的作用机理

RNAi 中一个非常重要的成员是 Dicer，它是 RNaseⅢ家族中双链特异性的内切核酸酶。Dicer 可与双链 RNA 结合，并将其剪切成 21～25 碱基对的带有 3′突出端短双链 RNA，即小干扰 RNA（small interfering RNA，siRNA）。随后 siRNA 与细胞内的某些酶和蛋白质结合，形成 RNA 诱导的沉默复合体（RNA-induced silencing complex，RISC）。复合体中的 siRNA 解旋成单链，序列特异性地结合在目标 mRNA 分子上，引导 RISC 在特异位点切断目标 mRNA 或抑制翻译，引发转录后的基因沉默。

生物体内的 dsRNA 可来自于 RNA 病毒感染，转座子的转录产物，外源导入的基因。这些 dsRNA 可诱发了细胞内的 RNAi 机制，从而使病毒被清除，转座子表达被阻断，与之同源的基因表达被阻断。参与 RNAi 反应的关键酶是 Dicer 酶，RNA 酶Ⅲ家族的一个成员，其结构中包括一个螺旋酶结构域、两个 RNA 酶Ⅲ结构域、一个 dsRNA 结合位点。在 Dicer 酶的作用下，双链 RNA 被裂解成 21～23nt 的小分子片段，称为 siRNA（small interfering RNA），从而启动了细胞内的 RNAi 反应。（图 9-21）

1. 起始阶段　将外源 dsRNA 导入细胞，能够被核酸酶 Dicer 酶特异识别并结合形成 Dicer-dsRNA 复合物，在 Dicer 酶的 RNA 酶活性作用下将长 dsRNA 剪切成长约 21～23nt 的 siRNA。

2. 效应阶段　siRNA 识别 mRNA 链上的同源区域之后，结合一个核酶复合物形成 RNA 诱导的沉默复合体（RNA-induce silencing complex，RISC）；活化后的 RISC 定位到互补的靶 mRNA 上，并在距离 siRNA 3′端 12 个碱基的位置切割 mRNA，从而引起目的基因沉默。剪切过程中 siRNA 对靶 mRNA 的作用具有精确的序列特异性。

3. 倍增阶段　形成的 RISC 复合物中，siRNA 的双链解为单链作为引物，以 mRNA 为模板，在细胞内一种 RNA 依赖的 RNA 聚合酶（RNA-directed RNA polymerase，RDRP）的作用下，可合成出 mRNA 的互补链，使 mRNA 也形成了 dsRNA。随后 dsRNA 也被 Dicer 酶裂解成新的 siRNA（又叫次级 siRNA），这些新生成的 siRNA 也具有诱发 RNAi 的作用，通过这种类似于 PCR 的反应，细胞内的 siRNA 数量大大增加，显著增强了对基因表达的抑制作用，并且 siRNA 可转运出细胞，使 RNAi 扩散到整个机体。

siRNA 在细胞内的生成是 RNA 干扰的始动因素，对 RNAi 的触发至关重要。目前，siRNA 不仅可以直接合成，而且也可以利用质粒或病毒载体，构建出能够产生发夹状 siRNA 的干扰载体，特异性抑制目标基因的表达。

(二) RNA 干扰的应用

目前有多种方法可用于制备 siRNA：化学合成法、体外转录法、长链 dsRNA 的 RNaseⅢ体外消化法、siRNA 表达载体法、siRNA 表达框架法等。前 3 种方法是体外制备后导入到细胞中；后两种则是构建合适启动子的载体，在哺乳动物或细胞中转录生成。目前多采用 RNA 聚合酶Ⅲ启动子构建 siRNA 的表达载体。RNAi 作用有以下重要的特征：①RNAi 降解 mRNA 具有高度的序列特异性和高效的干扰能力；②RNAi 是一个 ATP 依赖的过程，去除 ATP，RNAi 现象降低或消失；③RNAi 作用广泛，可在不同的细胞甚至生物体间传递和维持，并可传递给子一代；④从 21～23nt 的 siRNA 到几百个核苷酸的 dsRNA 都能诱发 RNAi，长的 dsRNA 阻断基因表达的效果明显强于短的 dsRNA。

目前，RNAi 已经在功能基因组学、微生物学、基因治疗和信号转导等领域取得了令人瞩目的成就，有着广泛的应用前景。

1. 基因功能研究 RNAi 具有高度的序列特异性和有效的基因干扰能力，可作为基因功能研究的强有力的手段。RNAi 不仅能够干扰任何一种目的基因的表达，而且还能将抑制作用控制在发育的任何阶段，产生类似基因敲除的效应。与传统的基因敲除相比，RNAi 具有投入少，周期短，操作简单等优势。最近几年，RNAi 在转基因动物模型中得到成功的应用，这表明 RNAi 已经成为研究基因功能的不可或缺的一个工具。

2. 肿瘤的基因治疗 肿瘤的发生往往与多种基因的突变有关。RNAi 技术可以利用同一家族的基因的某些序列高度保守这一特性，设计针对保守序列的 siRNA，抑制多种致病基因的表达。另外，也可以同时使用多种 siRNA，将多个序列不相关的基因同时剔除，对肿瘤进行针对多基因的联合治疗。

3. 病毒性疾病的基因治疗 研究指出，RNAi 可在体外抑制多种病毒的复制，如人类免疫缺陷病毒(HIV)、脊髓灰质炎病毒、人乳头瘤病毒、乙型肝炎病毒、丙型肝炎病毒等。此外，还有学者证实，siRNA 可介导人类细胞间的抗病毒免疫，用 siRNA 对 Magi 细胞进行预处理可以增强 Magi 细胞对病毒的抵抗能力。以上研究表明，RNAi 技术能用于许多病毒性疾病的基因治疗，将成为一种有效的抗病毒治疗手段。

三、核酶的作用机制与应用

核酶是具有催化作用的 RNA 分子。1978 年，S. Altman 在纯化 RNaseP 时，发现一种 377 个核苷酸长的 RNA 片段与一种相对分质量 14 000 的蛋白质总是同时被纯化，另外，还发现 RNaseA 及小球菌核酸酶都可使 RNaseP 失活。1981 年，T. Cech 和他的同事在研究四膜虫的 26S rRNA 前体加工去除内含子时获得一个惊奇的发现：内含子的切除反应发生在仅含有核苷酸和纯化的 26S rRNA 前体而不含有任何蛋白质催化剂的溶液中。他们由于在发现“RNA 具有催化性能”方面的卓越贡献而获得 1989 年诺贝尔化学奖。

核酶的发现是酶学世界的一次伟大变革，不仅丰富和发展了酶的概念，而且也使人们对生命的起源和进化有了新的认识。自从第一种核酶被发现以来，迄今已鉴定出十几种天然核酶，包括Ⅰ类内含子核酶、Ⅱ类内含子核酶、锤头核酶、发夹核酶、VS 核酶、丁型肝炎病毒核酶、*glmS* 核酶、和 *CPEB3* 核酶等。按照核酶的催化特性及结构特点，有人建议将天然核酶分成 3 类：具有内切核酸酶活性的自身剪切类核酶、具有内切核酸酶与连接酶活性的自身剪接类核酶以及由 RNA 和蛋白质共同构成的核糖核蛋白体核酶(ribonucleoprotein enzyme，RNP)。

DNA 也有催化活性，自从 1994 年 Breaker 和 Joyce 通过体外进化技术获得可催化 RNA 断裂的单链 DNA 以来，具有不同催化活性的 DNA 分子相继被合成，人们将这种具有催化活性的 DNA 称为脱氧核酶(deoxyribozyme，DNAzyme)。不过迄今为止，科学家们尚未发现天然的脱氧核酶。

(一) 核酶的作用机制及设计原则

天然的核酶多为单一的 RNA 分子，但也可以由 2 个 RNA 分子组成，这些 RNA 分子通过局部的序列互补，形成具有锤头状的二级结构，然后由核酶的核心序列(11 或 13 个保守核苷酸序列)在锤头的右上方完成剪切过程(图 9-22a)。基因治疗中应用的核酶就是利用这种原理设计的：根据致病基因 RNA 的序列特点，人工合成一段可与目标 RNA 局部互补的 RNA 分子，利用二者形成的锤头状核酶结构，切断目标 RNA，抑制致病基因的表达(图 9-22b)。上述过程中，目标 RNA 相当于底物，而人工合成的 RNA 分子则承担了酶分子的角色。

应用核酶进行基因治疗需要目标 RNA 与核酶分子共同构成酶活性结构域，因此设计核酶时，需要从核酶分子和靶分子两个方面考虑其合理性和有效性。对于目标基因的靶位点，要选择没有二级结构、容易与其他

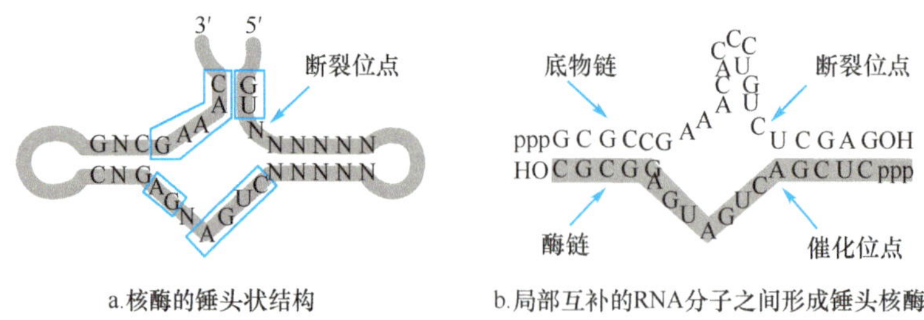

图 9-22 核酶的作用机制

RNA 分子互补结合的区域,而且此区域中要含有核酶的切割位点 GUN 序列。而对于核酶分子,要注意与靶位点结合后能够形成活性结构域。核酶由中间的核心保守序列和两端的引导序列组成,引导序列的长度与识别区域在实际应用中还要具体考虑。

(二) 核酶的应用

核酶具有较稳定的结构,与反义 RNA 相比,不易受到 RNase 的攻击。此外,核酶在切断目标 RNA 后,又可以重新结合和切断其他的 RNA 分子,可以重复利用。已有不少报道证实,核酶的抑制效应明显强于反义 RNA。目前,核酶已成为基因治疗肿瘤和病毒感染性疾病的一条极有潜力的途径,具有广泛的应用前景,有可能成为预防病毒感染、抑制病毒复制及与化疗药物联合治疗肿瘤的有效方法。

四、三链 DNA 的作用机制与应用

天然的三链 DNA 是由 DNA 双螺旋内部具有同聚嘧啶或同聚嘌呤的 H 回文区域自身回折形成,回折的一条链参与形成分子内局部三链结构,另一条链则游离存在(图 9-23)。分子内三链 DNA 的存在可阻止基因转录或 DNA 复制。三链 DNA 形成的三碱基有 CGC、GGC、TAT、AAT 等形式(图 9-24)。1957 年,Felsenfeld 等首次提出了三链核酸的概念,并成功合成出一种三链 RNA,由于当时人们认为这种结构没有生物学意义,因而未予重视。直到 1987 年,Mirkin 等在酸性溶液的质粒中发现一种 H-型三螺旋 DNA ,为三链核酸在体内的天然存在提供了强有力的证据,这才逐渐引起了人们的广泛关注。

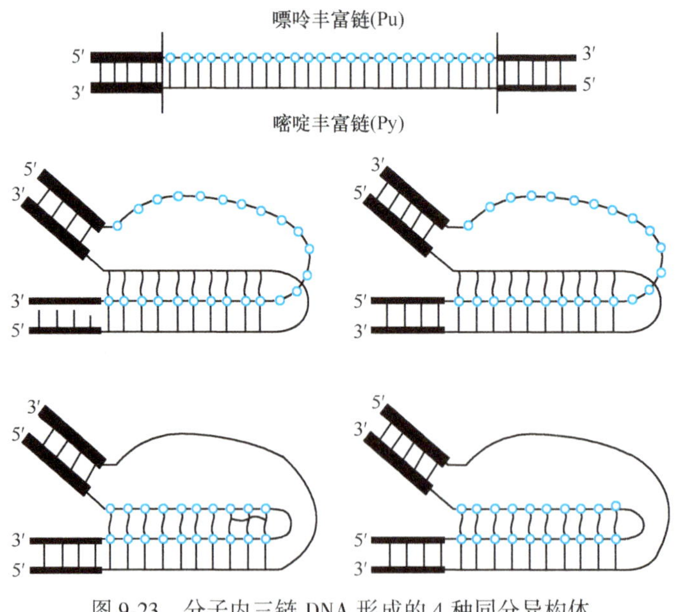

图 9-23 分子内三链 DNA 形成的 4 种同分异构体

(一) 三链 DNA 的作用机制

利用人工合成的同聚嘌呤(或同聚嘧啶)的寡脱氧核苷酸(oligodeoxynucleotide, ODN)在一定条件下也可与双螺旋 DNA(靶 DNA)分子中的同聚嘌呤或同聚嘧啶区形成局部的三链 DNA 分子,并由氢键维持其稳定。这种结构中的 ODN 也称三链 DNA 形成寡脱氧核苷酸(triple helix-forming oligodeoxy nucleotides, TFO)。TFO 与

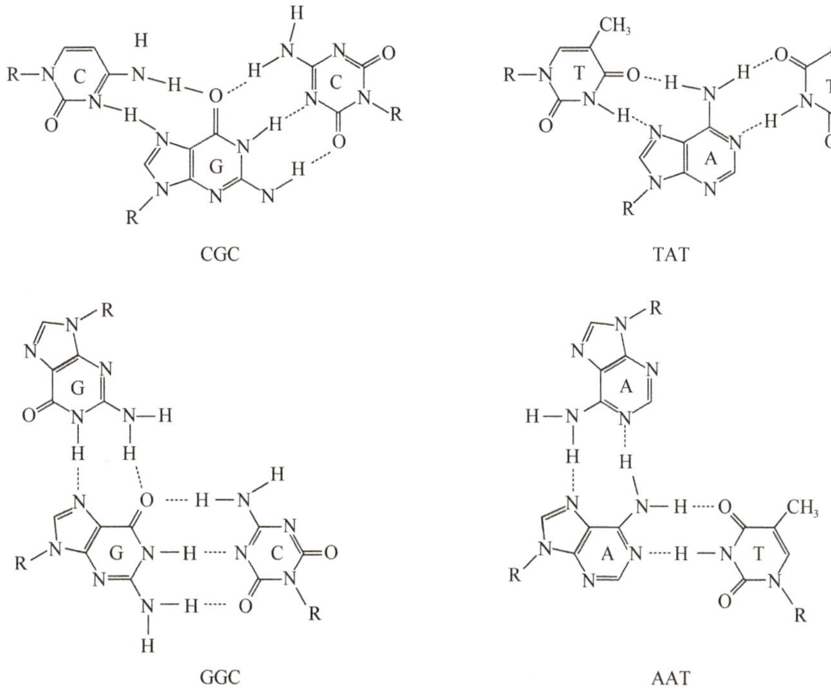

CGC　TAT

GGC　AAT

图 9-24 三链 DNA 的三碱基之间的氢键

靶基因的结合长度一般在 15~40bp,TFO 通常结合在双螺旋中同聚嘌呤链上,新加入的 TFO 并不影响原有双螺旋间的氢键。能形成三螺旋的 TFO 必需满足 C、G 对 GC 或 T、A 对 AT 的识别。

TFO 与靶 DNA 的结合具有高度特异性,这一特点为其应用提供了坚实的基础。人工合成的 TFO 与靶分子结合时,并不要求靶分子的结合位点有特殊的 H 回文结构,只要有一段同聚嘌呤或嘧啶即可。形成三链 DNA 后,TFO 所引起的 DNA 结构局部改变及其本身的空间位阻效应,可干扰聚合酶与其他蛋白因子的结合,抑制 DNA 复制或基因的转录。

(二) TFO 的设计原则

三链 DNA 技术又称反基因技术,其关键环节在于 TFO 的设计与合成。在设计 TFO 序列时,需要注意两个问题:

1. 特异性 TFO 作为治疗的潜在药物,必须能够特异性识别并结合靶基因的特定序列。由于编码序列往往被保护性蛋白质覆盖,因此对 TFO 的设计一般是针对基因的转录调控区,阻止转录因子的结合。

2. 稳定性 未被修饰的外源性 TFO 进入细胞后,会立即被细胞内的核酸酶降解;而且,三螺旋 DNA 并不是 DNA 的正常存在状态,其聚合状态很容易受到环境因素的影响,因此三螺旋 DNA 在细胞内的稳定性较差,使其应用受到了限制。近年来,人们致力于对 TFO 进行化学修饰以提高其稳定性,如将磷酸二酯键骨架用甲基化磷酸、硫化磷酸胺类似物代替,对 TFO 的两个末端进行保护性的封端修饰,或者对分子中的胞嘧啶进行甲基化等,但就生物稳定性、溶解度、药代动力学性质及合成的难易程度等因素综合衡量,这些寡聚核酸类似物仍不够理想。

肽核酸(peptide nucleic acids,PNA)的出现为寡核苷酸类似物的设计提供了新的思路。肽核酸是一种人工合成的 DNA/RNA 类似物,以化学性质与戊糖-磷酸结构完全不同的 N-2-(氨乙基)-甘氨酸结构单元作为骨架,碱基部分则通过亚甲基羰基连接于骨架之上。PNA 在结构上很好地模拟了 DNA/RNA 分子,空间大小与天然核酸相近,不仅保持了对核酸的特异识别能力,而且由于没有磷酸基团,与靶分子之间缺乏电性相斥的现象,因此与 DNA 的亲和力极强。此外,PNA 还具有不易被蛋白酶或者核酸酶降解、碱基配对特异性强、热稳定性高、具有良好的水溶性等优势。研究表明,PNA 具有较好的反义和反基因性质,不过由于细胞对 PNA 摄入差,它成为基因治疗药物的前景还不明确。

(三) 三链 DNA 的应用

三链核酸由于直接与靶 DNA 结合,可从源头上抑制转录的发生,因此能达到完全抑制靶基因表达的目的,这是三链核酸其他几种基因失活技术的显著区别。TFO 不会明显抑制体内 DNA 的复制或重组,因为在复制过程中,解螺旋酶先于 DNA 聚合酶起作用。解螺旋酶的特点是既能使双链 DNA 解开,也能使三链解链。基于上述特点,三链 DNA 被称为“能够攻击病毒和癌细胞而不损害健康组织”的新型基因药物。

三链 DNA 主要在基因转录的控制、保护靶序列防止酶切、充当分子剪刀、作为基因活动的调节信号等方面有广泛的应用。

1. 基因转录的控制 人工合成的 TFO 序列对基因的转录有双向影响。一方面,它可与基因的特异位点选择性结合,形成三链 DNA,从而抑制目的基因的转录。而另一方面,它又可通过阻断转录抑制蛋白与靶基因的结合而增强基因的转录。

2. 保护靶序列防止酶切 当酶的某些位点是寡聚嘌呤或寡聚嘧啶时,TFO 与 DNA 双链之间形成三链,可有效阻断酶切。

3. 充当分子剪刀 在寡聚核苷酸的末端连上一个化学试剂通过氧化损伤或辐射损伤使双链断裂,从而达到切断 DNA 的目的。与限制性内切酶相比,三链核酸具有更高的精确性和专一性。

综上所述,作为核酸领域一个崭新的分支,三链 DNA 的应用性研究已越来越引起人们的注意。随着研究的深入,三链核酸必将在分子生物学、基因工程、医疗诊断等方面得到更广泛的应用。

思 考 题

1. 简述基因组 DNA 及 RNA 提取各有哪些注意事项?
2. 简述核酸分子杂交的常见类型及应用。
3. 简述核酸探针的种类及标记方法有哪些?
4. 何为 PCR? 请设计一种利用 PCR 的实例。
5. 试列举 3 种衍生 PCR 技术的基本工作原理和应用。
6. FQ-PCR 的荧光标记分子有哪些常用类型? 其工作原理是怎样的?
7. 试列举两种基因失活技术,并说明其作用原理。
8. 试列举一种第三代测序技术及原理。

(杨 帆)

第十章 蛋白质的研究方法与原理

蛋白质是一切生命活动的物质基础,研究蛋白质的结构与功能是分子生物学的重要内容之一。研究蛋白质的结构与功能首先必须解决蛋白质的制备问题,因此蛋白质的分离纯化是研究其结构与功能的前提。蛋白质的空间结构是其功能的基础,因此运用各种方法与技术揭示蛋白质的结构与功能是探求生命奥秘的焦点。

第一节 概 述

蛋白质的分离纯化是生物化学与分子生物学研究中的一项重要的操作技术。一个典型的真核细胞可以包含数以千计甚或万计的不同蛋白质,一些含量十分丰富,一些仅含有几个拷贝。为了研究某中蛋白质,必须首先利用各种方法将样品中的蛋白质与其他物质或者从某一蛋白混合物中获得单一蛋白成分,这个过程称为蛋白质的分离纯化。生物工程生产重组蛋白同样离不开蛋白质的分离与纯化。蛋白质分离纯化技术是生物工程的下游技术,是生物高技术实现产业化的关键。二十世纪末期,下游技术发展迅速,对生命科学研究与发展起到了十分重要的作用,并与其他技术合并称为生物技术。

1. 蛋白质分离纯化的一般程序 分离纯化蛋白质一般可分为下面5个阶段:①材料的选择和预处理(如动物组织要去除结缔组织、植物种子先行去壳和除脂、微生物需将菌体与发酵液分开等);②细胞的破碎(有时需分离细胞器);③提取;④纯化(包括盐析,有机溶剂沉淀,有机溶剂提取、吸附、层析、超离心及结晶等);⑤浓缩、干燥及保存。根据实验研究需要,不一定上面几个阶段都完整具备,每一阶段也不是完全截然分开。例如,选择性的提取就包含着分离纯化,沉淀分离就包含着浓缩,从发酵液中提取蛋白,就不需要破碎细胞,离心或过滤除去菌体后,便可直接进行分离与纯化。选择分离纯化的方法和使用的次序也因材料及目的而异。

2. 蛋白质分离纯化的一般注意事项 在进行任何一种蛋白质分离纯化的时候,不论采用哪一种或哪几种方法,都必须注意在操作中保持蛋白质结构的完整性,防止发生蛋白变性及降解现象。牢记一些通用的注意事项很重要:①为保持目标蛋白的活性,应尽量减少分离纯化的步骤,缩短操作时间,维持低温,使用温和的溶剂,操作也要温柔;②提取液不要太稀,蛋白浓度维持在μg/ml至mg/ml;③选择合适的缓冲溶液和pH,避免与目标蛋白pI相同,防止蛋白质的沉淀;④使用蛋白酶抑制剂,防止蛋白酶对目标蛋白的降解;⑤在纯化细胞中的蛋白质时,加入DNA酶,降解DNA,防止DNA对蛋白的污染;⑥在缓冲溶液中加入0.1~1mmol/L二硫苏糖醇(DTT)(或β-巯基乙醇),防止含巯基的蛋白质被氧化;⑦避免样品反复冻融和剧烈搅动,以防蛋白质的变性;⑧使用灭菌溶液,防止微生物生长。

3. 蛋白质纯化的一般设计原则 大多数情况下,纯化蛋白质的目的是要得到纯度和活性均理想的单一蛋白产物。为实现这一目标,设计分离纯化方案时应遵循以下几个原则:①在材料选取上,尽可能选取来源方便、成本低、易操作的组织或细胞,其中目标蛋白的含量和活性要尽可能高、可溶性和稳定性尽可能好;②建立一个快速、准确、具有良好特异性和重现性的蛋白活性检测方法十分必要。③分离纯化时遵循先粗分再细分的原则,即先利用目标蛋白的某一种理化特性,采用最简单的方法去除最主要的杂质,然后再利用他的其他特性进行细致的分离纯化,有时需多步纯化才能达到目的。

第二节 蛋白质的分离与纯化技术

由于蛋白质的复杂性、多样性和不稳定性,使得蛋白质制备技术多种多样。为了获得高纯度的具有良好生物学活性的单一蛋白质,往往需几种技术的联合运用。从一个样品中分离纯化蛋白质的主要依据是不同的蛋白质在理化性质方面的差异(表10-1)。生物体的组成成分复杂,又处于同一体系中,很难有一个统一的标准分离纯化程序适用各种蛋白质的分离。因此，对所要分离纯化的蛋白质的理化性质及生物学特性先有一定的了解，然后才着手进行分离纯化。对于一个性质及结构未知的蛋白质，更需经过各种方法的优劣比较与条件摸索，以获得预期结果。

表 10-1　蛋白质分离纯化的主要方法及其依据

性质	方法
溶解度的差异	盐析、萃取、溶剂抽提、选择性沉淀、结晶、分配层析、逆流分配等
分子的大小与形状的差异	超滤、透析、差速离心、凝胶电泳、分子筛层析等
电荷的差异	电泳、等电点沉淀、离子交换层析、吸附层析、聚焦层析等
生物功能专一性的差异	亲和层析
疏水性的差异	疏水作用层析、反相高效液相层析

一、蛋白质沉淀与结晶

蛋白质沉淀与结晶的依据是利用蛋白质溶解度的差异，对蛋白质进行分离分离纯化。

（一）盐析法

利用高浓度的中性盐将蛋白质从溶液中洗出的方法叫做盐析（salting out）。盐析是蛋白质和酶分离纯化中最广泛应用的方法。盐析的原理是亲水性强的中性盐离子可争夺蛋白质表面的水化膜，同时中和蛋白质表面的电荷，破坏蛋白质的胶体性质，使蛋白质在溶液中的溶解度下降而沉淀析出。盐析的优点是成本低、操作简单、不易造成蛋白质变性，因此盐析法适用于各种蛋白质和酶的分离纯化。盐析法的缺点是分辨率低，且后续处理时需要除盐。

盐析时常用的中性盐是硫酸铵、硫酸镁、氯化钠等。由于不同的蛋白质其溶解度与等电点不同，沉淀时所需的 pH 与离子强度也不相同，改变盐的浓度与溶液的 pH（多选择在蛋白质的等电点附近），可将混合液中的蛋白质分批沉淀，这种分离蛋白质的方法称为分段盐析法。分离目标蛋白最好采用分段盐析。

（二）有机溶剂沉淀法

蛋白质的提取纯化也常使用与水互溶的有机溶剂（如乙醇、丙酮、正丁醇）。一方面，有机溶剂能降低溶液的介电常数，从而增加蛋白质分子之间的相互吸引，导致溶解度下降；另一方面，有机溶剂与水作用，破坏蛋白质表面水化膜。因此，蛋白质在一定浓度的有机溶剂中可以沉淀析出。利用不同的蛋白质在不同的有机溶剂或同一种有机溶剂不同浓度时溶解度的差异而达到分离的方法称作有机溶剂分段沉淀法。操作时溶液的 pH 大多控制在蛋白质的等电点附近。高浓度的有机溶剂容易引起蛋白质变性，为此应采取以下措施：①低温下操作；②加入有机溶剂后立即混匀以免局部浓度过大；③添加 0.05mol/L 左右的中性盐；④操作后尽快除去有机溶剂。

（三）选择性沉淀法

选择一定的条件使其他蛋白质变性沉淀而不影响目标蛋白质的分离方法称为选择性沉淀。例如，将提取液加热至一定温度并维持一段时间（10～15min），使某些不耐热的蛋白质变性沉淀；或加入惰性液体（如氯仿）震荡和利用泡沫形成使某些蛋白质产生表面变性。应用选择性沉淀，需实现对系统中需除去的及欲提纯的蛋白质的理化性质均有较全面的了解。

（四）蛋白质结晶

结晶是使溶质呈晶态从溶液中析出的过程。蛋白质结晶即是溶液中的蛋白质由随机状态转变为有规则排列状态的固体，常用于分析研究其结构。蛋白质结晶是一个有序化过程，当蛋白质溶液达到过饱和状态，能够形成一定大小的晶核，溶液中的分子失去自由运动的能量（如平移、旋转等），不断地结合到形成的晶核上，长成适合于 X 线衍射分析的晶体。蛋白质结晶的方法有分批结晶法、液-液扩散法、蒸气扩散等。无论是哪一种方法，其原理都是建立在降低蛋白质溶解度的基础上。

二、离心技术分离蛋白质

离心技术是蛋白质、酶、核酸及细胞亚组分离纯化的最常用的方法之一，尤其是超速冷冻离心已经成为研究生物大分子实验室中的常用技术方法。

离心技术是利用物体高速旋转时产生强大的离心力，使置于旋转体中的悬浮颗粒发生沉降或漂浮，从而使某些颗粒达到浓缩或与其他颗粒分离之目的。这里的悬浮颗粒往往是指制成悬浮状态的细胞、细胞器、病毒和生物大分子等。离心机转子高速旋转时，当悬浮颗粒密度大于周围介质密度时，颗粒离开轴心方向移动，发生沉降；如果颗粒密度低于周围介质的密度时，则颗粒朝向轴心方向移动而发生漂浮。

在单位离心场力作用下，溶质分子沉降的速率为：

$$dx/dt = \omega^2 x \cdot S$$

其中 ω 为离心角速度，t 为离心时间，x 为溶质离开中心轴的距离，S 为沉降系数（单位：秒）。沉降系数的大小与蛋白质的密度与形状相关，一般蛋白质的沉降系数为 $10^{-13} \sim 10^{-12}$ 秒。人们以 Svedberg 单位来表示沉降系数，$1S = 1\times10^{-13}$ 秒。差速离心法是沉降速度离心的一种，采用离心力由小到大的分阶段离心的办法，将密度不同的物质分步骤地逐一分离开来。

差速离心法（differential centrifugation）是沉降速度离心的一种，通过逐步增加相对离心力，使一个非均相混合液内形状不同的大小颗粒分步沉淀。差速离心常用来分离亚细胞结构（图 10-1）、粗提的核酸、蛋白质。差速离心法操作简单，但分离精度不高。

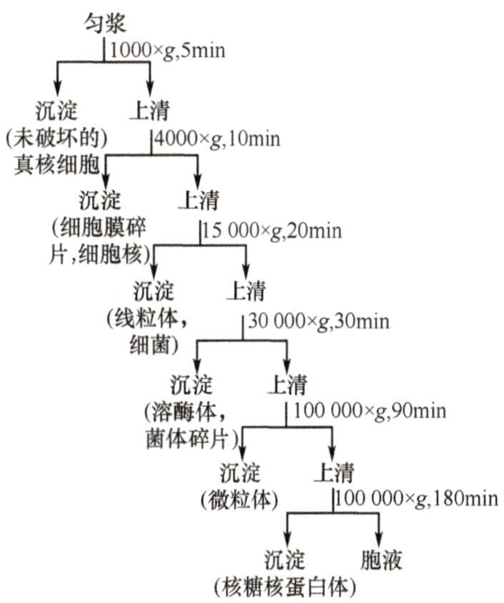

图 10-1　亚细胞成分的差速离心分离

利用超速离心法（转速>30 000rpm）不仅用于分离纯化蛋白质，还可测定蛋白质的相对分子质量。由于沉降系数大体上相对分子质量成正比，选用一个相对分子质量已知的蛋白质作为标准，按照下面的公式即可计算未知蛋白质的相对分子质量。

$$\frac{S_{未知}}{S_{已知}} = \left[\frac{Mr_{未知}}{Mr_{已知}}\right]^{\frac{2}{3}}$$

上面的公式适用于大多数球状蛋白质，但不适用于大多数纤维状蛋白质。

三、层析技术分离纯化蛋白质

层析技术（chromatography）又称色谱技术，是利用不同物质理化性质的差异而建立起来的技术。所有的柱层析系统都由两个相组成：一是固定相，另一是流动相。当待分离的混合物随流动相通过固定相时，由于各组分的理化性质存在差异，与两相发生相互作用（吸附、溶解、结合等）的能力不同，在两相中的分配（含量比）不同，且随流动相向前移动，各组分不断地在两相中进行再分配。分部收集流出液，可得到样品中所含的各单一组分，从而达到将各组分分离的目的。

层析技术的种类繁多，原理各异。按层析的机理划分为吸附层析、分配层析、离子交换层析、凝胶过滤层析、亲和层析等；按流动相的不同划分为气相层析、液相层析，如同时区分流动相和固定相还可划分为：气固层析、气液层析、液固层析和液液层析等。

（一）凝胶过滤层析

凝胶过滤层析（gel filtration chromatography）又称分子筛层析或凝胶排阻层析。凝胶过滤层析的固定相是多孔的凝胶（常用的是葡聚糖凝胶系列）。当样品中的组分随流动相流经多孔的凝胶固定相时，由于各组分的分子大小不同，因而在凝胶上受阻滞的程度也不同。大分子的物质不能进入凝胶颗粒内部，经凝胶颗粒间隙向下流动，因而流经的路径短，先被洗脱出来；小分子的物质可扩散进入凝胶颗粒的内部，向下流动的路径长而后被洗脱出来（图 10-2）。

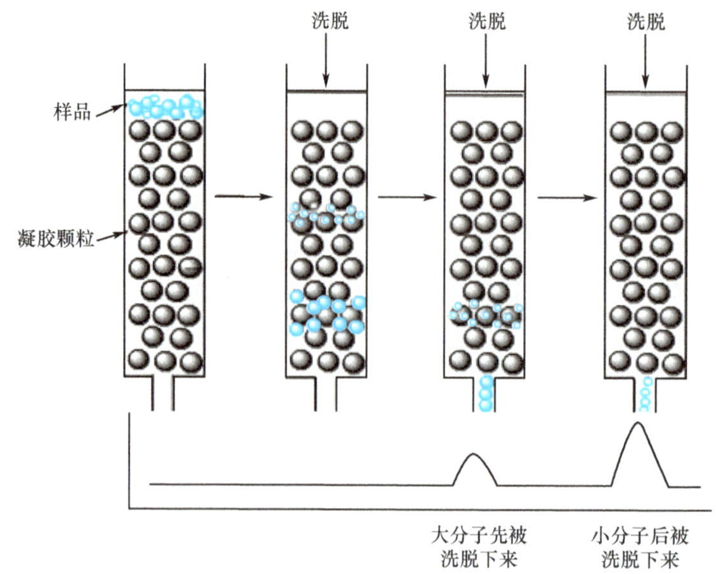

图 10-2 分子筛层析示意图

凝胶柱的总体积(V_t)= 凝胶颗粒间隙液体体积(V_0)+凝胶颗粒网孔内特体体积(V_i)+凝胶颗粒本身体积(V_r),即 $V_t=V_0+V_i+V_r$。对于同一个凝胶柱来说,各种分子大小的物质有其固定的洗脱体积。如果被分离物质的相对分子质量极大,完全不能进入网孔内,那么它从柱上被洗脱下来所需的洗脱液体积(V_e)就等于 V_0;如果被分离物质的相对分子质量极小,可以自由地进出凝胶颗粒,那么它从柱上被洗脱下来所需的洗脱液体积(V_e)就等于 V_0与 V_i 之和;分子大小介于上述两者之间的,其洗脱体积便位于 V_0和 V_0+V_i 之间。可见,分子大小不同的物质,其洗脱体积不同。

凝胶过滤层析因操作简单、快速,广泛应用于蛋白质的脱盐、分离提纯。另外,如果利用相对分子质量已知的几种标准蛋白质作为参照的条件下,还可用于测定未知蛋白质的相对分子质量。

(二)离子交换层析

离子交换层析(ion exchange chromatography)是利用离子交换剂上的可交换离子与周围介质中被分离的各种离子间的静电引力不同,经过交换平衡达到分离的一种层析法。该法可以同时分析多种离子化合物,具有灵敏度高,重复性、选择性好,分离速度快等优点,广泛用于蛋白质的分离纯化。

离子交换层析的固定相是离子交换剂,流动相是具有一定 pH 和一定离子强度的盐溶液。根据可交换离子的性质分为阳离子交换剂和阴离子交换剂。阳离子交换剂本身带负电荷,可吸附溶液中的阳离子;阴离子交换剂本身带正电荷,可吸附溶液中的负电荷。例如,当溶液的 pH 大于蛋白质的等电点时,蛋白质分子带负电荷,被阴离子交换剂所吸附,但由于各种蛋白质的等电点不同,它们的解离程度和电荷多寡不同,与交换剂结合的程度也不同。低盐洗脱液洗脱时,带负电少的蛋白质优先被洗脱下来,随着洗脱液盐浓度的不断增加,带电相对多的蛋白质就不断被洗脱下来。若用不同 pH 梯度的缓冲液连续洗脱,达到或接近其等电点的蛋白质由于正负电荷相等而被洗脱下来。这样,带电程度不等的蛋白质便得以分离(图 10-3)。

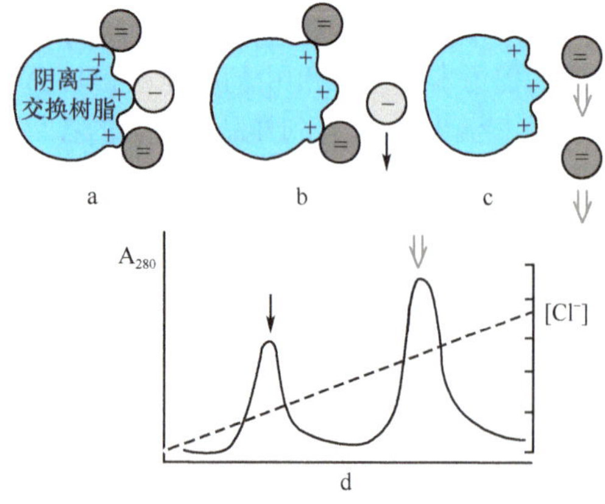

图 10-3 阴离子交换层析分离蛋白的基本原理

a. 样品全部交换并吸附到树脂上;b. 负电荷较少的分子用较稀的 Cl^-或其他负离子溶液洗脱;c. 电荷多的分子随 Cl^-浓度增加依次洗脱;d. 洗脱图;A_{280}表示为 280nm 的吸光度

实际工作中,可利用梯度混合器实现 pH 梯度的连续洗脱。最简单的梯度混合器是由中间以连通管相连的两个容器组成。与出口连接的容器内盛有高 pH 的盐溶液,另一容器内盛有低 pH 的盐溶液。洗脱时,洗脱液的 pH 从高到低变化,形成连续的 pH 梯度。

(三) 聚焦层析

聚焦层析(Chromatofocusing)是在等电聚焦基础上发展起来的一种离子交换柱层析。聚焦层析的流动相为多缓冲剂,固定相为多缓冲交换剂。多缓冲剂不同于在某一 pH 时具有一定缓冲能力的普通缓冲剂,它由一系列精选的物质构成,在一定 pH 范围内具有相似的、较强的缓冲能力。如多缓冲剂 polybuffer96 和 polybuffer74 分别在 pH6~9 和 pH4~7 范围内具有较强的缓冲能力。若将两者混合,则缓冲范围为 pH4~9。多缓冲交换剂(如 PBE94 或 PBE118)是以 Sepharose 6B 为基质,通过化学方法偶联上带有多种类型电荷基团的配体,所以它们也具有相当强的缓冲能力。它们在 pH 3~12 范围内的水溶液、盐溶液和有机溶剂中都是稳定的。

聚焦层析时,由于交换剂带具有缓冲能力的电荷基团,故 pH 梯度溶液可以自动形成。例如,当柱中装阴离子交换剂 PBE94(作固定相)时,先用起始缓冲液平衡到 pH9,再用含 pH6 的多缓冲剂物质(作流动相)的淋洗液通过柱体,这时多缓冲剂中酸性最强的组分与碱性阴离子交换对结合发生中和作用。随着淋洗液的不断加入,柱内每点的 pH 从高到低逐渐下降。照此处理一段时间,从层析柱顶部到底部就形成了一个 pH6~9 的梯度。随着淋洗的进行,pH 梯度会逐渐向下迁移,从底部流出液的 pH 却由 9 逐渐降至 6,并最后恒定于此值,这时层析柱的 pH 梯度也就消失了。

蛋白质所带电荷取决于它的等电点(pI)和层析柱中的 pH。当柱中的 pH 低于蛋白质的 pI 时,蛋白质带正电荷,不与阴离子交换剂结合。随着洗脱剂不断向下移动,固定相中的 pH 则随着淋洗时间延长而变化的。当蛋白质移动至环境 pH 高于其 pI 时,蛋白质由带正电荷变为带负电荷,并与阴离子交换剂结合。由于洗脱剂的通过,蛋白质周围的环境 pH 再次低于其 pI 时,它又带正电荷,并从交换剂解吸下来。随着洗脱液向柱底的迁移,上述过程将反复进行,于是各种蛋白质就在各自的等电点被洗下来(大的先,小的后),从而达到了分离的目的。所谓的聚焦效应是指蛋白质按其等电点在 pH 梯度环境中进行排列的过程。pH 梯度的形成是聚焦效应的先决条件。

(四) 亲和层析

生物分子间存在着特异的相互作用,如抗原-抗体、酶-底物、激素-受体等,它们之间能够特异地可逆结合,这种结合能力成为亲和力。亲和层析(affinity chromatography)就是将具有特殊结构的亲和分子(配基)共价固定在不溶性的基质(载体)上制成亲和吸附剂(如 Sepharose 4B),当待分离的蛋白质混合液通过装填有亲和吸附剂的层析柱时,与配基具有亲和能力的目标蛋白质就会被吸附而滞留在层析柱中,而那些与配基没有亲和力的蛋白质由于不被吸附而随洗脱液流出,然后再选用适当的洗脱液,改变结合条件,将被结合的目标蛋白洗脱下来(图 10-4)。亲和层析是蛋白质分离纯化的最有效方法之一。

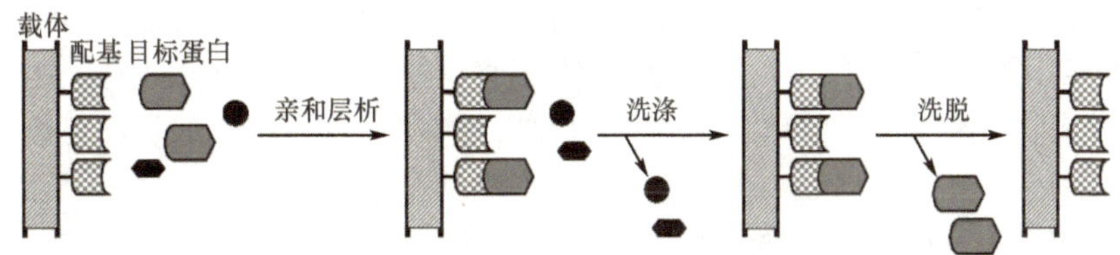

图 10-4　亲和层析工作原理示意图

亲和层析时,选择和制备合适的亲和吸附剂是成功的关键步骤之一,它包括基质和配体的选择、基质的活化、配体与基质的偶联。目前公认的理想固相载体是 Sepharose 4B 等,这种载体有物理硬度适当、化学性质稳定、疏水性好、非特异性吸附低、化学功能团多、易于配基结合等优点。市场上有多种商品化的、用化学偶联剂处理过的固相载体出售。目前亲和层析用的固定化配基也有近 200 种。另外,对于已使用过的亲和吸附剂,采用适当的方法(如用大量洗脱液或高盐溶液洗涤)去除吸附在基质和配基上的杂质,恢复其吸附能力,使得亲和吸附剂可以再生使用。

(五) 疏水作用层析

疏水作用层析(hydrophobic interaction chromatography,HIC)从分离纯化的原理来看,也属于吸附层析。疏水作用层析是利用固定相载体(如琼脂糖凝胶)上偶联的疏水性配基(如烃类、苯基)与流动相中的一些疏水性分子发生可逆性结合而进行分离的方法。蛋白质等生物大分子的表面常常暴露着一些疏水性基团,它们可与层析介质上的疏水性配基发生疏水性相互作用而结合。不同的蛋白质分子由于疏水性不同,它们与疏水性配基之间的疏水性作用力强弱不同。在高盐溶液中,待分离的样品被吸附在疏水性配基上,然后线性或阶段性降低离子强度,选择性地将样品解吸。疏水性弱的物质,在较高离子强度的溶液时被洗脱下来,当离子强度降低时,疏水性强的物质才随后被洗脱下来。疏水作用层析是分离蛋白和多肽等生物大分子的一种较为常用的方法。

一般而言,离子强度(盐浓度)越高,物质所形成的疏水键越强。影响疏水作用的因素包括:盐浓度、温度、pH、表面活化剂和有机溶剂。疏水层析的应用与离子交换层析的应用刚好互补,因此,可以用于离子交换层析很难或不能分离的物质。

(六) 反相层析

反相层析(reversed phase chromatography)也是根据蛋白质表面疏水性的差异来分离不同的蛋白质分子。所谓的“正相”与“反相”主要是指固定相与流动相的相对极性大小,反相层析因与传统的分配层析刚好相反而得名,其固定相的非极性强,而流动相的极性相对较高,样品中极性较高的组分先被洗脱,极性较低的组分后被洗脱。反相层析的介质是一类在支持物上固定有疏水配体的凝胶,常用的疏水配体是 C_4、C_8、C_{18}烷基,配体碳链越长,疏水性越强。样品中的蛋白质经疏水作用被介质吸附,当逐渐增加流动相中的有机溶剂(如乙腈、甲醇)的含量,降低流动相的极性,可使疏水性弱的蛋白质先被洗脱,疏水性强的蛋白质后被洗脱。反相层析介质的骨架为硅胶,可以耐受几十兆帕的高压,因而被用于高压层析。但硅胶不耐碱,故应在酸性环境中使用。反相层析中控制好流动相的 pH 至关重要,因为流动相 pH 的变化影响到溶质和固定相表面残留的硅醇基的解离状态以及添加到流动相中可解离组分的离子平衡。反相层析的分离能力较强,常用于蛋白质的精细纯化。

(七) 高效液相层析

高效液相层析(high performance liquid chromatography, HPLC),即高效液相色谱,它是在经典液相层析法基础上,引进了气相层析的理论发展起来的一项新颖快速的分离、分析技术。HPLC 的基本概念和分离理论与经典的液相色谱法及气相色谱法一致,因而可用塔板理论及动力学理论等来解释。由于 HPLC 分离能力强、测定灵敏度高,可在室温下进行,应用范围极广,无论是极性还是非极性,小分子还是大分子,热稳定还是不稳定的化合物均可用此法测定。对蛋白质、核酸、氨基酸、生物碱、类固醇和类脂等尤为有利。

典型的高效液相层析仪包括输液系统、层析柱与检测系统三部分。流动相用一高压泵输入。梯度洗脱装置需具备两台高压泵,一台输送强溶剂,一台输送弱溶剂,两泵运转速度用电脑控制,并可按一定的要求改变流动相的组成,以改善分离效果。一般用微量注射器直接进样,也可采用六通阀门进样。HPLC 中所用的检测器最多应用的是紫外吸收检测,灵敏度可达 ng 水平。此外,还有荧光检测器、示差析光检测器、电化学检测器等。

高效液相层析的种类与常压层析的分类相似,依据层析介质及其工作原理,可以分为:①排阻层析;②离子交换层析;③反相液相层析;④疏水作用层析;⑤亲和层析。

(八) 扩张柱床吸附层析

当重组蛋白以包涵体形式表达时,需经过一个复杂的复性过程才可进行下一步的纯化工作。在复性过程中,溶液的体积放大了几十倍,同时还伴随有大量的不溶性悬浮物生成。这些含有不溶性悬浮物或菌体碎片的溶液的处理在传统工艺上都需要经过高速离心或者过滤。这不仅需要昂贵的离心设备,而且所费时间较长,往往成为基因工程产品下游工艺开发的限制瓶颈。最近问世的扩张柱床吸附层析技术(expanded bed adsorption chromatography)为解决这一问题提供了新的方法。扩张柱床吸附层析技术操作原理与一般的吸附层析相似,层析柱经过自下而上的扩张及平衡后,含菌体的发酵液或复性液从柱底部进至柱中。此时目标蛋白会吸附于凝胶上面,一些杂蛋白、菌体和不溶性的颗粒会随液流从柱顶流出,而不会阻塞其中。再通过改变洗脱条件,目标蛋白便可从柱中洗下来。选择性地利用介质的性质,再加上合适的缓冲液和洗脱条件,产品可以进行一步澄清浓缩纯化。

（九）置换层析

重组蛋白虽经多次不同层析技术的分离，目标蛋白中仍有无法去除的杂蛋白。这些杂蛋白的分子大小和所带电荷数均极为相似，有的甚至就是目标蛋白的折叠异构物，因而极难除去。利用置换层析（Displacement Chromatography）这一具有高分辨率的方法常常可以起到特殊的效果。置换层析的分离原理是被吸附的各组分对固定相吸附部位的直接竞争作用的结果，依据与固定相的亲和性不同，在置换剂的推动下，形成一系列已分离的置换序列。例如，利用置换层析可将牛细胞色素 *c* 和马细胞色素 *c* 完全分开。

四、电泳技术分离蛋白质

电泳（electrophoresis）是指带电粒子在电场中向着与其所带电荷相反方向电极移动的现象。自 1807 年俄国物理学家 Peйce 首次发现电泳现象，电泳技术的发展十分迅速，已成为分离和鉴定蛋白质等生物大分子的重要工具。

（一）SDS-PAGE

十二烷基硫酸钠-聚丙烯酰胺凝胶电泳（sodium dodecyl sulfate polyacrylamide gel electrophoresis，SDS-PAGE）属于不连续性聚丙烯酰胺凝胶电泳。SDS-PAGE 系统中需加入强的还原剂（如 β-巯基乙醇）和十二烷基硫酸钠（SDS）。β-巯基乙醇使蛋白质分子内部的二硫键被彻底还原。SDS 是一种阴离子去污剂，能与蛋白质结合，破坏蛋白质分子内部、分子间以及与其他物质之间的次级键（如氢键、疏水键），引起蛋白质变性。当 SDS 总量为蛋白质量的 3～10 倍，且 SDS 浓度大于 1.0mol/L 时，SDS 与蛋白质定量结合，大约每克蛋白可结合 1.4 克 SDS。SDS 与蛋白质结合后形成变性的 SDS-蛋白质复合物，其所带有的负电荷量远远大于蛋白质本身带有的负电荷，掩盖了不同蛋白质之间原有的电荷差别。相对分子质量较大的蛋白质结合的 SDS 多，相对分子质量较小的蛋白质结合 SDS 少，但它们的电荷密度趋于一致。同时，不同蛋白质的 SDS 复合物的形状也相似，在水溶液中呈长椭圆棒状，其短轴恒定（约为 18Å），长轴则与蛋白质的相对分子质量成正比。由于聚丙烯酰胺凝胶的分子筛效应，蛋白质-SDS 复合物大者迁移慢，小者迁移快，即可以认为电泳迁移率取决于蛋白质相对分子质量的大小，而忽视电荷因素。（图 10-5）。

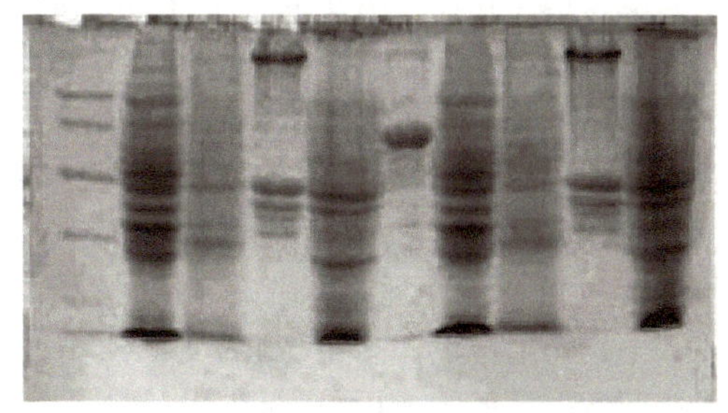

图 10-5 SDS-PAGE 图谱

据经验得知，当蛋白质的相对分子质量在 17 000～165 000 之间时，蛋白质-SDS 复合物的电泳迁移率与相对分子质量的对数呈线性关系：$\lg Mr = \lg K - bm$，式中 Mr 为蛋白质的相对分子质量，K 为常数，b 为斜率，m 为相对迁移率。

将相对分子质量已知的几种蛋白质和相对分子质量未知的蛋白质在相同条件下进行 SDS-PAGE，利用标准蛋白的相对迁移率与它们相对分子质量的对数作图，即可得一标准曲线，再根据未知蛋白的相对迁移率即可求得其相对分子质量。

由于 SDS-PAGE 系统加入了变性剂，因此严格的说是测定蛋白质亚基的相对分子质量。

（二）等电聚焦电泳

等电聚焦电泳（isoelectric focusing electrophoresis，IEFE）是 20 世纪 60 年代后期发展起来的一种电泳新技术。IEFE 是利用具有 pH 梯度的支持介质，依据蛋白质的等电点不同进行分离的电泳方法。该方法主要用于分离、鉴定蛋白质，测定蛋白质的等电点。但对于在等电点处不溶或者易发生变性的蛋白质则不宜用该方法测定其等电点。

1. 等电聚焦电泳的基本原理 在电泳介质中加入载体两性电解质，当通以直流电时，两性电解质即形成一个由正极到负极逐渐增加的 pH 梯度，正极附近是低 pH 区，负极附近是高 pH 区。当不同等电点的蛋白质进入这个连续、线性、稳定的 pH 梯度环境时，不同的蛋白质则带上不同性质和数量的电荷，在碱性区域蛋白质分子带负电荷向正极移动，位于酸性区域的蛋白质分子带正电荷向负极移动，直至它们迁移到与其等电点（pI）相同的 pH 位置时便停留下来（此时净电荷为零）。在电场中经过一定时间后，各蛋白组分将分别聚焦在各自等电点相应的 pH 位置上，形成很窄的蛋白质区带，从蛋白质所在的位置即可以直接测定出其等电点。该方法分辨率高，只要等电点有 0.01pH 单位的梯度就可使蛋白质组分被分离，而且区带越走越窄，无扩散作用。

2. pH梯度的建立 pH梯度的建立有两种方法：一种是人工pH梯度，由于其不稳定，重复性差，现已不再使用；另一种是天然pH梯度。天然pH梯度的建立是在平板或玻璃管正负极间引入等电点彼此接近的一系列两性电解质的混合物，在正极端引入酸液，如硫酸、磷酸或醋酸等，在负极端引入碱液，如氢氧化钠、氨水等。电泳开始前两性电解质的混合物pH为一均值，即各段介质中的pH相等，用pH0表示。假定两性电解质混合物中，甲的等电点（用pI1表示）最低。电泳开始后，甲带有的负电荷最多，向正极移动速度最快，当移动到正极附近的酸液界面时，pH突然下降，甚至接近或稍低于其pI1，此时甲便不再向前移动而停留在此区域内。若乙的等电点（用pI2表示）稍高于甲，也向正极移动，但由于pI2>pI1，因此乙只能定位于甲的负极侧区域内。以此类推，经过一定时间后，具有不同等电点的两性电解质就按各自的等电点依次排列，形成了从正极到负极等电点递增，由低到高的线性pH梯度。

用于形成线性pH梯度的两性电解质是脂肪族多胺和多羧类的同系物，他们具有相近但不同的pKa和pI值，在外加电场作用下，自然形成pH梯度。理想的两性电解质载体需具备下列条件：①在pI处须有足够的缓冲能力，以便能保证pH梯度的稳定，而不至于被样品蛋白质或其他两性物质所干扰；②在pI处须有足够高的电导，以允许一定的电流通过，并要求具有不同pI的两性电解质应有相似的电导系数，使整个体系的电导均匀。若出现局部电导过小，就会产生极大的电位降，从而造成其他部位的电压就太小，以致不能保持pH梯度；③分子量要小，易于应用分子筛或透析方法将其与被分离的大分子物质分开；④化学组成应不同于被分离物质，不干扰测定，不与被分离物质发生反应或使之变性。

等电聚焦电泳时，常用的pH梯度支持介质有聚丙烯酰胺凝胶、琼脂糖凝胶、葡聚糖凝胶等，其中聚丙烯酰胺凝胶最为常用。

20世纪80年代发展起来的固相pH梯度等电聚焦电泳，分辨率大为提高，pH梯度可达0.001。该方法采用丙烯酰胺衍生物作为两性电解质，在分子的一端有一双键，在聚合过程中，它可以通过共价结合镶嵌到聚丙烯酰胺凝胶内，形成固定的pH线性梯度。在分子的另一端是缓冲基团，它可以在聚合物中形成弱酸或弱碱的缓冲体系。聚合过程类似于浓度梯度凝胶制备法，控制酸碱两性电解质的比例便可制备出固定的pH梯度凝胶。固相pH梯度等电聚焦电泳与载体两性电解质等电聚焦电泳的区别在于：前者在凝胶聚合时便形成pH梯度，后者在电场中两性分子迁移到自己的等电点才形成pH梯度。前者比后者的分辨率更高，上样量更大，可用于分析和制备pI相近的蛋白质、多肽等。

等电聚焦电泳对样品的要求是：①不含盐，避免盐离子干扰蛋白质聚焦；②所分析的目标蛋白质的等电点必须在两性电解质的pH梯度范围内；③样品必须处于溶液状态。对有些溶解度较小的蛋白质，可加尿素促溶（一般6~8mol/L）。电泳后，凝胶需立即置于固定液（1%磺基水杨酸或5%的三氯醋酸）中固定1小时左右，再用脱色液脱去凝胶中的两性电解质，然后进行染色等处理。温度也影响等电聚焦的效果，温度改变，pH就改变，且高温会把凝胶烧糊，所以一般控制聚焦温度在4~10℃。

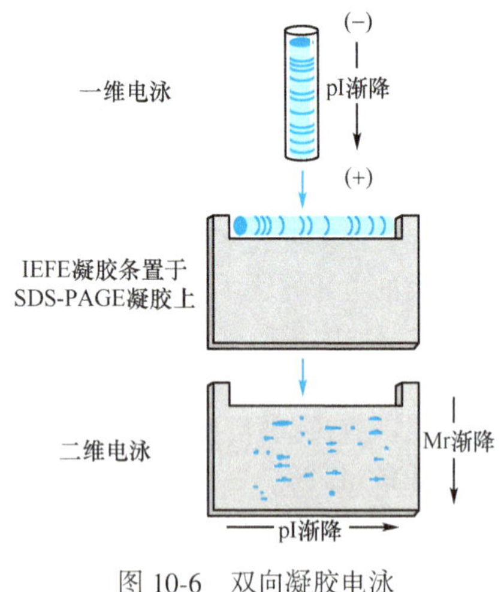

图10-6 双向凝胶电泳

（三）双向电泳

SDS-PAGE或等电聚焦电泳分离蛋白质时，凝胶上的每一区带并非单一的组分，而是相对分子质量或pI大小相似、生物学性质可能不完全相同的一类蛋白质的混合物。1975年，O'Farrell等人结合蛋白质等电点和相对分子量两种不同的分离特点，首次建立了双向电泳或称二维电泳（two-dimensional electrophoresis，2-DE）法，并成功地分离到约1000个*E. coli*蛋白。双向电泳的第一向是采用等电聚焦电泳，按等电点的不同对蛋白质进行分离。第二向是采用SDS-PAGE，按相对分子质量的不同使等电点相同或相近的蛋白质分开（图10-6）。双向电泳具有很高的分辨率，特别适合于分离细菌或细胞中复杂的蛋白质组分。目前双向电泳已成为蛋白质组研究的核心技术。

（四）高效毛细管电泳

高效毛细管电泳（high performance capillary electrophoresis，HPCE）是经典电泳技术与现代微柱分离相结合一种分离、分析技术。HPCE 是以弹性石英毛细管为分离通道，以高压直流电场为驱动力，依据样品中各组分之间淌度和分配行为上的差异而实现分离分析的电泳方法。由于 HPCE 在高压电场下进行，因此它具有柱效高、分析时间短、所用样品量和试剂少、操作模式多、易于在线检测和自动化等优点，可用于分离、分析小至有机离子、大至生物大分子如蛋白质、核酸等物质。HPCE 时的电泳淌度是指单位场强下离子的平均电泳速率；毛细管电泳所用的石英毛细管柱，在 pH>3 的情况下，其内表面带负电，与缓冲液接触时形成双电层，在高压电场作用下，形成双电层一侧的缓冲液由于带正电而向负极方向移动，从而形成电渗流。因此，带电粒子在毛细管缓冲液中的迁移速率等于电泳和电渗流的矢量和。依据分离样本的原理设计不同，HPCE 主要分为以下几种类型。

1. 毛细管区带电泳　毛细管区带电泳（capillary zone electrophoresis，CZE）时，毛细管内只充有缓冲液，样品在缓冲液中泳动，依据物质的荷/质比差异进行分离。荷/质比愈大，泳动愈快。毛细管区带电泳是最基本和最常见的模式。

2. 毛细管凝胶电泳　毛细管凝胶电泳（capillary gel electrophoresis，CGE）是在毛细管中装入单体，引发聚合形成凝胶。另将具有筛分作用的物质（如葡聚糖或聚环氧乙烷聚合物）装入毛细管中进行分析，称毛细管无胶筛分电泳。

3. 胶束电动毛细管色谱　胶束电动毛细管色谱（micellar electrokinetic capillary chromatography，MECC）是在缓冲液中加入离子型表面活性剂十二烷基硫酸钠（SDS），这样的分子具有亲水端和疏水端，在溶液中形成胶束，被分离物质在水相和胶束相（准固定相）之间发生分配并随电渗流在毛细管内迁移，达到分离。

4. 毛细管等电聚焦电泳　毛细管等电聚焦（capillary isoelectric focusing，CIEF）电泳是通过内壁共价涂层使电渗流减到最小，再将样品和两性电解质混合进样，两个电极槽中分别为酸和碱，加高电压后，在毛细管内建立了 pH 梯度，溶质在毛细管中迁移至各自的等电点，形成明显区带，聚焦后用压力或改变检测器末端电极槽储液的 pH 使溶质通过检测器。此法可用于测定蛋白质的等电点、纯度鉴定、不同变异体的分析等。

5. 毛细管等速电泳　毛细管等速电泳（Capillary Isotachophoresis，CITP）是采用先导电解质和后继电解质，使溶质按其电泳淌度不同得以分离。

6. 亲和毛细管电泳　亲和毛细管电泳（affinity capillary electrophoresis，ACE）是在毛细管内壁涂布或在凝胶中加入亲和配基，以亲和力的不同达到分离目的。

7. 毛细管电色谱　毛细管电色谱（capillary electrochromatography，CEC）是将高效液相层析的固定相填充到毛细管中或在毛细管内壁涂布固定相，以电渗流为流动相驱动力的色谱过程，此模式兼具电泳和液相色谱的分离机制。

近年来毛细管电泳技术发展迅速，出现了微流控芯片毛细管电泳分离蛋白质的模式。芯片毛细管电泳技术将常规的毛细管电泳操作在芯片上进行，利用玻璃、石英或各种聚合物材料加工微米级通道，以高压直流电场为驱动力，对样品进行进样、分离及检测。它与常规毛细管电泳的分离原理相同，因此在分离生物大分子样品方面具有优势。此外，与常规毛细管电泳系统相比，芯片毛细管电泳系统还具备分离时间短、分离效率高、系统体积小且易实现不同操作单元的集成等优点。目前，文献报道的芯片毛细管电泳分离蛋白质主要采用区带电泳、凝胶电泳、等电聚焦、胶束电动色谱及二维电泳等模式。芯片毛细管电泳的上述优点使其成为蛋白质分离分析中的重要手段之一。

第三节　蛋白质含量的测定方法

依据测定的原理，蛋白质含量的测定主要有凯氏定氮法、紫外吸收法和化学呈色反应法。

一、凯氏定氮法

凯氏定氮法的原理是基于蛋白质的平均含氮量是 16%，通过测定样品中氮元素的量来计算出蛋白质的含量。凯氏定氮法的基本操作过程是：①用硫酸对样品加热消化，蛋白质被硫酸氧化成 CO_2 和 H_2O，而氮元素被还原成 NH_3，并形成硫酸铵；②加入强碱，使硫酸铵释放出 NH_3，利用特殊的凯氏蒸馏装置把 NH_3 收集在无机酸液中;③用标准碱溶液滴定,确定 NH_3 量;④根据量确定样品含氮量,进而求得样品中的蛋白质含量。凯氏定氮法的测定范围在 0.3~3μg。

凯氏定氮法主要用于农业和食品工业。该法的最大缺点是受样品中非蛋白含氮化合物的影响,因此测定前,用蛋白质沉淀剂(如 6% 过氯酸或 5%~15% 三氯乙酸)沉淀蛋白,除去非蛋白含氮化合物。

二、紫外吸收法

蛋白质在紫外区有两个吸收峰。一个吸收峰是在 280nm 处,该吸收峰是由于蛋白质分子中的芳香族氨基酸(色氨酸、酪氨酸、苯丙氨酸)的苯环上的共轭双键所引起,其中色氨酸的吸收能力最强。由于大多数蛋白质分子中芳香族氨基酸的含量差别不是很大,故可以测定蛋白质溶液在 280nm 处的吸光度来计算蛋白质含量。蛋白质在紫外区的另一个吸收峰是在低于 240nm 处,是由肽键所引起。对于含量很低的蛋白质溶液,可以用 215nm 和 225nm 处的吸光度之差测定蛋白质含量。

计算蛋白质含量可采用标准曲线法或经验公式计算。标准曲线法是测定一系列倍比稀释的含量已知的标准蛋白溶液的吸光度,以各管 A_{280} 值对其含量做直线图,用样品的 A_{280} 值查标准曲线求得其含量。采用经验公式估算蛋白质含量时,需同时测定样品在 280nm 和 260nm 处的吸光度值,公式如下:

$$\text{蛋白质浓度(mg/ml)} = 1.45\times A_{280} - 0.74\times A_{260}$$

紫外吸收法测定蛋白质含量的最大优点是简便、快速,最大的缺点是受一些物质的干扰(如核酸)。对于准确定量要求不高时可采用该法。为了减少误差,操作时须注意蛋白质溶液要完全透明、用石英比色杯、吸光度读数在 0.1~0.8 之间。

三、化学呈色法

(一) 考马斯亮蓝法

该法是 1976 年由 Bradford 等人建立,故又称 Bradford 法。该法的基本原理为:游离状态的考马斯亮蓝 G-250(一种染料)在酸性溶液中呈红褐色,与蛋白质结合后,由红褐色转变为蓝色,最大光吸收峰从 465nm 移至 595nm。蛋白质与考马斯亮蓝 G-250 呈色的深浅与蛋白质含量呈正比,测定 595nm 处的吸光度值,通常采用标准曲线法计算蛋白质含量。该法测定蛋白质含量的线性范围为 10~80μg/ml。

当蛋白质浓度过高时,反应时间过长易发生沉淀,应尽可能在 10nm 内测定结束。与其他方法相比,考马斯亮蓝法的主要优点是:①操作简便;②呈色稳定;③灵敏度高(比 Lowry 法高 4 倍);④对干扰剂不敏感。由于上述优点,目前该法备受青睐。

(二) Lowry 法

该法是 1951 年由 Lowry 建立在双缩脲法和酚试剂法的基础上的蛋白质含量测定的方法。Lowry 法的原理涉及两步反应:第一步反应是双缩脲反应,即在碱性条件下,含有酰胺键的化合物可与 Cu^{2+} 形成紫红色的络合物,颜色的深浅与蛋白质的含量呈正比;第二步反应是酚试剂反应,蛋白质分子中的酪氨酸、色氨酸、半胱氨酸使酚试剂中的磷钨酸-磷钼酸还原成深蓝色的钨蓝和钼蓝,测定 680nm 处的吸光度,采用标准曲线法即可计算蛋白质含量。本法测定的线性范围为 10~100μg/ml。

Lowry 法的优点同样是操作简便、具有很高的灵敏度和准确性。该法的主要缺点是容易受多种物质的干扰,如含巯基化合物、糖类、甘油、尿素等。测定时须注意:加入酚试剂后立即混匀,以免磷钨酸-磷钼酸在还原反应发生前被破坏,因为酚试剂在碱性条件下稳定性差,而还原反应又仅在 pH10 时发生。

第四节 蛋白质结构分析方法

揭示各种各样的蛋白质的结构与功能,是在分子水平上了解多种生命活动的重要方面。蛋白质的结构分为一级、二级、三级、四级结构四个层面。蛋白质的生物学功能不仅有赖于氨基酸的排列顺序,更有赖于其空间结构。因此,测定蛋白质的一级结构有助于研究蛋白质的空间结构,准确了解蛋白质的空间结构信息,对于了解蛋白质的功能是非常必要的。

一、蛋白质的一级结构分析

蛋白质的一级结构分析，即是要搞清楚蛋白质肽链的氨基酸排列顺序。测定蛋白质一级结构的氨基酸序列，主要有以下几个步骤：①分离纯化蛋白质，得到一定量的蛋白质纯品（纯度须达97%以上）；②进行N末端（或C末端）分析以确定蛋白质的多肽链数目；③用还原剂（如β-巯基乙醇）还原二硫键产生单一多肽链；④分离纯化单一多肽链；⑤测定多肽链的氨基酸组成；⑥采用特异性的酶或化学试剂（如溴化氰）将单一多肽链有限水解为若干个肽段，并进行分离；⑦对每一肽段进行测序；⑧重叠法确定多肽链的氨基酸顺序；⑨蛋白质分子中二硫键及酰胺基的确定及磷酸化、糖基化位点定位。

（一）测序前的准备工作

测序前的准备工作包括蛋白质的分离纯化、确定蛋白质的多肽链数目、获得单一多肽链及其分离纯化、测定多肽链的氨基酸组成、将单一多肽链水解为若干个肽段，并进行分离纯化。

1. 多肽链氨基端和羧基端分析 测定多肽链的N末端和C末端可作为整条多肽链的标志点。英国生物化学家Frederick Sanger曾使用1-氟-2,4-二硝基苯（FDNB）与多肽链的末端氨基反应，生成二硝基苯（DNP）肽。将DNP肽酸解后，用乙酸乙酯特异抽提N末端的DNP-氨基酸，然后用层析法与标准化合物对比鉴定为何种氨基酸。现在多采用丹酰氯法。丹酰氯与末端氨基反应生成丹酰肽，水解后用层析法分离鉴定。由于丹酰基具有很强的黄色荧光，灵敏度比FDNB法提高100倍。

C末端分析有肼解法和羧肽酶法，目前常用羧肽酶法。将多肽溶于无水肼中，100℃下进行反应，结果羧基末端氨基酸以游离氨基酸释放，而余下肽链的羧基端与肼结合。这样羧基末端氨基酸可以采用抽提或离子交换层析的方法将其分离出来进行分析。如果羧基末端氨基酸是天冬酰胺和谷氨酰胺，则肼解时不能产生游离的羧基末端氨基酸。羧肽酶能从肽链羧基端按序水解肽键，选择合适的酶浓度及反应时间，使释放出的氨基酸主要是C末端氨基酸。常用的有羧肽酶A、B、C和Y（来自酵母）。羧肽酶Y对C末端氨基酸残基残基无选择性，水解效果好，是目前酶法分析C末端氨基酸的首选。

2. 多肽链氨基酸组成分析 在进一步分析多肽链的氨基酸顺序之前，首先应了解其氨基酸组成，包括种类和数量。先将分离纯化的单一多肽链完全酸解成游离氨基酸后，采用氨基酸分析仪，利用离子交换层析或高效液相色谱进行分离与鉴定。

离子交换层析分离鉴定氨基酸的原理：酸性条件下，氨基酸带正电荷，当它们通过磺酸型阳离子交换树脂时，氨基酸被树脂表面的活性基团磺酸基（$—SO_3^-$）吸附，其中酸性氨基酸与树脂结合程度最弱，碱性氨基酸结合程度最强，其他氨基酸结合程度中等。因此，采用pH逐渐升高的洗脱液分段洗脱，可将各种氨基酸分离开来，并进行定性和定量分析（图10-7）。

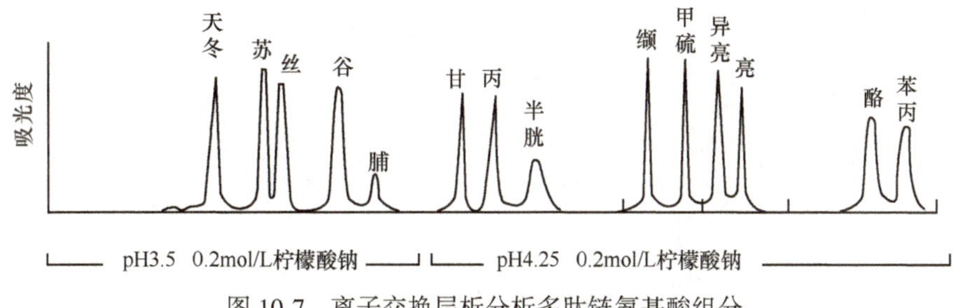

图10-7 离子交换层析分析多肽链氨基酸组分

高效液相色谱分离鉴定氨基酸原理：蛋白质样品经酸或碱水解后，用丹酰氯进行衍生化作用，溶解于流动相溶液。用具有C_8反相柱荧光检测器，进行反相液相色谱。根据色谱图，并确定各氨基酸的出峰保留时间和峰面积，以及测量内标物和各氨基酸的峰面积，并求出各氨基酸校正因子，能很好地测定出各种氨基酸的含量（图10-8）。

3. 多肽链有限水解为若干个肽段 采用特异性的酶或化学试剂将单一多肽链有限水解为具有部分重叠的若干个肽段（表10-2）。

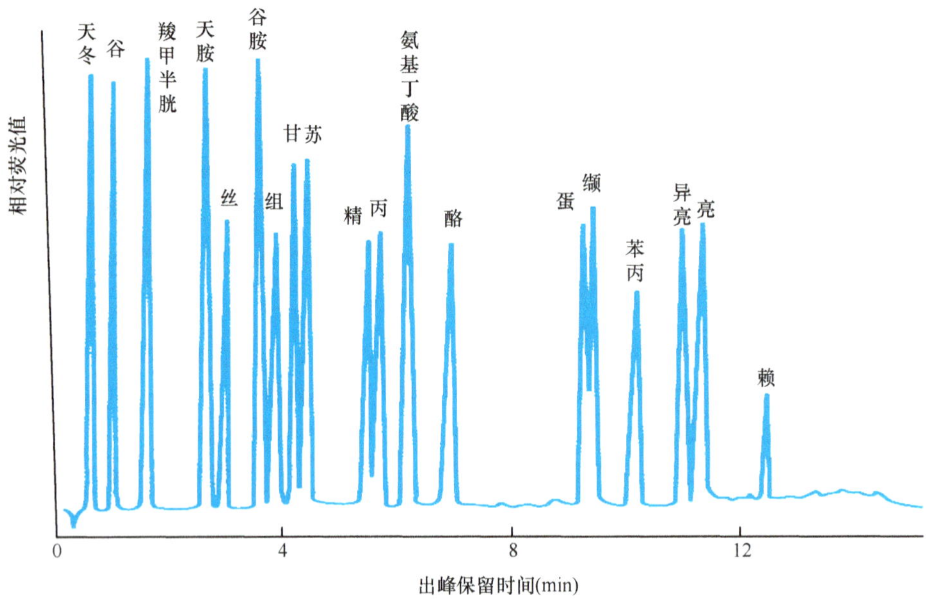

图 10-8 高效液相色谱分离鉴定氨基酸色谱图

表 10-2 常用的水解多肽链的方法

酶或化学试剂	对肽键羧基侧氨基酸要求
胰蛋白酶	精、赖
胰凝乳蛋白酶	苯丙、酪、色
金黄色葡萄球菌内肽酶 V8	谷
溴化氰	甲硫
亚磺酰基苯甲酸	色

利用色谱法和电泳法对水解产生的各个肽段进行分离纯化(图 10-9)。

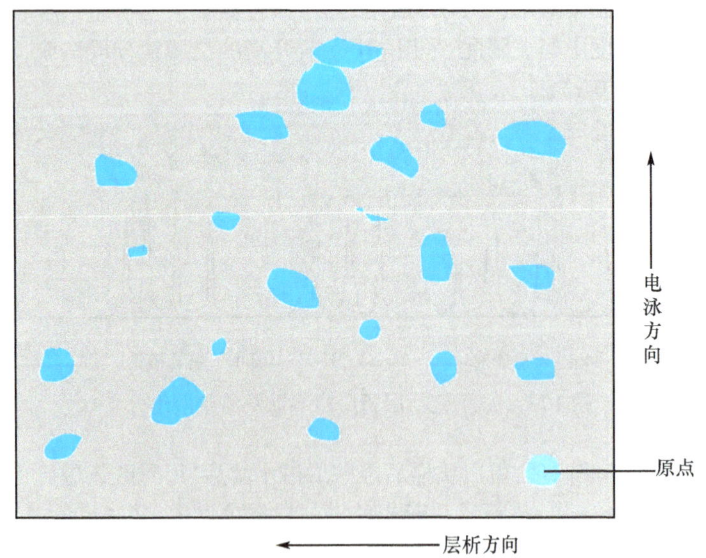

图 10-9 长短与荷电状态不同的肽段的分离

(二) 多肽链氨基酸序列测定

多肽链氨基酸序列测定是对不同方法水解产生的每一肽段测序,再经过组合、叠加、拼出完整肽链的氨基酸顺序。目前采用的方法有 Edman 降解法和质谱法。

1. Edman 降解法　在弱碱性条件下，肽段 N 端氨基酸与异硫氰酸苯酯（PIPC）反应，生成苯氨基硫甲酰肽。用冷盐酸水解产生氨基酸衍生物——苯乙内酰硫脲氨基酸和自 N 端少了一个氨基酸的肽段。色谱分离苯乙内酰硫脲氨基酸，并与标准氨基酸衍生物对比，鉴定出 N 端第一个氨基酸。再对少了一个氨基酸的肽段进行同样的 Edman 降解反应，确定 N 端第二个氨基酸。如此反复循环进行，便可确定此肽段从 N 端至 C 端的氨基酸序列（图 10-10）。Edman 自动测序仪目前最多只能准确测定 50~60 个氨基酸残基以下的肽链。

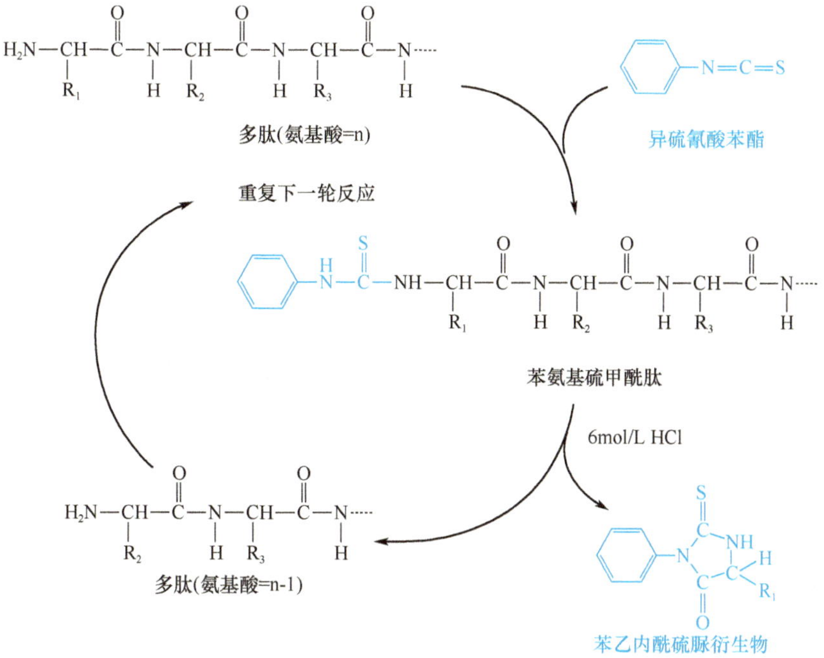

多肽(氨基酸=n)

异硫氰酸苯酯

重复下一轮反应

苯氨基硫甲酰肽

6mol/L HCl

多肽(氨基酸=n-1)

苯乙内酰硫脲衍生物

图 10-10　Edman 降解法原理

2. 质谱法　质谱（mass spectrometry，MS）是一种与光谱并列的谱学方法，指通过制备、分离、检测气相离子来鉴定化合物的一种专门技术。质谱鉴定化合物的原理是通过测量离子的质量-电荷比（简称质荷比）。样品中的各有机组分在离子源中发生电离，产生不同质荷比的带正电荷的离子，在加速电场的驱动下，形成离子束进入质量分析器。在质量分析器，再利用电场和磁场使其发生色散，与磁场垂直方向运动时离子束受磁场作用，它的运动轨迹不是直线而是弧线，弧线的曲率与离子的质荷比成正比，可确定不同离子的质量。质谱仪通过聚焦获得质谱图，通过谱线解析，从而确定有机化合物。质谱法测定肽段的一级结构时，肽段在质谱仪中受高速电子轰击后，可形成离子及断裂成各种不同大小的带电碎片，断点主要在肽键处，通过测定各碎片的质荷比，推导出质量，再推导出氨基酸序列。

Edman 降解法不能对环形肽和 N 端被封闭的肽进行测序，也不能测知某些被修饰的氨基酸；推演法也不能推测翻译后氨基酸的修饰状况。这些问题可用质谱法解决。近年来，人们把 Edman 降解法与质谱法偶联起来测定蛋白质氨基酸序列，取得了非常满意的结果。

质谱技术发展较快，近年来出现了电喷雾电离质谱（ESI-MS）、基质辅助的激光解析离子化质谱（MALDI-MS）、快速原子轰击质谱（FAB-MS）、飞行时间质谱（TOF）、基质辅助激光解析飞行时间质谱（MALDI-TOF-MS）、串联质谱（MS/MS）等。质谱技术已成为蛋白质组学研究的有力工具。

近年来，由于核酸研究在理论上及技术上的迅猛发展，人们开始通过核酸的碱基序列来推演蛋白质中的氨基酸序列，此即推演法。蛋白质中的氨基酸顺序是从 mRNA 中碱基序列翻译而来，因此只要找到相应的 mRNA 并测出它的碱基顺序，氨基酸序列也就清楚了。此方法先确定基因组中编码蛋白质的基因，测定其 DNA 序列，排列出其 mRNA 序列，再按照三联密码的原则推演出氨基酸的序列。另外，也可利用反转录-聚合酶链反应（RT-PCR）获得 mRNA 的 cDNA 序列，再反推出肽链的氨基酸序列。目前多数蛋白质的氨基酸序列都是通过此方法而获知的。

二、蛋白质空间结构分析

蛋白质空间结构分析要比蛋白质一级结构分析复杂得多。测定蛋白质空间结构的技术主要有 X 射线衍射(X-ray diffraction)晶体分析法、核磁共振(nuclear magnetic resonance,NMR)光谱法,圆二色(circular dichroism,CD)光谱法、傅里叶变换红外光谱法以及蛋白质空间结构预测等。

(一) X射线衍射晶体分析法

X射线是一种短波长(0.01~10nm)、高能量的电磁波。当X射线束照到蛋白质晶体上时,蛋白质分子中的每个原子会使X线向不同的方向发生散射(造成的主要原因是原子周围的电子),这些散射波在空间相干叠加,这些光点照射到X线光片并使之感光,得到衍射图谱。蛋白质分子中每个原子衍射出光波的振幅与其周围的电子数目成正比,如碳原子的振幅是氢原子的6倍。根据衍射图谱上光点的强度和分布类型,通过计算机分析,绘制出三维电子密度分布图,可得出蛋白质空间结构图形(图10-11)。X射线衍射晶体分析法目前仍然是测定蛋白质分子三维结构的主要方法。该法的优点是分辨率高,能精确确定蛋白质分子中各原子的空间位置;缺点是只能测定单晶,反应静态结构信息。

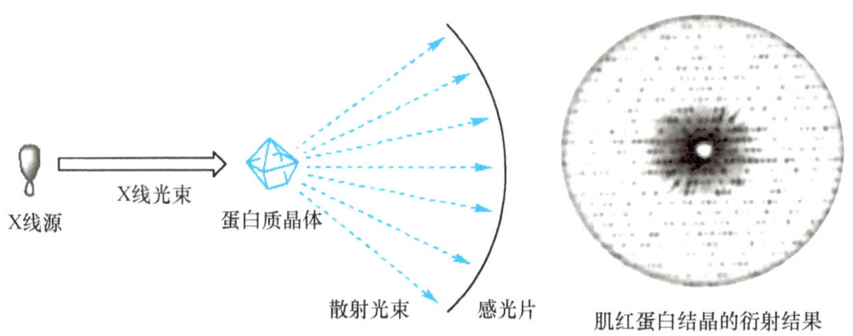

图10-11 X射线衍射晶体分析法原理

(二) 核磁共振法

1946年,美国哈佛大学的Purcell和斯坦福大学的Bloch发现,将具有奇数个核子(包括质子和中子)的原子核置于磁场中,再施加以特定频率的射频场,就会发生原子核吸收射频场能量的现象,这就是人们最初对核磁共振现象的认识。为此他们两人获得了1952年度诺贝尔物理学奖。

核磁共振是磁矩不为零的原子核,在外磁场作用下自旋能发生蔡曼分裂,共振吸收某一定频率的射频辐射的物理过程。并不是所有原子核都能产生这种现象,原子核能产生核磁共振现象是因为具有核自旋。原子核自旋产生磁矩,当核磁矩处于静止外磁场中时产生进动核和能级分裂。在交变磁场作用下,自旋核会吸收特定频率的电磁波,从较低的能级跃迁到较高能级。这个过程就是核磁共振。

早期核磁共振主要用于对核结构和性质的研究,随着时间的推移,核磁共振谱技术不断发展,从最初的一维氢谱发展到碳谱、二维核磁共振谱等高级谱图,核磁共振技术解析分子结构的能力也越来越强,进入1990年代以后,人们发展出了依靠核磁共振信息确定蛋白质分子三维结构的技术,使得溶液相蛋白质分子结构的精确测定成为可能,尤其是多核、多维核磁共振方法来确定蛋白质等生物大分子的三维结构更是引人注目。

核磁共振的主要参数有3个。

(1) 化学位移(δ):在核磁共振波谱中,化合物分子中的同种核素因所属化学基团不同,核外电子云分布不同,即化学环境不同,对核的屏蔽作用不同。当分子处于一个固定强度的外加静磁场中时,核外电子绕核的环流运动,产生了附加的磁场,导致核实际所感受到的外加的静磁感应强度是不同的,因此其核磁共振频率也就不同。同种核素因化学环境的差异而共振频率不同被称为化学位移(图10-12)。在不同场强的仪器下,同一化学环境的某核素的共振频率值是不同的。为了统一起见,采用一个无量纲的相对差值并将它扩大106倍来表示,记以δ,单位是ppm。测量时选定某一化合物中该核素,比如四甲基硅烷中的甲基氢为基准,它的共振频率为V标,化学位移值δ为0。任何化合物中某^{1}H核的化学位移δ定义成它的共振频率V试与V标之差除以V标或仪器的工作频率V0再乘106之值。因此,化学位移直接提供了该核素所属的基团的种类等信息,是核磁共振所能获得的最重要的基本信息之一。

(2) 偶合常数(J):化学位移是磁性核所处化学环境的表征,但是在核磁共振谱中化学位移等同的核,其共振峰并不总表现为一个单一峰。核自旋产生的核磁矩间的相互干扰称为自旋偶合。由自旋偶合引起核磁共振峰分裂的现象称为自旋-自旋分裂。由自旋分裂产生的峰裂距称为偶合常数(J),它反映偶合作用的强

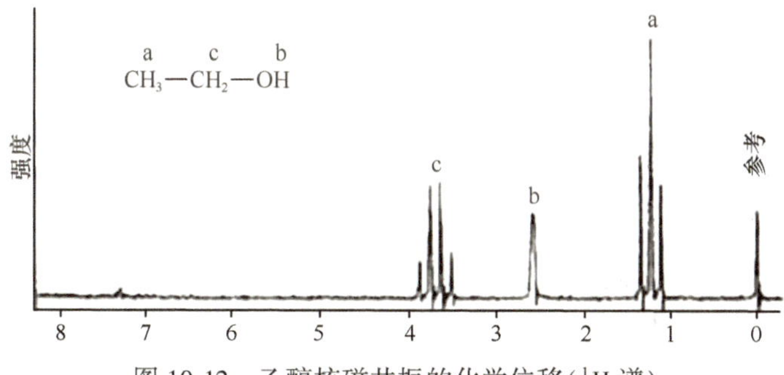

图 10-12　乙醇核磁共振的化学位移(^1H 谱)

弱,单位为 Hz。例如,氯乙烷(CH_3CH_2Cl)分子中存在两组氢核,一组是组成—CH_3 基团的同磁性 Ha,另一组是组成—CH_2 基团的同磁性 Hb。在磁核共振分析时,Ha 核除受磁场 B0 的作用外,还受相邻碳原子(—CH_2)上的 2 个 Hb 核自旋(4 种自旋取向方式)的影响,使 Ha 核受到的场强发生变化;同理,Hb 核除受到 B0 的作用外,还受到相邻碳原子(—CH_3)中 3 个 Ha 核自旋(8 种自旋取向方式)的影响,也使 Hb 核受到的场强发生变化。这种自旋偶合作用,不仅产生谱线的裂分,而且裂分的谱线强度比也一定(图 10-13)。

(3) 弛豫参数:若要维持 NMR 信号的检测,高能级的核必须返回到低能级,这个过称为弛豫过程。核磁共振时,磁矩与磁场相互作用能(E)非常小,自发辐射的几率几乎为零,高能态的核是以非辐射的形式放出能量回到低能态。

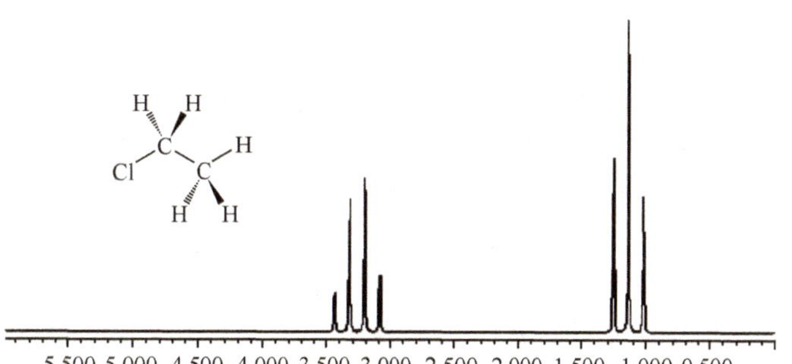

图 10-13　氯乙烷(CH_3CH_2Cl)NMR 谱

δ=1.03-1.35 处的—CH_3 峰有一个三重精细结构;在 δ=3.08~3.44 处的—CH_2 峰有一个四重精细结构

弛豫过程有两种。一种为自旋-晶格弛豫(亦称为纵向弛豫),其结果是一些核由高能级回到低能级,放出的能量被转移至周围的分子(固体的晶格,液体则为周围的同类分子或溶剂分子)而转变成热运动,即纵向弛豫反映了体系和环境的能量交换。第二种弛豫过程为自旋-自旋弛豫(亦称为横向弛豫)。它影响具体的(任一选定的)核在高能级停留的时间,反映核之间的作用,是一个熵的效应。纵向弛豫,横向弛豫过程的快慢分别用 T1 和 T2 表示,T1 叫纵向弛豫时间,T2 叫横向弛豫时间。核奥氏效应(nuclear Overhauser effect,NOE)是由核的弛豫产生的一种物理现象。当两个质子 Ha 和 Hb 在空间处于接近的位置时,用某种干扰场照射 Ha 使其饱和,则与之有交叉弛豫(偶极-偶极)作用的 Hb 信号增强的现象称为 NOE。NOE 的大小用 NOE 增强因子 η 来描述,η 与两个核的空间距离的 6 次方成反比。NOE 在测定分子构象和取代基的立体构型及结构解析中非常有用。

现代核磁谱仪广泛采用脉冲傅里叶变换 NMR。在脉冲傅里叶变换 NMR 中,射频场只在很短的时间内起作用,称为射频脉冲。脉冲的数目、工作频率、功率、相位、脉冲的时间间隔以及核磁信号的采集等均由计算机控制,成为脉冲序列。采集的时间域上的核磁信号称为自由感应衰减信号(FID),经过傅里叶变换后得到频率域上的核磁共振波谱。若脉冲序列中的所有时间都固定,一个脉冲过后,立即进行数据采集得到 FID,它只是一个频率的函数,即峰强度 vs 频率,产生的是一维 NMR 谱。若脉冲序列中有一个或多个可以变化的时间间隔,一个脉冲过后,经过一段时间的延迟再进行下一个脉冲,才开始采集 FID,得到一个二维数组,经两次傅里叶变换得到两个独立的频率变量谱,即二维核磁共振(2D-NMR)谱。2D-NMR 将化学位移、偶合常数等参数展开在二维平面上,减少了一维 NMR 谱线的拥挤和重叠。

目前,测定蛋白质在溶液中的构象主要是利用二维 NMR 谱,常用的二维谱有:同核化学位移相关谱、双量子滤波相关谱、全相关谱、NOE 增强谱、异核化学位移相关谱。研究的步骤包括以下 3 步。

(1) 谱峰识别:即对于多肽链中每个质子所相应的共振峰都给以指定,这主要是根据多肽链中每个氨基酸残基的自旋偶合体系特点和相邻氨基酸残基的 NOE 信息, 利用质子的 NMR 图谱, 经序列识别等方案完成。

（2）数据收集：主要是尽量多地测得蛋白质分子中质子-质子之间的距离。NMR 所确定的构象基本上是建立在二维核奥氏效应（NOESY）谱所反映的这些距离信息之上，在不考虑分子内运动的一般情况下，NOE 强度与两质子空间距离的六次方成反比。除 NOE 信息之外，N M R 中测得的偶合常数，通过 Karplus 公式，能得出多肽链的一些扭转角（Φ、ψ）等；用 NMR 观测酰胺质子与溶剂的交换，能明确氢键的形成，并从而得知更多的距离数据。通过上面数据分析能判断出蛋白质分子中二级结构的存在。

（3）结构运算：在收集大量数据的基础上，利用数学算法和电脑阐释蛋白质分子在溶液中的构象。构筑分子空间结构的方法很多，而应用最多的是模型组建、距离几何算法和限制性分子动力学方法。模型组建是在识别出二级结构的基础上，利用两段规则结构间的长程 NOE 距离信息，靠计算机图解仪调节各规则片段至恰当位置而得到直观的三维结构。距离几何算法是利用大量的 NOE 信息，或由度量矩阵法，或由可变目标函数法运算得出一组空间结构，它主要有 DISGEO 和 DISMAN 两种程序，运算结果通常要经过能量最低化或分子动力学处理修正，再最后确定分子的构象。限制性分子动力学方法，是在传统的分子动力学方法的基础上，结合应用了 NOE 距离约束。它避免了直接进行能量最低化所遇到的许多局部最小值，能有效地构筑出蛋白质分子的空间结构。

（三）圆二色光谱法

圆二色光谱（CD）是研究稀溶液中蛋白质构象的一种快速、简单、较准确的方法，特别是用远紫外圆二色数据分析蛋白质二级结构，不但在计算方法和拟合程序上有了极大地发展，而且随着 X 射线晶体衍射与核磁共振技术的提高，越来越多的蛋白质的精确构象得到测定。研究者还发现用 CD 光谱研究蛋白质三级结构具有独特优点，发展了用远紫外 CD 光谱辨认蛋白质三级结构的方法及相关程序。

光是一种在各个方向上振动的电磁波，其电场矢量 E 与磁场矢量 H 相互垂直，且与光波传播方向垂直。由于产生感光作用的主要是电场矢量，一般就将电场矢量作为光波的振动矢量。光波电场矢量与传播方向所组成的平面称为光波的振动面。若此振动面不随时间变化，这束光就称为平面偏振光，其振动面即称为偏振面。平面偏振光可分解为振幅、频率相同，旋转方向相反的两圆偏振光，其中电矢量以顺时针方向旋转的称为右旋圆偏振光，以逆时针方向旋转的称为左旋圆偏振光。两束振幅、频率相同，旋转方向相反的偏振光也可以合成为一束平面偏振光。如果两束偏振光的振幅（强度）不同，则合成的将是一束椭圆偏振光。

光学活性物质对左、右旋圆偏振光的吸收率不同，其光吸收的差值 ΔA（$A_l - A_d$）称为该物质的圆二色性，圆二色性也可用摩尔椭圆度[θ]来度量。圆二色性的存在使通过该物质传播的平面偏振光变为椭圆偏振光，且只在发生吸收的波长处才能观察到。

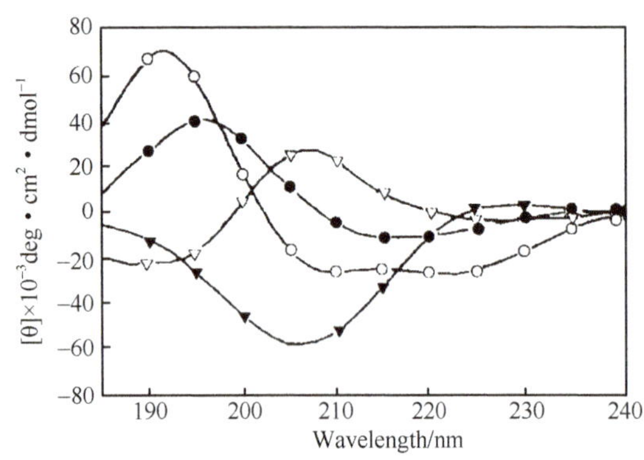

图 10-14 蛋白质的圆二色光谱

α-螺旋（O），β-折叠（●），β-转角（▽），多聚-L-脯氨酸（左手螺旋）（▼）

蛋白质的主要光学活性生色基团是肽链骨架中的肽键、芳香族氨基酸残基和二硫键。蛋白质圆二色性主要由活性生色基团和折叠结构两方面圆二色性的总和。蛋白质的 CD 光谱一般分为两个波长范围，178~250 nm 的远紫外区 CD 光谱和 250~320 nm 的近紫外区 CD 光谱。远紫外区 CD 光谱反映肽键的圆二色性。在蛋白质或多肽的规则二级结构中，肽键是高度有规律排列的，排列的方向性决定了肽键能级跃迁的分裂情况。因此，具有不同二级结构的蛋白质或多肽所产生 CD 谱带的位置、吸收的强弱都不相同。一般来说，α-螺旋的 CD 谱有三个明显的成分，在 222nm 处的负峰（由 $n\pi^*$ 跃迁产生）、208 nm 处的负峰（由平行的 $\pi\pi^*$ 跃迁部分产生）和 192nm 处的正峰（由垂直的 $\pi\pi^*$ 跃迁部分产生）；β-折叠的 CD 谱在 216 nm 有一负峰，在 185~200 nm 有一正峰；β-转角 CD 谱在 206 nm 附近一正峰，而左手螺旋结构在相应的位置有负的 CD 谱带（10-14）。芳香氨基酸残基、二硫键的 CD 信号出现在 250~320 nm 近紫外区。因此，根据所测得蛋白质或多肽的远紫外 CD 谱，能反映出蛋白质或多肽链二级结构的信息。

（四）傅里叶变换红外光谱法

用傅里叶变换红外光谱法（Fourier transform infrared spectrometer，FTIS）研究蛋白质和多肽的二级结构，主要是对其红外光谱中酰胺Ⅰ谱带进行分析。酰胺Ⅰ谱带为α-螺旋、β-折叠、β-转角和无规卷曲等不同结构振动峰的加合带,彼此重叠,在1260~1700cm^{-1}范围内通常为一个不易分辨的宽谱带。目前常应用去卷积、微分等数学方法,使加合带中处于不同波数的α-螺旋、β-折叠、β-转角和无规卷曲等各个吸收峰得以分辨。最后经谱带拟合,获得各个吸收峰的信息。FTIS适用于纯度>95%的蛋白质和多肽。

(五)生物信息学预测蛋白质空间结构

随着生物信息学的发展,可依据蛋白质氨基酸序列预测其三维结构。

1. 同源模建法　同源模建法是预测蛋白质三维结构的主要方法。通过对蛋白质数据库(PDB)分析可以得到这样的结论:任何两种蛋白质,如果两者的序列同源部分超过30%(序列比对长度大于80),则它们具有相似的三维结构,即它们的基本折叠相同,只是在非螺旋和非折叠区域的一些细节部分有所不同。蛋白质的结构比蛋白质的序列更保守,如果两个蛋白质的氨基酸残基序列有50%相同,那么约有90%的α碳原子的位置偏差不超过3%。这是同源模建法在结构预测方面成功的保证。

对于一个未知结构的蛋白质,首先通过同源分析找到一个已知结构的同源蛋白质,然后,以该蛋白质的结构为模板,为未知结构的蛋白质建立结构模型。这里的前提是必须要有一个已知结构的同源蛋白质,这个工作可以通过搜索蛋白质结构数据库来完成,如搜索PDB。同源建模法一般包含以下几个步骤:①识别模拟的模板;②目标序列和模板序列的排列;③构建模型;④构建非保守的loop区;⑤安装侧链;⑥模型修饰;⑦结构合理性评估。

2. 折叠识别法　也称穿线法(threading)。许多蛋白质在氨基酸序列上有很大的不同(同源性<30%),很难直接通过序列比对找出它们之间的关系。通过对已知的蛋白质结构的研究发现,大量序列同源性较差的蛋白质存在相同的折叠结构。折叠识别法就是利用已知蛋白质的折叠子为模板,寻找给定氨基酸序列可能采取的折叠类型,进而进行结构预测。折叠识别法的主要步骤为:①建立模板数据库;②构造打分函数;③比对;④预测。向PDB提交的新结构中,90%与数据库中的已知折叠结构相似。

3. 从头预测法　在既无结构已知的同源蛋白质,也无已知结构的远源蛋白质的情况下,仅仅根据氨基酸序列本身,通过理论计算(如分子动力学计算)进行结构预测。从头预测法是假定折叠后的蛋白质取能量最低的构象。

第五节　蛋白质功能分析方法

揭示蛋白质的功能是蛋白质研究的终极目标。诸如酵母双杂交技术、噬菌体展示技术、蛋白质芯片技术、以及生物信息学预测分析都用于蛋白质的功能分析。

一、酵母双杂交技术

酵母双杂交(Yeast Two Hybrid,YTH)系统是利用杂交基因通过激活报告基因的表达,探测蛋白质-蛋白质的相互作用。YTH系统是当前广泛用于蛋白质-蛋白质相互作用研究的一种重要方法。最早的酵母双杂交系统是由S. J. Fields和D. Song于1989年建立的。YTH是基于对真核细胞转录因子特别是酵母转录因子GAL4性质的研究。GAL4包括两个彼此分离但功能必需的结构域:一是位于N端1~147位氨基酸残基区段的DNA结合域(DNA-binding domain,BD),二是位于C端768~881位氨基酸残基区段的转录激活域(transcription-activating domain,AD)。BD能够识别位于GAL4效应基因的上有激活序列(upstream-activating sequence, USA)并与之结合,而AD则是通过与转录复合物体的其他成分作用,以启动UAS下游的基因转录。典型的真核生物转录激活因子都含有BD和AD两个不同且相对独立的结构域。这两个结构域分开时仍分别具有功能,但它们分别单独作用时并不能激活转录。只有当被分开的两者通过适当的途径在空间上较为接近时才能激活转录。Brent等证实,将来自不同物种的BD与AD重组后,仍然能够发挥其转录激活功能。

酵母双杂交系统的基本流程为:①将蛋白质X(即诱饵蛋白)基因与报告基因(reporter gene)转录因子的特异BD融合,构建成“诱饵”(bait)表达载体;②将蛋白质Y(即猎物蛋白或称靶蛋白)基因与特异的AD融合,构建成为“猎物”(prey)表达载体;③最后根据两个重组体在同一酵母细胞中产生的融合蛋白是否激活报告基因的表达,便可确定蛋白质X与蛋白质Y之间是否存在相互作用关系。如果蛋白质X与蛋白质Y形成复合体,则BD和AD被拉近,激活下游报告基因表达;反之报告基因不表达(图10-15)。

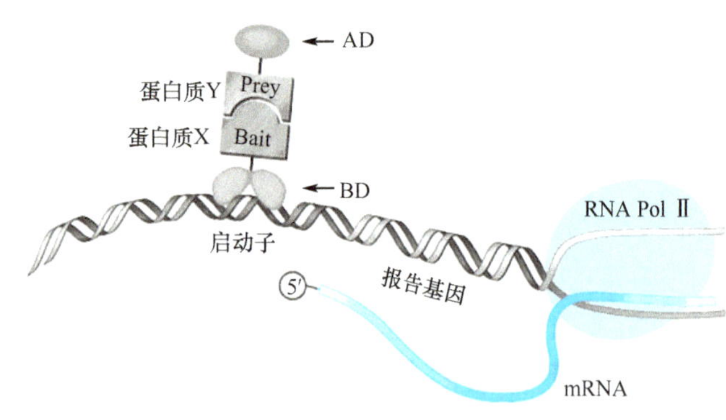

图 10-15 酵母双杂交系统基本原理

一个完整的酵母双杂交系统由 3 部分组成：①与 BD 融合的蛋白表达载体；②与 AD 融合的蛋白表达载体；③带有一个或多个报告基因的宿主菌株。目前研究中常用的 BD 有 GAL4(1~147)、LexA(*E. coli* 转录抑制因子)的 BD 编码序列；常用的 AD 有 GAL4(768~881)和疱疹病毒 VP16 的编码序列等。除核定位信号外，启动子、筛选标记和载体的复制型也是酵母双杂交载体的重要组成部分。常用的报告基因有 *HIS3*，*URA3*，*LacZ* 和 *ADE2* 等。酵母双杂交系统的另一个重要元件就是报告菌株。报告菌株是指经改造的、含报告基因重组质粒的酵母细胞。

利用 YTH 可以发现新的蛋白质和蛋白质的新功能(YTH 技术已经成为发现新基因的主要途径)、研究细胞体内抗原-抗体的相互作用、筛选药物的作用位点以及药物对蛋白质之间相互作用的影响和建立基因组蛋白质连锁图(Genome protein linkage map)。YTH 技术已成功用于肝炎病毒蛋白/HIV 蛋白与机体蛋白质之间的相关作用和调节机制研究。

二、噬菌体展示技术

在编码噬菌体外壳蛋白基因上连接一单克隆抗体的 DNA 序列，当噬菌体生长时，表面就表达出相应的单抗，再将噬菌体过柱，柱上若含目的蛋白，就会与相应抗体特异性结合，此被称为噬菌体展示技术(phage display technology)。此技术也主要用于研究蛋白质之间的相互作用，不仅有高通量及简便的特点，还具有直接得到基因、高选择性的筛选复杂混合物、在筛选过程中通过适当改变条件可以直接评价相互结合的特异性等优点。目前，用优化的噬菌体展示技术，已经展示了人和鼠的两种特殊细胞系的 cDNA 文库，并分离出了人上皮生长因子信号传导途径中的信号分子。

三、表面等离子共振技术

表面等离子共振(surface plasmon resonance，SPR)技术已成为蛋白质-蛋白质相互作用研究中的新手段。它的原理是利用一种纳米级的薄膜吸附上“诱饵蛋白”，当待测蛋白与诱饵蛋白结合后，薄膜的共振性质会发生改变，通过检测便可知这两种蛋白的结合情况。SPR 技术的优点是不需标记物或染料，反应过程可实时监控，测定快速且安全。SPR 技术还可用于检测蛋白质-核酸之间、受体-配体之间、药物-蛋白质之间等生物大分子之间的相互作用。

四、蛋白质芯片技术

蛋白质芯片(protein chip)技术最早由 R. Ekin 在 20 世纪 80 年代提出。蛋白质芯片亦被称为蛋白质微阵列，它是将大量蛋白质分子(如抗原、抗体、小肽、受体和配体、蛋白质-DNA，以及蛋白质-RNA 复合物等)按预先设置的排列固定于载体(如滴定板、滤膜和载玻片)表面形成微阵列，然后用标记了特定荧光的蛋白质或其他成分与芯片作用，经漂洗将未能与芯片上的蛋白质互补结合的成分洗去，再利用荧光扫描仪或激光共聚焦扫描技术，测定芯片上各点的荧光强度，通过荧光强度分析蛋白质与蛋白质之间相互作用的关系，由此达到定性或定量分析蛋白质的目的(图 10-16)。蛋白质芯片是一种高通量、微型化和自动化的蛋白质分析技术。利用蛋白质芯片，一次试验中可同时检测几百甚至几千种目标蛋白或多肽。

(一) 蛋白质芯片的分类

蛋白质芯片主要有 3 种分类方法。

(1) Ciphergen Biosystems 提出将蛋白质芯片分为化学型蛋白质芯片和生物型蛋白质芯片。

1) 化学型蛋白质芯片：将传统色谱(反相色谱、离子交换色谱和亲和色谱等)相关介质铺于固相金属表面，形成特殊的物理化学层析表面，结合样品中的蛋白质，再经特定的洗脱液去除杂质(包括非特异性结合蛋白)，保留兴趣蛋白质，最后用合适的质谱仪分析芯片上的靶蛋白，获得蛋白信息。

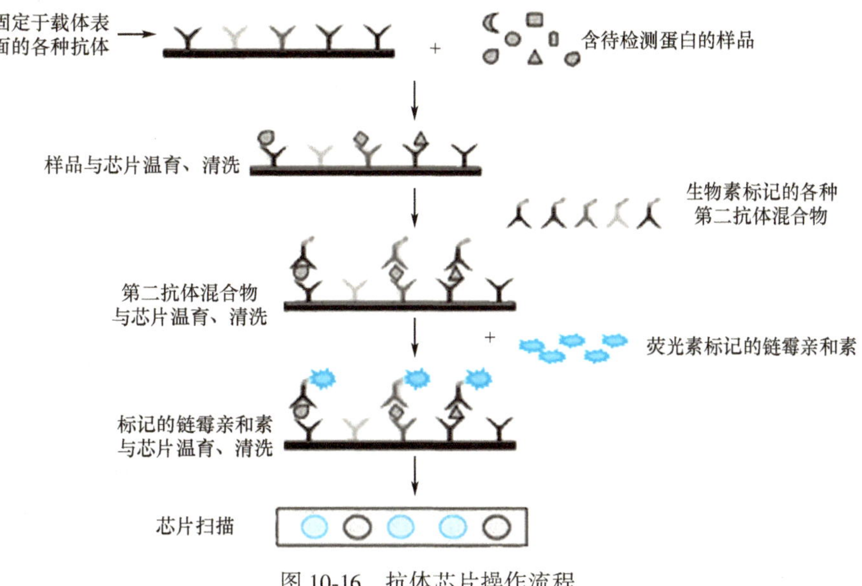

图 10-16 抗体芯片操作流程

2) 生物型蛋白芯片:将具有生物活性的蛋白质/多肽分子(酶、抗原、抗体、配体、受体等)固定于固相介质表面(玻璃、PVDF 膜、硝纤膜等),利用酶-底物、受体-配体、抗原-抗体间相互作用,特异性地捕获样品中的靶蛋白,然后采用适当方法定性/定量分析靶蛋白。

(2) 根据载体的不同将蛋白质芯片分为普通玻璃载体芯片、微孔型芯片、多孔凝胶覆盖芯片。几年来还发展有将毛细管电泳与芯片技术结合用于蛋白质分离与鉴定的毛细管电泳型芯片。

(3) Kodadek 提出将蛋白质芯片分为蛋白质功能芯片和蛋白质检测芯片。蛋白质功能芯片是在一特定模板上固定成千上万个蛋白质分子,用于蛋白质功能的研究;而蛋白质检测芯片则含有蛋白质检测试剂,用于蛋白质的定性、定量测定。

此外,通过采用类似集成电路制作过程中半导体光刻加工的缩微技术,把样品制备、生化反应和监测分析等复杂、不连续的过程全部集成到芯片上,使其连续化和微型化,构建成所谓的缩微芯片实验室,又称缩微芯片。

(二) 蛋白质芯片的应用

蛋白质芯片技术已经广泛应用于很多领域,其快速发展极大地促进了蛋白质检测、疾病诊断和蛋白质组学等领域的研究,诸如:①临床检验及环境毒物检测所需的免疫检测和酶活性分析;②高通量抗体筛选;③蛋白质组(尤其是功能蛋白质组)研究;④研究生物大分子间的相互作用;⑤蛋白质和小分子间的相互作用的研究;⑥药物靶标及其作用机理的研究;⑦疾病诊断;⑧食品中有毒、有害物质的分析、在毒理学及卫生检验中的应用。

五、免疫印迹技术

免疫印迹,又称 Western blotting,是检测蛋白质混合物中某种特定蛋白质的定性方法,也可以用于确定同一种蛋白质在不同细胞或同一种细胞不同条件下相对含量的半定量方法。免疫印迹也是利用抗原抗体特异反应的原理。首先进行 SDS-PAGE 对混合蛋白质进行分离,然后将凝胶上的蛋白质区带转移到硝酸纤维素膜或尼龙膜上,加入一抗反应一定时间后,在加入酶标记的二抗反应,最后加入酶的底物进行显色反应。免疫印迹技术除主要用于检测样品中特定蛋白质是否存在以及半定量分析外,研究蛋白质间的相互作用也特别依赖该技术。

六、免疫共沉淀技术

免疫共沉淀(co-immunoprecipitation,Co-IP)是利用抗原与抗体的特异性结合以及细菌的蛋白质 A 或 G 特异性地结合到免疫球蛋白的 Fc 片段的现象开发出来的方法。其基本原理是在细胞裂解液中加入抗目标蛋白的抗体(第一抗体,简称一抗),孵育后再加入与一抗特异结合的偶联在 Agarose 珠上的相应的第二抗体(简称

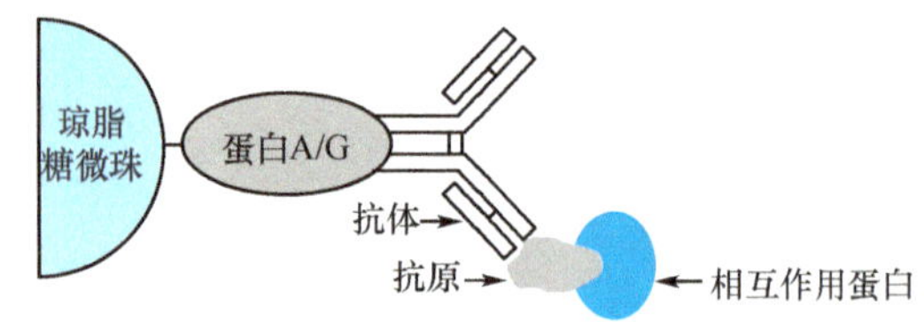

图 10-17 免疫共沉淀的基本原理

二抗）或用固相化的蛋白 A 或蛋白 G 等捕获抗原-抗体复合物（图 10-17）。将沉淀下来的抗原-抗体复合物在含有 SDS 或 DTT 的缓冲液中加热，使抗原释放出来；或经变性聚丙烯氨酰胺凝胶电泳，复合物又被分开，然后经免疫印迹或质谱检测目的蛋白。免疫共沉淀法用于研究蛋白质-蛋白质以及蛋白质-核酸之间的相互作用关系，如染色质免疫沉淀法研究与 DNA 结合的蛋白质；RNA 免疫沉淀法研究与 RNA 结合的蛋白质。

七、GST pull-down 技术

GST（谷胱甘肽硫转移酶）pull-down 技术的基本原理是将靶蛋白-GST 融合蛋白亲和固化在谷胱甘肽亲和树脂上，作为与目的蛋白亲和的支撑物，充当一种"诱饵蛋白"，将含有目的蛋白的溶液过柱，可从中捕获与之相互作用的"捕获蛋白"（即目的蛋白），洗脱结合物后，通过 SDS-PAGE 分析，从而证实两种蛋白间的相互作用或筛选相应的目的蛋白（图 10-18）。此方法简单易行，操作方便。GST pull-down 技术可用于体外检测蛋白质与蛋白质之间相互作用、用于验证两个已知蛋白的相互作用、或者筛选与已知蛋白相互作用的未知蛋白。

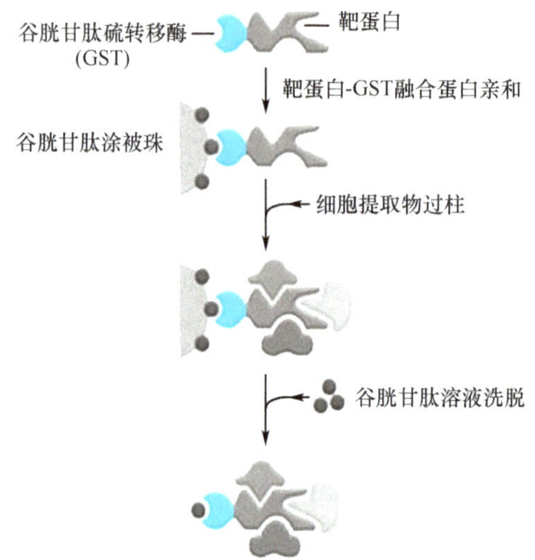

图 10-18 GST pull-down 技术原理

八、生物信息学预测蛋白质的功能

当得到一个未知蛋白质的全新序列时，人们往往急于了解这是一个什么蛋白质？它属于哪个家族？它的功能性质是什么？但迄今为止，还没有解决上述全部问题的现成方法和工具。然而，我们可以利用生物信息学，通过搜索蛋白质序列一次数据库和蛋白质序列二次数据库，比较未知蛋白质是否与已知蛋白质结构相似，比较未知序列是否含有特殊蛋白质家族或功能的保守残基等判断蛋白质的功能（见第十九章）。此外，蛋白质的一些其他性质如信号肽、跨膜螺旋、卷曲螺旋等，可通过网络软件直接由序列计算得到。

思 考 题

1. 蛋白质分离纯化的注意事项有哪些？
2. 蛋白质分离纯化有哪些方法？简述他们的原理。
3. 蛋白质结构分析有哪些方法和技术？他们的原理如何？
4. 蛋白质功能分析有哪些方法与技术？简述他们的原理

（孔 英）

第十一章 基因工程原理

20世纪50年代以来,随着DNA双螺旋结构模型的提出、遗传信息传递的"中心法则"的确立和遗传密码的破译等,使采用类似于工程技术的程序主动改造生物的遗传性状成为可能。至20世纪60年代末,限制性核酸内切酶、DNA连接酶、反转录酶等相继被发现,琼脂糖凝胶电泳和核酸分子杂交等技术也先后建立,这一切为基因工程技术的诞生奠定了基础。1972年,美国科学家P. Berg等将动物病毒SV40的DNA与噬菌体P22的DNA连接在一起,构成了第一批重组体DNA分子,并因此与W. Gilbert和F. Sanger分享了1980年度的诺贝尔化学奖。1973年,美国科学家S. N. Cohen等又将几种不同的外源DNA插入质粒pSC101的DNA中,并进一步将它们引入大肠埃希菌中,成功进行了基因工程史上首个基因克隆实验,由此建立了基因克隆的基本模式,从而开创了遗传工程的研究。自从利用重组DNA分子形成无性繁殖系以来,科学家们分析、操作基因的能力几乎是无所不能。随着人类基因组序列分析图谱的完成,人们进入到后基因组时代,开始研究功能基因组学和蛋白质组学。基因工程等分子生物学技术更加广泛地应用到生命科学及医药卫生等诸多领域,在疾病发生的分子机制,疾病的诊断、治疗及药物的研发等方面取得重大突破。

第一节 概　　述

克隆(clone)是指从一个共同祖先经无性繁殖所产生的在遗传上同一的DNA分子、细胞或个体所组成的群体。克隆化(cloning)则是获取这类同一的DNA分子群体、细胞群体或个体群体的过程。DNA克隆(DNA cloning)是在体外将不同来源的特异基因或DNA片段插入载体分子,构建重组DNA(recombinant DNA)分子,并将重组DNA导入合适的受体细胞,使其在细胞中扩增,以获取大量同一DNA分子的过程,也称重组DNA技术(recombinant DNA technology)。由于早期研究是从较大的染色体分离特异基因或DNA片段,因此DNA克隆又称为基因克隆(gene cloning)。这种利用DNA克隆技术获取大量相同DNA分子,或利用克隆基因表达、制备特定蛋白质和多肽产物所用的方法及相关的工作统称为基因工程(genetic engineering)。

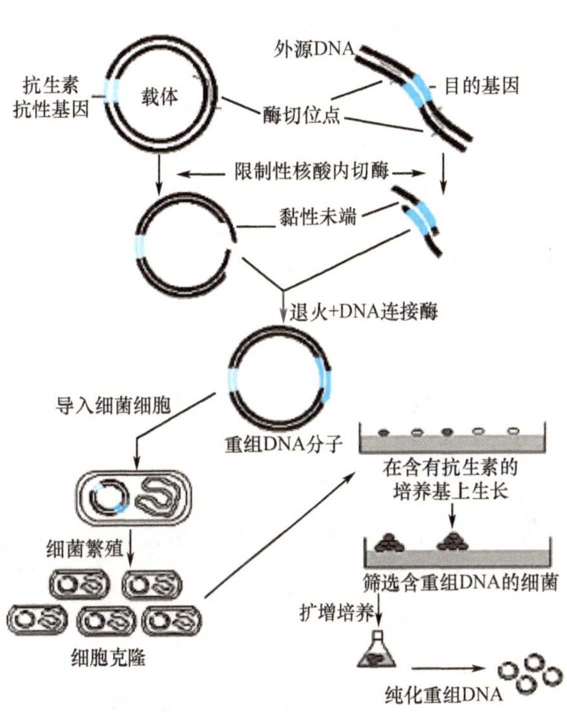

图11-1　基因工程的基本步骤

基因工程主要包括以下步骤(图11-1):①用限制性核酸内切酶切割外源DNA,分离带有目的基因的DNA片段;②选择或改造载体DNA分子,并用限制性核酸内切酶进行切割;③借助DNA连接酶在体外将目的基因片段连接到能够自我复制并具有选择标记的载体分子上,形成重组DNA分子;④将重组DNA分子导入受体细胞(即宿主细胞),并与之一起增殖;⑤从细胞繁殖群体中,筛选出含重组DNA分子的受体细胞克隆并扩增,进一步提取、纯化重组DNA;⑥将目的基因克隆至表达载体,转入合适的受体细胞进行基因表达。

第二节 基因工程中常用的工具酶

在基因工程中,常需要利用一些工具酶对基因进行操作。例如,对外源DNA和载体分子进行特异性识别和切割的限制性核酸内切酶、将 DNA 片段与载体分子连接形成重组 DNA 分子的 DNA 连接酶、以 mRNA 为模板合成 cDNA 的反转录酶等，都在基因工程中有着广泛的用途。

一、限制性核酸内切酶

限制性核酸内切酶(restriction endonuclease)是一类能识别双链 DNA 分子中的某些特定核苷酸序列，并由此切割 DNA 双链的核酸内切酶，又称为限制酶(restriction enzymes)，主要是从原核生物中分离纯化出来的。在细菌体内限制性核酸内切酶与相伴存在的甲基化酶共同构成细菌的限制修饰系统。内切酶可切割侵入的外源 DNA 使之迅速降解，与此同时甲基化酶又可通过甲基化作用修饰自身 DNA，防止其被核酸内切酶降解。

W. Arber、D. Nathans 和 H. O. Smith 的研究工作奠定了限制性核酸内切酶作为重组 DNA 技术关键酶的基础，由于他们在限制性核酸内切酶的发现和应用上所作出的卓越贡献而共同分享了 1978 年度的诺贝尔生理学/医学奖。

(一) 限制性核酸内切酶的命名

限制性核酸内切酶的命名是根据其来源的微生物种属而确定，通常用缩略字母表示，其中第一个字母来自产生该酶的细菌属名，用斜体大写；第二、三个字母是该细菌的种名，用斜体小写；第四个字母(有时无)代表该细菌的菌株，用正体。如果同一细菌中有几种限制性核酸内切酶，则根据其发现和分离的先后顺序用罗马数字表示。例如，从流感嗜血杆菌(*Haemophilus influenzae*)Rd 株中分离的第三种限制酶用 *Hind* Ⅲ表示。

(二) 限制性核酸内切酶的类型

限制性核酸内切酶有三种不同类型，即Ⅰ型酶、Ⅱ型酶和Ⅲ型酶，它们各自具有不同的特性。

Ⅰ型和Ⅲ型酶通常是相对分子质量较大的多亚基蛋白质复合物，同时具有内切酶和甲基化酶活性。Ⅰ型限制酶从距离其识别位点的数千碱基对处随机切割 DNA，Ⅲ型限制酶在距离识别序列约 25bp 处切割 DNA，二者在反应过程中均沿 DNA 移动，并需 ATP 参与。

与Ⅰ型、Ⅲ型限制酶不同，Ⅱ型限制酶通常是同源二聚体(homodimer)，由两个彼此按相反方向结合在一起的相同亚单位组成，每个亚单位作用在 DNA 链的两个互补位点上。Ⅱ型限制酶只具有核酸内切酶活性。此类酶作用不需 ATP 供能，仅需 Mg^{2+} 参与。由于Ⅱ型酶的核酸内切作用有高度序列特异性，可在识别序列内部或旁侧对靶 DNA 进行精确切割，故在基因工程中有特别广泛的用途，被誉为基因工程的“手术刀”。目前已在不同种属的细菌中发现数千种限制性核酸内切酶，在基因工程中所说的限制性核酸内切酶，通常指Ⅱ型限制性核酸内切酶。

(三) Ⅱ型限制性核酸内切酶的作用特点

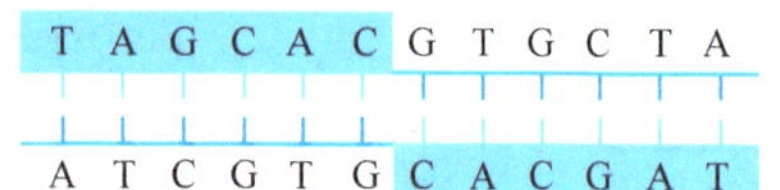

图 11-2 回文结构

反向重复序列，在水平轴线和垂直轴线上(箭头所示)旋转对称

1. 基本特性 大部分Ⅱ型限制酶能够识别由 4～8bp 核苷酸组成的特定序列，这些序列也称限制酶的靶序列。靶序列一般具有回文结构(palindrome)，回文结构是指具有双重旋转对称结构的两条 DNA 链的碱基序列的反向重复(图 11-2)。

部分Ⅱ型限制酶的识别序列及切割位点见表 11-1。

表 11-1 部分Ⅱ型限制性核酸内切酶的识别序列及切割位点

限制酶名称	识别序列及切割位点	限制酶名称	识别序列及切割位点
*Bam*H Ⅰ	(5′) G↓GATC C*(3′) C C*TAG↑G	*Hind* Ⅲ	(5′)A↓AGCTT(3′) TTCGA↑A
Cla Ⅰ	(5′)AT↓CGAT(3′) T A*GC↑TA	*Not* Ⅰ	(5′) GC↓GGCCGC(3′) CGCCGG↑CG
*Eco*R Ⅰ	(5′)G↓AATTC(3′) CTT A*A↑G	*Pst* Ⅰ	(5′)CTG C*A↓G(3′) G↑A C*GTC

续表

限制酶名称	识别序列及切割位点	限制酶名称	识别序列及切割位点
EcoR Ⅴ	↓ (5′)GAT ATC(3′) CTA TAG ↑	*Pvu* Ⅱ	↓ (5′)CAG CTG(3′) GTC GAC ↑
Hae Ⅲ	↓ (5′)GG C*C(3′) C C*GG ↑	*Tth*111 Ⅰ	↓ (5′)GACNN NGTC(3′) CTGN NNCAG ↑

注：箭头所指为限制性核酸内切酶的切割位点，星号表示能被相应的甲基化酶所修饰的碱基，N 代表任意碱基

Ⅱ型限制性核酸内切酶从其识别序列内或旁侧切割 DNA 分子中的磷酸二酯键，产生含 5′-P 和 3′-OH 的 DNA 片段。不同的限制性核酸内切酶切割 DNA 后产生的片段末端不同，大多数限制酶可以在两条 DNA 链上交错切割，形成带有 2～4 个未配对核苷酸的单链突出末端，称为黏性末端(sticky ends 或 cohesive ends)。两个不同的 DNA 分子，经同一限制性内切酶切割所形成的黏末端是相同的，经碱基互补配对在 DNA 连接酶的作用下即可形成新的重组 DNA 分子(图 11-3)。

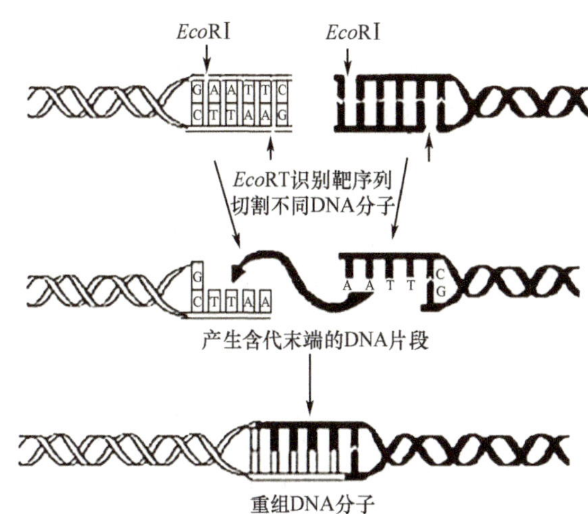

图 11-3　限制性核酸内切酶 *EcoR* Ⅰ 对双链 DNA 分子的切割作用

可产生黏性末端的限制酶中，有些酶如 *Pst*Ⅰ，切割 DNA 分子后产生具有 3′-OH 单链突出的黏性末端(图 11-4a)；而有些酶如 *EcoR*Ⅰ，切割 DNA 分子后则形成具有 5′-P 单链突出的黏性末端(图 11-4b)。另外还有一些酶如 *EcoR*Ⅴ，切割 DNA 分子形成的是没有单链突出的末端，称为平末端或钝末端(blunt ends)(图 11-4c)。

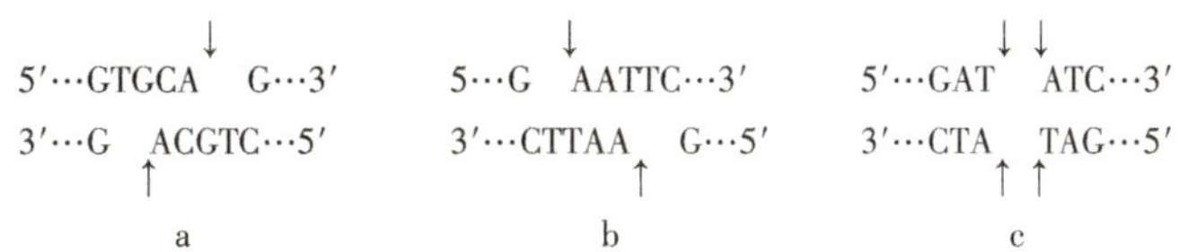

图 11-4　不同限制性核酸内切酶切割 DNA 分子产生的末端结构

a. *Pst* Ⅰ 切割 DNA 分子形成 3′-OH 黏性末端；b. *EcoR* Ⅰ 切割 DNA 分子形成 5′-P 黏性末端；c. *EcoR* Ⅴ 切割 DNA 分子形成平末端；箭头所指为切割后产生的末端位点

限制性核酸内切酶切割 DNA 链后所产生的 DNA 片段大小，取决于限制酶特异性切割位点在 DNA 链中出现的频率，即依赖于酶所识别的靶序列大小。如果 DNA 的碱基组成是均一的，限制酶识别位点在 DNA 链上的分布是随机的，那么限制酶(如 *Bam*H Ⅰ、*Hind* Ⅲ 等)识别的 6 核苷酸序列将每隔 4^6(4 096)bp 出现一次，而限制酶(如 *Hae* Ⅲ、*Mbo* Ⅰ 等)所识别的四核苷酸序列将每隔 4^4(256)bp 出现一次，这样切割 DNA 链后就会产生较小的 DNA 片段。在天然 DNA 分子中，由于碱基组成的不均一性和酶切位点分布的非随机性，限制酶特异性识别序列出现的频率较低。

2. 同裂酶(isoschizomer)　又称同工异源酶，指来源不同但识别序列相同的限制酶。该类酶切割 DNA 的位点或方式可以相同，也可以不同。例如，*Sau*3A Ⅰ(GATC)与 *Mbo* Ⅰ(GATC)，二者的识别序列和酶切位点均相同；而 *Sma* Ⅰ(CCC GGG)与 *Xma* Ⅰ(C CCGGG)，二者的识别序列相同，但酶切位点不同。

3. 同尾酶(isocaudarner)　指来源及识别序列各不相同，但作用后可以产生出相同黏性末端的限制性内切酶。常用的限制酶如 *Bam*H Ⅰ、*Bcl* Ⅰ、*Bgl* Ⅱ、*Mbo* Ⅰ 就是一组同尾酶，它们切割 DNA 后均形成由 GATC 组成的黏性末端。

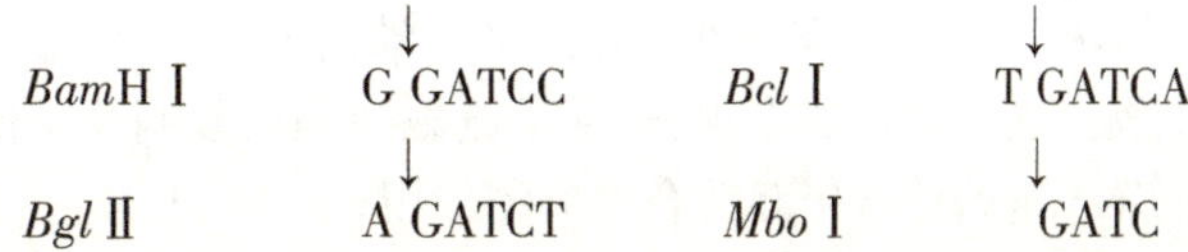

由同尾酶切割所产生的 DNA 片段，由于具有相同的黏性末端，利用连接酶即可借助其黏性末端之间的互补作用而彼此连接起来，因此在基因工程实验中很有用处。有时同尾酶产生的末端，重组后形成的序列不能再被原来的同尾酶所识别。例如，上面的一组同尾酶中，只有 *Mbo* Ⅰ 能识别并切割黏性末端重新连接后形成的 DNA 片段，而其他三个酶却不能再识别重组后的 DNA 片段。

4. 可变酶 此类酶是Ⅱ型限制酶的特例，识别序列中的一个或几个碱基是可变的，并且识别序列往往超过 6 个核苷酸。例如，*Bst*p Ⅰ 识别序列为 G↓GTNACC，有 1 个可变碱基；*Bgl* Ⅰ 识别序列为 GCC(N)$_4$N↓GGC，有 5 个可变碱基。

（四）限制性核酸内切酶的应用及影响酶作用的因素

1. 限制性核酸内切酶的应用 限制性内切酶除作为基因工程的关键工具酶外，还广泛应用于分子生物学研究的各领域，包括绘制基因组 DNA 物理图谱、研究基因组 DNA 同源性、切割基因组 DNA(或 cDNA)构建基因组文库(或 cDNA 文库)、筛选鉴定重组质粒、测定基因的核苷酸序列以及研究基因突变与诊断遗传性疾病等。

2. 影响限制性核酸内切酶作用的因素 不同的限制性内切酶需要不同的反应条件以获得最佳切割靶 DNA 分子的效率。影响限制酶反应的主要因素包括 DNA 的纯度、DNA 的甲基化程度、DNA 分子的结构、酶切反应的温度、酶切反应的时间以及酶切反应的缓冲体系等。

二、DNA 连接酶

DNA 连接酶(DNA ligase)是一种能够催化在两条 DNA 链之间形成磷酸二酯键的酶。连接酶发挥催化作用时，需要一条 DNA 链的 3′末端携带有游离的羟基、另一条 DNA 链的 5′末端带有磷酸基团，而且催化过程需要消耗能量。DNA 连接酶只能封闭 DNA 链上的缺口(nick)，而不能封闭裂口(gap)。缺口是指 DNA 某一条链上相邻两个核苷酸之间的磷酸二酯键被破坏所形成的单链断裂(图 11-5a)；而裂口是指 DNA 某一条链上失去一个或数个核苷酸所形成的单链断裂(图 11-5b)。连接酶可以将不同来源的 DNA 片段连接在一起，形成新的重组 DNA 分子，是基因工程中不可缺少的基本工具酶之一，被誉为基因工程的“缝纫针”。

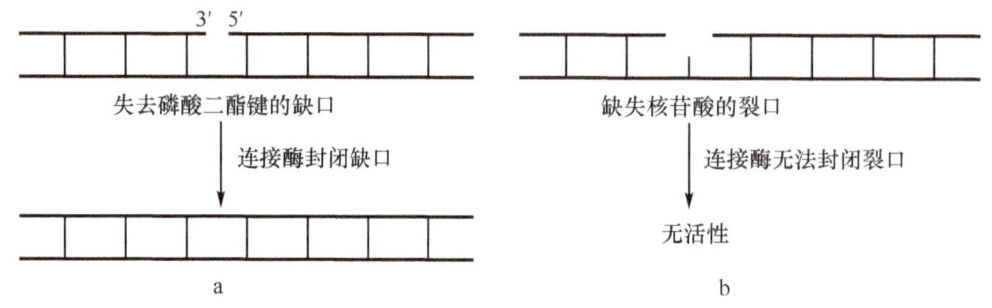

图 11-5 DNA 连接酶的作用

（一）DNA 连接酶的类型

1. T4 DNA 连接酶 该酶最早从 T4 噬菌体感染的大肠埃希菌中发现并分离出来，由 T4 噬菌体基因 30 编码，相对分子质量为 68 000，能催化一个 DNA 片段的 3′-OH 与另一 DNA 片段的 5′-P 之间形成磷酸二酯键，反应需 Mg^{2+} 作为辅助因子并由 ATP 提供能量。其底物可以是两个双链 DNA 分子的互补黏性末端或平末端，而且该酶较容易制备，在基因工程及分子生物学研究中有广泛的用途。

2. 大肠埃希菌 DNA 连接酶 此酶由大肠埃希菌基因 *lig*A 编码，相对分子质量为 74 000，不能催化平末端 DNA 分子的连接。其底物只能是带缺口的双链 DNA 分子或具有互补黏性末端的 DNA 分子，需要 NAD^+ 作为辅助因子。

（二）DNA 连接酶的应用及影响酶作用的因素

1. DNA 连接酶的应用 ①催化两个具有黏性末端或平末端的 DNA 片段形成磷酸二酯键，组成新的重组 DNA 分子；②在 DNA 复制中发挥连接缺口的作用，这种单链缺口是由复制叉上的不连续性复制所产生；③在 DNA 损伤修复、遗传重组及 DNA 链的剪接中起缝合缺口的作用。

2. 影响 DNA 连接酶作用的因素 ①DNA 连接酶对黏性末端的连接效率远高于平末端的连接效率；②连接反应的温度是影响连接产物转化效率的重要参数之一，连接黏性末端的温度一般在 4～15℃；③连接酶的用量也影响连接产物的转化效率，在平末端连接反应中所需的酶量高于黏末端所需的酶量；④ATP 的浓度一般为 0.01～1 mmol/L；⑤构建重组载体时，为提高重组效率，载体分子与外源插入片段的摩尔数比值以 1∶10～1∶3 为宜。

三、DNA 聚合酶

DNA 聚合酶催化以 DNA 或 RNA 为模板合成 DNA 的反应，此类酶的作用特点是能够把脱氧核苷酸连续地添加到双链 DNA 分子引物链的 3′-OH 末端，催化核苷酸的聚合作用。

1. 大肠埃希菌 DNA 聚合酶 Ⅰ DNA 聚合酶 Ⅰ（DNA-pol Ⅰ）是由大肠埃希菌 *pol A* 基因编码的一种单链多肽，具有三种活性，即 5′→3′聚合酶活性、5′→3′及 3′→5′核酸外切酶活性。DNA-pol Ⅰ 的 5′→3′聚合酶活性和 5′→3′核酸外切酶活性协同作用，可催化 DNA 链发生缺口平移反应，制备 DNA 探针。

2. Klenow 片段 DNA-pol Ⅰ 经枯草杆菌蛋白酶水解后产生的大片段称 Klenow 片段，又称 Klenow 聚合酶，具有 5′→3′聚合酶活性和 3′→5′核酸外切酶活性。该酶的主要用途有：①填补 DNA 双链的 3′隐蔽末端；②合成 cDNA 第二链；③DNA 序列分析；④随机引物标记 DNA 链的 3′末端，制备核酸探针。

3. *Taq* DNA 聚合酶 *Taq* DNA 聚合酶是第一个被发现的耐热的依赖于 DNA 的 DNA 聚合酶，相对分子质量为 65 000，最佳反应温度 70～75℃。*Taq* DNA 聚合酶具有 5′→3′聚合酶活性和 5′→3′核酸外切酶活性，酶活性的发挥对 Mg^{2+} 浓度非常敏感，主要用于 PCR 和 DNA 测序反应。

4. 反转录酶 反转录酶（reverse transcriptase）的全称是依赖 RNA 的 DNA 聚合酶，已从多种 RNA 肿瘤病毒中分离到这种酶。普遍使用的是来源于 AMV 及 M-MLV 的反转录酶，具有 5′→3′聚合酶活性和 3′→5′RNA 外切酶活性（RNase H 活性）或 5′→3′外切酶活性。反转录酶的最主要用途是以 mRNA 为模板合成 cDNA。此外，还可补齐和标记 DNA 双链的 3′隐蔽末端、以单链 DNA 或 RNA 为模板制备探针。

四、其他修饰酶

1. 末端脱氧核苷酸转移酶 末端脱氧核苷酸转移酶（terminal deoxynucleotidyl transferase）简称末端转移酶，催化脱氧核苷酸逐个掺入到 DNA 的 3′-OH 末端。底物可以是带有 3′-OH 末端的单链 DNA，或带有 3′-OH 突出末端的双链 DNA，某些条件下也可以是带有 3′平端或 3′隐蔽端的双链 DNA。该酶的主要作用是在外源 DNA 片段及载体分子的 3′-OH 分别加上互补的同聚物尾巴，形成人工黏性末端，便于 DNA 重组。也可用于 DNA 片段 3′末端标记。

2. 多核苷酸激酶 多核苷酸激酶（polynucleotide kinase）又称 T4 多核苷酸激酶，催化 ATP 的 γ-磷酸转移到 DNA 或 RNA 的 5′-OH 末端。在基因工程中，该酶可用于标记 DNA 的 5′末端，也可使缺失 5′-P 末端的 DNA 发生磷酸化作用。

3. 碱性磷酸酶 碱性磷酸酶（alkaline phosphatase）能特异地切除 DNA、RNA 和 dNTP 上 5′磷酸基团。在基因工程中，用该酶去除载体分子或 DNA 片段的 5′-P，以防止发生自身连接。DNA 片段 5′末端标记时，先用此酶去除 5′-P，再用多核苷酸激酶对 5′末端进行标记。

第三节 基因工程中常用的载体

载体（vector）是指能携带外源 DNA 分子进入受体细胞进行扩增和表达的运载工具。作为基因工程技术的载体应具备以下条件：①具有自主复制能力，以保证携带的外源 DNA 可以在受体细胞内扩增；②有多个单一限制性核酸内切酶的酶切位点，即多克隆位点（multiple cloning sites，MCS），以利于外源 DNA 与载体重组；③具有一个以上的选择性遗传标记（如对抗生素的抗性、营养缺陷型、噬菌斑形成能力及显色表型反应等），以便于重组体的筛选和鉴定；④分子质量相对较小，以容纳较大的外源 DNA；⑤拷贝数较多，易与受体细胞的染色体 DNA 分开，便于分离提纯；⑥具有较高的遗传稳定性。目前可满足上述要求的多种载体均为人工构建，主要有质粒载体、噬菌体载体、人工染色体载体和病毒载体等多种类型。根据用途不同可分为克隆载体和表达载体两类，有的载体兼具克隆和表达两种功能。根据所对应的受体细胞不同，可将载体分为原核细胞载体和真核细胞载体。

一、克隆载体

克隆载体(cloning vector)是能够容纳外源 DNA 且具有自主复制能力的 DNA 分子,主要用于克隆和扩增插入的外源 DNA 片段。下面介绍一些常用的克隆载体。

(一) 质粒载体

质粒(plasmid)是存在于细菌染色体之外具有自主复制能力的双链环状 DNA 分子。其相对分子质量小的为 2~3 kb,大的可达数百 kb。质粒自身含有复制起始点(Ori),能利用细菌的酶系统独立进行复制,并在细胞分裂时恒定地传给子代细胞。根据细菌染色体对质粒复制的控制程度,可将质粒分为严紧型质粒(stringent plasmid)和松弛型质粒(relaxed plasmid)。严紧型质粒多为大型质粒,拷贝数少(1~2 个/细胞),具自身传递能力,其 DNA 复制与宿主细胞染色体 DNA 的复制相偶联,故复制受宿主细胞的严格控制。松弛型质粒多为小型质粒,拷贝数多(10~200 个/细胞),其 DNA 复制是在宿主细胞松弛控制下进行的,与染色体复制不同步,适用于基因工程中作为质粒载体。质粒载体大多是在天然松弛型质粒的基础上经人工改造构建而成,一般只能接受 15 kb 以下的外源 DNA 分子插入,可用于细菌、酵母、哺乳动物细胞和昆虫细胞等。

质粒带有某些特殊的不同于宿主细胞的遗传信息,所以质粒在细菌内的存在会赋予细胞一些新的遗传性状,如对某些抗生素的抗性、显色表型反应等。根据宿主细胞的表型即可识别质粒的存在,这一性质被用于筛选和鉴定重组质粒。

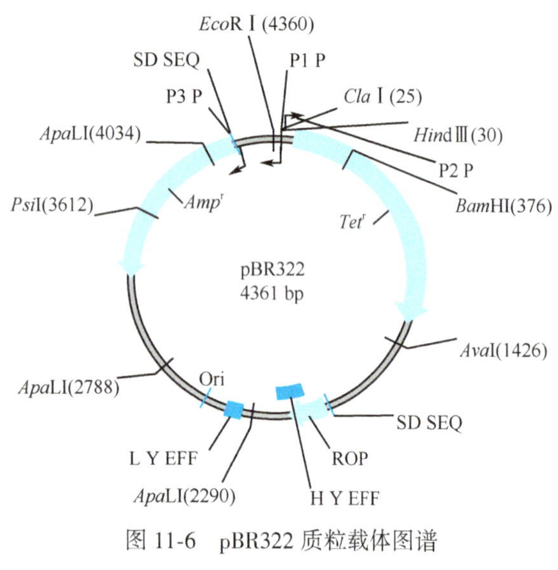

图 11-6 pBR322 质粒载体图谱

1. pBR322 质粒载体 pBR322 质粒载体由三种天然质粒 pSC101、ColE1 和 pSF2124 构建而成,全长 4 361bp。pBR322 质粒是按照标准的质粒载体命名法则命名的,"p"表示它是一种质粒;"BR"分别取自该质粒的两位主要构建者 Bolivar 和 Rodriguez 姓氏的第一个字母;"322"系指实验编号。pBR322 质粒具有如下特点(图 11-6):①带有一个复制起始点 Ori,保证质粒在大肠埃希菌中高拷贝自我复制;②含有氨苄西林和四环素的抗性基因(Amp^r 和 Tet^r),便于筛选阳性克隆。缺失抗药性基因的大肠埃希菌不能在含有该抗生素的培养基中生长,而一旦被 pBR322 质粒所转化,即从中获得对抗生素的抗性;③有数个单一限制性酶切位点,可用于插入外源 DNA 片段。如酶切位点 *Bam*H Ⅰ 位于 *Tet*^{r} 基因内,Pst Ⅰ 位于 *Amp*^{r} 基因内。当外源 DNA 片段插入这些抗性位点时,则导致 Amp 敏感(Amps)或 Tet 敏感(Tets),即插入失活,质粒 DNA 编码的抗生素抗性基因的插入失活,是非常有用的检测重组质粒的方法;④具有较小的分子质量,不仅易于自身 DNA 纯化,而且能有效克隆 6kb 大小的外源 DNA 片段;⑤具有较高的拷贝数,为重组 DNA 的制备提供了极大方便。

2. pUC 质粒载体系列 pUC 系列载体是在 pBR322 质粒载体的基础上,插入了一个来自 M13 噬菌体并带有一段 MCS 的 *LacZ'*基因,形成具有双重检测特性的质粒载体。以 pUC19 质粒载体为例(图 11-7),典型的 pUC 系列载体包含如下组分:①复制起始点 Ori,来自 pBR322 质粒;②*Amp*^{r}基因,来自 pBR322 质粒,但其 DNA 序列已不再含有原来的限制性酶切位点;③*LacZ'*基因,来自大肠埃希菌 β-半乳糖苷酶基因(*LacZ*)的启动子及其编码 α-肽链的 DNA 序列;④MCS 区段,来自 M13 噬菌体,位于 *LacZ'*基因中靠近 5′末端位置,但并不破坏该基因的功能。

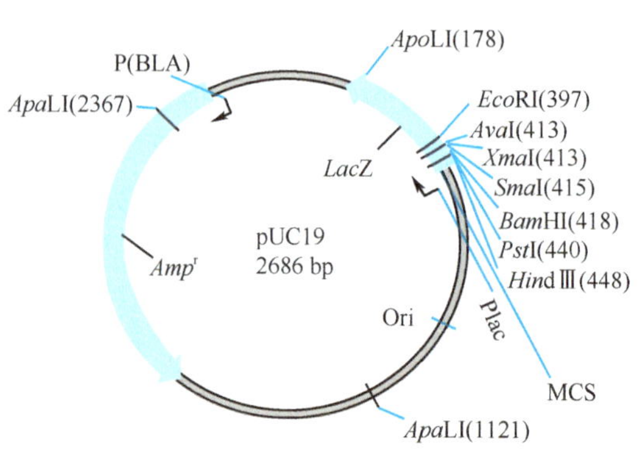

图 11-7 pUC19 质粒载体图谱

pUC 载体系列大多是成对的,如 pUC18/19、pUC12/13、pUC8/9 等,成对载体的其他特性完全相同,只是 MCS 的排列方向相反,这就提供了更多的克隆策略选择机会。pUC

载体系列已成为 pBR322 的替代载体，是基因重组中应用较普遍的质粒载体。pUC 质粒载体的优点：①具有更小的分子质量和更高拷贝数；②适用于组织化学方法检测重组体，pUC 载体中含有 *LacZ'* 基因，可编码 β-半乳糖苷酶氨基端的 146 个氨基酸残基形成 α-肽链，该 α-肽链与宿主细胞中 F′因子上的 *LacZ'* △M15 基因（α-肽链缺陷型）的产物互补，产生完整的、有活性的 β-半乳糖苷酶，此酶可分解生色底物 X-gal（5-溴-4-氯-3-吲哚-β-D-半乳糖苷）形成蓝色菌落。当外源基因插入 MCS 后，*LacZ'* α-肽链基因的读码框被破坏，不能合成完整的 β-半乳糖苷酶分解底物 X-gal，菌落呈白色。用这种方法可筛选阳性重组体，称为“蓝白斑”筛选；③pUC 载体系列的 MCS 与 M13mp 系列对应，因此克隆的外源 DNA 片段可以在两类载体系列之间来回“穿梭”，使得克隆序列的测序极为方便。

3. 其他质粒载体　①能在体外转录克隆基因的质粒载体，此类载体由 pUC 系列质粒载体衍生而来，携带有噬菌体 T7、SP6 的启动子，这些启动子为 RNA 聚合酶的附着提供了特异性识别位点，使载体能在体外转录插入的外源 DNA。如 pGEM-3Z/4Z 是由 pUC18/19 改造而来，大小为 2.74kb，序列结构几乎与 pUC18/19 完全一样，不同之处是载体的 MCS 两端添加了 SP6 和 T7 噬菌体启动子。而 pGEM-3Z/4Z 之间的差别仅在于 SP6 和 T7 两个启动子的位置互换、取向相反；②穿梭质粒载体（shuttle plasmid vector）。这是一类人工构建的具有两种不同复制起点和选择标记，可在两种不同的宿主细胞中存活和复制的质粒载体。这类质粒载体可携带外源 DNA 序列在不同物种的细胞之间，特别是在原核和真核细胞之间往返穿梭，因此在基因工程研究中非常有用。

4. TA 克隆载体　此类载体是专为克隆 PCR 产物而设计的，它们的共同点是在其 MCS 两侧的 3′末端携带有未配对的 T 碱基。许多耐热的 DNA 聚合酶（如 *Taq*、Tth 等）扩增时都在 PCR 产物 3′末端加上 A 碱基，因此在连接酶的作用下可直接将 PCR 产物插入到 TA 载体中。TA 克隆载体的突出优点是能直接克隆 PCR 产物，获取、连接外源 DNA 不受酶切位点的限制，近年来得到非常广泛的应用。

（二）噬菌体载体

噬菌体（bacteriophage，phage）是一类以细菌为宿主的病毒，可用于克隆和扩增特定的 DNA 片段，是广泛使用的基因克隆载体。

1. λ 噬菌体载体　野生型 λ 噬菌体的基因组为线状双链 DNA，全长 48.5kb，由左右两臂组成，共含有 66 个基因，线性 DNA 分子的两端带有 12 个碱基组成的彼此完全互补的 5′单链突出黏性末端，称为 cos 位点。进入宿主细胞的线性 DNA 分子会借助 cos 位点互补连接形成环状双链结构，按 θ 方式及滚环方式进行复制。λ 噬菌体感染细菌后，可进入溶菌生命周期及溶原生命周期。溶菌性生长是 λ 噬菌体基因组晚期基因表达，大量复制噬菌体 DNA，并包装成病毒颗粒，通过裂解宿主细胞而释放出来，这一生长方式可使 λ 噬菌体克隆外源 DNA 后大量复制。溶原性生长是 λ 噬菌体只表达早期基因，通过与宿主染色体 DNA 重组、整合，随宿主染色体的复制而复制，在宿主细胞内只有一个拷贝的噬菌体基因组 DNA。

λ 噬菌体在大肠埃希菌中繁殖所必需的序列位于左右两臂，基因组中间约 1/3 的序列不是病毒生活所必需的成分，可以被大小相当的外源 DNA 片段取代，重组后的 λDNA 其大小应在原来长度的 75%～105% 之间，才能在体外包装成有感染性的噬菌体颗粒，感染细菌后在细菌体内繁殖（图 11-8）。

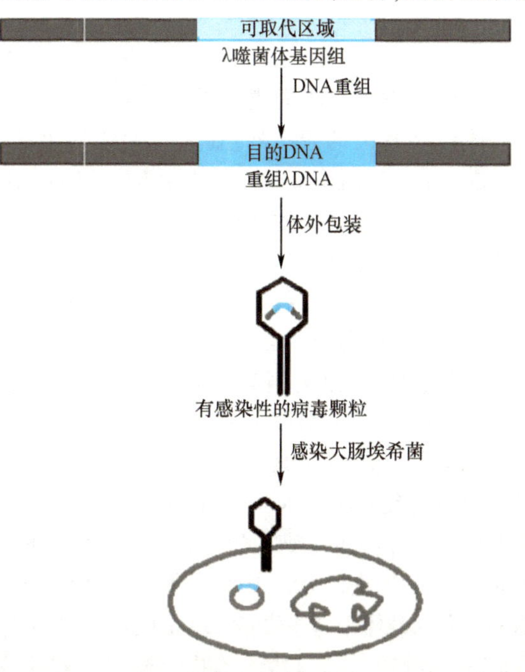

图 11-8　λ 噬菌体作为载体用于基因克隆的示意图

λ 噬菌体是最早发展和使用的基因工程载体，以溶菌方式生长。与质粒载体相比，其突出优点是可插入较大外源 DNA 片段，并且其感染效率远高于质粒载体的转化效率。在野生型 λDNA 基础上构建的载体可分为两类：一类具有两个或两组内切酶位点，经酶切除去基因组中噬菌体正常生长非必需的序列，由外源基因片段取代之，这种载体称为置换型载体（replacement vector 或 substitution vector），如 Charon 系列、EMBL 系列等。另一类为具有供外源基因片段插入的单一内切酶位点，这种载体称为插入型载体（insertion vector），如 λgt10/11、 λZAP 等。

EMBL3/4λ 克隆载体中非必需序列两端各有一个含多个单一限制性核酸内切酶位点的接头，但方向相反。用两种不同的限制性核酸内切酶切割 EMBL 载体后，即可直接与具有相同切口的外源 DNA 片段连接，重组效率很高，可容纳 9～23 kb 的外源片段，常用于构建基因组 DNA 文库。

λgt10/11 载体能克隆 7kb 以下的外源 DNA，适用于构建 cDNA 文库。外源 DNA 的插入位点处于 λgt10 的阻遏物(repressor) λ*C* Ⅰ基因上，DNA 插入后使 *C* Ⅰ基因失活，重组噬菌体可使大肠埃希菌形成透明斑点，而未重组的 λgt10 CI^{+}形成浑浊斑点，很易区分。λgt11 载体含有 *LacZ'* 基因，外源 DNA 插入位点在其编码的羧基端。当插入的 cDNA 阅读框架与 *LacZ'* 基因相一致时，能产生融合蛋白，可用免疫学方法进行检测。此外，重组的 λgt11 因 *LacZ'* 基因失活，故在含 X-gal 培养基中形成白斑，而未重组的 λgt11 则形成蓝斑，便于区分筛选。

2. 黏粒载体 虽然用 λ 噬菌体作为载体可插入 23 kb 的外源 DNA 片段，但有些基因可达 35～40 kb 或更大，而且在分析基因组结构时，还需要了解相连锁的基因及基因的排列顺序，这就要求克隆更大的 DNA 片段。黏粒可作为克隆大片段 DNA 的一种载体，如图 11-9 所示。

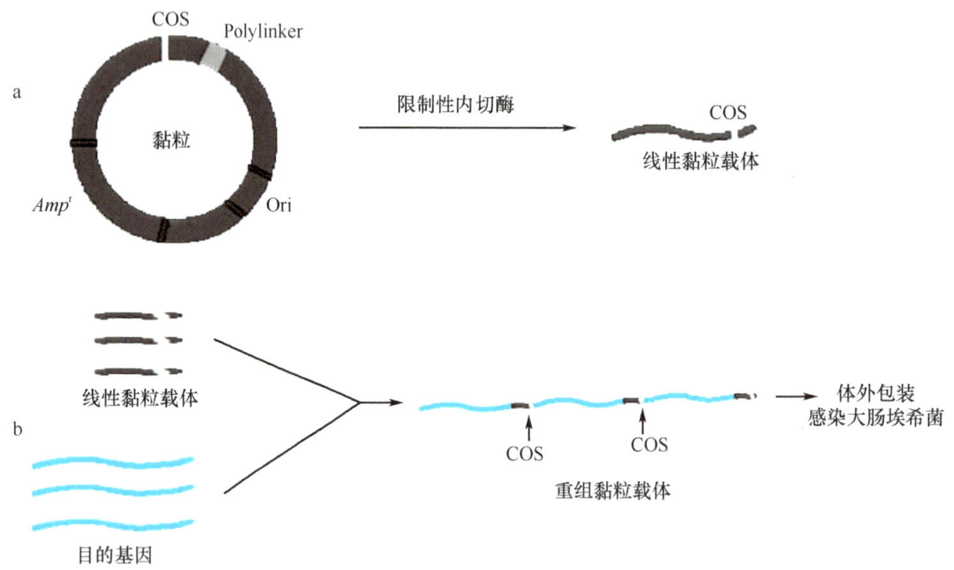

图 11-9 黏粒作为载体进行基因克隆的一般过程

黏粒，又称柯斯质粒(cos site-carrying plasmid, cosmid)，是由 λ 噬菌体的 cos 黏性末端和质粒构建而成。目前已发展出不同类型的黏粒载体，具有以下结构(图 11-9a)：①含有 λDNA 的 cos 黏性末端及与噬菌体包装有关的短序列，在 λ 噬菌体的生活周期中，通过 cos 位点的突出单链相互补，可将多个 λDNA 串联在一起，若两个 cos 位点相距 35～45kb，就能被包装酶系识别并切断而包装成病毒颗粒；②含有质粒的自主复制成分和耐药性标记。当体外重组的黏粒分子包装成病毒颗粒感染细菌后，可按质粒方式在细菌中进行复制、扩增，黏粒载体所携带的抗药性基因，可作为重组体分子的筛选标记；③含有一段带有一个或多个单一限制性核酸内切酶位点的多聚物接头(polylinker)，用于插入外源 DNA 片段；④黏粒分子小，如 pJB8 为 5.4kb，可插入大片段的外源 DNA(可达 45 kb)；⑤某些黏粒若接上能在真核细胞生活的元件(如 SV40 复制区及启动子)及选择标记，便可作为穿梭载体在真核细胞中生存及表达。

3. M13 噬菌体载体 M13 噬菌体(M13 phage)是一种丝状噬菌体，基因组全长 6.4kb，为闭环单链 DNA。M13 只能感染雄性大肠埃希菌，在细菌内复制时形成双链 DNA，这种复制型(replication form, RF) M13 相当于质粒，可用作基因克隆载体。当 RF M13 在细菌内达到 100～200 个拷贝后，DNA 的合成就变得不对称，M13 只合成单链 DNA，经包装成噬菌体颗粒而分泌至细胞外。因此可利用 RF M13 作为载体插入外源 DNA，使其在细菌内产生单链 DNA，以进行 DNA 序列分析、体外定点突变和核酸杂交等。通过对 M13 噬菌体进行改造，已成功构建 M13mp 系列载体。这些载体大多是成对的，且有 pUC 质粒系列的 MCS 与之相对应，如 M13mp8/9、M13mp10/11 及 M13mp18/19 等，它们都含有携带 MCS 序列的 *LacZ'* 基因。

M13 噬菌体载体克隆的外源 DNA 不宜大于 1.5kb，这就限制了其在基因克隆中的应用。为解决这一问题，已发展出一类由质粒和单链噬菌体组合而成的载体系列，称为噬菌粒(phagemid)，如 pUC118/119 噬菌粒载体。

(三) 人工染色体载体

人工染色体载体是为了克隆更大的 DNA 片段以及建立真核生物染色体物理图、进行序列分析等而发展起来的一类新型载体。

酵母人工染色体(yeast artificial chromosome, YAC)载体是第一个成功构建的人工染色体载体，用于在酵母细胞中克隆大片段外源 DNA。YAC 载体由酵母染色体、酵母 2μm DNA 质粒的复制起始序列等元件衍生而成，主要包括以下调控元件：①着丝粒(centromere, CEN)，以保证染色体在细胞分裂过程中正确地分配到子代细胞；②端粒(telomere, TEL)，作为染色体复制所必需的成分，可防止染色体被核酸外切酶降解而缩短；③复制起始点和限制性酶切位点；④YAC 载体的两臂均带有选择标记(marker)；⑤原核序列及调控元件，包括大肠埃希菌复制起始点、Amp^r基因等，以便于在大肠埃希菌中操作。典型的 YAC 载体结构及克隆过程如图 11-10 所示。YAC 载体可插入 100~2000 kb 外源 DNA 片段，是人类基因组计划中绘制物理图谱所采用的主要载体。

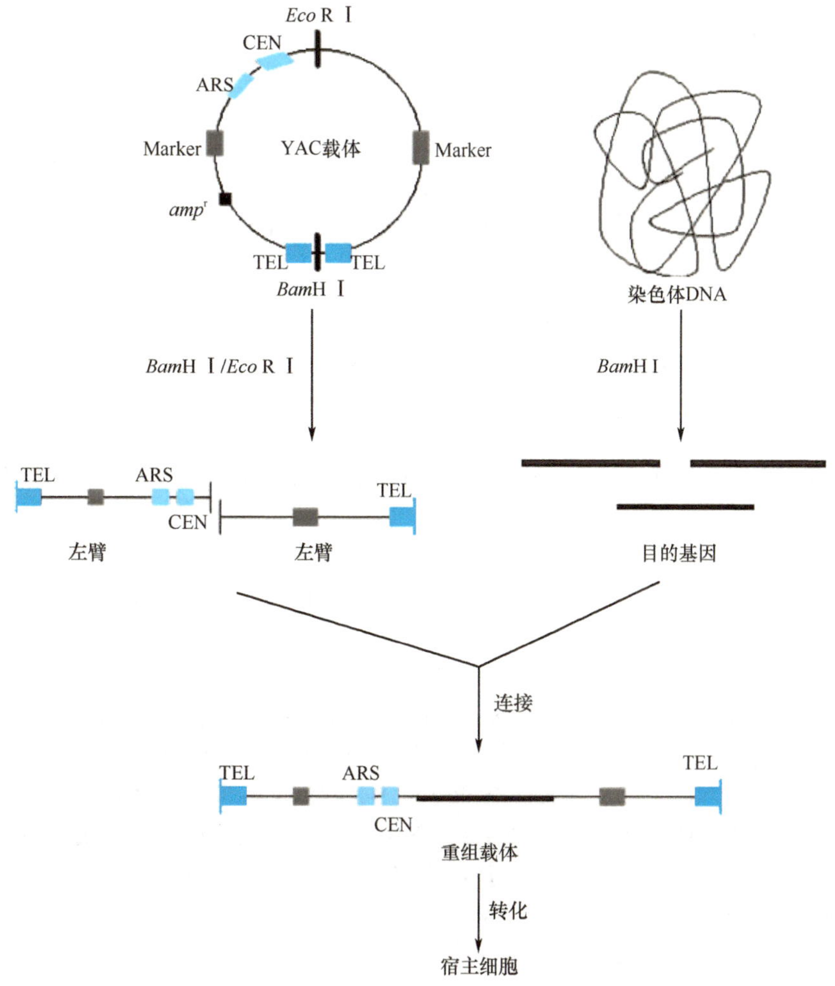

图 11-10　YAC 载体结构图及基因克隆的一般过程

细菌人工染色体(bacterial artificial chromosome, BAC)载体是继 YAC 载体之后的又一人工染色体载体，是以细菌的 F 因子(一种特殊质粒)为基础构建而成，可插入 100~300 kb 外源 DNA 片段。与 YAC 载体相比，BAC 载体具有克隆稳定、易与宿主 DNA 分离等优点，是人类基因组计划中基因序列分析所用的主要载体。此外，噬菌体 P1 衍生的人工染色体(PAC)载体和哺乳动物人工染色体(MAC)载体也在不断发展中。

(四) 病毒载体

前述的质粒载体、噬菌体载体都是以原核细胞(如大肠埃希菌)作为宿主细胞。近年来为适应真核细胞重组 DNA 技术的需要，特别是为实现真核基因表达或基因治疗的需要，已发展出用动物病毒(如 SV40、牛乳头瘤病毒、腺病毒及反转录病毒等)改造的病毒载体及用于昆虫细胞表达的杆状病毒载体等。

目前常用的病毒载体有整合型和游离型两类。整合型载体可整合到宿主细胞的染色体上,随染色体一起复制,可持续表达外源基因,但存在插入诱变的危险。游离型载体并不整合到宿主染色体 DNA 上,而是游离于染色体外瞬时表达外源基因,有较好的安全性。反转录病毒载体和腺病毒载体是两种最常用于哺乳动物细胞的病毒载体,其主要特点见第 18 章第 2 节。

二、表达载体

表达载体(expression vector)是用来在受体细胞中表达外源基因的 DNA 分子,主要是为了转录插入的外源 DNA 序列,并进而翻译成多肽链。表达载体是在克隆载体的基础上衍生而来的,主要增添了与宿主细胞相适应的强启动子,以及有利于表达产物分泌、分离或纯化的元件。受体细胞不同,表达载体也各不相同。如针对大肠埃希菌、芽孢杆菌及链霉菌、酵母、哺乳动物细胞、昆虫细胞等不同的受体细胞,需要分别选用相匹配的表达载体才可能使外源基因有效表达。下面介绍大肠埃希菌表达载体和哺乳动物细胞表达载体的一般特性。

(一)原核表达载体

要利用原核系统表达外源基因,必须使用原核表达载体。与其他克隆载体相同,原核表达载体也带有原核的复制起始点 Ori、合适的筛选标记(如 Amp^r)等。除此之外,大肠埃希菌表达载体还具有以下调控元件。

1. 含有强启动子(P)及其两侧的调控序列 调控序列包括操纵序列(operator,O)和阻遏物(repressor)编码基因,该基因编码一种阻遏蛋白,与操纵序列结合,调节启动子与 RNA 聚合酶的结合。启动子及其两侧的调控序列能调节克隆的外源基因的转录,产生大量 mRNA,常用的启动子有 trp-lac 启动子、λ 噬菌体 P_L 和 P_R 启动子以及 T7 噬菌体启动子等。

2. 含有 S-D 序列 S-D 序列是外源基因在原核细胞中翻译的必需成分,提供了能被核蛋白体 30S 小亚基中 16S rRNA 的 3′端部分序列识别、结合的位点,故又称为核蛋白体结合位点(ribosome binding site,RBS)。S-D 序列位于起始密码子 AUG 的上游,而且与 AUG 之间要有合适的距离,从而启动正确、高效的翻译过程.

3. 带有转录终止序列(transcription termination sequence) 多数表达载体都携带转录终止序列,此序列可保证外源基因在原核细胞中高效、稳定表达,一般在外源基因下游加入不依赖 ρ 因子的转录终止序列,以避免 RNA 过度转录。

4. 含有携带多聚物接头的克隆位点(cloning sites) 此克隆位点可保证外源基因按正确的方向插入表达载体中,且阅读框架保持不变。

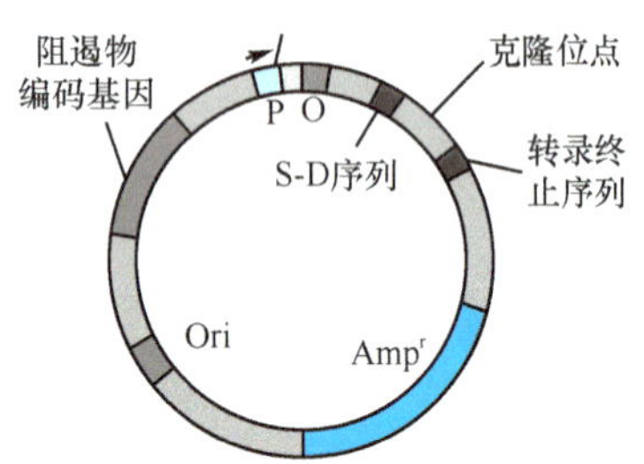

图 11-11 大肠埃希菌表达载体的结构图

大肠埃希菌表达载体的一般结构见图 11-11。

如果要实现外源基因在原核细胞中的分泌型表达,则需要分泌型表达载体。分泌型表达载体除含有强启动子及其调控序列、S-D 序列等元件外,必须在 S-D 序列下游带有一段编码信号肽的序列。此序列编码的信号肽是由 15~30 个氨基酸残基组成的多肽,当外源蛋白的 N 末端与信号肽连接时,信号肽可引导蛋白质进入内质网,其自身则在内质网中被信号肽酶水解,释放出外源蛋白。常用的信号肽有 OmpA、PelB、PhoA 和 Hly 等,不同蛋白质的分泌需要不同的信号肽,在实际工作中应予以选择与测试。

(二)真核表达载体

真核表达载体大多是穿梭载体,既含有原核克隆载体的复制子、抗性筛选标记和 MCS 等序列,利于在原核细胞中进行外源基因的重组和载体的扩增;又含有真核细胞的启动子、增强子、剪接信号、转录终止信号和 PolyA 加尾信号及遗传选择标记等组件,便于在真核细胞中高效、正确表达外源基因。哺乳动物细胞表达载体通常包括以下元件。

1. 真核启动子 启动子位于目的基因上游,决定转录的起始及速度,其转录效率因细胞而异。在实际工作中,应根据宿主细胞的类型选择不同的启动子,常用的启动子包括 SV40 病毒早期基因启动子(SV40)、人类巨细胞病毒(CMV)启动子、Rouse 肉瘤病毒(RSV)启动子及基因组长末端重复序列(LTR)等。

2. 增强子 增强子(enhancer)是能提高基因转录效率的短 DNA 序列,发挥作用时与所处的位置或方向无关。许多来源于病毒的增强子具有广泛的宿主范围，在不同类型的细胞中促转录活性相差很大，应根据宿主细胞来选择增强子。

3. 剪接信号　真核基因的初级转录产物通常需要剪接去除内含子而成为成熟的 mRNA，mRNA 剪接所需的信号位于内含子的 5′与 3′末端。一般选择在哺乳动物基因转录单位中带有剪接信号的载体。

4. 转录终止信号和 PolyA 加尾信号　转录终止信号常位于 PolyA 位点下游的一段 DNA 区域内。为使转录后生成的 mRNA 能有效进行切割和添加 PolyA 尾，在真核表达载体中必须含有转录终止信号和 PolyA 加尾信号，最常用的 PolyA 信号是来自 SV40 的一段 237bp 的 *Bam*H Ⅰ-*Bcl* Ⅰ 限制性片段。为筛选出含重组体的转染细胞，表达载体需带有可供筛选的遗传标记。常用的标记基因有：胸苷激酶基因（tk）、二氢叶酸还原酶基因（dhfr）、氯霉素乙酰转移酶基因（cat）、新霉素抗性基因（neo^r）等。

第四节　基因工程的基本过程

要进行基因工程操作，首先需要获得目的基因。目的基因（target DNA 或 interest DNA）是指待研究或应用的特定基因，亦即待克隆或表达的基因，又称为外源基因（foreign DNA）。获得目的基因后必须将其插入合适的载体中才能够在宿主细胞内扩增或表达，将目的基因插入载体 DNA 分子的过程即为 DNA 重组，所形成的新的杂合体分子即为重组 DNA 分子或重组体（recombinant）。选择不同的方法将体外构建的重组 DNA 分子导入合适的受体细胞，通过筛选与鉴定最终实现克隆基因的扩增或表达。

一、目的基因的获得

根据研究目的和基因来源的不同，可选用不同的方法获取目的基因。

（一）化学合成法

若已知目的基因的核苷酸序列，或根据基因产物的氨基酸序列能推导出其核苷酸序列，则可利用全自动 DNA 合成仪化学合成该目的基因。对于短片段的基因，化学合成效率极高；对于较长的基因，可先将其划分为较短的片段分段合成，然后再拼接成一个完整基因。化学合成法可以改变原始的基因序列，甚至可以合成自然界不存在的基因序列。在合成过程中可根据需要改变核苷酸密码子，如将真核基因中不易在大肠埃希菌中利用的稀有密码子改变为大肠埃希菌偏爱的密码子，以实现真核基因在原核细胞中的高效表达。

化学合成基因具有快速、有效、不需收集基因来源的优点，特别对于获取小片段目的基因、设置某种生物偏爱密码子、消除基因内部的特定酶切位点以及获取天然基因的衍生物等更具优势。采用化学合成方法已得到多种基因，如抑生长素基因、胰岛素基因、生长激素基因和干扰素基因等。

（二）PCR 或 RT-PCR 法

若已知目的基因的全序列或目的基因片段两侧的 DNA 序列，可采用 PCR 或 RT-PCR 方法从组织或细胞中获取目的基因。对于和已知基因序列相似的未知基因，也可利用此法进行扩增。

PCR 或 RT-PCR 方法是目前实验室最常用的获取目的基因的方法，它具有简便、快速、特异等优点。此法能在很短时间内，用特异性的引物将仅有几个拷贝的基因扩增至数百万个拷贝，而且还可以根据实验需要在引物序列上设计适当的酶切位点、起始密码子或终止密码子等，或通过错配改变某些碱基序列对基因片段进行有限的修饰。

（三）从基因文库中筛选

基因文库是指包含了某一生物体全部 DNA 序列的克隆群体。根据 DNA 的来源不同可分为基因组 DNA 文库（genomic DNA library）和 cDNA 文库（cDNA library）。

基因组 DNA 文库是指包含有某种生物体全部基因组片段的重组 DNA 克隆群体，其储存着一个细胞或生物体的全部基因组的编码区和非编码区的 DNA 片段，含有基因组的全部遗传信息。构建基因组文库时，先从组织细胞中分离纯化基因组 DNA，用适当的限制性核酸内切酶将基因组 DNA 切割成一定大小的片段，再将这些片段与适当的克隆载体（如 λ 噬菌体、黏粒、YAC 或 BAC 载体等）连接，获得一群含有不同 DNA 片段的重组体，继而将重组体转入受体菌中，使每个受体菌内携带一种重组体。在一群受体菌中，每个细菌所包含的重组体内可能存在不同的基因组 DNA 片段，这些细菌中所携带的各种大小不同的 DNA 片段的集合就代表了一个细胞或生物体的基因组。

以 mRNA 为模板，根据碱基配对原则，由反转录酶催化合成相应的 cDNA。cDNA 文库是指某一组织或细胞在一定条件下所表达的全部 mRNA 经反转录而合成的全部 cDNA 的克隆群体，它将细胞的基因表达信息以 cDNA 的形式贮存于受体菌中。不同种类和不同状态的细胞可有不同的 cDNA 文库，这与基因组文库不同。其构建过程除了反转录外，其他步骤基本上与基因组 DNA 文库的构建相同。

大部分未知基因的获得，需要先构建基因组 DNA 文库或 cDNA 文库。基因文库构建成功后，可采用适当的方法（如特异性探针杂交筛选法、PCR 法等）从中筛选出含有目的基因的克隆，再进行扩增、分离、回收，最后获取目的基因。除通过构建文库的方法筛选未知的目的基因外，近年来 mRNA 差异显示技术和差异蛋白质谱表达技术也被用来筛选差异表达基因和功能基因。

二、目的基因的体外重组

DNA 体外重组是在 DNA 连接酶的催化下，将外源基因与载体分子连接成一个重组 DNA 分子的过程。不同性质、来源的外源 DNA 片段与载体分子的连接方式各不相同。

（一）黏性末端连接

目的基因与载体分子用同一种限制性核酸内切酶或同尾酶切割成具有相同黏性末端的 DNA 片段后，在 DNA 连接酶的作用下形成重组 DNA 分子，这是 DNA 体外重组最普遍的一种连接方式。例如，外源 DNA 和载体分子被 *Eco*RⅠ酶切后，产生带有相同单链突出的黏性末端 AATT，二者可通过 AATT 碱基互补配对，仅在双链 DNA 上留下缺口，DNA 连接酶可催化缺口上游离的 5′-P 与相邻的 3′-OH 之间生成磷酸二酯键而封闭缺口。

用同一种限制性内切酶或同尾酶切割载体分子或目的基因后，由于 DNA 分子两端带有相同的黏性末端，载体分子则可通过黏性末端的互补自身连接环化，目的基因也可借助黏末端的互补连接形成多聚体，而且目的基因可能会以两个方向插入载体中。为解决这些问题，可选用两种不同的限制性内切酶切割 DNA 分子，在其两端形成不同的黏性末端或一端是黏性末端、另一端是平末端。用 *Eco*RⅠ和 *Pvu*Ⅱ分别酶切目的基因和载体，产生的 DNA 分子末端不能自身互补配对，目的基因只能与载体连接，而且只能以一个方向插入载体分子中，这种克隆方案即为定向克隆（图 11-12）。具有不同黏性末端的载体与目的基因，连接形成重组体的几率很高。

（二）平末端连接

某些限制性核酸内切酶对 DNA 分子和载体 DNA 切出平齐的末端，可利用 DNA 连接酶将其连接，这就是平末端连接法。平末端连接要求 DNA 的浓度较高，连接酶的用量也比黏性末端连接大 20～100 倍，因此其连接效率比黏性末端连接低很多。平末端连接时，载体自连的几率较高，而且往往在重组体中有目的基因的多聚体及双向插入等。

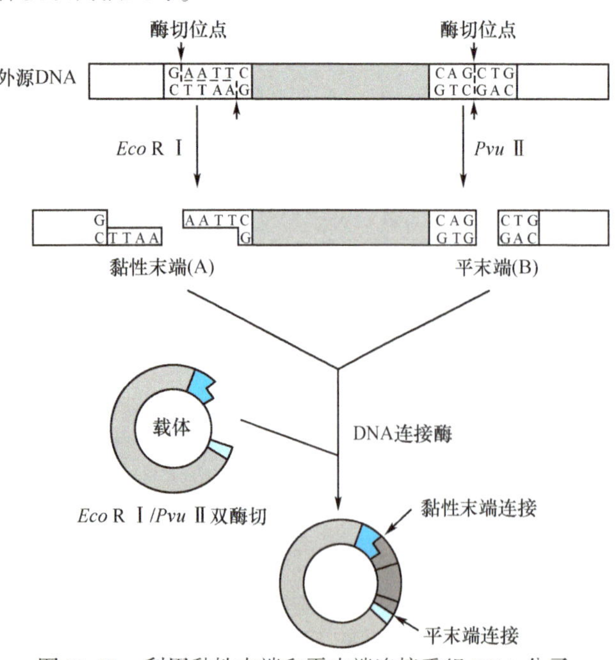

图 11-12 利用黏性末端和平末端连接重组 DNA 分子

如果目的基因和载体上没有相同的限制性核酸内切酶位点，那么用不同的限制性核酸内切酶切割后产生的黏性末端则不能互补结合，此时可选用适当的酶将 DNA 分子突出的黏性末端消化平齐（如 S1 核酸酶）或补齐（如 Klenow 酶），再用 DNA 连接酶连接。

（三）人工接头连接

人工接头连接法是在待连接的载体分子或外源目的基因两端，接上一段人工合成的含有限制性核酸内切酶识别序列的 DNA 片段（即多聚物接头 polylinker）。借此可用限制性核酸内切酶将其切开，产生黏性末端，再将目的基因与载体 DNA 连接（图 11-13），先合成一段含有几种限制性核酸内切酶位点的接头，然后在 DNA 连接酶催化下，将人工合成的多聚物接头插入经 *Eco*RⅠ酶切的载体中，产生新的 DNA 序列。最后用合适的限制性核酸内切酶切割载体，产生黏性末端，再与具有相同黏性末端的目的基因退火连接，形成重组 DNA 分子。

（四）同聚物加尾连接

如果待连接的两个 DNA 片段均为平末端，或两个 DNA 片段的连接端不是互补的黏性末端，则可通过同聚物加尾法在其末端引入互补黏性末端，即利用末端转移酶把互补的多聚核苷酸（poly A 与 poly T 或 poly G 与 poly C）接到两个 DNA 片段的末端，然后用 DNA 连接酶将其连接。如图 11-14 所示，在末端转移酶催化下，在外源 DNA 分子的 3′-OH 端接上 poly A，载体 DNA 分子的 3′-OH 端接上 poly T，这样就在外源目的基因和载体两端产生互补的多聚物黏性末端，二者退火后由 DNA 连接酶封闭缺口形成重组分子。

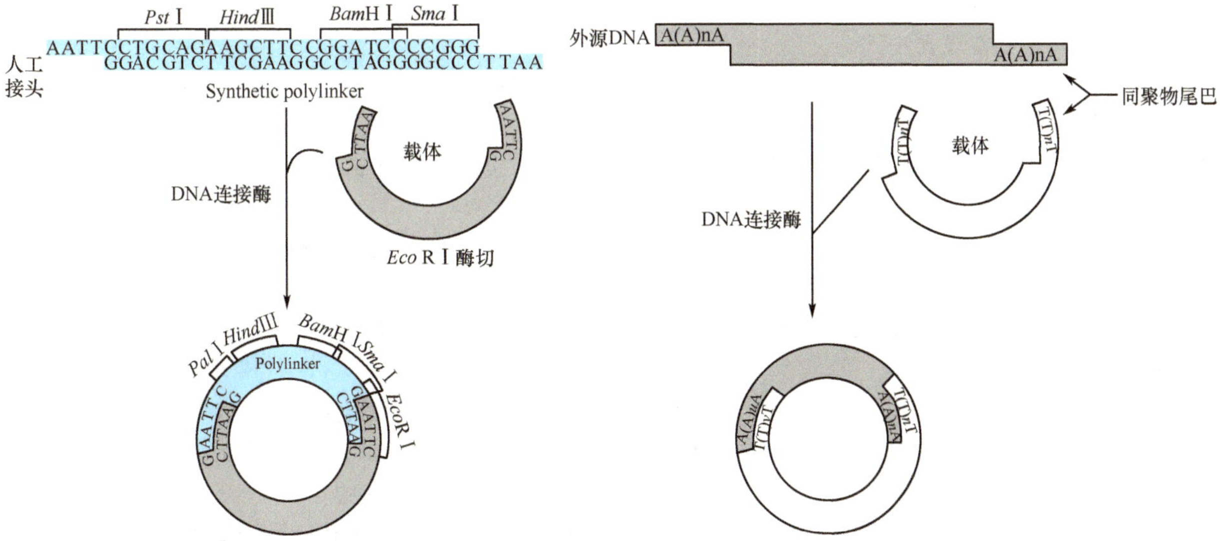

图 11-13　利用人工合成的接头连接重组 DNA 分子　　图 11-14　利用同聚物加尾法连接重组 DNA 分子

（五）T-A 克隆

T-A 克隆策略是一种直接将 PCR 产物插入到载体中的方法。前已述及 TA 克隆载体两侧的 3′末端带有突出的 T 碱基，而 PCR 扩增后产物两侧的 3′末端会加上突出的 A 碱基，这样载体与 PCR 产物之间通过 T-A 互补配对，再在 DNA 连接酶的作用下封闭缺口形成重组分子。

三、重组 DNA 分子的导入

体外构建的重组 DNA 分子需要导入合适的受体细胞才能进行复制、扩增或表达。选定的受体细胞应具备以下特性：易于接纳重组 DNA 分子的导入；对载体的复制、扩增或表达无严格限制；不存在特异性降解外源 DNA 的酶系统；不能对外源 DNA 进行修饰；能表达导入的重组体分子所提供的某种表型特征。受体细胞包括原核细胞和真核细胞，不同的重组 DNA 分子需要在适当的受体细胞中扩增、表达，因此应选择不同的导入方法。

（一）转化

转化（transformation）是指将质粒 DNA 或以质粒为载体构建的重组 DNA 分子导入细菌（原核细胞）的过程。常用的细菌是大肠埃希菌 K12 突变体菌株，该菌株在人的肠道几乎不存活或存活率极低，而且由于丧失了限制体系，故不会降解导入细胞内未经修饰的外源 DNA。转化前需要用一定的方法处理细菌细胞，使之处于容易接受外源 DNA 分子的状态，此时的细胞称为感受态细胞（competent cell）。

最常用的转化方法是 $CaCl_2$ 法，即用低渗 $CaCl_2$ 溶液在 0～4℃条件下处理快速生长期的细菌，使细菌细胞壁和膜的通透性增加，处于感受态，然后加入重组 DNA 或质粒 DNA，通过 42℃短时间热激作用促使 DNA 分子进入细胞内。大肠埃希菌转化的关键是感受态细菌的制备，用冰预冷的 $CaCl_2$ 处理制备的感受态细菌，其转化效率可达 $10^6 \sim 10^7$ 个转化子/μg DNA。此外，还可采用电穿孔法（electroporation）进行转化。该法比 $CaCl_2$ 法操作简单，除需特殊仪器外，无需制备感受态细胞，适用于任何菌株，转化效率较高，可达 $10^9 \sim 10^{10}$ 个转化子/μg DNA。

（二）转染

转染（transfection）是指将质粒载体、噬菌体载体、病毒载体或以此为载体构建的重组 DNA 分子导入真核细胞的过程。已接受外源 DNA 分子的细胞称为转染细胞（transfectant）。导入细胞内的 DNA 分子可以被整合至真核细胞染色体，经筛选而获得稳定转染（stable transfection）；也可以游离在宿主细胞染色体外短暂地复制表达，不加选择压力而进行瞬时转染（transient transfection），转染后细胞内 DNA 分子的表达即为瞬时表达（transient expression）。常用的转染方法有以下几种。

1. 磷酸钙转染法 将被转染的 DNA 和磷酸钙混合形成磷酸钙-DNA 共沉淀物后，使其附着在培养细胞的表面，然后通过内吞作用被细胞捕获。该法不需要昂贵的仪器和试剂，是将外源 DNA 导入哺乳动物细胞中进行瞬时或稳定转染的常规方法。

2. 二乙氨乙基（DEAE）-葡聚糖介导转染法 DEAE-葡聚糖是一种高分子阳离子多聚物，能促进哺乳动物细胞捕获外源 DNA，其机理可能是 DEAE-葡聚糖与 DNA 结合成复合物，可保护 DNA 免受核酸酶的降解，或 DEAE-葡聚糖与细胞膜发生作用，促进细胞对 DNA 的内吞作用。此法比磷酸钙转染法重复性好，但最适宜于瞬时转染。

3. 电穿孔转染法 对于磷酸钙转染法等不能将外源 DNA 导入受体细胞的，可利用很短促的高压电脉冲，在受体细胞的质膜上形成暂时性微孔，外源 DNA 可通过这些微孔进入细胞。该方法由于操作简单且转染效率高而被广泛应用，几乎可转染任何细胞用于瞬时或稳定表达。但是该法需要专门仪器，而且导入前必须进行预实验，以确定最佳实验条件。

4. 脂质体转染法 用阳离子脂质体（liposome）包裹 DNA，通过与细胞膜融合将外源 DNA 导入细胞。脂质体转染法可用于瞬时或稳定表达，操作简单，转染效率高，重复性好，且毒性低、包装容量大，是近年来广泛使用的转染方法，但试剂相对昂贵。

5. 显微注射法 通过显微注射装置将外源 DNA 直接注入细胞核中进行表达。该法虽然转染效率高，但需要一定的仪器和操作技巧，主要用于进行稳定表达的细胞转染。

（三）感染

感染（infection）是指以人工改造的噬菌体或病毒为载体构建的重组 DNA，经体外包装成具有感染性的噬菌体颗粒或病毒颗粒后，借助噬菌体或病毒的外壳蛋白将重组 DNA 注入细菌或真核细胞，使目的基因得以复制繁殖的过程。感染的效率很高，但重组 DNA 分子需经过较为复杂的体外包装过程。

四、重组 DNA 分子的筛选与鉴定

重组 DNA 分子转化、转染或感染受体细胞，经适当培养得到大量转化子、转染细胞或噬菌斑后，需采用特殊的方法从中筛选出含目的基因的重组体克隆，并进一步确定这些克隆中确实带有外源目的基因。根据不同的载体系统、相应的宿主细胞特性及外源 DNA 的性质，选用不同的筛选和鉴定方法。

（一）根据重组载体的遗传表型进行筛选

1. 根据载体的耐药性标记筛选 多数克隆载体都带有抗生素抗性基因，如 Amp^r、Tet^r等。当带有完整耐药性基因的载体转化无耐药性细胞后，理论上讲，凡转入载体的细胞都获得了耐药性，能在含相应抗生素的培养板上生长成菌落，而未被转化的细胞不能生长。但是在培养板上生长的菌落，除含有重组体分子外，可能也含有自身环化的载体、未酶切完全的载体以及非目的基因插入的载体等，因此还需要进一步筛选鉴定。

2. 根据载体的耐药性标记插入失活选择 在含有两个耐药性基因载体中，外源目的片段插入其中一个基因，并导致其失活，可用两个含不同抗生素的平板互相对照筛选含重组体的阳性菌落。如携带完整 pBR322 质粒的细胞，能够在含 Amp 和 Tet 的培养基中生长，若质粒的 Tet^r基因被外源基因插入后失活，细胞则失去对 Tet 的抗性，这样只能在含 Amp 的培养基中生长、而不能在含 Tet 的培养基中生长的菌落即为含重组质粒的阳性菌落（图 11-15）。

3. 根据 β-半乳糖苷酶显色反应筛选 pUC 系列载体及其他一些载体中含有 *LacZ′* 基因，可通过"蓝白斑"标记进行筛选。含重组 DNA 分子的菌落在 IPTG/X-gal（IPTG 是 β-半乳糖苷酶产生的诱导剂）培养基上呈白色，而没有外源片段插入的载体转化的细菌则将呈现蓝色（图 11-16）。

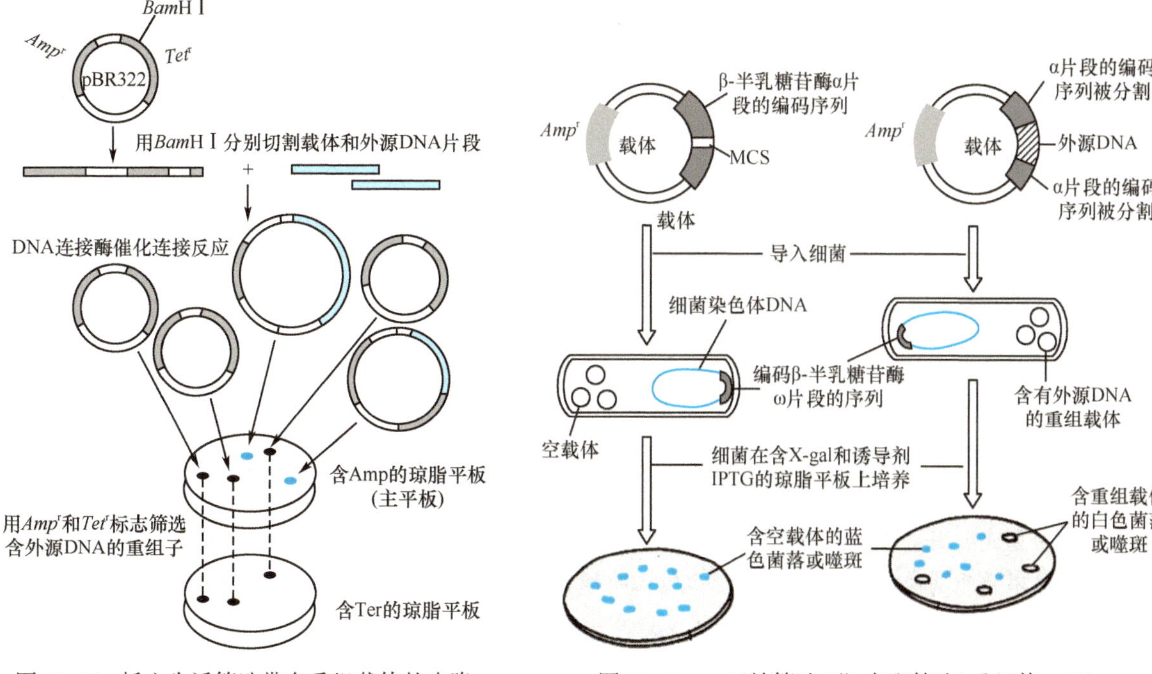

图 11-15 插入失活筛选带有重组载体的克隆　　图 11-16 α-互补筛选(蓝-白斑筛选)重组体 pUC18

4. 根据插入的外源基因性状进行筛选 如果克隆的外源基因能够在宿主菌表达,且表达产物与宿主菌的营养缺陷性状互补,则可以利用营养突变菌株进行筛选。如酵母的咪唑甘油磷酸脱水酶基因表达产物与细菌的组氨酸合成有关,把酵母基因组 DNA 随机切割后插入质粒载体中,将重组质粒转化到组氨酸缺陷型大肠埃希菌细胞,并在无组氨酸的培养基中培养,这样只有含酵母咪唑甘油磷酸脱水酶基因并获得表达的转化菌才能在无组氨酸的培养基中生长。

(二) 限制性核酸内切酶酶切鉴定

对于初步筛选确定含有重组体的菌落,扩增培养后提取重组 DNA 分子,用适当的限制性核酸内切酶酶切,琼脂糖凝胶电泳分析,即可判断目的基因是否存在。若目的基因已成功插入到载体分子中,那么电泳结果应显示出预期大小的插入片段,这是简便而常用的鉴定方法。

(三) 核酸分子杂交法

为进一步确定插入片段的正确性,在限制性核酸内切酶消化重组 DNA 分子并进行电泳分析后,利用标记的核酸探针进行分子杂交对重组体中插入的片段进行鉴定。

菌落或噬菌斑原位杂交也是常用的筛选方法,先将转化菌直接铺在硝酸纤维素膜或琼脂板上,再转移到另一硝酸纤维素膜上,碱裂解后从菌落释放的 DNA 原位吸附在膜上,然后用标记的特异性探针进行分子杂交,挑选阳性菌落。该法适用于大规模操作,是从基因文库中挑选含目的基因的阳性克隆的常用方法(图 11-17)。

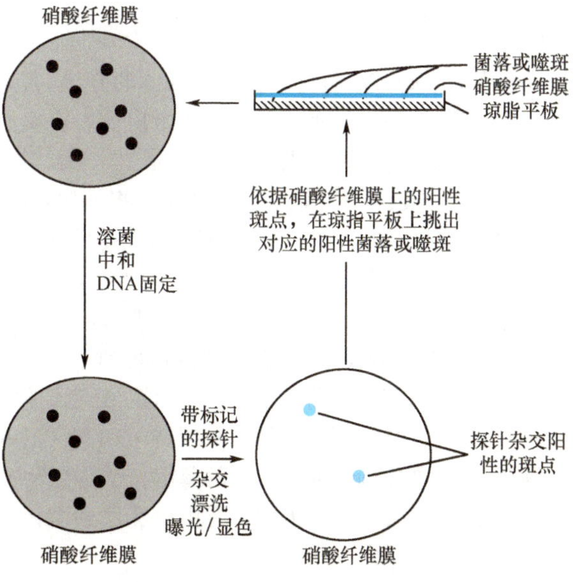

图 11-17 菌落或噬菌斑原位杂交

(四) PCR 法

某些载体的 MCS 两侧存在保守序列,如 pGEM 系列载体的 MCS 两侧是 T7 及 SP6 启动子序列,可根据此序列设计引物,对提取的重组载体进行 PCR 扩增,不但可快速扩增插入的目的片段,而且可以直接进行 DNA 序列分析。

另外,如果已知目的基因的全序列或其两端的序列与全长,也可设计合成一对引物,以转化菌中提取的重组载体为模板进行 PCR 扩增。若 PCR 产物与目的基因的预期长度一致,即可初步筛选出含重组体的阳性菌落。

(五)免疫化学检测法

此法不是直接筛选目的基因,而是利用标记的特异性抗体与目的基因的表达产物相互作用来筛选含重组 DNA 分子的转化菌,因而要求导入宿主细胞内的目的基因能表达蛋白质产物。可通过放射免疫、化学发光或显色反应等进行筛选。

第五节 克隆基因的表达

将外源目的基因克隆到表达载体上,导入受体细胞,实现外源基因的表达也是基因工程的重要内容。外源基因的表达涉及目的基因的克隆、复制、转录、翻译、蛋白质产物的加工及分离纯化等,这些过程需要在适当的表达系统中完成。表达体系的建立包括表达载体的构建、受体细胞的建立以及表达产物的分离、纯化等技术和策略。根据受体细胞的不同,表达体系可分为原核表达系统和真核表达系统。

一、外源基因在原核系统中的表达

原核表达系统就是将克隆的外源基因导入原核细胞,使其在细胞内快速、高效地表达目的基因产物,主要有大肠埃希菌表达系统、芽孢杆菌表达系统及链霉菌表达系统等。大肠埃希菌系统是采用最多的原核表达系统,其优点是培养方法简单、迅速、经济而又适合大规模生产,人胰岛素、生长激素、干扰素等基因已在大肠埃希菌系统中成功实现表达。要实现外源基因在原核细胞中的高效表达,需考虑外源基因的性质、表达载体的特点以及原核细胞的启动子和 SD 序列、阅读框架、宿主菌调控系统等诸多因素。

(一)对外源目的基因的要求

克隆基因要在原核细胞中获得有效表达,需满足以下基本条件:①外源真核基因不能带有 5′端非编码区和内含子结构,因此必须用 cDNA 或化学合成基因,而不能用基因组 DNA;②外源基因必须置于原核细胞的强启动子和 SD 序列等元件控制下,以调控其基因表达;③外源基因与表达载体重组后,必须形成正确的开放阅读框架,以利于外源基因正确表达;④外源基因转录生成的 mRNA 必须相对稳定并能被有效翻译,所表达的蛋白质产物不能对宿主菌有毒害作用,且不易被宿主的蛋白酶降解。

(二)外源基因在原核细胞中的表达

当选用适当的方法通过原核表达载体的介导,将外源基因导入宿主细胞后,在细胞调节元件控制下即可产生出融合型、非融合型或分泌型表达蛋白质。在实际工作中,可根据目的蛋白的性质与用途以及所用载体的特点,选择不同的表达方式。

1. 融合型表达蛋白 融合型表达是指将外源目的基因与另一基因(可以是原核 DNA 或其他 DNA 序列)相拼接,构建成融合基因进行表达,这种由外源目的蛋白与原核生物多肽或具有其他功能的多肽结合在一起的蛋白,称为融合蛋白(fusion protein)。可通过酶解法或化学降解法切除融合蛋白中的其他多肽成分而获得外源目的蛋白。采用融合型方式表达时,需选用融合表达载体。现已有多种融合表达载体供选择,如 pET 系列载体、pGEX 系列载体等,它们的特点是可利用与外源蛋白融合表达的特殊短肽(如 6 个组氨酸,6×His)或多肽(如谷胱甘肽巯基转移酶,GST)作为标签,分离纯化外源目的蛋白。

融合型表达的特点是:①外源基因转录和翻译的起始从正常的大肠埃希菌序列开始,融合蛋白表达效率高;②融合蛋白可抵御细菌蛋白酶的降解,比天然蛋白更加稳定;③融合蛋白往往能在胞内形成良好的构象,且大多具有水溶性;④融合蛋白带有由标签序列翻译而来的特殊短肽或多肽,易于采用亲和层析技术进行分离纯化。

2. 非融合型表达蛋白 非融合型表达是指外源目的基因不与其他基因融合,直接从起始密码子 AUG 开始在原核调控元件控制下表达蛋白质。非融合型表达载体也含有强启动子及其调控序列、S-D 序列、转录终止序列以及筛选标记等元件。非融合型表达的蛋白质具有类似天然蛋白质的结构,其生物学功能与天然蛋白更为接近，但其缺点是容易被细菌蛋白酶水解或水溶性较差。

3. 分泌型表达蛋白　分泌型表达是利用分泌型表达载体将表达的蛋白质由细胞质跨膜分泌到细胞周质（periplasm）中，需要在信号肽的帮助下进行。细胞周质是指大肠埃希菌细胞中位于内膜（即细胞质膜）和外膜之间的细胞结构部分。分泌型表达载体除含有原核表达载体的基本调控元件外，必须在 S-D 序列下游携带有一段信号肽序列。分泌型蛋白可以是融合蛋白，也可以是非融合型蛋白。分泌型表达可防止宿主蛋白酶对外源蛋白的水解，减轻大肠埃希菌代谢负荷，便于蛋白质在细胞外正确折叠和提纯。但分泌型蛋白的表达量往往较低，而且有时信号肽不能被切除或在错误的位置上被切除。

4. 包涵体　当大肠埃希菌高效表达外源基因时，所表达的蛋白质致密地集聚在细胞内，或被膜包裹或形成无膜裸露结构，这种水不溶性的结构称为包涵体（inclusion body）。这是克隆的外源基因在大肠埃希菌宿主细胞质中高效表达时，常会发生的一种特殊生理现象。包涵体是无定型的蛋白质聚合物，50% 以上是克隆基因的表达产物，此外还有宿主细胞蛋白及膜蛋白片段及少量的 DNA、RNA 和脂多糖等非蛋白成分。包涵体的形成有利于表达产物的分离纯化，也可在一定程度上保持表达产物的稳定，防止细菌蛋白酶的降解，同时也能使宿主细胞表达对其有毒或有致死效应的目的蛋白。包涵体蛋白产物的一级结构正确，但空间构象可能存在错误，这就使得以包涵体形式表达的重组蛋白丧失了原有的生物学活性，因此必须通过有效的变性复性操作以恢复其生物活性。

（三）原核表达系统的不足

原核表达系统主要存在以下不足：缺乏转录后加工机制，原核系统只适合表达克隆的 cDNA，不宜表达真核基因组 DNA；缺乏适当的翻译后修饰加工机制，原核系统表达的真核蛋白不能正确折叠和进行糖基化、磷酸化、乙酰化等修饰；原核系统难以大量表达分泌性蛋白，而且在切除信号肽时也易出现问题；原核系统表达的真核蛋白常以包涵体形式存在，且表达的真核蛋白易受细菌蛋白酶水解；原核细胞周质中常含有多种内毒素，易污染表达产物，影响产品纯度。

二、外源基因在真核系统中的表达

真核表达系统是指在真核细胞中表达外源基因的体系，主要有酵母系统、哺乳动物系统、昆虫细胞（杆状病毒）系统和高等植物系统等。这些表达系统在重组 DNA 药物、疫苗生产及其他生物制剂生产上都获得了一些成功。另外，真核表达系统在研究蛋白质分子功能、了解真核基因表达调控机制等方面也有广泛应用。

（一）真核表达系统的优点

相对于原核表达系统，真核表达系统具有更多优越性：具有转录后加工系统，因而真核系统可表达克隆的 cDNA 或真核基因组 DNA；具有翻译后加工系统，可进行糖基化、磷酸化、乙酰化等修饰，使表达蛋白形成正确的构象，具有完整生物学活性；某些真核细胞可将外源基因表达产物直接分泌至细胞培养基中，简化了分离纯化操作。

（二）外源基因的导入及在真核细胞中的表达

将外源基因导入真核细胞的方法有两大类：病毒感染和载体转染。病毒感染是一种将外源基因导入细胞的天然方法，而转染则是利用化学或物理等方法将外源基因导入真核细胞的方法。

由于所用载体、转染方法以及选用的宿主细胞不同，外源基因在真核细胞中的表达方式也不相同，主要有瞬时表达（transient expression）和稳定表达（stable expression）两大类。在实际工作中，应根据实验目的选用不同的表达方式。

瞬时转染的基因表达和对细胞的影响只能维持较短的时间（一般在 72 小时内），随着未转染细胞的大量增殖，少数的转染细胞很快丢失。瞬时转染方法相对简单，无需筛选，耗时短，各种转染方法都可使用。常用的瞬时表达宿主是源自非洲绿猴细胞株 CV-1 的 COS 细胞。稳定转染是为了获取持续表达外源目的基因的稳定细胞株，为此需选用药物来进行筛选。稳定转染细胞中，外源 DNA 已整合至宿主染色体中，可随宿主基因组的复制、转录和翻译持续表达外源蛋白。稳定转染需利用标记基因进行筛选，耗费时间长，而且有些外源基因表达产物对宿主细胞有毒性，因此不易获得成功。常用的稳定表达宿主细胞是中国仓鼠卵巢（CHO）细胞。

（三）稳定转染细胞的筛选

可利用表达载体中带有的标记基因对稳定转染细胞进行筛选，常用的方法有以下几种：

1. 新霉素抗性选择系统 新霉素是细菌的抗生素，通过干扰细菌蛋白质的生物合成而对原核生物造成毒性，但对真核生物无毒性。新霉素的类似物氨基糖苷抗生素 G418(geneticin)对真核和原核细胞均有毒性，因此一般真核细胞不能在含 G418 的培养基中生长。真核表达载体中携带有新霉素抗性基因(neo^r)，编码的氨基糖苷磷酸转移酶(aminoglycoside phosphotransferase，APH)能使 G418 失活，所以当真核细胞中导入了含 neo^r 的载体后，转染细胞就可以在含有 G418 的培养基中生长而得以筛选。该选择系统适用于所有真核细胞。

2. 胸苷激酶基因(tk)-HAT 选择系统 由于选择胸苷激酶(thymidine kinase，TK)TK^+细胞的培养基含有次黄嘌呤(hypoxanthine)、氨基蝶呤(aminopterin)和胸苷(thymidine)，故称为 HAT 选择法。这是利用真核细胞的核苷酸合成过程而设计的一种筛选体系，其基本原理是：二氢叶酸还原酶(dihydrofolate reductase，DHFR)可催化二氢叶酸还原为四氢叶酸，参与从 dUMP 合成 dTTP 以及 dATP 和 dGTP 的重新合成。如果用叶酸类似物氨基蝶呤处理细胞，DHFR 被抑制失活，上述合成过程被阻断。次黄嘌呤是 dATP 和 dGTP 补救合成途径的一种底物，当培养基中补加此物质时，细胞能逾越氨基蝶呤的抑制作用，利用补救途径继续合成出 dATP 和 dGTP。同时，由于在 HAT 培养基中补加有外源的胸苷，TK^+细胞可通过 TK 激酶的作用将胸苷转变为胸苷一磷酸，继而合成 dTTP 使细胞继续存活；而 TK 缺陷型细胞(TK^-)不能合成 dTTP，导致细胞死亡。如果以 TK^-细胞作为受体细胞，当携带 tk 基因的重组表达载体导入细胞后，转化细胞即可获得 TK 活性，可在含 HAT 的培养基上进行生长。

3. 二氢叶酸还原酶基因(dhfr)选择系统 前已述及 DHFR 是真核细胞核苷酸合成途径中的重要酶，DHFR 缺陷型细胞($DHFR^-$)在普通培养基上无法存活。如果以 $DHFR^-$细胞作为受体细胞，那么只有导入携带 dhfr 基因的重组表达载体的转染细胞，才能够在普通培养基上生长。若培养基中加入甲氨蝶呤(methotrexate，MTX)，并逐渐增加浓度，使细胞逐渐产生抗性，就可使导入的 dhfr 和外源基因明显扩增，外源基因的表达量增加。本系统检测方便，但对受体细胞有严格的限制。

基因工程技术不仅使整个生命科学研究发生了前所未有的深刻变化，而且也为工业、农牧业、环境、能源、医药卫生等领域新产品的研发提供了新的手段和途径。在生物医学领域，基因工程的应用主要包括以下几方面：克隆目的基因，表达具有生物学活性的蛋白质；利用定点突变技术，研究蛋白质功能或对蛋白质进行结构改造；开发基因工程药物与疫苗，用于疾病治疗；利用转基因技术和基因剔除技术，研究基因功能；建立基因诊断与基因治疗技术，对疾病做出早期诊断、预防和治疗。

利用基因工程技术生产有药用价值的蛋白质、多肽产品已成为当今世界的重要新兴产业之一，具有广阔的市场前景。以治疗糖尿病的胰岛素为例，上个世纪 70 年代，就已有不同的公司在进行基因工程胰岛素的研究与开发。1978 年，美国 Genentech 公司首次实现了利用大肠埃希菌生产由人工合成基因表达的人胰岛素。1982 年，美国 Eli Lilly 公司将由基因工程菌生产的胰岛素投放市场，标志着世界上第一个基因工程药物的诞生。1987 年，丹麦 Novo Nordisk 公司又推出了利用重组酵母菌生产人胰岛素的新工艺。Novo Nordisk 公司的诺和灵(Insulin)、Eli Lilly 公司的优泌林(Humulin)和优泌乐(Humalog)是销售额最大的三个基因工程胰岛素产品。除胰岛素外，治疗贫血、病毒性肝炎及粒细胞减少等疾病的基因工程药物的开发与生产也取得了重大成果，而在心血管疾病、癌症等的治疗方面基因工程药物也将会发挥更大作用。

思 考 题

1. 简述基因工程中常用工具酶的作用。
2. 基因工程中所用基因载体的特点有哪些？
3. 简述重组 DNA 分子筛选与鉴定方法与原理。
4. 简述基因工程的基本步骤。

(张志珍)

第十二章 基因结构与功能分析的方法与原理

基因是指 DNA 分子上一段携带遗传信息的特定核苷酸序列，由编码区和调控区组成。编码区是编码氨基酸多肽链的核苷酸序列，即含有开放阅读框（ORF）。真核生物基因编码区外显子与非编码序列内含子之间镶嵌而连续连接的结构特征，是鉴定基因编码区特殊结构与功能的基础；调控区是指影响基因转录激活的特异 DNA 序列，包含启动子、增强子、沉默子等调控基因转录的非编码区，其中启动子转录活性的调控及转录起始点（transcription start site，TSS）的确定是所有基因调控区结构及功能分析的关键。

随着人类基因组计划序列图谱的完成，生命科学的研究进入后基因组时代，即挑战所有未知新基因和已知基因的确切结构及在生物体中的功能成为主要研究任务。目前从已知的基因组序列估计人类基因约有 2.5 万～3 万个，而其中已明确体内生理功能的基因仅 10% 左右。人们既要了解各个基因序列中重复片段、启动子、转录调控因子结合位点、编码区、内含子/外显子等结构信息，还要对基因在生物体中的功能特性全面深入地认识。多年来已建立许多重要实验技术方法用于研究基因的结构与功能，近年来随着大量数据库的诞生和发展，通过计算机模拟和计算在各种基因序列和功能的预测和分析中获得了大量信息，生物信息学（bioinformatics）预测与实验检测相结合成为现代基因结构与功能分析的基本策略。

第一节 基因结构与功能的生物信息学分析原理

生物信息学以大规模序列信息产出为基本特征，自 20 世纪 80 年代末开始用于大规模 DNA 序列分析研究，目前已建立并不断完善人类和其他多种模式生物体的基因组数据库、基因转录数据库、蛋白质序列数据库，信号通路、代谢网络及蛋白质相互作用等网络数据库，生物信息学已成为基因组范围内高通量筛选、分析基因结构与功能预测的重要手段。通过序列分析比较工具（如 BLAST），利用数据库对核酸序列进行相似性搜索，寻找序列之间的同源性，可以得到序列之间的进化关系；也可以查找和定位未知的基因序列，建立基因序列结构和功能的关系；并利用生物网络全面系统研究基因调控和基因产物参与的信号转导、代谢途径和蛋白质分子相互作用的生物学过程。生物信息学方便、快捷、经济地对基因结构与功能进行检索、比对和预测，可获得目的基因的重要信息，进而为制定实验研究方案奠定基础。详细的生物信息学知识见第十九章。

一、利用核苷酸数据库进行基因序列同源性比对

日渐完善、资源共享的人类和其他生物基因组数据库主要来源于美国国立生物技术信息学中心（National Center of Bioengineering Information，NCBI）的遗传序列数据库（genetic sequence database，GenBank）、日本 DNA 数据库（DNA Data Bank of Japan，DDBJ）和欧洲分子生物学实验室（European Molecular Biology Laboratory，EMBL）的 DNA 数据库，其中 1988 年由美国国立卫生研究院创建的 NCBI 不仅有 GenBank 核酸序列数据库，还有蛋白质等各种数据库，并提供数据库检索查询系统 Entrez 及多功能数据检索分析工具，如 BLAST（http://www.nbi.nlm.nih.gov/BLAST）是目前应用最广的一个序列数据库搜索程序家族，其中包括许多有特定用途的程序 BLASTn、BLASTx、tBLASTn 等，选择合适的 BLAST 程序可以进行核苷酸序列、蛋白质序列相似性搜索（表 12-1）。

表 12-1 BLAST 序列数据库搜索程序家族

程序	查询序列	数据库类型	注
BLASTn	DNA	DNA	
BLASTp	蛋白质	蛋白质	
BLASTx	DNA	蛋白质	将核酸序列按阅读框翻译成蛋白质序列，在数据库中进行蛋白质序列比对
tBLASTn	蛋白质	DNA	将数据库中核酸序列翻译成蛋白质序列，然后与待搜索的蛋白质序列比对
tBLASTx	DNA	DNA	无论是待搜索的核酸序列还是数据库中核酸序列都按阅读框翻译成蛋白质序列，然后比对

通过数据库对核酸序列进行相似性搜索,可比对两条或多条核酸序列之间的相似性,分析相似性序列碱基及氨基酸之间的对应位置关系,相似性高的序列说明被比较序列可能是来源一共同祖先序列的同源序列。

核酸序列比对最常见的是两条核酸序列相似性的比对,常见于一个基因或 DNA 片段序列正确性或变异的判断,也可以在两条 mRNA 序列中寻找 ORF。例如,NCBI 特别为设计及分析 PCR 引物建立了 Primer-BLAST 搜索程序,不仅分析两条引物序列与模板序列之间的匹配程度,也在目标数据库中比对检测引物与其他序列之间匹配性,从而保证引物序列设计的特异性。

同源性多序列比对可用于一组相关基因或不同生物种属间的基因或基因组的比较,不仅利于新基因或非编码序列新元件的发现,还可对真核基因组的进化机制进行推论并绘制进化系统树。利用某一特征性序列进行多序列比对可方便地确定基因家族新成员。如,哺乳动物血小板衍生因子的编码基因序列在数据库中进行相似性比对,发现与腺病毒癌基因 *v-sis* 具有同源性,并依此定名为细胞癌基因 *c-sis*。比较基因组学(comparative genomics)已经成为研究基因进化的一种方法,也为进一步基因操作提供了许多关键信息。如,基于人类基因组与小鼠基因组序列近 80% 的高度同源性,具有繁育优势的小鼠已成为最适合人类基因结构与功能研究的模式生物。除了 GenBank 数据库外,由欧洲生物信息学研究所和 Wellcome Trust Sanger 研究所合作开发的 Ensembl 基因组数据库已收录了 48 个物种的数据,在比较基因组学研究中显现优势,利用同源比较系统可提供全基因组范围的比对,实现基因组学的多重比较。

二、利用基因数据库查找和定位基因序列

利用资源丰富的基因数据库,有目标地查找已知基因序列,或搜寻、预测未知基因序列,以及确定基因序列在染色体的定位,都是基因分析的常见情况。

1. 检索/比对已知基因序列 研究某一感兴趣的已知基因,可根据该基因名称到 http://www. nbi. nlm. nih. gov 网页上的 GenBank 中 Search 数据库中的基因序列,或通过文献提供基因的 ID 号从 GenBank 中 Nucleotide 栏检索。如果是通过克隆操作获得目的基因的序列,为分析其是否与基因数据库中的基因一致,可先将该基因序列从数据库中查找出来,再利用 BLAST 直接进行两两比对即可。

2. 查找/检索未知基因序列 查找/检索一段未知 DNA 序列是否是一个基因也是研究中非常重要的工作,需要有多个证据的支持。基因的转录起始点、启动子以及编码序列的重要结构特征成为基因组范围内高通量扫描基因的重要靶标。常综合运用不同的查找方式:①为了解一段 DNA 序列的结构特征,可将其输入不同种属生物基因数据库中进行同源性比对,并根据一定同源性关系再定向搜索;②可利用 GenBank 的表达序列标签(expression sequence tag, EST)数据库对未知 DNA 序列进行相似性搜索,EST 是从 cDNA 文库中随机挑取克隆并测序后获得的 DNA 序列,由于不同 EST 序列之间可能存在部分序列重叠,如在 EST 数据库中找到具有一定同源序列的 EST,然后根据 EST 重叠部分的旁侧序列进行延长,人工拼接,并反复在数据库中搜索比对,最后经过聚类分析等可能发现 EST 所代表的新基因序列,此为“电子克隆”法;③假如将未知 DNA 序列的开放阅读框或其序列的推导产物与蛋白质数据库比对发现有较高相似性,可预测该 DNA 片段极有可能是基因的外显子。

通常在预测新基因的位置和结构时要遵循一定的规则:①真核生物的序列在基因辨识之前应先用常见的重复序列分析程序如 GrailEXP(http://compbio. ornl. gov/grailexp/),把大量的重复序列标记出来并除去;②大部分预测程序都有生物物种特异性;③注意预测程序适用于基因组还是 cDNA 序列;④很多程序对序列的长度也有要求。

3. 基因序列的染色体定位 对已知基因用不同生物基因组数据库进行同源性比对,根据基因的编码区有高度同源性的特性,通过“Genome view”进行基因作图及基因定位,可推测此基因在染色体中的位置,再观察基因组图谱中其上下游的相关基因信息,从相应染色体区域对基因进行精确定位分析。

三、利用生物信息学方法预测基因功能

完成了人类及一些模式生物的基因组测序,人们面临了生命科学更具挑战性的研究领域:功能基因组学,即探知基因组中各个基因的功能,包括基因的表达和调控模式。首先利用生物信息学对目的基因的功能进行预测,可以简便、快速地获得功能相关的重要信息,为制定进一步的实验研究方案奠定基础,目前生物信息学分析已成为后基因组时代功能基因组学研究中不可缺少的环节。

(一) 利用生物信息学方法进行基因功能注释

基因功能注释是功能基因组学的主要内容,在对基因功能进行实验验证之前,利用生物信息学数据库和方法进行高通量分析及合理预测,可节省大量人力物力,主要包括功能预测和结构预测。

1. 通过核酸或氨基酸的序列比对预测基因功能　采用生物信息学方法预测基因功能的依据仍然是同源性比较。

同源查找除了直接比较 DNA 序列外,还可采用基因表达的氨基酸序列进行数据库比对,搜索到与目的基因或氨基酸序列高度同源的功能已知的基因或蛋白质,即可从进化的相关性推测新基因的功能。需注意的是,同源性预测基因中,同源基因指来源于一共同的祖先基因,在进化中随机突变而有不同程度相似序列的两个或以上的基因,通常基因表达的氨基酸序列之间的相似性在 25% 以上;相似性则指被比较序列之间同一位置同一氨基酸在整个多肽序列中所占的比例。

同源性分析可以给出整个基因或某一区域功能的信息,还可以预测蛋白质理化性质。如对一信号肽序列进行预测分析,可初步判定基因的亚细胞定位,并对其蛋白质的基本理化性质,如氨基酸组成、等电点等进行分析。利用 BLAST 搜索程序进行氨基酸序列同源性分析基础上还可预测其高级结构及未知基因的生物学功能。通过对蛋白质氨基酸序列数据库的检索比较,可初步确定新基因是否属于某一基因家族或超家族的新成员,进一步利用此基因家族中已知基因的结构功能信息进行多重序列比对和分子进化分析,也可获得未知基因结构与功能更多的预测信息。

2. 通过生物信息学方法分析蛋白质结构域来预测蛋白质功能　当序列比对未见明显整体同源性,而在 2 个无明显亲缘关系的基因之间出现局部氨基酸序列相似的区段,有可能是功能的核心区域,如,与特定生物学功能相关的结构域(domain)和模体(motif)序列,在进化中经过基因组重排可分布于不同基因中,对蛋白质局部结构功能域的分析将对预测新基因功能提供有价值的信息。

目前通过多序列比对已确定了许多蛋白质结构中的共享结构域和保守模体序列,可反映蛋白质分子的一些重要功能。因此,通过一些常用的蛋白质序列模体数据库 INTERPROSCAN(http://www.ebi.ac.uk/Tools/pfa/iprscan/)、SMART(http://smart.embl-heidelberg.de/)或 PROSITE(http:/www.expasy.org/prosite/)数据库搜寻未知序列是否存在可能的模体或结构域,可推导未知蛋白质的相关功能。

(二) 利用生物网络系统研究基因的生物学功能

一个细胞或生物的生物学功能是由通过生物体内众多的分子(如 DNA、RNA、蛋白质和其他小分子物质)共同构成的复杂生物网络实现的。即使拥有相同的基因组,但同一基因在不同组织、不同细胞中的表达却不同,同时基因的功能也不是独立体现的,基因之间存在相互影响,因此,我们要全面解析基因的功能必须了解生物体内复杂的相互作用网络以及它们的动态特征。目前建立的各种生物网络数据库和网站可为我们提供基因调控、信号转导、代谢途径、蛋白质相互作用等方面的大量信息,已成为研究基因生物学功能的基本内容。

1. 利用生物网络研究基因调控　对基因表达及调控模式的分析是基因功能研究的一部分。基因芯片、蛋白质芯片等高通量分析技术可提供基因的表达谱数据、DNA-蛋白质相互作用等海量信息,利用计算机处理和基因表达差异分析,可识别不同条件下基因的表达水平和表达模式,一方面可按照相似的表达谱对基因进行聚类,可预测组内未知基因的功能;另一方面,从相似的表达模式推测可能相关的调控机制,如基因受共同的转录因子调控或参与相同调控路径,或基因产物构成同一蛋白复合体等。故利用生物信息学方法构建基因调控网络模型,对某一物种或组织的基因表达及调控进行整体性研究,揭示支配基因表达和功能的基本规律。目前已构建的基因转录调控数据库有:TRANSFAC 数据库(http://www.gene-regulation.com/pub/database.html#transcompel/)、TFD 转录因子数据库(http://www.ifti.org/)、TRRD 转录调控区数据库(http://www.bionet.nsc.ru/trrd/)。

2. 利用生物网络研究信号转导　生物体在整体功能上的协调统一依赖于机体内各种信号分子之间相互作用、交叉联络构成的复杂的信号转导网络。生物信息学方法可利用已知的实验数据和生物学知识进行通路推断,建立细胞信号传导过程的模型,辅助实验设计,寻找信号转导途径中的各个信号分子和蛋白质间的相互作用关系,阐明其在基因调控、正常生理活动和疾病发生中的作用。现较多使用的信号转导通路数据库包括:Biocarta(http://www.biocarta.com)、Reactome(http://www.reactome.org)、PID(http://pid.nci.nih.gov)、STKE(http://stke.sciencemag.org)、AfCS(http://www.signaling-gateway.org)、SigPath(http://sigpath.org)等,提供细胞信号通路中的蛋白质分子及其相互作用的信息及信号通路图等。

3. 利用生物网络研究代谢途径 生物体新陈代谢中绝大多数化学反应是由酶催化的。虽然生物体主要的物质代谢途径已基本清楚,但代谢的有序调节分子机制及网络仍是现代生命科学研究的重要内容。将细胞内代谢活动中所有生化反应表示为代谢网络,则网络中的所有化合物及酶之间的相互作用反映了生物体的代谢功能。

汇集目前已知的几百个生物物种的代谢通路及相关信息,产生了多个常用的代谢数据库,如 KEGG(http://www.genome.ad.jp/kegg/)、BioCyc(http://www.biocyc.org/)、PUMA2(http://compbio.mcs.anl.gov/puma2/)数据库,可以通过基因组中酶基因的注释信息方便地检索到其参与生物代谢网络中的代谢反应,预测物种特异的酶基因、酶以及酶催化反应。

4. 利用生物网络研究蛋白质相互作用 细胞内蛋白质之间的相互作用是细胞生命活动的基础,也是蛋白质功能研究的重要组成部分。阐明蛋白质相互作用的完整网络结构,不仅对蛋白质功能有更全面的认识,也有助于从系统的角度加深对细胞结构和功能的认识。一旦蛋白质相互作用网络被破坏或失衡,必然会引起细胞的功能障碍。

随着生物芯片、酵母双杂交等技术的发展运用,结合生物信息学多种预测蛋白质相互作用的计算方法,挖掘出蛋白质相互作用网络中更多的相互作用节点,多个蛋白质相互作用的数据库如 BIND(http://www.bind.ca)、DIP(http://dip.doe-mbi.ucla.edu)、STRING(http://string.embl.de)、Yeast Interactome(http://structure.bu.edu/rakesh/myindex.html)、MIPS(http://mips.gsf.de)等应运而生,可用来研究蛋白质相互作用的生物学过程。

总之,现代高速发展的计算机和网络技术促使生物信息学广泛深入地应用于基因的结构与功能研究。对基因的预测要利用多种信息和不同分析工具进行综合分析,以提高预测的可靠性;也要从整体的角度,用生物网络全面系统地解析基因的功能,尤其对癌症、糖尿病、高血压等复杂疾病中基因的特征,疾病基因型与表现型之间的关系、遗传与环境的关系等,不能通过单基因、单通路、单层次的变化解释,而应从疾病的基因组合及相互作用中提取信息,构建相关基因网络,进行融合性的生物信息分析及数学建模,以深入揭示疾病中基因的特征及其涉及的发病机制。此外,生物信息学的分析只是为生物学研究提供参考,这些信息能提高研究的效率或提供研究的思路,但很多问题必须通过实验的方法得以验证。

第二节 基因启动子及调控序列的结构分析方法

基因的启动子(promoter)是 RNA 聚合酶直接或间接结合,并启动特定基因转录的一段特异 DNA 序列,包含一组转录调控的功能元件。原核启动子能直接与 RNA 聚合酶结合,而真核启动子通常先与多种转录因子结合再协调与 RNA 聚合酶的结合。无论原核生物还是真核生物,RNA 聚合酶通过识别及结合启动子在基因的转录起始点(TSS)启动基因转录。启动子及转录起始点的结构分析是基因表达调控领域中的重要内容,目前主要采用生物信息学搜索、比对及预测,并进一步结合克隆法等实验方法进行研究。

一、利用生物信息学预测启动子及转录起始点

在积累大量真核基因组序列信息的基础上,对于基因表达调控的重要结构单元——启动子的预测和鉴定成为基因组注释任务的重要组成,利用生物信息学方法预测启动子及 TSS 对于辨识新基因、指导实验鉴定启动子结构、研究基因表达调控有着重要作用。

真核生物典型启动子一般为Ⅱ类启动子,启动子通常位于基因的上游区域,拥有特征性的共有序列(consensus sequence),包括三部分:①核心启动子,典型的序列是 TSS 上游-35 区域内,如-30~-25bp 区域的 TATA 盒(TATA box),是控制基因转录起始准确性及频率的序列;②启动子上游元件,范围一般涉及 TSS 上游几百个碱基,含有 GC 盒、CAAT 盒等几个调控元件;③启动子远端调控序列,范围涉及 TSS 上游几千个碱基,含有增强子(enhancer)和沉默子(silencer)等活化或抑制基因转录的调控元件。启动子区域在 GC 含量、CpG 比率、转录因子结合位点(transcription factor binding site,TFBS)密度及碱基组成上也具有特点。

根据共有序列单元及其位置等特征进行生物信息学预测,可获得启动子结构的相关信息。通过真核生物启动子数据库 EPD(eukaryotic promoter databases)(http://www.EPD.isb-sib.ch)、转录调控区数据库 TRRD(transcription regulatory regions databases)(http://www.bionet.nsc.ru/trrd/)检索比对启动子、TFBS 的保守结构域及位置,可以预测出启动子候选片段及可能的顺式作用因子。此外,可根据转录因子结合特性来预测启动

子的序列特征，转录因子数据库 TRANSFAC 可以搜寻从酵母到人类基因的顺式作用元件和反式作用因子；GENESCAN 和 GENEFINDER 数据库可以预测 DNA 序列中的基因数目、内含子和外显子、mRNA 剪切位点等，在预测基因的基础上可以推测启动子的候选片段。

由于真核启动子的共有序列结构并不十分固定，如人类基因组上含有 TATA 盒的启动子仅有 5%~30%，根据序列特征预测的结果并不十分理想，遗漏和假阳性都比较严重。实际工作中结合 TSS 附近的 GC 含量、DNA 理化特性、DNA 变性值等相关的结构特征，对于核心启动子的辅助预测也是常用手段。

基因 TSS 的鉴定也是分析基因表达及调控的重要内容，日本学者利用寡核苷酸帽法和大量测序构建了 TSS 数据库（DataBase of Transcripion Start Sites，DBTSS），可为基因 TSS 的鉴定提供重要参考，也成为预测其上游启动子位置的辅助工具。可见，采用生物信息学的综合分析方法预测基因启动子及 TSS 等调控序列，是进一步实验研究基因表达调控的基础，是一条方便快捷、实用的研究途径。

二、研究启动子结构的实验方法

在生物信息学预测启动子序列后，需进一步通过实验确定启动子结构中发挥功能的顺式作用元件，常用的有 PCR 法，及近年发展起来的足迹法、DNA 迁移率变动实验、报告基因分析法等结合启动子功能分析的研究方法。

（一）启动子克隆法

根据预测的基因启动子序列，设计引物，利用 PCR 技术扩增、克隆启动子，可测序分析启动子序列。

（二）足迹法研究启动子的蛋白结合区域

足迹法（footprinting）是研究核酸-蛋白质相互作用的一种常用方法。利用启动子上顺式作用元件与转录因子结合的特征，从切割消化后 DNA 电泳条带中断的图谱揭示与调节蛋白结合的 DNA 区域。根据切割 DNA 试剂的不同，足迹法可分为酶足迹法和化学足迹法。

1. 酶足迹法　酶足迹法（enzymatic footprinting）常采用 DNA 酶 Ⅰ（DNase Ⅰ）或具有 3′→5′外切酶活性的核酸外切酶Ⅲ（exonuclease Ⅲ，Exo Ⅲ）切割 DNA。其基本原理是：将待分析的双链 DNA 片段（含启动子序列）进行选择性单链末端标记，并与核蛋白抽提物或可能的特异调节蛋白（如重组转录因子）进行体外结合反应，然后加入 DNase Ⅰ 对未结合蛋白质的 DNA 区段进行随机切割，通过控制反应时间产生一系列长短不同的 DNA 片段，经变性凝胶电泳分离，可形成相差一个核苷酸的梯度 DNA 条带。但与蛋白结合的 DNA 被保护而不受酶切消化，从而在凝胶电泳时出现无条带的空白区域，恰似结合蛋白在 DNA 上留下的足迹，因此形象地称为足迹法。参照未经结合反应的 DNA，对在凝胶上空白区域的 DNA 进行克隆测序，可很容易地明确蛋白质结合区的 DNA 序列（见图 12-1）。

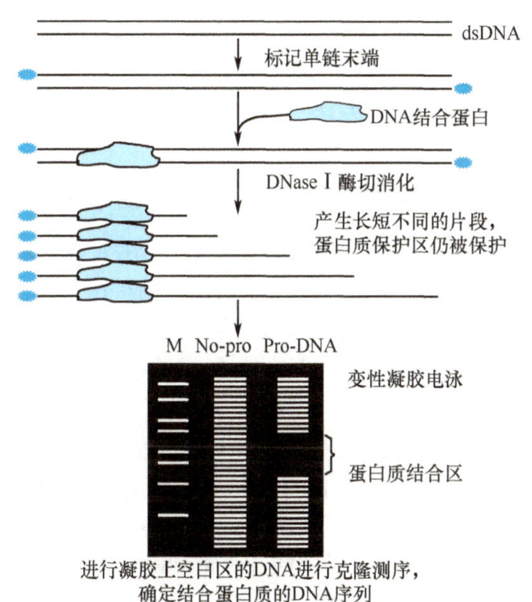

图 12-1　DNA 酶 Ⅰ 足迹法的基本原理

2. 化学足迹法　化学足迹法（chemical footprinting）利用能切断 DNA 骨架的化学试剂处理 DNA-蛋白质复合物，最常用的是羟自由基足迹法（hydroxyl radical footprinting），由于化学试剂产生的羟自由基可攻击 DNA 的脱氧核糖，但无法接近与蛋白结合而被保护的 DNA 骨架分子，也会在凝胶电泳上形成条带的空白区域，即 DNA 结合蛋白的结合位点。由于羟自由基分子量小，此法产生的足迹更小，有利于精确蛋白质在 DNA 上的结合位点。此法的缺点是，羟自由基也可能攻击蛋白质，实验中需摸索反应时间避免蛋白质降解。

此外，在体外足迹法基础上又发展出体内足迹法（*in vivo* footprinting）：即利用化学试剂对活细胞进行体内处理，使 DNA 在细胞内受到化学修饰而影响与蛋白质的结合，然后裂解细胞，再用化学或酶足迹法实验。因为利用化学试剂对 DNA 进行修饰（甲基化或乙酰化修饰）而干扰了与蛋白的结合，故又称作干扰实验（interference assay)。例如,甲基化干扰实验(methylation interference assay)是利用硫酸二甲酯(dimethyl sulfate,DMS)等试剂对活细胞DNA进行甲基化修饰,主要修饰DNA上的鸟嘌呤(G),从而干扰蛋白质与局部修饰的DNA结合,通过之后的酶切或化学切割及电泳分离,再与未甲基化修饰的样品对照,即可确定序列特异性的蛋白质结合位点。

(三) 电泳迁移率变动实验研究启动子

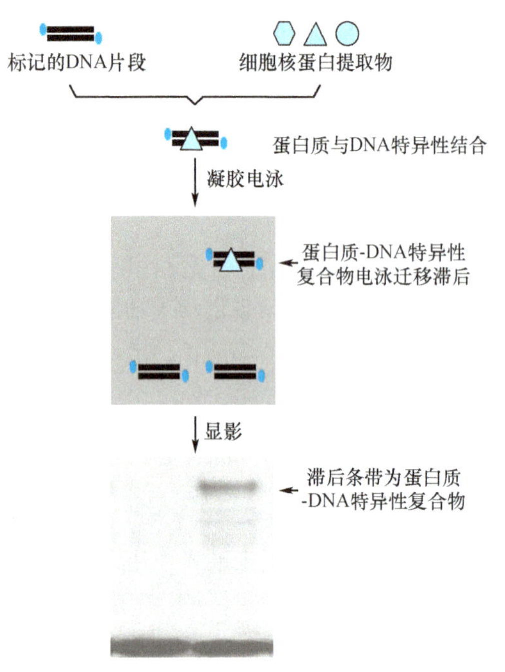

图12-2 电泳迁移率变动实验(EMSA)的基本原理

电泳迁移率变动实验(electrophoretic mobility shift assay,EMSA),又称为凝胶阻滞实验(gel retardation assay),也是利用核酸-蛋白质相互作用而建立的一种方法。其基本原理是:将标记的一段DNA分子与核抽提物或特异核因子孵育后进行凝胶电泳分离,显影,根据DNA与蛋白质结合后在凝胶电泳中迁移变慢的特点,如有DNA-蛋白质复合物形成就会显示滞后的条带(图12-2)。该法可即用于检测DNA结合蛋白、确定启动子中有核蛋白结合的顺式作用元件或调控区域。但与足迹法比较,EMSA实验只能确定DNA序列中含有蛋白结合位点,而足迹法实验不仅能找到与特异DNA结合的目标蛋白,并能确定目标蛋白结合的具体结合序列。

(四) 染色质免疫沉淀法鉴定启动子

染色质免疫沉淀(chromatin immunoprecipitation,ChIP)是一种研究细胞内蛋白质与特异性DNA序列相互作用的方法。其基本原理是:在活细胞状态下用甲醛固定蛋白质-DNA复合物,并随机打断为一定长度的染色质小片段(200~2 000bp),然后以目标蛋白的特异性抗体免疫沉淀核蛋白-DNA复合物,再通过PCR扩增DNA片段并进行鉴定。ChIP是目前既可真实、完整地反映结合基因组DNA上的调控蛋白因子,又能确定与特定蛋白质结合的基因组区域(包括启动子的顺式作用元件)的最好方法。

(五) 利用报告基因研究启动子活性或启动子捕获

启动子特定结构及存在的顺式作用元件是启动子发挥基因转录起始活性的基础,因此检测DNA序列对特定基因的转录活性,可以用于启动子的筛选与鉴定。报告基因技术是将报告基因置于被研究的DNA序列下游,通过检测报告基因表达水平即可推测该序列是否具有启动子活性,从而成为研究启动子结构及功能的重要手段。启动子捕获(promoter trapping)即是利用报告基因构建的捕获载体进行启动子筛选的一种有效方法。

报告基因是人们为了在细胞或动植物体内设置灵敏方便的筛检信号,而采用的一些表达产物极易检测的结构基因(如发光蛋白或酶的编码基因)。常用的有绿色荧光蛋白(green fluorescent protein,GFP)基因、红色荧光蛋白(red fluorescent protein)的*dsRed*基因、荧光素酶(luciferase)基因以及编码β-半乳糖苷酶的*LacZ*基因、编码氯霉素乙酰基转移酶或分泌型碱性磷酸酶的编码基因等。

启动子捕获载体(promoter trap vector)就是利用报告基因快速有效筛选启动子的一种工具型载体,载体上包含一个无转录活性的报告基因和报告基因上游的多克隆酶切位点。启动子捕获技术筛选启动子的过程为:选用适当的限制性核酸内切酶消化切割染色体DNA(或待测的DNA序列),将切割产生的DNA片段(群体)插入载体的克隆位点,使其处于报告基因上游,随后将重组载体转化到宿主细胞,通过监测报告基因的表达情况即可推断克隆DNA片段是否含有启动子元件以及启动子活性的强弱。此法可利用染色体DNA片段构建启动子捕获文库,用于基因组启动子序列的筛选;也可构建突变的已知启动子序列的重组体,用于研究已知启动子的重要功能元件。

三、基因转录起始点的序列分析方法

转录起始点(TSS)是RNA聚合酶启动基因转录的关键点,真核生物中Ⅱ型RNA聚合酶负责结构基因的转录，Ⅱ类启动子相关的TSS序列就成了分析结构基因的重要切入点。

Ⅱ类启动子的核心元件中，TSS位于TATA盒下游，是指与mRNA第一个碱基相对应的DNA序列，以+1位碱基代表。不同基因的TSS一般没有同源序列，但mRNA的第一个碱基倾向于A(+1)，侧翼序列一般为嘧啶(Py)，由此组成Py2CAPy5的起始子(initiator, Inr)序列，位于基因的-3~+5区域，基因TSS就位于起始子序列内。基因的TSS为mRNA合成的起点，因此，基因TSS的鉴定分析常利用mRNA模板合成cDNA，再通过克隆、扩增及测序等方法进行。

(一) cDNA克隆直接测序鉴定转录起始点

利用真核mRNA 3′端有Poly A尾的特征，以Oligo(dT)15~18引导合成第一条cDNA链，通过反转录酶特有的末端转移酶活性，在第一条cDNA链的3′末端加上polyC尾，并以此引导合成第二条cDNA链，将双链cDNA克隆到合适的线性载体中，通过对cDNA克隆的5′端测序即可确定基因的TSS(图12-3)。此为最早对TSS的鉴定方法，其优点是简单，尤其适于对特定基因TSS的分析，但缺点是对多个基因难以平行分析，而且cDNA的5′端一旦因延伸不全或降解造成缺失，会影响测定的准确性。

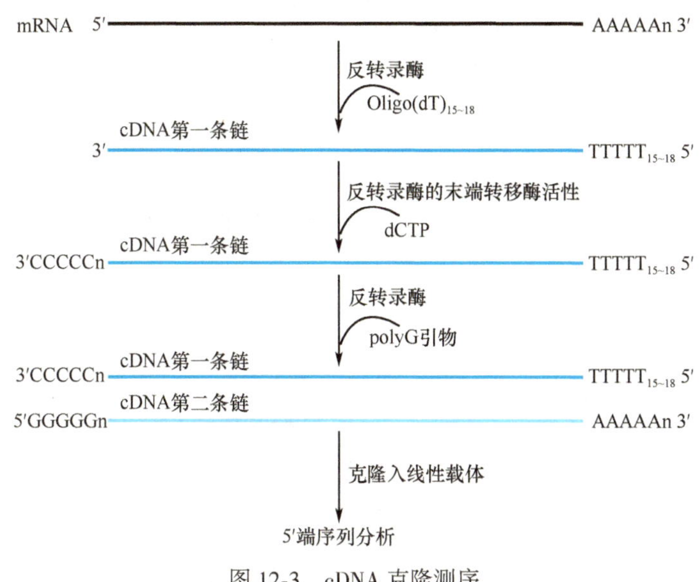

图12-3　cDNA克隆测序

(二) cDNA末端快速扩增技术鉴定转录起始点

在cDNA第一链合成的基础上，直接用末端转移酶在cDNA的3′可变区末端加上polyG尾，再利用已知的部分基因序列设计一个引物，和polyC引物一起对cDNA进行锚定PCR(anchored PCR)扩增，并对5′端进行测序，此法称cDNA末端快速扩增技术(rapid amplification of cDNA ends, RACE)。通过polyC引物和已知的部分基因序列引物对转录本的5′端进行快速扩增及鉴定(图12-4)。

由于mRNA的5′端通常存在二级结构，因此在RACE方法上进一步改良，用寡核苷酸适配体替代mRNA的5′端帽结构，并采用发光标记引物进行巢氏PCR，称为Deep-RACE，可实现高通量鉴定TSS的目的。Deep-RACE的主要步骤是(图12-5)：①分别用牛小肠磷酸酶(calf intestine phosphatase, CIP)和烟草酸焦磷酸酶(tobacco acid pyrophoshatase, TAP)去掉基因转录本的5′端磷酸基和5′端帽结构；②在脱帽的转录本5′端加上特定序列组成的寡核苷酸标签(5′-RACE adapter)；③用随机十核苷酸(10nt)引物进行反转录合成cDNA；④在5′-RACE标签和随机引物间利用正反引物进行第一次PCR扩增；⑤以PCR产物为模板，以5′-RACE引物和5′端加尾的基因特异性反向引物进行巢氏PCR，使PCR产物两端加上不同序列组成的标签；⑥以5′-RACE发光标记引物对PCR混合物直接测序。Deep-RACE借助于最新的发光测序法，可平行分析多达几百个基因的TSS，并省却了耗时的克隆步骤，较常规的RACE更为准确、经济，但仍需扩增基因片段，高通量范围受到一定限制。

(三) 连续分析基因转录起始点

在RACE方法的基础上，在转录本5′端加入一个特殊的限制性核酸内切酶MmeⅠ的识别位点，可实现基因5′端的短片段串联进行一次性测序，可同时分析多个TSS。包含如下两种连续分析法。

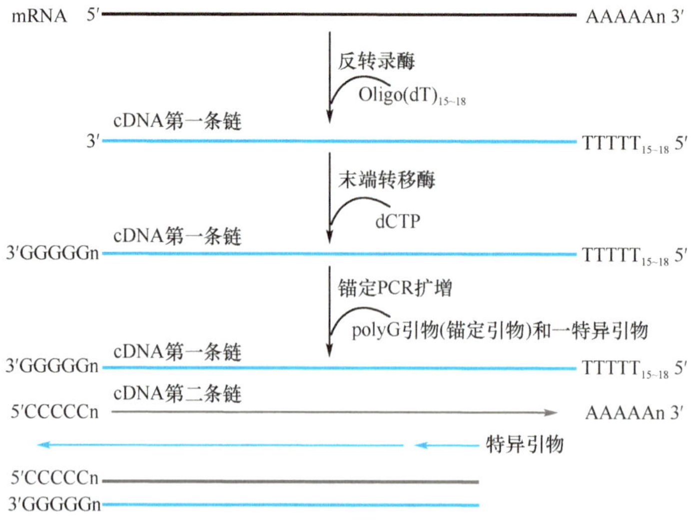

图 12-4 cDNA 末端快速扩增技术(RACE)的基本流程

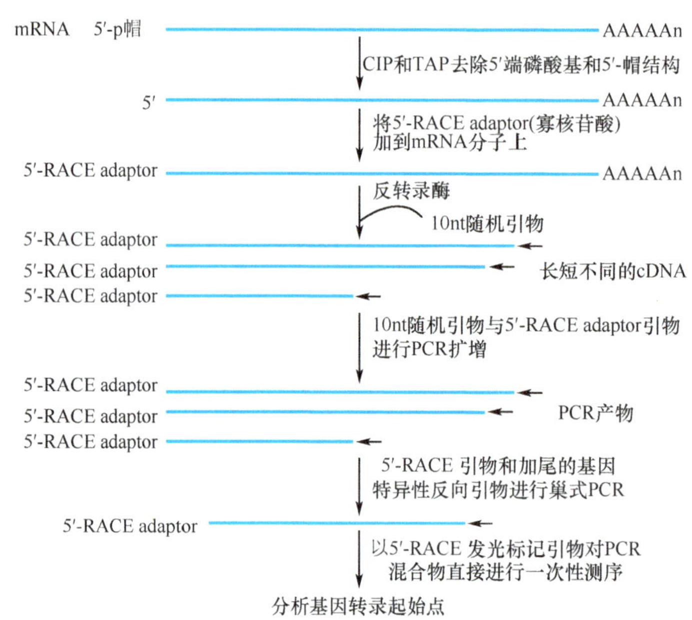

图 12-5 Deep-RACE 的基本流程

1. 5′端连续分析基因表达(5′-end serial analysis of gene expression,5′SAGE) 5′SAGE 是将特殊的 Mme Ⅰ 酶切位点引入 mRNA 的 5′端,此酶可在识别序列后 18~20 碱基处切开双链,产生黏性末端。通过酶切和连接获得不同 5′短片段串联的重复序列,再对重复序列测序,获得包含大量不同基因 TSS 的序列信息。其基本流程如下(图 12-6):首先去除 mRNA 的 5′磷酸和帽结构,再将含有 Mme Ⅰ 和另一种限制性核酸内切酶(如 Xho Ⅰ)识别位点的寡核苷酸接头连接到 mRNA 的 5′端,随机引物合成 cDNA 第一链后,利用生物素标记的引物进行 PCR 扩增。PCR 产物先后用 Mme Ⅰ 和 Xho Ⅰ 处理,用连接酶将产生的 Xho Ⅰ 黏性末端后续 20bp 短片段连接成串联重复序列,最后测序。利用不同基因 5′端 20bp 的序列信息与基因组数据库进行同源性比对,可高通量分析基因 TSS。

2. 帽分析基因表达(cap analysis gene expression,CAGE) CAGE 的基本流程(图 12-7)与 5′SAGE 相似,不同的是 CAGE 先用 oligo(dT)引物合成第一链 cDNA 后,利用捕获 5′帽结构的单链接头,将 Mme Ⅰ 和另一内切酶如 XmaJ Ⅰ 的识别位点加到 cDNA 的 3′末端,并进行第二链 cDNA 的合成;用 Mme Ⅰ 消化双链 cDNA,然后再采用含 Xba Ⅰ(XmaJ Ⅰ 的同尾酶)的接头连接到短双链 cDNA 的末端,PCR 扩增后用 XmaJ Ⅰ 和 Xba Ⅰ 进行双酶切,纯化的产物可串联连接,最后对连接体进行测序。

两种连续分析法都可通过一次测序获得多个基因 TSS 的序列信息,还可利用相同的短片段数目推导基因表达水平，是高通量分析基因 TSS 及基因表达的有效方法。

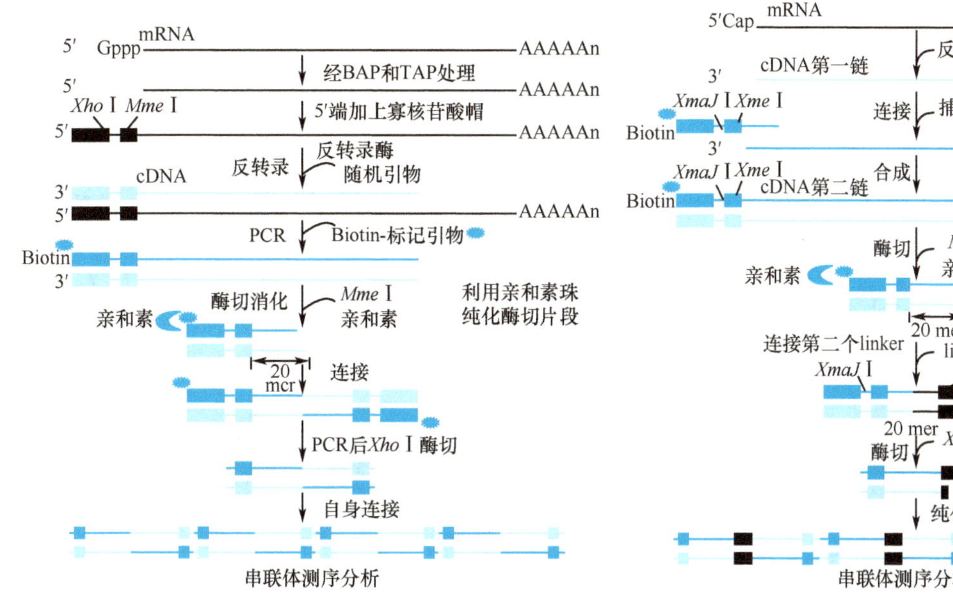

图 12-6　5′端连续分析基因表达(SAGE) 的基本流程

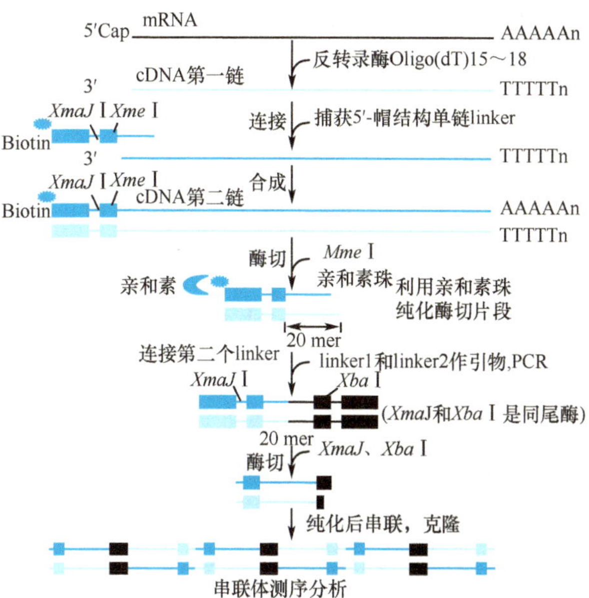

图 12-7　帽分析基因表达(CAGE)的基本流程

第三节　基因编码区结构分析方法

基因编码区是指编码功能性基因产物的结构基因部分(基因终产物为多肽链或 RNA)，通常是指基因中能编码蛋白质/多肽链的一段核苷酸序列。真核基因的编码区包括外显子(编码序列)及内含子(非编码序列)。

基因编码序列具有一定的结构特征，为基因编码区的鉴定分析提供了线索。比如，基因的编码链与转录的 mRNA 序列信息一致(U 代替 T)，故基因的编码序列含有从起始密码子至终止密码子之间的 ORF 序列；外显子的 5′-非翻译区中有翻译起始重要元件的 Kozak 序列，3′-非翻译区含有终止密码子下游的加尾信号 AATAAA 序列；真核基因的内含子在与外显子交界区有共有序列——在内含子的 5′端有 GT 序列，3′端有 AG 序列，为 mRNA 成熟加工中进行选择性剪接的位点。

基因编码区的结构特征首先体现在成熟的 mRNA 上，故以 mRNA 为模板，通过反转录合成 cDNA，成为基因编码区结构分析的基础，进一步克隆测序或构建 cDNA 文库是研究基因结构的最早最常见方法。随着研究技术的不断完善，微阵列及交联-免疫沉淀技术也成为 RNA 剪接分析的手段。另外，目前基因数据库信息量不断增大，将 cDNA 序列进行数据库搜索比对，通过对染色体定位分析、内含子/外显子分析、EST 序列比较、ORF 分析及表达谱分析等能明确基因的编码序列，并能对其编码产物的基本性质如跨膜区、信号肽序列等进行分析，生物信息学分析也成为基因结构分析的常见方法。

一、cDNA 文库分析

cDNA 文库(cDNA library)是指以细胞全部 mRNA 为模板反转录合成 cDNA 的总和。通过 cDNA 文库筛选可分析基因组中的编码序列，从而确定基因编码区结构，亦或发现新基因。由于真核基因 mRNA 的 3′端 poly A 尾的结构特点，以 mRNA 为模板，用 oligo(dT)作引物，反转录酶催化合成 cDNA 的第一链，并在第二链合成后将接头加到 cDNA 末端，连接到适当的载体中，经过分析、扩增及鉴定后获得 cDNA 文库。

构建的 cDNA 文库应考虑每条 cDNA 序列的完整性，可根据 mRNA 均包含 5′端非翻译区、编码序列、3′端非翻译区的结构特征进行判断，其中编码序列含有以起始密码子开头、终止密码子结尾的 ORF。

从 cDNA 文库中钓取感兴趣的目的基因，可以利用 PCR 法靶向性扩增出来，如果按基因的保守序列合成 PCR 引物，则可克隆未知基因的编码序列；还可以通过分析 PCR 产物了解 mRNA 的不同拼接方式。RACE 法可通过对 cDNA 末端序列的检测，再经过多次扩增及测序分析，最终可获得基因的全部编码序列。

采用核酸分子杂交也可从 cDNA 文库中获得特定基因编码序列的 cDNA 克隆，此法多用于寻找同源基因编码序列。根据其他生物的基因序列合成一段 DNA 探针，然后以核酸杂交筛选 cDNA 文库，并对阳性克隆的 cDNA 片段进行序列分析。

二、RNA 剪接分析

分析基因编码区的选择性剪接序列和位点通常利用转录产物与 EST 序列进行比较鉴定，但缺点是目前 EST 文库信息量有限，遇到组织特异性剪接变异体难以分析。因此采用 DNA 微阵列（DNA microarray）和交联免疫沉淀（cross-linking and immunoprecipitation，CLIP）等技术对 RNA 剪接进行高通量分析是目前主要可行的方法。

DNA 微阵列又称 DNA 芯片，常用的是代表外显子的 DNA 阵列（如 Affymetrix 外显子微阵列）或外显子/外显子交接的 DNA 片段阵列（如 ExonHit 或 Jivan 阵列）。以 cDNA 为探针，通过微阵列技术筛选 RNA 剪接体以确定基因的编码序列。

CLIP 分析则是利用免疫沉淀检测 RNA 剪接体。先用紫外线将蛋白质和 RNA 交联在一起，然后用蛋白特异性抗体将蛋白质-RNA 复合物沉淀分离，再分析蛋白结合的 RNA 序列，此法可确定 RNA 的剪接位点，以推导基因编码序列和内含子交界区序列。

三、基因的拷贝数分析

基因拷贝数（copy number）是指某一种基因或某一特定的 DNA 序列在单倍体基因组中出现的数目。不同个体之间同一基因的拷贝数可存在巨大的差异，是基因组多样性的一种形式。已发现超过 10% 的人类基因组有功能基因及其调控序列的拷贝数差异，这种基因拷贝数变异（copy number variant，CNV）是指介于单核苷酸多态性（single nucleotide polymorphism，SNP）及染色体异常之间的中等长度 DNA 片段变异，大小可以从 kb 到 Mb 范围，属于亚显微结构变异形式，可发生删除、插入、复制和复合多位点等变异，其中在群体中分布频率>1% 的 CNV 可称为拷贝数多态性。2006 年完成的第一代人类基因组 CNV 图谱有力说明了基因拷贝数研究是基因组进化和个体表型差异的一个重要内容，使人们审视基因与疾病的关系又多了一种新视角。基因 CNV 可导致不同程度的基因表达差异，对生物个体的表型特征、疾病的发生等产生一定影响，如，利用全基因组 CNV 比较分析不同来源（正常与疾病状态下）样品在全基因组上的拷贝数情况，寻找和疾病发生发展相关的区域，可进一步确定致病基因或疾病易感性基因。目前已研究的 CNV 中可能与腓骨肌萎缩症、阿尔茨海默病、帕金森病、孤独症、银屑病等发生相关。基因拷贝数的分析也用于个体识别、药物反应性鉴定，并能帮助检测染色体拷贝数变异引起的失功能疾病。

对于某个基因拷贝数的检测，常用技术主要有实时定量 PCR、Southern blot、荧光原位杂交等方法，近年随着 SNP 芯片和微阵列比较基因组杂交等技术的发展与应用，检测全基因组 CNV 的分辨率与通量得到了提高。此外，资源共享的基因组变异相关数据库（http://www.projects.tcag.ca/variation/、http://www.genome.ucsc.edu/和 http://www.sanger.ac.uk/PostGenomics/decipher/）也能帮助判断芯片检测到的 CNV 的临床意义。

1. 实时定量 PCR 方法分析目标基因拷贝数 基于 PCR 技术的实时定量荧光 PCR（real-time quantitative PCR，RT-qPCR）最常用于单个目的 DNA 片段 CNV 的检测。利用单拷贝基因作为参照，对样本中候选基因的拷贝数可进行绝对定量（见第九章）。RT-qPCR 技术特别适合于低拷贝基因的定量。如果对多区域位点的测定则可选择短荧光片段的多重定量 PCR（quantitative multiplex PCR of short fluorescent fragments，QMPSF），及多重可连接探针扩增技术（multiplex ligation- dependent probe amplification，MLPA）。

另外，检测已知目标基因拷贝数的方法也可采用杂交技术，包括荧光原位杂交（fluorescent in situ hybridization，FISH），Southern blot，多重可扩增探针杂交（multiplex amplifiable probe hybridization，MAPH）等。杂交技术的基本原理见第九章，FISH 的优点在于不仅能高分辨率探究 DNA 拷贝数改变，同时是直接准确定位的方法；Southern blot 对基因拷贝数的检测是相对定量分析，且在操作中酶切处理提取的基因组易导致拷贝数的丢失，目前并不常用。

2. 芯片技术检测基因组拷贝数变异 芯片技术是检测基因组拷贝数变异的有效方法 目前，已发展了很多方法来研究这些中等大小范围内的 DNA 遗传变异，DNA 芯片可能是其中最为有效的。用于 CNV 的检测方法主要有基于芯片技术的微阵列比较基因组杂交（array-comparative genomic hybridization，aCGH）和 SNP 芯片，以及逐步发展的新一代直接测序技术。

(1) 微阵列比较基因组杂交:微阵列比较基因组杂交(aCGH)也称为染色体微阵列分析(chromosomal microarray analysis,CMA),是将一定比例、不同颜色荧光标记的样品混合液(待测样本与对照样本)在一张芯片上同时进行杂交,通过检测样本基因组和对照基因组间荧光强度比值反映 DNA 的 CNV。aCGH 芯片的探针可覆盖整个基因组(包括已知基因和基因组非编码区),主要的探针来源于细菌人工染色体(bacterial artificial chromosome,BAC)和寡核苷酸两种。采用的探针长度和密度决定了方法的灵敏度、准确度、分辨率,使 aCGH 成为高分辨率、高准确度的一种高通量分析方法。

基于 BAC 克隆文库的 aCGH 是最早用于分析全基因组 DNA 拷贝数的方法,主要用于判定较大、较复杂的 DNA 删除或扩增的总数。这种技术常用于染色体异常导致的疾病状态如癌症的发生发展、出生缺陷等失功能疾病的临床诊断。但即使探针从起初的 1 Mb 精度到 100~200kb,BAC-aCGH 仍存在处理繁琐、PCR 污染、不能提供等位基因特异性 CNV 信息等不足。最近发展的寡核苷酸-aCGH 可使用 25~85mer 的探针,其操作更简便、分辨率至少是 BAC-aCGH 的 500 倍而被广泛应用。

(2) SNP 芯片:SNP 芯片技术是目前通量最高、使用范围最广的全基因 CNV 分析技术。相对于 aCGH 而言,SNP 芯片勿需同时使用两个样本的 DNA(试验组和对照组)和探针进行双杂交,仅使用单杂交就可完成。通过比较测试样本的信号强度与其他个体的强度,从而确定每个位点的相对基因组拷贝数。同时,拷贝数检测运算法中考虑了探针的长度和 GC 含量,通常从几个连续的探针中的重大比率变化来确认 CNV,因此明显提高了方法学的检测精确度。

(3) 新一代直接测序技术:新一代直接测序技术对鉴定 CNV 有推动作用。随着个人基因组时代的到来,个体化高通量测序可得到所有形式的基因组差异。Solexa 测序仪及 Life Sciences 公司推出的 GSFLX 系统均可对整个基因组或基因组的某一特定区域进行测序。此技术有很多:首先测序方法的优点是不需要知道更多的背景知识和设计工作,并能鉴定出复杂的结构变化,同时克服了杂交固有的一些缺点,因此随着测序成本的降低,此方法有着很好的发展前景。

基因组拷贝数变异的检测作为基因变异研究的新方向,正逐渐向成熟并得以应用。尽管目前研究结果重复性低,准确性还有待进一步提高,且 CNV 作用和形成机制也不十分明确,但随着 DNA 测序技术、高分辨基因组扫描技术等的发展,将大大提高检测 CNV 的能力,有利于人类基因组遗传进化及遗传致病因素等新的认识。

第四节　基因功能分析方法

解析基因组中所有基因的功能是“后基因组时代”功能基因组学研究的主要内容,已成为生命科学的研究重点。虽然生物信息学通过同源性分析能对基因功能进行合理预测,但新基因的功能最终必须采用分子水平、细胞水平乃至整体水平不同的实验手段来确证。目前对基因功能的研究思路主要是从基因推导表型,基因表达产物的降低与过量都会改变基因功能,阐明基因在体内功能最有效的方法就是在动物、细胞中采用基因获得与基因失活的策略研究不同基因表达对细胞生物学行为或个体表型遗传性状的影响,从而鉴定基因的功能。基因转移、基因打靶等技术可特异性改变目标基因表达状态,造成细胞及生物体特定基因功能的获得和/或缺失,是靶基因生物学功能实验研究的常用手段。此外,一些新的技术,如反义技术、基因诱捕技术、随机突变筛选技术也是后基因组时代揭示基因功能的重要方法。

一、基因表达谱的分析方法

基因的功能体现与其表达水平密切联系,因此基因表达谱是基因功能分析的前提。基因的表达存在时空特异性,即个体发育的不同阶段及个体不同组织和细胞中基因表达可不相同,个体或组织的任何细胞在特定的时空有特定的基因表达模式,即基因表达谱,从而表现一定的功能活性。因此,研究基因的功能之前,应首先对基因的时空表达谱进行分析,包括 mRNA 转录谱和蛋白表达谱分析。

(一) mRNA 转录谱检测

特定基因 mRNA 表达水平的检测常用 Northern blot、原位杂交、反转录 PCR(reverse transcription PCR,RT-PCR)等方法,主要是针对某一基因转录产物 mRNA 的定性、定量和定位检测。虽然采用实时定量 RT-PCR 技术可高特异性地对 mRNA 进行绝对定量,但都不具备规模化特征,不能用于基因表达谱的分析。近年由于

cDNA 文库的建立及微阵列/芯片(microarray)技术的建立与发展,使组织细胞的基因表达谱全面分析有了可能。目前基因芯片、基因表达系列分析常用于基因表达谱的分析。

1. 基因芯片分析 基因芯片是20世纪90年代初发展起来的高通量研究基因功能的新技术,实质上是一种大规模集成的固相杂交,其基本原理是核酸分子杂交,基本流程见第九章,采用cDNA作为探针,可应用于大规模快速检测基因差异表达或基因组表达谱。

2. 基因表达系列分析 基因表达系列分析(serial analysis of gene expression,SAGE)是一种快速同时检测大量基因转录产物的方法,可用于基因表达谱的分析。其技术原理及主要流程类似于前述的5′SAGE,特点为:①用生物素标记的Oligo(dT)为引物,利用基因转录的mRNA,通过反转录合成3′端生物素化的cDNA文库;②经特殊的限制性内切酶如NaiⅢ(识别CATG酶切位点,理论上消化cDNA可获得平均长度约为250bp的DNA片段)酶切,并以链霉亲和素磁珠亲和纯化得到一系列代表全长cDNA的3′端短片段;③在所有短片段上连接标签接头,如含限制性内切酶BsmFⅠ识别位点的接头(BsmFⅠ是在其识别位点下游20bp的位置平端切割DNA双链),并用连接酶接成cDNA连接体;④通过对所有标签片段测序及测定数目,可确定每种基因转录产物及其相对含量。SAGE无需特定结构探针,可对未知基因转录水平进行研究,这一点是基因芯片技术不具备的优点。目前已构建了多种SAGE文库,通过检索文库中的标签数据及对应到基因后的注释,可对基因表达谱进行分析比较。

此外,前面介绍的帽分析基因表达法(CAGE)采用类似的cDNA的3′端串联体分析基因转录起始点,同时也可利用短片段的数目推导基因表达水平。

近年来不断发展新方法,如GeneCalling法利用两种不同限制酶消化cDNA样品,用荧光标记的引物扩增、毛细管电泳分离标记的片段,然后同时测定每个片段的精确长度。通过电泳比较两个样品中每个点的强度,自动识别不同表达基因的cDNA片段。用大小精确的片段和片段旁侧序列(限制酶酶切)查询特定物种的数据库,得出片段信息,这种预测称为"GeneCalling",可瞬时显示基因表达差异。

(二) 蛋白质水平的表达谱分析

分析特定目的基因的蛋白质表达水平,常用的技术是Western blot和免疫组化。而基于相同原理的蛋白质芯片/微阵列(protein chip,protein microarray)技术,才能从蛋白质水平高通量检测基因表达,成为蛋白质表达谱的主要研究手段。蛋白质芯片是蛋白质组学研究的重要方法之一,也广泛应用于蛋白质功能、蛋白质间相互作用的研究。

二、基因打靶技术分析基因的功能

基因打靶(gene targeting)技术是一种定向修饰生物活体特定基因从而改变相关性状的实验手段,主要包括基因敲除、基因敲入和基因敲减技术以及人工染色体技术。该技术通过基因灭活、点突变引入、缺失突变、外源基因定位引入、染色体组大片段删除等途径使特定的基因敲除失活、新基因敲入或基因敲减,使修饰后的遗传信息在生物活体内遗传,并表达突变的性状,从而进行基因功能的研究。基因打靶技术的发展使得对特定细胞、组织或动物个体的遗传物质进行定向修饰成为可能,在建立人类疾病动物模型,改良动物品系,以及提供相关疾病治疗手段、药物评价模型等有广泛应用。

基因打靶的基本原理是针对目的基因构建重组载体,利用同源重组原理筛选获得中靶的胚胎干细胞(embryonic stem cell,ESC)。通过显微注射或胚胎融合等方法将经过遗传修饰的ESC引入受体胚胎内,ESC经过分化、发育为嵌合体动物,使得经过修饰的遗传信息经生殖系遗传,获得特定遗传修饰的突变动物可提供一个特殊的生物活体系统研究特定基因的功能。目前,通过基因打靶获得的突变小鼠已经超过千种,对这些突变小鼠表型的分析,许多疾病相关基因的功能已得到阐明,并不断产生了生物学中许多突破性的进展。

(一) 基因敲除

基因敲除(gene knock-out)又称基因剔除或基因靶向灭活,即有目的地去除(剔除)实验动物体内某特定基因,是20世纪80年代末发展起来,目前仍为一种较理想的改造生物遗传物质的新技术。80年代初,成功分离并体外培养ESC为这项技术奠定了基础。1987年,Thompsson首次采用设计的同源片段替代靶基因片段,使特定的基因失活/缺失,建立了完整的ESC基因敲除小鼠模型。目前,利用基因同源重组构建基因敲除动物模型依然是最普遍的方法,小鼠也是基因敲除研究最主要的动物模型。

1. 同源重组法基因敲除　建立在 ESC 培养及同源重组基础之上的基因敲除技术，是构建基因敲除模式动物的基础，其基本过程如下（图 12-8）。

（1）基因敲除重组载体的构建：构建一个灭活靶基因的基因敲除载体（替换型载体），通常设计一段与靶基因两端同源的序列，其内插入新霉素抗性标记基因（*neo*ʳ），使靶基因失去表达能力，也利于用新毒素或其类似物 G418 进行后续筛选；并在序列的 3′端插入不含启动子的单纯疱疹病毒胸苷激酶基因（HSV-tk），作为后续负性筛选标志。

（2）同源重组：从动物囊胚中分离出未分化的 ESC，目前基因敲除最常用的靶细胞是小鼠的 ESC，兔、猪、鸡等的 ESC 也有使用。用电穿孔法或显微注射等方法将重组 DNA 导入小鼠的 ESC，使外源 DNA 与 ESC 基因组中相应部分发生同源重组，重组后载体中灭活的靶基因（含 *neo*ʳ基因）取代并破坏了小鼠基因组中原有靶基因，tk 基因位于同源序列外而未被整合。

（3）筛选同源重组的 ESC：外源 DNA 在高等真核细胞内自然发生同源重组的几率极低，筛选真正发生同源重组的 ESC 是基因敲除技术的关键。目前常用的方法有“正负筛选法（PNS 法）”、标记基因的特异位点表达法以及 PCR 法。其中应用最多的是 PNS 法，其利用了载体灭活目的基因序列中含有的 neor 为正选择标志（同源重组后 ESC 获得抗 G418 能力），HSV-tk 为负选择标志，即 tk 基因表达，可使环氧丙苷（gancidovir，GCV）转变为毒性物质而致细胞死亡，而发生特异性同源重组后 tk 基因不能表达，在细胞选择培养基中加 GCV 可生长。故同源重组后 ESC 基因表达具有 neo^{r+}/tk^{-}特征，在同时有 G418 和 GCV 存在的培养基中能够成活，从而筛选获得靶基因敲除成功的 ESC。

（4）发育为基因敲除小鼠嵌合体及获得纯合体：通过显微注射转入假孕母体小鼠的囊胚（受精卵分裂为 8 个细胞左右）中参与胚胎发育，获得含有一个等位基因被剔除的小鼠嵌合体（chimera），即小鼠的一条染色体上是正常基因，一条染色体上是失活基因。嵌合鼠进一步杂交交配，即可获得纯合的基因敲除小鼠，即两个等位基因都被敲除成功的小鼠。通过观察嵌合体和纯合体基因敲除小鼠体内目的基因敲减和灭活前后的生物学性状的变化，达到研究靶基因功能的目的。

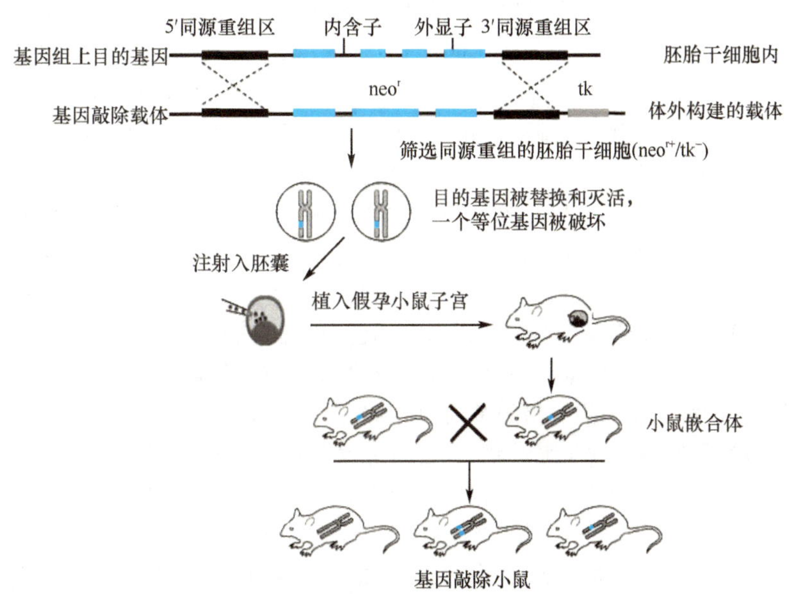

图 12-8　同源重组法基因敲除的基本过程

这种基因敲除动物可以从整体观察某个基因对于动物生命活动的影响，但由基因敲除后的 ESC 发育成的个体，其所有组织和器官中此种基因均被灭活，因此这种完全基因敲除技术也存在一定的缺陷，如某些基因在不同的细胞类型中执行不同的功能，完全敲除会导致突变小鼠出现复杂的表型，很难判断异常表型是由一种细胞引起的，还是由几种细胞共同引起的。其次，由于某些重要功能的基因在胚胎发育时期对个体的存活与发育至关重要，基因敲除后常导致个体不能生存和发育，无法对该基因进行深入研究，于是条件性基因敲除应运而生。

2. 条件性基因敲除　条件性基因敲除（conditional gene knockout）是将某个基因的修饰局限于小鼠某些特定类型的细胞或某一特定发育阶段的一种特殊的基因敲除方法。在常规基因敲除基础上，利用重组酶 Cre

介导的位点特异性重组技术，对小鼠基因组修饰的时空范围设置一个可调控的"按钮"，使一些在胚胎生长发育阶段非常重要的功能基因在特定的时期或某些特定类型的细胞中被敲除。

以 Cre/LoxP 系统的条件敲除的基本原理如图 12-9 所示：Cre 重组酶能介导两个 34 bp 的 LoxP 位点间的特异性重组，使 LoxP 位点间的序列被删除。该方法首先分别产生在特定组织或细胞表达 Cre 重组酶的转基因小鼠和靶基因被两个 LoxP 位点锚定的转基因小鼠，将两种小鼠进行交配繁育，可产生同时带有 loxP 和 Cre 基因的子代，在特定组织细胞中 Cre 基因表达产生的 Cre 重组酶就会介导靶基因两侧的 loxP 间发生切除反应，结果将一个 loxP 和靶基因切除。因此，Cre 的表达决定了靶基因的修饰，即 Cre 在哪一种组织细胞中表达，靶基因的修饰（切除）就发生在哪种组织细胞，而且 Cre 的表达水平将影响靶基因修饰的效率，如利用控制 Cre 表达的启动子活性或所表达的 Cre 酶活性的可诱导性，通过给予诱导剂时间的设计或 Cre 基因表达载体转移时间上的可控性，可对动物基因突变的时空特异性进行人为控制或诱导，因此只要控制 Cre 的表达特异性和表达水平就可实现对小鼠中靶基因修饰的特异性和程度。

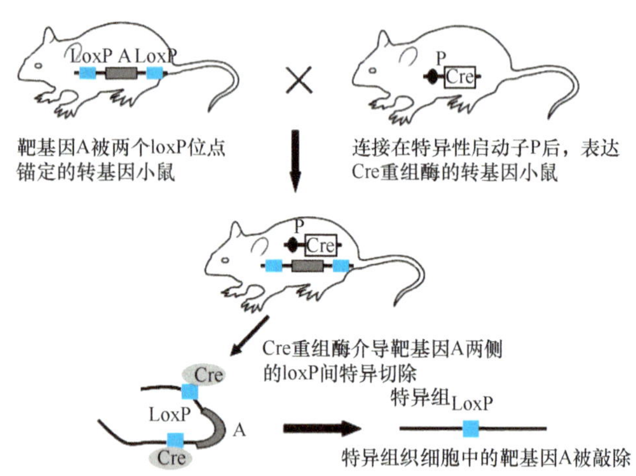

图 12-9 Cre/LoxP 系统的条件性基因敲除原理

以 Cre/loxp 系统为基础，在条件性基因敲除中利用 Cre 表达启动子的不同活性或表达 Cre 酶活性的可诱导性，进一步控制诱导剂的给予时间或 Cre 基因表达载体系统的转移时间等，可在 loxP 动物的一定发育阶段和一定组织细胞中实现对特定基因进行遗传修饰，称为诱导性基因敲除。常见的诱导性类型有：四环素诱导型、干扰素诱导型、激素诱导型和腺病毒介导型。人们可通过预设诱导时间来控制动物基因突变的时空特异性，以避免出现死胎或动物出生后不久即死亡的现象。如用病毒或配体/DNA 复合物等基因转移系统来介导 Cre 的表达，还可省去利用 Cre 转基因动物的过程。

基因敲除可灭活某一基因的表达外，还能引入新基因及引入定点突变，既可以用突变基因或其他基因敲除相应的正常基因，也可以用正常基因敲除相应的突变基因，因此在医学领域中具有广泛的应用：①研究基因的结构与功能：将目的基因敲除后观察整体和细胞水平的变化，可直接了解基因产物的功能，并深入研究发育生物学；②建立人类疾病的动物模型，基因敲除动物可用于研究人类疾病尤其是遗传性疾病的致病机理。目前已建立的有高脂血症、动脉粥样硬化、阿默海茨病等基因敲除鼠模型，也见有家兔、猪等基因敲除模型；③基因治疗：以正常外源基因靶向敲除异常的内源基因，从而达到治疗遗传性疾病的目的；④利用基因敲除动物制备人源化抗体、药物和疫苗等生物活性蛋白。如已成功制备的单克隆抗体转基因小鼠、β-乳球蛋白转基因小鼠、人红细胞生成素（EPO）转基因小鼠等；⑤为人类器官移植提供廉价的异种供体器官，如采用基因敲除办法培育出半乳糖苷转移酶基因敲除猪的基因，有望将猪的器官移植给人时而不引起超急性免疫排斥反应，从而有可能解决异源性器官移植的关键难题；基因敲除动物模型还可以用于新药筛选和药物毒理学方面的研究，并为定向改造生物，培育新的生物品种提供重要的技术支持。尤其建立的条件性基因敲除使得对基因靶位时间和空间上的操作更加明确，效果更加精确可靠，已达到对任何基因在不同发育阶段和不同器官、组织的选择性敲除，避免了重要基因被完全敲除所致的胚胎发育障碍，并能客观、系统地研究基因在组织器官发生发育以及疾病发生、治疗过程中的作用和机制，极大地推进了基因敲除技术在科学研究中的应用。

当然，在基因敲除技术的发展与应用中，亦存在费用高、周期长的缺点，并始终存在一个难以克服的问题：当得到特定基因失活后的品系或个体后，由于生物表型范畴很广，具有综合性，突变体表型效应不易分辨，认知基因的具体功能并非易事。许多基因在剔除后并未产生明显的表型改变，这可能是相关基因的功能代偿所致，也有可能是敲掉一个在功能上冗余的基因，并不能造成容易识别的表型。

（二）基因敲入

基因敲入（gene knock-in）也是基因打靶技术的一种，与基因敲除相反，基因敲入是通过同源重组的方法，将外源基因引入到细胞（包括 ESC、体细胞）基因组的特定位置，使新基因表达并能随细胞繁殖而传代的技术。通过表达敲入的靶基因发挥作用，可研究特定基因在体内的功能；也可以与之前的基因功能进行比较，或将正常基因引入基因组中置换突变基因以达到靶向基因治疗的目的。

（三）基因敲减

基因敲减（gene knock-down）是使用 RNA 干扰、反义寡核苷酸或基因重组等方法，抑制特定基因表达或引起基因沉默，从而导致基因功能部分缺失或减弱的技术。

1. RNA 干扰引起的基因沉默　生物体内一些小的 dsRNA 分子能高效介导同源序列的 mRNA 特异性降解，从而导致转录后基因沉默，这个过程称为 RNA 干扰（RNA interference，RNAi），也称为序列特异性转录后基因沉默（post-transcriptional gene silencing，PTGS）。现已证实，RNAi 在生物界广泛存在，在生物进化过程中是高度保守的，同时 RNAi 也可作为一种简单有效、高效特异地阻断靶基因表达的技术，成为研究基因功能、基因表达调控、疾病的发病机理与防治以及药物筛选的重要手段（见第九章）。

RNA 干扰技术既可在细胞水平，又可在转基因动物体内导入 siRNA，实现特异、稳定、长期地抑制靶基因的表达，若将 RNAi 技术与 Cre/loxP 重组系统相结合建立转基因动物模型，不仅具有稳定、可遗传、可诱导等特点，而且无需使用 ESC 和基因打靶技术，与基因敲除法相比具有简单、易操作、周期短等优势，因此已被作为体内外研究基因功能的一种简便和有力的工具。此外，鉴于 RNAi 的高效特异阻断靶基因表达，该技术也成为信号传导通路和发育分化研究的良好手段，并在抗病毒治疗、特殊疾病的基因治疗上显示其应用的前景。

2. 反义寡核苷酸引发的基因沉默　反义寡核苷酸（antisense oligonucleotide，ASON）是指能与 mRNA 互补的 RNA 分子，长度一般为 20nt 左右。ASON 引发基因沉默的机制：①可能是通过与靶 mRNA 互补结合后以位阻效应抑制靶基因的翻译；②也可能通过与双链 DNA 结合形成三股螺旋而抑制转录；③也可能通过激活细胞内的 Dicer 酶进入 RNA 干涉途径而降解靶 mRNA。由于人工构建 ASON 用于抑制靶基因表达的技术简便易行，也是研究基因功能的可行方法之一。

利用 ASON 调节基因表达，应注意并非所有的 mRNA 都对其敏感。有的 mRNA 生物半衰期短，仅 1～2min，故与 ASON 结合机会较少，就不敏感；其次，ASON 本身的稳定性也决定其调节能力，ASON 的 3′端带茎环结构可增加稳定性通常情况下针对真核生物中 5′端非编码区的 ASON 可能更有效。在设计 ASON 时应注意：避免 ASON 分子内出现自身互补的二级结构；分子中不应有 AUG 或 ORF，否则该反义 RNA 亦会与核蛋白体结合；此外，也可将核酶结构的 RNA 连在 ASON 的 3′端上，利用其高度专一内切核酸酶活性降解靶 mRNA，提高抑制效率；或者选择强启动子构建 ASON 基因载体及基因串联设计等用于增加 ASON 对靶 mRNA 的降解。

三、基因转移技术分析基因的功能

基因转移（gene transfer）技术就是将外源性基因导入到一个细胞或动物体内，以研究该基因转入后的表达和功能发挥的情况。最初是细胞水平的操作，转移后的基因能够继续被传递给子代细胞。随着技术的发展，目前已利用载体稳定地将外源目的基因整合入受精卵细胞或 ESC，然后导入模拟的胚胎发育生长环境，发育成带有目的基因的新个体，这些携带并能遗传外源基因的动物个体或品系称为转基因动物（transgenic animal）。现已建立了转基因鼠、转基因羊等多种动物模型。这些转基因动物通过人为地造成外源基因在活体动物生长发育过程中的高度表达，可以从表型上或者机体整体层面上研究基因产物的正常功能。此后，成功利用核转移技术，将动物体细胞的胞核导入另一个体的去除了胞核的受精卵内，使之无性繁殖、发育成个体，实现了动物整体克隆，1997 年诞生的克隆羊——多莉（Dolly）即是体细胞克隆动物成功的标志。

（一）基因转染细胞模型用于功能研究

基因转染技术是将目的基因插入真核表达载体如腺病毒、反转录病毒载体后，转入某一细胞使基因高表达，通过观察细胞生物学行为的变化而认识基因的功能，是目前最常用的基因功能研究方法，利用这种靶基因高表达的细胞模型，可真实反映基因编码产物对细胞功能的影响。

针对细胞中基因表达产物的特点，研究其功能时可采用不同细胞内表达方式，其一，可采用不表达该基因的细胞，转染基因表达后，分析细胞的功能变化或分析相关的细胞内分子改变，从而确定基因编码产物的功能，但此策略有一定局限，因为不表达目标基因，也可能不表达与其相关作用的蛋白分子，因此，即使转染目标基因，细胞功能也可能不发生变化，基因表达与功能体现之间缺乏真实联系。第二种方式是在低表达该基因的细胞导入表达载体，通过增加基因的拷贝数或强启动子促使基因过表达（over expression），观察细胞功能的改变而分析基因产物的功能。

对于较大基因或包含转录调控序列的大片段 DNA 的转导，可采用酵母人工染色体(yeast artificial chromosome，YAC)转导法，这样不仅使插入的基因结构完整，利于基因的组织或细胞特异性的高水平表达，还可对转导入的 YAC 预先通过同源重组进行适当的调节修饰。

近年又出现了一种全新的载体系统——人类人工染色体(human artificial chromosome，HAC)，其能携带包含完整基因或多个基因以及基因的所有外显子和附近调控区的大片段 DNA，为目的基因提供了一个类似正常染色体的环境，保证了转基因在正常细胞中时空性表达。而且 HAC 不整合到基因组中，不产生基因组插入突变和基因沉默等现象，能够使基因表达的时限增长。

(二) 转基因动物可在整体水平研究基因的功能

研究基因的功能，从分子水平和细胞水平阐明相关的作用机制非常重要，但最终仍需阐明特定基因在生物体内产生的生物学效应。除了分析特定基因在特定的生理学过程或病理学过程中的表达变化、病理分布特征，从整体水平研究基因生物学功能的一个重要策略是观察基因表达被阻断或基因开始表达后机体产生的表型变化。

基因敲除或基因敲入技术为转基因动物的产生奠定了基础，转基因动物是指利用转基因技术培育的在基因组中稳定地整合并能遗传外源基因的动物。转基因技术不仅用于转入功能明确的基因以培育优良的动物品种，另一个重要的应用是，转基因动物可在活体水平从分子到个体多层次、多方位研究有关基因的功能。产生转基因动物的过程以前述的制备基因敲除小鼠为例，包括：转基因表达载体的构建，外源基因的导入，鉴定外源基因表达及转基因动物品系的获得和建立。转基因动物能够接近真实地再现外源基因在整体水平的调控规律及其表达所致的表型变化，使人们能有效地从系统性和独立性角度研究外源基因功能，是目前层次最高的实验体系。

利用转基因技术建立的疾病动物模型具有遗传背景清楚、遗传物质改变简单，更自然更接近疾病的真实症状等优点，已在肿瘤、心血管疾病、神经系统疾病等研究中显现重要的应用价值。当然，转基因动物模型仍然存在一些有待解决的问题，如外源基因随机插入宿主基因组可能产生插入突变；外源基因整合于染色体上拷贝数不等；也可能整合的外源基因发生遗传丢失而导致转基因动物症状的不稳定遗传等。但随着转基因技术的不断完善，包括已利用调控系统建立的条件性转基因动物实现了基因时空特异性表达，YAC 载体应用于大片段 DNA、多基因或基因簇的转基因等，相信其在医学及生物学研究领域中必将有更加广泛的应用。

四、随机突变筛选策略从正向遗传学角度研究基因功能

利用基因敲除或基因转移等技术是从基因改造推导表型的“反向遗传学”，是目前基因功能研究的主要策略，但面对人类基因组巨大的功能未知的遗传信息，“反向遗传学”显然存在一定的局限性：首先，生物体的代偿机制可能使基因敲除动物表型效应不易分辨，也有可能特定基因在不同位点上的突变可能产生不同的表型，单一的“功能缺失”方法不可能发现不同的异常表型；其次，“反向遗传学”只能对已知基因进行研究，而人类基因组中尚有 90% 左右的序列处于未知状态；第三，目前用于条件性“功能缺失或获得”小鼠制备的启动子还很有限，从而阻碍了特定基因在成体动物中的功能分析。因此，基于“正向遗传学”的、从异常表型推论特定基因突变的随机突变筛选法从另一角度补充了基因功能研究思路，这种“表型驱动”的研究策略为功能基因研究不断提供的新材料及人类遗传性疾病的新模型，有可能成为功能基因组研究最有潜力的手段。

随机突变筛选法的基本原理是：首先采用物理、化学或病毒、噬菌体载体等因素，在目标细胞基因组进行随机插入突变，通过标记进行筛选获得相应基因突变的细胞，可建立一个携带随机插入突变的细胞库。如，ENU 是一种可烷基化修饰 DNA 碱基，诱发单碱基突变的化学诱变剂，ENU 处理雄鼠精子基因组，可诱导 DNA 复制时错配，使后代小鼠有可能出现突变表型，经筛选及遗传试验即可得到突变系小鼠。ENU 诱变接近于人类遗传性疾病的基因突变情况，且突变效率可高达 0.2%，是其他突变手段的 10 倍左右。通过对突变小鼠的深入研究、对突变基因定位及位置候选法克隆突变碱基就会得到突变基因的功能信息。

另外，近几年发展起来的基因捕获技术也是一种产生大规模随机插入突变的便利手段，已成为研究基因功能及分析其生物学现象的重要工具。其基本原理是：通过物理、化学、生物等方法，将一个无启动子的报告基因(如 *neo* 基因)的基因诱捕载体随机插入 ESC 基因组，产生内源基因突变失活，通过鉴定报告基因的表达，提示插入突变的存在；载体在整合位点可利用内源基因调控元件模仿内源基因表达，因此，分析不同发育阶段、不同组织器官中报告基因的表达情况，可以研究内源基因的表达特性，因而广泛应用于基因功能的研究。其次，利用基因捕获可以建立一个携带随机插入突变的 ESC 库，每一种含有不同突变基因的 ESC 克隆经囊胚注射可发育为基因突变动物模型，对动物模型的表型分析也是目前搜索未知基因功能的有效策略。近年，全

球主要的基因诱捕组织联合成立了国际基因诱捕联盟，建立公共的基因诱捕数据库及网站（http://11www. genetrap. org），标志着大规模小鼠基因诱捕的一个重大进展。

基因捕获技术的优点是：常规基因敲除法需要构建特异性的基因敲除载体以及筛选中靶 ESC 等，研究需耗费大量的时间和人力，通常一个基因剔除纯合体小鼠的获得至少需要半年或一年，甚至更长的时间。而基因捕获技术可节省大量筛选染色体组文库以及构建特异打靶载体的工作及费用，更有效和更迅速地对基因的序列、基因的表达以及基因的功能进行分析研究。但基因捕获技术也存在不可避免的缺点：只能敲除在 ESC 中表达的基因，其次，无法对基因进行精细的遗传修饰。

总之，基因功能的研究是科学研究的重要内容，也是一项复杂的工程。生物信息学在基因功能的预测中提供重要的信息，指导实验室研究方案的制定。实验验证是基因功能研究的最终必由之路，采用不同技术建立的模式动物从整体水平研究基因功能是必不可少的工具。除了以上的研究方法外，还不断发展有许多其他新方法，在实际工作中，研究者需要根据具体情况，从基因功能获得和失活两方面制定最佳的研究方案，用于对一个特定基因功能全面、系统的研究。

思　考　题

1. 针对基因的结构特征常用哪些方法进行相关分析？
2. 说明构建 cDNA 文库在基因结构与功能研究中的应用。
3. 介绍基因打靶技术以及在基因功能研究中的应用。
4. 利用比较蛋白质组学从某一病理组织中检测到一种新的蛋白质，拟进一步探讨相关基因结构与功能，请设计研究方案及相关方法。

（喻　红　杜　芬）

第四篇　专　题　篇

分子生物学领域研究的专题内容众多，由于篇幅的限制本篇仅撷取了人们普遍感兴趣的几个重要专题进行讨论，即细胞通讯与细胞信号转导的分子机制、细胞增殖与分化的分子机制、细胞凋亡的分子机制、衰老的分子机制、肿瘤发生与转移的分子机制、基因诊断与基因治疗。伴随人类基因组计划的进行和完成，出现了各种"组学"，以及对出现的大量生物信息进行采集、处理、存储、传播、分析和注释的生物信息学，因此将"组学"和生物信息学也列在本篇中一并讨论。

细胞将其不断接受的胞外信号分子的刺激，经各种信号转导分子触发细胞内一系列的生物化学反应(这些反应构成信号转导通路)，最终引起特定的生物效应，这一过程称为细胞信号转导。细胞信号转导过程与内外环境的变化相适应。

细胞的增殖与分化是生物胚胎发育、个体生长以及维持生命活动过程的两个重要事件，是生物个体正常生理活动的基础。细胞凋亡是指机体为维持内环境稳定，由基因控制的细胞自主的有序死亡，是多细胞生物发育及机体维持平衡的一种正常事件。

正常状态下，机体发育成熟后，随着年龄增加，自身机能减退，内环境稳定能力与应激能力下降，组织结构、器官逐步发生退行性改变，并最终走向死亡，这个过程即称为衰老。衰老研究、衰老与疾病研究以及如何延缓衰老日益引起人们重视。

肿瘤是一种严重威胁人类生命健康的疾病。肿瘤发生的根本原因是由于基因(细胞癌基因和抑癌基因)变异所引起的细胞异常增生，是细胞增殖失控导致的严重后果，因此肿瘤是一种体细胞遗传的基因病。

现代医学研究使人们逐渐认识到人类的绝大多数疾病(外伤除外)都与基因改变密切相关。基因诊断就是利用分子生物学和分子遗传学的技术，通过检测 DNA/RNA 的结构及表达状态是否异常，从而对疾病作出诊断。基因治疗是以基因转移为基础，将某种遗传物质导入患者细胞内，使其在体内表达并发挥作用，从而达到治疗疾病的目的。

"组学"研究是针对某一种分子的总体分析，并进一步上升到分子机制、细胞机制和系统生物学的水平，发现和解释具有普遍意义的生命现象和研究对象之间的变换、内在规律和相互关系。"组学"包括研究基因结构与功能的基因组学，研究细胞中基因转录水平及转录调控规律的转录组学，研究细胞中全部非编码 RNA 分子的结构与功能的 RNA 组学，研究细胞中全部蛋白质的蛋白质组学，以及研究某一细胞、组织、器官或体液中所有代谢组分的代谢组学等。

随着生命科学领域研究的不断深入，生物信息量也不断增加。生物信息学就是融汇应用数学、信息学、统计学和计算机科学等方法研究生物学问题。生物信息学正发挥着越来越大的作用。

通过本篇上述内容的学习，使学生能深刻解读细胞增殖、分化、衰老和死亡等分子基础，更好地理解生命的奥秘。同时，从分子水平上认识各种疾病的发生发展机制，建立具有应用价值的新的诊断方法与治疗手段，为人类健康服务。

第十三章 细胞间通讯与细胞信号转导的分子机制

生物体在进行新陈代谢时,不仅有物质与能量的变化,即存在物质流与能量流,还存在信息流(information flow)。信息流既存在于细胞与细胞之间,也存在于生物体与环境之间,构成了一个完善的细胞通讯系统,由此保证了生物体内复杂的新陈代谢过程能够有条不紊地进行。

细胞通讯(cell signaling,cell communication)就是体内一部分细胞发出信号,靶细胞(target cell)接收信号并将其转变为细胞功能变化的过程。在细胞通讯系统中,细胞或者识别与之接触的细胞,或者识别其周围环境中存在的来自其他细胞的各种物理或化学信号,并将其转变为细胞内各种分子活性的变化,从而改变细胞内的某些代谢过程引起细胞应答反应。这种细胞针对外源信息所发生的细胞应答反应的全过程称为细胞信号转导(cell signal transduction),其最终的目的是使机体在整体上对外界环境的变化产生最为适宜的反应。细胞信号转导在应答环境刺激、调节基因表达和生理反应的同时,不仅维持着细胞的正常代谢,而且最终决定了细胞增殖、生长、分化、衰老和死亡等生命的基本现象。细胞通讯和信号转导过程是高等生物生命活动的基本机制。阐明细胞信号转导的分子机制对于认识细胞在整个生命过程的增殖、分化、代谢及死亡等方面的表现和调控方式,进而理解各种生命活动的本质具有重大理论意义,同时对于从分子水平认识各种疾病的发病机制,建立新的诊断与治疗手段亦具有重要的实用价值。

第一节 细胞间通讯概述

单细胞生物直接感受外界环境的变化并作出应答,但对于多细胞生物而言,绝大多数细胞不与外界直接接触,细胞与细胞之间是通过细胞通讯来协调细胞的行为。在多细胞生物的细胞社会中,细胞精密的分工要求各细胞之间更紧密的联系,细胞借助于其上的特殊结构(如连接小体、受体等)来精确和高效地发送与接收信息,通过调节物质代谢和/或引起基因表达变化,协调各种组织活动,应对细胞内、外环境的变化,以达到细胞之间在功能上的协调统一。细胞间通讯的方式有 3 种:细胞间隙连接通讯、膜表面分子接触通讯和胞外化学信号介导的化学通讯。

一、细胞间隙连接通讯

细胞间隙连接通讯是指两个相邻细胞借助于连接蛋白(connexin)构成的管道状结构——连接子或连接素(connexon)进行的一种通讯方式。连接子两端分别嵌入两个相邻的细胞,形成一个直径约 1.5nm 的亲水通道(图 13-1)。这种通道允许相对分子质量小于 1500 的水溶性分子在两个细胞间自由交换。

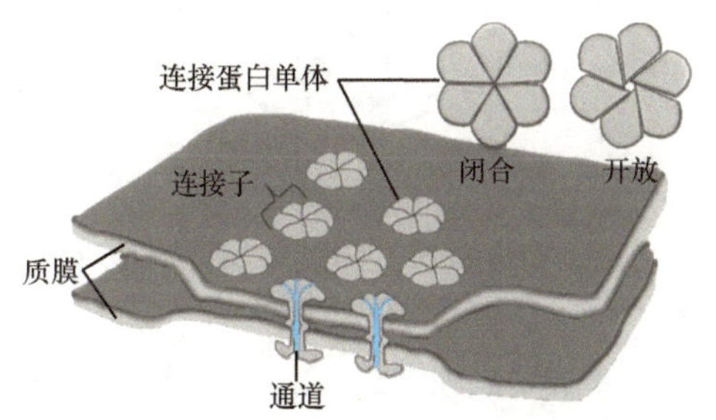

图 13-1 连接子结构模式示意图

细胞间隙连接通讯属于细胞间的直接通讯,其生物学意义在于:①相邻的细胞通过共享小分子物质,可以快速和可逆地促进相邻细胞对外界信号产生协同反应,引起局部迅速、足量的应答;②在细胞生长、分化、发育、定位及维持细胞形态等方面有重要意义。

连接蛋白基因为一个多基因家族,现已发现 12 个成员,是目前分子生物学和细胞生物学领域的研究热点之一。在肿瘤生长和创伤愈合等过程中,都观察到了某些类型连接蛋白编码基因表达水平的变化,某些遗传病也可被归因于连接蛋白基因的突变。

二、膜表面分子接触通讯

膜表面分子接触通讯是指细胞借助于细胞表面分子或细胞外的黏附分子与相邻细胞的表面分子通过特

异地相互识别和相互作用，达到功能上相互协调的一种通讯方式。细胞表面分子（如整合素、钙黏蛋白和免疫球蛋白等）构成细胞的触角，可以与相邻细胞的膜表面分子特异性地相互识别和相互作用，协调细胞的功能。膜表面分子接触通讯也属于细胞的直接通讯，此种细胞通讯对于细胞迁移、增殖和活化等过程有重要作用。

最为典型的例子是 T 淋巴细胞与 B 淋巴细胞的相互作用。这两种细胞表面均有多种分子，在细胞接触时，这些分子相互结合使接受调节的细胞发生所需要的变化。1989 年，Yonehara 等发现了一株单克隆抗体，可以识别一种表达于髓样细胞、T 淋巴细胞和成纤维细胞膜表面的分子，这种膜分子被称为 Fas 或 CD95。Fas 是一种跨膜蛋白，由 325 个氨基酸残基组成，属于肿瘤坏死因子受体超家族成员。Fas 与其配体 FasL 结合可以启动凋亡信号的转导引起细胞凋亡（见第十七章）。

细胞外基质中的一些蛋白聚糖分子借助于它们核心蛋白的疏水段可以直接插入脂膜层，或通过透明质酸与膜结合蛋白的相互作用而与质膜连接，核心蛋白还可以通过糖基磷脂酰肌醇共价结合而被锚定在质膜上。这些蛋白聚糖均可以作为细胞表面信号，通过膜表面分子接触通讯，参与对细胞迁移、增殖、活化等过程的调节。

三、胞外化学信号介导的化学通讯

多细胞生物与邻近细胞或相对较远距离的细胞之间的交流主要是由细胞所分泌的化学物质所完成，这些化学物质称为化学信号（chemical signaling）。化学信号介导的化学通讯是指细胞分泌的化学信号通过作用于周围或较远距离的靶细胞受体，并经过胞内信号转导分子的信息传递，达到调节细胞功能的一种通讯方式，如调节物质代谢、基因表达、细胞生长和增殖等。化学信号介导的通讯属于细胞的间接通讯。

（一）化学信号分子的传递方式

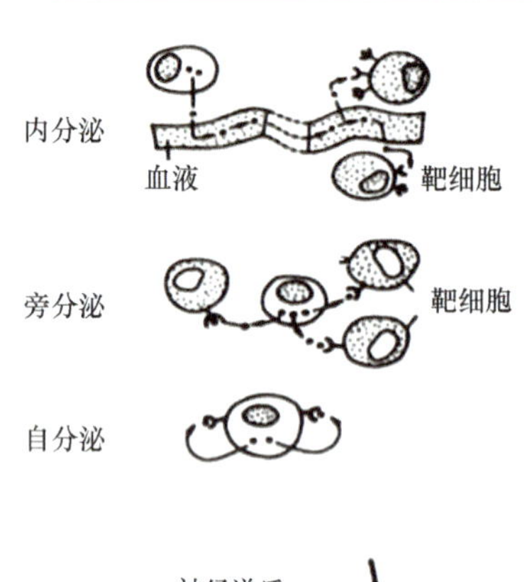

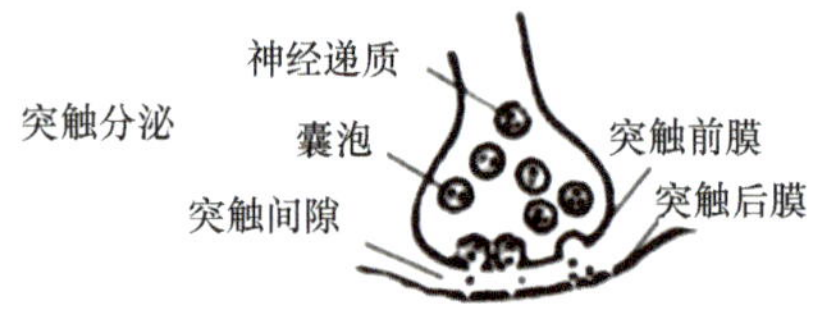

图 13-2 细胞外化学信号分子的传递方式

外界或其他细胞产生的刺激以及高等动物中的神经刺激都可以引起分泌细胞和神经细胞末梢等分泌化学信号分子到细胞外。这些化学信号可以通过扩散或体液运输到达靶细胞，被靶细胞接收而完成细胞间通讯。根据化学信号分子作用的距离和特点，可将它们的传递方式分为内分泌、旁分泌、自分泌和突触分泌四种传递方式（图 13-2）。

1. 内分泌传递方式 信号分子经血液转运至全身各处的靶细胞而发挥作用，是一种远距离的信号传递方式。绝大部分激素通过此方式进行传递。这种内分泌作用方式有如下几个特点：①低浓度：激素在血流中的浓度极低（$10^{-8}\sim10^{-10}$mol/L），但依然能够起作用，而且低浓度对它们安全地发挥作用也是必需的；②全身性：激素随血流而扩散到全身与特定细胞上的特异性受体结合发挥作用；③长时效：激素产生后经过漫长的运送过程才起作用，而且血流中微量的激素就足以维持长久的作用。

2. 旁分泌传递方式 信号分子经细胞间液扩散后，作用于邻近的靶细胞。主要是生长因子、细胞因子、前列腺素等通过此种方式进行传递。

3. 自分泌传递方式 由细胞释放的信号分子作用于自身细胞。许多生长因子以这种方式传递信号。肿瘤细胞也常常产生和释放过量的生长因子，导致肿瘤细胞和邻近的非肿瘤细胞无限制的增殖。

4. 突触分泌传递方式 突触前细胞释放的神经递质经过突触间隙作用于突触后细胞膜的相应受体，引起快速而短暂的生物效应。严格地说，这种传递方式属于一种作用距离最短的旁分泌。

（二）化学信号分子的分类

根据分泌方式的不同，可将化学信号分子分为：①内分泌激素（如甲状腺素、糖皮质激素等）；②神经递质（如乙酰胆碱、γ-氨基丁酸、5-羟色胺等）；③局部化学介质（如生长因子、前列腺素）。

根据化学信号分子化学本质的不同，可将它们分为：①肽类因子（如生长因子、细胞因子等）和肽类激素（如胰岛素、胰高血糖素等）；②类固醇激素（如醛固酮，性激素等）；③氨基酸及其衍生物（如甘氨酸、谷氨酸、甲状腺素、肾上腺素等)；④脂酸衍生物(如前列腺素)；⑤气体信号分子(如 NO、CO)。

此外，细胞表面分子、黏附分子和细胞外基质成分等调节分子也属于细胞外信号分子，它们介导细胞-细胞、细胞-基质间的相互作用，调节细胞的某些重要生理过程。

(三)化学信号分子的作用特点

1. 化学信号分子须通过特异性受体发挥作用　化学信号分子本身并不直接介导细胞活性。化学信号分子既不具备酶活性，也不直接参与细胞的物质与能量代谢过程。化学信号分子只有在与靶细胞的受体蛋白结合后使受体蛋白的构象发生改变，将化学信号转换为细胞内信号后才能调节细胞的功能。

2. 细胞间化学信号作用的复杂性　同一化学信号可对不同的特化细胞产生不同的效应。一种情况是，不同靶细胞上的受体蛋白不同，结果受体诱导的反应也不同。例如，乙酰胆碱具有刺激骨骼肌细胞收缩的作用，但却降低心肌细胞的收缩速率和力量。目前已经了解，这种反应差别是因为乙酰胆碱受体蛋白的不同，乙酰胆碱在骨骼肌终板内的受体为 N 型(烟碱型)，而在平滑肌、心肌和外分泌细胞上的受体则为 M 型(毒蕈型)。但有时受体蛋白相同，同一化学信号分子仍产生不同的反应。例如，乙酰胆碱在心肌、平滑肌里引起肌肉收缩的变化，而在分泌细胞中引起分泌，其受体蛋白是相同的，只是不同细胞受体接受化学信号后，由于细胞内其他受影响的蛋白质组成不同，因而各自按独有的程序和方式做出不同反应。此外，不同的信号分子在相同的细胞里可以产生相同的反应，如胰高血糖素与肾上腺素在肝细胞中与各自受体结合后都使糖原分解并释放进入血液，使血糖增高。

3. 不同化学信号的时间效应各异　动物体内神经递质介导的反应最快，如神经-肌肉连接处，神经终端释放乙酰胆碱于几毫秒内就引起骨骼肌细胞的收缩和随后的再松弛，这对动物运动是十分重要的。多数内分泌激素协调细胞代谢时，反应也比较快，如血糖水平增加会刺激胰腺内分泌细胞向血液中分泌胰岛素，胰岛素浓度的增加又反过来刺激肝脏和肌肉利用更多的血液内的葡萄糖，使血糖水平下降，最后胰岛素的分泌速率和肝脏、肌肉利用葡萄糖的速率都恢复到原有水平，血糖浓度保持相对恒定。在动物发育过程中，起到影响其细胞、组织器官分化的一些分泌化学信号，常常效应时间持久。例如，青春期大量雌性甾体激素雌二醇自卵巢中的内分泌细胞产生后，传输到身体的各个不同部分，引起如乳房增大等各种变化，这种效应持久，常以年计。

4. 水溶性及脂溶性的化学信号分子的作用机制不同　大多数内分泌激素、生长因子、神经递质、局部化学递质是亲水性的，只能与细胞表面受体结合，通过信号转换在细胞内起作用。它们分泌后往往在几秒、甚至几毫秒内被清除掉，或者进入血液中经几分钟后被消除掉。这类水溶性化学信号分子介导反应的时间较短。甾类激素不溶于水，在血液中与特殊载体结合而运输，在血液中常可停留较长时间(以小时计)，并且从血液中释放后，很容易穿过靶细胞质膜进入细胞，与细胞内受体或者细胞核内受体结合为复合体，该复合体与 DNA 上的特定序列结合，改变基因表达模式，影响生长分化与发育，表现为持续较长的效应。

5. 化学信号介导的细胞通讯具有网络调控的特点　一种细胞因子或激素的作用始终会受到其他细胞因子或激素的影响，或抑制、或促进；发出信号的细胞随时受到其他细胞发出的信号的调节。这种调控网络的存在使得机体内的细胞因子或激素的作用都具有一定程度的冗余和代偿性，单一缺陷不易导致对机体的严重损害。

第二节　细胞信号转导分子

广义的信号转导分子(signal transducer)指的是介导信号在细胞内传递的所有分子，包括蛋白质分子和一些小分子活性物质；狭义上的信号转导分子常指信号转导通路中的蛋白质分子。所有这些信号转导分子在信号转导过程中按一定的顺序排列就构成了信号转导通路(signal transduction pathway)，各种信号转导通路的交叉联系有形成一个复杂的信号转导网络(signal transduction network)。

一、受　　体

受体(receptor)是位于细胞膜(即质膜)上或细胞内能够特异识别并结合外源化学信号分子，并将这一结合信号正确无误地放大并传递到细胞内部，进而引起一定生物学效应的蛋白质或糖脂。大多数受体是糖蛋白，个别是脂蛋白(如阿片受体)或糖脂(如霍乱毒素的受体为神经节苷脂 GM1)。能与受体特异结合的化学信号分子又称为配体(ligand)。胞外化学分子信号是常见的配体，某些药物、毒物、维生素也可作为配体发挥作用。

根据受体的细胞定位，可将受体分为细胞膜受体和细胞内受体两大类。水溶性化学信号的受体位于细胞膜上（甲状腺素例外，它的受体位于细胞内），脂溶性化学信号的受体位于细胞内（图 13-3）。

（一）细胞膜受体

大多数受体位于细胞膜上，多为镶嵌糖蛋白。水溶性信号分子因难以穿过细胞膜，故需此类受体转导信号。按照受体的结构和作用方式不同，细胞膜受体又可分为 G 蛋白偶联型受体、酶偶联型受体和离子通道型受体。

1. G 蛋白偶联型受体（G protein-coupled receptor，GPCR） 此类受体得名于它们的细胞内部分总是与异源三聚体 G 蛋白结合。神经递质、肽类激素、趋化因子等化学信号，以及在味觉、视觉、嗅觉等生理过程中接受外源性理化因素的受体也属于 G 蛋白偶联型受体。

所有的 G 蛋白偶联型受体均是由一条肽链组成的跨膜糖蛋白，其氨基端位于细胞膜外侧，羧基端位于细胞膜内侧，中间含有 7 个跨膜的 α-螺旋区段，因此也被称为七跨膜受体（serpentine receptor）。由于肽链反复跨膜，在膜内侧和外侧形成了几个环形结构，分别负责结合配体、传递细胞内信号及受体的去敏感等（图 13-4）。

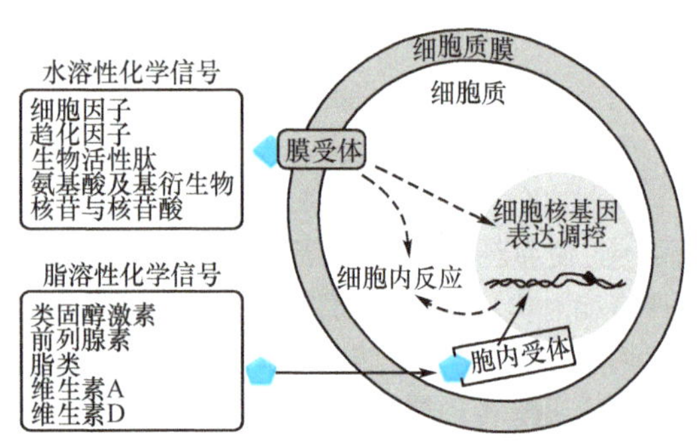

图 13-3 水溶性和脂溶性化学信号受体的细胞定位

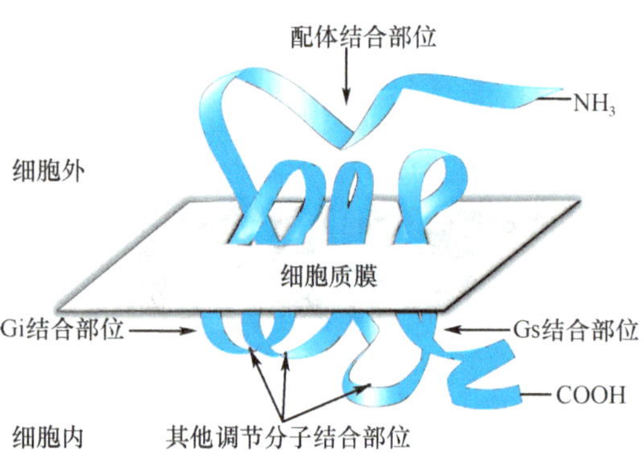

图 13-4 G 蛋白偶联型受体的结构示意图

2. 酶偶联受体（Enzyme-linked receptor） 是指那些自身具有酶活性，或者自身没有酶活性但与酶分子结合存在的一类受体。酶偶联受体的结构大多为只有 1 个跨膜 α 螺旋区段的糖蛋白，亦称为单跨膜受体。其 N 端的胞外区为配体结合域，中间为跨膜区，胞内区含有蛋白激酶结构域。当配体分子与此型受体结合后，可激活胞内区的蛋白激酶活性，使受体自身或底物蛋白磷酸化，触发细胞信号转导过程。

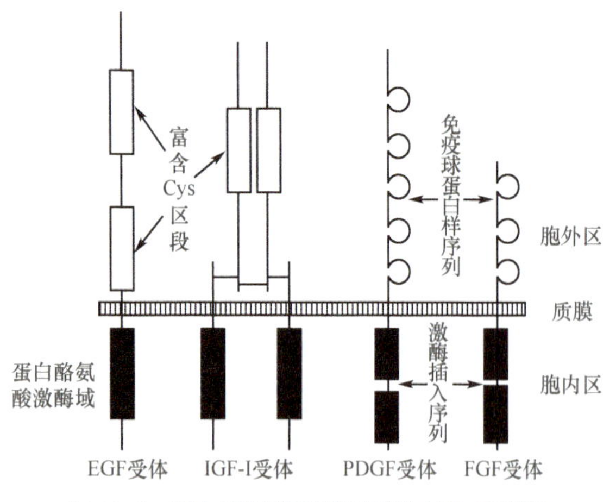

图 13-5 蛋白酪氨酸激酶型受体结构示意图

（1）蛋白酪氨酸激酶（protein tyrosine kinase，PTK）型受体：又称受体型蛋白酪氨酸激酶。此型受体的胞内区具有酪氨酸蛋白激酶域，激活后可使受体的特异酪氨酸残基自身磷酸化。表皮生长因子（EGF）受体、胰岛素样生长因子-1（IGF-1）受体、血小板衍生的生长因子（PDGF）受体、成纤维细胞生长因子（FGF）受体等都属于此型受体（图 13-5），它们与细胞的分裂、增殖及癌变有关。

（2）丝氨酸/苏氨酸蛋白激酶型受体：此型受体的胞内区具有丝氨酸/苏氨酸蛋白激酶域，活化后的受体可使底物蛋白的丝氨酸/苏氨酸残基磷酸化，参与调解细胞增殖、分化、迁移和凋亡，以及刺激细胞外基质合成、刺激骨骼的形成等。如转化生长因子-β（TGF-β）Ⅱ受体结合其配体 TGF-β 后，受体异二聚化而活化，并催化一类重要的转录因子 Smad 发生丝氨酸磷酸化，调解相关基因的转录速率，影响细胞分化。

(3) 鸟苷酸环化酶型受体:此型受体的胞内区具有鸟苷酸环化酶活性。受体被配体激活后可催化 GTP 产生细胞内第二信使 cGMP,向胞内转导胞外信号。心钠素(又称心房利钠肽)受体、鸟苷蛋白受体和内毒素受体等属于此类受体。

(4) 蛋白酪氨酸激酶偶联受体:这类受体也属于单跨膜 α 螺旋受体,但受体本身不具有酪氨酸蛋白激酶活性。受体与配体结合后,激活下游的胞质可溶性酪氨酸蛋白激酶,进而转导调节信号,引起靶细胞的增殖、分化、癌变等细胞效应。细胞因子类受体属于此类(图 13-6),如生长激素受体、干扰素受体、红细胞生成素受体、白介素-2 受体、白介素-3 受体等。

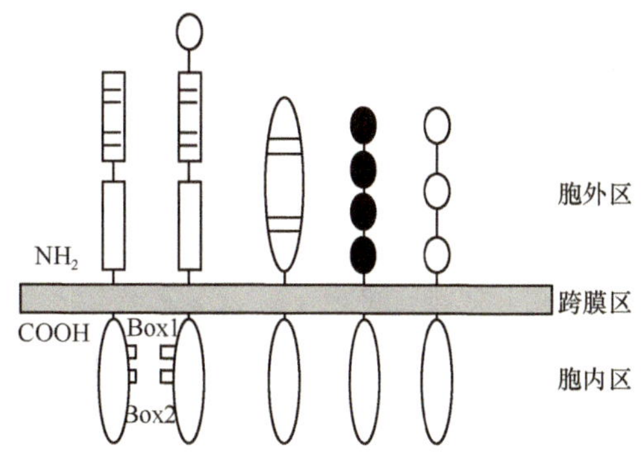

图 13-6　细胞因子类受体结构示意图

酶偶联受体种类繁多,但是以具有蛋白酪氨酸激酶型受体和与蛋白酪氨酸激酶偶联的受体居多(表 13-1)。

表 13-1　酶偶联受体的种类举例

名称	举例
受体型蛋白酪氨酸激酶	表皮生长因子受体、胰岛素受体等
蛋白酪氨酸激酶偶联受体	干扰素受体、白介素-2 受体、白介素-3 受体、T 细胞抗原受体
受体型蛋白酪氨酸磷酸酶	CD45(白细胞共同抗原)
受体型蛋白丝氨酸/苏氨酸激酶	转化生长因子 βⅡ受体、骨形成蛋白受体等
受体型鸟苷酸环化酶	心钠素受体等

3. 离子通道受体　此类受体自身为离子通道,该受体的开放与关闭直接受化学配体的控制,称为配体门控受体型离子通道(ligand-gated receptor channel)。神经递质是这类受体的主要配体。离子通道型受体有阳离子通道型受体(如乙酰胆碱、谷氨酸和 5-羟色胺受体)和阴离子通道型受体(如甘氨酸和 γ-氨基丁酸的受体)。离子通道受体信号转导的最终作用导致了细胞膜电位改变,即将化学信号转变成为电信号而影响细胞功能。

乙酰胆碱受体是离子通道型受体的典型代表。该受体由 5 个高度同源的亚基组成,包括 2 个 α 亚基、1 个 β 亚基、一个 γ 亚基和一个 δ 亚基。每个亚基都是一个 4 次跨膜蛋白,相对分子质量约 60 000,约 500 个氨基酸残基组成。该受体的跨膜部分为 4 条 α 螺旋,其中一条含较多的极性氨基酸构成亲水区,使得五个亚基共同在膜中形成一个亲水的通道。乙酰胆碱结合在 α 亚基上(图 13-7)。

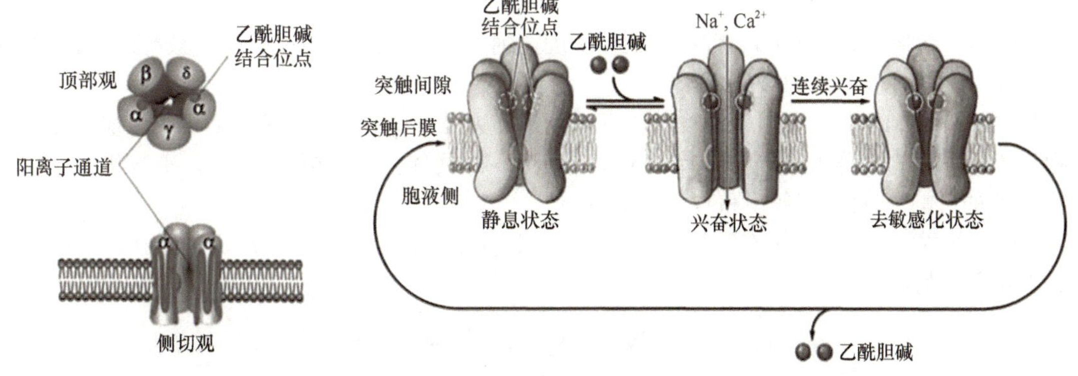

图 13-7　乙酰胆碱受体结构及其与配体结合后的构象变化示意图

乙酰胆碱受体有 3 种构象形式,2 分子乙酰胆碱结合使之通道开放,但通道开放的时限很短,在几十毫微秒内又回到关闭状态,然后与乙酰胆碱解离,受体恢复到初始关闭状态,做好重新接受配体的准备。

(二) 细胞内受体

细胞内受体可存在于细胞液或细胞核中,多为激素依赖性的转录因子(即 DNA 结合蛋白)。脂溶性化学信号进入细胞后,有些与细胞核内的受体结合成配体-受体活性复合物,有些则先与细胞质内的受体结合,再以配体-受体复合物的形式穿过核孔进入核内,并与 DNA 分子上的顺式作用元件结合,在转录水平调节基因表达(图 13-8)。细胞内受体包括类固醇激素受体(如性激素受体、糖皮质激素受体、盐皮质激素受体等)、甲状腺素受体、视黄酸受体、1,25-$(OH)_2$维生素 D_3受体等。

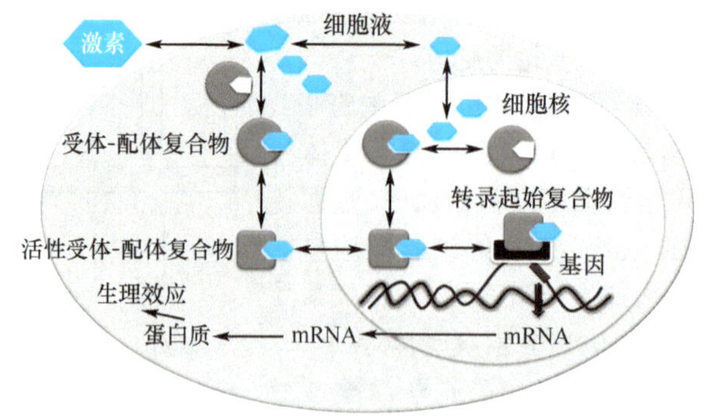

图 13-8 类固醇激素或甲状腺素通过胞内受体作用机制示意图

细胞内受体是由为 400~1000 个氨基酸残基组成的单体,它们共同的结构特点是从 N 端到 C 端分为 5 个区(图 13-9):①高度可变区,起转录激活作用,介导受体结合不同的辅调节蛋白;②DNA 结合区,位于分子中部,含 2 个锌指模体与 DNA 结合;③铰链区,含核定位序列,引导配体-受体复合物进入细胞核;④配体结合区,与配体结合,还具有介导结合热休克蛋白,促进受体二聚化及转录激活等作用;⑤C 端 F 区,功能还不清楚。

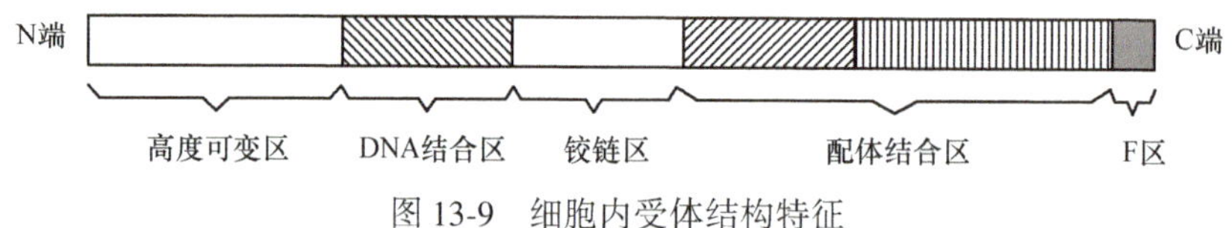

图 13-9 细胞内受体结构特征

(三) 受体与配体的作用特点

1. 高度专一性 受体与特定的配体结合,具有严格的选择性。这种特异性结合是由受体和配体的空间构象决定的。

2. 高度亲和力 体内信息分子的浓度一般都$\leqslant 10^{-8}$mmol/L,但却具有极强的生物效应,这足以说明受体与配体之间的亲和力极高。

3. 可逆性 受体与信号分子间以非共价可逆结合。当生物效应发生后,二者即解离,受体可恢复到原来的状态,而信号分子则被失活或降解。

4. 可饱和性 细胞上受体的数目有限,当配体浓度达到一定值后,细胞的受体全部被配体结合,配体数目继续增加,不再表现出生物效应的增强。

5. 可调节性 受体的数目、活性以及受体与配体的亲和力是可调节的。某种因素可使靶细胞受体数目增加或对配体的亲和力增高,称为受体上调,反之称为受体下调。受体活性的调节主要有:磷酸化与脱磷酸化调节;膜磷脂代谢的影响;酶促水解作用和 G 蛋白的调节。

6. 特定的作用模式 受体的分布和数量均具有组织和细胞特异性,并呈现特定的作用模式,受体与配体结合后可引起某种特定的效应。

二、细胞内信号转导分子

(一) 第二信使及其作用的靶蛋白

细胞内可以作为第二信使的分子有多种,包括 cAMP、cGMP、IP_3(肌醇-1,4,5-三磷酸)、DAG(二酯酰甘油)、Ca^{2+}、PIP_3(磷脂酰肌醇 3,4,5-三磷酸)等。cAMP 是第一个被发现的第二信使分子。1957 年,E. W. Sutherland 在研究肝糖原分解机制的过程中发现,激素的作用依赖于细胞内产生的一种小分子化合物 cAMP,1965 年提出了 cAMP 是激素在细胞内的第二信使这一著名的激素信号跨膜传递学说,并因此获得了 1971 年的诺贝尔生理学/医学奖。

1. 环核苷酸类第二信使 该类第二信使包括 cAMP 和 cGMP。

（1）cAMP：当信号分子（如胰高血糖素、促肾上腺皮质激素、β-肾上腺素等）与激动型 G 蛋白偶联受体结合后，使 G 蛋白活化，后者激活细胞膜上的腺苷酸环化酶（adenylate cyclase，AC）（图 13-10）；活化的 AC 催化 ATP 产生 cAMP。磷酸二酯酶（phosphodiesterase，PDE）催化 cAMP 水解，产生 5′AMP。

蛋白激酶 A（protein kinase A，PKA）又称为 cAMP 依赖性蛋白激酶 A，是 cAMP 作用的靶分子。PKA 属于丝氨酸/苏氨酸蛋白激酶，由 2 个催化亚基（C）和 2 个调节亚基（R）组成无活性的四聚体，每个调节亚基上有 2 个 cAMP 的结合位点。当调节亚基结合 cAMP 后，调节亚基与催化亚基分离，此时游离出的催化亚基二聚体具有酶活性。活化的 PKA 可催化多种底物蛋白（如磷酸化酶 b 激酶、糖原合酶、钙通道、微管蛋白、微丝蛋白等）的特异丝氨酸/苏氨酸磷酸化，改变它们的活性，进而产生多样的生物效应（如调节血糖浓度、促进 Ca^{2+} 内流、调节细胞分泌等）（图 13-11）。

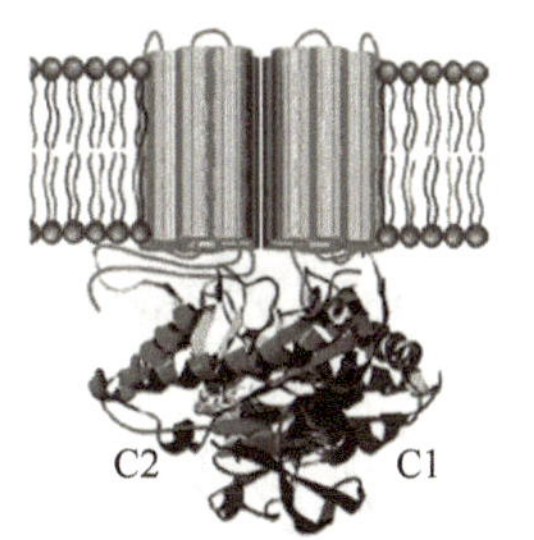

图 13-10　腺苷酸环化酶（AC）的结构

图 13-11　蛋白激酶 A 的激活过程示意图

（2）cGMP：鸟苷酸环化酶（guanylate cyclase，GC）催化 GTP 产生 cGMP，同样由磷酸二酯酶催化 cGMP 降解。GC 有两种存在形式：细胞膜受体型 GC 和胞溶型 GC，前者存在于肾、肠和血管平滑肌细胞，后者存在于心、脑和血管平滑肌细胞，受 NO 调控（图 13-12）。

蛋白激酶 G（protein kinase G，PKG）是 cGMP 作用的靶分子。PKG 又称为 cGMP 依赖性蛋白激酶 G，也属于丝氨酸/苏氨酸蛋白激酶。PKG 在脑组织和平滑肌中含量丰富，在心肌和平滑肌收缩调节方面具有重要作用。PKG 是由相同亚基构成的二聚体，调节结构域和催化结构域存在于同一亚基，被 4 分子的 cGMP 结合而激活（图 13-13）。

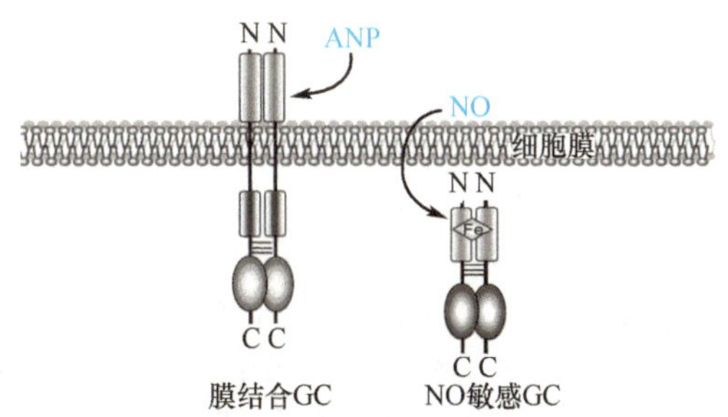

图 13-12　鸟苷酸环化酶（GC）结构示意图

ANP：心房利钠肽；NO：一氧化氮

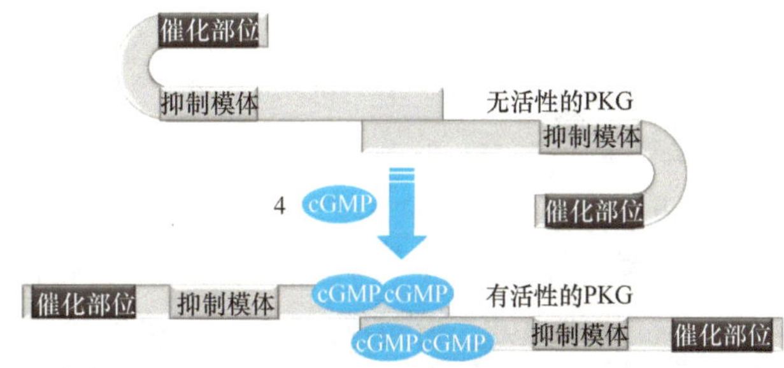

图 13-13　蛋白激酶 G 的激活过程示意图

蛋白激酶不是 cAMP 和 cGMP 的唯一靶分子，一些离子通道也可以直接受 cAMP 或 cGMP 的别构调节。如视杆细胞膜上富含 cGMP-门控阳离子通道，嗅觉细胞上也存在核苷酸-门控钙通道。

2. 脂类第二信使　具有第二信使特征的脂类衍生物包括多种，如二酯酰甘油（DAG）、花生四烯酸（AA）、磷脂酸（PA）、溶血磷脂酸（LPA）、4-磷酸磷脂酰肌醇（PIP）、磷脂酰肌醇-4，5-二磷酸（PIP_2）、肌醇-1，4，5-三磷酸（IP_3）等。催化脂类第二信使生成的酶有两类：磷脂酶（PL）和磷脂酰肌醇激酶类（PIKs），分别催化磷脂水解和催化磷脂酰肌醇（PI）磷酸化，产生相应的脂类第二信使（图 13-14）。

脂类第二信使的种类不同，作用的靶蛋白分子也不同，靶蛋白分子构象改变后的效应也不同。例如，配体（如去甲肾上腺素、抗利尿激素、组胺、5-羟色胺和血管紧张素Ⅱ等）与细胞膜上特异受体作用后，激活磷脂酶 C 型 G 蛋白（Gp），通过活化质膜磷脂酰肌醇特异的磷脂酶 C（PI-PLC），催化质膜上的磷脂酰肌醇-4，5-二磷酸（PIP_2）水解生成 IP_3 和 DAG。水溶性的 IP_3 质膜扩散至细胞质中，与内质网或肌质网膜（也可以与淋巴细胞或嗅觉细胞膜表面）上的 IP_3 受体（钙离子通道）结合，钙离子通道开放，细胞内

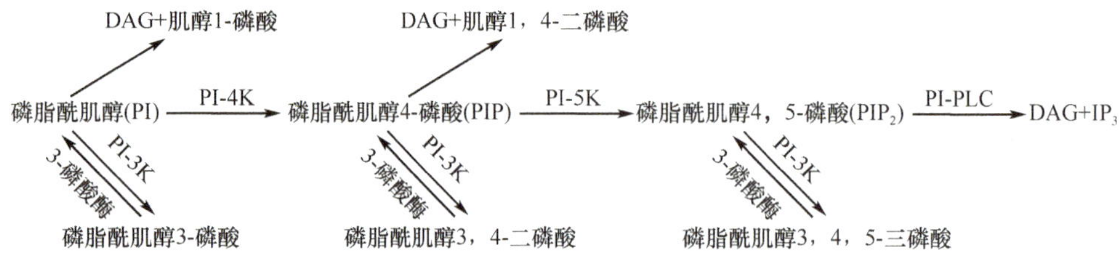

图 13-14 脂类第二信使的生成过程

PI-3K：磷脂酰肌醇 3-激酶；PI-4K：磷脂酰肌醇 4-激酶；PI-5K：磷脂酰肌醇 5-激酶；PI-PLC：磷脂酰肌醇特异磷脂酶 C

钙释放，细胞内钙离子浓度迅速增加；而 DAG 为脂溶性分子，生成后留在质膜上，与钙离子在磷脂酰丝氨酸（PS）存在下共同激活蛋白激酶 C，蛋白激酶 C 被激活后催化底物蛋白发生磷酸化而引起细胞应答（图 13-15）。

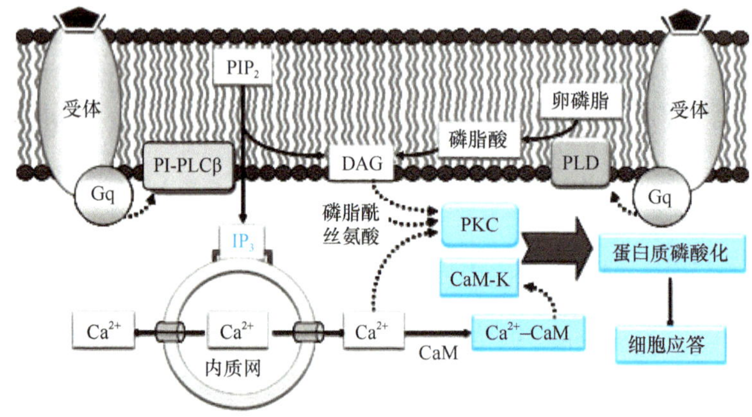

图 13-15 脂类第二信使 DAG 和 IP_3的产生及其作用示意图

Gp：磷脂酶 C 型 G 蛋白；PIP_2：磷脂酰肌醇-4,5-二磷酸；PI-PLCβ：磷脂酰肌醇特异的磷脂酶 Cβ；DAG：二酯酰甘油；CaM：钙调蛋白；PKC：蛋白激酶 C；CaM-K：钙调蛋白激酶；PLD：磷脂酶 D

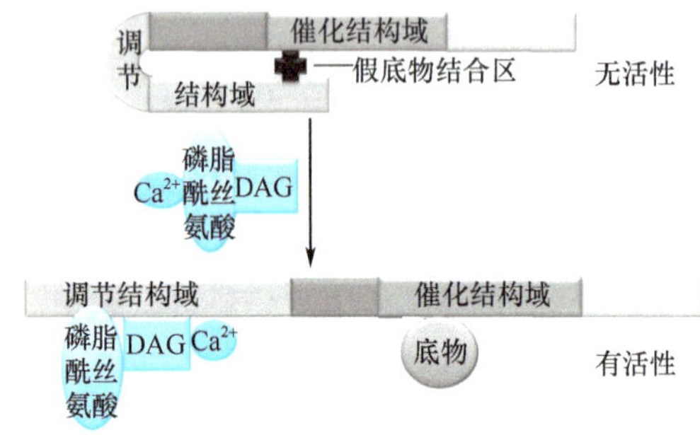

图 13-16 蛋白激酶 C 的激活过程示意图

蛋白激酶 C（protein kinase C，PKC）作为 DAG 和 Ca^{2+}的靶分子，也属于丝氨酸/苏氨酸蛋白激酶，由一条肽链组成，有一个催化域和一个调节域，有 Ca^{2+}、DAG 和 PS 的结合位点。目前发现的 PKC 同工酶有 12 种以上，不同的同工酶有不同的酶学特性、特异的组织分布和亚细胞定位，对辅助激活剂的依赖性亦不同。该酶可以被 PS、Ca^{2+}、DAG 共同激活（图 13-16）。其作用底物包括质膜受体、膜蛋白、酶和转录因子等，广泛参与细胞多种生理功能的调节。

蛋白激酶 B（protein kinase B，PKB）也是一类丝氨酸/苏氨酸蛋白激酶，其激酶活性区序列与 PKA（68%）和 PKC（73%）高度同源。蛋白激酶 B 是 PIP_3的靶分子，被认为是重要的细胞存活信号分子，参与体内许多重要的生理过程。蛋白激酶 B 参与胰岛素促进糖类由血液转入细胞、糖原合成及蛋白质合成等过程，还参与多种生长因子如 PDGF、EGF、NGF 等信号的转导，PKB 在细胞外基质与细胞相互作用的信号转导过程中亦是关键信号分子。由于 PKB 分子又与 T 细胞淋巴瘤中的反转录病毒癌基因 v-*akt* 编码的蛋白 Akt 同源，故又被称为 Akt。

3. 第二信使 Ca^{2+} Ca^{2+}在细胞中的分布具有明显的区域特征，细胞外 Ca^{2+}浓度比胞质内 Ca^{2+}浓度高很多，且细胞内钙 90% 以上储存于细胞内钙库中（细胞肌浆网、内质网、线粒体）。导致胞质中游离 Ca^{2+}浓度升高的方式有两种，一是细胞质膜钙通道开放，引起细胞外钙内流；二是细胞内钙库膜上的钙通道开放，引起钙释放。胞质中 Ca^{2+}返回细胞外或钙库需要 Ca^{2+}-ATP 酶（图 13-17）。

钙调蛋白（calmodulin，CaM）即钙离子结合蛋白，是一单链蛋白质，含有 4 个 Ca^{2+}结合位点，其活性受

Ca^{2+}浓度的调控。当胞液内 Ca^{2+} 浓度升高到 10^{-6} mol/L 时，CaM 即与 Ca^{2+}迅速结合成 Ca^{2+}-CaM 复合物，引起 CaM 发生构象变化。该复合物激活 Ca^{2+}-CaM 依赖性蛋白激酶（CaM-K）（图 13-18），从而使许多靶蛋白的丝氨酸/苏氨酸残基磷酸化，改变这些蛋白的活性。CaM-K 包括专一功能的 CaM-K 和多功能的 CaM-K 两类。前者包括肌球蛋白轻链激酶、磷酸化酶激酶、延长因子 2 激酶；后者包括 Ca^{2+}/CaM-依赖性蛋白激酶 Ⅰ 和 Ⅱ。

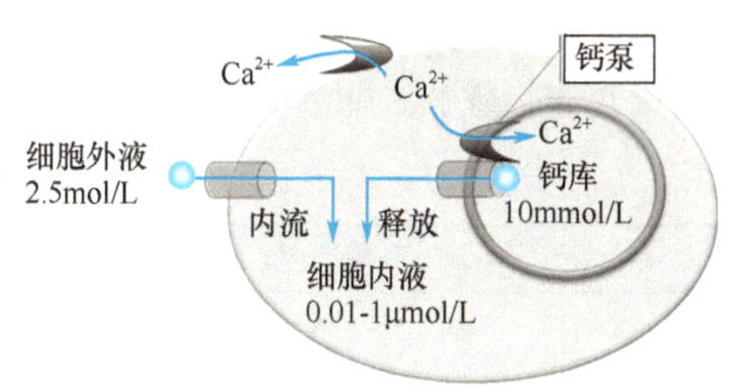

图 13-17　细胞内外钙离子的分布示意图

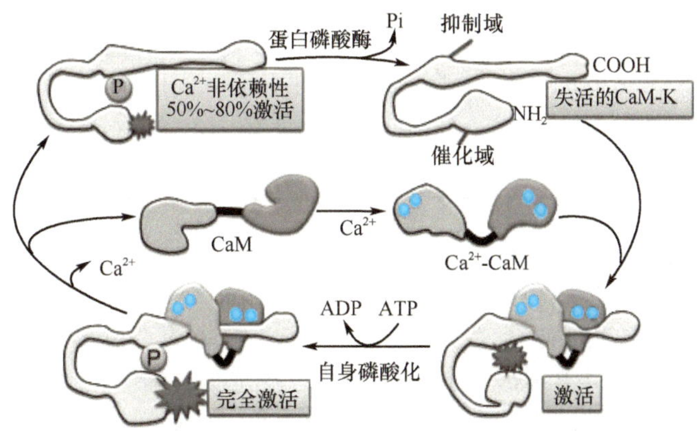

图 13-18　CaM 与 CaM-K 的激活机制示意图

（二）蛋白类信号转导分子

细胞内的蛋白类信号转导分子包括酶分子、调节蛋白、转录因子等。蛋白质类信号转导分子往往构成信号转导通路的各种开关和接头。

1. G-蛋白　G-蛋白是鸟苷酸结合蛋白（guanine nucleotide binding protein，G protein）的简称，亦称 ATP 结合蛋白，是一类重要的信号转导分子，在各种细胞信号转导途径中转导信号给不同的效应蛋白。G 蛋白主要包括异源三聚体 G 蛋白和低分子量 G 蛋白两大类。

（1）异源三聚体 G 蛋白：即常指的 G 蛋白，通过其脂酰基锚定于细胞膜胞质侧。G 蛋白通过与 G 蛋白偶联受体与各种下游效应分子（如离子通道、腺苷酸环化酶、PLC 等）相联系，调节各种细胞功能。G 蛋白由 α、β 和 γ 三个亚基组成异源三聚体，其中 α 亚基具有 GTP 酶活性、含有与受体结合并受其活化的调节部位、βγ 亚基结合部位、GDP/GTP 结合部位以及与下游效应分子相互作用的部位。

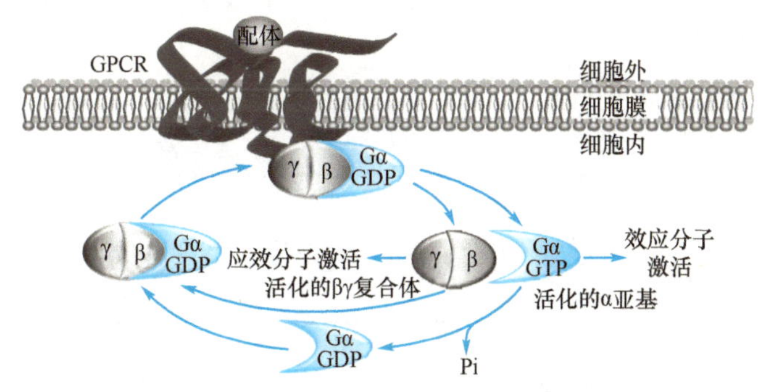

图 13-19　G 蛋白的结构与 G 蛋白循环示意图

G 蛋白的激活过程通过 G 蛋白循环来完成（图 13-19）。G 蛋白偶联型受体与配体结合后激活与之偶联的 G 蛋白：①当受体没有与配体结合时，G 蛋白与受体及质膜结合，呈 αβγ 三聚体状态，此时 α 亚基结合着 GDP，无活性；②当配体与受体结合后，受体的变构引起 G 蛋白构象改变，使 α 亚基与 GDP 的亲和力下降，与 GTP 的亲和力增大，促使 α 亚基释放 GDP 而与 GTP 结合，并与 βγ 亚基分离，此时 α-GTP 处于活化状态。活化的 α-GTP 在膜上移动，作用于下游的不同效应酶（如腺苷酸环化酶、磷脂酶 C）或离子通道（如 Ca^{2+}通道、K^+通道），介导相应的信号途径，引起相关的生物效应；③直到 α 亚基内在的 GTP 酶活性水解 GTP 而变成 α-GDP，并再与 βγ 亚基结合，恢复到无活性三聚体构象的静息状态，此时信号转导终止。上述过程被称为 G 蛋白循环。另一方面，当循环过程完成后，配体与受体解离，于是受体也恢复到初始的静息构象。

G 蛋白的 α 亚基和 β、γ 亚基均各有多种，经不同组合，再与各种 G 蛋白偶联受体结合，联系不同的下游分子,偶联多种信号途径,诱导多种生物效应。根据基因分析,人类有 20 余种 α 亚基、6 种 β 亚基和 10 种 γ 亚基,构成 G 蛋白家族。哺乳类动物细胞中 G 蛋白的 α 亚基的种类及效应见表 13-2。

表 13-2 哺乳类动物细胞中 G 蛋白的 α 亚基的种类及效应

G 蛋白类型	亚基	偶联的受体	对下游分子的作用
Gs	α_s	胰高血糖素受体、β-肾上腺素受体	激活腺苷酸环化酶
	α_{olf}	嗅觉受体	激活腺苷酸环化酶
Gi	α_i	乙酰胆碱受体、α_2-肾上腺能受体	抑制腺苷酸环化酶 激活 Na^+ 通道
		M2-胆碱能受体	抑制 Ca^{2+} 通道
	α_o	阿片肽受体、内啡肽受体	激活 Na^+ 通道
	α_t	视紫质	激活 cGMP 磷酸二酯酶
G_q	α_q	α_1-肾上腺能受体、M1-胆碱能受体	激活磷脂酰特异磷脂酶 Cβ

(2)低分子量 G 蛋白:此类 G 蛋白的相对分子质量为 20 000~30 000,故称为小 G 蛋白(small GTP-binding protein),是单亚基蛋白。Ras 蛋白是第一个被发现的小 G 蛋白,相对分子质量为 21 000,故又称 p21 蛋白。低分子量 G 蛋白都属于 Ras 蛋白超家族成员,哺乳动物超家族已有 150 多个成员,根据它们序列同源性的相似程度又分为 Ras、Rab、Rho、Arf、Sar 和 Ran 6 个亚家族。Ras 家族成员与异源三聚体 G 蛋白一样,具有 GTP 酶活性(称 Ras 样 GTP 酶)、结合 GDP/GTP 的能力以及结合 GTP 时活化而结合 GDP 时失活的特征,在多种细胞信号转导途径中具有开关作用。在细胞中存在一些调节因子,专门控制小 G 蛋白活性,如增强其活性的鸟苷酸交换因子(guanine nucleotide exchange factor,GEF)和鸟苷酸释放蛋白(guanine nucleotide release protein,GNRP);降低其活性的鸟苷酸解离抑制因子(guanine nucleotide dissociation inhibitor,GDI)、GTP 酶活化蛋白(GAP)等(图 13-20)。

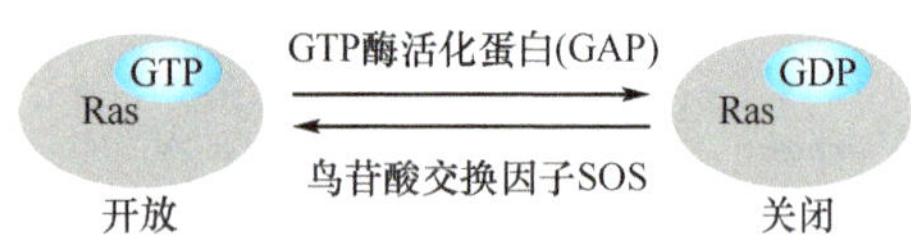

图 13-20 Ras 蛋白的活化及其调控因子

G 蛋白的 GTP/GDP 结合状态决定信号通路的开关。G 蛋白结合 GTP 时为活化形式,作用于下游分子使相应信号途径开放,当 G 蛋白结合的 GTP 水解为 GDP 时则回到非活化状态,使信号途径关闭(图 13-17 和图 13-18)。

2. 蛋白激酶与蛋白磷酸酶 由蛋白激酶(protein kinase,PK)和蛋白磷酸酶(protein phosphatase)催化蛋白质的磷酸化与脱磷酸修饰是最重要的信号通路开关,是控制信号转导分子活性的最主要方式,酶被修饰后可以提高或降低酶的活性。

蛋白激酶催化 ATP 分子中的 γ-磷酸基团转移至蛋白质分子中氨基酸残基的磷酸基团受体上。蛋白激酶的种类繁多(表 13-3),它们在信号转导过程中发挥着重要作用。

表 13-3 蛋白激酶的类别

激酶	磷酸基团受体	激酶	磷酸基团受体
蛋白丝氨酸/苏氨酸激酶	丝氨酸/苏氨酸羟基	蛋白半胱氨酸激酶	巯基
蛋白酪氨酸激酶	酪氨酸的酚羟基	蛋白天冬氨酸/谷氨酸激酶	酰基
蛋白组氨酸/赖氨酸/精氨酸激酶	咪唑环/胍基/ε-氨基		

细胞内重要的蛋白丝氨酸/苏氨酸激酶主要有受环核苷酸调控的 PKA 和 PKG,也有受 DAG/Ca^{2+} 调控的 PKC 和受 Ca^{2+}/CaM 调控的 CaM-K,以及受 PIP_3 调控的 PKB。受细胞周期蛋白调控的细胞周期蛋白依赖性蛋白激酶(cyclin-dependent protein kinase,CDK)以及受丝裂原激活的蛋白激酶(mitogen activated protein kinases,MAPK)等也属于此列。细胞内的蛋白酪氨酸激酶也有多种。

蛋白磷酸酶催化磷酸化的蛋白质分子发生去磷酸化,与蛋白激酶相对应存在,共同构成了蛋白质活性的开关系统。蛋白磷酸酶根据它所作用的氨基酸残基种类分为蛋白丝氨酸/苏氨酸磷酸酶、蛋白酪氨酸磷酸酶、蛋白酪氨酸/丝氨酸/苏氨酸磷酸酶(双特异性磷酸酶)等。无论蛋白激酶对于其下游分子的作用是正调节还是负调节,蛋白磷酸酶都将衰减其信号。

3. 衔接蛋白、支架蛋白与信号转导复合物　信号转导分子在细胞内接收与转导信号过程中，总是有多种分子紧密聚集形成复合体，称为信号转导复合物(signaling complex)。信号转导复合物的存在保证了信号转导的特异性和精确性，增加调控的层次和维持机体稳态平衡的机会。信号转导复合物的形成是细胞信号转导的基本方式和前提，是信号转导通路和信号转导网络的结构基础。

(1) 介导蛋白质-蛋白质相互作用的结构域：信号转导复合物的形成有赖于蛋白质-蛋白质的相互作用，而介导蛋白质-蛋白质相互作用的结构与功能基础则是蛋白质相互作用的结构域。这些结构域通常由 50～100 个氨基酸残基组成，在不同的信号转导分子中具有很高的同源性。例如，Src 同源序列 2 结构域(Src homology 2 domain)，简称 SH2 结构域，与蛋白激酶 Src 的一个结构域同源。SH2 结构域的功能是识别其他蛋白质分子中的磷酸化酪氨酸及其周围氨基酸残基组成的特殊模体，并与磷酸化酪氨酸的磷酸基团结合。不同的蛋白质分子含有结构相似但并不完全相同的 SH2 结构域，因此对于含有磷酸化酪氨酸的不同模体具有选择性。Src 同源序列 3 结构域(Src homology 3 domain)，简称为 SH3 结构域。SH3 结构域可识别另一个信号转导分子中的富含脯氨酸的 9～10 个氨基酸残基构成的模体，亲合力与脯氨酸周围的氨基酸残基序列相关。PH 结构域在 pleckstrin(与血小板内主要的 PKC 的底物中的一段重复序列具有同源性)中重复出现，故命名为 pleckstrin 同源序列。PH 结构域在信号转导分子中，主要与膜磷脂衍生物结合，使分子定位于细胞膜，有利于酶活性的发挥，是信号转导过程中的蛋白质-蛋白质、蛋白质-脂类相互作用的结构基础。几种不同的信号转导分子中的蛋白质相互作用结构域的分布和作用见图 13-21。

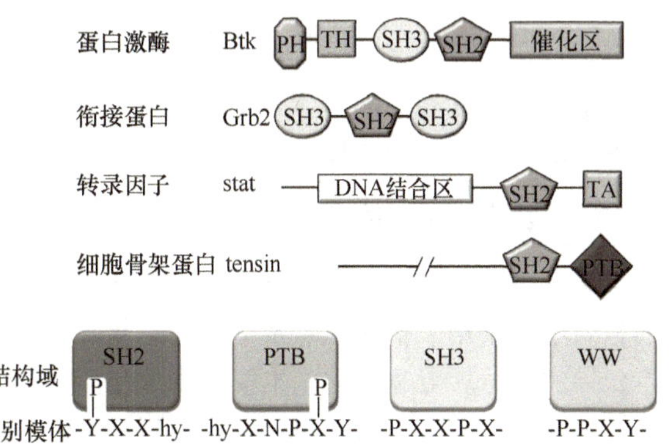

图 13-21　信号转导蛋白相互作用的结构域分布和作用

上述结构域本身均为非催化结构域。一种信号转导分子可以有两种以上结构域，同时结合两种以上信号分子，同类结构域可存在于多种不同的信号转导分子中。此结构域的一级结构不同，对所结合的信号分子具有选择性，这是信号分子相互作用特异性的基础。目前已确认的蛋白质相互作用结构域已经超过 40 种，表 13-4 列举了几种蛋白质相互作用结构域及其识别和结合的模体。

表 13-4　蛋白相互作用结构域及其识别的模体

蛋白相互作用结构域	识别的模体
SH2	含磷酸化酪氨酸模体(pYXXhy)
SH3	富含脯氨酸模体(hyXNPXY)
PH	磷脂衍生物(nPXY)
PTB	含磷酸化酪氨酸模体(nPXY)
WW	富含脯氨酸模体(PPXY)

衔接蛋白(adaptor protein)与支架蛋白(scaffolding protein)参与信号转导复合物的形成。

(2) 衔接蛋白：衔接蛋白是信号转导通路中不同信号转导分子的接头，连接上游信号转导分子与下游信号转导分子。衔接蛋白的功能是募集和组织信号转导复合物，即引导信号转导分子到达并形成相应的信号转导复合物。大部分衔接蛋白结构中只有 2 个或以上的蛋白质相互作用结构域，几乎不含有其他的功能序列。

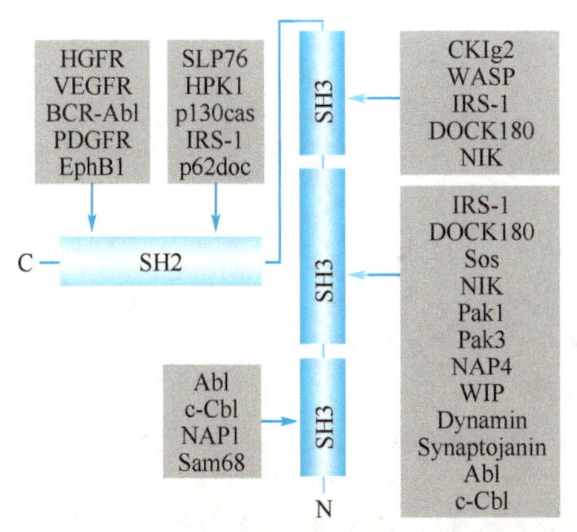

图 13-22　衔接蛋白 Nck 结构与相互作用分子示意图

衔接蛋白分子既无酶的活性也无转录活性，其含有的蛋白质相互作用结构域以其特有的结构与相互作用分子结合，即介导蛋白质-蛋白质的相互作用，从而形成多蛋白信号分子复合体或称信号转导体。典型的衔接蛋白 Nck 的结构与相互作用分子如图所示(图 13-22)。

(3) 支架蛋白：支架蛋白一般是分子质量较大的蛋白质，可同时结合多个位于同一信号转导通路中的转导分子，是信号传导过程中起着重要作用的一种蛋白质。信号转导分子结合在支架蛋白上的意义在于支架蛋白能保证信号转导的特异性和高效性，表现在3个方面：①保证相关信号转导分子在一个隔离而稳定的信号转导通路内，避免与其他通路发生交叉，以维持信号转导通路的特异性；②支架蛋白可以增强或抑制结合的信号转导分子的活性；③支架蛋白的存在增加了调控的复杂性和多样性。例如，Gab家族蛋白[Grb2-associated binder(Gab) family proteins]是一类广泛表达的支架蛋白，该家族成员员包括哺乳动物内Gab1～Gab4、果蝇属DOS、海葵内Ne-Gab及秀丽线虫内Soc1。Gab2结构中缺少催化区域，不能直接引起磷酸化反应，但其PH结构域和多个能与SH2、SH3结构域结合的位点使其能招募多种接头蛋白及酶类分子，完成信号传递。Gab2可介导多种胞外刺激引起的信号传递，在细胞增殖、分化、凋亡及迁移。

第三节　细胞信号转导通路

细胞信号转导途径的基本线路可概述为：细胞外信号→受体→细胞内多种效应分子→细胞应答。细胞内存在着多种信号转导途径，不同受体介导的细胞信号转导途径间又有着交叉调控点，从而形成十分复杂的交互对话的网络系统。

一、细胞膜受体介导的信号转导通路

在细胞膜受体介导的信号转导过程中，信号分子本身并不进入细胞，而是通过与靶细胞膜表面受体的特异结合来触发细胞内的信号转导过程。

（一）G蛋白偶联受体介导的信号转导通路

G蛋白偶联型受体介导的信号转导通路主要是首先激活G蛋白，然后G蛋白作用于相应的效应分子，导致细胞内小分子第二信使含量及分布的迅速改变，从而调节靶分子的活性并改变细胞的功能。G蛋白偶联型受体介导的信号转导途径的基本模式大致相同，主要包括以下几个步骤：①配体与受体结合；②活化的受体激活G蛋白；③G蛋白激活或者抑制其相应的效应分子；④效应分子改变第二信使的含量与分布；⑤第二信使作用于相应的靶分子使之构象改变进而改变活性；⑥细胞的代谢过程及基因表达改变引起细胞应答。

1. β-肾上腺素受体介导的信号转导　肾上腺素受体是典型的G蛋白偶联型受体，在人体存在α_1、α_2、β_1、β_2等数种不同亚型，分布于不同的组织中，介导对于肾上腺素的不同反应。其中肾上腺素β受体(β-adrenergic receptor，β-AR)分布于肌肉、肝和脂肪细胞，主要的生物学效应是增强糖原和脂肪的分解代谢。β-AR的胞质侧所结合的G蛋白α亚基为α_s，通过AC-cAMP-PKA通路发挥效应。β-AR接受肾上腺素信号以后，通过G蛋白激活细胞膜上的腺苷酸环化酶(AC)，产生第二信使cAMP，cAMP变构激活PKA；活化的PKA一方面磷酸化激活磷酸化酶b激酶，后者又磷酸化激活糖原磷酸化酶，使糖原分解增强，另一方面活化的PKA磷酸化抑制糖原合酶，使糖原合成减少，进而升高血糖(图13-23)。

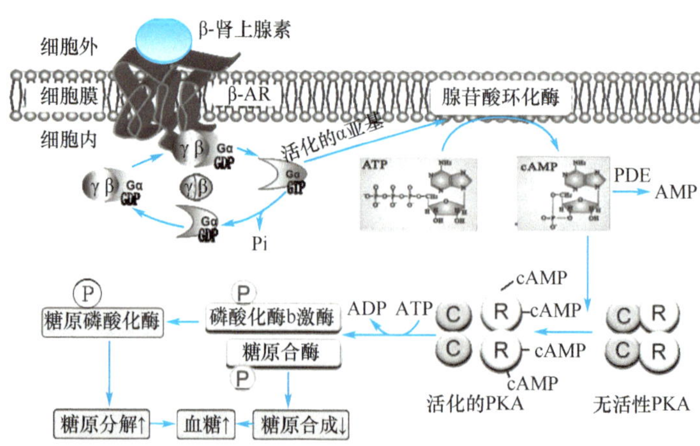

图13-23　β肾上腺素受体介导的信号转导通路示意图

活化的PKA还可进入细胞核内，使转录因子cAMP反应元件结合蛋白(CREB)第133位丝氨酸残基磷酸化，活化的CREB再与CBP/P300蛋白结合，进而结合到DNA上的cAMP反应元件(CRE)，激活受CRE调控的基因转录。

体内通过 AC-cAMP-PKA 通路转导信号的 G 蛋白偶联受体还有：促肾上腺皮质激素受体、胰高血糖素受体、多巴胺受体、组胺 H_2 受体、α-促黑素受体、前列腺素 E_1 和 E_2 受体、生长激素抑制素受体、5-HT1 受体，以及味觉和嗅觉受体等。

2. 血管紧张素Ⅱ受体介导的信号转导 血管紧张素是一种重要的心血管系统的调节激素。血管紧张素Ⅱ(angiotensin Ⅱ)受体也属于 G 蛋白偶联型受体，但是偶联的 G 蛋白的 α 亚基为 α_q，通过 PI-PLCβ-IP_3/DAG-PKC 通路发挥效应。血管紧张素Ⅱ受体接受配体信号后经 G 蛋白、PLC-IP_3/DAG-PKC 通路引起血管收缩的应答反应(图 13-24)。

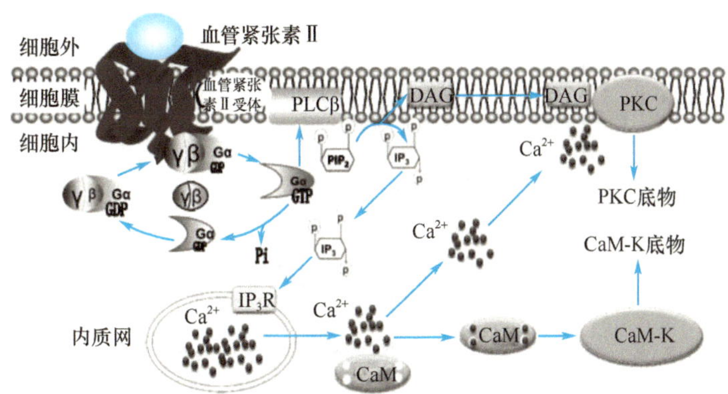

图 13-24 血管紧张素Ⅱ受体介导的信号转导通路示意图

毒蕈碱型乙酰胆碱受体、ATP(P2y)受体、(促)胃泌素释放肽受体、代谢型谷氨酸受体(Ⅰ组)、抗利尿激素(又称血管升压素)V1a 受体、组胺 H1 受体等通过其偶联的 G-蛋白经 PLC-IP_3/DAG-PKC 通路转导信号。

(二) 酶偶联受体介导的信号转导通路

1. 蛋白酪氨酸激酶(PTK)型受体介导的信号转导通路 此型受体本身具有 PTK 活性，配体与受体的结合激活受体 PTK 活性，触发信号向胞内转导。

(1) 表皮生长因子介导的信号转导通路：表皮生长因子(epidermal growth factor, EGF)是一个分子量为 6000 的多肽，具有促进损伤后的表皮恢复等功能。表皮生长因子受体(epidermal growth factor receptor, EGFR)是一个典型的受体型 PTK，由 1186 个氨基酸残基组成，相对分子质量约为 170 000。EGFR 主要是通过 Ras→MAPK 途径转导信号(图 13-25)。其主要步骤包括：①EGF 与 EGFR 结合使 EGFR 形成二聚体而改变构象，PTK 活性增强，EGFR 胞内区数个酪氨酸残基发生自我磷酸化，产生可被 SH2 结构域识别并结合的位点；②磷酸化的受体募集生长因子结合蛋白 Grb2，Grb2 含 1 个 SH2 结构域和 2 个 SH3 结构域，可以作为接头蛋白识别并结合到酪氨酸磷酸化后的 EGFR 上，EGFR 的胞内段含有多个酪氨酸磷酸化位点，除了 Grb2 以外，还可以募集其他含有 SH2 结构域的信号转导分子，形成另外的信号转导通路；③Grb2 通过其 SH3 结构域与核苷酸交换因子 SOS 结合，活化的 SOS 结合 Ras·GDP，使得 Ras 构象改变，GDP 释放并与 GTP 结合而被激活；④Ras 进入活化状态后作用于下游分子 Raf(MAPK kinase kinases, MAPKKK)，Raf 作用于 MEK(MAPK kinases, MAPKK)，MEK 再作用于 ERK1(MAPK)，由此完成 MAPK 的三级级联激活；⑤活化后的 ERK 转位至细胞核，使一些转录调控因子磷酸化，进而调控相应的基因表达。

MAPK 级联激活是多种信号通路的中心，尤其在细胞增殖、分化及凋亡过程中，成为多种信号转导途径的共同作用部位。MAPK 家族成员的逐级磷酸化激活过程需要分子中 Thr-X-Tyr 模体的 Tyr 和 Thr 残基同时磷酸化，此过程由 MAPKK 单独催化完成(图 13-26)。MAPKK 属于丝/苏氨酸和酪氨酸双功能激酶。

哺乳类动物细胞重要的 MAPK 家族有三个成员：①细胞外调节激酶(extracellular regulated kinase, ERK)：广泛存在于各种组织，参与细胞增殖与分化的调控，活化多种生长因子受体、营养相关因子受体等，ERK 亚家族包括 ERK1、ERK2 和 ERK3 等成员；②c-Jun N-末端激酶/应激激活的蛋白激酶(c-Jun N-terminal kinase/stress-activated protein kinase, JNK/SAPK)：是细胞对各种应激原诱导的信号转导的关键分子，参与细胞对辐射、渗透压、温度变化的应激反应。一些细胞因子如 TGF-β 也通过 JNK 发挥作用，JNK 至少又由 JNK1、JNK2 和 JNK3 三个亚类组成；③p38MAPK 家族：介导炎症、凋亡等应激反应，是转导细胞应激反应的重要分子，主要参与紫外辐射、炎症细胞因子、凋亡相关受体(Fas)等信号转导。

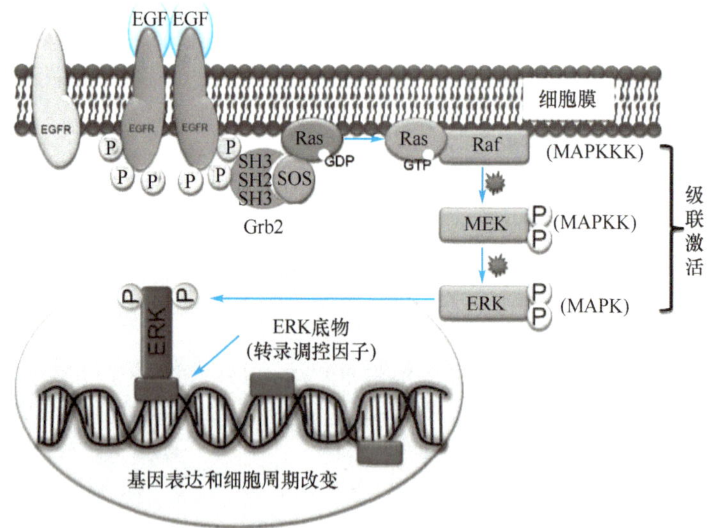

图 13-25 EGFR 介导的信号转导机制示意图

MAPK 家族成员的底物大部分是转录因子、蛋白激酶等(表 13-5)。

表 13-5 部分 MAPK 底物举例

MAPK	底物	
	转录因子	蛋白激酶
ERK	Elk-1、c-Fos、c-Jun	Rsk2、P70S6K
JNK	c-Jun、SP-1、ATF-2	
p38	c-Myc、CREB、SP-1、ATF-2	PRAK、MSK

(2) 胰岛素受体介导的信号转导通路:胰岛素是调节细胞代谢和基因表达的重要物质,可以通过细胞表面的胰岛素受体产生调节胰岛素敏感的代谢酶的信号,也可以将信号传递至细胞核内调节特异基因的表达。胰岛素受体是由 2 个 α 亚基和 2 个 β 亚基组成的四聚体,胰岛素配体结合在 α 亚基上,β 亚基具有内在的酪氨酸蛋白激酶(PTK)活性。

胰岛素介导的 IRS-1-Ras-MAPK 信号转导通路包括以下几个步骤(图 13-26):①胰岛素与胰岛素受体结合使受体改变构象,受体二聚化,PTK 活性增强,受体胞内区数个酪氨酸残基在 PTK 作用下发生自我磷酸化,催化胰岛素受体底物-1(insulin receptor substrate-1,IRS-1)的数个酪氨酸残基发生磷酸化,产生可以被 SH2 结构域识别并结合的位点;②酪氨酸磷酸化的 IRS-1 募集接头蛋白 Grb2 和 SOS Grb2 通过 SH2 结构域结合到酪氨酸磷酸化的 IRS-1 上,再通过 SH3 结构域募集 SOS,活化的 SOS 激活 Ras;③活化后的 Ras 启动下游的 MAPK 级联激活反应,与 EGFR 信号途径一样,级联激活 ERK 转入细胞核内使一些转录调控因子发生磷酸化,影响基因表达,对细胞的生长状态进行调节。

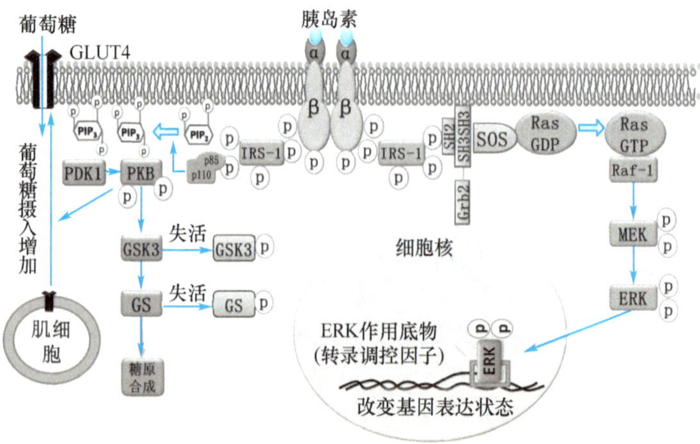

图 13-26 胰岛素受体介导的信号转导通路示意图

磷脂酰肌醇-3-激酶（phosphoinositide 3-kinase，PI-3K）和蛋白激酶 B（protein kinase B，PKB）共同构成胰岛素的另外一条重要传导通路。这一通路与胰岛素对代谢的调节以及细胞的存活密切相关。胰岛素介导的 IRS-1-PI-3K-PKB 信号转导通路的主要步骤（图 13-25）：①PI-3K 的 p85 亚单位通过 SH2 结构域与酪氨酸磷酸化的 IRS-1 结合，激活 PI-3K 的 p110 亚基；②PI-3K 催化细胞质膜中的 PIP_2生成 PIP_3；③PIP_3可以结合到 PKB 的 PH 结构域上，使 PKB 转位到质膜内侧，在质膜中被另外一种蛋白激酶 PDK1 磷酸化而激活；④PKB 可以催化多种蛋白质的磷酸化，介导代谢调节和细胞存活等效应。

胰岛素在细胞内引起的生理效应与 PKB 的作用底物有关。例如，PKB 可以催化糖原合酶激酶 3（glycogen synthase kinase 3，GSK3）的磷酸化使之失活，而 GSK3 可以使糖原合酶磷酸化而失活，终效应是糖原合成增加。另外，PKB 还可以作用于肌肉细胞的葡萄糖转运体（glucose transporter，GLUT），促进葡萄糖向细胞膜的移位，导致细胞增加对葡萄糖的摄取。

2. 丝氨酸/苏氨酸蛋白激酶型受体介导的信号转导通路　此型受体的胞内区具有丝氨酸/苏氨酸蛋白激酶域，活化后的受体可使底物蛋白的丝氨酸/苏氨酸残基磷酸化。转化生长因子 β（transforming growth factor β，TGF-β）受体属于此型酶偶联受体。TGF-β 家族的受体还包括活化素（activin）和骨形态发生蛋白（bone morphogenetic protein，BMP）等受体。该家族的细胞因子参与调节细胞增殖、分化、迁移和凋亡等多种反应。

TGF-β 受体具有蛋白丝氨酸激酶活性。当 TGF-β 与受体结合时被活化的受体催化信号分子 Smad 发生丝氨酸的磷酸化，磷酸化后的 Smad 分子形成同源或异源寡聚体后进入细胞核，调节基因的转录速率，影响细胞分化（图 13-27）。

Smad 家族是最早被证实的 TGF-β 受体激酶的底物，细胞内至少存在 9 种 Smad 分子，各自负责 TGF-β 家族不同成员的信号转导，有的是作为共同作用的分子（Smad4），有的还具有负调控作用（Smad6、Smad7）。

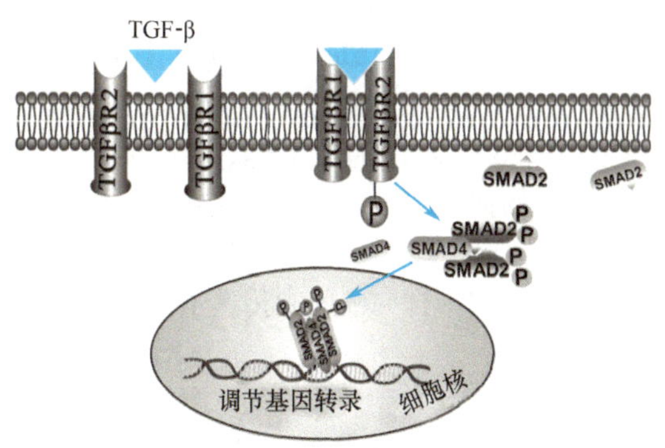

图 13-27　TGF-β 受体介导的信号转导通路示意图

3. 鸟苷酸环化酶型受体介导的信号转导通路　心房利钠（atrial natriuretic fector，ANF）是由心房肌细胞分泌的一类肽激素，是利钠肽家族的一员。ANF 通过 GC-cGMP-PKG 信号途径发挥作用。ANF 与肾集合管细胞膜和血管壁平滑肌细胞膜上的利钠肽受体 A 受体结合，引起受体构象改变（寡聚化），激活受体本身的鸟苷酸环化酶活性，产生第二信使 cGMP，通过活化 PKG，使一些靶蛋白磷酸化，产生排钠、利尿、血管扩张、血压下降等效应。信号分子 NO 通过激活可溶性鸟苷酸环化酶，经 GC-cGMP-PKG 途径信号转导，产生促进平滑肌松弛、扩张血管、抑制心肌收缩等效应。另一类血管内皮舒张因子 CO 也主要是通过激活可溶性鸟苷酸环化酶，升高 cGMP 水平来介导舒张血管的效应。

4. 非蛋白酪氨酸激酶型受体　已如前述，这类受体本身不具有酪氨酸蛋白激酶活性，但与下游的胞质可溶性酪氨酸蛋白激酶偶联。受体与配体结合后，激活下游的胞质可溶性酪氨酸蛋白激酶，进而转导调节信号。

（1）γ-干扰素受体介导的信号转导通路：γ-干扰素（interferon，IFN）受体通过 JAK-STAT 信号通路转到信号。γ-干扰素是由活化的 T 细胞产生的，具有促进抗原提呈和特异性免疫识别的作用，并可促进 B 细胞分泌抗体。γ-干扰素与受体结合后使受体发生二聚化，激活与受体结合的非受体型蛋白酪氨酸激酶 JAK1 和 JAK2，活化后的 JAKs 使干扰素受体磷酸化，并募集胞质中的 STAT1 使之也磷酸化，磷酸化的 STAT1 形成二聚体进入细胞核，作为转录因子影响相关基因的表达（图 13-28）。

JAK（Janus Kinase）是一类存在于细胞质中的酪氨酸蛋白激酶。现在已发现 JAK 有 4 种，分别是 JAK1、JAK2、JAK3、TYK2，分别转录各种细胞因子受体的信号。细胞因子受体的近膜区含有 JAK 结合部位，而远膜区则有数个酪氨酸残基可以被活化的 JAK 催化而磷酸化。不同的 JAK 家族成员负责转导不同的细胞因子受体的信号。

STAT（signal transducer and activator of transcription）是信号转导分子和转录激动子，现在已发现至少有 6 种 STAT 分子。STAT 分子中都有一个 SH2 结构域，可以识别并结合在酪氨酸残基被磷酸化了的细胞因子受体上，促进 STAT 被 JAK 磷酸化的反应。另一方面，被磷酸化的 STAT 分子又借助 SH2 结构域相互识别而形成二聚体并进入细胞核，作为转录因子影响相关基因的表达，进而改变靶细胞的增殖与分化。不同的细胞因子受体利用不同的 STAT 分子转导信号。例如，γ-干扰素受体利用 STAT1/STAT1 同源二聚体；而 IFN-α 受体利用

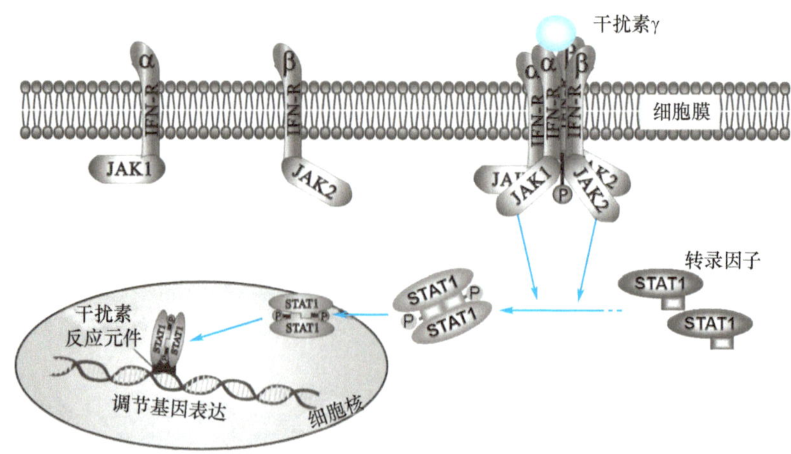

图 13-28 IFN-γ 受体介导的信号转导通路示意图

STAT1/STAT2 异源二聚体；白细胞介素-6(interleukin-6,IL-6)受体则利用 STAT1/$STAT_3$ 异源二聚体；生长激素受体利用 STAT5a/STAT5b 异源二聚体。正是因为在 JAK-STAT 通路中，激活的受体可以与不同的 JAK 和不同的 STAT 结合，使得该通路在信号转导过程中具有多样性和灵活性。

(2) TNFα 受体介导的信号转导通路：肿瘤坏死因子(tumor necrosis factor,TNF)受体、白细胞介素 1(IL-1)受体等重要的促炎细胞因子受体家族所介导的主要信号转导通路都有 TNF 受体相关因子(TNF receptor-associated factor,TRAF)的参与。TRAF 家族属于衔接蛋白，在真核细胞中至少存在 6 种亚型。每个 TRAF 都可以和不同的受体相结合向细胞内传递不同的信号。

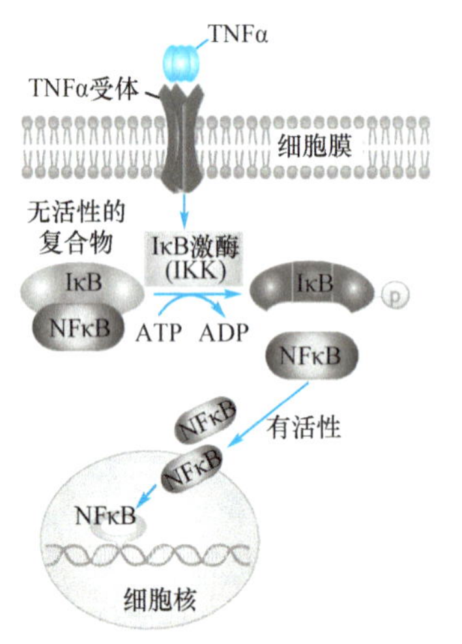

图 13-29 TNFα 受体介导的信号转导通路示意图

TNFα 是一种多向性细胞因子，它的生物学作用是通过两种不同的细胞表面受体 TNFR1 和 TNRF2 传递信号，多数已知的 TNFα 生物活性由 TNFR1 介导。TNFα 的主要信号转导通路之一是通过核因子 κB(nuclear factor-κB ,NF-κB)通路(图 13-29)。NF-κB 是一种几乎存在于所有细胞的转录因子，广泛参与机体防御反应、组织损伤和应激、细胞分化和凋亡以及肿瘤生长抑制等过程。NF-κB 是由 p50 和 p65 两个亚单位以不同形式组成的同源二聚体或异源二聚体，在体内发挥生理作用的以后者为主。NF-κB 在细胞质内与 NF-κB 抑制蛋白(inhibitor of NF-κB,IκB)结合成无活性的复合物。当 TNFα 作用于 TNFR1 后，可通过受体相互作用蛋白(receptor interacting protein,RIP)(一种丝氨酸/苏氨酸蛋白激酶)激活 NF-κB 抑制蛋白激酶(IκB kinase,IKK)，使 IκB 磷酸化而导致其从 NF-κB 脱落，NF-κB 得以活化。活化的 NF-κB 转位进入细胞核，作用于 NF-κB 结合增强子元件，影响多种细胞因子、粘附因子、免疫受体、急性时相蛋白、应激反应蛋白基因的转录。

TNFα 与 TNFR1 结合后还能经 p38MAPK 以及 JAK 通路进行信号转导。TNF 受体活化后引起的 p38MAPK 激活是炎症信号的关键转导分子，可以作为发展抗炎药物的重要靶位。

二、细胞内受体介导的信号转导通路

已如前述，类固醇激素受体(如性激素受体、糖皮质激素受体、盐皮质激素受体等)、甲状腺素受体、视黄酸受体、1,25-二羟基维生素 D_3受体等位于细胞内，它们大多为转录因子，在转录水平上调节基因表达。在没有激素作用时，胞内受体与具有抑制作用的热休克蛋白(heat shock protein,Hsp)结合而存在；当激素与受体结合，引起受体构象发生改变，导致热休克蛋白与受体分离，暴露出受体核内转移部位和 DNA 结合部位，激素-受体复合物向核内转移，并结合于 DNA 上的激素反应元件(hormone response element,HRE)上，引起基因表达的改变(图 13-30)。

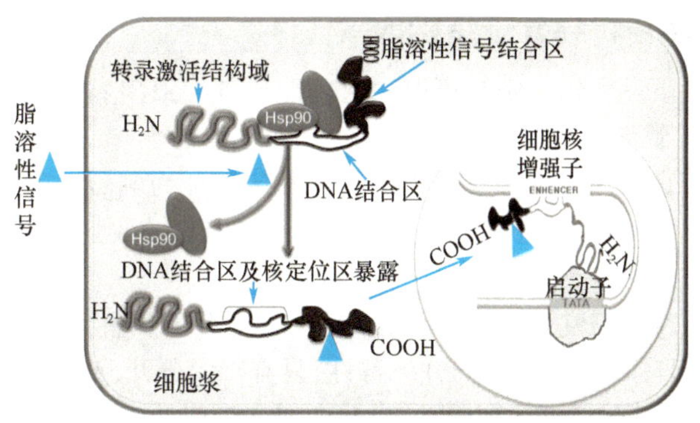

图 13-30　细胞内受体介导的信号转导通路示意图

第四节　细胞信号转导与医学

阐明细胞信号转导的分子机制对于认识生命活动的本质以及在医学上深入认识发病机制和为新的诊断和治疗技术提供靶位都具有重要意义。在人类基因组计划完成以后，信号转导分子机制的研究作为后基因组研究的内容将继续成为生命科学研究的热点。

一、信号转导分子结构的改变与疾病

细胞信号转导是维持细胞代谢平衡和功能发挥的基础，是机体维持稳态的根本保证。信号转导过程任一环节发生异常，将会导致疾病的发生。例如，脑中儿茶酚胺或5-羟色胺浓度的异常，可导致狂躁症或抑郁症，ADHV2型受体缺陷导致家族性肾性尿崩症，EGF受体基因突变诱发肺癌等。特别是信号转导分子结构的改变是许多疾病发生发展的基础。

（一）基因突变引起的信号转导分子结构改变

1. G蛋白基因突变与遗传病　1989年，Patten等从一个假性甲状旁腺素低下症家系的先证者和其母亲的细胞膜分离得到了一个异常的Gαs蛋白。该异常的Gαs蛋白可以与抗Gαs的C末端抗体反应但不能被抗Gαs的N末端抗体识别。对该Gαs的编码基因（GANS1）进行序列分析发现第一个外显子中的起始密码ATG突变为GTG，从而使得Gαs的翻译过程不能正常起始，而是利用第二个ATG（第60位氨基酸），导致产生的Gαs的N端缺失了59个氨基酸残基。此外，G蛋白基因突变还可以导致家族性尿钙过低性高血钙症、先天性甲状旁腺素过高症、Albright遗传性骨发育不全和McCure-Albright综合征等遗传性疾病。已经证实的与G蛋白基因突变相关的遗传性疾病还包括色盲、色素性视网膜炎、家族性ACTH抗性综合征、侏儒症、先天性甲状旁腺功能低下、先天性甲状腺功能低下或亢进等。

2. 胰岛素受体遗传性缺陷可以导致胰岛素抗性糖尿病　胰岛素受体的编码基因突变以碱基置换造成的错义突变最为常见，而缺失突变则较为少见。根据胰岛素受体基因突变对受体功能的影响分为5种类型：Ⅰ型是由于基因调控区突变造成的胰岛素受体mRNA减少；Ⅱ型是由于基因内含子剪切位点突变使受体mRNA前体剪接错误，或靠近N末端的α亚基基因突变使受体不能正确折叠造成翻译后加工和运输障碍使膜上成熟的受体减少；Ⅲ型是受体的配体结合区基因编码突变导致受体与配体亲和力下降或增加；Ⅳ型是受体的酪氨酸激酶结构域基因突变引起催化活性降低；Ⅴ型是基因突变导致受体稳定性下降、受体数目减少。

3. 蛋白酪氨酸激酶*BtK*基因突变与Bruton's综合征　1952年，Bruton博士首先发现并命名了第一个体液免疫缺陷病-X连锁无γ球蛋白血症（X-linked agammaglobulinemia，XLA），即Bruton's综合征。该病属X-连锁隐性遗传，是一种遗传性免疫缺陷病。1993年，Vetrie等人分离出1个新基因，确定其为XLA的致病基因，将其命名为*Btk*（Bruton's tyrosine kinase），属于非受体酪氨酸激酶Tec家族的成员。*Btk*的功能是参与B细胞抗原受体和一些作用于B细胞的细胞因子受体的信号转导过程。在XLA患者中发现的*BtK*基因突变种类超过118种。*BtK*基因突变可以直接导致B细胞发育不全，抗体产生障碍。

此外，人的JAK3突变可以导致常染色体隐性遗传性联合性免疫缺陷病，FGF受体突变可以引起先天性颅缝线封闭过早，RET突变可引起遗传性多发性内分泌腺肿瘤。

(二)化学修饰引起信号转导分子结构改变

G 蛋白在细菌毒素的作用下发生化学修饰可以引起功能异常导致疾病,如霍乱毒素、破伤风毒素和百日咳毒素可以作用于 G 蛋白而导致细胞功能异常而发病。

霍乱(cholera)是由霍乱弧菌引起的烈性肠道传染病。临床特征为剧烈的呕吐和腹泻、严重的脱水、水电解质紊乱、肌肉痉挛和周围循环衰竭。霍乱的发病机制是由于 G 蛋白的 α 亚基被化学修饰后持续活化导致细胞内 cAMP 含量持续升高所致。

霍乱毒素(cholera toxin,CT)是霍乱弧菌分泌的外毒素,相对分子质量约 84 000,由 A、B 两种亚基组成。当 4~6 个 B 亚基围绕一个 A 亚基结合在一起时并无毒性,只有二者分开,A 亚基释放出来并进入细胞内时才能发挥毒性作用。霍乱毒素的受体是存在于小肠黏膜上皮细胞表面的神经节苷脂(Gangliosides)中的单唾液酸四己糖神经节苷脂(GM1)。

当霍乱毒素(CT)接近细胞膜时,B 亚基与细胞膜上的 GM1 结合,一个 B 亚基结合一个 GM1,当所有 B 亚基都与 GM1 结合后释放 A 亚基,A 亚基进入细胞直接作用于 G 蛋白的 α 亚基,使其发生 ADP-核糖基化修饰(图 13-31)。

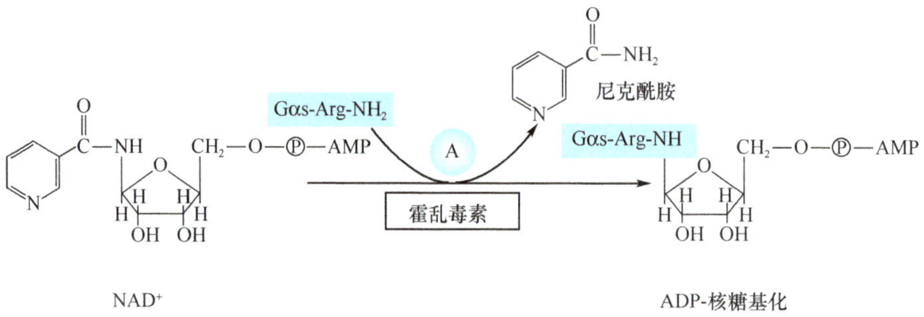

Gαs-Arg-NH_2 A 尼克酰胺 Gαs-Arg-NH

霍乱毒素

NAD^+ ADP-核糖基化

图 13-31 G 蛋白的 α 亚基 ADP-核糖化修饰示意图

α 亚基受到修饰后丧失 GTP 酶活性,不能恢复到 GDP 的结合形式,G 蛋白处于持续活化状态,细胞中 cAMP 含量持续升高。cAMP 通过 PKA 使小肠上皮细胞膜上的蛋白质磷酸化而改变细胞膜的通透性,钠离子通道和氯离子通道持续开放,造成水电解质大量丢失,引起腹泻和水电解质紊乱等症状(图 13-32)。

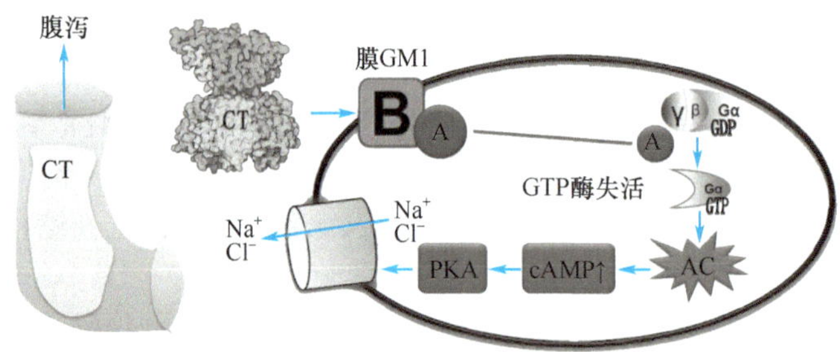

图 13-32 霍乱毒素作用机制示意图

二、细胞信号转导分子与药物作用靶位

细胞信号转导分子机制研究的发展,尤其是对于各种疾病过程中的信号转导异常本质的认识,为发展新的疾病诊断和治疗提供了理论基础。在研究各种病理过程中发现的信号转导分子结构与功能的改变为新药物的筛选和开发提供了靶位,并由此产生了信号转导药物这一概念。

信号转导分子的激动剂和抑制剂是信号转导药物的研究出发点,尤其是各种蛋白激酶抑制剂经常被作为抗肿瘤药物母体加以研究。信号转导干扰药物是否可以用于疾病的治疗而又具有较少的副作用,取决于两点:一是它所干扰的信号转导途径在体内是否广泛存在,如果该途径广泛存在于各种细胞内,其副作用则很难得以控制;二是药物自身的选择性,对信号转导分子的选择性越高,副作用就越小。目前在肿瘤治疗研究领域,已经有多种直接针对信号转导途径的药物用于临床。

思 考 题

1. 简述细胞间通讯有哪些方式?
2. 简述化学信号分子有什么样的作用特点?
3. 简述各型酶偶联受体的结构。
4. 简述细胞内的第二信使以及它们作用的靶分子。
5. 简述 G 蛋白及 G 蛋白循环。
6. 举例说明不同类型的受体介导的信号传导途径。

(杨成君)

第十四章 细胞增殖与分化的分子机制

生物体是由细胞组成的(病毒除外),细胞如何由一个细胞分裂为两个细胞?遗传信息如何忠实地传到下一代?大多数真核细胞通过细胞周期(cell cycle),使细胞的染色体得以复制,并保证每个子代细胞得到一套完整的染色体。细胞周期的调节对生物体的正常发育至关重要。细胞周期的调控主要是由一组异二聚体蛋白激酶(heterodimer protein kinases)来完成。异二聚体蛋白激酶包括调节亚单位——细胞周期蛋白(cyclin)和催化亚单位——细胞周期蛋白依赖性激酶(cyclin-dependent kinase,CDK),它们通过磷酸化作用参与细胞周期的多种蛋白的激活或抑制,从而协调这些蛋白的相互作用。同时,这些蛋白激酶活性本身也受多种因素的调控。L. Hartwell、P. Nurse 和 T. Hunt 在细胞周期调控研究中作出了卓越贡献而获得 2001 年诺贝尔生理学/医学奖。细胞的增殖(proliferation)与分化(differentiation)是生物胚胎发育、生物个体生长以及维持生命活动过程的两个重要事件。从一简单的受精卵到一个独特的、具有不同于其他个体的表型和基因型、能够完成复杂生命活动的生物体,是一个非常奇妙的过程。细胞的增殖与分化还是生物个体正常生理活动的基础,并且和生物体的衰老、疾病过程密切相关。细胞的增殖和分化在这个过程中是如何进行,又是如何被调控,这些都和细胞周期有着密切的关系。

第一节 细胞增殖的分子机制

一、细胞周期及其调控概述

(一) 细胞周期

真核细胞分裂方式有有丝分裂、无丝分裂和减数分裂,而有丝分裂是真核细胞的主要分裂方式。真核细胞的有丝分裂是经历一系列具有固定发生顺序的程序化过程,细胞周期是指连续分裂的细胞从前一次有丝分裂结束到下一次有丝分裂完成所经历的连续动态过程,整个过程所经历的时间称为细胞周期时间。真核细胞的细胞周期分为两大时相:间期(interphase)和分裂期(metaphase,M 期)。间期又分为 G_1 期、S 期和 G_2 期,细胞大部分时间处于此期中。细胞在这一时相中根据细胞生长的需要,合成新的核蛋白体、生物膜、线粒体、内质网和大多数蛋白质。在间期内,$2n$ 的 G_1 期细胞经过 S 期 DNA 复制,成为 $4n$ 的 G_2 期细胞,细胞体积增大。染色体 DNA 的复制发生在间期的特殊时期,即 S 期。S 期处于间期的中段,S 期之前为 G_1 期,之后是 G_2 期。G_2 期之后细胞进入 M 期,M 期特征是细胞分裂,$4n$ 的细胞分裂为 $2n$ 的 G_1 期细胞,M 期又分为前期、中期、后期和末期(图 14-1)。

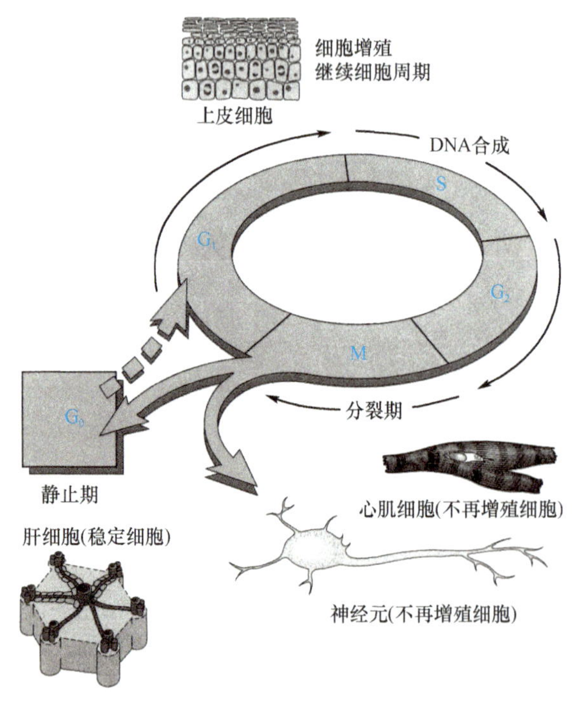

图 14-1 细胞周期

不同生物体的细胞,甚至同一生物体的不同细胞,其细胞周期可以有很大差别。有些细胞可能会缺失细胞周期中的某些阶段。多数哺乳动物细胞的细胞周期在 10~30h 之间。迅速分裂的人源细胞经过整个细胞周期需要 24h,而迅速生长的酵母细胞只需 90min 就可以完成整个细胞周期。多细胞生物体中的一些细胞可暂时离开细胞周期,从 G_1 期进入静止期,即 G_0 期,G_0 期的细胞处于静止状态,不分裂,也不生长。G_0 期持续的时间可以是几天、几周、甚至几年,但这些细胞可以在某些生长因子的作用下被重新诱导进入 G_1 期。

（二）细胞周期中的转折点或关卡

细胞周期中不同时相转换的调控十分精确，一个时相结束，下一个方能开始。在整个细胞周期中有四个关键的转折点或关卡（checkpoint），此概念最早由 Weinert 和 Hartwell 提出，原来指酵母受 X 线照射后引起 DNA 损伤，诱导相关基因表达并使细胞周期停滞。目前用来指对细胞周期转折处染色体物理完整性的监控以及对与某些细胞周期事件起始相关的生化途径的监控，而这些细胞周期事件的起始依赖于另一些细胞周期事件的成功完成。这四个关键的转折点和关卡是：

1. G_1晚期的关卡或限制点　此关卡监控 G_1期细胞大小及环境中是否有生长因子。当细胞生长足够大，并且成功完成 DNA 复制准备工作，不再依赖生长因子，可通过关卡。

2. G_1-S 期转折点或关卡　此关卡在酵母中称为起点（start point），在哺乳动物中称为限制点（restriction point），细胞周期中由 G_1向 S 期的转折至关重要，主要监控 DNA 是否损伤，细胞周期一旦通过起点或限制点，就意味着从静止状态进入 DNA 合成期。

3. G_2-M 期转折点或关卡　此关卡监控 DNA 是否损伤及 DNA 是否正确完全复制，决定有丝分裂的开始。

4. 有丝分裂中期关卡或纺锤体组装关卡　此关卡监控姐妹染色体是否稳定地附着在纺锤体上。在 M 后期，胞质分裂完成细胞分裂。

细胞周期中的转折点或关卡总结见表 14-1。

表 14-1　细胞周期中的转折点或关卡

转折点或关卡	监控
G_1晚期限制点	细胞大小及环境中是否有生长因子，是否完成 DNA 复制准备工作
G_1-S 期转折点	DNA 是否损伤，能否由 G_1进入 S 期
G_2-M 期转折点	DNA 是否损伤及 DNA 是否正确完全复制，能否由 G_2进入 M 期
有丝分裂中期关卡	姐妹染色体是否稳定地附着在纺锤体上，以完成细胞分裂

细胞周期过程是不可逆的，因此也就决定了其单向性。在细胞周期的不同时相，细胞周期蛋白-CDKs 复合体有所不同，它们按序产生与降解，协调一致地控制着细胞周期的进程。

二、细胞周期蛋白和细胞周期蛋白依赖性激酶

许多蛋白质因子参与了细胞周期的调节，以保证细胞周期中不同时相的正确转换。细胞周期蛋白及其细胞周期蛋白依赖性激酶就是其中的一类最重要的蛋白质因子。

（一）细胞周期蛋白

细胞周期蛋白（cyclin）是一类随着细胞周期不同时期的转换，其浓度也随之发生变化的蛋白质，这些蛋白质通过与相应的蛋白激酶的结合对细胞周期进行调控。在 20 世纪 80 年代初，T. Hunt 等在以海胆（sea urchin）为模式生物进行早期胚胎发育的研究中发现，细胞中有一种蛋白质的含量随着细胞周期的变化而发生变化。有丝分裂的早期，这种蛋白含量迅速增加，随后急剧下降，在下一个有丝分裂的早期又形成一高峰。这种蛋白质就是细胞周期蛋白，后被称为细胞周期蛋白 B（cyclin B）。现已发现细胞周期蛋白是一个大家族，可分为 A、B、D、E 等成员（表 14-2）。目前至少发现有 11 种不同的细胞周期蛋白，即周期蛋白 A、B_1、B_2、C、D_1、D_2、D_3、E、F、G 和 H，其中 8 种主要的细胞周期蛋白已被分离。

不同种属的细胞周期蛋白具有高度的保守性。它们在细胞核内的含量受到几方面因素的调控：①生长因子诱导的基因表达；②泛素介导的蛋白质降解；③在细胞核与细胞质间的运输（cyclin B）。周期蛋白的结构中都有保守的 100 多个氨基酸残基的周期蛋白盒（cyclin box），是与细胞周期蛋白依赖性激酶的结合的部位。

（二）细胞周期蛋白依赖性激酶

高等真核生物细胞周期的调节依赖于结构相关的异二聚体蛋白激酶家族来完成。这些蛋白激酶均由调节亚单位和催化亚单位两部分组成。调节亚单位，即为细胞周期蛋白，其浓度随细胞周期不同时相的转换而有升高和降低；其催化亚单位被称为细胞周期蛋白依赖性激酶（cyclin-dependent kinase，CDK）。20 世纪 80 年代初，L. Hartwell 等利用遗传学方法在研究啤酒酵母时，发现了一群基因与细胞周期的调控相关，称为细胞分

裂周期基因(cell division cycle genes,CDC genes),其中的 *Cdc*28 又被称为"*start*"。80 年代中期,P. Nurse 等发现 *Cdc*2 基因,*Cdc*2 基因不但控制 G_2期向 M 的转换,而且与 start 基因一样也控制着 G_1期向 S 期的转换。后来研究证实 *Cdc* 基因的表达产物是一类蛋白激酶,即细胞周期蛋白依赖性激酶。*Cdc*2 基因也被命名为 *Cdk*1。现在已发现十余种人的 CDK 分子。

CDK 是组成型表达的核内丝氨酸-苏氨基酸蛋白激酶。CDKs 单独存在时并不表现出其激酶活性,与相应的周期蛋白结合后变构,并被磷酸化和去磷酸化调控才能在有活性和无活性状态之间转换。有活性的 CDK 复合物能磷酸化底物蛋白质(如 RB 蛋白、转录因子、组蛋白、细胞结构蛋白等),调控它们的活性,驱动细胞周期进程,如在 S 期中 DNA 的合成和 M 期中的有丝分裂的进行。

周期蛋白与相应的 CDK 结合成异二聚体,周期蛋白和它相应的 CDK 见表 14-2。cyclin B 和 CDK1 的复合物又称促成熟因子(mature-promoting factor,MPF)。值得注意的是,有一些 CDKs 分子不仅仅与一种细胞周期蛋白结合,一些细胞周期蛋白也可以与一种以上的 CDK 结合。此外,CDK 复合体的生物学功能并不仅仅局限于细胞周期的调节。例如,CDK5 在有丝分裂期后的神经元中高度表达,而 CDK8 和 CDK9 似乎主要在转录调节方面起作用。还有 CDK2 和 CDK5 也在细胞凋亡中起作用。CDK 复合物的活性还受 CDK 抑制物(cyclin kinase inhibitor,CKI)的抑制。

表 14-2 主要的细胞周期蛋白和细胞周期蛋白依赖性激酶

细胞周期蛋白	细胞周期蛋白依赖性激酶	功能
Cyclin D(D_1、D_2、D_3)*	CDK2、CDK4、CDK6	G_1期进入 S 期
Cyclin E	CDK2、CDK3	G_1期进入 S 期
Cyclin A、A_1	CDK2	早 S 期 DNA 合成的起始
Cyclin B	CDK1	G_2期进入 M 期

* D_1、D_2和 D_3是 Cyclin D 在不同种类细胞中的表达。

三、细胞周期调控机制

(一) 参与细胞周期调控的主要蛋白质

目前已克隆及鉴定了大量的细胞周期调控蛋白质。除上一节讲到的周期蛋白和周期蛋白依赖性激酶外,还有周期蛋白、周期蛋白依赖性激酶抑制因子(CKI)、Rb 蛋白及 E2F-DP1 转录因子、调节 CDK 磷酸化和去磷酸化的蛋白激酶和磷酸酶、泛素(ubiquitin)和使蛋白质泛素化(ubiquitnation)的酶也参与细胞周期的调控。

1. 周期蛋白和周期蛋白依赖性激酶复合物 各种周期蛋白需与相应的周期蛋白依赖性激酶结合成复合物而发挥调节作用。

(1) Cyclin D 的作用:静止状态的细胞不表达 cyclin D。当细胞受到生长因子等刺激时,首先表达 cyclin D,并与 CDK4/CDK6 结合,并通过磷酸化使它们活化。通过活化的 CDK4/CDK6,磷酸化其底物蛋白,以完成 DNA 复制的准备工作,帮助细胞完成由 G_1到 S 的转折,使细胞进入 DNA 合成期。Cyclin D 有三种亚型(D_1、D_2、D_3)存在,它们的半衰期都很短(30min 左右),只要撤出生长因子,cyclin D 的水平立即下降。

(2) Cyclin E 的作用:Cyclin E 的表达晚于 cyclin D,其表达在 G_1晚期达到高峰。Cyclin E 可以与 CDK2/CDK3 结合,通过磷酸化使它们活化。CDK2 是调节 DNA 复制开始的关键酶。CDK2 也能够与在 S 期合成的 cyclin A 及 A_1结合并使其激活,共同在 G_1到 S 期的转折中发挥作用。

Cyclin D 或 cyclin E 与 CDK 形成的复合物可以活化转录因子 E2F,促进 DNA 合成相关基因的表达,进而促进 DNA 的合成。在 G_1早期细胞中,E2F 是与 *Rb* 基因产物 Rb 蛋白相结合而处于失活状态的。Rb 蛋白家族目前在人类细胞中已发现有三个成员,即 Rb 蛋白(p105,视网膜母细胞瘤蛋白)、p107(RBL1)和 p130(RB2),它们的分子中有一个"口袋状"结构,故称口袋蛋白(pocket protein)。"口袋"能与多种蛋白质结合,如转录因子 E2F、RNA 聚合酶等,并且调控它们的活性。在 G_1中期及晚期,cyclin D-CDK4/6 和 E/CDK2 先后磷酸化 Rb 蛋白,Rb 蛋白发生磷酸化后,E2F 即可以游离出来并被激活。游离的 E2F 又可以促进其自身、CDK2、cyclin E 等的合成,进一步促进 Rb 蛋白磷酸化,释放更多的 E2F,形成一种正反馈调节,E2F 靶基因的表达使细胞完成 DNA 复制的准备,最终使细胞通过 G_1-S 期转折点。Rb 蛋白在随后的 S 期、G_2期和 M 期将始终保证磷酸化状态,只有当细胞结束有丝分裂进入 G_1和 G_0期时,cyclin-CDK 复合物活性下降,低磷酸化的 Rb 蛋白才又可以与

E2F 结合并抑制其活性(图 14-2)。

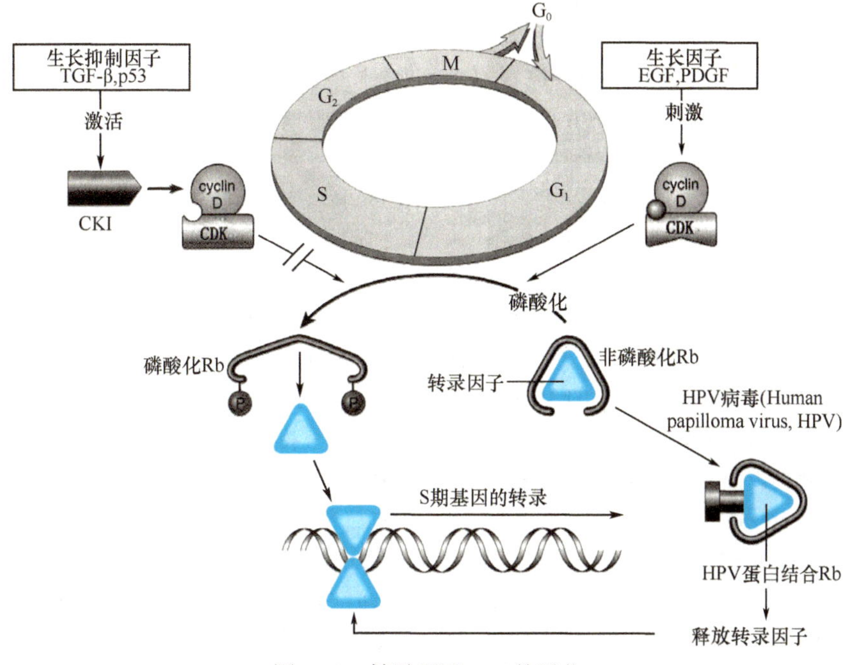

图 14-2 转录因子 E2F 的活化

(3) Cyclin A 的作用:为保证细胞分裂产生的两个子细胞含有同样的基因组,每一个 DNA 复制点在每一个 S 期只能复制一次。在哺乳类动物细胞,CDK2-cyclin A 激发 G_1早期组装的复制前复合体,启动 DNA 复制,并防止细胞重复组装新的复制前复合体。

(4) Cyclin B 的作用:DNA 合成完成后,细胞通过 G_2期进入有丝分裂期。有丝分裂期的 CDK 复合体在 S 期和 G_2期形成的,但在 DNA 合成完成之前,此复合体处于无活性状态。Cyclin B 是有丝分裂期周期蛋白。在人源细胞中,cyclin B 在有丝分裂的早期核膜破裂之前进入细胞核。目前已知,促有丝分裂因子(mitosis-promoting factor,MPF)是调节所有真核细胞有丝分裂启动的关键因子,而 MPF 的本质就是 cyclin B 和 CDK1 形成的蛋白复合体。MPF 被激活后便可以引起染色质致密化,核膜破裂,有丝分裂纺锤体组装,染色体在中期板排列等分裂象改变。当所有的染色体与纺锤体微管连接完毕,MPF 又可激活细胞分裂后期促进复合体(anaphase promoting complex,APC),APC 介导分裂后期抑制因子的泛素化,进而灭火连接中期姐妹染色体的蛋白复合体。这些抑制因子的降解,使细胞进入有丝分裂后期,姐妹染色体分裂到相反的纺锤体极。在分裂后期的晚期,APC 促进 cyclin B 的降解,致使有丝分裂期 CDK 活性降解,进而在有丝分裂末期分裂的染色体开始松散,子代细胞核重新形成。随后胞质分裂,产生两个子代细胞。

2. 细胞周期蛋白激酶抑制因子 在 20 世纪 90 年代初,科学家们分别发现了细胞周期的重要调节因子-细胞周期蛋白激酶抑制因子,又称为 CDK 抑制蛋白(cyclin kinase inhibitor,CKI,or CDK inhibitor protein,CIP)。根据这些因子与 CDK 相互作用的特异性和序列同源性,可分为两大家族。一类是 INK4 家族,是 CDK4 和 CDK6 抑制因子(inhibitors of CDK4/6,Ink4),包括 p15(INK4b)、p16(INK4a),p18(INK4c)和 p9(INK4d)。这些蛋白在结构上含有 4 个锚(ankyrin)重复序列。它们主要特异地识别和结合 CDK4 或 CDK6,但不识别 CDK2。p16 通过与 cyclin D 竞争结合 CDK4 而引起细胞周期在 G_1期停滞。p16 的肿瘤抑制功能也是由于其可以结合 CDK4 和 CDK6,抑制 CDK-cyclin D 复合体的催化活性。p15 和 p16 经常在各种肿瘤细胞和癌细胞系缺失,而 p18 并不具有明显的肿瘤抑制功能。另一类是 CIP/KIP 家族:Cip/Kip(细胞因子诱导的蛋白/激酶相互作用蛋白,cytokine-inducible protein/kinase interacting protein),包括 p12(CIP1/WAF1/SDI)、p27(KIP1)和 p57(KIP2),是细胞接收到接触抑制、DNA 损伤、低氧及某些细胞因子等信号后的产物,主要功能是和 cyclin-CDK 复合物结合,抑制它们的活性,但是它们对 cyclinD-CDK4/6 也有一定的正调节作用。这一家族的蛋白都有一个 N 端的 CDK 抑制性功能域。它们与 CDK-cyclin 复合体相会作用,抑制 CDK2-cyclin A 和 CDK2-cyclin E 的激酶活性。CIP/KIP 抑制因子的高表达可引起 G_1期细胞周期停滞,提示它们的主要作用靶点是 G_1期 cyclin-CDK 复合体。p21 是哺乳类动物细胞中第一个被发现的 CKI 分子,其启动子是上游 p53 的结合位点,受 p53 调节转录。p21 是细胞对 DNA 损伤反应时 G_1 期停滞的决定因素，并且在 G_2/M 期转折中起重要作用。p27 蛋白也能抑制 G_1 期细胞 cyclin-CDK 活性，引起 G_1 期停滞。

近年来，一种新的 CKI 引起人们的注意，这就是 14-3-3σ。14-3-3σ 是 14-3-3 家族成员之一，是人类乳腺上皮细胞的特异性标记，参与 DNA 损伤后细胞周期 G_2 期的调控。G_2 期停滞时，14-3-3σ 使 cyclinB-CDC2 复合物隐蔽于细胞质。当 14-3-3σ 缺陷时，cyclin B-CDC2 复合体进入细胞核，引起有丝分裂的变化。这说明调节细胞周期的另一机制是改变细胞周期调节因子的亚细胞定位。

3. 蛋白激酶和磷酸酶 细胞周期是受到精细复杂调控的，除了转录调控使许多细胞周期调节蛋白有序地表达外，细胞周期调控还涉及两种翻译后调节机制，一是蛋白磷酸化，二是泛素依赖的蛋白降解。与 cyclin 结合的 CDK 的活性受蛋白激酶和磷酸酶的调节，蛋白激酶和磷酸化酶的活性决定了在一特定时间某一蛋白的磷酸化状态。同时，磷酸酶和激酶本身也受到复杂精细的调控。磷酸化和去磷酸化是可逆的，广泛表现于酶活性和多种蛋白复合体的组装的调节。此外，细胞周期调节蛋白的亚细胞定位与细胞周期调节的关系也引起人们的广泛注意。例如 M 期有重要功能的 MPF(cyclinB-CDK1)，在哺乳动物细胞中，它的 CDK1 第 101 位苏氨酸残基被 CDK 激活激酶(CDK-activating kinase，CAK)磷酸化，可将 CDK1 活化，但若它的第 15 位酪氨酸及第 14 位苏氨酸残基分别被 Weel 和 Myt1 磷酸化后，又会失活。在 G_2 期，CDK1 中上述三个部位都被磷酸化，因此并无活性，只有当第 14 和 15 位磷酸基团被磷酸酶 Cdc25C 去除后才有活性。

4. 周期蛋白的泛素化降解 细胞周期蛋白的含量在有丝分裂晚期急剧下降，说明细胞内存在降解这些蛋白分子的机制。蛋白质降解是不可逆的，保证细胞周期的单向性。目前已知，细胞周期蛋白合成后，在其 N 末端可以发生多泛素化(polyubiquitination)，即共价结合多个泛素。泛素化是介导蛋白质降解的重要途径。泛素是由 76 个氨基酸组成的蛋白分子，与底物结合的泛素第 48 位赖氨酸残基的 ε 氨基也可作为泛素受体，一些蛋白质的多泛素化可导致其在细胞的蛋白酶体(proteosomes)内迅速降解。

通过多泛素化途径降解的蛋白质都是一些短命的蛋白质，如 cyclin、p21、p27、E2F、Weel 等。cyclinA 和 B 的 N 端有 9 个氨基酸残基组成的保守序列，称为破坏作用盒(destruction box)，cyclinD 和 E 的 C 端有保守的 PEST(脯-谷-丝-苏)序列。这些序列都与周期蛋白泛素化有关。

蛋白质泛素化过程中三种酶：泛素活化酶(E1)、泛素携带蛋白(E2)和泛素蛋白连接酶(E3)都是巯基酶，巯基参与酶催化反应。E1 负责激活泛素分子。泛素分子被激活后就被运送到 E2 上，E2 负责把泛素分子绑在需要降解的蛋白质上。但 E2 并不认识指定的蛋白质，这就需要 E3 帮助。E3 具有辨认指定蛋白质的功能。E3 是多亚基酶，在人细胞中与细胞周期相关的 E3 有两类：SCF 复合物和 APC。SCF 复合物名称来源于它最早被发现的三个核心成分(Skp1/Cdc53/Cullin/F-box protein)，它的底物必须先被磷酸化，然后才能和 F-Box 蛋白结合，Cdc53/Cullin 和另一亚基 R-box 蛋白结合泛素化的 E2，并催化泛素和底物连接。SCF 复合物的底物有周期蛋白 D、E、p21、p27、E2F 和 Weel 等。APC 由 10 种以上的亚基组成，能把与 E2 结合的泛素转移给周期蛋白 A 和 B。在有功能的纺锤体形成后，APC 也能多泛素化连接姐妹染色体的蛋白。

（二）调控蛋白的协同作用

1. G_1-S 关卡调控的关键因素 CDK4/6 和 CDK2 的活化是 G_1-S 关卡调控的关键因素。CyclinD 最早出现于 G_1 中期，在 G_1 晚期达到高峰，周期蛋白 E 最早出现于 G_1 晚期，在 G_1-S 关卡或转折处含量最高。CyclinD 和 E 分别与 CDK4/6 和 CDK2 形成复合物，它们使 Rb 磷酸化而释放转录因子 E2F 复合物(E2F-DP1)，使靶基因转录，此时细胞不再依赖生长因子，通过限制点。靶基因的表达使细胞做好 DNA 复制准备，细胞通关过 G_1-S 关卡或转折处，DNA 复制起始，进入 S 期。cyclinD 和 E 先后经 SCF 复合物多泛素化而降解(图 14-3)。

2. G_2-M 关卡调控的关键因素 CDK1 的活化是 G_2-M 关卡调控的关键因素。CyclinB 在 G_1 后期在胞质中合成，并在胞质-胞核间穿梭，在核内与 CDK1 结合形成的复合物也加入穿梭行列，此时 CDK1 三个关键部位都是磷酸化的(分别在核内被 CAK 及 Weel 磷酸化、在胞质被 Myt1 磷酸化)，并无活性。在 G_2-M 关卡或转折，磷酸酶 Cdc25 被活化，它去除复合物中的 CDK1 的第 14 位和 15 位氨基酸残基的磷酸基团，cyclinB-CDK 活化，而其中的 cyclinB 也被激酶磷酸化而使 cyclinB-CDK1 在核内积聚，并磷酸化底物蛋白，如组蛋白 1、核纤层蛋白(nuclear lamina)、肌球蛋白等，使染色体致密化，核膜解体，纺锤体开始形成等，这些都为染色体分离做准备，细胞通过关卡进入 M 期(图 14-4)。

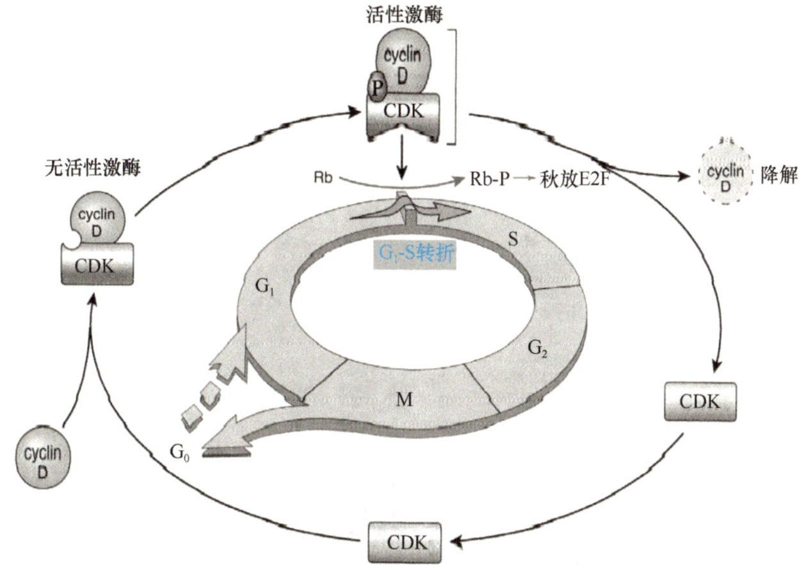

图 14-3　G_1-S 关卡或转折点的关键调控

3. 细胞离开 M 期进入 G_1期关键调控因素　APC介导的多泛素化蛋白降解是细胞离开 M 期进入 G_1期关键调控因素。M 期的 cyclinA/B-CDK1 的底物中也包括 APC。APC 磷酸化后才有活性，而 cyclinA/B-CDK1是使 APC 磷酸化而活化的因素之一。有丝分裂中期介导姐妹染色体稳定地附着在纺锤体的有蛋白激酶和蛋白质因子。组装工作完成后，结合在纺锤体处的 APC被活化，最终导致连接姐妹染色体的蛋白质降解。细胞通过有丝分裂中期关卡，可进展到 G_1期（图 14-5）。

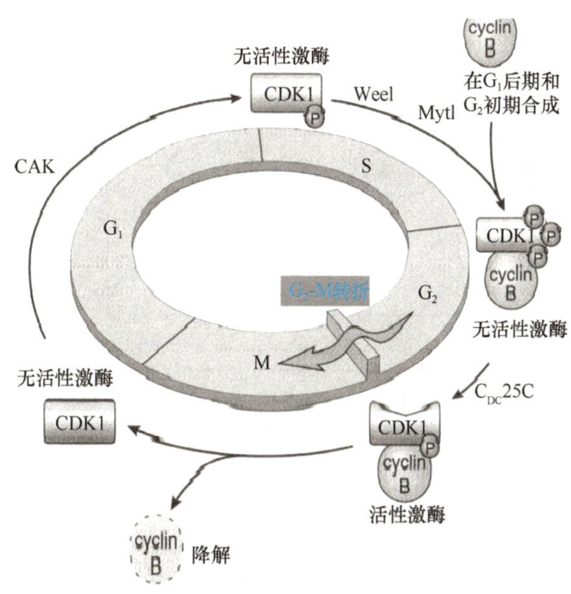

图 14-4　G_2-M 关卡或转折点的关键调控

4. DNA 损伤关卡与 G_1及 G_2期停滞相关　当细胞周期进程中出现异常事件，如 DNA 损伤或 DNA 复制受阻，这类调节机制就被激活，及时地中断细胞周期的运行，待细胞修复或排除了故障后，细胞周期才能恢复运转。保证了在细胞周期中上一期事件完成以后才开始下一期的事件。细胞周期中关键的检测点为 G_1晚期监测点、G_1-S 期检测点、G_2-M 检测点、M 中期检测点。检测点的组成包括发现或传感（detect 或 sensor）、停止或扣留（stop 或 arrest）、修复（repair）、继续分裂或死亡。检测点通过延缓细胞周期的进展，为 DNA 复制前的修复、基因组的复制、有丝分裂及基因组的分离提供更多的时间（图 14-6 和图 14-7）。细胞周期检测点构成了DNA 修复的完整元件。

检测点功能缺陷、丢失或减弱会导致基因突变和染色体结构异常细胞增殖，导致肿瘤发生。在某些遗传性癌症和细胞转化早期中，已经观察到检测点调控的缺失，后者可能导致遗传失稳态，促使向新生物转化。检测点的任何一部分出了问题，如发现不了 DNA 损伤（如 ATM 突变）、不能使细胞周期停下来（如 *p53* 突变）、DNA 修复错误（如 MLHl/PSM 突变）、决定错误（如 Bcl-2 突变）等都会导致遗传的不稳定性、（基因）受损细胞的存活和复制或细胞遗传物质的改编（adaptation）。例如，转录因子 P53 能使细胞停滞在 G_1期和 G_2期。P53 蛋白是一种转录因子，它和 G_1期细胞停滞以及 G_2期细胞停滞都相关。DNA 损伤活化的 CDK2 能磷酸化 P53，磷酸化的 P53 不能被它的抑制蛋白 HDM2（一种泛素连接酶 E3）结合和降解，P53 活化靶基因 P21 转录。P21 是周期蛋白-CDK1 的抑制物，因此细胞停滞于 G_1期和 G_2期。同时 P53 促进 14-3-3 基因表达，促进 Cdc25C 在胞质中停留。另一个例子是ATM 和 ATR 蛋白活化导致 G_2期的停滞。G_2期细胞 DNA 受损伤或 DNA 复制不完全，能导致至少六种传感器蛋白（sensor protein）激活，这些蛋白能与损伤或复制不完全的 DNA 结合，从而活化 ATM 蛋白（ataxia telangiectasia mutated,共济失调毛细血管扩张突变)和 ATR 蛋白(ATM and Rad3 related)。活化的 ATM 和 ATR 分别磷酸化关卡激酶(checkpoint kinase,Chk)2 和 1,使它们活化。关卡激酶能磷酸化 Cdc25c,磷酸化的 Cdc25c 能和 14-3-3 蛋白结合,从细胞核进入细胞质。由于 CDK1 被 Cdc25C 去磷酸化是细胞通过 G_2-M 关卡的关键,Cdc25C 移出胞核使核内的 CDK1 不能被活化,细胞停滞于 G_2期,直至 DNA 损伤修复或复制完全。

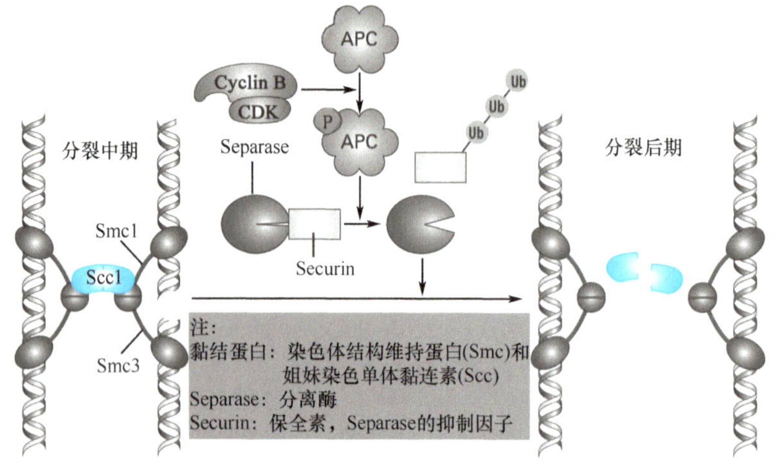

图 14-5 细胞离开 M 期进入 G_1期的关键调控

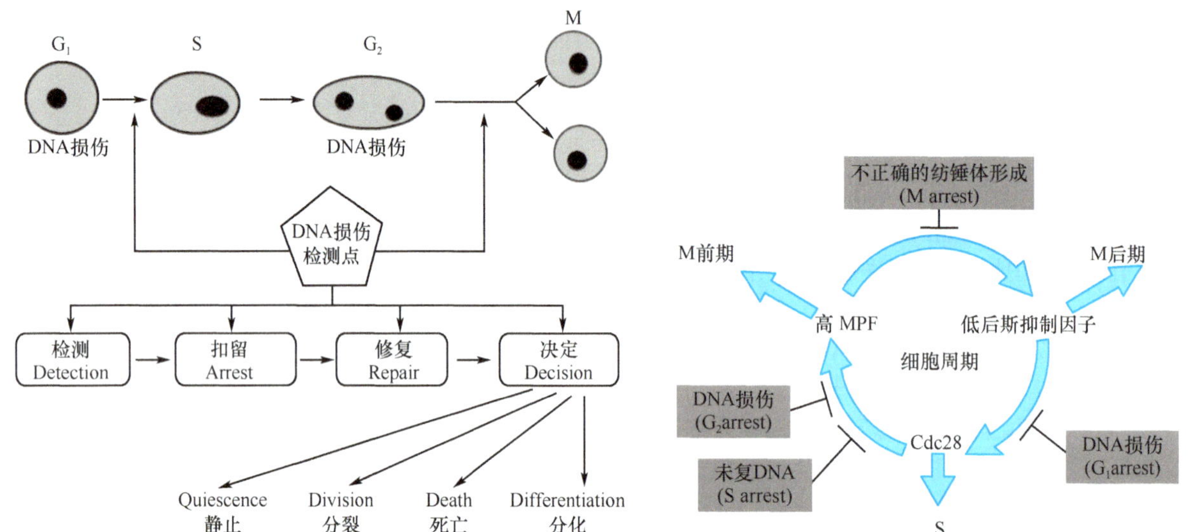

图 14-6 DNA 损伤的检测与细胞周期进程示意图

图 14-7 细胞周期中的损伤或异常检测与扣留

(三)生长因子对细胞周期的调节

除了上述细胞内部因素外,细胞周期还受到细胞外因素的调控。例如,细胞生长环境中营养物质和氧气的供应量、各种生长因子及细胞因子、细胞与胞外基质的相互作用以及在体外培养时细胞间相互接触等都可以通过信号转导对细胞周期调控蛋白的基因表达或生物活性进行调控,从而间接调控细胞周期。其中研究较多的是生长因子对细胞周期的调控。生长因子(growth factor)是一类有细胞分泌的、类似与激素的信号分子多数为肽类(含蛋白类)物质,调节细胞周期,从而调节细胞的生长与分化。

生长因子通过调控细胞周期蛋白的基因表达或生物活性来调控细胞周期。对生长因子调控细胞周期的研究不仅有助于了解细胞的增殖分化,而且对肿瘤的发生、发展及治疗也具有重要意义。细胞周期异常与多数人类疾病相关,其中最重要的莫过于与肿瘤的关系。肿瘤发生的主要原因是细胞周期失控后导致的细胞无限制增殖。从分子水平看,则是由于基因突变致使细胞周期中某些生长因子的活化或抑制,造成细胞周期调节失控。人类一些常见的生长因子见第十六章表 16-8。

1. 多种生长因子的协同作用使细胞从 G_0期进入细胞周期 细胞退出细胞周期、从 G_1期到 G_0期,可由于多种因素引起：①环境中的信号分子促进 G_1 期细胞退出细胞周期，并开始分化；②环境中启动细胞分裂的生长因子不足；③体外培养的原代细胞在分裂一定次数后进入衰老（senescence）状态，即不再能回到 G_1 期的终末 G_0 期。G_0 期的细胞仍然进行着新陈代谢，许多具有特定功能的 G_0 期细胞甚至不停地合成及分泌蛋白质，如胰腺细胞、肝细胞等。除了终末分化的细胞（如神经元等）以及衰老的细胞不再能从 G_0 期返回 G_1 期外，G_0 期细胞在一定条件下，可以重返 G_1 期，进入细胞周期，此时需要多种生长因子的协同作用。用培养的成纤维细胞进行的研究表明，从 G_0 期重返 G_1 期要经过三个阶段，需多种生长因子协同作用。第一阶段为获得资格（competence），第二阶段称进入（enter），这两个阶段需要血小板源生长因子（PDGF），在第二阶段还需要表皮生长因子（EGF）和胰岛素，第三阶段称进展（progression），需要胰岛素样生长因子-1（IGF1）。这些生长因子都通过各种信号转导途径最终活化周期蛋白-CDK 复合物，从而使细胞从 G_0 期进入 G_1 期。

2. 生长因子促进 G_1 期的细胞周期进程　细胞在 G_1 期受到生长因子（EGF，IGF 等）刺激和细胞与胞外基质相互作用分别能通过受体酪氨酸蛋白激酶及整合素（integrin）导致 Ras-Raf-MAPKK-MAPK/ERK 途径活化。该途径能促进 cyclinD 的表达（图 14-8）。在 G_1 早期、中期表达的周期蛋白 D 不能稳定地保留在核内，而是进入胞质被降解。生长因子也能活化 P21 和 P27 基因表达，而 P21 和 P27 蛋白能促进 cyclinD 和 CDK4/6 结合成复合物并使它们返回细胞核。G_1 中期在核内积累的 cyclinD-CDK4/6 虽然活性受 P21/P27 抑制，但仍能使少量 RB 蛋白磷酸化，释放出 E2F-DP1。E2F-DP1 促进 cyclinE 和 CDK2 的表达。由于 cyclinD 和 CDK4/6 能结合较多的 P21/P27，使 cyclinE-CDK2 不被 P21/P27 抑制，能完全活化并磷酸化 RB 蛋白，使 G_1 期细胞通过限制点（图 14-2 和图 14-8）。上述过程依赖于特定的生长因子刺激。

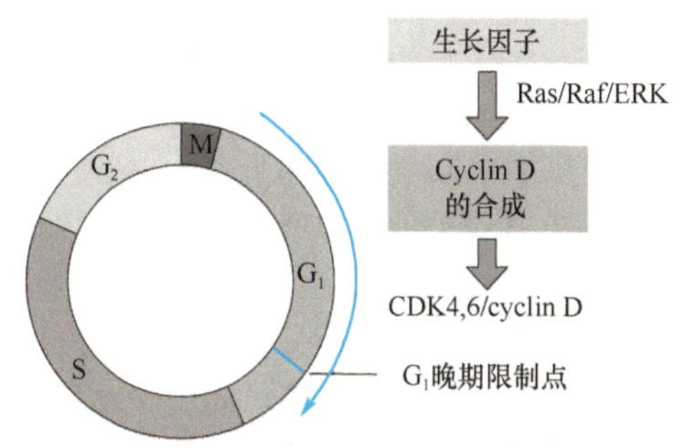

图 14-8　生长因子促进细胞周期通过 G_1 限制点

第二节　细胞分化的分子机制

细胞完成一个细胞周期后，如果连续分裂去完成后续细胞周期，这就是细胞增殖（cell proliferation），如人的骨髓细胞、消化道黏膜上皮细胞等。如果细胞完成周期后不再分裂，这时细胞停留在细胞周期以外的生活状态，包括暂不增殖和不再增殖两种情况。暂不增殖细胞停留在 G_0 期，不复制 DNA，细胞也不分裂，但仍具分裂能力，在一定的外界刺激下可恢复分裂能力，如人的肝细胞和肾细胞等。不再增殖细胞高度分化，完全失去分裂能力，如人的神经细胞、成熟红细胞等（图 14-1）。

细胞分化（cell differentiation）是指同一来源的细胞逐渐发生各自特有的形态结构、生理功能和蛋白质合成等的过程。在胚胎发育过程中，一个受精卵经历多次细胞分裂不仅导致细胞数量的增加，同时也诱发了各种类型细胞的出现。人的受精卵细胞，通过限制、定向与分化等各种事件，最后产生构成人体各种组织，器官的 200 多种不同类型的细胞。细胞分化过程中的核心是基因的选择性表达，通过不同基因的开启或关闭，最终产生分化细胞所特有的蛋白质。

一、细胞分化的特异性基因的阶段性表达

细胞分化受到一系列信号分子调控。这些信号分子通过不同的途径决定了细胞特异性的基因表达方式。细胞分化基因的表达调控可以发生在转录、翻译以及翻译后蛋白质修饰等不同环节，其中发生在转录水平的调节是最重要的。在通常情况下，多数与分化发育相关的基因处于抑制状态，需要在特定的发育阶段激活。基因调节蛋白或转录因子便充当了这种激活物。转录调节的重要特点是不同调节蛋白或转录因子之间以及他们与其他蛋白或某些小分子之间的相互作用。

细胞分化通常是一个渐进的过程，不仅发生在胚胎时期，而且贯穿于生命的全过程。对大多数细胞来说，当其发育过程通过某一或某些关键时刻或阶段时，这个细胞的发育选择就被限定了。细胞分化启动了特定基因的特定阶段表达。

（一）母体 mRNA 的作用

动物卵细胞中储存有大量 mRNA，呈非均匀分布，母体 mRNA 在某种程度上决定了受精卵发育的命运。

例如，用转录抑制剂放线菌素 D 处理海胆受精卵，胚胎发育仍能进行至囊胚期；用蛋白质翻译抑制剂嘌呤霉素处理受精卵，受精卵停止发育。根据对果蝇、家蚕等实验动物的研究表明，卵受精后，首先表达的是母体基因，其产物是转录因子，控制其他基因的表达：母体基因→间隙基因→成对基因→体节极性基因→同源异形基因（homeotic gene，Hox）。

（二）奢侈基因中某些特定基因选择性表达

生物体细胞中含有决定生长分裂和分化的全部基因信息，按其与细胞分化的关系，可将这些基因分为两大类：奢侈基因和管家基因。管家基因（house keeping gene）的表达产物为细胞生命活动持续需要和必不可少，但与细胞分化的关系不大，在细胞分化中只起协助作用，如 tRNA 和 rRNA 基因，催化能量代谢的各种酶系，三羧酸循环中的各种酶系等。奢侈基因（luxury gene）编码细胞特异性蛋白，与各种分化细胞的特定性状直接相关，这类基因对细胞自身生存无直接影响，如编码红细胞的血红蛋白，肌细胞的肌球蛋白和肌动蛋白等的基因属于此类。

从分子层次看，细胞分化主要是奢侈基因中某种（或某些）特定基因选择性表达的结果。某些基因的选择性表达合成了执行特定功能的蛋白质，从而产生特定的分化细胞类型。分化进程中，细胞有选择地启动某些基因并合成其他类型的细胞所不具备的蛋白质，以构成该种特定细胞的结构，产物及功能的基础。一些胚胎细胞按其遗传潜能来说都是“全能”的，但其携带的遗传信息在发育过程中并不都能表达，而是按严格的时空顺序有选择地表达其中一部分，这是细胞各自表达特异性基因的结果。

特定基因的表达严格按照时间顺序发生，同时，同一基因产物在不同的组织器官表达数量不同，不同的产物蛋白又分布于不同的细胞或组织器官，这就是基因表达的阶段特异性（时）及组织特异性（空）。在胚胎发育过程中，细胞基因组严格按时空顺序相继活化这一现象称为基因的差异表达（differential expression）或顺序表达（sequential expression）。从一个受精卵开始，在个体发育的过程中逐步分化产生各种细胞类型和组织，这种分化就是不同特异性基因相继表达的结果。例如，β 样珠蛋白的编码基因是一个基因家族，分别编码 β、δ、γ^A、γ^G 和 ε。在胚胎发育早期，胚胎型 ε 珠蛋白短暂性表达，随后是胎儿型 γ 珠蛋白的表达，至出生后才形成 $\alpha_2\beta_2$。在实验中，用 ^{32}P 磷酸盐分别掺入前体细胞和原成红细胞，若珠蛋白基因有表达，则 DNA 可转录有 ^{32}P 标记的 RNA。当用克隆的胚胎型β样珠蛋白基因 DNA 探针与之杂交，发现在原成红细胞中有 DNA-RNA 杂交反应，而前体细胞中不发生杂交反应。说明前体细胞的胚胎型 β 样珠蛋白基因处于休止状态，直至发育到原成红细胞时才被活化，表明β样珠蛋白基因具有严格的红系组织特异性和发育阶段专一性特点。

有研究表明，特异性基因的阶段性表达受到这些基因在染色体上排列位置的影响。改变它们在染色体上的排列顺序，就可以丧失其发育阶段性特征。此外，特异性基因的阶段性表达还受到组合调控（combinational control）的影响，即多个基因表达调节蛋白共同协调的对某一特定基因进行调控，以及多种细胞信号分子的网络式调节。

二、细胞分化的信号途径

细胞分化是一个非常复杂的过程，需要多种细胞信号分子的精细协调，涉及极其复杂的信号转导过程。除了第十三章中提到的信号途径以外，还有 Wnt、Hedgehog、Notch 等信号途径在细胞分化规程中发挥了非常重要的作用，而且这些信号途径之间又相互调节。

（一）Wnt 信号途径

Wnt 是一类分泌型糖蛋白，通过自分泌或旁分泌等方式发挥作用。Wnt 信号途径的主要信号分子有 Wnt 蛋白、胞膜受体卷曲蛋白（frizzled，Fre）及辅助受体（co-receptor）—低密度脂蛋白受体相关蛋白（low-density lipoprotein-receptor-related protein，LRP）、Dishevelled 蛋白（Dsh 或 Dvl）、阻断糖原合酶激酶 3β（glycogen synthase kinase3β，GSK3β）、β-连环素（β-catein）、T 细胞因子（T cell factor/lymphoid enhancer factor，TCF/LEF）、APC、支架蛋白（Axin）和 β-TrCP（泛素连接酶 E_3 的一种）等。无信号时，APC 促进 β-连接素（β-catenin）降解，阻止其进入核内。Wnt 接受外信号，APC 失活或相伴随的 Axin 失活，使 β-连接素稳定、并在细胞核内积聚。β-连接素通过与 Tcf/LEF 等转录因子相结合共同发挥作用，促进下游分子细胞周期蛋白 D_1 等的表达（图 14-9）。Wnt 信号在调节胚胎的发育和成形、细胞生长和分化以及多种人类疾病发生的病理过程中发挥重要作用。

（二）Notch 信号途径

Notch 信号途径由 Notch 受体、Notch 配体即 DSL 蛋白（在哺乳动物中为 Jagged）和 DNA 结合蛋白（CSL 蛋白）等组成。Notch 及其配体均为单次跨膜蛋白，当 Notch 受体和相邻细胞的配体结合后，Notch 被细胞外基质中金属蛋白酶第一次切割和胞内蛋白酶第二次切割蛋白酶，释放出具有核定位信号的胞内区（intracellular domain of Notch，ICN），后者进入细胞核与 CSL 结合，调节靶基因表达（图 14-10）。来自相同细胞群的 Notch 信号可以产生旁抑制效应（lateral inhibition），即当一群具有相同命运的细胞（equipotent cell）中有一个细胞发生了分化并表达一个特定分化信号时，这种信号抑制其周围的细胞再发生同样的分化。因此，Notch 信号在细胞的定向发育和成熟过程发挥重要的作用。

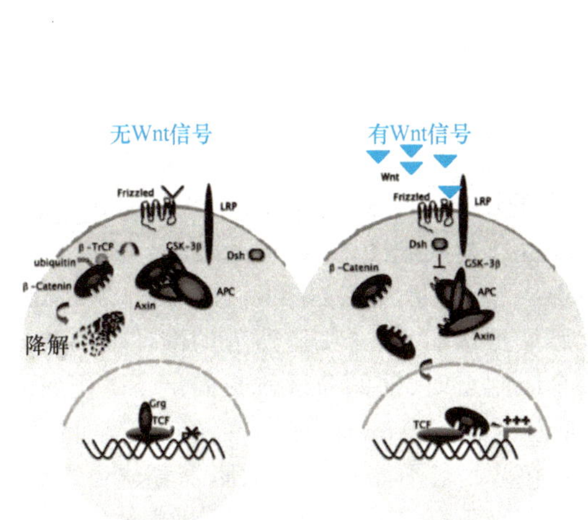

图 14-9　Wnt 信号途径示意图

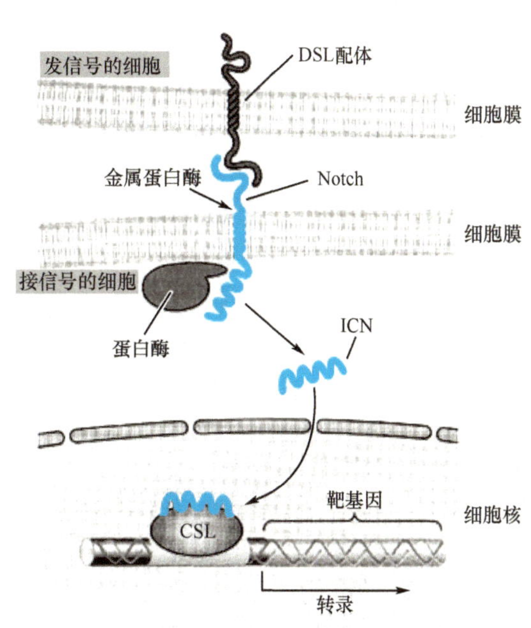

图 14-10　Notch 信号途径示意图

（三）Hedgehog 信号途径

Hedgehog（Hh）信号控制组织或器官形态发生。Hedgehog 是一类共价结合胆固醇的分泌性蛋白，哺乳动物 *hh* 基因主要有 3 个成员：*Shh*（*sonic hh*）、*Ihh*（*Indian hh*）、*Dhh*（*desert hh*）。Hedgehog 信号由一个 12 次跨膜受体蛋白 Patched（Pet）和一个七次跨膜受体蛋白 Smoothened（Smo）共同介导向胞内传递。静止状态，Ptc 结合 Smo，抑制 Smo 的活性，下游转录因子 Gli（glioma-associated oncogene homolog）以全长形式（Gli155）与一些蛋白 Cos2、Fu 和 Su 形成复合体，并募集 PKA 和 GSK3 等磷酸化 Gli155，进而经过泛素化和蛋白酶体途径降解，形成有抑制活性的转录因子 Gli75，后者进入核抑制靶基因的转录；当 Hh 信号分子与 Ptc 结合，介导 PKA 等激酶使 Smo 磷酸化，解除 Ptc 对 Smo 的抑制作用，进而 Gli155 与胞质内的抑制蛋白解离，进入核中启动相关基因转录（图 14-11）。

（四）不同信号途径之间的相互作用

在细胞分化过程中不同信号途径之间的相互影响尤为突出。例如，细胞外 Wnt 信号分子可能与 Notch 受体结合，从而对 Notch 途径产生影响；细胞质中 Dishevelled 蛋白也可结合 Notch 受体的胞内区，抑制 Notch 通路的激活；在细胞核中 Notch 的靶基因产物通过 TCF 抑制 Wnt 信号通路。Wnt 信号通路与 Hh 信号通路之间也存在着类似的相互作用，这两条信号通路拥有一个共同的中间信号分子 GSK3。在 Wnt 和 Hh 信号通路之间也存在着负调控机制。正是这些信号通路之间的精细调节才使得细胞分化有序地进行。

三、影响细胞分化的因素

细胞分化是基因选择性表达的结果，其表达是程序性表达，其信息存储在遗传物质中。但细胞分化受细胞内外因素的影响。受精卵或动物早期胚胎细胞在分化过程中，因不同基因表达，产物不断加入细胞质，改变细胞质成分，使基因表达环境发生改变，细胞质反作用于细胞核，又使核内基因表达状态不断受到调节，细胞不断分化，发育，成熟，直至产生各种不同类型的细胞。

影响细胞分化的细胞外因素包括环境因素，胞外物质（细胞的基质，黏附分子，细胞因子，激素等），以

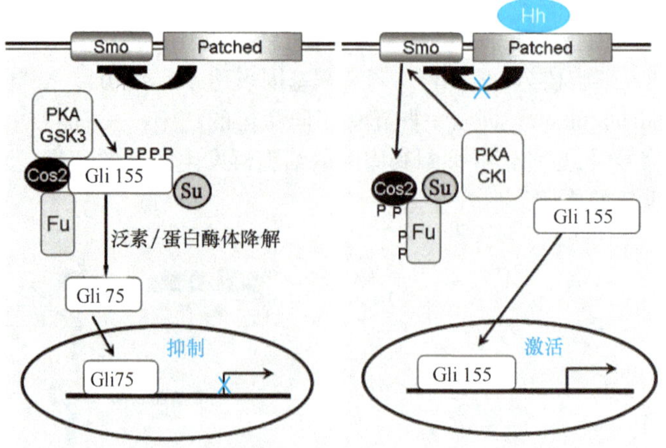

图 14-11 Hedgehog 信号途径示意图

及细胞之间的相互作用。多种环境因素对机体的发育有一定的影响,如温度,光线等,这些因素可能是造成第一次不等卵裂,从而影响细胞分化的原因之一。在卵裂阶段,内细胞团(inner cell mass)和滋养层细胞(trophectoderm)形成,随后内胚层(endoderm)、中胚层(mesoderm)和外胚层(ectoderm)形成,这些都是哺乳类动物胚胎发育过程的早期限制(restriction)事件。在三个胚层形成后,由于细胞所处的微环境的差异,细胞的分化潜能受到限制。当一个发育着的细胞通过最后一个限制点时,他的命运就被固定了。例如,某些细胞将最终转变成肌细胞或神经细胞,就是细胞的定向或细胞决定(determination)。已经被定向的细胞最终转变为成熟细胞仍需要经历一定的发育阶段。但是,通常情况下它不能从一种细胞发育轨道跳跃至另一细胞发育轨道,如已被定向决定了的肌细胞一般不会转化神经细胞。近几年人们提出横向分化或转分化(transdifferentiation)的概念,即:已经被定向或已经分化了的细胞在特定的条件下可以转变为另一类功能、形态完全不同的细胞。

第三节 干细胞分化的分子机制

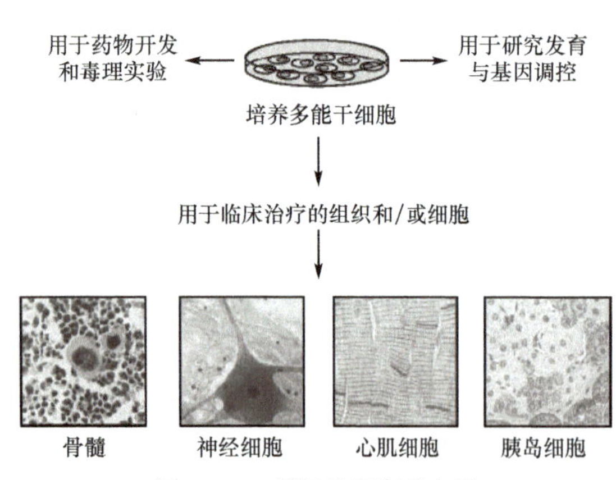

图 14-12 干细胞研究的应用

干细胞(stem cell)是一类具有自我更新和分化潜能的细胞。1981 年,英国科学家 Evans、Kaufrnan 和 Martin 首次从小鼠中分离得到鼠的胚胎干细胞。1998 年,John D. Gearhart 等分离得到人的胚胎干细胞。目前不断报道成年组织来源的干细胞。干细胞研究成为继人类基因组大规模测序之后最具活力、最有影响和最有应用前景的生命学科研究领域。组织工程是以干细胞研究为基础发展起来,它有望解决临床上急需的人工组织与器官问题,进展极为迅速,已经成为干细胞应用的主要方向(图 14-12)。

一、干细胞的分类

依据不同的分类标准,可分为不同类型的干细胞。

1. 按分化潜能的大小分类 此种分类方法可将干细胞分为全能干细胞(totipotent stem cell)、多能干细胞(pluripotent stem cell)和专能干细胞(unipotent stem cell)。全能干细胞具有形成完整个体的分化潜能,如受精卵,胚胎干细胞。多能干细胞具有分化出多种组织细胞的潜能,但却失去了发育成完整个体的能力,其发育潜能受到一定的限制,如骨髓多能造血干细胞可分化出至少十二种血细胞。专能干细胞只能向一种类型或密切相关的两种类型的细胞分化,如上皮组织基底层干细胞、肌肉中的成肌细胞等。

2. 根据干细胞的来源分类 包括胚胎干细胞(embryonic stem cell,ESC)和成体干细胞(adult stem cell,ASC)。

胚胎干细胞是从早期胚胎(原肠胚期之前)或原始性腺中分离出来的一类细胞,它具有体外培养无限增殖、自我更新和多向分化的特性。无论在体外还是体内环境，胚胎干细胞都能被诱导分化为机体几乎所有的细胞类型。

成体干细胞是指存在于已分化的组织中但自身尚未完全分化，且具有自我更新、在特定条件下能够进一步分化的细胞。人体几乎所有的组织都存在成体干细胞。成体干细胞种类包括表皮干细胞、造血干细胞、神经干细胞、肌肉干细胞、间充质干细胞、角膜缘干细胞、胰腺干细胞和肝脏干细胞等。

干细胞有几个主要特征：①干细胞本身不是终末分化细胞，干细胞能无限增殖分裂，干细胞可连续分裂几代，也可在较长时间内处于静止状态；②有两种方式分裂，一是通过对称分裂（symmetric division）形成两个相同的干细胞，二是通过不对称分裂（asymmetric division）形成一个未分化的干细胞与一个功能特化的分化细胞；③分化具有方向性，全能干细胞分化为多能干细胞，多能干细胞分化为专能干细胞，但通常情况下，不能逆向分化（图 14-13）；④干细胞分裂产生的子细胞只能有两种命运，保持为干细胞或分化为特定细胞。

二、干细胞分化的机制

（一）胚胎干细胞的分化

当受精卵分裂发育成囊胚（5~6 天胚泡，blastocyst）时，内层细胞团的细胞即为胚胎干细胞。胚胎干细胞具有全能性，可以自我更新并具有分化为体内所有组织的能力（图 14-14）。

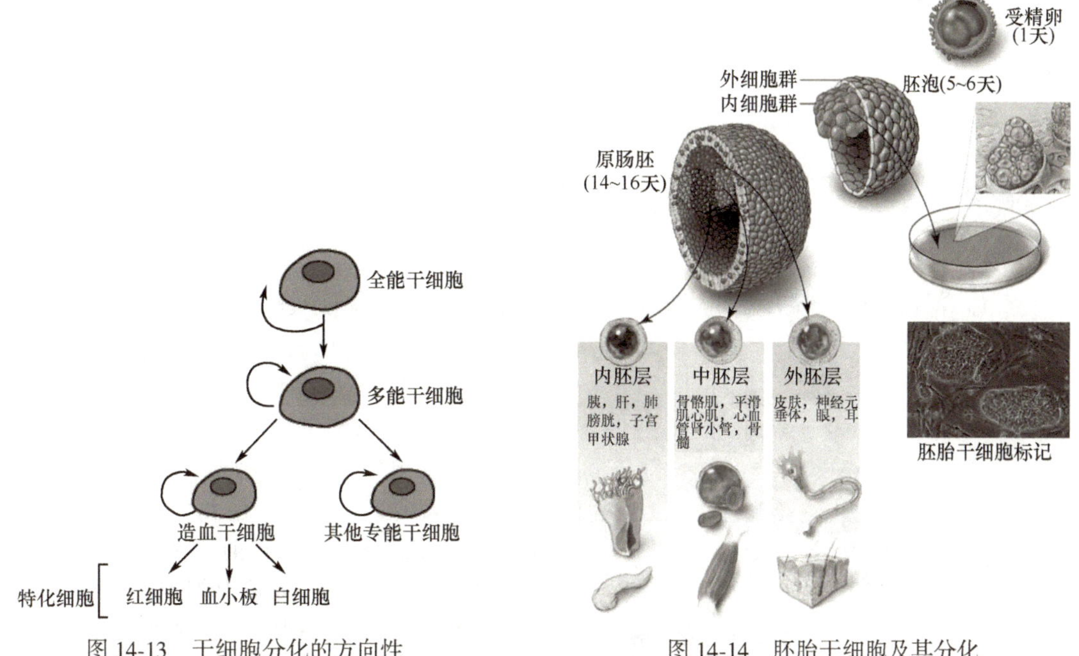

图 14-13 干细胞分化的方向性

图 14-14 胚胎干细胞及其分化

1. 胚胎干细胞的生物学特性 ESC 形态结构及核型有如下特征：①ESC 胞体体积小，核大，有一个或几个核仁；细胞中多为常染色质，核型正常，胞质结构简单，散布着大量核蛋白体和线粒体；②ESC 细胞在体外分化抑制培养中，呈克隆状生长，细胞紧密地聚集在一起，形似鸟巢，细胞界限不清，克隆周围有时可见单个 ESC 和分化的扁平状上皮细胞，ESC 增殖迅速，每 18~24 h 分裂增殖 1 次。ESC 具有高度分化潜能，ESC 在体外需在饲养层细胞上培养才能维持其未分化状态，一旦脱离饲养层就自发地进行分化，在单层培养时能自发分化成多种细胞，ESC 可进行诱导分化。例如，用维生素 A 酸（维甲酸）或视黄酸作诱导 90% 以上的 ES 细胞分化为神经胶质细胞，而聚集培养的 ESC 诱导分化则可分化为有节律性收缩的心肌细胞。ESC 中均含有丰富的碱性磷酸酶（AKP），而在已分化的 ECC 中 AKP 呈弱阳性或阴性。因此，AKP 常用来作为鉴定 EC 细胞或 ES 细胞分化与否的标志之一。早期胚胎细胞表面均表达胚胎阶段特异性表面抗原（stage specific embryonic surface antigen 1，SSEA-1）。早期囊胚内细胞团（inner cell mass，ICM）细胞全部呈强阳性，晚期囊胚中部分 ICM 呈强阳性，部分呈弱阳性，少部分为阴性。因此，SSEA 也常作为 ES 细胞鉴定的一个标志。

2. 维持胚胎干细胞全能性的机制 细胞的增殖与分化是矛盾的两个方面。处于未分化状态的细胞可以有很强的增殖能力，一旦分化为成熟细胞通常就失去了增殖能力。在长期体外培养中如何保持胚胎干细胞处于未分化状态，并进行不断地自我增殖？从实验中发现，含有生存必需的代谢物和营养物质的培养液并不足以维持胚胎干细胞处于未分化状态，而与滋养层细胞（feeder cell）的共培养是必需的。后来的实验证实，滋养层细胞含有白血病抑制因子（leukemia inhibitory factor，LIF），维持胚胎干细胞的未分化状态。在缺乏滋养层细胞时，加入 LIF 仍然可以使胚胎干细胞保持未分化的自我更新状态。LIF 由滋养层细胞产生，缺乏 *lif* 基因的滋养层细胞不能有效地支持胚胎干细胞的增殖。撤出LIF 滋养层细胞，胚胎干细胞继续增殖，但开始分化，并失去发育的全能性，很快死亡。

除了外部信号对维持胚胎干细胞发育的全能性或多能性具有重要作用外，细胞内部的一些决定因子的作用也是不容忽视的，对此了解得还不是十分清楚。实验证实 POU 家族转录因子 Oct3/4（NF-A3，由 *pou5f1* 编码）在维持细胞多能性中的作用。Oct3/4 最初是在胚胎瘤细胞中发现的。Oct3/4 的表达严格局限于全能性或多能细胞中，如卵母细胞、早期分裂期胚胎、囊胚的内细胞团、卵圆柱期胚胎的原始外胚层（primitive ectoderm，PEC）及原始生殖细胞（primordial germ cell，PGC）。Oct3/4 的表达水平决定了胚胎干细胞三种不同的命运。在胚胎干细胞内，Oct3/4 的水平只有维持在特定水平，才保持它能处于不断自我更新状态；而当 Oct3/4 水平是正常的 2 倍时，胚胎干细胞分化为原始内胚层和中胚层细胞；当 Oct3/4 水平减少到正常的 50% 时，胚胎干细胞则去分化为滋养层细胞。在 Oct3/4 基因敲除的小鼠，桑葚胚的细胞分化为滋养外胚层。Oct3/4 的表达调控机制十分复杂，有多个信号分子参与。现在发现 Oct3/4 与另外两个转录因子 Sox2 和 Nanog 对 ESC 具有关键性的调控作用，认为它们是保持 ESC 多能性和自我更新的中心物质。Oct3/4 如何调控如此众多的基因来共同维持干细胞的全能性和增值能力还并不清楚，这一领域的研究将有助于全面了解胚胎干细胞自我增值及定向分化的机制。

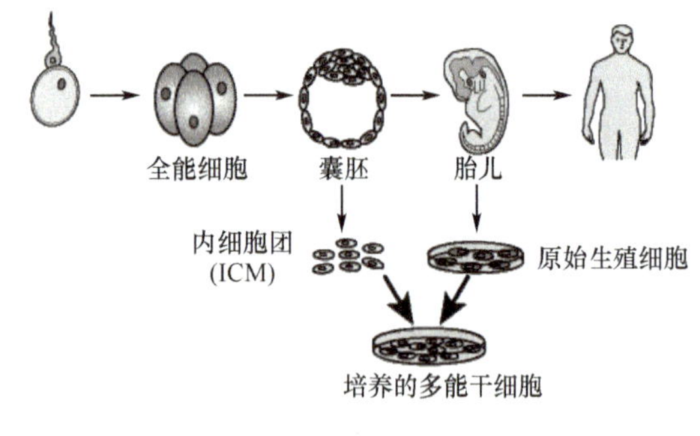

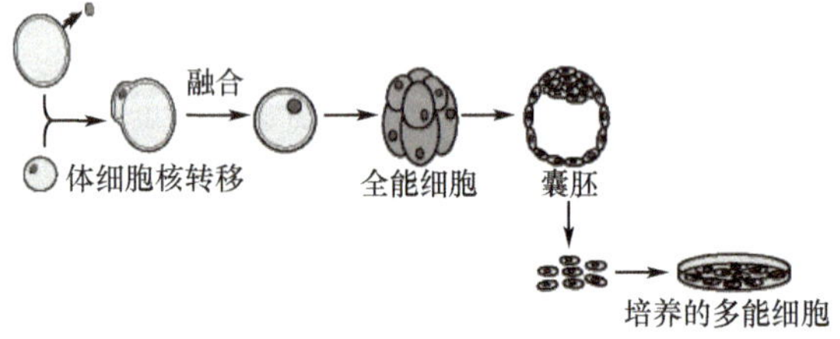

图 14-15 胚胎干细胞的制备

3. 胚胎干细胞的分化诱导 胚胎干细胞分化的实质是胚胎发育过程中，特异性基因按一定顺序相继活化与表达，其定向诱导主要有三条途径：细胞/生长因子诱导、转基因诱导和细胞共培养。细胞/生长因子诱导的主要诱导因子有维 A 酸（RA）、骨形态发生蛋白（BMPs）、成纤维细胞生长因子（FGFs）等。转基因诱导胚胎干细胞分化途径是利用病毒作为载体，将细胞/生长因子基因或某些信号转导因子基因导入 ESC 中，在细胞内诱导相应蛋白质因子表达，从而诱导 ESC 分化。常用的病毒载体有腺病毒和腺相关病毒等。细胞共培养诱导分化途径是将 ESC 与一种诱导细胞共同培养，通过诱导细胞的作用使 ESC 向特定方向分化。目前 ESC 在体外可诱导分化成多种类型的分化细胞，如造血细胞、神经细胞、心肌细胞、肝细胞、胰岛素分泌细胞、骨骼肌细胞和脂肪细胞等三个内胚层内所有的细胞。

4. 胚胎干细胞的制备 主要有两种方法。一种是直接由体内获取囊胚再分离 ICM 的方法，这样得到的囊胚数量少，质量也可能不高，由此会影响分离 ESC 细胞的效率。另外一种就是卵细胞去核培养，再转入体细胞核，体外培养，获得高质量的去透明带囊胚，由此囊胚进一步分离得到胚胎干细胞。图 14-15 示意制备胚胎干细胞的两种方法。

（二）成体干细胞的分化

成体干细胞存在于机体的各种组织器官中，成年个体组织中的成体干细胞在正常情况下大多处于休眠状态，在病理状态或在外因诱导下可以表现出不同程度的再生和更新能力。

成体干细胞具有相当程度的分化，如果不受外界条件的影响，一种组织的成体干细胞倾向于分化成该组织的各种细胞，比如造血干细胞在体内自动分化成各种血细胞。但是，近几年的研究结果证实：在特定的条件下，一种组织的成体干细胞可以转分化成其他组织的功能细胞。一种已经分化的细胞类型不可逆地转化为另外一种正常分化的细胞类型，称为横向分化或转分化。转分化不可避免地伴有不同基因的关闭或启动，也就是基因组活动的重新编程(reprogramming)。例如,造血干细胞可以分化成神经细胞和肝细胞,间充质干细胞可以分化为成神经、肌、软骨和骨等多种细胞。转分化现象的发现促使人们重新认识细胞分化发育的机制,也使得利用病人自身健康组织的干细胞来修复病损组织成为可能。不过,也有不支持成体干细胞转分化的观点。有人明确否定横向分化的存在,认为这是一种"离奇"的推论或结论,是缺乏实践证明的虚幻空想。他们认为,人们所观察到的转分化现象可能是细胞融合(cell fusion)的结果。

成体干细胞和胚胎干细胞的比较和区别见表 14-3。

表 14-3 胚胎干细胞和成体干细胞比较

胚胎干细胞	成体干细胞
来自胚泡的内细胞群	来源于骨髓、外周血、角膜、视网膜、脑、骨骼肌、齿髓、肝、皮肤、胃肠道黏膜层和胰腺等
发育全能性,可诱导分化为机体	分化较局限,部分成体干细胞(造血干细胞、骨髓间充质干细胞、神经干细胞)有一定跨系、跨胚层的"可塑性"
无限的自我更新能力	病理条件下才显出一定的自我更新潜能
增殖能力强,便于应用	增殖能力较弱,故不能完全取代胚胎干细胞
细胞可不断增殖,移植后有形成肿瘤的可能性	成瘤的可能性很小
不能自体移植	自体移植可避免免疫排斥
存在伦理问题	分离和使用不存在伦理问题

细胞的终末分化状态往往被认为是固定的。细胞的特定状态是由一些转录因子的共同作用决定的,而在某些情况下,决定的状态是由一种主要的因子所控制。例如,MyoD 家族的 bHLH 因子,能够迫使培养中的许多细胞类型向肌细胞分化,编码这些因子的基因往往被称为主控制基因(master control gene)。当然它们的作用在一定程度上还依赖于其他转录因子的活性。2006 年,日本科学家发现,用 4 个转录因子(Oct3/4、Sox2、c-Myc、Kif4)过量表达可以将小鼠成纤维细胞逆转到细胞分化前的状态,从而获得功能上与胚胎干细胞类似的诱导性多能干细胞(induced pluripotent stem cell,iPS),2007 年成功获得人的 iPS。与此同时,美国科学家利用 Oct3/4、Sox2、Nanog、Lin28 四种转录因子也从人的成纤维细胞中诱导获得了 iPS。这种研究表明,某些主控制基因可已决定细胞的分化或未分化状态。

三、干细胞研究的应用

干细胞的用途非常广泛,涉及医学的多个领域。目前,科学家已经能够在体外鉴别、分离、纯化、扩增和培养人体胚胎干细胞,并以这样的干细胞为"种子",培育出人的一些组织器官。干细胞及其衍生组织器官的广泛临床应用,将产生一种全新的医疗技术,也就是再造人体正常的、甚至年轻的组织器官,从而使人们能够用上自己的或他人的干细胞或由干细胞所衍生出的新的组织器官,来替换自身病变的或衰老的组织器官。

现在,利用造血干细胞移植技术已经逐渐成为治疗白血病、各种恶性肿瘤放化疗后引起的造血系统和免疫系统功能障碍等疾病的一种重要手段。科学家预言,用神经干细胞替代已被破坏的神经细胞,有望使因脊髓损伤而瘫痪的病人重新站立起来。不久的将来,失明、帕金森病、艾滋病、老年性痴呆、心肌梗死和糖尿病等绝大多数疾病的患者,都可望借助干细胞移植获得康复。

因此,具有多种分化潜能的干细胞便引起人们广泛的关注,人们期待着利用干细胞的这种特异性进行组织再生,实现对机体组织损伤的修复,再生医学(regeneration medicine)应运而生。成体干细胞只能发育成 20 多种组织器官,而胚胎干细胞则能发育成几乎所有的组织器官。但是,如果从胚胎中提取干细胞,胚胎就会死亡。因此,伦理道德问题就成为当前胚胎干细胞研究的最大问题之一。我国的干细胞研究和应用已经具备了一定的基础,早在 20 世纪 60 年代就开始了骨髓干细胞移植方面的研究,目前研究和应用得最多的是造血干细胞。

思考题

1. 试述细胞周期中的转折点或关卡及其作用。
2. 试述参与调控细胞周期的主要蛋白质及其功能。
3. 试述 G_1-S 关卡调控的分子机制。
4. 试述胚胎干细胞和成体干细胞的分化诱导机制。

(秦宜德)

第十五章 细胞凋亡的分子机制

细胞死亡(cell death)是细胞生命的终结。当细胞因严重受损而累及细胞核时,细胞呈现代谢停止、结构破坏和功能丧失等不可逆性变化,此即称为细胞死亡。一切损伤因子只要对细胞的作用达到一定强度或持续一定的时间,从而使受损组织的代谢完全停止,就会引起细胞及组织的死亡。这些损伤因子包括物理因素,如高温或超低温和射线等;也可以是化学物质,如化学有害物;以及细菌和病毒等生物因素。造成细胞死亡的原因很多,细胞死亡的现象也是十分错综复杂。对于多细胞生物,细胞死亡方式主要有细胞坏死(necrocytosis)和细胞凋亡(apoptosis)两大类型。细胞坏死是属于细胞非正常死亡,是无序的被动死亡过程,而细胞凋亡属于细胞正常死亡,是有序的主动死亡过程。近年来有的学者把细胞胀亡(oncosis)和细胞自噬(autophagy)也列入细胞死亡的范畴。

第一节 概 述

一、细胞凋亡的概念

细胞凋亡是指机体为维持内环境稳定,由基因控制的细胞自主的有序死亡。1972 年,英国 Aberdeen 大学病理学教授 Kerr 等观察到一种发生于组织中散在细胞的不同于坏死的细胞死亡形式,并第一次提出细胞凋亡的概念。细胞凋亡现象及其机理最早是在秀丽隐杆线虫(*C. elegans*)中被揭示的。Apoptosis 是一个希腊文来源的词语,这个字眼表达的是花儿凋谢,树叶飘零的景色。“梧桐一叶落而知天下秋”恐怕说的正是这种意境。

细胞凋亡属于有规律的自我消亡,大多为生理性死亡,是细胞衰老过程中各个细胞功能逐渐减退的结果。凋亡可见于许多生理和病理过程中,如各种更替性组织衰亡更新,也可见于射线照射及应用细胞抑制剂。

对于细胞正常死亡的研究最早可以追溯到 1842 年,当时 Vogt 在研究蝌蚪发育时发现一种不同于细胞坏死的细胞死亡现象。1885 年,Flemming 在研究卵巢滤泡细胞时也发现了这种有别于细胞坏死的细胞死亡现象,并第一次提出这种细胞死亡是生物体生理机能的一部分。1965 年,Lockshin 等在研究蛾的变态发育过程时发现,蛾蜕变时,其幼虫肌肉细胞由于某些激素的作用而死亡,使幼虫变成蛾,认为这是一种发育调节性死亡,并首次提出细胞程序性死亡的概念。细胞程序性死亡(programmed cell death,PCD)是指生物在发育过程中对一定生理刺激的反应性死亡,它也需要一定的基因表达。从严格的词学意义上来说,PCD 与细胞凋亡是有很大区别的。细胞凋亡是对细胞死亡过程中一系列固定模式的形态变化的描述,而 PCD 则是侧重功能上的概念。大多数情况下 PCD 的形态变化表现为凋亡,故常把凋亡和 PCD 看作为同一概念。

细胞凋亡是多细胞生物发育及成体维持平衡的一种正常事件,如未建立突触联系的神经元的凋亡、胸腺细胞的凋亡、月经周期子宫内膜的脱落、哺乳期后乳腺的萎缩,以及新陈代谢过程中的细胞凋亡等。

在形态学上可把细胞凋亡分成三个阶段:①凋亡起始,细胞表现微绒毛消失、细胞间接触消失、线粒体大体完整、核蛋白体与内质网逐渐脱离、内网囊腔膨胀并与质膜发生融合以及染色质固缩等;②形成凋亡小体,核染色质发生断裂并与一些细胞器聚集在一起,被质膜包绕产生凋亡小体;③凋亡小体被吞噬细胞所吞噬。

二、细胞凋亡的特征

(一)细胞凋亡的形态学特征

1. 细胞膜的变化 凋亡细胞逐渐失去原有的特化结构,如微绒毛、细胞突起及细胞表面皱褶的消失、细胞表面出泡、细胞间连接以及一些与细胞间连接有关的蛋白质也随着凋亡进程发生消失。细胞膜电位下降,膜流动性降低。细胞膜上出现一些与凋亡细胞清除有关的一些生物大分子,如磷脂酰丝氨酸(phosphatidylserine)。随之细胞膜皱缩内陷,分割包绕胞质(图 15-1)。

2. 细胞质的变化 细胞凋亡时,首先发生细胞质脱水及明显的浓缩,凋亡细胞的体积为原来的 70% 左右,随着细胞凋亡的进展,细胞器出现不同程度的改变。凋亡早期可见线粒体增大、嵴增多、接着出现线粒体空泡

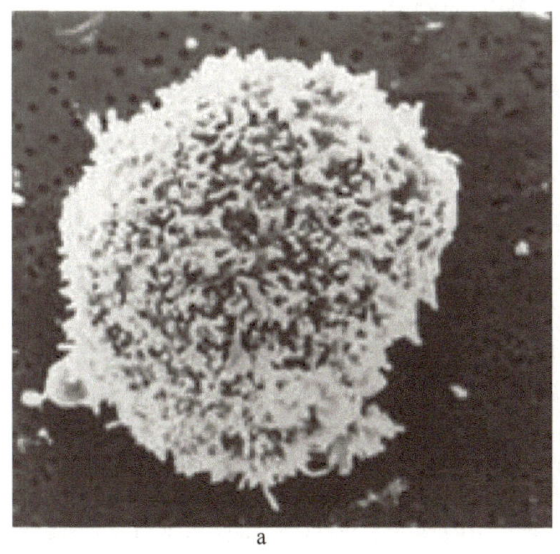
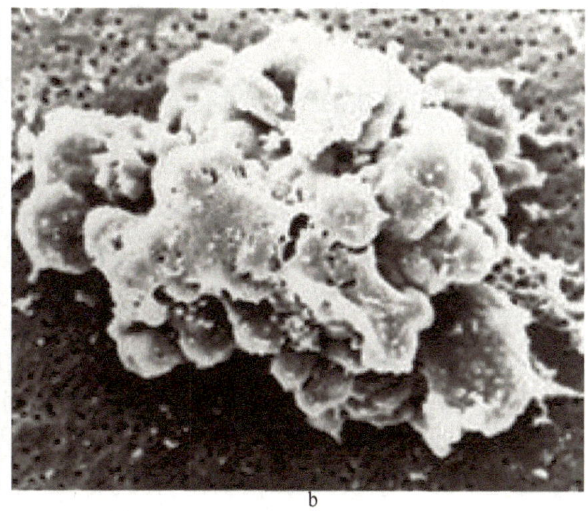

a b

图 15-1 凋亡细胞膜的形态变化

a. 正常胸腺细胞；b. 凋亡胸腺细胞

化；细胞色素 c(cytochrome c，Cytc)自线粒体向胞质溢出，这是细胞凋亡早期常发生的一种现象，CytC 的溢出与细胞凋亡有密切的关系。内质网腔大多膨胀，与细胞膜融合，形成膜表面的芽状突起。细胞骨架由疏松有序的结构变得致密紊乱，其主要成分肌球蛋白和肌凝蛋白含量明显减少。溶酶体相对完整。

3. 细胞核的变化 核 DNA 在核小体连接处发生断裂产生核小体片段是凋亡细胞的重要特点。这些核小体片段向核膜下或中央部异染色质区聚集，形成新月状、马蹄形、眼球状或花瓣形的浓缩的染色质块。凋亡细胞中染色质块聚集于核膜下称为边集；或聚集于核中央部称为中集。染色质聚集部以外的低电子密度区为透明区，这是由于核孔变大从而导致其通透性增大，细胞质中水分不断渗入的后果(图 15-2)。透明区的不断扩大，染色质进一步凝聚，核纤层断裂解体，核膜在核孔处断裂，随后形成由核膜包裹分割染色质的核碎片，分散在细胞的不同部位。

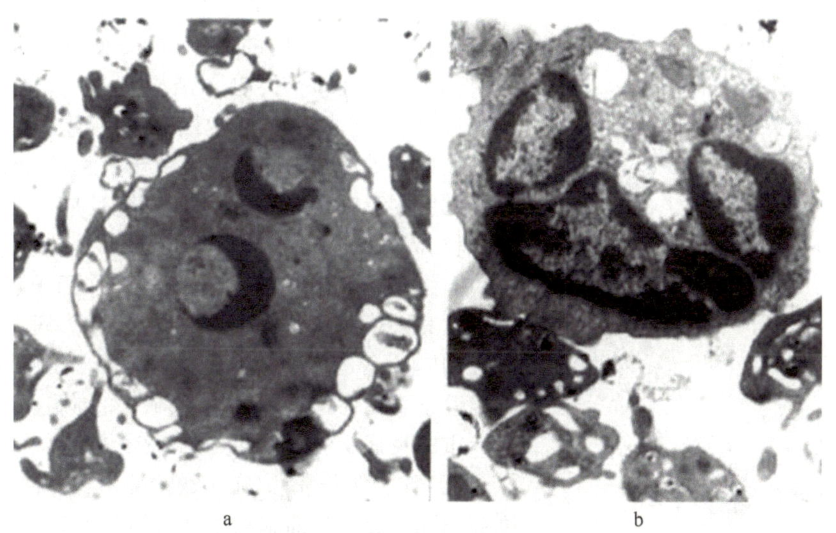

a b

图 15-2 凋亡细胞核染色质的形态变化

a：核染色质浓缩呈“新月体”状；b：核染色质浓缩呈“花瓣”状

4. 凋亡小体的形成与清除 凋亡小体(apoptotic body)是由于凋亡细胞膜皱缩、内陷，将细胞自行分割成多个含数目不等的细胞器的小体。光镜下凋亡小体多呈圆形、卵圆形，大小不等，胞质浓缩，强嗜酸性，故有人称之为嗜酸性小体。

凋亡小体的形成可以通过下面两种方式：①通过发芽脱落机制：凋亡细胞内聚集的染色质块，经核碎裂形成大小不等的染色质块，然后整个细胞通过发芽、起泡等方式形成一个球形的膜包小体，内含胞质、细胞器和核碎片，脱落形成凋亡小体。②通过自噬体形成机制：凋亡细胞内线粒体、内质网等细胞器和其他胞质成分一起被内质网膜包裹形成自噬体，与凋亡细胞膜融合后，自噬体排出细胞外成为凋亡小体。

（二）细胞凋亡的生物化学特征

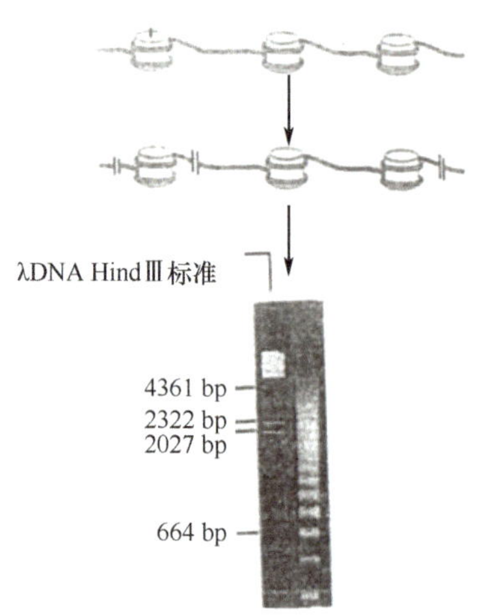

图 15-3　凋亡细胞 DNA 琼脂糖凝胶电泳呈现阶梯状条带

1. 染色质 DNA 片段化　细胞凋亡时，内源性核酸内切酶被活化（如 DNaseⅠ、DNaseⅡ、Nuc-18），切割核小体连接区的 DNA 链，产生的 DNA 片段为 180bp～200bp 整数倍的寡核苷酸片段，琼脂糖凝胶电泳后呈现阶梯状 DNA 条带（DNA ladder）（图 15-3）。染色质 DNA 的片段化是在凋亡的早期，阶梯状 DNA 条带是凋亡细胞最典型的生物化学特征之一。

2. 胞质 Ca^{2+}浓度的持续增高　胞质 Ca^{2+}浓度与细胞凋亡的关系十分密切。胞质 Ca^{2+}浓度的增高由于钙储库（线粒体、内质网、肌质网）释放 Ca^{2+}和胞外 Ca^{2+}内流增加，使得胞质 Ca^{2+}浓度的持续增高，从而启动细胞凋亡。特别是在凋亡早期，Bcl-2 家族的促凋亡成员 Bak 和 Bax 可快速清空内质网 Ca^{2+}。Ca^{2+}的释放打破了细胞内结构的稳定，导致线粒体 CytC 释放到胞质，活化胱天蛋白酶，诱发细胞凋亡。

3. 胞质 pH 降低　细胞凋亡伴随着胞质 pH 下降，胞质酸化，激活 DNaseⅡ，同时也增强了谷氨酰胺转移酶和酸性鞘磷脂酶等酸性蛋白在细胞凋亡中的作用。

4. 线粒体老化　真核生物细胞吸收的氧分子绝大部分都是在线粒体呼吸链末端细胞色素氧化酶上通过四步单电子还原生成水。但同时也有 1%～2% 的氧可在呼吸链中途接受单电子或双电子被部分还原产生活性氧（reactive oxygen species，ROS）。在线粒体老化时，呼吸链受损，产生的 ROS 增多。ROS 是细胞凋亡的信使分子和效应分子，ROS 作为信号分子可以激活一些引起细胞凋亡的蛋白酶或凋亡诱导因子，诱导细胞凋亡；ROS 产物的增加可以减少细胞内还原物质（如 NADH、NADPH 和 GSH），同时又破坏线粒体跨膜压（$\Delta\psi m$），增加线粒体膜的通透性引起细胞凋亡。

三、细胞凋亡与坏死的区别

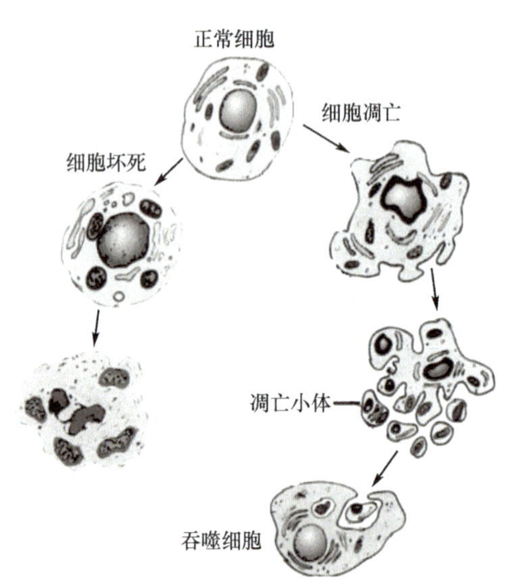

图 15-4　凋亡细胞和坏死细胞发生的形态学变化

电镜下观察，凋亡的细胞皱缩，质膜完整，胞质致密，细胞器密集，出现不同程度的退变，核染色质致密形成大小不一的团块，固缩在核膜附近，DNA 断裂，电泳呈梯状条带，细胞骨架崩解，进而核裂解，胞质多发性芽突，出现凋亡小体。凋亡小体迅速在局部被吞噬细胞吞噬。由于凋亡的细胞没有破裂，所以没有细胞内容物外泄，很少引起炎症反应。细胞凋亡是一个耗能过程，需 ATP 提供能量。

与细胞凋亡不同，细胞坏死是损伤因子超过细胞可以承受的强度和阈值导致的死亡，以及由于机体病理状态下引起的死亡。细胞坏死是渐进性的细胞无序变化的死亡过程。坏死的细胞镜下表现为细胞胀大、胞膜破裂、细胞内容物外溢，引起局部严重的炎症反应（图 15-4）；核变化较慢，DNA 降解不充分，电泳呈现"弥散性条带"。在多数情况下，只要坏死尚未发生而病因被消除，则组织、细胞的损伤仍可恢复。而一旦组织、细胞的损伤严重，代谢紊乱，出现一系列的形态学变化时，则损伤不能恢复。在个别情况下，由于损伤因子因子的作用极为强烈，坏死可迅速发生，有时甚至可无明显的形态学改变。

第二节　细胞凋亡相关蛋白

一、线虫凋亡相关蛋白

秀丽隐杆线虫中有 15 个基因与凋亡有关，其中 *Ced*-3、*Ced*-4 和 *Egl*-1 基因的产物促进凋亡，*Ced*-9 基因的产物抑制凋亡。*Ced*-3 和 *Ced*-4 基因的产物都是蛋白酶。*Ced*-3 被 *Ced*-4 活化后可降解多种底物蛋白,出现凋亡。*Ced*-9 通过抑制 *Ced*-4 而抑制凋亡,*Ced*-9 功能不足导致胚胎因细胞过度凋亡而死亡。*Egl*-1 具有抑制 *Ced*-9 的作用而诱导凋亡。

二、哺乳动物凋亡相关蛋白

哺乳动物有多种与凋亡和抗凋亡相关的基因,如胱天蛋白酶家族、Bcl 家族、凋亡蛋白酶活化因子 1 和 IAP 家族等。

(一) Caspase 家族

Caspase 是一组与细胞因子成熟和细胞凋亡有关的蛋白酶。胱天蛋白酶的名称源自于该酶活性中心的半胱氨酸残基有催化作用,能水解底物蛋白中特异的天冬氨酸残基羧基端肽键。胱天蛋白酶与线虫的 Ced-4 同源。目前已发现至少有 14 个成员(见表 15-1)。Caspase-2、8、9 和 10 是凋亡起始物,Caspase-3、6 和 7 是凋亡效应物,其他成员与炎症有关。

表 15-1 Caspase 家族成员及其作用的底物

名称	别名	作用的底物
Caspase-1	ICE	pro-IL-1β、pro-caspase 3、pro- caspase 4
Caspase-2	ICH-1	PARP(polyADP-ribose polymerase,一种 DNA 修复酶)
Caspase-3	CPP-32、Yama、apopain	PARP、DNA-PK、SER/BP、rho-GDI、KCθ
Caspase-4	TX、ICH-2、ICErel-Ⅱ	pro-caspase1
Caspase-5	ICErel-Ⅲ	
Caspase-6	Mch2	lamin A(核纤层蛋白)
Caspase-7	Mch3、ICE-LAP3、CMH-1	PARP、pro-caspase 6
Caspase-8	MACH、FLICE、Mch5	pro-caspase 3、4、7、9
Caspase-9	ICE-LAP6、Mch6	PARP
Caspase-10	Mch4	
Caspase-11	ICH3、FLICE2	
mICH 3		
mICH 4		
CED-3		

Caspase 家族成员以酶原的形式存在,半胱氨酸残基位于酶的活性中心,它们具有相似的结构与活化过程。Caspase 的前体包括 N 端的原域(pro-domain)、中间的 p20(含蛋白酶功能区)、C 端的 p10(含死亡结构域)(图 15-5)。

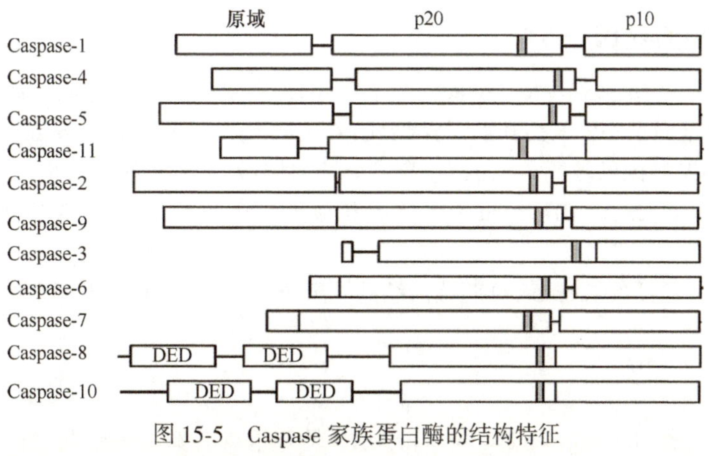

图 15-5 Caspase 家族蛋白酶的结构特征

阴影部分表示活性中心;DED:死亡效应域

Caspase 前体有很低的蛋白水解活性,在某种条件下有自身活化的潜力,也可被其他蛋白酶激活,如细胞毒性T细胞的颗粒酶B激活 Caspase-3、7、8、9 和 10,组织蛋白酶G激活 Caspase-7。活化的 Caspase 家族成员具有特异性的在肽链特定的天冬氨酸残基后切割的活性。活化过程中,原域丢失,p20 域(大亚基)和 p10 域(小亚基)形成$(p20/p10)_2$四聚体的成熟酶。

根据胱天蛋白酶原域的长度、活化的方式及其在凋亡途径级联反应中所处的环节分为起始者胱天蛋白酶(initiator caspase)和效应者胱天蛋白酶(effector caspase)。例如,位于级联反应途径的上游的 Caspase 8、9 和 10 属于起始者胱天蛋白酶,它们有较长的原域,其中含有与接头蛋白或构架蛋白相互作用的功能域,可通过蛋白质-蛋白质的相互作用自我或相互激活。Caspase 3、6 和 7 属于效应者胱天蛋白酶,有较短的原域,位于级联反应的下游,它们的前体能被起始者胱天蛋白酶切割而活化,活化后的效应者胱天蛋白酶具有切割底物的能力,使细胞凋亡。

(二) Bcl-2 家族

Bcl-2 最初从小鼠B淋巴瘤中分离得到。哺乳动物细胞中目前发现有 15 个成员。它们都是约为 180 个氨基酸残基的蛋白质,分子中都有能介导成员之间相互作用、并有与其功能相关的 Bcl-2 同源区(Bcl-2 homology region,BH)。Bcl-2 家族既有促凋亡成员,也有抗凋亡成员(表 15-2),分别与线虫的 Egl-1 和 Ced-9 同源。

表 15-2 Bcl-2 家族成员的类别

类型	成员	BH1	BH2	BH3	BH4	膜锚定
促凋亡成员	Bax	+	+	+		+
	Bak	+	+	+		+
	Bok	+	+	+		+
	Bik			+		+
	Blk			+		+
	Hrk			+		+
	Biml			+		+
	Bad			+		
抗凋亡成员	Bid			+		
	Bcl-2	+	+	+	+	+
	Bcl-xl	+	+	+	+	+
	Bcl-w	+	+	+	+	+
	Mcl 1	+	+	+		+
	Al	+	+			
	Boo	+	+		+	+

(三) 凋亡蛋白酶活化因子 1

凋亡蛋白酶活化因子 1(apoptosis protease activating factor 1,Apaf-1)是线粒体凋亡途径的关键蛋白质,分子量为 130 000 D。*Apaf*-1 基因系一种人类基因,与线虫的 *Ced*-4 同源,编码一种引发细胞凋亡的胞质蛋白。现已有 5 种 *Apaf* -1 的 cDNA 基因已被证实。*Apaf*-1 含三个结构域:氨基末端的胱天蛋白酶活化募集域(caspase activating and recruitment domain,CARD)、ced-4 同源域和羧基末端重复的 WD-40 功能位点片段。*Apaf*-1 与 CytC 和 Caspase -9 前体等复合成凋亡体(apoptosome),*Apaf*-1 是凋亡体的核心组分。凋亡体通过对胱天蛋白酶-9 前体裂解使其活化。激活的 Caspase -9 刺激后续的胱天蛋白酶,启动细胞凋亡级联反应下游过程变化,以调控细胞凋亡。

(四) IAP 家族

凋亡蛋白抑制因子(inhibitor of apoptosis protein,IAP)是一组具有抑制细胞凋亡的蛋白质。1995 年,Roy 等人在研究脊髓性肌萎缩症过程中首次发现的 IPA 蛋白是神经元性凋亡抑制蛋白(NAIP)。目前已经从人类发现8个IAP家族成员，它们的共同的结构特点是氨基末端有1个或3个含70个氨基酸残基组成的杆状病毒IAP重复序列(baculoviral IAP repeat，BIR)结构域，羧基末端含或不含1个指环域(图15-6)。BIR结构域是IAPs抑制细胞凋亡的结构基础。

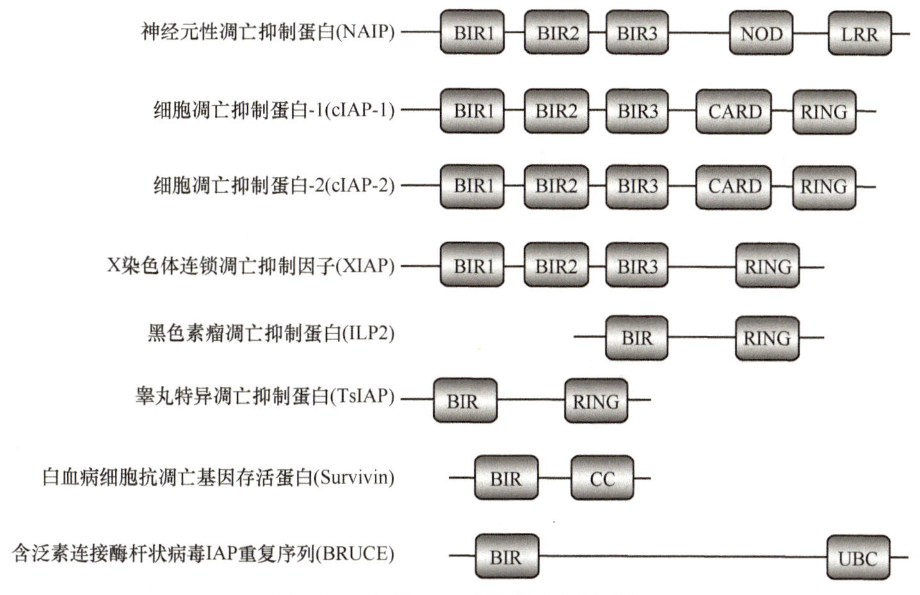

图15-6　人类IAP家族蛋白结构特征

(五)野生型*p53*诱导细胞凋亡

野生型*p*53基因是一种抑癌基因。若DNA受损，P53蛋白表达水平升高，可以暂时停止增殖，使受损细胞获得时间对损伤的DNA进行修复。如DNA受损无法修复，则P53蛋白表达持续升高，阻止DNA复制和修复的进行，诱导细胞凋亡。野生型*p*53诱导细胞凋亡的机制可能是：①降低细胞内源性Bcl-2蛋白表达和抑制其功能；②提高细胞内Bax蛋白表达，使Bcl-2/Bax蛋白比例失调，促进细胞凋亡。

此外，除上面介绍的几种与细胞凋亡和抗凋亡的基因产物外，还有一些基因参与细胞凋亡，如*c-myc*基因可能直接参与凋亡启动诱导细胞凋亡。*Jun*、*fos*、*myb*、*asy*、*Rb*和*p*16等基因都与细胞凋亡有关。总之，细胞凋亡是一个重要的生物学过程，许多基因的相互协调作用，共同参与了细胞凋亡的精细调控。

第三节　细胞凋亡途径

细胞凋亡作为一种生物学过程，与细胞增殖和分化一样，受到细胞内外多种信号的刺激和涉及不同信号转导途径的调控，同时细胞凋亡的信号传导途径之间又有着交互对话(cross-talking)，这使得凋亡的发生和调控机制非常复杂。现已公认，哺乳动物和人类存在3种细胞凋亡途径：死亡受体介导的凋亡途径、线粒体介导的凋亡途径和内质网介导的凋亡途径，前两个途径是主要的凋亡信号转导途径。

一、死亡受体介导的细胞凋亡途径

死亡受体介导的细胞凋亡途径又称外源性或非线粒体凋亡途径。所谓的死亡受体(death receptor)是指结合了相应配体后，立即激活Caspases前体的级联反应引起细胞凋亡的那些受体。这些受体属于Ⅰ型跨膜蛋白(N端位于膜外侧而C端位于膜内侧的单跨膜蛋白)，它们都属于肿瘤坏死因子α(tumor necrosis factor α，TNFα)受体超家族。哺乳动物细胞表面至少有八种死亡受体，如Fas(CD95/Apo-1)、TNFR1、TNFR2、DR3/WSL-1、DR4/TRAIL-R1、DR5/ TRAIL-R2、DcR1/ TRAIL-R3和DcR2/ TRAILR4，其中Fas、TNFR1、DR4和DR5最为重要。这些受体的共同特征是：他们都属于单跨膜受体，其胞质侧大多含有一个同源的约由80个氨基酸残基组成的死亡结构域(death domain，DD)，胞外结构域由2~6个富含半胱氨酸残基的重复序列所组成。死亡结构域的主要功能是介导死亡受体诱发的细胞凋亡，胞外结构域具有与其配体特异性结合继而诱导凋亡的死亡信号激发域。死亡受体介导的凋亡途径有Fas/FasL途径、TNFα/TNFR和TRAIL/DR信号通路。

(一) Fas/FasL 信号通路

自杀相关因子(factor associated suicide,Fas)是广泛表达于正常细胞和肿瘤细胞表面的单跨膜受体,其N端位于胞外测,其胞质侧含有死亡结构域及阻抑结构域(suppressive domain,SD)。Fas 的配体 FasL(Fas ligand)属于Ⅱ型跨膜蛋白(C端位于膜外侧而N端位于膜内侧的单跨膜蛋白),主要表达于T效应淋巴细胞和肿瘤细胞表面,并以三聚体形式存在。当 Fas 未与 FasL 结合时,其阻抑结构域与 Fas 结合磷酸酶-1(Fas-associated phosphatase-1,FAP-1)结合,使得 Fas 呈抑制状态。

当细胞毒性T细胞识别了受病毒感染的靶细胞后,T细胞表面的 FasL 三聚体与靶细胞表面的 Fas 结合,使 Fas 也形成三聚体,诱导 Fas 胞质侧的 SD 与 FAP-1 脱离而被激活,同时诱导 Fas 胞质侧的 DD 与具有 DD 的 Fas 结合蛋白(Fas-associated protein with DD,FADD)结合,募集胞质中的 FADD。FADD 是死亡信号转导中的一种接头蛋白(adaptor),它的C端含 DD,N端含死亡效应者结构域(death effector domain,DED)。被募集的 FADD 通过其 DED 与 Caspase-8(或 Caspase-10)前体的 DED 结合,形成由 Fas-FADD-Caspase-8(或 Caspase-10)前体组成的死亡诱导信号复合体(death-inducing signaling complex,DISC),使得富集在一起的 Caspase-8(或 Caspase-10)前体自身激活,由此完成由 Fas 介导的死亡信号的启动转导,进而激活下游的级联反应。活化的 Caspase-8(或 Caspase-10)一方面可直接激活下游的 Caspase-3、Caspase-6、Caspase-7,它们可催化 50 多种底物蛋白分解导致细胞凋亡,这些底物蛋白包括 DFF45(DNA 内切酶 DFF40 的结合抑制因子)、肌动蛋白、胞衬蛋白(fodrin)、核纤层蛋白(lamin)、cyclinA、cyclinD、cyclinE 及细胞周期蛋白依赖性激酶(CDK)等,引起细胞核 DNA 的片段化,细胞骨架结构的破坏和阻止细胞周期运行(图 17-8)。另一方面,活化的 Caspase-8(或 Caspase-10)可催化促凋亡分子 Bid 的N端第 60 与第 61 位氨基酸残基间的肽键断裂,释放出活性的C端部分(61~195 区段),并转位至线粒体膜,降低线粒体跨膜压,引起线粒体内 CytC 和 Caspase-2、Caspase-3、Caspase-7 和 Caspase-9 等死亡因子释放出来,在 Apaf-1 的参与下形成凋亡体,其中 Caspase-9 前体自身激活,通过线粒体凋亡途径扩大 Fas 介导的细胞凋亡(图 15-7)。

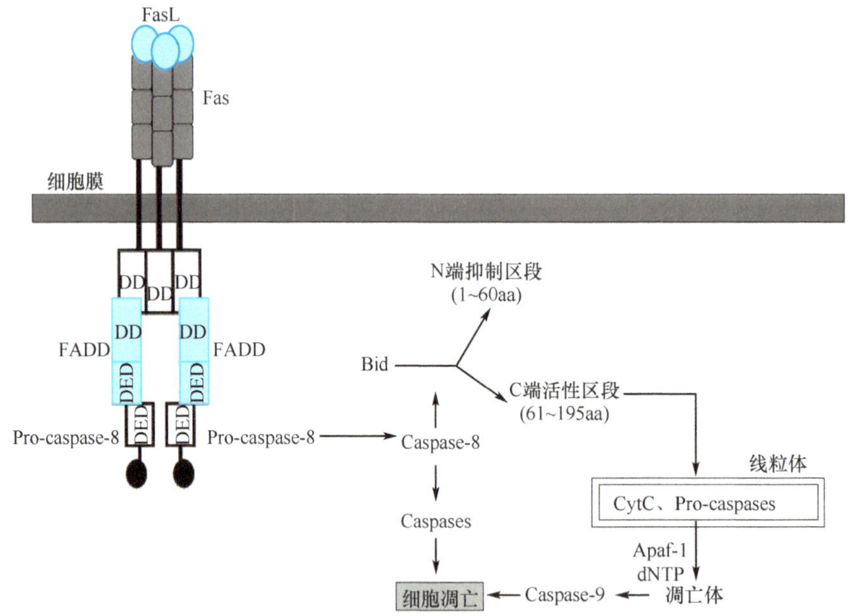

图 15-7 死亡受体介导的细胞凋亡途径及通过线粒体途径扩大凋亡效应

(二) TNFα/TNFR1 信号通路

TNFα 主要由活化的巨噬细胞和淋巴细胞产生,其受体有 TNFR1(p55)和 TNFR2(p75),但只有 TNFR1 的胞质段含有 DD,故 TNFα 引起的细胞凋亡是由 TNFR1 介导。

当 TNFα 与 TNFR1 结合后,使得 TNFR1 三聚化,诱导 TNFR1 的胞质段 DD 募集羧基端含有 DD 的肿瘤坏死因子-1 结合蛋白(TNFR1-associated protein with DD,TRADD),后者再借其 DD 结合 FADD,与 Fas 类似,也形成 DISC,走凋亡之路。TRADD 还可募集并结合肿瘤坏死因子受体相关因子-2(TNF receptor associated factor-2,TRAF-2)和具有 DD 的受体相互作用蛋白(receptor interacting protein with DD,RIP)形成复合体。RIP 引发多条

信号途径,有的是导致细胞凋亡,有的是抗凋亡。RIP 通过其 DD 与 RAIDD(RIP-associated ICH-1/CED-3 homologous protein with DD)结合,后者再通过 Caspases 前体的活化而致细胞凋亡。另外,RIP 是一种蛋白激酶,可激活核因子 κB(NF-κB)抑制因子激酶(IκB kinase,IKK),后者使 NF-κB 抑制因子(inhibitor of NF-κB,IκB)磷酸化使其失活,从而活化 NF-κB 途径,阻止细胞凋亡(图 15-8)。

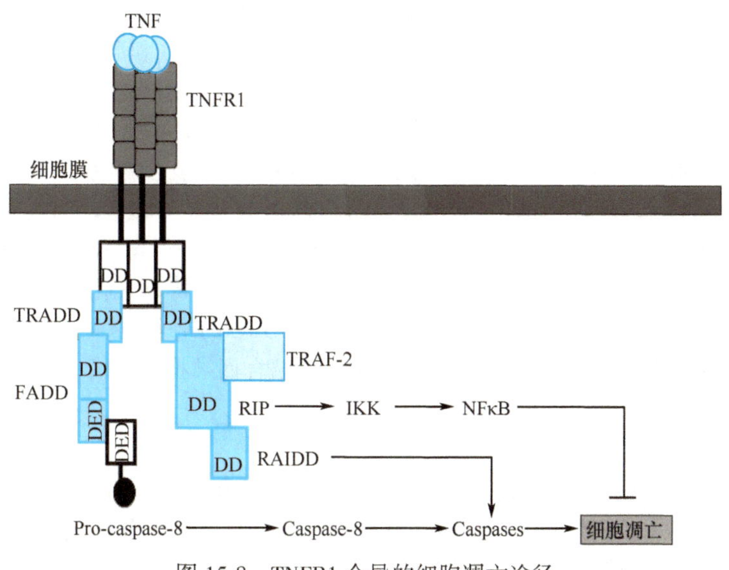

图 15-8　TNFR1 介导的细胞凋亡途径

(三) TRAIL/DR 信号通路

TNF 相关凋亡诱导配体(TNF related apoptosis induced ligand,TRAIL)含有 281 个氨基酸残基,相对分子质量为 32 500。TRAIL 受体包括功能型受体和无功能型受体两类。TRAILR1 和 TRAILR2 属于功能型受体,因它们的胞质段含有 DD 而分别被称为死亡受体 4(death receptor 4,DR4)和死亡受体 5(DR5),广泛表达于正常组织细胞和肿瘤细胞膜上。无功能型受体包括 TRAILR3 和 TRAILR4,它们又分别被称为诱捕受体 1(decoy receptor1,DcR1)和诱捕受体 2(DcR2),由于它们的胞内区缺失而不含有 DD,因而丧失介导细胞凋亡的功能。更重要的是,无功能型受体仅高表达于正常细胞,在肿瘤细胞表面表达很低或不表达。

TRAIL 作为一种凋亡诱导因子,与细胞膜上的 DR4/5 结合后的反应类似于 Fas/FasL 信号通路,亦是通过被激活的 TRAILR 的 DD 募集与结合 FADD 和 pro-Caspase-8(或-10)形成 DISC,自身激活后的 Caspase-8(或-10)启动后续的级联反应引起细胞凋亡。TRAIL 也可与 DcR1/ DcR2 结合,但不会引起细胞凋亡。

二、线粒体介导的凋亡途径

线粒体是细胞的一个独特而重要的细胞器,是细胞的“动力工厂”。已有研究表明,线粒体功能改变与细胞凋亡密切相关,如释放促凋亡因子、活性氧(ROS)过度生成、能量生成障碍、胞质内钙失衡等。

线粒体介导的凋亡途径又称为内源性细胞凋亡途径。在脊椎动物细胞凋亡过程中,线粒体起着最基本的作用,其关键分子是 Cytc,它是第一种被发现的线粒体释放的促凋亡蛋白。DNA 损伤、热休克和氧化应激等多种细胞应激反应或凋亡信号均能引起线粒体释放 Cytc。进入胞质的 CytC 与 Apaf-1 结合并将其激活,然后又结合辅助因子 dATP/ATP,Apaf-1 募集 pro-Caspase-9 形成凋亡体,同时 pro-Caspase-9 自身活化,引起下游的效应者胱天蛋白酶 Caspase-3、Caspase-6 和 Caspase-7 等级联反应,使细胞走向凋亡(图 15-9)。

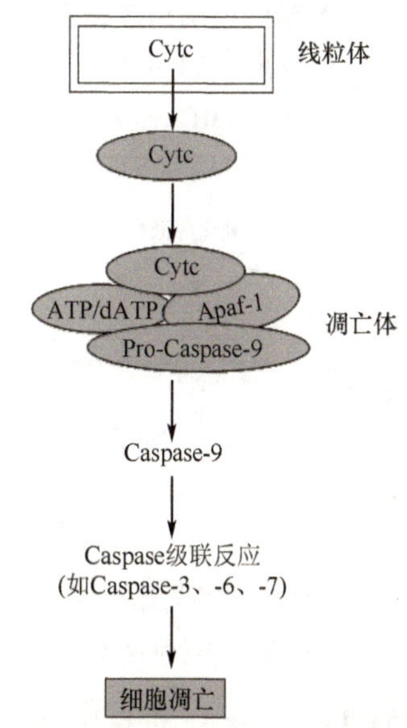

图 15-9　细胞色素 C 引起的细胞凋亡

正常情况下 CytC 是一个定位于线粒体膜间隙的水溶性蛋白,稳定地结合于线粒体内膜,不能通过外膜。CytC 从线粒体释放到胞质是凋亡的关键步骤。目前普遍认为,CytC 的释放存在有依赖于线粒体通透转运孔(permeability transition pore,PTP)和不依赖于 PTP 两种机制:①通过 PTP 机制:PTP 是位于线粒体内外膜间的由多种蛋白质组成的复合体,主要是位于内膜的 ATP-ADP 转运体(adenine nucleotide translocator,ANT)和位于外膜的电压依赖性阴离子孔道(voltage dependent anion channel,VDAC)蛋白等。PTP 是一种高电导非选择性跨膜通道,其周期性开启对于保持线粒体内的电化学平衡及稳态具有重要作用。氧化应激、胞内 Ca^{2+} 浓度增高或其他凋亡信号刺激时,引起线粒体膜通透性改变,使 PTP 开放和线粒体跨膜电位下降,释放 Cytc 和凋亡诱导因子(apoptotic inducing factor,AIF)等,进而激活 Caspases,又可增大膜通透性,水及其他小分子物质进入线粒体基质,使线粒体膨胀,内外膜破裂,最终细胞凋亡;②通过 Bcl-2 家族蛋白形成的通道机制:促凋亡蛋白 Bax 主要位于胞质中,发生膜转位并暴露其 BH3 的 Bax 在线粒体膜上形成由四聚体至十聚体的低聚复合物,从而在线粒体外膜上形成通道介导 Cytc 等的释放。Bax 也可以通过与 ANT 或 VDAC 的结合介导 PTP 开放。当细胞受到凋亡信号刺激时,Bak 的 N 端暴露发生构象变化,使得其与 Bcl-xl 脱离,释放出来的 Bak 仍保留在线粒体外膜上,并与裂解激活的 Bid 结合,引起 Bak 寡聚化而形成 Cytc 输出通道。Bax 和 Bak 也可异源寡聚化并插入线粒体膜形成通道,释放 Cytc;抗凋亡蛋白 Bcl-2 和 Bcl-xl 可通过阻止 Bax 与 ANT 或 VDAC 的结合发挥抗凋亡效应。促凋亡蛋白 Bak 在正常细胞中并不表现促凋亡活性,可能是由于 Bak 与 Bcl-xl 结合而被抑制。

三、内质网介导的凋亡的途径

内质网(endoplasmic reticulum,ER)不仅是蛋白质合成后加工修饰的场所,也是细胞内钙离子储存的场所,对于细胞应激反应起调节作用。多种因素(如缺血、缺氧、氧化应激、钙离子平衡失调及药物等)极敏感地损伤 ER 的结构和功能,引起 Ca^{2+} 从内质网释放到胞质,引起胞质 Ca^{2+} 浓度增高,发生一系列的信号传导过程,最终使得细胞产生对存活的适应或凋亡,此称为内质网应激(ER stress,ERS)。内质网应激启动细胞凋亡的机制包括未折叠蛋白反应(unfolded protein response,UPR)和钙离子启动信号。

(一)未折叠蛋白反应

蛋白质在内质网腔中折叠成正确的空间结构需要多种分子伴侣的帮助,包括 Bip/Grp78 和 Grp94 及折叠酶类(如二硫键异构酶和肽脯氨酰异构酶)。未折叠蛋白或错误折叠蛋白在内质网沉积,损伤内质网的正常功能,内质网通过激活 UPR 以消除 ERS 引起的细胞损害。UPR 的启动在早期是保护作用,使大部分蛋白质合成停滞,减轻内质网负荷,加速内质网伴侣蛋白质的表达,发生内质网相关性降解,清除不能正确折叠的蛋白质等,从而积极重建细胞内稳态,此时 UPR 是一种生存应答。

UPR 由 Bip/Grp78、PERK(PKR-like ER kinase)、ATF6(activating transcription factor 6)和 IRE-1(inositol-requiring enzyme-1)等蛋白所介导。无 ERS 时,PERK、ATF6 和 IRE-1 分别与 Bip/Grp78 结合而处于无活性状态。ERS 存在时,未折叠蛋白在内质网的堆积使 PERK、ATF6 和 IRE-1 从 Bip/Grp78 释放,并启动 UPR。解离后的 PERK(一种Ⅰ型内质网跨膜蛋白,属于丝/苏氨酸蛋白激酶)通过其胞内结构域自身二聚化和磷酸化而激活,进而使真核生物翻译起始因子 eIF-2α 磷酸化,减少或暂停蛋白质合成。ATF6(Ⅱ型内质网跨膜蛋白)属于 ATF/CREB(ATF/cAMP-response element binding protein)转录因子家族。ERS 诱导 ATF6 与 Grp78 解离后转入高尔基复合体,在 S1P 和 S2P(site-1 protease 和 site-2 protease)作用下水解激活并转至胞核,诱导 Grp78/94、CHOP 和 XBP-1(X-box binding protein-1)等内质网应激基因转录。同 PERK 一样,IRE-1 也是Ⅰ型内质网跨膜蛋白,具有丝/苏氨酸蛋白激酶和位点特异的核酸内切酶活性,脱离 Grp78 后活化的 IRE-1 对 XBP-1 的前体 mRNA 剪接,产生编码 XBP-1s 的 mRNA。IRE-1/XBP-1 途径不仅可诱导内质网分子伴侣的表达增强蛋白质折叠,也可诱导 EDEM(ER degradation-enhancing mannosidase-like protein)表达,增加内质网相关蛋白的降解。

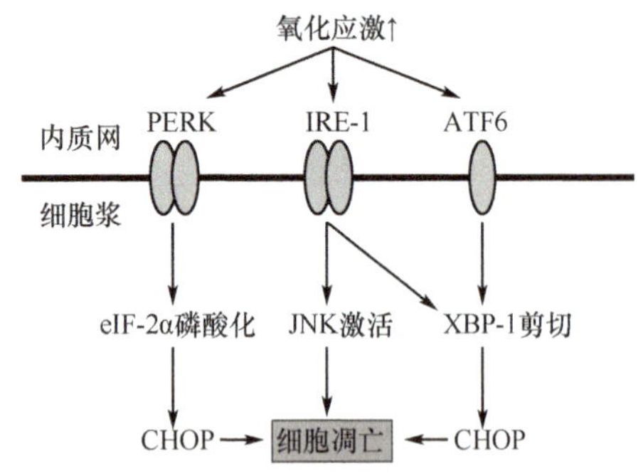

图 15-10 内质网应激过度引起细胞凋亡

严重或长时间的 ERS 损伤时,内质网应激过度,稳态重建失败时,UPR 则可导致内质网负荷过度的细胞凋亡。此时,PERK、ATF6 和 IRE-1 通过激活下游的凋亡信号分子(如 CHOP/GADD153、JNK、Caspase 和 Bcl-2 家族)诱导细胞凋亡,以去除受损的细胞(图 15-10)。

（二）钙离子启动信号

细胞内的钙稳态主要是通过内质网来保持的。在静息状态下内质网腔中 Ca^{2+}浓度为 10～100μmol/L，胞质 Ca^{2+}浓度为 100～300 nmol/L。维持这一内高外低的钙梯度和钙稳态的是通过内质网上的 3 种与 Ca^{2+}的释放和摄入相关的通道：向胞质内释放 Ca^{2+}的利阿诺定受体（ryanodine receptor，RyR）和肌醇-1，4，5- 三磷酸受体（inositol-1，4，5 - triphosphate receptor，IP_3R）以及将 Ca^{2+}转运至内质网中的钙泵（Ca^{2+}-ATPase）。

从内质网释放的 Ca^{2+}可以通过几个方面启动凋亡：①通过激活 Ca^{2+}/钙联蛋白调节的钙调神经磷酸酶（calcineurin），使得前凋亡蛋白 Bad 去磷酸化，并使 Bad 与其抑制蛋白解离，然后转移到线粒体进而激发 CytC 的释放，导致细胞的凋亡；②通过激活死亡相关蛋白激酶（DAP kinase）和其相关的 DRP- 1（Dynamin-related protein-1）起作用。DRP- 1 包含了钙调蛋白结合的结构域，它的激活最终会导致线粒体结构的破裂，而同时 DRP- 1 还会参与 Bax 介导的线粒体 Cytc 的释放，而致细胞凋亡；③Ca^{2+}能迅速移至邻近的线粒体，被其膜上的钙蛋白摄取，并促进 PTP 开放，使 CytC 及 Apal 释放，引发级联反应，激活 Caspase-9，进一步激活 Caspase-3，致细胞凋亡；④通过激活钙蛋白酶（calpain）起作用。活化后的钙蛋白酶切割活化促凋亡因子 Bid，后者使线粒体外膜通透性增加，介导 Cytc 释放，促使细胞的凋亡。钙蛋白酶钙还可激活 Caspase-12 介导的 Caspase 级联反应凋亡途径。

第四节　细胞凋亡与疾病

细胞凋亡是机体在生长、发育和受到外来刺激时，清除多余的、无功能的、衰老的和受损又不能修复的细胞，以保持机体内环境稳定的一种有效地自我调控机制。如果这种生理性的细胞凋亡过度或不足是许多疾病发病的病理生理基础。过低或过高就会引起多种疾病。

一、细胞凋亡过度相关疾病

（一）神经元退行性疾病

神经细胞受损时很难修复，容易发生细胞凋亡。许多神经退行性疾病是以特定神经元的慢性进行性丧失为特征的，如阿尔茨海默病（Alshei-mer disease，AD）、肌萎缩性侧索硬化症、帕金森病（Parkinson disease，PD）等，这些疾病的神经细胞死亡均属于凋亡。

阿尔海默病时，存活的神经元胞质中有异常的 presenilin 1 和 2、淀粉样蛋白 Aβ 的积累，这些蛋白能诱导氧化应激，使细胞易于凋亡。AD 患者的尸检发现，海马及基底神经核的胆碱能神经元丧失达 30%～50%，有时高达 90%。

肌萎缩性侧索硬化症患者体内发现有与神经元凋亡抑制蛋白有关的基因（如 IPA）突变，神经元凋亡抑制蛋白缺乏，导致脊髓前角运动神经元凋亡，肌内出现神经性萎缩。

一些研究发现，PD 患者脑内的多巴胺（dopamin，DA）神经元有细胞凋亡特征性病变，存在 TNF-α 受体（α-TN-FR）和 *bcl*-2 原癌基因表达，细胞凋亡可能是 DA 能神经元变性的基本步骤。

（二）感染性疾病

细胞凋亡在防御病原微生物的感染中有重要意义，这是因为宿主细胞利用凋亡来清除病原微生物，防止其扩散。感染所致的细胞凋亡是某些疾病（如艾滋病）主要的发病机制。由 HIV 引起的 AIDS 发病机制主要是宿主 $CD4^+T$ 细胞被选择性破坏，导致 $CD4^+T$ 细胞显著性减少。此外，HIV 也可诱导其他免疫细胞如 B 细胞、$CD8^+$淋巴细胞、巨噬细胞凋亡，因而造成机体免疫功能严重缺陷，患者容易继发各种感染及恶性肿瘤而死亡。某些致病菌既可引起宿主细胞坏死，又可引起细胞凋亡。例如，百日咳杆菌可引起上皮细胞和巨噬细胞凋亡。

（三）心血管疾病

氧化应激、压力或容量负荷过重、神经-内分泌失调、细胞因子（如 TNF）、缺血、缺氧等均可诱导心肌细胞凋亡。心衰病人心肌标本，心肌凋亡指数高达 35.5%。

二、细胞凋亡不足相关疾病

细胞凋亡不足,使应死而未死的细胞增多,导致病变细胞增多,组织体积增大,器官功能异常。

(一) 自身免疫性疾病

自身免疫病是指机体对自身抗原发生免疫应答而导致自身组织损伤和功能障碍的一类疾病。正常情况下,免疫系统在发育过程中已将针对自身抗原的免疫细胞进行了清除,其中清除方式之一就是细胞凋亡,如果凋亡不足,不能有效消除自身免疫性细胞,则导致自身免疫病。例如,系统性红斑狼疮患者的外周血单核细胞 Fas 基因有缺失突变,不能有效地消除自身免疫性 T 细胞克隆,使大量自身免疫性淋巴细胞进入外周淋巴组织,产生抗自身组织的抗体,出现多器官损害。类风湿性关节炎和多发性硬化症等均是由于针对自身抗原的淋巴细胞凋亡不足所致。儿童期自体免疫淋巴增生综合征也是 Fas 基因突变导致。临床上治疗自身免疫性疾病常用的糖皮质激素,其主要机制之一就是诱导自身免疫性 T 细胞凋亡。

(二) 肿瘤性疾病

近年来的研究证明,肿瘤的发生具有两条途径——细胞增殖过度或细胞凋亡不足,是细胞增殖和凋亡平衡失调的综合结果。细胞凋亡不足,使肿瘤细胞存活期延长,存活细胞多于死亡细胞,使肿瘤细胞数目不断增多,肿瘤体积不断增大。研究发现,多种肿瘤细胞中抑癌基因 *p53* 缺失突变或促凋亡因子 Bcl-2 高表达,降低了细胞凋亡。

第五节 细胞死亡的其他方式

关于细胞死亡的方式,除了上面阐述的凋亡和坏死外,细胞死亡形式还有细胞胀亡和细胞自噬。

一、细胞胀亡

1995 年,Manjo 等对细胞胀亡做了如下描述:胀亡表现细胞受损后体积增大,膜通透性增加,完整性破坏,DNA 裂解成非特异性片段,最后细胞溶解,胞质泄露并伴有周围组织炎症反应。胀亡可以是生理性的,如骨结构主要通过细胞胀亡得以重建和胚胎发育过程中指(趾)蹼的消失也主要依靠胀亡来实现;也可以是病理性的,如胰腺炎时引起的胰腺细胞的胀亡。1997 年,美国毒理病理学会细胞死亡命名委员会建议:在组织切片上观察到细胞死亡时,坏死是恰当的初级诊断。当需要强调细胞死亡的过程和方式时,可以使用胀亡和凋亡概念来描述,坏死前细胞表现凋亡特征时可称为凋亡样坏死;表现胀亡特征时可称为胀亡样坏死;当其特征和过程未确定则直接表述为坏死。

二、细胞自噬

细胞自噬是指细胞利用溶酶体降解自身受损的细胞器及大分子的过程,是真核细胞特有的一种现象。一些蛋白质和细胞器通过自噬途径运输到溶酶体内降解,平衡细胞合成与分解代谢以稳定细胞内环境。在生长因子缺乏、缺氧和细胞饥饿状态下,自噬对维持细胞的存活有积极意义。然而,过度的自噬会导致细胞程序性死亡。依据作用物的种类、转运方式和调控机制,可将细胞自噬分为巨自噬、微自噬和分子伴侣介导的自噬。巨自噬即通常所指的自噬,胞质被来自于内质网和高尔基体脱落的膜所包绕。微自噬也发生相同的包绕过程,但所包绕的作用物是自身内陷的溶酶体膜。分子伴侣介导的自噬是胞质蛋白结合到分子伴侣后被转运到溶酶体后被溶酶体酶消化。

(一) 自噬的形态学改变

自噬体形成之初,胞质与核质变暗,但胞核结构无明显变化,可见线粒体和内质网膨胀,高尔基体增大,胞膜特化结构如微绒毛、连接复合物等消失,胞膜发泡并出现内陷。自噬后期,自噬体的体积和数量都有所增加,其内常充满髓磷脂或液体,出现灰白色成分,少数可见核固缩,这些特征可作为形态学检查的依据。

(二) 自噬的分子机制

通常认为,自噬需要诱导才发生,并形成自噬体(autophagosome)。诱自噬体前体形成可以是选择性,也可以是非选择性。选择性自噬是游离膜结构包绕胞质内特异作用物形成自噬体并降解，主要由细胞内容物诱导，如 Cvt 途径和过氧化酶体降解途径。非选择性自噬是随机包绕胞质形成自噬体，主要是细胞对外界的刺激（如生长因缺乏、缺氧）应答的结果。从自噬体的形成到转化成残余体，这一完整自噬过程约需 20 分钟。

自噬体形成是自噬的关键步骤，需要两个泛素样蛋白结合系统，即 Atg12-Atg5 结合系统和 Atg8 脂化系统。

1. Atg12-Atg5 结合系统　该系统包括四个 Atg 蛋白：Atg5、Atg7、Atg10 和 Atg12。Atg5 和 Atg12 在 Atg 7/Atg10 催化下共价结合形成复合体，然后与卷曲的 Atg16 蛋白结合成终末复合物。在这个系统中 Atg7 和 Atg10 在催化过程中分别相当于泛素样激酶 E1 和 E2。

2. Atg8 脂化系统　该系统包括 Atg3、Atg4、Atg7 和 Atg8，终产物是 Atg8 与磷脂酰乙醇胺的复合物。这个系统依赖于 Atg7 和 Atg3 的活性。Atg4 是一个半胱氨酸蛋白酶，是处理和提呈 Atg8 给磷脂锚定位所必需的。Atg8 被 Atg4 剪切后在 Atg7 和 Atg3 作用下与磷脂酰肌醇结合。在催化过程中 Atg7 和 Atg3 分别起 E1 和 E2 酶所起的作用。

Atg12-Atg5 结合系统和 Atg8 脂化系统相互联系。自噬体膜的延伸有赖于两者的协同作用，前一系统在自噬体形成后即从表面脱离至胞质，而后一系统一直存在于自噬体形成各阶段。

酵母基因的研究增加了对自噬分子机制的认识，雷怕霉素靶位（target of rapamycin，TOR）是丝氨酸/苏氨酸激酶，是自噬负调控分子。哺乳动物细胞中存在 TOR 的类似物 mTOR（mammalian target of rapamycin），哺乳动物核蛋白体蛋白 S6 抑制自噬的发生，它位于 TOR 信号途径下游，其活性受 mTOR 调节。雷怕霉素靶位（rapamycin）抑制 mTOR 活性，诱导自噬发生。PI-3K 的活性与自噬体初期形成密切相关，PI-3K 是自噬的另一负调节分子，它 PtdIns4P 和 PtdIns(4,5)P2 磷酸化，然后结合 AKT/PKB 和活化分子 PDK1，抑制自噬的发生。目前关于自噬的信号通路尚未完全明了。

（三）自噬的主要作用

自噬的主要作用有四个方面：①自噬是对外源性刺激（包括营养缺乏、氧化应激、感染等）的一种适应性反应，其降解产物如氨基酸、核苷酸等可供物质能量循环，使细胞能够适应缺氧或饥饿等环境；②自噬能够调节长寿命蛋白、过氧化物酶体、线粒体、内质网的更新，故自噬被认为是一种参与细胞质稳态的看家机制；③自噬参与特定的组织特异性功能，如自噬与肺泡表面活性剂Ⅱ生物合成有关，在红细胞成熟过程中，细胞核排出后需要自噬清除核蛋白体、线粒体等细胞器；④自噬既可以作为防御机制清除胞内受损细胞器及代谢产物，进行亚细胞水平的重构，从而保护受损细胞；同时也可以作为一种细胞死亡程序诱导细胞主动死亡。

思　考　题

1. 细胞凋亡的形态学和生物化学特征是什么？
2. 细胞凋亡与细胞坏死在形态学上的区别有哪些？
3. 细胞凋亡有哪些途径？简述它们的分子机制。
4. 试述细胞自噬的分子机制。

（田余祥）

第十六章 衰老的分子机制

衰老是任何生命过程中的必然规律，人类的生命过程同样遵循这一必然规律。随着社会人口的老龄化，衰老引起的疾病日益增加，同时人们对健康长寿的愿望也越来越强烈，因此，如何延缓衰老已经成为当今世界医学界最重要的课题之一。近年来，随着生物化学、分子生物学和基因研究的发展以及近缘科学的相互渗透，有关衰老分子机制的研究也有了新的进展，为抗衰老新药的开发开拓了更加广阔的前景。

第一节 概 述

一、衰老的概念

衰老（senescence）又称老化（aging），是指正常状态下机体发育成熟后，随着年龄增加，自身机能减退，内环境稳定能力与应激能力下降，组织结构、器官逐步发生退行性改变，并最终走向死亡的过程。衰老存在于任何生命的任何时期，也可发生于不同的器官和系统，是生命运动的自然过程。近年研究证明，遗传因素与内外环境多种复杂因素相互作用导致机体退行性功能下降与紊乱，随着时间推移机体细胞、组织器官、机体内环境稳定性下降、机体自我修复能力失调，对内外环境适应能力逐渐减退，各种功能、感受性及能量出现退行性变化是产生衰老的根本原因。衰老是每个人随着增龄而发生发展的、全面的变化过程，伴有逐渐加重的器官、组织、细胞和生物大分子等不同层次的变化。衰老具有累积性（cumulative）、普遍性（universal）、渐进性（progressive）、内在性（intrinsic）、危害性（deleterious）等特点。这五个特点的英文字首依次排列下来则成为“cupid”，恰好古罗马神话中的丘比特爱神名字相同，故被人戏称为鉴定衰老的丘比特标准。

衰老分为生理性衰老与病理性衰老。生理性衰老是指生物体随着年龄的增长而自然发生的不可逆的退行性变化，它并不是一种疾病，但与许多老年性疾病紧密相连，如伴随着年龄增长，人体的造血系统、免疫系统和多种脏器的组织结构与生理功能逐渐减退，因而老年机体的抗病能力和修复损伤能力也随之下降，表现为心脑血管疾病、恶性肿瘤、糖尿病和老年性痴呆等发病率大大提高。而病理性衰老则是指由于疾病或其他异常因素所导致的衰老加速现象。一般认为，没有其他因素干扰的自然衰老所能达到的最长寿命或称自然寿限（maximum life span）主要由遗传因素决定，而平均寿命则在很大程度上受到环境因素的影响。抗衰老的研究不仅在于避免病理性衰老，还应重视延缓生理性衰老，延长人类的有效“工作年龄”和寿命。

二、影响衰老的主要因素

目前认为，影响衰老的因素主要有以下三方面。

（一）遗传因素

研究发现，各种动物在一定环境条件下有其较为恒定的平均寿命。临床资料显示，成人早衰症患者平均39岁即开始早衰，其预期寿命仅为47岁左右（图16-1）；婴幼儿早衰症患者则大多在1岁时出现明显衰老，多数12～18岁夭折（图16-2）。因此，遗传因素与衰老程度（尤其是寿命）密切相关。

（二）环境因素

统计学证实，我国长寿地区（如新疆、广西巴马县、海南省、珠江三角洲等）的高寿命人口密度远高于我国其他地区，且这些地区多集中在山区，说明生活的环境与人类的寿命有关，也是影响寿命和衰老进程的重要因素。但其他地区也不乏高寿老人的事实则提示环境因素并非是影响寿命的唯一因素。

（三）心理因素

开朗的性格和良好的心态是健康长寿的重要因素，它对生理变化产生重要的影响。

反映人体实际衰老程度除了日历年龄和生物学年龄外，衰老生物学标志是在细胞、分子水平评价衰老的一个重要指标。1990年，美国亚利桑大学的Mooradin等将衰老生物学标志的判断标准概括为：①该标志与年龄有定量关系,相关性越强,灵敏度越高;②该标志不因疾病而改变;③该标志不因代谢或营养状况的变化而改变;④影响衰老进程的因素亦能影响该标志;⑤永生化的细胞不存在该标志的变化。目前已发现了一些衰老的分子生物学标志,如细胞体外增殖能力、DNA 损伤修复能力、线粒体 DNA 片段缺失、DNA 甲基化程度、衰老相关 β-半乳糖苷酶活性、端粒长度和端粒酶活性、晚期糖基化终末产物(dvanced glycosylation end product,AGE)水平、基因表达谱等。但这些标志尚不能满足所有的标准,且单项标志各有一定的局限性。分子水平的衰老标志只有进一步精确量化和综合化,才能客观地、准确地体现生物学年龄。

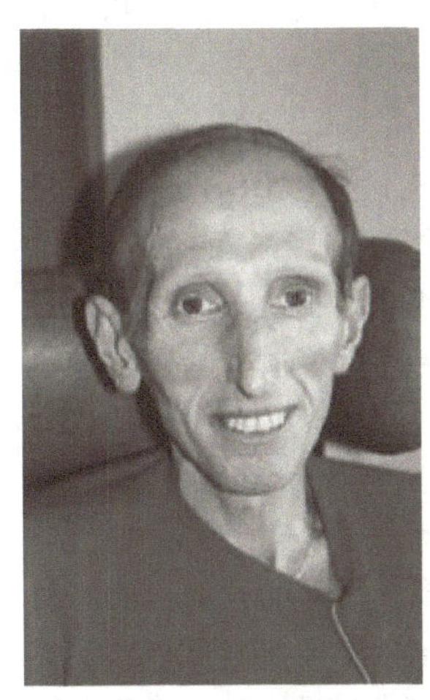
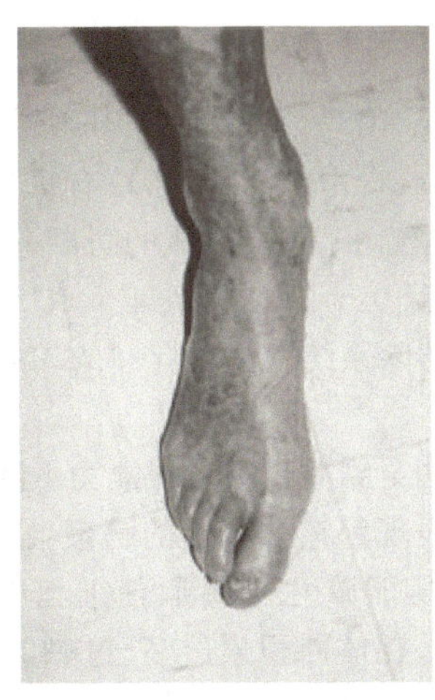

图 16-1　成人早衰症患者

图 16-2　正常儿童(左)和婴幼儿早衰症患者(右)

三、衰老的相关学说

伴随着生物科学的进步,衰老机制的研究得到了长足发展,提出了若干具有科学价值的衰老学说。现阶段,主要的衰老学说可以归结为两大学派:一是老化遗传学派(genetic theories of aging),该学派认为发育过程有时间顺序性,好似计算机程序编码一样,连受精卵在母体内分裂、分化、发育成胎儿都是在程序控制下实现的。这个控制机制随着年龄增长而减弱,最终导致衰老;二是老化随机学派(stochastic theories of aging),该学派认为环境中随机的因素会在不同程度上对器官造成进行性和累积性伤害。这些随机因素主要包括 DNA 损伤和修复功能障碍、氧自由基对组织器官的伤害、蛋白交联、细胞内物质代谢紊乱等。当这些损伤累积到一定程度时,将造成不可逆转的衰老,甚至死亡(图 16-3)。以下介绍几种比较有代表性的学说。

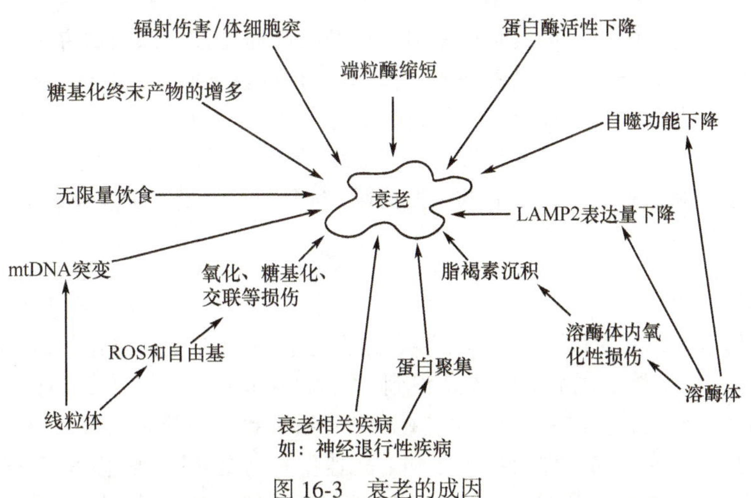

图 16-3　衰老的成因

（一）自由基学说

自由基学说（free radical theory）是具有代表性的衰老学说之一。这一学说最早是由英国学者 Denham Harman 于 1956 年提出，并得到了大多数学者的认同。所谓自由基又称为游离基，是指单独存在的、含有孤电子的原子、原子团或特殊状态的分子。它们的共同特点是最外层的电子轨道上具有不配对的电子。这些不配对的电子结构具有极其活泼的化学特性，对生物大分子、细胞甚至组织都有很强的损伤作用。该学说认为：当机体衰老时，自由基的产生增多，清除自由基的物质减少，清除能力减弱，过多的自由基在体内蓄积。当自由基对机体的损伤程度超过修复代偿能力时，组织器官的机能就会逐步发生紊乱，导致衰老。研究表明，接受放射线照射的动物由于机体产生自由基，寿命明显短于未接受放射线照射的动物，但如果预先给受照射动物服用抗氧化剂，可以降低活性氧自由基的水平，对受照射动物具有保护作用。研究也发现，服用抗氧化剂的动物寿命增加。

对机体危害最大的是活性氧（reactive oxygen species，ROS），包括超氧阴离子自由基$O_2^{\cdot}$）、羟自由基（·OH）、H_2O_2、单线态氧（$^1O_2$）、脂质自由基（LO·）、脂质过氧自由基（LOO·）、有机过氧化物（LOOH）等。环境中辐射和细胞有氧代谢都是产生 ROS 的原因。机体对付自由基过量生成的防御有两个机制：一是氧的有效利用。线粒体中的细胞色素氧化酶可以直接催化约占总氧量 98% 的 O_2 接受 4 个 H^+ 和 4 个电子生成水。这是机体防御 O_2 转化为 ROS 的重要手段。二是建立自由基的清除系统。体内存在的 Mn-SOD 等抗氧化物质形成了第二道防御体系，具有清除 ROS 的作用。

过量的 ROS 在细胞内出现时对细胞有以下作用：①可导致蛋白质合成能力下降，产生差错与变性，引起内脏器官功能失调及肿瘤发生；②可导致 DNA 损害，主要表现为核酸分子的解聚，影响信息传递、转录与复制；③自由基还可使细胞内的线粒体、溶酶体膜破坏，导致细胞能源生产中断，使细胞自溶。由于活性氧自由基对不饱和共价键有特殊的亲和力，能使脂质过氧化。自由基在体内积累过多，过剩的自由基与细胞生物膜中类脂质中的不饱和脂肪酸发生过氧化，从而破坏细胞的膜结构，使膜功能失常，导致细胞死亡。同时脂质过氧化的终产物丙二醛（malondialdehyde，MDA）亦能使膜蛋白、酶发生交联反应，加重细胞的功能结构损害。受破坏的蛋白质、脂质堆积在细胞内，使细胞新陈代谢发生障碍，从而导致衰亡。

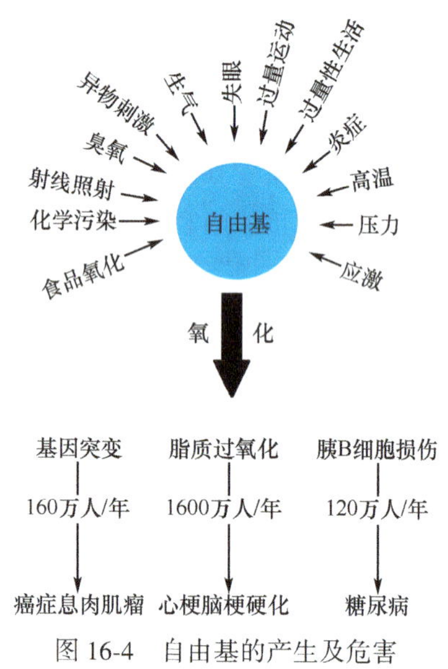

图 16-4 自由基的产生及危害

脂褐素的积聚是细胞衰老的基本特征之一，脂褐质的生成与自由基有关。脂褐素对于细胞本身是否有毒还不十分清楚，但是导致老年色素形成的脂质过氧化反应对细胞功能可引起极大的破坏。随着年龄的增长，心肌、神经等细胞内的脂褐素含量逐渐增多，如果在皮肤组织中聚集过多，就会形成所谓的老年斑。因此，自由基在机体老化和疾病发生发展过程中起着重要作用（图 16-4）。

随着研究水平的日趋深入，持支持和反对的实验结果都大量存在，因此自由基引起衰老的证据还有待深入研究。近年来，研究人员修正了自由基学说，提出了 ROS 伤害的氧化应激理论。该理论认为：引起机体衰老的除超氧阴离子自由基（$O_2^{\cdot}$）外，还包括羟自由基、单线态氧等；抗氧化保护机制正常，保障体内活性氧的生成和排除达到平衡，可避免自由基的破坏；这种动态平衡失衡是导致衰老的主要原因；补充人工合成的抗氧化剂或提高体内抗氧化酶活性可以延缓衰老。

（二）程序衰老学说

19 世纪德国学者魏斯曼提出衰老是一种程序形成的适应过程，是在生物演化的过程中发生的。1961 年，外国学者通过离体人成纤维细胞有限分裂现象认识到，正常细胞均有一定寿命，当达到最大寿命，便停止分裂，只有培养的肿瘤细胞是永生的。研究表明，每一种动物都有大致相同的最高寿命，单卵双胎者寿命大致相同，人类长寿家庭子女大多长寿。同一种动物寿命和老化速度不完全相同，衰老速度是受基因控制的。1966 年，Hayfick 根据不同生物衰老时间不同，同种生物衰老时间大致相似，提出了细胞衰老的程序衰老学说，又称为基因程序学说。该学说认为衰老过程像计算机编码程控过程，是肌体本身固有的特征，是在一定阶段，由一些基因依次触发启动所致；细胞程序调控衰老全过程，并引起一系列特征性的形态改变，直至生长停滞。因此，衰老速度与寿命密切相关。现在认为人胚胎成纤维细胞体外培养倍增代数较恒定，为40~60代。如果成纤维细胞取自不同年龄，分裂倍增代数亦不同。供体年龄每增加1岁，细胞培养过程中倍增代数减少0.20代。早老症的成纤维细胞体外培养仅分裂倍增2代，说明衰老受基因调控。每一种动物都有恒定的年龄范围，衰老是一种必然的过程。此外，程序衰老学说还认为衰老还与神经内分泌系统退行性病变及免疫系统的程序性衰老有关。

（三）错误成灾学说

1963年Orgel提出衰老的差错灾难学说。该学说认为衰老是由于从DNA复制到最终形成蛋白质遗传信息传递过程中错误积累的结果。生物随着年龄增加，细胞内蛋白质合成机制逐渐失常，以致合成异常蛋白质。某些异常蛋白质，如为蛋白质合成机制的组成成分就会合成更多异常蛋白质，这一恶性循环最终破坏正常生理功能，造成细胞衰老。研究表明，蛋白质合成时差错发生率约为$1/10^4$~$3/10^8$。随着年龄增加，差错发生率也随之按指数增加。自提出差错灾难学说后，许多研究成果支持了这一学说。Ryan等研究结果发现，成纤维细胞寿命并不因培养基中加氨基酸类似物而缩短。Goldstein研究体外培养人类皮肤二倍体成纤维细胞，发现蛋白质合成忠实性方面并不因细胞年龄增加而改变。但Fleming等的研究并没有在老年果蝇细胞线粒体中找到差错蛋白质。说明衰老是偶然不幸遭遇积累所造成。

（四）细胞凋亡学说

细胞凋亡（apoptosis）是细胞死亡的主要方式之一。细胞凋亡是一种积极的有序过程，与衰老密切相关。细胞凋亡以两种形式对衰老起作用：一是清除已经受损和功能障碍的细胞（如肝细胞、成纤维细胞），被纤维组织替代，继续保持内环境稳定；二是清除不能再生的细胞（如心肌细胞），它们不能被替代，导致病理改变。通过以上机制，细胞凋亡的结果使体细胞，特别是具有重要功能的细胞数量减少，造成其所组成的重要器官老年性进行性病理过程。研究表明，大鼠肝组织中的凋亡过程有助于清除前癌细胞，而凋亡程序失常导致的前癌细胞的增加是衰老伴随癌症高发的原因之一。因此，该学说认为细胞凋亡失调可能导致衰老。目前认为自由基以及辐射、有害物质、DNA突变各种病理性刺激都可激发细胞凋亡的启动，这些因素启动细胞凋亡的具体分子机制尚有待进一步研究。

（五）端粒-端粒酶假说

端粒与端粒酶与衰老的关系最早由Olovnikov于1973年首次提出，他认为端粒的丢失可能是因为与端粒相关的基因发生致死性缺失，1986年Cooke首先在人类性染色体长臂末端发现了端粒，并根据体细胞的端粒DNA长度明显短于干细胞。进而提出端粒DNA长度减少引起的保护能力的下降会限制细胞的增殖能力。1991年，Harley提出了较为详细的端粒-端粒酶假说：认为细胞的衰老是由于端粒DNA的长度随着年龄的增长而逐渐缩短所致。老年个体多数体细胞中的端粒DNA较年轻个体的短，年轻个体的体细胞中端粒DNA随年龄增加逐渐缩短。估计细胞每分裂一次端粒DNA缩短50~200bp。端粒DNA随细胞分裂逐渐缩短，因此端粒决定细胞的寿命。虽然端粒DNA的缩短是衰老的原因还是衰老伴随的现象仍旧存在争议，但是大量的实验研究证明，端粒和端粒酶确实和衰老有着广泛的联系。

除上述学说外还有免疫学说、体细胞突变学说、网络学说、代谢产物学说、内分泌学说等。

总之，人类衰老过程是人体内、外部环境各因素间在生命活动的过程中不断相互作用、相互影响的综合性结果。衰老的原因是多方面的，衰老的机制也是极为复杂的。虽然诸多学说各有侧重点也都有一定的科学依据，但均难以全面地揭示和阐明人类衰老的全过程。Semsei关于衰老机制的图解恰恰说明了衰老机制复杂，学说繁多，显然不能用单一学说解释所有衰老机制及衰老征象（图16-5）。因此，随着衰老机制的研究向更深层次发展，对衰老机理的研究将日趋深入，必将为该领域带来重大突破性进展。

第二节　衰老与长寿相关基因

随着衰老的研究及分子生物学的迅猛发展，衰老的机制研究从细胞水平、亚细胞水平逐渐走向分子与基因水平，焦点逐渐集中于细胞衰老时的基因表达变化上，开展了大量衰老基因、抗衰老基因等表达调控与衰老关系的研究，并证实了体内确实存在衰老和长寿有关的基因。长寿与衰老是生命过程中的一对矛盾，长寿与

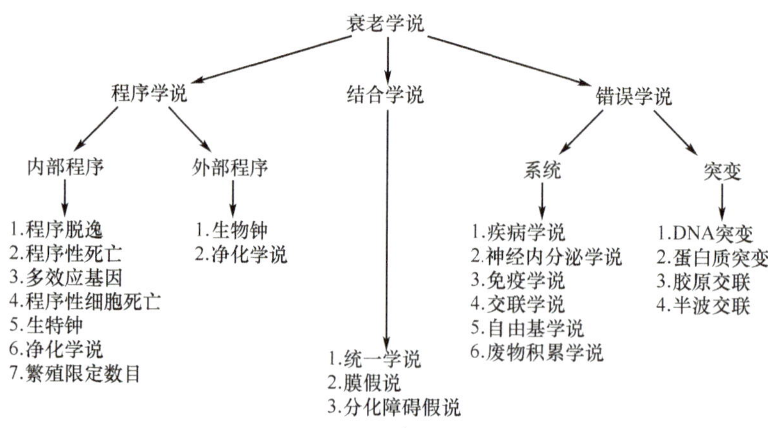

图 16-5 常见的衰老学说及分类

衰老并非单一基因决定，犹如肿瘤发病过程中癌基因与抑癌基因，凋亡过程中促凋亡基因与抑凋亡基因相互制约一样，亦应有正（长寿基因）、负（衰老基因）之分。目前已发现的与衰老和长寿有关的基因已达 20 多种（表 16-1），这些基因或与抗氧化酶类的表达有关，或与抗紧张、抗紫外线伤害有关，有的与增加某种受体的表达有联系，也有的与哺乳动物精子的产生相关。这些基因在衰老和长寿中的作用，目前还不是很清楚。

表 16-1 动物模型中克隆的衰老相关基因

生物	衰老相关基因
丝状真菌	*grise*
酵母	*lag*1、*lac*1、*ras*1、*ras*2、*phb*1、*phb*2、*cdc*7、*bud*1、*fobl*、*rad*52、*sgs*1、*ygl*023、*uth*4、*sir*4-42、*sir*2、*hda*1、*rpd*3
线虫	*daf*-2、*age*-1/*daf*-23、*daf*-18、*akt*-1/*akt*-2、*daf*-16、*daf*-12、*ctl*-1、*old*-1、*spe*-26、*clk*-1、*mev*-1
果蝇	*sod*1、*cat*1、*mth*、*indy*
小鼠	*prop*-1、*p*66*shc*、*klotho*、*Wm*、*ku*80、*mTR*、*Xpd*、*Ercc*1、*CSA*/*CSB*、*p*53、*FIR*

（一）衰老相关基因

在人类细胞方面，衰老相关基因的研究近年来取得了较大进展。例如，用细胞融合技术将永生化细胞与正常细胞重组，研究结果表明，永生化是衰老相关基因隐性缺陷所致，体内存在有 4 套与衰老有关的基因或基因通路。目前科学家总共发现了十余种衰老相关基因，人染色体 1、4、6、7、11、18 与 X 染色体各自都存在着衰老相关基因。

1. *MORF*4 基因 20 世纪 80 年代初，Goldstein 通过正常细胞与永生细胞（immortal cell）融合，观察融合后永生细胞的变化，结果发现融合细胞丢失了永生特性而像正常细胞一样，在分裂一定次数后衰老死亡。此实验说明，融合使正常细胞的某种基因导入了永生细胞，从而使永生细胞丧失了其特性。此后有学者证明了人的 4 号染色体上存在一个或数个衰老相关基因并将其中一个基因添加入癌细胞时，可以将增殖的细胞转变成衰老细胞，而该基因突变则可以导致细胞的永生化。因此将该基因称作 *MORF*4（mortality factor- 4）。

*MORF*4 基因位于染色体 4q33-34. 1，属于人体基因组中 6 个 *MORF* 相关基因（MRG）家族。它编码小内含子转录因子样蛋白，其结构与 *MRG* 家族的 2 个在组织和细胞中大量表达的基因 *MRG*15 和 *MRGX* 非常相似，含有多个类似转录因子的模体，认为它们可能是转录性调控因子，对衰老或细胞生长调节起重要作用。蛋白质组学研究发现，*MRG*15 基因是哺乳动物基因中唯一一个与组蛋白脱乙酰基酶和组蛋白乙酰基转移酶都有联系的基因。近期研究发现，*MRG*15 能活化原癌基因 B-*myb* 的启动子，从而启动细胞由 G_1 期进入 S 期，促进细胞增殖。*MRG*1 可能通过活化细胞周期必需的基因发挥其关键的正性调控作用，而 *MORF*4 可能通过负性途径抑制了 *MRG*15 的作用，使细胞增殖减少而开始衰老。另外，细胞衰老一直被认为是一种抵抗肿瘤形成的保护性机制。*MORF*4 能诱导人肿瘤细胞株亚型衰老。

MORF 所属的 *MRG* 家族在细胞衰老、增殖、正性及负性转录调控、DNA 损伤的修复过程中都起了重要的作用。对于这个基因家族的研究将有助于阐明衰老时染色质改变、细胞增殖及 DNA 损伤修复等的机制。

2. $p16^{INK4a}$ 基因 人类 $p16^{INK4a}$ 又称为细胞周期蛋白依赖性蛋白激酶抑制剂 2A（cyclin-dependent kinase inhibitor 2A, CDKN2A)，它编码一个含 156 个氨基酸残基，相对分子质量为 16 000 的细胞周期调控相关蛋白 *p*16。在啮齿类和人类的多种组织的衰老中，$p16^{INK4a}$存在明显的高表达。研究表明，$p16^{INK4a}$基因在哺乳动物的衰老中起一定的作用。随着衰老的进行，$p16^{INK4a}$表达的增加导致具有自我更新能力的细胞修复潜能的下降。一些证据显示，$p16^{INK4a}$的表达参与体内细胞的自发衰老。关于该现象研究最多的是造血干细胞(HSCs)。具有遗传毒性的刺激，如电离辐射等能够诱导对 HSCs 的功能的持久性破坏，这些刺激能有效地诱导 HSCs 中的 $p16^{INK4a}$的表达。氧化应激也能够诱导 HSCs 的功能对 $p16^{INK4a}$依赖性的下降。敲除 $p16^{INK4a}$可以增强 HSCs 连续移植入受辐射损伤的受体小鼠后的功能发挥。这些结果证明，$p16^{INK4a}$的表达是 HSCs 衰老的机制之一。然而这些研究没有直接指出 $p16^{INK4a}$是不是衰老的直接原因。后来应用 $p16^{INK4a}$缺失或过表达的小鼠来研究 3 种不同类型干细胞(HSCs、神经干细胞、胰岛干细胞)的自我更新能力，研究发现在每种类型干细胞的衰老过程中，$p16^{INK4a}$的表达都会显著的升高。在年老小鼠的 HSCs 中，$p16^{INK4a}$基因缺失的小鼠与同窝的野生型小鼠相比 HSCs 功能显著增强；$p16^{INK4a}$的缺失也增强了年老小鼠的神经前体细胞的功能和神经发生能力；在年老的小鼠中应用化学物质去除胰腺细胞后，$p16^{INK4a}$基因缺失的小鼠比同窝野生型小鼠的胰岛再生能力有显著的增强。$p16^{INK4a}$的表达在 HSCs、神经干细胞(NSCs)和胰腺干细胞中都显示了其促进衰老和抗增生能力，表明在这些干细胞中 $p16^{INK4a}$的表达能够通过抑制增生和自我更新而促进衰老，是导致衰老的原因之一。

现在，越来越多的科学家认可 $p16^{INK4a}$是细胞衰老的重要调节基因，其不仅在一定程度上反映衰老的进程，还有可能对衰老细胞再生修复产生影响。Baker 等正是以 $p16^{INK4a}$基因来标记衰老细胞，实现了对衰老细胞的识别。

3. *p21* 基因 *p*21 是一种细胞周期蛋白依赖性蛋白激酶抑制因子，它是 *p*53 下游的主导基因，也是 *p*53 的直接靶基因，两者构成 *p*53/*p*21 途径，对细胞周期和细胞衰老进行调控。*p*53 活化后使 *p*21 表达增加，高水平的 *p*21 抑制周期蛋白依赖性蛋白激酶(CDK)的活性，使细胞停滞在 G1 期，诱发细胞衰老。此外，*p*21 半寿期的增加可导致 *p*21 mRNA 和蛋白质水平的显著提高。*p*21 mRNA 的稳定性是通过位于 3′-UTR 的 AU 富集因子(AREs)来进行调控的，RNA 结合蛋白(如 HuR)可识别 AREs 并与之结合，增加 *p*21 mRNA 的稳定性和 *p*21 的表达，引发了衰老进程。反之，通过表达反义 HuR 减少 *p*21 RNA-protein 复合物的数量，则大大降低了 UVC 的诱发作用和 *p*21 mRNA 的半寿期，从而影响细胞周期和衰老进程。

4. *TOM1* 基因 *TOM*1 最初作为一个致癌基因 v-*myb* 特殊的靶基因被鉴定，是一种溶酶体相关基因。*TOM*1 属于包含 VHS 区域蛋白质家族成员，它除在 N-端 VHS 区域之外，中央区还有一个 GAT 区域。在胞内体通路中起到间接的转运和分选作用的接头蛋白(如 Hrs/Vps27、STAM、GGA 和泛素)，均含有 VHS 区域，因此可以推测 VHS 区域是这些蛋白发挥作用的关键部位。并且 *TOM*1 能单独与泛素复合物蛋白链和网格蛋白结合。在衰老模型人类胚胎肺二倍体(2BS)成纤维细胞株中，*TOM*1 基因表达明显增加，显示 *TOM*1 基因在 2BS 细胞的过度表达具有延迟衰老进展的作用。此外研究还发现 *TOM*1 基因表达可以促进 *p*16 和 *p*21 表达，从而加速细胞衰老。如抑制 *TOM*1 基因表达，可减缓细胞衰老。

5. *wrn* 基因 *wrn* 基因位于 8 号染色体短臂，编码为 1432 个氨基酸残基组成的蛋白质，其结构与 DNA 解螺旋酶极其相似。该基因是首次鉴定的与人类衰老有关的基因，可能类似于 *p*53，也是一种抑癌基因。其表达产物参与 DNA 的复制、重组，染色体离合(chromosome segregation)、DNA 损伤修复、转录及其他 DNA 解螺旋涉及的功能。Werner 早老综合征是一种隐性遗传性疾病，是典型的病理性衰老。研究表明，该疾病与 *wrn* 基因突变有关。*wrn* 基因的突变导致 Werner 综合征发生的可能机制是：*wrn* 基因突变的积累产生的 Werner 早老综合征 DNA 代谢异常，表现为染色体不稳定性，增加基因突变率，非同源组合增加，裂解质粒的连接失去准确性，端粒修复率降低，快速缩短端粒的长度，甚至改变 DNA 的复制，其结果是增加了该病的发病几率。

此外，DNA 合成抑制蛋白(senescent cell-derived inhibitor of DNA synthesis, SDI)基因、衰老协同基因(senescence associated gene, *SAG*)，以及 *ApoE4* 等基因也逐渐被研究证实是衰老基因。

(二) 长寿相关基因

机体内存在一些与长寿或抗衰老有关的基因，这些基因统称为长寿相关基因。在低等生物中已发现一些能影响寿命的单基因，如在酵母中的 *lag*1、*ras*1、*ras*2、*sir* 等；线虫中的 *age*-1, *daf*-2、12、16、18、23, *clk*-1、2, *spe*-26, *gro*-1 等。在生物进化过程中基因调控渐趋复杂，果蝇中还未见到有长寿基因的报道。哺乳类动物则更为复杂，目前研究仅阐明了某些基因与寿命相关，较为一致的认识是寿命受相关基因网络的调控。

1. *Klotho* 基因 *Klotho* 基因最初是在衰老表现的小鼠模型中发现的，随后发现在人和大鼠中也存在该基因，而且两者之间有较高的同源性。人 *Klotho* 基因定位于 13q12，编码两种蛋白，其中一种是由 549 个氨基酸残基构成的分泌型 *Klotho* 蛋白，该蛋白以游离的形式发挥功能，主要存在于人的大脑、海马、胎盘、肾脏、前列腺和小肠等组织中，血液中也可以检测到 *Klotho* 蛋白。目前，分泌型 Klotho 蛋白被认为是重要的抗衰老因子，对多种靶器官发挥生理学效应。

Klotho 基因剔除小鼠表现出类似人类早衰的症状，如运动失调、不育症、骨质疏松、肌肉老化、识别能力下降、动脉硬化等，特别是寿命明显缩短，在 8~9 周龄即死亡，平均寿命 60.7 天。*Klotho* 基因剔除小鼠导入可诱导的 *Klotho* 基因后，衰老表型可以恢复正常，但恢复后不再诱导时小鼠又重新出现衰老。最近研究还发现，外源性 *Klotho* 基因在小鼠体内过表达后，转基因小鼠比正常小鼠的寿命延长大约 30%。Haruna 等的研究也证实 *Klotho* 基因表达减少可以导致小鼠肾衰竭的发生，相反 *Klotho* 基因过表达则可以缓解肾衰竭症状，使 40 周生存率由 30% 升高到 70%。此外，一系列临床观察也表明，*Klotho* 基因在人抗衰老过程中也发挥着重要作用。因此，Klotho 是一种重要的抗衰老因子，对延长寿命具有重要作用。

2. *PARP* 基因 *PARP* 基因的表达产物是与 DNA 断裂修复密切相关的酶-聚腺苷二磷酸核糖聚合酶(poly ADP-ribose polymerase)，同时该基因也是 DNA 损伤的分子传感器，并参与端粒酶活性的调节。研究结果表明，PARP 酶活性的变化与增龄和寿险密切相关。在不同哺乳类动物中，*PARP* 活性与动物最大寿限成正比。在人和大鼠中，单核白细胞的 *PARP* 活性与增龄相关，随着老化，*PARP* 活性下降。目前，*PARP* 基因已被列为百岁老人长寿基因分析项目之一。

3. *Bcl-2* 基因 1972 年，Kerr 在研究细胞凋亡中发现与细胞凋亡的发生有关的一些特殊的基因，其中凋亡抑制基因 *bcl*-2 的研究引人关注。研究表明，*bcl*-2 的表达有利于细胞的生存。*bcl*-2 基因置入表达载体，转入细胞株中过量表达 *bcl*-2 编码的蛋白，结果发现，*bcl*-2 转基因细胞株在各种逆境下的生存时间明显延长。O'Reilly 等在前 B 细胞及多种造血细胞研究中发现，*bcl*-2 的过量表达能使这些细胞在除去生长因子后寿命延长。*bcl*-2 转基因动物实验表明，带 *bcl*-2 转基因而导致 *bcl*-2 产物在免疫系统中大量表达的小鼠，其 B 细胞及 T 细胞在体外的存活能力大大增强。Vaux 等将带有人的 *bcl*-2 基因表达载体注入线虫(*C. elegans*)的生殖腺中，发现由此产生的转基因线虫细胞凋亡大大减少。说明 *bcl*-2 具有抑制细胞凋亡、延长细胞生存期的作用。

4. *SIRT6* 基因 20 世纪 80 年代以来，以酵母、线虫、果蝇等低等动物为材料在分子水平上对衰老和长寿的机制进行了全面深入的研究并取得了巨大的成功，发现了与衰老有关的沉默信息调节蛋白家族(silent information regulator, Sir)，并在哺乳动物中找到了 Sir2 同源蛋白家族 sirtuins(SIRT)。最近的研究表明，哺乳动物中的 *SIRT6* 是新的抗衰老因子，在抑制衰老过程中发挥着重要作用。

哺乳动物如小鼠、人等的 SIRT 家族包含 7 个成员，分别命名为 SIRT1~7。根据氨基酸同源性分类，*SIRT6* 属于Ⅲ类，与 Sir2 同源性较差，该结果意味着它们的作用机制存在一定的差异。人类 *SIRT6* 基因定位于 19p13.3，编码一个含有 355 个氨基酸残基的蛋白质。Sirt1 基因广泛存在于机体各组织细胞中，细胞定位研究表明 *SIRT6* 主要定位于细胞核，可能与异染色体区和细胞核功能有关。

SIRT6 虽属于 Sir2 同源蛋白，但却缺乏去乙酰酶活性，而具有 ADP-核糖基转移酶活性，可以催化自身分子内的 ADP-核糖基转移反应。最新研究发现 *SIRT6* 通过影响 DNA 损伤修复来实现基因组稳定性，从而减少衰老延长寿命，而其功能缺陷将导致衰老的发生。Mostolavsky 等通过基因剔除技术分别剔除小鼠中的 SIRT1~7，发现只有 *SIRT6* 基因缺陷小鼠表现出明显的衰老性状。*SIRT6* 基因缺陷小鼠出生后 1~2 周发育正常，发育到第三周时出现明显的衰老现象如体积明显减小、皮下脂肪减少、骨密度下降、免疫机能下降和血糖严重降低等，1 个月后死于急性多种器官退化综合征。Michishita 等发现 *SIRT6* 活性对端粒染色质的作用，在人的细胞中可防止端粒机能障碍。实验鼠 *SIRT6* 键合组蛋白 H3 赖氨酸 9 脱乙酰化作用对核因子-κB(NF-κB)依赖基因表达和机体寿命的关系研究中，发现了 *SIRT6* 和 NF-κB 与衰老相联系的过程，SIRT 成员促进长寿与 *SIRT6* 分子和基因组稳定性及保护染色体端粒有关。研究指出，*SIRT6* 功能是减少染色质 NF-κB 信号，*SIRT6* 在靶基因启动子中与 NF-κB RELA 亚基和脱乙酰化物组蛋白 H3 赖氨酸 9(H3K9)相互作用。在缺少 *SIRT6* 的细胞中，这些靶启动子，H3K9 的高乙酰化作用是与增加 RELA 启动子和增进 NF-κB 依赖基因表达的调节、凋亡和细胞开始衰老相联系。当 NF-κB 在老年实验鼠的皮肤细胞中被抑制时，其作用是让皮肤细胞显得更年轻。进一步研究发现 *SIRT6* 基因缺陷小鼠基因组稳定性下降，细胞一些 DNA 氧化损伤的化合物如过氧化物敏感性增加，导致 DNA 碱基突变率增高。推断可能是由于正常情况下负责 DNA 氧化损伤修复的碱基切除过程出现缺陷，DNA 碱基突变无法得到有效修复、染色体损伤，从而加剧衰老和死亡。*SIRT6* 作用机制见图 16-6。

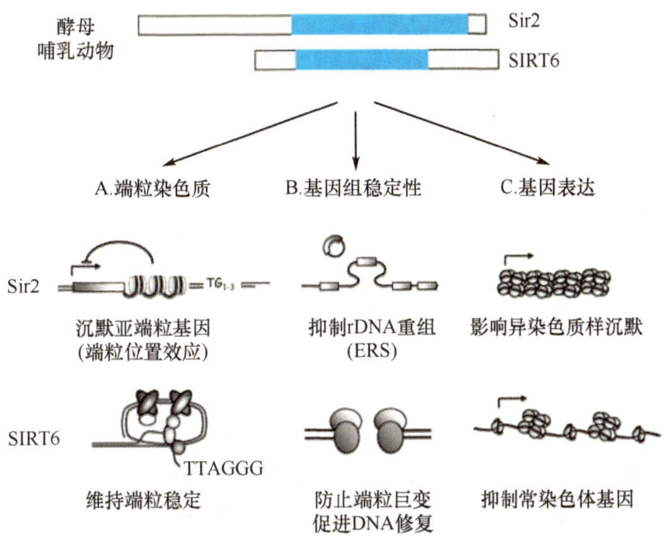

图 16-6　SIRT6 和 Sir2 结构与功能比较

第三节　端粒 DNA 与衰老

自 2009 年诺贝尔生理学/医学奖被授予发现端粒和端粒酶的学者以来，端粒和端粒的已成为衰老研究的热点。研究表明端粒、端粒酶与机体的衰老存在密切的关系。

一、端　　粒

端粒是由著名遗传学家 McClintock 与 Muller 在四膜虫中首先发现并证实的，并将其命名为端粒(telomere)。端粒是指真核生物线性染色体两末端的一种特殊的膨大结构，它是由特异结合蛋白与 DNA 重复序列构成的复合物。端粒的功能主要是端粒蛋白因子与染色体的末端结合形成特定的复合物，保护端粒 DNA 的末端不受核酸酶降解，稳定染色体末端结构；又可防止在 DNA 黏性末端裸露处发生染色体融合，避免 DNA 修复系统错误地将染色体末端识别为染色体断口而将染色体粘接起来。

（一）端粒 DNA

端粒 DNA 由短而简单的串联重复序列构成，其碱基组成因物种而异，长度一般为 5～8bp。迄今为止已克隆鉴定了许多生物端粒 DNA 的重复序列，如人和脊椎动物为 5′-TTAGGG-3′。端粒 DNA 有三个结构功能区：端粒相关序列、端粒重复序列和 3′单链悬突(两个重复序列的长度)。不同物种的端粒 DNA 长度差别很大，重复序列长度也不一样。端粒 DNA 的重复序列有种属特异性，如四膜虫端粒的重复单位为 TTGGGG，人的端粒为 TTAGGG。通常端粒 DNA 的一条富含 G 链的 3′-OH 端，具有长为 12～16nt 的单链突出末端。3′单链悬突可能是端粒 DNA 的一个普遍特征。

端粒 DNA 的核苷酸序列在生物进化过程中除具有高度的保守性，均由富含 GC 的 DNA 重复序列(TTAGGG)*n* 组成外，还有种属特异性。不同个体的端粒初始长度差异很大，人的端粒长度在 5～15kb 之间，重复次数约为 2000 次。此外，端粒序列长度有随年龄增长而逐渐变短的趋势。这是由于在 DNA 半保留复制过程中去除 RNA 引物后，在子代 DNA 分子的两条子链的 5′端各留下一个缺口。因此，随着 DNA 复制和细胞分裂，端粒长度会逐渐短缩。正常情况下，人体细胞每进行 1 次有丝分裂，端粒 DNA 将丢失约 50～200bp。而精子端粒长度终生保持不变，有利于生殖细胞将完整的遗传信息传给子代。

（二）端粒特异结合蛋白

端粒特异结合蛋白有两种：端粒结合蛋白(TBP)和端粒相关蛋白(TAP)。两种蛋白质对于端粒长度具有负性调节作用，有抑制端粒酶活性的可能。在已发现的数十种端粒特异结合蛋白中，人们研究较为深入的主要有酵母端粒结合蛋白抑制/活化蛋白 1(RAP1)，人类端粒结合蛋白端粒重复序列结合因子(TRF)、端锚聚合酶(tankyrase)、TRF1 交互作用核蛋白 2 等。端粒的结构示意图见图 16-7。

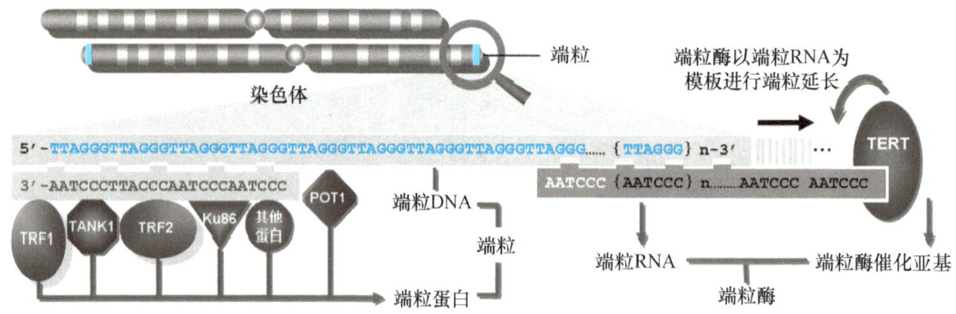

图 16-7 端粒的结构示意图

(三) 端粒的功能

端粒具有重要的生物学功能:①维持染色体结构的完整性,防止染色体被核酸酶降解及染色体间相互融合;②防止染色体结构基因在复制时丢失,解决了末端复制的难题。DNA 复制时,DNA 聚合酶必须在 RNA 引物基础上从 5′向 3′方向延伸,而 5′端 RNA 引物去除后因无引物的存在而不能复制,结果每复制一次染色体末端将丢失一段序列。端粒的存在使每次丢失的仅为端粒的一部分,从而保护了染色体内部的结构基因;③有些研究还显示,端粒与核运动有关,可能对同源染色体的配对重组有重要意义。

二、端 粒 酶

(一) 端粒酶的结构

端粒酶最初是在四膜虫中被发现并纯化。端粒酶是由 RNA 和蛋白质组成的一种很特殊的核蛋白复合物,具有反转录酶活性,又称为端粒末端转移酶。端粒酶的 RNA 含有与端粒 DNA 互补的序列,端粒酶以其 RNA 为模板合成端粒 DNA 重复序列 TTAGGG,有延长端粒 DNA 并维持端粒长度的作用。研究发现发现端粒酶 3′-末端残基至少需要存在 3 个核苷酸片断,才能保持整个端粒酶的活性(图 16-8)。

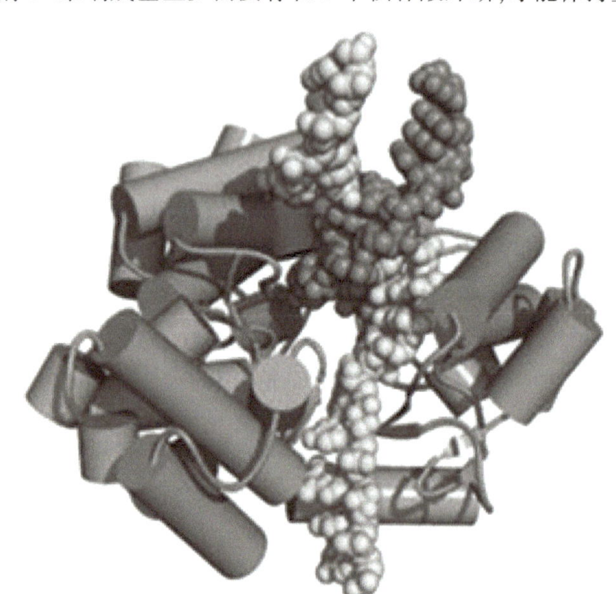

图 16-8 端粒酶的结构示意图

人端粒酶主要由人端粒酶 RNA(human telomerase RNA,hTR)、人端粒酶相关蛋白 1(huamn telomerase-associated protein-1,hTP1)和人端粒酶反转录酶(huamn telomerase reverse transcriptase,hTERT)三部分构成,另外还有热休克蛋白、p23 和 dyskerin。

1. hTR hTR 包括 11 个核苷酸(5′-CUAAC-CCUAAC-3′),与人类端粒反复串联的基本序列单元(TTAGGG)n 互补,从而能够在缺少 DNA 模板的情况下,以自身的 RNA 为模板,给端粒富含 G 碱基单链添加重复序列,延伸端粒寡核苷酸片段,催化端粒 DNA 合成,以补偿因“末端复制问题”而致的端粒片段丢失,阻碍端粒缩短。

2. hTP1 研究发现,hTP1 氨基末端可与 P53 的羧基末端结合,在端粒酶的活性调节中发挥重要作用,因此也被称为端粒酶的调节亚基。

3. *hTERT* *hTERT* 基因定位于 5p15.33,长度约 40kb,是人类端粒酶蛋白的催化亚基,具有维持端粒稳定性的功能。研究结果表明伴随端粒酶活性的增加,TERT-mRNA 表达水平也相对应成一定比例增加,并且在癌细胞和正常组织中的表达有很大的不同,据此可认定,调控人类端粒酶活性的主要亚单位是 *hTERT*。只要 *hTERT* 表达,其他亚单位就会与其共同构成高活性的端粒酶全酶。端粒酶的作用机制见图 16-9。

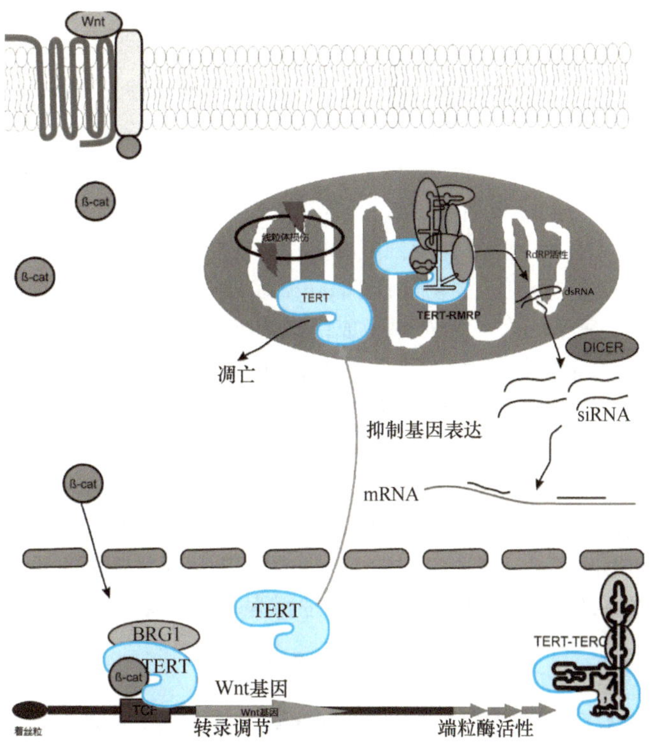

图 16-9 端粒酶的作用机制

（二）端粒酶的功能及活性调节

端粒酶主要具有以下几方面的功能：①延伸作用。在没有端粒酶的细胞中，端粒会逐渐缩短直至损害基因；在有端粒酶存在的细胞中，该酶则会不断补充新的端粒，使之处于一种不断伸缩的动态平衡中。正是端粒酶的存在，维持了大多数组织的端粒长度，从而抵消了因细胞分裂而导致的端粒 DNA 的消耗。人的生殖细胞、造血干细胞及 T、B 淋巴细胞中端粒酶有不同程度的表达，而在正常的体细胞中端粒酶不表达，因此体细胞随细胞分裂次数的增加端粒逐渐缩短。②修复作用。当断裂的染色体末端有富含 G、T 的 DNA 存在时，即使没有完整的端粒重复序列存在，它也能被端粒酶作为引物 DNA 延伸端粒序列。因修复断端免遭外切酶对染色体 DNA 的更多切割，端粒酶在某种意义上讲也维护了基因组的稳定性。③纠错作用。在端粒合成中端粒酶还具有去除错配碱基和延伸超过模板范围的碱基的功能。此外，研究证实，在嗜热四膜虫的小核中，端粒酶还有影响姊妹染色体分离的作用。

端粒酶的表达和失控直接与人类的疾病有关。人体的生长发育是一个极其复杂的过程，因而端粒酶的表达、失活以及作用方式必然受到精密的调节。目前普遍认为，端粒酶活性的调节是一个多步骤、多水平的复杂过程，涉及转录、翻译、翻译后水平，包括端粒结合蛋白、细胞周期蛋白及相关因子、磷酸化及去磷酸化等方面。

三、端粒、端粒酶与衰老

1991 年，Herley 提出了细胞衰老的端粒假说，认为端粒长度在细胞衰老进程中处于一种竞争平衡，端粒由于 DNA 末端复制、端粒的加工和端粒的重组等原因而缩短，另一方面端粒酶的催化作用、端粒的特异性扩增等因素又使其延长。研究显示，正常人的组织和细胞在复制过程中均有端粒 DNA 的丢失，细胞每分裂一次，端粒 DNA 减少 50～200bp。当端粒缩短到一定程度时，便难以维持染色体的稳定，因此细胞失去了分裂增殖能力而进入衰亡过程。这一假说已为越来越多的研究所证实：①年老个体体细胞中端粒较年轻个体短，年轻个体的体细胞中端粒随着年龄增加逐渐缩短，年龄与端粒长度呈明显负相关。最有利的实验证据来自人类的成纤维细胞，年轻人成纤维细胞内端粒的平均长度为 18～25kb，而老年人成纤维细胞内端粒的平均长度仅为 8～10kb；②有旺盛增殖能力的胚胎细胞、生殖细胞、造血干细胞等具有较长的端粒，而且有较高的端粒酶活性；而多数增殖能力有限的体细胞端粒较短，不表达或低表达端粒酶活性。移植的造血干细胞由于快速的端粒缩短而引起细胞衰老加速的实验证明了这一结果；③体外实验证实，在多种端粒酶阴性的细胞中重建端粒酶活性，可以维持端粒长度，增加细胞的寿命，甚至使细胞永生。而抑制端粒酶活性，则可迫使永生化细胞转化为正常细胞，出现衰老、死亡。Funk 等在两种端粒酶活性为阴性的正常人细胞(视网膜色素上皮细胞和包皮成纤维细胞)导入能编码人端粒酶催化亚基的载体后，发现其端粒酶活性呈阳性，同时有丝分裂次数亦增加，使其寿命至少延长了 20 代，而且细胞衰老的生物学标记-半乳糖苷酸的表达也显著减少；④癌细胞具有无限增殖能力，而约 85% 以上的癌细胞具有端粒酶活性。最近的一项研究表明，转端粒酶基因小鼠的皮肤角化细胞表达高水平的端粒酶活性，细胞对促有丝分裂剂极敏感、易癌变，绝大多数肿瘤细胞皆有端粒酶活性。Kim 等对代表人的 18 种不同组织类型的具有永生性的肿瘤细胞株的 100 个标本进行检测，结果显示其中 98 例呈端粒酶阳性，而 22 例正常对照组织中端粒酶则全部阴性；⑤Werner 综合征和 Down 综合征的患者端粒加速缩短，与这两种患者加速的早衰相对应。使 Werner 综合征患者成纤维细胞表达端粒酶活性可以延长细胞寿命。

目前，端粒缩短引发细胞衰老的机制尚未明了，可能的机制是：①端粒 DNA 的缩短释放端粒结合转录因子，该因子进而激活衰老诱导基因或灭活细胞周期进行所必需的某些基因；②诱导 DNA 损伤的反应，导致细胞周期受阻；③端粒的缩短引起了免疫功能下降。Pommier 在研究中发现，受 HIV 感染的高度免疫缺陷病人外周血单核细胞(T4、T8、B 等)的端粒长度急剧缩短。

但是，也有一些实验结果并不支持上述观点。如端粒在人血液细胞中随着年龄的变化复杂，在人免疫系统的某些细胞中端粒的长度不断增长，而癌细胞中仍有少数并不表达端粒酶的活性。此外，虽然在人体许多衰老的组织中可见端粒的缩短，但尚未有确切证据证实是因为端粒缩短造成了细胞衰老，这些都需要有更多的实验结果来证实。

第四节　线粒体 DNA 与衰老

线粒体是真核细胞中重要的细胞器之一，是细胞能量提供和储存的场所。线粒体 DNA(Mitochondrial DNA，mtDNA)是属于细胞核染色体外一基因组，线粒体不仅有自己的遗传控制系统，而且又受到核 DNA 的控制。

一、mtDNA 的遗传特征

线粒体是存在于细胞质的一个含有双层膜的重要细胞器，是细胞的氧化中心和动力站。线粒体有独立的遗传系统，是人细胞中除核之外唯一含有 DNA 的细胞器。人线粒体 DNA(mtDNA)由 16569bp 组成，共含有 37 个基因，其中 2 个编码 rRNA、22 个编码 tRNA 以及 13 个编码与线粒体氧化磷酸化有关的酶和蛋白质(见第二章)。mtDNA 编码的酶和蛋白质与其他核 DNA 编码的蛋白质一起，组成完整的电子传递链，完成细胞呼吸功能，为细胞提供能量。mtDNA 没有内含子结构，缺乏 DNA 修复系统，因此易受电子传递链产生的氧自由基损伤。与核 DNA 相比，mtDNA 具有特殊的遗传特征。

1. 母系遗传　mtDNA 位于细胞质中，所以其遗传方式是非孟德尔式的，为母系遗传。人类精子细胞 mtDNA 拷贝数非常低($<10^3$)，而卵细胞内的拷贝数极高($>10^5$)，所以子代细胞内线粒体基因主要来源于母亲。

2. 异质性　在一个细胞中 mtDNA 发生突变时，细胞内同时存在野生型和突变型两种类型的 mtDNA。在细胞分化中，突变 DNA 的分配不同，导致在每个细胞中突变 DNA 的含量也有所不同，与线粒体内突变 DNA 的比例有关的细胞氧化磷酸化的功能缺失率可以在 0 到 100% 之间。

3. 高突变率　mtDNA 呈裸露状态，缺乏组蛋白保护且损伤修复功能不完善，又直接暴露在高活性氧环境中，因此突变率高出核 DNA 突变率的 10 倍以上。这导致在不同种群之间甚至在不同个体之间 mtDNA 序列多有可能有所不同，因而表型也不一样。

4. 阈值效应　突变的 mtDNA 是否导致疾病与突变的性质严重程度、突变 mtDNA 所占比例、核基因产物的调节，以及与不同组织细胞对线粒体产生的 ATP 的依赖性均有一定的关系。突变的 mtDNA 需要达到一定程度才足以引起组织及器官功能改变而致。

5. 高利用率　人类线粒体的基因排列非常紧凑，除与 mtDNA 复制及转录有关的一小段区域外，mtDNA 中，除与复制和转录有关的小片段外，其他顺序不含内含子顺序，部分基因之间甚至有重叠，因此，mtDNA 的任何突变都会累及到基因组中的一个重要功能区域。

6. 协同作用　尽管 mtDNA 有一定程度的自主性，但其复制、转录、翻译过程所需的多肽均由核 DNA 编码，mtDNA 基因的表达受核 DNA 的制约，两者协同作用参与机体的代谢、调节和发育。

二、mtDNA 的突变形式

大量研究证实正常个体也会出现 mtDNA 突变，且随增龄而积累。目前已经证实至少有三种 mtDNA 突变类型与衰老相关，即点突变、缺失、重排。其中 mtDNA 点突变和缺失突变研究最多，发生频率也最高。

（一）点突变

mtDNA 点突变是导致衰老相关的退行性疾病衰老病的主要原因，已发现至少 10 种以上的点突变，分为 tRNA 的点突变和编码蛋白基因的点突变，常见的有：①线粒体脑肌病伴乳酸血症和卒中样发作（MELAS）最常见突变是 mtDNA 3243 位点上的 tRNA 基因 A→G、3271 位点 T→C；②肌阵挛性癫痫伴碎红纤维综合征（MERRF）常见突变类型是 tRNA 基因第 8344 位点的 A→G、8356 位点 T→C；③慢性进行性眼外肌麻痹（CPEO）常见突变类型是 tRNA 基因第 3243 位点 A→G、4274 位点 T→C；④Leber 遗传性视神经病变（LHON）常见突变是编码蛋白基因第 11778 位点的 G→A、14484 位点 T→C、3460 位点 G→A；⑤心肌病常见突变类型是 tRNA 基因第 3243 位点 A→G、4269 位点 A→G；⑥63% 的 Alzheimer 病患者中 mtDNA 调控区基因第 414 位点 T→G。然而，以前检测 mtDNA 点突变的研究都是采用等位基因特异的 PCR（allele-specific PCR）技术，结果都表明突变基因组相对野生型基因组数量要少得多。有两项研究评估了特定点突变的发生频率，分别只有 2.0%~2.4% 和 0.1%。近来，Attardi 及其同事发展了一种更灵敏的检测方法，其结果对衰老 mtDNA 点突变率很低的观点提出了挑战。

（二）缺失

大多数 mtDNA 缺失相关疾病在成年后才开始出现症状，症状随时间逐渐加重，且 mtDNA 缺失的量呈渐进性增多。线粒体 DNA 缺失累积的结果，使其氧化磷酸化的能力持续降低，产生的 ATP 的量越来越少。mtDNA 缺失突变在线粒体肌病和脑肌病类神经肌肉失调患者中首先检测到。在这些病人中，mtDNA 缺失发生率很高，可占所有线粒体基因组的 20%~80%。衰老时 mtDNA 缺失突变以分裂期后组织（神经和肌肉）4977bp 缺失发生频率最高，同这些组织线粒体酶活性下降最显著相一致。但缺失不仅发生在这一部位，而是 mtDNA 多个部位都存在缺失现象，而且是复合缺失。Zhang 等在 69 岁女性受试者心、脑和骨骼肌组织检测到 10 种不同的缺失。mtDNA 缺失数量和缺失种类随增龄而增加。4977bp 缺失序列两端紧邻 13bp 的正向重复（5′-ACCTCCCTCACCA-3′），在缺失形成过程中其中一个正向重复丢失。Wallace 等提出滑动复制（slip replication）假说解释缺失形成过程。这一假说提出，由于复制叉的形成，下游轻链正向重复被暴露。被替代的重链正向重复碱基与之配对。复制完成后，从轻链起始点形成一个正常 mtDNA 分子，而由滑动复制重链形成一个缺失的 mtDNA。但这一假说缺乏实验支持，而且没有解释自由基攻击与缺失突变形成的关系。

（三）重排

Wallac 等曾报道过随增龄线粒体氧化磷酸化能力下降是由 mtDNA 重排的积累引起的。之后有研究通过长距离 PC 在衰老的骨骼肌、脑组织中也发现了 mtDNA 重排，推测重排与衰老有关。Coskun 等认为有丝分裂后组织中 mtDNA 重排多随年龄积累，这个年龄点一般是 45 岁左右。虽然在一特定组织中某个重排可能少见，但通过长距离 PCR 方法，在多个组织中都发现不同的 mtDNA 重排随衰老积累。

尽管这三种突变中的任何一种很少达到 1%，但它们中的一些在衰老组织中可共同存在，大大增加 mtDNA 突变型的比例，影响呼吸链功能，导致细胞能量代谢障碍，从而加速衰老过程。

三、mtDNA 的突变机制

（一）活性氧

活性氧（ROS）作为生物氧化的副产物，微量的 ROS 能参与细胞内的信号转导，对基因表达、个体发育起到生理性调节作用。

线粒体是 ROS 产生的主要场所。在正常生理情况下，线粒体内存在能清除自由基的氧化防御系统：超氧化物歧化酶（Mn-SOD）、谷胱甘肽过氧化物酶（GSH-Px）、过氧化氢酶（CAT）、谷胱甘肽还原酶，还有一些抗氧化物质如维生素 E、维生素 C、谷胱甘肽等。这些酶和还原物质能清除自由基，阻止 ROS 的过度生成，使得线粒体内 ROS 处于产生和消除的动态平衡，不会对机体造成损伤。但随着年龄的增长，这些抗氧化防御体系的活性逐渐降低，导致 ROS 生成过量，它们攻击位于线粒体内膜上的脂类、蛋白质和 mtDNA，影响线粒体的功能，导致衰老的发生。目前认为，ROS 损伤是衰老时 mtDNA 突变的主要原因。Adachi 等人观察到补充 CoQ10 可以阻止 mtDNA 缺失，降低心肌线粒体脂质过氧化水平。这直接证明 ROS 与 mtDNA 突变的关系。mtDNA 位于线粒体内膜基质侧，临近 ROS 产生部位，呼吸链电子传递过程中产生的 ROS 易引起 mtDNA 氧化损伤。因此，mtDNA 比核 DNA 更易受到氧化损伤。Richter 等观察到大鼠肝脏 mtDNA 8-羟-脱氧鸟苷（8- OH-hydroxydeoxyguanosine，8-OH-dG）水平比核 DNA 高 16 倍，而且 24 月龄大鼠较 3 月龄大鼠肝脏 mtDNA 8-OH-dG 水平高 3 倍。对人脑的研究也表明 mtDNA 较核 DNA 更易受损。Yakes 等人用 200μM H_2O_2 处理人纤维原细胞 15min 或 60min，发现 mtDNA 损伤程度比核 DNA 高 3 倍。而且，1.5 小时后核 DNA 损伤可以修复，但 mtDNA 损伤没有被修复迹象。这表明氧化损伤对 mtDNA 作用更严重，持续时间更长。

（二）脱氧鸟苷

脱氧鸟苷（deoxyguanosine，dG）向 8-OH-dG 的转化增加 mtDNA 突变几率。mtDNA 缺失与 8-OH-dG 含量之间有明显的相关。研究表明，8-OH-dG 通常应编码胞嘧啶，但它有 1% 的几率单一突变同腺嘌呤配对。8-OH-dG 还可造成邻近残基的错读。

（三）DNA 聚合酶 γ

聚合酶 γ 是线粒体中存在的唯一的 DNA 聚合酶，负责 mtDNA 的复制和修复。研究显示，该酶在线粒体合成 DNA 时错配率较高。Pinz 等研究了聚合酶 γ 对线粒体中两种常见的损伤-脱碱基损伤和氧化损伤（发生率在线粒体中是核中的 10 倍以上）的作用，发现聚合酶 γ 的 3′-5′外切酶活性不能十分有效地校正这两种损伤造成的不正常配对，这可能是 mtDNA 突变率高的一个原因。但对这一点存在争论。

四、mtDNA 突变与阿尔海默病

1988 年，Holt 等人首次证实线粒体突变与衰老之间的关系。在随后的十余年间，研究者又发现许多与衰老相关的退行性疾病（衰老病）的主要原因是 mtDNA 的变异。与此相关的衰老性疾病包括阿尔海默病、帕金森氏病、舞蹈症（Huntington's disease，HD）、肌萎缩运动性神经障碍（amyotrophic lateral sclerosis，ALS）、心肌病（cardiomyopathies）等。

阿尔海默病（Alzheimer's disease，AD）又称早老性痴呆，是一种中枢神经系统常见病，临床表现主要是进行性痴呆，主要症状是失忆（amnesia）、失语（aphasia）和失认（agnosia）。早老性痴呆病理特征是皮质神经元减少，细胞内神经纤维缠结，胞外结构的老年斑。越来越多的证据表明，AD 的发病机制与线粒体功能障碍有关，AD 的组化和生化均提示有呼吸链复合物功能缺陷，研究发现 AD 患者的细胞色素氧化酶活性降低，mtDNA 氧化损伤增加。AD 患者大脑颞叶细胞色素氧化酶基因的 mtDNA 水平不到对照组的 50%，患者细胞色素氧化酶基因的突变率比同龄老年人高 30 以上%，约有 1/5 的 AD 患者伴有细胞色素氧化酶基因缺陷。AD 患者的细胞色素氧化酶亚单位Ⅱ、Ⅳ的免疫染色降低，其中 mtDNA 编码的亚单位Ⅱ较核 DNA 编码的亚单位 IV 下降更明显。mtDNA 缺陷导致胞质杂交细胞中细胞色素氧化酶活性下降，自由基生成增多，进而线粒体膜组分受损，膜电位下降并引起线粒体转运孔开放，Ca^{2+} 内流，钙稳态破坏以及细胞色素 C 由线粒体进入胞质引起胞质细胞色素 C 浓度的升高，激活胱天蛋白酶 3（caspase-3），诱发细胞凋亡。胱天蛋白酶家族对 β 淀粉蛋白体（APP）的降解以及胱天蛋白酶和早老蛋白间的相互作用促成了 β 淀粉蛋白（Aβ）的形成。电镜下可见线粒体体积增大，基质颜色由黑变灰，嵴突减少，细胞质和线粒体中出现晶体样包涵体等，表面 mtDNA 的突变可致线粒体结构和功能的异常，从而导致神经元的死亡和 AD 的发生。

研究表明，AD 患者是主要是由于 mtDNA 编码转运谷氨酰胺 tRNA 的基因在 mtDNA4336 位点上发生 A-G 的点突变，这一突变位于转运谷氨酰胺 tRNA 的基因 TΨC 环的颈部，最终影响谷氨酰胺-tRNA 的合成。遗传性谷氨酰胺 tRNA 的基因 4336 点突变的出现可能是 AD 发病的危险因素。虽然 mtDNA 引起疾病的缺陷通常是遗传性的，但仅靠它们本身并不足以引起疾病，后天的 mtDNA 突变可能加剧了其致病效应，这种后天的突变称为“体细胞突变”，主要是由氧自由基的毒性作用引起的。疾病的发生是先天和后天的 mtDNA 突变两者共同作用的结果。AD 与脑内线粒体氧化磷酸化异常有关，这一观点已得到广泛的认同。虽然与氧化磷酸化相关的 mtDNA 基因突变在 AD 发病中的作用并不十分确定，但细胞色素 *c* 氧化酶活性在 AD 患者有明显而确定的异常,可能通过一系列不同机制引起神经退行性改变及 AD 的发生。

mtDNA 损伤的累积导致线粒体电子传递的异常,进一步加剧氧自由基的产生、mtDNA 突变的增多以及脂质和蛋白质的氧化损伤,最终导致细胞的死亡。mtDNA 突变可以通过多种机制参与 AD 的发生发展(图 16-10),可能的途径有:增加线粒体膜的稳定性,增强线粒体呼吸链复合酶的活性,如辅酶 Q10,清除氧自由基,减少自由基的损伤,如服用维生素类的 E、C、A 及谷胱甘肽等;限制饮食,减少 mtDNA 的氧化损伤和突变 mtDNA 的复制,从而减少 mtDNA 突变的积累。

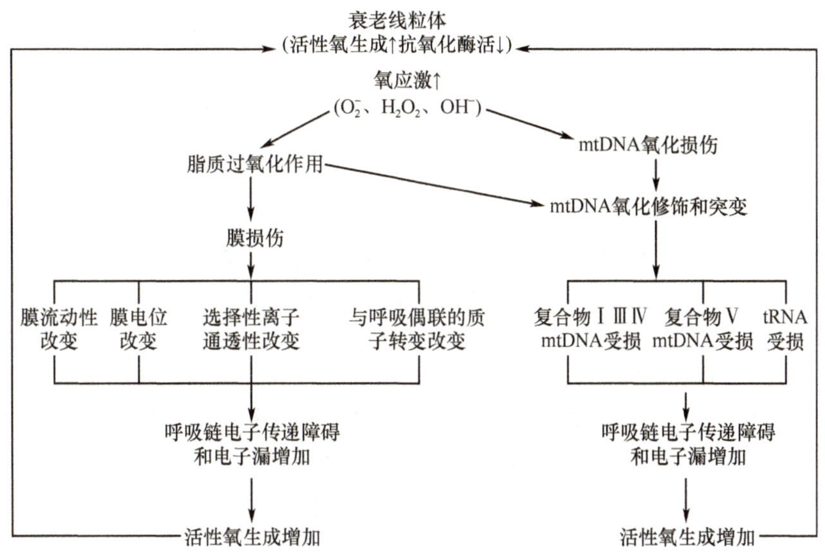

图 16-10　AD 的发病机制

思　考　题

1. 试述衰老的概念、特点及影响因素。
2. 衰老生物学标志的判断标准及常见的诊断标志物是什么?
3. 有哪些衰老学说,简述各学说要点。
4. 常见的衰老基因和长寿基因有哪些?
5. 试述端粒酶的作用机制。
6. 试述 AD 的发病机制。

(王　杰)

第十七章 肿瘤发生与转移的分子机制

肿瘤(tumor)是一种古老的疾病，可追溯到3000年以前的我国殷商时期，甲骨文上已经有“瘤”的出现；在宋代窦汉卿所著的《疮疡经验全书》中对乳腺恶性肿瘤就有这样的描述：“捻之内如山岩，故名之，早治得生，迟则内溃肉烂见五脏而死。”由此可见，远古时代人们对这类疾病的看法是初浅的经验之说。16世纪末期，荷兰人H. L. Sacharias Jansen和H. Jenssen发明了显微镜，尤其是1931年，瑞典人E. Ruska研制了电子显微镜，使生物学研究发生了变革。正是由于显微镜等技术的发展，人们才开始对肿瘤有了更深入的了解，并逐步揭开肿瘤发生和发展的神秘面纱。

肿瘤是由于基因变异所引起的细胞异常增生，细胞增殖失控而导致的疾病。一般情况下，细胞的增殖和凋亡是有规律的严格生理状况，并受到多方面的严格控制，以协调人体各个组织和器官正常执行功能。即使是在严重创伤后的修复过程中，机体细胞的增殖也是限于一定程度和一定时间，称之为正常的细胞增生。当某个器官或组织的细胞脱离了原先的制约机制，失去控制性的增殖生长，并在细胞形态和功能上严重改变，就可能形成肿瘤。1938年，美国外科学杂志上报道了拿破仑家族中癌症的发病情况，他的全家都患有胃癌。这种现象称为家族性癌。在人类生存的环境中存在着一些与肿瘤发生相关的物质，能诱导正常细胞癌变，称为致癌因子，另一类物质单独无致癌作用但能够促进其他致癌因子诱发肿瘤，称为促癌因子。还有的物质(如黄曲霉素)进入体内后，在肝中酶的作用下才有致癌作用。此外，有些物质在动物实验中发现可以诱导肿瘤，但目前尚无依据证明它能够诱发人类癌症，我们称之为可疑的或潜在的致癌因子。

第一节 癌基因、抑癌基因和生长因子

早在1968年，Duesberg等人就发现Rous肉瘤病毒基因组中有一种编码蛋白酪氨酸激酶的基因，并证实它在细胞转化中起关键作用。1969年，R. Huebner和G. Tedaro提出了癌基因学说(oncogene theory)：细胞癌变是由于病毒基因组中的癌基因(oncogene)引起的。癌基因是存在于病毒或细胞基因组中的一类在一定条件下能使正常细胞发生恶性转化的核苷酸序列。癌基因是病毒或细胞基因组的一部分，但当受到外界条件激活时即可诱导肿瘤发生。癌基因可分为两种：病毒癌基因和细胞癌基因。

一、病毒癌基因

病毒癌基因(viral oncogene)是存在于病毒(大多是反转录病毒)基因组中在体内诱发肿瘤，在体外能使靶细胞发生恶性转化的基因。它不编码病毒结构成分，对病毒无复制作用，也并非病毒生长繁殖所必需。

1980年研究发现，人类肿瘤约15%与病毒有关，能致肿瘤的病毒统称为肿瘤病毒(carcinogenic virus)。在发现T淋巴细胞白血病病毒后，病毒感染已成为继吸烟之后的人类第二位高危致癌因素。研究表明：鼻咽癌、Hodgkin病、肝细胞癌、胃肠道淋巴瘤、宫颈癌等与病毒感染有关；幽门螺旋杆菌、腺病毒、人类免疫缺陷病毒、多瘤病毒也与肿瘤发生有一定关系。

(一) 病毒癌基因的发现

1910年，美国内科医生F. P. Rous发现，将从鸡肉瘤制备的无细胞滤液给鸡注射，能引起新的肉瘤。当时他的发现不被承认，连他自己也放弃了肿瘤病毒的研究。几十年后，由于电镜技术的应用及其他实验室的证实，肯定他发现的致癌因子是病毒，称为Rous肉瘤病毒(Rous sarcoma virus，RSV)。1946年《恶性肿瘤起源于病毒》一书出版，结论为肿瘤病毒改变了细胞的遗传特性，使正常细胞转化为肿瘤细胞。Rous因开创了病毒与肿瘤发生有关的研究而是获得1966年诺贝尔生理或医学奖。1975年，美国病毒学家M. Bishop从RSV中分离到第一个病毒癌基因 *src*，该基因编码相对分子质量为60 000的一种磷蛋白。

肿瘤病毒是一类能使敏感宿主产生肿瘤或使培养细胞转化成癌细胞的动物病毒，包括DNA病毒和RNA病毒，其中致癌的RNA病毒大多为反转录病毒(retrovirus)。反转录病毒感染宿主后在宿主细胞内先以病毒RNA为模板，在反转录酶催化下合成双链DNA前病毒(provirus)，随后随机整合于细胞基因组。前病毒通过

重排或重组，在增殖过程中将细胞的原癌基因转导（transduction）至病毒本身基因组内，使原来的野生型（wild type）病毒转变成携有转导基因的病毒，从而获得致癌性质。RNA 病毒中的反转录病毒有 3 个亚型，分别称为 C 型、B 型和 D 型。反转录病毒还有一类慢病毒，能抑制免疫功能，如人类免疫缺陷病毒（HIV）。DNA 肿瘤病毒包括多瘤病毒、乳头状病毒、腺病毒、疱疹病毒等，通过转化基因编码产物直接致癌、间接致癌和反式激活致癌。肿瘤病毒是生物性致癌因子，在体外可使正常小鼠发生转化，将这些转化细胞注入宿主体内，可诱发肿瘤。肿瘤病毒通过携入病毒基因、插入激活细胞癌基因或抑制抗癌基因而使细胞转化或癌变。一些引起肿瘤的病毒见表 17-1。

（二）病毒癌基因的命名

病毒癌基因以首次发现该基因的病毒或肿瘤来命名，以小写字母表示。例如：*src* 来自 Rouse sarcoma virus，*ras* 来自 rat sarcoma virus，*abl* 来自 Abelson murine leukaemia virus，*sis* 来自 Simian sarcoma virus。

DNA 肿瘤病毒的基因组也存在着能使宿主细胞转化的基因。例如，腺病毒的 *E1A*、*E1B* 基因，多瘤病毒的大 *T*、中 *T* 基因，人乳头瘤病毒的 *E6*、*E7* 基因，以及 SV40 中的大 *T* 基因。这些基因为病毒复制所必需，同时又有使宿主细胞转化的作用，故沿用原名，不另以癌基因命名。

表 17-1　常见的引起肿瘤的病毒

病毒	肿瘤
DNA 病毒	
乳头瘤病毒	疣（良性）
肝炎病毒家族	肝癌
肝病毒 C	肝癌
EB 病毒	鼻咽癌、Burkitt´s 淋巴瘤与胃癌、肺癌、淋巴上皮癌的发生也有一定的关系
RNA 病毒	
人T 细胞白血病病毒 Ⅰ（HTLV-Ⅰ）	成人 T 细胞白血病
淋巴病毒	淋巴癌
人免疫缺陷病毒	Kaposi's 肉瘤

目前，从许多动物中分离出 40 多种高度致癌的反转录病毒，并从中鉴定出 30 余种病毒癌基因（表 17-2）。

表 17-2　反转录病毒癌基因

V-onc	病毒名称	宿主	*V-onc*	病毒名称	宿主
abl	Abelson 白血病病毒	小鼠	*fms*	McDonough 猫肉瘤病毒	猫
akt	AKT8 病毒	小鼠	*fos*	FBJ 小鼠成骨肉瘤病毒	小鼠
cbl	Cax NS-1 病毒	小鼠	*fps*	Fujinami 肉瘤病毒	鸡
crk	CT10 肉瘤病毒	鸡	*jun*	禽类肉瘤 17 病毒	鸡
erbA	禽类成红血细胞增生症 ES4 病毒	鸡	*kit*	Hardy-Zuckerman 猫肉瘤病毒	猫
erbB	禽类成红血细胞增生症 ES4 病毒	鸡	*maf*	禽类肉瘤 AS42 病毒	鸡
ets	禽类成细血细胞增生症 E26 病毒	鸡	*mos*	Moloney 肉瘤病毒	小鼠
fes	Gardner-Arnstein 猫肉瘤病毒	猫	*mpl*	骨髓增生性白血病病毒	小鼠
fgr	Gardner-Rasheed 猫肉瘤病毒	猫	*myb*	禽类髓母细胞增生症病毒	鸡

（三）病毒癌基因的起源

根据反转病毒的致癌性，将其分为两大类：急性转化型病毒和慢性转化型病毒。急性转化型病毒在短时间（几天或几周）使动物致实体瘤或白血病，慢性转化型病毒需要较长时间（半年或数年）才能致瘤，在体外不能使正常细胞发生转化。还有一种缺陷型反转录病毒，由于某一个或多个基因缺失，使病毒的复制过程不能完成。不能产生完整的病毒体。

一个典型的简单的反转录病毒基因组含有三个病毒复制的基因，即 *gag*、*pol* 和 *env* 基因。由于翻译后的裂解，*gag* 基因编码几种病毒颗粒核心蛋白，*pol* 编码反转录酶和整合酶（integrase），*env* 基因编码几种包膜糖蛋白。病毒癌基因起源的重要线索是用非转化反转录病毒慢性感染动物，从产生的动物肿瘤中分离到急性转化病毒。例如，用 Molonry 鼠白血病病毒（Molonry murine leukemia virus，MuLV）给小鼠接种，在小鼠发生的肿瘤中分离到急性转化病毒 Ab- MuLV，即 Abelson 白血病病毒（图 17-1）。MuLV 是一种非急性转化病毒，仅含有病毒复制的基因即 *gag*、*pol* 和 *env*，而 Ab- MuLV 获得了一种对其转化活性负有作用的、新的病毒癌基因 *abl*。

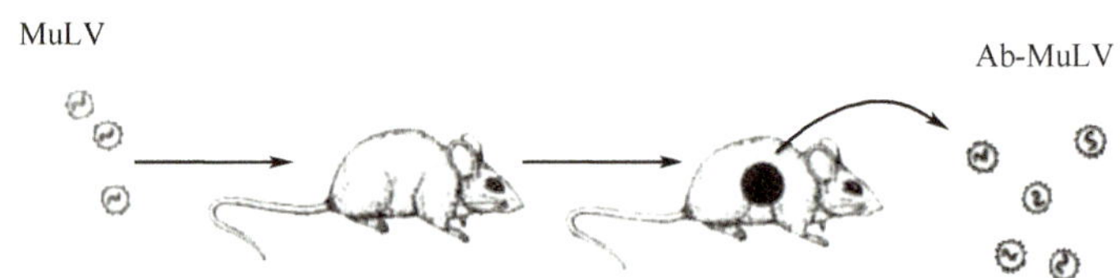

图 17-1 Abelson 白血病病毒的分离

急性转代病毒分离的情景提出一种假设：反转录病毒癌基因衍生于宿主细胞并整合到非转化病毒基因组，产生新的具有明显增加致病性的重组物。该假设的重要推测是正常细胞含有与急性转化反转录病毒密切相关的 DNA 序列。阐释反转录病毒癌基因起源的第一个直接的实验结果是来自于 H. Varmus 和 M. Bishop 等 1976 年的报道。他们用获得的 *src* 特异性探针与正常鸡 DNA 杂交，发现鸡 DNA 中存在与 *src* 癌基因密切相关的 DNA 序列。*src* 同源序列不仅被发现是鸡基因组的一部分，而且在其他脊椎动物，包括人类，也检测到相关序列的存在。由此证实反转录病毒癌基因来自正常细胞中的相关基因。反转录病毒癌基因的细胞同源序列在进化中是高度保守的。这种正常、未改变的细胞基因被称为原癌基因，它们是生物细胞基因组的正常成分，其编码的蛋白质参与调节正常细胞的生长与分化，是在控制细胞增殖的信号转导途径中起作用。M. Bishop 和 H. Varmus 因发现反转录病毒癌基因起源于宿主细胞而获得 1989 年诺贝尔生理学/医学奖。

与细胞癌基因相比，病毒癌基因大多缺乏内含子，调控序列大多丢失，突变常见，具有很强的转化能力。

二、细胞癌基因

病毒癌基因可使宿主细胞转化引起肿瘤，而细胞癌基因对细胞的生长、分化和功能活动却是至关紧要的。正常的细胞癌基因并不致癌，只是当它们异常表达或其表达产物异常时才会导致细胞的恶性转化。迄今发现的细胞癌基因都是一些具有十分重要功能的“管家基因”，而且是高度保守的。例如，人与小鼠的 K-*ras* 基因产物 K-Ras 的氨基酸序列相差仅为 1%，人与大鼠的 H-*ras* 基因产物 H-*ras* 的氨基酸序列完全相同。

细胞癌基因（c-oncogene，c-onc），又称为原癌基因（proto-oncogene），是存在于正常的细胞基因组中，与病毒癌基因有同源序列，具有促进正常细胞生长、增殖、分化和发育等生理功能的基因。细胞癌基因的特点：①广泛存在于生物界，从酵母到人的细胞普遍存在；②在进化中基因序列高度保守，属于持家基因（housekeeping gene）；③其作用是通过表达产物蛋白质来体现的；④在某些因素作用下，一旦被激活，发生数量上或结构上的变化时，就会形成致癌性的细胞转化基因。细胞癌基因是基因组的一部分，是维持机体正常生命活动所必需的，当其非正常激活时，细胞过度增殖，形成肿瘤（表 17-3）。

表 17-3 常见癌基因激活方式和相关的人类肿瘤

编码的蛋白质	原癌基因	激活机制	相关人类肿瘤
PDGF-β 链	*sis*	过度表达	星形细胞瘤，骨肉瘤
FGF	*hst*-1，*int*-2	过度表达	胃癌，膀胱癌，乳腺癌
EGF 受体	*erb*-B1	扩增	胶质瘤
EGF 样受体	*neu*（*erb*-B2）	扩增	乳腺癌，卵巢癌，肾癌
鸟苷酸结合蛋白	*ras*	点突变	肺癌，结肠癌，胰腺癌，白血病
酪氨酸激酶	*abl*	易位	慢性粒细胞性和急性淋巴细胞性白血病
转录激活蛋白	*myc*	易位	Burkitt's 淋巴瘤

（一）细胞癌基因的分类

目前发现的细胞癌基因已超过 100 种，普遍存在于生物细胞中。

1. 根据细胞癌基因表达的蛋白产物的功能相似性，可将细胞癌基因分为下面几个家族。

（1）*src* 家族：包括 *src*、*abl*、*fes*、*fgr*、*fps*、*fym*、*kck*、*lck*、*lyn*、*ros*、*tkl*、*yes*、*neu*、*kit*、*ret*、*sea*、*nck* 等。这些基因的表达产物的氨基酸序列具有较高同源性，在功能上都具有蛋白酪氨酸激酶活性。

（2）*ras* 家族：包括 H-*ras*、K-*ras*、N-*ras*。它们编码蛋白产物的相对分子质量均为 21 000，即 P21 蛋白，属于鸟苷酸结合蛋白类（即小 G 蛋白），具有 GTP 酶活性。

（3）*myc* 家族：包括 C-*myc*、N-*myc*、L-*myc*、*fos*、*myb*、*ski* 等。这些基因的表达产物是核内 DNA 结合蛋白，具有调节其他基因转录的作用。

（4）*sis* 家族：该家族目前只有一个成员 *sis*。*sis* 表达的产物与血小板衍生的生长因子（PDGF）的 β 链同源，可促进间叶组织细胞增殖。

（5）*erb* 家族：该家族的成员有 *erb-A*、*erb-B*、*fms*、*mas*、*trk* 等。它们编码生长因子或生长因子受体。

（6）*myb* 家族：包括 *myb*、*myb -ets* 等。它们编码 DNA 结合蛋白，即核内转录调节因子。

（7）*fos* 家族：包括 *fod-B*、*fra*-1、*fra*-2 等。它们编码产物也是 DNA 结合蛋白。

（8）*jun* 家族：包括 *c-jun*、*jun-B*、*jun-C* 等。这些基因编码核内 DNA 结合蛋白，即转录因子。

（9）NF-κB 家族：包括 *rel*、*lyt*-10、*bcl*-3 等。它们编码核内转录因子。

2. 根据细胞癌基因产物的功能和定位，可将细胞癌基因分为以下几类。

（1）生长因子类：如 *sis* 编码产物为 PDGF 的 β 链，*int*-2 编码成纤维细胞生长因子（FGF）同类物。

（2）生长因子受体类：①跨膜的具有酪氨酸蛋白激酶活性受体，如 *erb-B* 编码表皮生长因子（EGF）受体，*neu*（*erb*-2、*HER*-2）编码 EGF 受体相似物，*fms* 编码巨噬细胞-集落刺激因子（M-CSF）受体，*trk* 编码神经生长因子（NGF）受体；②非蛋白激酶活性受体，如 *mas* 编码血管紧张素受体，*erb-A* 编码甲状腺素受体，*mpl* 编码血小板生成素受体。

（3）信号转导蛋白（或酶）类：①膜结合型酪氨酸蛋白激酶，如 *src* 家族成员；②可溶性蛋白酪氨酸激酶，如 *met*；③胞质 Ser/Thr 蛋白激酶，如 *raf*（*mil*、*mht*）、*mos*、*cot*、*pl*-1；④小 G 蛋白，如 *ras* 家族的成员的编码产物。

（4）转录因子类：如 *myc* 家族、*fos* 家族、*jun* 家族和 NF-κB 家族的成员，它们的编码产物为存在于细胞核内的转录因子。

（二）细胞癌基因的活化机制

细胞癌基因是细胞生长、增殖、成熟、分化的正常调节信号。正常情况下，细胞癌基因的表达或其产物的活性受严格的控制，或处于相对静止状态、或表达水平较低或不表达。当细胞癌基因在某些理化因素、生物因素的作用下，使其基因结构异常、表达异常、或表达产物结构异常，这种现象叫做原癌基因的活化，即转变成致癌性的基因，引起肿瘤的发生。

原癌基因的激活机制有：获得增强子与启动子、基因点突变、基因扩增、染色体易位与基因重排、基因甲基化程度降低等。

1. 获得增强子与启动子　反转病毒基因组所携带的长末端重复序列（long terminal repeat，LTR）内含较强的启动子和增强子。当病毒感染细胞后，LTR 插入到细胞原癌基因附近或内部使基因激活（插入激活），启动下游邻近基因的转录和影响附近结构基因的转录水平，使原癌基因过度表达或由不表达变为表达，从而导致细胞发生癌变。例如，反转录病毒 MoSV 感染鼠类成纤维细胞后，病毒基因组的 LTR 整合到细胞癌基因 *mos* 邻近处，使 *mos* 处于 LTR 的强启动子和增强子作用之下而被激活，导致成纤维细胞转化为肉瘤细胞；又如禽类白细胞增生病毒 ALV 的 E 成分整合到鸡细胞基因组 *myc* 附近，可使 *myc* 激活，诱发鸡成红细胞白血病。

2. 基因点突变　原癌基因在射线或化学致癌剂作用下，发生单个碱基的替换，即点突变（point mutation），从而改变了表达蛋白的氨基酸组成，造成蛋白质结构的变异。例如，*ras* 被激活最常见的就是点突变，多发生在 Ras 蛋白 N 端第 12、13 和 61 位密码子，其中又以第 12 位密码子突变最常见，而且多为 GGT→GTT 突变。突变后的 Ras 蛋白与 GDP 的结合能力减弱，与 GTP 结合后不需外界生长信号的刺激便自身活化，此时 Ras 蛋白内在的 GTP 酶活性降低，或影响了 GTP 酶激活蛋白（GAP）的活性，使 Ras 蛋白和 GTP 解离减少，失去了 GTP 与 GDP 的有节制的调节，活化状态的 Ras 蛋白持续地激活磷脂酰肌醇特异性磷脂酶 C（PLC）产生第二信使，造成细胞不可控制地增殖、恶变，同时细胞凋亡减少，细胞间接触抑制增强也加速了这一过程。典型的各种突变的 Ras 蛋白氨基酸变异见表 17-4。

表 17-4 典型的各种突变的 Ras 蛋白氨基酸变异位点

ras 基因	氨基酸的位置			
	12	13	59	61
H-*ras*-1 来源的				
正常人 c-H-*ras*-1	Gly(GGC)			Gln(CAG)
人 EJ 膀胱癌症	Val(GTC)	Gly	Ala	
人 HS242 乳癌				Leu(CTG)
鼠 Harvey 病毒 v-H-*ras*	Arg(CGC)		Thr	
K-*ras*-2 来源的				
正常人 c-K-*ras*-2	Gly		Ala	
人 Caalu 肺癌	Lys	Gly		Gln
人 SW480 结肠癌	Val(GTT)			
鼠 Kirsten 病毒 v-K-*ras*	Ser		Thr	
N-*ras* 来源的				
正常人 N-*ras*		Gly		Gln
人神经母细胞瘤	Gly		Ala	
人早幼粒细胞白血病细胞系		Asp		Lys
人纤维肉瘤				

3. 基因扩增 某些原癌基因由于复制出多个拷贝，基因数目增多，使表达产物异常增多而加速细胞增殖（图 17-2）。例如，人 8 号染色体 c-*myc* 基因扩增，产生大量 c-*myc* 蛋白，导致人早幼粒细胞白血病、肺癌、结肠癌、乳腺癌等。在神经母细胞瘤、小细胞肺癌、网织细胞瘤中均可见到 N-*myc* 的扩增。

目前研究认为，在癌变过程中至少有两类原癌基因被激活才能完成癌变过程。一类是使细胞产生不死性的癌基因，这类癌基因通常分布于细胞核中，如 c-*myc* 等；另一类是细胞迅速增殖，细胞表面形态和功能改变的癌基因，这类癌基因通常分布于细胞质中，如 c-*ras*。在致癌过程中 *myc* 和 *ras* 互补才能使细胞恶变。已发现人类肿瘤细胞中扩增的细胞癌基因见表 17-5。

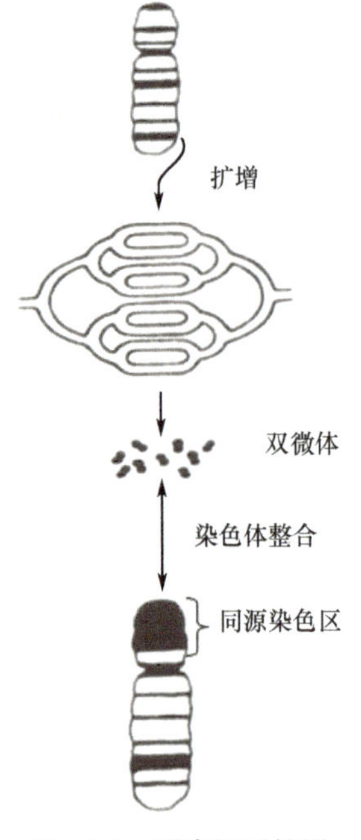

图 17-2 原癌基因扩增

表 17-5 人类肿瘤细胞中扩增的细胞癌基因

c-*onc*	肿瘤	扩增倍数
c-*myc*	早幼粒白血病细胞系 HL60	20×
	小细胞肺癌细胞系	(5~30)×
N-*myc*	原发神经母细胞瘤Ⅲ~Ⅳ级、神经母细胞瘤细胞系 10~200	(5~1000)×
	视网膜母细胞瘤	(10~200)×
	小细胞肺癌	(50)×
L-*myc*	小细胞肺癌	(10~20)×
c-*myb*	急性髓细胞白血病(AML)	(5~10)×
	结肠癌细胞系	10×
c-*erb* B	类表皮癌细胞系、原发胶质瘤	30×
c-K-*ras*	原发肺癌、结肠癌、膀胱癌、直肠癌	(4~20)×
N-*ras*	乳癌细胞系	(5~10)×

4. 染色体易位与基因重排　原癌基因从所在染色体上的正常位置易位到另一染色体上的某一位置，使调控环境发生改变，使之从相对静止状态转变为激活状态。在染色体易位的过程中发生了某些基因的易位和重排，使原来无活性的原癌基因移至强的启动子或增强子附近而被活化，原癌基因表达增强，导致肿瘤的发生。在大肠癌、甲状腺肿瘤中，可以发现 trk 激酶区的结构未变，而 Trk 蛋白的膜外部分或是易位改变或是发生了替换。基因重排使 *trk* 原癌基因变成具有转化活性的癌基因。90% 的人慢性髓性粒细胞白血病中发现原癌基因的易位、重排，产生异常短的 22 号染色体，即费城染色体（ph′染色体）（图 17-3）。某些典型的染色体易位活化癌基因与肿瘤见表 17-6。

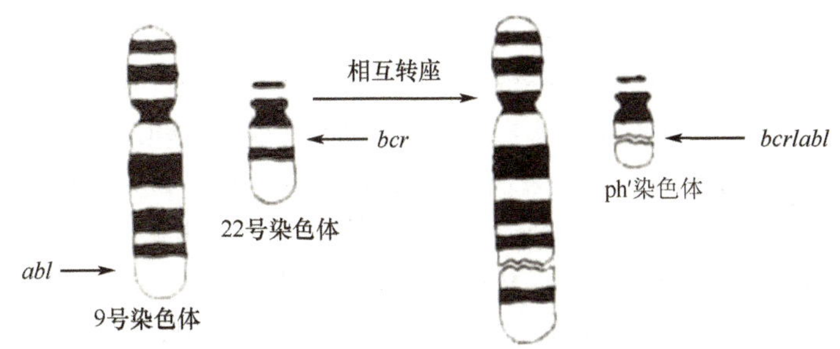

图 17-3　人慢性髓性粒细胞白血病时 9 号和 22 号染色体原癌基因的易位与重排

表 17-6　染色体异常与癌基因重排

染色体易位	断裂点重排基因	活化癌基因	肿瘤
t(8:14)(q24:q32)	IgH(14q32)	c-*myc*(8q24)	Burkitt's 淋巴瘤，急性 B 淋巴母细胞白血病
t(8:22)(q24:q11)	IgL-λ(22q11)	c-*myc*(8q24)	Burkitt's 淋巴瘤，急性 B 淋巴母细胞白血病
t((2:8)(p12 :q24)	IgL-κ(2p12)	c-*myc*(8q24)	Burkitt's 淋巴瘤，急性 B 淋巴母细胞白血病
t(11:14)(q13:q32)	IgH(14q32)	*bcl*-1(11q13)	mantal 细胞淋巴瘤
t(14:18)(q32:q21)	IgH(14q32)	*bcl*-2(18q21)	滤泡淋巴瘤
t(11:14)(q13:q32)	IgH(14q32)	*tcl*-2(11q13)	mantal 细胞淋巴瘤
t(9:22)(q34:q11)	*Bcr*(22q11)	*abl*(9q34)	慢性髓性粒细胞白血病
t(8:21)(q22:q22)	*ets*-2/*erg*(21q22)	c-*mos*(8q22)	急性髓性粒细胞白血病
t(6:14)(q21 :q24)	？(14q24)	c-*myb*(6q21)	卵巢癌
t(11:22)(q24:q12. 3)	？(11q24)	c-*sis*(22q12. 3)	Erwing 网瘤
t(16:21)(p11 :q22)	*erg*(21q22)	*tls*/*fus*(16p11)	急性非淋巴细胞白血病

5. 基因甲基化水平降低　正常细胞的基因具有相对稳定的甲基化类型。DNA 的甲基化对于维持双螺旋结构的稳定，阻抑基因转录具有重要作用。甲基化程度下降，基因表达增强。在致癌物质的作用下，细胞中的 DNA 普遍处于低甲基化状态，原癌基因特异位点的低甲基化使其异常表达，发生恶性转变。此外，某些基因的 5 端调控序列甲基化可使邻近基因转录活性增加，如持家基因的调控区多处于低甲基化而低活性。因激素水平的变化，致癌物质的加入使基因调控区去甲基化，就会重新开放。例如，结肠腺癌细胞、小细胞肺癌细胞 c-*ras* 基因甲基化程度下降。

一种癌基因可有几种激活方式，不同的癌基因有不同的激活方式。例如 *myc* 的激活就有基因扩增和基因重排两种方式，很少见 *myc* 的突变；而 *ras* 的激活方式则主要是突变。1985 年，Slamon 检测了 20 种 54 例人类肿瘤中的 15 种癌基因，发现所有肿瘤都不止一种癌基因发生改变。细胞转化实验证明，各种癌基因之间存在协同作用。例如，单独的病毒 *myc* 或 EJ-*ras* 都不能使大鼠胚胎成纤维细胞转化，但是若将二者共转染猪胚胎成纤维细胞（PEF），8 天后 80% 的细胞发生变化，单独 EJ-*ras* 又可使 Rat-1 细胞转化。如果先用化学诱癌物或射线使正常大鼠原代成纤维细胞永生化，然后再用 EJ-*ras* 转染，则可使之转化。Weingerg 按转染细胞表型的变化将癌基因分为两个类，一类是核内作用的能使细胞永生化的癌基因，如 *myc*、*fos* 等；另一类是引起细胞恶性表型变化的定位于质膜和胞质的癌基因，如 *ras*、*erbB*、*src* 等。事实表明肿瘤的发生是多步骤、多因素的，不同的癌基因作用于肿瘤发生的不同阶段。

三、抑癌基因

抑癌基因(tumor suppressor gene)是存在于细胞中的一类调控细胞生长、能直接或间接抑制细胞增殖、癌变的基因,也称为抗癌基因。抑癌基因大多编码与细胞周期调控有关的抑制蛋白,发挥对正常细胞增殖与生长的调控作用。当抑癌基因发生缺失或突变时,细胞不表达或表达无活性的抑癌蛋白,可减弱甚至消除抑癌作用,细胞增殖失控而导致肿瘤的发生。

(一) 抑癌基因的发现

证明肿瘤抑制基因存在的最早的证据来自体细胞杂交。1969 年,H. Harris 等开始的肿瘤细胞遗传分析的最初方法是将正常细胞与肿瘤细胞融合,然后分析杂交细胞的特性。他们观察到肿瘤细胞与正常细胞融合成的杂交细胞显示出非致瘤性,意味着正常细胞含有一个或以上作为肿瘤表型负性调节的基因,即肿瘤抑制基因(图 17-4)。然而,许多这样的杂交细胞仍然表现转化细胞的某些特性,如失去细胞生长的密度依赖性抑制和锚定依赖性,说明显性癌基因的激活和抑癌基因的丢失可能代表许多肿瘤全部恶性表型的独立事件。随着正常亲本特异的染色体的丢失,杂交细胞经常回复到致瘤表型。例如,正常人的成纤维细胞与 HeLa 细胞的杂交细胞没有致瘤性,但随着正常 11 号染色体的丢失又回复到亲代肿瘤细胞的致瘤性,提示 HeLa 细胞的致瘤性至少部分上是由于定位在 11 号染色体上某种抑癌基因的丢失。

视网膜母细胞瘤(retinoblastoma,Rb)基因是第一个被发现的抑癌基因。1971 年,A. Knudson 提出了视网膜母细胞瘤是由“二次突变”模型所引起,认为遗传性视网膜母细胞瘤患者 *rb* 基因的第一次突变存在于生殖细胞,这样的个体在发育过程中任何一个视网膜母细胞如再出现第二次突变,即可导致肿瘤发生;散发性视网膜母细胞瘤患者是由于视网膜母细胞获得两次突变而发生肿瘤(图 17-5)。

基于“二次突变”模型,人们应用限制性片段长度多态性分析的方法,发现视网膜母细胞瘤的基因组 DNA 中存在 13q14 区段的缺失(图 17-6),并进一步在该区段内克隆得到了 *rb* 基因。在大量遗传或散发的视网膜母细胞瘤的基因组筛查中,均发现 *rb* 等位基因的缺失或突变。在许多其他类型的肿瘤细胞中也观察到了 *rb* 基因的突变或蛋白功能缺失。

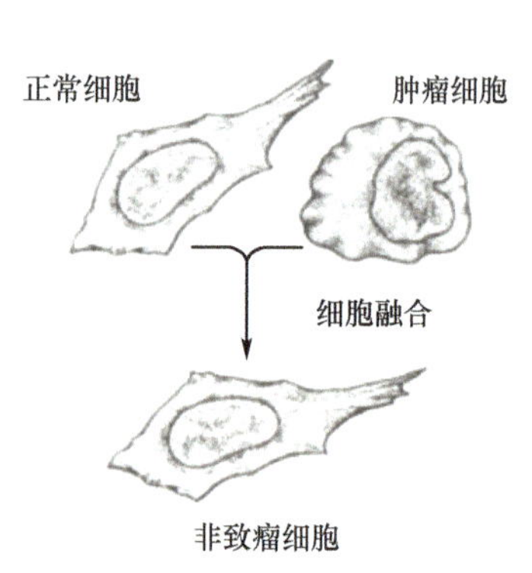

图 17-4 正常细胞与肿瘤细胞的体细胞杂交

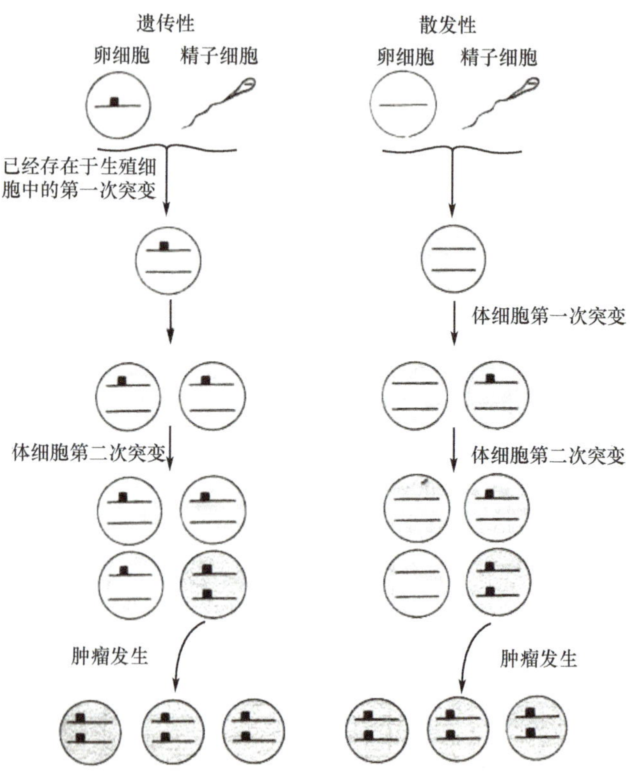

图 17-5 视网膜母细胞瘤“二次突变”模型

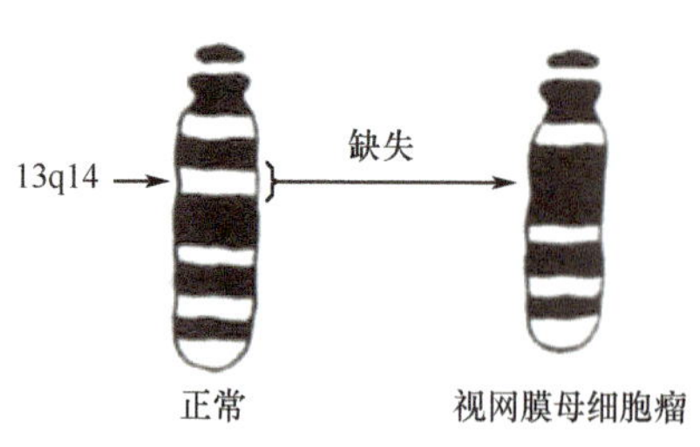

图 17-6 视网膜母细胞瘤中染色体缺失

(二) 抑癌基因的命名

抑制癌基因的名称来源多根据发现的肿瘤细胞或基因的产物相对分子质量大小。例如 *Rb* 基因(retinoblastoma,视网膜母细胞瘤),*WT1*(Wilm'stumor type -1)基因,*p53* 基因(产物蛋白的相对分子质量为 53 000),*p21* 基因(产物蛋白的相对分子质量为 21 000)。

(三) 抑癌基因的分类和作用机制

根据抑癌基因对细胞生长、增殖、分化和诱导凋亡等作用,分为不可逆性抑制细胞增殖与生长和可逆性抑制细胞增殖与生长两类

1. 不可逆性抑制细胞增殖与生长类 抑癌基因产物与癌基因产物直接作用,不可逆性抑制细胞增殖,使细胞生长、分化终止,促进细胞凋亡。例如,核内 *p53*、*rb* 和 *erb*A。

2. 可逆性抑制细胞增殖与生长类 抑癌基因产物对癌基因的表达起负调节作用,包括转录和转录后调节,如 *wt*1。

抑癌基因的产物主要包括:①转录调节因子,如 P53、rb;②负调控转录因子,如 WT1;③周期蛋白依赖性激酶抑制因子(CKI),如 P15、P16、P21;④信号通路的抑制因子,如 ras GTP 酶活化蛋白(NF-1),磷脂酶(PTEN);⑥DNA 修复因子,如 BRCA1、BRCA2;⑥与发育和干细胞增殖相关的信号途径组分,如细胞分裂后期促进复合体(APC)、Axin 等。

(四) 抑癌基因的失活方式

抑癌基因的失活方式包括:①基因缺失或自身突变,不表达或表达产物失去活性;②表达蛋白质的磷酸化状态;③抑癌蛋白与癌蛋白的相互作用,使其活性相互抑制。缺失在抑癌基因失活中表现得尤为重要。

对抑癌基因失活目前有三种假说:①等位基因隐性作用:该假说认为,失活的抑癌基因的等位基因在细胞中起隐性作用,即一个拷贝失活,另一个拷贝仍以野生型存在,细胞呈正常表型,只有当另一个拷贝失活后才导致肿瘤发生,对 *rb* 等位基因的研究为该假说提供了有力证据;②抑癌基因的显性副作用:认为抑癌基因突变的拷贝在另一野生型拷贝存在并表达的情况下,仍可使细胞出现恶性表型和癌变,并使野生型拷贝功能失活,这种作用称为显性副作用或反显性作用,如近年来证实突变型 P53 和 APC 蛋白分别能与野生型蛋白结合而使其失活,进而转化细胞;③单倍体不足假说(haplo-insufficiency):认为某些抑癌基因的表达水平十分重要,如果一个拷贝失活,另一个拷贝就可能不足以维持正常的细胞功能,从而导致肿瘤发生,如 DCC 基因一个拷贝缺失就可能使细胞黏膜附功能明显降低,进而丧失细胞接触抑制,使细胞克隆扩展或呈恶性表型。以上假说反映了抑癌基因失活方式的复杂性。对多数抑癌基因来说,可能以多种方式失活并作用于细胞,导致恶性转化和肿瘤的发生。目前已被公认的抑癌基因不下几十种(表 17-7)。

表 17-7 某些抑癌基因及其生物学特性

名称	染色体定位	基因产物及功能	相关肿瘤
apc	5q21	Wnt 信号转导组分	结肠腺瘤性息肉,结/直肠癌
*brca*1/2	17q21	DNA 修复因子	乳腺癌、卵巢癌
dcc	18q21.3	p192(细胞黏附分子)	结肠癌
erbA	17q21	T3 受体(转录因子)	急性非淋巴细胞白血病
nf-1	7p12.2	GTP 酶激活剂(GAP)(拮抗 p21rasB)	神经纤维瘤、嗜铬细胞瘤、雪旺氏细胞瘤、I 型神经纤维瘤
nf-2	22q	Merlin 蛋白(连接膜与细胞骨架)	Ⅱ型神经纤维瘤、脑膜瘤、听神经瘤
p16	9p21	P16(CDK4、6 抑制剂)	黑色素瘤等
p15	9q21	P15(CDK4、6 抑制剂)	胶质母细胞瘤
p21	6q21	p21(CDK4、6 抑制剂)	前列腺癌
p53	17p13	P53(转录因子)(控制生长)	星状细胞瘤、胶质母细胞瘤、结肠癌、小细胞肺癌、胃癌、成骨肉瘤、乳腺癌、鳞状细胞肺癌
PTEN	10q23	细胞骨架蛋白和磷酸酯酶	胶质母细胞瘤
rb	13q14	P105(转录因子)(控制生长)	视网膜母细胞瘤、成骨肉瘤、胃癌、小细胞肺癌、结肠癌、乳腺癌
wt-1	11p13	WT-ZFP(负调控转录因子)	肾母细胞瘤、横纹肌肉瘤、肺癌、膀胱癌、乳腺癌、肝母细胞瘤
VHL	3p	转录调节因子	小细胞肺癌、宫颈癌

(五) 几种重要的抑癌基因及其功能

1. *rb* 基因及其功能 人类 *rb* 基因定位于 13q14，基因全长 200kb，含 27 个外显子，转录产物 mRNA 长 4.7kb，翻译产生的蛋白质 P105(928 个氨基酸残基)定位于核内。P105 的活性形式是低磷酸化或非磷酸化状态，无活性形式为高磷酸化状态。

活性型 Rb 蛋白，能促进细胞分化，抑制细胞增殖。在细胞周期的不同时相中 Rb 蛋白的磷酸化状态不同。在 G_1 期 Rb 蛋白处于低磷酸化状态；当细胞开始向 S 期转化时，Rb 蛋白的磷酸化急剧增加并持续到 G_2 期和 M 期，之后又回到 G_1 期低磷酸化状态。大量研究表明，转录因子 E2F 与 DNA 启动子近端元件结合后，促进转录起始复合物的组装，激活 DNA 聚合酶、二氢叶酸还原酶、胸苷酸激酶等基因的转录，使这些结构基因稳定表达，从而促进细胞生长。在 G_0/G_1 期 pRb 蛋白为脱磷酸化形式，与 E2F 结合，阻断 E2F 与顺式作用元件结合，进而阻遏 DNA 聚合酶、胸苷激酶、二氢叶酸还原酶等相关基因的表达，阻断细胞进入 S 期，抑制细胞增殖。细胞周期蛋白依赖性蛋白激酶(CDK)使 Rb 蛋白磷酸化，E2F 与 Rb 蛋白脱离而激活转录，细胞进入 S 期而增殖(图 17-7)。Rb 蛋白在 S 期磷酸化成度最高，M 期后期 Rb 蛋白又开始脱磷酸化，因此 Rb 蛋白对细胞周期具有负调控作用。

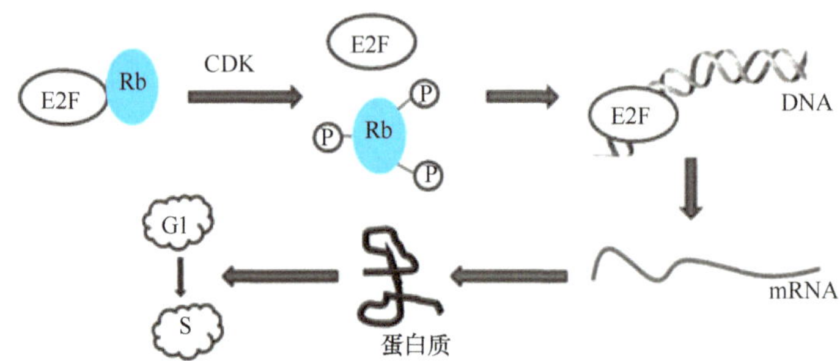

图 17-7 Rb 对细胞周期的负调控作用

c-*myc* 和 c-*fos* 原癌基因的表达产物是细胞由 G_0 期进入 G_1 期必需的，Rb 蛋白可通过抑制 c-*myc* 和 c-*fos* 的表达而抑制细胞增殖。某些病毒癌基因产物与 Rb 蛋白结合，使其丧失抑制细胞增殖的活性。例如，腺病毒的 E1A 蛋白、SV40 的 T 抗原和人类乳头瘤病毒 16 的 E7 蛋白与 Rb 蛋白结合使其失活，导致细胞异常增殖。

2. *p53* 基因及其功能 曾经将 *p53* 基因列为癌基因，是因为它可以与 *ras* 基因共同转化大鼠原代细胞，后来发现实验用的是突变型的 *p53*。而野生型的 *p53* 具有抑制细胞增殖和转化的作用。人类 *p53* 基因定位于 17p13，基因全长 20kb，含 11 个外显子，转录产生的 mRNA 长 2.5kb，翻译产生的蛋白质由 393 个氨基酸残基组成，相对分子质量为 53 000。P53 蛋白是一种核内转录因子，从 N 端至 C 端含 3 个结构功能区：1～75 氨基酸残基是酸性氨基酸区，有转录激活作用；102～209 氨基酸残基组成疏水核心区，有结合 DNA 的特异序列；319～393 氨基酸残基是富含 Lys 和 Arg 的碱性区，与其核定位、结合 DNA 及形成四聚体等有关，该区具有多种蛋白激酶的磷酸化位点，以及单独转化细胞的作用。P53 蛋白的作用特点是它以四聚体形式与 DNA 结合来调节基因表达，四聚体中任何一个单体突变都不能使四聚体与 DNA 结合(图 17-8)。

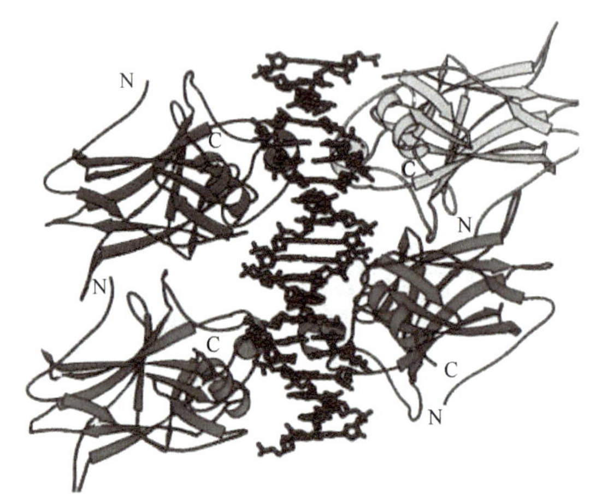

图 17-8 p53 蛋白四聚体与 DNA 结合

野生型 P53 蛋白在维持细胞正常生长、抑制细胞恶性增殖起重要作用，具有“基因卫士”称号。

(1) 抑制细胞周期：P53 蛋白与 *p21* 基因的特定序列结合，促进 *p21* 基因表达产生 P21 蛋白。P21 蛋白是细胞周期蛋白依赖性蛋白激酶(CDK)的抑制剂，通过与 CDK 结合而抑制其激酶活性，使细胞周期停止在 G_1 期。P53 蛋白的上述功能受其细胞内含量及是否磷酸化的影响。细胞有丝分裂后，P53 蛋白的表达水平很低，到 G_1 期表达开始增高；在 S 期受 CDK 和酪氨酸激酶Ⅱ催化，P53 蛋白被磷酸化，其对 DNA 复制的抑制作用增强。

(2) 检测细胞 DNA 损伤:细胞损伤后,P53 蛋白表达急剧增高,使细胞停滞于 G_1 期,P53 蛋白与复制因子 A 作用,启动 DNA 修复系统。如果受损的 DNA 能够被修复,细胞就进入 S 期。如果受损 DNA 不能被修复,P53 蛋白则会诱发细胞进入程序化死亡。

(3) 抑制某些癌基因的转化作用:实验表明 P53 蛋白能有效地抑制 *c-myc*、*c-ras* 或腺病毒 E1A 对细胞的转化作用。

当 *p*53 基因发生突变等改变时,不但失去抑癌作用,反而增强癌蛋白的功能。

*p*53 基因的缺陷形式有点突变、缺失、移码突变和基因重排、甲基化等。*p*53 基因的突变使细胞失去 G_1 期的约束,引起基因组不稳定,产生积累 DNA 损伤的细胞分裂。*p*53 基因突变或完全缺乏普遍存在于人的肿瘤组织中。例如,红白血病、星形细胞瘤、乳腺癌、小细胞肺癌、肝癌、食管癌、结肠癌等均发现有 *p*53 基因缺失。将野生型 *p*53 基因导入缺乏内源性 *p*53 基因的小鼠白血病细胞系和其他肿瘤细胞系后,这些细胞系的细胞增殖停止,并发生凋亡。

3. *wt*1 基因及其功能 *wt*1(Wilm's tumor type-1)基因,又称 Wilm's 瘤基因,定位于 11p13,长 50kb,转录 3kb mRNA,编码 345 个氨基酸,表达相对分子质量为 50 000~60 000 的蛋白质,是一种转录抑制因子。该产物含有 4 个锌指结构,其基因在第 5 个外显子及第 3 个和第 4 个锌指结构之间有一个选择性剪切位点,其表达的蛋白质有 4 种同源异构体。wt1 是参与转录调控的双相调节子,它与各种造血调控因子相互作用,在白血病发病过程中起重要作用。研究证实,80%~90% 的急性白血病中 wt1 基因高表达,且随着病情的进展表达增高,被认为是一种"泛白血病"标志,有可能成为白血病基因治疗和特异性免疫治疗的新靶点。

4. *dcc* 基因和 *apc* 基因 *dcc*(deletion in colon carcinoma)称为结肠癌丢失基因,定位于 18p21,长 380kb,转录 10~12kb 的 mRNA,编码一种痛细胞黏附有关的膜表面糖蛋白,有 750 个氨基酸,是神经细胞黏附分子(nerve cell adhesion molecule,NCAM)。在正常结肠黏膜和脑组织高表达,通过改变细胞之间的相互作用,使黏附力及其相关信号改变而致癌,易发生转移。*apc* 基因最初是在结肠腺瘤样息肉(adenomatous polyposis coli)病人中发现的,并以此命名。*apc* 基因定位于染色体 5q21-22,有 15 个外显子,14 个内含子,转录 8583bp 的 mRNA,编码 2843 个氨基酸,属胞质蛋白。APC 蛋白属于 Wnt 信号途径的负调控因子,*apc* 蛋白可与 β-catenin 连接,促进 β-catenin 降解,而 β-catenin 在细胞内积累后,可进入细胞核,与 T 细胞因子 TCF 结合,促进相关基因的表达。*apc* 基因改变与结肠癌、肺癌的发生有关。70% 以上结肠癌与以上两种抑癌基因的突变有关。

5. nf1 基因 *nf*1 基因即多发性神经纤维瘤易感基因,定位于 17p11. 2,长 60kb,转录 11~13kb mRNA,编码与 *ras*-GDP 酶活化有关的蛋白质,含 2485 个氨基酸,其功能是抗增殖作用。*NF*1 基因异常产生良性肿瘤。

6. *mts* 1 基因 *mts* 1 基因称为多肿瘤抑制基因,定位于 9p21,长 40kb,有 2 个内含子和 3 个外显子,编码 p16 蛋白。*mts* 1 基因在各种癌细胞中缺失率 75%,p16 蛋白可与 cylin 竞争 CDK4 结合,结合时可阻止细胞生长分裂,抑制细胞进入 S 期,可阻止体外肿瘤细胞的增殖。

7. *waf*1 基因 *waf*1 基因又称 *cip*1 基因。定位于 6p21. 2,长 2. 1kb,含 495 个核苷酸,编码 164 个氨基酸,相对分子质量为 21 000,若将 *waf*1 cDNA 转导入大肠癌、肺腺癌等肿瘤细胞内可其抑制其生长。

8. *brca*1 和 *brca*2 基因 *brca*1 和 *brca*2 基因分别定位于 19q21 和 13q12-13,是遗传性高发乳腺癌相关基因,与卵巢癌发生也相关,基因产物多肽含有锌指结构,属转录因子。乳腺癌高发家族遗传有一个等位基因缺陷或缺失,但另一等位基因也必须失活才会发生肿瘤。

四、生长因子

生长因子(growth factor)是一类由不同的组织细胞分泌产生的、具有调节细胞生长与增殖作用的肽类物质。人类最早发现的生长因子是由 R. Levi-Montolcini 等发现的神经生长因子(never growth factor,NGF),他有刺激神经元生长及神经纤维延长的功能。1959 年 S. Cohen 发现了表皮生长因子(epidermal growth factor,EGF)。R. Levi-Montolcini 和 S. Cohen 由于在这一领域的成就荣获了 1986 年诺贝尔生理学/医学奖。

目前已发现肽类生长因子有数十种,而且还在不断增加。对大部分生长因子的结构与功能也了解得相当清楚。生长因子可以来源于多种不同组织,其靶细胞亦各不相同。有的生长因子作用的细胞比较单一,如 EPO 及血管内皮生长因子(vascular endothelial growth factor,VEGF),分别作用与红细胞系和血管内皮细胞;也有的生长因子作用的细胞谱型比较广,如成纤维细胞生长因子(fibroblast growth factor,FGF)对间充质细胞、内分泌细胞和神经系统细胞都有作用。人类的一些生长因子见表 17-8。

表 17-8 人类某些生长因子的细胞来源、靶细胞及其主要功能

名称	细胞来源	靶细胞	主要功能
胰岛素样生长因子(insulin like growth factor,IGF)	肝细胞	多种细胞	促进软骨细胞分裂,对多种组织细胞起胰岛素样作用
表皮生长因子(epidermal growth factor,EGF)	颌下腺	表皮细胞	刺激多种上皮和内皮细胞生长
神经生长因子(never growth factor,NGF)	颌下腺	神经细胞	刺激某些神经原生长和养护作用
成纤维细胞生长因子(fibroblast growth factor,FGF)	各种细胞	多种细胞	促进多种细胞增殖
血小板衍生生长因子(platelet derived growth factor,PDGF)	血小板	充质及胶质细胞	促进间充质及胶质细胞生长
肝细胞生长因子(hepatocyte growyh factor,HGF)	胎盘或再生肝	肝细胞	刺激肝细胞生长
转化生长因子(transforming growth factor,TGF)	肿瘤等恶性转化细胞	成纤维细胞	类似于 EGF,来源于肾和血小板的 TGF 对某些细胞同时有促进和抑制作用
红细胞生长素(erythropoietin,EPO)	肾、尿液	早成红细胞	调节早成红细胞增殖
内皮素(endothelin,ET)	血管内皮细胞	内皮细胞或血管平滑肌细胞	促进细胞或血管平滑肌细胞生长
白细胞介素 1(interleukin-1,IL-1)	条件培养基	淋巴细胞	刺激 T 细胞生成 IL-2
白细胞介素 2(interleukin-2,IL-2)	条件培养基	淋巴细胞	刺激 T 细胞生长

生长因子最初由它们具有促进细胞增殖的作用而得名,在很长时间里,正性促进细胞生长成为生长因子的作用。随着具有抑制细胞增殖的“负性生长因子”的发现,生长因子既包括促进细胞生长的多肽分子,也包括抑制细胞生长的多肽分子。例如,PDGF 促进 G_0 期的成纤维细胞、神经胶质瘤细胞、平滑肌细胞转为 G_1 期,进入 S 期。促进细胞的生长与分化;TGFβ 促进成纤维细胞生长,但抑制多数其他细胞的生长;HGF 促进肝细胞生长,还可促进上皮细胞扩散和迁移。在细胞生长繁殖过程中,生长因子的促进和抑制总是成对地发挥功能。

生长因子以内分泌(endocrine)、旁分泌(paracrine)和自分泌(autocrine)方式作用于靶细胞。生长因子及其受体与细胞生长、分化、免疫、肿瘤、创伤愈合等多种生理及病理状态有关。

生长因子与其靶细胞膜上的受体结合后,触发一系列细胞内信号的传导,激活或抑制不同基因的表达而影响细胞的增殖或分化。如果生长因子、受体及信号传导途径发生异常,可能导致组织发育异常,包括肿瘤的发生。因此,生长因子与肿瘤发生的关系研究受到了人们的高度重视。

生长因子的受体多位于靶细胞膜,为一类跨膜蛋白,多数具有蛋白激酶、特别是酪氨酸激酶的功能,也有少数为丝氨酸/苏氨酸蛋白激酶受体。最近发现细胞核也存在 EGF 等生长因子受体样蛋白。有些生长因子受体(如 EGF 受体)与原癌基因产物有高度同源性。

生长因子具有潜在的致癌作用的观念受到了普遍的重视。生长因子调控细胞的增殖、分化,维持组织和细胞有序的生长发育。如果这种调控失去功能或失去平衡,细胞的增生和分化过程就会出现不协调,就可能产生肿瘤。生长因子潜在的致癌作用主要与肿瘤在体内发生和发展中的一些步骤相联系。首先发生在生长因子对细胞的正常生长和分化控制的异常上;其次是在细胞异常增生基础上继续受到刺激,生长因子分泌增多,分化的和未分化的细胞和肿瘤细胞均快速生长;然后是细胞产生刺激邻近细胞增生的因子,尤其是产生诱导附近血管增生因子,促使肿瘤组织血管化,使肿瘤能够获得足够的营养生长繁殖,并可方便地使肿瘤细胞随血管向全身转移。生长因子参与肿瘤的发生、发展,是其功能的体现。近年来,发现生长因子对细胞正常生长和分化控制的异常来源于三方面:一是生长因子分泌的异常;二是正负生长因子的调控异常;三是生长因子及其受体的基因突变。

第二节 肿瘤发生的分子机制

20 世纪 70 年代以后,癌基因、抑癌基因、肿瘤易感基因和 DNA 修复基因的发现,化学致癌物代谢活化的酶基因的多态性分布,使人们对肿瘤的发病机制有了更深入的了解。

一、肿瘤发生的各种因素

肿瘤的发生并非由单一的因素所引起，它涉及多因素、多阶段、多步骤、多种机制、累积渐进的过程。能引起肿瘤的因素有化学因素、物理因素和生物因素。

（一）化学因素

1. 亚硝胺类　这类物质与食管癌、胃癌和肝癌的发生有关。

2. 多环芳香烃类化合物　如煤烟垢、煤焦油、沥青等。与该类物质经常接触的工人易患皮肤癌与肺癌。近年来认为内源性胆蒽类物，如胆酸及类固醇激素的化学结构与之很相似，经细菌作用后的脱氧胆酸钠有可能转变为致癌物甲基胆蒽。

3. 烷化剂　如有机农药、硫芥等，其生物学作用类似 X 射线，可致肺癌及造血器官肿瘤等。

4. 氨基偶氮类化合物　易诱发膀胱癌、肝癌。其致癌性是由于其体内代谢产物。

5. 真菌毒素和植物毒素　如黄曲霉素易污染粮食，可致肝癌、肾癌、胃与结肠的腺癌；苏铁素、黄樟素及蕨类毒素也可致肝癌。

6. 其他化学物质　如金属镍、铬、砷等可致肺癌，氯乙烯能诱发人肝血管肉瘤，苯可致肝癌。

（二）物理因素

1. 紫外线　紫外线可引起皮肤癌，尤对易感性个体作用明显，如着色性干皮病病人。

2. 电离辐射　如由于 X 线防护不当所致的皮肤癌、白血病等，成为放射工作者的职业病；吸入放射污染粉尘可致骨肉瘤和甲状腺肿瘤等。

3. 其他物理因素　如烧伤瘢痕长期存在易癌变，皮肤慢性溃疡可能致皮肤鳞癌，石棉纤维与肺癌有关，这些可能是局部物理刺激作用所致。

（三）生物因素

引起肿瘤的生物因素主要为病毒。致癌病毒可分为 DNA 肿瘤病毒与 RNA 肿瘤病毒两大类。乙型肝炎病毒是 DNA 病毒与肝癌有关，EB 病毒与鼻咽癌、Burkitt's 淋巴瘤相关，单纯疱疹病毒反复感染与宫颈癌有关，C 型 RNA 病毒导致肿瘤的发生还与机体内在因素有关。

无论是致癌的化学因素、物理因素，还是生物学因素，它们致癌的根本原因在于对细胞 DNA 造成的损伤，特别是对于细胞癌基因和抑癌基因的损害。

除上述致癌因素以外，机体的内在因素对肿瘤的发生发展也十分重要。内外环境因素的相互作用决定着肿瘤的发生发展，其关系是十分复杂的。

1. 免疫因素　机体免疫功能低下时，肿瘤则易于发生，如先天性免疫缺陷者、长期接受免疫抑制剂治疗的器官移植患者的肿瘤发生率都较一般人群高许多倍。肿瘤患者免疫功能的普遍下降，提示应用免疫抑制治疗时，以及对免疫功能有缺陷的患者，应高度警惕其有发生恶性肿瘤的可能性。免疫缺陷与肿瘤发生密切相关，免疫功能低下肿瘤发生率高。摘除胸腺的动物肿瘤发生率高，原发性免疫缺陷肿瘤发生率高。器官移植为防止免疫排斥反应用免疫抑制剂，肿瘤发生率高。细胞恶性转化过程中，出现具有免疫原性的蛋白质物质，称为肿瘤抗原。肿瘤细胞的抗原成分复杂，与正常细胞比较特点是含有大量抗原成分，缺少组织器官特异性抗原和分化型抗原。肿瘤抗原出现的分子机制是：新的分子合成；异常细胞蛋白的降解产物；分子结构改变；被覆盖的分子暴露；多种相似抗原不正确的组装；胚胎或分化抗原的异常表达。

2. 种族因素　欧美国家乳腺癌发生率高，亚洲地区（如日本和中国）胃癌发生率高。肿瘤发生中的种族差别相当明显，我国广东省鼻咽癌发生率高，甚至移居国外的广东华侨其鼻咽癌发生率也明显高于当地人。种族与鼻咽癌的发生有一定关系，但也不能排除与生活习惯和环境的关系。

3. 激素水平　致癌作用的激素是指那些能促进组织细胞生长的激素，这些激素对靶器官细胞的慢性刺激，可导致细胞的增生与癌变，如卵巢雌激素、垂体促性腺激素和促甲状腺素等。乳腺癌的发生可能与雌激素的过多有关，这种乳腺癌属激素依赖型，在治疗中采取切除卵巢的措施，可收到一定疗效。激素和肿瘤发生的关系，提示对长期使用某些激素（如雌激素）治疗，应取慎重态度。

4. 遗传因素　人类肿瘤虽然有 80%~90% 是由环境因素所引起，但仍有一些肿瘤其发生与遗传因素有关。肿瘤也可认为是体细胞遗传病，因在其发生中基因异常起着重要作用。已知一些肿瘤是按照孟德尔方式遗传的,而在另一些肿瘤中遗传的“易感基因”和环境因素共同发挥作用;还有一些肿瘤是由于特定基因发生体细胞突变引起的,这种突变虽然不是遗传得来的,但却发生在遗传物质。例如,Ⅰ型神经纤维瘤的发生与肿瘤抑制基因 NF1 有关。

5. 性别和年龄因素 生殖器官癌瘤和乳腺癌女性明显高于男性(100∶1)。而肝癌、肺癌、食管癌、胃癌、鼻咽癌等则男性高于女性,其原因可能与男性较多接受某些刺激有关。在年龄方面,肿瘤的发生率是随年龄增长而升高的,这可能和肿瘤的发生需要较长的潜伏期有关,可部分解释现代肿瘤发生率增高的原因 。

二、肿瘤的起始和形成

从正常组织的发生、发育和分化过程来看,肿瘤的产生实际上就是体内原已存在的干细胞未成熟分化的过程。成年个体体内存在具有多向分化潜能的干细胞。在慢性病理状态下,微环境由于组织结构的破坏和改造(如慢性炎症),加之致癌物的作用,干细胞便可能阻断在某一特定的分化状态而转向发展成肿瘤。由于未成熟分化的细胞不能行使正常的功能,机体在器官功能不足的情况下持续地发出强增殖信号,部分分化的干细胞便持续增殖,此时癌实际上已经产生了。

绝大多数肿瘤的发生都是一个受多因素(环境或遗传)作用,表现为多阶段多步骤的复杂过程。从致癌因素作用于正常细胞到形成临床上可以检测到的肿瘤往往需要经过一个很长的潜伏期。这种过程可以分为两个阶段:激发阶段和促进阶段。

1. 激发阶段 肿瘤的激发过程是正常细胞经致癌因素作用后转变为潜伏的瘤细胞的过程,习惯上称为“第一次打击”。此阶段比较短暂是不可逆的。激发所产生的瘤细胞在外观和功能上与正常细胞似无差别,但是基因已发生了损伤,细胞在执行某些重要生理功能时已经发生了轻微的改变。这种肿瘤的激发过程可能发生在人体的任何细胞中,若发生在生殖细胞并传给了后代,这便导致了家族成员生来就带有了“受损基因”。无论是来自于生殖细胞还是体细胞的一个等位基因突变后,若其第二个等位基因遭受“第二次打击”,肿瘤即可发生。

2. 促进阶段 肿瘤的促进阶段是指潜伏的瘤细胞在促癌因子的作用下,逐步转变为癌细胞的过程。肿瘤的促进阶段要比激发阶段时间长得多。在促进阶段初期,这些遗传异常可能被人体自身修复机制所纠正。若细胞内“损伤基因”不断累积,造成不可逆转失常,逃脱人体免疫防御系统监控,进入增殖阶段发生转移,逐步呈现恶性表型。肿瘤的促进阶段也可表现为一些良性肿瘤,它们本身不是恶性的病变,但会有恶变的倾向,称之为癌前期病变。

三、肿瘤发生机制

目前,关于肿瘤的发生机制有多种,总结起来主要由:①胚胎迷芽学说:1889 年 Coheim 认为肿瘤是胚胎发育过程中组织的迷离,在一定的因素影响下而发展成为肿瘤;②异常细胞呼吸学说:1926 年 Warbury 研究中发现肿瘤细胞无氧酵解增加,正常呼吸过程减弱,因而认为异常细胞呼吸是癌变的本质;③体细胞基因突变学说:1929 年 Boveri 发现染色体畸变、基因突变而导致细胞癌变;④基因表达失调学说:1962 年 Busch 提出所有正常细胞中都有“癌基因”的存在,这些基因正常时地表达或受抑制而不表达,当为某些刺激因子激活后,则导致癌变;⑤膜系统异常学说:1963 年 Pilot 认为癌变的关键不在于核 DNA,主要是细胞膜系统的异常而使 mRNA 功能失效而导致细胞癌变;⑥病毒基因插入学说:1969 年 Huebner 发现致瘤 DNA 病毒或致瘤 RNA 病毒,后者通过反转录酶催化产生相应的 cDNA,插入宿主细胞基因组,在一定条件下导致癌变。

癌基因激活的结果出现新的表达产物,或出现过量的正常表达产物,或出现异常、截短的表达产物。抑癌基因的产物是抑制细胞增殖、促进细胞分化、抑制细胞迁移,是起负调控作用的蛋白质。通常认为抑癌基因的突变是隐性的。肿瘤肿瘤细胞产生的实质是癌基因和抑癌基因的结构、表达或表达产物功能的改变。细胞癌变涉及多个基因多重异常变化的复杂过程,癌基因的激活与抑癌基因的失活是肿瘤发生的原因和分子基础。在肿瘤发生发展的各个阶段,至少需几个与癌相关基因的激活和(或)抑癌基因的失活,而且这些基因起着协同作用。原癌基因的激活是细胞发生恶变的先决条件,在多数情况下,肿瘤的发生是两种基因改变的综合结果。1990 年,E. R. Fearon 和 B. Vogelstein 提出结直肠癌发生发展过程中基因改变的模式图(图 17-9)。美国 California 的科学家近年宣布,一种实验性药物能够激活抑癌基因,经小鼠实验证实它能够使肿瘤缩小。当易患癌症的小鼠在口服或注射这种被称为 zebularine 的药物后,其抑癌基因 p16 将会被激活。

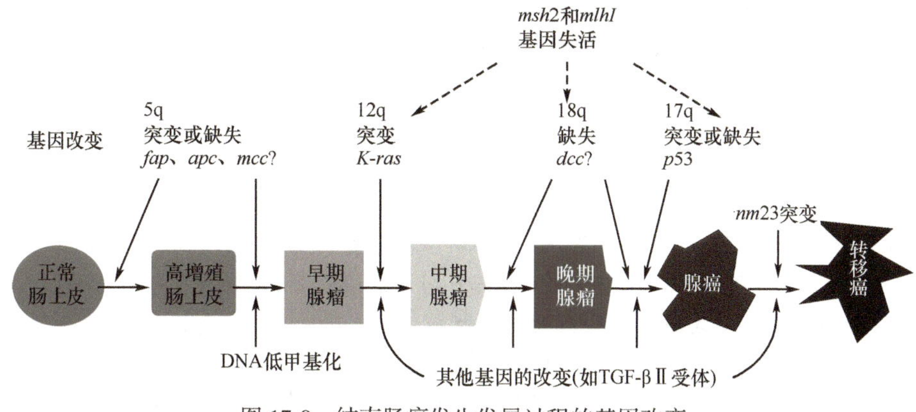

图 17-9　结直肠癌发生发展过程的基因改变

第三节　肿瘤侵袭与转移的分子机制

肿瘤侵袭(tumor invasion)是指恶性肿瘤细胞从起源部位沿组织间隙向周围组织侵润的过程。其肿瘤细胞突破基底膜,是扩散的基本要素。

2005 年,美国康奈尔大学的研究者发现了肿瘤转移的机制,揭示了肿瘤灶的癌细胞连接基质如何降解,使得癌细胞脱离原病灶进而发生转移的一系列过程。研究者用培养的细胞系作为肿瘤模型,发现一种致瘤病毒来源的癌蛋白 v-*src* 能够与细胞内的聚合黏附激酶(focal adhesion kinase,FAK)相互作用,激发细胞内一系列蛋白间的相互作用,最终阻断一些细胞表面蛋白如膜型基质金属蛋白酶-1(MT1-MMP)通过内吞作用进入细胞,导致 MT1-MMP 在癌细胞表面积聚,进一步激活基质金属蛋白酶-2(MMP2),两种蛋白协同对起细胞黏附作用的基质成分进行降解,使得癌细胞失去锚定连接发生转移。

关于肿瘤细胞侵袭过程,Liotta 等通过超微结构的观察,提出肿瘤侵袭三步假说:第一步是肿瘤细胞与基底膜发生黏附,第二步是局部蛋白质水解导致基底膜降解、断裂、有利于癌细胞穿出,第三步是癌细胞在趋化因子作用下,形成伪足样突起,使细胞发生随意运动和定向运动,侵犯周围组织间隙。一旦迁徙到适当靶位的新址,新生的毛细血管有利于肿瘤细胞增殖,同时也需要相关基因表达蛋白酶,如胶原酶、明胶酶、尿激酶型纤溶酶原激活物等。肿瘤细胞在这些酶的作用下,可在组织中侵袭和向组织外转移(图 17-10)。

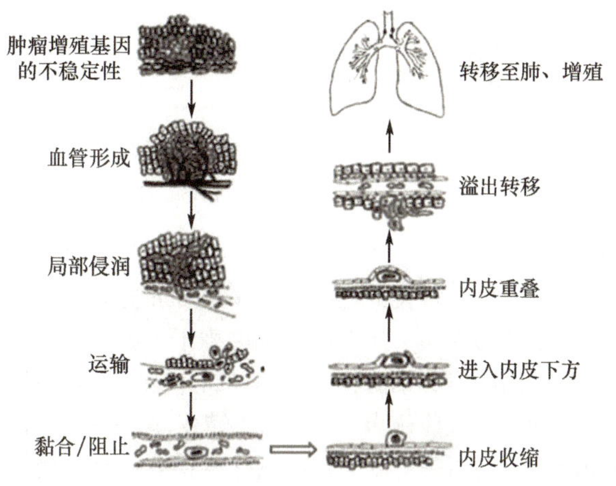

图 17-10　肿瘤的侵袭与转移

恶性肿瘤容易发生转移,其转移方式有:①直接蔓延到邻近部位;②淋巴转移,原发癌的细胞随淋巴引流,由近及远转移到各级淋巴结,或因癌阻碍顺行的淋巴回流而发生逆向转移,转移癌在淋巴结发展时,淋巴结肿大且变硬,起初尚可活动,癌侵越包膜后趋向固定,转移癌阻碍局部组织淋巴回流,可能引起皮肤、皮下或肢体的淋巴水肿;③血行转移,癌细胞进入血管随血流转移至远隔部位如肺、肝、骨、脑等处,形成继发性肿瘤;④种植转移,瘤细胞脱落后种植到另一部位,如内脏的癌播种到腹膜或胸膜上。

一、肿瘤干细胞与转移

干细胞(stem cell)是成体许多组织中保留的未分化的细胞,这些细胞按发育途径进行细胞分裂,然后分化为成熟细胞。广义上讲,干细胞包括胚胎干细胞和成体干细胞。属于一类具有增殖和分化潜能的细胞。最原始的干细胞是胚胎干细胞,从胚泡的内层细胞来源。这种细胞有多能性并最终形成人体的各种组织。过去 50 年在造血干细胞方面的研究基础上发现很多成人的其他组织也含有干细胞。这些成人组织内的干细胞维持动态的自我更新能力，也能在组织损伤的时候迅速启动修复组织。

肿瘤的发生与干细胞有密切关系，干细胞与肿瘤细胞有很多相似性，肿瘤干细胞可能源于正常干细胞，都呈现高活性的端粒酶，具有快速更新和增殖能力强的特点，自我更新快的组织，肿瘤发生率高。肿瘤的产生主要是干细胞的分化受阻，而不是已分化成熟细胞的去分化。例如，白血病是由于干细胞分化障碍引起的恶性肿瘤。肿瘤细胞生长、转移和复发的特点与干细胞的基本特性十分相似。因此，有学者提出肿瘤干细胞（tumor stem cell，TSC）理论。

20 世纪 50 年代，C. Southam 等进行的肿瘤细胞自体/异体移植实验得到后来众多实验证实，并非每个肿瘤细胞都有再生肿瘤的能力，只有一小部分肿瘤细胞在体外可以形成克隆，在异种移植模型中，只有移植入大量的肿瘤细胞才能形成移植瘤。究竟何种细胞行使肿瘤起源细胞（tumor-initiating cell，TIC）的功能？目前有两种理论解释，一是随机化理论，认为肿瘤细胞具有同质性，即每一个肿瘤细胞都具有新生肿瘤的潜力，但是能进入细胞分化周期的肿瘤细胞很少，是一个小概率随机事件。二是分层理论，认为肿瘤细胞具有功能异质性，只有有限数目的肿瘤细胞具有产生肿瘤的能力，但这些肿瘤细胞再生肿瘤是高频事件。虽然两种理论都认为只有很少数量的肿瘤细胞能再生肿瘤，但机制是完全不同的。肿瘤干细胞能不对称产生两种异质细胞，一种是与之性质相同的肿瘤干细胞，另一种是组成肿瘤大部分的非致瘤癌细胞。AACRl3（American Association for Cancer Research）2006 年给出的定义是：肿瘤中具有自我更新能力并能产生异质性肿瘤细胞的细胞称为肿瘤干细胞。

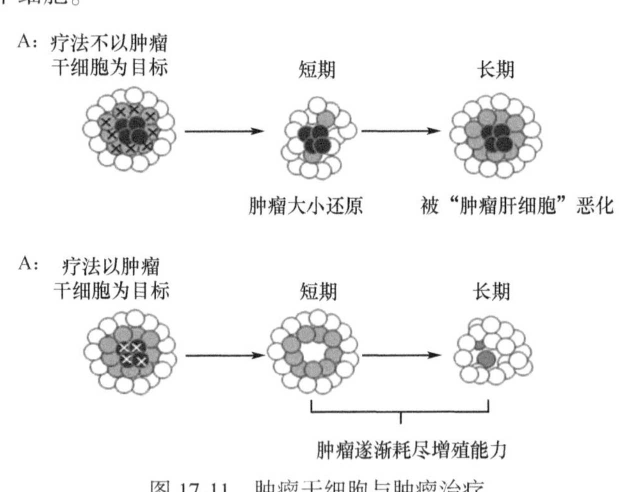

图 17-11 肿瘤干细胞与肿瘤治疗

从本质上讲，肿瘤干细胞通过自我更新和无限增殖维持着肿瘤细胞群的生命力，肿瘤干细胞的运动和迁徙能力又使肿瘤细胞的转移成为可能。肿瘤干细胞可以长时间处于休眠状态并具有多种耐药分子而对杀伤肿瘤细胞的外界理化因素不敏感，因此肿瘤往往在常规肿瘤治疗方法消灭大部分普通肿瘤细胞后一段时间复发（图 17-11）。

某些类型的白血病来源于造血干细胞中突变的累积，能引起非糖尿病/严重联合免疫缺陷小鼠白血病。人急性髓系白血病（AML）的细胞在大多数的小鼠 AML 亚型中有 $CD34^{+}$/ $CD38^{-}$的表型，因此具有与正常造血干细胞相似的表型。相反，$CD34^{+}$/$CD38^{+}$白细胞，尽管事实上它们显示着白血病母细胞表型，但在多数情况下，它们不能将白血病转移给小鼠。这表明正常造血干细胞较由其来源的祖细胞更像是白血病转化的靶细胞。Weissnan 提出的肿瘤干细胞学说认为：肿瘤干细胞与肿瘤发生、发展、转移和复发关系极为密切。研究还发现肿瘤干细胞（TSC）具有明显的异质性，即 TSC 可分为增生、耐药、侵袭和转移等行为不同的亚群细胞，其中具有转移生物学特性的 CSC 亚群细胞称为肿瘤转移干细胞（migrating cancer stem cell，MCSC）。目前认为，上皮-间质转变、趋化因子和靶器官微环境可能在肿瘤转移过程中起着重要作用。针对 MCSC 及其相关机制的靶向治疗有望能更有效地遏制肿瘤的转移。

Wnt 信号通路显示出在不同组织中既调节自我更新也调节肿瘤形成。Wnt 蛋白是细胞间的信号分子，它调节一些器官的发育，其异常调节时导致肿瘤发生。骨髓中 Wnt 表达可能同样影响造血干细胞。使用高度纯化的小鼠骨髓造血干细胞（HSC），已证明在长期造血干细胞培养中激活 β-catenin 的过度表达（Wnt 的下游激活物），β-catenin 能扩增可移植的造血干细胞，其表型为（Thy1. 1lo Lin-/lo Sca1+ c-kit+），且在体内具有重建造血系统的功能。Wnt 信号的抑制子— Axin 的异常表达，导致 HSC 的增殖抑制，促进了 HSC 的死亡，降低 HSC 的重建。调节培养液上清中可溶性 Wnt 蛋白的量可影响来源于幼鼠肝脏和人骨髓造血祖细胞的增殖。转基因小鼠研究结果显示在上皮干细胞中 Wnt 信号通路的激活导致上皮癌，进一步研究发现小鼠缺乏 TCF-4（Wnt 信号通路中的一个转录中介体），其内脏上皮非分化祖细胞库存，在胎儿发育时很快被耗尽，也显示这一通路在维持内脏上皮干细胞自我更新时是必需的。

调节正常干细胞自我更新的信号通路异常时会导致肿瘤发生，那么干细胞本身就成为某些类型癌症转化的靶细胞。有两方面原因。首先干细胞的自我更新机制已被激活，维持这一活性比在已分化细胞中重新打开这一通路更容易。也就是说，少数突变可能在维持细胞自我更新时更为需要，而不是激活自我更新细胞的变异。其次不像许多高增殖的成熟细胞，干细胞通常维持较长时间，而不是短期死亡。这意味着在个别干细胞中存在着较成熟细胞多的累积突变的机会。

现有的治疗方法已发展为主要是减少肿瘤细胞的体积和数量，因为通常是通过它们缩小肿瘤的能力来确定其效果的。因为多数细胞及癌肿的增殖潜能是有限的，而药物缩小肿瘤的能力主要反映了杀灭这些增殖细胞的能力。来自于不同组织的干细胞比来源于同一组织的成熟细胞更能耐受化疗药物。可能与抗凋亡蛋白的表达高水平有关、或与 ABC 转运蛋白基因有关。如果对肿瘤干细胞也同样，那么由于肿瘤干细胞的增殖能力有限，它们将比肿瘤细胞对化疗药物更具耐药性。即使治疗使肿瘤完全的衰退，可能剩下的肿瘤干细胞足以使肿瘤再生。干细胞治疗肿瘤国内外一些治疗案例显示具有一定效果。主要通过诱导产生杀伤细胞杀伤肿瘤；重建免疫；配合化疗放疗等不同方案实现。

二、基因调控下的肿瘤转移

肿瘤转移起始基因(tumor metastasis initial gene)指那些在原发灶部位或转移灶部位能促使已转化肿瘤细胞侵入周围组织并吸引支持性间质(supportive stroma)促进肿瘤细胞分散的基因。这些基因能够增强肿瘤细胞的活动力，如促进上皮-间质转化(epithelial-mesenchymal transition，EMT)，促进细胞外基质降解，促进骨髓原始细胞动员(bone marrow progenitor mobilization)，促进血管生成以及帮助肿瘤细胞逃避机体免疫系统的杀灭等。

肿瘤转移与促进基因和抑制基因之间表达失衡相关。不是所有的肿瘤都有转移表型，同种肿瘤细胞不同个体转移能力也不一样。

(一) 肿瘤转移促进基因

在细胞基因组中，具有促进肿瘤细胞浸润或转移潜能的基因称为肿瘤转移基因，这类基因亦称为肿瘤转移促进基因(metastasis enhancing gene)。肿瘤转移相关基因(metastasis associated gene，*MTA*)是一个不断快速增长的基因家族。1993 年，Pencil 等应用差异杂交技术从具有转移潜能的鼠乳腺癌细胞株 13762NF 中筛选克隆出 *mta*1 基因，该基因的表达与乳腺肿瘤转移能力成正相关，被命名为肿瘤转移相关基因 1(*mta*1)。Toh 等研究发现其 cDNA 全长为 2756bp，包含一个独立阅读开放框，起始密码位于 97～99 核苷酸，终止密码位于 2206～2208 核苷酸。目前认为 *MTA*1 的高表达与一些上皮源性肿瘤的乳腺癌侵袭转移密切相关。Pencil 等发现鼠具有转移能力的 MT Ln3 细胞株中 *mta*1 表达水平是无转移能力的 MTC4 细胞株的 4 倍。

促进肿瘤转移的基因不同于癌基因，肿瘤的转移是由不同的遗传因素决定。但在癌基因研究中，某些癌基因有促进转移潜能，如活化的 *c-ras* 转化人和鼠类的细胞致瘤，还能发生转移。与肿瘤转移相关的基因有很多种，但还没有严格意义上的转移基因，如 *CD*44v6 是肿瘤转移促进基因，其表达产物 CD44 是广泛分布的跨膜糖蛋白分子，能与细胞外基质中透明质酸、血管内皮细胞黏附，作为受体识别透明质酸(HA)和胶原蛋白Ⅰ、Ⅳ等，主要参与细胞-细胞、细胞-基质之间的特异性粘连过程。*CD*44v6 高表达的癌细胞可能获得淋巴细胞的“伪装”，逃避人体免疫系统的识别和杀伤，更易进入淋巴结，形成转移，还可以促进 *c-ras* 表达。表 17-9 列出某些肿瘤转移促进基因。

表 17-9 肿瘤转移促进基因与相关肿瘤

基因	相关肿瘤类型	基因	相关肿瘤类型
c-*ras*	卵巢癌	癌胚抗原基因	结肠直肠癌
c-*myc*	结直肠癌	前列腺特异性抗原(*psa*)基因	前列腺癌
c-*mer*	口腔鳞癌	表皮生长因子受体基因	非小细胞肺癌
c-*ets*1	肺癌、乳腺癌、结肠癌	巨噬细胞集落刺激因子	卵巢癌
v-*jun*	小肠乳头瘤	*MUC1* 基因	结直肠癌
*CD*44 基因	结直肠癌、黑色素瘤、胰腺癌	12-脂氧合酶基因	结肠癌、前列腺癌
整合素 β1 基因	淋巴瘤		

(二) 肿瘤转移抑制基因

肿瘤转移抑制基因(tumor metastasis suppressor gene)是指一些基因编码的蛋白酶能够直接或间接地抑制

具有促进转移作用的蛋白,从而降低癌细胞的侵袭和转移能力的一类基因。凡是能抑制肿瘤转移形成的基因均可命名为转移抑制基因。此类基因在非转移肿瘤中呈高表达,而在转移肿瘤中低表达,同时并不影响肿瘤的生长。肿瘤抑制基因主要是抑制肿瘤细胞的恶性表型,而肿瘤转移抑制基因主要是抑制肿瘤细胞的转移表型。目前至少发现 12 个肿瘤转移抑制基因:CRSP3、DRG1、KAI1、MKK4、RhoGDI2、SSeCKs、VDUP1、E-cadherin、TIMPs 和 BRMS1。

1. *nm*23 基因 1988 年,美国国立癌症研究所的 Steeg 等在鼠 K-1735 黑色素瘤的 cDNA 文库中通过差相杂交筛选出一个 cDNA 克隆,用这种 cDNA 与 7 株具有不同转移能力的 K-1735 细胞株的 mRNA 进行 Northern 印迹杂交,结果显示此基因在每个细胞株的表达分别与它们的转移能力呈负相关;原位杂交也显示其在低转移细胞株中的转录表达比高转移细胞株增高 10 倍。遂将此基因命名为 *nm*23 基因(non-metastasis,编号为 23 的 cDNA 基因克隆),认为是一种肿瘤转移抑制基因。

人类发现的 *nm*23 基因有 *nm*23-H1、*nm*23-H2、DR-*nm*23 和 *nm*23-H4 四种。*nm*23-H1 和 *nm*23-H2 都定位于染色体 17q21.3,每个基因都含有 5 个外显子,其蛋白产物含有 152 个氨基酸,两基因蛋白具 88% 相同的氨基酸顺序。*DR-nm*23 定位于染色体 16q13,含有 5 个内含子和 6 个外显子,其蛋白产物与 *nm*23-H1 和 *nm*23-H2 两基因的蛋白产物具有 70% 左右的相同氨基酸序列。*nm*23-H4 定位于染色体 16p13.3,其蛋白产物具有 187 个氨基酸顺序。一些研究表明,*nm*23 基因在乳腺癌、肝癌、黑色素瘤、胃癌中的表达与肿瘤的转移及临床预后不良呈负相关。

2. *Kai*1 基因 1995 年 Dong 等从前列腺癌杂交细胞 AT6.1 的第 11 号染色体分离到的特异性抑制前列腺癌转移的基因。*Kai*1 基因定位于 11p11.2,长约 80kb,有 10 个外显子和 9 个内含子,编码一种由 267 个氨基酸组成的 4 次跨膜超家族糖蛋白,结构与 CD82 相同。后来的研究发现,*Kai*1 基因表达下降或缺失与卵巢恶性肿瘤的发生与转移密切相关。

3. *Kiss*-1 基因 1996 年 Lee 等将人类黑色素瘤高转移细胞株 C8161 与非转移细胞株 neo/C8161.1 的 cDNA 杂交时,发现一个只在 neo/C8161.1 表达的 cDNA 片段,命名为 *Kiss*-1。*Kiss*-1 基因定位于 1q32-41,含 4 个外显子。后来研究发现,*Kiss*-1 基因最初的翻译产物是一个由 145 个氨基酸残基组成的亲水性蛋白,含多个磷酸化位点。该蛋白磷酸后可产生 54 个氨基酸、14 个氨基酸、13 个氨基酸、10 个氨基酸的残基肽,其中一个有 Kiss-1 蛋白 68 ~ 121 氨基酸组成 54 个氨基酸的残基肽(KP54)是一种新的孤儿 G 蛋白偶联受体(HoT7T175)的配体。KP54 是 Kiss-1 妊娠前期滋养层细胞中表达的产物,能使胞内 Ca^{2+} 浓度增加,同时能明显抑制肿瘤细胞的迁移和侵袭。

三、细胞黏附分子与肿瘤转移

(一) 细胞黏附分子

细胞黏附分子(cell adhesion molecule,CAM)是参与细胞与细胞之间及细胞与细胞外基质之间相互作用的膜表面糖蛋白。细胞黏附指是细胞间信息交流的一种形式。CAM 是通过识别与其黏附的特异性受体而发生相互间的黏附。细胞黏附分子包括钙黏素、选择素、免疫球蛋白超家族、整合素及透明质酸黏素。在肿瘤转移的每个环节均包含黏附与分离(黏附解聚)两个方面。细胞黏附分子都是跨膜糖蛋白,分子结构由三部分组成:①胞外区,肽链的 N 端部分,带有糖链,负责与配体的识别;②跨膜区,多为一次跨膜;③胞质区,肽链的 C 端部分,一般较小,或与质膜下的骨架成分直接相连,或与胞内的化学信号分子相连,以活化信号转导途径(图 17-12)。

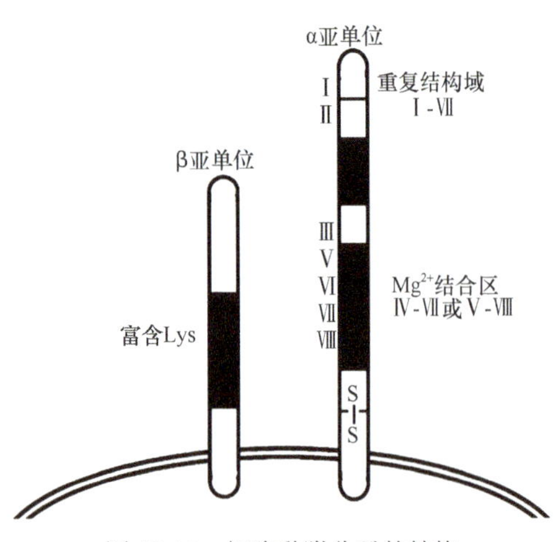

图 17-12 细胞黏附分子的结构

1. 钙黏素 钙黏素(cadherin)属亲同性 CAM,其作用依赖于 Ca^{2+}。至今已鉴定出 30 种以上钙黏素,分布于不同的组织。钙黏素分子结构同源性很高,其胞外部分形成 5 个结构域,其中 4 个同源,均含 Ca^{2+} 结合部位。决定钙黏素结合特异性的部位在靠近 N 末端的一个结构域中,只要变更其中 2 个氨基酸残基即可使结合特异性由 E-钙黏素转变为 P-钙黏素。钙黏素分子的胞质部分是最高度保守的区域，参与信号转导。

钙黏素通过不同的连接蛋白质与不同的细胞骨架成分相连，如E-黏素通过α-、β-、γ-连锁蛋白（catenin）以及黏着斑蛋白（vinculin）、锚蛋白、α辅肌动蛋白等与肌动蛋白纤维相连；桥粒中的desmoglein及desmocollin则通过桥粒致密斑与中间纤维相连。

钙黏素的作用主要有以下几个方面：①介导细胞之间连接，在成年脊椎动物，E-钙粘素是保持上皮细胞相互黏合的主要CAM，是黏合带的主要构成成分，桥粒中的钙黏素就是desmoglein及desmocollin；②参与细胞分化，钙黏素对于胚胎细胞的早期分化及成体组织（尤其是上皮及神经组织）的构筑有重要作用，在发育过程中通过调控钙黏素表达的种类与数量可决定胚胎细胞间的相互作用（黏合、分离、迁移、再黏合），从而通过细胞的微环境，影响细胞的分化，参与器官形成过程；③抑制细胞迁移，很多种癌组织中细胞表面的E钙黏素减少或消失，以致癌细胞易从瘤块脱落，成为侵袭与转移的前提。因而有人将E钙黏素视为转移抑制分子。

2. 透明质酸黏素　透明质酸黏素（hyaladherin）是可结合透明质酸糖链的一类分子，具有相似的氨基酸序列和空间构象。CD44族是其中的一个成员，相对分子质量范围为85 000～250 000，介导细胞与细胞间及细胞与细胞外基质间的相互作用，同样是由胞外，跨膜及胞质三个部分构成的糖蛋白，糖链为硫酸软骨素及硫酸乙酰肝素。CD44肽链的N端可结合透明质酸，故CD44也被视为透明质酸的受体。CD44的功能包括：①与透明质酸、纤黏连蛋白及胶原结合，介导细胞与细胞外基质之间的黏附；②参与细胞对透明质酸的摄取及降解；③参与淋巴细胞归巢；④参与T细胞的活化；⑤促进细胞迁移。CD44在很多种肿瘤细胞的表达比相应正常组织为高，并与肿瘤细胞的成瘤性、侵袭性及淋巴结转移性有关。

3. 选择素　选择素（selectin）属亲异性CAM，其作用依赖于Ca^{2+}。主要参与白细胞与脉管内皮细胞之间的识别与黏合。已知选择素有三种：L选择素、E选择素及P选择素。选择素的胞外区由三个结构域构成：N端的C型凝集素结构域，EGF样结构域、重复次数不同的补体结合蛋白结构域。通过凝集素结构域来识别糖蛋白及糖脂分子上的糖配体。E选择素及P选择素所识别与结合的糖配体为唾液酸化及岩藻糖化的N乙酰氨基乳糖结构（sLeX、sLeA）。sLeA结构存在于髓系白细胞表面（其中包括L选择素）分子中。多种肿瘤细胞表面也存在sLeX及sLeA结构。P选择素贮存于血小板的α颗粒及内皮细胞的Weibel-Palade小体。炎症时活化的内皮细胞表面首先出现P选择素，随后出现E选择素。它们对于召集白细胞到达炎症部位具有重要作用。E选择素存在于活化的血管内皮细胞表面。炎症组织释放的白介素I（IL-1）及肿瘤坏死因子（TNF）等细胞因子可活化脉管内皮细胞，刺激E选择素的合成。L选择素广泛存在于各种白细胞的表面，参与炎症部位白细胞的出脉管过程。白细胞表面L选择素分子上的sLeA与活化的内皮细胞表面的P选择素及E选择素之间的识别与结合，可召集血液中快速流动的白细胞在炎症部位的脉管内皮上减速滚动（即通过黏附、分离、再黏附……，如此循环），最后穿过血管进入炎症部位。炎症一开始即启动白细胞的功能变化，各种选择素均使血管中白细胞的运动减慢而形成滚动状态，其中P-选择素和L-选择素在缺血-再灌注过程中的作用更大。

4. 整合素　整合素（integrin）大多为亲异性细胞黏附分子，其作用依赖于Ca^{2+}。介导细胞与细胞间的相互作用及细胞与细胞外基质间的相互作用。几乎所有动植物细胞均表达整合素。整合素是由α（120 000～185 000）和β（90 000～110 000）两个亚单位形成的异二聚体。迄今已发现16种α亚单位和9种β亚单位。它们按不同的组合构成20余种整合素。α亚单位的N端有结合二价阳离子的结构域，胞质区近膜处都有一个非常保守的KXGFFKR序列，与整合素活性的调节有关。按β亚单位分类可分β1、β2和β3三个亚家族。β1亚家族称为VLA（very late activation antigen）家族，含有VLA-1～6六种整合素。VLA-1、2作为T细胞的后期活性化抗原而先被认定。而后的VLA-3、4、5、6因有同样的β链故称VLA-3、4、5、6，VLA-4、5在静止期的淋巴细胞中最高。含β1亚单位的整合素主要介导细胞与细胞外基质成分之间的黏附。β2亚家族也称CD18抗原，因白细胞上均有1个或多个β2整合素故称白细胞整合素（leukocyte integrin），包括3类糖蛋白：①淋巴细胞功能相关抗原-1（LFA-1），即CDⅡa/CD18，是白细胞上的黏附受体，参与白细胞与内皮细胞的黏附过程，能识别ICAMs，LFA-1与ICAMs的黏附受细胞激动的调节，参与中性白细胞、单核细胞和淋巴细胞向血管内皮的黏附，LFA-1还参与细胞毒性细胞与其靶细胞、NK细胞与其靶细胞的相互作用；②巨噬细胞分化抗原-1（Mac-1），Mac-1（CR3、CD11b/CD18）能与补体蛋白C3bi相作用，能识别纤维蛋白原和内皮细胞上1个尚未被鉴定的配子X及几种微生物抗原；③p150.95（CD11c/CD18），其配体特异性还不清楚，但知其可参与细胞与内皮和细胞与表面结合的纤维蛋白原的相互作用，如缺乏可造成白细胞与内皮细胞黏附障碍，病人往往发生反复感染，严重者可发生致命性的难以控制的败血症而死亡。含β2亚单位的整合素主要存在于各种白细胞表面，介导细胞间的相互作用。β3亚家族称为细胞黏附素（cytoadhesion），含人玻璃黏蛋白受体（VNR）和血小板的gpⅡb/

Ⅲa。细胞黏附素按功能分类可分为2类:①存在于淋巴细胞上,通过与Ig家族中的CAM结合而介导异型性细胞间的黏附;②作为各种ECM的配体,介导细胞与ECM的黏附,从而控制细胞与基膜的结合,以及细胞的游走。如在整合素β1和β3亚家族就有LN、CL、FN、FB、VN等ECM受体的机能。β3亚单位的整合素主要存在于血小板表面,介导血小板的聚集,并参与血栓形成。除β4可与肌动蛋白及其相关蛋白质结合,α6β4整合素以层黏连蛋白为配体,参与形成半桥粒。

5. 免疫球蛋白超家族 免疫球蛋白超家族(Ig-superfamily,Ig-SF)包括分子结构中含有免疫球蛋白(Ig)样结构域的所有分子,一般不依赖于Ca^{2+}。免疫球蛋白样结构域系指借二硫键维系的两组反向平行β折叠结构。除免疫球蛋白外,还包括T细胞受体,B细胞受体,MHC及细胞黏附分子(Ig-CAM)等。有的属于亲同性CAM,如各种神经细胞黏附分子(N-CAM)及血小板-内皮细胞黏附分子(Pe-CAM);有的属于亲异性CAM,如细胞间黏附分子(I-CAM)及脉管细胞黏附分子(V-CAM)等。I-CAM及V-CAM的配体都是整合素。N-CAM有20余种异型分子,它们在神经发育及神经细胞间相互作用上有重要作用。

I-CAM及V-CAM在活化的血管内皮细胞表达。炎症时,活化的内皮细胞表面的I-CAM可与白细胞表面的αLβ2及巨噬细胞表面的αMβ2相结合;V-CAM则可与白细胞的α4β1整合素相结合。它们继上述选择素介导的白细胞与内皮细胞的黏合作用之后使在内皮上滚动的白细胞固着于炎症部位的脉管内皮,并发生铺展,进而分泌水解酶而穿出脉管壁。

(二)黏附分子与肿瘤的浸润和转移

细胞表面黏附分子表达数量的调节方式主要有诱导贮存在细胞内的黏附分子转移到细胞表面和诱导黏附分子的重新合成两种方式。转移形式的过程发生迅速,只需数秒钟,但维持时间短暂。如凝血酶和组胺作用于内皮细胞可以诱导内皮细胞内储存的CD62分子迅速转移到细胞表面,然后又很快被内吞而消失;又如CD11b/CD18、CD11c/CD18贮存在中性粒细胞的胞质颗粒内,在PMA、TNF、IL-1刺激后迅速转移到细胞表面。重新合成过程发生较为迟缓,一般需数小时,但维持时间较长。IL-1和TNF-α作用于血管内皮细胞则可以诱导E-selectin和VCAM-1分子的重新合成与表达,诱导后4小时达到高峰,并可维持24小时以上。肿瘤细胞与其起源的正常组织细胞相比其表达的黏附分子可有很大差异,这可能是某些肿瘤细胞易发生浸润、转移等现象的分子基础。

恶性肿瘤的重要生物学特征是其对邻近正常组织的浸润及远处转移。肿瘤细胞膜表面有丰富的绒毛突起并分泌锚着黏附分子,不利于细胞本身群集,而利于锚定特定的靶位进行生长繁殖。目前已知肿瘤的浸润与转移与其黏附分子表达的改变有关。一方面肿瘤细胞某些黏附分子表达的减少可以使细胞间的附着减弱,肿瘤细胞脱离与周围细胞的附着,是肿瘤浸润及转移的第一步;另一方面,肿瘤细胞表达的某些黏附分子使已入血的肿瘤细胞得以黏附血管内皮细胞,造成血行转移。血管生长因子促进毛细血管形成,以利肿瘤细胞在小血管、淋巴管定居,重新增殖形成新的肿瘤团块。肿瘤细胞除黏附分子表达水平改变外,黏附分子在其表面的分布往往也有改变。E-Cadherin分子在正常的上皮组织中只分布于细胞相邻的侧面。而在某些上皮组织起源的肿瘤细胞E-Cadherin分子可以表达在细胞顶部。尽管某些肿瘤细胞可以表达一定水平的E-Cadherin分子,但分布的异常使其难以发挥细胞间附着,这也可能与肿瘤的浸润与转移有关。

(三)黏附分子与肿瘤的诊断

不同整合素分子在不同的组织、细胞有其特定的分布方式,虽然在肿瘤组织整合素分子的表达不同于正常组织,但仍在一定程度上保留了这种特定的分布方式,从而可以作为肿瘤分型诊断的参考依据。由于分化程度低的恶性肿瘤细胞难以区分其组织来源,因此对其整合素分子表达的检测可以作为肿瘤诊断的一个有效的辅助手段。

思考题

1. 细胞癌基因有哪些激活机制?
2. 癌基因和抑癌基因与肿瘤发生的关系如何?
3. 肿瘤的转移机制如何?
4. 简述与肿瘤转移有关的细胞黏附分子。

(唐彦萍)

第十八章 基因诊断与基因治疗

随着生命科学技术,特别是分子生物学技术的不断发展,人们逐渐认识到人类的绝大多数疾病(外伤除外)都与基因密切相关。于是人们将基因或其组成部分发生异常的疾病统称为基因病。总体而言,基因病包括三大类:①单基因病:即由单个基因异常所引起的一类疾病,如血友病、地中海贫血等,其特点是每一病种发病率大多数不高,但病种多,其遗传方式符合一般显性、隐性、伴性遗传规律,其发病机制主要通过其编码蛋白质或酶的质或量上的异常而引起机体功能障碍;②多基因病:即由多个基因改变的综合作用所引起的疾病,这类疾病虽不如单基因病种类多,但有不少属常见病,如恶性肿瘤、高血压病、动脉粥样硬化、糖尿病及某些先天畸形(如唇裂、腭裂、先天性心脏病等)等。在多基因病中,单个基因改变的作用影响不大,不足以引起疾病,称为微效基因,只有多个基因的累积效应加上环境因素才易表现疾病,其遗传不遵循孟德尔遗传规律;③获得性基因病:即外源性基因(DNA/RNA)侵入机体,在体内通过其本身或其编码产物,致使机体发生疾病,一旦将其清除便可获得痊愈,如各种微生物感染病即属此类。在以上三类基因病中,前两类是由内源基因异常所致,第三类是由外源基因入侵所致。鉴于基因病的广泛性,使得以基因重组、核酸扩增和杂交等技术为基础的分子医学——基因诊断(gene diagnosis)和基因治疗(gene therapy)成为当今生物医学最为活跃的前沿领域之一,其目标是从基因水平上探测、分析病因和发病机制,并采用针对性的手段矫正疾病紊乱状态。

第一节 基因诊断

一、基因诊断的概念

基因诊断就是利用分子生物学和分子遗传学的技术,从 DNA/RNA 水平检测分析基因的存在和结构变异及表达状态,从而对疾病作出诊断。基因诊断技术是 20 世纪 70 年代末迅速发展起来的一项应用技术,人们将之称为第四代实验室诊断技术(第一至第三代实验室诊断技术分别是指早期的细胞学检查技术、20 世纪 50 年代发展起来的生化指标分析技术及 20 世纪 60 年代兴起的免疫学诊断技术。前三代实验室诊断技术的共同特点都是以疾病的表型改变,如细胞形态结构变化、生化代谢产物异常、特定蛋白质分子识别差异等为依据,而第四代实验室诊断技术则是以 DNA/RNA 的改变为依据)。

同以疾病表型改变为依据的前三代实验室诊断技术相比,基因诊断具有如下特点:

1. 特异性高 主要表现在两方面:①基因诊断检测的目标是基因,而各个基因的碱基序列是特异的;②检测基因的分子生物学方法亦是高度特异的,可以检测出 DNA 片段的缺失、插入、重排,甚至单个碱基的突变。在获得性基因病诊断中,检测结果可以阐明有无外源性病原体的感染、何种病原体(乃至何型)的感染;在遗传病基因诊断中,检测结果可以说明某一致病基因是否存在、是致病基因的携带者、杂合子还是纯合子。

2. 灵敏度高 尽管单拷贝基因难以检测,但目前已有使基因或其片段高度扩增的 PCR 技术以及高灵敏度的基因探针可以应用,所以待测标本往往只需微量(如一滴血迹、一根发丝等),目的基因只需 pg 水平就已足够。

3. 稳定性高 基因的化学组成是 DNA,它比蛋白质稳定得多,长期保存的蜡块中常能顺利检出;而且被检测的基因不需要一定处于活化状态,这一点有利于检测长期保存的标本或用较为粗放的条件处理的标本,同时亦可用于产前(或孕早期、植入前)基因诊断(孕早期人类绝大多数基因处于封闭状态)。相反,如检测 mRNA 或蛋白质则一定要求基因处于活化状态。

4. 能进行早期诊断 诸多疾病在临床症状出现前,其基因改变已经发生。因此,基因诊断在诊断时间上有明显优势,有利于疾病的早期诊断与防治。

5. 应用范围广 基因诊断不仅能对某些疾病作出确切的诊断(如确定有遗传病家族史的人或胎儿是否携带致病基因等),而且能确定与疾病有关联的状态(如疾病的易感性、发病类型和阶段、是否具有抗药性、流行病学调查等)。此外,基因诊断还可用于法医学鉴定和器官移植时在 HLA 基因水平进行组织配型鉴定等。

二、基因诊断的基本步骤

一般而言,基因诊断可分为三个步骤:①提取待检样品中的核酸:待检样品可来自血液、组织、细胞、微生物、绒毛、羊水、头发、唾液、痰液、精液等。提取的核酸可以是 DNA 或 RNA,后者可经反转录形成 cDNA。提取 RNA 时要使用新鲜样品;②扩增目的序列:由于来自样品的核酸通常较少,故一般均需经 PCR 扩增制备足够拷贝数的待测靶 DNA 片段,以供特异性分析之用;③检测分析目的基因:具体参见下述基因诊断常用的技术方法。鉴定目的基因是否存在或其拷贝数多少的策略,通常都是通过检测核酸分子(目的 DNA 或探针)上的示踪物而实现的,这些示踪物包括放射性核素、荧光基团或荧光素(如绿荧光素 SYBR Green)、地高辛、生物素、酶等。

三、基因诊断常用的技术与方法

基因诊断常用的技术与方法主要建立在核酸分子杂交、PCR、DNA 序列分析、生物芯片等技术或几种技术联合的基础之上。以下简述一些常用的基因诊断技术与方法。

(一)核酸分子杂交技术

关于核酸分子杂交的定义与原理参见第九章第二节。以下简要介绍几类核酸分子杂交技术在基因诊断中的应用。

1. 斑点印迹杂交(dot blot) 将提取的 DNA/RNA 样品,直接点在硝酸纤维素膜或尼龙膜(以下称固相支持膜)上,然后进行烤膜、预杂交、与标记核酸探针杂交、洗膜、结果显示与分析等步骤,从而达到检测特定基因存在或表达状况的目的。其优点是在同一张膜上可以同时检测多个样品,根据杂交结果可推算出阳性的拷贝数,方法简便、快速、灵敏,样品用量少;缺点是不能鉴定目标基因的分子量,特异性不高,可能出现假阳性结果。

2. Southern 印迹杂交(Southern blot) 将 DNA 经限制性酶切、凝胶电泳、凝胶的变性与中和后,再转移至固相支持膜上,然后进行烤膜、预杂交、与标记核酸探针杂交、洗膜、结果显示与分析等步骤。主要用于检测基因组中特定的基因或序列,也常用于鉴定克隆 DNA 的特殊序列。

3. Northern 印迹杂交(Northern blot) 把 RNA 经变性凝胶电泳后转移至固相支持膜上,然后进行烤膜、预杂交、与标记核酸探针杂交、洗膜、结果显示与分析等步骤。该技术是分析基因表达水平的主要技术之一,它不仅可定性、定量检测某一特定基因的表达情况,而且可以推断 mRNA 分子量大小以及是否有不同剪接变异体。此外,在基因克隆工作中还常通过 Northern 印迹杂交来确定所克隆的 cDNA 是否获得了全长序列。

4. 原位杂交(*in situ* hybridization) 不需提取 DNA 或 RNA,直接将分离或培养的细胞涂于载玻片上、或将组织切片固定于载玻片上、或将细菌菌落影印到固相支持膜上,然后与标记核酸探针杂交。该方法可用于检测特定基因的存在或表达状况,以及判断基因在细胞内或染色体上的定位。在原位杂交中,除了使用常规探针外,有时还要使用一种挂锁探针(padlock probe),该探针为一特殊的核苷酸序列,中间为连接序列,可连接标记物如生物素、地高辛等,两侧序列可与目的基因序列结合并在 DNA 连接酶作用下形成环状,形似挂锁,结合较紧密,可经受较强烈的洗涤条件。

5. 等位基因特异寡核苷酸(allele-specific oligonucleotide,ASO)探针杂交 ASO 探针杂交技术的原理是:根据已知基因突变位点的核苷酸序列,人工合成两条寡核苷酸探针(19 bp 左右),其中一条是对应于突变基因碱基序列的寡核苷酸(M),另一条是对应于正常基因碱基序列的寡核苷酸(N),用它们分别与受检者 DNA 进行分子杂交。若受检者 DNA 能与 M 杂交,而不能与 N 杂交,说明受检者是这种突变的纯合子;若受检者 DNA 与 M、N 都能结合,说明受检者是这种突变基因的杂合子;若受检者 DNA 不能与 M 结合,但能与 N 结合,表明受检者不存在这种突变基因;如果患者 DNA 与 M、N 均不结合,提示其缺陷基因可能是一种新的突变类型。所以 ASO 探针杂交法不仅可以确定已知突变,还为发现新的基因突变类型提供了有效途径。

若与 PCR 方法联合应用,则形成 PCR/ASO 探针杂交法(PCR/ASO probe hybridization),其是一种检测基因点突变的简便方法,即先用 PCR 方法扩增包含突变位点的序列,然后将扩增产物与 ASO 探针杂交,从而明确诊断突变的纯合子和杂合子。此法对一些已知突变类型的遗传病,如地中海贫血、苯丙酮尿症等纯合子和杂合子的诊断很方便;也可分析癌基因如 *H-ras* 和抑癌基因如 *p53* 的点突变。

6. 反向杂交(reverse hybridization) 用标记的待检核酸样品与未标记的固化核酸探针杂交。该方法的优点是在一次杂交反应中,可同时检测样品中的几种核酸,其主要用于检测多种病原微生物或多个点突变。

(二)DNA 限制性片段长度多态性分析

在人类基因组中,平均约 200 个碱基对中会有一个碱基对发生变异,这称为中性突变。中性突变导致个体间核苷酸序列差异,称为 DNA 多态性。不少 DNA 多态性发生在限制性内切酶识别位点上,酶解该 DNA 片段就会产生长度不同的片段，称为DNA限制性片段长度多态性（restriction fragment length polymorphism, RFLP）。RFLP按孟德尔方式遗传。在某一特定家族中，若某一致病基因与特异的多态性片段紧密连锁，就可用这一多态性片段作为一种“遗传标志”，来判断家庭成员或胎儿是否为致病基因的携带者（即通过鉴定“遗传标志”的存在，间接判断受检者是否带有致病基因）。甲型血友病、囊性纤维病变、镰状细胞贫血症和苯丙酮尿症等均可借助这一方法得到诊断。RFLP主要有以下两种类型：

1. 点多态性 表现为DNA链中发生单碱基突变，且突变导致一个原有酶切位点的丢失或形成一个新的酶切位点。据此，样品DNA经特定内切酶消化和Southern杂交即可诊断某些疾病。例如，镰状细胞贫血症是β珠蛋白基因第六个密码子发生单个碱基突变（A→T），谷氨酸被缬氨酸取代所致。由于这一突变而使该基因内部一个*Mst* Ⅱ限制酶位点丢失。因此，将正常人和带有突变基因个体的基因组DNA用*Mst* Ⅱ消化后，以β珠蛋白基因探针进行Southern杂交，即可将正常人、突变携带者及镰状细胞贫血患者区别开来（图18-1）。

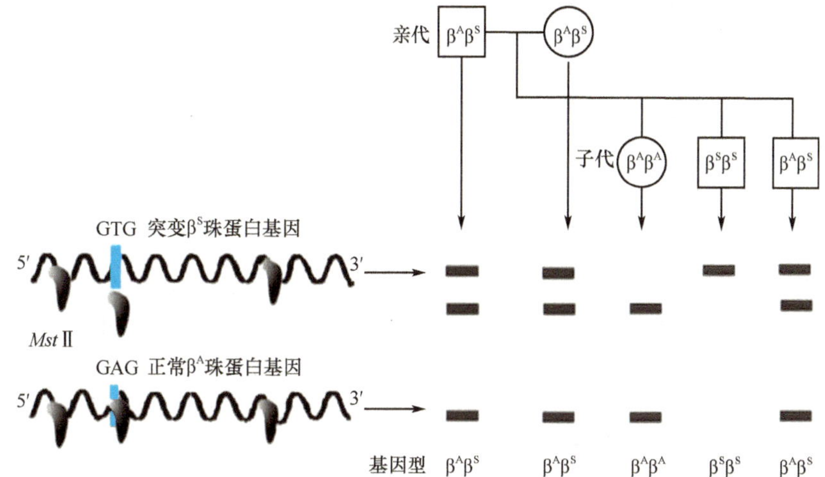

图18-1 镰状细胞贫血症DNA经*Mst* Ⅱ消化后进行的Southern杂交示意图

2. 序列多态性 因DNA链内发生较大片段的缺失、重复、插入等变异，其结果是内切酶位点本身碱基序列虽未改变，但原有内切酶位点在基因组中的相对位置发生了改变，从而导致RFLP。亦可用Southern杂交诊断相关疾病。

（三）PCR技术

PCR是目前基因诊断中应用最多的方法。有关PCR技术的原理及主要类型见第九章第五节。以下仅简要介绍各类PCR在基因诊断中的主要用途。

1. 常规PCR 主要用于检测特定基因或DNA片段的存在，并常与核酸分子杂交技术联合使用，分析鉴定基因突变。

2. RT-PCR 主要用于检测特定基因的表达水平、鉴别和诊断RNA病毒。

3. PCR-SSCP 不同的单链DNA（即使只差一个碱基）有不同的空间构象，即DNA单链构象多态性（single strand conformation polymorphsim, SSCP）。这些不同构象的单链DNA在聚丙烯酰胺凝胶电泳中的迁移率是不同的，据此，将PCR扩增产物变性成单链DNA，经上述电泳即可测知DNA碱基序列有无变异（图18-2）。如Leber遗传性神经病患者是由于线粒体DNA第11778位碱基突变（G→A）所致，用PCR扩增线粒体DNA相应片段，再作SSCP分析即可对患者作出诊断。PCR-SSCP不仅具有简便、快速、灵敏度高的优点，而且适用于大量样本的筛选，是检测基因未知突变的常用技术。

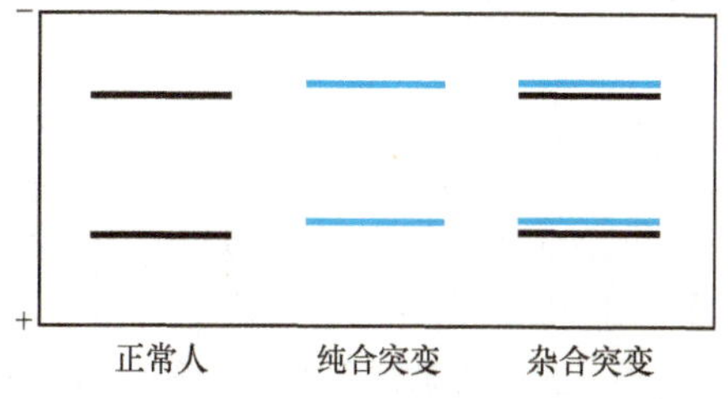

图18-2 PCR-SSCP检测基因变异示意图

4. 多重PCR 主要用于一些“超大”基因中大片段缺失分析，是诊断基因缺失类型的一种简便、快速、有效的方法。

5. 原位PCR 主要用于鉴定含有靶DNA或RNA序列的细胞以及确定靶DNA或RNA序列在染色体上或细胞内的位置。

6. *Alu* PCR *Alu* 序列是人类基因组中的主要重复序列,约有 900 000 个拷贝。利用 *Alu* 的保守序列设计引物扩增未知 DNA 片段的方法称为 *Alu* PCR。根据所扩增的产物可辅助进行基因诊断。

7. 实时定量 PCR 主要用于定量检测 DNA/RNA 的改变。

(四) DNA 芯片

DNA 芯片(DNA chip),又称 DNA 阵列(DNA array)。有关该技术的原理参见第九章第二节。

(五) miRNA 芯片

微小 RNA(miRNA)是机体内一类非编码的单链小 RNA 分子,通常在转录后水平调控基因表达,与多种疾病如肿瘤、糖尿病等的发生发展关系密切。利用 miRNA 芯片可检测不同疾病状态下血清中 miRNA 表达谱的变化,从而对相关疾病进行预警或辅助诊断。

(六) 基因测序

分离出患者的有关基因,测定出其碱基排列顺序,找出其变异所在,这是基因诊断中最为直观、准确可靠的技术,只是由于费时、价格昂贵等原因尚不能在临床上普遍应用。然而,随着 DNA 测序技术的不断进步,DNA 测序的临床应用将有可能得到更快的发展。

(七) 变性高效液相色谱技术

变性高效液相色谱(denature high performance liquid chromatography, DHPLC)技术的基本原理如下:利用 PCR 扩增过程中的单链 DNA 产物可以随机与互补链结合而形成双链 DNA 的特性,依据最终产物中是否出现异源双链来判断待测样品中是否存在点突变。如果被检 DNA 片段中不存在点突变,那么所有 PCR 产物都将具有相同的序列,以致最终形成的所有双链 DNA 都是一致的,即只产生一种同源双链。如果待检 DNA 片段中存在点突变,那么在 PCR 反应体系中就会产生 4 种不同的 DNA 双链分子,其中两种为异源双链,另两种为同源双链。在给定的部分变性洗脱条件下,这些不同源的双链 DNA 片段的变性程度将有别于同源双链,以致在液相色谱柱中呈现出不同的滞留时间。因此,DHPLC 技术可通过将含有不同点突变的片段分离成不同特征性洗脱峰而达到检测基因变异的目的,出现变异洗脱峰的样品可进一步通过 DNA 直接测序确定样品的突变位点和性质。该技术依赖自动化分析仪完成,目前已成为临床遗传学诊断的重要工具。

四、基因诊断的应用

(一) 遗传病的基因诊断

遗传病是指因遗传物质改变(包括染色体畸变和基因突变)而导致的疾病。目前已发现的人类遗传病达数千种之多,分为单基因遗传病、多基因遗传病以及染色体数目或结构异常所致的遗传病。NCBI 网站(http://www.ncbi.nlm.nih.gov)中的 OMIM(Online Medndelian Inheritance in Man)包含了所有已知的遵循孟德尔遗传规律的遗传病及相关的 12 000 多个基因信息。在医学遗传学词典《Textbook of Medical Genetics》中详细记载了各种遗传病的特点。遗传病的基因诊断,对于优生优育和遗传病的防治具有重要的实际意义。

1. 单基因遗传病的基因诊断 在欧美发达国家,单基因遗传病的基因诊断,已成为医疗机构的常规项目。目前,在美国华盛顿大学儿童医院和区域医学中心主持的著名基因诊断机构—GENETests 网站(http://www.geneclinics.org/)中,列出了包括单基因遗传病在内的 1170 多种人类遗传病基因诊断服务项目。针对单基因病的诊断性检测是遗传病基因诊断的主要应用领域,对于这类检测,基因诊断可以提供临床确诊的信息。我国基因诊断的研究和应用始于 20 世纪 80 年代中期,目前已能对多种常见单基因遗传病(如地中海贫血、甲型血友病、进行性肌营养不良症等)进行基因诊断,表 18-1 列举了在我国开展的一些代表性常见单基因遗传病基因诊断及其方法。图 18-3 展示了运用基因诊断技术,配合其他方法进行胎儿产前基因诊断的基本过程。

表 18-1 我国一些代表性常见单基因遗传病的基因诊断举例

疾病名称	致病基因	基因突变类型	诊断方法
甲型血友病	凝血因子Ⅷ	点突变为主	PCR-RFLP、SSCP
乙型血友病	凝血因子Ⅸ	点突变、缺失等	PCR-STR 连锁分析

续表

疾病名称	致病基因	基因突变类型	诊断方法
α 地中海贫血	α 珠蛋白	缺失为主	Gap-PCR、Southern 杂交、DHPLC
β 地中海贫血	β 珠蛋白	点突变为主	反向点杂交、DHPLC
苯丙酮尿症	苯丙氨酸羟化酶	点突变	PCR-STR 连锁分析、ASO 分子杂交、SSCP
葡萄糖-6-磷酸脱氢酶缺陷症	*G6PD* 基因	点突变	SSCP、DHPLC
DMD/BMD	*DMD/BMD* 基因	缺失、点突变、STR 重复	多重 PCR、PCR-STR 连锁分析、DHPLC、MLPA
Marfan 综合征	原纤蛋白基因	点突变，缺失	PCR-VNTR 连锁分析、DHPLC
常染色体显性遗传性多囊肾病	*PKD1*、*PKD2* 基因等	点突变	PCR-RFLP、PCR-STR 连锁分析、DHPLC
肝豆状核变性	*WD* 基因	点突变、缺失、插入	PCR-RFLP、PCR-酶切分析、DHPLC

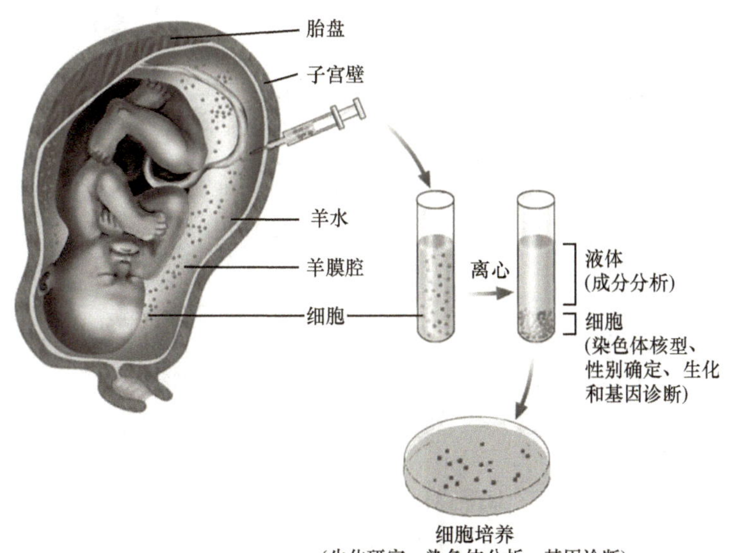

图 18-3 胎儿产前基因诊断示意图

2. 多基因疾病的基因诊断 针对多基因病(如重度肥胖、哮喘、高血压、癫痫、肿瘤、精神病、多种自身免疫性疾病等)，由于疾病的发生与多个基因有关，每个基因只有微效累加的作用。对多基因病进行基因诊断时，常采用检测表型克隆基因的方法。所谓表型克隆，是将有关表型与基因结构结合起来，直接分离该表型的相关基因。其方法是先从分析正常和异常基因组的相同或差异入手，如用差异显示-反转录-聚合酶链反应(differential displayed-reverse transcriptional-polymerase chain reaction，DD-RT-PCR)寻找两者之间的差异序列(如图 18-4)，或用基因组错配筛选技术寻找两者的全同序列，从而分离和鉴定与所研究疾病相关的基因。这种策略既不需预先知道基因的生化功能或图谱定位，也不受基因数目及其相互作用方式的影响。它是对疾病相关的一组基因进行克隆，然后用作多种探针，来诊断多基因遗传病。表型克隆技术的建立、发展和完善，使我们看到了对复杂遗传病进行基因诊断的曙光。

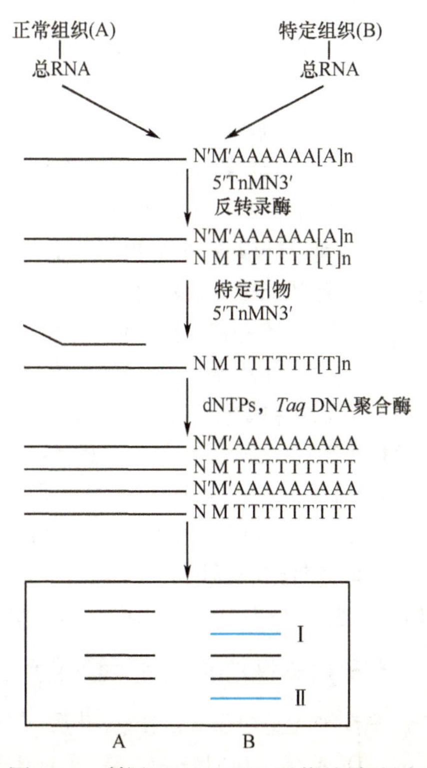

图 18-4 利用 DD-RT-PCR 寻找差异基因

(二) 感染性疾病的基因诊断

感染性疾病的病原体包括病毒、细菌、真菌、寄生虫、支原体、衣原体、立克次体、螺旋体等，它们感染宿主后均携带有自身特异的 DNA/RNA，故可用基因诊断技术进行检测或诊断(图 18-5)。基因诊断技术既能检出正在生长的病原体，也能检出潜伏期的病原体；既能确定既往感染,也能确定现行感染。对于那些不容易体外培养(如产毒性大肠埃希菌)和不能在实验室安全培养(如立克次体)的病原体,也可用基因诊断进行检测,因而扩大了临床实验室的诊断范围。基因诊断技术还可用于病原微生物流行病学的大量筛查工作。某些传染性流行病病原体由于突变或外来毒株入侵常导致地域性流行,用经典的生物学及血清学方法只能确定其血清型别,不能深入了解相同血清型内各分离株的遗传差异。采用基因诊断分析同血清型中不同地域、不同年份分离株的同源性和变异性,有助于研究病原体遗传变异趋势,指导暴发流行的预测,在预防医学中占有重要地位。以下简要介绍几种病原体的检测或诊断。

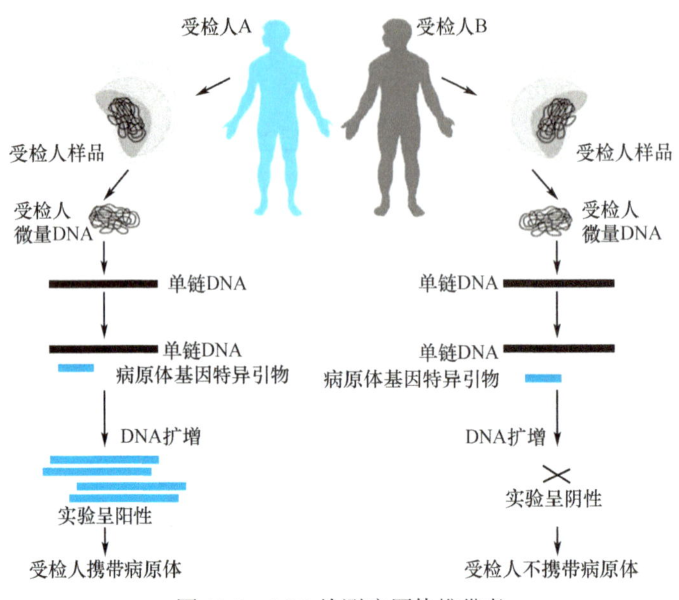

图 18-5 PCR 检测病原体携带者

1. 乙型肝炎病毒(HBV)的基因诊断 HBV 有四个亚型(adw,adr,ayw 和 ayr),其 DNA 由部分双链组成,转录链平均长 3200 核苷酸,基因组中主要开放阅读框架有四个:即 P、S、C 和 X 基因。由于 HBV DNA 全序列及各基因的定位均已明确,故在设计 PCR 特异引物时,可根据已公布的各亚型序列,通过同源性比对,在保守区设计引物,从而扩增各亚型 HBV DNA 片段。为了进一步鉴定 HBV 的亚型,可在可变区设计引物来扩增某一亚型的 HBV DNA 片段。例如,针对 C 基因,可使用上游引物(5′-ACTGTTCAAGCCTCCAAGCT-3′)和下游引物(5′-AGTGCGAATCCACACTC-3′)扩增 425 bp 的目的片段;针对 S 基因,可使用上游引物(5′-GGACTGGG-GACCCTGCAC-3′)和下游引物(5′-CCCAATACCACATTCATCC-3′)扩增 626 bp 的目的片段。

2. 结核杆菌和麻风杆菌的基因诊断 常采用 PCR 或 PCR/ASO 探针杂交技术进行诊断。①针对结核杆菌,可先设计一对特异性引物,用 PCR 扩增出一个 383 bp 的 DNA 片段(该片段为分枝杆菌属 65 kD 抗原基因的特异性片段),然后再用探针杂交,灵敏度可达到 3~60 个细菌水平。另外,可用结核分枝杆菌染色体中特异性重复序列设计引物,扩增出 123 bp 片段,灵敏度可达到 1fg DNA(该保守的特异性重复序列在结核分枝杆菌染色体内有多个拷贝,因此即便某些结核菌发生变异,只要它保留一个重复序列拷贝就能保证扩增的准确性);②针对麻风杆菌,可设计一对特异性引物,用 PCR 扩增出一个 360 bp 的 DNA 片段(该片段为麻风杆菌 18 kD 抗原基因的特异性片段),灵敏度可达 20fg DNA;也可设计一对引物,用 PCR 扩增出一个 530 bp 的 DNA 片段(该片段为麻风杆菌 36 kD 抗原基因的特异性片段),灵敏度为 100fg DNA。此外,可用 PCR 扩增麻风杆菌染色体 DNA 中 *GroEL* 基因特异的 587 bp 或 347 bp 的 DNA 片段,灵敏度可达 3fg DNA。

3. 疟原虫的基因诊断 由于疟原虫基因组 DNA 都含有一定的重复序列(重复序列占基因组全长的 10%~30%),而且不同种类的疟原虫其基因组重复序列的重复单元结构和重复数是不同的,因此可选用特定的重复序列做探针进行核酸分子杂交,从而对疟原虫做出诊断和鉴别。同时,根据疟原虫基因组重复序列设计 PCR 引物,经 PCR 检测疟原虫更具简便、快速和敏感性高的特点。

(三) 恶性肿瘤的基因诊断

恶性肿瘤是由于多阶段、多步骤、累积性的 DNA 突变和损伤发生于调控细胞分化生长功能的基因上而造成的。DNA 突变和损伤的结果,或是激活原癌基因、或是抑制抑癌基因、或是妨碍 DNA 复制的修复校对及

DNA 的稳定性。致病性的 DNA 突变和损伤可以由遗传而来,也可在后天发育过程中由于多种特定因素而诱发。DNA 突变和损伤包括基因的点突变、基因缺失、基因扩增、DNA 重排、非正常的基因融合以及 DNA 的核苷酸修饰(如甲基化)等。在特定的癌变过程中,常伴有多个基因有顺序的分子变化;同时,某些基因的分子病变与疾病的不同阶段有直接对应性的关联。因此明确分子病变的基因诊断不仅可用于细胞癌变机制的研究,还可用于肿瘤诊断、分类分型和预后监测,从而在不同的环节上指导抗癌治疗。例如,通过检测 *BRCA* 基因的变异可辅助诊断乳腺癌、检测 *apc* 基因的变异可辅助诊断结肠癌、检测 *rb* 基因的变异可辅助诊断视网膜母细胞瘤、检测 *WT*1 基因的变异可辅助诊断肾母细胞瘤和 I 型神经纤维瘤等。

(四)基因诊断在法医学上的应用

在这一领域的应用主要是针对人类 DNA 遗传差异进行个体识别和亲子鉴定。其中所用基因诊断技术主要有 DNA 指纹技术、建立在 PCR 技术基础之上的扩增片段长度多态性(amplification fragment length polymorphism, Amp-FLP)分析技术以及检测基因组中短串联重复序列(short tandem repeats, STR)遗传特征的 PCR-STR 技术和检测线粒体 DNA(mitochondria DNA, mt DNA)的 PCR-mt DNA 技术。DNA 指纹技术于 1985 年由英国遗传学家 Jeffrey 首先创立,其基本原理是:在人类基因组 DNA 非编码区(特别是染色体端粒部位)存在高度可变的小卫星 DNA,又称数目可变的串联重复序列(variable number of tandem repeats, VNTR),在以 VNTR 核心序列为探针与同一限制性内切酶切割的人类 DNA 进行 Southern 印迹杂交后,在所得杂交图上,同一个体的不同组织来源的 DNA 谱带完全一样,而不同个体之间(除非同卵双生)的谱带都不相同,就像人的指纹一样具有高度个体特异性,故称这种 Southern 印迹图为 DNA 指纹。Amp-FLP 的原理是:设计一对与 VNTR 区两侧保守区互补的引物,对 VNTR 区进行 PCR 扩增,对扩增产物经琼脂糖或聚丙烯酰胺凝胶电泳和染色后直接观察判断。PCR-STR 技术是指借助 PCR 对组成微卫星 DNA 的 STR 区域进行扩增,据扩增结果进行个体识别(图 18-6)。目前 PCR-STR 技术在个体识别和亲子鉴定中逐渐占据了主导地位,基本上取代了基于 Southern 印迹杂交的传统 DNA 指纹技术。PCR-mt DNA 技术的原理是:在不同个体 mt DNA 非编码区 D 环附近序列存在着明显差异,通过对这些序列进行 PCR 扩增、测序,就可以进行个体识别。由于 mt DNA 存在于细胞质中,有利于检测分析无核细胞样品(如发干、指甲等)。基因诊断的高灵敏度解决了法医学检测中存在的犯罪物证少的问题,即便是一根毛发、一滴血、少量精斑甚至单个精子都可用于分析。

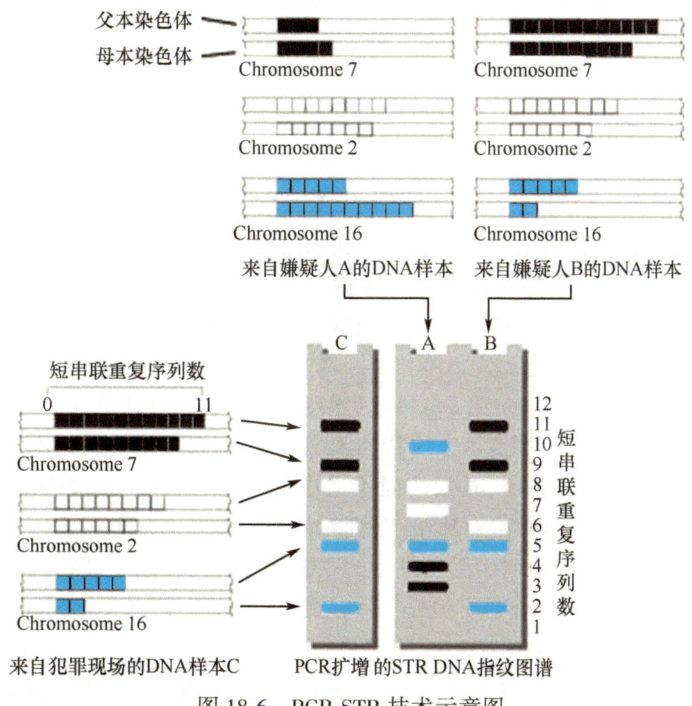

图 18-6 PCR-STR 技术示意图

五、基因诊断的现状与发展

目前,基因诊断已成为现代医学诊断学的一个重要分支,基因诊断的范围已从原来局限的遗传性疾病发展到一个全新的阶段,现已广泛应用于感染性疾病、肿瘤、心血管疾病、流行病学调查、食品卫生检验、法医学鉴定、疾病易感性判断、器官移植组织配型、药物疗效评价和用药指导等多个领域。可以说,凡是涉及遗传物质结构或状态改变的疾病或情况,均可用基因诊断技术进行诊断或分析。相信,随着基因诊断技术的不断完善和发展,其将在疾病的早期诊断、分期分型、鉴别诊断、疗效判断、预测预后等方面发挥越来越重要的作用。可见,基因诊断技术应用前景广阔,发展潜力巨大。因此,有人设想,将来患者就医时,除了带病历、化验报告外,可能还需要带一张本人 DNA 序列的光盘,以供医师作基因诊断时的分析之用。随着"千美元(乃至百美元)基因组测序"目标的实现,这种基于基因序列图的个性化基因诊断和疾病治疗的愿望将逐渐变得更加现实。

第二节　基因治疗

现代医学对于遗传性疾病、心/脑血管疾病、肿瘤、某些神经系统疾病及某些感染性疾病仍缺乏有效的防治措施。如前所述,上述疾病的发生均与基因变异或表达异常密切相关,因此理想的根治手段应是在基因水平上予以纠正,可见发展基因治疗技术是非常必要的。1989 年,Rosenberg 等首次对人恶性黑色素瘤患者进行基因标记,并从患者体内取出的细胞中检测到转基因的存在,说明外源基因能够安全地转移到患者体内。1990 年,Blaese 等人对由于腺苷脱氨酶(adenosine deaminase,ADA)缺陷而产生的重症联合型免疫缺陷病(severe combined immunodeficiency,SCID)进行基因治疗并取得一定效果,患儿的免疫功能增强、临床症状改善。在这之后的短短几年内,临床基因治疗研究得到了迅速发展,基因治疗的范围从单基因缺陷性遗传病扩大到多基因遗传病(如恶性肿瘤、心血管疾病、免疫性疾病等)以及获得性基因病(如肝炎、艾滋病等)。由于基因治疗是一种不同于以往任何治疗手段的新方法,目前仍处在发展的初期,且主要针对临床常规治疗中没有其他有效疗法的疾病及晚期绝症。可见,要将其作为疾病的常规疗法还有待时日。

一、基因治疗的概念

基因治疗是以基因转移为基础,将某种遗传物质导入患者细胞内,使其在体内表达并发挥作用,从而达到治疗疾病的目的。基因治疗导入的遗传物质可以是与缺陷基因对应的、在体内表达具有特异功能蛋白的同源基因,以补充、替代或纠正由于基因缺陷所造成的功能异常;也可以是与缺陷基因无关的治疗基因或其他遗传物质。

基因治疗有以下几种分类方法:

1. 依据基因治疗实施路线分类　可分为间接体内(ex vivo)基因治疗(又称回体法)与直接体内(in vivo)基因治疗(又称体内法)。回体法是先将合适的靶细胞从体内取出,在体外扩增,并将外源基因导入细胞内使其能高效表达,然后再将这种基因修饰过的靶细胞回输病人体内,使外源基因在体内表达,从而达到治疗的目的。图 18-7 以 SCID 的基因治疗为例展示了回体法的基本过程。体内法是将外源基因或直接或通过基因转移系统导入体内有关组织器官,使其进入相应的细胞并进行表达。

2. 依据靶细胞分类　根据靶细胞(即受体细胞)的不同,可分为生殖细胞基因治疗(germ cell gene therapy)与体细胞基因治疗(somatic cell gene therapy)。生殖细胞基因治疗的可能对象主要是遗传病。设想将正常基因导入遗传病患者的生殖细胞,特别是在受精卵细胞分化之前,可望其后代不患这种遗传病。然而,用显微注射的方法将正常基因转移至受精卵,其效率尚不适用于排卵周期较长且每次仅排一个卵的人类;同时生殖细胞基因治疗,由于对后代遗传性状会有影响,从而对人类的发展也有着深远影响,这涉及医学伦理道德问题,自然会引起许多争议。因此,目前对于生殖细胞的基因治疗研究仅限于动物,尚不考虑人类。体细胞基因治疗是将遗传物质导入患者体细胞,以达到治疗疾病的目的,其基因信息不会传至下一代。目前临床上已采用的基因治疗方案均属于体细胞基因治疗。

3. 依据转移基因在靶细胞染色体上整合特点分类　可分为同源重组与随机整合法。同源重组法是将正常基因定点导入受体细胞染色体上的基因缺陷部位以替换缺陷基因。由于基因转移中同源重组的自然发生率极低,约百万分之一,故一般不采用该方法。随机整合法是指导入的正常基因在染色体基因组上整合的位点是不固定的,转移基因不修复异常基因,而只补偿异常基因的功能缺陷。目前基因转移方法所导入的基因,其整合几乎都是随机的。

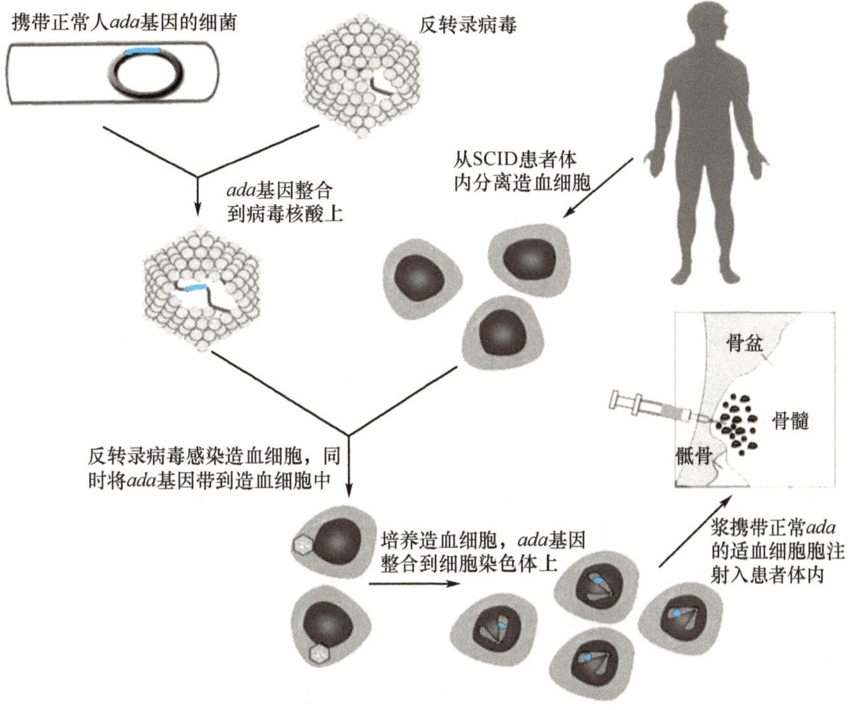

图 18-7　回体法治疗 SCID 示意图

二、基因治疗的策略与基本方法

基因治疗是通过在适当的"靶细胞"中有效表达重组目的基因而实现的。目前,基因治疗的策略和基本方法如下。

1. 基因替代和基因矫正治疗　基因替代是指以正常基因原位替代缺陷基因(或变异基因)。基因矫正是指将致病基因的异常碱基序列进行纠正,而正常部分予以保留。这两种策略最为理想,因为它们均是对缺陷基因精确地原位修复,而不涉及靶细胞基因组的其他变化。然而由于技术方面的原因,目前还只停留在研究阶段,离临床实际应用尚有较长距离。

2. 代偿性基因治疗　通过对有代偿功能的基因进行正调控,来代偿功能异常的基因。例如:以某些刺激剂提高 γ 或 δ 珠蛋白基因的表达可用于治疗 β 地中海贫血。

3. 基因补偿性治疗　指将目的基因导入病变细胞或其他细胞,不去除异常基因,而是通过目的基因的非定点整合,使其表达产物补偿缺陷基因的功能或使原有的功能得以加强。目前基因治疗多采用此种策略,因为从理论上讲,基因补偿并不去除或修正原有的变异基因,故相对来讲较容易。

4. 基因失活性治疗　该策略是通过应用反义技术,在转录或翻译水平特异性阻断(或封闭)某些基因的异常表达(即失活异常基因),以达到治疗疾病的目的。常用的方法包括:①反义 RNA 技术:即通过反义 RNA(与 mRNA 互补的一段 RNA 序列)与细胞中的 mRNA 特异性结合,从而抑制相应 mRNA 的翻译;②核酶(ribozyme)技术:天然的核酶通常是单一 RNA 分子,具有自剪切作用。另外,核酶也可由两个 RNA 分子组成,二者通过互补序列相结合,形成锤头状二级结构,并组成核酶的核心序列,进而发挥剪切作用。在组成核酶的两个 RNA 分子中,带有被剪切位点的 RNA 分子是被剪切的靶分子,而与之结合的 RNA 分子虽然只构成核酶的一部分,但实际是作为一个酶在起作用,目前基因治疗中应用的就是这种核酶。在基因治疗时,利用这种核酶分子结合到靶 RNA 分子的适当部位,形成锤头状核酶结构,进而剪断靶 RNA 分子(即破坏靶 RNA 分子),从而达到治疗疾病的目的;③RNA 干扰(RNA interference,RNAi)技术:是一种利用外源性双链 RNA 特异性沉默胞内基因的技术。其基本过程如下:长双链 RNA 被细胞内 Dicer(RNase Ⅲ家族中的特异性双链 RNA 内切酶)切割为 21~25 个碱基对的短双链 RNA,称为小干扰 RNA(small interference RNA,siRNA);随后 siRNA 与细胞内的某些酶和蛋白质形成复合体,称为 RNA 诱导的沉默复合体(RNA-induced silencing complex,RISC)。RISC 可识别与 siRNA 有同源序列的 mRNA,进而在特异位点将 mRNA 切断或抑制蛋白质翻译;④三链 DNA 技术:又称反基因(antigene)技术,其通过设计脱氧寡核苷酸(oligodeoxynucleotide,ODN),使之与 DNA 双螺旋分子形成三股螺旋,此即三链 DNA。三链 DNA 的形成可从 mRNA 的源头 DNA 阻止或调节基因转录;⑤肽核酸(peptide nucleic acid,PNA)技术:PNA 是一种人工合成的 DNA 类似物,其以中性的肽链酰胺 2-氨基乙基甘氨酸键取代了 DNA 中的戊糖磷酸二酯键骨架,其他结构与 DNA 一致。PNA 可按 Watson-Crick 碱基配对的原则识别并结合 DNA 或 RNA 序列,从而干扰基因的转录或翻译。PNA 具有结构稳定、不被核酸酶和蛋白酶降解、细胞毒性低等特点;⑥ miRNA 技术:miRNA 是一类由内源基因编码的长度约为 22 个核苷酸的非编码 RNA 分子,其可通过与 mRNA 以不完全配对的方式结合,从而抑制蛋白翻译或导致 mRNA 降解。

5. 调控性基因治疗 通过导入编码调控蛋白的基因以治疗基因表达异常的疾病,例如:以野生型 *P53* 基因治疗肺癌或急性白血病。

6. 应用“自杀基因”的基因治疗 该策略也称活化前体药物性基因治疗。某些病毒或细菌产生的酶能将对人体无毒或低毒的药物前体,在人体细胞内一系列酶的催化下转变为细胞毒性物质,从而导致细胞死亡。由于携带该基因的受体细胞本身也被杀死,故称这类基因为“自杀基因”。常用的有 *HSV-tk* 基因、大肠埃希菌胞嘧啶脱氨酶(EC-CD)基因等。如果将这种“自杀基因”导入肿瘤细胞,该基因表达产物即可催化无毒性的药物前体转变成细胞毒物质,从而杀死肿瘤细胞;而正常细胞不含这种外源基因,故不受影响。

7. 免疫修饰性基因治疗 即通过导入能使机体产生抗病毒或抗肿瘤免疫力的基因来达到治疗的目的。例如:B7 共刺激分子基因及各种淋巴细胞因子基因的导入和表达、直接注入抗原基因等。

8. 化疗保护性基因治疗 向正常细胞内导入单相或多相细胞毒性药物的抗性基因,使得正常细胞耐受化疗药物的能力大大提高。针对肿瘤化疗来讲,该策略有利于使用大剂量化疗药物来杀伤残余瘤细胞,从而提高肿瘤治愈率。如:通过向造血干细胞内导入二氢叶酸还原酶基因,可使正常细胞获得对甲氨蝶呤的抗性;通过导入多相耐药基因(multidrug resistance gene,MDR gene)(如 *MDR*1 基因),可使正常细胞获得广泛的化疗药物耐受性,这样就可在不损伤正常细胞的前提下,使用大剂量化疗药物清除残留的肿瘤细胞。

9. 特异性细胞杀伤性基因治疗 某些基因在肿瘤细胞相对特异性高表达(如在原发性肝细胞癌患者,甲胎蛋白基因在癌细胞中高水平表达),因此,可将编码细胞毒素或其他杀细胞蛋白的基因置于这些肿瘤相对特异性高表达基因的启动子下游,当这样的重组基因转染细胞后,细胞毒素或其他杀细胞蛋白只高水平表达于肿瘤细胞,从而对肿瘤细胞造成相对特异性杀伤,而对正常细胞无明显毒副作用。

10. 生殖细胞基因治疗 又称生殖细胞或胚胎干细胞补偿性基因治疗,它是更为有效的基因矫正方式,但因技术复杂及受伦理道德限制等原因,目前只在动物实验中使用,尚不能应用于临床。

三、基因治疗的基因载体

目前使用的基因载体有病毒载体和非病毒载体两大类,二者各有优缺点。

(一)病毒载体

与非病毒载体相比,病毒载体介导的基因转移效率高,因此是使用最多的基因治疗载体。一般在基因转移中,所使用的病毒载体都是经过改建的有复制缺陷的病毒。这些病毒缺失了其自身复制所必需的一些基因,然后将治疗性基因、一些基因的调控成分(如启动子和增强子)以及 polyA 信号等插入,使之成为表达性载体。目前在基因转移中所使用的病毒载体主要有以下几类。

1. 反转录病毒(retrovirus,RV)载体 RV 是一些小的单股 RNA 病毒。RV 载体由于缺失了自身包装所必需的蛋白(结构蛋白 gag,多聚酶 pol,包膜糖蛋白 env)基因,因此其复制需依赖辅助细胞系。RV 转染效率高,理论上可高达 100%。转染后,前病毒基因组(经反转录后形成的 DNA)可与靶细胞基因组随机整合,因而能较稳定地表达外源基因。RV 载体也有一定的缺陷,表现在:①只能转染处于增殖状态的细胞,对静止期细胞无效;②所携带的外源基因不能太大,否则会影响病毒的效价和稳定性;③RV 的感染依赖于靶细胞表面适宜受体的存在,因而限制了它的应用,特别是体内基因治疗的应用;④理论上讲,从包装细胞释放出来的复制缺陷的 RV,只能一次性感染靶细胞,不会扩散到其他细胞;但在某种情况下,也会造成野生型病毒的爆发;⑤由于病毒的基因组是随机整合到靶细胞基因组的,因而具有致细胞癌变的可能;⑥RV 不能耐受纯化和浓缩等处理过程,否则会使其感染活性大大降低。

2. 慢病毒(lentivirus)载体 慢病毒属 RV 科,为二倍体 RNA 病毒,分为灵长类病毒如 HIV-1(人免疫缺陷病毒-1)、SIV(猴免疫缺陷病毒)和非灵长类病毒如 EIAV(马传染性贫血病毒)。但它与 RV 不同,能感染非分裂细胞。目前研究较多的是来源于 HIV-1 的慢病毒载体。大量研究表明,HIV 较容易感染一些用其他病毒较难进行转基因的组织且不会引发明显的免疫反应。随着人们对基因治疗生物安全性的关注，尤其是对 HIV 患者进行的基因治疗，促进了其他可供选择的慢病毒载体（如 EIAV）的研究。

3. 腺病毒（adenovirus，AV）载体 AV 是一些大的（约 38 kb）双链 DNA 病毒。目前作为基因治疗中所用的 AV 载体通常是一些复制缺陷病毒。AV 既能感染增殖期细胞，也能感染静止期细胞。这类病毒较稳定，且浓缩和纯化对其感染活性的影响不大。其不足之处在于：①病毒基因组一般不与靶细胞基因组整合，因而其表达外源基因是暂时的和不稳定的，外源基因表达时间的长短依靶细胞类型而定；②在 AV 的生活周期中，有多种不同生物学活性的蛋白质暂时性表达，其中也包括一些与细胞恶性转化相关的蛋白质；③感染细胞内病毒蛋白的表达，可导致机体对受染细胞的强烈免疫应答，这一毒副作用在体内基因治疗时必须引起足够的重视。现已有报道利用 Cre-loxp 重组构建"无内脏（gutless）"AV 载体，可望解决 AV 的免疫原性问题；④AV 几乎可以感染所有细胞，缺乏特异性。

4. 腺相关病毒（adeno-associated virus，AAV）载体 AAV 属于微小病毒家族成员，是一类小的单链 DNA 病毒（基因组约 4.7 kb），非常稳定。本身无致病性，需辅助病毒（常为 AV）存在时才能复制。AAV 可感染人的细胞，并能整合至非分裂相细胞。大部分 AAV 基因组可去除，从而可使外源基因得以大量补足。有趣的是：在感染细胞中，野生型 AAV 基因组可高效定点整合于人类第 19 号染色体长臂的特定位置上，这种整合可导致染色体基因组重排，而这种重排与慢性 B 淋巴细胞白血病相关。然而携带治疗性基因的 AAV 载体似乎不像它的野生型亲本，没有定点整合于 19 号染色体的相同特征。因此，从安全的角度来考虑，这种 AAV 的定点整合较随机整合有多大的优越性，尚值得进一步探讨。

5. 单纯疱疹病毒（Herpes simplex virus，HSV）载体 HSV 是一些双股 DNA 病毒（基因组约 150 kb），具有嗜神经细胞的特性，能在神经细胞内形成"终生隐性感染"。将外源基因导入并使之长久存在于中枢神经系统是该类病毒载体的一大特点。如果能够选择性地调节目的基因的表达而不诱导病毒基因的表达，这将对中枢神经系统疾病（如帕金森病或脑肿瘤）的基因治疗大有帮助。HSV 的缺点是：一方面仅能感染分裂细胞，从而使之在成人脑组织中的应用受到了限制；另一方面，这类病毒（包括无复制能力的病毒）对靶细胞具有毒害作用，因此，要用于人体试验，还必须慎重考虑。

6. 其他病毒载体 除以上常用病毒载体外，为了适应一些特殊要求，人们还构建了一些相应的其他病毒载体，如牛痘病毒载体、乳头瘤病毒载体、SV40 载体和其他几种 RNA 病毒载体等。

（二）非病毒载体

非病毒载体是利用非病毒的载体材料的物化性质来介导基因的转移。与病毒载体相比，非病毒载体具有如下优势：制备具有调控元件的重组 DNA 表达载体的技术较容易；避免了病毒载体的潜在致癌性或其他副作用。常用的非病毒载体如下。

1. 脂质体 利用阳离子脂质体与外源 DNA（即目的基因）混合后，可形成包裹外源 DNA 的脂质体，随后与细胞共孵育，通过膜融合和细胞的内吞作用而将外源 DNA 转移至细胞内。

2. 配体 将外源 DNA 与能特异性结合细胞或组织上受体的配体偶联，从而将 DNA 靶向到特定细胞或组织。这种偶联常通过多聚阳离子（如多聚赖氨酸）来实现。多聚阳离子与配体共价连接后，再通过与带负电荷的 DNA 结合，从而将 DNA 包围起来，只留下配体暴露于表面。这样的复合物通过配体与带有特异性受体的靶细胞结合，从而将外源 DNA 导入靶细胞。

3. 纳米载体 纳米颗粒具有良好的生物相容性，能将 DNA 固定或包埋于纳米微粒中，进而通过与细胞共孵育而将外源 DNA 导入靶细胞。

四、基因治疗的基本程序

以间接体内基因治疗为例，阐述基因治疗的基本程序。

（一）获得目的基因

要进行基因治疗，必须首先获得目的基因并对其表达调控进行详细研究。目的基因的来源有多种，主要包括：含目的基因的供体细胞的基因组 DNA 或者经限制性内切酶消化后的 DNA 片段、预先分离克隆的基因、经 RT-PCR 扩增得到的 cDNA、人工合成的 DNA 片段等。

（二）合理选择靶细胞

虽然基因治疗的靶细胞可以是体细胞，也可以是生殖细胞，但出于安全性和伦理学的考虑，目前基因治疗禁止使用生殖细胞，仅限于体细胞。已被应用的靶细胞有淋巴细胞、造血细胞、上皮细胞、角质细胞、内皮细胞、成纤维细胞、肝细胞、肌细胞、肿瘤细胞等。一般而言，在选择基因治疗靶细胞时，应综合考虑以下因素。

1. 发病的器官及位置 可以选择病变本身器官的细胞，也可以选择病变器官以外的细胞来作为基因治疗的靶细胞。例如在肝脏病的基因治疗中，可选择肝细胞作为基因治疗的靶细胞；在肝细胞癌的基因治疗中，可选择癌细胞本身或肝癌组织中浸润的淋巴细胞作为靶细胞。

除了考虑病变器官的位置，还要考虑其发病机制。如家族性高胆固醇血症患者，血浆中胆固醇水平很高，但其病因却是肝细胞膜上缺乏低密度脂蛋白受体（low density lipoprotein receptor，LDLR），以致肝细胞摄取血中胆固醇的能力下降或完全丧失，从而造成 LDL 代谢障碍。因此，对家族性高胆固醇血症患者进行基因治疗时，应选择肝细胞作为靶细胞，导入 LDLR 基因，使肝细胞膜上 LDLR 得到表达，从而提高其对血浆中 LDL 的处理能力。

体内的一些屏障结构也是必须考虑的因素之一。例如血-脑屏障的存在，可阻挡许多大分子物质进入中枢神经系统，故对中枢神经系统疾病进行基因治疗时，要保证选择的靶细胞中目的基因的表达产物能在中枢神经系统发挥作用。在选择靶细胞时，既可使用中枢神经系统本身的细胞种类作为基因治疗的靶细胞，也可将其他部位的细胞经基因转化后进行中枢神经系统移植。总之，要避开血脑屏障对目的基因表达产物运输的障碍，因为目的基因表达产物进不了中枢神经系统，往往很难发挥其作用，因而达不到基因治疗中枢神经系统疾病的目的。

2. 靶细胞应容易取出和移植 基因治疗的一般途径是将靶细胞从体内取出，经转基因后再移植回人体内，目的基因在体内特定部位得到表达，以达到基因治疗的目的。这就要求靶细胞容易从体内取出和植回体内。最容易取出和移植的细胞当属血液系统的细胞。

3. 靶细胞容易在体外培养 作为基因治疗的靶细胞要求在体外培养的条件下容易存活，而且要有一定的分裂和自我更新能力，因为一般情况下基因治疗要求的转染细胞数量在 10^8 以上，而目前常用的几种基因转移方法其效率不同（所有方法的实际转染效率通常都达不到 100%）。因此，在实际应用中，要求靶细胞的数量要大于 10^8。对于那些不易获得大量数目的细胞来说，其更新及分裂能力也是决定其作为靶细胞有效性的一个重要因素。

4. 对靶细胞容易实现基因转移 将目的基因转移入靶细胞的手段包括物理法、化学法、融合法及病毒载体法四大类。目前广泛应用且前景广阔的基因转移方法当属病毒载体介导法。

5. 靶细胞应具有较长的寿命 基因治疗，特别是某些单基因遗传缺陷性疾病的基因治疗，最终目标是要求外源基因长期、稳定地表达，甚至是终生的。因此，必须使基因治疗的靶细胞具有较长的寿命。体内许多干细胞能够满足这一条件。如果选择某些短寿命的细胞种类作为基因治疗的靶细胞，就需要每隔一定时间进行一轮同样的操作，以维持基因治疗的作用。这种繁琐的反复操作虽有其不足之处，但对那些不需要长期表达外源基因的基因治疗来说，或许是个优点。再有，目前基因治疗技术还不十分成熟，在发现某些副作用需要终止外源基因表达时，选择具有一定寿命的靶细胞，也是控制外源基因表达时限的一个重要手段。

（三）选择适宜的基因载体和基因转移系统

目前使用的基因载体有病毒载体和非病毒载体两大类，相应的基因转移系统也有两类：一类是病毒介导的基因转移，另一类是非病毒介导的基因转移。在实际应用中不同方法各有优缺点（见本章基因治疗的基因载体）。

（四）外源基因表达的筛检

在体外培养细胞中，基因转染效率很难达到 100%，故需利用载体中的标记基因对转染细胞进行筛选。例如，诸多表达载体都带有 neo^r 标记基因，若向培养基中加入药物 G418，未被转染的细胞将被杀死，最后只有转染细胞存活下来。在筛选出转染细胞后仍需检测转染细胞中外源基因的表达状况，只有稳定表达外源基因的细胞在病人体内才能较好地发挥治疗作用。

（五）回输体内

将治疗性基因修饰的靶细胞以不同的方式回输体内以发挥治疗效果，如淋巴细胞可以静脉回输入血、造血细胞可采用自体骨髓移植的方法、皮肤成纤维细胞经胶原包裹后可埋入皮下组织中，等等。

五、基因治疗的应用

自 1990 年 9 月，全世界第一例用基因治疗手段尝试治疗 ADA-SCID 获得可喜成果后，基因治疗在多种疾病中都取得了一定的进展，已被批准的基因治疗方案有两百例以上，包括遗传病、肿瘤、感染性疾病等。以下简要列举了由美国重组 DNA 咨询委员会(RAC)批准的部分基因治疗方案(表 18-2)。

表 18-2　由美国 RAC 批准的部分基因治疗方案举例

疾病(相关基因)	靶细胞(载体)	主要研究者
1. 遗传病		
腺苷脱氨酶缺乏症(*ada*)	T 细胞及干细胞(RV)	Michael R. Blaese
	骨髓 CD34$^+$干细胞(LV)	Donald B. Kohn
囊性纤维化(*CFTR*)	呼吸道上皮细胞(AV)	Ronard Crystal
	呼吸道上皮细胞(脂质体)	Richael C. Boucher
家族性高胆固醇血症(*LDLR*)	肝细胞(RV)	James M. Wilson
戈谢病(葡萄糖脑苷酯酶)	干细胞(RV)	John Barranger
2. 肿瘤		
急性淋巴细胞白血病(*CD*19)	T 细胞(LV)	Porter David
B 细胞淋巴瘤(*CD*20)	肿瘤细胞(质粒 DNA)	Lia M. Palomba
脑肿瘤(mdr-1)	干细胞(RV)	Charles Hesdorfer
原发及转移脑肿瘤(*HSV-tk*)	肿瘤细胞(RV)	Kenneth W. Culver
原发脑肿瘤(*HSV-tk*)	肿瘤细胞(RV)	Larry Kun
乳腺癌(*IL*-4)	成纤维细胞(RV)	Michael Lotze
乳腺癌(*mdr*-1)	干细胞(RV)	Charles Hesdorffer
乳腺癌(*IL*-12)	肿瘤细胞(AV)	Max W. Sung
结肠癌(*IL*-4)	成纤维细胞(RV)	Michael lotze
结肠癌(1*L*-2 或 *TNFα*)	肿瘤细胞(RV)	Steven Rosenberg
结肠癌(1*L*-2)	成纤维细胞(RV)	Robert Sobol
脑脊膜癌(*HSV-tk*)	肿瘤细胞(RV)	Edward H. Oldfield
恶性黑色素瘤(*IL*-4)	肿瘤细胞(RV)	Alfred Chang
	成纤维细胞(RV)	Michael Lotze
恶性黑色素瘤(*IL*-2)	肿瘤细胞(RV)	Tapas Das Gupta
恶性黑色素瘤(*IL*-12)	树突状细胞(AV)	James M. Burke
恶性黑色素瘤(*IFN* α-2b)	肿瘤细胞(RV)	Adam I. Riker
神经细胞肉瘤(*IL*-2)	肿瘤细胞(RV)	Malcolm Brenner
非小细胞肺癌(*p*53 或反义 K-*ras*)	肿瘤细胞(RV)	Jack A. Roch
卵巢癌(*HSV-tk*)	肿瘤细胞(RV)	Scott M. reeman
卵巢癌(*mdr*-1)	干细胞(RV)	Albert Diesseroth
卵巢癌(*NY-ESO*-1)	肿瘤细胞(质粒 DNA)	Kunle O. Odunsi
卵巢癌(*PANVAC*)	树突状细胞(Poxvirus)	David E. Avigan
肾癌(*IL*-2)	肿瘤细胞(RV)	Bernd Gansbacher
肾癌(*IL*-4)	成纤维细胞(RV)	Michael lotze
肾癌(*GM-CSF*)	肿瘤细胞(RV)	Jonathan Simons
小细胞肺癌(*IL*-2)	肿瘤细胞(DNA 转染)	Peter Casselith
小细胞肺癌(*p*53)	树突状细胞(AV)	Scott J. Antonia
3. 病毒感染性疾病		
HIV 感染(突变型 *rev*)	T 细胞(RV)	Gary Nabel
HIV 感染(HIV-1 Ⅲ *env*)	肌肉(RV)	Jeffrey E. Galpin
HIV 感染(HIV-1 核酶)	T 细胞(RV)	Flossie Wong-Staal
HIV 感染(HIV-1)	CD34$^+$外周血细胞(RV)	Akil Bisher
HIV 感染(HIV-1,*IL*-12)	T 细胞(质粒 DNA)	Pablo Tebas

六、基因治疗的现状与发展

基因治疗作为一门新兴学科，至今已经历了两个阶段：①基因治疗的盲目狂热阶段：从 1980 年开始，由于伦理学、宗教界及具体研究单位未经药审等原因，基因治疗曾一度被禁锢近十年。1989 年开禁，科学家们把长期积累“倾囊”而出,不少不成熟的成果推向了临床;再加上企业界急于求利以及媒体不切实际的宣传,发生了基因治疗的盲目热潮。当然,成功者甚少;②基因治疗的理性化阶段:基因治疗经多次失败后,使人们逐渐理性化。1995~1996年美国NIH对美国已进行的基因治疗研究方案(103个)进行评估,认为只有5~6个可能有一定效果,其中3个可发展到临床Ⅱ~Ⅲ期。同时,要求对基因治疗的研究方向、重点、布局进行全面调整,从而明确了战略目标,把重点放在基因导入(即载体)研究。

目前基因治疗面临的主要问题有:①安全性问题:由于基因治疗涉及内、外源性基因的重组,因此有可能引起细胞基因突变、原癌基因的激活或抑癌基因的关闭,从而导致细胞恶变(尽管这种机率很低)。另外,如果外源基因的产物在宿主体内大量出现,而该产物又是体内原来不存在的,那么就有可能导致严重的免疫反应;②体内表达目的基因的可控性问题:在很多情况下,向体内导入的外源性目的基因,必须具有特异性和可控性,才能真正达到基因治疗的目的。目前,这方面的研究虽然有了一定进展,但还不尽如人意;③外源基因不能在体内长期稳定表达的问题:许多情况下,需要外源基因在体内长期稳定表达,才能达到基因治疗目的。然而,由于细胞在体内的生存期有限、目的基因的丢失以及机体的免疫排斥等原因,往往使上述目标难以实现;④目的基因转移效率不高的问题:尽管人们做了很多努力来提高基因转移效率,但到目前为止,还没有哪一种方法和途径是十全十美的。可见构建安全、高效、靶向、可控的载体是一长期而又迫切需要解决的难题;⑤基因治疗的复杂性问题:将基因治疗用于单基因或一簇相连锁基因的缺失或突变所导致的疾病时,相对较容易;而用于高血压、糖尿病、某些神经系统疾病等多基因和多因素所造成的疾病时,复杂性则大大增加;⑥基因治疗中靶细胞生物学特性改变的问题:目前的基因治疗方案多采用间接体内法(回体法),但靶细胞经体外长期培养和增殖后,细胞生物学特性有可能发生改变。如体外试验已证实TIL能特异性杀伤肿瘤细胞,回输体内后,除少部分分布在肿瘤组织外,更多的是集结在肝和肾脏中,而且基因表达效率也降低了。因此研究体细胞移植和重建的生物学,是今后基因治疗研究的一个重要方向;⑦伦理学方面的问题:由于基因治疗涉及基因干预,因而引发了伦理学方面的激烈争议,特别是对于在生殖细胞中进行基因操作的问题上,人们的意见更加分歧。由于基因治疗中还存在上述诸多尚未解决的问题,故科学审查委员会把基因治疗目标定的较窄,把进行临床基因治疗研究所应满足的条件定得比较苛刻。例如,对于遗传性疾病进行基因治疗研究,一般需满足的条件包括:①研究仅限于体细胞基因治疗,因此,治疗个体不会把遗传改变传给下一代;②已在DNA水平上明确了该病为单基因缺陷疾病,相应的正常基因已经被克隆;③基因治疗的靶细胞便于临床操作,即容易从病人机体获取、培养,进行遗传操作后,容易再回输患者体内;④治疗效果必须胜过对病人的危害;⑤转移基因的表达无需精密调控,且其相对较低水平的表达即可使疾病得以缓解且无副作用;⑥所设计的基因治疗计划在进行人体实验之前,必须经过动物实验证明符合严格的安全标准;⑦所选疾病如不经治疗将有严重后果或很难用其他方法进行治疗。当然,对于肿瘤、高血压、糖尿病、某些神经系统疾病以及感染性疾病的基因治疗研究,也有相应的条件要求,在此不一一列举。

基因治疗的历史虽短,但所取得的成就令人瞩目,业已显示出令人鼓舞的应用前景。随着分子生物学技术,特别是DNA重组技术的不断完善和发展,人类后基因组计划的不断实施,必将会使越来越多疾病的发生机制得以澄清,其相关基因的定位更加精确;高效、安全的基因转移和治疗方案将会不断诞生。可以相信,当对疾病复杂的分子病理机制有了清楚地认识、对各种靶细胞的生物学特性有了完全地掌握、对DNA转移技术有了进一步发展以及对外源基因在体内的表达有了较精细的调控后,在符合医学伦理学的范畴内,基因治疗将成为人类征服多种疾病的重要手段之一。

思　考　题

1. 试述基因诊断的基本步骤。
2. 简述基因诊断常用的技术方法及原理。
3. 基因诊断在医学上有哪些应用?
4. 试述基因治疗的策略与方法。
5. 基因治疗有哪些病毒载体和非病毒载体?
6. 在选择基因治疗靶细胞时,应综合考虑哪些因素?
7. 以间接体内基因治疗为例,阐述基因治疗的基本程序。

(何凤田)

第十九章　组学与生物信息学

组学(-omics)是研究细胞、组织或整个生物体内某种分子如DNA、RNA、蛋白质、代谢物或其他分子的所有组成内容的科学。组学的复杂性导致众多学科的引进和介入,如生物学科、医学、药学、计算机科学、化学、数学、物理学、电子工程学等等。而基于分子生物学,始于人类基因组计划发展起来的生物信息学又大大促进了组学的发展,更深度准确地挖掘组学研究数据的生物学意义。

第一节　组　　学

"组学"研究是针对某一种分子的总体分析,并进一步上升到分子机制、细胞机制和系统生物学的水平,发现和解释具有普遍意义的生命现象和研究对象之间的变换、内在规律和相互关系。从研究的历史来看,组学起始于人类基因组计划(Human Genome Project,HGP),出现与DNA相关的"基因组学"(genomics),HGP完成后进入"后基因组学"(post-genomics)时代,随后又形成了许多与各种生物大分子或小分子相关的"组学"。本节将重点介绍与分子生物学关系密切的基因组学、转录组学(transcriptomics)、RNA组学(RNomics)、蛋白质组学(proteomics)及代谢组学(metabolomics)等。

一、基 因 组 学

(一)基因组学的相关概念

基因组学是对所有基因进行基因作图、核苷酸序列分析、基因定位和基因功能分析的一门科学,简言之,就是在基因组水平上研究基因组结构和功能的科学。基因组学研究的内容包括基因的结构、组成、存在方式、表达的调控方式、基因的功能及相互作用等。基因组学主要包括:结构基因组学(structural genomics)、功能基因组学(functional genomics)和比较基因组学(comparative genomics)。近年由于基因组学相关理论和技术的快速发展以及各学科之间的交叉和融合,形成了诸多新的基因组学,如疾病基因组学、药物基因组学、化学基因组学、营养基因组学、环境基因组学、行为基因组学等。

(二)基因组学的研究内容

1. 结构基因组学　结构基因组学(structural genomics)是以生物体全基因组的结构为研究对象,对其进行分区和标记,使之成为比较容易操作的小的结构区域,确定染色体基因组全部DNA序列、各基因所在的位置以及结构与功能的关系,为阐明基因功能奠定基础。

结构基因组学研究的主要内容是通过基因作图、序列分析及基因鉴定,建立具有高分辨率的生物遗传图谱(genetic map)、物理图谱(physical map)、转录图谱(transcription map)和序列图谱(sequence map)(图19-1)。

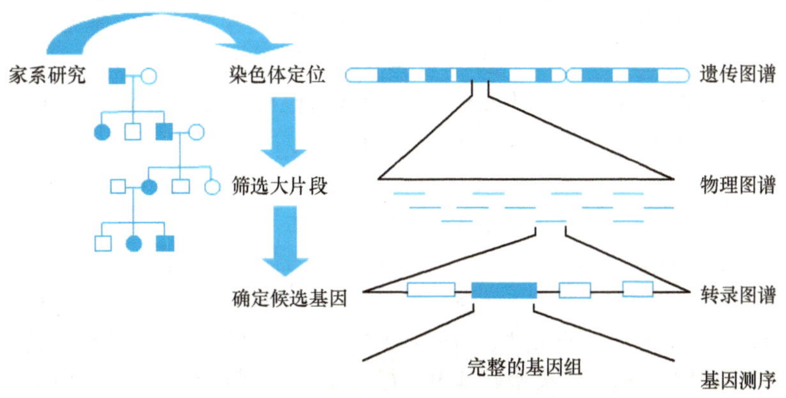

图19-1　结构基因组学研究工作程序

（1）遗传图谱：遗传图谱（genetic map）是指所知的基因和/或遗传标记在染色体上的相对位置。绘制遗传图谱，是结构基因组学的重要内容。人类基因分布在线性的24条染色体上，同一位点上存在两个以上的等位基因，其基因序列和其侧翼序列存在着差异位点，即多态性，该多态性可作为序列差别的遗传标志。遗传图谱绘制的精密程度以染色体上两个基因位点之间的相对距离（简称图距，单位厘摩，centimorgan，cM，1cM代表每次减数分裂时的重组频率为1%）来表示。基因重组使两个连锁基因分开的频率与它们在染色体上的图距呈正相关，人类染色体基因上的遗传单位已确定为3600cM。

根据不同时期的理论知识和相关技术手段的发展和应用，绘制遗传图谱可分为三个阶段：①1996年以前是以限制性片段长度多态性（restriction fragment length polymorphism，RFLP）作为第一代遗传标志，由于RFLP多态性的局限性，绘制的图谱较为粗略（2~5cM）；②随后，短串联重复序列（short tandemrepeat，STR）或微卫星序列（microsatellite sequence，MS）被作为第二代遗传标志，平均分辨率可达1.6cM；③目前利用更为精确的单个碱基变异作为第三代遗传标志，即单核苷酸多态性（single nucleotide polymorphism，SNP），SNP多态性相对稳定，而且出现的频率很高，因此可作为基因组精确分区的标志。

（2）物理图谱：物理图谱（physical map）是基因组全序列组装的基础，物理图谱的绘制是以遗传图谱为基础，以序列标签位点（sequence tagged site，STS）作为标记，采用分子生物学技术直接将DNA分子标记或基因定位在基因组的实际位置。STS是指基因组中物理位置已被确定的小段单拷贝序列。基因组DNA经限制性内切酶切割成片段，再根据酶切片段间的重叠序列，按其原来的序列顺序确定片段的连接顺序重新连接，确定遗传标志之间物理距离的图谱称为物理图谱。

（3）转录图谱：转录图谱（transcription map）是指转录本（transcript）或其反转录产物cDNA的图谱，又称为cDNA图谱或表达序列图。这部分基因占基因组的1%~2%。表达序列标签作图（expression sequence tag mapping，EST）是STS图的变化形式，所采用的序列为表达序列，即cDNA，将各种EST标签界标而形成的图即为EST图。由于EST是编码序列，EST图可以直接用于分析、定位结构基因。绘制转录图谱要首先获得大量基因的转录本mRNA或cDNA，并构建cDNA文库。cDNA文库中绝大部分序列为表达序列，以EST作为分子定位标志，将染色体的某一特定区域的DNA与各相关组织cDNA文库杂交，寻找与其同源的cDNA序列，根据转录序列的位置和距离，确定其在染色体DNA上所有的转录体的区段，并通过分析基因组序列获得基因组结构的完整信息，如基因在染色体上的排列顺序、基因间的间隔区结构、启动子结构、内含子的分布以及基因的选择性剪切。

转录图谱可确定功能基因在染色体上的定位图，将人基因组已知结构基因的转录和翻译产物定位系统地结合起来，为功能基因组学的研究奠定了基础。

（4）序列图谱：序列图谱（sequence map）包括转录本序列、转录调节序列和目前功能未知的序列等全部序列，是基因组在分子水平上的详细序列图。自2000年人类基因组完成工作框架图，在上述各图谱的基础上，将每一测定的序列，按照标志进行各重叠片段排列、拼接，于2006年完成最后一个染色体—第1号染色体的基因测序，标志着解读人体基因密码的"生命之书"宣告完成。迄今完成基因组测序的模式生物包括线虫、小鼠、果蝇、酵母、家蚕、蜜蜂、血吸虫、水稻、玉米等。上述信息都可以在国际共享的信息数据库查询。

2. 功能基因组学 功能基因组学（functional genomics）是根据结构基因组学的研究结果所提供的基因结构相关信息，采用分子生物学、生物化学、细胞生物学和生物信息学的理论和技术，全面、系统地研究基因组中所有基因功能的学科。功能基因组学从阐述基因功能的角度出发，其主要研究内容为弄清所有基因产物的功能，进一步识别功能基因以及基因转录调控信息，研究基因的表达调控机制，基因在生物体发育过程以及代谢途径中的地位，分析基因、基因产物之间的相互关系，绘制基因调控网络图谱等。功能基因组学进一步分化为：转录基因组学，蛋白质组学，代谢组学等，将在后面详细讨论。

基因在不同的时期，如胚胎期和青年期，其表达有很大的差异，即表现为基因表达具有时空特异性。在功能基因组学的研究中，除了限定某一种属的条件，还应限定某一生物的特殊时空性，即某一生物种属的某一组织、在某一发育阶段的特定生理条件和环境因素下的基因表达模式与其功能的差异。

3. 比较基因组学 比较基因组学（comparative genomics）是在基因组图谱和测序基础上，对已知的不同物种间的基因组结构进行比较，了解基因的功能、表达机制和物种进化的学科。利用模式生物基因组与人类基因组之间编码序列和结构的同源性，对人类疾病基因进行克隆，揭示基因功能和疾病的分子机制，阐明物种进化关系。比较基因组学可以比较不同生物、不同物种基因组结构和功能上的相似及差异，勾勒出详尽的系统进化树，显示进化过程中最主要的变化所发生的时间及特点，追踪物种的起源和分支路径；可以分析了解同源基因的功能;分析人类与其他种属、尤其是与微生物基因组上的差别,有目的的利用某些基因为人类健康服务。

模式生物为比较基因组学的研究提供了较为可用的工具,其基因组相对较小,而编码基因的比例高。模式生物基因组的研究揭示了某些人类疾病基因的功能,利用物种间基因序列的同源性进行人类疾病基因的克隆,利用模式生物实验系统的可操作性,有助于人类对基因组的结构与功能及在疾病发生中的作用机制的认识。

模式生物应具有如下特点:①其生物学特征可代表生物界的某一大类群;②较容易获得且易于在实验室内饲养繁殖;③容易进行实验操作,包括遗传学分析。近乎 80% 以上的在发育生物学、分子遗传学、细胞生物学的研究成果,都是利用模式生物的实验研究来完成的。常用的模式生物有海胆(sea urchin)、黑腹果蝇(*Drosophila melanogaster*)、秀丽隐杆线虫(*C*. elegans)、酿酒酵母(*Scharomyces cerevisiae*)和小家鼠(*Mus musculus*)等。

4. 疾病基因组学 疾病基因组学实际上是比较基因组学的一个分支,近年来不仅成为医学研究中引人注目的领域,也是基因组学中的重点领域。长期以来,人们普遍认为人类疾病的发生与发展都直接或间接地与基因密切相关,寻找疾病与基因的对应关系成为人类挖掘病因的首选。目前针对许多严重威胁人类健康远不能完全根治的疾病,如精神性疾病、心血管疾病、癌症、糖尿病及发育障碍疾病等,疾病基因组学主要研究与疾病易感性相关的各种基因的定位、鉴定、关联分析等。疾病基因组学重点突出在两个方面:一是用整合的观点和思维模式把发生在临床表型、组织细胞表型及简单分子表型等层次上的分子生物学事件构建成合理的网络作用模型,真实地阐明疾病发生、发展的机理;二是高通量、高灵敏度、高特异性的“三高”技术平台的建立及应用。“三高”技术平台既承担理论研究重任,又作为解决疾病的早期筛查、诊断、治疗、预防和药物筛选的工具与手段。疾病基因组学以其更加理性的观念和有力的技术手段,期望在疾病研究方面带来新的突破。

5. 药物基因组学 药物基因组学(pharmacogenomics)研究个体基因遗传因素如何影响机体对药物的反应,是综合药理学和遗传学的交叉学科。每一个体都是基因与环境相互作用的统一体,医学上的药物治疗,可因为个体基因差异导致药物所致的不同反应。在此基础上,药物基因组学将促进现代以基因工程药物、内源性多肽和根据各种生物学原理设计的新型药物分子为主导的药物的研制和新的用药方法的研究,促进药物的开发及疾病的个体化治疗。药物基因组学以药物效应及安全性为目标,研究各种基因突变与药效及安全性的关系,使之更为经济、有效。同一疾病的不同病人,将根据其基因的差别,预测他们对药物的反应性,利用人类基因组数据资料,针对疾病的易感基因选择药物靶点。药物基因组学根据不同的药物效应对基因组特性分类,有可能大大加速个体化新药开发的进程。

(三)基因组学研究常用的方法

1. 脉冲场凝胶电泳(pulsed-field gel electrophoresis,PFGE) PFGE 主要用于分离 23kb 至 10Mb 的大分子 DNA,其应用涉及几乎整个生物基因组结构的研究。PFGE 用于结构基因组学及比较基因组学的研究,可对微生物分型鉴定菌株是否一致、比较它们的亲缘关系,对于细菌性传染病的检测、传染源追踪、传播途径的调查和识别有着非常重要的意义。PFGE 分型技术因其重复性好、分辨力强被誉为细菌分子分型技术的“金标准”。美国 PulseNet 创建病原菌 PFGE 图谱数据库,通过与数据库中病原菌 PFGE 图谱的比较,可以判断菌株间染色体 DNA 的相似程度。但是 PFGE 对大小相似的 DNA 片段分辨能力不足。

2. 毛细管电泳 毛细管电泳(CE)或高效毛细管电泳(HPCE)在基因组学研究领域广泛应用,如定量分析未知与已知单核苷酸变异、短串联重复序列、DNA 序列、基因及其表达产物分析等。

3. 基因芯片技术 基因芯片(gene chip)技术是建立在基因探针和杂交测序技术上的一种高效、快速的核酸序列分析手段。在基因组学研究中,基因芯片可用于 DNA 测序、杂交测序、基因表达分析、基因组研究作图、基因鉴定、基因功能分析、基因诊断,以寻找和检测与疾病相关的基因及在 RNA 水平上检测致病基因的表达、药物研究与开发等。

4. 全基因组随机测序 基因组测序根据实际测量的片断大小的不同采取不同策略。包括亚克隆法,鸟枪法及在此基础上的全基因组鸟枪策略(whole genome shotgun strategy)。全基因组鸟枪策略为当前全基因组测序最主要的方法,该方法最早由 Craig Venter 和他的同事提出,是一种能提高从大基因组如人类基因组和其他真核生物获得重叠序列资料的方法。全基因组鸟枪法测序是直接将整个基因组打成不同大小的 DNA 片段,建立高度随机、插入片段大小为 1.6kb~4kb 左右的 BAC 基因组文库,进行高效、大规模的克隆双向测序,最后运用生物信息学方法将测序片段拼接成全基因组序列(图 19-2)。

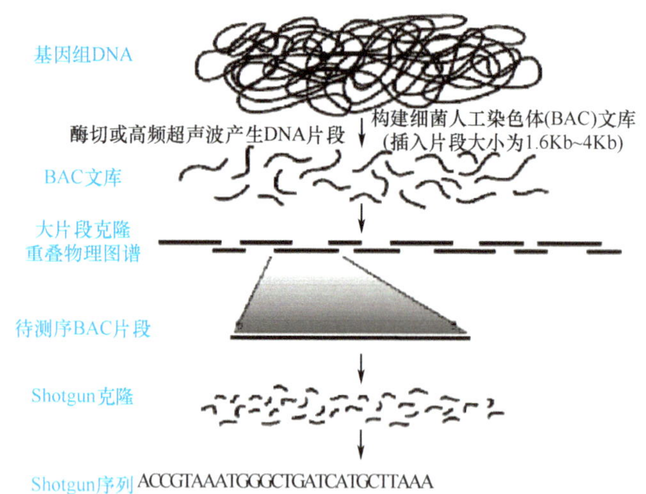

图 19-2 基因组 DNA 大规模鸟枪法测序流程图

5. 基因转移技术 利用基因转移(gene transfer)技术(见第十一章)将外源基因人工导入细胞内,观察它在细胞中的表达,研究其生物学特性和功能。该技术已广泛应用于基因功能的研究。例如,将外源基因转移到动物受精卵内组成新的融合基因。将受精卵细胞导入动物子宫,使其在动物体内整合和表达,产生具有新的遗传特征的动物(转基因动物),并能将新的遗传信息稳定遗传给后代,获得转基因系或转基因群体;或者是将外源基因在特定调控元件作用下在某些宿主组织中进行独立的复制,并在一定时间内表达外源蛋白。前者是一种永久性地表达,又称为整合表达,这种表达可以遗传,对改变动物的性状意义重大;后者是暂时性表达,不能遗传给后代,这种表达为人和动物疾病进行基因治疗和基因预防奠定了理论基础。

6. 反向遗传学技术 反向遗传学(reverse genetics)技术是相对于经典遗传学而言的。经典遗传学是从生物的性状、表型到遗传物质来研究生命的发生与发展规律。反向遗传学则是在获得生物体基因组全部序列的基础上,通过对靶基因进行必要的加工和修饰,如定点突变、基因插入/缺失、基因置换等,再按组成顺序构建含生物体必需元件的修饰基因组,让其装配出具有生命活性的个体,研究生物体基因组的结构与功能,以及这些修饰可能对生物体的表型、性状有何种影响等方面的内容。与之相关的研究技术称为反向遗传学技术。

7. 基因敲除 利用基因敲除(gene knock-out)技术(见第十二章)研究一个结构已知但功能未知的基因,从分子水平上设计实验,将该基因去除,或用其他序列相近基因取代,然后进行整体动物实验,推测相应基因的功能。

二、转录组学

(一) 转录组学的基本概念

转录组(transcriptome)即指一个活细胞所能转录出来的所有 RNA 的总和。转录组学(transcriptomics)是一门在整体水平上研究细胞中基因转录的水平及转录调控规律的学科,简言之,转录组学是在 RNA 水平上研究基因表达的情况,是研究细胞表型和功能的一个重要手段。狭义的转录组学通常特指针对 mRNA 的研究,是功能基因组学的一个重要分支,但转录组学的研究中介入了时空间特异性,同一细胞在不同的生长时期及生长环境下,其基因表达情况是不完全相同的,如脑组织或心肌组织的基因表达均体现出组织特异性。

(二) 转录组学的研究内容

转录组学主要研究在一定的发育时期及一定的生长环境下基因转录生成 mRNA 的信息,并据此推断相应未知基因的功能,揭示特定调节基因的作用机制。在 mRNA 水平上,转录组学可以辨别细胞的表型归属,以及疾病的诊断;并且可以通过差异转录组学分析,将表面上看似相同的病症分为多个亚型,描绘出疾病与药物治疗的关系等等。

(三) 转录组学常用的研究方法

1. cDNA 芯片 cDNA 芯片可以检测待测样品中是否有与之互补的序列(见第九章),主要用于基因表达分析。基于 cDNA 芯片的基因表达分析可以高通量且能定量地获得基因表达 mRNA 的有关信息,相对于基因组,能更进一步反映细胞时空状态下相关蛋白的表达水平。

2. 寡聚核苷酸芯片 1991 年 Affymetrix 公司在 Southern blot 基础上,开发出世界上第一块寡核苷酸基因芯片,自此微阵列技术(基因芯片)得到迅速发展和广泛应用,已成为功能基因组研究中最主要的技术手段。高密度的寡核苷酸芯片作为一个有力的工具广泛用于分析基因组数据。与传统的凝胶分析方法比较起来,具有成本低、高通量、高度自动化的优点,使得寡核苷酸芯片广泛用于基因表达检测及测序。寡聚核苷酸芯片的不足是:①当寡核苷酸序列较短时,单一的序列不足以代表整个基因,需要用多段序列;②无法同时大量地分析组织或细胞内基因组表达的状况;③可能会漏掉那些未知的、表达丰度不高的、可能是很重要的调节基因。

3. 基因表达系列分析 基因表达系列分析(serial analysis of gene expression,SAGE)是在转录水平上研究细胞或组织基因表达模式的一种方法,该方法以cDNA微阵列杂交技术为基础,可同时定量分析大量转录本。其基本原理是来自cDNA 3′端特定位置9~11bp序列可代表相应转录本,这一段特异的序列被称为SAGE标签(SAGE tag)。用锚定酶和位标酶两种限制性内切酶切割DNA分子3′端的特定位置的SAGE标签,分离所有转录本中这一短序列并串联插入到克隆载体中进行测序,便可以得到该体系的所有转录本的表达情况。

SAGE是近年来发展的以测序为基础的分析特定组织或细胞类型中基因群体表达状态的一项技术。其显著特点是快速高效地、接近完整地获得基因表达信息。SAGE既可显示该标签所代表的基因在特定组织或细胞中是否表达,又能根据所测序列中各SAGE标签所出现的频率,来确定其所代表的基因表达的丰度。与直接测定cDNA克隆序列方法相比,该方法较为省时和经济。SAGE对正常、癌旁、癌组织中基因的差异表达研究方面还有很大的优点,可以帮助获得完整转录组学图谱、发现新的基因及其功能、肿瘤特异基因、作用机制和通路等信息。

4. 大规模平行信号测序系统 大规模平行信号测序系统(Massively Parallel Signature Sequencing,MPSS)是对SAGE的改进,它能在短时间内检测细胞或组织内全部基因的表达情况,是功能基因组研究的有效工具。MPSS是从生物样品中提取mRNA,将mRNA反转录成cDNA,通过固相克隆将该cDNA均匀地加载到特制的小分子载体表面,然后在小分子载体上进行大量的PCR扩增,将所有cDNA游离的一端进行精确测序16至20个碱基,每一测定序列在整个生物样品中所占的比例,就代表了含有该cDNA基因在样品中的相对表达水平。该法特别适用于高通量分析病理和正常个体(组织)两个样品之间的严格的统计检验,有效地检测差异性较小的基因表达。MPSS技术对于致病基因的识别、揭示基因在疾病中的作用、分析药物的药效等都非常有价值,该技术的发展将在基因组功能方面及其相关领域研究中发挥巨大的作用。

MPSS技术的关键是验证数据问题,即如何确定转录子和基因表达水平与标签序列产生的数据之间的关系,对不同的基因使用正确的标签序列。如果基因与标签序列之间是非特异性和不明确的都会产生分析错误。

5. 差异显示反转录PCR技术 差异显示反转录PCR技术(differential display of reverse transcriptional,DDRT-PCR)是根据真核基因mRNA分子的3′末端,带有polyA,在RNA聚合酶的作用下,可以mRNA为模板,以oligo(dT)为引物,通过PCR扩增,合成出cDNA。理论上同种cDNA的PCR产物及含量一致,根据每种cDNA的大小不同,可用凝胶电泳分离PCR产物进行比较。该技术用于研究两种不同细胞或同种细胞不同条件下mRNA表达产物的差异。

三、RNA组学

(一)RNA组学的相关概念

RNA组学(RNomics)是从基因水平系统研究细胞中全部非编码RNA分子的结构与功能,从整体水平阐明RNA的生物学意义的科学。此外,不同生物体系中RNA时空表达谱的快速建立及其生物学意义的研究,以及RNA组学研究的支撑技术和研究策略的创新和建立,尤其是高通量研究的问题都属于RNA组学研究的范畴。RNA组学作为后基因组时代一个重要的前沿科学,是基因组学和蛋白质组学研究的扩充和延伸。RNA组学重在揭示由RNA介导的遗传信息表达调控网络,以不同于蛋白质编码基因的角度来注释和阐明人类基因组的结构与功能,为人类疾病的研究和治疗提供理论基础。

人们普遍认为,三类最重要的生物高分子物质中,DNA携带遗传信息,蛋白质是生物功能分子,而RNA在这二者间起传递遗传信息的功能(即参与蛋白质的生物合成)。但20世纪80年代初,美国科学家T. Cech和S. Altman发现了核酶(ribozyme),在酶学领域,核酶的发现打破了多年来“酶的化学本质就是蛋白质”的传统观念;在RNA领域,这一发现使人们认识到,RNA的生物学功能远非“传递遗传信息”那么简单,有一个巨大且尚未被完全发现的“RNA世界”。

人类基因组中编码蛋白质的基因数目低于3万,约仅占整个基因组序列的2%,远远低于人类基因组计划完成前预期的10万个基因,98%的基因组序列没有得到注释,按生物体编码蛋白质的基因数目的多少远远无法阐释高等哺乳动物的复杂性。那么,不编码蛋白质的98%的基因组序列有何功能呢?占基因组序列98%的非蛋白质编码基因实际编码了大量的非编码RNA(non-coding RNA,ncRNA)(表19-1),即不编码蛋白质的RNA。

ncRNA又可分为调控RNA(regulatory RNA)和持家RNA(house- keeping RNA)。持家RNA的命名来自于持家基因,是维持基本生命所必需的,这些RNA在生命过程中,是长期恒定表达的,如rRNA、tRNA等参与蛋白质的生物合成,是生命体中任何时空中不可或缺的成分。调控RNA的转录有时空特异性,它不是长期恒定表达,常常是短暂表达;不同的调控RNA在不同的发育分化阶段、不同性别、不同细胞、不同组织、不同病理状态下转录或转录水平差异,它们参与转录调控、RNA加工、肿瘤抑制、出生前死亡、染色体浓缩、发育时间选择、蛋白质生物合成调控和生长抑制等,调控RNA的作用越来越被重视。某些非编码RNA的主要功能见第一章。

表19-1 非编码RNA(ncRNA)的种类

调控RNA	持家RNA	调控RNA	持家RNA
小核仁RNA(snoRNA)	小核仁RNA(snoRNA)	微小RNA(miRNA)	RNase PRNA
染色质结构与调控RNA	转运RNA(tRNA)	小干扰RNA(siRNA)	线粒体RNA加工酶RNA
翻译调控RNA	核蛋白体RNA(rRNA)	其他类型的调控RNA(?)	指导RNA(gRNA)
蛋白质功能调控RNA	小核RNA(snRNA)		信号识别颗粒RNA
蛋白质定位调控RNA	转运信使RNA(tmRNA)		端粒酶RNA

(二)某些ncRNA的生物学功能

RNA组学主要是研究在特定条件和不同状态下生物体中非编码RNA的种类、功能、表达差异及其与蛋白质的相互作用。在现代的RNA世界中,已知的非编码RNA寥寥可数。采用计算机RNA组学和实验RNA组学等方法,系统地发现和注释各种模式生物中的非编码RNA基因,并借助于生物信息学,注释和阐明它们的生物学意义是RNA组学的首要任务。

1. miRNA的功能 2001年,三个实验室同时分别在线虫、果蝇和人类中发现了一类长度为21~23nt的小分子RNA,命名为微小RNA(microRNA,miRNA)。miRNA是一个巨大的小分子非编码RNA家族,广泛存在于各种动植物甚至单细胞真核生物中。越来越多的研究揭示,miRNA参与了发育、细胞分化、细胞凋亡、脂类代谢和激素分泌等生理过程,以及血友病、肺癌、结肠癌、糖尿病、肝肾病和病毒感染等多种病理过程。迄今为止,人们已经从拟南芥、线虫、果蝇、小鼠和人等多种生物中发现了数以千计的miRNA,但大部分miRNA的功能尚有待阐明。

2. siRNA的功能 1999年,Hamilton等在植物基因沉默的研究中首次发现21~25nt的双链RNA的出现对转基因导致基因沉默十分重要,而在转基因正确表达的植株中则未出现。这种由双链RNA产物高效引发的对基因表达的阻断作用被称为RNA干扰(RNA interference,RNAi),介导这种现象发生的小分子RNA称为小干扰RNA(Small interfering RNA,siRNA)。siRNA一旦与mRNA中的同源序列互补结合,会导致mRNA失去功能,即不能翻译产生蛋白质,也就是使基因"沉默"了。siRNA通过结合并启动同源mRNA的降解来下调相应的基因表达,从而发生强大的基因抑制功能。许多ncRNA都参与了基因组DNA转录水平的调控,特别是内源性siRNA参与真核细胞核内异染色质的形成和基因组DNA修饰或加工过程,因此对于siRNA等ncRNA的研究有可能揭示表观遗传控制发生的原因及调控机制。

3. snRNA的功能 真核细胞的细胞核中含有许多小RNA,称为小核RNA(small nuclear RNA,snRNA)。snRNA由100~300nt组成,其中某些像mRNA一样可被加帽。snRNA分子中以尿嘧啶碱基含量最丰富,因而以U作分类命名。现已发现有snRNA U1、U2、U4、U5、U6等类别。snRNA通过与核内蛋白质组成小核核蛋白(small nuclear ribonucleoprotein,snRNP),在hnRNA转变为成熟的mRNA过程中,参与剪接(见第六章)。snRNA在RNA加工剪接过程中行使的功能与核酸酶参与下的Ⅱ型RNA自剪接作用类似,可能兼具有位点识别和催化剪接的双重作用。并且在将mRNA从细胞核运到细胞质的过程中起着十分重要的作用。snRNA在核内转录,在胞质中组装,在细胞核内发挥生理功能。

4. snoRNA 核仁小RNA(small Nucleolar RNA,snoRNA)是非编码RNA中研究得最多,了解得最详细的成员之一。它们的主要功能分别为指导rRNA或snRNA中特异位点的2′-O-核糖甲基化修饰、假尿嘧啶化修饰或作为分子伴侣参与靶标RNA高级结构的形成。研究发现,snoRNA除了在rRNA的生物合成中发挥作用之外,还能够指导snRNA、tRNA和mRNA的转录后修饰。此外,还有相当数量的snoRNA功能不明,被称为孤儿snoRNA。有的snoRNA特异存在于脑中,称之为脑特异性snoRNA;有的snoRNA特异来自于双亲中一方的等位基因,称为印记snoRNA。典型的snoRNA大小在60~400nt之间,具有类似核仁提取物的性质(抗盐性),需要与特定蛋白质结合形成核糖核蛋白体,并以此形式存在和行使功能;

依据snoRNA保守的序列和结构元件可将其分成三类:C/D盒型snoRNA(反义)、H/ACA盒型snoRN以及MRPRNA(mitochondrial RNA processing RNA)。反义C/D盒型snoRNA因为含有两个保守序列C盒(C box,5′-PuUGAUGA-3′)和D盒(5′-CUGA-3′)而得名,它们分别位于离5′和3′端几个核苷酸的位置,有一个5′、3′端茎环结构(4~5bp长),使它们靠在一起(图19-3 a)。H/ACA盒型snoRNA的二级结构(图19-3 b)含有两个由线性区连接的带内环的发夹结构,发夹结构的下游带有一短尾结构。在线性区内有一保守的H box(ANANNA),尾部离3′端3个核苷酸有保守的ACA三核苷酸,由此命名为H/ACA盒型snoRNA。

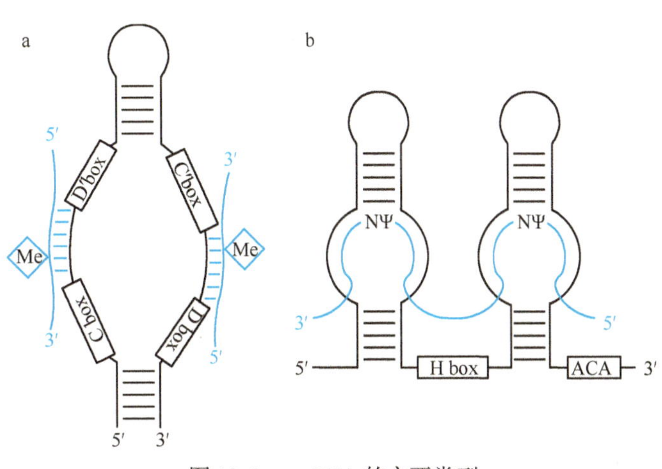

图19-3 snoRNA的主要类型

a. C/D盒snoRNA;b. H/ACA盒snoRNA

5. 催化性RNA(核酶) RNase P是一种核酸内切酶,其含有的RNA长377nt,在tRNA加工成熟过程中,用以切除tRNA前体5′端附加顺序。大肠杆菌的RNase P可裂解60余种不同的前体tRNA。现已在大肠杆菌、枯草杆菌等原核生物及某些真核生物细胞中发现RNaseP的存在及其RNA亚基在前体tRNA剪接中的生物催化功能。

在许多肿瘤中可检测到特有miRNA基因的异常表达或mRNA异常可变剪接体。一些动物病毒也编码用于逃逸宿主细胞免疫攻击的miRNA。比较分析正常生理和疾病发生过程中的非编码RNA的表达及其作用,将从RNA调控的角度揭示疾病发生机制并为疾病诊断和治疗提供新的基因靶点和分子标记。ncRNA基因是新发现的遗传资源和新的生物技术制高点,对ncRNA功能的深入研究具有重要的应用价值。例如,miRNA和siRNA已应用于干细胞维持、动植物品种选育及病害控制等方面;miRNA可用于治疗干预人类重大疾病;miRNA在药物研制及药物靶点方面的研究进展迅速。

随着基因组学、蛋白质组学、分子生物学和细胞生物学等技术的飞速发展,近年来对于tRNA的研究也已成为当代分子生物学一个活跃的领域。研究某种条件下,改变tRNA转录及其信号传导途径,可为植物育种和种子改良、农作物对抗不利生长化境和抗病变提供重要依据。tRNA基因转录的失控已逐渐被人们证实与疾病的发生、恶变相关,阐明tRNA基因转录失控与疾病的关系,对人们认识与治疗包括癌症在内的疾病具有重要的意义。

(三) RNA组学研究常用的方法

1. 构建ncRNA cDNA库 ncRNA通常不含有poly A,因此用于克隆mRNA的方法不适用于大多数ncRNA的克隆。cDNA末端快速扩增技术(rapid amplification of cDNA ends,RACE)是一种基于PCR从低丰度的转录本中快速扩增cDNA的5′和3′末端的有效方法,以其简单、快速、廉价等优势而受到越来越多的重视。该方法可用于所有不含poly A的ncRNA cDNA文库的构建。例如,miRNA cDNA文库的构建步骤为:①抽提总RNA后用PAGE分出约20个核苷酸长度的核酸;②用T4 RNA连接酶在其3′端连接一个已知序列A,加双脱氧核苷酸修饰封闭以避免A序列自连;同时为避免miRNA自连,miRNA:A片段摩尔比在1∶3以上;③用T4 RNA连接酶在其5′端连接已知序列B,其5′端不含磷酸基团,以免序列B自连。片段A和B均为合成的寡脱氧核苷酸,内含同一种限制性内切核酸酶位点;④据A、B片段序列,设计RT-PCR引物,扩增双链DNA;⑤用限制性内切核酸酶切出粘性末端,用T4 DNA连接酶连接成长链基因串;⑥克隆测序。

2. DNA芯片技术 在常规DNA芯片技术中,采用标记的引物或反应中加入荧光标记的dNTP,使待测样品带有荧光,便于检测。但常规DNA芯片技术无法检测短的RNA,因为小分子RNA链太短,常规RT-PCR无法用在待测样品导入荧光标记。这里介绍两种检测小分子 RNA 的芯片方法,能够满足 ncRNA 的检测。以 miRNA 为例,方法一是用随机的荧光标记的 8 个核苷酸作为引物,以总 RNA 或总小分子 RNA 为模板,进行反转录,再用获得的反转录样品进行 DNA 芯片检测;方法二是分离～20 个核苷酸长度的待测样品,用克隆 miRNA 方法在其 3′和 5′端加上接头,然后在 RT-PCR 过程中,导入荧光标记。

由于无法排除其他大分子 RNA 降解产物的可能性,克隆测序得到的序列并不一定能真正代表天然存在的小分子 RNA,因此须经 Northern 杂交检验,或者采用 PAGE 纯化 18～30 核苷酸组分进行点杂交(降解物产生的小分子,丰度极低,不被检测)。

四、蛋白质组学

(一) 蛋白质组学的相关概念

2001 年人类基因组序列草图的完成,宣告了"后基因组时代"的到来。基因作为遗传信息的载体,基因数量的有限性、基因结构的相对稳定性和基因表达方式的错综复杂,不能够反应生命现象的复杂性和多变性,也不能够提供认识各种生命活动直接的分子基础。蛋白质是基因功能的具体执行者和体现者,是生物细胞赖以生存的各种代谢和调控途径的主要执行者,也是多种致病因子对机体作用的最重要的靶分子。不同细胞、组织和器官在不同发育阶段、不同生理或病理状态、不同环境因素的作用下,所表达蛋白质的种类和丰度不尽相同。即使是相同细胞、组织和器官在不同生理或病理状态、不同环境因素作用下,所表达蛋白质的丰度也会有所差异。事实上,对蛋白质的数量、丰度、结构、功能和相互关系的研究将为阐明生命现象本质和生命活动规律提供直接有力的论据。

蛋白质组(proteome)概念是由澳大利亚 Macguarie 大学的 Marc Wilkins(学生)和 Keith Williams(导师)于 1994 年在意大利 Siena 召开二维电泳会议上提出的,"proteome"一词来源于"PROTEin"与"genome"的杂合,意指"一种基因组所表达的全部蛋白质"。目前,比较确切的蛋白质组的定义是:在一定条件下,在某一个生命体系中由基因组编码的全部蛋白质,即一个基因组、一种细胞/组织/器官或一种生物所表达的全部蛋白质。

相应地,蛋白质组学(proteomics)是指采用各种技术手段来研究蛋白质组的一门科学,蛋白质组学又可以分为狭义和广义蛋白质组学两种。狭义蛋白质组学是指利用多维电泳、多维色谱和质谱等高通量技术,确定出某一个特定研究对象(某一细胞、亚细胞器、组织、器官、个体、物种等)中的全部蛋白质;广义蛋白质组学是指既要确定出某一特定研究对象的全部蛋白质(尤其是表达差异的蛋白质),又要研究这些蛋白质的活性、定位、丰度变化、翻译后修饰、代谢相互作用及其作用的网络与时空变化的关系。

蛋白质组研究是后基因组时代生命科学研究具有里程碑意义的核心内容之一。2001 年《自然》杂志将蛋白质组学列为 6 大科学研究热点之一,其"热度"仅次于干细胞研究。

(二) 蛋白质组学的研究内容

蛋白质是一类变化多样的分子,可以从其序列、结构、表达、定位、修饰和相互作用进行研究。蛋白质组学是一门新兴的学科,但是它发展极为迅速、研究成果颇多,已经广泛应用到生物学和医学的许多领域,对植物学、动物学、微生物学和人类医学研究已经产生了广泛而深远的影响。特别是,蛋白质组学与基因组学、代谢组学、生物信息学等大规模科学的交叉,所展示的系统生物学(system biology)研究思维和模式,已经开始成为生命科学最令人激动的新前沿。根据研究的方向和目的不同,又可以将蛋白质组的研究大致分为以下几个方面。

1. **表达蛋白质组学** 表达蛋白质组学(expression proteomics)对蛋白丰度的比较分析,是对一种细胞、组织、器官等中所有蛋白质进行分离、鉴定和定量的研究。它研究机体生长发育、病变和死亡的不同阶段中细胞、组织和器官等中蛋白质表达图谱的变化,研究不同样本中蛋白质表达在丰度(数量)上的差异变化。通过蛋白质表达图谱变化的比较,可以发现在生物体发育过程、与疾病发生发展密切相关的蛋白质。

2. **功能蛋白质组学** 功能蛋白质组学(functional proteomics)通常指研究细胞内与某个功能相关或在某种条件下表达的一群蛋白质。其注重从局部入手,以细胞内的蛋白质群体(可能涉及特定功能机理的蛋白质群体)为主要研究对象。在研究蛋白质群体的基础上,可把许多不同的蛋白质群体统计组合,进而绘制出接近于生命细胞的"全部蛋白质"的蛋白质组图谱。

3. **相互作用蛋白质组学** 相互作用蛋白质组学(interaction proteomics)对特定细胞器中的蛋白质或者蛋

白质的结构加以分析，确定它们在细胞中的定位，了解蛋白之间的相互作用。较广义一点，这个分支考虑蛋白之间遗传和物理的相互作用以及蛋白质与核酸或小分子间的相互作用。相互作用蛋白质组学最远大的目标是：根据单个蛋白质间的二元相互作用和通过蛋白质复合物系统分析确定的更高级别的相互作用来构建蛋白质组的相互作用网络图。

从蛋白质组学这个名词的提出的近 20 年来，其概念不断变迁，研究内涵也不断扩大。又不断出现了疾病蛋白质组学、营养蛋白质组学、临床蛋白质组学、化学蛋白质组学、器官（肝脏、肾脏、脑组织、肺、胰腺、心脏、神级、体液等）蛋白质组学、膜蛋白质组学、单细胞蛋白质组学、结构蛋白质组学、比较蛋白质组学、修饰蛋白质组学等等。随着蛋白质组学研究的不断深入，其研究内容及范围也会不断延伸、丰富。

（三）蛋白质组学研究常用的方法

蛋白质组学研究主要包括蛋白质的分离和鉴定两大步骤，同时结合各种显色手段、分析软件等。蛋白质的分离原理是根据混合样品中蛋白质的不同理化特性进行分离。目前满足高分辨率和高通量的蛋白质分离技术最主要的有二维（双向）凝胶电泳（2-DE）、多维液相色谱（multi-dimensional liquid chromatography，MDLC）和生物质谱技术。

1. 二维（双向）凝胶电泳（2-DE） 1975 年 O'Farrel 等建立了 2-DE 技术，它是目前使用最广泛可靠的蛋白质组学分离技术。2-DE 将复杂的蛋白质混合物在 pI-Mr 组成的二维平面上得到分离，可以在一块凝胶上同时分离上千乃至上万蛋白质（图 19-4），且分离得到的大部分蛋白质组分纯度可以达到 90% 以上，具有高分辨率、高重复性并兼具微量制备性能。

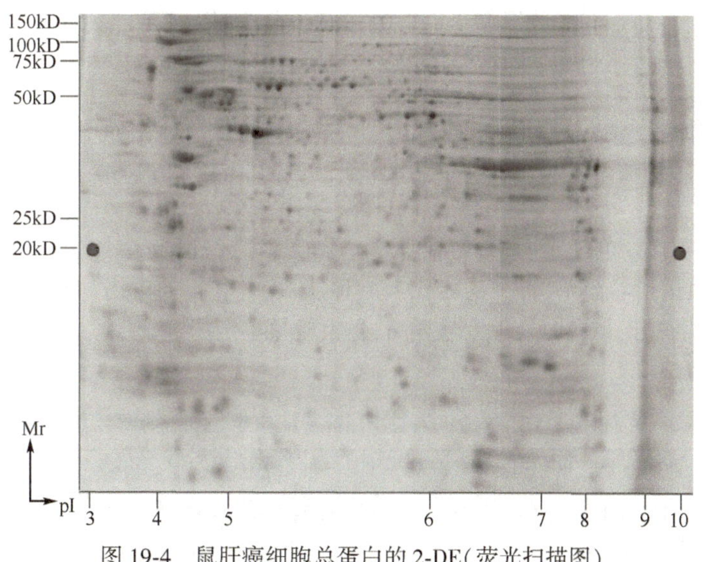

图 19-4　鼠肝癌细胞总蛋白的 2-DE（荧光扫描图）

2. 二维荧光差异胶内凝胶电泳 二维荧光差异胶内凝胶电泳（two-dimensional difference in-gel electrophoresis，2D-DIGE）是一种新出现的荧光标记的定量蛋白质组学技术，也是目前最为可靠的蛋白质组学定量方法，比经典的 2-DE 具有更高的动力学范围和灵敏性。2D-DIGE（图 19-5）采用三种结构相似的荧光染料 Cy2、Cy3 和 Cy5 来标记蛋白，三者的激发和发射波长各不相同，可同时在一块胶上分离 3 个样品，消除了胶内差异；不同凝胶间引入相同 Cy 荧光染料标记的内标，消除了胶与胶间的差异，进而减少了实验条件不一致引起的误差。

3. 生物质谱技术 在蛋白质组学研究中，对于通过 2-DE 或其他方法分离的蛋白质样品进行鉴定是蛋白质组研究中最为关键的一步。质谱分析用于蛋白质等生物活性分子的研究有很高的灵敏度，能为亚微克级试样提供信息，能最有效地与色谱联用，适用于复杂体系中痕量物质的鉴定或结构测定，同时具有准确性、易操作性、快速性及很好的普适性。生物质谱技术可用于：①蛋白质/多肽分子量的精确测定；②肽质量指纹图谱（peptide mass fingerprinting，PMF）测定；③肽、蛋白质的序列分析；④蛋白质和多肽中巯基和二硫键的定位；⑤蛋白质的翻译后修饰；⑥蛋白质分子相互作用及非共价复合物。

（1）PMF 法鉴定蛋白质：蛋白质经过酶解成为长短不一的肽段后，采用质谱分析的方法获得的肽段分子

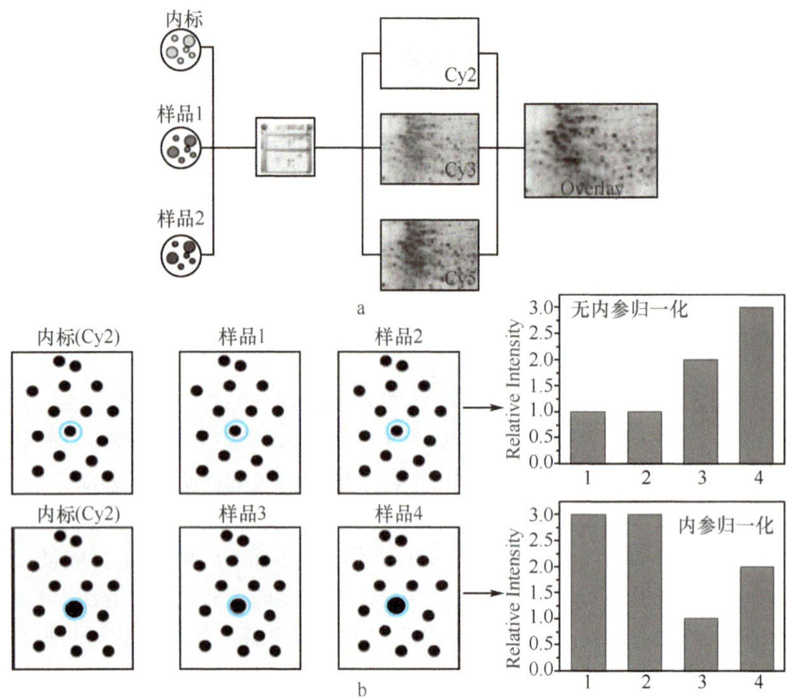

图 19-5 2D-DIGE 的技术流程图

a. 同一块凝胶上分离 3 个样品；b. 内参归一化

质量形成一个肽段分子质量图谱，对质谱分析所得肽片段与多肽蛋白数据库中蛋白质的理论肽片段进行比较，从而判别所测蛋白是已知还是未知。由于不同的蛋白质具有不同的氨基酸序列，因而不同的蛋白质呈现特征的 PMF。

测定肽混合物质量最有效的质谱是基质辅助激光解吸附飞行时间质谱[MALDI- time-of-flight(TOF)-MS]，其灵敏度高，获得质谱谱峰简单，每个谱峰代表一种肽段。同时，PMF 方法鉴定蛋白质的优势在于要求全部肽段质量与理论值相符合，可同时处理大量样品，是大规模鉴定的首选手段。例如，PMF 鉴定白眉蝮蛇蛇毒纤溶酶原激活物(表 19-2)。

表 19-2 采用 PrOTOF 质谱仪通过 PMF 鉴定白眉蝮蛇蛇毒纤溶酶原激活物

测得质量	理论质量	相对误差(ppm)	起止序列	肽段序列
1116.549	1116.541	7	103-111 [a]; 58-66 [b]; 82-90 [c]; 82-90 [d];	ILNEDEQTR
1244.647	1244.635	10	102-111[a]; 57-66 [b]; 81-90 [c]; 81-90 [d];	KILNEDEQTR
1306.659(1322.654 *)	1306.649(1322.644 *)	8	91-101[a]	NFQMLFGVHSK
1456.722	1456.715	5	103-114[a]; 58-69 [b]; 82-93 [c]; 82-93 [d]	ILNEDEQTRDPK
2149.094	2149.082	6	197-218[a]	AAYPVLLAGSSTLCAGTCQGGK

匹配来源物种：a. *Plasminogen activator precursor* (*Gloydius halys*, *GI*: 4102926, *protein entry number*: *AAD*01624.1); b. *A Chain A*, *plasminogen activator* (*Tsv-Pa*) (*Trimeresurus stejneijeri*, *GI*: 5821881, *protein entry number*: 1*BQY*; c. *VSP2_TRIJE venom serine proteinase* 2 *precrusor* (*Trimeresurus jerdonii*, *GI*: 13959639, *protein entry number*: *Q9DF67*); d. *VSP1_TRIST venom plasminogen activator precursor* (*Trimeresurus stejneijeri*, *GI*: 13959636, *protein entry number*: *Q91516*); 氨基酸氧化 *, *the oxidation product of methionine*.

(2)一级质谱结合串联质谱(MS/MS)法鉴定蛋白质：研究蛋白质/多肽，除了测定其相对分子质量、等电点、氨基酸组成等特性外，还需要获得它的结构和功能信息，也即首先要知道其氨基酸序列。随着蛋白质组学的广泛开展和不断深入，以 Edman 为基础的传统测序方法已经不适应微量蛋白质/多肽测序要求。电喷雾串联质谱(ESI-MS/MS)具有测序功能，其借助于碰撞诱导裂解(collision-induced dissociation，CID)等过程，能够在微量/超微量水平上进行蛋白质/多肽的序列分析，而且能够分析以序列为基础的侧链化学修饰等，已经成为蛋白质组学研究的关键技术之一。

一般肽段在 CID 过程产生的碎片离子最常见的分为两大系列，从 N 端开始在肽键处的碎片离子以 b_n 表示，从 C 端开始在肽键处的碎片离子以 y_n 表示，这样将质谱数据通过数据库检索，根据肽段的分子质量和其碎片离子峰就可以确定肽段的序列和来源于哪种蛋白（图 19-6）。

4. 非凝胶蛋白质组学研究技术　在蛋白质组学研究中，二维凝胶电泳技术由于其高分辨率被广泛应用，但是该技术难以分离极酸性或极碱性蛋白质、疏水性蛋白质、极大或极小和低丰度蛋白质，同时该技术路线后续采用胶内酶解，费时、费力，难以与质谱联用实现自动化和高通量。而随着质谱各个技术细节的日趋完善，高效液相色谱（HPLC）、毛细管电泳（CE）和毛细管电色谱（CEC）等技术成功应用于蛋白质组学研究，这些非凝胶技术具有快速、高效、高灵敏度、自动化程度高、检测限低等优点，与后续质谱的检测鉴定结合，成为蛋白质组学研究中的主流技术。

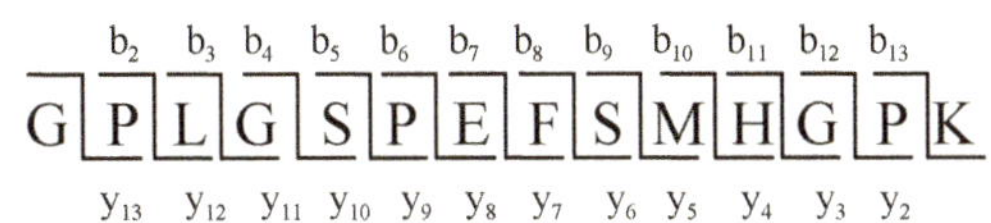

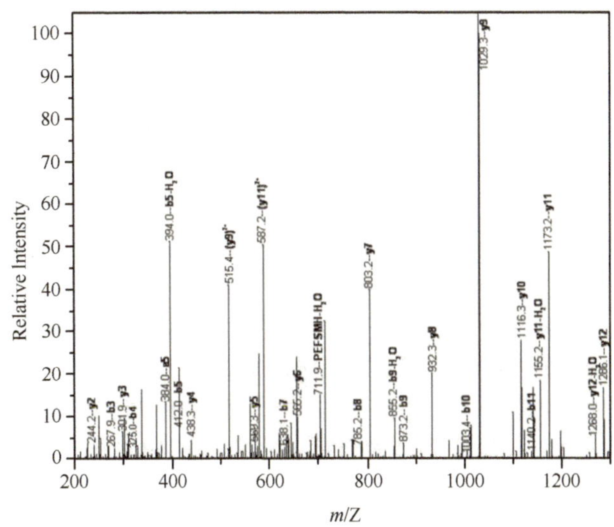

图 19-6　ESI-MS/MS 分析肽段序列

（1）一维色谱与质谱联用（LC-MS）：最常见的是 HPLC 与质谱的联用（HPLC-MS），现在最为常用的将 ESI-MS（MS/MS）与纳升级的反相高效液相色谱（RP-HPLC）联用，对于不是很复杂的体系，该技术可以充分发挥快速、灵敏及自动化特色，实现蛋白质或多肽混合物的分离和鉴定，是蛋白质组学研究中简单快速的方法之一。

（2）多维色谱与质谱联用（MDLC-MS）技术：针对复杂的蛋白质/多肽复杂混合体系，研究人员建立了 MDLC 分离系统。MDLC 分离系统的原理是按照样品中各个组分的等电点、相对分子质量、分子大小、荷电状况、疏水性等性质的差异进行分离的。

MDLC 分离系统比一维液相色谱分离模式可提供更高的峰容量，更适合分离复杂的生物体系，MDLC 的总峰容量（P）等于每一维的峰容量（Pi）的乘积，即：$P = P1 \times P2 \times P3 \cdots\cdots$，是目前解决复杂体系分离问题最有效的手段。

MDLC 是通过前一维将样品分离成不同馏分后，每个馏分再经过下一分离维分离成不同馏分，在分离过程中要考虑各分离维的适用范围、峰容量、洗脱速度等因素（表 19-3），来进行分离模式的合理组合，提高 MDLC 系统的峰容量和分离能力。

表 19-3　各种液相色谱分离模式和适用范围

选择液相色谱	适用范围	峰容量	洗脱速度
反相色谱	第一维及后续维	高	快
疏水色谱	后续维	中	快
分子排阻色谱	后续维	低	慢
亲和色谱	第一维	中	慢
离子交换色谱	第一维	中	快

常采用的二维液相色谱分离组合模式有：离子交换色谱-反相液相色谱联用、分子排阻色谱-反相液相色谱联用、反相液相色谱-反相液相色谱联用和亲和液相色谱-反相液相色谱联用。三维液相色谱-质谱联用技术也成功建立并应用于蛋白质组学研究，2002 年 MacCoss 等成功实现了反相液相色谱-离子交换色谱-反相液相色谱-质谱联用，发现三维色谱的分辨率大大提高，在蛋白质种类鉴定和蛋白质修饰位点分析方面能力大幅提升。另外还出现了多维蛋白质鉴定技术（multi-dimensional protein identification technology，MudPIT），其基本概念是在同一根色谱柱的前半部分装填强阳离子（强阴离子）色谱填料，后半部分装填反相液相色谱填料，这样这个色谱分离过程就包括了一系列依次增加的盐浓度梯度洗脱和有机溶剂的线性梯度洗脱，多肽流出 RPLC 填料后直接引入质谱进行分析，采集的质谱数据经数据库检索，查找并确定与多肽序列相匹配的蛋白质（图 19-7）。

（3）毛细管电泳-质谱联用：毛细管电泳（CE）在蛋白质组分析中用于蛋白质肽谱的建立与蛋白质鉴定、物化常数分析、蛋白质动力学研究、样品定性定量检测与微量制备。比如采用 CZE-ESI-FI-ICR（傅里叶离子回旋共振加速）-MS 对脑脊髓液胰蛋白酶酶解肽段进行分析，鉴定出了 30 种蛋白质。CE 技术可以对核酸/核苷酸、蛋白质/肽段/氨基酸、糖蛋白/糖、微量元素、小的生物活性分子进行快速分离分析，DNA 及 DNA 转录产物的序列分析和纯度测定；甚至可以应用到药物分子及其代谢产物、无机及有机离子/有机酸、

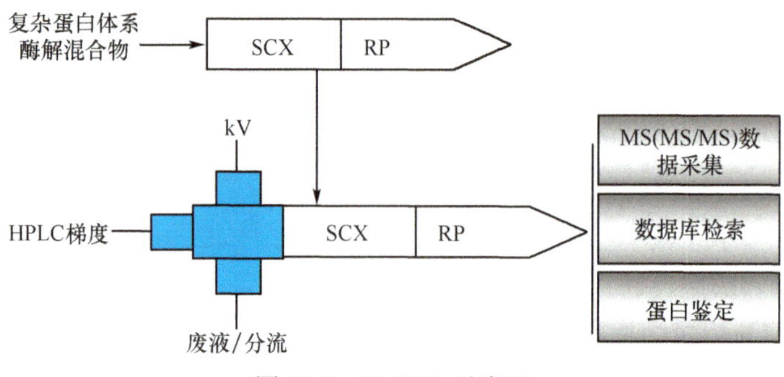

图 19-7 MudPIT 示意图

单细胞分析、药物与细胞的相互作用和病毒分析、手性化合物的分离。美中不足的是到目前为止还没有很好解决 CE 与质谱接口的问题，但毋庸置疑，随着 CE 技术的不断完善和发展，它必将会在蛋白质组学研究中发挥更重要的作用。

5. 蛋白质芯片技术 近几年来，蛋白质芯片以其微型化、高效、高通量、平行和直接对蛋白质分析的特点，应用于蛋白质组（尤其是功能蛋白质组）研究。

6. 酵母双杂交技术（YTH） 利用 YTH 可以发现新的蛋白质和蛋白质的新功能、研究细胞体内抗原-抗体的相互作用、筛选药物的作用位点以及药物对蛋白质之间相互作用的影响和建立基因组蛋白质连锁图（genome protein linkage map）。

五、代谢组学

（一）代谢组学的相关概念

代谢组（Metabolome）是指某一细胞、组织、器官或体液中所产生的所有代谢组分，尤其是相对分子质量为1000 以内的小分子物质。代谢组学（Metabonomics）的概念由英国伦敦帝国理工大学 Jeremy Nicholson 教授（代谢组学之父）在 1999 年正式提出，是指通过对某一细胞、组织、器官或体液内所有代谢物进行高通量检测、定性和定量分析，研究生物体整体或组织细胞系统的动态代谢变化，尤其是内源代谢、遗传变异、环境变化及各种物质进入代谢系统的特征和影响，并寻找代谢物与生理病理变化相对应关系的研究方式的科学。代谢组学同以基因、mRNA、蛋白质为研究对象的基因组学、转录组学、蛋白质组学一样，是系统生物学的重要组成部分（图 19-8）。高通量/高分辨的代谢组检测、代谢物的定性/定量、数据分析挖掘、代谢途径分析的自动化/高效化/可视化是代谢组学的发展方向。

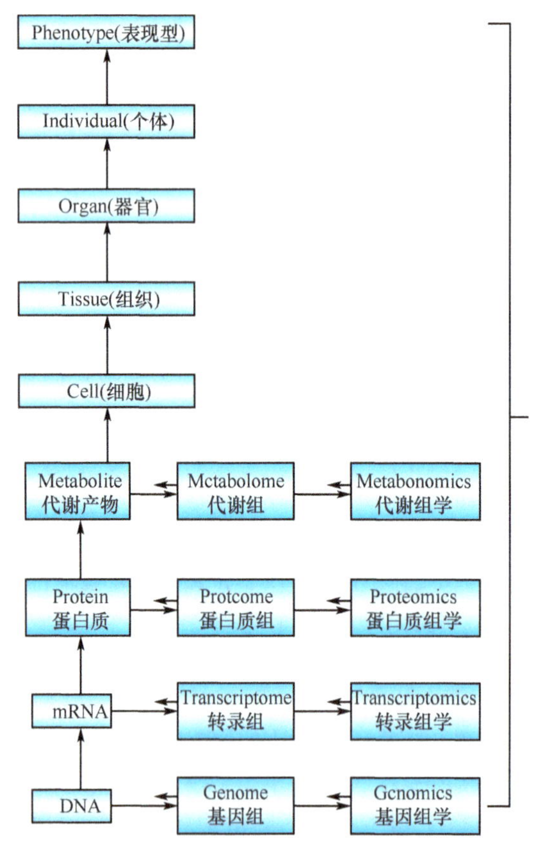

图 19-8 代谢组学与其他组学间的关系

（二）代谢组学分析途径

1. 代谢指纹图谱分析（metabolic fingerprinting analysis） 对生物样品中的单一组分不进行分离和鉴定，而是高通量收集和分析不同的产物中整体组分而非个别组分间的差异，对样品进行快速分类指认。

2. 代谢谱轮廓分析（metabolic profiling analysis） 对少数预设的代谢组分的定性/定量分析。

3. 代谢组分靶向分析（metabolitetarget analysis） 一个或几个特定代谢组分的靶向性分析。代谢组学研究的基本流程见图 19-9。

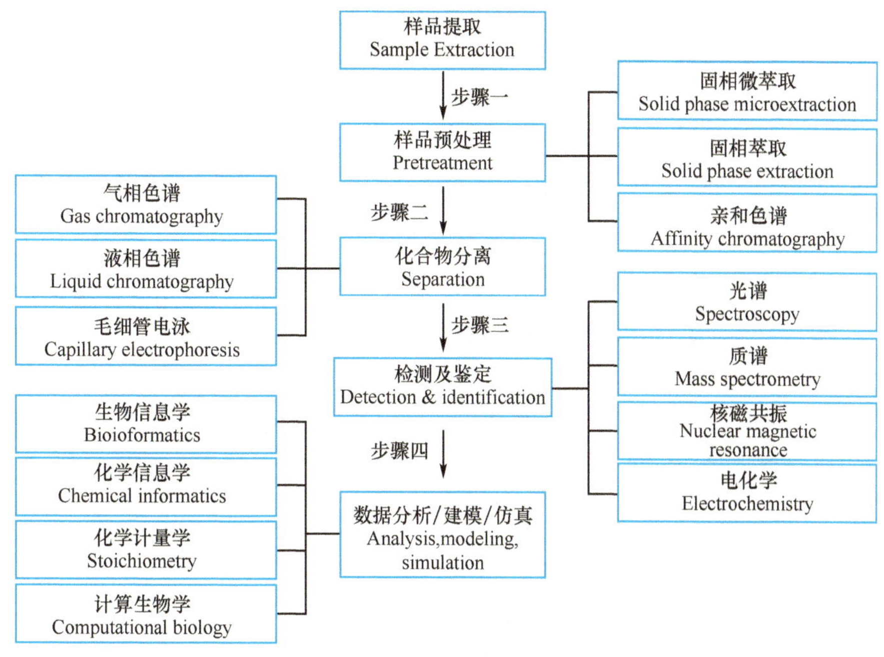

图 19-9 代谢组学研究的基本流程

(三) 代谢组学研究常用的方法

目前,用于代谢组学研究的分离、分析手段及其组合主要包括薄层层析(TLC)、核磁共振(NMR)、配置紫外或二极管阵列检测器的 HPLC(UV-HPL、PDA-HPLC)、配置紫外或激光诱导检测器的毛细管电泳(UV-CE、LIF-CE)、气相色谱(GC)/气相色谱-质谱联用技术(GC-MS)、毛细管电泳(CE)/毛细管电泳-质谱联用技术(CE-MS)、液相色谱(LC)/液相色谱-质谱联用技术(LC-MS)、LC-NMR,LC-NMR/MS 等,其中以 NMR 和色-质联用技术最为常用。

其中,GC-MS 和 LC-MS 是针对代谢物进行定性和可重现定量分析的高通量实验手段,动态范围广泛,比较不同样品中各自的代谢产物和相对丰度,通过比较不同个体中代谢产物的质谱峰,了解不同化合物的结构,建立完备的识别这些不同化合物特征的分析方法,被广泛用于代谢组学研究。质谱只能检测离子化的物质,针对非离子化的代谢产物,采用 NMR 方法,可弥补质谱不足。质谱与 NMR 相结合的方法,可建立机体中较完整代谢途径图谱。但 NMR 方法灵敏度不高,只能用于分析高丰度代谢产物。CE 可更高效率地分离某些特定组分,与质谱或其他检测方法共同使用,可提高代谢组分的检出、鉴定和定量。

(四) 代谢组学的应用

1. 代谢组学与疾病诊断 疾病导致机体病理生理过程变化,最终引起代谢产物发生相应变化,通过对某些代谢产物进行分析,并与健康人代谢产物比较,可找到疾病的标记物,提供较好诊断方法。比如新生儿是否缺失某种酶基因,可在其出现相应的代谢产物过少或过多时检测出来。苯丙酮尿症(PKU)是一种常见婴儿疾病,是由于缺失苯丙氨酸羟化酶基因,导致血液中苯丙氨酸累积造的。若不能及时检测出这种天生的代谢缺乏,婴儿出生九个月内会产生无法挽救的大脑损伤。血样和尿素代谢指纹分析可以确诊这种疾病,通过代谢组学研究有望找到诊治方法。

2. 代谢组学与心脑血管疾病 2002 年,Brindle 等人的研究结果表明代谢组学方法可用于冠心病的诊断,后来又表明代谢组学研究可应用于高血压疾病诊断。2005 年 Sabatine 代谢组学的研究结果说明急性心肌缺血时代谢产物和代谢途径变化,为冠心病的诊断增加了新的方法和治疗靶点。

3. 代谢组学与肿瘤 代谢组学研究可以从机体的动态代谢中发现适当的肿瘤标记物,目的更着眼于肿瘤的早期诊断,利于肿瘤的治疗,大大提高肿瘤患者的治愈率和生存期。代谢组学技术已经用于比较不同类型癌症患者和健康者尿中核苷排放水平的定性/定量分析、乳腺癌肿瘤组织中甘油磷酸胆碱和磷酸胆碱及胆碱的水平的差异分析、应用肿瘤代谢组表征结果预测淋巴结转移和血管浸润、区分良性和恶性肿瘤。

4. 代谢组学与肝肾功能疾病 肝脏和肾脏均为人体内重要的代谢器官,肝脏和肾脏病变时涉及多种激素、蛋白质、糖、氨基酸和脂质代谢等改变,必然涉及代谢物组的变化。目前应用最多的是利用质谱、NMR 对病人血清、血浆、尿和组织中的代谢物进行分析、找寻标志物,为阐明肝病/肾病病理生理机制提供了重要的实验数据和理论基础。

5. 代谢组学与内分泌系统疾病 代谢组学研究目前主要侧重于 1 型、2 型糖尿病病人血清和尿代谢物组的变化与其诊断相关性。已经发现 2 型糖尿病患者血清脂肪酸谱与常人明显不同,其模式及水平的识别提高了该病的诊断的敏感性;1 型糖尿病患者尿液有机酸代谢组中有五种有机酸为该病的生物标记物,使该病诊断更加明确。

6. 代谢组学与食品安全 食品健康和食品安全异常重要,代谢组学已广泛用于食品加工、监测和改善食品质量、改良作物品种、开发新食品的作物育种等领域。代谢物组学能在代谢水平上检测普通农作物和转基因农作物是否一样以及是否存在潜在的问题。

此外,代谢组学已经成功应用于器官移植、临床生殖医学和营养/药物代谢情况,而且在环境检测、能源利用/再生/创新、中医药炮制/配伍/药效评价/作用机制也日益得到广泛应用,备受重视,发展和应用前景广阔。

第二节 生物信息学

生物信息学(Bioinformatics)是研究生物信息采集、处理、存储、传播、分析和注释等各方面的一门学科,它通过综合利用生物学,计算机科学和信息技术等揭示大量而复杂的生物数据所赋有的生物学奥秘。生物信息学是多学科融合交叉的产物,涉及生物、数学、物理、计算机科学、信息科学诸多领域,生物信息学以互联网为媒介,数据库为载体,利用数学知识建立各种计算机模型,对实验生物学中产生的大量生物学数据进行存储、检索、处理及分析,并以生物学知识对结果进行解释,揭示生命现象中具有普遍性和真实性的遗传本质,探索复杂生命现象、生命起源、生物进化以及细胞、器官和个体的发生、发育、病变、衰亡的规律和时空关系。

一、生物信息学的研究内容

生物信息学的研究范畴基本以基因组 DNA 序列的信息分析为出发点,分析基因组结构、发现或寻找新的基因、分析基因调控信息,并在此基础上研究基因的功能、模拟和预测蛋白质的空间结构、分析蛋白质的行踪和功能、提供基于靶分子结构的药物分子设计/蛋白质分子性能改良的依据。近年来,随着基因组学、转录组学、蛋白质组学、代谢组学、RNA 组学、化学组学、营养组学等学科的出现和迅猛发展,极大丰富了生物信息学的内涵。生物信息学已经在理论生物学领域中稳居核心位置。

生物信息学的研究内容主要包括以下几个方面。

(一)生物分子数据的收集、存储和管理

生物分子数据是一种非结构化数据,数据量巨大、种类繁多、数据操作类型复杂,其收集、存储和整合是其访问、处理和利用的关键。目前,较核心的内容包括建立和完善基本生物信息库及生物信息传输的国际联网系统、建立评估与检测生物信息数据质量的系统、实行生物数据信息的在线服务、实施生物信息可视化、建立起可靠稳定的专家系统。

(二)数据库查询及序列比对分析及应用

1. 数据库搜索及序列比对分析 对于获得的新的生物分子的 DNA 序列或氨基酸序列,我们不了解其相应的生物学功能,通过搜索序列数据库找到与新序列同源的已知序列,根据序列同源性推测新序列生物分子可能具有的生物活性和功能。序列比对(sequence alignment)可以比较两个或两个以上分子序列的相似性或差异性,在数据库中搜索相关序列和子序列,找出蛋白质和 DNA 序列中的信息成分,找出 DNA 或氨基酸序列的生物学特性。也即从核酸和蛋白质序列出发,分析序列中表达结构和功能的生物信息,是生物信息学研究的基本任务,通过对各种生物分子序列进行分析,包括研究新的计算机方法,可从大量序列信息中获取基因结构、功能和进化等知识。BALST 和 FASTA 算法是最常用的序列比对方法。

2. 分子进化和基因组比较研究 分子进化是利用不同物种中同一基因的 DNA 序列或者其编码的氨基酸序列的异同来研究生物的进化,以此确定物种在分子进化分析中的相似性和同源性,构建进化树。早期研究

方法常采用外在因素，如大小、肤色、肢体的数量等等作为进化的依据。随着越来越多基因组测序工作的完成，人们已从整个基因组的角度来研究分子进化，因为基因组是物种所有遗传信息的储存库，从根本上决定着物种个体发育和生理，也使我们从基因组整体结构、整体功能网络调节结合生理表征现象来进行基因组整体的演化研究，是揭示物种真实演化历史的最佳途径。

步入后基因组时代，各种生物的完整基因组数据越来越多，完整基因组数据使人们从整体的思路出发，比较分析不同生物的全基因组，发现基因组之间的差异，能够从遗传本质上合理解释许多重大生物学问题，揭示遗传奥秘。全基因组的比较研究将生物信息学从片面的局部研究跨向全面整体研究，使其达到一个新的研究高峰。

（三）发现新基因及基因单核苷酸多态性分析

生物信息学是发现新基因的重要手段，如酿酒酵母（旧称啤酒酵母）全基因组含有 6275 个基因，其中约有 60% 是通过生物信息分析得到的。

一个确定基因的序列，它只是有代表性的序列之一。在群体的分布中，基因多态性现象十分普遍。基因多态性既来源于基因组中重复序列拷贝数不同、单拷贝序列变异、双等位基因的转换或替换，通常分为 DNA 片段长度多态性（fragment length polymorphism，FLP）、DNA 重复序列多态性（sequence repeat polymorphism，SRP）、单核苷酸多态性（single nucleotide polymorphism，SNP）。SNP 在基因组中分布相当广泛，占所有已知多态性的 90% 以上，在人类基因组中每 300bp 就出现一次，是人类可遗传的变异中最常见的一种，现在普遍认为 SNP 研究是人类基因组计划走向应用的重要步骤。

（四）基因组序列信息及功能基因组相关信息的提取和分析

1. 基因组序列信息的提取和分析 面对数量巨大且发展迅猛的数据，如何快速挑选出其中关键及有用数据及发现其中可能存在的规律，已经成为当务之急。这部分内容主要包括：①基因的发现与鉴定、发现新基因和新的 SNPs 以及各种功能位点；②基因组中非编码区的信息结构分析及理论模型建立；③模式生物完整基因组的信息结构分析和比较研究；④利用生物信息研究遗传密码起源、基因组结构的演化、基因组空间结构与 DNA 折叠的关系以及基因组信息与生物进化关系等重大问题。

2. 功能基因组相关信息的提取和分析 功能基因组学是后基因时代研究的核心内容，它强调用发展和整体的实验方法分析基因组序列信息来阐明基因功能，包括与大规模基因表达谱分析相关的算法、软件研究，基因表达调控网络的研究；与基因组信息相关的核酸、蛋白质空间结构的预测和模拟，以及蛋白质功能预测的研究。

（五）蛋白质结构比对/预测及蛋白质组/结构蛋白质组学研究

生物信息学已经广泛深入应用于蛋白质结构比对和预测，基本问题是比较两个或两个以上蛋白质分子空间结构的相似性或差异性。蛋白质的结构与功能是密切相关的，一般认为，具有相似功能的蛋白质结构一般相似。氨基酸的序列内在决定了蛋白质的三维结构，蛋白质的三维结构比其一级结构在进化中更稳定的保留，从观察和总结已知结构的蛋白质结构规律出发可预测未知蛋白质的结构。同源建模（homology modeling）和指认（threading）方法属于这一范畴。

（六）药物/新药设计

人类基因组计划的目的之一在于了解人体内约 10 万种蛋白质的结构，功能，相互作用以及与各种人类疾病之间的关系，寻求各种治疗和预防方法，包括药物治疗。随着结构生物学的发展，相当数量的蛋白质组、核酸、多糖三维结构的精确获得，基于生物大分子结构的药物设计成为生物信息学中重要的研究领域。例如。基于蛋白质空间结构模拟基础上的药物分子设计、基于酶和功能蛋白质结构、细胞表面受体结构的药物设计和基于 DNA 结构的药物设计等。

（七）生物信息分析的技术与方法研究

生物信息处理量的规模巨大，给生物数据的深度分析和挖掘带来了巨大的难题和调整，需要新思想、新模型、新方法的加入。如发展有效的能支持大尺度作图与测序需要的软件、数据库以及若干数据库工具，改进现有的理论分析方法，创建适用于基因组、蛋白质组信息分析的新方法、新技术等，可为生物信息学的发展及应用带来新的飞跃。

（八）基因识别非编码区生物信息分析方法

基因组序列确定以后，基因识别的基本问题是正确识别基因的范围和在基因组序列中的精确位置。非编码区一般在形成蛋白质后被丢弃，但若去除非编码区，又不能完成基因的复制。DNA 序列作为一种遗传语言，既包含在编码区，又隐含在非编码序列中。在人类基因组中，并非所有的序列均被编码，已知编码部分仅约占整个基因组序列的 2%。分析非编码区序列尚无一般性指导方法，急需新的信息学方法介入。

二、生物信息学数据库简介

数据库是相关数据的集合体，在数据库管理系统的支持下，数据库具有易于共享、统一管理、能被检索、定期更新、与其他数据库链接并具有独立性等特点。生物信息学数据库是非常重要的生物学资源，生物信息学的许多内容都是围绕数据库产生和发展起来的。数据库是生物信息学的主要内容，几乎覆盖了生命科学的各领域。文献数据库有 Medline，UnCover 等；核酸序列数据库有 GenBank，EMBL，DDBJ 等，与基因组有关的数据库有 ESTdb，OMIM，GDB，GSDB 等；蛋白质序列数据库有 SWISS- PROT，PIR，OWL，NRL3D，TrEMBL 等，蛋白质二级结构数据库有 PROSITE，BLOCKS，PRINTS 等，蛋白质结构分类有关数据库有 SCOP，CATH，FSSP，3D-ALI，DSSP 等，生物大分子三维结构数据库有 PDB，NDB，BMRB，CCSD 等。生物数据库覆盖面广，分布分散且格式不统一，一些生物计算中心将多个数据库整合以提供综合服务，如 EBI 的 SRS（Sequence Retrieval System）包含了核酸序列库、蛋白质序列库、三维结构库等 30 多个数据库及 CLUSTALW、PROSITESEARCH 等强有力的搜索工具，用户可同时进行多数据库的多种查询。

国际上的生物信息学数据库种类繁多，归纳起来大体分为四大类：基因组数据库，核酸和蛋白质一级结构数据库，生物大分子三维结构数据库以及由以上三类数据库和文献资料结合构建的二级数据库。基因组数据库来自于基因组作图，序列数据库来自于序列测定，结构数据库来自于 X-射线衍射和核磁共振等方法结构测定，这些数据库提供的是生物信息学的原始数据资源，称为一级数据库，又称为基本或初始数据库。下面以研究对象分类，分别介绍核酸数据库、蛋白质数据库、非编码 RNA 数据库、序列比对数据库以及基因功能网络信息数据库。

（一）核酸数据库

1. 核酸序列数据库 核酸序列是了解生物体结构、功能、发育与进化的出发点，国际上权威的 3 个核酸数据库包括美国国立生物技术信息中心（NCBI）的 GenBank 数据库、欧洲分子生物学实验室的 EMBL 数据库和日本国立研究所的 DDBJ 数据库，这 3 个数据库一起构成了国际化合作核酸序列数据库，收录了当前所知的核酸序列。3 个组织相互合作，数据库内容一致，仅在数据库格式上有差别；3 个数据库间通过自动更新程序每天进行信息交流互换，保持彼此数据的同步更新，确保每一序列只出现一次。对于特定查询，3 个数据库查询结果基本一致。这 3 个数据库是综合性的 DNA 和 RNA 序列数据库，库中每条记录代表一个 DNA 和 RNA 片段，其数据由众多的研究机构提供和科学文献检索而来。

（1）GenBank 数据库：NCBI 的 GenBank 数据库（http://www. ncbi. nlm. nih. gov/nucleotide）成立于 1988 年，它包含所有已知的核酸和蛋白质序列及与之相关文献著作和生物学注释。NCBI 提供广泛的数据查询、序列相似性搜索及其他服务，用户可以从 NCBI 的 FTP 服务器上免费下载完整 GenBank 数据库或积累的数据。GenBank 库覆盖超过 165 000 个物种，约 60% 来源于人类基因组序列，大约有 34% 为人类的表达序列标签（EST）序列。每条 GenBank 数据记录包含对序列的简要描述、序列来源生物的科学名称、物种分类名称、参考文献、序列特征表以及序列本身。序列特征表包含对序列生物学特征的分类和注释，如编码区、转录单元、重复区域、突变位点或修饰位点等。数据记录又按照细菌类、病毒类、灵长类、啮齿类以及 EST 数据、基因组测序数据、高通量基因组序列数据等划分为多个子类。

（2）EMBL 数据库：EMBL 数据库（http://www. ebi. ac. uk/）成立于 1982 年，是最早建立的核苷酸序列数据库（http://www. ebi. ac. uk/Databases/nucleotide. html）。EMBL 的数据一是由序列发现者提交，二是来自生物医学期刊上收录已发表的序列资料，其内容与 GenBank 数据库基本相同。每个 EMBL 序列数据包含序列名称（ID）、序列说明（DE）、序列编号（AC）、序列版本号（SV）、序列关键词（KW）、序列物种来源（OS）、来源物种科学名称（OC）、来源文献编号（RN）、相关文献作者（RA）/题目（RT）/杂志名（RL）/注释（RC）、序列中具有重要生物学意义的位点等。EMBL 数据库服务器提供序列查询和序列搜索服务，可非常简捷地通过序列登录号或序列名称进行查询，也可通过物种、序列功能等进行查询。

（3）DDBJ 数据库：DDBJ（http://www. ddbj. nig. jp）数据库创建于 1986 年，由日本国立遗传学研究所遗传信息中心维护。DDBJ 数据库的结构与 GenBank 和 EMBL 数据库内容一致。DDBJ 信息来源主要是日本的研究机构，亦接受其他国家呈递的序列，主要向研究者收集 DNA 序列信息并赋予其数据存取号。DDBJ 数据库通过 WWW 环球网，FTP，e-mail 或 Gopher 方式为研究人员服务。

2. 核酸二级数据库　在一级数据库基础上，对基因组图谱、核酸和蛋白质序列、蛋白质结构以及文献等数据进行分析、整理、归纳、注释和提炼加工，构建具有特殊生物学意义和专门用途的数据库，称为二级数据库，亦称专门数据库、专业数据库或专用数据库。

（1）EPD 数据库：EPD（The Eukaryotic Promoter Database）数据库（http://epd. vital-it. ch/）是真核生物启动子数据库，由以色列 Weizmann 研究所于 1988 年创立，它收录 EMBL 核酸数据库中的启动子序列，体现真核生物基因转录调控元件的过程中的相关序列。EPD 是一个经过严格筛选和详细注释的非冗余的真核生物启动子数据库，收集真核基因转录起始位点的描述性信息，将指向同一个启动子的所有信息收录在同一项记录中，包含对 EMBL、SWISS-PROT、TransFac、FlyBase、MGD 以及 MEDLINE 文献数据库间的互引。EPD 数据记录的格式内容包括：启动子的鉴定及描述信息；计算机识别位点信号；转录起始位点描述的实验证据；关于调控特征的信息；与其他数据库互引用信息；参考文献信息。

（2）TransFac 数据库：TransFac 数据库（http://www/gene-regulation. com/pub/databases. html）建于 1988 年，是真核生物基因调控转录因子数据库（图 19-15），是由 Edgar Wingender 在收集关于基因表达顺式作用元件及转录调控因子的结合序列信息过程中产生的。

（3）dbSNP 数据库：1999 年，NCBI 创建了单核苷酸多态性 dbSNP 数据库（http://www/ncbi. nlm. nih. gov/SNP/），该数据库收录包括人类在内所有物种的 SNP 序列，这些序列是由单核苷酸置换以及短的片段删除和插入所导致的多态性数据；dbSNP 综合了多个数据库的 SNP 记录，同时提供与 MEDLINE、GenBank 等数据库的交叉链接。

3. 核酸晶体数据库　NDB（uclear Acid Database）是一个核酸晶体结构数据库（ttp://ndbserver. rutgers. edu），该数据库是是由美国 Rutgers 大学的 Helen M. Berman 等建立的用于收集 NDB 结构数据库里的关于核酸三维结构的记录，它的文件格式以及包含的数据描述信息与蛋白质 PDB 数据库一致，截止到 2012 年 8 月 1 日，NDB 收录的相关结构有 6079 条。

（二）蛋白质数据库

1. 蛋白质序列数据库　蛋白序列数据库主要以蛋白质一级结构作为数据源，并辅以序列来源、序列发布时间、序列参考文献、序列特征等内容加以注释，形成数据库文件。目前常用的综合型蛋白质序列数据库有：PIR、SWISS-PROT 和 TrEMBL。

（1）PIR-PSD 数据库：1984 年美国生物医学基金会（National Biomedical Research Foundation，NBRF）创立了蛋白信息资源（Protein Information Resource，PIR）数据库包括 3 个子数据库，分别是蛋白质序列数据库（Protein Sequence Database，PIR-PSD）、蛋白质分类数据库 iProClass 及非冗余蛋白质参考资料数据库 PIR-NREF。PIR 提供 3 种类型的检索服务：一是基于文本的交互式查询，用户通过关键字进行数据查询；二是标准的序列相似性搜索，包括 BLAST、FASTA 等；三是结合序列相似性、注释信息和蛋白质家族信息的高级搜索，包括按注释分类的相似性搜索、结构搜索等。

PIR-PSD（http://www-nbrf. georgetown. edu/pirwww /dbinfo/pir_psd. shtml）是目前国际上最大的公共蛋白质序列数据库，是一个全面、经过注释的、非冗余蛋白质序列数据库，所有序列数据都经过整理；超过 99% 的 PIR 序列按蛋白质家族分类，50% 以上序列并按蛋白质超家族分类。PIR-PSD 的序列来自于将 GenBank/EMBL/ DDBJ 三大数据库的编码序列翻译而成的蛋白质序列、发表的文献中的序列和用户直接提交的序列。数据库文件包含：①蛋白质名称、分类和来源；②提供原始数据的文献；③蛋白功能和一般特征（包括基因表达、功能区域、翻译后修饰、序列相关位点、活化等）；④蛋白质氨基酸序列。

（2）SWISS-PROT 数据库：SWISS-PROT 数据库创立于 1986 年，由日内瓦大学和欧洲生物信息学研究所（EBI）联合建立，是目前国际上权威的蛋白质序列数据库，网址 http://www. expasy. org/swissprot/。SWISS-PROT 数据来源于：①核酸数据库经过翻译推导而来的蛋白序列；②PIR-PSD 挑选出合适的蛋白序列数据；③

发表科学文献中摘录的蛋白序列;④研究人员直接提交的蛋白质序列数据。

(3) TrEMBL 数据库:TrEMBL(Translation of EMBL)是一个计算机注释的蛋白质数据库(http://www.ebi.ac.uk/trembl/index.html/),与 SWISS-PROT 数据库高度整合,一直作为 SWISS-PROT 数据库的补充。TrEMBL 库数据主要是从 EMBL/Genbank/DDBJ 核酸数据库中根据编码序列(Coding sequence,CDS)翻译得到的蛋白质序列,且这些序列尚未整合到 SWISS-PROT 数据库中。

TrEMBL 包括 SP-TrEMBL(SWISS-PROT TrEMBL)和 REM-TrEMBL(REMaining TrEMBL)两部分。SP-TrEMBL 包含最终收录到 SWISS-PROT 的数据,所有序列都已被赋予 SWISS-PROT 登录号,是 SWISS-PROT 的预备数据库。REM-TrEMBL 则包含那些不准备收录进 SWISS-PROT 的数据,如人工合成的蛋白质序列、申请专利的序列、伪基因对应的蛋白质序列等,这部分数据不被授予登录号。

(4) 蛋白质序列数据仓库:UniProt 蛋白质数据仓库(Universal Protein resource,UniProt,http://www.ebi.ac.uk/uniprot/index.html/)是欧洲生物信息学研究所(EBI)将 PIR(PIR-PSD)、SWISS-PROT 和 TrEMBL 3 个蛋白质数据库整合统一起来,建立的一个汇总性蛋白质序列数据。UniProt 由以下三部分组成。

1) UniProt 知识库(UniProt Knowledgebase,UniProt):蛋白质序列、功能、分类、交叉引用等信息储存和提取中心。

2) UniProt 非冗余参考数据库(UniProt Non-redundant Reference,UniRef):根据蛋白序列相似程度,UniRef 又分为 UniRef100、UniRef90 和 UniRef50 三个子数据库。UniRef 数据库将密切相关的蛋白质序列组合入一条记录中,大大提高了搜索速度。

3) UniProt 档卷数据库(UniProt Archive,UniParc):这是一个档案式数据资源库,记录所有蛋白质序列的历史。用户可可直接通过 FTP 下载数据,也可以通过文本查询数据库,还可以利用 BLAST 程序搜索数据库。

2. 蛋白质结构数据库 蛋白质结构数据库包括蛋白质二级结构数据库、蛋白质模体/结构域数据库、生物大分子结构(空间结构)数据库和蛋白质结构分类数据库。

(1) 蛋白质二级结构数据库:蛋白质二级结构数据库 DSSP(Database of secondary structure of protein)(http://www.sander.emblheidelberg.de/dssp/)含有一个应用程序,对于 PDB(Protein data bank)数据库中的任何一个蛋白质,该程序可根据其三维结构推导出对应的二级结构,属于一个二级数据库。DSSP 可区分 7 种二级结构,其编码含义:B 代表独立的 β 桥,E 代表 β 折叠,G 代表ε螺旋,H 代表α螺旋,I 代表π螺旋,S 代表弯曲,T 代表氢键转折。除区分二级结构以外,DSSP 还给出蛋白质的几何特征及溶剂可及表面。DSSP 对揭示蛋白质序列与蛋白质二级结构及空间结构与蛋白质功能关系用途非常大。

(2) 蛋白质模体/结构域数据库:有 PROSITE 数据库、PRINTS 数据库等。

1) PROSITE 数据库:PROSITE 是一个蛋白质家族、模体、结构域数据库(http://www.expasy.org/prosite/)。PROSITE 数据库收集了有显著生物学意义的蛋白质位点序列、蛋白质特征序列谱库以及序列模型,并依据这些特性快速可靠地鉴定出未知功能蛋白质序列隶属于何种蛋白家族;即便蛋白质序列相似性很低,PROSITE 也可通过搜索隐含的功能结构模体完成鉴定,是有效的序列分析数据库。PROSITE 可区分的序列模式包括酶的催化位点、配体结合位点、金属离子结合位点、二硫键、小分子或者蛋白质结合区域等,另外 PROSITE 可通过多序列比对而构建序列表谱(Profile),更好地发现序列所含信息。PROSITE 还提供了序列分析工具,ScanProsite 用于搜索所提交的序列数据是否包含 PROSITE 库中的序列模式或 SWISS-PROT 中已提交的序列模式;MotifScan 用于查找未知序列中所有可能的已知结构组件。

2) PRINTS 数据库:蛋白质序列指纹图谱(PRINTS)数据库(http://www.bioinf.man.ac.uk/dbbrowser/PRINTS/index.php)是基于蛋白质指纹(Protein Fingerprints)技术建立的数据库,由伦敦大学生物化学与分子生物学系创建。该数据库建立时包含 1500 个蛋白质指纹图谱,编码 9136 个单一模体。指纹图谱是用来描述蛋白质家族特征的一组保守模体组合,是通过对 SWISS-PROT/TrEMBL 数据库进行重复扫描产生的,通常模体是不重叠的,有些模体有可能在三维空间里相邻,但在序列中有可能间隔很远。在多序列比对过程中,经常出现具有一定特征的多个序列模体属于同一蛋白质家族的情况,这些特征片段往往对于维持蛋白质的结构与功能极其重要,这些序列模体组合可以用来表示蛋白质家族特征,要比单个模体更有效,成为识别蛋白质家族的重要的工具。

3) Blocks 数据库:Block 是一个经过多重比对且没有空位的蛋白序列,对应于蛋白质一些高度保守的区域,Blocks 数据库(http://blocks.fhcrc.org/)包含蛋白质家族保守区域(blocks)多序列比对的数据。Blocks 数据库蛋白质家族的数据来源于 InterPro,Prints 和 PROSITE,是通过查找高度保守的蛋白质区域,由 Blocks 生成器形成模块，同时运用PSI-BLAST搜索相应数据库及经相应算法（LAMA，IMPALA等）对数据库进行搜索，最后综合构建成的。Blocks数据库可用来检测和鉴定蛋白质模体及同源性，适宜被用来注释未知功能的蛋白质。

4）Pfam数据库：Pfam数据库（http://www.sanger.ac.uk/resources/databases/pfam.html）是蛋白质家族序列比对（Protein Families database of alignments）以及隐马尔可夫模型数据的（Hidden Markov Model，HMM）数据库，是一个高质量的蛋白质结构域（Domain）家族数据库，目前（2012-8-4）有约12 000个蛋白质结构域家族。数据库采用半自动方式处理提交的数据，数据库中的每个家族可以查看多重序列比对、蛋白质结构域构造、结构域的物种分布情况、已知蛋白质的三维结构和其他数据库。Pfam数据库既支持对蛋白质序列的搜索，也支持对核苷酸序列的搜索。数据格式以图形形式展示，不同的颜色标识包含的不同的结构域。Pfam数据库将DNA序列预测出的蛋白质区分为结构域家族，对翻译出的蛋白质序列的进一步注释有非常重要的作用。

5）ProDom数据库：蛋白质结构域数据库（Protein Domain database，ProDom，http://prodom.prabi.fr/prodom/current/html/home.php）是在SWISS-PROT数据库基础上建立的，库中数据由SWISS-PROT数据库中同源结构域构成，通过DOMAINER程序运算和自动编辑生成相应蛋白质家族。ProDom服务器提供以下功能性服务：运用BLAST法则，进行蛋白质结构域的同源性查询；蛋白质结构域的图像输出；含特定结构域的所有蛋白质的图像输出；与某一蛋白质具有同源性的所有蛋白质的结构域排列图；多序列的结构域一致性及同源序列检索。

6）SMART数据库：SMART（Simple Modular Architecture Research Tool，http://smart.embl-heidelberg.de/）是一个简捷的结构研究工具，可对可转移的遗传因子进行鉴定和注释，对结构域的结构进行分析，可提供跨膜区信息，并可检测出参与信号转导、胞外和染色体相关蛋白质的结构域家族，并对这些结构域在系统进化树分布、功能分类、三级结构和重要的功能残基方面进行注释。

7）InterPro数据库：InterPro数据库（Integrated database of predictive Protein signatures，http://www.ebi.ac.uk/interpro/）是一个有关蛋白质家族、结构域和功能位点的联合资源数据库。其鉴别信号（Signature diagnostic）对于新鉴定的缺乏生化特征的序列的计算机分类是一个重要工具。InterPro数据库合并了Pfam、PRINTS、ProDom、PROSITE、SMART和SWISS-PROT+TrEMBL数据库的成果。

（3）生物大分子结构（空间结构）数据库：有PDB数据库和MMDB数据库。

1）PDB数据库：生物分子的结构，尤其是三维空间结构，是生物学研究中的最重要数据，它提供包括生物分子的功能、作用机制、进化历史等重要信息。目前，国际上最主要的生物大分子结构数据库是PDB（Protein Data Bank，http://www.rcsb.org/pdb/）。PDB是在1971年由美国Brookhaven国家实验室创建的，起初用于收集生物大分子的晶体结构，后来拓展到收集通过X射线晶体衍射、核磁共振NMR测定的生物大分子的三维结构，逐渐发展成为目前国际上公认的唯一的生物大分子结构数据库。PDB包括了蛋白质、核酸、糖类、蛋白质-核酸复合体以及病毒等生物大分子结构数据，其中主要是蛋白质的三维结构数据。PDB数据来源于几乎全世界所有生物大分子研究机构，并由美国结构生物信息学研究合作实验室（Research Collaboratory for Structural Bioinformatics，RCSB）维护和注释，生物大分子结构量增长迅速，如截止到2012年7月31日，PDB数据库包括83407个结构，要比截止到2012年7月17日PDB存储的结构数多301个。

PDB以文本格式存放数据，每个结构包括以下信息：名称、序列信息、结构提交者、原子坐标、分子结晶条件、二级结构信息、衍生的几何数据、通过多种方法计算的三维结构近似值、结构因数、三维结构立体图像、结构测定方法、分辨率、蛋白质主链数目、与其他数据资源的链接及相应的参考文献等信息。

2）MMDB数据库：分子模型数据库（Molecular Modeling DataBase，MMDB，http://www.ncbi.nlm.nih.gov/structure/MMDB/mmdb.shtml/）隶属于美国生物技术信息中心（NCBI）所创建的生物信息数据库集成系统Entrez的一部分，MMDB数据库实际上是PDB数据库的一个编辑版本，它剔除了PDB中由理论计算的模型结构。与PDB相比，MMDB中的每一个生物大分子结构具有许多附加信息，如分子的生物学功能、产生功能的机制、分子进化历史、生物大分子之间关系的信息等。系统还提供相应的网站工具来显示生物大分子的三维结构模型，分析和比较生物大分子结构。

（4）蛋白质结构分类数据库：任何一个蛋白质都能找到预期结构相似的蛋白质，一些蛋白质常从一个共同的原始结构进化而来，这种关系对了解蛋白质的功能、进化和发展以及基因组序列数据的分析非常关键。为了分析蛋白质结构与序列之间关系，认识不同折叠结构的进化过程，需要研究蛋白质结构的分类方法，并建立相应的结构分类数据库。主要的蛋白质结构分类数据库有：SCOP、CATH和FSSP。

1）SCOP数据库：SCOP（Structural Classification of Proteins，http://scop.mrc-lmb.cam.ac.uk/scop/）是一个

蛋白质结构分类数据库，由英国医学研究委员会（Medical Research Council，MRC）分子生物学实验室（Laboratory of Molecular Biology，LMB）和 MRC -蛋白质工程中心（Center for Protein Engineering，CPE）创建并维护。SCOP 通过手动人工验证辅以计算机程序自动计算方法，对已知的蛋白质三维结构（所涉及的蛋白质包括 PDB 数据库中的所有条目）进行有层次地分类，并描述它们之间存在的结构与进化关系。

SCOP 数据库首先从总体结构上将蛋白质分为以下几类：全α结构型、全β结构型、α+β结构型、α/β结构型、多结构域结构型、膜蛋白和细胞表面蛋白、小蛋白，然后在此基础上，再按照折叠类型（fold，描述空间几何结构关系）、超家族（superfamily，描述远源进化关系）和家族（family，描述相近进化关系）三个层次对蛋白质结构进行逐级分类，揭示其结构和进化间的相关性；通常层次越高，越能够清晰反映结构相似性。

最新的 SCOP 数据库于 2009 年 6 月更新（1. 75 release），其中包含了 38221 条 PDB 条目，包含了 110800 个结构域，收录了 3902 个家族、1962 个超家族和 1195 种折叠类型。

2）CATH 数据库：CATH 是著名的蛋白质结构分类数据库（http://www. cathdb. info/），其含义为类型（Class）、构件（Architecture）、拓扑结构（Topology）和同源性（Homology），于 1997 年由英国伦敦大学创建并维护。CATH 对蛋白质结构域进行登记分类，它通过半自动方法对 PDB 数据库中的单一或多结构域蛋白质结构进行等级分类，且收录的蛋白质晶体结构或者核磁共振结构的分辨率都要求<0. 3 nm。

CATH 分类等级使用五个水平：(1)类型(C)，在 class 水平将蛋白分为α主类、β主类，α-β类（α/β型和α+β型）、低二级结构等类型；(2)构件(A)，分类依据为由 α 螺旋和 β 折叠形成的超二级结构排列方式，而不考虑它们之间的连接关系；(3)拓扑结构(T)，分析二级结构的形状和二级结构间的联系；(4)同源性(H)，比较结构同源性，是先通过序列比较然后再用结构比较来确定；(5)CATH 最后层次为序列（Sequence），在这一层次上，只要结构域中的序列同源性>35%，就被认为具有高度的结构和功能相似性；对较大的结构域，则至少要有 60%与小的结构域相同。

3）FSSP 数据库：基于蛋白质结构-结构比对的折叠分类数据库（Fold classification based on Structure- Structure alignment of Proteins，FSSP，http://ekhidna. biocenter. helsinki. fi/dali/）是由 Sander 研究组运用 DALI 结构比对程序开发的，它以 PDB 非冗余数据库作为数据源，进行彻底、全面的三级结构比较，数据库的升级以及维护都是由 DALI 搜索引擎支持的。

（三）非编码 RNA 组科学数据库

非编码 RNA 基因的数量飞速增长，且它们在大多数物种中都发挥着重要的调控作用。为更好研究非编码 RNA 基因的生物学效应，揭示生命奥秘，非编码 RNA 组科学数据库（Non-coding RNAs database，NONCODE）在 2005 年应运而生。NONCODE 是由中国科学院计算技术研究所生物信息学研究组和中国科学院生物物理研究所生物信息学实验室共同创建和维护的信息服务平台（http://www. noncode. org），是一个提供给科学研究人员分析非编码 RNA 基因的综合数据平台。目前在 NONCODE v3. 0 数据库中，非编码 RNA 基因的数量为 411554 条，包括了 microRNA，Piwi-interacting RNA，LncRNA 和 mRNA-like ncRNA 等。NONCODE 数据分析平台中，为研究人员提供了 BLAST 序列比对服务、非编码 RNA 基因在基因组中定位以及它们的上下游相关注释信息的浏览服务。

（四）序列比对工具

1. 查询序列输入格式 无论是数据库还是查询序列，对核苷酸和蛋白质，在大多数情况都使用 fasta 序列格式。下面是一个来源于 NCBI 的 fasta 格式序列。Fasta 格式首先以导引号“>”开头，接着是序列的标识符“gi|187608668|ref|NM_001043364. 2|”，然后是序列的描述信息。换行后是序列信息，序列中允许空格，换行，空行。

```
>gi|187608668|ref|NM_001043364. 2| Bombyx mori moricin(Mor),mRNA
AAACCGCGCAGTTATTTAAAATATGAATATTTTAAAACTTTTCTTTGTTTTTATTGTGGC
AATGTCTCTGGTGTCATGTAGTACAGCCGCTCCAGCAAAAATACCTATCAAGGCCATTAA
GACTGTAGGAAAGGCAGTCGGTAAAGGTCTAAGAGCCATCAATATCGCCAGTACAGCCAA
CGATGTTTTCAATTTCTTGAAACCGAAGAAAAGAAAGCATTAAGAAAAGAAATTGAGTGA
ATGGTATTAGATATATTACTAAAGGATCGATCACAATGATATATAGATAGGTCATAGATG
TCAACGTGAATTTATGGATTTTTGTTTTCCCCTTTGTAGTACTTACTTATAGTCAGTTCT
TAAATTGATTGCAACGACAACTGTGTACTATTTTTTATATTTGGTTCGAAAAGTTGCATT
```

ATTAACGATTTTAGAAAATAAAACTACTTTACTTTTACACG

2. BLAST 检索 BLAST(Basic Local Alignment Search Tool,http://www.ncbi.nlm.nih.gov/blast/)是现在应用最广泛的序列相似性搜索工具,一般用于核酸序列之间或蛋白质序列之间的两两比对,还可用于序列相似性分析。用户可以通过将序列按指定格式输入相应的表格里,选择好参数后提交到服务器上进行搜索。其序列常用 FASTA 格式输入。

3. ClustalW 多序列比对 ClustalW 是一个多序列比对工具(http://www.ebi.ac.uk/clustalw/),是目前最常用的多序列比对程序,可以用于蛋白质、DNA 和 RNA 序列比对和分析。其序列输入序列的格式较灵活,可采用 FASTA 格式,还可采用 PIR、SWISS-PROT、GDE、Clustal、GCG/ MSF、RSF 等格式。输出格式也可以选择,有 ALN、GCG、PHYLIP 和 NEXUS 等,用户可根据自己的需要选择合适的输出格式。ClustalW 已被更新和维护了,将逐渐被 Clustal Omega 替代(http://www.ebi.ac.uk/Tools/msa/clustalo/),后者与前者相似,但目前(截止 2012-8-6)Clustal Omega 仅能比对分析蛋白质序列。

(五)其他在线生物信息学分析工具

生命科学发展到今天,已经完全超越了以前传统单一层面的研究,而是需要综合地从基因组、转录组、蛋白质组、代谢组,以及生物大分子之间及与药物小分子的相互作用网络,以及生物学通路等,多层次全方位地分析,才能真正深入解释某个表型或生理现象的分子机理。从研究初期的知识收集、信息提取,到实验室方案的设计,数据的分析,到最终的结果解释,都需要丰富且全面的生物化学知识以及强大的分析工具作为支撑和辅助。由此产生了一些商业化的在线生物信息学分析工具,这些产品基于后台高度结构化的数据库,包括计算机或人工阅读提取的公开发表的科研成果和报告,可用于分析、整合、理解来自于基因表达,microRNA,SNP 微阵列的数据,代谢物组学和蛋白质组学的实验数据,和一些可产生基因、化学品列表的小规模实验的数据。通过这些在线分析工具,能够搜索到有关基因、蛋白质、化学品和药物的信息,并应用于靶标的发现及验证、代谢组学研究、先导化合物的验证及作用机理研究、毒性及安全性评估、生物网络模拟及分析、生物标记物研究,等等。表 19-4 给出了部分常用的生物信息学分析工具信息。

表 19-4 部分常用的生物信息学分析工具

名称	网址	注释
Ingenuity	http://www.ingenuity.com/	IPA(Ingenuity Pathway Analysis)
Panther	http://www.pantherdb.org/	Protein ANalysis THrough Evolutionary Relationships
GeneGo	http://www.genego.com/	Data mining & analysissolutions in systems biology
KEGG	http://www.genome.jp/kegg/	PATHWAY/BRITE/MODULE
DAVID	http://david.abcc.ncifcrf.gov/	Database for Annotation, Visualization and Integrated Discovery

三、生物信息学在各领域的应用

生物信息学业已从其第一个时代(前基因组时代,或称测序基因组时代)踏入第二个时代(后基因组时代,亦称功能基因组时代),已经成为本世纪生命科学浪潮中当仁不让的宠儿。生物信息学的发展为生命科学带来革命性的变革,它的成果已经广泛应用于科学研究的各个领域,而且对农业、医药、卫生、食品、能源等产业产生了深远影响。

1. 生物信息学在生物医学领域的应用 通过计算机应用及软件开发,建立人工智能模型,研究生命系统、数据库及其他医疗信息技术在临床环境上的应用;通过管理和分析生物医学图像,用于支持治疗病人的决策过程;生物信息学也可用于破译遗传密码、筛选免疫基因以及进行新药研发等领域。

2. 生物信息学在农业领域的应用 随着遗传操作技术特别是动植物细胞的基因转移技术的不断创新和完善,农业生物信息学已经与常规育种技术相结合,以提高育种效率,创新遗传资源,加快农业育种进程。高质量完善的农业生物信息数据库已成为农业基础与应用领域中重要的技术手段,生物信息学可很好推动农业发展。

3. 生物信息学在食品领域的应用 ①食品安全检测:运用生物信息学方法获得各种致病菌的核酸序列,并对这些序列进行比对,筛选出用于检测的引物和探针,通过 PCR 等方法快速准确检测食品中所含细菌及病毒的数量;②转基因产品检测:设计特异性的引物,PCR 扩增食品样品中的 DNA 提取物,从而判断样品中是否含有外源性基因片段。通过对转基因农产品数据库信息更新,可准确了解新出现和新批准的转基因农产品,以查找其插入的外源基因片段,实施准确检测

4. 在环境领域的应用 主要应用在控制环境污染方面,通过数学与计算机的运用构建遗传工程特效菌株,以降解目标基因及其目标污染物为切入点,通过降解蛋白质酶及污染物的 DNA,降解目标污染物,达到维护空气、水源、土地等生态环境安全的目的。

5. 在能源领域的应用 ①综合运用生物信息学数据库将各类数据比对分析,人们已能够使用商业性的酶来降解生物聚合物,通过筛选有益细菌来获取高级的生物催化剂,提高石油的产量;②借助生物信息学技术手段,开发能源开采新方法,可提高能源采出率和降低开采难度;③在确保粮食安全前提下,借助生物信息学的理论指导,通过生物学技术改良粮食基因,使之转变为能源替代品的新型生物能源,可解决能源短缺问题。

生物信息学为一门新兴学科,既属于基础研究,探索生命中的信息规律;又属于应用研究,研究成果可较快或立即产业化,产生附加值很高的高技术产品。即生物信息学工业,是知识经济的一个典型,潜力巨大。生物信息学的多学科交叉特性决定了它的发展不只带动生物信息产业的发展,还将带动计算机、精密仪器制造、应用数学等产业的发展,为社会发展提供新的经济增长点。

思考题

1. 试述基因组学研究的内容和常用的研究方法。
2. 试述 RNA 组学研究的内容和常用的研究方法。
3. 试述蛋白质组学研究的内容和常用的研究方法。
4. 试述转录组学研究的内容和常用的研究方法。
5. 试述代谢组学研究的内容和常用的研究方法。
6. 试述生物信息学研究的内容及其应用。

(刘淑清)

参考文献

查锡良.2003.医学分子生物学.北京:人民卫生出版社

查锡良.2008.生物化学.第7版.北京:人民卫生出版社

陈意生,史景泉.2004.肿瘤分子细胞生物学.第2版.北京:人民军医出版社

陈媛,周玫.2011.自由基与衰老.第2版.北京:科学出版社

陈主初,肖志强.2006.疾病蛋白质组学.北京:化学工业出版社

德伟,欧芹.2008.医学分子生物学(案例版).北京:科学出版社

冯作化.2005.医学分子生物学.北京:人民卫生出版社

郭葆玉.2007.药物蛋白质组学.北京:人民卫生出版社

何庆瑜,等编著.2012.功能蛋白质研究.北京:科学出版社

贺福初,钱小红,张学敏 等译.2004.蛋白质-蛋白质相互作用.北京:中国农业出版社

胡松年,薛庆中.2003.基因组数据.杭州:浙江大学出版社

胡维新.2007.医学分子生物学.北京:科学出版社

胡维新.2011.临床分子生物学.北京:人民卫生出版社

黄留玉.2011.PCR最新技术原理、方法及应用.第2版.北京:化学工业出版社

黄文林.2006.分子病毒学.第2版.北京:人民卫生出版社

黄诒森,张光毅.2012.生物化学与分子生物学.第3版.北京:科学出版社

贾弘禔,冯作化.2010.生物化学与分子生物学.第2版.北京:人民卫生出版社

贾弘禔.2005.生物化学.北京:人民卫生出版社

江松敏,李军,孙庆文.2010.蛋白质组学.北京:军事医学科学出版社

蒋彦,王小行,曹毅,等编著.2003.基础生物信息学及应用.北京:清华大学出版社

金由辛编著.2005.核糖核酸与核糖核酸组学.北京:科学出版社

李明刚.2004.高级分子遗传学.北京:科学出版社

凌治萍.2001.细胞生物学.北京:人民卫生出版社

刘德培.2003.医学分子生物学.北京:人民卫生出版社

陆健等编著.2005.蛋白质纯化技术及应用.北京:化学工业出版社

罗深秋.2011.医学细胞生物学.北京:科学出版社

马文丽.2008.医学分子生物学.北京:高等教育出版社

马文丽.2012.生物化学.北京:科学出版社

乔中东.2012.分子生物学.北京:军事医学科学出版社

秦正红,乐卫东.2011.自噬-生物学与疾病.北京:科学出版社

宋方洲.2011.基因组学.北京:军事医学科学出版社

孙啸,陆祖宏,谢建明编著.2005.生物信息学基础.北京:清华大学出版社

王廷华,Pierre Dubus.2009.PCR理论与技术.第2版.北京:科学出版社

王玉明.2011.医学生物化学与分子生物学实验技术.北京:清华大学出版社

魏晓东.2010.医学分子生物学.北京:北京大学医学出版社

吴士良.2009.医学生物化学与分子生物学.第2版.北京:科学出版社

夏其昌,曾嵘等编著.2004.蛋白质化学与蛋白质组学.北京:科学出版社

徐跃飞,孔英.2011.生物化学与分子生物学实验技术.北京:科学出版社

杨吉成.2008.现代肿瘤基因治疗实验研究方略.北京:化学工业出版社

药立波.2008.医学分子生物学.第3版.北京:人民卫生出版社

药立波.2011.医学分子生物学实验技术.第2版.北京:人民卫生出版社

张革新.2006.简明生物信息学教程.北京:化学工业出版社

张今,施维,姜大志,等编著.等.2010.核酸酶学-基础与应用.北京:科学出版社

张景海.2011.药学分子生物学.第4版.北京:人民卫生出版社

赵宝昌.2009.生物化学.第2版.北京:高等教育出版社

周克元,罗德生.2010.生物化学(案例版).第2版.北京:科学出版社

朱杨勇,熊贇.2009.生物数据整合与挖掘.上海:复旦大学出版社

朱玉贤.2007.现代分子生物学.第3版.北京:高等教育出版社

C. W. Sensen 著. 谢东等译.2009.基因组研究手册.北京:科学出版社

Berg JM, Tymoczko JL, Stryer L.2007.Biochemistry.6th ed.New York: W.H.Freeman and Company

Bichet DG.Genetics and diagnosis of central diabetes insipidus.Ann Endocrinol, 2012, 73(2): 117-127

Brady PD, Vermeesch JR. Genomic microarrays: a technology overview. Prenat Diagn, 2012, 32(4): 336-343

Bruce A, Alexander J, Julian L, etal. 2008. Molecular Biology of the Cell, 5th ed. Garland Science, Taylar & Francis Group

Chiang AC, Massagué J. Molecular basis of metastasis. N Engl J Med. 2008, 359(26): 2814-2823

Cordero P, Ashley EA. Whole-genome sequencing in personalized therapeutics. Clin Pharmacol Ther, 2012, 91(6): 1001-1009

David LN, Michael MC. 2008. Lehninger Principles of Biochemistry, 5th ed. New York: W.H. Freeman and Company

Dayton RD, Wang DB, Klein RL. The advent of AAV9 expands applications for brain and spinal cord gene delivery. Expert Opin Biol Ther, 2012, 12(6): 757-566

Do TN, Lee WH, Loo CY, et al. Hydroxyapatite nanoparticles as vectors for gene delivery. Ther Deliv, 2012, 3(5): 623-632

Faghihi MA, Modarresi F, Khalil AM. etal. Expression of a noncoding RNA is elevated in Alzheimer's disease and drives rapid feed-forward regulation of beta-secretase. Nat Med. 2008, 14(7): 723-730

Filková M, Jüngel A, Gay RE. et al. MicroRNAs in rheumatoid arthritis: potential role in diagnosis and therapy. BioDrugs, 2012, 26(3): 131-141

Gregory-Evans K, Bashar AM, Tan M. Ex vivo gene therapy and vision. Curr Gene Ther, 2012, 12(2): 103-115

Harris TD, Buzby PR, Babcock H, et al. Single-molecule DNA sequencing of a viral genome. Science. 2008, 320(5872): 106-109

Hecker L, Cheng J, Thannickal VJ. Targeting NOX enzymes in pulmonary fibrosis. Cell Mol Life Sci, 2012, 69(14): 2365-2371

Hughes J, Alusi G, Wang Y. Gene therapy and nasopharyngeal carcinoma. Rhinology, 2012, 50(2): 115-121

Hulot JS, Senyei G, Hajjar RJ. Sarcoplasmic reticulum and calcium cycling targeting by gene therapy. Gene Ther, 2012, 19(6): 596-599

Humbert O, Davis L, Maizels N. Targeted gene therapies: tools, applications, optimization. Crit Rev Biochem Mol Biol, 2012, 47(3): 264-281

Ikeda H, Shiku H. Antigen-receptor gene-modified T cells for treatment of glioma. Adv Exp Med Biol, 2012, 746: 202-215

Inoki K, Huber TB. Mammalian target of rapamycin signaling in the podocyte. Curr Opin Nephrol Hypertens, 2012, 21(3): 251-257

Kairouz V, Lipskaia L, Hajjar RJ, et al. Molecular targets in heart failure gene therapy: current controversies and translational perspectives. Ann N Y Acad Sci, 2012, 1254: 42-50

Kapranov P, Ozsolak F, Kim SW, et al. New class of gene-termini-associated human RNAs suggests a novel RNA copying mechanism. 2010, 466(7306): 642-646

Karp G. 2002. Cell and Molecular Biology. 3rd ed. New York: John Wiley & Sons, Inc.

Katz MG, Fargnoli AS, Pritchette LA, et al. Gene delivery technologies for cardiac applications. Gene Ther, 2012, 19(6): 659-669

Kong YW, Ferland-McCollough D, Jackson TJ, et al. microRNAs in cancer management. Lancet Oncol, . 2012, 13(6): e249-258

Leaf Huang, Mien-chie Hung and Ernst Wagner. 2005. Non-Viral Vectors for Gene Therapy. 2nd ed. San Diego(USA): Elsevier Academic Press

Maynard S, Schurman SH, Harboe C, et al. Base excision repair of oxidative DNA damage and association with cancer and aging. Carcinogenesis, 2009, 30(1): 2-10

Misteli T, Soutoglou E. The emerging role of nuclear architecture in DNA repair and genome maintenance. Nat Rev Mol Cell Biol, 2009, 10(4): 243-54

Modrich P. Mechanisms in eukaryotic mismatch Repair. J Biol Chem, 2006, 281(41): 30305-30309

Nelson DL, Cox MM. 2008. Lehninger Principles of Biochemistry, 5th ed. New York: W.H. Freeman and Company

Raynard S, Niu H and Sung P. DNA double-strand break processing: the beginning of the end. Genes Dev, 2008, 22(21): 2903-2907

Robert F. Weaver 著. 郑用链, 张富泰, 徐启江等主译. 2010. 分子生物学. 北京: 科学出版社

Robert KM, Daryl KG, Victor WR. 2006. Harper's Illustrated Biochemistry, 27th ed. London: McGraw-Hill Company

Rouzaud F, Kadekaro AL, Abdel-Malek ZA. etal. MC1R and the response of melanocytes to ultraviolet radiation. Mutat Res, 2005, 571(1-2): 133-152

Seth S, Johns R, Templin MV. Delivery and biodistribution of siRNA for cancer therapy: challenges and future prospects. Ther Deliv, 2012, 3(2): 245-261

Shen H, Sun T, Ferrari M. Nanovector delivery of siRNA for cancer therapy. Cancer Gene Ther, 2012, 19(6): 367-373

Shendure J, Porreca GJ, Reppas NB, et al. Accurate multiplex polony sequencing of an evolved bacterial genome. Science. 2005, 309(5741): 1728-1732

Sugasawa K. Xeroderma pigmentosum genes: functions inside and outside DNA repair. Carcinogenesis, 2008, 29(3): 455-465

Takahashi K, Tanabe K, Ohnuki M, et al. Induction of pluripotent stem cells from adult human fibroblasts by defined factors. Cell, 2007, 131(5): 861-872

Tiwari M. Microarrays and cancer diagnosis. J Cancer Res Ther, 2012, 8(1): 3-10

Waligórska-Stachura J, Jankowska A, Wa'ko R, et al. Survivin--prognostic tumor biomarker in human neoplasms-review. Ginekol Pol, 2012, 83(7): 537-540

Waters LS, Minesinger BK, Wiltrout ME, et al. Eukaryotic translesion polymerases and their roles and regulationin DNA damage tolerance. Microbiol Mol Biol Rev, 2009, 73(1): 134-154

Watson JD, Baker TA, et al. 2011. Molecular Biology of The Gene, 6th ed(影印版). 北京: 科学出版社

Yu J, Vodyanik MA, Smuga-Otto K, et al. Induced pluripotent stem cell lines derived from human somatic cells. Science, 2007, 318(5858): 1917-1920

中英对照名词索引

A

阿尔茨海默病(Alshei-mer disease,AD) 265
阿拉伯糖操纵子(*ara* operon) 121
癌基因(oncogene) 282
癌基因学说(oncogene theory) 282
氨基酸臂(amino acid arm) 15
氨基酰-tRNA 合成酶(aminoacyl-tRNA synthetase) 94
氨基酰位(aminoacyl site,A 位) 95

B

靶细胞(target cell) 223
白细胞介素-6(interleukin-6,IL-6) 238
白细胞整合素(leukocyte integrin) 299
斑点印迹杂交(dot blot) 302
半保留复制(semi-conservative replication) 44
半不连续复制(semi discontinuous replication) 44
瓣状内切核酸酶(flap endonuclease 1,FEN1) 52,65
包涵体(inclusion body) 201
胞衬蛋白(fodrin) 262
胞嘧啶(cytosine,C) 7
胞嘧啶核苷脱氨酶(cytosine deaminase) 86
报告基因(reporter gene) 181
比较基因组学(comparative genomics) 204,315,316
闭合启动子复合物(closed promoter complex) 75
编辑活性(editing activity) 94
编码链(coding strand) 73
变性(denaturation) 17
变性高效液相色谱(denature high performance liquid chromatography, DHPLC) 304
表达蛋白质组学(expression proteomics) 322
表达序列标签(expression sequence tag, EST) 204
表达序列标签作图(expression sequence tag mapping,EST) 316
表达载体(expression vector) 194
表达子(expressor) 20
表观遗传学(epigenetics) 125
表皮生长因子(epidermal growth factor,EGF) 235,291,292
表型(phenotype) 19
丙二醛(malondialdehyde,MDA) 270
病毒(virus) 29
病毒癌基因(viral oncogene) 282
病毒颗粒(virus particle) 29
定量 RT-PCR(quantitative RT-PCR,QRT-PCR) 150
多能干细胞(pluripotent stem cell) 252

C

操纵序列(operator,O) 118
操纵子(operon) 26,116
层析技术(chromatography) 167
插入酶(insertase) 64
插入型载体(insertion vector) 191
插入序列(insertion sequence,IS) 37
差速离心法(differential centrifugation) 167
差异表达(differential expression) 250
差异显示-反转录-聚合酶链反应(differential displayed-reverse transcriptional-polymerase chain reaction,DD-RT-PCR) 305
差异显示反转录 PCR 技术(Differential Display of Reverse Transcriptional,DDRT-PCR) 319
常染色质(euchromatin) 125
巢式 PCR(nested PCR) 152
沉默子(silencer) 20,21,128
成熟酶(maturase) 20
成肽(peptide bond formation 97
成体干细胞(adult stem cell,ASC) 252
成纤维细胞生长因子(fibroblast growth factor,FGF) 291,292
持家 RNA(house- keeping RNA) 320
初级转录本(primary transcript) 80
穿梭质粒载体(shuttle plasmid vector) 191
传感器蛋白(sensor protein) 247
次黄嘌呤核苷(inosine,I) 93
促成熟因子(mature-promoting factor,MPF) 244
促有丝分裂因子(mitosis-promoting factor,MPF) 245
错配修复(mismatch repair) 65

D

大沟(major groove) 10
大规模平行信号测序系统(Massively Parallel Signature Sequencing, MPSS) 319
大卫星 DNA(macrosatellite DNA) 28
代谢谱轮廓分析(metabolic profiling analysis) 326
代谢指纹图谱分析(metabolic fingerprinting analysis) 326
代谢组(Metabolome) 326
代谢组分靶向分析(metabolitetarget analysis) 326
代谢组学(Metabolomics) 315,326
单纯疱疹病毒(Herpes simplex virus,HSV) 311
单分子测序(single-molecular sequencing) 154
单核苷酸多态性(single nucleotide polymorphism, SNP) 28,212,316,329
单链 DNA 结合蛋白(single-stranded DNA binding protein,SSB) 47
单链断裂(single-strand break,SSB) 61
单链构象多态性(single strand conformation polymorphsim, SSCP) 303
单顺反子 mRNA(monocistron mRNA) 82,92
单唾液酸四己糖神经节苷脂(GM1) 240
蛋白激酶(protein kinase,PK) 232
蛋白激酶 A(protein kinase A,PKA) 229
蛋白激酶 B(protein kinase B,PKB) 230,237
蛋白激酶 C(protein kinase C,PKC) 230
蛋白激酶 G(protein kinase G,PKG) 229
蛋白酪氨酸激酶(protein tyrosine kinase,PTK) 226
蛋白磷酸酶(protease phosphatase) 232
蛋白酶 K(protein K,PK) 138
蛋白酶体(proteosomes) 246

蛋白质的靶向输送(protein targeting) 107
蛋白质二硫键异构酶(protein disulfide isomerase,PDI) 104
蛋白质剪接(protein splicing) 105
蛋白质芯片(protein chip) 182
蛋白质组(proteome) 322
蛋白质组学(proteomics) 315,322
导肽(leading peptide) 107
等位基因特异寡核苷酸(allele-specific oligonucleotide,ASO) 302
颠换(transversion) 61
点突变(point mutation) 61
电离辐射(ionizing radiation,IR) 60
电泳(electrophoresis) 171
凋亡体(apoptosome) 260
凋亡小体(apoptotic body) 257
端粒(telomere) 54,275
端粒酶(telomerase) 54
短串联重复序列(short tandem repeats,STR) 307,316
断裂和腺苷酸化特异性因子(cleavage and polyadenylation specificity factor,CPSF) 82
断裂激动因子(cleavage stimulatory factor,CStF) 82
断裂因子Ⅰ(cleavage factor Ⅰ,CFI) 82
多蛋白(polyprotein) 105
多核苷酸激酶(polynucleotide kinase) 189
多聚核蛋白体(polysome) 101
多聚核苷酸(polynucleotide) 7
多聚核苷酸激酶(polynucleotide kinase,PNK) 65
多聚物接头(polylinker) 192
多聚腺苷酸化(polyadenylation) 82
多克隆位点(multiple cloning sites,MCS) 189
多能干细胞(pluripotent stem cell) 252
多顺反子(polycistron) 81
多顺反子 mRNA(polycistronic mRNA) 92,117
多维蛋白质鉴定技术(multi-dimensional protein identification technology,MudPIT) 325
多相耐药基因(multidrug resistance gene,MDR gene) 310
多重 PCR(multiple PCR) 152
多重定量 PCR(quantitative multiplex PCR of short fluorescent fragments,QMPSF) 212
多重可扩增探针杂交(multiplex amplifiable probe hybridization,MAPH) 212

E

额外环(extra loop) 15
二氢尿嘧啶环(dihydrouracil loop,DHU 环) 15
二维电泳(two-dimensional electrophoresis,2-DE) 172

F

发夹结构(hairpin structure) 75
翻译(translation) 92
翻译后加工(post-translation processing) 102
翻译起始复合物(translational initiation complex) 96
反密码环(anticodon loop) 15
反式调节(trans regulation) 116
反式剪接(trans-splicing) 130
反式作用因子(trans-acting factor) 117,128
反相层析(reversed phase chromatography) 170
反向 PCR(inverse PCR,IPCR) 153
反向末端重复序列(inverted terminal repetition,ITR) 57
反向遗传学(reverse genetics) 318
反向杂交(reverse hybridization) 302
反向重复序列(inverted repetitive sequence) 28,37
反义 RNA(antisense RNA) 125
反义寡核苷酸(antisense oligonucleotide,ASON) 217
反义核酸(antisense nucleic acid) 159
反义链(antisense strand) 73
反应元件(response element) 20,22
反转录 PCR(reverse transcription PCR,RT-PCR) 150,213
反转录病毒(retrovirus) 59,282
反转录病毒(Retrovirus,RV) 310
反转录酶(reverse transcriptase) 189
反转录转座子(retrotransposon) 23
返座假基因(retropseudogene) 25
泛素(ubiquitin) 244
泛素化(ubiquitnation) 244
非程序化的 DNA 合成(unscheduled DNA synthesis,UDS) 62
非同源末端连接重组(non-homologous end joining,NHEJ) 66
非信使小 RNA(small non-messenger RNA,snmRNA) 16
分化(differentiation) 242
分解(代谢)物基因激活蛋白(catabolic gene activator protein,CAP) 118
分裂期(metaphase,M 期) 242
分子伴侣(molecular chaperone) 102
分子伴素(chaperonins) 103
分子信标(molecular beacon) 151
疯牛病(mad cow disease) 112
辅激活因子(co-activators) 78
辅阻遏物(corepressor) 120
复合型转座子(composite transposon) 38
复性(renaturation) 18
复制叉(replication fork) 43
复制蛋白 A(replication protein A,RPA) 52
复制假基因(duplicated pseudogenes) 25
复制体(replisome) 44
复制型(replication form,RF) 192
复制型转座(replicative transposition) 38
复制因子 C(replication factor C,RFC) 52
复制子(replicon) 44

G

钙调蛋白(calmodulin,CaM) 230
钙黏素(cadherin) 298
干扰实验(interference assay) 207
干扰素(interferon,IFN) 237
干细胞(stem cell) 252
肝细胞生长因子(hepatocyte growyh factor,HGF) 292
感染(infection) 198
感受态细胞(competent cell) 197
冈崎片段(Okazaki fragment) 44
高迁移率蛋白(high mobility group protein,HMG) 130
高通量测序(High-throughput sequencing) 154
高效毛细管电泳(high performance capillary electrophoresis,HPCE) 173
高效液相层析(high performance liquid chromatography,HPLC) 170

功能蛋白质组学(functional proteomics) 322
功能基因组学(functional genomics) 316
供体(donor) 83
共激活蛋白(coactivators) 129
共济失调-毛细血管扩张症(Ataxia telangiectasia,AT) 69
共同序列(consensus) 73
共抑制(cosuppression) 132
共有序列(consensus sequence) 206
骨形态发生蛋白(bone morphogenetic protein,BMP) 237
寡聚体(oligomer) 107
寡脱氧核苷酸(oligodeoxynucleotide,ODN) 162
挂锁探针(padlock probe) 302
关卡(checkpoint) 243
管家(或持家)基因(house keeping gene) 116,250
光复活酶(photo-reactivating enzyme) 63
光复活修复(photo-reactivation repair) 63
归巢核酸内切酶(homing endonuclease) 105
滚环复制(rolling circle replication) 57
滚卡复制(rolling hairpin replication) 58
过表达(over expression) 217

H

核磁共振(nuclear magnetic resonance,NMR) 178
核蛋白体 RNA(ribosomal RNA,rRNA) 15
核蛋白体蛋白(ribosomal protein,rp) 16,95
核蛋白体结合位点(ribosomal binding site,RBS) 97
核蛋白体循环(ribosomal cycle) 97
核定位序列(nuclear localization sequence,NLS) 111
核苷(nucleoside) 8
核苷酸(nucleotide) 7
核苷酸切除修复(nucleotide excision repair,NER) 64
核酶(ribozyme) 159,309
核内不均一 RNA(heterogeneous nuclear RNA,hnRNA) 82
核仁小 RNA(small Nucleolar RNA,snoRNA) 320
核输出受体(nuclear export receptor) 131
核酸(nucleic acid) 7
核酸分子杂交(nucleic acid hybridization) 141
核糖(ribose) 8
核糖核蛋白颗粒(small nuclear ribonucleoprotein,snRNP) 83
核糖核蛋白体核酶(ribonucleoprotein enzyme,RNP) 161
核糖核酸(ribonucleic acid,RNA) 7
核蛋白体(ribosome) 16
核蛋白体蛋白(ribosomal proteins,rp) 124
核小体(nucleosome) 125
核小体重塑(nucleosome remodeling) 125
核心酶(core enzyme) 46,71
核心启动子(Core promoter) 128
核因子Ⅰ(nuclear factor Ⅰ,NFⅠ) 58
核因子 κB(nuclear factor-κB ,NF-κB) 238
红色荧光蛋白(red fluorescent protein) 208
红细胞生长素(erythropoietin,EPO) 292
呼肠孤病毒(reovirus) 90
回文结构(palindrome) 186
回文序列(palimdrome sequence) 28
活化素(activin) 237
活性氧(reactive oxygen species,ROS) 62,258,270

J

基本转录因子(basal transcription factors) 78,129
基因(gene) 19
基因表达调控(regulation of gene expression) 115
基因表达系列分析(serial analysis of gene expression, SAGE) 214,319
基因打靶(gene targeting) 214
基因工程(genetic engineering) 185
基因家族(gene family) 23
基因拷贝数(copy number) 212
基因克隆(gene cloning) 185
基因敲除(gene knock-out) 214,318
基因敲减(gene knock-down) 217
基因敲入(gene knock-in) 216
基因失活(gene inactivation) 158
基因芯片(gene chip) 146
基因型(genotype) 19
基因诊断(gene diagnosis) 18,301
基因治疗(gene therapy) 301
基因重排(gene rearrangenment) 127
基因重组(gene recombination) 31,59
基因转移(gene transfer) 217,318
基因组(genome) 26
基因组 DNA 文库(genomic DNA library) 195
基因组构(gene organization) 20
基因组学(genomics) 315
基因组原位杂交(genome*in situ* hybridization,GISH) 145
激活蛋白(activator) 117
激素反应元件(hormone response element,HRE) 238
脊髓灰质炎病毒(poliovirus) 90
加帽(capping) 82
加帽酶(capping enzyme) 82
甲基转移酶(methyltransferase) 82
假基因(pseudogene) 25
间隔序列(spacer sequence) 30
间期(interphase) 242
兼性异染色质(facultative heterochromatin) 125
剪接体(splicesome) 83
剪切(cutting 81
简并性(degeneracy 93
碱基错配(base pair mismatch) 60
碱基配对(base pairing) 10
碱基切除修复(base excision repair, BER) 64
碱性磷酸酶(alkaline phosphatase) 189
酵母人工染色体(yeast artificial chromosome,YAC) 193,218
酵母双杂交(Yeast Two Hybrid,YTH) 181
接合(conjugation) 31
结构基因(structure gene) 20
结构基因组学(structural genomics) 315
结构基因组学(structural genomics)、功能基因组学(functional genomics) 315
结合部位(binding site) 73
解旋酶(helicase) 47
进位(entrance 97
局部多样损伤部位(local multiple damaged sites) 61

锯齿形(zigzag) 11
聚丙烯酰胺凝胶电泳(polyacrylamide gel electrophoresis,PAGE) 140
聚合酶链反应(polymerase chain reaction,PCR) 146
聚焦层析(Chromatofocusing) 169
绝缘子(insulator) 20,22,128

K

开放启动子复合物(open promoter complex) 75
开放阅读框架区(open reading frame,ORF) 92
抗香豆霉素 A_1(coumermycin A_1) 49
抗终止因子(antiterminator) 75
抗终止作用(antitermination) 75
拷贝数变异(copy number variant,CNV) 212
可变剪接(alternative splicing) 130
可移动元件(mobile element) 88
可诱导因子(inducible factor) 78
克隆(clone) 185
克隆化(cloning) 185
克隆载体(cloning vector) 190
空间特异性(spatial specificity) 115
口袋蛋白(pocket protein) 244
跨损伤 DNA 合成(translesion synthesis,TLS) 67
跨损伤聚合酶(translesion polymerase) 67
狂犬病病毒(rabies virus) 90
框移突变(frameshift mutation) 93
扩增片段长度多态性(amplification fragment length polymorphism, Amp-FLP) 307
扩张柱床吸附层析技术(expanded bed adsorption chromatography) 170

L

离子交换层析(ion exchange chromatography) 168
利福霉素(rifamycin) 72
利福平(rifampicin) 72
连环体(catenanes) 51
连接蛋白(connexin) 223
连接子或连接素(connexon) 223
链置换复制(strand replacement replication) 58
亮氨酸拉链模体(leucine zippers,LZ) 129
裂口(gap) 188
磷酸二酯酶(phosphodiesterase,PDE) 229
磷脂酰肌醇-3-激酶(phosphoinositide 3-kinase,PI-3K) 237
磷脂酰丝氨酸(phosphatidylserine) 256
领头链(leading strand) 44
硫酸二甲酯(dimethyl sulfate,DMS) 208
绿色荧光蛋白(green fluorescent protein,GFP) 208
螺旋-回折-螺旋模体(helix-turn-helix,HTH) 129

M

脉冲场凝胶电泳(pulsed-field gel electrophoresis,PFGE) 317
慢病毒(lentivirus) 310
毛细管电泳(capillary electrophoresis,CE) 140
锚定 PCR(anchored PCR) 209
锚定蛋白(docking protein,DP 108
帽结合蛋白(cap binding proteins,CBPs) 14
酶偶联受体(Enzyme-linked receptor) 226
密码子(codon) 14
嘧啶(pyrimidine) 7
嘧啶二聚体(pyrimidine dimer) 60
模板链(template strand) 73
末端脱氧核苷酸转移酶(terminal deoxynucleotidyl transferase) 189
母性遗传(maternal inheritance) 13
目的基因(target DNA/interest DNA) 195
募集(recruitment) 117
实时荧光定量 PCR(real-time fluorescent quantitative PCR,FQ-PCR) 151

N

内含肽(intein) 105
内含子(intron) 20
内皮素(endothelin,ET) 292
内启动子(internal promoter) 21
内体(endosome) 109
内质网(endoplasmic reticulum,ER) 264
拟核(nucleoid) 12
逆向运输(retrograde transport) 109
黏粒/柯斯质粒(cos site-carrying plasmid,cosmid) 192
黏性末端(sticky ends/cohesive ends) 187
黏着斑蛋白(vinculin) 299
念珠(beads-on-a-string) 12
鸟苷酸环化酶(guanylate cyclase,GC) 229
鸟苷酸交换因子(guanine nucleotide exchange factor,GEF) 232
鸟苷酸解离抑制因子(guanine nucleotide dissociation inhibitor,GDI) 232
鸟苷酸释放蛋白(guanine nucleotide release protein,GNRP) 232
鸟嘌呤(guanine,G) 7
尿嘧啶(uracil,U) 7
凝胶过滤层析(gel filtration chromatography) 167
牛海绵状脑病(Bovine Spongiform Encephalopathy,BSE) 112
牛小肠磷酸酶(calf intestine phosphatase,CIP) 209

P

帕金森病(Parkinson disease,PD) 265
排出位(exit site,E 位) 95
胚胎干细胞(embryonic stem cell,ESC) 252
配体(ligand) 225
配体门控受体型离子通道(ligand-gated receptor channel) 227
嘌呤(purine) 7
平末端/钝末端(blunt ends) 187
葡萄糖转运体(glucose transporter,GLUT) 237

Q

七跨膜受体(serpentine receptor) 226
启动序列(promotor,P) 118
启动子(promoter) 20,21,73
启动子捕获(promoter trapping) 208
启动子捕获载体(promoter trap vector) 208
启动子上游元件(upstream promoter elements,UPE) 128
起点(start point) 243
起始(initiation) 96
起始 DNA(initiator DNA,iDNA) 53
起始 tRNA(initiator-tRNA) 94
起始部位(start site) 73
起始点(origin) 43

起始密码(initiation codon) 92
起始识别复合物(origin recognition complex,ORC) 53
起始识别序列(origin recognition sequence,ORS) 53
起始因子(initiation factor,IF) 96
起始子(initiator,Inr) 74,128
迁移率(mobility) 141
前病毒(provirus) 59,282
前导肽(leader peptide) 120
前导序列(leading sequence,L) 120
前核糖核蛋白颗粒(pre-ribonucleo-protein particles,pre-rRNP) 86
前末端蛋白(preterminal protein,PTP) 57
前起始复合物(pre-initiation complex,PIC) 78
前噬菌体(prophage) 121
嵌合体(chimera) 215
切出酶(excisionase) 35
切除修复(excision repair) 64
切口平移法(nick translation) 143
亲和层析(affinity chromatography) 169
琼脂糖凝胶电泳(agarose gel electrophoresis,AGE) 139
去折叠/重折叠(unfolding/refolding) 102
全酶(holoenzyme) 71
全能干细胞(totipotent stem cell) 252
缺口(nick) 188

R

染色单体(chromatid) 12
染色体微阵列分析(chromosomal microarray analysis,CMA) 213
染色质(chromatin) 125
染色质免疫沉淀(chromatin immunoprecipitation,ChIP) 208
染色质纤丝(chromatin fiber) 12
染色质重塑(chromatin remodeling) 125
热休克蛋白(heat shock protein,Hsp) 103,238
热休克蛋白 60(heat shock protein 60,Hsp60) 103
热休克蛋白 70(heat shock protein 70,Hsp70) 103
人类人工染色体(human artificial chromosome,HAC) 218
溶菌生长方式(lytic pathway) 121
溶原生长方式(lysogenic pathway) 121
溶原性细菌(lysogenic bacteria) 121
熔解温度(melting temperature) 17
融合蛋白(fusion protein) 200
融合内含肽(fusedintein) 105
乳液 PCR(emulsion PCR) 156
朊病毒(prion) 112
朊病毒蛋白(prion protein,PrP) 112

S

三核苷酸重复序列扩增(triplet-repeat expansion) 61
三联体密码(triplet code) 14
三链 DNA(triple-strand DNA) 159
三链 DNA 形成寡脱氧核苷酸(triple helix-forming oligodeoxy nucleotides,TFO) 162
三叶草形(cloverleaf pattern) 15
色氨酸操纵子(*trp* operon) 120
上游(upstream) 73
上游因子(upstream factor) 78
上游元件(upstream element) 21
奢侈基因(luxury gene) 250
深度测序(deep sequencing) 154
神经节苷脂(Gangliosides) 240
神经生长因子(never growth factor,NGF) 291,292
肾上腺素 β 受体(β-adrenergic receptor,β-AR) 234
生物信息学(bioinformatics) 203,328
生殖细胞基因治疗(germ cell gene therapy) 308
十二烷基硫酸钠(sodium dodecyl sulfate,SDS) 138
十二烷基硫酸钠-聚丙烯酰胺凝胶电泳(sodium dodecyl sulfate polyacrylamide gel electrophoresis,SDS-PAGE) 171
十六烷基三甲基溴化铵(hexadecyltrimethylammonium bromide,CTAB) 138
时间特异性(temporal specificity) 115
识别部位(recognition site) 73
实时定量荧光 PCR(real-time quantitative PCR,RT-qPCR) 212
视网膜母细胞瘤(retinoblastoma,Rb) 288
适配器(adaptor) 94
释放因子(release factor,RF) 96
噬菌粒(phagemid) 193
噬菌体(bacteriophage) 29,191
受体(acceptor) 83,225
疏水作用层析(hydrophobic interaction chromatography,HIC) 169
数目可变的串联重复序列(variable number of tandem repeats,VNTR) 307
衰老(senescence) 249,268
双链 RNA(double stranded RNA,dsRNA) 132
双链断裂(double-strand break,DSB) 61
双向复制(bidirectional replication) 44
水疱性口炎病毒(vesicular-stomatitis virus) 90
顺式调节(cis regulation) 116
顺式作用元件(cis-acting element) 117
顺序表达(sequential expression) 250
瞬时表达(transient expression) 201
瞬时转染(transient transfection) 198
丝裂原激活的蛋白激酶(mitogen activated protein kinases,MAPK) 232
松弛态 DNA(relaxed DNA) 11
松弛型质粒(relaxed plasmid) 190
随从链(lagging strand) 44
损伤旁路(lesion bypass) 67
羧基末端结构域(carboxyl-terminal domain,CTD) 72,130

T

肽-脯氨酰顺反异构酶(peptide prolyl cis-trans isomerase,PPI) 104
肽核酸(peptide nucleic acid,PNA) 163,310
肽基转移酶(peptidyl transferase) 98
肽酰位(peptidyl site,P 位) 95
肽转位复合物(peptide translocation complex 108
探针(probe) 142
糖基化(glycosylatiion) 107
糖原合酶激酶 3(glycogen synthase kinase 3,GSK3) 237
套索(lariat) 88
特异转录因子(special transcription factors) 129
体细胞基因治疗(somatic cell gene therapy) 308
天然构象(native conformation) 102
条件性基因敲除(conditional gene knockout) 215

铁反应原件(iron-response element,IRE) 134
通用性(universality) 93
通用因子(general transcription factor) 78
通用转录因子(general transcription factors) 129
同裂酶(isoschizomer) 187
同尾酶(isocaudarner) 187
同义突变(synonymous mutation) 93
同源二聚体(homodimer) 186
同源建模(homology modeling) 329
同源重组(homologous recombination) 31
同源重组(homologous recombination,HR) 66
透明质酸黏素(hyaladherin) 299
突变 (mutation) 60
退火(annealing) 18
脱氧寡核苷酸(oligodeoxynucleotide,ODN) 309
脱氧核苷 (deoxy nucleoside) 7,8
脱氧核酶(deoxyribozyme, DNAzyme) 161
脱氧核糖(deoxyribose) 8
脱氧核糖核酸(deoxyribonucleic acid, DNA) 7

W

外显子(exon) 20
外源基因(foreign DNA) 195
烷基转移酶(alkyltransferase) 63
微卫星 DNA(microsatellite DNA) 28
微小 RNA(microRNA,miRNA) 131,320
微阵列比较基因组杂交(array-comparative genomic hybridization, aCGH) 212
卫星 DNA(satellite DNA) 28
位点特异性重组(site-specific recombination) 35
稳定表达(stable expression) 201
稳定转染(stable transfection) 198
无错旁路(error-free bypass) 67
无嘌呤/嘧啶位点(apurinic/apyrimidinic site,AP site) 60
无嘌呤/无嘧啶内切核酸酶-1(apurinic/apyrimidinic endonucleases-1, APE1) 65
物理图谱(physical map) 316

X

稀有碱基(rare base) 7
细胞癌基因(c-oncogene,c-onc) 284
细胞程序性死亡(programmed cell death,PCD) 256
细胞凋亡(apoptosis) 256,271
细胞分化(cell differentiation) 249
细胞坏死(necrocytosis) 256
细胞黏附分子(cell adhesion molecule,CAM) 298
细胞黏附素(cytoadhesion) 299
细胞融合(cell fusion) 255
细胞色素 C(cytochrome C,CytC) 257
细胞死亡(cell death) 256
细胞通讯(cell signaling,cell conmmunication) 223
细胞外调节激酶(extracellular regulated kinase,ERK) 235
细胞信号转导(cell signal transduction) 223
细胞增殖(cell proliferation) 249
细胞胀亡(oncosis) 256
细胞周期(cell cycle) 242
细胞周期蛋白依赖性蛋白激酶(cyclin-dependent protein kinase, CDK) 232
细胞周期检验点(cell cyclecheckpoint) 69
细胞自噬(autophagy) 256
细菌人工染色体(bacterial artificial chromosome,BAC) 193,213
下游(downstream) 73
下游启动子元件(downstream promoter element,DPE) 74
衔接蛋白(adaptor protein) 233
限制点(restriction point) 243
限制酶(restriction enzymes) 186
限制性核酸内切酶(restriction endonuclease) 186
线粒体 DNA(Mitochondrial DNA,mtDNA) 12,28,29,54,67,278
腺病毒(adenovirus,AV) 311
腺苷酸环化酶(adenylate cyclase,AC) 229
腺相关病毒(Adeno-associated virus,AAV) 311
相互作用蛋白质组学(Interaction Proteomics) 322
小干扰 RNA(small interference RNA,siRNA) 309
小干扰 RNA(small interfering RNA,siRNA) 160,320
小沟(minor groove) 10
小核 RNA(small nuclear RNA,snRNA) 83,320
小核核蛋白(small nuclear ribonucleoprotein,snRNP) 83,320
小核核蛋白颗粒(small nuclear ribonucleoprotein particles, snRNPs) 88
小核仁 RNA(small nucleolar RNAs,snoRNAs) 86
小片段干扰 RNA(small interfering RNA,siRNA) 131,132
小卫星 DNA(minisatellite DNA) 28
校正活性(proofreading activity 94
协调表达(coordinate expression) 116
协调调节(coordinate regulation) 116
心房利钠(atrial natriuretic fector, ANF) 237
锌指模体(Zinc finger,ZF) 129
新生霉素(novobiocin) 49
新一代测序(next generation sequencing) 154
信号肽(signal peptide) 107
信号肽酶(signal peptidase) 108
信号肽识别颗粒(signal recognition particles,SRP) 108
信号序列(signal sequence) 107
信号转导分子(signal transducer) 225
信号转导复合物(signaling complex) 233
信号转导通路(signal transduction pathway) 225
信号转导网络(signal transduction network) 225
信使 RNA(messenger RNA,mRNA) 14
信息流(information flow) 223
胸腺嘧啶(thymine,T) 7
修剪(trimming) 81
溴化乙锭(ethidium bromide,EB) 139
序列标签位点(sequence tagged site,STS) 316
序列图谱(sequence map) 316
选择素(selectin) 299
选择性剪接(alternative splicing) 84
血管紧张素Ⅱ(angiotensin Ⅱ) 235
血管内皮生长因子(vascular endothelial growth factor,VEGF) 291
血小板衍生生长因子(platelet derived growth factor,PDGF) 292
循环阈值(cycle threshold,Ct) 152

Y

烟草酸焦磷酸酶(tobacco acid pyrophoshatase,TAP) 209
延长(elongation) 96
延长 tRNA(elongation-tRNA) 94
延长因子(elongation factor,EF) 96
延伸(extension) 50
严紧型质粒(stringent plasmid) 190
严重急性呼吸综合症(sever acute respiratory syndrome,SARS) 90
盐析(salting out) 166
药物基因组学(pharmacogenomics) 317
野生型(wild type) 283
一级结构(primary structure) 9
依赖 RNA 的 DNA-pol(RNA dependent DNA polymerase) 59
胰岛素受体底物-1(insulin receptor substrate-1,IRS-1) 236
胰岛素样生长因子(insulin like growth factor,IGF) 292
移码突变(frame shift mutation) 61
遗传密码(genetic codon) 92
遗传图谱(genetic map) 316
已加工假基因(processed pseudogenes) 25
异染色质(heterochromatin) 125
抑癌基因(tumor suppressor gene) 288
易错旁路(error-prone bypass) 67
引发体(primosome) 50
引物(primer) 48,146
引物酶(primase) 48
印记基因(imprinted gene) 25
荧光素酶(luciferase) 208
荧光阈值(threshold) 152
荧光原位杂交(fluorescence *in situ* hybridization,FISH) 145,212
游离内含肽(free intein) 105
有义链(sense strand) 73
原癌基因(proto-oncogene) 284
诱导表达(induction expression) 116
诱导性多能干细胞(induced pluripotent stem cell,iPS) 255
原癌基因 (oncogene) 59
原位 PCR(*in-situ* PCR,ISPCR) 153
原位杂交(*in situ* hybridization,ISH) 144,302
圆二色(circular dichroism,CD) 178

Z

杂交(hybridization) 18
载体(vector) 189
再生医学(regeneration medicine) 255
增强子(enhancer) 20,21,128
增色效应(hyperchromic effect) 17
增殖(proliferation) 242
增殖细胞核抗原(proliferating cell nuclear antigen,PCNA) 47,52,65
折叠(folding) 102
真核起始因子被称为 eIF(eukaryotic initiation factor) 96
真核生物的释放因子(eukaryotic release factor,eRF) 96
真核生物的延长因子(eukaryotic elongation factor,eEF) 96
真核细胞(eukaryote) 44
整合(integration) 59
整合酶(integrase) 283
整合素(integrin) 249,299
正向运输(forward transport) 109
支架蛋白(scaffolding protein) 233
脂质体(liposome) 198
直接修复(direct repair) 63
指导 RNA(guide RNA,gRNA) 86,131
质粒(plasmid) 26,190
质谱(mass spectrometry,MS) 177
置换层析(displacement chromatography) 171
置换型载体(replacement vector 或 substitution vector) 191
中介子(mediator) 130
终止(termination) 96
终止结合序列(termination associated sequences,TAS) 55
终止密码子(termination coden) 92
终止区(terminus region) 51
终止因子(termination factor) 96
终止子(teminator) 20,51,74
肿瘤(tumor) 282
肿瘤病毒(carcinogenic virus) 282
肿瘤坏死因子(tumor necrosis factor,TNF) 238
重叠基因(overlapping gene) 23
重组 DNA(recombinant DNA) 185
重组 DNA 技术(recombinant DNA technology) 185
重组酶(recombinase) 35
重组修复(recombination repair) 61,66
周期蛋白(cyclin) 242,243
周期蛋白盒(cyclin box) 243
周期蛋白依赖性激酶(cyclin-dependent kinase,CDK) 242,243
注册(registration) 97
专能干细胞(unipotent stem cell) 252
转导(transduction) 31,283
转分化(transdifferentiation) 252
转化(transformation) 31,197
转化生长因子(transforming growth factor,TGF) 292
转化生长因子 β(transforming growth factor β,TGF-β) 237
转换(transition) 61
转基因动物(transgenic animal) 217
转录(transcription) 71
转录本(transcript) 316
转录复合物(transcription complex) 76
转录后基因沉默(post-tanscriptional gene silencing,PTGS) 160
转录后加工(post-transcriptional processing) 80
转录激活域(activation domain) 128
转录偶联修复(transcription-coupled NER,TC-NER) 65
转录泡 (transcription bubble) 76
转录起始点(transcription start site,TSS) 203
转录起始复合物(trancription complex) 76
转录衰减作用(attenuation) 120
转录图谱(transcription map) 316
转录因子(transcription factors,TF) 78,117,128
转录因子结合位点(transcription factor binding site,TFBS) 206
转录组(transcriptome) 318
转录组学(Transcriptomics) 315,318
转染(transfection) 197
转位(translocation) 97
转位酶(translocase) 99

转运 RNA(transfer RNA,tRNA) 15
转座(transposition) 37
转座酶(transposase) 37
转座子(transposon,Tn) 22,37
着色性干皮病(xerodermapigmentosum,XP) 69
滋养层细胞(feeder cell) 254
紫外线(ultraviolet,UV) 60
自发突变(spontaneous mutation) 61
自身剪接(self splicing) 21
自噬体(autophagosome) 266
自私 DNA(selfish DNA) 37
自我组装(self-assembly) 102
自主复制序列(autonomously replicating sequence,ARS) 52
足迹法(footprinting) 207
阻遏表达(repression expression) 116
阻遏蛋白(repressor) 117
组成型表达(constitutive expression) 116
组蛋白甲基转移酶(histone methyltransferase,HMT) 127
组蛋白密码(histone code) 106
组蛋白去乙酰化酶(histone deacetylase,HDAC) 127
组蛋白乙酰化酶(histone acetylase) 127
组蛋白乙酰基转移酶(histone acetyl transferase,HAT), 127
组学(-omics) 315

其他

2′,3′-双脱氧核苷三磷酸(dideoxynucleoside triphosphate, ddNTP) 154
3′端非翻译区(3′untranslated region,3′UTR) 92,131,133
5′端非翻译区(5′untranslated region,5′UTR) 92,133
5′端连续分析基因表达(5′-end serial analysis of gene expression,5′SAGE) 210
5-溴尿嘧啶(5-bromouracil,5-BU) 60
8-羟基-脱氧鸟嘌呤(8-oxoguannine,8-oxoG) 62
ARS 共有序列(ARS consensus sequence,ACS) 53
ARS 结合因子(ARS binding factor 1,ABF1) 53
BRCA 基因(breast cancer gene) 69
CDK 抑制物(cyclin kinase inhibitor,CKI) 244
cDNA 末端快速扩增技术(rapid amplification of cDNA ends,RACE) 209
cDNA 文库(cDNA library) 195,211
CpG 岛(CpG island) 126
c-Jun N -末端激酶/应激激活的蛋白激酶(c-Jun N-terminal kinase/stress-activated protein kinase,JNK/SAPK) 235
DNA 损伤(DNA damage) 60
DNA-蛋白质交联(DNA-protein crosslinking) 61
DNA 甲基转移酶(DNA methyltransferases,DNMT) 126
DNA 结合蛋白(DNA binding protein,DBP) 58
DNA 结合域(DNA binding domain) 128
DNA 聚合酶(DNA polymerase,DNA-pol) 45
DNA 克隆(DNA cloning) 127,185
DNA 连接酶(DNA ligase) 188
DNA 链间交联(DNA interstrand cross-linking) 61
DNA 损伤修复(DNA damage repair) 63
DNA 微阵列(DNA microarray) 146
DNA 限制性片段长度多态性(restriction fragment length polymorphism,RFLP) 303
DNA 芯片(DNA chip) 146,304
DNA 序列测定(DNA sequencing) 154
DNA 依赖的 RNA 聚合酶(DNA-dependent RNA polymerase,DDRP 71
DNA 依赖的蛋白激酶(DNA-dependent protein kinase, DNA-PK) 66
DNA 指导的 RNA 聚合酶(DNA-direct RNA polymerase,DDRP) 71
D 环复制(D-loop replication) 54
GG-NER(global genome-NER) 65
GTP 酶活化蛋白(GAP) 232
G 蛋白偶联型受体(G protein-coupled receptor,GPCR) 226
Holliday 结构(Holliday structure) 34
Holliday 中间体(Holliday intermediate) 34
lac 操纵子(*lac* operon) 117
M13 噬菌体(M13 phage) 192
miRNA (microRNA) 71
NF-κB 抑制蛋白(inhibitor of NF-κB,IκB) 238
Northern 印迹杂交(Northern blot) 144,302
N-甲酰甲硫氨酸(*N*-formyl methionine,fMet) 95
N-糖基化酶(uracil-DNA glycosylase,UNG) 64
PCR/ASO 探针杂交法(PCR/ASO probe hybridization) 302
PCR-单链构象多态性(PCR-single strand conformation polymorphism,PCR-SSCP) 153
PCR-限制性片段长度多态性(PCR-restriction fragment length polymorphism,PCR-RFLP) 153
poly A 结合蛋白(poly A-binding protein,PABP) 14,83,100
polyA 聚合酶(polyA polymerase,PAP) 82
RNA 编辑(RNA editing) 84
RNA 复制(RNA replication) 71,89
RNA 干扰(RNA interference,RNAi) 132,159,217,309,320
RNA 竞争性参考标准(RNA competitive reference standard,RNA-CRS) 150
RNA 聚合酶(RNA polymerase,RNA-pol) 71
RNA 前体(RNA precursor) 71
RNA 依赖的 RNA 聚合酶(RNA dependent RNA polymerase,RDRP) 59,71
RNA 诱导的沉默复合体(RNA-induced silencing complex,RISC) 132,160
RNA 指导的 RNA 聚合酶(RNA-direct RNA polymerase,RDRP) 89
RNA 组学(RNomics) 16,315,319
Rous 肉瘤病毒(Rous sarcoma virus,RSV) 282
Southern 印迹杂交(Southern blot) 144,302
Src 同源序列 2 结构域(Src homology 2 domain) 233
T4 多核苷酸激酶(T4 polynucleotide kinase) 143
TNF 受体相关因子(TNF receptor-associated factor,TRAF) 238
T 抗原(T antigen) 56
X 射线衍射(X-ray diffraction) 177
X 线修复交叉互补蛋白 1 (X-ray repair cross complementing protein 1,XRCC1) 65
α-鹅膏蕈碱(α-amanitine) 72
β-N-糖苷键(N-glycosidic bond) 8
β-连环素(β-catein) 250
β-连接素(β-catenin) 250
λ 整合酶(λ integrase) 35